AF817901

Die wissenschaftlichen Grundlagen der Trocknungstechnik

Trocknungstechnik

Von O. Krischer und K. Kröll

Erster Band

Die wissenschaftlichen Grundlagen der Trocknungstechnik

Zweite erweiterte Auflage

Von

Dr.-Ing. O. Krischer

o. Professor an der Technischen Hochschule Darmstadt

Mit 349 Abbildungen und 4 Tafeln

Springer-Verlag Berlin Heidelberg GmbH

1963

Additional material to this book can be downloaded from http://extras.springer.com

ISBN 978-3-662-23899-8 ISBN 978-3-662-26011-1 (eBook)
DOI 10.1007/978-3-662-26011-1

Alle Rechte, insbesondere das der Übersetzung in fremde Sprachen, vorbehalten
Ohne ausdrückliche Genehmigung des Verlages ist es auch nicht gestattet,
dieses Buch oder Teile daraus auf photomechanischem Wege
(Photokopie, Mikrokopie) oder auf andere Art zu vervielfältigen

© by Springer-Verlag Berlin Heidelberg 19656 and 1963
Ursprünglich erschienen bei Springer-Verlag OHG. Berlin / Göttingen / Heidelberg 1963
Softcover reprint of the hardcover 2nd edition 1963

Library of Congress Card Number 62-16626

Die Wiedergabe von Gebrauchsnamen, Handelsnamen, Warenbezeichnungen usw. in diesem Buche berechtigt auch ohne besondere Kennzeichnung nicht zu der Annahme, daß solche Namen im Sinne der Warenzeichen- und Markenschutz-Gesetzgebung als frei zu betrachten wären und daher von jedermann benutzt werden dürften

Vorwort zum Gesamtwerk

Seit der letzten Auflage von M. HIRSCHS „Trocknungstechnik" im Jahre 1932 haben sich sowohl die Erkenntnis der physikalischen Vorgänge beim Trocknen als auch die schon immer große Fülle der Trocknerkonstruktionen und Trocknungsverfahren so erweitert, daß die Überarbeitung des vor 25 Jahren erschienenen Werkes nicht zweckmäßig erschien, sondern eine vollkommen neue Gestaltung des Stoffes ratsam war.

Entsprechend den verschiedenen Tätigkeitsbereichen der beiden Verfasser wurde der Stoff in zwei Teile aufgeteilt, deren erster die wissenschaftlichen Grundlagen, deren zweiter die Trockner und Trocknungsverfahren zum Gegenstand hat. Angesichts des Umfangs beider Teile und gewisser zeitlicher Unterschiede in der Fertigstellung war es zweckmäßig, eine Trennung in zwei Einzelbände vorzunehmen. In den Jahren der Entstehung des Gesamtwerks haben sich die Verfasser in dauernder Zusammenarbeit bemüht, zu einer einheitlichen Sicht der zahlreichen Probleme des Fachgebietes zu kommen, so daß die Darstellung gleicher Gegenstände in den beiden Bänden weitgehend vermieden ist.

O. Krischer K. Kröll

Vorwort zur zweiten Auflage

Obwohl die Zeitspanne zwischen der Abfassung der ersten Auflage dieses Buches und der Notwendigkeit einer Neuauflage relativ kurz ist, sind doch in der Erforschung der wissenschaftlichen Grundlagen der Trocknungstechnik, die gleicherweise für viele verwandte Disziplinen gebraucht werden können, so erhebliche Fortschritte erzielt worden, daß ein nur wenig korrigierter Neudruck nicht zweckmäßig erschien. Wichtigste Kapitel dieses Buches (vor allem diejenigen, in denen die Vorgänge der Wärme- und Stoffbewegung im Trocknungsgut – liege es als Einzelkörper oder als Haufwerk vor – und die Berechnung der Vorgänge in technischen Trocknern behandelt werden) konnten sehr wesentlich erweitert werden.

Vieles, was bei diesen Fragen in der ersten Auflage nur als Ergebnis einer vergleichenden Überlegung zu vorhandenen Untersuchungen verschiedener Forscher angedeutet oder vermutet werden konnte, hat sich inzwischen als treffend erwiesen und konnte zu umfassender Beschreibung der Gesetzmäßigkeiten herangezogen werden. Für die Abfassung der neuen Auflage war es besonders erleichternd, daß die Grundkonzeptionen der ersten Auflage an keiner Stelle geändert werden mußten, sondern daß sich die mit den Erweiterungen verknüpften Änderungen ohne große Umstellungen in die entsprechenden Kapitel der ersten Auflage einarbeiten ließen. Die wesentlichen Erweiterungen betreffen im einzelnen folgende Teile:

Hinzunahme zahlreicher weiterer Sorptionsisothermen von Trocknungsgütern,

Wärme- und Dampfübergang an Körpern verschiedener Form und Anordnung,

Stoffbewegung der verschiedensten Art (Molekularbewegung, Diffusion und Strömung) durch Haufwerke und porige Körper, Kapillarwasserbewegung in Trocknungsgütern,

Sublimationstrocknung,

Vervollständigung der Vorausberechnung der Vorgänge in technischen Trocknern,

automatische Aufzeichnung von Trocknungsverlaufskurven.

Wieder habe ich bei der Neubearbeitung in erster Linie meinen jetzigen oder früheren Mitarbeitern zu danken, die durch ihre wissenschaftlichen Untersuchungen viel zum Fortschritt des Fachgebietes beigetragen und mich bei der Redaktionsarbeit unterstützt haben: Dr.-Ing. H. Schauss, Dr.-Ing. K. Mahler, Dr.-Ing. W. Kast, Dr.-Ing. L. Jaeschke, Dr.-Ing. H. G. Kessler, Dipl.-Ing. E. U. Schlünder und Dipl.-Ing. W. Daus.

Herrn Prof. Dr.-Ing. RYOZO TOEI, Universität Kyoto, bin ich zu größtem Dank verpflichtet, weil er mir Einblick in seine jüngsten Untersuchungen über den Temperatur- und Feuchtigkeitsverlauf im Gut beim Trocknen gegeben und mir sehr aufschlußreiche Bilder überlassen hat.

Für kritische Hinweise und gute Ratschläge danke ich Herrn Prof. Dr. GRASSMANN, Zürich, Herrn Prof. Dr. HUBER, Linz, sowie Herrn Reg.-Direktor Dr.-Ing. KOLLMAR, Berlin.

In besonderem Maße gilt mein Dank dem Verlag Springer, der allen meinen Wünschen bereitwillig entgegengekommen ist und für die Ausstattung des Buches in vorbildlicher Weise Sorge getragen hat.

Darmstadt, im Sommer 1962 **O. Krischer**

πεπαιδευμένου γάρ ἐστιν ἐπὶ τοσοῦτον τ' ἀκριβὲς ἐπιζητεῖν κάθ' ἕκαστον γένος ἐφ' ὅσον ἡ τοῦ πράγματος φύσις ἐπιδέχεται.

Der geschulte Mann erstrebt in jedem Fachgebiet keine größere Genauigkeit, als das Wesen des Gegenstandes (vernünftigerweise) zuläßt.

ARISTOTELES, Nikomachische Ethik 1094 b 24.

Vorwort zur ersten Auflage

Das vorliegende Buch wendet sich an diejenigen Ingenieure, Physiker und Chemiker, die mit der Handhabung, Überwachung, Entwicklung, Planung und dem Entwurf von Trocknungsvorrichtungen zu tun haben. Zur Beurteilung möglicher Wärmeausnutzung, sinnvoller Anwendung der verschiedenen Trocknungsverfahren und Apparate, zur richtigen Dimensionierung von Trocknern für verschiedenartige Güter bedarf es eines Einblicks in die physikalischen Vorgänge beim Trocknen.

Im physikalischen Sinne stellt thermisches Trocknen – wie jedes thermische Trennen – ein Problem der Kupplung von Wärme- und Stoffaustausch dar. Trocknen ist insofern das komplizierteste Problem des thermischen Trennens, als die Eigenschaften des Trocknungsgutes (nicht nur der verdampfenden Flüssigkeit) in Hinsicht auf die Wärme- und Stoffbewegung im Innern des Gutes von entscheidendem Einfluß sind. Als besondere Eigenart des Fachgebiets kommt hinzu, daß die Formen der Trocknungsgüter außerordentliche Verschiedenheiten aufweisen, die den Austausch mit dem Trockenmittel wesentlich beeinflussen – im Gegensatz zu den meisten Aufgaben des Maschinen- und Apparatebaus, bei denen der Austausch eines Mediums mit der Körperoberfläche vorwiegend für gewisse Standardformen (Rohre, ebene Platten, Kugeln, Füllkörper definierter Form usw.) von Interesse ist.

Bei den wissenschaftlichen Grundlagen der Trocknungstechnik muß man zweierlei Arten von Grundlagen unterscheiden: erstens die allgemeinen physikalischen Gesetzmäßigkeiten bei Zustandsänderungen in Feststoffen, Flüssigkeiten und Gasen, der Bewegung von Flüssigkeiten, Gasen und Dämpfen bei Diffusion und Strömung sowie der Bewegung der Wärme bei Wärmeleitung, Wärmestrahlung und Wärmeübergang, zweitens die speziellen Gesetzmäßigkeiten der Trocknungsvorgänge, die sich aus dem Zusammenwirken der verschiedenen Grundvorgänge ergeben.

Letztere allein sollten ursprünglich Gegenstand dieses Bandes sein. Aber beim Schreiben zeigte sich, daß in keinem der vorliegenden Lehrbücher die allgemeinen Grundlagen in einer auf Trocknungsprobleme unmittelbar anwendbaren Form behandelt sind. Aus dem Gesamtgebiet findet man in den für Ingenieure geschriebenen Lehrbüchern durchweg die Vorgänge des Wärmeaustauschs und der Strömung in ihrer Anwendung auf die Standardkörper des Maschinenbaus, in den Lehrbüchern der physikalischen Chemie die Grundlagen der Sorption und der Diffusion bei Gasen und Flüssigkeiten. Die Blickpunkte in der Darstellung sind bei den Disziplinen verschieden und treffen in keiner von beiden denjenigen, der für trocknungstechnische Fragen der zweckmäßigste ist.

Aus diesem Grund schien es notwendig, einen kurzen Abriß der allgemeinen Gesetzmäßigkeiten voranzustellen (Kap. I bis III), aus dem der Leser – gleich welcher Disziplin – sich in einer der Eigenart des speziellen Fachgebiets angepaßten Darstellung über die Grundvorgänge in der Weise unterrichten kann, wie es zum Verständnis aller in der Trocknungstechnik möglichen Variationen zweckmäßig erscheint.

Angesichts der großen Zahl von Einflußgrößen, die in die Trocknungstechnik hineinspielen, und ihrer großen Veränderlichkeit kann es sich auf keinen Fall darum handeln, jede einzelne Einflußgröße mit möglichst großer Genauigkeit zu beschreiben, vielmehr nur darum, die qualitativen Abhängigkeiten der Einzelgrößen in den Vordergrund der Betrachtung zu stellen, damit ihr Einfluß auf den Trocknungsvorgang möglichst in der ganzen Variationsbreite der Einzelerscheinung anschaulich wird Eine solche Anleitung zu grob quantitativer Abschätzung ist nicht möglich ohne eine gewisse Systematik der Darstellung, die von den einfachsten physikalisch theoretischen Gesetzmäßigkeiten ausgehend eine Einordnung der jeweiligen Einzelerscheinungen in einen größeren Zusammenhang gestattet. Darum allein habe ich mich in den ersten Kapiteln bemüht. Im wesentlichen betraf diese Bemühung eine zusammenfassende und damit vereinfachende Darstellung der Gesetzmäßigkeiten der Rauchgastrocknung, des Wärme- und Stoffübergangs an Körpern verschiedener Form und Anordnung sowie des Strömungs- und Diffusionswiderstands in Schüttungen und Festkörpern.

Zu den folgenden Kapiteln (IV bis X), in denen die aus der Kupplung von Wärme- und Stoffaustausch resultierenden speziellen Gesetzmäßigkeiten der Trocknung unter den verschiedenartigsten äußeren Bedingungen für Güter verschiedener Eigenschaften und Formen behandelt werden, erübrigt sich eine Vorrede insofern, als die Notwendigkeit der zusammenfassenden Darstellung dieser Gesetzmäßigkeiten keiner Begründung bedarf. Ich hoffe, daß mit der hier angewandten Betrachtung alles bisher beobachteten Erscheinungen bei der Trocknung deutbar sind, so daß man alle wesentlichen Einflüsse nunmehr von vornherein abschätzen kann.

Zur Erläuterung der Form der Darstellung mögen folgende Bemerkungen dienen: In der ganzen vorliegenden Arbeit habe ich mich bemüht, dem Leser das Eindringen in die komplexe Materie dadurch zu erleichtern, daß vor jedem wichtigen Abschnitt, der mathematische Herleitungen enthält, ein Einblick in das jeweilige Problem ohne Verwendung mathematischer Formeln gegeben wird und am Ende eine kurze Zusammenfassung der wichtigsten Ergebnisse des Abschnitts angefügt ist. Um dem Leser jeweils Hinweise für die Anwendung der dargestellten Gesetzmäßigkeiten zu geben, sind möglichst oft kleine Anwendungsbeispiele eingestreut. Zur Erleichterung der Lektüre sind diejenigen Abschnitte, die nur in selteneren Fällen gebraucht werden oder ein tieferes

Eindringen in mathematische Zusammenhänge erfordern, ohne daß eine unmittelbare Anwendung auf technische Berechnungen beabsichtigt ist, in Kleindruck wiedergegeben. Um dem Leser die Benutzung des Buches zu erleichtern, habe ich alle wesentlichen Größen, die er für Berechnungen braucht (Stoffwerte usw.) in Zahlentafeln oder Bildern zusammengestellt.

Meine Danksagungen gelten meinen jetzigen und früheren Mitarbeitern, Dr.-Ing. H. Schauss, Dr.-Ing. H. Esdorn, Dr.-Ing. H. Beck, Dr.-Ing. W. Wissmann, Dipl.-Ing. G. Loos, Dipl.-Ing. K. Mahler und Dipl.-Ing. W. Kast, die mir nicht nur beim Entwerfen der Bilder, beim Korrekturlesen und bei klärenden Zwischenstudien geholfen haben, sondern auch durch ihre eigene wissenschaftliche Arbeit wesentlich zur Klärung mancher Fragen, die in diesem Buch behandelt werden, beigetragen haben.

Darmstadt, im April 1956

O. Krischer

Inhaltsverzeichnis

Hinweise auf häufig zu benutzende Tabellen, Abbildungen und Tafeln

	Tab.	Abb.	Tafel	Seite
Dampftafel; Dampfgehalt und Enthalpie gesättigter Luft	1			15
i–x-Tafeln feuchter Luft			I–III	Tafeltasche
Eigenschaften organischer Lösungsmittel	2			20
Dampfdruck von Lösungsmitteln		10		21
Enthalpiezunahme bei der Verbrennung		17		37
Feste, flüssige, gasförmige Brennstoffe (Heizwert, Elementaranalyse)	5–7			38
Wasserdampfgehaltzunahme der Rauchgase bei der Verbrennung		19		42
Wasserdampfdruck gesättigter Salzlösungen		22		48
Wasserdampfdruck wäßriger Schwefelsäure		27		52
Sorptionsisothermen verschiedener Stoffe und Absorbentien		28–45		52–62
Hydratations- und Lösungsenthalpie	10, 11			64
Emissionsverhältnis einiger Stoffe	12			71
Einstrahlzahlen		54–56		74 u. 75
Spektrales Emissionsvermögen		63–65		83
Spektrales Reflexionsvermögen		67–69		84 u. 85
Spektrale Durchlässigkeit		70–75		85 u. 86
Emissionsverhältnis für CO_2 und Wasserdampf		78 u. 79		88 u. 89
Wärmeleitzahlen	13–22			96–107
Einfluß des absoluten Druckes auf die Wärmeleitfähigkeit		89 u. 90		109 u. 111
Wärmeübergangszahl durch Strahlung	27			123
Stoffwerte einiger Flüssigkeiten und Gase	28			130
Wärme- und Stoffübergang umspülter Körper bei erzwungener Strömung		101		138
Wärme- und Stoffübergang umspülter Körper bei Auftriebsströmung		102 u. 105		139 u. 142
Wärmeübergang in Rohren und ebenen Spalten bei laminarer Strömung		107		145

Allgemein verwendete Bezeichnungen

Zeit

t	[h]	Zeit.

Gewichte

G	[kg oder kg/h]	Gewicht.
g mit Index	[kg/m²h]	Gewicht (Transportgeschwindigkeit).
γ	[kg/m³]	spezifisches Gewicht.

Temperaturen

ϑ	[°C]	Temperatur.
T	[°K]	absolute Temperatur.

Längen

z	[m]	laufende Koordinate in Strömungsrichtung.
y	[m]	laufende Koordinate quer zur Strömungsrichtung.
l	[m]	finite Länge (meist Strömungsweg).
s	[m]	finite Länge (meist Dicke).
r	[m]	Radius.
d	[m]	Durchmesser.
d'	[m]	hydraulischer Durchmesser; $d' = \frac{4f}{u} = \frac{4V_L}{O}$.
h	[m]	Höhe.
H	[m]	kapillare Steighöhe.
u	[m]	Umfang.

Flächen

F	[m²]	Fläche.
f	[m²]	freie Querschnittsfläche.
O	[m²]	am Austausch beteiligte Oberfläche.
o	[m²/kg]	Oberfläche von 1 kg Trocknungsgut.

Volumina

V	[m³ oder m³/h]	Volumen.
v	[m³/kg]	spezifisches Volumen.

Drucke, Teildrucke und Druckverhältnisse

P	[kg/m²]	Gesamtdruck.
P mit Index	[kg/m²]	Teildruck.
φ	[—]	relative Gasfeuchtigkeit.

Geschwindigkeiten und Beschleunigungen

g	[m/h²]	Erdbeschleunigung.
w	[m/h]	Strömungsgeschwindigkeit im freien Querschnitt.
$\overline{w}$	[m/h]	Strömungsgeschwindigkeit auf den gesamten Querschnitt bezogen.
ω	[1/h]	Winkelgeschwindigkeit.

Konzentrationen

x	[kg/kg]	Dampfgehalt des Trockenmittels.
X	[kg/kg]	Feuchtigkeitsgehalt des Trockengutes.
Γ mit Index	[kg/m³]	Teilgewicht eines Anteils in 1 m³ Trockengut.
Ψ	[−]	Porosität.
Ψ mit Index	[m³/m³]	Teilvolumen eines Anteils in 1 m³ Trockengut.

Wärmemengen und Energien

E	[kcal oder kcal/h]	Energie.
L	[kcal oder kcal/h]	äußere Arbeit.
I	[kcal oder kcal/h]	Enthalpie.
i mit stoffbezüglichem Index	[kcal/kg]	Enthalpie eines Stoffes.
i ohne stoffbezüglichen Index	[kcal/(1 + x)kg]	Enthalpie eines Gas-Dampf-Gemisches.
Q	[kcal oder kcal/h]	Wärmemenge.
q	[kcal/m² oder kcal/m²h]	Wärmedurchsatz je m².
r	[kcal/kg]	Verdampfungswärme.
r_b	[kcal/kg]	Bindungswärme.
r_{sch}	[kcal/kg]	Schmelzwärme.
H_o	[kcal/kg]	oberer Heizwert.
H_u	[kcal/kg]	unterer Heizwert.

Stoffeigenschaften usw.

a	[m²/h]	Temperaturleitzahl.
C	[kcal/m²h °K⁴]	Strahlungszahl.
c	[kcal/kg °C]	mittlere spezifische Wärme.
λ	[kcal/mh °C]	Wärmeleitzahl.
$\sqrt{\lambda c \gamma}$	[kcal/m²h^1/2 °C]	Wärmeeindringzahl.
α	[kcal/m²h °C]	Wärmeübergangszahl.
ε	[m³/m³ °C]	kubischer Ausdehnungskoeffizient.
δ	[m²/h]	Diffusionszahl.
β	[m/h]	Stoffübergangszahl.
$\varkappa$	[m²/h]	Feuchtigkeits- oder Flüssigkeitsleitzahl.
b	[m/h]	Bewegungsbeiwert für Strömung und Diffusion.
η	[kgh/m²]	dynamische Zähigkeit.
ν	[m²/h]	kinematische Zähigkeit.
σ	[kg/m]	Oberflächenspannung.
ζ	[−]	Widerstandsfaktor bei turbulenter Strömung.
ξ	[−]	Widerstandsfaktor eines Einzelkörpers bei Strömungsvorgängen.
μ	[−]	Diffusionswiderstandsfaktor.
μ_F	[−]	Flächenfaktor.
μ_l	[−]	Wegfaktor.
M	[kg/kmol]	Molekulargewicht.
R	[mkg/kg °K]	Gaskonstante.

Kenngrößen

Fo	[−]	FOURIERsche Kenngröße $Fo = \frac{z^2}{a\,t}$.
Nu	[−]	NUSSELTsche Kenngröße für Wärmeübergang

$$Nu = \frac{\alpha\, l}{\lambda} \text{ oder } \frac{\alpha\, d}{\lambda}.$$

Nu'	[–]	NUSSELTsche Kenngröße für Stoffübergang $$Nu' = \frac{\beta l}{\delta} \text{ oder } \frac{\beta d}{\delta}.$$
Gr	[–]	GRASHOFsche Kenngröße $$Gr = \frac{l^3 g\, \varepsilon (\vartheta_0 - \vartheta_\infty)}{\nu^2}.$$
Gr'	[–]	erweiterte GRASHOFsche Kenngröße für Gase $$Gr' = \frac{l^3 g \left(\frac{M_\infty}{M_0} \frac{T_0}{T_\infty} - 1\right)}{\nu^2}.$$
Re	[–]	REYNOLDSsche Zahl $Re = \frac{w\, l}{\nu}$ oder $\frac{w\, d}{\nu}$.
Pe	[–]	PÉCLETsche Kenngröße für Wärmeübergang $$Pe = \frac{w\, l}{a} \text{ oder } \frac{w\, d}{a}.$$
Pe'	[–]	PÉCLETsche Kenngröße für Stoffübergang $$Pe' = \frac{w\, l}{\delta} \text{ oder } \frac{w\, d}{\delta}.$$
Pr	[–]	PRANDTLsche Kenngröße für Wärmeübergang $Pr = \nu/a$.
Pr'	[–]	PRANDTLsche Kenngröße für Stoffübergang $Pr' = \nu/\delta$.
Le	[–]	LEWISsche Zahl $Le = a/\delta$.

Sonstiges

n	[–]	Anzahl.
Δ	[–]	Differenz.
Φ	[–]	Einstrahlzahl.

Physikalische Konstanten

C_s = 4,96 [kcal/m²h °K⁴] Strahlungszahl des schwarzen Körpers.

$\mathfrak{R}$ = 848 [mkg/kmol °K] universelle Gaskonstante.

Allgemein verwendete Indizes

Auf den Stoff bezogen

S Feststoff.
L Gas allgemein (meist Luft).
G Rauchgas.
D Dampf (meist Wasserdampf).
W Flüssigkeit (meist Wasser).

Auf den Ort bezogen

y an der Stelle y.
z an der Stelle z.
l auf die Länge bezogen.
d auf den Durchmesser bezogen.
o an der Oberfläche.
∞ in genügendem Abstand von der Austauschfläche bzw. bei asymptotischer Näherung an einen bestimmten Wert.
a Austrittszustand und äußere Begrenzung.
e Eintrittszustand.
i innere Begrenzung.
M am Meniskus.

Auf den Zustand bezogen

v bei konstantem Volumen.
p bei konstantem Druck.
s, $''$ im Sattdampfzustand.
sch am Schmelzpunkt.
0 bei 0 °C.
k bei Kühlgrenztemperatur.
kr am kritischen Punkt.
Kn am Knickpunkt.
gl bei Feuchtigkeitsgleichgewicht.
tr trocken.
n naß.
f feucht.
I im ersten Trocknungsabschnitt.
II im zweiten Trocknungsabschnitt.
III im dritten Trocknungsabschnitt.
1, 2, . . . festgelegte Punkte oder Zustände.
E am Ende.

Auf den Vorgang bezogen

B durch Wärmeleitung.
R durch Strahlung.
K durch Konvektion.
lam bei laminarer Durchströmung.
turb bei turbulenter Durchströmung.
mol bei KNUDSENscher Molekularströmung.
diff bei zweiseitiger Diffusion.
verd bei Verdunstungsvorgängen (einseitiger Diffusion).
kap bei Kapillarwasserbewegung.
hygr im hygroskopischen Bereich.

Sonstige

m Mittelwert.
ges gesamt.
äquivalenter Wert, bei Kenngrößen derjenige der Diffusion.
* äquivalenter Wert.

Einleitung

Unter Trocknen sei in diesem Buch ganz allgemein der Entzug irgendeiner Flüssigkeit aus irgendeinem Gut verstanden, wobei das Ziel des Trocknens die Herstellung des trockenen Gutes ist.

Wir unterscheiden dabei grundsätzlich zwei Arten der Trocknung:

a) die mechanische Trocknung, d. h. Austreibung der Flüssigkeit durch rein mechanische Kräfte (Schleudern, Pressen usw.).

Zum Verständnis dieser Fragen ist die Kenntnis der Kräfte erforderlich, die die Flüssigkeit an das Gut binden.

b) die thermische Trocknung, bei der zwei Teilvorgänge unterschieden werden müssen:

1. die Überführung der Flüssigkeit in den dampfförmigen Zustand,
2. die Abführung des Dampfes.

Die unter 1. genannte Aggregatzustandsänderung, die nur durch Wärmezufuhr ermöglicht wird, nennen wir Verdunstung oder Verdampfung.

Von *Verdunstung* spricht man, wenn in dem an die Oberfläche der Flüssigkeit angrenzenden Raum der entstehende Dampf nicht allein vorhanden ist, sondern außer diesem noch ein anderes Gas, d. h. wenn der mit dem Manometer meßbare Gesamtdruck größer ist als der Teildruck des entstehenden Dampfes.

Von *Verdampfung* spricht man, wenn im angrenzenden Raum nur der entstehende Dampf vorhanden ist, d.h. wenn der Gesamtdruck gleich dem Teildruck des Dampfes ist (z.B. Heißdampftrocknung oder Vakuumtrocknung).

Entsprechend unterscheidet man bei der unter 2. genannten Abführung des Dampfes die Begriffe Dampfdiffusion und Dampfströmung.

Bei der *Dampfdiffusion* (= Zerstreuung) „zerstreut" sich der entstehende Dampf in ein anderes Gas (das Trägergas), welches bei seiner Bewegung den aufgenommenen Dampf mitnimmt. Treibende Kräfte für die Bewegung des Dampfes im Gas sind Teildruckunterschiede des Dampfes. Bei Trocknungsvorgängen mit dieser Art der Dampfbewegung spricht man von *Verdunstungstrocknung.*

Bei der *Dampfströmung* wird nur der entstehende Dampf abgeführt, ohne daß ein anderer Stoff an dem Vorgang beteiligt ist. Treibende Kräfte für eine solche Dampfbewegung sind Gesamtdruckunterschiede, die zur Überwindung der Reibung verbraucht werden. Trocknungsvorgänge mit dieser Art der Dampfbewegung werden mit dem Begriff *Verdampfungstrocknung* belegt.

Die Grundfragen bei der thermischen Trocknung sind die folgenden:

1. Wie bringt man die zur Aggregatzustandsänderung (Verdunstung oder Verdampfung) notwendige Wärme an den Ort der Verdunstung oder Verdampfung?

Je nach der Art der Wärmezufuhr an das Trocknungsgut unterscheidet man *Konvektionstrocknung* (Wärmeübergang vom Trockenmittel an das Gut), *Kontakttrocknung* (Wärmeleitung durch das Gut), *Strahlungstrocknung* (Wärmestrahlung von umgebenden Flächen) oder *elektrische Trocknung* (JOULEsche Wärme- oder Energieumsetzung bei der Absorption elektromagnetischer Wellen bei der *Hochfrequenztrocknung*).

2. Wie bringt man den entstehenden Dampf vom Ort seiner Entstehung weg?

Hier unterscheidet man *Lufttrocknung*, *Vakuumtrocknung*, *Heißdampftrocknung*.

Implizite ist in diesen beiden Fragen eine dritte enthalten:

3. Wo liegt in einem gegebenen Zeitpunkt der Ort der Verdunstung oder Verdampfung?

Will man die erste Frage nach der Wärmebewegung beantworten, so muß man sich mit den *Gesetzen der Wärmeübertragung* durch Wärmestrahlung, Wärmeleitung und konvektive Energiemitführung beschäftigen. Es gibt gewisse Sonderfälle der Trocknung, bei denen diese Gesetze allein den Gesamtvorgang beherrschen (z. B. Verdampfung aus einer Oberfläche bei konstantem Druck).

Die Beantwortung der zweiten Frage nach der Entfernung des entstehenden Dampfes setzt die Kenntnis der *Gesetze der Dampfbewegung* bei Strömung, Diffusion und der konvektiven Dampfmitführung voraus. (Für sehr langsam verlaufende Trocknungsvorgänge bei niederen Temperaturen sind diese Gesetzmäßigkeiten oft allein entscheidend.) Wenn man bedenkt, daß bei bekanntem Ort der Dampfentstehung – z.B. in der Oberfläche des Gutes – zur Erzielung bestimmter gleichbleibender Bedingungen bei der Trocknung nur so viel Wärme zugeführt werden kann, als Energie in dem abgehenden Dampf fortgeführt wird, so erkennt man, daß in diesem Fall das Problem der thermischen Trocknung in der *Kupplung von Wärme- und Dampfbewegung* zu suchen ist. Ist also der Ort der Dampfentstehung bekannt, so liefert die Anwendung der genannten Gesetzmäßigkeiten allein Aufschluß über die Trocknung unter gegebenen äußeren Bedingungen. (Dies würde zutreffen für die Verdunstung aus Gütern, deren Oberfläche sehr naß ist bzw. die Verdunstung eines Wassertropfens und oft in gewissem Maß für manche Güter bei der Zerstäubungstrocknung.)

Im allgemeinen aber ist der Ort der Dampfentstehung im Gut nicht ohne weiteres bekannt. Er ergibt sich vielmehr erst durch die Bedingung, daß die verdampfende Flüssigkeit innerhalb des Gutes an den Ort der Dampfentstehung bewegt werden muß. Die *Flüssigkeitsbewegung* im Gut aber hängt von den Kräften ab, die sie an das Gut binden. Will man also den allgemeinen Fall der Trocknung behandeln, so ist dieser durch die *Kupplung von Wärme-*, *Dampf-* und *Flüssigkeitsbewegung* zu beschreiben. Und erst wenn man alle diese Gesetzmäßigkeiten kennt, wird man sich von dem gesamten Vorgang ein Bild machen und im gegebenen Fall die zweckmäßigsten Vorkehrungen treffen können.

Diese Überlegungen sind von besonderer Wichtigkeit für den projektierenden Ingenieur, der Trocknungsanlagen entwerfen soll und bestimmte Garantien für die Einhaltung vorgeschriebener Trocknungszeiten übernehmen muß. Wesentlich einfacher jedoch sehen die Probleme der Trocknungstechnik für denjenigen Ingenieur aus, der lediglich mit der Abnahme oder der Betriebsüberwachung von Trocknern zu tun hat und nur feststellen muß, ob die verlangten Garantien hinsichtlich Trocknungszeit sowie Wärme- und Kraftverbrauch eingehalten sind. Er kann von außen an einen Trocknungsapparat herangehen und sich durch Messung der ein- und austretenden Stoff-, Energie-, Arbeits- und Wärmemengen über die wirtschaftlich wichtigen Daten informieren. Für ihn besteht das Problem hauptsächlich darin, daß er nicht immer die zur Aufstellung von Bilanzen (Stoff- und Energiebilanzen) notwendigen Größen (Gewichte, Energien usw.) durch unmittelbare Messung bestimmen kann, sondern oft aus verschiedenen Beobachtungen (Temperatur, relative Feuchtigkeit der Trocknungsluft usw.), die nur mittelbar zur Bestimmung der gesuchten Größen zu benutzen sind, Schlüsse auf die gesuchten Größen ziehen muß. Bei all diesen Fragen ist es wichtig, *Stoff- und Energiebilanzen* aufzustellen, die im Hinblick auf die in der Trocknungstechnik möglichen Messungen und ihre Auswertung in eine Form gefaßt werden sollten, die bei allen Betrachtungen widerspruchslos angewandt werden kann.

Kapitel I

Stoff- und Energieumsetzungen beim Trocknen

Im allgemeinen werden an einen Trockner seitens des Käufers in wirtschaftlicher Hinsicht folgende Anforderungen gestellt:

1. Es wird ein bestimmter stündlicher Durchsatz von Trockengut verlangt.

2. Für das Trocknungsgut sind Anfangs- und Endflüssigkeitsgehalt vorgeschrieben.

3. Für den Wärmeverbrauch je kg verdampfte Flüssigkeit ist eine obere Grenze gesetzt.

4. Der Kraftverbrauch für den Antrieb von Ventilatoren, Antriebsmaschinen usw. wird begrenzt.

Weitere spezielle Anforderungen für gewisse „empfindliche" Trocknungsgüter beziehen sich auf die Einhaltung bestimmter Temperaturgrenzen, die Einhaltung gewisser Grenzen in der Feuchtigkeitsverteilung oder der zulässigen Spannungen im getrockneten Gut.

Durchaus unproblematisch und jederzeit leicht nachprüfbar sind im allgemeinen die Punkte 1 und 2, die mittels Waage kontrollierbar sind. Schwieriger ist manchmal Punkt 3, da es oft nur schwer möglich ist, den

Wärmeverbrauch unmittelbar an der Heizvorrichtung zu bestimmen. Häufig ist es einfacher, den Zustand der ein- und austretenden Luftmengen zu bestimmen und mit Hilfe von Stoff- und Energiebilanzen die Dampf- und Wärmeaufnahme des Luftstroms, die bei Lufttrocknern in der Regel den weitaus größten Anteil am gesamten Wärmeumsatz hat, zu berechnen. Die Dampfaufnahme ergibt sich aus der Stoffbilanz, die Wärmeaufnahme aus der Energiebilanz für den Trockner. Wir stellen diese Bilanzen in der Weise auf, daß wir für den ganzen Trockner oder einen beliebig abgegrenzten Bereich desselben die Kontinuitätsgleichung der Masse und die Kontinuitätsgleichung der Energie (den ersten Hauptsatz der Wärmelehre) anwenden.

A. Stoff- und Energiebilanzen

a) Stoffbilanzen

Wenn aus einem Trockner oder einem bestimmten Bereich desselben mehr Stoff ausströmt als einströmt, so muß der Rest aus dem Bereich genommen sein. Bezeichnet man die Summe der Gewichte aller mit dem Gut und dem Trockenmittel *ein*tretenden Stoffmengen mit $\sum G_e$, diejenige der *aus*tretenden mit $\sum G_a$, den aus dem Bereich oder dem Apparat entzogenen Teil mit $-\Delta G$, so gilt:

$$\sum G_e - \sum G_a = -\Delta G. \tag{1}$$

Im Beharrungszustand tritt ebensoviel ein wie aus; folglich gilt dann:

$$\sum G_e - \sum G_a = 0. \tag{1a}$$

Wir betrachten das Schema eines *diskontinuierlich* arbeitenden Trockners (z.B. Trockenschrank) (Abb. 1). Der sonst luftdichte Apparat werde während einer beliebigen Beobachtungszeit durchströmt von G_L kg

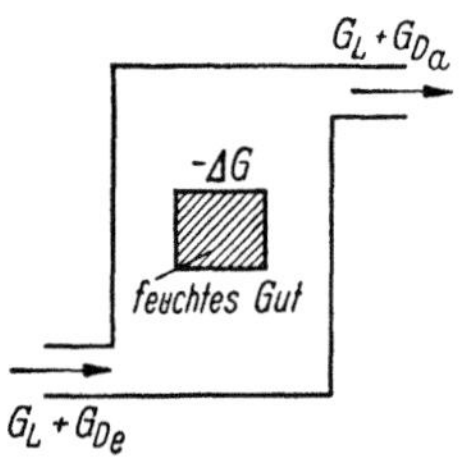

Abb. 1. Schema eines diskontinuierlich arbeitenden Trockners.

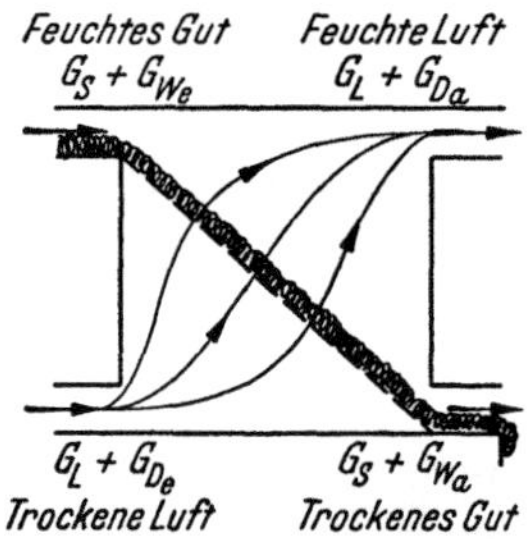

Abb. 2. Schema eines kontinuierlich arbeitenden Trockners.

Luft (gemessen in völlig trockenem Zustand), die eine Wasserdampfmenge G_{D_e} mitbringt und eine andere G_{D_a} fortträgt. – Grundsätzlich wird im folgenden der Index e für den Zustand des in einen Bereich *ein*tretenden, der Index *a* für den aus dem Bereich *aus*tretenden Stoff (sei es Trockenstoff, Flüssigkeit oder Luft) gebraucht. – Wird beim Trocknungsgut eine Gewichtsverminderung $-\Delta G$ festgestellt, so ist bei gleichbleibendem Druck und mittlerer Temperatur im Trockenschrank dies gleichzeitig die gesamte Gewichtsänderung des Trockners. Also gilt nach Gl. (1):

$$G_{D_e} - G_{D_a} = -\Delta G .$$

G_{D_a} ist hierin die gesamte während der Beobachtungszeit abgeströmte Dampfmenge in kg.

Soll ein *kontinuierlich im Beharrungszustand* arbeitender Trockner betrachtet werden (Abb. 2), so ist seine Gewichtsänderung ΔG während einer beliebigen Versuchszeit gleich Null. Mit den Bezeichnungen von Abb. 2 (G_S = Gewicht des trockenen Stoffes, G_W = Gewicht der Flüssigkeit im Stoff) gilt nach Gl. (1a):

$$G_{W_e} - G_{W_a} = G_{D_a} - G_{D_e} .$$

Da bei einem kontinuierlich arbeitenden Trockner je Zeiteinheit gleiche Gewichte durchgesetzt werden, so kann den verschiedenen Gewichten G_{W_e}, G_{W_a}, G_{D_e} usw. auch die Dimension kg/h gegeben werden.

Sind bei einem Trockner andere Stoffströme vorhanden, so sind alle Gewichte der ein- und austretenden Stoffe zu betrachten. Zum Beispiel sind bei einem direkt mit Kohle beheizten Rauchgastrockner, für dessen Gesamtheit die Stoffbilanz durchzuführen ist, als eintretende Gewichte anzusetzen:

Kohle, Verbrennungsluft mit zugehörigem Wasserdampf, Trocknungsgut mit der beim Eintritt darin enthaltenen Flüssigkeit;

als austretende Gewichte:

Asche, Rauchgas mit dem zugehörigen Wasserdampf, Trocknungsgut mit der beim Austritt noch vorhandenen Flüssigkeit.

Zur Anwendung der gleichen Begriffe auf die Stoffbilanz einer verdampfenden Oberfläche greifen wir einen engen Bereich oberhalb und unterhalb der Oberfläche heraus (durch die gestrichelten Linien 0–0 und 1–1 in Abb. 3 gekennzeichnet).

Bei 0–0 tritt die Dampfmenge G_{D_a} aus. Strömt bei 1 – 1 weder Flüssigkeit noch Dampf ein ($G_{W_e} = 0, G_{D_e} = 0$), so muß nach Gl. (1) eine Flüssigkeitsabnahme in dem betrachteten Bereich

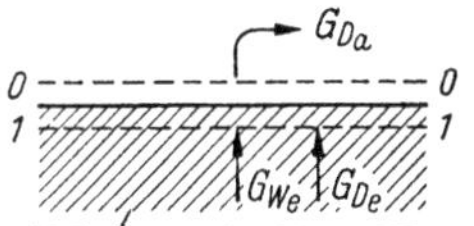

Abb. 3. Zur Stoff- und Energiebilanz bei der Verdunstung an einer Oberfläche.

$$\Delta G = G_{D_a}$$

eintreten. Es tritt eine Austrocknung des Bereiches ein. Wird jedoch z. B. durch irgendwelche Kräfte gerade dieselbe Menge in flüssiger Form oder in Dampfform nachgefördert $G_{W_e} + G_{D_e} = G_{D_a}$, so bleibt der Feuchtigkeitszustand in dem Bereich konstant ($\Delta G = 0$). In dem Bereich herrscht dann hinsichtlich der Stoffbewegung ein Beharrungszustand [Gl. (1a).]

Die Bestimmung der Gewichte

Die Bestimmung der Gewichte fester oder flüssiger Güter bietet grundsätzlich keine Schwierigkeiten. Bei Gasen und Dämpfen jedoch ist die Gewichtsbestimmung mittels Waage nicht durchführbar. In der Trocknungstechnik können manchmal Gasvolumina V [m³] gemessen oder aus Geschwindigkeitsmessungen berechnet werden. Bei Kenntnis der spezifischen Gewichte ist dann auch das Gewicht bestimmbar. Bei Rauchgasen erfolgt die Gewichtsbestimmung meist aus der Wägung der Kohlenmenge und der chemischen Analyse von Brennstoff und Rauchgas[1].

Bei Dampf-Gasgemischen müssen in den meisten Fällen sowohl die Gasgewichte G_L (meist Luft) als auch die Dampfgewichte G_D auf indirektem Weg unter Zuhilfenahme der Stoffbilanz bestimmt werden. Mittels Temperatur-, Druck- und Feuchtigkeitsbestimmung (Psychro- oder Hygrometer) kann entweder das spezifische Gewicht des Dampfes γ_D oder der Dampfgehalt x von 1 kg trockener Luft bestimmt werden (vgl. Kap. XI). Die Einführung der letzteren Größe ist gerade in der Trocknungstechnik deshalb von Vorteil, weil bei dem Weg durch den Trockner (Dichtheit vorausgestzt) meist die Menge der durchströmenden trockenen Luft G_L konstant ist, während ihre Temperatur, Volumen, Beladung mit Wasserdampf sich auf dem Weg ändert.

Mit

$$G_D/G_L = x \quad \text{kg Dampf/kg trockenes Gas} \tag{2}$$

wird

$$G_D = x\,G_L$$

und

$$G_L + G_D = G_L(1 + x)\,. \tag{3}$$

Bei der Anwendung auf die obigen Beispiele (Abb. 1 und 2) sei angenommen, die Größen x_e und x_a seien durch Messung bekannt, wobei zu bedenken ist, daß sie bei dem diskontinuierlichen Trockner in Abb. 1 als Mittelwert über die ganze Versuchszeit (mit dem Index m gekennzeichnet) anzusetzen sind, während beim kontinuierlichen Trockner im Beharrungszustand das Meßergebnis theoretisch in jedem Augenblick das gleiche sein müßte.

Es ergibt sich für den diskontinuierlichen Trockner:

$$G_L = \frac{\Delta G}{x_{a_m} - x_{e_m}}\,, \tag{4}$$

für den kontinuierlichen:

$$G_L = \frac{G_{W_e} - G_{W_a}}{x_a - x_e}\,. \tag{4a}$$

Der Dampfgehalt x kann meistens aus der psychrometrisch meßbaren relativen Feuchtigkeit, der Temperatur und dem Druck der Luft errechnet werden. Unter Anwendung des Gasgesetzes auf ein gegebenes Volu-

[1] Siehe HÜTTE I, 27. Aufl., S. 1085.

men V [m³], in dem sich die Mischung von Luft und Wasserdampf befindet, ergibt sich mit $G_D = P_D V / R_D T$ und $G_L = P_L V / R_L T$:

$$x = G_D / G_L = \frac{R_L P_D}{R_D P_L}.$$

Es bedeuten:

P_D bzw. P_L [kg/m²] die Teildrucke von Dampf und Gas.
R_D bzw. R_L [mkg/° kg] die Gaskonstanten der beiden Bestandteile.

Drückt man noch den Dampfdruck P_D durch das Produkt aus relativer Feuchtigkeit φ und Sattdampfdruck P''_D bei der Temperatur T aus, d.h.

$$\varphi = P_D / P''_D, \tag{5}$$

und schreibt den Teildruck des Gases P_L als Differenz des Gesamtdruckes P und des Dampfteildruckes, so findet man:

$$x = \frac{R_L}{R_D} \frac{\varphi P''_D}{P - \varphi P''_D}, \tag{6}$$

oder speziell für Luft-Wasserdampfgemische mit $R_L = 29{,}271$ und $R_D = 47{,}1$:

$$x = 0{,}622 \frac{\varphi P''_D}{P - \varphi P''_D}. \tag{6a}$$

Im Zustand der Sättigung ($\varphi = 1$) wird der Dampfgehalt:

$$x'' = 0{,}622 \frac{P''_D}{P - P''_D}. \tag{6b}$$

b) Energiebilanzen

Die Energiebilanz für einen abgegrenzten Bereich besagt, daß die Summe aller Energieänderungen der beteiligten Stoffe in dem abgegrenzten Bereich in Form von Wärme oder Arbeit mit der Umgebung ausgetauscht werden muß. Für die Zwecke der Trocknungstechnik formuliert man den diese Bilanz ausdrückenden ersten Hauptsatz der Wärmelehre zweckmäßig in folgender Form:

$$\sum Q + \sum L = \sum E_a - \sum E_e + \Delta E. \tag{7}$$

Darin bedeuten:

$\sum Q$ [kcal] Summe aller Wärmemengen, die mit der Umgebung des Trockners oder eines beliebig abgegrenzten Bereiches ausgetauscht werden. Als Wärmemengen, mit dem Zeichen Q gekennzeichnet, sind in diesem Buch nur solche verstanden, die durch Leitung oder Strahlung durch den Rand des betrachteten Bereichs ab- oder zufließen. Wärmemengen, die aus verlorener Arbeit entstehen (elektrisch oder mechanisch), werden als Arbeit gezählt.

$\sum L$ [kcal] Summe aller Arbeitsleistungen, mechanische oder elektrische, die mit der Umgebung ausgetauscht werden.

ΣE_e [kcal] Summe aller Energien, die mit allen eintretenden Stoffmengen G in den Bereich eintreten; bei jedem Stoff ist also die Summe seiner Energien (Enthalpie, kinetische, chemische Energie usw.) einzusetzen.

ΣE_a [kcal] Summe aller Energien, die mit den austretenden Stoffmengen aus dem Bereich austreten.

ΔE [kcal] Energieänderung des betrachteten Bereichs.

Wärmemengen Q und Arbeiten L werden positiv gezählt, wenn sie dem Bereich zugeführt werden, negativ, wenn sie abgeführt werden. Im Beharrungszustand ändert sich der Energiezustand eines Trockners während einer beliebigen Beobachtungszeit nicht. Es gilt also:

$$\Delta E = 0 \quad \text{oder}$$

$$\sum Q + \sum L = \sum E_a - \sum E_e . \tag{7a}$$

Im allgemeinen ist bei Aufgaben der Trocknungstechnik der Druck näherungsweise konstant und daher beim Energiezustand der ein- und ausgebrachten Stoffe nur die Enthalpie J kcal (früher „Wärmeinhalt" genannt) der Stoffe und bei den Brennstoffen die chemische Energie (Heizwert) zu berücksichtigen (die kinetische Energie ist bei Aufgaben der Trocknungstechnik fast stets vernachlässigbar).

In Anwendung auf die Beispiele des vorigen Abschnitts ergibt sich als Energiebilanz für den Trockenschrank (Abb. 4), der z.B. mit Ventilator,

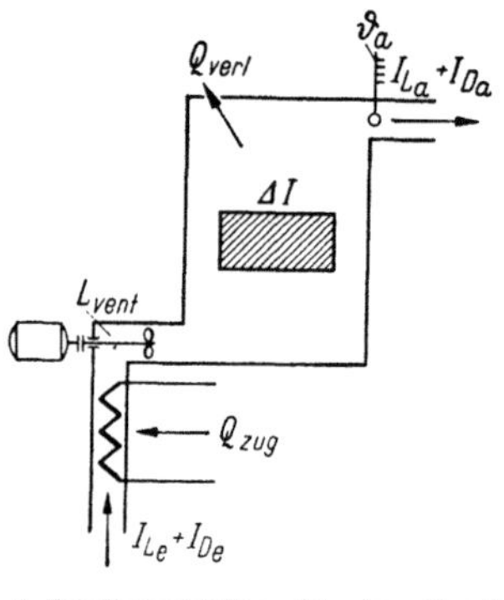

Abb. 4. Zur Energiebilanz für einen Trockenschrank.

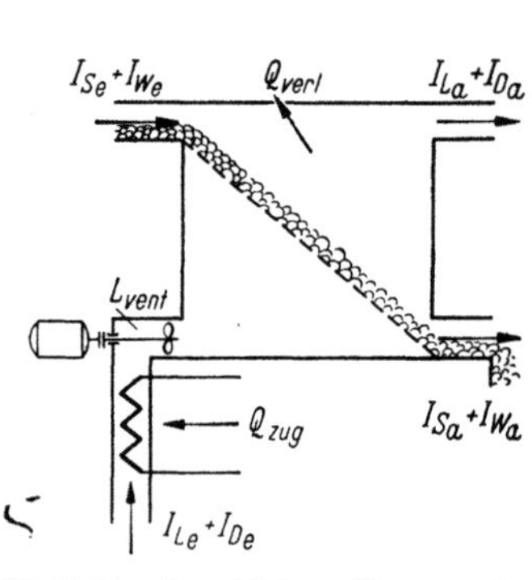

Abb. 5. Zur Energiebilanz für einen kontinuierlich arbeitenden Trockner.

dessen Arbeit L_{vent} sei, und einem Lufterhitzer, der der Luft eine Wärmemange Q_{zug} zuführt, versehen sein soll und eine Wärmeabgabe an die Umgebung $-Q_{\text{verl}}$ haben soll:

$$-Q_{\text{verl}} + Q_{\text{zug}} + L_{\text{vent}} = J_{L_a} + J_{D_a} - J_{L_e} - J_{D_e} - \Delta J .$$

Die Enthalpien J der Stoffe sind dem Gewicht G der Stoffe proportional. Als Enthalpie je kg Stoff wird die Bezeichnung i gewählt. Es ist also jeweils $J = Gi$.

Behält der ganze Trockner samt Gut während der Beobachtungszeit seine Temperatur bei und ist obendrein die Enthalpie je kg der in dem

Gut enthaltenen Flüssigkeit nur von der Temperatur abhängig – was meist hinreichend genau zutrifft –, so ist die Enthalpieänderung des Gutes $-\Delta J$ gleich derjenigen des ihm entzogenen Wassers $-\Delta G\, i_W$. Die letzte Gleichung geht dann über in:

$$Q_{\text{zug}} - Q_{\text{verl}} + L_{\text{vent}} = G_L (i_{L_a} - i_{L_e}) + G_{D_a} i_{D_a} - G_{D_e} i_{D_e} - \Delta G\, i_W\,. \quad (8)$$

Für den in Abb. 2 dargestellten kontinuierlichen Trockner sei ebenfalls angenommen, daß der ganze Trockner betrachtet wird. Dann lautet die Energiebilanz mit den Bezeichnungen in Abb. 5, da der Energiezustand des Trockners mit der Zeit konstant bleibt ($\Delta J = 0$):

$$Q_{\text{zug}} - Q_{\text{verl}} + L_{\text{vent}} = J_{S_a} + J_{W_a} + J_{L_a} + J_{D_a} - (J_{S_e} + J_{W_e} + J_{L_e} + J_{D_e})\,,$$

oder unter Verwendung der Enthalpien je kg:

$$\left.\begin{aligned} Q_{\text{zug}} - Q_{\text{verl}} + L_{\text{vent}} = G_S (i_{S_a} - i_{S_e}) + G_{W_a} i_{W_a} - G_{W_e} i_{W_e} \\ + G_L (i_{L_a} - i_{L_e}) + G_{D_a} i_{D_a} - G_{D_e} i_{D_e}\,. \end{aligned}\right\} \quad (9)$$

Bei der Untersuchung von Trocknungsapparaten ist in der Regel die Bestimmung der Größen der rechten Seite von Gl. (9) nicht allzu schwierig. Aus ihnen kann man dann die Summen der Wärmen und Arbeiten, nicht aber eine der Einzelgrößen berechnen. Will man eine einzelne dieser Größen ($Q_{\text{zug}}, Q_{\text{verl}}, L_{\text{vent}}$) bestimmen, so muß man entweder die beiden anderen unmittelbar messen können (z. B. Q_{zug} und L_{vent}) oder man muß innerhalb des Trockners einen bestimmten Bereich abgrenzen, in dem lediglich die gesuchte Größe als äußere Einwirkung auftritt. Will man z. B. die Wärmeverluste Q_{verl} eines Trockners experimentell bestimmen, so muß der Bereich derart abgegrenzt werden, daß der Eintrittszustand hinter dem Ventilator in Abb. 5 gemessen wird. Befinden sich die Ventilatoren samt Motoren innerhalb des Trockners, so ist die Ventilatorarbeit L_{vent} gleich der in den Motor fließenden elektrisch zugeführten Energie, die meist verhältnismäßig einfach zu messen ist.

Für das Verhalten von Stoffen bei der Trocknung ist oft wichtig zu wissen, in welcher Form die Wärme an das Trocknungsgut überführt wird, ob durch Strahlung, durch Leitung oder durch Wärmeübergang aus dem Trockenmittel (z. B. Luft). Zu diesem Zweck muß man Energiebilanzen für die Oberfläche des Trocknungsgutes aufstellen – seltener, um sie experimentell zu bestimmen, als um sich auf Grund später zu behandelnder physikalischer Überlegungen ein Bild der möglichen Einwirkungen auf das Trocknungsgut machen zu können –.

Bei der Aufstellung der Energiebilanz für die in Abb. 3 gezeichnete Oberfläche interessiert vorwiegend die Aufteilung der verschiedenen in der verdunstenden Oberfläche durchgesetzten Wärmemengen, die durch Strahlung, Leitung oder Konvektion mit der Umgebung ausgetauscht werden können.

In Abb. 6 sind drei charakteristische Fälle gezeichnet; für alle drei ist angenommen, daß die von der Oberfläche abströmende Dampfmenge

$G_{D_e} = G_D$ in flüssiger Form an die Oberfläche nachgesaugt wird ($\Delta G = 0$) und daß die Temperatur- und Druckverhältnisse in der Oberfläche während der Beobachtungszeit konstant bleiben.

Im Fall *a*, der mit *Kontakttrocknung* bezeichnet werden soll, fließt die zugeführte Wärme Q_B durch Wärmeleitung von der beheizten Wand durch das auf ihr aufliegende Gut an die Oberfläche. Bei kälterer Umgebung (Luft und Wände) wird durch konvektive Wärmeabgabe an die Luft Q_{LK}, durch Strahlung Q_R abgegeben. Es gilt dann nach Gl. (7a):

$$Q_B - Q_{LK} - Q_R = J_D - J_W = G_D(i_D - i_W).$$

Fall *b* soll gelten für eine *Strahlungstrocknung*, bei der die umgebende Luft kälter ist als die Oberfläche. Es gilt dann:

$$Q_R - Q_{LK} - Q_B = J_D - J_W = G_D(i_D - i_W).$$

Bei Fall *c* stellt die Luft, die durch konvektiven Wärmeübergang an die Oberfläche Wärme abgibt, den Wärmeträger dar (*Konvektions-* oder *Lufttrocknung*). Es ist:

$$Q_{LK} - Q_B - Q_R = J_D - J_W = G_D(i_D - i_W).$$

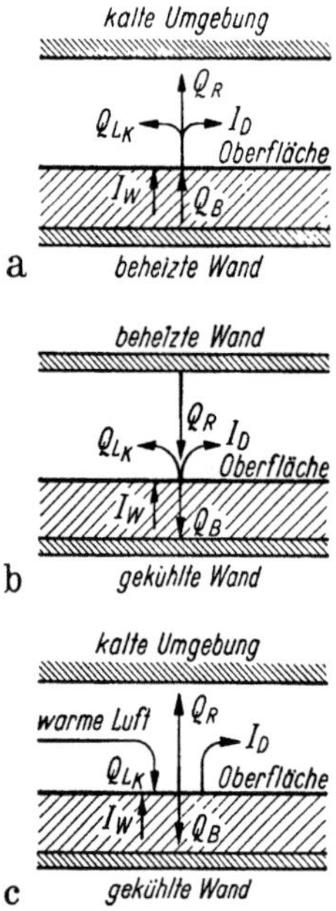

Abb. 6a–c. Zur Energiebilanz an der Gutsoberfläche bei verschiedenartiger Wärmezufuhr. a) Kontakttrocknung; b) Strahlungstrocknung; c) Konvektions- oder Lufttrocknung.

Erfolgt bei einem Gut die Erwärmung durch hochfrequente Ströme, Joulesche Wärme oder durch die Umsetzung chemischer Energie im Gut, so ist nach der obigen Formulierung (Gl. 7) und (7a) die dabei im Innern des Gutes frei werdende Energie als zugeführte äußere Arbeit zu zählen. Durch Wärmeleitung gelangt ein Teil Q_B der zugeführten Arbeit an die Oberfläche, so daß unter sonst gleichen äußeren Bedingungen die Bilanz für die trocknende Oberfläche mit der für den Fall *a* (Kontakttrocknung) identisch ist.

Die Bestimmung der Enthalpien

Sofern nicht der empirische Zusammenhang zwischen Enthalpie und den anderen Zustandsgrößen eines Stoffes in Form von Diagrammen vorliegt, benutzt man zur Bestimmung der Enthalpien je kg bei allen Stoffen von gleichbleibendem Aggregatzustand die *mittleren* spezifischen Wärmen c_p zwischen 0 und ϑ °C[1], die für feste und flüssige Stoffe durchweg gleich den von der Art der Zustandsänderung unabhängigen spezi-

[1] Bei der Aufstellung von Diagrammen für hohe Temperaturen oder mit stark temperaturabhängiger spezifischer Wärme ist der Unterschied zwischen wahrer und mittlerer spezifischer Wärme oft beachtlich. In der Schrift von Grubenmann [72] sind versehentlich die wahren spezifischen Wärmen der Luft als mittlere angegeben und damit die i–x Tafeln gezeichnet.

fischen Wärmen c sind. Es gilt dann, wenn ϑ die jeweilige Temperatur des Stoffes bedeutet und die Enthalpie bei 0 °C Null gesetzt wird:

$$\left.\begin{aligned} i &= c_p \vartheta \quad \textit{für Gase,} \\ i &= c \vartheta \quad \textit{für Flüssigkeiten und feste Stoffe.} \end{aligned}\right\} \tag{10}$$

In der Trocknungstechnik muß man jedoch bedenken, daß bei Flüssigkeiten, die an einen Feststoff durch chemische, elektrische oder mechanische Kräfte gebunden sind, die Energie der Flüssigkeit durch die Bindung herabgesetzt wird. Die dabei frei werdende Bindungswärme (z.B. Benetzungswärme) sei hier mit r_b bezeichnet (s. S. 63ff.). Demnach ist als *Enthalpie gebundener (sorbierter) Flüssigkeiten* einzusetzen:

$$i_W = c_W \vartheta - r_b \tag{10a}$$

– es sei hier vorweg bemerkt, daß im allgemeinen die Berücksichtigung von r_b nur bei starker Bindung, d.h. bei geringem Feuchtigkeitsgehalt, von merklichem Einfluß sein kann –.

Für Stoffe, die ihren Aggregatzustand ändern, z.B. gefrorene Flüssigkeiten oder Dämpfe, sind die Schmelzwärmen r_{sch} bzw. Verdampfungswärmen r zu berücksichsichtigen[1]. Es gilt für:

Gefrorene Flüssigkeiten mit Schmelzpunkt ϑ_{sch} unter 0 °C, wenn die Enthalpie der Flüssigkeit bei 0 °C gleich Null gesetzt wird:

$$i_W = c_W \vartheta_{sch} - r_{sch} - c_{fest} (\vartheta_{sch} - \vartheta), \tag{10b}$$

Flüssigkeiten mit Schmelzpunkt über 0 °C, wenn die Enthalpie der gefrorenen Flüssigkeit bei 0 °C gleich Null gesetzt wird:

$$i_W = c_{fest} \vartheta_{sch} + r_{sch} + c_W (\vartheta - \vartheta_{sch}). \tag{10c}$$

Überhitzte Dämpfe, wenn die Enthalpie der Flüssigkeit bei 0 °C gleich Null gesetzt wird:

$$i_D = c_W \vartheta_s + r + c_{pD} (\vartheta - \vartheta_s), \tag{10d}$$

worin ϑ_s die Siedetemperatur bei dem herrschenden Dampfdruck und r die Verdampfungswärme bei dieser Temperatur bedeuten.

Einfacher stellt sich dieser Zusammenhang dar, wenn sich der Dampf in einem Bereich so niederer Temperaturen bzw. Teildrucke befindet, daß er sich auch in der Nähe der Sättigung näherungsweise wie ein vollkommenes Gas verhält. Dann hängt seine Enthalpie nur von der Temperatur ϑ ab, nicht vom Druck bzw. der von diesem abhängigen Verdampfungstemperatur ϑ_s. Nach Gl. (10d) ist dies bei konstantem c_W und c_{pD} nur möglich, wenn

$$c_W \vartheta_s + r - c_{pD} \vartheta_s = \text{konst.} = r_0$$

---

[1] In diesem Buch werden die Worte „Verdampfungswärme“ und „Verdampfungsenthalpie“, „Lösungswärme“ und „Lösungsenthalpie“ usw. im gleichen Sinne gebraucht, weil beide Benennungen üblich sind. Im Sinne des ersten Hauptsatzes, der unter „Wärme“ einen unsichtbaren Energiefluß von außen (der nur durch Strahlung oder Leitung bewirkt werden kann) versteht, handelt es sich nicht um Wärme, sondern um Änderungen des Energiezustandes, hier also um Enthalpieänderungen.

ist, wobei unter r_0 die Verdampfungswärme bei $\vartheta_s = 0$ °C verstanden wird. Es gilt also dann:

$$r = r_0 - (c_W - c_{pD})\,\vartheta_s\,, \tag{10e}$$

und Gl. (10d) geht über in:

$$i_D = r_0 + c_{pD}\,\vartheta\,. \tag{10f}$$

Bei Wasserdampf ist dies für Dampfdrucke von 62 bis 3000 kg/m² (ϑ_s zwischen 0 und 70 °C) mit einer Genauigkeit von 0,4‰ erfüllt, wenn man für die Verdampfungswärme bei 0 °C den Wert $r_0 = 597$ und für die spezifische Wärme des Dampfes den Wert $c_{pD} = 0{,}44$ einsetzt; dehnt man den Anwendungsbereich bis auf 1 Atm ($\vartheta_s = 100$ °C) aus, so muß man eine Verminderung der Genauigkeit auf 3‰ in Kauf nehmen[1].

Nebelhaltige Dämpfe (Naßdampfgebiet) mit einem Sattdampfanteil g'' und einem Nebelanteil $1 - g''$:

$$i_D = g''\,i''_D + (1 - g'')\,i_W\,, \tag{10g}$$

wenn unter i''_D die Enthalpie des Sattdampfes bei der Temperatur ϑ verstanden ist.

Eisnebelhaltige Dämpfe (also bei Temperaturen unter dem Gefrierpunkt):

$$i_D = g''\,i''_D + (1 - g'')\,i_W\,, \tag{10h}$$

Dabei sind für die Enthalpien i_W der gefrorenen Flüssigkeiten die Werte nach den Gl. (10*c*) oder (10b) einzusetzen, je nachdem der Schmelzpunkt der Flüssigkeit über oder unter 0 °C liegt.

Für *Gas- (meist Luft-) Dampfgemische* ist es zweckmäßig, als Enthalpie i (ohne Index) diejenige von 1 kg trockenen Gases + dem dazugehörigen Dampf ($x = G_D/G_L$) einzuführen. Für ungesättigte Luft, in der *überhitzter Dampf* enthalten ist, gilt:

$$i = i_L + x\,i_D = c_{pL}\,\vartheta + x(r_0 + c_{pD}\,\vartheta) \quad [\text{kcal}/(1 + x)\,\text{kg}]\,. \tag{10i}$$

Für *übersättigte Luft* (*Nebelgebiet*), wenn der Dampfanteil x'' und der Flüssigkeitsanteil $x - x''$ ist:

$$\left.\begin{aligned} i &= i_L + x''\,i''_D + (x - x'')\,i_W \\ &= c_{pL}\,\vartheta + x''(r_0 + c_{pD}\,\vartheta) + (x - x'')\,c_W\,\vartheta = i'' + (x - x'')\,c_W\,\vartheta\,, \end{aligned}\right\} \tag{10k}$$

wobei unter i'' die Enthalpie von 1 kg trockener Luft, die bei der Temperatur ϑ mit Wasserdampf gesättigt ist ($\varphi = 1$), verstanden ist.

Für übersättigte Luft, deren Temperatur unterhalb des Schmelzpunktes der Flüssigkeit liegt (*Eisnebel*), gilt unter Benutzung von Gl. (10h):

$$i = i_L + x''\,i''_D + (x - x'')\,i_W\,, \tag{10l}$$

wobei für i_W die Werte nach Gl. (10b) oder (10c) einzusetzen sind.

---

[1] Die Approximation durch die von MOLLIER [*135*] angegebene Formel $i_D = 595 + 0{,}46\,\vartheta$ ergibt im Bereich von 0 bis 100 °C Abweichungen von 4‰, während die neuerdings häufig benutzte Formel $597 + 0{,}46\,\vartheta$ Abweichungen bis etwa 1% liefert.

B. Die Darstellung der Zustände des Trockenmittels im i–x-Diagramm

a) Das i–x-Diagramm für Dampf-Gas-Gemische

Da in der Trocknungstechnik überwiegend Luft als Wärmeträger benutzt wird und Wasser als auszutreibende Flüssigkeit vorliegt, soll im folgenden das für die Veranschaulichung von Zustandsänderungen bei Trocknungsvorgängen mit feuchter Luft sehr anschauliche und nützliche MOLLIERsche i–x-Diagramm entwickelt und besprochen werden.

Man muß dabei drei Bereiche unterscheiden: denjenigen der ungesättigten Luft, in der der Dampf in überhitztem Zustand enthalten ist, denjenigen der übersättigten Luft (Nebelgebiet), in der Naßdampf (= Sattdampf + Flüssigkeitströpfchen), und denjenigen Teil des Nebelgebietes, in dem die Nebelteilchen als Eiskristalle enthalten sind.

1. Entwicklung des i–x-Diagramms für Wasserdampf-Luft-Gemische

Für *ungesättigte Luft*, bei der der Dampf in überhitztem Zustand ist, gilt der durch Gl. (10i) gegebene lineare Zusammenhang zwischen i, ϑ und x:

$$i = c_{pL}\vartheta + x(r_0 + c_{pD}\vartheta)\,. \tag{11}$$

Man kann diese Beziehung in einfacher Weise in einem i–x-Diagramm mit ϑ als Parameter auftragen. Um nicht den eigentlichen Ablesebereich auf einen kleinen Bildabschnitt zusammenzudrängen, wählt man zweckmäßig ein schiefwinkliges Koordinatensystem, bei dem man – unter Berücksichtigung der Maßstabsfaktoren für i und x – für die Linien i = konst. eine Neigung $\operatorname{tg}\alpha = -r_0$ wählt. Damit wird für $\vartheta = 0$ die Gerade $i = r_0 x$ [Gl. (10i)] horizontal (s. Abb. 7). Für $\vartheta > 0$ ergeben sich Geraden, die, je höher die Temperatur, um so stärker ansteigen, während für Temperaturen unter 0° sich Geraden ergeben, die mit tieferer Temperatur stärker fallen[1]. Der Zusammenhang nach Gl. (10i) gilt nur für ungesättigte Luft. Für eine bestimmte Temperatur ist bei gegebenem Druck nach Gl. (6b) der maximale Dampfgehalt

$$x'' = 0{,}622\,\frac{P''_D}{P - P''_D}\,.$$

Dieser Zusammenhang läßt sich für gegebenen Luftdruck (Barometerstand) in das Diagramm Abb. 7 eintragen, indem man den zu einer bestimmten Temperatur gehörigen Sattdampfdruck P''_D in Gl. (6b) einsetzt und so x'' erhält. In Abb. 7 ist der Bereich ungesättigter Luft, für den Gl. (10i) gilt, durch Schraffur angedeutet.

Im *Nebelgebiet* gilt, soweit der *Nebel* in *flüssiger Form* vorhanden ist, für den Zusammenhang zwischen i, x und ϑ Gl. (10k). Ausgehend von

[1] In dem von KIRSCHBAUM [*98*] vorgeschlagenen i'–x-Bild, bei dem $i' = i - 597\,x$ ist, sind alle Kurven mit denen des i–x-Bildes identisch, lediglich ist an Stelle der schrägen Koordinaten i eine senkrechte Koordinate $i - 597\,x$ eingetragen.

dem gleichen Koordinatensystem (x, i) wie bei Abb. 7 soll die für gesättigte Luft (x'') gültige Kurve eingetragen sein (Abb. 8). Linien gleicher

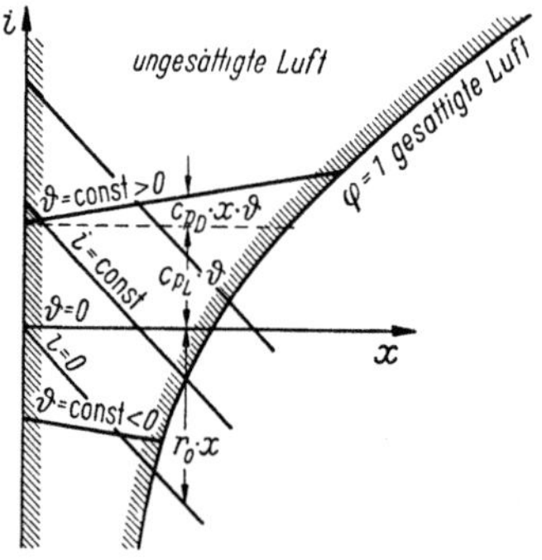

Abb. 7. Zum Aufbau des $i-x$-Diagramms für ungesättigte Luft.

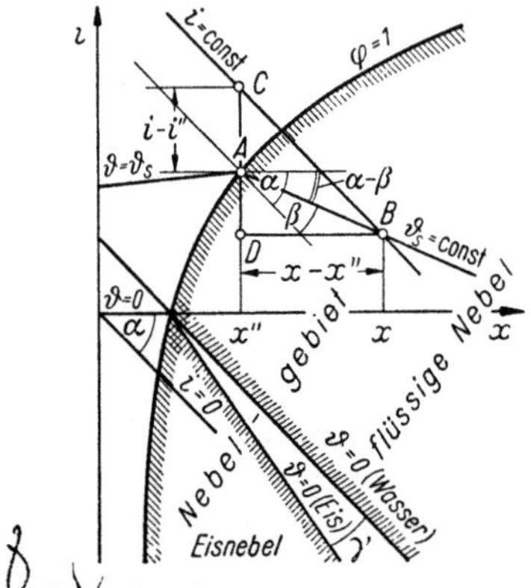

Abb. 8. Zum Aufbau des $i-x$-Diagramms für übersättigte Luft.

Temperatur (Nebelisothermen) gewinnt man, wenn man zu dem nach Gl. (10k) auf der Grenzkurve gültigen Wert i'' die Flüssigkeitswärme der Nebeltröpfchen $c_W(x - x'')\vartheta_s$ hinzufügt.

$$i = i'' + c_W(x - x'')\,\vartheta_s,$$

oder

$$\frac{i - i''}{x - x''} = c_W\vartheta_s. \tag{12}$$

Dies bedeutet, daß in Abb. 8 eine Gerade $\vartheta = \vartheta_s =$ konst. entsteht, die mit der Linie $i = i'' =$ konst. einen Winkel β bildet, der sich nach Abb. 8 folgendermaßen bestimmen läßt:

$$\begin{aligned} CD &= (x - x'')\,\mathrm{tg}\,\alpha \\ AD &= (x - x'')\,\mathrm{tg}\,(\alpha - \beta) \\ \hline CD - AD &= (x - x'')\,\{\mathrm{tg}\,\alpha - \mathrm{tg}\,(\alpha - \beta)\} = i - i'', \end{aligned}$$

folglich:

$$\frac{i - i''}{x - x''} = \mathrm{tg}\,\alpha - \mathrm{tg}\,(\alpha - \beta) = c_W\vartheta_s = \text{konst.}$$

Je höher die Temperatur ist, desto größer wird der Winkel zwischen den Linien $i =$ konst. und den Linien $\vartheta =$ konst.

Bei Temperaturen unter dem Schmelzpunkt der Flüssigkeit ist zu beachten, daß der Nebel als *Eisnebel* vorhanden ist. Die Enthalpie der Eiskristalle ist bei 0 °C um die Schmelzwärme r_{sch} kleiner als diejenige des flüssigen Nebels. Es gilt also unter Benutzung von Gl. (10b):

$$i = i'' + (x - x'')\,(-r_{sch} + c_{fest}\vartheta)$$

oder

$$\frac{i - i''}{x - x''} = -r_{sch} + c_{fest}\vartheta. \tag{13}$$

Für Eisnebel verlaufen also Linien konstanter Temperatur unter einem Winkel γ gegen die Linien konstanter Enthalpie, die sich entsprechend der obigen Ableitung aus Abb. 8 errechnen läßt. Es wird für Eisnebelisothermen:

$$\frac{i - i''}{x - x''} = \operatorname{tg}\alpha - \operatorname{tg}(\alpha + \gamma) = -r_{sch} + c_{fest}\vartheta\,.$$

Speziell für Eis von 0° ($\vartheta = 0$ °C) wird, da die Schmelzwärme 79,5 kcal/kg beträgt, unter Berücksichtigung der Maßstabsfaktoren für i und x:

$$\operatorname{tg}\alpha - \operatorname{tg}(\alpha + \gamma) = -79{,}5\,.$$

Tabelle 1. *Sattdampfdruck P_D'', spezifisches Gewicht γ_D'' und Verdampfungswärme r (unter 0 °C Verdampfungswärme r + Schmelzwärme r_{sch}) von Wasserdampf in Abhängigkeit von der Temperatur ϑ. Ferner Dampfgehalt x'' und Enthalpie i'' von gesättigter Luft bei $P = 750$ mm QS (P_D'', γ_D'' und r für $\vartheta > 0$ °C nach VDI-Wasserdampftafel [41]; P_D'' für $\vartheta < 0$ °C nach* E. Schmidt *[35]; die übrigen Werte nach eigenen Berechnungen).*

ϑ	P_D''		γ_D''	$r(r + r_{sch})$	x''	i''
°C	kg/m²	mm QS	kg/m³	kcal/kg	kg/kg trockene Luft	kcal/(1 + x) kg
−20	10,50	0,77	0,000879	678,2	0,000641	−4,42
−19	11,56	0,85	0,000966	678,1	0,000706	−4,14
−18	12,71	0,94	0,001064	678,1	0,000776	−3,86
−17	13,96	1,03	0,001161	678,0	0,000853	−3,58
−16	15,33	1,13	0,001269	678,0	0,000937	−3,29
−15	16,82	1,24	0,001387	677,9	0,001028	−2,99
−14	18,44	1,36	0,001516	677,8	0,001127	−2,69
−13	20,19	1,49	0,001654	677,8	0,001235	−2,39
−12	22,12	1,63	0,001803	677,7	0,001352	−2,08
−11	24,20	1,78	0,001961	677,7	0,001480	−1,76
−10	26,46	1,95	0,002140	677,6	0,001618	−1,44
− 9	28,89	2,13	0,002329	6,775	0,001767	−1,11
− 8	31,56	2,32	0,002527	677,5	0,001931	−0,77
− 7	34,43	2,53	0,002746	677,4	0,002107	−0,43
− 6	37,54	2,76	0,002984	677,4	0,002298	−0,07
− 5	40,90	3,01	0,003242	677,3	0,002505	+0,29
− 4	44,54	3,28	0,003519	677,2	0,002729	+0,66
− 3	48,48	3,75	0,003817	677,2	0,002972	+1,05
− 2	52,74	3,88	0,004133	677,1	0,003234	+1,45
− 1	57,32	4,22	0,004478	677,1	0,003516	+1,86
0	62,28	4,58	0,004846	677,0	0,003821	+2,28
0	62,28	4,58	0,004846	597,2	0,003821	+2,28
+ 1	66,94	4,93	0,005191	596,6	0,004116	+2,70
+ 2	71,93	5,29	0,005557	596,0	0,004418	+3,12
3	77,23	5,68	0,005945	595,5	0,004754	3,56
4	82,89	6,10	0,006358	595,0	0,005100	4,01
5	88,90	6,54	0,006795	594,4	0,005472	4,48
6	95,30	7,01	0,007257	593,8	0,005868	4,96
7	102,10	7,51	0,007747	593,2	0,006291	5,46
8	109,32	8,05	0,008267	592,7	0,006749	5,97
9	116,99	8,61	0,008816	592,1	0,007223	6,50
10	125,13	9,21	0,009396	591,6	0,007733	7,05
11	133,76	9,84	0,01001	591,0	0,008269	7,62
12	142,91	10,52	0,01066	590,5	0,008849	8,21
13	152,61	11,23	0,01134	589,9	0,009455	8,82
14	162,89	11,99	0,01206	589,4	0,010105	9,45
15	173,76	12,79	0,01282	588,8	0,010791	10,17
16	185,27	13,63	0,01363	588,3	0,011513	10,79

Tabelle 1 (Fortsetzung).

ϑ	P''_D		γ''_D	r	x''	i''
°C	kg/m²	mm QS	kg/m³	kcal/kg	kg/kg trockene Luft	kcal/ $(1 + x)$ kg
17	197,45	14,53	0,01447	587,7	0,012288	11,51
18	210,3	15,48	0,01536	587,1	0,013108	12,25
19	223,9	16,48	0,01630	586,6	0,013974	13,02
20	238,3	17,54	0,01729	586,0	0,014895	13,82
21	253,4	18,65	0,01833	585,5	0,015861	14,66
22	269,4	19,83	0,01942	584,9	0,016892	15,53
23	286,3	21,07	0,02056	584,3	0,017959	16,44
24	304,1	22,38	0,02177	583,8	0,019131	17,34
25	322,9	23,76	0,02304	583,2	0,020349	18,37
26	342,6	25,21	0,02437	582,6	0,021635	19,40
27	363,4	26,74	0,02576	582,1	0,022996	20,48
28	385,3	28,35	0,02723	581,5	0,024435	21,61
29	408,3	30,04	0,02876	581,0	0,025953	22,79
30	432,5	31,82	0,03036	580,4	0,027558	24,02
31	458,0	33,70	0,03204	579,8	0,029263	25,31
32	484,7	35,66	0,03380	579,3	0,031050	26,65
33	512,8	37,73	0,03565	578,7	0,032948	28,07
34	542,3	39,90	0,03758	578,1	0,034950	29,55
35	573,3	42,18	0,03960	577,5	0,037066	31,10
36	605,7	44,56	0,04171	577,0	0,039289	32,72
37	639,8	47,07	0,04392	576,4	0,041651	34,42
38	675,5	49,69	0,04622	575,9	0,044136	36,21
39	712,9	52,44	0,04863	575,3	0,046760	38,08
40	752,0	55,32	0,05114	574,7	0,049532	40,04
41	793,0	58,34	0,05377	574,2	0,052503	42,13
42	836,0	61,50	0,05650	573,6	0,055560	44,28
43	880,9	64,80	0,05935	573,0	0,058823	46,55
44	927,9	68,26	0,06233	572,4	0,062278	48,95
45	977,1	71,88	0,06544	571,8	0,065931	51,47
46	1028,4	75,65	0,06867	571,2	0,069778	54,11
47	1082,1	79,60	0,07203	570,7	0,073853	56,90
48	1138,2	83,71	0,07553	570,1	0,078146	59,82
49	1196,7	88,02	0,07918	569,5	0,082704	62,92
50	1257,8	92,51	0,08298	569,0	0,087516	66,17
51	1321,6	97,20	0,08693	568,4	0,092614	69,61
52	1388,1	102,1	0,09103	567,8	0,098018	73,24
53	1457,5	107,2	0,09530	567,3	0,10373	77,07
54	1529,8	112,5	0,09974	566,7	0,10976	81,09
55	1605,1	118,0	0,1043	566,1	0,11613	85,34
56	1683,5	123,8	0,1091	565,6	0,12297	89,88
57	1765,3	129,8	0,1141	565,0	0,13018	94,66
58	1850,4	136,1	0,1193	564,4	0,13790	99,77
59	1939,0	142,6	0,1247	563,8	0,14602	105,12
60	2031	149,4	0,1302	563,3	0,15472	110,85
61	2127	156,4	0,1359	562,7	0,16388	116,87
62	2227	163,8	0,1419	562,1	0,17380	123,38
63	2330	171,4	0,1481	561,5	0,18426	130,23
64	2438	179,3	0,1545	560,9	0,19541	137,52
65	2550	187,5	0,1611	560,3	0,20733	145,31
66	2666	196,1	0,1680	559,7	0,22021	153,70
67	2787	205,0	0,1752	559,1	0,23396	162,65
68	2912	214,2	0,1826	558,5	0,24866	172,21
69	3042	223,7	0,1902	558,0	0,26438	182,11

Tabelle 1 (Fortsetzung).

ϑ	P''_D		γ''_D	r	x''	i''
°C	kg/m²	mm QS	kg/m³	kcal/kg	kg/kg trockene Luft	kcal/ $(1 + x)$ kg
70	3177	233,7	0,1981	557,4	0,28154	193,55
71	3317	243,9	0,2062	556,8	0,29976	205,36
72	3463	254,6	0,2146	556,2	0,31966	218,28
73	3613	265,7	0,2234	555,6	0,34125	232,21
74	3769	277,2	0,2324	555,0	0,36468	247,35
75	3931	289,1	0,2418	554,4	0,39015	263,79
76	4098	301,4	0,2514	553,8	0,41790	281,70
77	4272	314,1	0,2614	553,2	0,44820	301,24
78	4451	327,3	0,2717	552,5	0,48048	322,06
79	4637	341,0	0,2823	551,9	0,51859	346,58
80	4829	355,1	0,2933	551,3	0,55931	372,79
81	5028	369,7	0,3046	550,7	0,60466	401,97
82	5234	384,9	0,3162	550,1	0,65573	434,81
83	5447	400,6	0,3282	549,5	0,71315	471,71
84	5667	416,8	0,3406	548,8	0,77781	513,26
85	5894	433,6	0,3534	548,2	0,85240	561,16
86	6129	450,9	0,3666	547,6	0,93768	615,92
87	6372	468,7	0,3802	547,0	1,03637	679,28
88	6623	487,1	0,3942	546,4	1,15244	753,72
89	6882	506,1	0,4086	545,7	1,29067	842,45
90	7149	525,8	0,4235	545,1	1,45873	950,23
91	7425	546,1	0,4388	544,5	1,66589	1083,08
92	7710	567,0	0,4545	543,9	1,92718	1250,62
93	8004	588,6	0,4707	543,3	2,26833	1469,31
94	8307	610,9	0,4873	542,7	2,73170	1766,37
95	8619	633,9	0,5045	542,0	3,39609	2192,23
96	8942	657,6	0,5221	541,4	4,42670	2852,76
97	9274	682,1	0,5402	540,8	6,24840	4020,26
98	9616	707,3	0,5588	540,2	10,30306	6618,74
99	9969	733,2	0,5780	539,5	27,14588	17412,3
100	10332	760,0	0,5977	538,9	—	—

In den Tafeln I bis III (Anhang) sind i–x-Diagramme für Wasserdampf-Luft-Gemische dargestellt. Dabei ist der Anwendungsbereich verschieden:

Tafel I: Temperaturbereich: $\vartheta = -20$ °C bis $+75$ °C.
Feuchtebereich: $x = 0$ bis 20 g/kg tr. Luft.
Tafel II: Temperaturbereich: $\vartheta = -10$ °C bis $+110$ °C.
Feuchtebereich: $x = 0$ bis 100 g/kg tr. Luft.
Tafel III: Temperaturbereich: $\vartheta = 0$ °C bis 3000 °C.
Feuchtebereich: $x = 0$ bis 600 g/kg tr. Luft.

Die Diagramme sind unter Zugrundelegung der folgenden Zahlenwerte aufgestellt worden:

Für Diagramm I und II:

$c_{pL} = 0{,}24$ kcal/kg °C. $\quad r_0 = 597$ kcal/kg.
$c_{pD} = 0{,}44$ kcal/kg °C. $\quad r_{sch} = 79{,}5$ kcal/kg.
$c_W = 1$ kcal/kg °C. $\quad P = 750$ mm QS.
$c_{fest} = 0{,}5$ kcal/kg °C.

Für Diagramm III wurden die mittleren spezifischen Wärmen von Wasserdampf und Luft bei $P = 0$ ata nach E. SCHMIDT [*29*] (dort S. 46) verwendet.

Die Sattdampfdrucke bei verschiedenen Temperaturen sind der Tab. 1 zu entnehmen.

2. Das i–x-Diagramm bei verschiedenem Gesamtduck P.

Bei verschiedenem Luftdruck P hat 1 kg trockene Luft bei gleicher Temperatur im Sättigungszustand verschiedenen Dampfgehalt x'', weil die Volumeneinheit zwar gleiches Dampfgewicht, aber verschiedenes Luftgewicht enthält. Damit ergeben sich für verschiedenen Barometerstand verschiedene Sättigungslinien ($\varphi = 1$) und verschiedene Linien gleicher relativer Feuchtigkeit. Abb. 9a zeigt den Verlauf der Sättigungslinie bei verschiedenem Barometerstand.

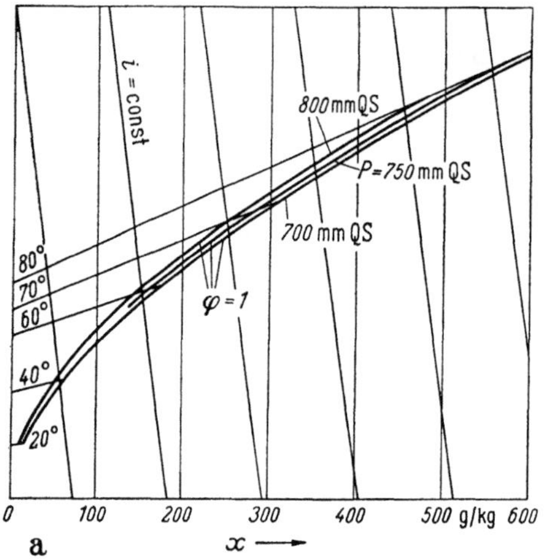

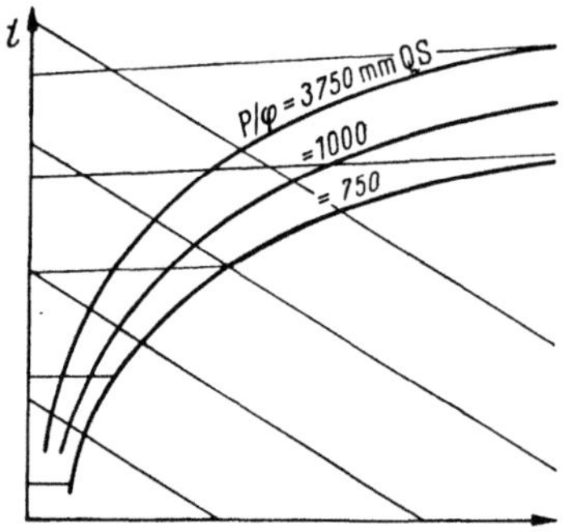

Abb. 9a u. b. Einfluß des Luftdrucks P auf das $i-x$-Diagramm. a) Linien der Sättigung ($\varphi = 1$) für verschiedenen Luftdruck; b) Linien für gleiche Verhältnisse P/φ.

Gewöhnlich begnügt man sich jedoch mit einem i–x-Diagramm, das für einen bestimmten mittleren Gesamtdruck P entworfen ist. Es ist möglich, ein vorliegendes Diagramm wenigstens zum Teil für andere Gesamtdrücke zu benutzen, wenn man bedenkt, daß der durch Gl. (6a) gegebene Zusammenhang zwischen x, P und φ folgendermaßen geschrieben werden kann:

$$x = \frac{0{,}622}{\left(\frac{P}{\varphi}\right)\frac{1}{P_D''} - 1}.$$

Dies bedeutet, daß jede Linie konstanter relativer Feuchtigkeit φ einem bestimmten Festwert (P/φ) entspricht, d.h. irgendeine φ-Linie eines gezeichneten Diagramms kann für alle möglichen Kombinationen von P und φ, für die $(P/\varphi) =$ konst. ist, benutzt werden. So entspricht z. B. in den für einen Gesamtdruck von $P = 750$ mm QS gerechneten Diagrammen die Sättigungslinie $\varphi = 1$ der Linie $\varphi = 0{,}5$ bei $P = 375$ oder $\varphi = 0{,}8$ bei $P = 600$ mm QS, da

$$\frac{P}{\varphi} = \frac{750}{1} = \frac{375}{0{,}5} = \frac{600}{0{,}8} \quad \text{(s. Abb. 9 b)}.$$

3. Zur Aufstellung von i–x-Diagrammen für sonstige Gas-Dampf-Gemische

Bei der Trocknung chemischer Produkte, von Farben in der Druckerei, von Lacken usw. liegt als Flüssigkeit häufig nicht Wasser, sondern irgendein Lösungsmittel (Benzol, Xylol, Benzin usw.) vor. Im Bedarfsfall kann die Aufstellung eines i–x-Diagramms für das Lösungsmittel ratsam sein. Der Dampf des Lösungsmittels wird in Ermangelung eines empirischen Zustandsdiagramms stets näherungsweise als dem Gasgesetz genügend angesehen:

$$P_D v_D = R_D T ,$$

worin die individuelle Gaskonstante R_D mit Hilfe des Molekulargewichtes M aus der universellen Gaskonstanten 848 [mkg/kmol °] errechnet wird:

$$R_D = 848/M . \tag{14}$$

Außer dem Molekulargewicht braucht man zur Aufstellung eines i–x-Diagramms nach den Herleitungen dieses Abschnittes noch folgende Werte für das Lösungsmittel:

1. die Dampfdruckkurve $P''_D = f(T_s)$, worin P''_D = Sattdampfdruck bei der Temperatur T_s;
2. die Verdampfungswärme r_0 bei 0 °C;
3. die spezifische Wärme der Flüssigkeit c_W;
4. die spezifische Wärme des Dampfes c_{pD}.

Nur für verhältnismäßig wenige Lösungsmittel sind alle erforderlichen Größen experimentell festgestellt.

In Abb. 10 sind für einige häufig benutzte Lösungsmittel Dampfdruckkurven aus experimentell ermittelten Zahlenwerten zusammengestellt.

In Tab. 2 sind die Werte für M, r, c_W, c_{pD} mitgeteilt.

4. Anleitung zur Überschlagsberechnung der wichtigsten Daten für Lösungsmittel

Bei der außerordentlichen Mannigfaltigkeit von Lösungsmitteln ergibt sich unter Umständen für den Ingenieur die Zwangslage, für ein Lösungsmittel, von dem keine oder nur ungenügende experimentelle Daten vorliegen, sich wenigstens angenähert über die erforderlichen Werte zu unterrichten. Meistens ist dies an Hand der Dampfdruckkurve schon in gewissem Umfang möglich.

Im folgenden sind einige wichtige Regeln und Formeln mitgeteilt, die in der physikalischen Chemie als Anhalt für die Abschätzung des thermischen Verhaltens von Flüssigkeiten und Dämpfen entwickelt wurden.

Nach der „Augustschen Formel“

$$\log P''_D = (C_1/T_s) + C_2 \tag{15}$$

ergibt sich für die Dampfdruckkurve ein lineares Bild, wenn man den Logarithmus des Dampfdrucks ($\log P''_D$) über dem Kehrwert der Temperatur ($1/T_s$) aufträgt (s. Abb. 10). Aus zwei Messungen des Dampfdrucks bei verschiedenen Temperaturen ist demnach näherungsweise die Dampfdruckkurve zu bestimmen.

Nach der „Clausius-Clapeyronschen Gleichung“, welche den Zusammenhang zwischen der Dampfdruckkurve und der Verdampfungswärme r beschreibt, ist der

Tabelle 2. *Eigenschaften von organischen Lösungsmitteln.*

Molekulargewicht M, spezifisches Gewicht der Flüssigkeit γ_W, Siedetemperatur $\vartheta_{s_{760}}$ bei 760 mm QS, Verdampfungswärme r, spezifische Wärme der Flüssigkeit c_W und des Dampfes c_{pD}, kubischer Ausdehnungskoeffizient ε_W, AUGUSTsche Konstante $\frac{M\,r_{760}}{T_{s_{760}}}$, sowie kritische Temperatur ϑ_{kr}.

Bezeichnung		M	γ_W bei ϑ [1]		$\vartheta_{s_{760}}$ [1]	r bei ϑ [1]		c_W bei ϑ		c_{pD} bei ϑ		$\varepsilon_W \cdot 10^5$ [1]	$\frac{M\,r_{760}}{T_{s_{760}}}$ [4]	ϑ_{kr} [1]
		$\frac{kg}{kmol}$	$\frac{kg}{m^3}$	°C	°C	$\frac{kcal}{kg}$	°C	$\frac{kcal}{kg\,°C}$	°C	$\frac{kcal}{kg\,°C}$	°C	$\frac{m^3}{m^3\,°C}$	$\frac{kcal}{kmol\,°K}$	°C
Tetrachlorkohlenstoff	CCl_4	153,84	1599	18	76,7	45,76	76,5	0,202[1]	20	0,132[2]	30	122	20,4	283,15
Tetrachloräthan	$C_2H_2Cl_4$	167 86	1600	20	146,2	55,05	145,03	0,266[1]	16				21,9	
Trichloräthylen	C_2HCl_3	131,4	1466	18	87,2	56,5	20	0,230[1]	≈20	0,134[3]	30	119	20,9	
Methylalkohol	CH_3OH	32,04	792	20	64,7	286,8	20	0,5965[1]	18,8	0,1819[2]	40÷110	119	25,0	240
Äthylalkohol	C_2H_5OH	46,07	789	20	78,3	224,22	20	0,603[1]	30	0,2906[2]	40÷110	110	26,4	243,1
n-Propylalkohol	C_3H_8OH	60,09	804	20	97,2	180,1	20	0,546[1]	0			98	29,2	256,0
Aceton	$(CH_3)_2OH$	58,08	796	15	56,3	132,8	27,5	0,515[1]	17÷20	0,347[2]	26÷110	143	23,0	235
Diät. äth.	$(C_2H_5)_2O$	74,12	719	15	34,6	86,08	34	0,532[1]	− 18			162	20,5	193,8
Benzol	C_6H_6	78,11	879	20	80,12	103,4	20	0,414[1]	26,8	0,2575[2]	20	106	21,0	288,6
Toluol	$C_6H_5CH_3$	92,13	872	15	110,8	102,1	26,87	0,387[1]	0			111	19,9	320,6
o-Xylol	$C_6H_4(CH_3)_2$	106,16	881	20	144	82,8	141,4	0,410[1]	21,9			97	21,0	
m-Xylol	$C_6H_4(CH_3)_2$	106,16	864	20	139,0	81,76	138,3	0,395[1]	2,1			99	21,0	
p-Xylol	$C_6H_4(CH_3)_2$	106,16	861	20	138	81,01	137,1	0,406[1]	26,2			102	20,9	
Hexan	C_6H_{14}	86,17	660	20	69,0	89,4	0	0,521[1]	2,2			135	21,4	234,8
Heptan	C_7H_{16}	100,19	684	20	98,4	93,6	0	0,5312[2]	20			124,4	20,5	266,9
Octan	C_8H_{18}	114,22	704	18	125,8	85,6	0	0,525[1]	25,1			114	24,5	296,2
Nonan	C_9H_{20}	128,25	718	20	150,6			0,522[1]	24,7					
Decan	$C_{10}H_{22}$	142,27	730	20	173	60,0	159,9	0,523[1]	24,5				19,7	346

1 Nach D'ANS-LAX [*8*].
2 Nach LANDOLT-BÖRNSTEIN [*26*].
3 Nach SENFTLEBEN [*165*].
4 Die Zahlenwerte für r_{760} sind aus den in Spalte 5 angegebenen Meßwerten bei der Temperatur ϑ unter Benutzung von Gl. (20) errechnet.

Sattdampfdruck P_D'' im Gebiet kleiner Dampfdrücke gegeben durch die einfache Beziehung

$$\log P_D'' = -\frac{M\,r}{4{,}573\,T_s} + C'. \tag{16}$$

Aus zwei Wertepaaren P_{D1}'', T_{s_1} und P_{D_2}'', T_{s_2} läßt sich also die in Gl. (16) als Konstante angenommene Verdampfungswärme r leicht bestimmen:

$$M\,r = 4{,}573\,\frac{\log P_{D_2}'' - \log P_{D_1}''}{\dfrac{1}{T_{s_1}} - \dfrac{1}{T_{s_2}}}. \tag{17}$$

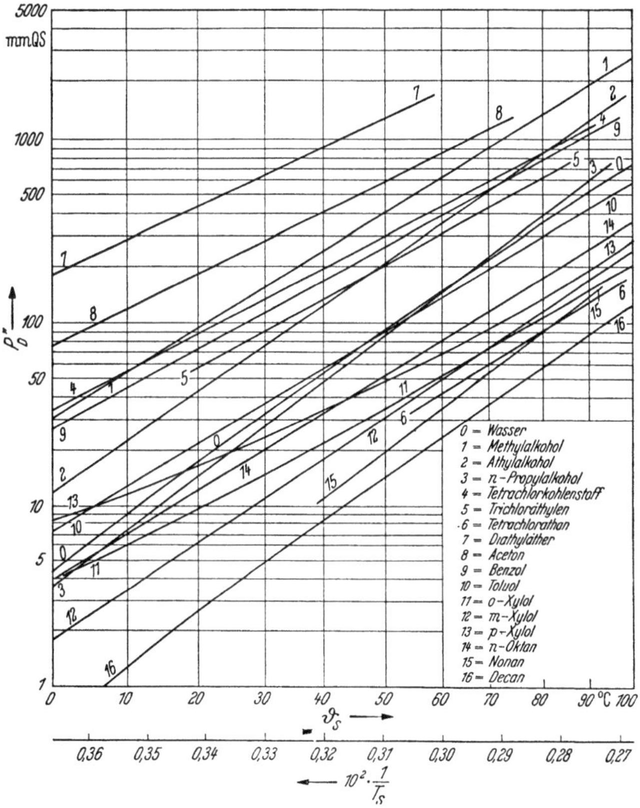

Abb. 10. Dampfdruckkurven von Lösungsmitteln.

Unter Benutzung der „GULDBERGschen Regel" für den Zusammenhang zwischen der kritischen Temperatur T_{kr} und der Siedetemperatur $T_{s\,760}$ bei 760 mm QS

$$T_{s\,760}/T_{kr} \approx 2/3 \tag{18}$$

läßt sich bei Anwendung weiterer Gesetzmäßigkeiten die „TROUTONsche Regel" gewinnen:

$$\frac{M\,r_{760}}{T_{s\,760}}\,\text{konst.} = 21\ \text{kcal/kmol °K}. \tag{19}$$

Mit Hilfe dieser – allerdings groben – Näherungsgleichung läßt sich die Verdampfungswärme allein aus dem Molekulargewicht und der Siedetemperatur bei 760 mm QS berechnen.

Die Temperaturabhängigkeit der Verdampfungswärme ist näherungsweise gegeben durch die Bezeichnung

$$r = r_1 \sqrt[3]{\frac{T - T_{kr}}{T_1 - T_{kr}}}, \tag{20}$$

wenn r_1 die Verdampfungswärme bei der Temperatur T_1 bedeutet. Ist z.B. aus Gl.(19) r bei $T_{s\,760}$ bekannt, so bedeutet dieser Wert die Größe r_1 in Gl. (20).

Gesetzmäßigkeiten für die Abschätzung der spezifischen Wärme der Flüssigkeit sind nicht bekannt. Sie liegt durchweg zwischen 0,2 und 0,6 kcal/kg °C (siehe Tab. 2).

Für die spezifische Wärme der Dämpfe von vielatomigen Molekülen ist eine Abschätzung schwierig, da die Molwärmen stark vom Molekularaufbau abhängig sind – bei einatomigen ist die Molwärme $M c_p = 5$, bei zweiatomigen $= 7$. Auch hier mag Tab. 2 als Anhaltspunkt gebraucht werden.

5. Anwendung des *i–x*-Diagramms bei der Aufstellung von Energiebilanzen

Sind bei einem Trockner die Zustände der ein- und austretenden Luft durch Messung von Temperatur und Dampfgehalt festgestellt, so ist es leicht möglich, aus dem i–x-Diagramm die für die Energiebilanz nötigen Enthalpien i zu entnehmen. Die Gleichungen der Energiebilanz [Gl. (8) und (9)] vereinfachen sich dann in der Weise, daß man statt der Ausdrücke

$$G_L\,(i_{L_a} - i_{L_e}) + G_{D_a} i_{D_a} - G_{D_e} i_{D_e}$$

setzen kann:

$$G_L\,(i_a - i_e)\,,$$

wobei i_a und i_e dem Diagramm entnommen werden.

Es lautet also die Energiebilanz für den diskontinuierlichen Trockner (Trockenschrank, Abb. 4):

$$Q_{\text{zug}} - Q_{\text{verl}} + L_{\text{vent}} = G_L\,(i_a - i_e) - \Delta G\, i_W \tag{8a}$$

und für den kontinuierlichen Trockner (Abb. 5):

$$Q_{\text{zug}} - Q_{\text{verl}} + L_{\text{vent}} = G_S\,(i_{S_a} - i_{S_e}) + G_{W_a} i_{W_a} - G_{W_e} i_{W_e} + G_L\,(i_a - i_e)\,. \tag{9a}$$

6. Beispiel zur Aufstellung und Ausdeutung von Energiebilanzen für Trockner

Bei einem kontinuierlich arbeitenden Trockner (entsprechend dem Schema von Abb. 5) werden stündlich $G_S = 1000$ kg/h eines Trockengutes durchgesetzt – G_S ist zu messen in absolut trockenem Zustand. Das eintretende Naßgut habe einen anfänglichen Wassergehalt

$$X_e = G_{W_e}/G_S = 250\,\% = 2{,}5 \text{ kg/kg}$$

bei einer Eintrittstemperatur $\vartheta_{S_e} = 20°$. Das austretende Gut habe einen Wassergehalt von $X_a = 3\,\%$ und eine Temperatur $\vartheta_{S_a} = 40°$. In dem aus der Umgebung angesaugten Luftstrom wird bei 20° eine relative Feuchtigkeit von 80% gemessen. Nach Verlassen des Lufterhitzers und des Ventilators, der eine elektrische Leistung von 20 kW aufnimmt, hat die Luft eine Temperatur von 80°. In der ausströmenden Luft wird gemessen

$$\vartheta_a = 58{,}5°, \qquad \varphi_a = 16{,}7\,\% \text{ relative Feuchtigkeit}.$$

Der Barometerstand $P = 750$ mm QS $= 10200$ kg/m².

Aus diesen Meßdaten ergeben sich für die verschiedenen Luftzustände aus Tafel I:

Eintrittszustand 1 (Außenluft bei 20° und 80%)

$$x_1 = 0{,}0119 \text{ kg/kg}, \qquad i_1 = 12{,}0 \text{ kcal/kg}.$$

Zustand 2 (hinter Ventilator bei 80°)

$$x_2 = 0{,}0119, \qquad i_2 = 26{,}7, \qquad \varphi_2 = 0{,}04.$$

Austrittszustand a (bei 58,5° und 16,7%)

$$x_a = 0{,}020, \qquad i_a = 26{,}5.$$

Es wird angenommen, daß der Trockner zwischen Ein- und Austritt der Luft keine Undichtheiten aufweist, durch die unkontrollierte Luftmengen ein- oder austreten.

Fragen: 1. Wie groß sind das durchströmende Luftgewicht, Luftvolumen Luftgeschwindigkeit?

2. Wie groß ist der Energieaufwand für die Verdampfung von 1 kg Wasser?

3. Wie groß sind die Wärmeverluste des Trockners?

Zu Frage 1. Aus der Stoffbilanz – vom Gut abgegebene Wassermenge – von der Luft aufgenommene Wassermenge – errechnet man das stündlich durchströmende Luftgewicht.

Es ist nach Gl. (4a)

$$G_L = \frac{G_{W_e} - G_{W_a}}{x_a - x_e}.$$

Für x_e ist die Anfangsfeuchtigkeit der Luft $x_1 = x_2 = 0{,}0119$ einzusetzen.

G_{W_e} und G_{W_a} sind aus dem Wassergehalt des Trockenstoffes bei Eintritt und Austritt zu berechnen.

$$G_{W_e} = X_e G_S = 2{,}5 \cdot 1000 = 2500 \text{ kg/h},$$

$$G_{W_a} = X_a G_S = 0{,}03 \cdot 1000 = 30 \text{ kg/h}.$$

Damit wird:

$$G_L = \frac{2500 - 30}{0{,}02 - 0{,}0119} = 305\,000 \text{ kg/h}.$$

Will man sich über die Luftgeschwindigkeiten im Trockner Klarheit verschaffen, so muß man aus dem Gewicht der trockenen Luft das Volumen der mit Wasserdampf beladenen Luft errechnen. Dabei ist zu bedenken, daß die wasserdampfbeladene Luft unter dem Gesamtdruck P das gleiche Volumen einnimmt wie die trockene Luft unter ihrem Teildruck $P_L = P - \varphi P_D''$. Nach dem Gasgesetz ist dann das Volumen V des Gemisches:

$$V = \frac{G_L R_L T}{P - \varphi P_D''}.$$

Für den Zustand nach Verlassen des Ventilators (Zustand 2) ergibt sich:

$$V_2 = \frac{305\,000 \cdot 29{,}27 \cdot 353}{10\,200 - 0{,}04 \cdot 4829} = 315\,000 \text{ m}^3/\text{h}.$$

Bei gegebenen Durchströmquerschnitten F[m²] ist damit auch die Luftgeschwindigkeit

$$w = \frac{V}{F \cdot 3600} \text{ m/sek}$$

zu errechnen.

Zu Frage 2. Der gesamte Energieaufwand wird im Lufterhitzer und im Ventilator zugeführt. Er ist aus der Bilanzgleichung (9) durch Abgrenzung eines Bereiches vom Eintritt der Luft in den Trockner bis zum Austritt aus dem Ventilator zu ermitteln. Als Eintrittszustand (Index e) ist also der Luftzustand 1 anzusetzen, als Austrittszustand (Index a) der Luftzustand 2.

Damit lautet die Bilanz (9) bei Vernachlässigung der Wärmeverluste des Bereichs:

$$Q_{\text{zug}} + L_{\text{vent}} = G_L (i_2 - i_1) = 305\,000\,(26{,}7 - 12) = 4\,500\,000 \text{ kcal/h}.$$

Da nach dem obigen die gesamte verdunstete Wassermenge

$$G_{W_e} - G_{W_a} = G_L (x_a - x_1)$$

ist, ist der Wärmeaufwand je Kilogramm verdunsteten Wassers gleich

$$\frac{Q_{\text{zug}} + L_{\text{vent}}}{G_{W_e} - G_{W_a}} = \frac{i_2 - i_1}{x_a - x_1} = \frac{26{,}7 - 12}{0{,}020 - 0{,}0119} = 1815 \text{ kcal/kg}.$$

Würde man 1 kg Wasser bei 20° C verdunsten, so wäre dazu nur die Verdampfungswärme bei 20°, also $r = 585$ kcal/kg erforderlich. Man erkennt, daß der gesamte Wärmeaufwand für den im Beispiel angeführten Trockner etwa dreimal so groß ist wie das theoretische Minimum bei der einfachen Verdampfung[1].

Bei ausgeführten Trocknern liegen die Zahlen des Wärmeverbrauchs im günstigsten Fall bei etwa 800 bis 900 kcal kg. Es sind jedoch sehr viele Anlagen mit noch höherem Wärmeverbrauch als dem im Beispiel angenommenen in Betrieb.

Die mit 20 kW gemessene Ventilatorleistung fällt gegenüber der im Lufterhitzer übertragenen Wärmemenge nicht ins Gewicht. In kcal umgerechnet, ergeben sich

$$20 \cdot 860 = 17\,200 \text{ kcal/h} \quad \text{oder} \quad 17\,200/2470 = 7 \text{ kcal/kg}.$$

Zu Frage 3. Die Wärmeverluste ergeben sich aus der Energiebilanz Gl. (9), wenn ein Bereich im Trockner abgegrenzt wird, bei dem als Eintrittszustand der Luft der Zustand 2 (nach Durchströmen des Lufterhitzers und des Ventilators) gewählt wird. Es gilt nach Gl. (9):

$$-Q_{\text{verl}} = G_S (i_{S_a} - i_{S_e}) + G_{W_a} i_{W_a} - G_{W_e} i_{W_e} + G_L (i_a - i_2)$$

oder mit den Zahlenwerten des Beispiels, wenn für den Stoff eine spezifische Wärme von 0,3 angenommen wird:

$$-Q_{\text{verl}} = 1000\,(12 - 6) + 30 \cdot 40 - 2500 \cdot 20 + 305\,000\,(26{,}5 - 26{,}7)$$
$$= 6000 + 1200 - 50\,000 - 61\,000$$
$$Q_{\text{verl}} = 103\,800 \text{ kcal/h}.$$

Bei vergleichender Betrachtung der einzelnen Zahlenwerte fällt auf, daß bei Bestimmung der Verlustwärme der an sich sehr kleine Unterschied $i_a - i_2$ von entscheidendem Einfluß auf das Ergebnis ist. Um aus den Meßdaten zuverlässige Aussagen über den Wärmeverlust des Trockners zu gewinnen, ist eine außerordentlich genaue Messung des Zustandes der erwärmten Zuluft und der Abluft erforderlich. In praxi wird man eine Bestimmung der Verlustwärme daher meistens nur durchführen können, wenn die unmittelbare Messung der im Lufterhitzer zugeführten Wärme Q_{zug} und der Ventilatorarbeit L_{vent} möglich ist.

7. Anwendung des i–x-Diagramms zur Darstellung von Zustandsänderungen

Das i–x-Diagramm ist deshalb besonders zur Darstellung von Zustandsänderungen feuchter Luft geeignet, weil sehr viele technisch wichtige Vorgänge durch geradlinige Verbindung zwischen zwei gegebenen

[1] Über die Beeinflussung des Wärmeverbrauchs durch Wärmerückgewinnung siehe Bd. II dieses Buches S. 40 ff.

Zustandspunkten dargestellt werden können. Dies gilt für alle Mischungsvorgänge, bei denen verschiedene Luftmengen von gegebenem Zustand oder eine Luftmenge mit Dampf zum Zweck der Befeuchtung gemischt werden. Auch die Vorgänge beim Einspritzen von flüssigem Wasser, die Zustandsänderungen beim Vorbeistreichen der Luft an nassen Trocknungsgütern (Befeuchtung der Luft) sowie diejenigen beim Vorbeistreichen feuchter Luft an Flächen, die unter den Taupunkt der Luft gekühlt sind (Entfeuchtung der Luft), lassen sich meist als gerade Linien im i–x-Diagramm darstellen. Grundsätzlich jedoch gilt der geradlinige Zusammenhang entsprechend der Aufstellung des Diagramms nur für vollkommene Mischvorgänge – d. h. solche, bei denen die Endzustände eindeutig von den Anfangszuständen abhängen und nicht von irgendwelchen Einflüssen äußerer Wärmezufuhr oder innerer Energieumsetzungen, die nur unter Zuhilfenahme von Überlegungen, die außerhalb der bisherigen Betrachtungen liegen, aus einem Zustandsdiagramm bestimmt werden können.

α) *Mischung von Luftmengen*

Zwei Luftmengen G_{L_1} und G_{L_2} mit den Dampfgehalten x_1 und x_2 sowie den Temperaturen ϑ_1 und ϑ_2 sollen gemischt werden; dabei sollen Wärmeverluste nach außen nicht in Betracht kommen. Es gelten dann folgende Beziehungen, wenn die Zustandsgrößen für den Zustand nach der Mischung durch den Index m gekennzeichnet sind:

Stoffbilanz

$$G_{L_1}(1 + x_1) + G_{L_2}(1 + x_2) = (G_{L_1} + G_{L_2})(1 + x_m)$$

oder

$$G_{L_1} x_1 + G_{L_2} x_2 = (G_{L_1} + G_{L_2}) x_m .$$

Energiebilanz:

$$G_{L_1} i_1 + G_{L_2} i_2 = (G_{L_1} + G_{L_2}) i_m .$$

Bezeichnet man noch das Verhältnis der Luftmengen G_{L_1} bzw. G_{L_2} zur Gesamtmenge $G_{L_1} + G_{L_2}$ mit g_{L_1} bzw. g_{L_2}, so gehen die Gleichungen über in:

$$g_{L_1} x_1 + g_{L_2} x_2 = x_m ,$$

$$g_{L_1} i_1 + g_{L_2} i_2 = i_m .$$

Da $g_{L_1} = 1 - g_{L_2}$ ist, folgt:

$$\frac{x_m - x_1}{i_m - i_1} = \frac{x_2 - x_1}{i_2 - i_1} .$$

Dies besagt, daß der Zustandspunkt der Mischung auf der geradlinigen Verbindung der Ausgangszustände liegt.

Die Lage des Zustandspunktes findet man aus der Gleichung für x_m, indem man einmal $g_{L_1} = 1 - g_{L_2}$ einsetzt, ein anderes Mal $g_{L_2} = 1 - g_{L_1}$. Man erhält dann:

$$\frac{x_2 - x_m}{x_m - x_1} = \frac{g_{L_1}}{g_{L_2}} . \qquad (21)$$

Teilt man also den Abstand zwischen x_2 und x_1 bzw. die Strecke 1–2 im Verhältnis der Luftmengen, so erhält man den Zustand der Mischung. In Abb. 11 ist die Teilung geometrisch vorgenommen, indem auf einer beliebig gewählten Geraden t die Gewichtsanteile g_{L_1} und g_{L_2} in beliebigem Maßstab aufgetragen sind und die Strecke 1–2 geometrisch entsprechend geteilt ist.

Liegen die Ausgangspunkte 1 und 2 auf der gleichen charakteristischen Geraden (z.B. ϑ = konst., i = konst., x = konst.), so bleibt auch für die Mischung der betreffende Parameter konstant. Haben die Ausgangszustände gleiche relative Feuchtigkeit, jedoch verschiedene Temperaturen, so ist die relative Feuchtigkeit der Mischung stets größer als die der Ausgangszustände. Liegen die Punkte 1′, 2′ so, daß ihre geradlinige Verbindung die Sättigungslinie schneidet, so tritt bei entsprechendem Gewichtsverhältnis der anteiligen Mengen g'_{L_1} und g'_{L_2} Nebelbildung auf, wie aus Abb. 11 ersichtlich ist. Stets tritt Nebelbildung auf, wenn gesättigte Luftmengen von beliebigen Temperaturen gemischt werden.

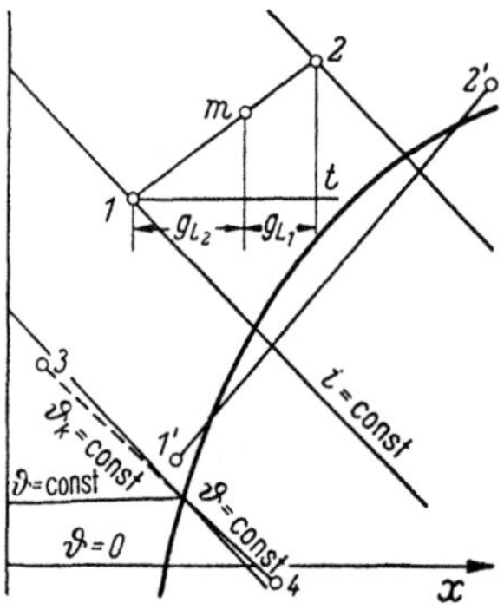

Abb. 11. Mischung zweier Luftmengen.

Es sei noch ein besonderer Fall behandelt: Will man nebelhaltige Luft (Punkt 4 in Abb. 11) mit einer kleineren Menge ungesättigter Luft so mischen, daß die Temperatur der nebelhaltigen Luft konstant bleibt, so muß der Zustand der ungesättigten Luft (Punkt 3 in Abb. 11) auf der Fortsetzung der Nebelisothermen liegen. Die Fortsetzung der Nebelisothermen im Gebiet ungesättigter Luft sei mit dem Buchstaben ϑ_k bezeichnet. Es wird sich zeigen, daß diese Geraden Linien gleicher Kühlgrenze – die näherungsweise mit dem Feuchtthermometer gemessen wird – darstellen.

β) *Einspritzen von Wasser oder Dampf in feuchte Luft und der Randmaßstab im i–x-Diagramm*

Eine Luftmenge G_L vom Eintrittszustand e soll durch Zugabe einer Dampf- oder Wassermenge ΔG mit der Enthalpie i_W befeuchtet werden (Abb. 12). Der Austrittszustand sei mit dem Index a bezeichnet. Für den Fall, daß alles zugeführte Wasser verdunstet, lautet die Stoffbilanz:

$$G_L(1 + x_e) + \Delta G = G_L(1 + x_a)$$

oder

$$G_L\, x_e + \Delta G = G_L\, x_a$$

oder

$$x_a - x_e = \frac{\Delta G}{G_L}.$$

Energiebilanz:

$$G_L\, i_e + \Delta G\, i_W = G_L\, i_a$$

oder

$$i_a - i_e = \frac{\Delta G}{G_L}\, i_W.$$

Aus Stoff- und Energiebilanz erhält man:

$$\frac{i_a - i_e}{x_a - x_e} = i_W = \frac{\Delta i}{\Delta x}. \tag{22}$$

Diese Gleichung besagt, daß alle Zustandspunkte, die man aus der Mischung von Luft (x_e, i_e) mit Wasser oder Dampf von der Enthalpie i_W kcal/kg erhält, auf einer Geraden liegen, die im rechtwinkligen Koordinatensystem die Steigung i_W hat. In dem für das i–x-Diagramm gewählten schiefwinkligen Koordinatensystem kann der Winkel δ, den die Gerade mit einer Linie i = konst. bildet, entsprechend früheren Herleitungen (entsprechend Winkel β in Abb. 8) aus folgender Beziehung gefunden werden:

$$\operatorname{tg}\alpha - \operatorname{tg}(\alpha - \delta) = \Delta i/\Delta x = i_W .$$

Die Größe $\Delta i/\Delta x$ ist als *Randmaßstab* in die i–x-Diagramme (Tafel I bis III) eingetragen. Alle Linien $\Delta i/\Delta x$ = konst. gehen durch den Nullpunkt des Diagramms. Ist also für einen bestimmten Vorgang $\Delta i/\Delta x$ und ein Zustandspunkt bekannt, so muß der Vorgang im i–x-Diagramm auf einer Parallelen zu der $\Delta i/\Delta x$-Linie des Randmaßstabes durch diesen Zustandspunkt liegen (Abb. 13).

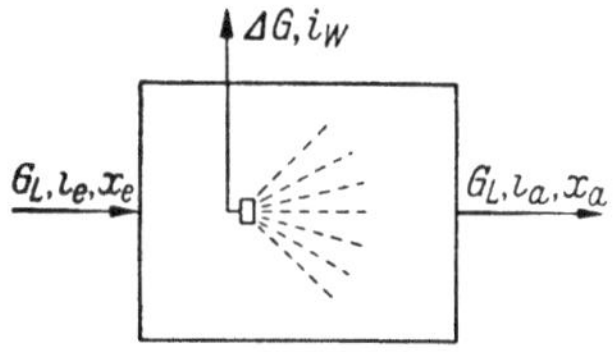

Abb. 12. Befeuchten von Luft mittels Einspritzung von Wasser oder Wasserdampf.

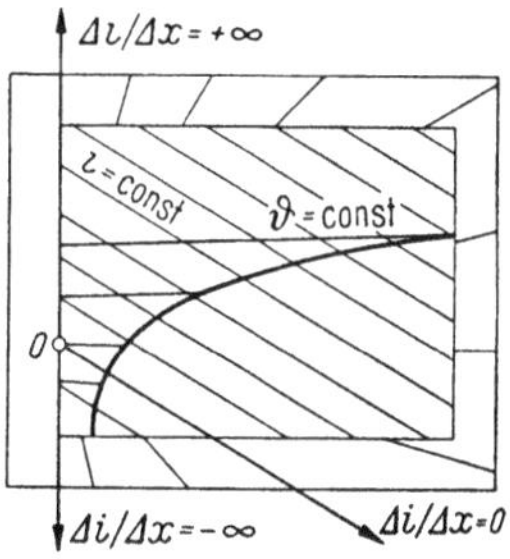

Abb. 13. Randmaßstab im – x-Diagramm.

Fragt man sich, wie der Zustand von flüssigem oder dampfförmigem Wasser sein muß, um eine bestimmte Zustandsänderung des gegebenen Wasserdampf-Luft-Gemisches zu erreichen, so kann man sich dies an einigen Extremfällen gut veranschaulichen:

1. *Zustandsänderungen* i = konst. (Abb. 14a). $\Delta i/\Delta x = i_W = 0$, d.h. Vorgänge, bei denen Anfangs- und Endzustand auf einer Linie i = konst. liegen, können durch Einspritzen von Wasser von 0 °C bewirkt werden ($i_W = 0$).

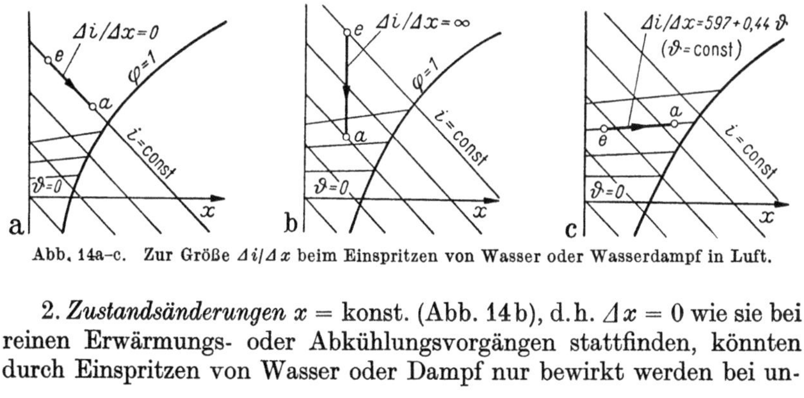

Abb. 14a–c. Zur Größe $\Delta i/\Delta x$ beim Einspritzen von Wasser oder Wasserdampf in Luft.

2. *Zustandsänderungen* x = konst. (Abb. 14b), d.h. $\Delta x = 0$ wie sie bei reinen Erwärmungs- oder Abkühlungsvorgängen stattfinden, könnten durch Einspritzen von Wasser oder Dampf nur bewirkt werden bei un-

endlicher Temperatur des eingespritzten Mediums ($\Delta i/\Delta x = i_W = \pm \infty$). Beschränkt man die Betrachtung auf technisch mögliche Fälle, so erkennt man, daß durch Einspritzen von Flüssigkeit oder Dampf nur ein relativ kleiner Bereich von Zustandsänderungen durchführbar ist (maximal $i_W \approx 800$ kcal/kg).

3. *Zustandsänderungen* ϑ = konst. (Abb. 14c). Will man beim Einspritzen in ein ungesättigtes Dampf-Luft-Gemisch gleiche Temperatur aufrechterhalten, so muß man gesättigten oder überhitzten Dampf der gegebenen Temperatur ϑ einblasen.

$$i_W = r_0 + c_{pD}\vartheta .$$

γ) Zustandsänderungen gleicher Kühlgrenze (reine Lufttrocknung)

Hängt man ein mit einer befeuchteten Stoffhülle überzogenes, gegen Strahlungseinflüsse aus der Umgebung geschütztes Thermometer (Feuchtthermometer) in einen Luftstrom, dessen Geschwindigkeit größer als etwa 2 m/sek ist, so zeigt es eine bestimmte, mit wachsender Geschwindigkeit gleichbleibende Temperatur ϑ_k – die Feuchtthermometertemperatur – an. Läßt man einen Luftstrom von größerer Geschwindigkeit als ≈ 2 m/sek über ein feuchtes Gut, dessen Oberfläche überall wasserbenetzt ist, streichen (Abb. 15a), so stellt sich – wie immer die Anfangstemperatur des Gutes war – in der Gutsoberfläche angenähert dieselbe Temperatur ein, falls ein Wärmeaustausch durch Strahlung und Leitung mit der Umgebung ausgeschaltet ist. Dabei beobachtet man, daß, wie sehr auch der Luftstrom sich befeuchtet und gleichzeitig abkühlt, die Temperatur des vom Luftstrom berührten Gutes praktisch – d. h. innerhalb einer Toleranz von etwa 1° – überall gleich ist. Denkt man sich die Gutsoberfläche in Strömungsrichtung beliebig ausgedehnt, so besagt dies, daß bei dem geschilderten Trocknungsvorgang die Gutstemperatur nach einem kurzen Anlaufweg überall die gleiche ist, während die Lufttemperatur im Laufe der Zeit abnimmt und sich der Gutstemperatur nähert (Abb. 15b) (daher die Bezeichnung Kühlgrenze). Wenn die Luft die gleiche Temperatur hat, ist sie mit Wasserdampf gesättigt; denn dann herrscht Gleichgewicht zwischen Gut und Luft. Auf die physikalische Begründung dieser Tatsachen wird später eingegangen (s. Kap. III).

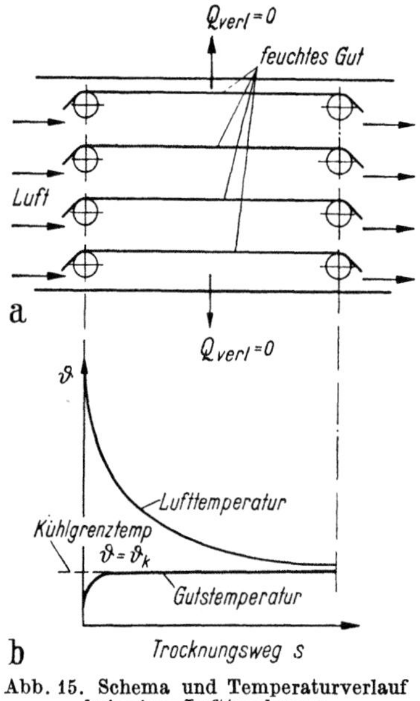

Abb. 15. Schema und Temperaturverlauf bei reiner Lufttrocknung.

Vernachlässigt man die Wärmeverluste des Trockners ($Q_{\text{verl}} = 0$) und macht die Anfangstemperatur des Gutes gleich der Kühlgrenztemperatur, so lautet die Energiebilanz für diesen Vorgang, bei dem von außen weder Wärme noch Arbeit zugeführt wird und die Gutstemperatur am Anfang und Ende gleich ist ($i_{S_a} = i_{S_e}$, $i_{W_a} = i_{W_e} = i_{W_k}$, worin i_{W_k} die Enthalpie der Flüssigkeit bei der Kühlgrenztemperatur ϑ_k bedeutet) entsprechend Gl. (9a), S. 22:

$$0 = G_L\,(i_a - i_e) - (G_{W_e} - G_{W_a}) \cdot i_{W_k}\,.$$

Dies besagt, daß der Unterschied der Enthalpie der Luft im Austrittszustand gegenüber dem Eintrittszustand nur herrührt von der Enthalpie derjenigen Wassermenge, die verdunstet. Da andererseits aus der Stoffbilanz Gl. (4a)

$$G_{W_e} - G_{W_a} = G_L\,(x_a - x_e)$$

folgt, so ergibt sich:

$$\frac{i_a - i_e}{x_a - x_e} = i_{W_k}\,. \tag{23}$$

Wenn bei beliebigen Austrittszuständen (x_a, i_a) die Temperatur ϑ_k und damit die Größe i_{W_k} die gleiche ist, so kann sie also nur vom Eintrittszustand (x_e, i_e) abhängen, ist also eine eindeutige Funktion des Eintrittszustandes. Zu jedem Luftzustand gehört also eine bestimmte Oberflächentemperatur des nassen Gutes unter den angegebenen Bedingungen, die „Kühlgrenztemperatur" ϑ_k[1]. Mit anderen Worten heißt dies, daß alle Zustände eines Luftstroms, der mit einem Trocknungsgut in Austausch steht, im i–x-Diagramm auf einer Geraden liegen müssen. Gl. (23) ist identisch mit Gl. (22), die das Einspritzen von Wasser in einen Luftstrom beschreibt, falls die Temperatur des eingespritzten Wassers gleich der Kühlgrenztemperatur ϑ_k ist.

Man sieht ferner, daß Gl. (23) auch mit der Gleichung der Nebelisothermen [Gl. (12)] identisch wird, wenn in dieser $i'' = i_a$; $x'' = x_a$; $c_W\,\vartheta_s = i_{W_k}$ gesetzt wird. Mit anderen Worten heißt dies: Wenn bei dem Trocknungsvorgang nach Gl. (23) der mögliche Endzustand (Temperaturausgleich und Sättigung mit Wasserdampf) erreicht ist, also die Luft nach Abb. 15 nach sehr langem Trockenvorgang auf gleicher Temperatur ($\vartheta_a = \vartheta_k = \vartheta_s$) wie das Trocknungsgut sich befindet, so muß sie auch mit Wasserdampf gesättigt sein. Der Dampfgehalt in der Luft ist dann gleich dem über der Oberfläche $x_a = x''$, ebenso muß die Enthalpie des Gemisches $i_a = i''$ sein. Dies besagt, daß im i–x-Diagramm Linien gleicher Kühlgrenze die Fortsetzung der Nebelisothermen in das Gebiet der ungesättigten Luft sind.

δ) *Deutung der Vorgänge bei der Lufttrocknung*

Angesichts der Bedeutung der geschilderten Zustandsänderung, die bei allen reinen Lufttrocknern im ersten Teil der Trocknung – d.h. solange die Gutsoberfläche naß ist – angenähert vorliegt, soll hier von den beschriebenen Tatbeständen ausgehend ein Bild entwickelt werden, das hinsichtlich der Energieumsetzungen beim Verdunsten zu den gleichen

[1] In der amerikanischen Literatur wird die „Kühlgrenztemperatur" mit „adiabatischer Sättigungstemperatur" bezeichnet.

Ergebnissen führt. Dabei wird von den eigentlichen physikalischen Vorgängen – d. h. von der Bewegung des Dampfes im Luftstrom und von der Bewegung der Wärme an die Oberfläche hin – abgesehen. Diese Zusammenhänge werden später geschildert (s. Kap. III). Es wird nur ein Fall konstruiert, der unter Zugrundelegung von Mischungsvorgängen, für die allein aus dem i–x-Diagramm unmittelbarer Aufschluß gewonnen werden kann, dem oben geschilderten Tatbestand gerecht wird.

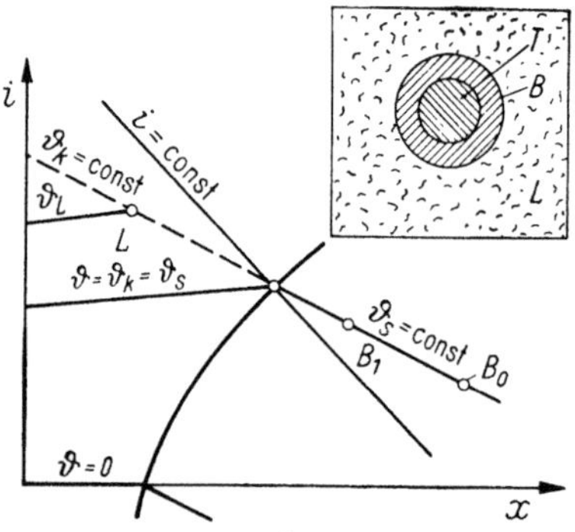

Abb. 16. Erläuterung zur Verdunstung von Wasser.

Man sieht vom Trockengut ab und betrachtet eine freie Wasseroberfläche – etwa einen Tropfen T in Abb. 16, der in einer Luftmenge L verdunstet. Die Beobachtung lehrt, daß seine Temperatur bis zu seinem Verschwinden nahezu konstant gleich ϑ_k bleibt.

Wir denken uns eine beliebig kleine Grenzschicht der Luft in unmittelbarer Nähe des Tropfens, die durch die Fläche B in Abb. 16 begrenzt sei. Innerhalb dieser Grenzschicht befinde sich gesättigte Luft von Tropfentemperatur ϑ_k. Der Zustandspunkt für das Gemisch Grenzschicht + Tropfen liegt dann im Nebelgebiet – bei um so größeren x-Werten, je kleiner der Bereich gedacht wird (der Zustandspunkt flüssigen Wassers liegt im i–x-Diagramm im Unendlichen) –. Der Zustand der Luft L außerhalb des durch B begrenzten Bereichs sei ungesättigt, die Temperatur der Luft sei ϑ_L (Zustandspunkt L in Abb. 16).

Im Anfang der Betrachtung sei der Zustandspunkt für das Innere des Bereichs B_0 in Abb. 16. Wir denken uns nun einen Vorgang derart, daß der Bereich B von B_0 aus durch Zumischung warmer Luft vom Zustand L immer größer wird. Dieses Anwachsen des Bereichs denken wir uns in der Weise, daß durch die Abkühlung der von L genommenen Luftmenge so viel Wasser vom Tropfen verdunstet, daß in der Luftschicht zwischen B und dem Tropfen gerade gesättigte Luft von der Temperatur ϑ_k vorhanden ist. Die gesamte verdunstete Wassermenge befindet sich dann stets innerhalb des Bereichs B. Es wäre dies ein Mischvorgang zwischen B_0 und L, der nach den obigen Herleitungen auf der geradlinigen Verbindung $B_0 - L$ erfolgen muß. Der Zustand im Inneren des Bereichs ändert sich z. B. von B_0 auf B_1. Falls die Temperatur des Tropfens konstant bleibt, muß B_1 auf der Nebelisothermen durch B_0 liegen. Die Mischungsgerade oberhalb der Sättigungslinie kann also nur die Fortsetzung einer Nebelisothermen sein.

ε) *Die Bestimmung des Dampfgehaltes der Luft aus der psychrometrischen Messung und dem i–x-Diagramm bzw. der Sprungschen Formel.*

Mit Hilfe des Psychrometers (vgl. Kap. XI) mißt man einerseits die Lufttemperatur ϑ_L mit einem gewöhnlichen Thermometer und andererseits mit dem befeuchteten Thermometer die Kühlgrenztemperatur ϑ_k, wenn für Verhinderung des Strahlungsaustausches und für hinreichende Luftbewegung gesorgt wird. Aus dem Schnittpunkt der Linie ϑ_k = konst. und der Temperaturlinie ϑ_L = konst. ergibt sich der Zustandspunkt.

Im allgemeinen ist es üblich, im Bereich niedriger Temperaturen bis 40° die vor etwa 100 Jahren empirisch gefundene „SPRUNGsche Formel" anzuwenden, aus der sich der Teildruck des Wasserdampfes in der Luft errechnet. Sie lautet, ins technische Maßsystem übertragen[1]:

$$P_D = P''_{Df} - 6{,}78\,(\vartheta_L - \vartheta_f)\,\frac{P}{10270}\,\mathrm{kg/m^2}\,, \tag{24}$$

worin

P_D Dampfdruck in der Luft in kg/m²,
P''_{Df} Sattdampfdruck bei Feuchtthermometertemperatur ϑ_f in kg/m²,
P Barometerstand in kg/m².

Ersetzt man in Gl. (23) den Dampfgehalt x durch den Teildruck P_D entsprechend Gl. (6) und löst nach P_D auf, so erhält man einen Ausdruck von der Form:

$$P_D = A\,P''_{Dk} - B\,(\vartheta_L - \vartheta_k)\,\frac{P}{10270}\,. \tag{25}$$

Darin ist

$$A = \frac{\dfrac{a}{1 - P''_{Dk}/P}}{1 + a\,\dfrac{P''_{Dk}/P}{1 - P''_{Dk}/P} - \dfrac{b}{0{,}622}\,(\vartheta_L - \vartheta_k)} \tag{26}$$

und

$$B = \frac{\dfrac{b}{0{,}622}\,10270}{1 + a\,\dfrac{P''_{Dk}/P}{1 - P''_{Dk}/P} - \dfrac{b}{0{,}622}\,(\vartheta_L - \vartheta_k)}\,, \tag{27}$$

worin wiederum

$$a = \frac{1}{1 + \dfrac{0{,}44\,(\vartheta_L - \vartheta_k)}{597 - 0{,}56\,\vartheta_k}} \tag{28}$$

und

$$b = \frac{0{,}24}{597 - 0{,}56\,\vartheta_k + 0{,}44\,(\vartheta_L - \vartheta_k)}\,. \tag{29}$$

Alle Einzelgrößen sind nur von $\vartheta_L - \vartheta_k$ und ϑ_k (bzw. P''_{Dk}) abhängig. Tab. 3 zeigt die errechneten Werte für A und B. Während A stets praktisch gleich 1 ist, ist B in erheblichem Maß von der Kühlgrenztemperatur (nicht vom Temperaturunterschied $\vartheta_L - \vartheta_k$) abhängig. Nähere Betrachtung von Gl. (27) führt dazu, B näherungsweise der Größe $1 - P''_{Dk}/P$ proportional zu setzen. Ein schwacher Einfluß der Kühlgrenztemperatur überlagert sich dann noch. Man kann mit einem Fehler unter 1% setzen:

$$B = 6{,}65\left(1 - \frac{P''_{Dk}}{P}\right)(1 + 0{,}001\,\vartheta_k)\,. \tag{30}$$

[1] In der von SPRUNG angegebenen Formel sind die Drucke in mm QS gerechnet, in Gl. (24) in kg/m². Die Konstante 6,78 ergibt sich aus der SPRUNGschen Konstanten 0,5 durch Multiplikation mit dem Umrechnungsfaktor 13,56.

Tabelle 3. *Die Faktoren A und B der Gl. 25 für P = 10 270 kg/m².*

	$\vartheta_k = 0\,°C$		$\vartheta_k = 40\,°C$		$\vartheta_k = 80\,°C$	
$\vartheta_L - \vartheta_k$	A	B	A	B	A	B
0	1	6,5974	1	6,3915	1	3,8015
10	0,999	6,5915	0,999	6,3875	0,999	3,7999
20			0,998	6,3803	0,999	3,7980
30			0,997	6,3748	0,998	3,7960
40			0,997	6,3692	0,998	3,7940
50			0,996	6,3637	0,997	3,7921

Damit folgt aus den Betrachtungen über die Kühlgrenze und der Bilanz für das feuchte Thermometer in Analogie zur SPRUNGschen Formel:

$$P_D = P''_{Dk} - 6{,}65\left(1 - \frac{P''_{Dk}}{P}\right)\frac{P}{10270}\left(1 + \frac{\vartheta_k}{1000}\right)(\vartheta_L - \vartheta_k)\,. \qquad (31)$$

Diese Formel stimmt völlig überein mit der auf Grund von Versuchen der Physikalisch-Technischen Reichsanstalt bestätigten Formel[1]. Sie zeigt deutlich, daß für niedere Temperaturen, für die P''_{Dk}/P und $\vartheta_k/1000$ klein ist, diese sehr gut mit der SPRUNGschen Formel übereinstimmt. Sie hat ihr gegenüber den Vorteil, bis zu hohen Temperaturen brauchbar zu sein.

b) Die Trocknung mit Rauchgasen

Wird Luft als Trockenmittel benutzt, so ist es stets nötig, sie in dampf-, wasser- oder feuerbeheizten Wärmeaustauschern aufzuheizen. Dabei bleibt die Abgaswärme (Enthalpie) der Rauchgase immer eine Verlustquelle.

Sind die Trocknungsgüter unempfindlich gegen die Bestandteile der Rauchgase (CO_2, Asche, Ruß), so ist es am billigsten sowohl hinsichtlich der Anschaffungskosten als auch hinsichtlich des Betriebes, die Rauchgase unmittelbar zum Trocknen zu benutzen, indem man sie durch Luftbeimischung auf eine dem Gut zuträgliche Temperatur bringt. Vor allem bei geringwertigen Trocknungsgütern wird daher die Rauchgastrocknung häufig angewandt. Die Gaszustände verfolgt man zweckmäßig ebenfalls mit dem i–x-Diagramm.

1. Näherungsweise Gleichheit der i–x-Diagramme für Rauchgase und Luft

Es soll im folgenden gezeigt werden, wie man mit Hilfe des für Luft-Wasserdampfgemische aufgestellten i–x-Diagrammes (Taf. I bis III) in einfachster Weise auch die Vorgänge bei der Rauchgastrocknung verfolgen und die interessierenden Größen (vor allem die Luftbeimischung zur Erzielung einer bestimmten Gastemperatur sowie den Brennstoffverbrauch) berechnen kann.

[1] Siehe HÜTTE I, 1948, S. 1082.

Bezeichnet G_G ein Gewicht trockener (d.h. wasserfreier) Rauchgase, das mit einer Wasserdampfmenge G_D beladen ist, so sei entsprechend den früheren Bezeichnungen der Wassergehalt:

$$x = G_D/G_G. \tag{32}$$

Wie früher sei die der Menge $1 + x$ zugeordnete Enthalpie des feuchten Rauchgases

$$i = i_G + x\,i_D = c_{pG}\vartheta + x\{597 + 0{,}44\,\vartheta\}. \tag{33}$$

Dabei ist c_{pG} die mittlere spezifische Wärme der wasserfreien Rauchgase.

Die Werte c_{pG} bzw. i_G sind nur so wenig von den Werten c_{pL} bzw. i_L verschieden, daß für die Zwecke der Trocknungstechnik Rauchgase wie Luft behandelt werden dürfen. Am größten sind die Unterschiede für ein Rauchgas, dessen trockene Bestandteile nur aus CO_2 und N_2 bestehen (d.h. für luftfreies Rauchgas aus Kohlenstoff).

Zur Erläuterung der maximal möglichen Unterschiede zwischen Rauchgas und Luft sind in Tab. 4 die Enthalpien für O_2, N_2, CO_2 sowie

Tabelle 4. *Enthalpie i [kcal/kg] von Gasen.*

°C	N_2	O_2	CO_2	Luft	Rauchgas 79 Vol.-% N_2 21 Vol.-% CO_2
100	24,9	22,05	20,85	24,05	23,7
1000	267	247	269	261	267,6
2000	569	525	593	554	576

für Luft (79 Vol.-% N_2 und 21 Vol.-% O_2) und luftfreies Rauchgas, das aus der vollkommenen Verbrennung von reinem Kohlenstoff entsteht (79 Vol.-% N_2 und 21 Vol.-% CO_2), zusammengestellt. (Die mittleren spezifischen Wärmen ergeben sich durch Division der Enthalpien durch die zugehörigen Temperaturen.)

Man erkennt aus der Tabelle folgendes: Während für Temperaturen unter etwa 1000° die Enthalpie der trockenen Rauchgase praktisch gleich derjenigen der Luft ist, zeigt sich bei 2000 °C eine kleine Abweichung. Die Enthalpie der Rauchgase ist etwa 3,5% größer als die der Luft. Dies bedeutet, daß im i–x-Diagramm die Linien gleicher Temperatur für ein luftfreies Rauchgas, das nur aus Kohlendioxyd und Stickstoff besteht, etwas tiefer liegen als für Luft. An der Linie, die in Tafel III für 2000 ° gilt, müßte für ein solches Rauchgas 1920 °C stehen. Für Rauchgase aus wasserstoffhaltigen Brennstoffen ist die Abweichung geringer. Die trockenen Bestandteile eines luftfreien Rauchgases aus der Verbrennung reinen Wasserstoffs bestehen nur aus Stickstoff. Dafür ist der Unterschied gegenüber Luft noch etwas geringer, wie aus dem Vergleich der Werte für N_2, Luft und Rauchgas aus Tab. 4 folgt.

2. Stoff- und Energiebilanz bei der Verbrennung

Ausgangspunkt für alle Verbrennungsrechnungen ist die Stoff- und Energiebilanz bei der theoretischen Verbrennung (d. h. ohne Wärmeabgabe nach außen bei vollkommener Verbrennung).

Stoffbilanz. Wird die Verbrennung mit der Mindestluftmenge $g_{L_{\min}}$ (trockene Luft je kg Brennstoff), die zur theoretischen Verbrennung nötig ist, durchgeführt, so entsteht luftfreies trockenes Rauchgas vom Gewicht g_G, das mit einer bei der Verbrennung entstandenen Wasserdampfmenge Δg_D beladen ist. Somit lautet die Stoffbilanz, wenn a kg/kg den Aschegehalt des Brennstoffs bezeichnet, für 1 kg Brennstoff:

$$1 + g_{L_{\min}} = g_G + \Delta g_D + a$$

oder

$$g_{L_{\min}} = g_G + \Delta g_D + a - 1. \tag{34}$$

Es wird im folgenden gezeigt, daß man das Gewicht g_G des trockenen luftfreien Rauchgases sehr leicht aus dem Heizwert des Brennstoffs und der Brennstoffart abschätzen kann. Will man daraus das zur Verbrennung nötige Luftgewicht $g_{L_{\min}}$ bestimmen (was in machen Fällen unerläßlich ist), so ist dies nach Gl. (34) möglich, wenn man bedenkt, daß bei der Verbrennung aus dem Wassergehalt w des Brennstoffs und aus der Wasserstoffverbrennung die Wasserdampfmenge Δg_D entsteht:

$$\Delta g_D = w + 9h. \tag{35}$$

Es ist also der Unterschied zwischen Rauchgas und Luftgewicht

$$g_G - g_{L_{\min}} = 1 - \Delta g_D - a = 1 - (w + 9h + a) \tag{36}$$

aus den Brennstoffanalysen zu errechnen.

Aber da genaue Analysen bei der Projektierung von Rauchgastrocknern in den seltensten Fällen vorliegen, muß man sich häufig mit mehr oder minder sicheren Abschätzungen begnügen. Daher sind in Tab. 5, 6 und 7 diese Unterschiede angegeben. $g_G - g_{L_{\min}}$ kann zwischen $+1{,}0$ kg/kg Brennstoff (für reinen Kohlenstoff oder Kohlenoxyd) und $-8{,}0$ kg/kg (für reinen Wasserstoff) liegen.

Für übliche Brennstoffe mag folgendes zur Orientierung genügen:

1. Feste Brennstoffe:

$$g_G - g_{L_{\min}} \approx 0{,}5 \quad \text{(zwischen 0,2 und 0,8)}.$$

2. Technische Heizöle:

$$g_G - g_{L_{\min}} \approx 0 \quad \text{(zwischen } -0{,}35 \text{ und } +0{,}45).$$

3. Technische Heizgase:

a) Wasserstoffreiche Gase wie Leuchtgas, Koksofengas usw.

$$g_G - g_{L_{\min}} \approx -0{,}8,$$

b) Wasserstoffarme Gase wie Gichtgas, Mischgas, Luftgas usw.

$$g_G - g_{L_{\min}} \approx +0{,}8.$$

In den meisten Fällen wird für die Berechnung von Rauchgastrocknern diese Abschätzung hinreichend sein, da der absolute Betrag des Rauchgasgewichtes g_G bzw. des Luftgewichtes $g_{L_{\min}}$ stets sehr viel größer als der Unterschiedbetrag $g_G - g_{L_{\min}}$ ist, so daß durch die angegebenen

Abschätzungen Fehler von höchstens $\pm$ 3% entstehen können. (Abgesehen von den wasserstoffarmen Heizgasen, bei denen das je kg Gas entstehende Rauchgasgewicht klein ist, sind die absoluten Beträge von g_G und $g_{L_{\min}}$ nicht sehr verschieden.)

Demnach darf in Gl. (34) der Zusammenhang zwischen Rauchgasgewicht g_G und Luftgewicht $g_{L_{\min}}$ als hinreichend bekannt vorausgesetzt werden.

Bringt die Verbrennungsluft eine Wasserdampfmege $x_L g_{L_{\min}}$ mit, so ist das im Rauchgas enthaltene Wasserdampfgewicht:

$$g_D = x_L g_{L_{\min}} + \Delta g_D .$$

Der Wassergehalt des Rauchgases ist also

$$x_G = \frac{g_D}{g_G} = x_L \frac{g_{L_{\min}}}{g_G} + \Delta x_V ,$$

worin $\Delta x_V = \frac{\Delta g_D}{g_G}$ die Erhöhung des Wasserdampfgehaltes bei der Verbrennung bedeutet. Angesichts der Tatsache, daß (abgesehen von heizwertarmen Gasen) $g_{L_{\min}}$ und g_G größenordnungsmäßig gleich sind und daß x_L im allgemeinen gegenüber Δx_V klein ist, darf mit hinreichender Genauigkeit gesetzt werden:

$$x_G = g_D / g_G = x_L + \Delta x_V . \tag{37}$$

Energiebilanz. Wird 1 kg Brennstoff verbrannt, dessen Enthalpie i_B und dessen oberer Heizwert H_o [1] ist, so muß als Energiebilanz angesetzt werden:

$$i_B + g_{L_{\min}} i_L + H_o = g_G i_G + a i_A ,$$

worin i_A die Enthalpie der Asche ist. Vernachlässigt man sowohl i_B als auch $a i_A$, so gilt:

$$g_G i_G = H_o + g_{L_{\min}} i_L$$

oder

$$i_G = H_o / g_G + i_L g_{L_{\min}} / g_G .$$

Angesichts der größenordnungsmäßigen Gleichheit von g_G und $g_{L_{\min}}$ und des meist geringen Betrages von i_L darf hier gesetzt werden:

$$i_G = i_L + H_o / g_G .$$

H_o/g_G bedeutet darin die Enthalpiezunahme der Rauchgase bei der Verbrennung. Sie sei mit Δi_V bezeichnet. Also gilt:

$$H_o / g_G = \Delta i_V , \tag{38}$$

$$i_G = i_L + \Delta i_V . \tag{39}$$

[1] Bei den üblichen Verbrennungsrechnungen nimmt man die Verbrennungsluft als wasserdampffrei an und rechnet mit dem unteren Heizwert H_u, der sich aus dem oberen errechnen läßt: $H_u = H_o - 600\,(w + 9\,h)$, worin w kg/kg den Wassergehalt des Brennstoffes, h kg/kg den Wasserstoffgehalt desselben bedeutet.

3. Zunahme der Enthalpie (Δi_V) und des Wasserdampfgehaltes (Δx_V) bei der Verbrennung

Der Zustandspunkt der luftfreien Rauchgase im i–x-Diagramm ist durch die Angabe von i_G nach Gl. (39) und von x_G nach Gl. (37) festgelegt.

Es sollen im folgenden recht genaue Abschätzungsmöglichkeiten für beide Größen aufgezeigt werden.

Enthalpiezunahme Δi_V.

Nach Gl. (38) ist Δi_V mit H_o und g_G bekannt.

g_G kann aus den Verbrennungsgleichungen[1] folgendermaßen berechnet werden:

Bedeuten c, h, o, n die in der Elementaranalyse des Brennstoffs gegebenen Gewichtsanteile von Kohlenstoff, Wasserstoff, Sauerstoff und Stickstoff (Schwefel sei vernachlässigt), so gilt:

$$g_G = g_{CO_2} + g_{N_2}. \tag{40}$$

Darin ist g_{CO_2}; das aus 1 kg des Brennstoffs entstehende Kohlendioxydgewicht:

$$g_{CO_2} = c\,\frac{M_{CO_2}}{M_C} = 3{,}67\,c \quad (\text{kg}\,CO_2/\text{kg Brennstoff}), \tag{41}$$

$$(M_{CO_2} = 44, \quad M_C = 12).$$

g_{N_2} ist die Summe des bei der Entgasung aus dem Brennstoff austretenden Stickstoffgewichts n sowie desjenigen Stickstoffgewichts, das die Verbrennungsluft mitbringt. Zur Bestimmung des letzteren ist zunächst das zur vollkommenen Verbrennung erforderliche Mindestsauerstoffgewicht $g_{O_{\min}}$ zu bestimmen:

$$g_{O_{\min}} = c\,\frac{M_{O_2}}{M_C} + h\,\frac{M_{O_2}}{2\,M_H} - o = \frac{32}{12}\,c + 8\,h - o. \tag{42}$$

Da in 1 kg Luft 0,232 kg O_2 und 0,768 kg N_2 enthalten sind, ist das mit $g_{O_{\min}}$ bei der Verbrennung zugeführte Stickstoffgewicht gleich $\frac{0{,}768}{0{,}232}\,g_{O_{\min}}$. Das gesamte im trockenen Rauchgas enthaltene Stickstoffgewicht ist also:

$$g_{N_2} = 3{,}31\left(\frac{32}{12}\,c + 8\,h - o\right) + n. \tag{43}$$

Damit ist das Gesamtgewicht des trockenen luftfreien Rauchgases, das aus 1 kg Brennstoff entsteht, berechnet:

$$g_G = 3{,}67\,c + 3{,}31\left(\frac{32}{12}\,c + 8\,h - o\right) + n. \tag{44}$$

Mit Hilfe dieser Beziehung ist bei Kenntnis der Elementaranalyse und des oberen Heizwertes H_o auch die Rauchgasenthalpie i_G nach Gl. (39) zu berechnen.

---

[1] Siehe HÜTTE, 27. Aufl., S. 603ff.

Tab. 5 gibt eine Zusammenstellung der Rechnungsergebnisse für feste Brennstoffe. Bei der Auswertung wurde der Schwefelgehalt des Brennstoffs vernachlässigt.

Tab. 6 und 7 geben die Rechnungsergebnisse für die wichtigsten flüssigen und gasförmigen Brennstoffe[1].

In Abb. 17 ist die nach Gl. (39) mit Gl. (44) berechnete Enthalpiezunahme Δi_V von 1 kg Rauchgas für alle Brennstoffe in Abhängigkeit

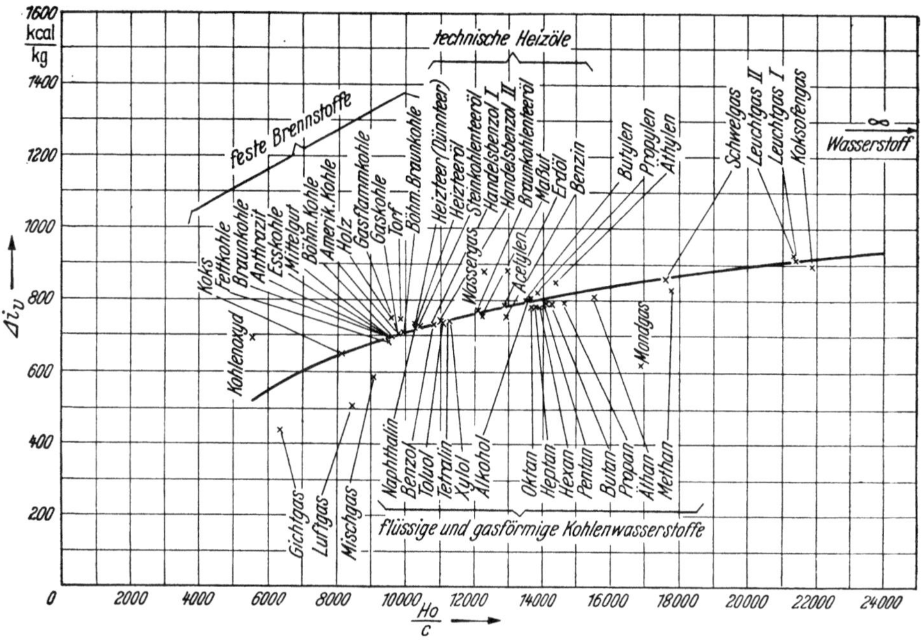

Abb. 17. Die bei der Verbrennung entstehende Enthalpiezunahme Δi_V (auf 1 kg trockenen Rauchgases bezogen).

von der Größe H_o/c (d.h. dem auf 1 kg Kohlenstoff bezogenen Heizwert) aufgetragen. Es zeigt sich dabei ein recht eindeutiger, für Zwecke der Abschätzung nützlicher Zusammenhang:

1. Feste Brennstoffe

a) Natürliche Kohlen $\Delta i_V = 700\,\text{kcal/kg} \quad (\pm 2\%)$,

b) Holz und Torf $\Delta i_V \approx 750$,

c) Koks $\Delta i_V \approx 650$.

2. Flüssige Brennstoffe

a) Reine Kohlenwasserstoffe

$$720 < \Delta i_V < 810\,; \quad \text{im Mittel } \Delta i_V = 770 \quad (\pm 8\%),$$

b) Technische Heizöle

$$\Delta i_V = 750 \quad (\pm 3\%).$$

[1] Die Analysen der Brennstoffe sind teils aus Angaben des technischen Überwachungsvereins Essen, teils den Schriften [*22*, *36*, *42*] entnommen.

Tabelle 5. *Feste Brennstoffe.*

Bezeichnung	H_o kcal/kg	Elementaranalyse						g_G kg/kg	$g_G - g_{L_{min}}$ kg/kg	Δx_{V_h} kg/kg	Δi_V kcal/kg	h/c	H_o/c
		Asche a Gew.-%	Wasser w %	Kohlen-stoff c %	Wasser-stoff h %	Schwefel s %	Sauerstoff + Stickstoff $o + n$ %						
Koks	7150	8,0	2,0	87,4	0,4	0,8	1,4	11,01	+0,86	0,00326	649	0,00457	8175
Anthrazit	8382	1,7	1,9	88,6	3,6	0,9	3,3	11,96	0,64	0,0271	701	0,0406	9460
Eßkohle	7525	11,9	1,0	78,8	3,9	1,3	3,1	10,82	0,52	0,0324	696	0,0495	9550
Mittelgut	5848	28,3	0,9	61,2	3,1	1,2	5,3	8,33	0,43	0,0335	701	0,0507	9550
Fettkohle	7111	13,3	3,8	74,6	4,2	1,0	3,1	10,37	0,45	0,0365	687	0,0563	9530
Gaskohle	7683	4,8	4,3	78,0	5,1	1,0	6,8	10,90	0,45	0,0421	705	0,0654	9870
Gasflammkohle	7313	6,5	5,7	74,3	4,9	1,2	7,4	10,39	0,44	0,0424	703	0,0659	9830
Amerikanische Kohle	7943	4,0	1,8	81,5	4,7	0,8	7,2	11,23	0,52	0,0376	707	0,0576	9750
Böhmische Kohle	4802	30,3	8,2	49,9	3,3	0,4	7,9	6,89	0,32	0,0431	697	0,0661	9630
Braunkohle	3288	8,0	46,1	34,4	2,6	0,6	8,3	4,75	0,22	0,0492	692	0,0755	9550
Böhmische Braunkohle	3987	5,8	40,5	40,1	3,3	0,5	9,8	5,59	0,24	0,0532	712	0,0823	9940
Torf (lufttrocken)	3330	10,0	30,0	33,7	3,3	1,0	22,0	4,45	0,30	0,0668	748	0,0979	9870
Holz (lufttrocken)	3920	0,4	18,0	40,8	4,9	—	35,9	5,22	0,37	0,0844	750	0,1201	9610

Tabelle 6. *Flüssige Brennstoffe.*

Bezeichnung	H_o kcal/kg	Elementaranalyse				g_G kg/kg	$g_G - g_{L_{min}}$ kg/kg	Δx_{V_h} kg/kg	Δi_V kcal/kg	h/c	H_o/c
		c Gew.-%	h %	s %	o %						
a) Reine Kohlenwasserstoffe.											
Alkohol C_2H_5OH	7100	52,0	13,0		35,0	8,78	−0,17	0,1333	808	0,250	13650
Benzol C_6H_6	10000	92,2	7,8			13,60	+0,30	0,0516	736	0,0846	10850
Toluol C_7H_8	10150	91,2	8,8			13,71	+0,21	0,0578	740	0,0965	11130
Xylol C_8H_{10}	10250	90,5	9,5			13,82	+0,15	0,0619	741	0,1050	11320
Naphthalin $C_{10}H_8$	9640	93,7	6,3			13,37	+0,43	0,0425	722	0,0673	10280
Tetralin $C_{10}H_{22}$	10240	90,8	9,2			13,78	+0,17	0,0601	743	0,1013	11280
Pentan C_5H_{12}	11750	83,2	16,8			14,85	−0,51	0,1019	792	0,2020	14120
Hexan C_6H_{14}	11550	83,6	16,4			14,80	−0,48	0,0997	780	0,1963	13820
Heptan C_7H_{16}	11520	83,9	16,1			14,76	−0,45	0,0982	780	0,1918	13730
Oktan C_8H_{18}	11500	84,1	15,9			14,74	−0,43	0,0970	780	0,1890	13670
b) Technische flüssige Brennstoffe.											
Handelsbenzol I (90er Benzol)	10000	92,1	7,9			13,59	+0,29	0,0523	736	0,0858	10850
Handelsbenzol II (50er Benzol)	10100	91,6	8,4			13,66	+0,24	0,0553	739	0,0917	11020
Benzin (Mittelwert)	11000	85,0	15,0			14,59	−0,35	0,0925	753	0,1764	12950
Erdöl	10947	84,7	12,9	0,5	1,9	13,94	−0,16	0,0833	785	0,1522	12930
Braunkohlenteeröl	10200	84,0	11,0	0,7	4,3	13,26	+0,01	0,0747	770	0,1309	12140
Steinkohlenteeröl	9350	89,5	6,5	0,6	3,4	12,79	+0,42	0,0457	731	0,0726	10450
Heizteer (Dünnteer)	9314	90,4	6,0	0,3	3,3	12,79	+0,46	0,0422	728	0,0663	10300
Heizteeröl	9353	90,0	6,5	0,5	3,0	12,87	+0,42	0,0455	727	0,0722	10390
Masut (Rußland)	10618	86,6	12,2	0,3	0,9	14,02	−0,10	0,0783	757	0,1409	12250

Tabelle 7. *Gasförmige Brennstoffe.*

Bezeichnung		H_o kcal/kg	Analyse c Gew.-%	h %	CO_2 %	o %	n %	g_G kg/kg	$g_G - g_{L_{\min}}$ kg/kg	Δx_{V_h} kg/kg	Δi_V kcal/kg	h/c	H_o/c
a) Chemisch reine Gase.													
Kohlenoxyd	CO	2445	42,8	—		57,2		3,46	+1,00	—	707	—	5710
Wasserstoff	H_2	34000	—	100,0				26,50	−8,00	0,340	1284	∞	∞
Methan	CH_4	13360	75,0	25,0				16,00	−1,25	0,1405	834	0,333	17800
Äthan	C_2H_6	12400	80,0	20,0				15,29	−0,80	0,1176	810	0,250	15500
Propan	C_3H_8	12000	81,8	18,2				15,03	−0,64	0,1088	798	0,2225	14660
Butan	C_4H_{10}	11830	82,7	17,3				14,89	−0,56	0,1043	794	0,2085	14300
Äthylen	C_2H_4	12340	85,7	14,3				14,49	−0,29	0,0888	851	0,1668	14400
Propylen	$C~H_6$	11900	85,7	14,3				14,49	−0,29	0,0888	822	0,1668	13880
Butylen	C_4H_8	11600	85,7	14,3				14,49	−0,29	0,0888	800	0,1668	13530
Acetylen	C_2H_2	12000	92,3	7,7				13,56	+0,31	0,0511	885	0,0834	13000
b) Technische Gase.													
Koksofengas		9770	44,63	20,59	7,43	10,81	16,54	10,91	−0,85	0,1698	896	0,461	21880
Gichtgas		774	12,16	0,27	12,79	16,18	58,60	1,77	+0,98	0,0138	438	0,0222	6365
Leuchtgas I		10970	51,25	21,97	7,86	11,42	7,50	11,99	−0,98	0,1652	915	0,428	21400
Leuchtgas II		9550	44,72	19,50	8,02	18,86	8,90	10,29	−0,76	0,1708	929	0,436	21350
Schwelgas (Steinkohle)		10890	61,89	18,98	8,41	7,13	3,59	12,65	−0,71	0,1353	861	0,3065	17610
Wassergas		3960	32,08	6,30	13,85	42,30	5,47	4,477	+0,43	0,1266	884	0,1964	12340
Mischgas		1375	15,10	1,49	5,26	17,85	60,30	2,348	+0,87	0,0571	586	0,0986	9100
Mondgas		1465	8,66	2,77	29,67	8,10	50,80	2,354	+0,75	0,1057	622	0,3200	16920
Luftgas		1010	11,90	0,90	8,20	13,80	65,20	2,003	+0,92	0,0404	504	0,0756	8490

3. Gasförmige Brennstoffe

a) Chemisch reine Gase

Δi_V zwischen etwa 700 (CO) und 1280 (H_2),
Mittelwert für Kohlenwasserstoffe $\Delta i_V = 850$ ($\pm$ 5%),

b) Technische Gase

Δi_V zwischen 440 (Gichtgas) und 930 (Leuchtgas).

Damit kann die Enthalpiezunahme von 1 kg luftfreien Rauchgases für die weitaus überwiegende Mehrzahl der in der Trocknungstechnik vorkommenden Brennstoffe in einfachster Weise abgeschätzt – wenn nötig aus Abb. 17 oder Tab. 5 bis 7 entnommen – werden. Für Verbrennungsvorgänge, bei denen Luft und Brennstofftemperatur nicht sehr weit von 0 °C verschieden sind, kann man Δi_V gleich i_G setzen. Es ergibt sich dann im i–x-Diagramm für hohe Temperaturen (Tafel III) eine den verschiedenen Brennstoffarten zugeordnete Rauchgasenthalpie, wie es in Abb. 18 veranschaulicht ist. Lediglich für die technischen Gase sind die Werte so variabel, daß man sie berechnen oder aus Tab. 7 oder Abb. 17 entnehmen muß.

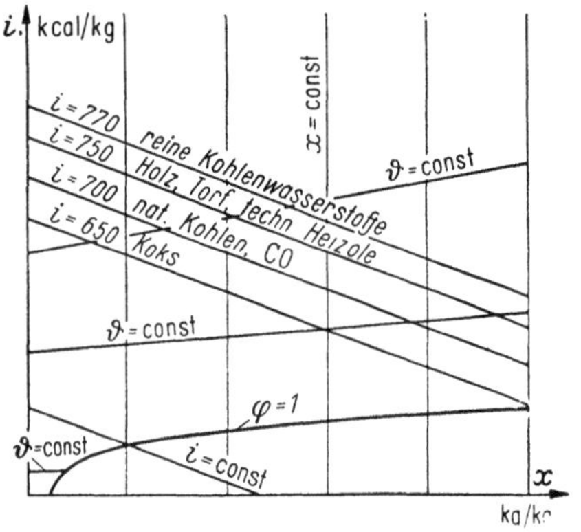

Abb. 18. Zur Anwendung des $i-x$-Diagramms auf Rauchgastrocknung.

Die Zunahme des Wassergehaltes Δx_V. Zur Festlegung des Zustandspunktes der Rauchgase im i–x-Diagramm braucht man noch den Wasserdampfgehalt x_G, der sich nach Gl. (37) zusammensetzt aus zwei Anteilen:

1. demjenigen x_L, den die Verbrennungsluft mitbringt,
2. demjenigen Δx_V, der bei der Verbrennung entsteht. Letzteren spaltet man zweckmäßigerweise in zwei Anteile auf entsprechend

$$\Delta x_V = \Delta x_{V_h} + \Delta x_{V_w},$$

worin der erste Δx_{V_h} aus der Wasserstoffverbrennung, der zweite Δx_{V_w} aus der Verdampfung des im Brennstoff enthaltenen Wassers entsteht.

Die Wasserdampfentstehung durch Verbrennung von Wasserstoff Δx_{V_h}. Es ist, da sich aus 1 kg Wasserstoff 9 kg Wasser bilden:

$$\Delta x_{V_h} = 9\,h/g_G. \tag{45}$$

Δx_{V_h} ist ebenfalls in den Zahlentafeln 5 bis 7 angegeben. Zur Erzielung einer gewissen einprägsamen Ordnung ist in Abb. 19 die Größe Δx_{V_h} über dem Verhältnis von Wasserstoffgehalt h zu Kohlenstoffgehalt c des Brennstoffs aufgetragen.

Man erkennt aus Abb. 19 die – von sehr wenigen Ausnahmen abgesehen – gute Einfügung der Einzelwerte in den gezeichneten Kurvenzug, der für alle festen, flüssigen und gasförmigen Brennstoffe eine gute Abschätzmöglichkeit darstellt. Auch die durch Entgasung entstandenen Brennstoffe wie Leuchtgase fügen sich gut ein. Beachtliche Abweichungen (>10%) treten nur auf bei Holz, Alkohol, Wassergas, Luftgas und Mondgas (vgl. Abb. 19). An Hand von Abb. 19 dürfte es leicht sein, für jede Brennstoffart die Zunahme des Wasserdampfgehaltes Δx_{V_h} durch die Wasserstoffverbrennung mit hinreichender Genauigkeit abzuschätzen.

Zur Bestimmung des Wasserdampfgehaltes x_G der luftfreien Rauchgase, die aus nassem Brennstoff (vom Wassergehalt w) entstehen, ist gemäß Gl. (35) nur noch die Zunahme Δx_{V_w} aus der Verdampfung des Wassers im Brennstoff zu ermitteln:

$$\Delta x_{V_w} = w/g_G. \tag{46}$$

g_G kann bei Kenntnis des oberen Heizwertes H_o aus den Daten des vorigen Abschnittes (s. S. 35) einfachst errechnet werden.

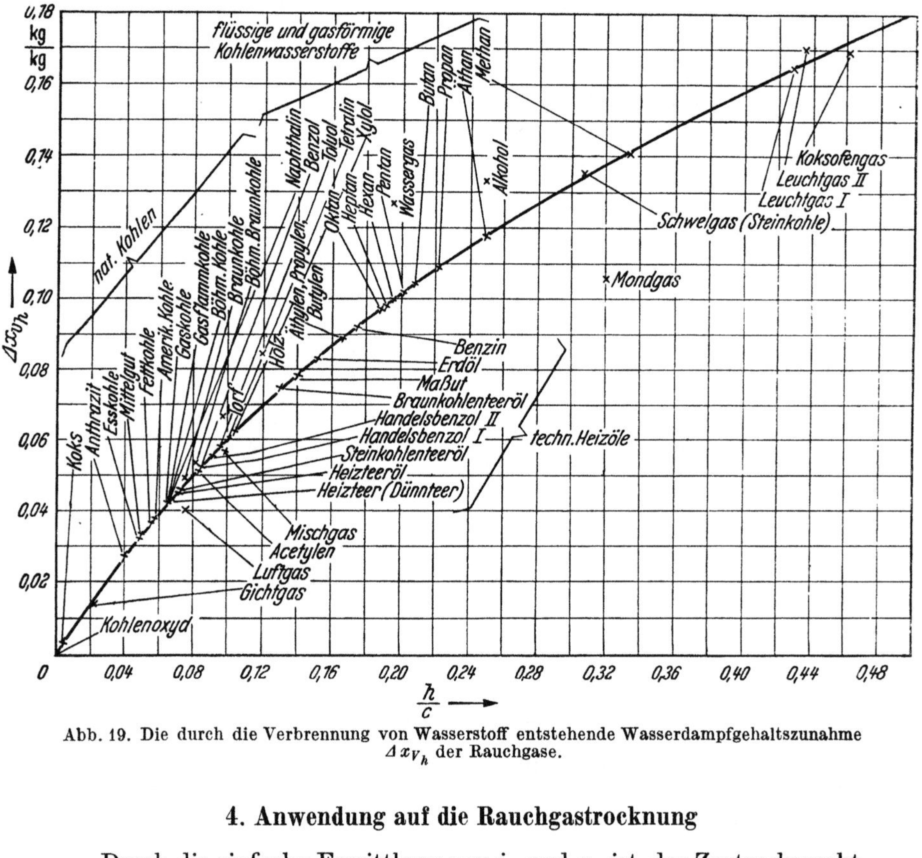

Abb. 19. Die durch die Verbrennung von Wasserstoff entstehende Wasserdampfgehaltszunahme Δx_{V_h} der Rauchgase.

4. Anwendung auf die Rauchgastrocknung

Durch die einfache Ermittlung von i_G und x_G ist der Zustandspunkt der luftfreien Rauchgas festgelegt. Die Temperatur kann aus dem i–x-Diagramm entnommen werden.

Um vom luftfreien Rauchgas zu dem aus der Verbrennung mit Luftüberschuß entstehenden Rauchgas zu kommen, denkt man sich das luftfreie Rauchgas g_G (Zustand G in Abb. 20) mit einer entsprechenden Luftmenge g_L von Umgebungs- (bzw. Vorwärme-) Temperatur (Zustand L in Abb. 20) gemischt. Entsprechend den obigen Herleitungen (s. S. 25) liegt der Mischzustand GL auf der Verbindungsgeraden zwischen G und L, wobei der Punkt GL die Strecke von G bis L im Verhältnis der Gewichte von Luft g_L und luftfreiem Rauchgas g_G teilt, wie dies in Abb. 20 veranschaulicht ist.

Soll ein solches durch Verbrennung mit Luftüberschuß entstandenes Rauchgas vom Zustand GL durch weitere Luftbeimischung auf den Zustand e, der als Eintrittszustand in den Trockner vorgeschrieben ist, gebracht werden (s. Abb. 20), so kann die der Menge g_{GL} weiter zuzumischende Luftmenge g'_L in gleicher Weise aus dem Verhältnis der Strecken L–e und e–GL ermittelt werden.

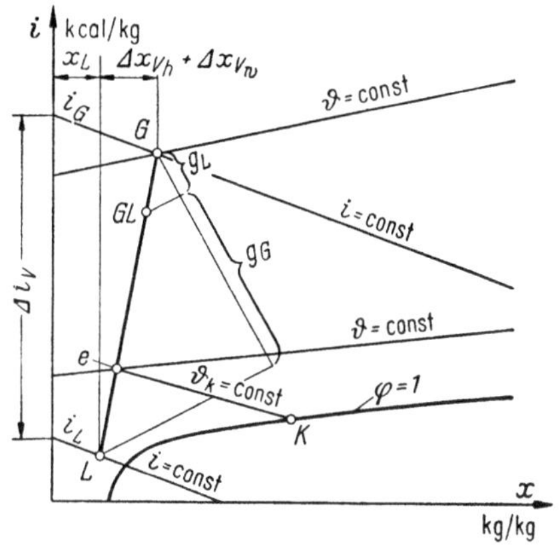

Abb. 20. Zur Rauchgastrocknung.

5. Beispiel zur Anwendung des i–x-Diagramms auf Trocknungsvorgänge (Rauchgastrocknung)

In einem Rauchgastrockner sollen stündlich 1000 kg Wasser aus einem Gut verdampft werden, dessen Oberfläche nach der Trocknung noch so feucht sei, daß der Wasserdampfdruck an der Oberfläche gleich dem Sattdampfdruck ist. Die Eintrittstemperatur ϑ_e des Rauchgas-Luftgemisches soll 500 °C betragen, die Austrittstemperatur ϑ_a sei 180 °C. Als Brennstoff diene böhmische Steinkohle, oberer Heizwert $H_o = 4800$ kcal/kg, Wassergehalt $w = 0{,}08$ kg/kg.

Die Temperatur der Verbrennungsluft sei $\vartheta_L = 20$ °C, ihre relative Feuchtigkeit $\varphi_L = 80\%$. Der Luftfaktor bei der Verbrennung (Luftüberschuß) sei $\frac{g_{L_{\min}} + g_L}{g_{L_{\min}}} = \lambda = 1{,}4$. Von Leitungs- und Strahlungsverlusten sei abgesehen.

Welches Luftgewicht g'_L ist dem Rauchgas zuzumischen, um das Gemisch auf 500 °C zu bringen? Welche Kühlgrenztemperatur stellt sich im Gut ein? Welchen Feuchtigkeitsgehalt hat das Abgas-Luftgemisch bei 180 °C? Welche Brennstoffwärme ist je kg verdampften Wassers aufzuwenden?

Lösung:

1. Bestimmung des Zustands der luftfreien Rauchgase.

a) Enthalpie i_G

$$i_G = i_L + \Delta i_V . \qquad \text{(Gl. 39)}$$

Aus i–x-Diagramm Tafel I für $\vartheta_L = 20\,°C$, $\varphi_L = 80\%$:

$$i_L = 12\,\text{kcal/kg}\,.$$

Aus den Angaben des vorstehenden Abschnittes für feste natürliche Kohlen ist:

$$\Delta\, i_V = 700\,\text{kcal/kg}\,,$$

folglich:

$$i_G = 712\,\text{kcal/kg}\,.$$

b) Rauchgasmenge g_G. Das Gewicht g_G der trockenen Rauchgase je kg Brennstoff ergibt sich mit

$$H_o = 4800\,\text{kcal/kg}\,, \qquad \text{(Gl. 38)}$$

$$g_G = \frac{4800}{700} = 6{,}85\,\text{kg/kg}\,.$$

c) Wasserdampfgehalt x_G

$$x_G = x_L + \Delta\, x_{V_h} + \Delta\, x_{V_w}\,. \qquad \text{(Gl. 37)}$$

Aus Tafel I: $x_L = 0{,}012$ kg/kg.
Aus Tab. 5 oder Abb. 19

$$\Delta\, x_{V_h} = 0{,}042\,\text{kg/kg}^1\,.$$

Nach Gl. (46)

$$\Delta\, x_{V_w} = \frac{w}{g_G} = \frac{0{,}08}{6{,}85} = 0{,}012\,.$$

Folglich:

$$x_G = 0{,}066\,.$$

Damit ist der Zustandspunkt G der luftfreien Rauchgase festgelegt. [Im i–x-Diagramm Tafel III liest man eine zugehörige Temperatur von 2110 °C ab, die jedoch entsprechend (s. S. 33) etwa 80° höher liegt als die Verbrennungstemperatur.]

2. Der Zustand der Gase bei Luftüberschuß. Der gegebene Luftfaktor $\lambda = 1{,}4$ gibt das Verhältnis der tatsächlichen Verbrennungsluft $g_{L_{\min}} + g_L$ zur theoretisch nötigen $g_{L_{\min}}$ an. Aus der Berechnung zu 1. ist das Gewicht der trockenen luftfreien Rauchgase g_G bekannt, nicht aber $g_{L_{\min}}$.

Gemäß den Überlegungen von S. 34 kann man für feste Brennstoffe näherungsweise setzen:

$$g_{L_{\min}} = g_G - 0{,}5 = 6{,}35\,\text{kg/kg}\,.$$

Der Luftfaktor 1,4 bedeutet also, daß dem luftfreien Rauchgas $g_L = 0{,}4 \cdot 6{,}35 = 2{,}54$ kg Luft zugemischt sind.

Den Mischpunkt GL der lufthaltigen Rauchgase findet man, indem

[1] Kennt man die Zusammensetzung der Kohle nicht genau, so muß man $\Delta\, x_{V_h}$ schätzen. Es liegt für Steinkohle nach Abb. 19 zwischen 0,027 und 0,042. Der Unterschied ist für die Trocknerberechnung nicht entscheidend.

man entsprechend Abb. 20 die Strecke G–L in Tafel III im Verhältnis 2,54 : 6,85 teilt. Man findet:

$$x_{GL} = 0{,}051\,, \quad i_{GL} = 520\,, \quad \vartheta_{GL} = 1630\,.$$

Die Menge, die diesen Zustand hat, ist:

$$g_{GL} = 2{,}54 + 6{,}85 = 9{,}4\,\text{kg/kg Brennstoff}\,.$$

3. Die Zumischung von Luft zur Erzielung einer Trocknereintrittstemperatur $\vartheta_e = 500\,°\text{C}$. Der Eintrittszustand e liegt auf der Mischgeraden GL–L bei 500 °C. Es ist

$$x_e = 0{,}023\,\text{kg/kg} \quad \text{und} \quad i_e = 145\,\text{kcal/kg}\,.$$

Der Punkt e teilt die Strecke GL–L im Verhältnis 2,9 : 1.

Folglich ist je kg lufthaltigen Rauchgases von Zustand GL eine Luftmenge von 2,9 kg zuzumischen.

Die gesamte Menge, die diesen Zustand e hat, ist also:

$$(1 + 2{,}9) \cdot 9{,}4 = 36{,}7\,\text{kg/kg Brennstoff}\,.$$

(Luftbeimischung nach der Verbrennung:

$$g'_L = 2{,}9 \cdot 9{,}4 = 27{,}3\,\text{kg/kg Brennstoff.})$$

4. Der Zustand des Abgasgemisches bei Trockneraustritt $\vartheta_a = 180\,°\text{C}$. Nach obigen Herleitungen liegt, solange die Gutsoberfläche feucht ist, der Zustand des Trockenmittels auf einer Linie gleicher Kühlgrenztemperatur ϑ_k. Für den vorliegenden Fall liest man aus Tafel III ab: $\vartheta_k = 66{,}5\,°\text{C}$.

Der Abgaszustand a muß auf der Geraden $e-K$ (s. Abb. 20) bei $\vartheta_a = 180\,°\text{C}$ liegen.

Man liest aus Tafel III ab:

$$x_a = 0{,}158\,, \quad i_a = 150\,.$$

5. Die Wasseraufnahme Δx je kg trockenen Gemisches:

$$\Delta x = x_a - x_e = 0{,}158 - 0{,}023 = 0{,}135\,.$$

6. Wasserdampfaufnahme je kg Brennstoff. Nach der Berechnung unter 3. kommt auf 1 kg Brennstoff ein Rauchgas-Luftgemisch von 36,7 kg von Zustand e. Je kg Brennstoff werden also $36{,}7 \cdot 0{,}135 = 4{,}95$ kg Wasser verdampft.

7. Brennstoffverbrauch. Für 1000 kg stündlicher Wasserverdampfung werden gebraucht:

$$\frac{1000}{4{,}95} = 202\,\text{kg Brennstoff/h}\,.$$

8. Wärmeverbrauch je kg. Bei einem oberen Heizwert $H_o = 4800$ und 4,95 kg Wasserverdampfung je kg Brennstoff werden

$$\frac{4800}{4{,}95} = 970\,\text{kcal/kg Wasser}$$

verbraucht.

9. Vergleich der Ergebnisse der vereinfachten Rechnung mit denen der exakten. Rechnet man die Aufgabe unter Anwendung der Verbrennungsgleichungen mit den in Tab. 5 für böhmische Steinkohle angegebenen Analysen genau durch, so findet man nur unwesentlich andere Werte, die aus Tab. 8 hervorgehen.

Tabelle 8.

		Exakte Rechnung	Vereinfachte Rechnung
Δi_V	kcal/kg	696	700
i_G	kcal/kg	708	712
$\Delta x_{V_h} + \Delta x$	kg/kg	0,0549	0,054
x_G	kg/kg	0,067	0,066
g_G	kg/kg Brennstoff	6,9	6,85
ϑ_G	°C	2042	2100
$g_{L_{\text{min}}}$	kg/kg Brennstoff	6,59	6,35
ϑ_{GL}	°C	1620	1630
$g'_L : g_{GL}$		2,79	2,9
i_e	kcal/kg bei 500 °C	144,3	145
x_e	kg/kg bei 500 °C	0,2023	0,023
Wärmeverbrauch je kg Wasser	kcal/kg	966	970

C. Die Bindung der Flüssigkeit an das Gut

a) Der Zusammenhang zwischen Dampfdruck und Flüssigkeitsgehalt des Gutes

1. Die Beeinflussung des Dampfdruckes durch äußere Kräfte

Über einer Flüssigkeit, die nur mit ihrem eigenen Dampf im Gleichgewicht steht, herrscht ein nur von der Temperatur abhängiger Dampfdruck, den man den Sattdampfdruck P''_D der Flüssigkeit bei der jeweiligen Temperatur nennt.

Der Dampfdruck über Trocknungsgütern ist häufig (d.h. meist bei hohen Flüssigkeitsgehalten des Gutes) praktisch gleich dem Sattdampfdruck. Bei kleinen Flüssigkeitsgehalten aber kann der Dampfdruck wesentlich niedriger sein. Der Zusammenhang zwischen Dampfdruck und Flüssigkeitsgehalt läßt sich aus den Kräften, die in der Flüssigkeit durch ihre Bindung an das Gut oder durch gelöste Teilchen (Ionen) wirken, verstehen.

Nach einem bekannten Gesetz der Thermodynamik ist der Dampfdruck über Flüssigkeiten außer von der Temperatur von den äußeren Kräften abhängig, die auf die Flüssigkeit einwirken.

Bezeichnet P_W den äußeren Druck auf die Flüssigkeit, P_D den Dampfdruck über der Flüssigkeit, v_W und v_D die spezifischen Volumina von Flüssigkeit und Dampf, so gilt:

$$v_D \, dP_D = v_W \, dP_W \,. \tag{47}$$

Führt man statt der spezifischen Volumina der Flüssigkeit das spezifische Gewicht $\gamma_W = 1/v_W$ ein und nimmt an, daß der Dampf dem Gasgesetz genüge $\left(v_D = \frac{R_D T}{P_D}\right)$, so folgt:

$$\frac{d P_D}{P_D} = d \ln P_D = \frac{d P_W}{\gamma_W R_D T}$$

oder, wenn man beim äußeren Druck $P_W = 0$ den Sattdampfdruck P_D'' ansetzt:

$$\frac{P_D}{P_D''} = e^{\frac{P_W}{\gamma_W R_D T}}. \quad (48)$$ [1]

Abb. 21 zeigt den Zusammenhang zwischen dem Verhältnis des Dampfdrucks P_D über Wasser, das unter einer äußeren Kraft P_W (in at angegeben) steht, zum Sattdampfdruck P_D''. Dabei sind die Maßstäbe so gewählt, daß man denjenigen Druckbereich deutlich erkennt, in dem die Dampfdruckänderung sich besonders bemerkbar macht:

Bei Druck- oder Zugkräften unter rd. 10 at ist der Dampfdruck noch nahezu gleich dem Sattdampfdruck P_D''. Bei Zugkräften in der Flüssigkeit (negative Ordinate in Abb. 21) zwischen 10 und 10000 at sinkt der Dampfdruck von nahezu P_D'' auf nahezu 0; entsprechend ändert er sich im Bereich von Druckkräften (positive Ordinate in Abb. 21) zwischen 10 und 10000 at von P_D'' auf sehr hohe Werte.

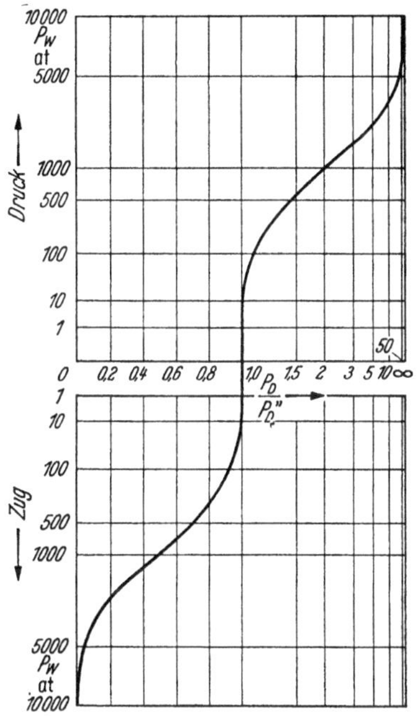

Abb. 21. Verhältnis des Dampfdrucks P_D zum Sattdampfdruck P_D'' für Wasser, das unter äußeren Kräften P_W steht.

2. Der Dampfdruck über Kapillaren und Tropfen

Die Zug- oder Druckkräfte, die durch die *Oberflächenspannung* bewirkt werden, sind wie äußere Kräfte anzusehen. Es entstehen Zugkräfte, wenn die Oberfläche konkav nach außen gekrümmt ist (Kapillarwasser), Druckkräfte bei konvexer Krümmung der Oberfläche (Tropfen).

[1] Die Begründung für die Dampfdruckabnahme bei Flüssigkeiten, die unter Zugkräften stehen (P_W negativ), kann man leicht anschaulich einsehen. Man denke eine Kapillare von großer Steighöhe (z. B. 1000 m). Wenn im Meniskus dieser Kapillaren der an ihrem unteren Ende angenommene Sattdampfdruck P_D'' herrschte, so wäre er größer als der auf Grund der barometrischen Höhenformel in der Umgebung berechnete Dampfdruck P_D. Dann wäre ein Perpetuum mobile zweiter Art möglich. Die Dampfdrucksenkung über die Kapillaren muß also ebenso groß sein wie die Dampfdruckabnahme in der Umgebung auf Grund der Höhenunterschiede.

Entsprechend tritt bei Kapillarwasser eine Dampfdrucksenkung, bei Tropfen eine Dampfdruckerhöhung auf. Jedoch macht sich dies erst bemerkbar, wenn die Tropfen- oder Kapillarradien sehr klein sind. Tab. 9 gibt den Zusammenhang zwischen Tropfen- oder Kapillarradius und dem durch die Oberflächenspannung bewirkten Druck oder Zug $P_W = \pm 2\sigma/r$, worin σ kg/m die Oberflächenspannung des Wassers bedeutet (s. S. 222 und Tab. 37).

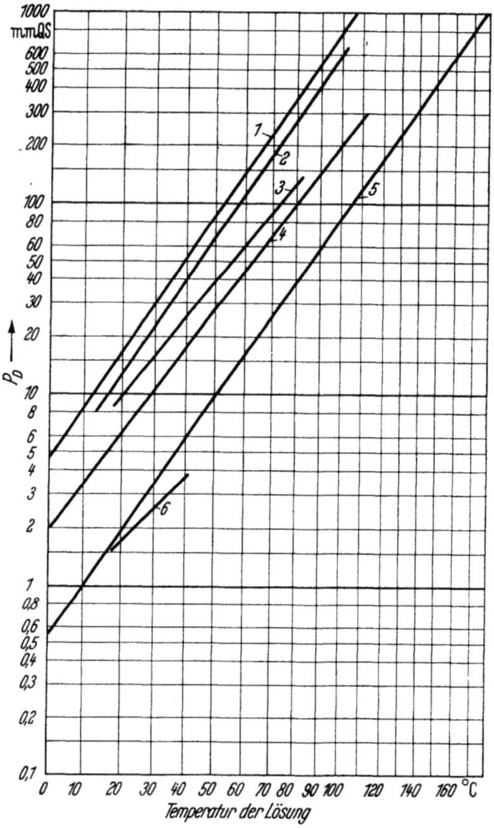

Abb. 22. Wasserdampfdruck P_D über gesättigten Salzlösungen, abhängig von der Temperatur (nach [*26*]). *1* H_2O = reines Wasser.; *2* NaCl = Natriumchlorid (Kochsalz); *3* $Mg(NO_3)_2$ = Magnesiumnitrat; *4* $MgCl_2$ = Magnesiumchlorid; *5* LiCl = Lithiumchlorid; *6* $ZnBr_2$ = Zinkbromid.

Tabelle 9. *Zug- und Druckkräfte in Kapillaren und Tropfen.*

Radius r von Tropfen oder Kapillaren m	Druck oder Zug at
10^{-6}	1,5
10^{-7}	15
10^{-8}	150
10^{-9}	1500
10^{-10}	15000

Im Zusammenhang mit dem eben Gesagten ergibt sich, daß die Dampfdrucksenkung oder -erhöhung erst bei Radien der Kapillaren oder der Tropfen von weniger als 10^{-8} m $\left(= \frac{1}{100}\mu\right)$ erheblich wird. Dies kommt im allgemeinen nur in Frage bei sehr feinporigen Gütern mit geringem Flüssigkeitsgehalt oder außerordentlich fein zerstäubten Tropfen.

3. Der Dampfdruck über Lösungen

Auch bei Flüssigkeiten, in denen gelöste Teilchen einen *osmotischen Druck* bewirken, tritt eine Dampfdrucksenkung auf – dem osmotischen Druck der gelösten Teilchen entspricht ein Zug (gleich dem negativen osmotischen Druck) im Lösungsmittel, dessen Dampfdruck sich ändert[1]. Der osmotische Druck ist bei schwachen Konzentrationen in erster Näherung der Zahl der gelösten Teilchen proportional.

Bei der Beurteilung des Dampfdrucks über Trocknungsgüter ist also stets zu fragen, ob in der Gutsflüssigkeit gelöste Teilchen vorhanden sind.

[1] Eine eingehende Darstellung dieser Erscheinung s. [*12*], [*13*], [*38*].

Abb. 22 gibt die Wasserdampfdrucke über einigen technisch wichtigen gesättigten Lösungen an.

4. Der Dampfdruck über adsorbierten Gasen

Bei sehr kleinen Flüssigkeitsgehalten des Gutes spielen die molekularen Kräfte zwischen den Molekülen der Flüssigkeit und denen des Gutes – sogenannte VAN DER WAALSsche Kräfte – die für die Dampfdrucksenkung entscheidende Rolle. Diese Art der Bindung heißt *Adsorption* (genauer physikalische Adsorption). Die einfachste Vorstellung dieser Erscheinung ist die von LANGMUIR entwickelte, wonach an glatten Oberflächen eine monomolekulare Belegung mit adsorbierten Molekülen möglich ist, die bis zu dichtester Lagerung in der Ebene führen kann, bei der alle verfügbaren Plätze ($n_{\max}$) mit Molekülen besetzt sind. Das Verhältnis der Zahl der bei gegebenem Dampfdruck wirklich belegten Plätze (n) zu derjenigen der nicht belegten ($n_{\max} - n$) wird dem Dampfdruck P_D proportional gesetzt:

$$\frac{n}{n_{\max} - n} = b P_D\,, \tag{49}$$

wobei b der Adsorptionskoeffizient genannt wird. Statt der Zahl der Moleküle kann auch der Feuchtigkeitsgehalt X eingeführt werden und obige Gleichung kann damit auf die übliche Form gebracht werden:

$$X = \frac{X_{\max}\, b\, P_D}{1 + b\, P_D}\,, \tag{50}$$

worin $X_{\max}$ das bei unimolekularer Belegung maximal adsorbierte Flüssigkeitsgewicht bedeutet[1].

Die entscheidende Charakteristik der sogenannten „LANGMUIR-Adsorption" ist in Abb. 23 dargestellt. Ein aus dem gasförmigen Zustand

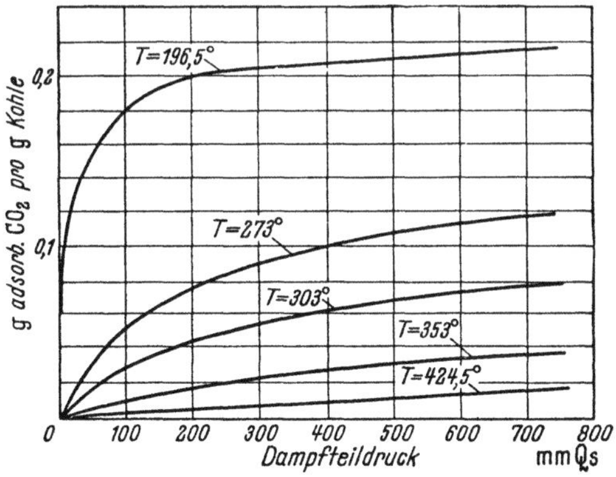

Abb. 23. Adsorptionsisothermen von Kohlendioxyd (CO_2) an Holzkohle bei verschiedenen Temperaturen (nach EUCKEN u. JAKOB [*14*]).

---

[1] Eine eingehende Beschreibung aller zur Zeit entwickelten theoretischen Ansätze und die Deutung zahlreicher Experimente findet man bei STEPHAN BRUNAUER [*5*].

adsorbierter Stoff (CO_2) wird um so stärker adsorbiert, je niedriger die Temperatur ist. Bei wachsendem Druck des adsorbierten Stoffes aber nähert sich die adsorbierte Menge einem Grenzwert (der maximalen Belegung).

Abb. 24 zeigt das Verhalten von Silicagel.

5. Der Dampfdruck über Absorbentien

Eine andere Art der Bindung, durch die eine Senkung des Wasserdampfdruckes unter Sattdampfdruck bewirkt wird, ist die sogenannte Absorption (chemische Absorption), bei der sich je nach Wassergehalt verschiedene Hydrate mit jeweils verschiedenem Wasserdampfdruck bilden.

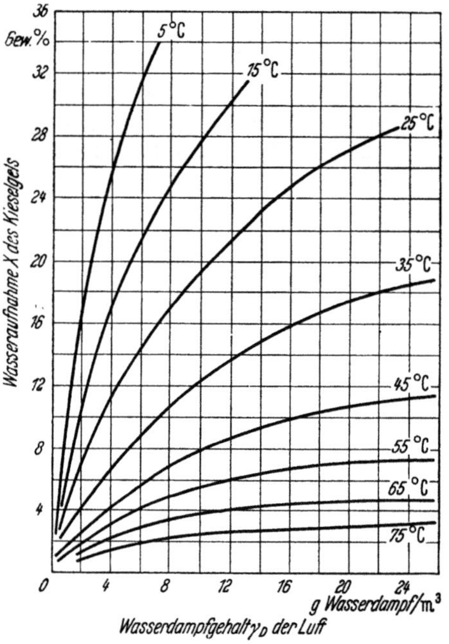

Abb. 24. Adsorptionsisothermen für Kieselgel, Sorte E engporig, in Abhängigkeit vom Wassergehalt der Luft (nach Angaben der Firma Herrmann-Köln).

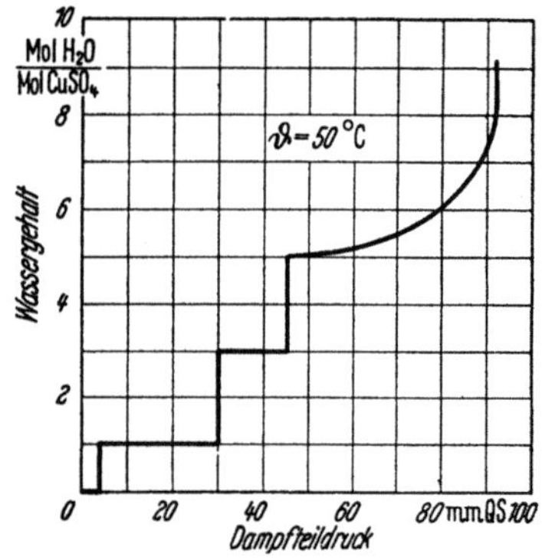

Abb. 25. Dampfdruck der Kupfersulfathydrate bei $\vartheta = 50$ °C (nach RIESENFELD [34]).

Abb. 25 zeigt die Charakteristik für Kupfersulfat ($CuSO_4$), bei dem folgende Hydrate möglich sind: Mono-, Tri- und Penthydrat. Das letztere wird bei weiterer Wasserzugabe gelöst. Die Lösung zeigt das durch den osmotischen Druck der Cu und SO_4-Ionen bedingte Verhalten. Je geringer die Konzentration der Ionen in der Lösung ist, um so mehr nähert sich der Dampfdruck über der Lösung dem Sattdampfdruck.

In der Trocknungstechnik ist die letztere Erscheinung vor allem bei der Auswahl von Absorbentien wichtig, an denen Luft auf sehr geringe Feuchtigkeitsgehalte gebracht werden soll.

Abb. 26 enthält den Zusammenhang zwischen Dampfdruck und Wassergehalt für einige technisch wichtige Stoffe, Abb. 27 für Schwefelsäure verschiedener Konzentration. Zur Orientierung für die überhaupt erzielbaren kleinsten Wasserdampfgehalte in Gasen mögen folgende Angaben nach D'Ans-Lax [8] dienen. Der Wasserdampfgehalt in mg je l Gas nach der Trocknung bei 25 °C beträgt:

Trockenmittel	mg H_2O/l Gas
P_2O_5	$2 \cdot 10^{-5}$
$Mg(ClO_4)_2$	$5 \cdot 10^{-4}$
KOH (geschmolzen)	$2 \cdot 10^{-3}$
Al_2O_3	$3 \cdot 10^{-3}$
H_2SO_4	$3 \cdot 10^{-3}$
CaO	$2 \cdot 10^{-1}$
$CaCl_2$	$1{,}4 \cdots 2{,}5 \cdot 10^{-1}$

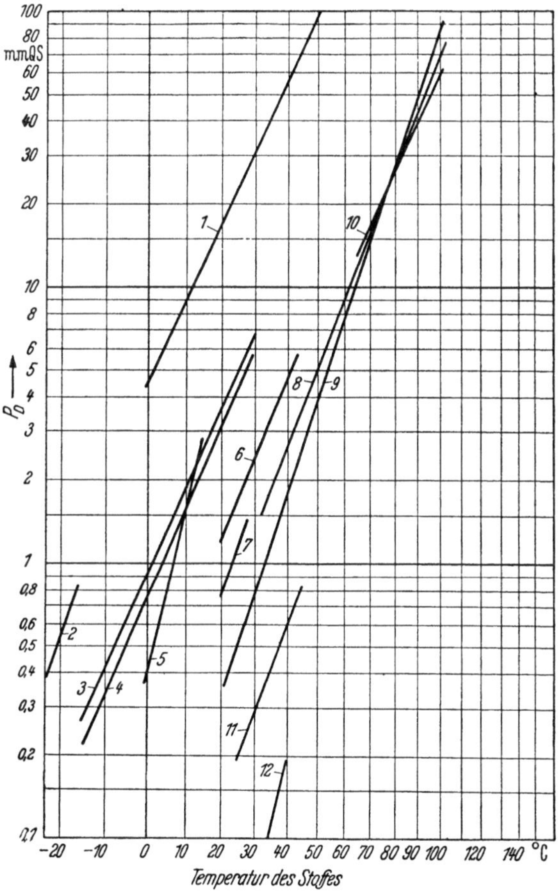

Abb. 26. Wasserdampfdruck P_D über Absorbentien in Abhängigkeit von der Temperatur (nach [26]).

1. reines H_2O.
2. $LiCl \cdot 3\,H_2O \rightleftarrows LiCl \cdot 2\,H_2O$ + D(ampf).
3. $CaCl_2 \cdot 6\,H_2O \rightleftarrows CaCl_2 \cdot 4\,H_2O\,\alpha$ + D.
4. $CaCl_2 \cdot 6\,H_2O \rightleftarrows CaCl_2 \cdot 4\,H_2O\,\beta$ + D.
5. $LiCl \cdot 2\,H_2O \rightleftarrows LiCl \cdot H_2O$ + D.
6. $CaCl_3 \cdot 4\,H_2O \rightleftarrows CaCl_2 \cdot 2\,H_2O\,\alpha$ + D.
7. $KOH \cdot 2\,H_2O$.
8. $MgCl_2 \cdot 6\,H_2O \rightleftarrows MgCl_2 \cdot 4\,H_2O$ + D.
9. $LiCl \cdot H_2O \rightleftarrows LiCl + H_2O$.
10. $CaCl_2 \cdot 2\,H_2O \rightleftarrows CaCl_2 \cdot H_2O$ + D.
11. $NaOH \cdot H_2O \rightleftarrows NaOH + H_2O$.
12. $KOH \cdot H_2O \rightleftarrows KOH + H_2O$.

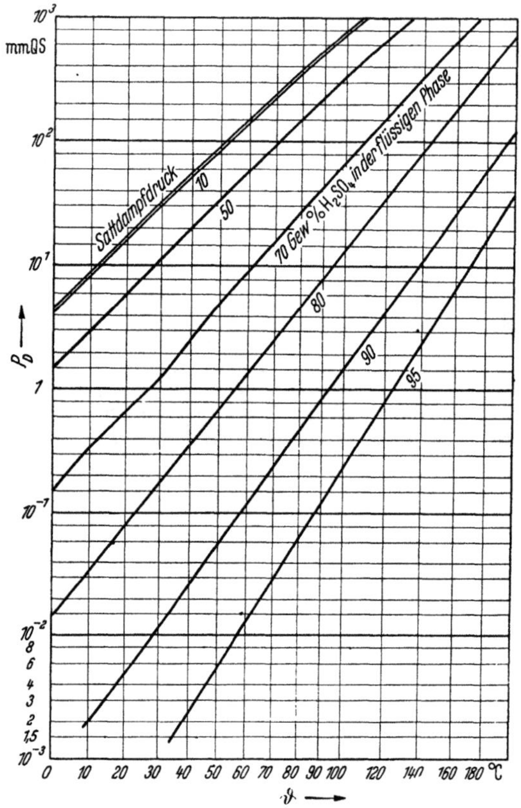

Abb. 27. Wasserdampfdruck P_D über wässerigen Lösungen von Schwefelsäure H_2SO_2 (nach [8]).

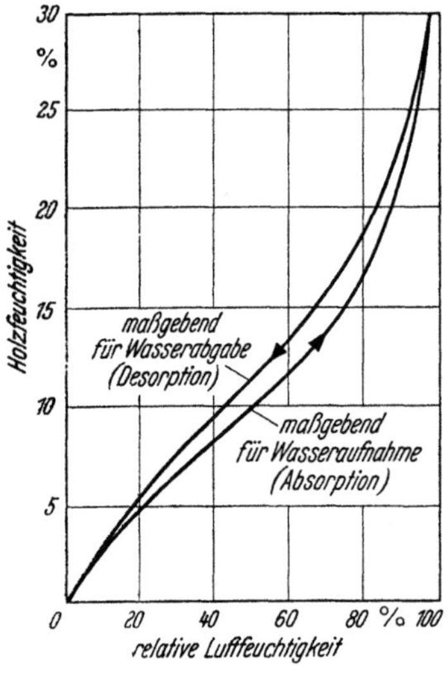

6. Die Sorptionsisothermen von Trocknungsgütern

Alle eben genannten Arten der Bindung von Flüssigkeit an das Gut, die eine Dampfdrucksenkung bewirken, faßt man unter dem Sammelbegriff der Sorption zusammen. Güter, bei denen eine solche Bindung vorliegt, nennt man hygroskopisch – oder man spricht von einem hygroskopischen Bereich des Flüssigkeitsgehaltes als demjenigen, bei dem der Dampfdruck merklich vom Sattdampfdruck verschieden ist.

Abb. 28. Feuchtegleichgewicht für Kiefernsplintholz bei rd. 10 °C nach EGNER [59] (Feuchtigkeitsgehalte X in Gew.-%).

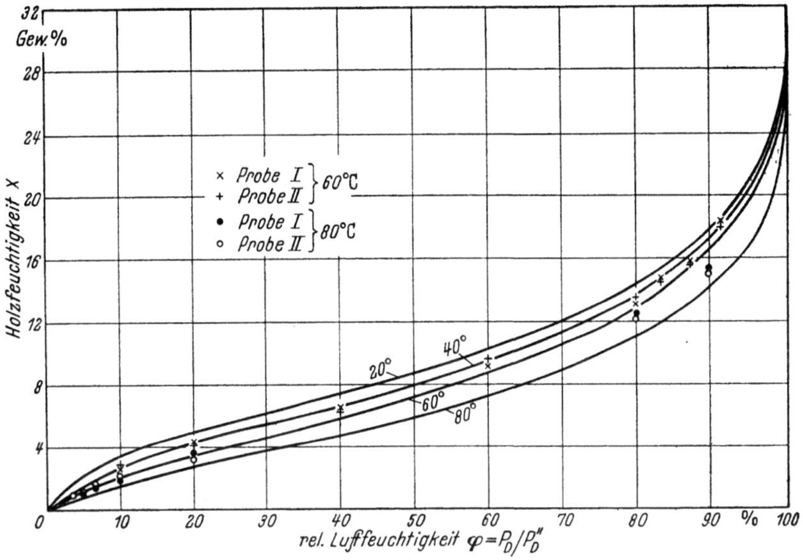

Abb. 29. Gleichgewichtsfeuchtigkeit X des Holzes in Abhängigkeit von der relativen Luftfeuchtigkeit (nach LOUGHBOROUGH [*127*], PIDGEON und MAASS [*143*]. Versuchspunkte nach SCHAUSS [*155*]).

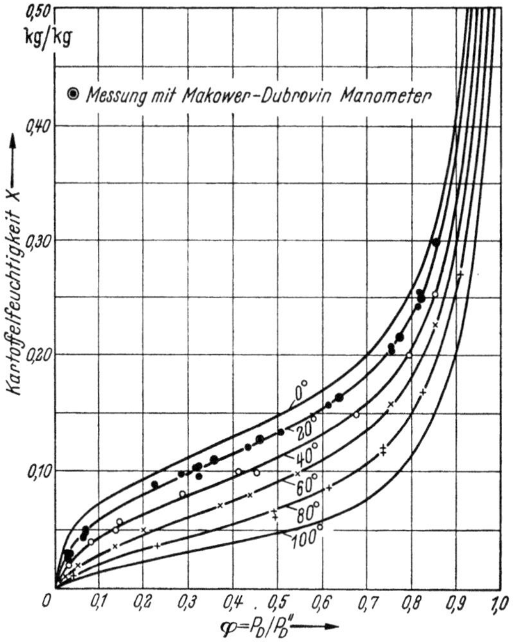

Abb. 30a. Sorptionsisothermen für Kartoffel nach GÖRLING [72].

Bei zahlreichen Gütern (Holz, Zellstoff, Papier, Nahrungsmittel, organisch-chemische Stoffe usw.) ist dieser Bereich für den Ablauf der Trocknung wichtig. Dabei ist es fast nie möglich, die Art der Bindung nach den eben angegebenen Arten streng zu unterscheiden. Die Sorptionsisothermen – d.h. die Kurven P_D/P''_D in Abhängigkeit vom Flüssigkeitsgehalt bei konstanter Temperatur – werden experimentell festgestellt. Dabei beobachtet man einen verschiedenen Zusammenhang

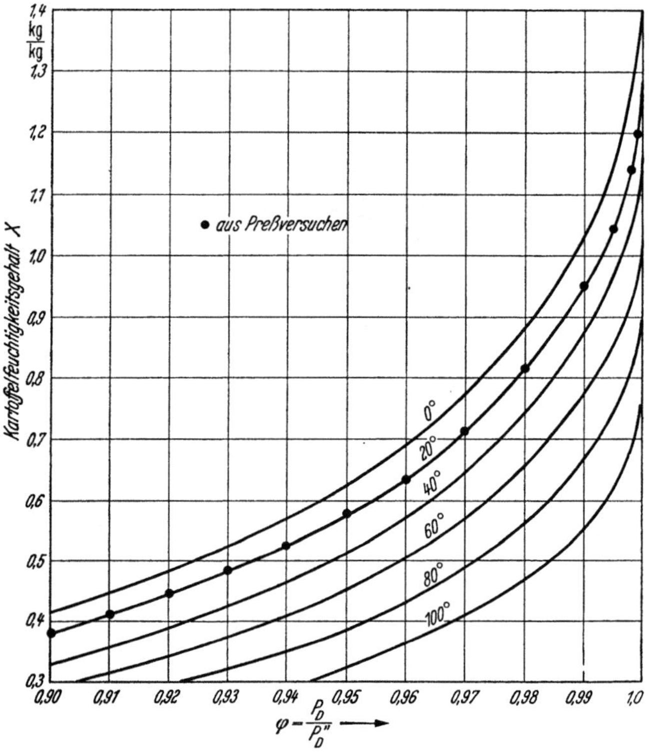

Abb. 30b. Sorptionsisothermen für Kartoffel bei hohen relativen Luftfeuchtigkeiten nach Görling [72].

zwischen relativem Dampfdruck, d. h. relativer Luftfeuchtigkeit und Flüssigkeitsgehalt des Gutes, je nachdem man das Gleichgewicht beim Trocknen (Desorption) oder beim Befeuchten (Absorption) feststellt. Der Unterschied äußert sich darin, daß man beim Trocknen des anfänglich nassen Gutes unter einem bestimmten Dampfdruck einen höheren Flüssigkeitsgehalt im Gut feststellt als beim Befeuchten des anfänglich trockenen Gutes unter dem gleichen Dampfdruck.

Abb. 28 zeigt die sogenannte „Hystereseschleife“ bei Kiefernsplintholz. Die in den folgenden Abbildungen angeführten Sorptionsisothermen wurden durchweg bei der Desorption gewonnen.

Die Temperaturabhängigkeit wurde nur bei relativ wenigen Gütern gemessen. Für Holz geht sie aus Abb. 29 für Kartoffel aus Abb. 30 hervor. Bei organisch gewachsenen Gütern zum mindesten wird man, solange keine genaueren Angaben möglich sind, ähnliche Abhängigkeiten annnehmen müssen.

Um eine Vorstellung von der Größenordnung der Temperaturabhängigkeit zu geben, kann man in 1. Näherung einen linearen Ansatz für die Änderung der Gutsfeuchte mit der Temperatur bei konstanter relativer Luftfeuchte machen:

$$-\frac{\Delta X}{X} = A \Delta \vartheta$$

Der Proportionalitätsfaktor A liegt z.B. für Naturfaser, Kunstseide, Holz und Kartoffeln in der Größenordnung von $5 \cdot 10^{-3}$ bis $10 \cdot 10^{-3}$ 1/°C für relative Luftfeuchten von etwa 10% bis 90%. Dabei gelten die kleinen A-Werte für hohe und die größeren A-Werte für niedrige Luftfeuchten. Die Gutsfeuchte nimmt also für die obengenannten Stoffe im Mittel um etwa 7‰ je Grad Temperaturerhöhung ab.

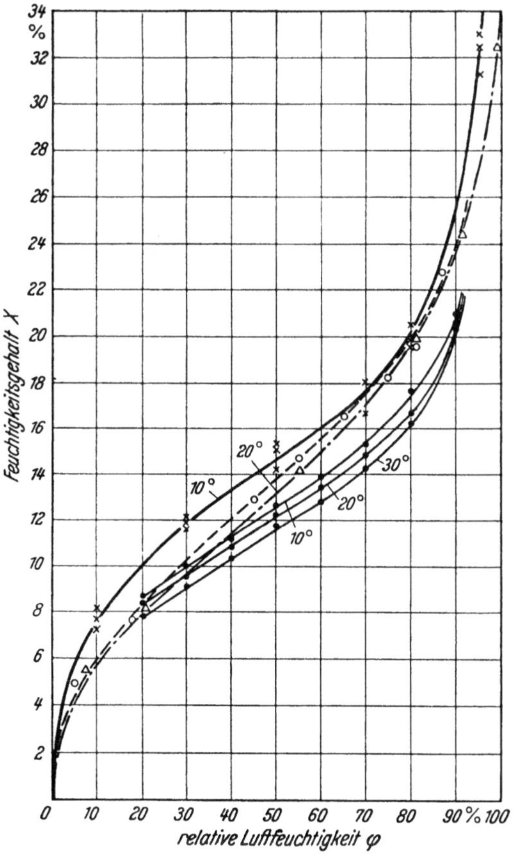

Abb. 31. Sorptionsisothermen von Getreide, Meßwerte: × Weizen nach R. GANE [68], ○ Roggen nach HOFFMANN [21], △ Walthari-Winterweizen nach H. SCHNEIDER, Institut für Lebensmitteltechnologie und -verpackung, · Weizen nach H. BUNGARTZ [51].

Die Abb. 31 bis 45 geben eine Zusammenstellung von Sorptionsisothermen, die an häufig vorkommenden organischen und anorganischen Stoffen gemessen wurden. Sie können sicher teilweise zum unmittelbaren Gebrauch des projektierenden Ingenieurs dienen, meist aber zur Abschätzung bei nur näherungsweise bekannten Stoffen benutzt werden. Die meisten dieser Kurven sind S-förmig derart, daß der untere Ast konvex nach oben, der obere konkav nach oben gekrümmt ist. Den un-

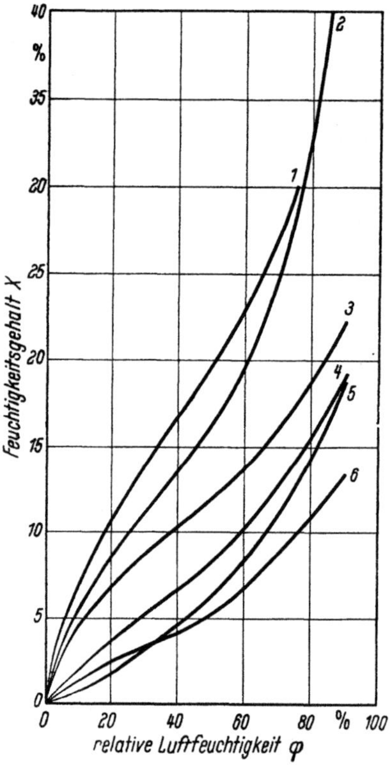

Abb. 32.

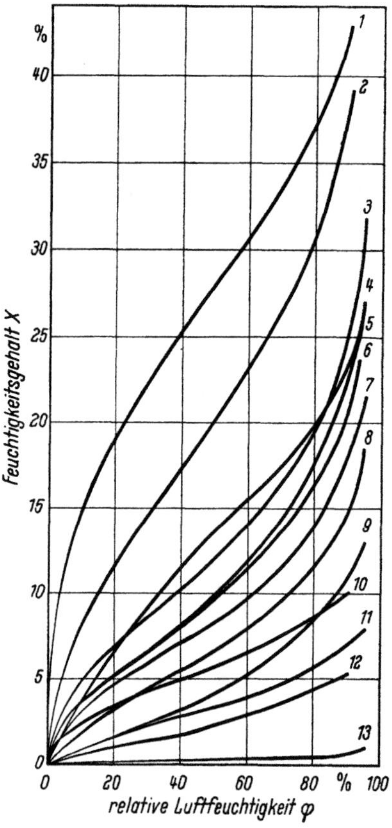

Abb. 33.

Abb. 32. Sorptionsisothermen für Teigwaren und Tabak.
1 Tabakblätter; *2* Tabak; *3* Makkaroni; *4* Mehl; *5* Brot; *6* Zwieback; (*1* nach W. L. Badger und W. L. Mc Cabe [*1*]; *2* nach Johansson u. Persson [*74*]; *3–6* nach D. C. Lindsay [*126*].

Abb. 33. Sorptionsisothermen für Spinnstoffe.
1 Berylliumalginat-Kunstseide (25 °C); *2* Calciumalginat-Kunstseide (25 °C); *3* Nitratkunstseide (25 °C), Kupferkunstseide (25 °C), Viskosekunstseide (25 °C), Wollstoff (Kammgarn) (25 °C); *4* Kaseinfaser (20 °C), Schafwolle (35,6 °C); *5* Jute; *6* Baumwolle, merzerisiert (20 °C), Naturseide; *7* Flachs (30 °C), Hanf; *8* Baumwolle, gebäucht (20 °C); *9* Acetatkunstseide (25 °C); *10* Leinen; *11* Perlonkunstseide (25 °C), Nylon-Kunstseide (25 °C); *12* Zellulose-Acetat-Seide; *13* Pe-Ce-Kunstseide (20 °C). (*1*, *2*, *3* Nitrat-KS, Kupfer-KS, Viskose-KS; *4*, *5*, *6* Baumwolle, *7* Flachs; *8*, *9*, *11*, 13 nach Landolt-Börnstein [*26*]; *3* Wollstoff, *7* Nitrozellulose nach W. L. Badger und W. L. Mc Cabe [*1*]; *6* Naturseide; *7* Hanf; *12* nach Johansson u. Persson [*91*].

teren Ast deutet man als unimolekulare Adsorption nach LANGMUIR, den oberen meist als kapillare Kondensation. Neuere Arbeiten von BRUNAUER erklären ein Übergangsgebiet als mehrschichtige (multimolekulare) Adsorption [50], [181].

Man kann aus dem Verlauf der Sorptionsisothermen den Feuchtigkeitsgehalt X_{max} bei maximaler unimolekularer Belegung ermitteln. Für Holz ergibt sich $X_{max} = 5{,}1\,\%$, für Kartoffel 7,7% (vgl. GÖRLING [72]).

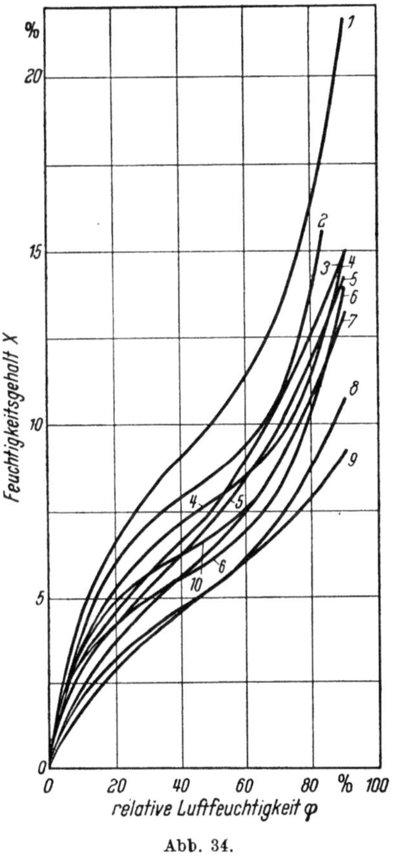

Abb. 34.

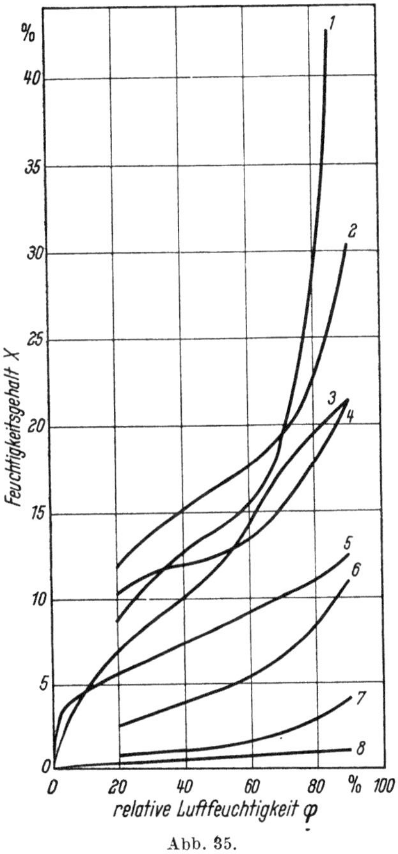

Abb. 35.

Abb. 34. Sorptionsisothermen für Papier und Sägespäne.
1 Sägespäne; *2* Manilapapier; *3* Kraftpackpapier; *4* Cellulosepapier und Druckpapier aus Sulfitzellstoff; *5* Schreibpapier, Pergamin; *6* Buchdruckpapier; *7* Schreibpapier (Feinpapier, weiß); *8* Zeitungsdruckpapier, Filterpapier; *9* Braunholzpapier, Offsetdruckpapier; *10* Bristolkarton. *1*, *8* Filterpapier nach JOHANSSON und PERSSON [*91*]; *2–8* Zeitungsdruckpapier, *9*, *10* nach LANDOLT-BÖRNSTEIN [*26*]).

Abb. 35. Sorptionsisothermen für Leder, Gummi, Katgut, Federn.
1 Schafleder; *2* Sohlenleder [Leather (sole oak tanned)]; *3* Katgut; *4* Goldschlägerleder (Gold beater skin); *5* Federn; *6* Latex (Latex dipped cord); *7* Gummi (reclaimed rubber); *8* Gummi. (*1*, *2*, *4*, *6*, *7* nach D. C. LINDSAY [*126*]; *3*, *5*, *8* nach JOHANSSON u. PERSSON [*91*].

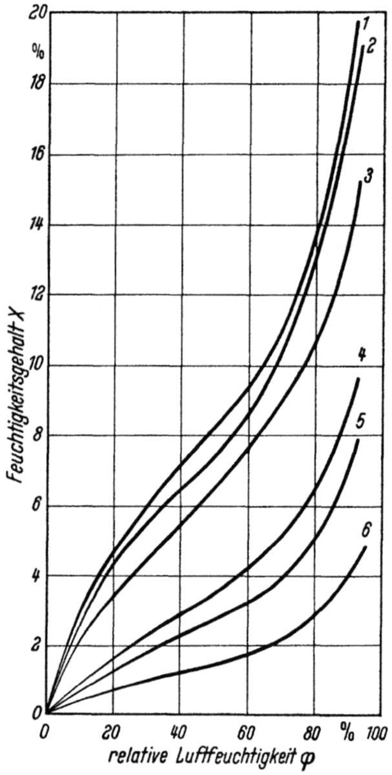

Abb. 36.

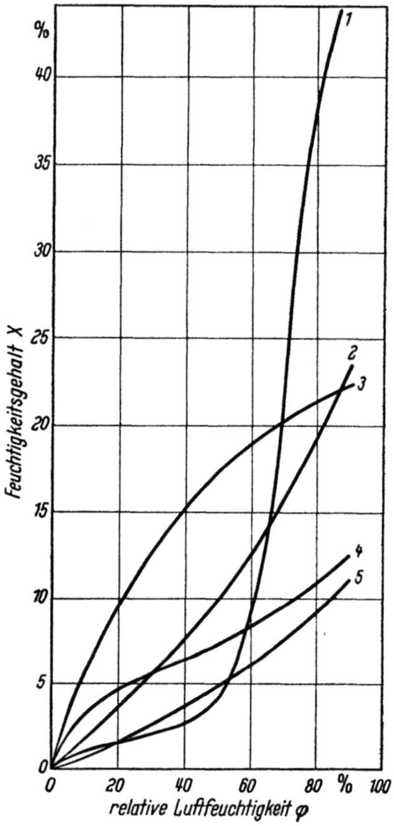

Abb. 37.

Abb. 36. Sorptionsisothermen für Elektroisolierstoffe nach D. C. LINDSAY [126].
1 Seide; *2* Manila-Papier; *3* Preßspan, Leatheroid-Papier, Tauenpapier (Red rope paper); *4* Tauenpapier, lackiert (Red rope paper [varnished]); *5* Ölstoff; *6* Asbest-Papier.

Abb. 37. Sorptionsisothermen für Bindemittel, Adsorptionsmittel, Seifen nach JOHANSSON u. PERSSON [91].
1 Aktive Kohle (Novitkol) 400 kg/m³; *2* Seife; *3* Silikagel (anorganisch); *4* Leim, Stärke; *5* Gelatine.

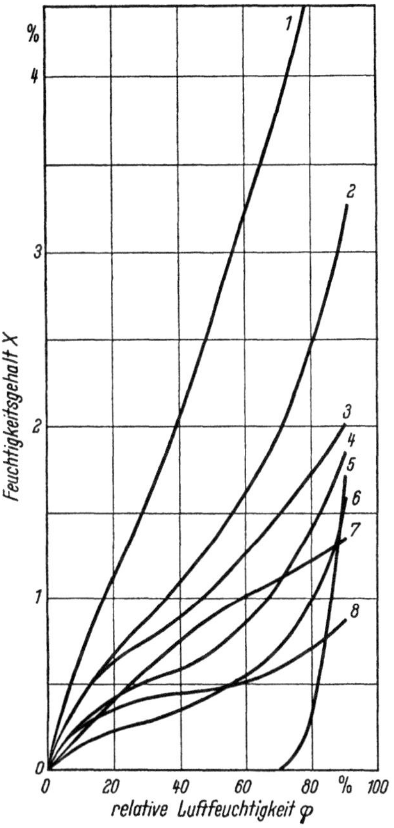

Abb. 38.

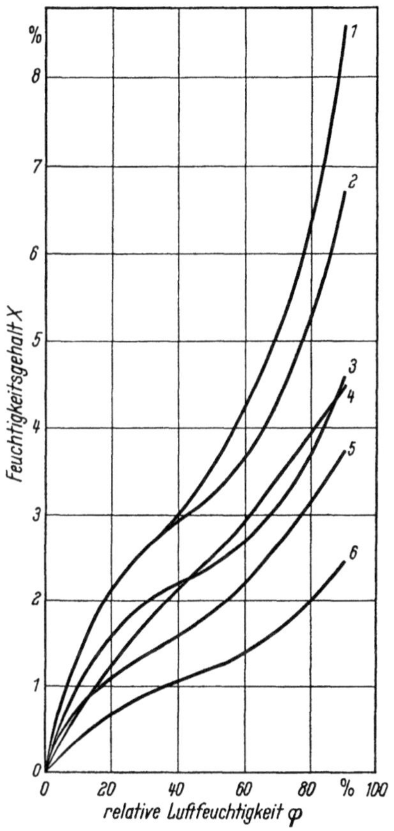

Abb. 39.

Abb. 38. Sorptionsisothermen für Baustoffe, Erden, Asbest.
1 Zementmörtel 2040 kg/m³; *2* Kieselgur; *3* Beton 2300 kg/m³; *4* Kalkmörtel 1800 kg/m³; *5* Gips 1340 kg/m³; *6* Kalkputz 1600 kg/m³; *7* Kaolin; *8* Asbest. (*1*, *4* nach O. KRISCHER, W. WISSMANN u. W. KAST [*119*]; *2*, 3,*5*-*8* nach JOHANSSON u. PERSSON [*91*]).

Abb. 39. Sorptionsisothermen für Leichtbeton bei 50 °C nach O. KRISCHER, W. WISSMANN u. W. KAST [*119*].
1 Sinterbimsbeton 1470 kg/m³; *2* Ytong, Siporex 520 kg/m³; *3* Siporex 760 kg/m³; *4* Hüttenbimsbeton 1580 kg/m³; *5* Schlackenbeton 1140 kg/m³; *6* Trümmersplittbeton 1510 kg/m³.

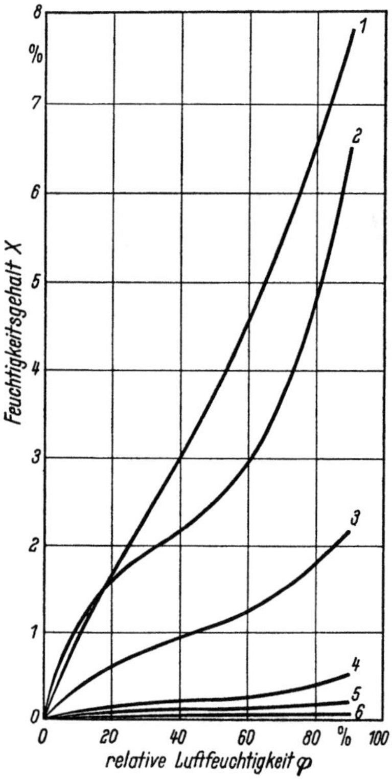

Abb. 40. Sorptionsisothermen für Ziegel und Kalksandstein bei 50 °C nach O. KRISCHER, W. WISSMANN u. W. KAST [119].

1 Kalksandleichtstein 1630 kg/m³; *2* Kalksandleichtstein 900 kg/m³; *3* Kalksand-Flugasche-Stein 1740 kg/m³; *4* Dachziegel 1880 kg/m³; *5* Mauerziegel 1530 kg/m³; *6* Klinker 2050 kg/m³.

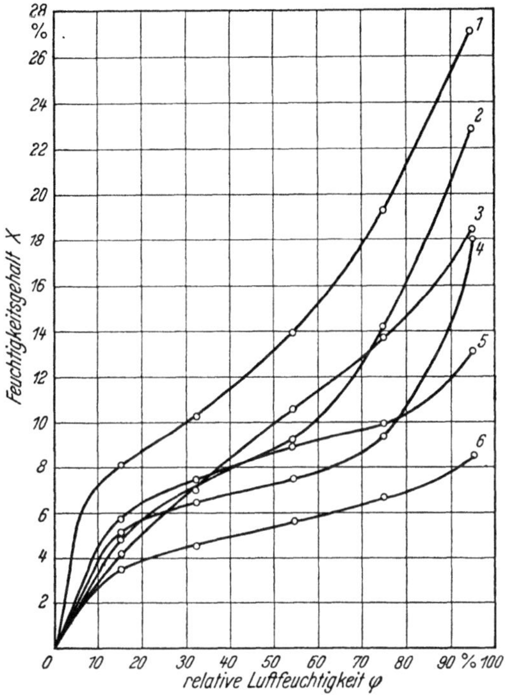

Abb. 41. Sorptionsisothermen für poröse Platten (ausgenommen Holzfaserplatten) nach JOHANSSON u. PERSSON [91].

1 Seegrasmatte 120 kg/m³; *2* Dyhonit (zementgebundene Holzwolleplatte) 360 kg/m³; *3* Stramit (Strohplatte), 250 kg/m³; *4* Träullit (zementgebundene Holzwolleplatte) 290 kg/m³; *5* Holzwolleplatte ABT (zementegbunden) 300 kg/m³; *6* Serponit (zementgebundene Holzwolleplatte) 310 kg/m³.

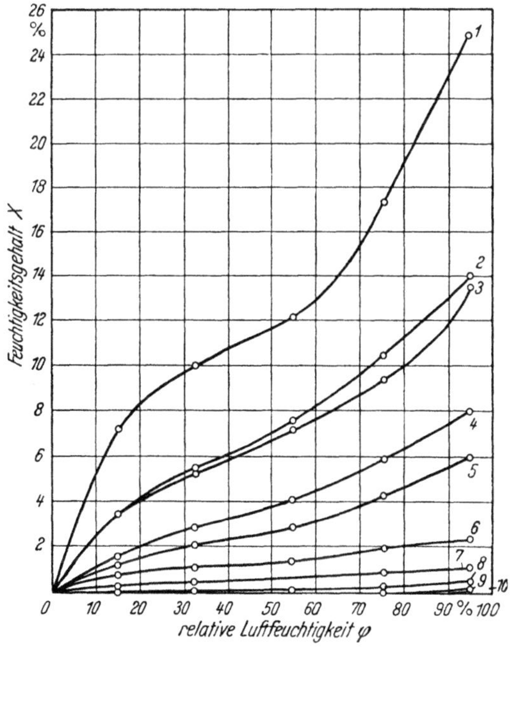

Abb. 42. Sorptionsisothermen für hochporöse Stoffe nach JOHANSSON u. PERSSON [91].

1 Kraftolit (zusammengeknülltes, imprägniertes Kraftpapier) 125 kg/m³; *2* Kramforsplatte 60 kg/m³; *3* Wellit 40 kg/m³; *4* Isoflex (durchsichtig) 12 kg/m³; *5* Isoflex (Al) 12 kg/m³; *6* Kork 95 kg/m³; *7* Glasullit (Glaswolle); *8* Glaswollplatte 120 kg/m³; *9* Steinwolle; *10* Schlackenwolle.

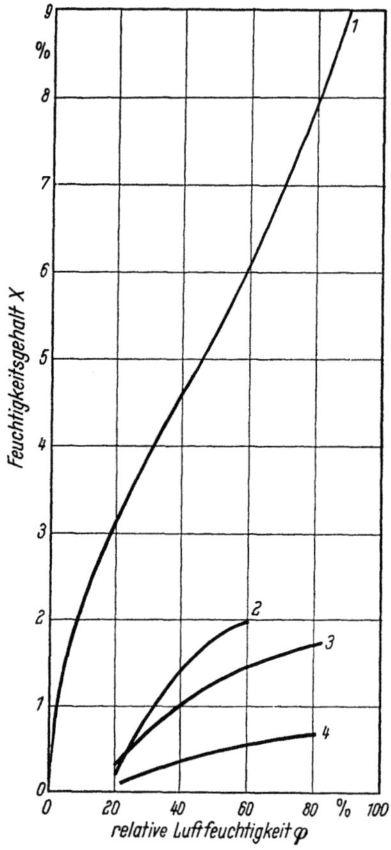

Abb. 43.

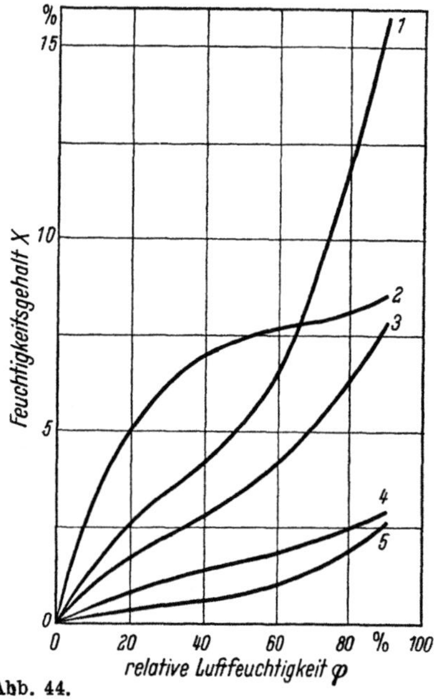

Abb. 44.

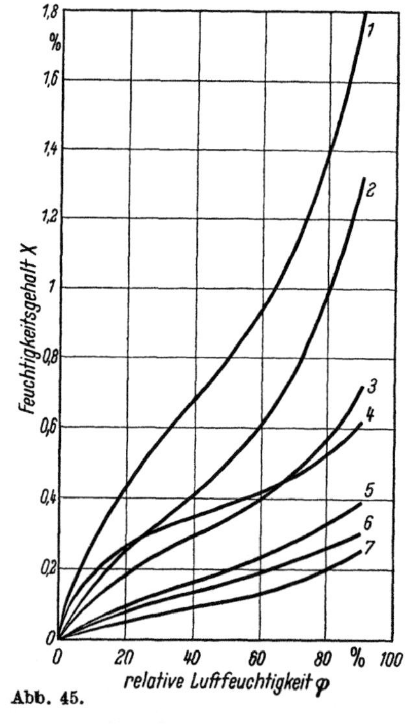

Abb. 45.

Abb. 43. Sorptionsisothermen für Kohle.
1 Holzkohle 0,7 mm, 222 kg/m³; *2* Großkoks; *3* Hüttenkoks; *4* Gießereikoks. (*1* nach JOHONSSON u. PERSSON [*91*]; *2–4* nach D. C. LINDSAY [*126*]).

Abb. 44. Sorptionsisothermen für Kunststoffe[1] und Ruß.
1 Polyvinylalkohol-Pulver (25 °C); *2* Ruß (25 °C); *3* 6-Polyamid (20 °C); *4* Polyacrylnitril-Pulver (50 °C); *5* Mischpolymerisat-Pulver (85% Polyvinylchlorid – 14% Polyvinylacetat – 1% Maleinsäure) (50 °C).

Abb. 45. Sorptionsisothermen für Kunststoffe[1].
1 Polystyrol im Block polymerisiert (40 °C); *2* Polyvinylchlorid-Pulver (50 °C); *3* Mischpolymerisat-Pulver (85% Polyvinylchlorid – 15% Polyvinylacetat) (50 °C); *4* Polyäthylen-Pulver (25 °C); *5* Polytrifluorchloräthylen-Pulver (50 °C); *6* Polyäthylen-Granulat mit Ruß (25 °C); *7* Polyäthylen-Granulat (25 °C).

[1] Die in den Abb. 44 und 45 mitgeteilten Kurven stammen teils aus eigenen Untersuchungen, die im Auftrag der Farbwerke Hoechst AG. durchgeführt wurden; ein anderer Teil wurde mir freundlicherweise von der Badischen Anilin- und Soda-Fabrik AG (BASF) zur Verfügung gestellt.

7. Die Darstellung des Gleichgewichtszustands im i–x-Diagramm

Der durch die Sorptionsisothermen gegebene Zusammenhang zwischen relativer Luftfeuchtigkeit und Feuchtigkeitsgehalt des Gutes läßt sich im i–x-Diagramm für feuchte Luft eintragen. Es ergeben sich für eine bestimmte Gutsfeuchtigkeit X = konst. Kurven, bei denen die relative Luftfeuchtigkeit φ mit der Temperatur zunimmt (Abb. 46). Nur die oberhalb solcher Kurven liegenden Luftzustände kommen überhaupt in Frage, wenn man eine Trocknung durch das Trockenmittel erreichen will. Alle Versuche, weitere Schlüsse über die Zustandsänderungen im Trockenmittel beim Vorbeistreichen an hygroskopischen Gütern zu ziehen, sind abwegig, weil beim Trocknen kein Gleichgewicht zwischen Gut und Trockenmittel herrscht. Dann aber ist die Feuchtigkeit der Gutsoberfläche stets anders als die mittlere Feuchtigkeit des Gutes.

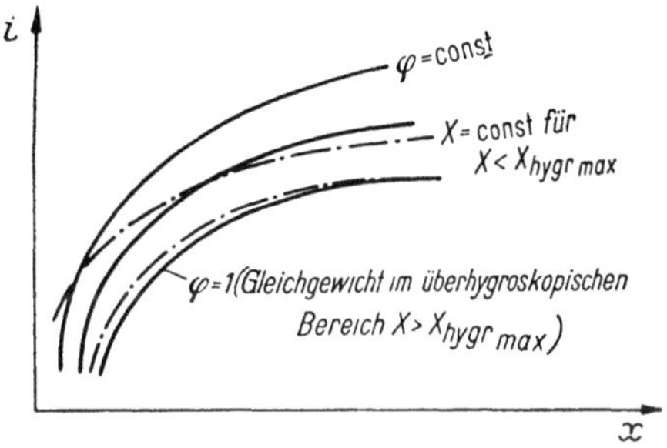

Abb. 46. Kurven gleicher Gutsfeuchtigkeit X = konst. im $i-x$-Diagramm.

b) Die Bindungswärme der sorbierten Flüssigkeit

Mit jeder Art der Bindung ist wegen der damit verknüpften Verminderung der molekularen Bewegungsmöglichkeiten ein Energieverlust der gebundenen Flüssigkeit verknüpft, der sich bei der Bindung in Form von Wärme bemerkbar macht – bei Salz- oder sonstigen Lösungen als Lösungswärme[1], bei Absorption in Kristallen als Hydratationswärme, bei der adsorptiven oder kapillaren Bindung als Benetzungswärme. Von Sorptionswärme spricht man, wenn die gebundenen Moleküle aus dem gas- oder dampfförmigen Zustand gebunden werden.

Wird beim Trocknungsvorgang Flüssigkeit aus dem Gut verdampft, so ist zusätzlich zur Verdampfungswärme r noch die Bindungswärme r_b zuzuführen. Dies kommt jedoch nur für denjenigen Bereich der Feuchtigkeit in Frage, in dem das Gut hygroskopisches Verhalten zeigt; bei höheren Feuchtigkeiten ist die Bindungswärme vernachlässigbar klein.

Um einen Anhalt für die Größenordnung der Bindungswärmen r_b kcal/kg gebundenes Wasser zu vermitteln, sind in Tab. 10 die Hydratationswärmen einiger Salze und in Tab. 11 die Lösungswärmen einiger Stoffe angegeben. Es sei vermerkt, daß z.B. die Hydratationswärmen bei der Absorption der meisten organischen und anorganischen Verbindungen zwischen etwa 100 und 500 kcal/kg Wasser liegen[2]. Die mittlere

[1] Präziser als die alte Bezeichnung Lösungs-, Hydratations- usw. -*Wärme* ist die heute häufig gebrauchte Bezeichnung Lösungs- usw. -*Enthalpie*.

[2] Zahlreiches Zahlenmaterial über Hydratations- und Lösungswärme ist in den einschlägigen Handbüchern D'Ans-Lax [*8*], Landolt-Börnstein [*26*] zu finden.

Tabelle 10. *Hydratationsenthalpie* ΔJ_H *kcal/kmol.*

ΔJ_H ist die Differenz zwischen der Enthalpie des festen Salzes mit n Molen Kristallwasser und der Summe der Enthalpie des Salzes und von n Mole flüssigen Wassers. (Die hier mit r_b bezeichnete Bindungswärme je kg gebundenen Wassers ist $r_b = \frac{\Delta J_H}{n \cdot 18}$) (nach [8]).

Verbindung	Zahl der Mole n	ΔJ_H kcal/kmol	°C
LiOH	1	− 3880	18
LiCl	1	− 3810	18
LiBr	1	− 6220	17
LiBr	2	− 9440	17
NaOH	1	− 3010	18
NaCl + ges. Lösung	2	− 3020	−2
Na_2SO_4	10	−19020	18
Na_2CO_3	1	− 3380	18
Na_2CO_3	7	−16380	18
KOH	1	− 9430	18
KOH	2	−12050	18
$MgCl_2$	6	−33110	18
$MgSO_4$	1	− 7800	18
$MgSO_4$	4	−16170	18
$MgSO_4$	7	−24260	18
$MgSO_4 \cdot 6\,H_2O$	1	− 3730	18
$CaCl_2$	6	−22630	18
$CuSO_4$	1	− 6630	18
$CuSO_4$	5	−18730	18
$CuSO_4 \cdot 3\,H_2O$	2	− 6500	18

Tabelle 11. *Lösungsenthalpie* ΔJ_L [*in kcal/kmol*] *in* H_2O.
n = Zahl der Mole H_2O auf 1 Mol Stoff (nach [8]).

Verbindung	n	ΔJ_L kcal/kmol	°C
H_2SO_4	199	−17760	25
LiOH	200	− 4550	18
LiCl	200	− 8490	18
LiBr	200	−11390	18
NaOH	200	−10100	18
NaCl	161	+ 959	25,3
Na_2CO_3	1000	− 5670	25
Na_2SO_4 (geschmolzen)	400	− 460	18
KOH	200	−12780	18
KCl	200	+ 4380	20
KBr	200	− 5100	18
$KClO_4$	1800	+12280	25
NH_4Cl	110−120	+ 3840	18
$MgCl_2$	800	−35920	18
$MgSO_4$	400	−20300	18
$CaCl_2$	200	−18000	18
$CuSO_4$	800	−15900	18

Benetzungswärme von Böden, über die zahlreichere Untersuchungen vorliegen[1], wird für ein kg hygroskopisch gebundenen Wassers zwischen 50 und 88 kcal/kg gefunden; dabei zählt als hygroskopisches Wasser der Wassergehalt des Bodens über 10%iger Schwefelsäure, d. h. gemäß Abb. 27 für einen relativen Dampfdruck von 96% des Sattdampfdruckes. Oberhalb dieses hygroskopischen Wassergehaltes wird keine Benetzungswärme gefunden. Die *mittlere* Benetzungswärme für das sorbierte Wasser stellt einen Mittelwert dar, der einer Integration der differentiellen Benetzungswärmen entspricht – d.h. der bei Zugabe einer beliebig kleinen Wassermenge zum jeweiligen Flüssigkeitsgehalt gemessenen Wärmemenge (bezogen auf 1 kg Wasser) –. Die differentiellen Benetzungswärmen liegen zwischen einem Höchstwert $r_{b_{\max}}$ und Null. Als Höchswerte bei Zugabe einer unendlich kleinen Wassermenge zum trockenen Stoff werden Werte angegeben, die für Sand bei 22, für Lehm bei 88, für Ton bei 263 und für Humusboden bei 625 kcal/kg Wasser liegen [*39*]. Für Zellulosefasern ist die maximale Benetzungswärme etwa 200 bis 240 kcal/kg.

Durch die Bindung wird die spezifische Wärme der gebundenen Flüssigkeit beeinflußt. Es werden Werte für Wasser im hygroskopischen Bereich zwischen 0,51 und 0,79 gefunden [*19*].

Im allgemeinen spielen die Benetzungswärmen in der Bilanz von Trocknern keine Rolle. Sie könnten wichtig werden, wenn Güter von geringem Anfangsflüssigkeitsgehalt – im hygroskopischen Bereich – auf sehr kleinen Restgehalt an Flüssigkeit getrocknet werden müssen.

Bezieht man die Benetzungswärmen auf 1 kg des trockenen Stoffs, so ergeben sich folgende Werte: Natürliche Baumwolle 10 bis 11, Holzzellulose 12 bis 14, künstliche Fasern 22 bis 24 kcal/kg Trockenstoff.

Sind die Sorptionsisothermen für verschiedene Temperaturen bekannt, so kann man aus diesen die Bindungsenthalpien r_b oder die Sorptionsenthalpien $(r + r_b)$ in Abhängigkeit vom Feuchtigkeitsgehalt des Gutes bestimmen.

Die Dampfdrucksenkung im hykroskopischen Bereich kommt nach Gl. (48) durch die Wirksamkeit von Zugspannungen in der Flüssigkeit zustande. Man kann also jeder Dampfdrucksenkung einen bestimmten Zug (P_W negativ) in der sorbierten Flüssigkeit zuordnen. Gl. (48) kann dann auch geschrieben werden

$$\ln \frac{P_D}{P_D''} = -\frac{P_W v_W}{R_D T}.$$

Aus der Differentiation dieser Gleichung nach der Temperatur (für den Fall, daß $P_W v_W$ temperaturunabhängig, d. h. der Flüssigkeitsgehalt X konstant ist) folgt

$$\left[\frac{d\left(\ln \frac{P_D}{P_D''}\right)}{d\left(\frac{1}{T}\right)}\right]_{X = \text{konst.}} = -\frac{P_W v_W}{R_D} = -\frac{r_b}{R_D}. \qquad (48\,\text{a})$$

[1] Siehe Handbuch der Bodenlehre [*19*].

Die Größe $P_W v_W$ stellt die Bindungsenergie r_b (mkg/kg) der Flüssigkeit dar. Man gewinnt sie also aus den Sorptionsisothermen, indem man die natürlichen Logarithmen von P_D/P_D'' (Abszissen der Sorptionsisothermen) für konstantes X (Ordinate der Sorptionsisothermen) über dem Kehrwert der absoluten Temperatur aufträgt und diese Kurven differenziert.

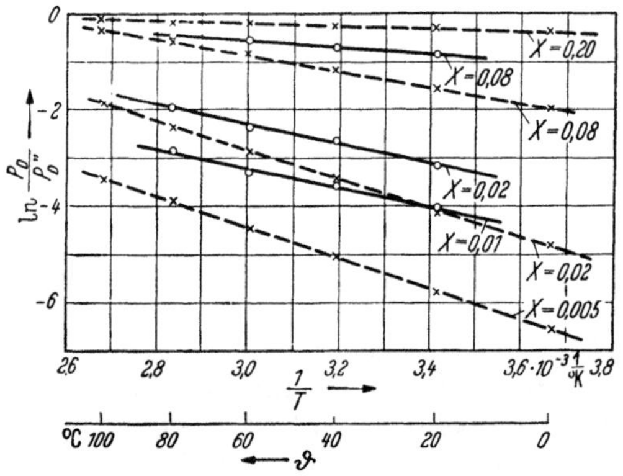

Abb. 47. Zur Bestimmung der Bindungswärme aus den Sorptionsisothermen.
—— Holz; ----- Kartoffeln; × nach den Sorptionsisothermen (Abb. 29 u. 30) berechnete Werte.

In Abb. 47 ist die Auftragung von ln P_D/P_D'' über $1/T$ für Holz gemäß den Sorptionsisothermen aus Abb. 29 und für Kartoffel gemäß den Sorptionsisothermen von Görling (Abb. 30) erfolgt. Abb. 48 gibt die Bindungswärmen r_b für Holz und Kartoffel wieder.

Will man aus diesen Bindungswärmen die Sorptionswärmen bestimmen, so hat man zu r_b die Verdampfungswärme des Sattdampfes zu addieren[1].

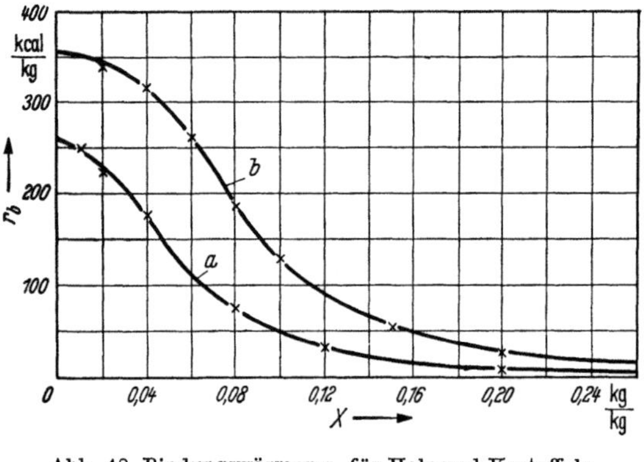

Abb. 48. Bindungswärmen r_b für Holz und Kartoffeln.
a Holz; b Kartoffel; × nach den Sorptionsisothermen (Abb. 29 u. 30).

[1] Gl (48a) kann auch geschrieben werden

$$\left[\frac{d(\ln P_D)}{d\left(\frac{1}{T}\right)}\right]_{X=\text{konst.}} = \frac{d(\ln P_D'')}{d\left(\frac{1}{T}\right)} - \frac{P_W v_W}{R_D} = -\frac{r + r_b}{R_D}.$$

Der erste Ausdruck auf der rechten Seite ist nach der Clausius-Clapeyronschen Gleichung gleich $-r/R_D$, so daß die Summe auf der rechten Seite den Quotienten der gesamten Sorptionswärme in mkg/kg durch die Gaskonstante der gebundenen Flüssigkeit (isosterisch bestimmt) darstellt.

Kapitel II

Die Grundlagen der Wärmeübertragung

Wenn hier die Grundzüge der Lehre von der Wärmeübertragung behandelt werden müssen, so geschieht dies in der Absicht, diejenigen Gesichtspunkte herauszustellen, die in der Trocknungstechnik von besonderem Nutzen erscheinen. Diese Gesichtspunkte sind etwas anderer Art als in den meisten Zweigen des Maschinenbaus. Einerseits nämlich sind die Formen der Trocknungsgüter sehr vielfältig, oft nicht durch geometrische Angaben zu beschreiben, im Gegensatz zu den Formen der Körpern, die meist bei technischen Wärmeaustauschern benutzt werden (Rohre, ebene Platten, Füllkörper von definierter Form). Andererseits kommt bei Trocknern häufig die in technischen Austauschern im allgemeinen nicht übliche Art der Wärmeübertragung durch kurzfristigen Kontakt zwischen Heizfläche und Gut vor, deren Gesetzmäßigkeiten im allgemeinen wenig Beachtung geschenkt wird. Bei allen Fragen, die sich mit dem Ablauf der Trocknung und den erzielbaren Trockenzeiten beschäftigen, ist die Übertragung der zur Verdampfung nötigen Wärme von dem Heizmittel zu dem Ort der Verdampfung von entscheidender Wichtigkeit. Dabei spielen bei vielen Problemen der Praxis alle drei Formen der Wärmeübertragung durch *Strahlungsaustausch*, durch *Wärmeleitung* und durch *Wärmemitführung* hinein.

Die Eigenart jeder dieser Formen ist durch den physikalischen Mechanismus bedingt, der die Übertragung bewirkt.

Strahlung ist eine eigene Energieform, deren Übertragung nach früherer Vorstellung ohne materiellen Träger erfolgt. Es sind nicht körperliche Teilchen, die als Energieträger auftreten, sondern man spricht diese Funktion den elektromagnetischen Wellen zu, die fast alle Körper auszusenden und aufzufangen in der Lage sind. Die in der neueren Physik bedeutsame Frage nach den materiellen Trägern der Energie (den Korpuskeln) ist für technische Fragen der vorliegenden Art ohne Einfluß. Energieübertragung durch Strahlung ist in der Trocknungstechnik immer dann zu beachten, wenn sich Stoffe verschiedener Temperatur – durch Luft, die alle Strahlen durchläßt, getrennt – gegenüberstehen.

Unter *Wärmeleitung* im strengen Sinn versteht man die an materielle Träger – die Moleküle oder Elektronen – gebundene Energieübertragung, wobei das Wesentliche ist, daß die Energie austauschenden Teilchen entweder um eine Ruhelage schwingen (molekulare Wärmeleitung in festen Körpern) oder nur nach allen Richtungen gleichmäßig verteilte Eigenbewegungen vollführen. Diese Art des Energietransportes tritt rein nur bei homogenen Stoffen (Elektronenleitung in Metallen oder molekulare Leitung in dichten Gesteinen oder in *ruhenden* Flüssigkeiten und Gasen) auf. In porigen Stoffen, die meistens als Objekte der Trocknungstechnik vorliegen, ist zu bedenken, daß in den Luftporen stets ein Strahlungsaustausch stattfindet. Die für solche Stoffe angegebene Wärmeleitfähigkeit ist eine Größe, in der sich auch Strahlungseinflüsse auswirken. Sind die Stoffe feucht, so daß sie Feststoffe, Flüssigkeit und in den Poren ein Dampf-Luftgemisch enthalten, so tritt noch ein Energietransport durch den im Sinn des Temperaturgefälles diffundierenden Dampf hinzu. Die als Leitfähigkeit eines solchen Stoffes eingeführte Größe enthält also Einflüsse von Wärmeleitung, Wärmestrahlung und Energiemitführung durch den bewegten Dampf.

Unter *Wärmemitführung* (konvektive Wärmeübertragung) versteht man den Transport von Energie dadurch, daß eine energietragende Masse von einem Ort zum anderen im ganzen (molar) bewegt wird. So wird z.B., wenn man 1 kg Wasser von 20 °C an einen anderen Ort bringt, damit eine Energie von 20 kcal bewegt. Diese Erscheinung tritt nur bei bewegten Stoffen auf und ist mitbestimmend für den Wärmeaustausch zwischen bewegten Gasen oder Flüssigkeiten mit festen Körpern, an denen sie vorbeistreichen. Da aber bei der wirklichen Strömung eines Gases oder einer Flüssigkeit entlang der Oberfläche eines ruhenden Körpers stets die unmittelbar mit dem ruhenden Körper in Berührung kommende Schicht (die Grenze zwischen Körper und Flüssigkeit) ebenfalls wie ruhend angesehen werden muß, sind in dieser ruhenden Schicht die Wärmeleitvorgänge allein maßgeblich. Daher sind die Vorgänge bei der Wärmeübertragung in bewegten Medien nur als ein Zusammenwirken von Wärmeleitung und Konvektion verständlich. Man spricht in solchem Fall meist von *Wärmeübergang* von der Oberfläche des Körpers an das bewegte Medium oder umgekehrt.

Die Reihenfolge der Beschreibung ist aus der Überlegung entstanden, daß das von den Erscheinungen der Wärmeleitung und Wärmemitführung völlig getrennte Phänomen der Wärmestrahlung sowohl beim Wärmeaustausch in den für die Trocknungstechnik besonders wichtigen porigen Stoffen stets mitwirkt und die als „Wärmeleitfähigkeit" eines porigen Stoffes bezeichnete Austauschgröße unter Umständen entscheidend beeinflußt, als auch bei den meisten Fragen des „Wärmeübergangs" von Einfluß ist. Daher ist die Behandlung der Wärmestrahlung an den Anfang gestellt.

A. Wärmestrahlung

Von dem außerordentlich großen Gebiet der Strahlung elektromagnetischer Wellen sollen hier nur diejenigen Teile zusammengestellt werden, die in der Trocknungstechnik unmittelbar gebraucht werden. Noch vor zehn Jahren wäre man dabei mit der Erinnerung an diejenigen Gesetzmäßigkeiten ausgekommen, die jeder Ingenieur bei seiner Ausbildung mitbekommt, d.h mit den rein quantitativen Angaben des Stefan-Boltzmannschen Gesetzes über die Energieaussendung und Energieabsorption der sogenannten Temperaturstrahler – der „grauen oder schwarzen Strahler" –, deren Strahlung eindeutig von der Temperatur abhängt. Auch heute noch sind sehr viele in der Trocknungstechnik vorkommenden Strahlungsprobleme derart, daß man mit einer sinnvollen Anwendung dieser Gesetzmäßigkeiten auskommt, z.B. bei allen Strahlungsfragen im Bereich niedriger Temperaturen (kleiner als etwa 500 bis 600 °C) des Strahlers, also beim Strahlungsaustausch des Trocknungsgutes mit beheizten oder unbeheizten Wandungen, beim Strahlungsaustausch in den Poren des Trocknungsgutes usw. Bei allen diesen Vorgängen kann man den technischen Stoffen mit hinreichender Genauigkeit diejenigen Eigenschaften zusprechen, die bei der Herleitung der Strahlungsgesetze für *Temperaturstrahler* zugrunde gelegt wurden: Allgemeine Gesetzmäßigkeiten über die Verteilung der Intensität mit der Wellenlänge (PLANCKsches Gesetz), Richtungsverteilung der Intensität bei diffuser Strahlung (LAMBERTsches Cosinusgesetz), Gleichheit von Emissions- und Absorptionsverhältnis (KIRCHHOFFsches Gesetz).

Diese in den „Gesetzen" angenommenen Eigenschaften aber sind generalisierender Art, sie abstrahieren von dem individuellen Verhalten eines Körpers, der nicht auf alle Strahlen der verschiedensten Wellenlängen ähnlich reagiert. Vielmehr zeigt er bei genauerem Hinsehen gegen Strahlen verschiedener Wellenlänge ein „*selektives*" Verhalten; manche – verschieden nach Wellenlänge und Temperatur – absorbiert oder reflektiert er mehr oder minder stark oder läßt sie durch. Jeder weiß, daß für die kurzwelligen Röntgenstrahlen die meisten Körper durchlässig, für die längerwelligen Lichtstrahlen undurchlässig sind. Dagegen haben die sogenannten Temperaturstrahler für alle Strahlen, die – geordnet nach wachsender Wellenlänge – je nach ihrem Herkommen oder ihrer leicht beobachtbaren physikalischen Wirkung eingeteilt werden in: Höhen- und Gammastrahlung ($\lambda < 10^{-3}\,\mu$), Röntgenstrahlung ($10^{-3} < \lambda < 0{,}02\,\mu$), ultraviolette Strahlung ($0{,}02 < \lambda < 0{,}35\,\mu$), Lichtstrahlung ($0{,}35 < \lambda < 0{,}75\,\mu$), Ultrarot- bzw. Infrarotstrahlung – früher Wärmestrahlung genannt – ($0{,}75 < \lambda < 400\,\mu$), elektromagnetische Strahlung (Radiowellen) ($\lambda > 0{,}4$ mm), das gleiche Verhalten zur Voraussetzung.

Während sehr häufig bei Problemen der Trocknungstechnik diejenigen Wellenlängenbereiche, in denen die individuellen Eigenschaften der Körper sich ausprägen, von untergeordneter Bedeutung sind, gibt es doch eine Reihe von Fragen, bei denen das selektive Verhalten der Körper merklich in Erscheinung treten kann. Dies ist bei gewissen Strahlern, die bei hohen Temperaturen strahlen, und manchen Stoffen der Fall. Bei der Trocknung von Lacken und ähnlichen Stoffen, bei denen es sich oft weniger um eine Trocknung im Sinne einer Austreibung von Flüssigkeit als im Sinne einer Erstarrung der Flüssigkeit durch temperaturbedingte Oxydationsvorgänge oder dergleichen handelt, können solche Fragen von Wichtigkeit sein. Daher werden sie hier ihrer Bedeutung entsprechend gestreift. Vorangestellt wird in den folgenden Darstellungen jedoch die bei jeder technischen Strahlungsberechnung vordringliche Berechnung für Temperaturstrahler, die in den meisten Fällen Aufschluß über die Höhe des Strahlungsaustausches gibt. Gewissermaßen erläuternd wird die mögliche Berücksichtigung der individuellen Eigenschaften der Körper behandelt.

a) Die übliche Berechnung des Strahlungsaustausches bei grauen Körpern in strahlungsdurchlässigen Medien

1. Vollständiger Strahlungsaustausch

Der Wärmeaustausch durch Strahlung zwischen zwei Körpern 1 und 2 kann im allgemeinen nur dann in einfacher Weise genau berechnet werden, wenn die Körper selbst strahlungsundurchlässig sind, so daß die Absorption praktisch in der Oberfläche stattfindet, und das zwischen den Körpern befindliche Medium vollkommen strahlungsdurchlässig (diatherman) ist (z.B. Luft) und wenn die gesamte von der Fläche F_1 ausgesandte Strahlung auf den Körper 2 trifft. Dies ist dann der Fall, wenn die Oberfläche F_1 und F_2 der Körper entweder in geringem Abstand parallel gegenüberliegen oder die überall konvex angenommene Oberfläche F_1 vollständig von F_2 umschlossen ist (Abb. 49).

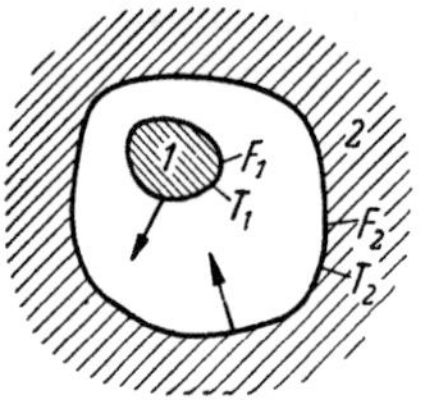

Abb. 49. Vollständiger Strahlungsaustausch zwischen zwei Körpern.

Dann gilt:

$$Q_R = F_1\, C_{12} \left\{ \left(\frac{T_1}{100}\right)^4 - \left(\frac{T_2}{100}\right)^4 \right\}. \tag{51}$$

Darin bedeuten:

Q_R [kcal/h] = zwischen 1 und 2 ausgetauschte Strahlungswärme.
T [°K] = 273 + ϑ °C = absolute Temperatur.
C_{12} [kcal/m²h °K⁴] = Strahlungsaustauschzahl.

Letztere wird aus den Strahlungszahlen C_1 und C_2 der Körper 1 und 2 in folgender Weise gebildet:

$$C_{12} = \frac{1}{\frac{1}{C_1} + \frac{F_1}{F_2}\left(\frac{1}{C_2} - \frac{1}{C_s}\right)}. \tag{52}$$

Darin ist $C_s = 4{,}96$ die Strahlungszahl des sogenannten „schwarzen“ Körpers, der bei allen Wellenlängen die maximal mögliche Strahlung aussendet. Die Strahlungszahlen C lassen sich auch aus dem oft in Handbüchern angegebenen Emissionsverhältnis

$$\varepsilon = C/C_s \tag{53}$$

errechnen, welche für „graue“ Körper nach dem Kirchhoffschen Gesetz gleich der Absorptionszahl A des Körpers ist.

$$\varepsilon = A. \tag{54}$$

Tab. 12 gibt einige Zahlen für C und ε, woraus man erkennt, daß die blanken (nichtoxydierten) Metalle wenig ausstrahlen und absorbieren (große Reflexion), während die sonstigen Stoffe meist relativ hohes Emmissionsverhältnis ε haben.

Da man unmöglich die Strahlungszahlen jedes einzelnen Trocknungsgutes unter den bisher experimentell festgestellten Werten in Handbüchern finden kann, andererseits aber, wie aus Tab. 12 hervorgeht, die

Tabelle 12. *Emissionsverhältnis ε_n der Strahlung in Richtung der Flächennormalen und ε der Gesamtstrahlung für verschiedene Körper bei der Temperatur ϑ nach Messungen von E. Schmidt und von E. Schmidt und E. Eckert.*

Bei Metallen nimmt das Emissionsverhältnis mit steigender Temperatur zu, bei nichtmetallischen Körpern (Metalloxyde, organische Körper) in der Regel etwas ab. Soweit genauere Messungen nicht vorliegen, kann für blanke Metalloberflächen im Mittel $\varepsilon/\varepsilon_n = 1{,}2$, für anderer Körper bei glatter Oberfläche $\varepsilon/\varepsilon_n = 0{,}95$, bei rauher Oberfläche $\varepsilon/\varepsilon_n = 0{,}98$ gesetzt werden.

(Aus E. Schmidt, Einführung in die technische Thermodynamik, 8. Auflage, 1960.)

Oberfläche	ϑ	ε_n	ε
Gold, Silber, poliert	20°	0,020 – 0,030	
Kupfer, poliert	20°	0,030	
Kupfer, poliert, leicht angelaufen	20°	0,037	
Kupfer, geschabt	20°	0,070	
Kupfer, schwarz oxydiert	20°	0,78	
Kupfer, oxydiert	130°	0,76	0,725
Aluminium, walzblank	170°	0,039	0,049
Aluminiumbronzeanstrich	100°	0,20 – 0,40	
Nickel, blank matt	100°	0,041	0,046
Nickel, poliert	100°	0,045	0,053
Manganin, walzblank	118°	0,048	0,057
Chrom, poliert	150°	0,058	0,071
Eisen, blank geätzt	150°	0,128	0,158
Eisen, blank abgeschmirgelt	20°	0,24	
Eisen, rot angerostet	20°	0,61	
Eisen, Walzhaut	20°	0,77	
Eisen, Gußhaut	100°	0,80	
Eisen, stark verrostet	20°	0,85	
Zink, grau oxydiert	20°	0,23 – 0,28	
Blei, grau oxydiert	20°	0,28	
Wismut, blank	80°	0,340	0,366
Korundschmirgel, rauh	80°	0,855	0,84
Ton, gebrannt	70°	0,91	0,86
Heizkörperlack	100°	0,925	
Mennigeanstrich	100°	0,93	
Emaille, Lacke	20°	0,85 – 0,95	
Ziegelstein, Mörtel, Putz	20°	0,93	
Porzellan	20°	0,92 – 0,94	
Glas	90°	0,940	0,876
Eis, glatt, Wasser	0°	0,966	0,918
Eis, rauher Reifbelag	0°	0,985	
Wasserglasrußanstrich	20°	0,96	
Papier	95°	0,92	0,89
Holz	70°	0,935	0,91
Dachpappe	20°	0,93	

Variationen der Strahlungszahlen mineralischer oder organischer Stoffe gar nicht so groß sind (C fast stets zwischen 3,4 und 4,6), wird man bei der Mehrzahl der praktischen Aufgaben keine allzu große Schwierigkeit bei der Abschätzung der Strahlungszahl des Trocknungsgutes und der Wandungen, Einbauten usw. eines Trockners haben. Schwieriger ist unter Umständen die Beurteilung des Strahlungsverhaltens von hochtemperierten Strahlern. Darüber wird später berichtet.

Bei der Herleitung von Gl. (51) wird vorausgesetzt, daß die Ausstrahlung von der Oberfläche eines Körpers in die verschiedenen Richtungen des Raumes nach dem LAMBERTschen Cosinusgesetz erfolgt, wonach die Emission von einem Höchstwert in Richtung senkrecht zur strahlenden Fläche (Normalstrahlung) auf den Wert Null in Richtung parallel zur strahlenden Fläche entsprechend dem Cosinus des Einfallswinkels abnimmt. Ist das LAMBERTsche Gesetz erfüllt, so ist immer das Emissionsverhältnis in Normalrichtung ε_n gleich dem gesamten Emissionsverhältnis ε. Um bei einigen Stoffen die Größenordnung der Abweichungen anzudeuten, sind in Tab. 12 einige Werte für ε_n angegeben. Für blanke Metalle ist $\varepsilon_n < \varepsilon$, für Nichtleiter oder oxydierte Metalle $\varepsilon_n > \varepsilon$. Dies liegt daran, daß bei Metallen das Emissionsvermögen mit größer werdendem Winkel zwischen dem Strahl und der Normalen zunimmt, bei Nichtleitern abnimmt. (Vgl. SCHMIDT-ECKERT [*160*].)

Anwendungsbeispiele. 1. Ein in eine weite Rohrleitung eingebautes Feuchtthermometer mit $C_1 = 4{,}8$ soll gegen Wärmeeinstrahlung geschützt werden, d.h. C_{12} muß so klein als möglich gemacht werden. Man wählt also eine blanke Metallfläche als Strahlungsschutz z.B. $C_2 = 0{,}2$. Belegt man die Rohrleitung von etwa 500 mm blanker Folie von $C_2 = 0{,}2$, so wird, wenn die Fläche F_1 des feuchten Thermometers klein ist gegenüber derjenigen der Rohrleitung, die in Strahlungsaustausch mit F_1 steht (z.B. $F_1/F_2 = 1/100$), die Strahlungsaustauschzahl

$$C_{12} = \frac{1}{\frac{1}{4{,}8} + \frac{1}{100}\left(\frac{1}{0{,}2} - \frac{1}{4{,}96}\right)} = 3{,}9 .$$

Ohne Metallfolienbelag ($C_2 = 4{,}4$) wäre $C_{12} \approx 4{,}8$, also praktisch gleich der Strahlungszahl C_1 des Thermometers. Durch Belegung der Rohrleitung mit Folie wird der Strahlungsaustausch nur um 20% verkleinert.

Umgibt man jedoch das Thermometer mit einer blanken Metallhülle (z.B. Folie) in geringem Abstand (z.B. $F_1/F_2 = 1/2$), so wird

$$C_{12} = \frac{1}{\frac{1}{4{,}8} + \frac{1}{2}\left(\frac{1}{0{,}2} - \frac{1}{4{,}96}\right)} = 0{,}38 .$$

Bei diesem Strahlungsschutz sinkt also die bei gleichen Temperaturen T_1 und T_2 ausgetauschte Wärme gegenüber dem ungeschützten Zustand um 92%.

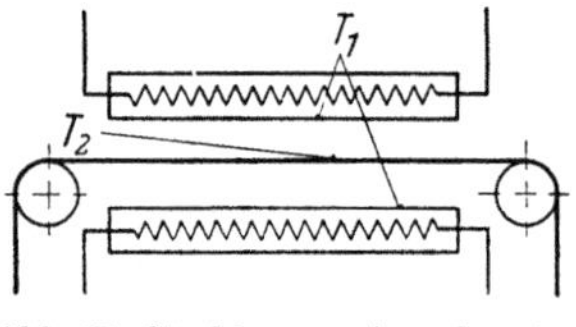

Abb. 50. Strahlungsaustausch zwischen einer Papierbahn und Heizkörpern.

Grundsätzlich: Die Strahlungsaustauschzahl C_{12} ist immer kleiner als die Strahlungszahl des Körpers 1. Ein den Körper umhüllender blanker Strahlungsschutz hat dann den größten Erfolg, wenn er in möglichst geringem Abstand von dem strahlenden Körper angebracht wird.

2. Ein Trocknungsgut – etwa eine Papier- oder Textilbahn oder dergleichen – mit $C_2 = 4{,}6$ läuft in kleinem Abstand zwischen zwei auf 400 °C beheizten, parallel angeordneten Platten $C_1 = 4{,}0$. $F_1/F_2 = 1$ (Abb. 50). Welche Wärmemenge geben die Platten je m^2 und h durch Strahlung ab und welche Wärme wird von 1 m^2 der Bahn

bei einer Bahngeschwindigkeit von 1 m/sek aufgenommen? Die Temperatur der Bahn sei 60 °C.

Von jedem m² der Heizfläche wird mit der Bahn ausgetauscht:

$$Q_R = 1 \frac{1}{\frac{1}{4{,}6} + \frac{1}{4{,}0} - \frac{1}{4{,}96}} (6{,}73^4 - 3{,}33^4)$$

$$= 1 \cdot 3{,}77 \cdot (2060 - 123) = 7300 \,\text{kcal/m}^2\text{h}\,.$$

Man erkennt aus den Zahlen des Beispiels, daß bei höheren Strahlertemperaturen die Temperatur der bestrahlten Fläche von untergeordnetem Einfluß ist. Hätte die Bahn z.B. 100 °C statt 60 °C, so wäre $Q_R = 7050$, also nur etwa 3% kleiner.

Wegen der symmetrischen Anordnung fällt auf den von der Bahn durchlaufenen bestrahlten m² die doppelte Strahlungswärme

$$2 Q_R = 14600 \,\text{kcal/m}^2\text{h}\,.$$

Bei einer Bahngeschwindigkeit von 1 m/sek = 3600 m/h erhält jeder m² eine Strahlungswärme von 14600/3600 = 4 kcal/m². Da zur Verdunstung von 1 g Wasser rund 0,6 kcal erforderlich sind, wäre diese Wärmemenge, falls sie allein zur Wasserverdunstung gebraucht würde, ausreichend, um 4/0,6 = 6,7 g/m² zu verdunsten.

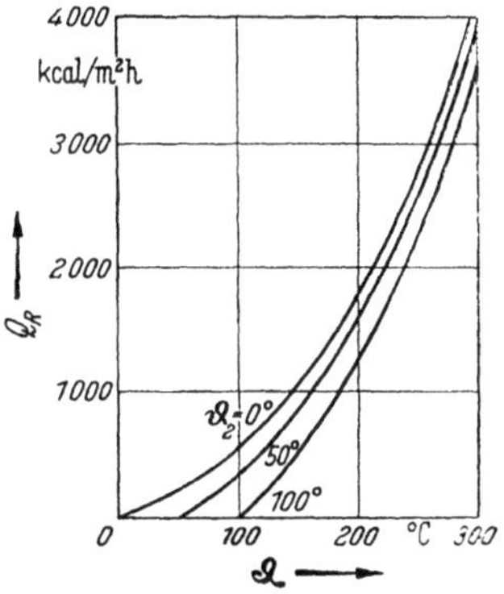

Abb. 51. Vollständiger Strahlungsaustausch Q_R zwischen einer Heizfläche von der Temperatur ϑ_1 und einem Gut von der Temperatur ϑ_2.

Abb. 51 zeigt die Abhängigkeit des Strahlungsaustausches je m² strahlender Fläche von den Temperaturen T_1 und T_2 unter Annahme einer Strahlungsaustauschzahl $C_{12} = 4$.

Häufig ist es vorteilhaft, mit „äquivalenten Wärmeübergangszahlen durch Strahlung" α_R zu rechnen nach dem Ansatz:

$$Q_R = F \alpha_R (\vartheta_1 - \vartheta_2)\,.$$

Davon wird in späterem Zusammenhang Gebrauch gemacht (s. S. 122).

2. Teilweiser Strahlungsaustausch zwischen beliebigen Flächen

α) Die Einstrahlzahl Φ für einige häufig vorkommende Fälle

Verhältnismäßig einfach läßt sich auch der Strahlungsaustausch zwischen zwei beliebigen kleinen Flächen F_1 und F_2 (s. Abb. 52) berechnen, wenn man annimmt, daß die von der einen auf die andere Fläche geworfene Strahlung, soweit sie reflektiert wird, nicht mehr auf die Ausgangsfläche zurückkommt, sondern im übrigen Raum zerstreut wird.

Man setzt dann:

$$Q_R = F_1 C_{12} \Phi_{12} \left\{ \left(\frac{T_1}{100}\right)^4 - \left(\frac{T_2}{100}\right)^4 \right\}, \tag{55}$$

worin jetzt

$$C_{12} = \frac{C_1 C_2}{C_s} \tag{56}$$

und Φ_{12} die Einstrahlzahl (früher Winkelverhältnis genannt) der Fläche F_2 auf F_1 ist. Dieses geometrische Verhältnis läßt sich für jedes Element dF_1 der Fläche F_1 nach Abb. 53 in der Weise bestimmen, daß

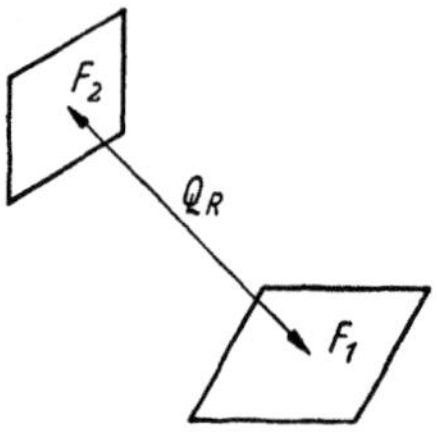

Abb. 52. Flächen bei teilweisem Strahlungsaustausch.

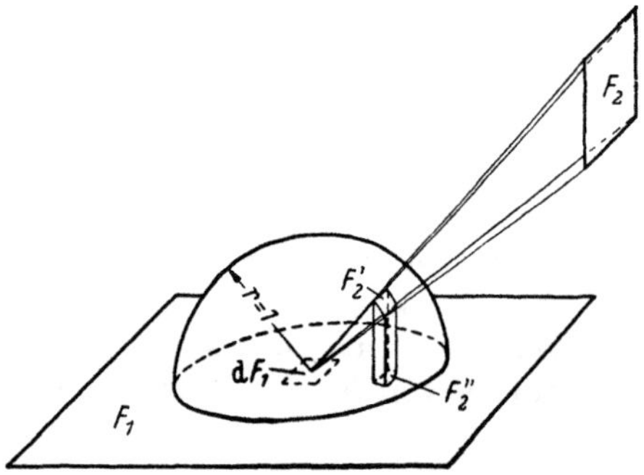

Abb. 53. Zur Erläuterung der Einstrahlzahl.

man F_2 auf einer um das Flächenelement dF_1 gelegten Einheitshalbkugel zentral abbildet (F_2' in Abb. 53) und dann dieses Bild auf die Grundfläche parallel projiziert (F_2''). Das Verhältnis F_2'' zur Grundfläche π der Einheitshalbkugel ist die Einstrahlzahl für das betrachtete Flächenelement dF_1.

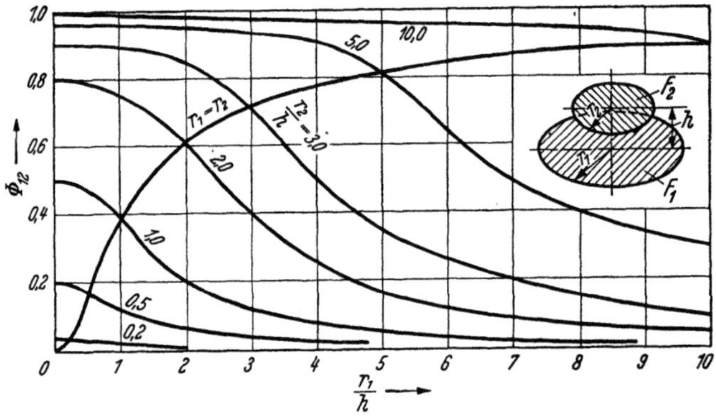

Abb. 54. Einstrahlzahl Φ_{12} für zwei parallel und zentrisch gegenüberliegende Kreisflächen (nach [14]).

Die Einstrahlzahl Φ_{12} erhält man durch Mittelbildung über sämtliche Flächenelemente dF_1 der Fläche F_1. Diese Bestimmung der Einstrahlzahl ist recht mühsam.

Für einige einfach angeordnete ebene Flächen läßt sich die Einstrahlzahl Φ auch rechnerisch ermitteln[1]. Das Ergebnis dieser nicht einfachen Rechnung sei hier für häufig anwendbare Fälle mitgeteilt:

[1] Siehe [14], [20] und [33].

1. zwei parallel und zentrisch gegenüberliegende Kreisflächen (Abb. 54);

2. zwei einander gegenüberliegende, gleich große, parallele Rechteckflächen (Abb. 55);

3. verschieden große Rechteckflächen, die auf einer gemeinsamen Kante zueinander senkrecht stehen (Abb. 56).

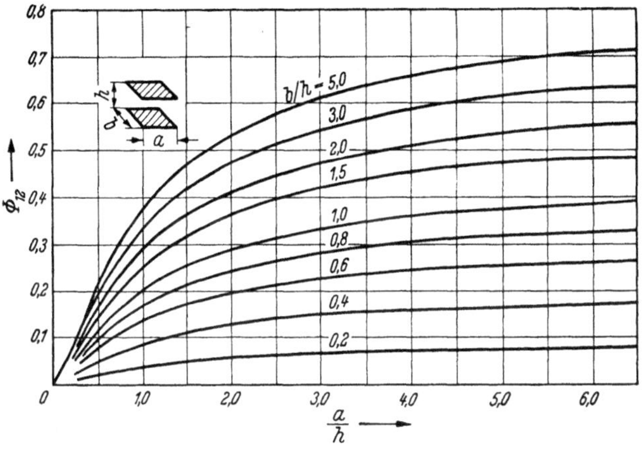

Abb. 55. Einstrahlzahl Φ_{12} für zwei einander gegenüberliegende, parallele gleichgroße Rechteckflächen (nach [33]).

Die Abb. 55 und 56 lassen sich verwenden, um mit einfachen Rechnungen die Einstrahlzahl zweier beliebig zueinander angeordneter, zu-

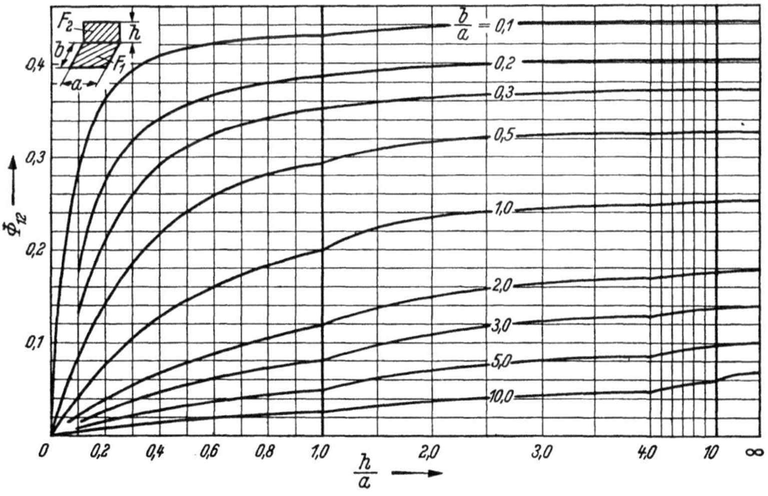

Abb. 56. Einstrahlzahl Φ_{12} für zwei verschieden große Rechteckflächen, die auf einer gemeinsamen Kante senkrecht stehen (nach [33]).

einander aber senkrecht oder parallel stehender Rechteckflächen zu bestimmen. Dabei kann das Umkehrgesetz

$$\Phi_{12} F_1 = \Phi_{21} F_2 \tag{57}$$

häufig die Rechnung erleichtern. Die zur praktischen Anwendung für viele technische Fälle führenden Überlegungen seien an einigen Beispielen erläutert.

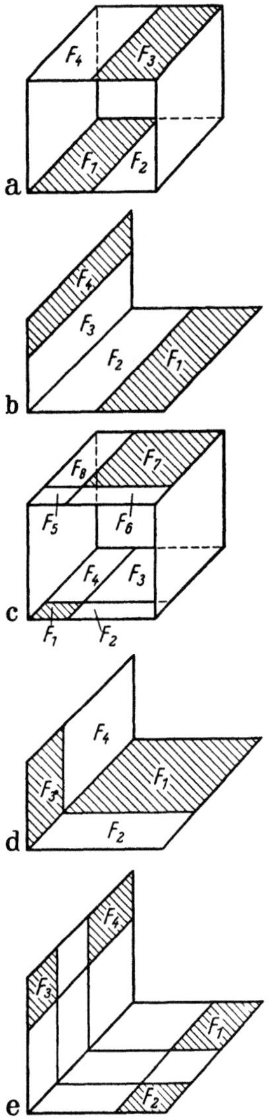

Abb. 57a–e. Beispiele zur Ermittlung der Einstrahlzahl aus Abb. 55 u. 56 für verschiedene Flächenanordnungen.

a) Es sei die Einstrahlzahl Φ_{13} der Flächen F_1 und F_3 in bezug auf F_1 gesucht in einer Anordnung gemäß Abb. 57a, worin $F_1 = F_4$ und $F_2 = F_3$. Das Ziel der Rechnung geht dahin, die Einstrahlzahl Φ_{13} durch solche Werte auszudrücken, daß man Abb. 55 verwenden kann.

Mit Hilfe von Abb. 55 kann man die ausgetauschte Wärmemenge zwischen den Flächen $(F_1 + F_2)$ sowie $(F_3 + F_4)$ bestimmen. Dem entspricht die Größe $\Phi_{(1+2)(3+4)}$. Nun muß man bedenken, daß nach dem Strahlungsaustausch zwischen den Flächen F_1 und F_4 (entspricht $\Phi_{14}F_1$) und zwischen F_2 und F_3 (entspricht $\Phi_{23}F_2$) nicht gefragt ist, sondern nur nach demjenigen zwischen F_1 und F_3 (entspricht $\Phi_{13}F_1$). Man kann also folgende Gleichung zur Bestimmung von Φ_{13} aufstellen:

$$\Phi_{13}F_1 = (F_1 + F_2)\Phi_{(1+2)(3+4)} - F_1\Phi_{14} - F_2\Phi_{23} - F_2\Phi_{24}. \tag{58}$$

Darin sind $\Phi_{(1+2)(3+4)}$ Φ_{14} und Φ_{23} aus Abb. 55 entsprechend den Abmessungen der Flächen zu entnehmen. Auf der rechten Seite von Gl. (58) muß Φ_{24} noch umgeformt werden. Es gilt

$$F_1\Phi_{13} = F_4\Phi_{42}. \tag{59}$$

In Verbindung mit dem Umkehrgesetz

$$F_4\Phi_{42} = F_2\Phi_{24}, \tag{60}$$

erhält man für Φ_{13} aus Gl. (58)

$$\Phi_{13} = \frac{1}{2F_1}\left[\Phi_{(1+2)(3+4)}(F_1 + F_2) - \Phi_{14}F_1 - \Phi_{23}F_2\right]. \tag{61}$$

Man sieht, daß man jetzt nur noch Abb. 55 anzuwenden hat.

b) Eine ähnliche Aufgabe sei jetzt für zwei aufeinander senkrecht stehende Rechteckflächen F_1 und F_4 gestellt (Abb. 57b). Gesucht sei Φ_{14}. Aus der Abb. 57b entnimmt man:

$$\Phi_{14}F_1 = \Phi_{(1+2)(3+4)}(F_1 + F_2) - \Phi_{(2)(3+4)}F_2 - \Phi_{13}F_1. \tag{62}$$

Es ist aber in der rechten Seite von Gl. (62)

$$\Phi_{13}F_1 = \Phi_{(1+2)(3)}(F_1 + F_2) - \Phi_{23}F_2.$$

Damit wird:

$$\Phi_{14} = 1/F_1\left[\Phi_{(1+2)(3+4)}(F_1 + F_2) - \Phi_{(2)(3+4)}F_2 - \Phi_{(1+2)(3)}(F_1 + F_2) + \Phi_{23}F_2\right].$$

Auch jetzt können alle Einstrahlzahlen auf der rechten Seite Abb. 56 entnommen werden.

c) Gesucht ist die Einstrahlzahl Φ_{17} der gemäß Abb. 57c angeordneten Flächen F_1 und F_7. Aus der Abbildung entnimmt man:

$$\left.\begin{aligned}&(F_1+F_2+F_3+F_4)\Phi_{(1+2+3+4)(5+6+7+8)}\\&-F_1(\Phi_{15}+\Phi_{16}+\Phi_{18})-F_2(\Phi_{25}+\Phi_{26}+\Phi_{27})\\&-F_3(\Phi_{36}+\Phi_{37}+\Phi_{38})-F_4(\Phi_{45}+\Phi_{47}+\Phi_{48})\\&=F_1\Phi_{17}+F_2\Phi_{28}+F_3\Phi_{35}+F_4\Phi_{46}=2F_1\Phi_{17}+2F_2\Phi_{28}.\end{aligned}\right\}\quad(63)$$

Es läßt sich ferner nachweisen (RABER und HUTCHINSON [33]), daß folgende Beziehung Gültigkeit hat:

$$F_1\Phi_{17}=F_2\Phi_{28}. \quad (64)$$

Damit läßt sich Gl. (63) nach der Unbekannten Φ_{17} auflösen. Die Teileinstrahlzahlen können dann teils direkt Abb. 55 entnommen teils nach Gl. (61) berechnet werden gemäß Beispiel a).

d) Zur Berechnung der Einstrahlzahl Φ_{13} (Abb. 57d) kann man aus der Anordnung der Flächen entnehmen:

$$\Phi_{13}F_1=\Phi_{(1+2)(3+4)}(F_1+F_2)-\Phi_{14}F_1-\Phi_{23}F_2-\Phi_{24}F_2. \quad (65)$$

Hierin hat der Ausdruck Φ_{24} die Form des gesuchten Φ_{13}. Man kann nachweisen [33], daß folgendes Umkehrgesetz gilt:

$$\Phi_{13}F_1=\Phi_{42}F_4=\Phi_{24}F_2. \quad (66)$$

Damit erhält man für Φ_{13} aus Gl. (65)

$$\Phi_{13}=\frac{1}{2F_1}\left[\Phi_{(1+2)(3+4)}(F_1+F_2)-\Phi_{14}F_1-\Phi_{23}F_2\right].$$

Hierin lassen sich alle Teileinstrahlzahlen aus Abb. 56 entnehmen. Die Beziehung der Gl. (66) gilt auch dann, wenn die Flächen 1, 2, 3 und 4 keine gemeinsame Kante haben und wie in Abb. 57e angeordnet sind.

In manchen technisch häufig vorkommenden Fällen liefert folgende Überlegung eine hinreichend genaue Abschätzung. Bei dichtgebauten Stahlradiatoren, Röhrenbündeln, Rippenrohren mit dichten Rippen usw. kann man näherungsweise annehmen, die Strahlung ginge von der Hüllfläche (konvexen Hülle) F_H des Körpers aus. An Stelle F_1 kann dann in Gl. (51) bei vollständigem oder in Gl. (55) bei unvollständigem Strahlungsaustausch F_H eingesetzt werden. Denkt man sich ein Rippenrohr, dessen Rippen den Durchmesser D haben (s. Abb. 58), so wäre die Hüllfläche $D\pi l$, während als Heizfläche die gesamte Rippenoberfläche gezählt wird. Bei der Beurteilung einer solchen Abschätzung ist folgendes zu bedenken. Trifft ein Strahl schräg auf eine der Rippen, so wird er teils absorbiert, teils weiter nach innen reflektiert. Dies würde bedeuten, daß die Rippenanordnung besser absorbiert und emittiert als die Hüllfläche. Im entgegengesetzten Sinn wirkt die Tatsache, daß bei einem Rippenrohr ein Teil der Strahlung, die die Hüllfläche durchdringt, ungestört zwischen den Rippen hindurchgeht. Daher kann man häufig bei technischen Problemen, bei denen die Strahlungszahl meist hoch ist (zwischen 4 und 4,6, maximal 4,96), für die Hüllfläche etwa die Strahlungszahl des

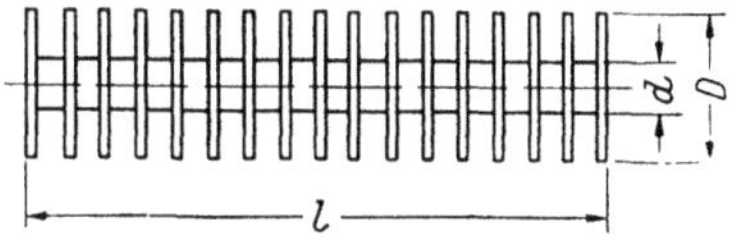

Abb. 58. Erläuterung zur Abschätzung der Einstrahlzahl von Rippenrohren und dergleichen.

verwendeten Materials ansetzen. Schwieriger wäre es, wenn die in Abb. 58 gezeichnete Heizfläche aus blanken Metallen $C \approx 0{,}2$ bis 0,4 bestünde, weil hier der Einfluß der durch die Hohlräume zwischen den Rippen hervorgerufenen Schwärzung so beachtlich wird, daß sich das Problem der einfachen Abschätzung entzieht. (Man denke in diesem Zusammenhang daran, daß die der Sonne zugewandte Fläche eines Nähnadelbündels, das mit der Spitze gegen die Sonne gehalten wird, schwarz erscheint, weil alles in die Zwischenräume zwischen den Nadeln eindringende Licht an der Nadeloberfläche nur tiefer ins Innere der Hohlräume reflektiert wird.)

β) *Die Wirkung von Reflektoren*

Bei Heizvorrichtungen, die der Strahlungstrocknung dienen, verwendet man unter Umständen Heizstäbe, die teilweise von Reflektoren (d. h. blanken Metallflächen) umschlossen sind. Sie sollen meist der Parallelrichtung der Strahlung dienen. Will man z. B. eine von einem Rohr nach allen Seiten gleichmäßig ausgesandte Strahlung in eine vorwiegend senkrecht zum Querschnitt des Reflektors gerichtete Parallelstrahlung verwandeln, so käme man, falls man den Heizstab als sehr dünn (linienförmigen Strahler) gegenüber dem vollkommen reflektierend gedachten Reflektor betrachten könnte, in einfachster Weise aus geometrischen Überlegungen dazu, dem Reflektor die Form eines parabolischen Zylinders zu geben, in dessen Brennlinie der Heizstab liegt (Abb. 59). Aber bei diesem Vorgehen würde man nur die reflektierte Strahlung parallel richten können – auch das nur, wenn der Reflektor die Strahlung spiegelnd (nicht diffus) zurückwerfen würde –, während die vom Heizstab ausgehende direkte Strahlung jedes Element einer bestrahlten Fläche F_2 mit einer anderen Strahlungsdichte träfe (vgl. Abb. 59), so daß die erwünschte Vergleichmäßigung der Strahlung nur recht unvollkommen gelingt.

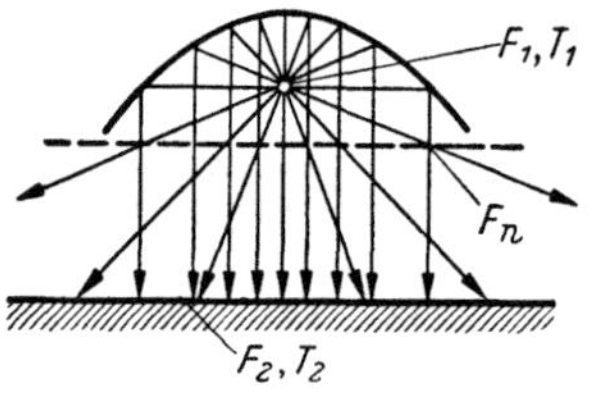

Abb. 59. Zur Wirkung von Reflektoren.

Die gesamte vom – verlustlos gedachten – Strahler abgegebene Wärme, die mit der unendlich ausgedehnten Fläche F_2 von der Temperatur T_2 ausgetauscht wird, und jede Querschnittsfläche F_n des Spiegels unterhalb des Strahlers (s. Abb. 59) durchsetzt, berechnet sich wie früher, so als wäre kein Spiegel vorhanden und als umhüllte die Fläche F_2 die Strahlerfläche F_1 vollkommen:

$$Q_R = F_1 C_{12} \left\{ \left(\frac{T_1}{100}\right)^4 - \left(\frac{T_2}{100}\right)^4 \right\}. \tag{67}$$

Darin wäre C_{12} gemäß Gl. (52) wegen $F_1/F_2 \to 0$ stets etwa gleich C_1.

Bei einem technischen Reflektor wird es in den seltensten Fällen darauf ankommen, lediglich die reflektierte Strahlung parallel zu richten; vielmehr wird eine praktisch gleiche Strahlungsdichte auf der Fläche F_2 meist das erstrebenswerteste Ziel sein. Zu diesem Zweck muß das Reflektorprofil entsprechend entworfen werden. Dazu ist folgendes Verfahren zu empfehlen: Man teilt die Oberfläche des Strahlers (Heizstabes) in eine nicht zu kleine Anzahl gleicher Teile und betrachtet die von der Mitte jedes Elementes ausgehende radiale Strahlung, die am Reflektor spiegelnd reflektiert werden möge. Die Neigung der Reflektorwandung ist dann so zu wählen, daß der Strahl auf die gewünschte Stelle der Fläche F_2 fällt.

Abb. 60 stellt die auf diese Weise gewonnene Bestimmung des Strahlenganges eines ausgeführten Strahlers mit Reflektor dar. Es ist zu bedenken, daß jeder in der Abbildung gezeichneten Linie die gleiche

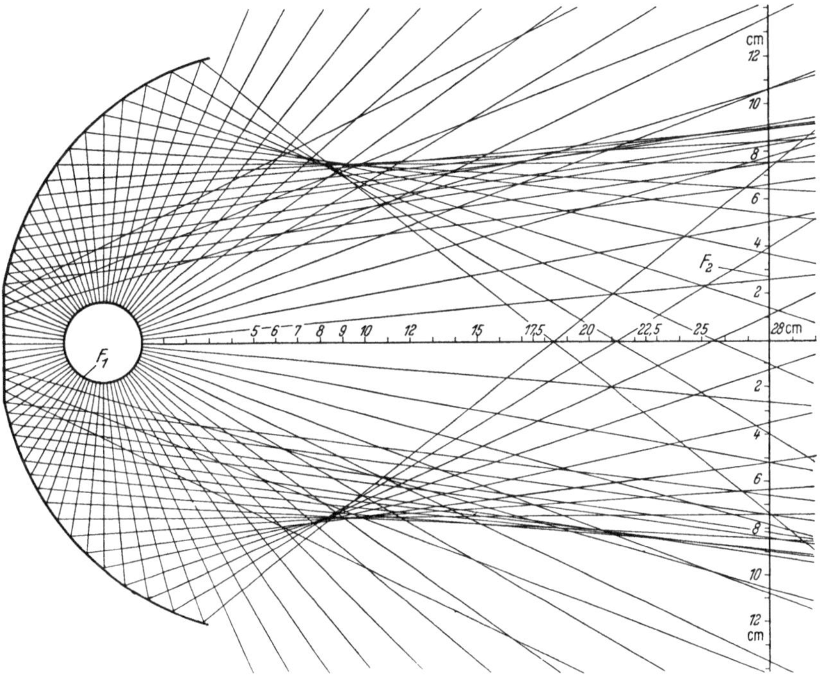

Abb. 60. Strahlengang bei einem Reflektor.

Energie entspricht, so daß die Strahlungsdichte auf der Fläche F_2 der Zahl der Linien je cm² proportional ist. Man erkennt deutlich, daß bei dem untersuchten Strahler an zwei Stellen einer jeden Ebene F_2, die parallel zu den Reflektorenden liegt, die Strahlungsdichten besonders groß werden. Experimentell konnte die Richtigkeit dieses Ergebnisses in der Weise bestätigt werden, daß auf einer in verschiedenem Abstand vom Strahler befindlichen Papierfläche genau an den Stellen, für die die Maxima der Strahlungsdichten bestimmt worden waren, auch die Verkohlung des Papiers – deutlich abgegrenzt – zuerst auftrat.

Bei einer subtileren Betrachtung müßte noch an folgendes gedacht werden:

1. Das hier vorausgesetzte LAMBERTsche Cosinusgesetz ist technisch nicht genau erfüllt.

2. Die Reflexion ist nicht vollkommen spiegelnd, sondern teilweise diffus (– weiß –), s. [*11*].

3. Die Unvollkommenheit der Reflexion müßte durch Annahme von Wärmeverlusten der Reflektorwandung nach außen berücksichtigt werden.

b) Die Strahlung bei teilweise durchlässigen Körpern und Medien

Die Anwendung der bisher mitgeteilten einfachen Gleichungen zur Berechnung des Strahlungsaustausches ist an folgende Voraussetzung geknüpft:

1. Die betrachteten Körper können als strahlungsundurchlässig (atherman) angesehen werden (Durchlässigkeit $D = 0$), das zwischen ihnen liegende Medium als vollkommen durchlässig (diatherman) (Durchlässigkeit $D = 1$). Die Absorption in den betrachteten Körpern findet dann praktisch an der Oberfläche statt, so daß man der Oberfläche eine Absorptionszahl A und eine Reflexionszahl R zuordnen kann, für die gilt:

$$A + R = 1. \tag{68}$$

2. Die betrachteten Körper können als sogenannte graue Strahler betrachtet werden, die bei jeder Wellenlänge einen bestimmten, für alle Wellenlängen λ gleichen Teil der „schwarzen" Strahlung (d.h. der maximal möglichen) aussenden. (Emissionsverhältnis $\varepsilon_\lambda = A_\lambda = A =$ konst.)

Diese Voraussetzungen sieht man bei den grob quantitativen Berechnungen, die im vorigen Abschnitt mitgeteilt wurden, stets als gegeben an. Solche Rechnungen führen fast durchweg zu technisch brauchbaren Ergebnissen. Es gibt jedoch zwei Aufgabenbereiche in der Trocknungstechnik, bei denen eine genauere Kenntnis vom Strahlungsverhalten der Stoffe erforderlich ist:

1. Bei der Trocknung von Stoffen in Rauchgasen hoher Temperatur kann die Durchlässigkeit der Rauchgase nicht als vollkommen angesehen werden, vielmehr muß die Absorption und Emission im Gasraum berücksichtigt werden (Luft ist vollkommen durchlässig).

2. Bei denjenigen Fragen der Strahlungstrocknung, bei denen eine möglichst tief in ein Gut eindringende Strahlung gewünscht wird, muß das unterschiedliche Verhalten der Stoffe für Strahlen verschiedener Wellenlänge (selektive Absorption und Durchlässigkeit) beachtet werden. Hält man eine Glasscheibe gegen das Licht, so ist sie offensichtlich strahlungsdurchlässig, hält man sie gegen einen stark strahlenden Ofen, so hält sie die Strahlung spürbar ab, ist also strahlungsundurchlässig. Ihr Verhalten ist demnach im kurzwelligen Licht anders als bei den langwelligen ultraroten (auch infrarot genannten) Wärmestrahlen. Bei genauerer Betrachtung zeigen alle Stoffe bei verschiedener Wellenlänge der Strahlung ein unterschiedliches Verhalten.

Wenn solche Fragen in der Trocknungstechnik eine Rolle spielen, so muß man sich über die Eigenschaften der Strahlung bei den verschiedenen Wellenlängen ebenso im klaren sein wie über die selektiven Eigenschaften der Körper.

1. Die spektrale Energieverteilung bei der „schwarzen“ Strahlung

Die gesamte, von einem „schwarzen“ Körper, der keine selektiven Eigenschaften hat (Hohlraumstrahler), ausgesandte sogenannte Temperaturstrahlung ist durch das STEFAN-BOLTZMANNsche Gesetz gegeben:

$$E_s = C_s \left(\frac{T}{100}\right)^4 \text{kcal/m}^2\text{h}, \tag{69}$$

worin E_s die gesamte Energieemission von 1 m² des schwarzen Körpers bedeutet. Diese Gesamtwirkung kommt dadurch zustande, daß bei allen Wellenlängen Energie ausgesandt wird, die sich nach dem PLANCKschen Gesetz spektral verteilt:

$$J_\lambda = \frac{2\pi c_1}{\lambda^5\left(e^{\frac{c_2}{\lambda T}} - 1\right)}. \tag{70}$$

Im technischen Maßsystem ist für unpolarisierte Strahlung von einem Punkt in den Halbraum:

$$c_1 = 0{,}506 \cdot 10^{-16}\,\text{kcal m}^2/\text{h},$$

$$c_2 = 1{,}432 \cdot 10^{-2}\,\text{m Grad}.$$

Abb. 61 stellt die Intensität J_λ der schwarzen Strahlung dar. Aus ihr gewinnt man die Emission dE_λ für die Wellenlängen zwischen λ und $\lambda + d\lambda$:

$$dE_\lambda = J_\lambda\, d\lambda.$$

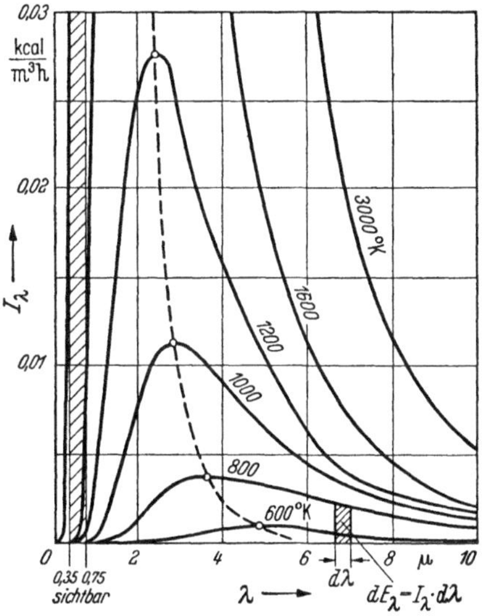

Abb. 61. Intensitätsverteilung der schwarzen Strahlung.

Die gesamte Emission bei bestimmter Temperatur für alle Wellenlängen von 0 bis ∞ ergibt sich als die Fläche unter einer J_λ-Linie konstanter Temperatur in Abb. 61. Die Integration liefert das STEFANsche Gesetz für E_s [Gl. (69)].

Der Bereich, in dem Strahlung mit dem Auge wahrgenommen wird, ist sehr eng begrenzt (zwischen $\lambda = 0{,}35$ und $\lambda = 0{,}75\,\mu$, worin $\mu = 1/1000$ mm $= 10^{-6}$ m ist). Nach den Grenzen des sichtbaren Lichtes $\lambda = 0{,}35$ im violetten und 0,75 im roten Teil des Spektrums werden die anschließenden Wellenbereiche als ultraviolett für die kurzwellige Strahlung unter $0{,}35\,\mu$ und als ultrarot für die langwellige Strahlung über $0{,}75\,\mu$ bezeichnet.

Für jede Temperatur zeigt sich ein Maximum der Intensität bei anderen Wellenlängen. Das Maximum liegt bei um so kürzerer Wellenlänge, je höher die Temperatur des Strahlers ist. Die Wellenlänge $\lambda_{\max}$, bei der das Maximum liegt, ist durch das WIENsche Verschiebungsgesetz gegeben (gestrichelte Kurve in Abb. 61)

$$\lambda_{\max} = \frac{2885}{T} \quad [\mu]. \tag{71}$$

Bei allen technischen Strahlungsquellen, soweit es sich um Temperaturstrahler handelt, liegt das Intensitätsmaximum im ultraroten, bei der Sonnenstrahlung von ≈ 6000 °K im Bereich des sichtbaren Lichtes.

Häufig ist es wichtig zu wissen, welcher Anteil an der Gesamtstrahlung mit kürzeren Wellenlängen als einer bestimmten (λ) erfolgt. Zu diesem Zweck bestimmt man die Emission E_0^λ für alle Wellenlängen von 0 bis λ (als Fläche unter J_λ für T = konst. in Abb. 61 von $\lambda = 0$ bis λ).

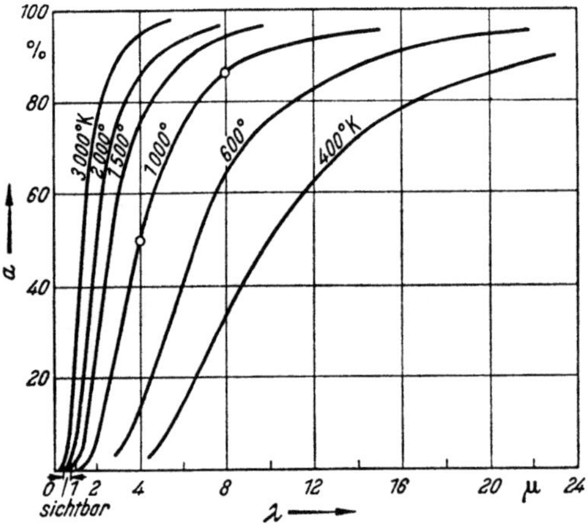

Abb. 62. Anteil a der Emission E_0^λ im Wellenlängenbereich 0 bis λ zur Gesamtemission E_s.

Wegen der mit wachsenden Temperaturen stark anwachsenden absoluten Höhe der Emission ist es zweckmäßig, den Anteil von E_0^λ an der Gesamtemission E_s anzugeben (s. Abb. 62).

Will man wissen, welche Energie in einem bestimmten Bereich $\lambda_2 - \lambda_1 = \Delta\lambda$ abgegeben wird, so braucht man nur in Abb. 62 den Unterschied Δa der Emissionsteile $a_1 = E_0^{\lambda_1}/E_s$ und $a_2 = E_0^{\lambda_2}/E_s$ zu bilden und ihn mit der Emissionsenergie der schwarzen Strahlung E_s bei der Temperatur T des Strahlers zu multiplizieren:

$$E_{\Delta\lambda} = \Delta a\, E_s = \Delta a\, C_s \left(\frac{T}{100}\right)^4.$$

Zum Beispiel beträgt die zwischen 4 und 8 μ bei 1000 °K ausgestrahlte Energie nach Abb. 62:

$$(0{,}86 - 0{,}50) \cdot 4{,}96 \left(\frac{1000}{100}\right)^4 = 17\,850\,\mathrm{kcal/m^2h}.$$

Man erkennt aus Abb. 62, daß für einen Strahler von 3000 °K fast die gesamte Energie mit Wellenlängen unter 4 μ ausgesandt wird, während bei 400 °K = 127 °C merkliche Energien erst oberhalb 4 μ emittiert werden und sich der entscheidenden Wellenlängenbereich zwischen 4 und 30 μ befindet.

2. Das Verhalten realer Körper

α) *Die selektive Emission*

Wird ein realer Körper auf die Temperatur T erhitzt, so sendet er Strahlen aus, deren Intensität sich im allgemeinen nicht nach dem Gesetz der schwarzen Strahlung mit der Wellenlänge ändert. Man bezeichnet das Verhältnis der wirklichen Emission bei der Wellenlänge λ zu der eines schwarzen Körpers von gleicher Temperatur mit Emissionsverhältnis ε_λ. Die wirklich emittierte Energie ist dann:

$$dE_\lambda = \varepsilon_\lambda \, dE_{s\lambda} \quad \text{kcal/m}^2\text{h}. \tag{72}$$

In den Abb. 63 bis 65 ist das Emissionsverhältnis für einige technisch wichtige Strahlungsquellen wiedergegeben.

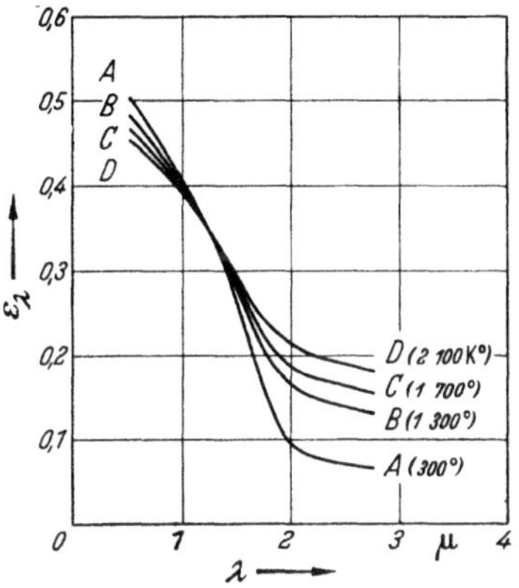

Abb. 63. Spektrales Emissionsvermögen für Wolfram nach [4].

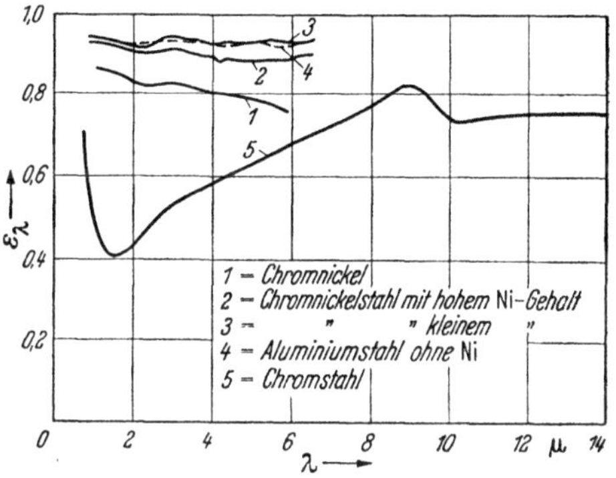

Abb. 64. Spektrales Emissionsvermögen einiger Legierungen nach [4].

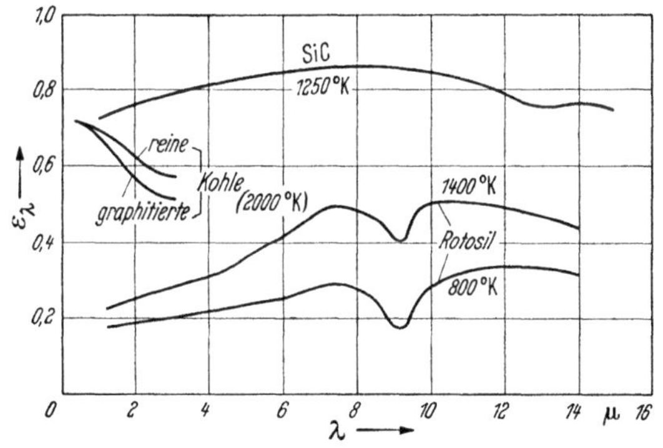

Abb. 65. Spektrales Emissionsvermögen verschiedener Stoffe nach [4].

β) *Reflexion, Absorption, Durchlässigkeit fester und flüssiger Körper*

Trifft ein Strahl von der Intensität J_0 auf die Oberfläche eines Körpers, so wird ein Teil RJ_0 zurückgeworfen (R = Reflexionsverhältnis oder Reflexionszahl). Ein anderer, mit wachsender Schichtstärke kleiner werdender Teil DJ_0 kann den Körper durchdringen (D = Durchlässigkeit). Der restliche Anteil $A = 1 - R - D$ wird im Körper geschluckt, d.h. nach allgemeinem Sprachgebrauch in Wärme verwandelt. Es gilt:

$$R + A + D = 1. \tag{73}$$

Für den Vorgang der Absorption im Körper kann man eine Materialkonstante a = Absorptionskonstante oder Extinktionsziffer bestimmen, die die Schwächung des Strahls von J auf $J - dJ$ auf der Wegstrecke dy bewirkt (Abb. 66):

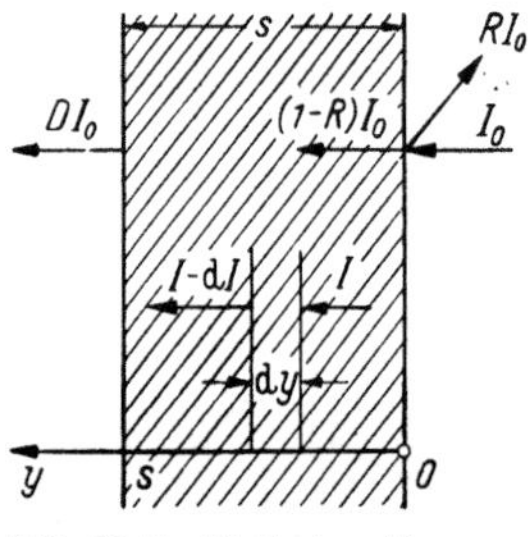

Abb. 66. Zur Reflexion, Absorption und Durchlässigkeit fester und flüssiger Körper.

$$dJ = -aJ\,dy.$$

Es folgt für die Intensität des an der Stelle s austretenden Strahls:

$$J_s = (1 - R)\,J_0\,e^{-as} = D J_0.$$

Der Unterschied der Intensität des in den Körper eintretenden Strahls $(1 - R)\,J_0$ und des austretenden Strahls $(1 - R)\,J_0 e^{-as}$ ist der absorbierte Anteil $A\,J_0$:

$$(1 - R)\,J_0\,(1 - e^{-as}) = A J_0.$$

Damit besteht zwischen der Absorptionszahl A und der Durchlässigkeit D folgende Beziehung:

$$\frac{D}{A} = \frac{e^{-as}}{1 - e^{-as}} = \frac{1}{e^{as} - 1}. \tag{74}$$

Der Faktor a ist im allgemeinen bei festen Körpern (mit Ausnahme von Kristallen, Glas, gewissen Kunststoffen usw.) so groß, daß bereits bei kleinen Schichtstärken von etwa 1/100 bis 1 mm die Durchlässigkeit $D = 0$ wird. Dann betrachtet man den Körper so, als fände die Absorption der nicht reflektierten Strahlung in der Oberfläche selbst statt.

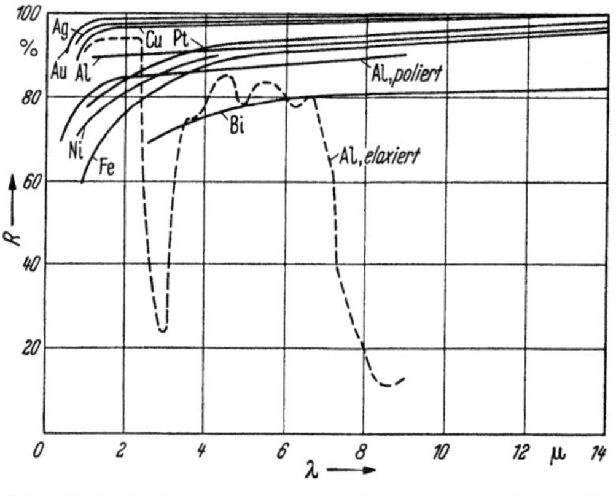

Abb. 67. Reflexionsvermögen von Metallen nach [4] u. [11].

Ist von einem Körper das Reflexionsverhältnis R und die Durchlässigkeit D bekannt (beide Größen sind der Messung am leichtesten zugänglich), so kann man aus Gl. (73) und (74) ohne weiteres das Absorptionsverhältnis A des Körpers oder die Absorptionsziffer a des Stoffes, aus dem der Körper besteht, ermitteln.

In den Abb. 67 bis 69 ist die Abhängigkeit des Reflexionsverhältnisses R über der Wellenlänge λ aufgetragen.

In den Abb. 70 bis 75 sind die Durchlässigkeiten D verschiedener technisch wichtiger Stoffe in Abhängigkeit von der Wellenlänge mitgeteilt.

Will man wissen, welche Wärme in einem Körper von der Stärke s bei einer bestimmten Wellenlänge absorbiert wird, so ist zunächst die

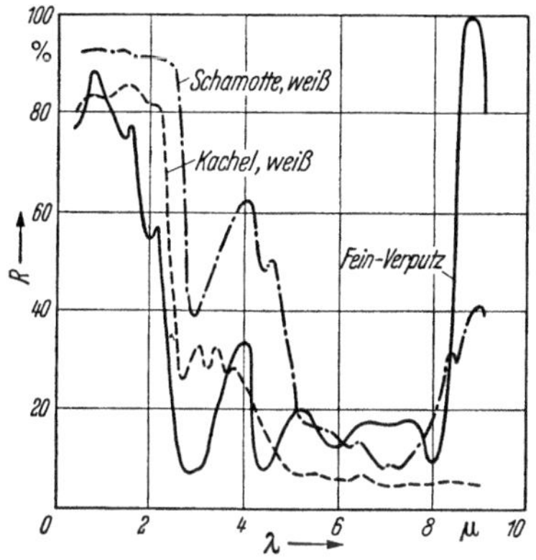

Abb. 68. Reflexionsvermögen einiger Stoffe nach [11].

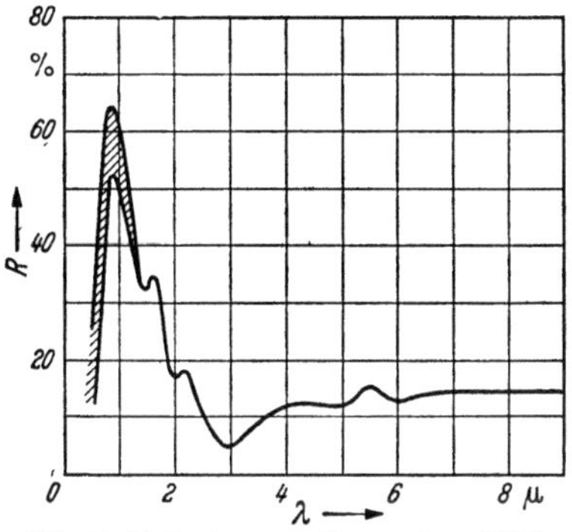

Abb. 69. Reflexionsvermögen grüner Blätter nach [167].

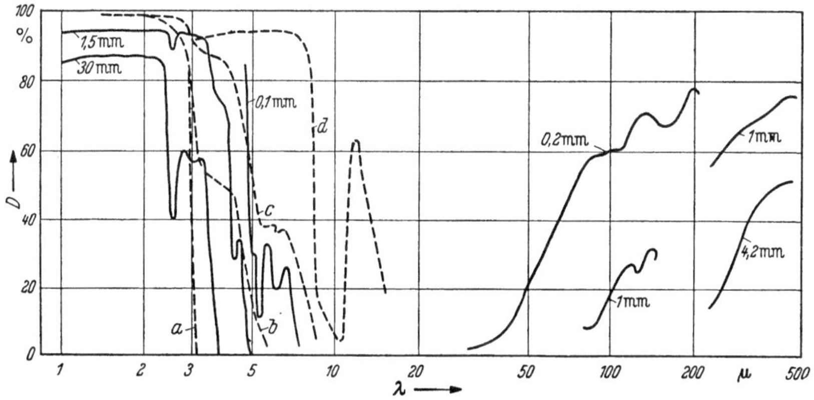

Abb. 70. Durchlässigkeit von Gläsern. ——— Geschmolzener Quarz. ---- Dünne Glasschichten: *a* Flintglas 1 mm; *b* Kalkglas 1 mm; *c* Mikroskopdeckgläschen 0,17 mm; *d* Lamelle 0,001 mm nach [4].

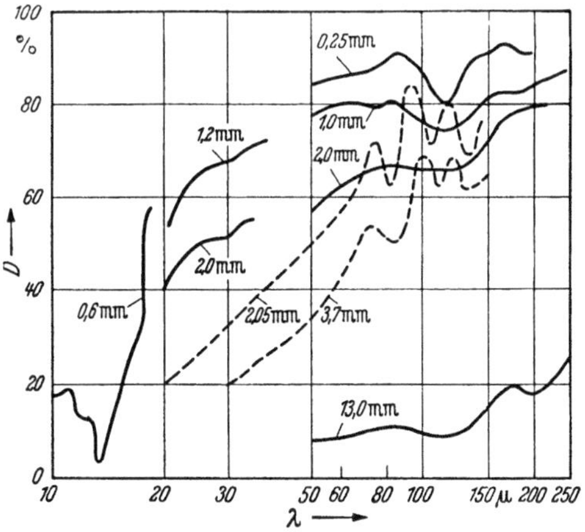

Abb. 71. Durchlässigkeit von Paraffin. ——— Schmelzpunkt 68–72 °C; ---- Schmelzpunkt 42–44 °C nach [4].

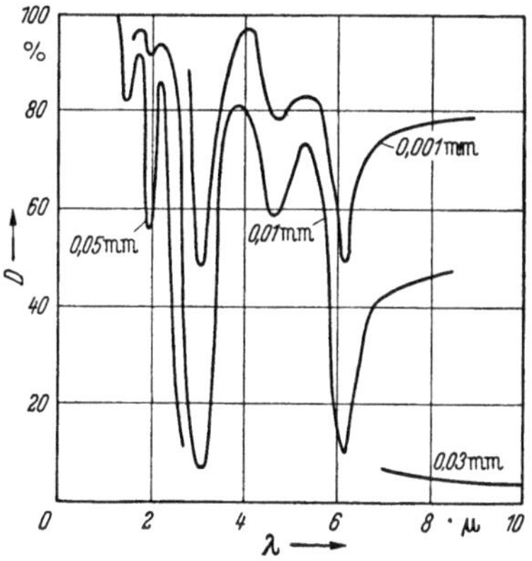

Abb. 72. Durchlässigkeit dünner Wasserschichten nach [4].

wahre Emission des Strahlers

$$dE_\lambda = \varepsilon_\lambda dE_{s\lambda}$$

bei seiner Temperatur (T_1) zu bilden, worin ε_λ das Emissionsverhältnis des Strahlers ist.

Diese Energie wird von 1 m² des Strahlers ausgesandt. Auf 1 m² des bestrahlten Körpers trifft dann die Strahlung $\Phi_{12} dE_\lambda$, worin Φ_{12} das oben gekennzeichnete Winkelverhältnis (Einstrahlzahl) ist.

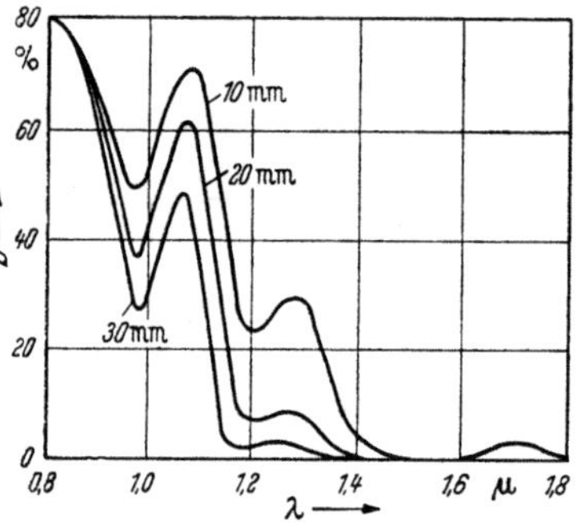

Abb. 73. Scheinbare Durchlässigkeit stärkerer Wasserschichten nach [4].

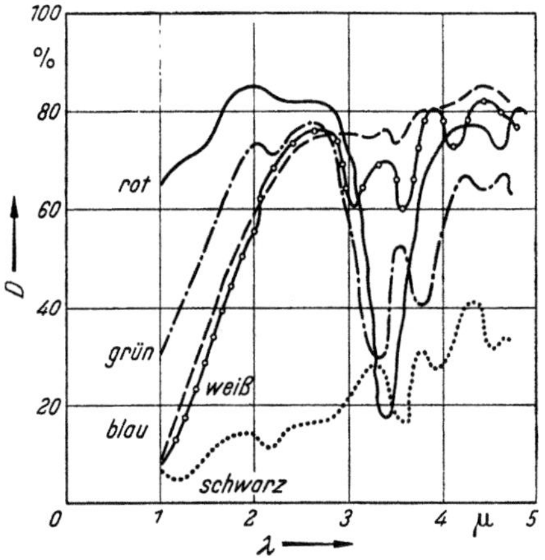

Abb. 74. Durchlässigkeit luftgetrockneter Nitrolacke nach [4] (ohne Angabe der Schichtdicke).

Der von dem Körper nicht reflektierte Anteil $\Phi_{12}(1 - R_\lambda)\,\varepsilon_\lambda dE_{s\lambda}$ dringt in den Körper ein. Wird ein Anteil D_λ durchgelassen, so ist die im Körper absorbierte Strahlung:

$$\Phi_{12}(1 - R_\lambda - D_\lambda)\,\varepsilon_\lambda dE_{s\lambda}.$$

Dabei ist $1 - R_\lambda - D_\lambda = A_\lambda$ das Absorptionsverhältnis. Die Auftragung über der Wellenlänge und Planimetrierung (Abb. 76) ergibt die vom

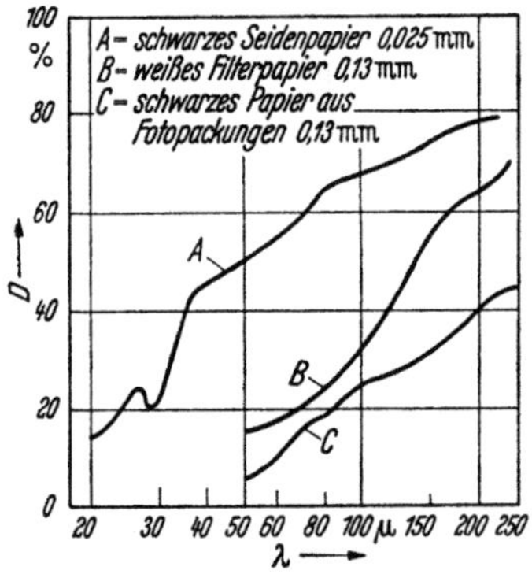

Abb. 75. Scheinbare Durchlässigkeit von Papier nach [4].

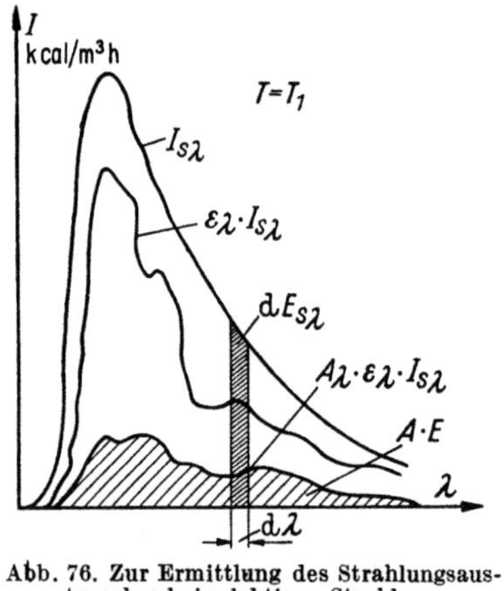

Abb. 76. Zur Ermittlung des Strahlungsaustausches bei selektiven Strahlern.

Körper aufgenommene Strahlungswärme, die pauschal gleich $\Phi_{12} A E$ gesetzt wird, worin E die gesamte Emission des Strahlers bei der gegebenen Temperatur T_1, A das Gesamtabsorptionsverhältnis des Körpers ist. Die von dem Körper bei seiner Temperatur T_2 ausgestrahlte Wärme wäre in analoger Weise zu bestimmen.

3. Die Gasstrahlung

Mehratomige Gase, deren Moleküle aus verschiedenen Atomen aufgebaut sind, z. B. Wasserdampf, Kohlensäure, Methan usw., strahlen und absorbieren in gewissen Wellenlängenbereichen, in denen die Frequenz der Schwingungen, die die Atome im Molekül vollführen, mit der Frequenz der Strahlung übereinstimmt (Resonanz). Die Spektren solcher Stoffe heißen Bandenspektren (s. Abb. 77). Es ist naheliegend, die von einer strahlenden Gasschicht ausgehende Strahlung der Zahl der strahlenden Moleküle proportional anzunehmen. Entsprechend den Überlegungen, die zu Gl. (74) geführt haben, kommt man dann dazu, die Emission und Absorption des Gases von dem Produkt aus Schichtstärke und Teildruck des strahlenden Gases, d. h. der Größe ps abhängig zu machen (BEERsches Gesetz). Da aber, wie die Beobachtung lehrt, die strahlenden Moleküle sich gegenseitig beeinflussen, ist der Zusammenhang komplizierter. Angesichts der untergeordneten Bedeutung des Problems in der Trocknungstechnik soll hier nur das von ECKERT [11] angegebene Verfahren zur Berechnung des pauschalen Effektes der insgesamt eingestrahlten Wärmemenge mitgeteilt werden.

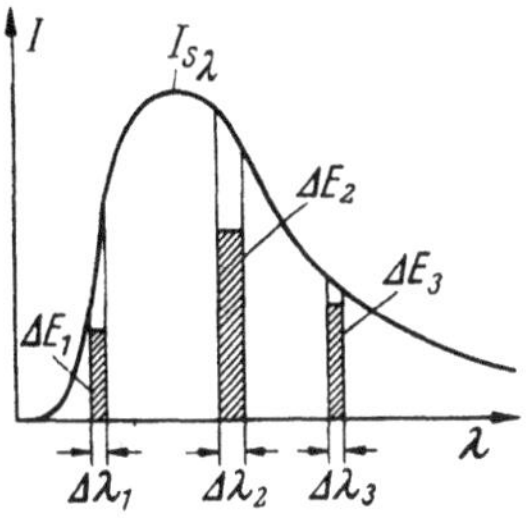

Abb. 77. Schema der Intensitätsverteilung bei der Gasstrahlung (Bandenspektrum).

Für die Trocknungstechnik, soweit es sich um Rauchgastrocknung handelt, kommen nur Wasserdampf und Kohlensäure in Betracht.

Abb. 78 gibt das gesamte Emissionsverhältnis ε_G für CO_2, Abb. 79 für H_2O an. Während bei CO_2 die Gasstrahlung dem BEERschen Gesetz folgt, also von dem Produkt von Schichtstärke s und Teildruck p abhängt, ist bei Wasserdampf die Strahlung bei kleinem Teildruck des Wasserdampfes schwächer als bei größerem Teildruck. Man kann dies berücksichtigen, indem man die in Abb. 79 links angegebenen Werte ε_G mit einem Abminderungsfaktor multipliziert, der sich aus dem Nebendiagramm in Abhängigkeit von Temperatur und Teildruck entnehmen läßt. Wegen der logarithmischen Auftragung kann dies auch durch Subtraktion der Strecke *a–b* im Nebendiagramm von dem für reinen Wasserdampf bei gesuchten Verhältnissen gültigen Wert *c* geschehen, so daß das wahre Emissionsverhältnis bei *d* zu entnehmen ist. Für die Punkte *b*, *c*, *d* liegen ersichtlich folgende Zahlenwerte zugrunde:

$$\vartheta_G = 1000\,°C, \qquad p_{H_2O} = 0{,}05\,\text{ata},$$
$$s = 200\,\text{cm}, \qquad ps = 10\,\text{cm at}.$$

Die Herleitung gilt für ein Flächenelement, das von einer Gasmasse in Gestalt einer Halbkugel (Halbmesser s) umgeben ist, so daß die Schichtstärke s nach allen Richtungen gleich ist. Bei anderer Gestalt der Gasmasse ist ein gleichwertiger Halbmesser oder eine wirksame Schichtstärke einzusetzen, die von der Form der Gasmasse und der Lage der bestrahlten Fläche abhängt. Es gilt mit guter Näherung:

$$s = 0{,}9 \frac{4V}{F},$$

wenn V das Volumen des Gasraumes, F die Umfassungsfläche des Gasraumes bedeuten.

Zum Beispiel wird für einen würfelförmigen Raum von der Kantenlänge a, $V = a^3$, $F = 6a^2$

$$s = 0{,}9 \frac{4a^3}{6a^2} = 0{,}6\,a.$$

Beim Strahlungsaustausch zweier Körper, zwischen denen sich ein strahlungsdurchlässiges Medium befindet, wird die Strahlungsaustausch-

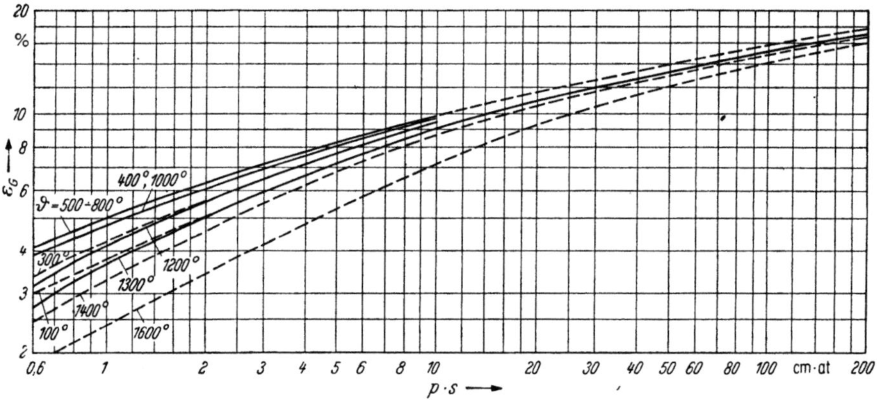

Abb. 78. Emissionsverhältnis ε_G für CO_2 nach Eckert [11].

zahl C_{12} nach Gl. (52) bestimmt. Nach Division dieser Gleichung durch C_s erhält man

$$\frac{1}{\varepsilon_{12}} = \frac{1}{\varepsilon_1} + \frac{F_1}{F_2}\left(\frac{1}{\varepsilon_2} - 1\right). \qquad (52\,\text{a})$$

Ähnliche Betrachtungen bei der Gasstrahlung führen zur Strahlungsaustauschzahl C_{GW} bzw. zum Strahlungsaustauschverhältnis ε_{GW} zwischen Gas und Wand (Eckert):

$$\frac{1}{\varepsilon_{GW}} = \frac{1}{\varepsilon_G} + \frac{1}{\varepsilon_{G\infty}}\left(\frac{1}{\varepsilon_W} - 1\right). \qquad (75)$$

Hierbei ist ε_G das Emissionsverhältnis des Gases, $\varepsilon_{G\infty}$ das Emmissionsverhältnis des Gases bei gleicher Temperatur für unendliche Schichtdicke. Man findet es durch Extrapolieren in Abb. 78 und 79 für $s \to \infty$.

Die durch Strahlung ausgetauschte Wärmemenge ist dann:

$$q = \varepsilon_{GW_{\vartheta_G}} C_s \left(\frac{T_G}{100}\right)^4 - \varepsilon_{GW_{\vartheta_W}} C_s \left(\frac{T_W}{100}\right)^4 \quad \left[\frac{\text{kcal}}{\text{m}^2\text{h}}\right], \tag{76}$$

wobei die zweiten Indizes angeben, daß das erste ε_{GW} bei Gastemperatur ϑ_G, das zweite bei Wandtemperatur ϑ_W zu bilden ist.

Bedenkt man jedoch, daß ε_W in den meisten technischen Fällen ≈ 1 ist (s. Tab. 12), so kann man zur Bestimmung von ε_{GW} die Bedingungen

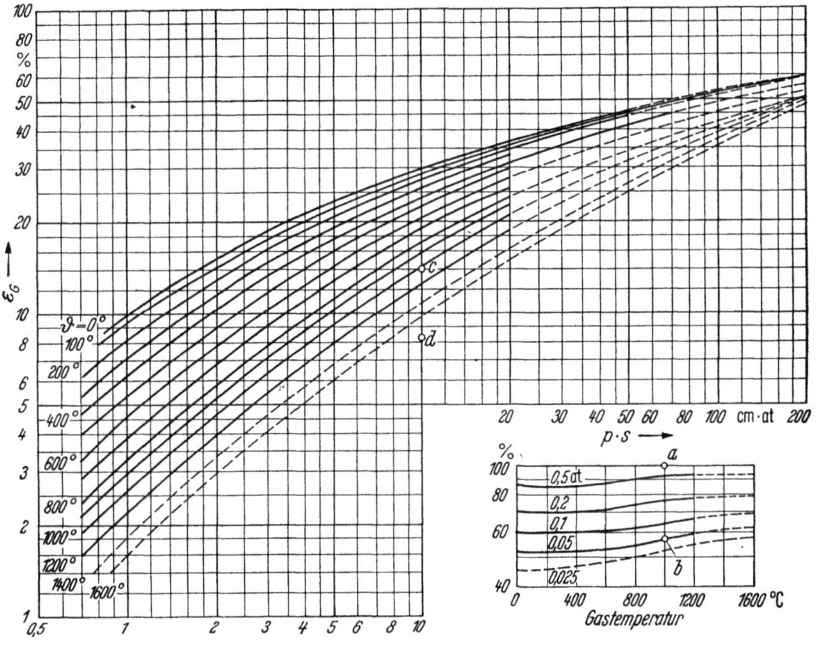

Abb. 79. Emissionsverhältnis ε_G für H_2O-Dampf nach ECKERT [11].

von Gl. (56) als gegeben ansehen, bei der die mehrmalige Reflexion vernachlässigt ist, und findet nach Division von Gl. (56) durch C_s:

$$\varepsilon_{GW} = \varepsilon_G \varepsilon_W. \tag{56a}$$

Beispiel. In einem Trommeltrockner ohne Einbauten strömt Rauchgas von 800 °C ($p_{H_2O} = 0{,}05$ at, $p_{CO_2} = 0{,}1$ at) über die Oberfläche eines Gutes, das eine Temperatur von 85 °C hat. Der gasdurchströmte Raum habe ein Querschnittsfläche von 0,375 m² und einen Umfang von 2,75 m. Dann wird $s = 0{,}9 \cdot 4 \cdot \frac{0{,}375}{2{,}75} \approx 0{,}5$ m.

Das Produkt ps wird dann:

$$p s_{CO_2} = 5 \text{ cm at}, \qquad p s_{H_2O} = 2{,}5 \text{ cm at}.$$

Wie groß ist die Wärmemenge, die durch Strahlung vom Gas auf 1 m² Gutsoberfläche übertragen wird?

Aus Abb. 78 und 79 wird entnommen

bei 800 °C $\varepsilon_{G CO_2} = 8{,}2\,\%$, $\varepsilon_{G H_2O} = 3{,}8\,\%$,

bei 85 °C $\varepsilon_{G CO_2} = 7{,}2\,\%$, $\varepsilon_{G H_2O} = 8{,}5\,\%$.

Weiter ist

$$\varepsilon_G = \varepsilon_{G CO_2} + \varepsilon_{G H_2O},$$

so daß

bei 800 °C $\varepsilon_{G \vartheta_G} = 12{,}0\,\%$,

bei 85 °C $\varepsilon_{G \vartheta_W} = 15{,}7\,\%$.

Zur Bestimmung von ε_{GW} nach Gl. (75) wäre noch $\varepsilon_{G\infty}$ festzulegen. Sieht man davon ab und benutzt die Vereinfachung nach Gl. (56a), so erhält man:

$$\varepsilon_{GW\vartheta_G} = 11{,}4\,\%, \qquad \varepsilon_{GW\vartheta_W} = 14{,}9\,\%.$$

Nach Gl. (76) wird:

$$q = 0{,}114 \cdot 4{,}96 \cdot \left(\frac{1073}{100}\right)^4 - 0{,}149 \cdot 4{,}96 \cdot \left(\frac{358}{100}\right)^4$$

$$q \approx 7300 \text{ kcal/m}^2\text{h}.$$

B. Wärmeleitung

In jedes Problem der Trocknung spielen Fragen der Wärmeleitung hinein, bei Vorgängen mit langer Trocknungsdauer sind sie meist von untergeordneter Bedeutung; aber je mehr man sich bemüht, die Trocknungszeit herabzusetzen, um so mehr tritt der Einfluß der Wärmeleitung in den Vordergrund. Dabei muß man unterscheiden zwischen der mathematischen Beschreibung der Temperaturfelder, die sich unter gegebenen äußeren Bedingungen (Grenzbedingungen) einstellen, und der technischen Anwendung, die die Kenntnis der Stoffeigenschaften des betrachteten Stoffes zur Voraussetzung hat. Es sind also zwei Dinge zu trennen:

1. die mathematische Beschreibung eines Problems der Wärmeleitung,
2. die Kenntnis der Stoffeigenschaften, vorwiegend der Wärmeleitfähigkeit.

Bei technischen Überlegungen kann man in den meisten Fällen nur orientierende Betrachtungen anstellen, die, soweit als nötig, mit einfachen mathematischen Mitteln durchgeführt werden können. Es ist daher notwendig, die technischen Probleme so weit sinngemäß zu vereinfachen, daß sie ohne großen mathematischen Aufwand behandelt werden können. Für die Trocknungstechnik stehen zwei Grenzfälle von Wärmeleitvorgängen im Vordergrund des Interesses.

Der erste Grenzfall liegt bei den allgemein bekannten Gesetzmäßigkeiten der *Wärmeleitung im Beharrungszustand* vor, bei dem die Temperaturen aller Stellen des betrachteten Körpers zeitlich gleichbleiben. Für die meisten Heizvorrichtungen, Isolierungen, oft auch bei Betrachtung der Wärmebewegung im Trocknungsgut kann man diese einfachsten Gesetzmäßigkeiten anwenden, um zu technisch brauchbaren Resultaten zu kommen. Bei der Berechnung der Wärmebewegung im Beharrungszustand spielt die Form des Körpers, in dem die Bewegung vor sich geht bzw. der durch die „Grenzbedingungen" bewirkte Weg des Wärmestromes eine ausschlaggebende Rolle. Daher sind hier die Gleichungen einiger der markantesten, auch im Hinblick auf die Trocknungstechnik bedeutsamen Temperaturfelder im Beharrungszustand mitgeteilt (in ebenen Wänden, Hohlzylindern, Hohlkugeln und um Kreisscheiben).

Der zweite für die Trocknungstechnik bedeutsame Grenzfall ist der Fall der *kurzfristigen Wärmeeinwirkung* eines Körpers auf einen anderen, wenn beide anfänglich verschiedene Temperaturen haben. Er trifft die Verhältnisse, die vorliegen, wenn ein Gut während des Trocknens durch Rütteln, Umwenden usw. gegenüber seiner Unterlage dauernd bewegt wird, so daß immer nur kurzzeitige Berührungen zwischen Gutsteilen und der Unterlage erfolgen (z. B. beim Trommeltrockner der Wärmeaustausch zwischen Gut und Trommelwand oder den Einbauten). Es wird sich zeigen, daß auch die wichtigen Gesetzmäßigkeiten des Wärmeüberganges von Körpern, die von einem Luftstrom getroffen werden, in erster Näherung mit den gleichen Überlegungen behandelt werden können; man muß dann nur die Austauschzeit gleich der Zeit setzen, die ein Luftteilchen zum Vorbeiströmen an dem Körper braucht. Da es sich hier um Vorgänge handelt, bei denen die Wärmebewegung nur in geringe Tiefe des Körpers eindringt, spielt bei diesen Fragen die Gestalt der Körper nur eine untergeordnete Rolle. Man kann hier stets den mathematisch einfachsten Fall der Wärmebewegung in ebenen Wänden annehmen. Die mathematische Beschreibung dieser kurzfristigen Wärmeeinwirkungen, die im allgemeinen in der technischen Literatur nur selten benutzt wird, eignet sich zudem gut als Einführung in die bei Wärmeübergangsproblemen übliche Darstellung der Abhängigkeiten des Wärmeüberganges von dimensionslosen Kenngrößen.

Die wichtigste, aber schwer abzuschätzende Stoffeigenschaft bei allen Fragen der Wärmebewegung ist die *Wärmeleitfähigkeit des Trocknungsgutes*. Trocknungsgüter sind (abgesehen von Lacken, Leim, Gelatine usw.) durchweg porige Stoffe, bei denen die in den Poren haftende Feuchtigkeit verdunstet. Im Laufe der Trocknung ändert sich die Wärmeleitfähigkeit der meisten Stoffe sehr stark, und sie wird in solchem Maß von der durch die Temperaturverhältnisse bedingten Dampfdiffusion abhängig, daß man sich über alle Fragen der Wärmeleitung in feuchten Stoffen nur in Zusammenhang mit den Fragen der Feuchtigkeitsbewegung unterrichten kann. Da es unzweckmäßig erscheint, diese Probleme bei den Fragen der Wärmeleitung bereits anzuschneiden, bringt das folgende Kapitel nur die Beschreibung der Abhängigkeit der Wärmeleitfähigkeit *trockener* Stoffe. Für diese ist es möglich, aus den einfachsten Berechnungen für die Wärmebewegung im Beharrungszustand bei ebenen Platten einen gewissen Einblick in die charakteristischen Gesetzmäßigkeiten zu vermitteln. Die Fundierung der Gesetzmäßigkeiten durch einfache Überlegung scheint deshalb besonders wichtig, weil der Ingenieur häufig in der Lage sein muß, für einen neuen Stoff die wesentlichen Eigenschaften abzuschätzen. Die Fülle der Varationsmöglichkeiten in physikalisch-chemischer Hinsicht sowie bezüglich der Anordnung der Feststoffteilchen in porigen Stoffen aber ist so außerordentlich groß, daß nur in der Vorstellung haftende Bilder für die entscheidenden Gesetzmäßigkeiten vor Trugschlüssen bewahren können.

Auch im Hinblick auf den Ablauf von Trocknungsvorgängen erscheint die Kenntnis der Wärmeleitzahl der trockenen Stoffe meistens wichtiger als diejenige der feuchten. Dies hat seinen Grund darin, daß die Wärmeleitung im feuchten Gut durchweg so groß ist, daß die Wärmeleitung den Gesamtvorgang meist nicht entscheidend beeinflußt. Erst wenn Teile des Gutes austrocknen, macht die Wärmeleitung, die dann stets durch die ausgetrockneten Teile an die verdunstende Fläche hin erfolgen muß, Schwierigkeiten. Aus all diesen Gründen scheint es zweckmäßig, die Frage nach der Höhe der Wärmeleitfähigkeit trockener Stoffe mit den Berechnungen der Wärmeleitung bei einfachsten geometrischen Verhältnissen zusammen zu behandeln.

a) Das Grundgesetz der Wärmeleitung

Mißt man im Beharrungszustand die Temperaturen an den verschiedenen Stellen einer Platte, die auf der einen Seite geheizt, auf der anderen gekühlt wird (Abb. 80), so findet man, daß die Temperaturverteilung dann geradlinig (wie in Abb. 80 gezeichnet) ist, wenn die Wärmeleitfähigkeit des Versuchskörpers an jeder Stelle gleich ist. Man beobachtet, daß bei konstanter Fläche F bei bestimmtem Versuchskörper die Temperaturdifferenz $\vartheta_1 - \vartheta_2$ zwischen den beiden Oberflächen sich proportional dem Wärmezufluß und umgekehrt proportional der Gutsdicke ändert.

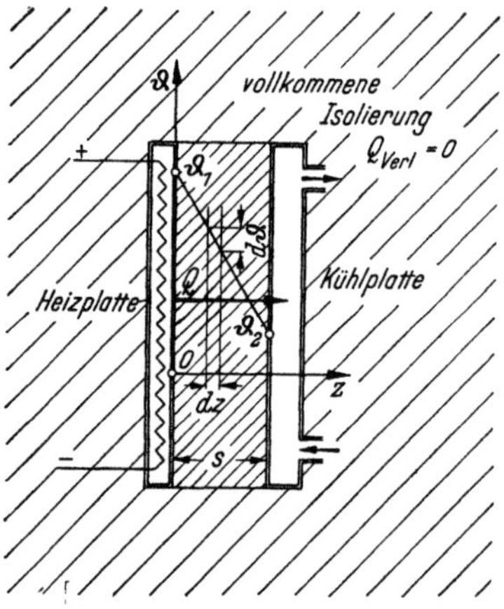

Abb. 80. Prinzip der Messung der Wärmeleitfähigkeit.

Dementsprechend setzt man:

$$Q = F\lambda \frac{\vartheta_1 - \vartheta_2}{s} \text{ kcal/h}, \qquad (77)$$

worin

λ [kcal/mh °C] = Wärmeleitfähigkeit des Versuchskörpers.

Wegen der Geradlinigkeit der Temperaturverteilung gilt dann für jedes kleine Körperelement von der Stärke dz, an welchem die Temperaturdifferenz $d\vartheta$ ist:

$$Q = -F\lambda \frac{d\vartheta}{dz} \text{ kcal/h}, \qquad (78)$$

wobei das Minuszeichen andeutet, daß eine Wärmemenge positiv ist, die im Sinn abnehmender Temperatur ($d\vartheta$ negativ) und wachsendem z (dz positiv), also im Sinn der positiven z-Achse fließt. Zeigt die Messung bei der in Abb. 80 angedeuteten Anordnung keine Geradlinigkeit der Temperatur, so ist nach Gl. (78) die Wärmeleitfähigkeit λ veränderlich. Im allgemeinen ist sie mehr oder weniger von der Temperatur abhängig (s. S. 107).

Für beliebig geformte Körper sei allgemein F die Fläche, die vom Wärmestrom Q senkrecht durchflossen wird, ds die Wegstrecke, an deren Enden der Temperaturunterschied $d\vartheta$ besteht. Dann schreibt man allgemein:

$$Q = -F\lambda \frac{d\vartheta}{ds}. \tag{79}$$

Gl. (79) heißt das FOURIERsche Grundgesetz der Wärmeleitung. Auf dieses Grundgesetz geht die Beschreibung aller Wärmeleitvorgänge zurück.

b) Die Berechnung der Wärmeleitung in verschiedenen geometrisch einfachen Körpern im Beharrungszustand

1. Unendlich ausgedehnte ebene Wände

Bei den technischen Berechnungen wird jedes ebene Wandelement so angesehen, als wäre es ein Stück einer unendlich ausgedehnten Wand, die in jeder Fläche senkrecht zum Wärmestrom (in Richtung z) überall gleiche Temperatur hat (Abb. 81). Beim Wärmefluß durch ebene Wände ist die Durchgangsfläche F des Wärmestromes überall die gleiche.

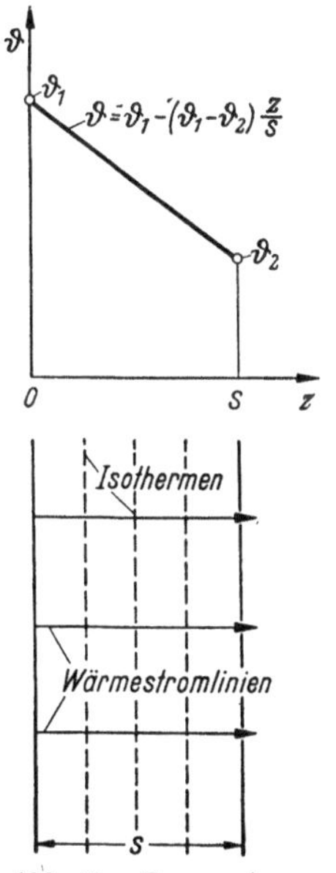

Abb. 81. Temperaturverlauf und Wärmestrom in ebenen Wänden.

Das Grundgesetz Gl. (79) in seiner Anwendung auf den Beharrungszustand (Q = konst.) liefert für F = konst.

$$Q = -F\lambda \frac{d\vartheta}{dz} = F\lambda \frac{\vartheta_1 - \vartheta_2}{s}. \tag{80}$$

Besteht ein Wandteil aus parallel nebeneinander liegenden Einzelteilen, deren Leitfähigkeiten λ_1, $\lambda_2, \ldots, \lambda_n$ sind, während die Dicke der Teile überall die gleiche ist (z.B. Fachwerk), so zählt man die in den einzelnen Teilen strömenden Wärmemengen $Q_1, Q_2, \ldots, Q_n$ zusammen und erhält:

$$\left.\begin{aligned} Q &= Q_1 + Q_2 + \cdots + Q_n \\ &= (F_1\lambda_1 + F_2\lambda_2 + \cdots + F_n\lambda_n)\frac{\vartheta_1 - \vartheta_2}{s}. \end{aligned}\right\} \tag{80a}$$

Sind mehrere Schichten von den Leitfähigkeiten $\lambda_1, \lambda_2, \ldots, \lambda_n$ und den Dicken $s_1, s_2, \ldots, s_n$ hintereinandergeschaltet, so erhält man:

$$Q = F \frac{1}{\frac{s_1}{\lambda_1} + \frac{s_2}{\lambda_2} + \cdots + \frac{s_n}{\lambda_n}} (\vartheta_1 - \vartheta_2) \,\text{kcal/h}. \tag{80b}$$

2. Unendlich lange konzentrische Zylinder (isolierte Rohrleitungen)

Im Grundgesetz [Gl. (79)] ist als Fläche $2\pi r l$, als Stärke $ds = dr$ anzusetzen (Abb. 82).

$$Q = -2\pi r l\lambda \frac{d\vartheta}{dr} = -2\pi l\lambda \frac{d\vartheta}{\frac{dr}{r}} = -2\pi l\lambda \frac{d\vartheta}{d\ln r} = 2\pi l\lambda \frac{\vartheta_1 - \vartheta_2}{\ln \frac{r_a}{r_i}} \quad \text{kcal/h}. \tag{81}$$

Für hintereinandergeschaltete zylindrische Schichten (Schichtenisolierung) gilt:

$$Q = 2\pi l \frac{\vartheta_1 - \vartheta_2}{\frac{1}{\lambda_1}\ln\frac{r_1}{r_i} + \frac{1}{\lambda_2}\ln\frac{r_2}{r_1} + \cdots \frac{1}{\lambda_n}\ln\frac{r_a}{r_{n-1}}} \text{ kcal/h}. \qquad (81\,\text{b})$$

3. Die konzentrische Hohlkugel

Das Grundgesetz [Gl. (79)] liefert in diesem Fall (Abb. 83)

$$Q = -4\pi r^2 \lambda \frac{d\vartheta}{dr} = -4\pi\lambda \frac{d\vartheta}{-d\left(\frac{1}{r}\right)} = 4\pi\lambda \frac{\vartheta_1 - \vartheta_2}{\frac{1}{r_i} - \frac{1}{r_a}} \text{ kcal/h}. \qquad (82)$$

Die Gleichung für Hohlkugeln, die in Richtung des Wärmestromes hintereinander liegen und aus verschiedenen Schichten zusammengesetzt sind, lautet:

$$Q = 4\pi \frac{\vartheta_1 - \vartheta_2}{\frac{1}{\lambda_1}\left(\frac{1}{r_i} - \frac{1}{r_1}\right) + \frac{1}{\lambda_2}\left(\frac{1}{r_1} - \frac{1}{r_2}\right) + \cdots \frac{1}{\lambda_n}\left(\frac{1}{r_{n-1}} - \frac{1}{r_a}\right)} \text{ kcal/h}. \qquad (82\,\text{b})$$

Im Hinblick auf spätere Betrachtungen (s. S. 132ff.) ist folgender Hinweis wichtig: Vergleicht man die Gl. (80), (81) und (82), so erkennt man:

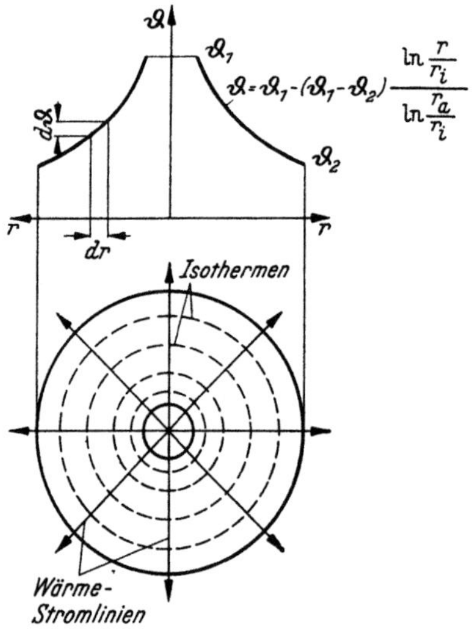

Abb. 82. Temperaturverlauf und Wärmestrom in Zylindern (isolierte Rohre).

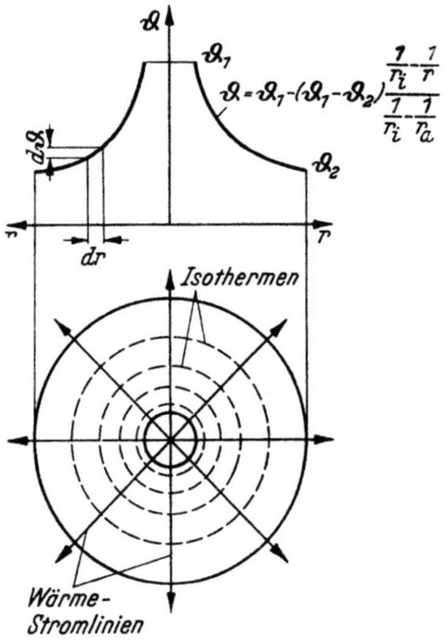

Abb. 83. Temperaturverlauf und Wärmestrom in Hohlkugeln.

Durch Anwendung immer größerer Isolierstärken s nähert sich bei gegebenen Oberflächentemperaturen ϑ_1 und ϑ_2 sowohl bei der unendlich ausgedehnten ebenen Wand als auch beim unendlich langen Zylinder der Wärmestrom Q dem Wert Null, während bei der Kugel Q endlich bleibt.

In Gl. (80) sowie (81) wird für $s = \infty$ bzw. $r_a = \infty$ der Nenner unendlich; dagegen kann, so groß immer r_a wird, der Nenner von Gl. (82) nie größer als $1/r_i$ werden.

Somit gibt es einen minimalen Wärmefluß

$$Q_{\min} = 4\pi r_i \lambda (\vartheta_1 - \vartheta_2)\,. \tag{82 c}$$

Es ist die Eigentümlichkeit aller endlich ausgedehnten Körper, daß der von ihnen ausgehende Wärmestrom endlich ist, selbst wenn sie von einer unendlich dicken Isolierung umschlossen sind.

4. Die Kreisscheibe

Eine unendlich dünne Kreisscheibe (Abb. 84) (näherungsweise eine sehr dünne Tablette) befindet sich in einem unendlich ausgedehnten ruhenden Medium (einem Isolierstoff oder auch ruhender Luft, in der bei kleinen Temperaturunterschieden

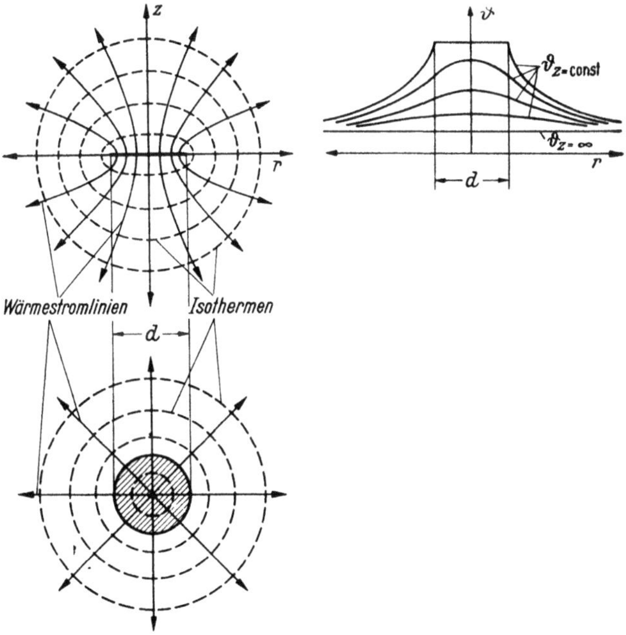

Abb. 84. Temperaturverlauf und Wärmestrom in einem eine beheizte Kreisscheibe umhüllenden Medium.

keine Auftriebsströmung entstehen kann). Die Scheibe sei auf der konstanten Temperatur ϑ_0 gehalten, im Unendlichen herrsche die Temperatur ϑ_∞.

Die mit der Höhe z und dem Abstand r vom Mittelpunkt veränderliche Temperaturverteilung ist gegeben durch die nicht einfach auswertbare Beziehung[1]:

$$\vartheta - \vartheta_\infty = (\vartheta_0 - \vartheta_\infty)\frac{2}{\pi}\int_0^\infty \frac{\sin(mR)}{m} J_0(mr)\,e^{-mz}\,dm\,.$$

[1] Siehe GRÖBER/ERK/GRIGULL [*18*], dort S. 111–116.

Die Wärmeabgabe beider Oberflächen an die Umgebung jedoch ist durch die sehr einfache Beziehung

$$Q_{\min} = 4\,\lambda\, d(\vartheta_0 - \vartheta_\infty) \tag{82d}$$

gegeben. – Sie ist also etwa zwei Drittel der Wärmeabgabe einer Kugel gleichen Durchmessers bzw. näherungsweise gleich der Wärmeabgabe einer flächengleichen Kugel.

c) Die Wärmeleitfähigkeit fester, flüssiger und gasförmiger Stoffe

Bei allen technischen Berechnungen wird die Wärmeleitzahl in erster Näherung als konstant angesehen bzw. ein für den betrachteten Bereich

Tabelle 13. *Wärmeleitfähigkeit fester Stoffe bei 0 °C.*

Material	Raumgewicht Γ_s	Wärmeleitfähigkeit λ
	kg/m³	kcal/mh °C
Metalle		
Aluminium	2700	173
Blei	11340	31
Bronze, Rotguß	7400–8900	55
Eisen: Gußeisen	7250	43 ± 25%
Eisen: schmiedbares Eisen	7800	48 ± 30%
Eisen: Stahl	7800	35 ± 30%
Kupfer, technisch rein	8930	331
Messing	8300–8700	75–100
Zink	7100	95
Zinn	7300	56
Quecksilber	13596	9
Gesteine		
Granit	2500–3050	2,7–3,5
Kalkstein, amorph	2550	1,05
Marmor	2500–2850	1,8–3,0
Nagelfluh	–	2,0
Sandstein	2200–2500	1,1–1,6
Schiefer, ⊥-Schichtung	2650–2700	1,3–1,7
Schiefer, ∥-Schichtung	2650–2700	2,0–2,9
Quarzit, ⊥-Schichtung	2620	4,94
Quarzit, ∥-Schichtung	2620	5,47
Dämmstoffe		
Korkschrot, expandiert, Korngröße ≈ 3 mm	37	0,028
Kieselgur, pulverförmig	54	0,030
Kohlensaure Magnesia, pulverförmig	131	0,033
Seide, wollig	58	0,029
Seide	100	0,043
Baumwolle	81	0,048
Schlackenwolle	95	0,027
Schlackenwolle	119	0,028
Asbest, faserförmig	470	0,132
Asbest, faserförmig	702	0,201
Kork	107	0,032
Kork	160	0,035
Quellgummi	86	0,028
Balsaholz	101	0,034
Sägemehl (lufttrocken)	190–215	0,05–0,06
Hobelspäne (lufttrocken)	95–140	0,05–0,055
Strohfaser	140	0,039

Tabelle 13. (Fortsetzung)

Material	Raumgewicht Γ_s kg/m³	Wärmeleitfähigkeit λ kcal/mh °C
Kunststoffe		
Härtbare Preßmassen mit organischen Füllstoffen	1322–1489	0,254–0,327
Härtbare Preßmassen mit anorganischen Füllstoffen	1721–1971	0,501–0,771
Hartpapier, Hartgewebe mit organischen Füllstoffen	1313–1397	0,210–0,299
Heizmikanit (Glimmer)	2479	0,205
Mikalex (Bleiglas und Glimmer)	3469	0,580
Sonstige Stoffe		
Paraffin	870– 920	0,21–0,25
Porzellan	2200–2500	0,72–0,9
Quarzglas	–	1,20–1,6
Glas	2400–3200	0,70–0,9
Steatit	2600–2700	2,30–2,4
Steinzeug	2200–2470	0,90–1,35
Zelluloid (weiß)	1400	0,18
Asbestschiefer	1900	0,30
Asphalt	2100	0,60
Bitumen	1050	0,145
Dachpappe, Pappe	1000–1200	0,12–0,20
Leder	1000	0,14–0,15
Hartpappe	790	0,13
Korkmentlinoleum	535	0,070
Linoleum	1180	0,16
Gummi, vulkanisiert	1200–950	
Gummi, Gummigehalt 38%		0,25
Gummi, Gummigehalt 50%		0,19
Gummi, Gummigehalt 100%		0,115

Tabelle 14. *Wärmeleitfähigkeit von Flüssigkeiten bei 20 °C.*

Stoff	spez. Gewicht γ_W kg/m³	Wärmeleitfähigkeit λ kcal/mh °C
Alkohol	790	0,15–0,20
Ammoniak	610	0,43
Benzol	900	0,12
Glyzerin, wasserfrei	1260	0,25
Glyzerin, mit 50% Wasser	1130	0,36
Olivenöl	920	0,14–0,15
Maschinenöl	900–930	0,10–0,15
Petroleum	790	0,13
Schwefelsäure	1890	0,46
Teer	1200	0,12
Toluol bei 24,4 °C	–	0,124

der Temperatur, des Druckes, der Feuchtigkeit usw. brauchbarer Mittelwert eingesetzt. Die Größenordnung der in Frage kommenden Wärmeleitfähigkeiten bei etwa 20 °C geht aus folgender Zusammenstellung hervor:

Metalle	8 – 360	Gase	0,010 – 0,15
Dichte Gesteine	1 – 5	Trockene Isolierstoffe	0,025 – 0,15
Dichte Kunststoffe	0,2 – 0,8	Trockene Baustoffe	0,150 – 2,5
Flüssigkeiten (mit Ausnahme flüssiger Metalle)	0,1 – 0,6		

Tabelle 15. *Wärmeleitfähigkeit λ von Gasen bei 1 ata in kcal/mh °C.* (Nach B. Koch [*24*]).

Temperatur	Stoff			
°C	Luft	Kohlensäure CO_2	Wasserdampf H_2O	Wasserstoff H_2
– 50	0,0176	0,0095	0,0107	0,126
0	0,0209	0,0123	0,0137	0,151
+ 50	0,0239	0,0153	0,0170	0,175
100	0,0267	0,0183	0,0205	0,197
200	0,0317	0,0243	0,0280	0,237
300	0,0363	–	0,0365	0,27
400	0,0405	–	0,0473	–
500	0,0444	–	0,0647	–
1000	0,0613	–	–	–
2000	0,0883	–	–	–

Tabelle 16. *Wärmeleitfähigkeit von Wasser, Eis, Schnee und Reif*[1].

Stoff	spez. Gewicht γ_W bzw. Raumgewicht Γ_S	Wärmeleitfähigkeit λ
	kg/m³	kcal/mh °C
Wasser nach [*159*] bei 0 °C	1000	0,477
10 °C	1000	0,497
30 °C	996	0,530
50 °C	988	0,554
100 °C	958	0,586
Maximaler Wert 130 °C	935	0,591
200 °C	863	0,573
300 °C	700	0,485
Eis nach [*87*] bei 0 °C	880 – 920	1,92
– 50 °C		2,39
– 100 °C		2,99
Schnee nach [*164*] bei 0 °C	100	0,04
	200	0,09
	300	0,20
	500	0,55
	910	1,92
Reif nach [*164*] bei 0 °C	100	0,075
	200	0,13
	300	0,20
	500	0,40
	910	1,92

[1] Nach einer Zusammenstellung von J. S. Cammerer [*6*].

Tab. 13 gibt eine Übersicht über die Leitfähigkeit der technisch wichtigsten Stoffe. In Tab. 14 sind die Wärmeleitzahlen einiger technisch wichtiger Flüssigkeiten, in Tab. 15 die molekulare Leitfähigkeit von Gasen in Abhängigkeit von der Temperatur angegeben. Die Wärmeleitung in Gasen ist so lange unabhängig vom Gasdruck, als die freie Weglänge der Moleküle wesentlich kleiner ist als der Abstand der Wände. Tab. 16 enthält die Wärmeleitzahlen von Wasser und Eis in Abhängigkeit von der Temperatur sowie die der porigen kristallisierten Eisformen in Abhängigkeit vom Raumgewicht bei 0 °C.

d) Die Wärmeübertragung durch Strahlung und Leitung in dünnen Luftschichten bei veränderlichem Luftdruck

Im allgemeinen tritt, wenn in Gasen oder Flüssigkeiten Temperaturunterschiede vorhanden sind, eine Auftriebsströmung – sogenannte freie Konvektion – auf, die die Wärmeübertragung in Flüssigkeitsschichten beeinflußt. Die Erfahrung lehrt, daß diese Strömung in *Luft*schichten erst bei Schichtstärken >1 cm den Wärmeübergang merklich ändert. Bei Schichtstärken <1 cm tritt eine Wärmebewegung nur durch molekulare Wärmeleitung in der Luft Q_L sowie durch Wärmestrahlung zwischen den Begrenzungswänden der Luftschicht Q_R in Erscheinung. Die gesamte Wärmeübertragung in einer ebenen Luftschicht ist dann, da die beiden Vorgänge sich gegenseitig nicht beeinflussen, gleich der Summe der Einzelwirkungen [Gl. (77) und (51)].

$$Q = Q_L + Q_R = F\left[\frac{\lambda_L}{s}(\vartheta_1 - \vartheta_2) + C_{12}\left\{\left(\frac{T_1}{100}\right)^4 - \left(\frac{T_2}{100}\right)^4\right\}\right]. \quad (83)$$

Um zu einer handlicheren Darstellung zu kommen, führt man eine äquivalente Leitfähigkeit für Strahlung λ_R ein nach dem Ansatz:

$$Q_R = F\,C_{12}\left\{\left(\frac{T_1}{100}\right)^4 - \left(\frac{T_2}{100}\right)^4\right\} = \frac{F\,\lambda_R}{s}(\vartheta_1 - \vartheta_2).$$

Daraus ergibt sich als Definition für λ_R:

$$\lambda_R = C_{12}\,s\,\frac{\left\{\left(\frac{T_1}{100}\right)^4 - \left(\frac{T_2}{100}\right)^4\right\}}{T_1 - T_2}. \quad (84)$$

Für nicht zu große Temperaturunterschiede $T_1 - T_2$ ist der in Gl. (84) auftretende Temperaturfaktor mit sehr guter Genauigkeit:

$$\frac{\left(\frac{T_1}{100}\right)^4 - \left(\frac{T_2}{100}\right)^4}{T_1 - T_2} = 0{,}04\left(\frac{0{,}5\,(T_1 + T_2)}{100}\right)^3. \quad (85)$$

Setzt man das arithmetische Mittel der Wandtemperaturen $0{,}5\,(T_1 + T_2) = T_m$, so geht Gl. (84) über in

$$\lambda_R = C_{12}\,s \cdot 0{,}04\left(\frac{T_m}{100}\right)^3. \quad (84\,\mathrm{a})$$

Sind die Begrenzungswände aus stark absorbierendem Stoff (Farbe, Holz, Mineralien oder dergleichen – im Gegensatz zu blanken Metallen), so ist nach Tab. 12 und Gl. (52) C_{12} in der Größenordnung von 4 kcal/m²h °K⁴.

Damit wird nach Gl. (84a)

$$\lambda_R = 0{,}16\left(\frac{T_m}{100}\right)^3 s\,.$$

Führt man nun noch eine äquivalente Leitfähigkeit λ_{ges} für die gesamte Wärmeübertragung

$$\lambda_{\text{ges}} = \lambda_R + \lambda_L \tag{86}$$

ein, so kann man in Gl. (83) für die gesamte Wärmeübertragung setzen:

$$Q = F\,\frac{\lambda_{\text{ges}}}{s}\,(\vartheta_1 - \vartheta_2)\,. \tag{87}$$

In Tab. 17 ist sowohl λ_R für verschiedene Temperaturen und Schichtstärken angegeben als auch λ_{ges}. Man erkennt, daß bei sehr dünnen Luftschichten ($s < 1$ mm) die Strahlung erst bei höheren Temperaturen (über 100 °C) die gesamte Wärmeübertragung wesentlich beeinflußt. Würde man viele solcher Schichten zwischen Papier, Kunststoffolien oder dergleichen in geringem Abstand hintereinander anordnen, so käme die gesamte Leitfähigkeit der Anordnung etwa derjenigen der Luft gleich – wenigstens bei niederen Temperaturen. Bei Schichtstärken von 1 cm aber ist der Anteil der Strahlung stets größer als derjenige der molekularen Wärmeleitung und führt dazu, daß bei Temperaturen von etwa 2000 °C die äquivalente Leitfähigkeit von Luftschichten in die Größenordnung derjenigen von Metallen kommt (z. B. in glühenden Kohleschüttungen, Kalköfen usw.). Wesentlich anders liegen die Verhältnisse, wenn die Wände aus blanken Metallen bestehen. Wenn C_1 und C_2 zu 0,2 angenommen werden, so ist nach Gl. (52) $C_{12} = 0{,}1$, d.h. λ_R nur 2,5% der in Tab. 17 angegebenen Werte. Das bedeutet, daß die Werte λ_{ges} bei Luftschichtisolierungen, die von blanken Metallen begrenzt sind (z.B. Aluminiumfolie), nicht wesentlich größer sind als die molekulare Leitfähigkeit λ_L der Luft, die für Räume von wesentlich größerer Schichtstärke als der freien Weglänge Λ vom Luftdruck unabhängig ist.

Die Unabhängigkeit der Wärmeleitung vom Druck kann man sich folgendermaßen erklären: In demselben Maß, wie sich beim Evakuieren

Tabelle 17. *Äquivalente Wärmeleitfähigkeit für Strahlung λ_R und scheinbare gesamte Wärmeleitzahl λ_{ges} in Luftschichten mit gut strahlenden Begrenzungswänden ($C = 4$).*

ϑ_m	$0{,}16\left(\frac{T_m}{100}\right)^3$	λ_R für s = 0,1 mm	λ_R für s = 1 mm	λ_R für s = 1 cm	λ_L	$\lambda_{\text{ges}} = \lambda_L + \lambda_R$ für s = 0,1 mm	λ_{ges} für s = 1 mm	λ_{ges} für s = 1 cm
0°	3,23	0,0003	0,0032	0,032	0,0207	0,0210	0,0239	0,0527
20°	4	0,0004	0,004	0,04	0,022	0,0224	0,026	0,062
50°	5,38	0,0005	0,005	0,05	0,0238	0,0243	0,0288	0,0738
100°	8,32	0,0008	0,008	0,08	0,0269	0,0277	0,0357	0,1069
200°	17	0,0017	0,017	0,17	0,0331	0,0348	0,0518	0,2031
1000°	330	0,033	0,33	3,3	0,0613	0,094	0,39	3,36
2000°	1870	0,187	1,87	18,7	0,0883	0,275	1,95	18,8

die Zahl der Moleküle in einem Raum verringert, vergrößert sich die freie Weglänge. Bei konstantem Temperaturfeld sind aber bei wachsender Weglänge auch die Temperaturunterschiede der zusammenstoßenden Moleküle größer, und zwar in dem gleichen Maß, wie die freie Weglänge wächst. Daher wird die geringere Zahl der austauschenden Moleküle durch die Vergrößerung des Energieaustauschs je Molekül kompensiert, so daß die Wärmeleitfähigkeit unabhängig vom Druck wird. (Bei sehr hohen Drücken – etwa 100 at – steigt die Leitfähigkeit der Luft mit dem Druck.) Diese Gesetzmäßigkeit verliert ihre Gültigkeit, wenn die „mittlere freie Weglänge" so groß wird, daß sie mit den Abmessungen des Raumes, in dem sich der Energieaustausch abspielt, vergleichbar wird. Dann gibt es im Grenzfall keine Zusammenstöße von Molekülen mehr, sondern sie fliegen zwischen den Wänden, ohne Widerstand zu finden, hin und her. Jedes Molekül wechselt seine Temperatur, indem es beim Auftreffen auf die verschieden temperierten Wände jeweils die Temperatur der getroffenen Wand annimmt. In diesem Fall muß der ganze Energieaustausch zwischen den Wänden der Zahl der Luftmoleküle direkt proportional sein. Als äquivalente Leitfähigkeit der Porenluft ist dann entsprechend Gl. (86) zu setzen:

$$\lambda_{\text{ges}} = \lambda_R + \lambda_{L\,P}, \tag{86 a}$$

worin $\lambda_{L\,P}$ die druckabhängige Leitfähigkeit der Porenluft bedeutet.

Die physikalische Erklärung für die Abhängigkeit der Leitfähigkeit $\lambda_{L\,P}$ vom Luftdruck geht im wesentlichen von folgenden Überlegungen aus:

1. Wenn man *im Innern* eines Gasraumes eine Ebene betrachtet, in welcher – von links und von rechts kommend – Moleküle zusammenstoßen, so haben diese den letzten Zusammenstoß in der Entfernung $\pm\Lambda$ von der Ebene gehabt. Die mittlere Energiedifferenz der in der betrachteten Ebene zusammenstoßenden Moleküle ist also $-2\Lambda\frac{d\varepsilon}{dz}$, wenn das Energiegefälle in Richtung des Weges $\frac{d\varepsilon}{dz}$ ist.

Die Zahl der in einer bestimmten Richtung im Raum fliegenden Moleküle ist $\frac{n\bar{c}}{6}$, wenn n die Zahl der Moleküle in der Volumeneinheit, $\bar{c}$ die mittlere Molekülgeschwindigkeit ist.

Der gesamte Energieaustausch bei den Zusammenstößen in der Ebene ist also

$$q = -\frac{n\bar{c}}{6}\,2\Lambda\,\frac{d\varepsilon}{dz}.$$

Man kann noch für die Energie ε eines Moleküls $\varepsilon = \frac{\mathfrak{C}_r}{N}\,T$ setzen, wenn $\mathfrak{C}_r$ die spezifische Wärme je Mol und N die Zahl der Moleküle je Mol ist.

Macht man andererseits für die ausgetauschte Energie den Wärmeleitungsansatz, so wird:

$$q = -\frac{n\bar{c}}{6}\,2\Lambda\,\frac{\mathfrak{C}_v}{N}\,\frac{dT}{dz} = -\lambda_L\,\frac{dT}{dz} \tag{88}$$

oder

$$\lambda_L = \frac{n\bar{c}}{3}\,\Lambda\,\frac{\mathfrak{C}_v}{N}. \tag{89}$$

Diese Größe ist vom Luftdruck unabhängig, da die mittlere freie Weglänge Λ der Zahl n der Moleküle in der Volumeneinheit umgekehrt proportional ist. Die Größe λ_L ist also eine reine druckunabhängige Gaseigenschaft.

2. Anders als im Innern einer ausgedehnten Gasmasse liegen die Verhältnisse *an der Oberfläche*, welche den Gasraum begrenzt (vgl. Abb. 85). Auf eine Ebene von 1 m² dieser Oberfläche treffen aus dem Gasinnern kommend $\frac{n\bar{c}}{6}$ Moleküle, die eine Energiedifferenz $\Delta\varepsilon = \frac{\mathfrak{C}_v}{N}\,\Delta T$ an die Wand übertragen, wenn ΔT die Temperaturdifferenz zwischen der Wand und dem Gas im Abstande Λ von der Wand bedeutet.

Die Unvollkommenheit des Energieaustausches der auf die Wand auftreffenden Moleküle wird durch einen Akkommodationskoeffizienten γ berücksichtigt in dem Ansatz

$$q = \frac{n\bar{c}}{6}\,\frac{\mathfrak{C}_v}{N}\,\gamma\,\Delta T\,. \tag{90}$$

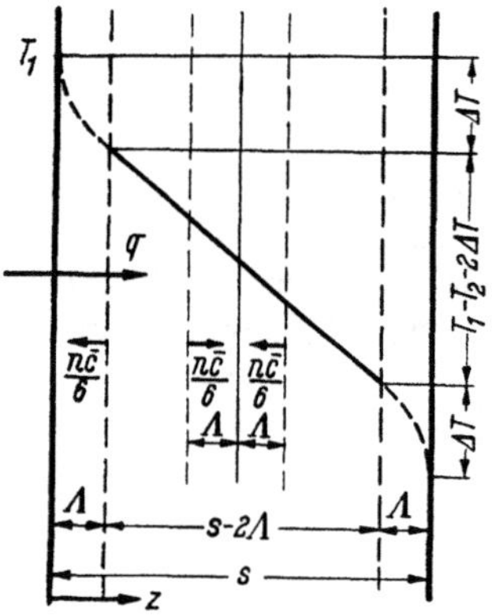

Abb. 85. Zur Veranschaulichung der Wärmeleitung zwischen zwei ebenen Wänden bei vermindertem Druck.

3. Beim Wärmetransport zwischen zwei ebenen Wänden von den Temperaturen T_1 und T_2 durch ein Gas muß entsprechend den Bezeichnungen in Abb. 85 auf jeder Seite eine Randzone von der Stärke Λ und das Gasinnere unterschieden werden.

Entsprechend der Hintereinanderschaltung der Widerstände leitet man sich leicht her:

$$q = \frac{n\bar{c}}{6}\,\frac{\mathfrak{C}_v}{N}\,\frac{T_1 - T_2}{\frac{2}{\gamma} + \frac{s - 2\Lambda}{2\Lambda}}\,. \tag{91}$$

Macht man wiederum den üblichen Ansatz für Wärmeleitung

$$q = \lambda_{LP}\,\frac{T_1 - T_2}{s}\,,$$

worin λ_{LP} die von der Schichtstärke abhängige Leitfähigkeit im Vakuum bedeutet, so kann λ_{LP} berechnet werden.

Für λ_{LP} ergibt sich unter Benutzung von Gl. (89) folgende Beziehung:

$$\lambda_{LP} = \lambda_L\,\frac{1}{1 + \frac{2\Lambda}{s}\left(\frac{2-\gamma}{\gamma}\right)}\,. \tag{92}$$

Man erkennt aus Gl. (92), daß, wenn $\frac{\Lambda}{s}$ klein wird – d.h. bei höheren Drucken und großen Wandabständen – die Leitfähigkeit gleich der druckunabhängigen Größe λ_L wird. Für hochverdünnte Gase jedoch wird $\frac{\Lambda}{s}$ groß und λ_{LP} wird für den Druck $P \to 0$ auch gleich Null.

Tabelle 18 erläutert den Einfluß des Luftdruckes $\left(\Lambda = \Lambda_0\,\frac{P_0}{P}\right)$, des Akkommodationskoeffizienten γ und der Schichtstärke s auf das Verhältnis λ_{LP}/λ_L[1].

Als äquivalente Leitfähigkeit einer Luftschicht von der Stärke s ist also zu setzen:

$$\lambda_{\text{ges}} = \lambda_R + \lambda_{LP} = C_{12}\,s\cdot 0{,}04\left(\frac{T_m}{100}\right)^3 + \lambda_L\,\frac{1}{1 + \frac{2\Lambda}{s}\,\frac{2-\gamma}{\gamma}}\,. \tag{93}$$

[1] Der Herleitung entsprechend gilt die angegebene Beziehung für einen durch ebene Wände begrenzten Gasraum. Zwischen Zylinder- und Kugelschalen gelten bei starker Krümmung andere Gleichungen, die man sich unter Verwendung der Gl. (81) und (82) herleiten kann (s. z.B. Jaeckel [*9*], Kessler [*96*]).

Tabelle 18. *Der Einfluß des Luftdruckes P, der Schichtstärke s und des Akkommodationskoeffizienten γ auf die Wärmeleitfähigkeit der Luft für 0 °C.*

γ	λ_{LP}/λ_L			P
	s = 0,01 mm	0,1 mm	1 mm	[ata]
0,1 0,5 1,0	0,81357 0,96508 0,98808	0,9776 0,9964 0,9988	0,99771 0,99964 0,99988	1
0,1 0,5 1,0	0,30382 0,73432 0,89237	0,81357 0,96508 0,98808	0,9776 0,9964 0,9988	10^{-1}
0,1 0,5 1,0	0,04181 0,21654 0,45330	0,30382 0,73432 0,89237	0,81357 0,96508 0,98808	10^{-2}
0,1 0,5 1,0	0,00434 0,02689 0,07656	0,04181 0,21654 0,45330	0,30382 0,73432 0,89237	10^{-3}
0,1 0,5 1,0	0,00043 0,00275 0,00822	0,00434 0,02689 0,07656	0,04181 0,21654 0,45330	10^{-4}
0,1 0,5 1,0	0,00004 0,00027 0,00082	0,00043 0,00275 0,00822	0,00434 0,02689 0,07656	10^{-5}

Tabelle 19. *Wärmeleitfähigkeit in Abhängigkeit von der Faserrichtung.*

Stoff	Raumgewicht Γ_s kg/m³	Faserrichtung	Wärmeleitfähigkeit kcal/mh °C
	Lose Fasern nach J. L. Finck [65].		
Flachs	79 79 155 154	⊥ ‖ ⊥ ‖	0,0295 0,0661 0,0325 0,103
Glaswolle	160 160	⊥ ‖	0,0323 0,0688
Haarfilz	180 180	⊥ ‖	0,0323 0,0494
	Leichthölzer nach E. Griffiths [75].		
Musanga Smithii (Nigeria)	—	⊥ ‖	0,065 0,104
Herminiera Elaphroxylon (Nigeria)	—	⊥ ‖	0,047 0,076
Jangandaholz (Brasilien)	152	⊥ ‖	0,057 0,103

e) Die Wärmeleitfähigkeit trockener poriger Stoffe

Trockene porige Stoffe stellen ein Gemenge aus festen Bestandteilen und Luft dar. Der Feststoffanteil hat stets eine höhere Leitfähigkeit als Luft. Dabei unterscheiden sich die Stoffe sowohl hinsichtlich der Mengen- bzw. Volumenverhältnisse von Luft und Feststoff als auch hinsichtlich der Verbindung der gut leitenden Feststoffteilchen in Richtung des Wärmeflusses. Da die Wärmeleitfähigkeit der Feststoffe bis zu 10000mal größer ist als diejenige der Luft, ist der Bereich, in dem die Wärmeleitfähigkeiten der porigen Stoffe liegen, außerordentlich groß. Beim Evakuieren poriger Stoffe wird unter Umständen auch die Wärmeleitung in den Luftporen vermindert, wodurch die Verschiedenheiten der porigen Stoffe hinsichtlich ihrer Wärmeleitfähigkeit noch verstärkt werden. Da es unmöglich ist, für jeden Stoff die Wärmeleitfähigkeit aus Handbüchern entnehmen zu können, ist es für den projektierenden Ingenieur von Wichtigkeit, eine Abschätzung wahrscheinlicher Werte vorzunehmen.

1. Der Einfluß der Porosität und Verbindung der Feststoffteilchen

Bei Schüttungen aller Art berühren sich die einzelnen Feststoffteilchen nur punktförmig. Abgesehen von diesem Punkt wird der Wärmestrom von Korn zu Korn durch eine Luftschicht von wechselnder Stärke gehemmt. Durch Trocknen, Brennen, Sintern usw. wird der Kontakt der Feststoffteilchen verstärkt. Bei gänzlich gesintertem Stoff könnte der Wärmestrom durch die gut leitenden „Wärmebrücken" des Feststoffes ungehindert fließen. Die schlecht leitenden Lufteinschlüsse würden vorwiegend die Durchgangsfläche des Wärmestromes vermindern. Extreme, leicht berechenbare Grenzfälle wären eine Anordnung von ebenen Feststoffplatten, getrennt durch Luftschichten, wobei in Analogie zu dem schlechtesten Kontakt bei den pulverförmigen und körnigen Stoffen die Luft- und Stoffschichten in Richtung des Wärmestromes hintereinander lägen [Gl. (80b)], während in Analogie zu gesinterten Stoffen nebeneinander liegende Feststoff- und Luftschichten anzunehmen wären [Gl. (80a)]. Bei Annahme dünner Luftschichten unter 0,1 mm kann deren Wärmeleitzahl für normalen Druck nach dem vorherigen gleich λ_L gesetzt werden.

In Anwendung auf mineralische Feststoffe (s. Tab. 13) kann als Leitfähigkeit des Feststoffes $\lambda_S = 4$ angenommen werden. Die Berechnung nach Gl. (80a) und (80b) ergibt, daß für die geschilderten Grenzfälle die „scheinbare" Leitfähigkeit λ nur noch von der Porosität $\Psi = \frac{V_L}{V_L + V_S}$ abhängig ist (V_L = Volumen der Porenluft, V_S = Volumen der Feststoffteile). Bedeutet $\sum F_{S_n}$ die Summe der Querschnitte aller Feststoffplättchen, durch die der Wärmestrom für das Schema bei Grenzfall I in Abb. 86 fließt, $\sum F_{L_n}$ diejenige der Luftzwischenräume, so liefert Gl. (80a)

$$Q_{\mathrm{I}} = \{\lambda_S \sum F_{S_n} + \lambda_L \sum F_{L_n}\} \frac{(\vartheta_1 - \vartheta_2)}{s}.$$

Für Grenzfall II gilt, wenn entsprechend die Gesamtdicke aller Feststoffplatten mit $\sum s_{S_n}$, diejenige der Luftzwischenräume mit $\sum s_{L_n}$ bezeichnet wird:

$$Q_{II} = \frac{F}{\frac{1}{\lambda_S}\Sigma s_{S_n} + \frac{1}{\lambda_L}\Sigma s_{L_n}} (\vartheta_1 - \vartheta_2).$$

Setzt man zur Berechnung gleichwertiger Leitfähigkeiten λ_I und λ_{II} für die beiden Anordnungen

$$Q_I = F\frac{\lambda_I}{s}(\vartheta_1 - \vartheta_2) \quad \text{und} \quad Q_{II} = F\frac{\lambda_{II}}{s}(\vartheta_1 - \vartheta_2)$$

und bedenkt, daß sowohl $\sum F_{I_n}/F$ als auch $\sum s_{I_n}/s$ gleich der Porosität Ψ ist, so ergibt sich

$$\lambda_I = (1 - \Psi)\lambda_S + \Psi\lambda_L ; \tag{94}$$

$$\lambda_{II} = \frac{1}{\frac{1-\Psi}{\lambda_S} + \frac{\Psi}{\lambda_L}} . \tag{95}$$

Abb. 86 zeigt, wie sich die Meßergebnisse an trockenen porigen Stoffen innerhalb der durch die gedachten Extremfälle gesetzten Grenzen gruppieren. An der unteren Grenze des empirischen Bereiches liegen folgende Stoffarten:

1. gepulverte und körnige Stoffe, deren Leitfähigkeit so lange praktisch unabhängig von der Korngröße ist, als die Strahlung in den Poren vernachlässigbar ist,

2. faserige Stoffe, deren Fasern senkrecht zum Wärmestrom liegen. Wie unterschiedlich die Leitfähigkeit faseriger Stoffe bei verschiedener Lage der Faser zum Wärmestrom ist, geht aus Tab. 19 hervor.

Bei solchen Stoffen, bei denen der dämmende Einfluß der Luft am stärksten ist (also pulverige, körnige und faserige), ist die Leitfähigkeit des Feststoffes nur von relativ geringem Einfluß. Dies erkennt man deutlich, wenn man einen für mineralische Stoffe ($\lambda_S \approx 4{,}0$) nach Abb. 86 gültigen Wert mit einem für Eisenfeilspäne ($\lambda_S \approx 50$) gemessenen Wert vergleicht. Bei einer Porosität von 62,5% wird für Eisenfeilspäne gemessen $\lambda = 0{,}178$. Aus der unteren Kurve des empirischen Bereiches in Abb. 86 entnimmt man $\lambda = 0{,}13$.

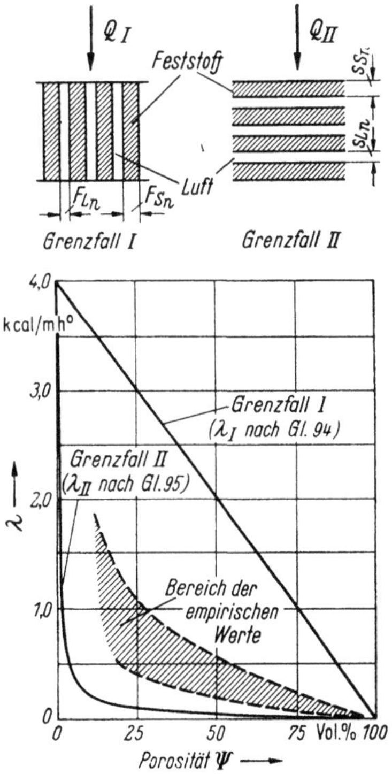

Abb. 86. Einordnung der Wärmeleitfähigkeit mineralischer poriger Stoffe zwischen berechenbaren Grenzwerten.

Je besser die Verkittung der Feststoffteile untereinander ist, um so höher liegt die Leitfähigkeit bei gleicher Porosität und um so stärker tritt die mögliche Verschiedenheit der Leitfähigkeit der festen Bestandteile in Erscheinung. Solange – wie z.B. bei Mineralien – die spezifischen Gewichte γ_S der Feststoffteilchen sich nicht allzusehr unterscheiden ($2400 < \gamma_S < 3000$) kann man jeder Porosität auch ein bestimmtes Raumgewicht zuordnen. Um zu einer genaueren Übersicht zu kommen, hat J. S. CAMMERER [6] Gruppen von Stoffen, die hinsichtlich der Verkittung und der Feststoffeigenschaften vergleichbar sind, zusammengefaßt und für diese die Leitfähigkeiten für Temperaturen zwischen 0 und 20 °C in Abhängigkeit vom Raumgewicht angegeben. Tab. 20 bis 22 geben diese orientierenden Zusammenhänge wieder.

Tabelle 20. *Wärmeleitfähigkeit für lose Füllstoffe und allgemeine Baustoffwerte in Abhängigkeit vom Raumgewicht zwischen 0 und 20 °C.* (Nach J. S. CAMMERER [6] und [8].)

Raumgewicht Γ_s kg/m³	Wärmeleitfähigkeit λ [kcal/mh °C] für				
	Lose Füllstoffe			Allgemeine Baustoffwerte	
	körnig (Sand, Schlacke) lufttrocken	pulverig (Steinmehl, Kieselgur) völlig trocken	faserig (Glas-, Stein- und Schlackenwolle)	völlig trocken	lufttrocken
100	–	–	0,051	–	–
200	0,08	0,040	0,045	0,046	0,053
300	0,09	0,048	0,05	0,051	0,059
400	0,10	0,057	0,06	0,060	0,069
500	0,11	0,066	–	0,071	0,082
600	0,12	0,075	–	0,087	0,100
800	0,14	0,100	–	0,120	0,140
1000	0,16	0,130	–	0,160	0,185
1200	0,18	0,16	–	0,21	0,24
1400	0,21	0,19	–	0,26	0,30
1600	0,25	–	–	0,33	0,38
1800	0,31	–	–	0,43	0,49
2000	0,37	–	–	0,55	0,63
2200	0,45	–	–	0,71	0,82
2400	–	–	–	0,98	1,12

Tabelle 21. *Wärmeleitfähigkeit von Holz in Abhängigkeit vom Raumgewicht (bei 24 °C).* (Nach J. S. CAMMERER [6].)

Völlig trockener Zustand		Lufttrockener Zustand	
Raumgewicht Γ_s kg/m³	Wärmeleitzahl λ kcal/mh °C	Raumgewicht Γ_s kg/m³	Wärmeleitzahl λ kcal/mh °C
200	0,048	222	0,055
300	0,064	333	0,072
400	0,079	444	0,088
500	0,095	555	0,105
600	0,111	666	0,122
700	0,127	777	0,138
800	0,143	888	0,155
900	0,159	999	0,172
1000	0,175	1100	0,189

Tabelle 22. *Wärmeleitfähigkeit organischer Wärmeschutzstoffe im lufttrockenen Zustand bei 0 °C in Abhängigkeit vom Raumgewicht.*
(Nach J. S. Cammerer [6].)

Raumgewicht Γ_s kg/m³	Wärmeleitfähigkeit λ kcal/mh °C				
	Platten aus Kork oder Torf	Platten aus mineralisierter Holzwolle	Verkleidungsplatten aus organischen Fasern	Matten aus organischen Fasern	Faserstoffe lose
20	—	—	—	—	0,030
50	0,029	—	—	0,030	0,032
100	0,032	—	—	0,030	0,033
200	0,040	0,050	0,038	0,038	0,041
300	0,048	0,056	0,040	—	—
400	0,055	0,067	0,044	—	—
500	0,062	0,083	0,050	—	—
600	—	0,106	0,060	—	—

2. Der Einfluß der Temperatur

Der Einfluß der Temperatur auf die Wärmeleitung trockener poriger Stoffe kann sowohl auf die Änderung der Wärmeleitung der Feststoffteilchen als auch auf diejenige der Porenluft zurückzuführen sein. Die letztere wird, wie auf S. 99 dargelegt wurde, mit steigender Temperatur

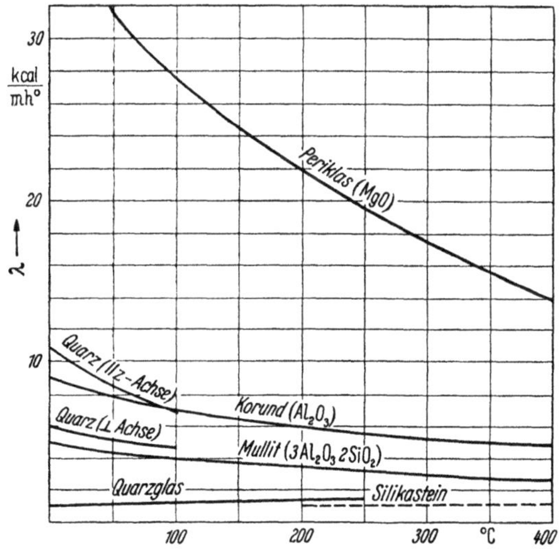

Abb. 87. Temperaturabhängigkeit der Wärmeleitfähigkeit kristalliner und amorpher Stoffe.

und wachsender Porengröße (infolge der Strahlung) größer. Dagegen ist die Wärmeleitung in den Feststoffteilchen abhängig von der physikalisch-chemischen Struktur des Stoffes. Bei kristallinen Stoffen nimmt die Leitfähigkeit im allgemeinen mit steigender Temperatur ab, bei amorphen Stoffen wächst sie meist mit der Temperatur (vgl. Abb. 87). Dieser Einfluß muß sich am stärksten auswirken bei porigen Stoffen von geringer Porosität und guter Verkittung der Einzelteilchen.

Bei porigen Stoffen von schlecht wärmeleitendem Gefüge (pulverig, körnig, faserig) spielt die Wärmeleitung und Strahlung in den Poren die entscheidende Rolle. Der Anstieg der Leitfähigkeit des porigen Stoffes ist dann um so stärker, je größer der Luftgehalt und je größer die Poren

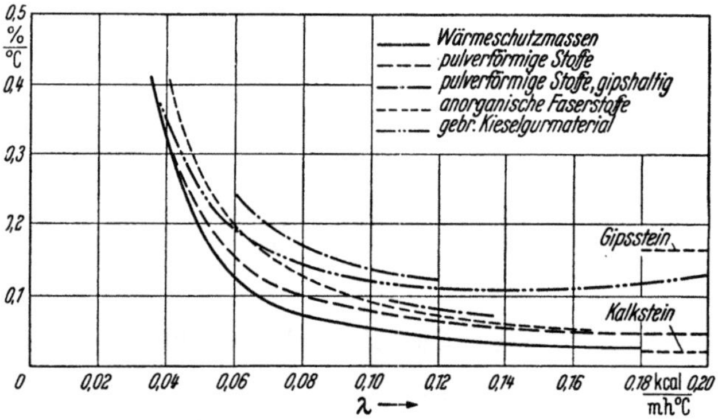

Abb. 88. Prozentuale Erhöhung der Wärmeleitfähigkeit je Grad Temperaturerhöhung.

sind. Angesichts der Tatsache, daß die absolute Höhe der Wärmeleitfähigkeit solcher Stoffe im wesentlichen von der Porosität abhängt, ist es sinnvoll, die temperaturbedingte Zunahme der Leitfähigkeit von dieser selbst abhängig zu machen. Cammerer hat für die wichtigsten anorganischen Dämmstoffe diesen Zusammenhang ermittelt (s. Abb. 88). Die Stoffe kleinster Leitfähigkeit zeigen die größte Zunahme der Leitfähigkeit mit der Temperatur.

Beispiel. Die Wärmeleitfähigkeit eines pulverförmigen Stoffes, der ein Raumgewicht von 300 kg/m³ hat, ist nach Tab. 20 zwischen 0 und 20 °C (also bei 10 °C im Mittel) $\lambda_{10} = 0{,}048$. Aus Abb. 88 soll die Leitfähigkeit λ_{80} bei 80 °C bestimmt werden. Man liest für $\lambda = 0{,}048$ eine Änderung der Wärmeleitzahl von 0,22% je °C ab. Es ergibt sich:

$$\lambda_{80} = \lambda_{10}\left(1 + \frac{0{,}22}{100} \cdot 70\right) = 1{,}15 \cdot \lambda_{10} = 0{,}055\,.$$

3. Der Einfluß des Luftdrucks auf die Wärmeleitfähigkeit poriger Stoffe

Zur Beurteilung des Trocknungsverhaltens eines Gutes bei der Vakuumtrocknung ist der Einfluß des Luftdruckes in den Poren von Wichtigkeit. Besondere Bedeutung gewinnt diese Frage dann, wenn die Leitfähigkeit des porigen Stoffes vorwiegend durch die Wärmeleitung in den Poren bestimmt wird, also bei den pulverigen, körnigen und faserigen Stoffen, während ja bei den gut verkitteten Stoffen die Wärmeleitung in den „wärmebrücken"-bildenden Feststoffteilchen stärker ist. – Die Wärmeleitung in der Luft ist – wie auf S. 100ff. erläutert wurde – so lange unabhängig vom Druck, als die Poren erheblich größer als die freie Weglänge sind.

Bei Atmosphärendruck liegt die mittlere freie Weglänge z. B. für Luft bei 10^{-7} m, d. h. bei 0,1 μ. Zwischen den Porenwänden eines porigen Stoffes findet also bei Atmosphärendruck so lange die Wärmeleitung in gleicher Weise wie in stärkeren Luftschichten statt, als die Porenweiten größer als 0,1 μ sind. Nur in unmittelbarer Nähe der Berührungsstellen der Feststoffteilchen werden im allgemeinen kleinere Wandabstände vorkommen. Evakuiert man jedoch auf 1/100 Atmosphäre, so ist die freie Weglänge schon 10^{-5} m oder 1/100 mm. Solche Wandabstände sind in den Poren feingepulverter Stoffe schon so häufig, daß hierbei ein wesentlicher Einfluß des Luftdruckes auf die Wärmeleitung zu beachten ist.

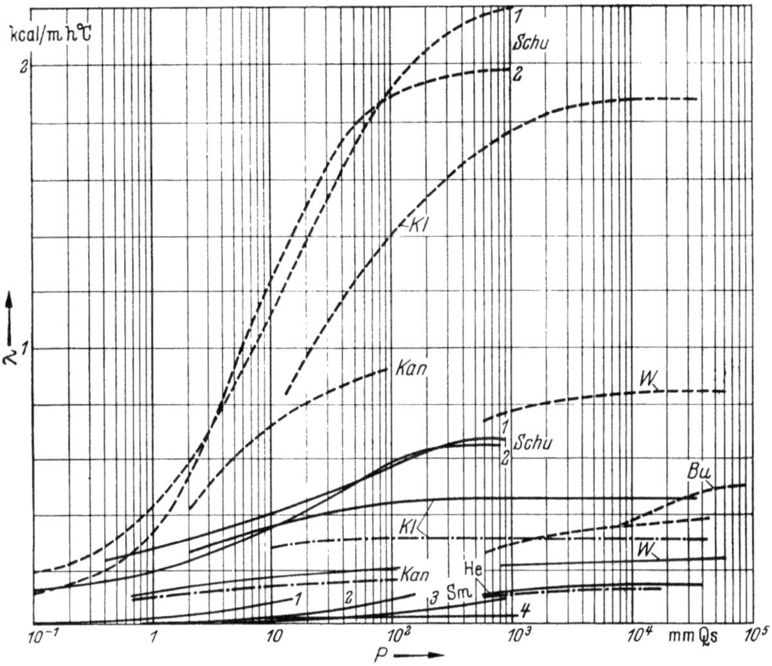

Abb. 89. Einfluß des absoluten Druckes auf die Wärmeleitfähigkeit körniger und poröser Stoffe in verschiedenen Gasen nach [*100*]. Die Zeichen an den Kurven bedeuten: *Bu* Butterworth: Schlackenwolle (bei 330 °C); *He* Hengst: Diatomitmehl 0,016 bis 0,24 mm ∅; *Kan* Kannuluik u. Martin: Karborundumpulver 0,55 mm ∅; *Kl* Kling: Stahlkugeln 3,18 mm ∅. *Schu 1* Schumann u. Voss: Bleischrot 0,62 mm ∅; *Schu 2* Schumann u. Voss: Stahlkugeln 1,26 mm ∅; *Sm 1* Smoluchowski: Quarzsand 0,26 mm ∅; *Sm 2* Smoluchowski: grober Zinkstaub 0,028 mm ∅; *Sm 3* Smoluchowski: feiner Zinkstaub 0,0062 mm ∅; *Sm 4* Smoluchowski: Kieselgur; *W* Weininger u. Schneider: Aluminiumoxydkörner 0,48 mm ∅; ——— in Luft bzw. N_2, – – – in H_2, — · — in CO_2.

Abb. 89 und 90 zeigen die Abhängigkeit der Wärmeleitfähigkeit vom absoluten Druck für verschiedene Stoffe in verschiedenen Gasen. Will man feine Pulver im Vakuum trocknen, so muß sich die geringe Leitfähigkeit sehr ungünstig auswirken (vgl. auch S. 338ff.).

Man kann den Einfluß des Luftdrucks auf die Leitfähigkeit poriger Stoffe mit einiger Näherung in einfachster Weise übersehen, wenn man ein einfaches Ersatzbild auf den porigen Stoff anwendet, das sich auch bei der Behandlung des Einflusses der Feuchtigkeit auf die Wärmeleitfähigkeit (vgl. Kapitel IV) als nützlich erweisen wird.

Man denkt sich das Gut ersetzt durch eine Anordnung ebener Stoffplatten mit zwischenliegenden Luftschichten, wobei die für die Grenzfälle I und II in Abb. 86 gewählten parallel und hintereinandergeschalteten Anordnungen wiederum in einem bestimmten gleichwertigen Verhältnis hintereinandergeschaltet seien, so daß sich für das wirkliche Gut und das Modell gleiche Leitfähigkeit ergibt. Der Anteil der widerstandsreichen (hintereinandergeschalteten) Anordnung II sei wie in Abb. 183 mit a bezeichnet, der der parallelgeschalteten Anordnung I also mit $1-a$.

Für ein solches Modell wird

$$\lambda = \frac{1}{\frac{1-a}{\lambda_{\mathrm{I}}} + \frac{a}{\lambda_{\mathrm{II}}}}, \tag{96}$$

worin λ_{I} und λ_{II} durch die Gl. (94) und (95) gegeben sind. Bei Anwendung auf die druckabhängige Leitfähigkeit in porigen Stoffen ist jedoch an Stelle der Größe λ_L in Gl. (94) und (95) die Größe $\lambda_{\mathrm{ges}} = \lambda_R + \lambda_{LP}$ entsprechend Gl. (93) einzusetzen. Dies setzt voraus, daß man einen mittleren Porenwandabstand s angeben kann. Für porige Stoffe dürfte das im allgemeinen schwer sein. Bei ungeordneten Kugelhaufwerken vom Durchmesser d_K aber dürfte als grobe Näherung $s = \frac{d_K}{3}$ genügen.

Zur Berechnung der Leitfähigkeit des Modells nach Gl. (96) müssen noch die Leitfähigkeit des Feststoffs λ_s und der erforderliche Anteil a der widerstandsreichen Anordnung II bekannt sein. Beide kann man, wie in Kapitel IV erläutert wird, z. B. aus der Leitfähigkeit eines Gutes bei normalem Druck in völlig trockenem und völlig nassem Zustand errechnen.

Für die in Abb. 90 wiedergegebenen, von Kessler [*96*] gemessenen Kurven für Glaskugelschüttungen von 0,305 und 1,88 mm Durchmesser wurde der Anteil a der widerstandsreichen Anordnung II (entsprechend etwa dem Mittelwert der für alle körnigen Stoffe in Tab. 42 mitgeteilten a-Werte) zu $a = 0{,}25$, als Leitfähigkeit λ_s der Wert 0,8 angesetzt. In Tab. 23 sind alle zur Nachrechnung benutzten Werte angegeben.

Tabelle 23. *Die für die Nachrechnung der Kurven in Abb. 90 benutzten Zahlenwerte [gemäß Gl. (93) und (96)].*

	Glaskugelschüttung $d_k = 1{,}88$ mm	Glaskugelschüttung $d_k = 0{,}305$ mm	Ytong $\Gamma_s = 630$ kg/m³
Porosität Ψ	0,4	0,4	0,755
Anteil der widerstandsreichen Schaltung a	0,25	0,25	0,2
Wärmeleitfähigkeit des Feststoffanteils λ_S [kcal/mh °C]	0,8	0,8	1,28
mittlerer Porenwandabstand s [mm]	0,627	0,1017	1,35
mittlere Versuchstemperatur T_v [°K]	300	300	300
äquivalente Wärmeleitfähigkeit durch Strahlung für $C_{12} = 4$ λ_R [kcal/mh °C]	0,00271	0,00044	0,00583
Akkommodationskoeffizient γ	0,108	0,108	0,108
$\Lambda P\, 10^6$ [m · mm QS]	45,6	45,6	45,6

Auch die Versuchsergebnisse an einem hochporösen Gasbeton (Ytong), bei dem keine Schätzung des mittleren Porenwandabstands möglich war, wurden nach Gl. (96) nachgerechnet. Recht gute Übereinstimmung zwischen Experiment und Rechnung ergab sich unter Annahme eines Porenwandabstands von 1,35 mm, der etwa der Größe der größten Poren entspricht. Die danach berechnete Kurve ist in Abb. 90 der experimentell gefundenen gegenübergestellt.

Die Ergebnisse der theoretischen Berechnungen sind in Abb. 90 in den gestrichelten Kurven eingezeichnet. Die grundsätzliche Übereinstimmung dieser Kurven mit den experimentell ermittelten erscheint so

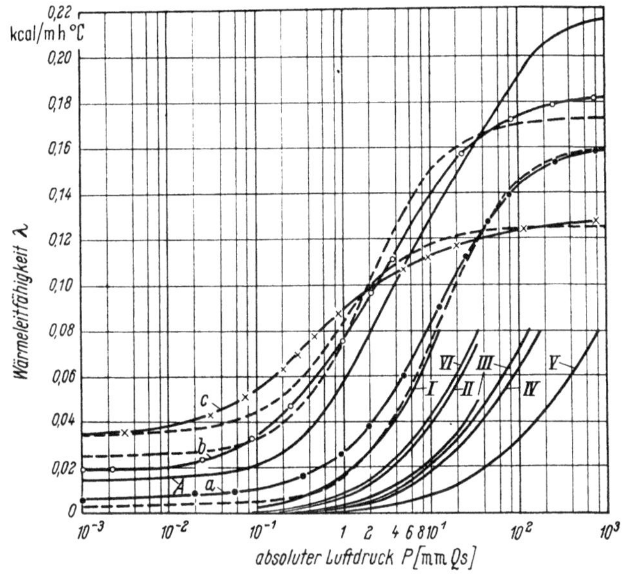

Abb. 90. Einfluß des absoluten Druckes auf die Wärmeleitfähigkeit körniger und poröser Stoffe in Luft.

SMOLUCHOWSKI [*169*]: I Quarzpulver 0,264 mm ∅; II Quarzpulver 0,0935 mm ∅; III Quarzpulver 0,0433 mm ∅; IV Zinkstaub 0,0278 mm ∅; V Zinkstaub 0,0062 mm ∅; VI Eisenpulver 0,16 mm ∅. PRINS, SCHENK, SCHRAM [*146*]: *A* Glaskugelschüttung 0,34 mm ∅; KESSLER [*96*]: *a* Glaskugelschüttung 0,305 mm ∅; *b* Glaskugelschüttung 1,88 mm ∅; *c* Ytong 630. ——— aus Versuchen; — — — berechnet nach Gl. (96).

gut, daß die Brauchbarkeit des Ersatzbildes zur Darstellung des Druckeinflusses auf die Wärmeleitfähigkeit poriger Stoffe erwiesen sein dürfte[1].

Zusammenfassend ist über den Druckeinfluß folgendes zu sagen:

[1] Im Gegensatz zu den von SMOLUCHOWSKI [*169*] und HENGST [*82*] hergeleiteten Gleichungen ergibt also Gl. (96) sowohl für Schüttgüter als auch für poröse Feststoffe die charakteristische Abhängigkeit vom Luftdruck. Die Gleichungen nach [*169*] und [*82*] sind lediglich für ein kubisch gelagertes Kugelhaufwerk unter vereinfachenden Annahmen entwickelt und berücksichtigen die Unregelmäßigkeit der Kugellagerung mit einer Konstanten; außerdem ist für diese Gleichungen die Kenntnis der Wärmeleitfähigkeit des Kugelhaufwerks im absoluten Vakuum erforderlich. Letztere ist auch bei neueren Berechnungen von VERSCHOOR und GREEBLER [*178*] erforderlich, die im übrigen die Druckabhängigkeit der Leitfähigkeit einer Glaswolle-Isolierung für den ganzen Druckbereich gut wiedergibt.

Die Wärmeleitfähigkeit poriger Stoffe oder Haufwerke ist bei Drukken in der Nähe des Atmosphärendrucks kaum vom Druck abhängig, wenn die Porendimensionen im Vergleich zur mittleren freien Weglänge der Luftmoleküle groß sind.

Bei sehr tiefen Drucken ($< 10^{-2}$ mm QS) ist die Wärmeleitfähigkeit ebenfalls druckunabhängig und nur bedingt durch den Strahlungsaustausch in den Poren und durch Feststoffleitung. Die äquivalente Leitfähigkeit durch Strahlung (λ_R) ist der Porengröße direkt proportional. Bei feinsten Pulvern wird λ_R vernachlässigbar klein. Daher liegen die Leitfähigkeiten poriger Stoffe im Vakuum um so niedriger, je feiner die Körnung ist (vgl. z.B. die Kurven I bis IV für Pulver verschiedener Korngröße nach SMOLUCHOWSKI). Die niedrigste Leitfähigkeit, die bisher gemessen wurde (bei einem submikroskopisch feinen Glasfasergewebe mit Aluminiumfolien), wird mit $0{,}037 \cdot 10^{-3}$ kcal/m h °C bei $0{,}5 \cdot 10^{-3}$ Torr angegeben. Sie ist also rund 1000mal kleiner als die eines guten Isolierstoffs bei normalem Druck.

Für alle Stoffe erfolgt ein mehr oder minder steiler Abfall der Wärmeleitfähigkeit, wenn die mittlere freie Weglänge der Luftmoleküle in vergleichbare Größenordnung mit den Porendimensionen kommt. Die systematischen Abweichungen der berechneten Kurven, die im abfallenden Ast stets etwas steiler als die experimentellen verlaufen, lassen sich dadurch erklären, daß die tatsächlichen Poren von unterschiedlicher Größe sind, während zur Berechnung ein mittlerer Porenwandabstand angenommen wurde.

Der Einfluß der Porengröße ist sehr deutlich aus der verschiedenen Leitfähigkeit von Kugelhaufwerken verschiedenen Kugeldurchmessers zu erkennen.
Die geringeren Unterschiede der Leitfähigkeiten bei kleinsten und größten Drücken können für den hochporösen Gasbeton (Ytong) mit dem höheren Anteil an wärmeleitenden Feststoffbrücken erklärt werden.

f) Wärmeaustausch bei kurzfristigem Kontakt zwischen zwei Körpern

Es ist geradezu ein Prinzip der Trocknungstechnik, zur Erzielung größter Leistung und Trocknungsgeschwindigkeit möglichst das Gut oder seine Teile immer wieder in rascher Folge neuen Bedingungen des Wärme- und Stoffaustausches zu unterwerfen; dies geschieht durch Umwenden oder Rütteln auf Kontaktheizflächen, durch Rieseln im Trockenmittel usw. Die theoretischen Grundlagen dieser Wirkungen sollen im folgenden besprochen werden.

Berühren sich zwei Körper von anfänglich verschiedener Temperatur, so nehmen die Berührungsstellen bei sattem Kontakt gleiche Temperatur an. Die Wärme, die der eine Körper durch die Kontaktstelle abgibt, nimmt der andere auf. Wenn keine Wärmeabgabe nach außen stattfindet, gleichen sich die Temperaturen im Lauf der Zeit auf eine mittlere Temperatur derart aus, daß die Energie (Enthalpie) beider Körper im Ausgleichszustand gleich der Summe der Anfangsenergien bei der Anfangstemperatur ist (Mischungsregel). In allen Zwischenstadien stellen sich in beiden Körpern zeitlich verschiedene Temperaturfelder ein.

Vorgänge, bei denen zwei Körper mit verschiedenen Eigenschaften an dem Gesamtablauf teilhaben, sind mathematisch meistens nur in komplizierter Weise zu beschreiben. Sehr viel geringer gestaltet sich der mathematische Aufwand, wenn man nicht den ganzen Vorgang bis zum Ausgleich, sondern nur seinen Beginn beschreibt, in dem gar nicht der ganze Körper an der Wärmebewegung teilhat, sondern nur die der Berührungsstelle benachbarten Zonen. Dann kann man den Körper in bezug auf die Berührungszeit als unendlich ausgedehnt ansehen. Solange diese Voraussetzung gilt, bleibt während der Dauer des Kontaktes die Temperatur ϑ_0 der sich berührenden Flächen konstant[1], während an der der Berührungsstelle entgegengesetzten Oberfläche die anfängliche Temperatur ϑ_∞ aufrechterhalten bleibt (Abb. 91). Die Kenntnis des Wärmeaustausches ist technisch wichtig.

Man kann unter Umständen auch das Trocknungsgut mit elektrisch beheizten Flächen in Berührung bringen, in denen während der Kontaktzeit je Zeiteinheit gleiche Wärmemenge erzeugt wird. Dann kann die

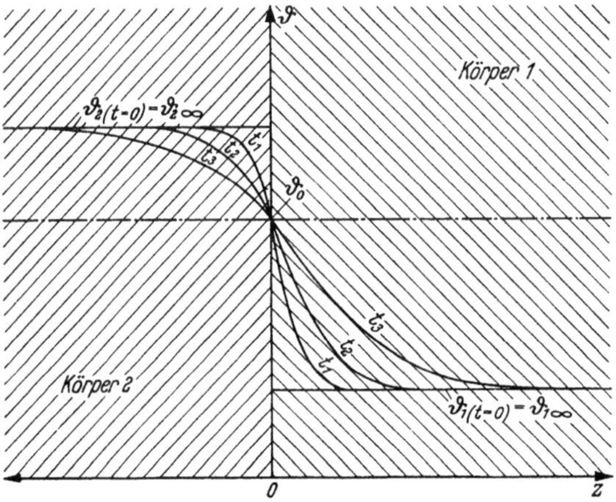

Abb. 91. Temperaturfeld beim plötzlichen Kontakt zweier Körper verschiedener Anfangstemperaturen.

Oberflächentemperatur des Gutes nicht konstant sein, sondern muß sich zeitlich ändern. Die technisch wichtige Frage gilt dann nicht dem Wärmeaustausch zwischen Gut und Heizfläche – die a priori bekannt ist –, sondern der Oberflächentemperatur, die sich bei gegebener Heizleistung in bestimmter Zeit einstellt, bzw. der Heizleistung, die zur Erzielung einer vorgeschriebenen Oberflächentemperatur in bestimmter Zeit erforderlich ist.

[1] Bringt man zwei Stoffe von anfänglich verschiedenen Temperaturen ϑ_1 und ϑ_2 miteinander in Kontakt, so kann die Oberflächentemperatur ϑ_0, die sich in der Kontaktfläche einstellt, berechnet werden nach der Beziehung:

$$(\vartheta_2 - \vartheta_0)/(\vartheta_0 - \vartheta_1) = \sqrt{\lambda_1 c_1 \gamma_1}/\sqrt{\lambda_2 c_2 \gamma_2}$$

(vgl. Gröber/Erk/Grigull [*18*], dort S. 126).

1. Kurzfristiger Kontakt bei konstanter Oberflächentemperatur

α) Die mathematische Behandlung

Die mathematische Formulierung der Aufgabe lautet: An einem ebenen Körper, der anfänglich die Temperatur ϑ_∞ hatte, wird die Oberflächentemperatur zur Zeit $t = 0$ plötzlich auf ϑ_0 gebracht. Wie ändert sich die Temperatur in dem Körper, wenn er in Hinsicht auf die Wärmebewegung während der Betrachtungszeit als beliebig groß – einseitig unendlich ausgedehnt – angesehen werden kann.

Die Differentialgleichung und die Randbedingungen. Will man einen solchen zeitlich veränderlichen Vorgang mathematisch beschreiben, so muß man für jedes Zeitelement eine Energiebilanz nach Gl. (7a) für ein beliebiges Raumelement aufstellen. Diese Bilanz liefert dann unter Benutzung des FOURIERschen Grundgesetzes Gl. (79) die Differentialgleichung des Problems.

Für einachsige Wärmebewegung in ebenen Wänden lautet sie:

$$\frac{\partial^2 \vartheta}{\partial z^2} = \frac{c\gamma}{\lambda}\,\frac{\partial \vartheta}{\partial t} = \frac{1}{a}\,\frac{\partial \vartheta}{\partial t}\,, \tag{97}$$

worin die Größe $a = \dfrac{\lambda}{c\gamma}$ [m²/h] als „Temperaturleitfähigkeit" bezeichnet wird.

Dies ist die sogenannte „POCKELsche Differentialgleichung der Wärmeleitung", die ihrer Herleitung nach besagt, daß die in einem ebenen Bereich durch Wärmeleitung mehr ein- als ausströmende Wärme zu einer Erhöhung der Energie des Bereichs führen muß.

Die Randbedingungen bei kurzfristigem Kontakt lauten:

$$z = 0\,, \qquad \vartheta_{z=0} = \vartheta_0\,, \tag{98a}$$

$$z \to \infty\,, \qquad \vartheta_{z\to\infty} = \vartheta_\infty\,, \tag{98b}$$

$$t = 0\,, \qquad \vartheta_{t=0} = \vartheta_\infty\,. \tag{98c}$$

Ähnlichkeitsbetrachtungen zur Auffindung der Fourierschen Kenngröße. Es sei erlaubt, an dieser Stelle die Herleitung einer Lösung der Differentialgleichung (97) zu bringen, die speziell für kurzfristige Einwirkungen von zwei Körpern aufeinander, wie sie in der Trocknungstechnik häufig vorliegen, brauchbar ist und die zugleich die Möglichkeit gibt, die allgemeinen Prinzipien bei der Betrachtung von physikalischen Vorgängen, die durch partielle Differentialgleichungen beschrieben sind, zu erläutern. Da wir nicht wissen, in welcher Weise die in der Differentialgleichung auftretenden Größen z, t und a in der Lösung $\vartheta = F(z, t)$ verknüpft sein können, fragen wir zunächst nach einer durch die Differentialgleichung gegebenen Verknüpfung, indem wir – mathematisch gesprochen – die Frage stellen, gegenüber welcher Kombination der Einzelgrößen die Differentialgleichung invariant bleibt. Es ist bei Ähnlichkeitsbetrachtungen üblich, dazu folgenden Weg einzuschlagen:

Man schreibt die Differentialgleichung (97) für ein neues System, bei dem z. B. alle Größen in einem anderen Maßsystem gemessen werden. Zwischen den Veränderlichen dieses Systems, die durch einen Stern gekennzeichnet sein sollen, und den ursprünglichen Größen soll ein linearer Zusammenhang bestehen, also

$$\vartheta^* = \mu_\vartheta \vartheta\,, \quad \text{worin der Maßstabsfaktor} \quad \mu_\vartheta = \vartheta^*/\vartheta\,,$$

$$z^* = \mu_z z\,, \qquad \mu_z = z^*/z\,,$$

$$t^* = \mu_t t\,, \qquad \mu_t = t^*/t\,,$$

$$a^* = \mu_a a\,, \qquad \mu_a = a^*/a\,.$$

Wenn nun die Differentialgleichung (97) für das gesternte System mit derjenigen des Ausgangssystems identisch werden soll – in diesem Fall sind die Lösungen gleich –, so muß man fragen, für welche Kombination von Einzelgrößen die Gleichungen

$$\frac{\partial^2 \vartheta}{\partial z^2} = \frac{1}{a} \frac{\partial \vartheta}{\partial t} \quad \text{und} \quad \frac{\partial^2 \vartheta^*}{\partial z^{*2}} = \frac{1}{a^*} \frac{\partial \vartheta^*}{\partial t^*}$$

identisch werden. Mit $\vartheta^* = \mu_\vartheta \vartheta$, $z^* = \mu_z z$ usw. geht die letzte Gleichung über in

$$\frac{\mu_\vartheta}{\mu_z^2} \frac{\partial^2 \vartheta}{\partial z^2} = \frac{\mu_\vartheta}{\mu_a \mu_t} \frac{1}{a} \frac{\partial \vartheta}{\partial t}$$

oder

$$\frac{\partial^2 \vartheta}{\partial z^2} = \frac{\mu_z^2}{\mu_a \mu_t} \frac{1}{a} \frac{\partial \vartheta}{\partial t}.$$

Diese Gleichung wird mit Gl. (97) identisch, wenn

$$\frac{\mu_z^2}{\mu_a \mu_t} = 1$$

oder, wenn

$$\frac{z^{*2}}{z^2} \frac{a}{a^*} \frac{t}{t^*} = 1$$

oder

$$\frac{z^{*2}}{a^* t^*} = \frac{z^2}{a t} = \text{konst.} = Fo \tag{99}$$

ist, worin $Fo = z^2/at$ die „FOURIERsche Kenngröße" genannt wird. Sie ist, wie alle Kenngrößen, die in der Lehre von der Wärmeübertragung, der Strömungslehre, der Mechanik usw. gebraucht werden, dimensionslos.

Diese Betrachtung lehrt, daß die Differentialgleichung (97) für alle Wertekombinationen, für die die Größe z^2/at die gleiche ist, die gleiche Lösung hat – allerdings nur unter der Voraussetzung, daß auch die Randbedingungen übereinstimmen.

Allgemeine Lösung der Differentialgleichung (97). Es muß demnach eine Lösung der Differentialgleichung von der Form

$$\vartheta = C F\left(\frac{z^2}{a t}\right) \quad \text{bzw.} \quad D f\left(\frac{z}{\sqrt{a t}}\right)$$

geben. Um diese Lösung zu finden, bildet man die partielle Ableitung von ϑ in Gl. (97) nach der Zeit und die zweite partielle Ableitung nach z.

Nennt man die Veränderliche

$$\frac{z}{\sqrt{a t}} = y \tag{100}$$

und versteht unter $f'(y)$ die Ableitung der Funktion $f(y)$ nach y, unter $f''(y)$ die zweite Ableitung, so ist:

$$\frac{\partial^2 \vartheta}{\partial^2 z} = \frac{D}{a t} f''(y), \quad \frac{\partial \vartheta}{\partial t} = -\frac{D}{2t} \frac{z}{\sqrt{a t}} f'(y) = -\frac{D}{2t} y f'(y). \tag{101}$$

Durch Einsetzen dieser Werte in die Differentialgleichung (97) ergibt sich als Differentialgleichung für $f(y)$

$$f''(y) = -\frac{y}{2} f'(y). \tag{102}$$

Dies ist eine gewöhnliche Differentialgleichung zur Bestimmung der Funktion $f'(y)$. Man sieht sofort, daß

$$f'(y) = C e^{-(y/2)^2} \tag{103}$$

ist. Damit ist die gesuchte Funktion

$$\vartheta = f(y) = C\int_0^y e^{-(y/2)^2}\, dy + B \tag{104}$$

oder mit

$$\eta = \frac{y}{2} = \frac{z}{\sqrt{4at}},$$

$$\vartheta = 2C\int_0^\eta e^{-\eta^2}\, d\eta + B.$$

Bedenkt man, daß das Integral $\frac{2}{\sqrt{\pi}}\int_0^\eta e^{-\eta^2}\, d\eta$ gleich dem mit $G(\eta)$ bezeichneten „GAUSSschen Integral" ist, so kann Gl. (104) auch geschrieben werden:

$$\vartheta = A\, G(\eta) + B = A\, G\left(\frac{1}{2}\,\frac{z}{\sqrt{at}}\right) + B \tag{105}$$

oder unter Verwendung der FOURIERschen Kenngröße $Fo = z^2/at$, d.h. $\eta = 1/2\sqrt{Fo}$

$$\vartheta = A\, G(1/2\sqrt{Fo}) + B. \tag{106}$$

Dies ist die allgemeine Gleichung des Temperaturfeldes, die zeigt, daß die Lösung der Differentialgleichung (97) eindeutig von der FOURIERschen Kenngröße abhängt.

Das Gaußsche Integral. In Tab. 24 sind die Zahlenwerte des GAUSSschen Integrals zusammengestellt. Man erkennt, daß das Integral zunächst (bis $\eta = 0{,}3$) etwa geradlinig mit dem Argument ansteigt, dann sich asymptotisch dem Wert 1 nähert.

Tabelle 24. *Zahlenwerte des Gaußschen Fehlerintegrals* $G(\eta) = \frac{2}{\sqrt{\pi}}\int_0^\eta e^{-\eta^2}\, d\eta$ *und seiner Ableitung* $G'(\eta) = \frac{2}{\sqrt{\pi}}\, e^{-\eta^2}$, $\eta = \frac{1}{2}\,\frac{z}{\sqrt{at}}$ *sowie die zugehörigen Werte* $Fo = \frac{z^2}{at}$ *und* $\frac{1}{Fo} = \frac{at}{z^2}$.

η	$G(\eta)$	$G'(\eta) = \frac{2}{\sqrt{\pi}}\, e^{-\eta^2}$	$Fo = 4\eta^2$	$\frac{1}{Fo} = \frac{at}{z^2}$
0	0	1,128	0	∞
0,1	0,1125	1,117	0,04	25
0,2	0,2227	1,084	0,16	6,25
0,3	0,3286	1,031	0,36	2,78
0,4	0,4284	0,961	0,64	1,56
0,5	0,5205	0,878	1,00	1,00
0,6	0,6039	0,787	1,44	0,695
0,7	0,6778	0,691	1,96	0,51
0,8	0,7421	0,595	2,56	0,39
0,9	0,7969	0,502	3,24	0,309
1	0,8427	0,415	4,0	0,25
1,5	0,9661	0,119	9	0,111
1,536	0,97	0,106	9,437	0,106
2	0,9953	0,0207	16	0,0625
3	0,9999	0,00014	36	0,0278
∞	1	0	∞	0

Die Ableitung $G'(\eta) = \frac{2}{\sqrt{\pi}} e^{-\eta^2}$ ist in der dritten Spalte der Tabelle angegeben. Um den Zusammenhang zwischen η und der FOURIERschen Kenngröße zu charakterisieren, sind in den beiden letzten Spalten der Tabelle die Werte der FOURIERschen Kenngröße Fo und ihres Kehrwertes $1/Fo$ angegeben.

Die Anpassung der allgemeinen Lösung an die Randbedingungen. Die allgemeine Lösung Gl. (106) muß noch durch Bestimmung der Konstanten A und B den Randbedingungen Gl. (98a), (98b), (98c) angepaßt werden. Es ergibt sich:

$$\vartheta_{z=0} = A\,G(0) + B = \vartheta_0,$$

$$\vartheta_{z=\infty} = A\,G(\infty) + B = \vartheta_\infty.$$

Da nach Tab. 24 $G(0) = 0$ und $G(\infty) = 1$ ist, so wird:

$$B = \vartheta_0, \tag{107}$$

$$A = \vartheta_\infty - \vartheta_0. \tag{108}$$

Damit lautet die endgültige Lösung:

$$\vartheta = (\vartheta_\infty - \vartheta_0)\,G(1/2\sqrt{Fo}) + \vartheta_0 \tag{109}$$

oder

$$\frac{\vartheta - \vartheta_0}{\vartheta_\infty - \vartheta_0} = G\left(\frac{1}{2}\sqrt{Fo}\right) = G\left(\frac{1}{2}\frac{z}{\sqrt{a\,t}}\right) = G(\eta). \tag{110}$$

Mit Gl. (110) ist das Temperaturfeld in dimensionsloser Form beschrieben. Die Zahlenwerte $G(\eta)$ sind aus Tab. 24 zu entnehmen. Es ist leicht, für bestimmte Zeiten t bei bekannter Temperaturleitfähigkeit a die Temperaturverteilung wie in Abb. 91 zu gewinnen.

β) Wärmeaustausch und Wärmeübergangszahl

Die Wärmeaufnahme des Körpers. Bei Kenntnis des Temperaturverlaufes Gl. (109) ist die Wärmemenge, die durch die Oberfläche des Körpers ausgetauscht wird, nach dem FOURIERschen Grundgesetz Gl. (79) einfach zu bestimmen. Während eines Zeitelementes dt fließt:

$$Q\,dt = -\lambda F\left[\frac{\partial\vartheta}{\partial z}\right]_{z=0} dt = -\lambda F\left[G'\left(\frac{1}{2}\sqrt{Fo}\right)\right]_{z=0}\left(\frac{\partial\left(\frac{1}{2}\sqrt{Fo}\right)}{\partial z}\right)_{z=0}(\vartheta_\infty - \vartheta_0)\,dt, \tag{111}$$

worin Q der momentane Wärmefluß in der Oberfläche zur Zeit t ist.

Nach Tab. 24 ist $\left[G'\left(\frac{1}{2}\sqrt{Fo}\right)\right]_{z=0} = \frac{2}{\sqrt{\pi}}$. Die Ableitung $\left(\frac{\partial\left(\frac{1}{2}\sqrt{Fo}\right)}{\partial z}\right)_{z=0}$ ist gleich $\frac{1}{2}\frac{1}{\sqrt{a\,t}}$. Damit wird

$$Q = F\frac{\lambda}{\sqrt{a}}\frac{1}{\sqrt{\pi}}\frac{1}{\sqrt{t}}(\vartheta_0 - \vartheta_\infty).$$

Bedenkt man noch, daß die Temperaturleitfähigkeit $a = \lambda/c\gamma$ ist, so wird endgültig:

$$Q = F\frac{1}{\sqrt{\pi}}\sqrt{\lambda c\gamma}\,\frac{1}{\sqrt{t}}(\vartheta_0 - \vartheta_\infty) \quad [\text{kcal/h}]. \tag{112}$$

Man sieht, daß sich der momentane Wärmefluß in der Oberfläche umgekehrt proportional der Wurzel aus der Zeit der Einwirkung ändert.

Will man wissen, welche Wärmemenge insgesamt von Beginn der Einwirkung bis zur Zeit t in den betrachteten Körper eingeflossen ist, so ist die Größe $\int_0^t Q\,dt$ zu bilden. Es wird

$$Q_0^t = \int_0^t Q\,dt = F\,\frac{2}{\sqrt{\pi}}\,\sqrt{\lambda c \gamma}\,\sqrt{t}\,(\vartheta_0 - \vartheta_\infty). \tag{113}$$

Die Grenzen der Anwendbarkeit der Gleichung für kurzzeitige Einwirkungen. Die Voraussetzung für die Herleitung der einfachen Gl. (113) ist, daß der Körper während der kurzzeitigen Einwirkung in Richtung des Wärmestromes als unendlich ausgedehnt angesehen werden kann. Zweifellos ist sie immer dann erfüllt, wenn die Betrachtungszeit so kurz ist, daß eine merkliche Temperaturbewegung noch nicht bis an die Grenze des Körpers vorgedrungen ist. Bei technischen Problemen wird man sie dann als gegeben ansehen, wenn dies innerhalb einer gewissen Genauigkeit erfüllt ist. Nimmt man im vorliegenden Fall z. B. an, daß ein Körper von der Dicke $z = s$ in der Oberfläche $z = 0$ mit einem anderen Körper konstanter Temperatur in Kontakt gebracht wird, so wird man sagen können, daß der Körper dann als unendlich ausgedehnt angesehen werden kann, wenn im Fall dieser Annahme an der Stelle $z = s$ eine Temperaturänderung von gewissen minimalen Anteilen der größtmöglichen Temperaturänderung auftritt, z. B. 1 oder 2 oder 5% von $(\vartheta_0 - \vartheta_\infty)$. Legt man z. B. fest, daß die Temperaturänderung an der Stelle $z = s$ nicht mehr als 3% der möglichen betragen darf, so ist nach Gl. (110)

$$\frac{\vartheta_{z=s} - \vartheta_0}{\vartheta_\infty - \vartheta_0} = G\left(\frac{1}{2}\sqrt{Fo}\right) = G\left(\frac{1}{2}\sqrt{\frac{s^2}{at}}\right) = 0{,}97 \tag{114 a}$$

die obere Grenze der Anwendbarkeit der Gesetzmäßigkeiten festgelegt.

Es ist also zu fragen, wann $G\left(\frac{1}{2}\sqrt{\frac{s^2}{at}}\right)$ gleich 0,97 wird. Aus Tab. 24 ist der zugehörige Wert von Fo zu entnehmen:

$$\frac{s^2}{a\,t_{\max}} = Fo = 9{,}437. \tag{114 b}$$

Daraus folgt die zulässige Betrachtungszeit $t_{\max}$:

$$t_{\max} = \frac{s^2}{9{,}437a}\,[h] = \frac{3600\,s^2}{9{,}437a}\,[\text{sek}] = 381{,}5\,\frac{s^2}{a}\,[\text{sek}]. \tag{114 c}$$

In Tab. 25 sind für verschiedene Dicken s von 1 mm bis 1 m und verschiedene Werte der Temperaturleitfähigkeit a von 0,5 bis 0,0005 m^2/h die maximal zulässigen Zeiten $t_{\max}$ angegeben, für die man die Wärmebewegung beim kurzfristigen Kontakt mit einem anderen Körper konstanter Temperatur noch nach der einfachen Gl. (113) berechnen kann. In der Tabelle sind die Temperaturleitfähigkeiten nach Größenordnungen gestaffelt, die charakteristischen Stoffen zukommen.

$a = 0{,}5$ entspricht etwa bestleitenden Metallen, z. B. Kupfer, oder Wasserstoff bei Atmosphärendruck und Raumtemperatur.
$a = 0{,}05$ etwa Eisen oder Luft bei Atmosphärendruck und Raumtemperatur.
$a = 0{,}005$ etwa dichte Steine.
$a = 0{,}0005$ etwa Kunstharze oder beste, nicht allzu leichte Isolierstoffe (Kork).

Tabelle 25. *Maximale Kontaktzeiten $t_{\max}$, für die die Anwendung der Gleichungen für kurzfristige Wärmebewegung zulässig ist.*
(Für 3% Temperatursteigerung der maximal möglichen an der Stelle *s*.)

s [m]	*a* [m²/h] 0,5	0,05	0,005	0,0005
0,001	$0{,}763 \cdot 10^{-3}$ sek	$0{,}763 \cdot 10^{-2}$ sek	$0{,}763 \cdot 10^{-1}$ sek	0,763 sek
0,01	0,0763 sek	0,763 sek	7,63 sek	76,3 sek
0,05	1,907 sek	19,07 sek	190,7 sek	1907 sek
0,1	7,63 sek	76,3 sek	763 sek	7630 sek
1	$7{,}63 \cdot 10^{2}$ sek	$7{,}63 \cdot 10^{3}$ sek	$7{,}63 \cdot 10^{4}$ sek	$7{,}63 \cdot 10^{5}$ sek

Würde man die Genauigkeitsanforderung herabsetzen und beispielsweise eine Temperaturerhöhung an der kalten Seite um 5% zulassen, so wären die Werte $t_{\max}$ der Tabelle etwa 1,5mal so groß. Immerhin ergibt sich für technische Rechnungen eine klare größenordnungsmäßige Anwendungsgrenze.

Wärmeübergangszahl bei kurzfristigem Kontakt. Oft führt man bei solchen Gütern, die nur kurzfristigen Kontakt mit anderen haben, zur Berechnung entsprechend den Gepflogenheiten beim Wärmeaustausch strömender Medien „Wärmeübergangszahlen" α ein. Für die gesamte während der Kontaktzeit ausgetauschte Wärmemenge Q_0^t wird dann gesetzt:

$$Q_0^t = F\,\alpha\,(\vartheta_0 - \vartheta_\infty)\,t\,. \tag{115}$$

Mit Gl. (113) ergibt sich dann für die Wärmeübergangszahl

$$\alpha = \frac{2}{\sqrt{\pi}}\,\frac{\sqrt{\lambda c \gamma}}{\sqrt{t}}\,. \tag{116}$$

Die Größe $\sqrt{\lambda c \gamma}$ wird mit Wärmeeindringzahl bezeichnet. Man erkennt aus Gl. (116), daß α der Wurzel aus der Kontaktzeit t umgekehrt proportional ist, d.h. bei sehr kurzen Kontaktzeiten (etwa beim Rütteln) wird α außerordentlich groß.

Zahlenbeispiel. In einer Erwärmungstrommel mit Einbauten werde ein rieselfähiges Gut dauernd so umgelagert, daß es für Berührungszeiten 1 sek, 5 sek, 30 sek, 1 min, 5 min mit einer Schichtstärke von 5 cm ($s = 0{,}05$) auf starkwandige Einbaubleche zu liegen konmmt. Die Bleche sollen eine Temperatur von $\vartheta_0 = 80\,°\mathrm{C}$ haben, das Gut komme mit $\vartheta_\infty = 40\,°\mathrm{C}$ an.

Das Gut habe folgende Stoffeigenschaften:

$$\lambda = 0{,}1\,\mathrm{kcal/mh°},\quad c = 0{,}20\,\mathrm{kcal/kg°},\quad \gamma = 800\,\mathrm{kg/m^3},\quad a = \lambda/c\gamma = 0{,}000625\,\mathrm{m^2/h}\,.$$

Welche Wärmemenge wird bei verschiedenen Kontaktzeiten von 1 m² Austauschfläche vom Gut aufgenommen und wie groß ist die stündliche Wärmeübertragung zwischen den Blechen und dem Gut?

Es ist zunächst zu prüfen, bis zu welcher maximalen Kontaktzeit Gl. (113) anwendbar ist. Für $a = 0{,}000625$ ergibt sich aus Gl. (114c) oder aus Tab. 25 durch lineare Interpolation, daß $t_{\max}$ etwa 20 min beträgt, so daß die Gültigkeit von Gl. (113) bei der gegebenen Schichtstärke von 5 cm für die gewählten Kontaktzeiten zwischen 0 und 5 min gewährleistet ist.

Die während der Kontaktzeit t aufgenommene Wärme errechnet sich nach Gl. (113) mit $\sqrt{\lambda c \gamma} = 4$

$$Q_0^t = 1\,\frac{2}{\sqrt{\pi}}\,4 \cdot 40\sqrt{t} = 181\sqrt{t}\ \mathrm{kcal/m^2}.$$

Für die durch Gl. (115) definierte Wärmeübergangszahl ergibt sich nach Gl. (116)

$$\alpha = \frac{2}{\sqrt{\pi}} \frac{4}{\sqrt{t}} = \frac{4{,}51}{\sqrt{t}} .$$

In Tab. 26 sind die berechneten Werte für Q_0^t und α zusammengestellt, woraus der große Einfluß der Kontaktdauer auf die stündliche Wärmeübertragung

$$q = \alpha(\vartheta_0 - \vartheta_\infty)\,\mathrm{kcal/m^2h}$$

zu ersehen ist.

Tabelle 26. *Wärmeaustausch während der Kontaktzeit, Wärmeübergangszahl und stündlich ausgetauschte Wärmemenge für das Beispiel.*

t	1 sek	5 sek	30 sek	1 min	5 min
Q_0^t kcal/m²	3,02	6,75	16,5	23,4	52,2
α kcal/m²h°C	270	121	50	35	15,7
q kcal/m²h	10850	4860	1980	1408	628

Im engsten Zusammenhang mit den hier behandelten Fragen stehen die im Abschn. Cb 1 dieses Kapitels zu besprechenden Probleme des Wärmeübergangs zwischen einem strömenden Medium und der Oberfläche eines kleinen außenumströmten Körpers.

2. Der Wärmeaustausch bei zeitlich veränderlicher Oberflächentemperatur

Herrscht an der Oberfläche des Körpers, in dem die Wärmebewegung stattfindet, nicht konstante, sondern eine zeitlich veränderliche Temperatur, so gilt folgendes:

Nimmt die Oberflächentemperatur bei einem kurzfristigen Aufheizvorgang mit der Zeit zu, so wird die Wärmeübergangszahl größer als bei konstanter Oberflächentemperatur, nimmt sie ab, so wird α kleiner.

Als Beispiel sei folgender Fall gewählt:

Die Oberfläche eines Körpers sei mit konstanter Heizleistung q kcal/m²h (etwa elektrisch) für kurze Zeit aufgeheizt. Die Temperatur in hinreichendem Abstand bleibe stets ϑ_∞.

Dann gilt für den zeitlichen Anstieg der Temperaturdifferenz zwischen Oberfläche und in großem Abstand [*112*]:

$$\vartheta_{z=0} - \vartheta_\infty = \frac{2}{\sqrt{\pi}} \frac{q_0}{\sqrt{\lambda c \gamma}} \sqrt{t} . \tag{117}$$

Die mittlere Temperaturdifferenz $(\vartheta_{om} - \vartheta_\infty)$ während der Kontaktzeit gewinnt man leicht zu:

$$\vartheta_{om} - \vartheta_\infty = \frac{1}{t}\int_0^t (\vartheta_{z=0} - \vartheta_\infty)\,\mathrm{d}t = \frac{4}{3\sqrt{\pi}} \frac{q_0}{\sqrt{\lambda c \gamma}} \sqrt{t} .$$

Für die Wärmeübergangszahl α ergibt sich:

$$\alpha = \frac{q_0 t}{\vartheta_{om} - \vartheta_\infty} = \frac{3\sqrt{\pi}}{4} \sqrt{\lambda c \gamma}\, \frac{1}{\sqrt{t}} . \tag{118}$$

Beim Vergleich mit Gl. (116) erkennt man, daß α bei Zuführung konstanter Heizleistung, bei der die Temperaturdifferenz $\vartheta_{z=0} - \vartheta_{\infty}$ mit $\sqrt{t}$ wächst, $3\pi/8$-mal so groß ist wie für den Fall konstanter Oberflächentemperatur.

g) Zeitlich veränderliche Wärmebewegung bei längerer Einwirkungsdauer

Wärmeaustauschvorgänge, bei denen weder von kurzfristigem Kontakt zwischen zwei Körpern noch von einem Beharrungszustand gesprochen werden kann, d.h. längerdauernde Anheiz- oder Auskühlvorgänge kommen bei Fragen der Trocknungstechnik selten allein vor. Meist sind dann die Wärmebewegungen mit Feuchtigkeitsbewegungen gekuppelt. Von diesem Aufgabenbereich handelt Kap. IX dieses Buches. Über die Behandlung der etwas einfacheren Probleme des Wärmeaustausches allein kann der Leser sich in verschiedenen Büchern unterrichten[1].

In innerem Zusammenhang mit den Fragen der Auskühlung und Anheizung fester Körper steht der Wärmeaustausch zwischen strömenden Medien und einem Gut, wenn der Zustand des Mediums sich auf dem Weg durch oder über das Gut wesentlich ändert. Dieses Problem wird im Abschn. Cb 2 dieses Kapitels gestreift. Daher soll an dieser Stelle nicht weiter darauf eingegangen werden.

C. Wärmeübergang

Es ist im allgemeinen üblich, die Wärmeübertragung von einer Oberfläche an bewegte Flüssigkeiten, Dämpfe und Gase mit Hilfe von Wärmeübergangszahlen α zu berechnen, die durch den Ansatz

$$Q = F\alpha\Delta\vartheta\,[\mathrm{kcal/h}]$$

definiert sind, wobei $\Delta\vartheta$ die Temperaturdifferenz zwischen der Oberfläche und dem Medium ist. Dabei muß man darauf achten, ob die Wärmemenge Q den *gesamten* Wärmeaustausch mit der Umgebung, also durch Strahlung an die umgebenden Wände und den Austausch durch Leitung und Mitführung (Konvektion) an das bewegte Medium oder nur den letzteren (konvektiven) *Anteil* umfaßt. Die Frage ist nur beim Wärmeübergang an Gase wichtig, da sie strahlungsdurchlässig sind, während bei tropfbaren Flüssigkeiten im allgemeinen nur Wärmeleitung und Konvektion eine Rolle spielen. Die Einführung einer solchen Gesamtwärmeübergangszahl – die im folgenden stets mit α_{ges} bezeichnet wird – für Vorgänge, die ganz verschiedenen physikalischen Gesetzmäßigkeiten genügen, hat nur dann eine Berechtigung, wenn die Temperatur der bestrahlten Wände praktisch gleich der Temperatur der umgebenden Luft ist (z.B. bei der Wärmeabgabe von Heizkörpern, isolierten Oberflächen in Räumen, bei denen mit „ausreichender Genauigkeit" überall

[1] Siehe z.B. GRÖBER/ERK/GRIGULL [*18*], CARLSLAW [7], ESSER/KRISCHER [*62*].

gleiche Temperatur herrscht, d.h. in Luft und an den Wandoberflächen). Sonst ist es zweckmäßiger, den Strahlungsaustausch nach den Gl. (58), (62)ff. getrennt von dem konvektiven Austausch zu berechnen. Ist aber die Temperatur der den wärmeabgebenden oder -aufnehmenden Körper umgebenden Wände gleich derjenigen der Luft, dann kann man setzen:

$$\alpha_{\text{ges}} = \alpha + \alpha_R \,, \tag{119}$$

worin α die Wärmeübergangszahl durch Leitung und Konvektion, α_R diejenige durch Strahlung bedeuten, so daß

$$Q_{\text{ges}} = F\,\alpha_{\text{ges}}\,(\vartheta_0 - \vartheta_L)\,, \tag{120}$$

worin ϑ_0 die Temperatur der betrachteten Oberfläche und ϑ_L die Temperatur der umgebenden Luft (und der Wände) ist.

a) Die Wärmeübergangszahl durch Strahlung

Entsprechend den Herleitungen von Kap. II A ist die von einer Fläche F_1 mit einer anderen ausgetauschte Wärme nach den Gl. (58) und (59) oder (62) und (63) zu berechnen, je nachdem der Körper 1 von 2 ganz umschlossen ist oder ob zwei kleine Flächen sich irgendwie im Raum gegenüberstehen. Für diesen Wärmeaustausch wird der bei Wärmeübergangsproblemen übliche Ansatz gemacht:

$$Q_R = F_1\,C_{12}\,\Phi_{12}\left\{\left(\frac{T_1}{100}\right)^4 - \left(\frac{T_2}{100}\right)^4\right\} = F_1\,\alpha_R\,(\vartheta_1 - \vartheta_2)\,.$$

Daraus ist analog der äquivalenten Wärmeleitzahl durch Strahlung λ_R (s. S. 99) eine äquivalente Wärmeübergangszahl durch Strahlung definiert:

$$\alpha_R = C_{12}\,\Phi_{12}\,\frac{\left(\frac{T_1}{100}\right)^4 - \left(\frac{T_2}{100}\right)^4}{\vartheta_1 - \vartheta_2}\,, \tag{121}$$

worin wiederum wie auf S. 99 der Temperaturfaktor bei nicht allzu großen Temperaturdifferenzen näherungsweise gleich 0,04 $(T_m/100)^3$ gesetzt werden kann. Dann wird:

$$\alpha_R = 0{,}04\,C_{12}\,\Phi_{12}\left(\frac{T_m}{100}\right)^3, \tag{122}$$

worin $T_m = \dfrac{T_1 + T_2}{2}$ ist.

Bei vielen Problemen der Trocknungstechnik (Strahlung von glatten Heizkörpern, Rohrleitungen an die umgebenden Wände, Abstrahlung der Trocknerwände an den Raum usw.) kann das Winkelverhältnis Φ_{12} gleich 1 gesetzt werden, und es gilt Gl. (58). Bei manchen anderen Problemen (dichtgebaute Radiatoren, Rippenrohre usw.) kann Φ_{12} dann näherungsweise gleich 1 gesetzt werden, wenn man als strahlende Fläche die Hüllfläche des Heizkörpers ansieht (s. S. 77).

Da im allgemeinen, sofern es sich nicht um blanke Metallflächen handelt, die Strahlungszahl C_{12} zwischen 3,5 und 4,5 liegt, sind in Tab. 27

die Werte α_R in Abhängigkeit von der Mitteltemperatur zwischen den im Strahlungsaustausch stehenden Flächen für verschiedene Strahlungszahlen C_{12} angegeben, unter der obigen Voraussetzung, daß Φ_{12} gleich 1 ist.

Tabelle 27. *Die Wärmeübergangszahl durch Strahlung α_R nach Gl. (122) für $\Phi_{12} = 1$ und Temperaturdifferenzen $\vartheta_1 - \vartheta_2 < 200$ °C.*

$\vartheta_m = \frac{\vartheta_1 + \vartheta_2}{2}$	C_{12}		
	3,5	4	4,5
0	2,8	3,3	3,7
10	3,2	3,6	4,1
20	3,5	4,0	4,5
50	4,7	5,4	6,1
100	7,3	8,3	9,3
200	14,8	16,9	19,0
300	26,3	30,1	33,9

Die Zahlentafel lehrt die Größenordnung der äquivalenten Wärmeübergangszahlen α_R und ihre Abhängigkeit von der Temperatur. Man beachte jedoch, daß $\Phi < 1$ ist, falls die strahlende Fläche nicht allseits von anderen Flächen gleicher Temperatur umgeben ist (z.B. ist für die Ecke eines Raumes, in der zwei Außenwände aneinanderstoßen, $\Phi \approx 0{,}5$).

b) Der Wärmeübergang durch Leitung und Konvektion in bewegten Medien

Der folgende kurze Abriß einiger Gesetzmäßigkeiten des Wärmeüberganges von der Oberfläche eines Körpers an ein strömendes Medium dient dazu, dem in der Trocknungstechnik arbeitenden Ingenieur eine Richtschnur für die Abschätzung der Wärmeübergangsverhältnisse zu geben. Bei Kenntnis der Wärmeübergangsverhältnisse sind meistens auch die Stoffübergangsverhältnisse bei der Verdunstung der Flüssigkeit abschätzbar (s. S. 247ff.).

In der Trocknungstechnik liegen die Dinge insofern anders als in der Maschinentechnik, da hier nicht nur die üblichen „Standardkörper“ Rohr, Kugel, ebene Platte usw. die entscheidende Rolle spielen, sondern daß die Trocknungsgüter hinsichtlich ihrer Formen eine außerordentliche Variation zeigen (Körner der verschiedensten Form, Fasern, Tabletten, ebene Oberflächen usw.), so daß man eine zusammenfassende Orientierung braucht.

Bei den Fragen des konvektiven Wärmeüberganges von der Oberfläche eines Körpers an Gase oder Flüssigkeiten, die an der Oberfläche vorbeiströmen, ist der Energietransport senkrecht zur Oberfläche, also quer zur Strömungsrichtung, von ausschlaggebendem Einfluß. Die Schwierigkeiten des Problems liegen zum Teil darin, daß das Medium nicht gleichförmig, d. h. mit überall gleicher Geschwindigkeit an dem Körper vorbeifließt, sondern daß sich in allen Querschnitten senkrecht zur Strömungsrichtung verschiedene „*Geschwindigkeitsprofile*“ ausbilden.

Es kommt hinzu, daß der Mechanismus der Wärmeübertragung im Medium selbst von der Art der Bewegung abhängig ist. Bewegt sich ein Medium *reibungsfrei* oder so langsam, daß die einzelnen Schichten von verschiedener Geschwindigkeit nebeneinander fließen, ohne daß die Stromfäden durcheinanderwirbeln (*Laminarströmung*), so ist der Mechanismus der Wärmebewegung quer zur Strömungsrichtung nur durch die oben definierte „*molekulare Wärmeleitung*" gegeben; denn quer zur Strömungsrichtung sind außer den in diese Richtung fallenden Komponenten der wirren Bewegungen der einzelnen Moleküle keine sonstigen Querbewegungen vorhanden.

Bei mittleren und größeren Geschwindigkeiten jedoch, die technisch sehr häufig vorkommen, verwirbelt sich das strömende Medium oder Teile desselben (*turbulente Strömung*). Dies hat zur Folge, daß bei den wirren Bewegungen der rotierenden Flüssigkeits- oder Gasteilchen (Turbulenzballen) ein zusätzlicher Energietransport quer zur Strömungsrichtung zu dem der molekularen Wärmeleitung hinzutritt (*turbulenter Energieaustausch*).

Wenn ein strömendes Medium mit der Oberfläche eines Körpers in Berührung kommt, so herrscht an der ersten Berührungsstelle (bzw. kurz vor derselben) irgendein Strömungszustand, der noch nicht durch die Berührung mit der Oberfläche beeinflußt ist. Bei theoretischen Überlegungen wird man gleichförmige Bewegung mit überall gleicher Geschwindigkeit annehmen.

Beim Vorbeistreichen an der Oberfläche, an der die Randschichten gebremst werden – unmittelbar in der Grenze zwischen Oberfläche und Medium herrscht immer die Geschwindigkeit Null –, ändert sich zunächst die Geschwindigkeitsverteilung quer zur Strömungsrichtung, bis eine solche Verteilung erreicht ist, die im weiteren Verlauf konstant oder nahezu konstant ist. Man unterscheidet den *hydrodynamischen Anlaufvorgang* und die *hydrodynamisch ausgebildete Strömung*.

In analoger Weise unterscheidet man einen *thermischen Anlaufvorgang*, bei dem die Temperaturbewegung immer größere Bereiche des Mediums erfaßt, und eine *thermisch ausgebildete Strömung*, bei der die Temperaturverteilung quer zur Strömungsrichtung in jeder Ebene ähnlich ist.

Bei der Strömung in Rohren, Kanälen usw., die wesentlich länger sind als die Anlaufstrecke, spielt der Anlaufvorgang eine untergeordnete Rolle; bei der Strömung an kleinen Körpern vorbei (zwischen den Lamellen oder Rippen von Rippenrohren, bei Tropfen, zerstäubten Gütern, Körnern oder Fasern, die im Luftstrom fallen, bei querangeströmten Rohren und dünnen Drähten, um- oder durchströmten Körpern geringer Länge) ist er von entscheidender Bedeutung[1].

Es ist zweckmäßig, als Grenzfälle die folgenden zu betrachten:

1. *umströmte Einzelkörper*, bei denen die ausgetauschte Energie nur eine kleine Änderung des Energiezustandes des vorbeistreichenden Mediums bewirkt,

---

[1] Auf seltener vorkommende Sonderfälle der Wärmeübertragung, wie sie z.B. in Düsentrocknern auftreten (bei denen Luftstrahlen auf Oberflächen aufgeblasen werden), soll hier nicht eingegangen werden. Es genüge ein Literaturhinweis: [*163*].

2. *durchströmte oder überströmte* Körper, bei denen die ausgetauschte Energie eine weitgehende Angleichung der Temperaturen des Mediums und der Wand bewirkt.

Nach den äußeren Kräften, die die Bewegung des Mediums hervorrufen, unterscheidet man die durch Druckdifferenz „*erzwungene Strömung*“ und die durch Auftriebskräfte infolge von Temperaturunterschieden bei konstantem Druck bewirkte „*freie Strömung*“.

Je nach Form und Größe der Oberfläche des mit dem Medium im Austausch stehenden Körpers und der sonstigen Berandung des Mediums durch benachbarte Wände stellen sich jeweils verschiedene Geschwindigkeits- und Temperaturfelder ein, so daß sich auch verschiedene Wärmeübergangszahlen ergeben. Es sei noch auf die häufig (vor allem beim Vergleich von Meßergebnissen) unbeachtete Tatsache hingewiesen, daß auch die „*thermischen Randbedingungen*“ von Einfluß sind, d. h. der Wärmeübergang ist bei gleichen Körpern in gleichen Medien verschieden, wenn die Temperaturverteilung an der Oberfläche verschieden ist. Zum Beispiel ergeben sich deutliche Unterschiede in der Wärmeübergangszahl, je nachdem, ob bei gleicher mittlerer Temperatur der Oberfläche deren Temperatur konstant ist oder im Sinn der Bewegung des strömenden Mediums zu- oder abnimmt. [Ähnlich wie der Unterschied zwischen Gl. (116) und (118).]

Angesichts der Vielfalt der Einflußgrößen muß man sich bei technischen Problemen vor allem dann, wenn die Formen der wärmeaustauschenden Körper wie in der Trocknungstechnik außerordentlich vielfältig sind, damit begnügen, zu sicheren Abschätzungen zu kommen. Dies ist am leichtesten möglich, wenn man ein technisches Problem zwischen mathematisch leicht faßbaren Grenzfällen einordnen kann. Daher werden bei der folgenden zusammenfassenden Darstellung der Probleme des Wärmeüberganges einfache theoretische Betrachtungen zu den unter 1. und 2. genannten Grenzfällen angestellt.

Wir werden dabei nicht von den *örtlichen* Wärmeübergangszahlen sprechen, die fast immer für jede Stelle einer Heizfläche verschieden sind, sondern nur von denjenigen für die gesamte Heizfläche gültigen *Mittelwerten*, die für die technische Heizflächenberechnung wichtig sind. Dabei muß von vornherein darauf hingewiesen werden, daß diese Mittelwerte immer an die Definition einer mittleren Temperaturdifferenz gebunden sind. Stets gilt der Ansatz:

$$Q = F \alpha \Delta \vartheta ,$$

worin $\Delta \vartheta$ die Temperaturdifferenz zwischen der Oberfläche und dem vorbeiströmenden Medium ist. Als Temperatur des Mediums kann man die wirkliche – kalorimetrisch zu messende – Mitteltemperatur des an der Heizfläche vorbeifließenden Mediums einführen, man kann das arithmetische Mittel aus Anfangs- und Endtemperatur oder den sogenannten logarithmischen Mittelwert verwenden, der immer dann gebräuchlich ist, wenn die „örtliche Wärmeübergangszahl“ längs der Heizfläche konstant ist (z. B. genau genug bei turbulenter Strömung in längeren Rohren). Je nach der Festsetzung, welche Temperaturdifferenz unter $\Delta \vartheta$ verstanden sei, ist eine verschiedene – und von verschiedenen Größen abhängige – Wärmeübergangszahl α anzusetzen, denn, wie immer man rechnet, muß die übertragene Wärmemenge Q sich immer in gleicher Größe ergeben.

1. Der Wärmeübergang bei außenumströmten Einzelkörpern und die Einführung der Kenngrößen des Wärmeübergangs

Das Problem ist dadurch charakterisiert, daß ein meist verhältnismäßig kleiner Körper mit der Oberflächentemperatur ϑ_0 von einem Medium mit der Anfangstemperatur ϑ_e umspült ist, das quer zur Strömungsrichtung eine solche Ausdehnung hat, daß die in ihm durch den Körper bewirkte Temperaturbewegung nur Randschichten des Mediums erfaßt, so daß die Ausdehnung quer zur Strömungsrichtung gleichgültig – bzw. unendlich – ist, wie dies in Abb. 92 für die verschiedenen technischen Standardformen veranschaulicht ist. Der thermische und hydrodynamische Anlaufvorgang ist für das Problem entscheidend. Die mittlere Temperatur des Mediums ist nicht wesentlich von seiner Anfangstemperatur ϑ_e verschieden. Daher gilt der Ansatz:

$$Q = F\,\alpha\,(\vartheta_0 - \vartheta_e)\,. \qquad (123)$$

α) Parallel angeströmte ebene Platte bei reibungsfreier Strömung

Dieser für die mathematische Behandlung einfachste Fall sei zur Darlegung der allgemeinen Gesetzmäßigkeiten vorangestellt.

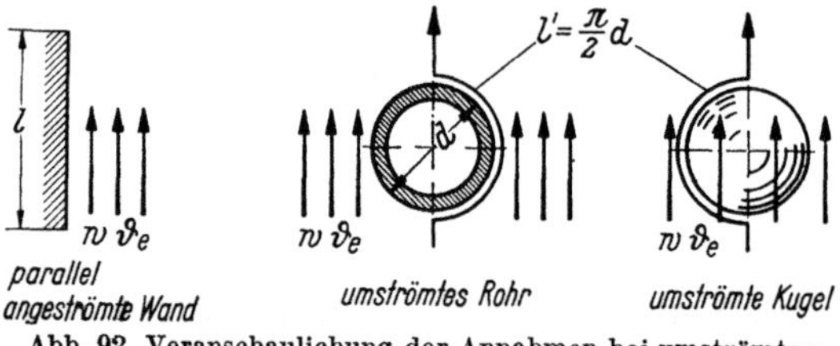

Abb. 92. Veranschaulichung der Annahmen bei umströmten Körpern.

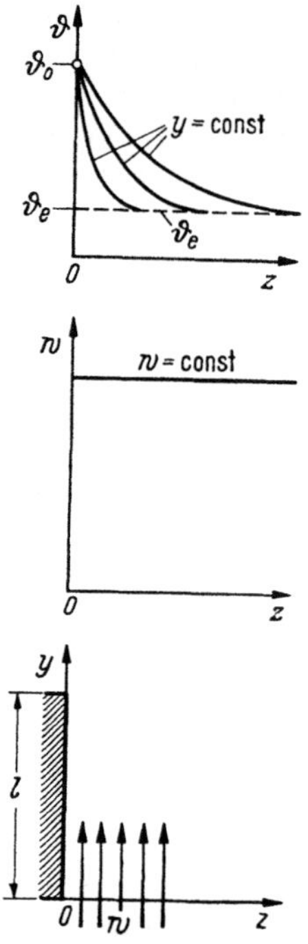

Abb. 93. Temperaturverlauf beim thermischen Anlauf in reibungsfrei strömenden Medien.

Die Koordinate in Richtung der Strömung sei y, quer zur Strömungsrichtung z (Abb. 93). Die Geschwindigkeit des (reibungsfrei gedachten) Mediums sei überall konstant gleich w. Das Medium habe in hinreichendem Abstand von der Platte stets die Temperatur ϑ_e. Dann ist das Problem dasselbe, als würde ein ruhender Körper von den thermischen Eigenschaften des Mediums mit der ebenen Oberfläche für die „Kontaktzeit" $t = y/w$ in Berührung gebracht, und es gelten die gleichen Gesetzmäßigkeiten wie für den im vorigen Abschnitt behandelten Fall des kurzfristigen Kontaktes zweier ruhender Körper.

Ein Zeitelement dt entspricht einem Längenelement dy/w. Damit geht die Differentialgleichung (97) über in

$$\frac{\partial^2 \vartheta}{\partial z^2} = \frac{w}{a} \frac{\partial \vartheta}{\partial y}. \tag{124}$$

Wendet man zum Aufsuchen der dimensionslosen Veränderlichen des Problems dasselbe Verfahren an, das vorher zur FOURIERschen Kenngröße $Fo = z^2/at$ führte (s. S. 114), so liefert dies jetzt mit $t = y/w$ die Kenngröße $w z^2/a y$.

Diese Kenngröße kann in ein Produkt wz/a und z/y aufgespalten werden. Der erste Faktor stellt die in der Wärmeübergangslehre für strömende Medien fundamentale *Pécletsche Kenngröße* dar:

$$w z/a = Pe. \tag{125}$$

Die Größe z/y ist ein rein geometrisches Verhältnis. Die Kenngröße des Problems ist also:

$$w z^2/a y = Pe\, z/y. \tag{126}$$

Die Lösung der Aufgabe hat wegen der formalen Übereinstimmung der Differentialgleichungen [Gl. (97) und (124)] die gleiche Form wie früher.

Die Wärmeübergangszahl bei konstanter Oberflächentemperatur. Für den Fall konstanter Oberflächentemperatur ϑ_0 lautet die Lösung entsprechend Gl. (110)

$$\frac{\vartheta - \vartheta_e}{\vartheta_0 - \vartheta_e} = G\left(\frac{1}{2}\sqrt{Pe\frac{z}{y}}\right), \tag{127}$$

worin G das in Tab. 24 angegebene „GAUSSsche Integral" ist.

Für die auf dem Wege von 0 bis l ausgetauschte Wärmemenge gilt entsprechend Gl. (113)

$$Q_0^l = F \frac{2}{\sqrt{\pi}} \sqrt{\lambda c \gamma} \sqrt{\frac{l}{w}} (\vartheta_0 - \vartheta_e). \tag{128}$$

Führt man eine Wärmeübergangszahl α entsprechend dem Ansatz

$$Q_0^l = F \alpha (\vartheta_0 - \vartheta_e) \text{ kcal/h}, \tag{129}$$

worin bei einem Streifen von 1 m Breite und der Länge l die Fläche $F = l$ wird, ein, so ergibt sich als mittlere Wärmeübergangszahl entsprechend Gl. (116):

$$\alpha = \frac{2}{\sqrt{\pi}} \sqrt{\lambda c \gamma} \sqrt{\frac{w}{l}} = \frac{2}{\sqrt{\pi}} \lambda \sqrt{\frac{w}{a l}}. \tag{130}$$

Es ist üblich geworden, die Gleichungen des Wärmeüberganges in dimensionsloser Form zu schreiben. Als dimensionslose Wärmeübergangszahl, die mit Nu (NUSSELTsche Kenngröße) bezeichnet wird, gilt

$$Nu_l = \alpha l/\lambda, \tag{131}$$

worin der Zeiger l andeuten soll, daß die Kenngröße mit der Länge l als charakteristischer Länge gebildet ist. Dann wird aus Gl. (131) unter Benutzung von Gl. (130):

$$Nu_l = \frac{\alpha l}{\lambda} = \frac{2}{\sqrt{\pi}} \sqrt{\frac{w l}{a}} = 1{,}13 \sqrt{Pe_l}. \tag{132}$$

Die Wärmeübergangszahl bei örtlich veränderlicher Oberflächentemperatur. Allgemein gilt hier entsprechend S. 120 folgendes: *Nimmt an der Oberfläche die Übertemperatur* ($\vartheta_0 - \vartheta_e$) *in Richtung der Strömung zu, so wird die Wärmeübergangszahl größer als bei konstanter Oberflächentemperatur, nimmt die Oberflächentemperatur in Richtung der Strömung ab, so wird sie kleiner*[1].

Zum Verständnis sei hier der auf S. 120 behandelte Fall der Wärmebewegung in einem ruhenden Körper bei Zufuhr konstanter Heizleistung auf die Wärmeabgabe in reibungsfrei strömenden Medien abgewandelt. Jetzt soll die wärmeabgebende Platte so beheizt sein – etwa elektrisch –, daß an jeder Stelle der gleiche Wärmefluß in das vorbeistreichende Medium vorhanden ist. Setzt man in Gl. (117) an Stelle von t die Größe l/w, so sieht man, daß die Temperaturdifferenz zwischen Oberfläche und Medium im Sinn der Strömung zunimmt.

$$\vartheta_0 - \vartheta_e = \frac{2}{\sqrt{\pi}} \frac{q_0}{\sqrt{\lambda c \gamma}} \sqrt{\frac{l}{w}}.$$

Mit l/w an Stelle von t findet man für die Wärmeübergangszahl [entsprechend Gl. (118)]

$$\alpha = \frac{3\sqrt{\pi}}{4} \sqrt{\lambda c \gamma} \sqrt{\frac{w}{l}} = \frac{3\sqrt{\pi}}{4} \frac{\lambda}{l} \sqrt{\frac{w l}{a}}. \tag{133}$$

Die dimensionslose Wärmeübergangszahl ist

$$Nu_l = \alpha l/\lambda = 1{,}33 \sqrt{Pe_l}, \tag{134}$$

also um 17% größer als bei Aufrechterhaltung konstanter Oberflächentemperatur ϑ_0.

Gl. (132) und (134) zeigen die charakteristische Abhängigkeit

$$Nu = C \sqrt{Pe}, \tag{135}$$

die für den Fall gilt, daß die Wärmebewegung in einem mit gleichmäßiger Geschwindigkeit w strömenden Medium stattfindet. Bei jeder vorgegebenen, an allen Stellen y gleichen Geschwindigkeitsverteilung (linear, parabolisch usw.) ergibt sich bei Laminarströmung stets ein Zusammenhang von der Form

$$Nu = C' f(Pe), \tag{136}$$

wobei die Konstante c' sowie die Art der Funktion $f(Pe)$ von der Form des Geschwindigkeitsprofils und den geometrischen Verhältnissen abhängen. Die PÉCLETsche Kenngröße bestimmt dann allein den Wärmeübergang.

[1] Vgl. hierzu auch SCHLICHTING [*162*], dort S. 1–8.

β) Parallel angeströmte Platte bei Ausbildung einer laminaren Grenzschicht

Berücksichtigt man in der Berechnung den hydrodynamischen Anlaufvorgang, d.h. Ausbildung einer in Richtung der Strömung immer stärker werdenden laminaren Grenzschicht (Abb. 94), so kann nicht nur das thermische Verhalten im strömenden Medium, das durch *Pe* charakterisiert ist, maßgeblich sein, vielmehr muß auch das hydrodynamische Verhalten, das die Form des Geschwindigkeitsfeldes bestimmt, zum Ausdruck kommen.

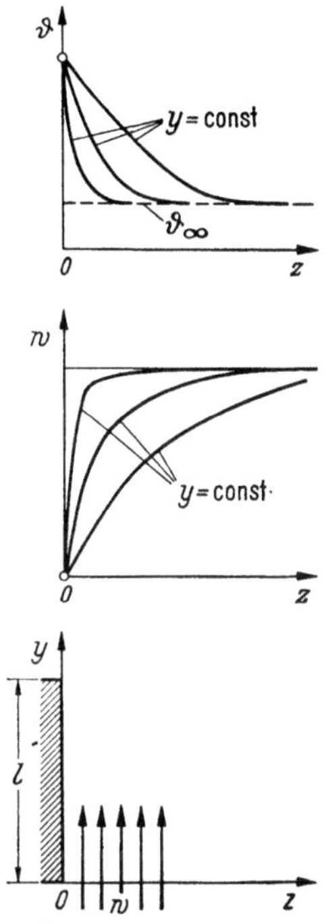

Abb. 94. Temperatur- und Geschwindigkeitsverlauf bei Anlaufvorgängen.

Zur Charakterisierung des hydrodynamischen Verhaltens benutzt man allgemein die *Reynoldssche Kenngröße*

$$Re_l = w\,l/\nu\,, \tag{137}$$

worin l als charakteristische Länge eingeführt ist und $\nu = \frac{\eta}{\varrho} = \frac{\eta g}{\gamma}$ [m²/h] = kinematische Zähigkeit des Mediums.

η dynamische Zähigkeit, ϱ Dichte,
g Erdbeschleunigung, γ spezifisches Gewicht.

Der Zusammenhang zwischen Wärmeübergang und den thermischen und hydrodynamischen Einflußgrößen müßte dann die Form

$$Nu = f(Pe,\, Re) \tag{138}$$

haben. Bedenkt man aber, daß *Re* und *Pe* gleichen Aufbau zeigen, so ist es übersichtlicher als zweite Veränderliche das Verhältnis Pe/Re einzuführen, das als *Prandtlsche Kenngröße Pr* bezeichnet wird:

$$Pr = Pe/Re = \nu/a\,. \tag{139}$$

Diese Zahl, die eine reine Stoffeigenschaft ist, charakterisiert also das Verhältnis des thermischen zum hydrodynamischen Verhalten. Man kann an Stelle von Gl. (138) auch als allgemeine Wärmeübergangsgleichung für erzwungene Strömung setzen:

$$Nu = F(Pe,\, Pr) = f(Re,\, Pr)\,. \tag{140}$$

Eine von Kroujiline [*123*] durchgeführte Berechnung[1] für die parallel angeströmte Platte bei konstanter Oberflächentemperatur liefert unter Annahme eines mathematisch brauchbaren Geschwindigkeitsverlaufes in der Grenzschicht (kubische Parabeln) für die mittlere Wärmeübergangszahl an der gesamten Platte die Beziehung:

$$Nu_l = \frac{\alpha}{\lambda}\,l = 0{,}662\,\sqrt[3]{Pr}\,\sqrt{Re_l} = 0{,}662\,\frac{1}{\sqrt[6]{Pr}}\,\sqrt{Pe_l}\,. \tag{141}$$

[1] Vgl. auch Eckert [*11*].

Die qualitative Abhängigkeit der NUSSELTschen von der PÉCLETschen Kenngröße ist die gleiche wie bei reibungsfreier Strömung. Die hydrodynamischen Eigenschaften wirken sich in der sechsten Wurzel der PRANDTLschen Kennzahl aus. Durch die Form der angenommenen Geschwindigkeitsverteilung in der laminaren Randzone ist ein Unterschied gegenüber der reibungsfreien Strömung bedingt, der sich in dem Beiwert $0{,}662/\sqrt[6]{Pr}$ gegenüber dem Festwert 1,13 in Gl. (132) zeigt.

Die PRANDTLschen Zahlen $Pr = \nu/a$ sind in Tab. 28 für die verschiedenen Medien enthalten. Als Anhaltspunkt für die Größenordnung:

Gase	$Pr = 0{,}6$ bis 1,2
Flüssigkeiten (außer Quecksilber)	1 bis 2000.

Für *Luft* ($Pr = 0{,}72$) ergibt sich aus Gl. (141)

$$Nu_l = 0{,}7\sqrt{Pe_l} = 0{,}6\sqrt{Re_l}. \tag{142}$$

Für Luft ist also die Wärmeübergangszahl beim thermischen *und* hydrodynamischen Anlaufvermögen um $\frac{1{,}13 - 0{,}7}{1{,}13} \cdot 100 = 36\%$ kleiner als für

Tabelle 28. *Stoffwerte für einige Flüssigkeiten und Gase.*
Spezifisches Gewicht γ, spezifische Wärme c_p, Wärmeleitfähigkeit λ, kinematische Zähigkeit ν, Temperaturleitzahl a, kubischer Ausdehnungskoeffizient ε und die PRANDTL-Zahl $Pr = \nu/a$ bei $p = 1$ ata. Nach [*24*] und [*35*].

Stoff	t	γ	c_p	λ	$\nu \cdot 10^3$	$a \cdot 10^3$	Pr	$\varepsilon \cdot 10^3$
	°C	kg/m³	$\frac{kcal}{kg\,°C}$	$\frac{kcal}{mh\,°C}$	m²/h	m²/h	÷	1/°C
				Flüssigkeiten				
Wasser	0	999,8	1,0074	0,475	6,44	0,472	13,6	−0,07
	50	988,0	0,9987	0,550	2,05	0,557	3,68	+0,45
	100	958,3	1,0070	0,586	1,06	0,606	1,74	0,75
	150	910,9	1,030	0,587	0,727	0,622	1,17	1,03
Glyzerin $C_3H_5(OH)_3$	0	1273	0,540	0,243	29,99	0,354	84,7	0,49
	20	1261	0,570	0,245	4,25	0,341	12,5	0,49
	50	1242	0,617	0,247	0,526	0,322	1,63	0,50
Flugmotorenöl (Rotring)	0	897	0,429	0,126	15460	0,328	47100	0,65
	50	868	0,479	0,122	576	0,294	1960	0,67
	100	838	0,530	0,118	73,4	0,266	276	0,70
	150	810	0,582	0,115	24,3	0,243	100	0,72
Transformatorenöl	20	866	0,452	0,107	131,5	0,273	481	0,69
	60	842	0,500	0,105	31,3	0,249	126	0,70
	100	818	0,548	0,102	13,7	0,228	60,3	0,72
Spindelöl	20	871	0,442	0,124	54	0,322	168	0,74
	60	845	0,482	0,122	17,8	0,300	59,4	0,75
	100	820	0,522	0,120	8,8	0,280	31,4	0,77
Benzol C_6H_6	20	879,1	0,415	0,132	2,66	0,362	7,33	1,06
Quecksilber Hg	0	13595	0,0335	7,06	0,446	15,5	0,0288	0,180
	50	13473	0,0331	8,09	0,375	18,1	0,0207	0,180
	100	13352	0,0328	9,04	0,334	20,6	0,0162	0,181

Tabelle 28. (Fortsetzung)

Stoff	t	γ	c_p	λ	ν	a	Pr
	°C	kg/m³	$\frac{\text{kcal}}{\text{kg °C}}$	$\frac{\text{kcal}}{\text{mh °C}}$	m²/h	m²/h	÷
			Gase				
Luft	−200	2,014	0,245	0,0059	0,0097	0,012	0,81
	−100	1,977	0,244	0,0141	0,0215	0,029	0,74
	0	1,2516	0,2404	0,0209	0,049	0,069	0,71
	+100	0,9156	0,241	0,0267	0,0857	0,120	0,71
	+200	0,7218	0,245	0,0317	0,129	0,179	0,72
	500	0,4418	0,261	0,044	0,294	0,385	0,76
	1000	0,2683	0,283	0,061	0,66	0,807	0,82
	1500	0,1927	0,295	0,075	1,12	1,33	0,84
	2000	0,1503	0,303	0,088	1,65	1,94	0,85
Wasserstoff H_2	−200	0,3257	2,56	0,0443	0,037	0,0531	0,70
	−100	0,1372	3,14	0,100	0,16	0,232	0,69
	0	0,08698	3,41	0,151	0,344	0,510	0,67
	+100	0,06368	3,45	0,197	0,583	0,898	0,65
	+200	0,05022	3,47	0,237	0,864	1,36	0,64
	+300	0,04148	3,48	0,27	1,12	1,77	0,63
Kohlendioxyd CO_2	−50	2,358	0,185	0,0095	0,0172	0,0212	0,81
	0	1,913	0,196	0,0123	0,026	0,0329	0,79
	+50	1,612	0,208	0,0153	0,0363	0,0456	0,79
	100	1,395	0,219	0,0183	0,0479	0,0600	0,80
	200	1,098	0,239	0,0243	0,075	0,0927	0,81
Wasserdampf H_2O	−50	0,000039	0,443	0,0107	724	619	1,17
	0	0,004848	0,443	0,0137	7,07	6,38	1,105
	+50	0,08298	0,447	0,0170	0,49	0,459	1,068
	100	0,5780	0,454	0,0205	0,081	0,0765	1,060
	200	0,4515	0,468	0,0280	0,132	0,1325	0,997
	500	0,2750	0,511	0,0647	0,350	0,460	0,760
Ammoniak NH_3	−50	0,3812	0,525	0,0148	0,069	0,074	0,93
	0	0,7662	0,520	0,0189	0,044	0,049	0,90
	+50	0,6258	0,520	0,0225	0,063	0,069	0,91
	100	0,5404	0,534	0,0255	0,085	0,088	0,97
	150	0,4759	0,553	0,028	0,111	0,106	1,05
	200	0,4252	0,572	0,030	0,139	0,123	1,13

den Extremfall des thermischen Anlaufvorganges bei reibungsfreiem Vorbeigleiten der Luft an einer ebenen Platte von konstanter Temperatur ϑ_0. Beide Berechnungen gelten nur für den Fall, daß keine turbulenten Bewegungen quer zur Strömungsrichtung den Wärmeaustausch an die Wand erhöhen.

γ) *Die versuchsmäßig ermittelten Abhängigkeiten des Wärmeüberganges bei außenumströmten Körpern*

An den Standardkörpern Zylinder und Kugel sind außerordentlich viele Experimente durchgeführt worden, um die Wärmeübergangszahl zu bestimmen. Da in der Trocknungstechnik vielfältige Formen der Körper vorkommen (Körner, Fasern, Kugeln, Tabletten usw.), scheint es von Vorteil, die an den Standardkörpern gewonnenen Versuchsergebnisse so zusammenzustellen, daß der Einfluß der Form erkennbar wird. Dazu ist es nötig, bei allen zum Vergleich herangezogenen Körpern eine einheitliche charakteristische Länge einzuführen.

Es ist üblich, als charakteristische Länge bei ebenen Platten die Anströmlänge l, bei Zylinder und Kugel den Durchmesser d zu wählen. Eine zum Vergleich besser geeignete Größe scheint auch hier die Anströmlänge l' (s. Abb. 92)

$$\left.\begin{aligned} l' &= \frac{\pi}{2}\, d \quad \text{für Kugel und Zylinder,} \\ l' &= l \quad \text{für ebene Platte} \end{aligned}\right\} \tag{143}$$

zu sein.

Es ist dann

$$Nu_{l'} = \frac{\pi}{2} Nu_d\,, \quad Re_{l'} = \frac{\pi}{2} Re_d\,, \quad Pe_{l'} = \frac{\pi}{2} Pe_d\,. \tag{144}$$

Körper im Luftstrom ($Pr = 0{,}72$). Abb. 95 zeigt die zusammenfassende Darstellung der für *luft*umströmte Zylinder und Kugeln gefundenen Werte im Vergleich zu den Berechnungen für die ebene Platte bei

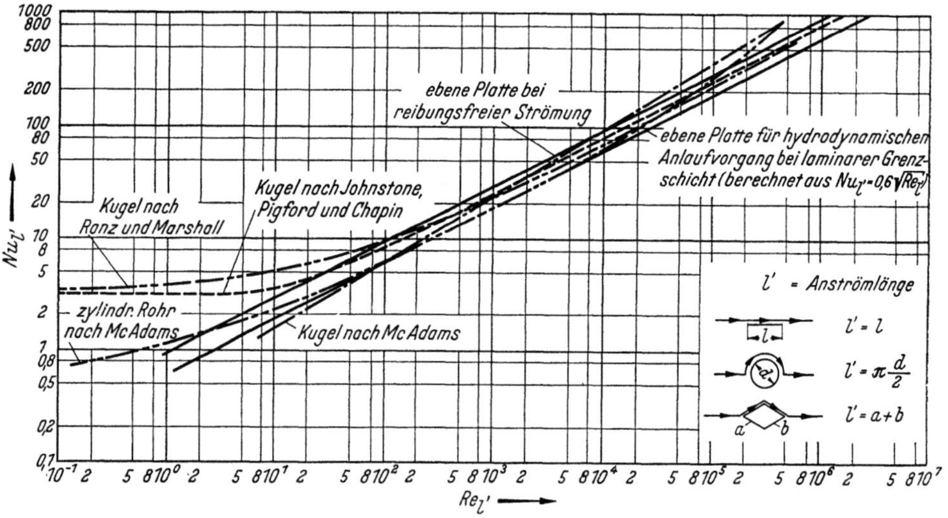

Abb. 95. $Nu_{l'}$ in Abhängigkeit von $Re_{l'}$ für umströmte Kugeln und Zylinder und längs angeströmte ebene Platten bei erzwungener Strömung.

Die Werte der ebenen Platte bei reibungsfreier Strömung wurden berechnet nach $Nu_{l'} = 0{,}95\sqrt{Re_{l'}}$.

reibungsfreier Strömung [Gl. (132)] und beim laminaren Anlaufvorgang [Gl. (142)]. Die mittleren Kurven für Kugel und Rohr sind aus McAdams [*30*] sowie Ranz und Marshall [*151*] entnommen. Die Streuung der Versuchspunkte gegenüber den angebenen mittleren Kurven liegt meist unter etwa ± 20 bis 25%.

Abb. 96 zeigt den Zusammenhang für verschiedene Profilrohre gegenüber einem zylindrischen Rohr nach Messungen von Hilpert [*86*].

Bemerkenswert an Abb. 95 erscheint folgendes:

1. Bezieht man auf die Anströmlänge l', so zeigt sich bei den Versuchen für Zylinder und Kugel sowie den einfachen Rechnungsergebnissen für die ebene Platte kein entscheidender Unterschied oberhalb von

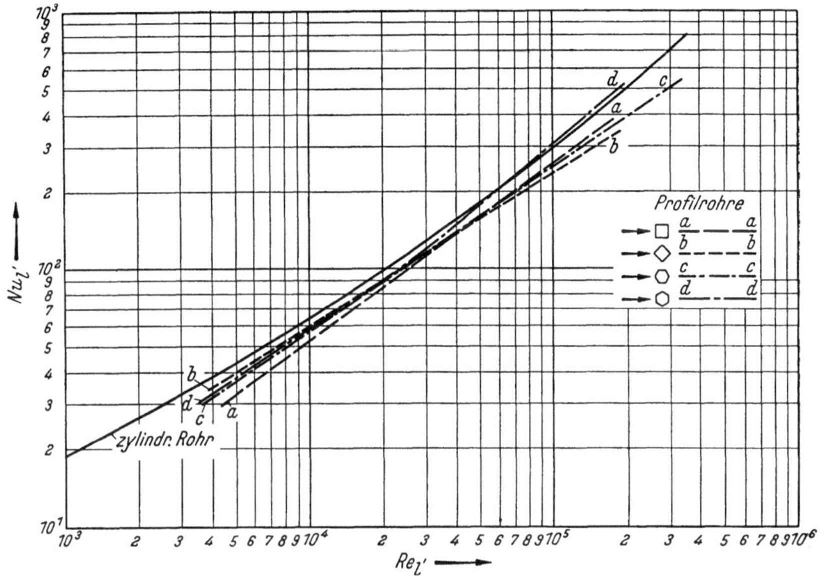

Abb. 96. Wärmeübergang bei verschiedenen Profilrohren nach HILPERT [86].

$Re_{l'} = 20$. Mit einer maximalen Abweichung von $\pm 25\%$ kann für alle Kurven, bei denen Luft als Medium benutzt wurde, im Bereich von $10 < Re < 10^5$

$$Nu_{l'} = 0{,}75\sqrt{Re_{l'}} \tag{145}$$

angesetzt werden.

2. Unterhalb $Re_{l'} \approx 10$ ist $Nu_{l'}$ entweder konstant oder schwächer von $Re_{l'}$ abhängig als nach Gl. (145). Hierzu folgendes:

Bei Kugeln kann der Wert von $Nu_{l'}$ nicht unter π fallen. Man denke eine sehr kleine Kugel vom Durchmesser d in einem Medium von sehr kleiner Geschwindigkeit ($w \to 0$). Dann stellt sich der durch Gl. (82) beschriebene Beharrungszustand der Wärmeströmung im Medium ein. Ist dessen Ausdehnung gegenüber der Kugel groß ($r_a = \infty$), so wird nach Gl. (82c)

$$Q = \lambda 2\pi \mathrm{d}(\vartheta_0 - \vartheta_\infty).$$

Setzt man dies nach dem mit der Wärmeübergangszahl gebildeten Ansatz

$$Q = F\alpha(\vartheta_0 - \vartheta_\infty) = \pi d^2 \alpha(\vartheta_0 - \vartheta_\infty),$$

so ergibt sich für

$$Nu_d = \frac{\alpha d}{\lambda} = 2$$

und für

$$Nu_{l'} = \frac{\pi}{2} Nu_d = \pi. \tag{146}$$

Symbol	Skizze	Beschreibung	Symbol	Skizze	Beschreibung
□	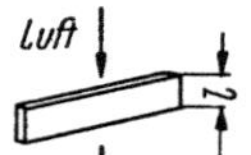	*Ebene Platte*, längs angeströmt ($l' = l$)	⊙	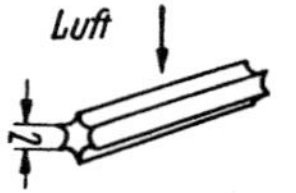	*Rillenzylinder*, Querschnitt von 6 nach außen konkaven Kreisbogen gebildet. Luftsrömung senkrecht auf eine Kante ($l' = 3\,l$)
○	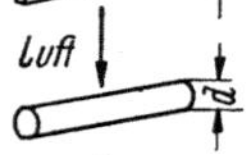	*Kreiszylinder*, quer angeströmt $\left(l' = \frac{\pi}{2}\,d\right)$	×	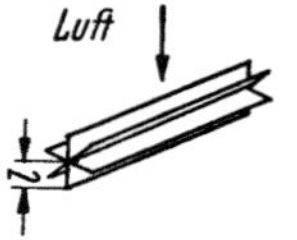	*Sternförmiges Prisma* Querschnitt sechsstrahliger Stern mit gleichen Schenkellängen und Winkeln. Luftströmnng senkrecht auf eine Kante ($l' = 6\,l$)
●	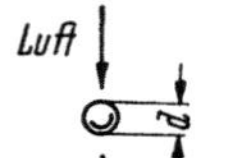	*Kugel* $\left(l' = \frac{\pi}{2}\,d\right)$	■+	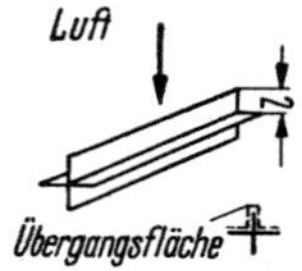	*Kreuzförmiges Prisma* J_1, Querschnitt vierstrahliges Kreuz mit gleichen Schenkellängen und Winkeln. Stoffübergang auf einer Probenhälfte. Übergangsfläche direkt angeblasen ($l' = 2\,l$)
⊗	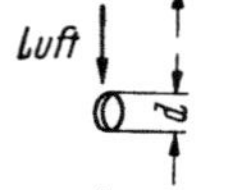	*Kreisscheibe*, in Richtung eines Durchmessers angeströmt $\left(l' = \frac{\pi}{4}\,d\right)$	+■	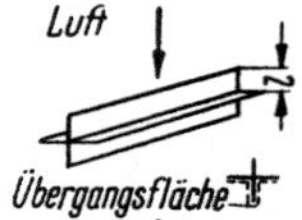	*Kreuzförmiges Prisma* J_2, wie J_1, aber Übergangsfläche im Strömungsschatten ($l' = 2\,l$)
△	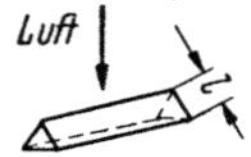	*Dreieckförmiges Prisma*, Querschnitt ist ein gleichseitiges Dreieck. Luftströmung senkrecht auf eine Kante $\left(l' = \frac{3}{2}\,l\right)$	▲	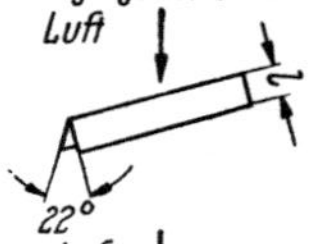	*Winkelförmiges Prisma*, Querschnitt ein gleichschenkliger Winkel von 22°. Luftströmung senkrecht auf Winkelkante ($l' = l$)
▽	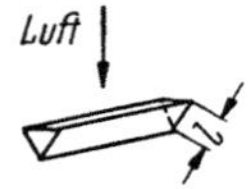	*Dreieckförmiges Prisma*, Luftströmung senkrecht auf eine Fläche $\left(l' = \frac{3}{2}\,l\right)$	▼	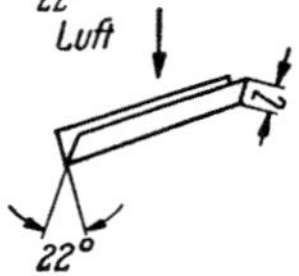	*Winkelförmiges Prisma*, Luftströmung senkrecht in den Winkel ($l' = l$)
∧	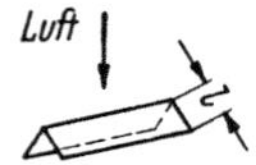	*Winkelförmiges Prisma*, Querschnitt ist ein gleichschenkliger Winkel von 60°. Luftströmung senkrecht auf Winkelkante ($l' = 2\,l$)			
∨	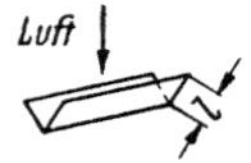	*Winkelförmiges Prisma*, Luftströmung senkrecht in den Winkel ($l' = 2\,l$)			

Abb. 97. Die Formen der untersuchten überströmten Einzelkörper (l' = Anströmlänge).

Bei unendlich langen Zylindern oder unendlich ausgedehnten ebenen Wänden gibt es diese Begrenzung [entsprechend Gl. (80) und (81)] nicht. Aber da es in der Technik nur Körper von endlicher Ausdehnung gibt, ist de facto bei allen Körpern eine untere Grenze für *Nu* gesetzt, die von den gesamten Abmessungen des Körpers (nicht nur von der hier als entscheidend angesetzten Anströmlänge l') abhängig ist. Zum Beispiel ist der Kleinstwert $Nu_{l'_{\min}}$ für *Kreisscheiben* (etwa Tabletten) in ruhender Luft, wie man leicht aus Gl. (82d) herleiten kann,

$$Nu_{l'_{\min}} = 2\,, \tag{147}$$

wenn unter l' die mittlere Anströmlänge $l' = \frac{\pi}{4}\,d$ verstanden wird.

3. Bei höheren *Re*-Zahlen als etwa 10^5 zeigen alle versuchsmäßig gewonnenen Kurven einen steileren Anstieg als die für reibungsfreie Strömung oder laminare Anlaufströmung berechneten. Dies ist auf das Auftreten turbulenter Bewegungen in der Grenzschicht zurückzuführen, die zusätzlich zur molekularen Wärmeleitung einen Wärmeaustausch der Turbulenzballen untereinander bewirken.

Zur Prüfung der Frage, inwieweit die näherungsweise Übereinstimmung des Zusammenhanges zwischen $Nu_{l'}$ und $Re_{l'}$ für die Standardkörper (Kugel, Zylinder, ebene Platte) auch für Körper beliebiger Form, wie sie in der Trocknungstechnik meistens vorkommen, gültig ist, wurde eine Untersuchung an überströmten Einzelkörpern extrem verschiedener Form durchgeführt [*115*]. Die untersuchten Formen sind in Abb. 97 dargestellt, in der ferner angegeben ist, wie die charakteristische Anströmlänge l' für die einzelnen Formen bestimmt wurde.

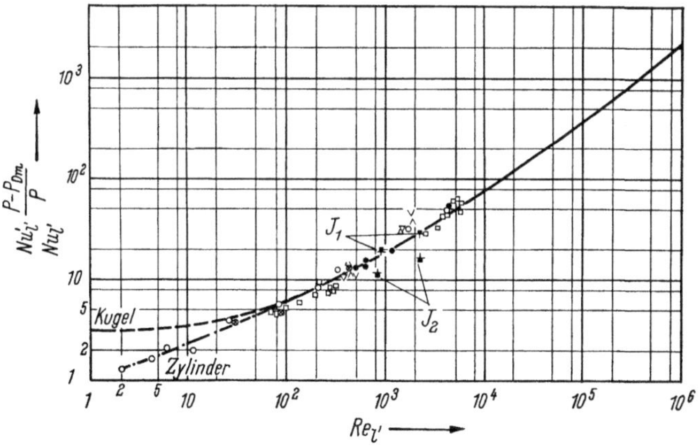

Abb. 98. Wärme- und Stoffübergang an Körpern verschiedener geometrischer Form (Symbole nach Abb. 97).

Die Ergebnisse der Untersuchung sind in den Abb. 98 und 99 dargestellt.

In Abb. 98 sind diejenigen Meßwerte zusammengestellt, die nur wenig um eine Mittelkurve, der sich auch die Ergebnisse für die Standardkörper gut anfügen, streuen. Es sind die Körper, bei denen keine wesentlichen konkaven Oberflächenteile vorhanden sind. Ein winkelförmiges Prisma von 60° Öffnungswinkel zeigt noch gute Übereinstimmung mit der Mittelkurve, gleichgültig, ob es außen auf die Winkelkante angeströmt oder ob in den Winkel hineingeblasen wird; ebenso das kreuzförmige Prisma J_1, wenn die stoffabgebende Oberfläche angeströmt wird.

Abb. 99 zeigt diejenigen Ergebnisse, die teilweise stark von der Mittelkurve abweichen. Es sind: Rillenzylinder, sternförmiges Prisma, dessen Querschnitt ein sechsstrahliger Stern war, das kreuzförmige Prisma

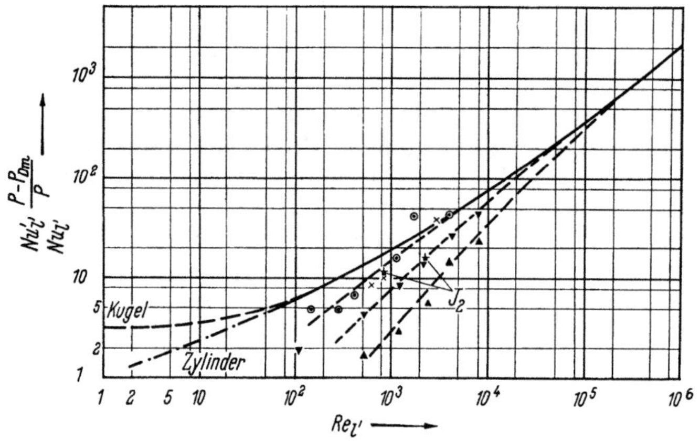

Abb. 99. Wärme- und Stoffübergang an Körpern verschiedener geometrischer Form (Symbole nach Abb. 97).

bei nur einseitigem Austausch für den Fall (J_2), daß die Austauschfläche im Strömungsschatten liegt, und das winkelförmige Prisma, bei dem ein Austausch nur aus dem Spalt heraus, der einen Winkel von 22° bildete, möglich war. Die tiefsten Werte ergeben sich, wie wohl auch jeder erwarten würde, für den Fall, daß die wärmeaustauschende Spaltfläche im Strömungsschatten liegt. Bläst man in den Spalt hinein, so wird der Wärmeübergang zwar bis zu dreimal so groß, aber bei kleinen *Re*-Zahlen doch nur ein Drittel so groß wie bei den Standardkörpern. Immerhin aber sieht man, daß die Werte bei hohen *Re*-Zahlen sich der Mittelkurve für die Standardkörper und die Körper, die keine konkaven Oberflächenteile haben, nähern. Auch für Rillenzylinder und sternförmiges Prisma liegen die Werte bei kleinen Reynoldsschen Zahlen erheblich unter der Mittelkurve, bei $Re_{l'} > 10^3$ jedoch zeigt sich plötzlich ein steiler Anstieg – sogar noch etwas über die Mittelkurve hinaus.

Verständlich wird dieses Verhalten, wenn man die Strömungsbilder in Schlierenaufnahmen sichtbar macht. Abb. 100 zeigt die Schlierenaufnahmen des mit verschiedenen Geschwindigkeiten angeströmten Rillenzylinders. Die beiden Aufnahmen für kleine *Re*-Zahlen ($Re_{l'} = 126$ und 528) gelten für den Bereich, in dem die Meßpunkte viel tiefer liegen als die Mittelkurve. Man sieht, wie der Totraum der Strömung schon hinter der ersten Rille beginnt und die weiteren Rillen ganz im Totraum liegen. Die beiden anderen Bilder ($Re_{l'} = 3020$ und 5790) gelten für höhere *Re*-Zahlen, bei denen die Meßergebnisse über oder auf der Mittelkurve liegen. Man sieht, wie hier der Totraum kleiner wird und so etwas wie eine Grenzschicht sich fast um den ganzen Umfang zieht.

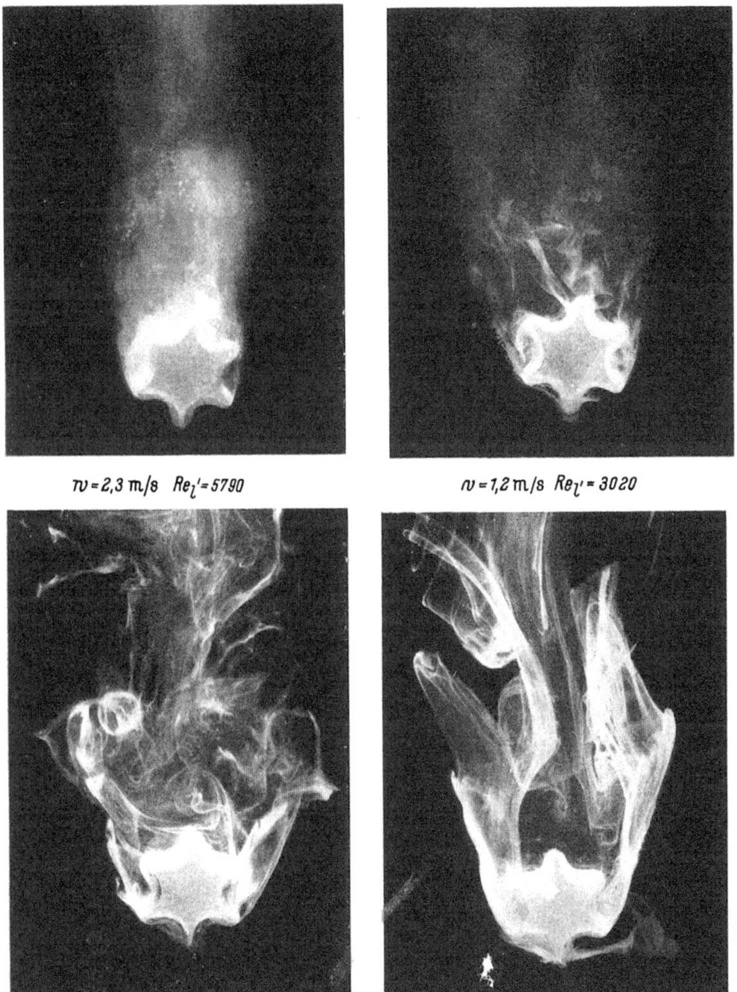

Abb. 100. Strömungsaufnahmen am Rillenzylinder.

In Abb. 101 ist die Mittelkurve $Nu_{l'}$ über $Re_{l'}$ für Luft ($Pr = 0{,}72$) aufgetragen. An der Ordinate sind diejenigen Kleinstwerte von $Nu_{l'}$ für endliche Zylinder angegeben, die sich für bestimmte Verhältnisse von Zylinderlänge zu Durchmesser ergeben [*115*]. Man sieht, daß sich dieses

Verhältnis unterhalb $Re_{l'} = 10$ stark auf den Verlauf der Kurven für jeden endlichen Zylinder auswirken muß, so daß eine einheitliche Dar-

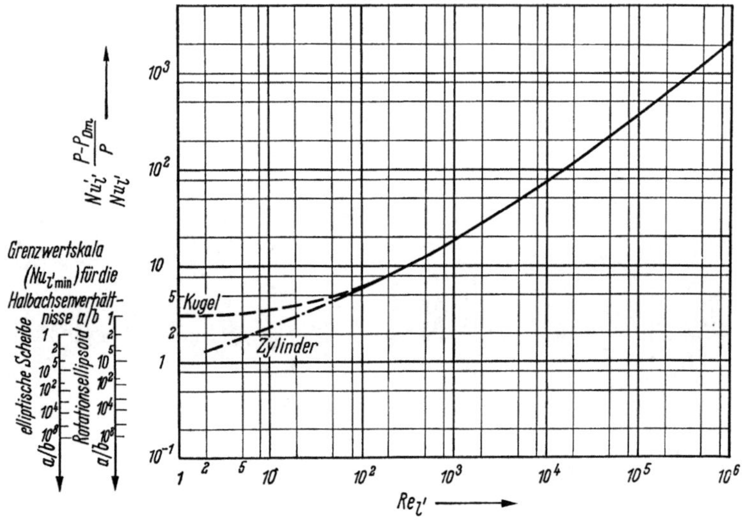

Abb. 101. Mittelkurve für umströmte Einzelkörper (strömendes Medium: Luft, $Pr = 0{,}72$).

stellung $Nu_{l'} = f(Re_{l'})$ für Zylinder, Kugel und ebene Platte erst oberhalb $Re_{l'} = 10^2$ möglich sein kann.

Körper von zähen Medien umströmt. Die bei Zylindern untersuchte Abhängigkeit des Wärmeübergangs von der PRANDTLschen Zahl Pr (im Bereich von $Pr = 0{,}72$ bis 860) läßt erkennen, daß die für laminare Grenzschichten gültige Gl. (141) den *qualitativen* Zusammenhang sehr gut beschreibt (vgl. MCADAMS [*30*], dort Abb. 113, S. 226).

Man kann Abb. 101 zur Bestimmung der Wärmeübergangszahlen auch für zähe Medien benutzen, wenn man die Nu-Zahl für einen Abszissenwert $Re_{l'}\left(\frac{Pr}{0{,}72}\right)^{2/3}$ aufsucht, worin l' die Anströmlänge ist $\left(\text{ebene Platte von der Länge } l,\ l' = l;\ \text{Zylinder und Kugel } l' = \frac{\pi}{2}\,d\right)$.

δ) *Freie Strömung (Auf- oder Abtriebsströmung)*

Die bei der Berührung eines Mediums mit einer wärmeren oder kälteren Oberfläche im Medium entstehenden Dichteunterschiede bewirken bei konstantem Druck eine Auftriebsströmung, die den Wärmeübergang erheblich beeinflußt. Als für den Auftrieb maßgebliche Kenngröße benutzt man allgemein die GRASHOFsche Zahl Gr

$$Gr = \frac{l^3 g\,\varepsilon(\vartheta_0 - \vartheta_\infty)}{\nu^2}, \tag{149}$$

worin l m = charakteristische Länge, ε 1/° = Ausdehnungskoeffizient,
g m/h² = Erdbeschleunigung, ν m²/h = kinematische Zähigkeit.

Zahlreiche Untersuchungen liegen vor für horizontale Zylinder und vertikale ebene Platten. Als charakteristische Länge l benutzt man für Zylinder den Durchmesser d, für die ebene Platte die Höhe h.

Die aus den Versuchen für beliebige Medien resultierenden Ergebnisse werden auf die Form gebracht[1]:

$$Nu = f(Gr\,Pr)\,. \tag{150}$$

Wählt man wiederum die Anströmlänge l' als einheitliche charakteristische Länge, so können die Versuchsergebnisse für horizontale Zylinder und vertikale ebene Platten zusammenfassend dargestellt werden (Abb. 102).

Man erkennt, daß die Abweichungen für die verschiedenen Formen für $Gr_{l'}\,Pr > 10^3$ gering sind. Für den Bereich $Gr_{l'}\,Pr$ von 10^4 bis 10^8 gilt für alle Formen mit guter Näherung die ausgezogene Gerade d; diese hat die Gleichung

$$Nu_{l'} = 0{,}59\,\sqrt[4]{Gr_{l'}Pr}\,. \tag{151}$$

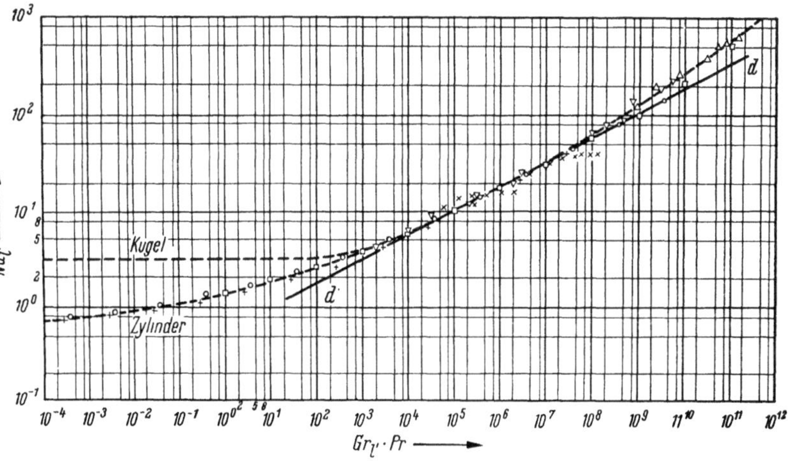

Abb. 102. $Nu_{l'}$ in Abhängigkeit von $Gr_{l'} \cdot Pr$ für Körper verschiedener Form bei Auftriebsströmung.

+ Nach NUSSELT [*139*] für horiz. Zylinder nach Meßpunkten von LANGMUIR, WAMSLER, KOCH, BIJLEVELT u.a.
○ Nach MCADAMS [*30*] für horiz. Zylinder nach Meßpunkten von AYRTON u. KILGOUR, DAVIS, SAUNDERS, LANGMUIR, ACKERMANN u.a.
△ Senkrechte Zylinder nach GRIFFITHS u. DAVIS [*76*].
□ Nach MCADAMS [*30*] für kurze ebene Platten nach Meßpunkten von SAUNDERS, WEISE.
× Kugeln nach ELENBAAS [*60*].

Kurve d: $Nu_{l'} = 0{,}59\,\sqrt[4]{Gr_{l'} \cdot Pr}$ Gl. (151).

[1] Neuerdings wird in der amerikanischen Literatur hierfür der Ansatz

$$Nu = f(Gr\,Pr^{4/3})$$

gemacht [*151*]. Für das in der Trocknungstechnik wichtigste Problem des Wärmeübergangs an Luft-Wasserdampf-Gemische ist der Unterschied beider Ansätze gering, weil Pr nur wenig variiert.

Zur Berechnung des Wärmeüberganges bei Auf- oder Abtriebsströmungen für die in der Trocknungstechnik vorkommenden verschiedenartigen Formen der Güter ist es also berechtigt, eine mittlere Kurve $Nu_{l'} = f(Gr_{l'}\, Pr)$ anzunehmen, die in Abb. 102 wiedergegeben ist.

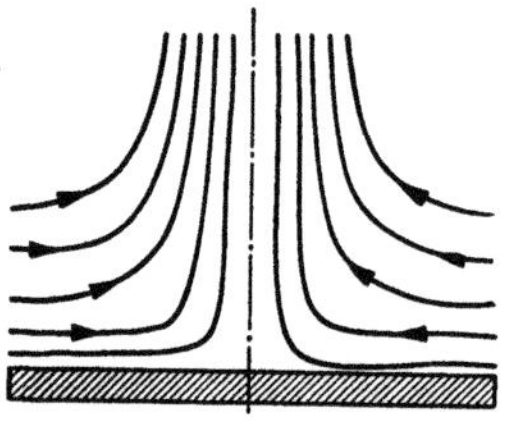

Abb. 103. Auftriebsströmung bei horizontalen Platten.

Nach TEN BOSCH [*36*] ordnen sich die Versuchsergebnisse an horizontal liegenden ebenen Platten (s. Abb. 103) gut in die allgemeinen Gesetzmäßigkeit ein, wenn für die Bezugslänge l' gesetzt wird:

bei der Kreisplatte	der Plattenradius,
bei der quadratischen Platte	die halbe Kantenlänge,
bei der Rechteckplatte	die halbe große Achse.

Um eine für unsere bildmäßigen Vorstellungen geeignete Beziehung dieser Gesetzmäßigkeiten zu den für erzwungene Strömung gefundenen (s. S. 129ff.) zu geben, sei folgende Erläuterung gestattet:

Die Größe $l\varepsilon(\vartheta_0 - \vartheta_\infty)$ stellt die Auftriebsenergie dar. Sie kann bei reibungsfreier Strömung eine maximale kinetische Energie von $\frac{w_{\max}^2}{2g}$ bewirken. Führt man an Stelle von

$$l\varepsilon(\vartheta_0 - \vartheta_\infty) \quad \text{die Größe} \quad \frac{w_{\max}^2}{2g}$$

ein, so ist nach Definition

$$Gr = \frac{1}{2}\,\frac{l^2 w_{\max}^2}{\nu^2} = \frac{1}{2}\, Re_{w_{\max}}^2 = \frac{1}{2}\,\frac{Pe_{w_{\max}}^2}{Pr^2},$$

d.h. die GRASHOFsche Zahl ist gleich der Hälfte des Quadrates der REYNOLDSschen Zahl, die mit der oben definierten Maximalgeschwindigkeit gebildet wird.

Mit dieser Einführung geht z.B. Gl. (151) über in:

$$Nu = 0{,}5\sqrt[4]{Pr}\,\sqrt{Re_{w_{\max}}} = \frac{0{,}5}{\sqrt[4]{Pr}}\,\sqrt{Pe_{w_{\max}}}.\ ^{1} \qquad (152)$$

Für Luft ($Pr = 0{,}72$) ergibt sich:

$$Nu = 0{,}46\sqrt{Re_{w_{\max}}} = 0{,}54\sqrt{Pe_{w_{\max}}}. \qquad (153)$$

Man sieht, daß auch bei Auftriebsströmungen Nu sich ebenso wie bei erzwungener Strömung mit $\sqrt{Re}$ oder $\sqrt{Pe}$ ändert.

---

[1] Wenn man entsprechend der Anmerkung zu S. 139 den Ansatz

$$Nu = f(Gr\, Pr^{4/3})$$

wählt, würde man an Stelle von Gl. (152) erhalten

$$Nu = 0{,}5\sqrt[3]{Pr}\,\sqrt{Re_{w_{\max}}},$$

die für den Einfluß von Pr die gleiche Abhängigkeit liefert wie die theoretisch begründete Gl. (141).

Die Beziehung zwischen Gr und $Re_{w_{max}}$ ist geeignet, die Zusammenhänge für erzwungene Strömung und Auftriebsströmung in der gleichen Abbildung darzustellen.

In Abb. 104 ist daher in der ersten Skala der Abszisse Re aufgetragen, in der zweiten $Gr = 1/2\ Re^2$. Die beiden Kurven stellen die mittleren

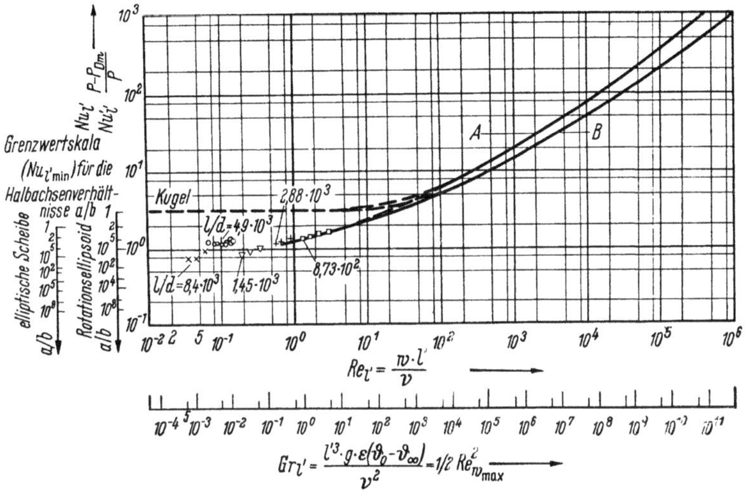

Abb. 104. Vergleich des Wärmeübergangs bei freier und erzwungener Strömung. Kurve *A* erzwungene Strömung; Kurve *B* Auftriebsströmung. Meßpunkve nach LANGMUIR [*124*] an zylindrischen Drähten bei Auftriebsströmung für verschiedene Verhältnisse Länge zu Durchmesser (l/d).

Versuchsergebnisse an ebenen Platten und Zylindern für freie und erzwungene Strömung nach Abb. 101 und 102 dar.

Man erkennt, daß für $Re < 100$ die Versuchsergebnisse für beide Strömungsarten fast gleich sind. Dies ist der Bereich, in dem die Wärmeleitung im Beharrungszustand den Wärmeübergang maßgeblich beeinflußt. Für $Re > 100$ ist Nu für erzwungene Strömung größer als für freie Strömung.

Bei $Re_{l'}$-Zahlen, die größer sind als 10^4, wird ebenso wie bei erzwungener Strömung der Anstieg von Nu in Abhängigkeit von Re eindeutig steiler, als es $\sqrt{Re}$ entsprechen würde. Dies ist wiederum auf die Ausbildung von Turbulenz in der Grenzschicht zurückzuführen.

Zu Zwecken der Abschätzung kann man aus Abb. 104 folgenden Schluß ziehen:

Ein Körper bei Auftriebsströmung verhält sich etwa ebenso, wie wenn er von einem erzwungenen Strom von der halben durch Auftrieb bewirkbaren Maximalgeschwindigkeit

$$\frac{w_{max}}{2} = \frac{1}{2}\sqrt{2\,g\,l\,\varepsilon\,(\vartheta_0 - \vartheta_\infty)} \qquad (154)$$

getroffen würde.

Diese Feststellung legt es nahe, die bei kleinen *Re*-Zahlen gemessenen *Nu*-Werte, bei denen sich meistens Auftriebsströmungen überlagern, über einer äquivalenten Zahl $Re^+ = Re + \frac{1}{2}\sqrt{Gr}$ aufzutragen[1]. Bei der Auswertung der Versuche zu den Abb. 98 und 99 ist dies berücksichtigt.

Unter Beachtung dieser Zusammenhänge kann man also für Einzelkörper verschiedener Form die Abhängigkeit der $Nu_{l'}$-Zahl von den

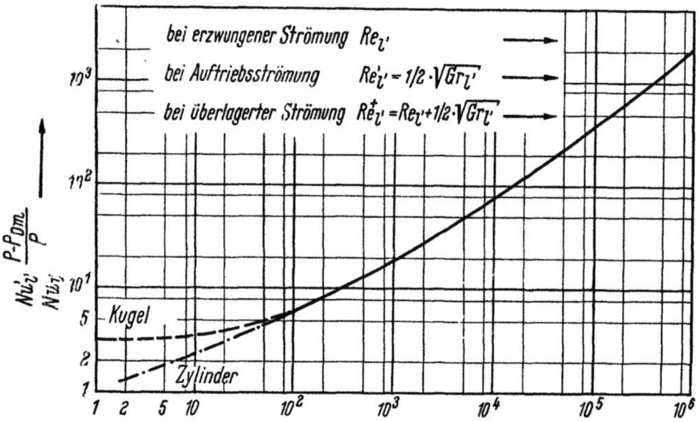

Abb. 105. Mittelkurve des Wärme- und Stoffübergangs für Einzelkörper verschiedener Form bei erzwungener Strömung und Auftriebsströmung.

Strömungsbedingungen in ein und demselben Diagramm für erzwungene Strömung und Auftriebsströmung darstellen (Abb. 105), wenn man als Abszisse die äquivalente *Re*-Zahl $Re^{+} = Re + \frac{1}{2}\sqrt{Gr}$ wählt.

2. Der Wärmeübergang bei innendurchströmten Körpern (Rohren, ebenen Kanälen usw.)

Bei der Betrachtung von außenumströmten Körpern haben wir uns bisher auf kleine, vereinzelte Körper beschränkt, die von dem Strom eines verhältnismäßig ausgedehnten Mediums für eine kurze Kontaktzeit getroffen werden, so daß sich in einer gewissen Entfernung von der Oberfläche des Körpers keine Änderung in der Temperatur und Geschwindigkeit des Mediums bemerkbar macht. Die Erwärmung des ganzen Mediums durch den Wärmeübergang ist immer als gering angenommen [daher die Bezugnahme des Wärmeüberganges auf die festgegebene Temperaturdifferenz $(\vartheta_0 - \vartheta_e)$ bwz. $(\vartheta_0 - \vartheta_\infty)$].

Bei innendurchströmten Körpern (Rohren, ebenen Kanälen, Schüttungen usw.) liegen die Verhältnisse insofern ganz anders, als hier die Stärke des strömenden Mediums im allgemeinen so gering ist, daß es sich

[1] Untersuchungen über die Überlagerung von erzwungener und künstlicher Konvektion in lotrechten Rohren wurden von Brown und Grassmann [*49*], Brown [*48*], Watzinger und Johnson [*183*] angestellt.

im ganzen erheblich erwärmt oder abkühlt (je nach der Richtung des Wärmestromes), d.h. daß der Endzustand des Mediums erheblich von dem Geschehen während der Kontaktzeit abhängt. (Mathematisch sind dies Aufgaben, die in denselben Bereich gehören wie Anheiz- und Auskühlvorgänge für längere Zeiten.)

In hydrodynamischer Hinsicht liegt ein ähnlicher Unterschied gegenüber dem außenumströmten Körper vor. Während sich bei letzterem nur in der Nähe der Oberfläche laminare oder turbulente Randschichten ausbilden, wachsen beim innendurchströmten Körper diese Randschichten zusammen, so daß der ganze Kern der Strömung beeinflußt wird. Bei der Strömung in Rohren liegt meist hydrodynamisch ausgebildete Strömung vor, die laminar oder turbulent sein kann.

Turbulente Strömung bildet sich in technischen Rohren im allgemeinen, wenn die auf den Durchmesser bezogene REYNOLDSsche Kenngröße Re_d größer als 2300 ist. (Durch besondere Maßnahmen kann der Eintritt der Turbulenz in weitem Maß verzögert werden.) Man bezeichnet diese REYNOLDSsche Zahl als die kritische, Re_{kr}, bei der der Umschlag von der laminaren in die turbulente Strömung erfolgt. Also:

$$Re_{kr} = w\,d/\nu = 2300\,. \tag{155}$$

Ist der Querschnitt (Querschnittsfläche f, Umfang u) nicht rund, so wird die REYNOLDSsche Zahl mit einem „hydraulischen Durchmesser" d'

$$d' = \frac{4f}{u} \tag{156}$$

gebildet.

Da, wie oben erläutert (s. S. 135), der Mechanismus der Wärmeübertragung durch die Querbewegungen der „Turbulenzballen" wesentlich geändert wird, sind bei innendurchströmten Körpern zwei verschiedene Fälle zu unterscheiden:

1. laminare Strömung; – 2. turbulente Strömung.

Die Gesetzmäßigkeiten für den Wärmeübergang sind für beide Fälle von wesentlich verschiedener Art.

α) Laminare Strömung in innendurchströmten Körpern ($Re_{d'} < 2300$)

Bei ausgebildeter Strömung in Rohren bewirkt die Zähigkeit des Mediums, falls sie überall gleich ist, eine parabolische Geschwindigkeitsverteilung über den Querschnitt:

$$w = 2\,w_m \left\{1 - \left(\frac{r}{r_i}\right)^2\right\}, \tag{157}$$

wenn bedeuten

w die Geschwindigkeit an der Stelle r,
w_m die mittlere Geschwindigkeit des Mediums (stündliches Volumen dividiert durch Querschnitt),
r_i den Innenradius des Rohres.

Zwischen unendlich ausgedehnten ebenen Platten, die den Abstand s voneinander haben (Abstraktion für einen breiten ebenen Kanal von geringer Höhe), bildet sich ebenfalls eine parabolische Verteilung aus:

$$w = \frac{3}{2} w_m \left\{1 - \left(\frac{2z}{s}\right)^2\right\}, \tag{158}$$

wenn z die von der Mitte des ebenen Spaltes gezählte Koordinate ist (s. Abb. 106).

Diese beiden Fälle, rundes Rohr und ebener Kanal, sind in Hinsicht auf die Form diejenigen extrem verschiedenen Fälle, die einer analytischen Berechnung der Wärmebewegung bei laminarer Strömung am leichtesten zugänglich sind[1].

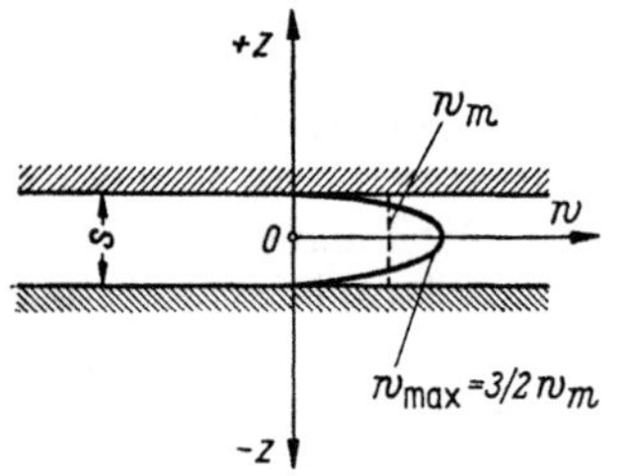

Abb. 106. Zur Laminarströmung in ebenen Spalten.

Charakteristisch für innendurchströmte Körper ist, daß das Medium durch den Wärmeaustausch mit dem durchströmten Körper im ganzen eine wesentliche Temperaturänderung erfährt. Daher bedarf es einer Festsetzung, welche Temperatur man ihm im Mittel zuordnen soll, wenn man mit dem einfachen Ansatz des Wärmeüberganges

$$Q = F\alpha\Delta\vartheta$$

rechnen will. Je nachdem, welchen Wert man als Mittelwert der Temperatur des Mediums zugrunde legt (z.B. das arithmetische Mittel aus mittlerer Anfangs- und Endtemperatur, das logarithmische Mittel aus beiden oder einen durch Mittelbildung über die Temperaturen aller Stellen, unter Umständen mit Berücksichtigung der örtlichen Geschwindigkeiten gefundenen Wert – den integralen oder kalorimetrischen Mittelwert –), muß man verschiedene Wärmeübergangszahlen α verwenden, da ja die gesamte Wirkung – die übertragene Wärmemenge Q – sich immer in gleicher Größe ergeben muß.

In der deutschen Literatur ist es üblich, die durch Integration gewonnene kalorimetrische Mitteltemperatur zugrunde zu legen, während in der amerikanischen das arithmetische Mittel gewählt wird (z.B. McAdams [*30*]).

Das letztere Verfahren hat den Vorteil, daß es dabei leichter ist, eine näherungsweise richtige Abschätzung dieser Mitteltemperatur von vornherein zu finden, so daß bei der Nachrechnung meistens nur geringere Korrekturen nötig sind. Ferner ist bei dieser Art der Mittelbildung der durch die Form des innendurchströmten Körpers bedingte Unterschied der Wärmeübergangszahl gering, wenn man stets mit einem hydraulischen Durchmesser d' nach Gl. (156) rechnet.

Aus der Berechnung des Wärmeüberganges bei laminar durchflossenen Rohren und ebenen Spalten gewinnt man die in Abb. 107 wieder-

[1] Es sei hier verwiesen auf die Berechnungen der Wärmebewegung in laminar fließenden Medien von Nusselt für Kreisrohre [*138*] und Rieselkühler [*40*], die den Fall des ebenen Kanals von doppelter Stärke der Rieselschicht beschreiben, sowie auf Arbeiten von Gröber [*6*], Hausen [*79*] und Kraussold [*101*], die diese grundsätzlichen Untersuchungen der technischen Anwendung nähergebracht haben.

gegebenen Kurven b und c, die für $Pe_{d'} d'/l < 4$ in den gemeinsamen Ast a übergehen.

Aufgetragen ist die dimensionslose Wärmeübergangszahl $Nu_{d'}$, gebildet mit dem hydraulischen Durchmesser nach Gl. (156), der beim Rohr gleich dem Durchmesser d, beim ebenen Spalt von der Spaltweite s gleich

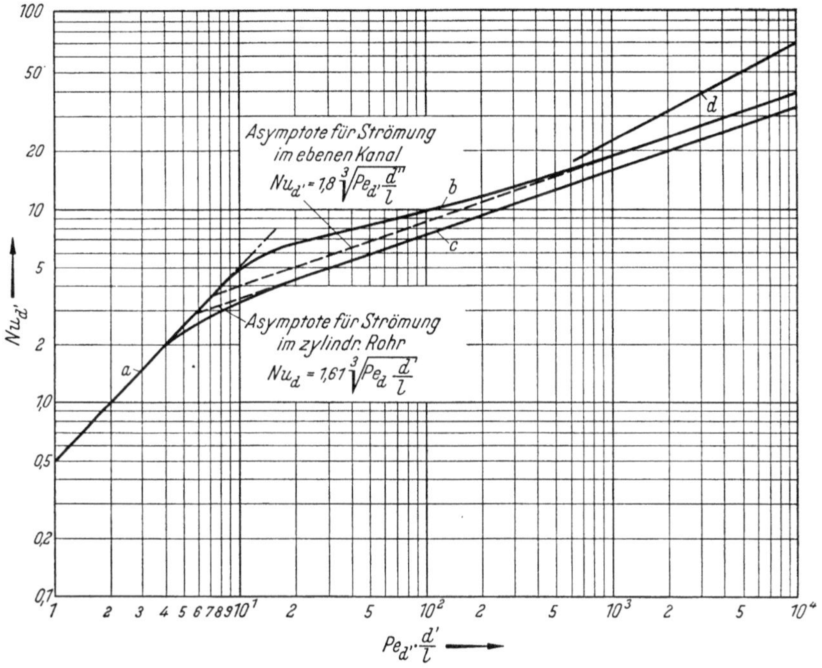

Abb. 107. Wärmeübergang in Rohren und ebenen Spalten bei laminarer Strömung.

Gerade a berechnet nach Gl. (162) $Nu_{d'} = 1/2\, Pe_{d'}\, d'/l$, gültig für alle Querschnittsformen und Strömungsarten bei Temperaturausgleich zwischen Medium und Wand; Kurve b gültig für Strömung im ebenen Kanal; Kurve c gültig für Strömung im zylindrischen Rohr; Gerade d berechnet nach $Nu_{d'} = 0{,}7 \sqrt{Pe_{d'}\, d'/l}$, gültig für thermische und hydrodynamische Anlaufvorgänge entspr. Gl. (142).

der doppelten Spaltweite wird ($d' = 2\,s$), über der durch Gl. (126) eingeführten Kenngröße $Pe_{d'} d'/l$, worin l die Weglänge der Strömung ist, die hier mit der Anströmlänge l' identisch ist.

Die Größe α, die aus der NUSSELTschen Zahl $Nu_{d'} = \alpha d'/\lambda$ resultiert, ist die mittlere Wärmeübergangszahl, *bezogen auf das arithmetische Mittel der Temperaturdifferenz* bei Eintritt in die Heizfläche $\vartheta_0 - \vartheta_e$ und bei Austritt aus der Heizfläche $\vartheta_0 - \vartheta_a$. Um die Wärmemenge Q, die zwischen der inneren Oberfläche F des durchströmten Körpers und dem Medium ausgetauscht wird, aus den in Abb. 107 zu entnehmenden Daten zu berechnen, hat man also zu setzen:

$$Q = F\alpha\left(\vartheta_0 - \frac{\vartheta_e + \vartheta_a}{2}\right) \text{kcal/h}. \tag{159}$$

Zur Erläuterung der Tatsache, daß bei kleinen Werten $Pe_{d'} d'/l$ kein Einfluß der Form der Oberfläche des durchströmten Körpers vorhanden ist, diene folgende Überlegung: Der für kleine Werte $Pe_{d'} d'/l$ gültige, für alle Formen gleiche Ast a zeigt linearen Anstieg von $Nu_{d'}$ mit $Pe_{d'} d'/l$ bzw. von α mit w. Dieser Ast gilt in dem Bereich, in dem sich das Medium von ϑ_e auf die Wandtemperatur abkühlt oder erwärmt (d.h. $\vartheta_a \approx \vartheta_0$). Q ist dann immer gleich:

$$Q = f w c \gamma (\vartheta_e - \vartheta_a) \approx f w c \gamma (\vartheta_e - \vartheta_0) . \tag{160}$$

Setzt man dafür

$$Q = u l \alpha \left(\vartheta_0 - \frac{\vartheta_e + \vartheta_0}{2} \right) , \tag{161}$$

so wird

$$\alpha = \frac{2f}{u} w c \gamma \frac{1}{l} = \frac{1}{2} w c \gamma \frac{d'}{l} .$$

Es folgt

$$Nu_{d'} = \frac{1}{2} w d' \frac{c \gamma}{\lambda} \frac{d'}{l} = \frac{1}{2} Pe_{d'} \frac{d'}{l} . \tag{162}$$

Diese Beziehung kann bis $Pe_{d'} d'/l = 8$ sowohl bei laminarer als auch bei turbulenter Strömung angewandt werden, da in den Gl. (160) und (161) keinerlei Annahmen über die Strömungsart enthalten sind. Da aber bei Gültigkeit der Gl. (162) immer die Austrittstemperatur des Mediums ϑ_a gleich der Oberflächentemperatur ϑ_0 ist, ist die Anwendung der Gl. (160) noch einfacher. Im Gegensatz zu den Anlaufvorgängen, bei denen sich die mittlere Temperatur des Mediums infolge des Wärmeaustausches nicht wesentlich ändert, kann man solche Vorgänge, bei denen eine praktisch vollkommene Angleichung der Austrittstemperatur des Mediums an die Wandtemperatur erfolgt, als „*Vorgänge vollendeter Angleichung*" bezeichnen. Auch im Bereich großer Zahlen $Pe_{d'} d'/l$ nähern sich die Kurven b für ebene Kanäle und c für Kreisrohre weitgehend und sind für $Pe_{d'} d'/l > 10^3$ bzw. 10^2 mit ihren Asymptoten praktisch identisch[1].

---

[1] Kurve b wurde über den von McAdams [*30*] angegebenen Bereich bis $Pe_{d'} d'/l = 2 \cdot 10^2$ unter Zugrundelegung der Nusseltschen Berechnung des Rieselkühlers bis $Pe_{d'} d'/l = 10^4$ fortgesetzt. Eine einfache Berechnung der Asymptoten sei hier angegeben: Die Lösung der Differentialgleichung (124) für den Fall geringer Ausbreitung des Temperaturfeldes im Inneren lautet, wenn für w entsprechend Gl. (157) und (158) bei Verlegung des Koordinatenanfangs in die Oberfläche

für das Kreisrohr $\quad w = 8 w_m \left(\frac{z}{d} - \frac{z^2}{d^2} \right) \approx 8 w_m \frac{z}{d}$,

für den ebenen Spalt $\quad w = 6 w_m \left(\frac{z}{s} - \frac{z^2}{s^2} \right) \approx 6 w_m \frac{z}{s}$

gesetzt wird:

$$\frac{\vartheta - \vartheta_\infty}{\vartheta_0 - \vartheta_\infty} = A \int\limits_0^\eta e^{-\eta^3} d\eta ,$$

worin

$$A = \frac{1}{\int\limits_0^\infty e^{-\eta^3} d\eta} = 1{,}12$$

Hier handelt es sich um den *thermischen Anlaufvorgang* in den Randschichten des mit *ausgebildeter Laminarströmung* fließenden Mediums. Dann ist die mittlere Austrittstemperatur ϑ_a des Mediums nicht wesentlich von seiner Eintrittstemperatur ϑ_e verschieden, d.h. es wird

$$\vartheta_0 - \frac{\vartheta_e + \vartheta_a}{2} \approx \vartheta_0 - \vartheta_e .$$

Für diesen Fall kann man die oben behandelten Vorgänge des thermischen und hydrodynamischen Anlaufs mit den hier besprochenen des thermischen Anlaufs bei hydrodynamisch ausgebildeter Strömung miteinander vergleichen, da dann α in beiden Fällen auf eine gleich definierte Temperaturdifferenz bezogen ist. Als Kurve *d* in Abb. 107 ist daher der für außenumströmte Körper nach Gl. (142) berechnete Zusammenhang $Nu_{l'} = 0{,}7 \sqrt{Pe_{l'}}$ eingezeichnet.

Die Umrechnung von $Nu_{l'}$ auf $Nu_{d'}$ ergibt:

$$Nu_{d'} = Nu_{l'} \frac{d'}{l} = 0{,}7 \sqrt{Pe_{l'}} \frac{d'}{l} = 0{,}7 \sqrt{Pe_{d'} \frac{d'}{l}} .$$

Man erkennt aus dem Vergleich der Kurve *d* mit *b* und *c*, daß beim hydrodynamischen Anlaufvorgang der Wärmeübergang größer ist als bei hydrodynamisch ausgebildeter Strömung. Der Unterschied wird mit wachsendem Wert $Pe_{d'} d'/l$ größer, d.h. je kleiner die Weglänge l in Richtung der Strömung ist. Da die Ausbildung einer hydrodynamischen Grenzschicht erst hinter der Einströmkante beginnt, ist diese Tatsache selbstverständlich. Sie ist von Wichtigkeit bei Beurteilung des Wärmeüberganges von Schüttungen, Haufwerken usw., in denen an jedem vom Luftstrom getroffenen Teilchen ein neuer hydrodynamischer Anlaufvorgang einsetzt. Man kann für durchströmte Schüttungen usw. einen gleichwertigen Durchmesser d' berechnen (s. S. 187ff.). Bildet man mit diesem das Verhältnis d'/l, so wird der Wärmeübergang in der Schüttung

---

Fortsetzung der Fußnote 1 von S. 146.

und $$\eta = \frac{z}{\sqrt[3]{\dfrac{9\,a\,d\,y}{8\,w_m}}} = \sqrt[3]{\frac{8}{9}\,Pe\,\frac{z^2}{d\,y}} \quad \text{für das Kreisrohr}$$

und $$\eta = \frac{z}{\sqrt[3]{\dfrac{9\,a\,d'y}{6\,w_m}}} = \sqrt[3]{\frac{2}{3}\,Pe\,\frac{z^2}{d'y}} \quad \text{für den ebenen Spalt.}$$

Entsprechend den früheren Herleitungen (s. S. 128 und 129) wird für das Kreisrohr

$$Nu_d = 1{,}61 \sqrt[3]{Pe_d \frac{d}{l}} \tag{164}$$

und für den ebenen Kanal, wenn an Stelle von s der hydraulische Durchmesser $d' = 2\,s$ eingeführt wird

$$Nu_{d'} = 1{,}83 \sqrt[3]{Pe_{d'} \frac{d'}{l}} . \tag{165}$$

stets größer sein als der in einem gleichförmigen Kanal gleichen Durchmessers d'.

Die Unterschiede der parallel verlaufenden Asymptoten der Kurvenäste b und c sind wenig größer als 10%. Man kann für viele technische Zwecke, bei denen die Formen nicht so verschieden sind wie ein ebener Spalt und ein Kreisrohr, mit hinreichender Genauigkeit oberhalb $Pe_{d'} d'/l = 100$ einen Verlauf

$$Nu_{d'} = 1{,}7 \sqrt[3]{Pe_{d'} \frac{d'}{l}} \qquad (163)$$

annehmen.

Damit ist die Möglichkeit gegeben, die Wärmeübergangszahl in laminar durchströmten Körpern beliebiger Form abzuschätzen, wenn man für den durchströmten Innenquerschnitt den hydraulischen Durchmesser $d' = 4\,f/u$ bildet und in Gl. (162) bzw. (163) einsetzt.

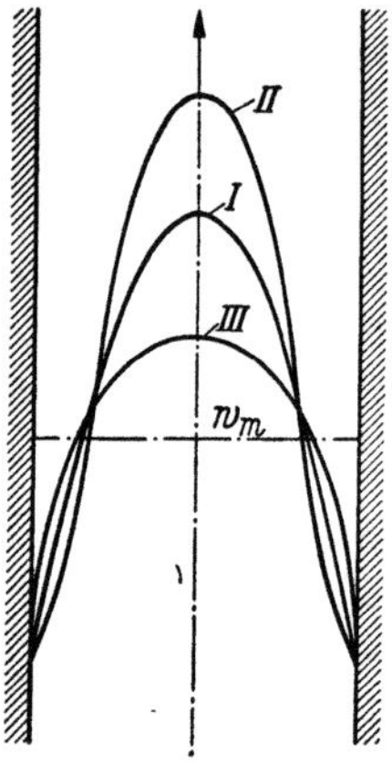

Abb. 108. Geschwindigkeitsprofile bei Laminarströmung für Medien mit temperaturabhängiger Zähigkeit. I isotherme Strömung (η = konst.); II Kühlen des Mediums; III Aufheizen des Mediums.

Die mathematischen Berechnungen für die Wärmebewegung bei ausgebildeter Laminarströmung werden durch zahlreiche Versuchsergebnisse ausgezeichnet bestätigt, solange das der Berechnung zugrunde liegende parabolische Geschwindigkeitsprofil, das sich bei konstanter Zähigkeit des Mediums einstellen muß, wirklich realisiert war.

Bei zähen Medien, vor allem bei Ölen, ist die Zähigkeit stark temperaturabhängig. Mithin wird bei solchen Stoffen im Temperaturfeld die parabolische Verteilung der Geschwindigkeit verzerrt (s. Abb. 108). Der Einfluß dieser Erscheinung auf den Wärmeübergang kann in der Weise berücksichtigt werden, daß die theoretisch (für konstante Temperatur, d.h. auch konstante Zähigkeit) ermittelte Gesetzmäßigkeit empirisch in der Weise abgeändert wird, daß gesetzt wird:

$$(\eta_0/\eta_W)^{0,14}\, Nu_{d'} = f(Pe_{d'} d'/l),$$

wenn $f(Pe_{d'} d'/l)$ eine der in Abb. 107 gezeichneten Kurven bedeutet und η_0 die dynamische Zähigkeit des Mediums bei der Oberflächentemperatur ϑ_0, η_W die Zähigkeit bei der mittleren Flüssigkeitstemperatur $\frac{\vartheta_e + \vartheta_a}{2}$. Nur bei Stoffen mit stark temperaturabhängiger Zähigkeit spielt diese Korrektur eine Rolle.

β) *Turbulente Strömung in innendurchströmten Körpern*

Bei der turbulenten Strömung (in Kreisrohren $Re > 2300$) bildet sich im Kern der Strömung eine mit wachsender Turbulenz lebhafter werdende Querbewegung von kleinen Teilchen aus, die – wie oben (s. S. 124) erläutert – die Wärmeübertragung erheblich größer macht, als es der molekularen Leitung entspricht. Die Geschwindigkeit nimmt in einer dünnen Randschicht nahe der Oberfläche des Körpers sehr schnell zu, während im Kern der Strömung nur geringe Unterschiede vorhanden sind. Im Gegensatz zu der parabolischen Geschwindigkeitsverteilung bei laminarer Strömung [Gl. (157)] stellt sich im turbulenten Kern der Strömung eine dem sogenannten 7.Wurzelgesetz von v. KÁRMÁN folgende Verteilung ein:

$$\frac{w}{w_{\max_{\text{turb}}}} = \sqrt[7]{1 - \frac{r}{R}}\,, \tag{166}$$

wenn w die Geschwindigkeit an der Stelle r, $w_{\max}$ die in der Rohrachse herrschende und R den Radius des Rohres bedeuten (Abb. 109).

In der Nähe der Rohrwand wird die turbulente Bewegung schwächer – man spricht von einer laminaren Grenzschicht. Da in dieser der Wärmetransport nur durch molekulare Leitung erfolgen kann, während im Kern die turbulente Mischbewegung den Transport verstärkt, ist in dieser Schicht auch der Temperaturabfall sehr steil. Der entscheidende Widerstand der Wärmebewegung liegt in dieser Grenzschicht, deren Dicke sich nach einer verhältnismäßig kurzen Anlauflänge nicht mehr wesentlich ändert. Dies bedingt, daß die „örtliche" Wärmeübergangszahl sich mit der Rohrlänge nur unwesentlich ändert. Daher kann man bei turbulenter Strömung fast immer eine überall gleiche Wärmeübergangszahl annehmen, wenn man diese auf die wirkliche örtliche Temperaturdifferenz zwischen Wand und Medium bezieht. Mathematische Berechnungen für turbulente Strömung sind, da wir über Größe, Bewegung und Energieaustausch der rotierenden Turbulenzballen nicht ebenso unterrichtet sind wie über die Molekülbewegungen, stets nur unter gewissen auf andere Experimente gestützten Annahmen möglich. Obwohl eine solche Berechnung von REICHARDT [*152*] die qualitativen Zusammenhänge der Wärmeübertragung in turbulent strömenden zähen Medien anscheinend besser beschreibt als die sonst üblichen empirischen Gleichungen, soll auf ihre Mitteilung angesichts der für die Praxis schwer verwendbaren Form der REICHARDTschen Gleichung verzichtet werden.

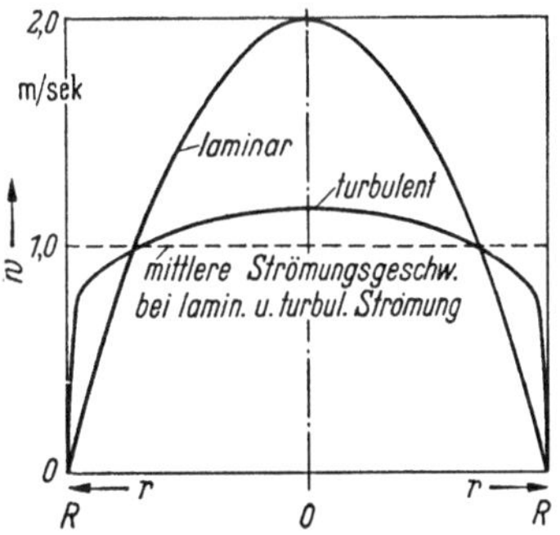

Abb. 109. Geschwindigkeitsprofil bei laminarer und turbulenter Rohrströmung.

Für die meisten technischen Zwecke dürfte die empirische Gleichung von KRAUSSOLD [*102*] unter Berücksichtigung des Längeneinflusses nach NUSSELT hinreichend genaue Ergebnisse liefern:

Für Erwärmung des Mediums

$$Nu_d = 0{,}032\, Re_d^{0{,}8}\, Pr^{0{,}37}\, (d/l)^{0{,}054}\,. \tag{167}$$

Für Abkühlung des Mediums

$$Nu_d = 0{,}032\, Re_d^{0{,}8}\, Pr^{0{,}30}\, (d/l)^{0{,}054}\,. \tag{168}$$

Für Luft mit $Pr = 0{,}72$ gehen beide Gleichungen näherungsweise über in

$$Nu_d = 0{,}029\, Re_d^{0{,}8}\, (d/l)^{0{,}054} = 0{,}0377\, Pe_d^{0{,}8}\, (d/l)^{0{,}054}\,,$$

wenn

$$Re_d = Pe_d/Pr$$

gesetzt wird.

Dabei ist der Einfluß des Verhältnisses von Rohrlänge l zu Durchmesser d (etwa 20. Wurzel) meistens von so untergeordneter Bedeutung, daß man bei langen Rohren ($l/d > 40$) auch setzen kann

$$Nu_d = 0{,}024\, Re_d^{0{,}8} = 0{,}03\, Pe_d^{0{,}8}.$$

Die sehr einfach gebaute KRAUSSOLDsche Gleichung hat den Nachteil, daß sie nur im Bereich ausgebildeter turbulenter Strömung gilt. Während sich der Übergang von der laminaren in die turbulente Strömung beim Strömungswiderstand in einer sprunghaften Änderung auswirkt, ist eine sprunghafte Änderung des Wärmeübergangs nicht festgestellt worden. Daher muß ein Übergangsgebiet zwischen turbulenter und laminarer Strömung angenommen werden. HAUSEN [*81*] hat vor kurzem eine Gleichung entwickelt, welche das Übergangsgebiet mit einschließt und im turbulenten Gebiet Werte liefert, die weitgehend mit den nach der KRAUSSOLDschen Gleichung berechneten übereinstimmen. Sie lautet:

$$Nu_d = 0{,}037\,(Re_d^{0{,}75} - 180)\left[1 + \left(\frac{d}{l}\right)^{2/3}\right] Pr^{0{,}42} \left(\frac{\eta_m}{\eta_w}\right)^{0{,}14}. \tag{169}$$

Während Gl. 169 bereits für $Re_d > 3000$ Wärmeübergangszahlen liefert, die mit Versuchsergebnissen sehr gut übereinstimmen [*120*], kann mit

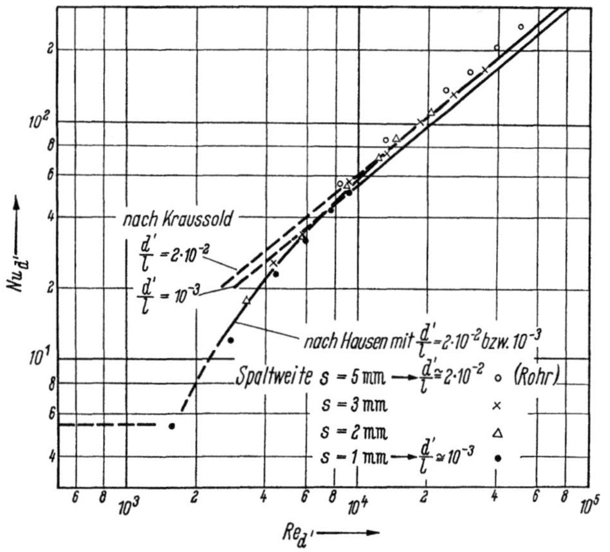

Abb. 110. Der Wärmeübergang im Heizspalt eines Doppelmantelrohres für $Pr = 4{,}4$ (nach [*120*]).

der KRAUSSOLDschen Gleichung (167) und (168) erst oberhalb $Re_d = 10000$ gerechnet werden.

Die Kurven in Abb. 110 zeigen die charakteristischen Unterschiede beider Gleichungen. Ferner sind in Abb. 110 die bei wasserdurchflossenen

Ringspalten von sehr geringer Spaltweite (1 bis 3 mm) experimentell ermittelte Werte eingetragen, durch welche die Gültigkeit der HAUSENschen Gleichung für Werte $3000 < Re_d < 10000$ sehr eindrucksvoll bestätigt wird.

Die Beziehungen (167) bis (169) können für beliebige Querschnittsformen gebraucht werden, wenn an Stelle des Durchmessers d der hydraulische Durchmesser $d' = 4\,f/u$ verwendet wird.

Da bei turbulenter Strömung die auf die jeweilige örtliche Temperaturdifferenz zwischen dem strömenden Medium und der Wand bezogenen „örtlichen“ Wärmeübergangszahlen weitgehend konstant sind – abgesehen von einer meist relativ kurzen Anlaufstrecke –, so ändert sich die an jeder Stelle ausgetauschte Wärmemenge proportional der dort herrschenden Temperaturdifferenz; dies bedeutet, daß die Temperaturdifferenz zwischen Medium und Wand nach einer e-Funktion abklingt. Setzt man – wie es bei turbulenter Strömung üblich ist – die „mittlere“ Wärmeübergangszahl gleich der „örtlichen“, so muß man als mittlere Temperaturdifferenz $\Delta\vartheta_m$ „den logarithmischen Mittelwert“ einsetzen. Es gilt also für die gesamte Fläche:

$$Q = F\,\alpha\,\Delta\vartheta_m = F\,\alpha\,\frac{(\vartheta_0 - \vartheta_a) - (\vartheta_0 - \vartheta_e)}{\ln\dfrac{\vartheta_0 - \vartheta_a}{\vartheta_0 - \vartheta_e}}\,, \tag{170}$$

wenn α aus den Gl. (167) bis (169) bestimmt wird.

3. Zusammenfassende Darstellung des Wärmeübergangs bei durch- und überströmten Körpern an Luft

Zwei Tatsachen machen die abschätzende Orientierung bei Fragen des Wärmeüberganges bei ungewohnten Aufgaben schwierig: erstens die verwirrende Lage, daß man üblicherweise bei verschiedenen Problemen des Wärmeüberganges mit α-Werten rechnen muß, die sich auf jeweils anders definierte mittlere Temperaturdifferenzen beziehen, zweitens die Tatsache, daß bei verschiedenen Problemen verschiedene Kenngrößen benutzt werden. Da die Notwendigkeit der Abschätzung in wenigen Sparten der Technik so dringend ist wie in der Trocknungstechnik, habe ich in Abb. 111 und Tafel IV ein Bild entwickelt, das gleicherweise für durchströmte Rohre, für die Gl. (169) anzusetzen ist, als auch für überströmte Einzelkörper, die nach Abb. 101 zu behandeln sind, gilt.

Für viele Aufgaben, vor allem auf dem Gebiet der Trocknungstechnik, empfiehlt sich eine Bezugnahme der Wärmeübergangszahl auf die Temperaturdifferenz zwischen Wand und Medium im Eintrittszustand entsprechend der Definition

$$Q = O\,\alpha_e\,(\vartheta_e - \vartheta_0) \tag{171}$$

worin O die austauschende Oberfläche des einzelnen überströmten oder durchströmten Körpers[1] bedeutet (z.B. äußere Oberfläche eines bzw.

[1] Das Symbol O wird in diesem Buch als Austauschfläche nur dann eingeführt, wenn noch andere Flächen benannt werden müssen. Beim vorliegenden Problem ist der Strömungsquerschnitt wichtig, der mit F bezeichnet wird.

mehrerer im gleichen Strömungsquerschnitt liegender umströmter Körper bzw. innere Oberfläche eines durchströmten Rohres), ϑ_e die Eintrittstemperatur des Mediums und ϑ_0 die konstante Wandtemperatur.

Die Einführung der Größe α_e hat zwei besondere Vorzüge:

Während man sowohl bei Verwendung der Größe $\bar{\alpha}$ als auch der Größe $\alpha_{\frac{e+a}{2}}$ zunächst eine vorläufige Rechnung unter Annahme einer bestimmten Austrittstemperatur der Luft ϑ_a durchführen muß, die dann korrigiert werden muß, läßt sich aus Gl. (171) unmittelbar die Wärmemenge Q errechnen.

Wie aus dem folgenden hervorgeht, ist es bei Verwendung der Größe α_e nach Gl. (171) möglich, einen Zusammenhang zwischen dem Wärmeübergang bei innendurchströmten Kanälen und außenumströmten Einzelkörpern herzustellen; obendrein gelingt es mit ihrer Hilfe, alle Wärmeübertragungsverhältnisse zwischen einem strömenden Medium und Körpern beliebiger Form und Anordnung einheitlich darzustellen, d.h. man kann alle Wärmeübergangszahlen – wenigstens für den Fall konstaner Wandtemperatur – aus einem einzigen Diagramm entnehmen.

In Abb. 111, die für Luft ($Pr = 0{,}72$) gilt, ist die mit einem gleichwertigen Durchmesser d^* gebildete NUSSELTsche Kennzahl Nu_{d^*} in Abhängigkeit von $Pe_{d^*} d^*/l'$ aufgetragen, wenn l' den oben als Anströmlänge (also bei Kugel und querangeströmtem Zylinder $l' = \pi/2d$, bei der ebenen Platte $l' = l$) bezeichneten Strömungsweg entlang der austauschenden Oberfläche bedeutet. Der gleichwertige Durchmesser d^* ist aus der Beziehung

$$d^* = \frac{4Fl'}{O}$$

zu bilden, worin F den Strömungsquerschnitt bedeutet. (Für ein innendurchströmtes Rohr mit $F = \frac{d^2\pi}{4}$ und $O = d\pi l$ wird $d^* = d$, für einen Kanal beliebiger Querschnittsform vom Umfang u gleich dem hydraulischen Durchmesser $d' = \frac{4Fl}{ul}$.)

Zu den notwendigen Umrechnungen der verschiedenen Darstellungen sei folgendes bemerkt:

1. Die Umrechnung der in Abb. 107 dargestellten, für das arithmetische Mittel der Temperaturdifferenz $\frac{\vartheta_e + \vartheta_a}{2} - \vartheta_0$ für ausgebildete Laminarströmung gültigen Werte auf die Werte der Tafel IV, die für die Temperaturdifferenz im Eintrittsquerschnitt gilt, geschieht folgendermaßen. Bedeutet $\alpha_{\frac{e+a}{2}}$ den auf das arithmetische Mittel bezogenen Wert nach Abb. 107 und α_e den auf Eintrittszustand bezogenen Wert in Tafel IV, so gilt:

$$\alpha_{\frac{e+a}{2}} \left(\frac{\vartheta_e + \vartheta_a}{2} - \vartheta_0\right) = \alpha_e (\vartheta_e - \vartheta_0)\,.$$

Es folgt:

$$Nu_e = Nu_{\frac{e+a}{2}} \frac{1}{2} \left(1 + \frac{\vartheta_a - \vartheta_0}{\vartheta_e - \vartheta_0}\right).$$

Das hier auftretende Temperaturverhältnis ergibt sich aus der Bedingung, daß die Enthalpieänderung des Mediums gleich der aufgenommenen Wärme sein muß:

$$O\,\alpha_e(\vartheta_e-\vartheta_0)=F\,w\,c_p\,\gamma\,(\vartheta_e-\vartheta_a),$$

$$\frac{\vartheta_e-\vartheta_0}{\vartheta_e-\vartheta_a}=\frac{1}{1-\dfrac{\vartheta_a-\vartheta_0}{\vartheta_e-\vartheta_0}}=\frac{F}{O}\,\frac{w\,c_p\,\gamma}{\alpha_e}=\frac{F}{O}\,\frac{w\,d^*}{\dfrac{\lambda}{c_p\,\gamma}}\,\frac{\lambda}{\alpha\,d^*}=\frac{F}{O}\,\frac{Pe}{Nu_e}.$$

Bei Einsetzen dieses Wertes in die obige Ausgangsgleichung findet man nach kleinen Umformungen:

$$Nu_e=Nu_{\frac{e+a}{2}}\,\frac{1}{1+\dfrac{2\,Nu_{\frac{e+a}{2}}}{Pe\,\dfrac{d^*}{l'}}}.$$

Nach dieser Beziehung wurden die Kurven aus Abb. 107 umgerechnet und in Tafel IV eingetragen. (Die untersten für Laminarströmung geltenden Kurven.)

2. Ist, wie bei der HAUSENschen Gleichung, für *turbulente Strömung* in Rohren oder Kanälen gleichbleibenden Querschnitts die logarithmische mittlere Temperaturdifferenz bei der Angabe der Wärmeübergangszahl (hier $\overline{\alpha}$ genannt) zugrunde gelegt, so kann man die auf die Temperaturdifferenz am Eintritt bezogene Wärmeübergangszahl α_e aus der ersteren folgendermaßen berechnen:

$$\alpha_e(\vartheta_e-\vartheta_0)=\overline{\alpha}\,\frac{\vartheta_e-\vartheta_0-(\vartheta_a-\vartheta_0)}{\ln\dfrac{\vartheta_e-\vartheta_0}{\vartheta_a-\vartheta_0}},\qquad \alpha_e=\overline{\alpha}\,\frac{1-\dfrac{\vartheta_a-\vartheta_0}{\vartheta_e-\vartheta_0}}{\ln\dfrac{\vartheta_e-\vartheta_0}{\vartheta_a-\vartheta_0}},$$

bzw.

$$Nu_e=\overline{Nu}\,\frac{1-\dfrac{\vartheta_a-\vartheta_0}{\vartheta_e-\vartheta_0}}{\ln\dfrac{\vartheta_e-\vartheta_0}{\vartheta_a-\vartheta_0}}.$$

Wiederum gilt wie oben

$$\frac{1}{1-\dfrac{\vartheta_a-\vartheta_0}{\vartheta_e-\vartheta_0}}=\frac{F}{O}\,\frac{Pe}{Nu_e}.$$

Es folgt

$$Nu_e=-\overline{Nu}\,\frac{\dfrac{O\,Nu_e}{F\,Pe}}{\ln\left(1-\dfrac{O}{F}\,\dfrac{Nu_e}{Pe}\right)}$$

oder

$$\left(1-\frac{O}{F}\,\frac{Nu_e}{Pe}\right)=e^{-\frac{O\,\overline{Nu}}{F\,Pe}}.$$

Bedenkt man, daß $\dfrac{O}{F}=4\,\dfrac{l'}{d^*}$ (für Rohre $l'=l,\ d^*=d$) ist, so kann man auch schreiben

$$Nu_e=\frac{1}{4}\,Pe\,\frac{d^*}{l'}\left(1-e^{-\frac{4\,\overline{Nu}}{Pe\frac{d^*}{l'}}}\right).$$

Die HAUSENsche Gleichung (169) lautet in einer hier zweckmäßigen Schreibweise mit $\dfrac{\eta_m}{\eta_w}=1$:

$$\overline{Nu}_{d^*}=0{,}037\left\{\left(Pe\,\frac{d^*}{l'}\right)^{0,75}-180\left(Pr\,\frac{d^*}{l'}\right)^{0,75}\right\}Pr^{-1/3}\left(\frac{d^*}{l'}\right)^{-0,75}\left[1+\left(\frac{d^*}{l'}\right)^{2/3}\right].$$

Diese Werte, im Exponenten der e-Funktion eingesetzt, liefern als endgültige Gleichung für die auf die Temperaturdifferenz im Eintrittsquerschnitt bezogene dimensionslose Wärmeübergangszahl Nu_e für turbulent durchströmte Kanäle vom gleichwertigen Durchmesser d^*

$$Nu_{d_e^*} = \frac{1}{4} Pe_{d^*} \frac{d^*}{l'} \left\{ 1 - e^{-0{,}148 \frac{\left[\left(Pe_{d^*} \frac{d^*}{l'}\right)^{0{,}75} - 180 \left(Pr \frac{d^*}{l'}\right)^{0{,}75}\right] \left[1 + \left(\frac{d^*}{l'}\right)^{2/3}\right]}{Pe_{d^*} \left(\frac{d^*}{l'}\right)^{1{,}75} Pr^{0{,}33}}} \right\}.$$

Nach dieser Beziehung sind die gestrichelten Kurven in Abb. 111 berechnet.

3. Bei der Überführung des in Abb. 101 enthaltenen Zusammenhangs zwischen $Nu_{l'}$ und $Re_{l'}$ für außenumströmte Körper in einen Zusammenhang $Nu_{d^*} = f(Pe_{d^*}\, d^*/l')$ ist folgendes zu bedenken:

Abb. 101 gilt ebenso wie Abb. 111 für die Temperaturdifferenz im Eintrittsquerschnitt. Eine Umrechnung ist nur erforderlich im Hinblick auf die in beiden Tafeln verschiedenen charakteristischen Längen d^* bzw. l'. Es gilt

$$Nu_{d^*} = Nu_{l'} \frac{d^*}{l'}, \quad Pe_{d^*} \frac{d^*}{l'} = Pe_{l'} \left(\frac{d^*}{l'}\right)^2.$$

Für bestimmte vorgegebene Werte d^*/l' läßt sich damit die in Abb. 101 enthaltene Kurve in die Abb. 111 übertragen (die dünn ausgezogenen Kurven in Abb. 111), wenn man bedenkt, daß $Re\, Pr^{2/3} = Pe\, Pr^{-1/3}$ ist.

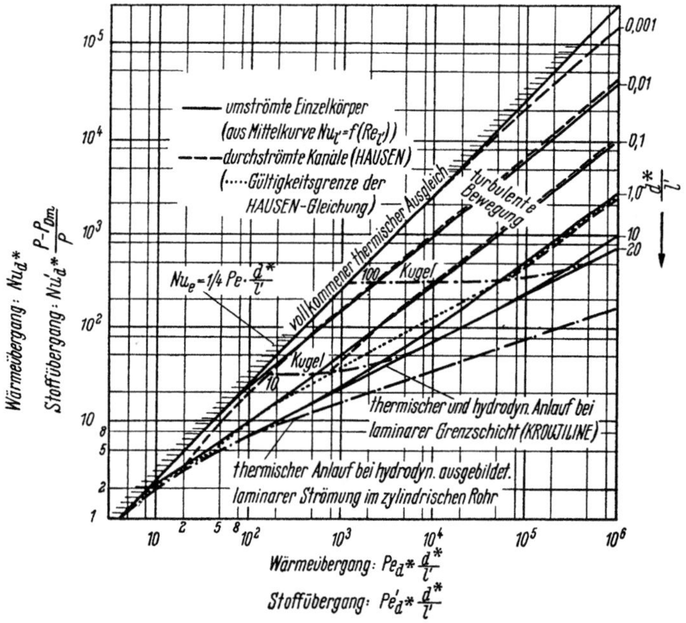

Abb. 111. Wärme- und Stoffübergang bei durchströmten und umströmten Körpern (Strömungsmittel Luft: $Pr = 0{,}72$).

Abb. 111 zeigt folgende für Abschätzungen der Wärmeübergangsverhältnisse wichtigen Gesetzmäßigkeiten:

a) Größer als die Werte der durch Schraffur gekennzeichneten Geraden $Nu_{d^*} = 1/4\, Pe_{d^*} d^*/l'$ kann die auf die Temperaturdifferenz im

Eintritt bezogene dimensionslose Wärmeübergangszahl Nu_{d*} niemals werden, weil dann die Austrittstemperatur gleich der Wandtemperatur wird (vgl. S. 146).

b) Der Wärmeübergang in laminar durchströmten Körpern (thermische Anlaufströmung bei hydrodynamisch ausgebildeter Laminarströmung) ist geringer als bei allen sonst vorkommenden Fällen (die strichpunktierte Kurve in Abb. 111).

c) Zwischen diesen beiden Grenzen liegen alle technisch vorkommenden Werte Nu_{d*}. Man sieht, daß in einem großen Bereich der Wärmeübergang bei außenumströmten Körpern (dünn ausgezogene Kurven) praktisch ebensogroß ist wie beim turbulent durchströmten Körper (gestrichelte Kurven). Dies ist von dann ab der Fall, wenn die Grenzschicht des außenumströmten Körpers in den turbulenten Strömungszustand kommt. Dann hat z.B. die äußere Oberfläche eines innen und außen längs durch- bzw. überströmten Rohrstückes die gleiche Wärmeübergangszahl wie die innere Oberfläche.

d) Alle Kurven für außenumströmte Körper haben eine gemeinsame Hüllkurve $Nu_{d*} = 0{,}7 \sqrt{Pe_{d*}\, d^*/l'}$ [vgl. Gl. (142)]. Dies ist die für thermische und zugleich hydrodynamische Anlaufvorgänge bei laminar sich ausbildender Grenzschicht gültige dick ausgezogene Gerade in Abb. 111.

e) Außenumströmte Körper zeigen einen in einen horizontalen Verlauf übergehenden Teil, der je nach der geometrischen Form des Körpers in verschiedener Höhe verlaufen kann. Dieser Verlauf gilt, wenn der Wärmeübergang nicht mehr durch die Strömung, sondern durch den bei einem Körper bestimmter Form im ruhenden Medium sich einstellenden Beharrungszustand der Wärmeströmung bedingt ist (vgl. S. 94 und Abb. 111). Solche Zustände sind nur bei außenumströmten Körpern in einer weit ausgedehnten Umgebung möglich. In Abb. 111 ist der Zusammenhang für Kugeln für $\frac{d^*}{l'} = 10$ und 100 (dünn strichpunktiert) eingetragen.

In vergrößertem Maßstab und mit mehr Zwischenlinien ist der in Abb. 111 dargestellte Zusammenhang in Tafel IV wiedergegeben, weil sich, wie im nächsten Abschnitt gezeigt wird, dieser Zusammenhang auch für den Wärmeübergang bei Haufwerken aller Art, bestehend aus Körpern der verschiedensten Formen brauchen läßt – allerdings unter Benutzung anderer Parameter $\frac{d^*}{l'}$.

4. Haufwerke in geordneter und ungeordneter Verteilung der Körper (geschüttete Güter)

Bei geschütteten Gütern, Rohrbündeln, Haufwerken von Fasern, Fäden usw. liegen die Wärmeübergangsverhältnisse dann ebenso wie bei außenumströmten Einzelkörpern, wenn der Abstand zwischen den Elementen groß ist. BENKE [47] hat nachgewiesen, daß dies bei Rohrbündeln dann der Fall ist, wenn das Abstandsverhältnis der Rohre s_1/d und s_2/d größer als 3 ist. Dann kann man also sinngemäß die Gesetzmäßigkeiten für umströmte Einzelkörper nach Abb. 101 anwenden.

Je enger die Einzelelemente beieinandersitzen und je weniger die Strömung in den Kanälen unterbrochen oder umgelenkt wird (z. B. bei fluchtender Anordnung von Rohrbündeln weniger als bei versetzter), werden Gesetzmäßigkeiten auftreten, die denen der innendurchströmten Körper gleichen, wenn man einen entsprechenden hydraulischen Durchmesser d' und ein entsprechendes Verhältnis l'/d' einführt. Je häufiger der Luftstrom durch Ablenkung an entgegenstehenden Stoffteilen unterbrochen wird, um so stärker muß sich der jeweils neue hydrodynamische Anlaufvorgang auf den Wärmeübergang auswirken.

Bei dem Versuch einer zusammenfassenden Betrachtung aller möglichen geordneten und ungeordneten Haufwerke, die aus Einzelkörpern der verschiedensten Form bestehen, ist das entscheidende Problem die sinnvolle Definition der charakteristischen Längen – einer überall brauchbaren Anströmlänge l' und eines äquivalenten Kanaldurchmessers d^* – sowie einer wirksamen Geschwindigkeit w_m. Der Aufklärung dieser Fragen waren zwei größere Arbeiten der letzten Jahre gewidmet [*88*], [*116*].

α) *Einlagige Haufwerke*

Eine einzelne Reihe nebeneinanderliegender Rippenrohre kann im wesentlichen als ein einlagiges Haufwerk von parallel angeordneten Ringscheiben angesehen werden. Die Untersuchung des Wärmeaustausches zwischen Luft und Rippenrohren, die aus starkwandigen Rohren durch immer tieferes Eindrehen mit verschiedener Teilung, Rippenhöhe und Rippenbreite hergestellt waren, lieferte folgendes Ergebnis:

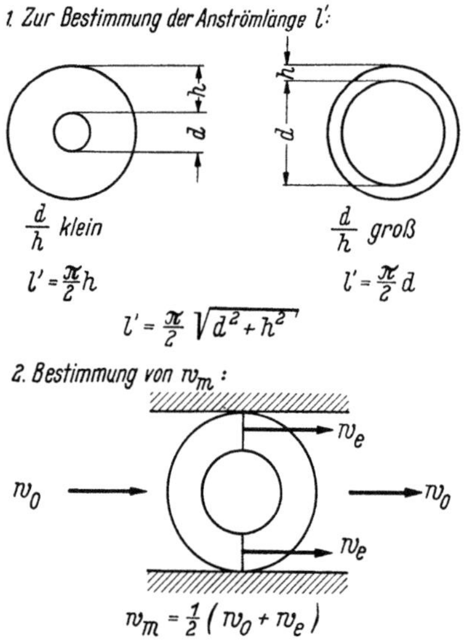

Abb. 112. Anströmlänge und mittlere Geschwindigkeit bei Rippenrohren.

1. Als Anströmlänge l' ist die Größe

$$l' = \frac{\pi}{2}\sqrt{d^2 + h^2} \qquad (172)$$

brauchbar, wenn d den Durchmesser des Kernrohres und h die Rippenhöhe bedeutet. Für den Grenzfall $h = 0$ liefert Gl. (172) die Anströmlänge glatter quer angeströmter Rohre $l' = \frac{\pi}{2} d$, für den Grenzfall $d = 0$ die mittlere Anströmlänge $l' = \frac{\pi}{2} h$, wie sie oben [bei Gl. (147)] für parallel angeströmte Kreisscheiben eingeführt wurde (s. Abb. 112).

2. Als mittlere wirksame Geschwindigkeit kann unter der Voraussetzung, daß die Rippenschneiden an der Kanalwand anliegen, so daß keine am Wärmeaustausch nicht beteiligte Luft außerhalb der Rippen

vorbeiströmt, die Größe

$$w_m = \frac{w_0 + w_e}{2} \tag{173}$$

eingeführt werden, worin w_0 die Geschwindigkeit im leer gedachten Kanal vor den Rippenrohren, w_e diejenige im engsten Querschnitt bedeutet (s. Abb. 112).

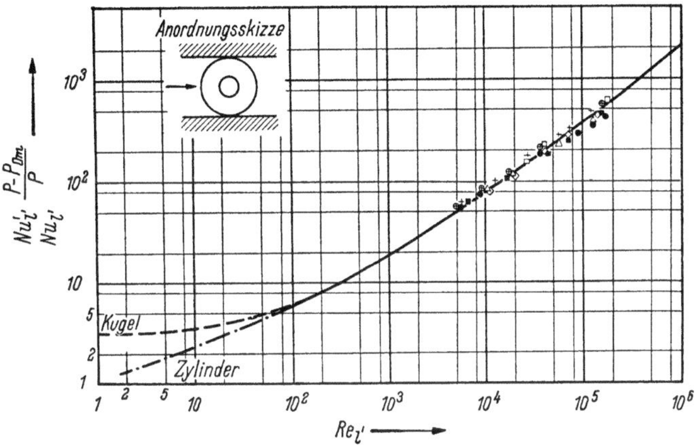

Abb. 113. Der Wärmeübergang bei Rippenrohren.

Mit Einführung der so definierten Größen l' und w_m in $Nu_{l'}$ und $Re_{l'}$ können alle Ergebnisse an Rippenrohren ohne wesentliche Streuung (unter $\pm 15\%$) in die für überströmte Einzelkörper gültige Mittelkurve in Abb. 101 und 105 eingeordnet werden. Abb. 113 zeigt die Versuchsergebnisse.

β) Vielschichtige geordnete und ungeordnete Haufwerke

Ähnlich wie bei einlagigen Haufwerken liegen die Wärmeübergangsverhältnisse in der ersten Hälfte der ersten und in der letzten Hälfte der letzten Schicht eines mehrlagigen Haufwerks. Im Innern jedoch sind die Übertragungsverhältnisse wegen der häufigen Umlenkungen des Luftstromes und der damit verbundenen häufigen Neuanströmung der Einzelkörper sehr viel lebhafter als bei der Durchströmung einer einzigen Schicht, bei der der Strom nur einmal beschleunigt und verzögert wird. Dies kann man folgendermaßen veranschaulichen:

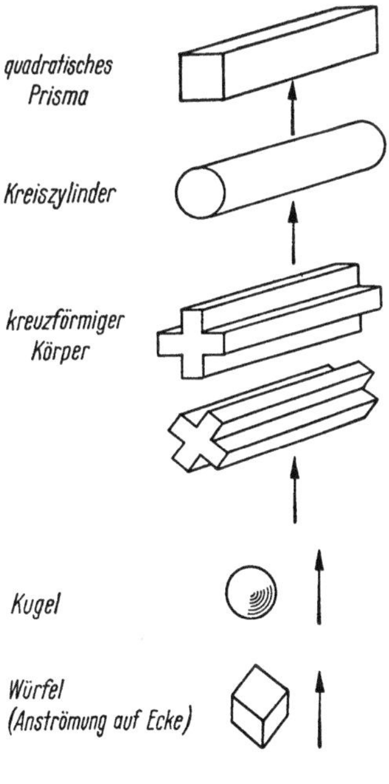

Abb. 114. Die in verschiedenen Haufwerksanordnungen untersuchten Körperformen.

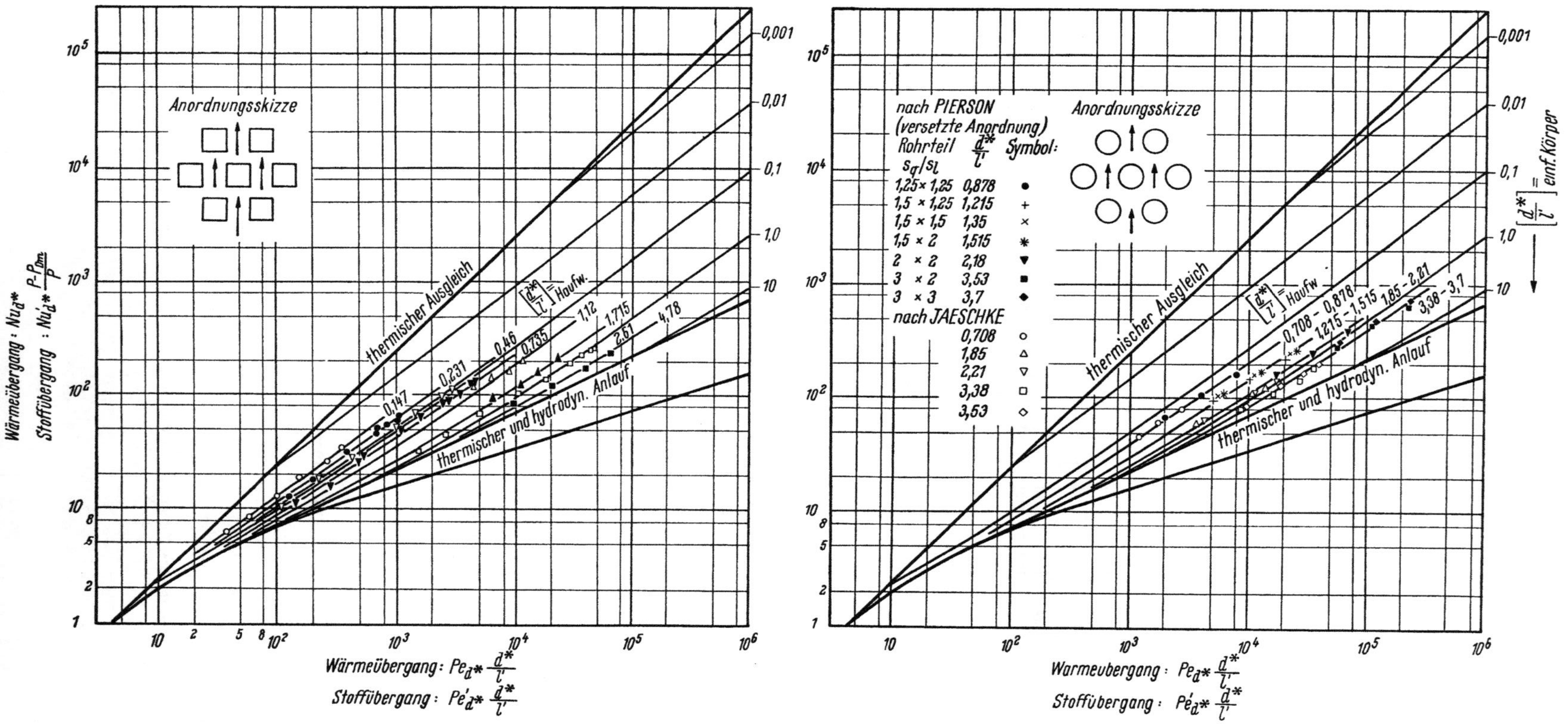

Abb. 115a. Wärme- und Stoffübergang an Haufwerken aus runden und quadratischen Prismen.

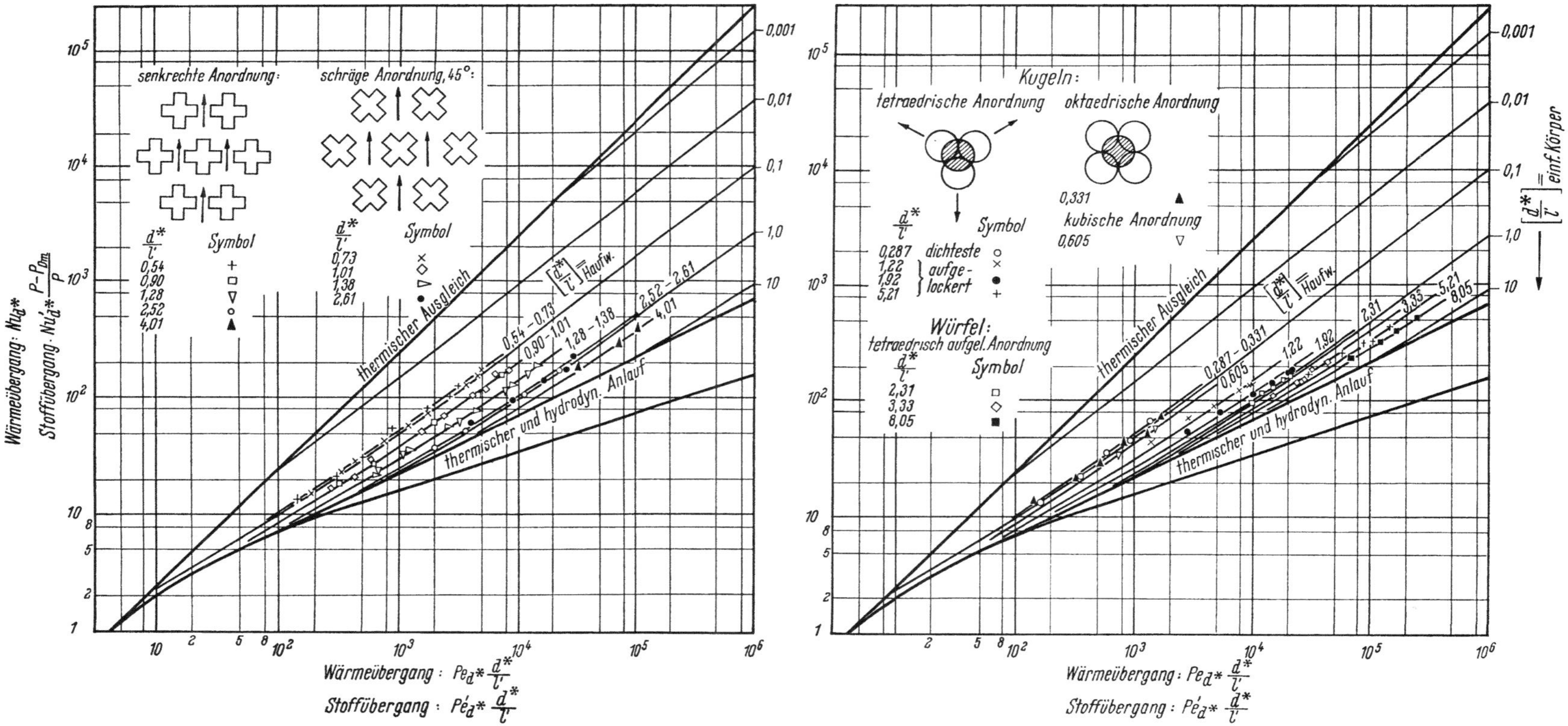

Abb. 115b. Wärme- und Stoffübergang an Haufwerken aus kreuzförmigen Prismen und Kugeln.

Ordnet man vor und hinter einem aus mehreren Schichten bestehenden wärmeaustauschenden Haufwerk je eine nicht am Austausch beteiligte, sonst aber gleich angeordnete Schicht (Hilfsschicht) an, so sind in allen austauschenden Schichten die Wärmeübergangszahlen gleich [88] (vgl. auch Kap. X, S. 431f.). Es folgt, daß man bei der Durchströmung eines Haufwerks grundsätzlich zwei Teile unterscheiden muß:

1. Die Durchströmung der ersten Hälfte der ersten Schicht und der letzten Hälfte der letzten Schicht – d.h. also im ganzen einer einlagigen Schicht des Haufwerkes –, für die w_m nach Gl. (173) einzusetzen ist, während als Anströmlänge die der Einzelkörper zu nehmen ist. Für diese Schicht gilt der Zusammenhang $Nu_{l'} = f(Re_{l'})$ nach Abb. 101.

2. Die Durchströmung im Innern des Haufwerks.

Besteht das Haufwerk aus insgesamt n Schichten, so gelten die folgenden Angaben für die mittleren n–1 Schichten. Die Versuche von Jaeschke [88] über den Wärmeübergang bei durchströmten Haufwerken aus Einzelkörpern, deren Formen in Abb. 114 wiedergegeben sind, lassen eine einheitliche Darstellung aller Versuchsergebnisse zu, wenn man folgende Definitionen wählt:

a) als Anströmlänge l' diejenige der Einzelkörper (vgl. Abb. 97);

b) als mittlere wirksame Geschwindigkeit w_m die auf den mittleren Porenquerschnitt im Haufwerk f bezogene Geschwindigkeit, die sich aus dem Lückenvolumen (d.h. Porosität Ψ) errechnen läßt:

$$w_m = \frac{w_0}{\Psi} = \frac{F}{f} w_0 \,, \tag{174}$$

worin w_0 die Geschwindigkeit im leer gedachten Kanalquerschnitt F bedeutet;

c) als äquivalenten mittleren Kanaldurchmesser d^* die Größe

$$d^* = \frac{4 f l'}{O} = \frac{4 F \Psi l'}{O} \,, \tag{175}$$

worin O die innere Oberfläche des Haufwerks in einem Abschnitt von der Länge l' bedeutet.

Die Ergebnisse der Untersuchung an Haufwerken lassen sich unter Verwendung der durch die Gl. (174) und (175) definierten Größen bei Bildung der Nu- und Pe-Zahl alle in einem Diagramm nach Art von Abb. 111 eintragen, wenn man die Verhältnisse in jeder einzelnen Schicht allein darstellt.

Abb. 115 zeigt das Schema von Abb. 111, in das die Versuchsergebnisse von 4 Gruppen von Untersuchungen eingetragen sind, wie aus der Bildunterschrift zu ersehen ist.

Alle Versuchsergebnisse für die einzelnen Schichten der Haufwerke liegen auf Kurven, die mit solchen gleichlaufen, die für einzelne einfache Körper (durch- oder überströmte Rohre) aufgestellt waren. Nur ist ein charakteristischer Unterschied auffallend: die Parameter d^*/l', die für die

Anordnungen in Haufwerken gelten (sie sind in den Bildern jeweils an die Kurven geschrieben), sind andere als die für einfache Körper gültigen. Aber vergleicht man die Zahlen d^*/l' für beliebige Haufwerksanordnungen mit denen für einfache Körper, so zeigt sich bei allen Haufwerken näherungsweise die gleiche Zuordnung. Diese ist in Abb. 116 wiedergegeben.

Alle Versuchsergebnisse sowie zahlreiche weiterhin herangezogene, von anderen Forschern an Haufwerken angestellte Untersuchungen streuen mit geringen Abweichungen um eine Kurve, die sich in ihrem

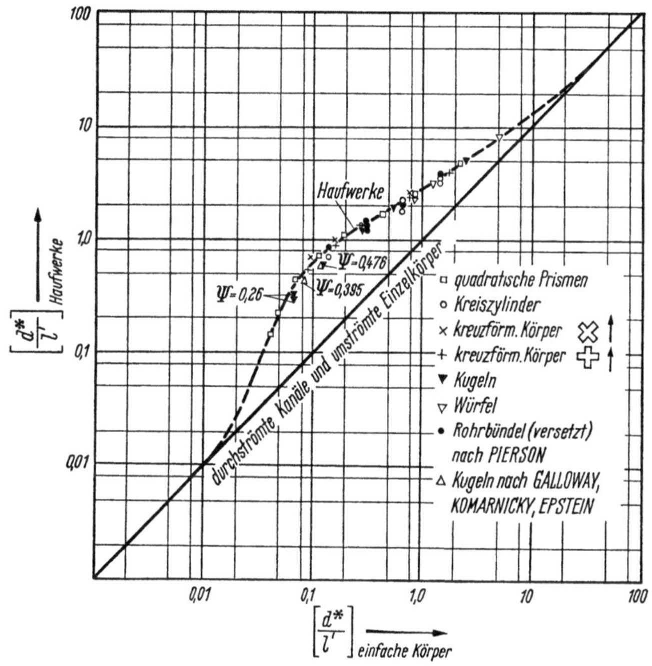

Abb. 116. Die Zuordnung des Parameters $\left(\frac{d^*}{l'}\right)$ im Haufwerk zu dem eines einfachen Körpers.

oberen und ihrem unteren Teil derjenigen für einfache Körper (durch- oder überströmte Rohre) anschmiegt. Für sehr kleine Werte d^*/l', die nur in sehr dicht gepackten Haufwerken vorkommen, nähert sich das Verhalten im Haufwerk demjenigen eines durchströmten Kanals von gleichem Verhältnis d^*/l'. Sehr große Werte d^*/l' sind nur bei lockeren Anordnungen möglich, dann sind die Verhältnisse ähnlich wie bei überströmten Einzelkörpern. Da sich nun für einzelne durchströmte Kanäle sowie für überströmte Einzelkörper in der gewählten Darstellung $Nu_{d^*e} = f\left(Pe_{d^*} \frac{d^*}{l'}\right)$ die gleichen Kurven ergeben, müssen auch für sehr dichte und sehr lockere Haufwerke die gleichen Kurven gelten.

Im Bereich mittlerer Werte d^*/l' jedoch liegen die Wärmeübergangszahlen für die inneren Schichten von Haufwerken unter Umständen viel höher als für Einzelkörper oder einlagige Haufwerke. Anschaulich ist diese Erhöhung des Wärmeübergangs im Innern von Haufwerken verständlich durch die dauernde Umlenkung und Verwirbelung der Strömung und der damit verbundenen vielfältigen Neuanströmung der Einzelkörper des Haufwerks.

5. Über die Anwendung der Tafel IV für vielschichtige Haufwerke

Das zusammenfassende Ergebnis der Untersuchungen an Haufwerken war, daß für alle inneren Schichten eines Haufwerks gleiche Austauschzahlen je Schicht – bezogen auf die Potentialdifferenz im Eintrittszustand jeder Schicht – gültig sind; jedoch gelten für die erste Hälfte der ersten und die letzte Hälfte der letzten Schicht niedrigere Werte. Ermittelt man in der üblichen Weise Wärmeübergangszahlen aus Messungen über n austauschenden Schichten, so werden diese stets kleiner sein als die an den einzelnen inneren Schichten gemessenen. Diese Erscheinung führt dann irrtümlicherweise zu dem Schluß, daß in Haufwerken die Austauschzahlen von der Schichtzahl abhängig seien[1].

Man kann zwei Grenzfälle unterscheiden:

a) So große Schichtzahlen, daß man an allen n Schichten gleiche Wärmeübergangszahlen entsprechend der Anordnung $\left(\frac{d^*}{l'}\right)_{\text{Haufw.}}$ annehmen kann.

b) Kleinere Schichtzahlen, bei denen der Einfluß der Einströmung in die erste und der Ausströmung aus der letzten Schicht berücksichtigt werden muß. Dann sind für die erste Hälfte der ersten und die letzte Hälfte der letzten Schicht die Wärmeübergangszahlen entsprechend einer einlagigen Anordnung und für $n - 1$ Schichten die Austauschzahlen entsprechend der Haufwerksanordnung einzusetzen.

Zur rechnerischen Behandlung werden die auf die Potentialdifferenz am Eintritt einer Schicht bezogenen Austauschzahlen auf den Eintrittszustand des n-schichtigen Haufwerks umgerechnet, wobei außerdem ϑ_0 = konst. vorausgesetzt sei.

Fall a) (in allen Schichten α_e = konst.)

Die übertragene Wärmemenge beträgt, wenn unter O die austauschende Oberfläche über einen Abschnitt von der Länge l' verstanden wird:

an der ersten Schicht

$$Q_1 = O\alpha_e(\vartheta_{e_1} - \vartheta_0) = Vc_p\gamma(\vartheta_{e_1} - \vartheta_{e_2}),$$

an der zweiten Schicht

$$Q_2 = O\alpha_e(\vartheta_{e_2} - \vartheta_0) = O\alpha_e(\vartheta_{e_1} - \vartheta_0)\left(1 - \frac{Nu\,O}{Pe\,f}\right),$$

[1] Auf den Einfluß der Schichtzahl (Rohrreihenzahl) auf die Wärmeübergangszahl weist GRIMISON [77] hin, der die zahlreichen Messungen von PIERSON [144] an Rohrbündeln zum praktischen Gebrauch ausgewertet hat (s. auch [151]).

an der n-ten Schicht

$$Q_n = O\,\alpha_e\,(\vartheta_{e_1} - \vartheta_0)\left(1 - \frac{Nu\,O}{Pe\,f}\right)^{n-1}.$$

Die Summe der übertragenen Wärmemenge wird gesetzt:

$$n\,Q = O\,\alpha_e\,(\vartheta_{e_1} - \vartheta_0)\left\{1 + \left(1 - \frac{Nu\,O}{Pe\,f}\right) + \left(1 - \frac{Nu\,O}{Pe\,f}\right)^2 + \cdots\right\}$$

$$= \alpha_{e_{\text{ges}}}\,n\,O\,(\vartheta_{e_1} - \vartheta_0)$$

oder

$$\alpha_{e_{\text{ges}}} = \alpha_e\,\frac{1}{n}\left\{\frac{1 - \left(1 - \frac{Nu\,O}{Pe\,f}\right)^n}{\frac{Nu\,O}{Pe\,f}}\right\}.$$

Mit dem für Haufwerke zweckmäßigen Durchmesser $d^* = \frac{4\,f\,l'}{O}$ ergibt sich

$$Nu_{d^*e_{\text{ges}}} = \frac{\alpha_{e_{\text{ges}}}\,d^*}{\lambda}$$

$$= \frac{1}{n}\,\frac{1}{4}\left(Pe_{d^*}\,\frac{d^*}{l'}\right)\left\{1 - \left(1 - \frac{4\,Nu_{d^*e}}{Pe_{d^*}\,\frac{d^*}{l'}}\right)^n\right\}. \qquad (176)$$

Fall b)

Von den n Schichten des Haufwerks wird die erste Schicht (in Ersatz für die erste Hälfte der ersten und die letzte Hälfte der letzten Schicht) als eine einlagige Anordnung aufgefaßt, die übrigen $n - 1$ Schichten als Inneres eines Haufwerks.

An der einlagigen Anordnung beträgt die übertragene Wärmemenge

$$Q_1 = O\,\alpha_e\,(\vartheta_{e_1} - \vartheta_0) = V\,c_p\,\gamma\,(\vartheta_{e_1} - \vartheta_{e_2}), \qquad (177)$$

worin α_e für einlagige Anordnungen nach Tafel IV zu bestimmen ist. Aus Gl. (177) berechnet man die Eintrittstemperatur in die folgenden $n - 1$ Schichten, die nach Gl. (176) zu behandeln sind.

Die Bestimmung von n, d^* und $\frac{d^*}{l'}$ für Schüttungen

Alle Berechnungen über den Wärme- und Stoffaustausch in Haufwerken und Schüttungen werden auf die Betrachtung der Vorgänge in einer Schicht zurückgeführt. Es ist also zunächst die Zahl der Schichten in einer Schüttung zu bestimmen.

Ist N die Zahl der in 1 m³ befindlichen gleichgroßen Körner vom Kornvolumen V_K, aus dem der Durchmesser d_K der volumengleichen Kugel berechnet wird, Ψ die Porosität der Schüttung, h ihre Höhe, so gilt mit $N\,V_K = 1 - \Psi$

$$N = \frac{1 - \Psi}{V_K} = \frac{6}{\pi}\,\frac{1 - \Psi}{d_K^3}.$$

Die Zahl N_1 der Schichten, die auf 1 m Höhe kommen, ist

$$N_1 = \sqrt[3]{N}.$$

Auf eine Schichthöhe h entfallen also

$$n = N_1 h = \frac{h}{d_K}\sqrt[3]{\frac{6}{\pi}(1-\Psi)} \tag{178}$$

Körner.

Nach Gl. (175) ist

$$d^* = \frac{4 F \Psi l'}{O} = \frac{4 \Psi l'}{\sqrt[3]{N^2} O_K K},$$

worin $\sqrt[3]{N^2}$ die Zahl der Körner je m² Querschnitt ($F = 1$), O_K die Oberfläche einer Kugel vom Durchmesser d_K, K ein Formfaktor, der das Verhältnis der wirklichen Kornoberfläche zu der der volumengleichen Kugel darstellt, und l' die Anströmlänge des Einzelkorns bedeuten. Nach Einsetzen der Werte N und O_K ergibt sich:

$$d^* = \sqrt[3]{\frac{16}{9\pi}\,\frac{\Psi^3}{(1-\Psi)^2}}\,\frac{l'}{K}. \tag{179}$$

Es folgt sofort

$$\frac{d^*}{l'} = \sqrt[3]{\frac{16}{9\pi}\,\frac{\Psi^3}{(1-\Psi)^2}}\,\frac{1}{K}. \tag{180}$$[1]

Beispiel 1. Welche Wärmemenge wird von einem Luftstrom mit der anfänglichen Temperatur $\vartheta_e = 40$ °C und der relativen Feuchtigkeit $\varphi_{L_e} = 0{,}2$ (d. h. $P_{DL_e} = 150{,}4$ kg/m²) an eine ungeordnete Schüttung befeuchteter Kugeln während des Abschnitts der Oberflächenverdunstung übertragen?

Luftgeschwindigkeit im leer gedachten Kanalquerschnitt	$w_0 = 2$ m/sek
Kugeldurchmesser	$d = 0{,}02$ m
Lückenraumanteil	$\Psi = 0{,}4$
leer gedachter Kanalquerschnitt	$F_{ges} = 1$ m²
Höhe der Schüttung	$h = 0{,}65$ m

Lösung: Aus dem i–x-Diagramm Tafel I entnimmt man als Kühlgrenztemperatur für den gegebenen Luftzustand $\vartheta_k = 21{,}5$ °C, die mit ϑ_0 übereinstimmt.

Die Stoffwerte für die Bildung der Kenngrößen – bezogen auf $\frac{1}{2}(\vartheta_0 + \vartheta_e)$ – sind:

$$\lambda = 0{,}0227 \text{ kcal/mh °C}; \quad a = 0{,}0815 \text{ m}^2/\text{h}; \quad Pr = 0{,}712$$

Anzahl der Schichten nach Gl. (178)

$$n = \frac{0{,}65}{0{,}02}\sqrt[3]{\frac{6}{\pi}0{,}6} = 34.$$

[1] Denkt man sich die Anströmlänge l' in Beziehung gesetzt zu derjenigen der volumengleichen Kugel $l'_k = \frac{\pi}{2} d_K$, so kann man dieses Verhältnis zu dem Flächenfaktor K in Beziehung setzen.

$$\frac{l'}{l'_K} = \sqrt{\frac{O}{O_K}} = \sqrt{K}.$$

Gleichwertiger Durchmesser nach Gl. (179) ($K = 1$)

$$d^* = \sqrt[3]{\frac{2\pi^2}{9}\,\frac{0{,}064}{0{,}36}}\,0{,}02 = 0{,}0146\,\mathrm{m}\,.$$

Nach Gl. (180) ist (für $K = 1$)

$$\frac{d^*}{l'} = \sqrt[3]{\frac{16}{9\pi}\,\frac{0{,}064}{0{,}36}} = 0{,}465\,,$$

$$Pe_{d^*}\frac{d^*}{l'} = \frac{2\cdot 3600\cdot 0{,}0146}{0{,}4\cdot 0{,}0815}\,0{,}465 = 1504\,.$$

Aus Tafel IV dazu

$$Nu_{d^*} = \frac{\alpha_e d^*}{\lambda} = 72\,;\quad \alpha_e = \frac{72\cdot 0{,}0227}{0{,}0146} = 111{,}9\,\mathrm{kcal/m^2\,h\,^\circ C}\,.$$

Nach Gl. (176) wird

$$\alpha_{e_{\mathrm{ges}}} = \frac{0{,}0227}{0{,}0146}\,\frac{1}{34}\,\frac{1}{4}\,1504\left\{1 - \left[1 - \frac{4\cdot 72}{1610}\right]^{34}\right\} = 17{,}2\,\mathrm{kcal/m^2\,h\,^\circ C}\,.$$

Die übertragene Wärmemenge ist also

$$Q = n\,N^{2/3}O_K\,\alpha_{e_{\mathrm{ges}}}(\vartheta_e - \vartheta_0)\,,$$

$$= 34\sqrt[3]{143\,000^2}\,\pi\,0{,}02^2\cdot 17{,}2\cdot 18{,}5\,,$$

$$\approx 37\,200\quad [\mathrm{kcal/h}]\,.$$

Beispiel 2[1]. In einem Kondensator schlage sich Dampf ($P''_D \approx 0{,}06$ ata d. h.: $\vartheta_D = 36\,^\circ$C) an der Außenfläche eines von Luft bei Atmosphärendruck und der Eintrittstemperatur $\vartheta_{Le} = 20\,^\circ$C mit der Geschwindigkeit $w_L = 30$ m/sek durchströmten Rohres (Innendurchmesser $d_i = 20$ mm; Länge $l = 1$ m) nieder. Man ermittle die Wärmemenge, die je m² Rohroberfläche von der Luft abgeführt wird. Die Temperatur an der Rohrinnenwand ϑ_W sei gleich der Kondensattemperatur: $\vartheta_W = \vartheta_D$.

Lösung:

a) Mittels Tafel IV:

Als Bezugstemperatur für die Stoffwerte dient $\vartheta_m = \frac{1}{2}(\vartheta_D + \vartheta_{Le}) = 28\,^\circ$C.

$$\lambda = 0{,}0226\quad [\mathrm{kcal/m\,h\,^\circ C}]\,;\quad a = 0{,}0802\quad [\mathrm{m^2/h}]\,,$$

$$d^* = d_i\,;\quad l' = l\,.$$

Für $$Pe_{d^*}\frac{d^*}{l'} = \frac{30\cdot 3600\cdot 0{,}02}{0{,}0802}\,0{,}02 = 539$$

und $$\frac{d^*}{l'} = 0{,}02$$

entnimmt man der Tafel IV

$$Nu_{d_e^*} = 67 \to$$

$$\alpha_e = 67\,\frac{0{,}0226}{0{,}02} = 75{,}7 \approx 76\quad [\mathrm{kcal/m^2\,h\,^\circ C}]\,,$$

$$q = \alpha_e(\vartheta_W - \vartheta_{Le}) = 75{,}7\cdot 16 = 1211\quad [\mathrm{kcal/m^2\,h}]\,.$$

[1] Dieses Beispiel soll dartun, welche Vereinfachung bei Verwendung der Tafel gegenüber dem Vorschlag im VDI-Wärmeatlas eintritt.

b) Mit Hilfe des VDI-Wärmeatlas:

Bezugstemperatur für die Stoffwerte $\vartheta_m = \frac{1}{2}(\vartheta_{Le} + \vartheta_{La}) \approx 24\,°\mathrm{C}$.

Aus dem Diagramm Gb 11 entnimmt man für

$$w\gamma = 36 \quad [\mathrm{kg/m^2\,sec}],$$

$$\bar{\alpha} = 101 \quad [\mathrm{kcal/m^2\,h\,°C}],$$

$$Q = \bar{\alpha} O \frac{\vartheta_{La} - \vartheta_{Le}}{\ln \frac{\vartheta_{Le} - \vartheta_W}{\vartheta_{La} - \vartheta_W}}.$$

Die unbekannte Luftaustrittstemperatur ϑ_{La} ist aus obiger Gleichung und der Beziehung

$$Q = V c \gamma (\vartheta_{La} - \vartheta_{Le})$$

zu ermitteln:

$$V c \gamma = \frac{O\alpha}{\ln \frac{\vartheta_{Le} - \vartheta_W}{\vartheta_{La} - \vartheta_W}},$$

$$\vartheta_{La} = \vartheta_W - (\vartheta_W - \vartheta_{Le}) e^{-\frac{4 l \bar{\alpha}}{d_i w c \gamma}}$$

$$= 36 - (36 - 20) e^{-\frac{4 \cdot 1{,}0 \cdot 101}{0{,}02 \cdot 30 \cdot 3600 \cdot 1{,}1889 \cdot 0{,}24}}$$

$$= 27{,}7\,°\mathrm{C}.$$

Eine Iteration ist wegen der guten Übereinstimmung der geschätzten mit der tatsächlichen Mitteltemperatur ϑ_m nicht erforderlich.

$$q = \bar{\alpha} \frac{\vartheta_{La} - \vartheta_{Le}}{\ln \frac{\vartheta_{Le} - \vartheta_W}{\vartheta_{La} - \vartheta_W}}$$

$$= 1187 \quad [\mathrm{kcal/m^2\,h}]$$

Kapitel III

Die Stoffbewegung bei Strömung und Diffusion

Die Erscheinungen, von denen in diesem Abschnitt gesprochen werden soll, faßt man unter dem Begriff „Stoffaustausch" zusammen. Sie sind in der Trocknungstechnik deshalb von besonderer Bedeutung, weil es ja Ziel des Trocknungsvorganges ist, die Bewegung der zu entfernenden Feuchtigkeit aus dem Gut zu erreichen. In welcher Weise diese Bewegung im Inneren poriger Güter und beim Verlassen ihrer Oberfläche zu beeinflussen ist, soll in den folgenden Seiten zusammenfassend dargelegt werden.

Zur Abgrenzung der Begriffe:

Der Begriff „Strömung" wird benutzt, wenn es sich um die Bewegung einer Flüssigkeit oder eines Gases im ganzen (molar) handelt. Dabei sind die treibenden Kräfte Druckkräfte (äußere Drucke oder Oberflächenspannungen) oder die Schwerkraft bzw. Auftriebskräfte. Die Widerstände gegen die Bewegung sind bei Laminarströmung durchweg nur Reibungskräfte (Wandreibung, d. h. Impulsaustausch zwischen den Molekülen verschieden schnell bewegter Flüssigkeitsschichten).

Der Begriff „Diffusion" wird dann gebraucht, wenn es sich um die Bewegung von Molekülen einer Art zwischen denjenigen einer anderen Art handelt, z. B. von Wasserdampfmolekülen in Luft. Treibende Kräfte sind Teildruck- oder Dichteunterschiede. Die Widerstände gegen die Bewegung entstehen nach der molekularkinetischen Deutung STEFANS [*171*] beim Zusammenstoß der betrachteten Moleküle mit denen der anderen Art.

Die Vorgänge des molekularen Impulsaustausches bei der Strömung sowie bei der Diffusion hängen eng zusammen mit dem Vorgang des molekularen Energieaustausches der Wärmeleitung.

Für Gase liefert die kinetische Theorie unter gewissen Vereinfachungen folgenden Zusammenhang der charakteristischen Stoffeigenschaften Wärmeleitzahl, Diffusionszahl und Zähigkeit:

$$\lambda = 1{,}9\, g\, c_v\, \eta = \gamma\, c_v\, \delta\,, \tag{181}$$

worin bedeuten:

λ	kcal/mh °C	Wärmeleitfähigkeit,	c_v	kcal/kg°C	spezifische Wärme bei konstantem Volumen,
η	kg h/m²	Zähigkeit,			
δ	m²/h	Diffusionszahl,	γ	kg/m³	spezifisches Gewicht.
g	m/h²	Erdbeschleunigung,			

Die Erklärungen der kinetischen Gastheorie für die Zähigkeit, Diffusionszahl und Wärmeleitzahl sind aus der Vorstellung gewonnen, daß in einem Raum so viele Moleküle vorhanden sind, daß der Austausch *untereinander* für alle Vorgänge entscheidend ist. Zur Darstellung der meisten technischen Vorgänge in größeren Räumen sind diese Erscheinungen maßgeblich. In der Trocknungstechnik jedoch spielen häufig Bewegungsvorgänge in sehr engen Poren eine Rolle, bei denen die statistischen Gesetzmäßigkeiten für den Austausch von Energie bzw. Bewegungsgröße der Gasmoleküle untereinander nicht mehr in Frage kommen. Es zeigen sich andere Gesetzmäßigkeiten in sehr engen Räumen unter der Bedingung, daß die „freie Weglänge der Moleküle" größer ist als die Abstände der Begrenzungsflächen (vgl. auch Kap. II, Abschn. B, S. 108 ff.). Da diese Bewegungsvorgänge, bei denen Diffusion und Strömung nicht mehr unterschieden werden können, im Grunde die einfachsten Vorstellungen erfordern, sollen sie hier vorangestellt werden.

Alle Bewegungsvorgänge bei konstanter Temperatur sollen hier auf den Ansatz

$$G = -f\, b\, \frac{dP}{dl} \quad \text{kg/h} \tag{182}$$

zurückgeführt werden, worin bedeuten:

f m² die Fläche, durch die die Bewegung erfolgt,

b m/h einen Bewegungsbeiwert, der für die verschiedenen Fälle (Molekularbewegung, molare Bewegung bei laminarer oder turbulenter Strömung oder Diffusion) verschieden ist,

$\frac{dP}{dl}$ kg/m³ das wirksame Druck- bzw. Teildruckgefälle.

A. Die Stoffbewegung in Räumen gleichen Querschnitts

a) (Knudsensche) Molekularbewegung

Die Betrachtung des Stoffaustausches soll mit der Betrachtung derjenigen Gesetzmäßigkeiten begonnen werden, die für die Bewegung durch enge Räume, deren Abmessungen klein gegenüber der freien Weglänge sind, maßgeblich sind. In Tab. 29 sind die freien Weglängen von Luft und Wasserdampf in Abhängigkeit von Druck und Temperatur angegeben.

Tabelle 29. *Freie Weglänge von Luft und Wasserdampf.*
(Angabe in $\mu = 10^{-6}$ m.)

Stoff	Temperatur °C	Druck ata		
		1	0,1	0,01
Luft	−50	0,0566	0,566	5,66
	0	0,0603	0,603	6,03
	50	0,0632	0,632	6,32
	100	0,0654	0,654	6,54
Wasserdampf	−50	0,033	0,33	3,3
	0	0,0382	0,382	3,82
	50	0,0428	0,428	4,28
	100	0,0472	0,472	4,72

Zwei Räume A und B (s. Abb. 117) seien durch eine dünne Wand C getrennt, die nur eine sehr kleine Öffnung f m² hat, die klein ist gegenüber der freien Weglänge der Moleküle, die sich in den angrenzenden Räumen A und B befinden. In A und B herrschen die Temperaturen T_A bzw. T_B und die Drucke P_A bzw. P_B. Man kann nach den Methoden der kinetischen Gastheorie berechnen, wieviel Moleküle in der Zeiteinheit dann auf eine Fläche von der Größe f auftreffen. Unter obiger Annahme (f sehr klein, Wandstärke vernachlässigbar) müssen diese Moleküle die Öffnung durchqueren. Von A nach B wandert stündlich ein Gewicht G_A

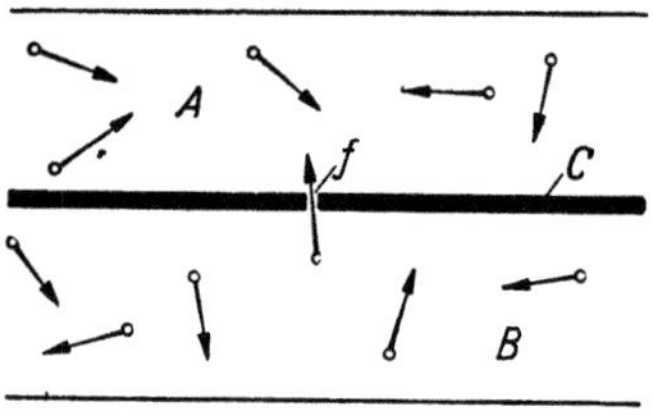

Abb. 117. Zur Molekularbewegung durch kleine Öffnungen.

$$G_A = f\sqrt{\frac{g}{2\pi}}\,\frac{P_A}{\sqrt{R_A T_A}}, \tag{183}$$

während von B nach A ein Gewicht G_B wandert

$$G_B = f\sqrt{\frac{g}{2\pi}}\,\frac{P_B}{\sqrt{R_B T_B}}, \tag{184}$$

worin R mkg/kg° die individuelle Gaskonstante ist.

Der Herleitung entsprechend bewegen sich die Mengen G_A und G_B völlig unabhängig voneinander durch die Öffnung f in entgegengesetzter Richtung (d.h. die Moleküle verhalten sich analog den Strahlen, auch die Richtungsverteilung entspricht dem Cosinusgesetz).

Ist die Öffnung f nicht in einer sehr dünnen Wand C, sondern in einer stärkeren, so daß die Molekularbewegung durch eine Röhre von Querschnitt f und der Länge l erfolgt (Abb. 118), so müßten bei glatten Wandungen der Röhre genau soviel Moleküle die Fläche f treffen und auch durchwandern wie bei der dünnen Trennwand (Abb. 117), da durch die Reflexionen die Bewegungsrichtung sich niemals umkehren könnte. Das durchwandernde Gewicht müßte also unabhängig von der Weglänge l sein. Die Experimente lehren aber, daß dies bei wirklichen Röhren, deren Abmessungen klein gegenüber der freien Weglänge sind, nicht der Fall ist, daß vielmehr die Wand als „rauh" angesehen werden muß.

Dann können Moleküle in den Ausgangsraum rückreflektiert werden. Die Experimente zeigen, daß deren Zahl der Weglänge l proportional ist. Es gilt für kreisförmigen Querschnitt f vom Durchmesser d

$$G_A = f \frac{4}{3} \frac{d}{l} \sqrt{\frac{g}{2\pi}} \frac{P_A}{\sqrt{R_A T_A}}, \qquad (185)$$

$$G_B = f \frac{4}{3} \frac{d}{l} \sqrt{\frac{g}{2\pi}} \frac{P_B}{\sqrt{R_B T_B}}. \qquad (186)$$ [1]

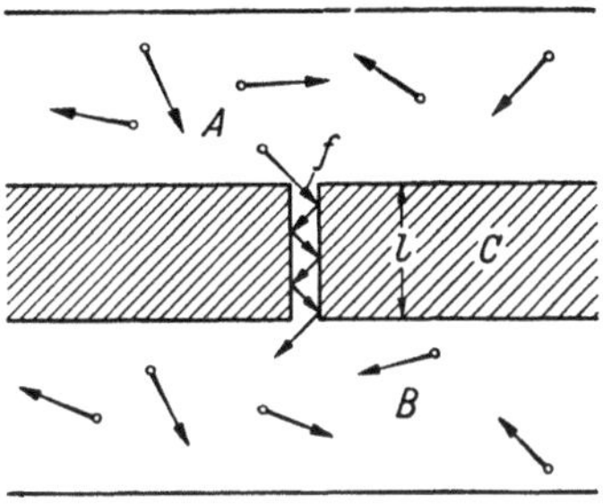

Abb. 118. Zur Molekularbewegung durch enge Röhren.

Es sei angenommen, in den Räumen A und B befinde sich das gleiche Gas ($R_A = R_B = R$) und es herrsche in beiden die gleiche Temperatur ($T_A = T_B = T$), aber verschiedener Druck ($P_A \neq P_B$). Dann strömt durch eine Röhre vom Querschnitt f von A nach B das Gewicht G_A, von B nach A das Gewicht G_B. Der Unterschied zwischen beiden ist die zwischen A und B *ausgetauschte Stoffmenge* G

$$G = G_A - G_B = f \frac{4}{3} d \sqrt{\frac{g}{2\pi}} \frac{1}{\sqrt{RT}} \left(\frac{P_A - P_B}{l}\right) \qquad (187)$$

oder für beliebig kleine Druckdifferenz $P_A - P_B = dP$ und beliebig kleine Längen dl

$$G = -f \frac{4}{3} d \sqrt{\frac{g}{2\pi R T}} \frac{dP}{dl}. \qquad (187\,\mathrm{a})$$

Führt man die universelle Gaskonstante $\mathfrak{R} = M R = 848$ mkg/°kmol ein, worin M das Molekulargewicht bedeutet, so gilt:

$$G = -f \frac{4}{3} d \sqrt{\frac{g}{2\pi\mathfrak{R}}} \sqrt{\frac{M}{T}} \frac{dP}{dl}. \qquad (187\,\mathrm{b})$$

Entsprechend der Herleitung ist es hierbei völlig gleichgültig, ob der Druck P als absoluter Druck oder als Teildruck angesehen wird; d.h. im Fall der Molekularströmung sind die Begriffe Diffusion und Strömung nicht mehr zu trennen.

Aus diesem Gesetz muß folgendes geschlossen werden:

Bei der Bewegung von Gasen und Dämpfen durch sehr enge Poren vom Durchmesser d, die zusammen den Querschnitt f einnehmen, ist der

[1] Für quadratischen Querschnitt von der Kantenlänge d wird der Zahlenwert 4/3 etwas größer (1,41).

Stoffaustausch zwischen den angrenzenden Räumen im Temperaturgleichgewicht direkt proportional dem Durchmesser d, dem Druck- bzw. Teildruckgefälle und der Wurzel aus dem Molekulargewicht, umgekehrt proportional der Wurzel aus der absoluten Temperatur.

Führt man gemäß Gl. (182) einen Bewegungsbeiwert b_{mol} ein, so gilt

$$G = -f\, b_{\mathrm{mol}} \frac{dP}{dl}, \tag{188}$$

wobei

$$b_{\mathrm{mol}} = \frac{4}{3}\, d \sqrt{\frac{g}{2\pi \Re}} \sqrt{\frac{M}{T}} = 205\, d \sqrt{\frac{M}{T}}\ \mathrm{m/h} \tag{189}$$

ist.

Beispiel. Ein Gut von 1 cm = 10^{-2} m Dicke, dessen Poren einen mittleren äquivalenten Durchmesser $d = 0{,}01\,\mu = 10^{-8}$ m haben, trenne zwei Räume, in denen sich Wasserdampf von verschiedenem Druck oder Teildruck befinde. Der Druckunterschied sei 0,5 at = 5000 kg/m². Der gesamte Porenquerschnitt f sei 0,3 m²/m² Gut. Wieviel Wasserdampf (M = 18) wandert durch den Stoff bei einer Temperatur von 90 °C?

$$b_{\mathrm{mol}} = 205 \cdot 10^{-8} \sqrt{\frac{18}{363}} = 45{,}7 \cdot 10^{-8}.$$

Durch eine Schicht von 1 m² Gesamtquerschnitt strömt:

$$G = 0{,}3 \cdot 45{,}7 \cdot 10^{-8} \cdot \frac{5000}{10^{-2}} = 68{,}5 \cdot 10^{-3}\ \mathrm{kg/h}.$$

In Anwendung auf die Trocknungstechnik soll aus Gl. (188) und (189) folgendes entnommen werden:

Ist ein Gut sehr feinporig oder der Druck sehr klein, so daß Molekularströmung vorliegt, dann ist das ausgetauschte Gewicht G direkt proportional dem Dampfdruckgefälle. Man kann Trocknungsvorgänge in diesem Fall nur durch Erhöhung der Druckdifferenz beeinflussen. Ist in einem solchen Gut noch ein Teil feucht, während der andere schon trocken ist (s. Abb. 119), so kann zur Beschleunigung des Trocknungsvorganges nichts anderes geschehen, als den Dampfdruckunterschied $P_{D_f} - P_{D_u}$ zwischen der feuchten Schicht und der Umgebung U zu erhöhen. Dies ist nur durch Temperatursteigerung des Gutes, d.h. Erhöhung des Dampfdruckes P_{D_f} zu erreichen. – Die Verringerung des Bewegungsbeiwertes b_{mol}, der proportional $1/\sqrt{T}$ ist, ist dabei stets von untergeordnetem Einfluß. – Evakuieren führt in diesem Fall nicht zu einer Beschleunigung des Trocknungsvorganges.

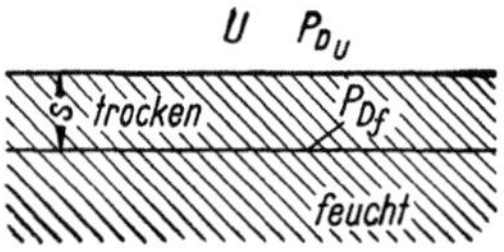

Abb. 119. Zur Molekularbewegung durch eine trockene Gutsschicht.

b) Laminare Strömung

Ist der Querschnitt einer Pore groß gegenüber der freien Weglänge, so stoßen nur noch relativ wenige Moleküle mit der Wand zusammen, während sie sich untereinander häufig treffen. Es ist daher von entscheidender Bedeutung, mit welchen Molekülen sie zusammenstoßen, ob nur mit denen der gleichen Art, aber verschiedenen Bewegungszustandes, oder mit denen anderer Art und anderen Bewegungszustandes. Hier wird die Unterscheidung zwischen Strömung und Diffusion eingeführt. Bei laminaren Strömungsvorgängen ist die Zähigkeit η die entscheidende Stoffgröße. Die molekularkinetische Deutung der Zähigkeit eines Stoffes erfolgt durch die Betrachtung des Austausches von Bewegungsgröße zwischen Molekülen, die aus verschieden schnell bewegten Schichten des Stromes stammen. Sie ist weitgehend unabhängig vom Druck, von der Temperatur abhängig.

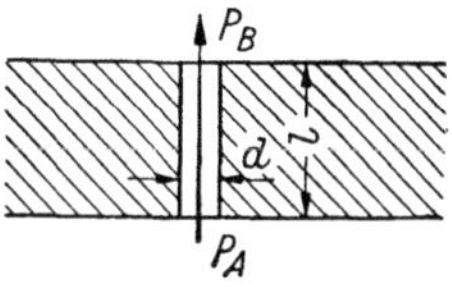

Abb. 120. Zur Laminarströmung in Röhren.

Die Kenntnis des Hagen-Poiseuilleschen Gesetzes der laminaren Strömung darf vorausgesetzt werden[1].

Im Temperaturgleichgewicht gilt für die auf Grund eines Druckgefälles strömende Menge bei einer Röhre von kreisförmigem Querschnitt (Abb. 120)

$$G = f\,\frac{d^2\gamma}{32\eta}\,\frac{P_A - P_B}{l} = -f\,\frac{d^2\gamma}{32\eta}\,\frac{dP}{dl}\,. \tag{190}$$

Der in Gl. (182) einzusetzende Bewegungsbeiwert b_{lam} ist also

$$b_{\text{lam}} = \frac{d^2\gamma}{32\eta}\,. \tag{191}$$

Bewegungsvorgänge solcher Art können in der Trocknungstechnik in folgenden Fällen auftreten:

1. Strömung der Flüssigkeit im Gut (Kapillarwasserbewegung).
2. Strömung des Trockenmittels durch die Gutsporen (z.B. wenn Luft als Trockenmittel durch das Gut gedrückt wird).
3. Strömung des Wasserdampfes durch Gutsporen bei der Verdampfungstrocknung.

Den Gl. (190) und (191) ist zu entnehmen: Herrscht Laminarströmung, so ist die ausgetauschte Stoffmenge G ebenso wie bei der Molekularströmung direkt proportional dem Druckgefälle. Der Bewegungsbeiwert wächst mit dem Quadrat des Durchmessers (bzw. äquivalenten Durchmessers) und dem spezifischen Gewicht und ist umgekehrt proportional der Zähigkeit des strömenden Stoffes. Bei tropfbaren Flüssigkeiten (z.B. Wasser) nimmt die Zähigkeit mit der Temperatur stark ab, daher wird der Bewegungsbeiwert erhöht. Die Kapillarwasserbewegung wird also durch Temperaturerhöhung verstärkt.

Bei Dämpfen und Gasen nimmt die Zähigkeit mit wachsender Temperatur in geringem Maß zu. Bei solchen Stoffen ist also die Bewegung praktisch nur durch das Druckgefälle zu beeinflussen.

c) Turbulente Strömung

Bei turbulenter Strömung wird allgemein der Druckabfall dP/dl dem dynamischen Druck $\frac{w^2}{2g}\gamma$ proportional gesetzt nach der Beziehung:

$$\frac{\Delta P}{l} = -\frac{dP}{dl} = \zeta\,\frac{w^2\gamma}{2g}\,\frac{1}{d}\,, \tag{192}$$

[1] Siehe Hütte I, 27. Aufl., S. 472ff.

worin ζ die Widerstandszahl ist, die von der REYNOLDSschen Zahl Re und der Rauhigkeit abhängt. Nach Gl. (192) berechnet man das durch eine Röhre vom Querschnitt f beim Druckgefälle $-dP/dl$ fließende Gewicht G kg/h

$$G = f w \gamma = f \sqrt{\frac{2 g \gamma d}{\zeta}} \sqrt{\frac{dP}{dl}}. \tag{193}$$

Um zu einer formalen Übereinstimmung mit Gl. (182) zu kommen, soll diese Gleichung in folgender Form geschrieben werden:

$$G = -f \sqrt{\frac{2 g \gamma d}{\zeta \frac{dP}{dl}}} \frac{dP}{dl}. \tag{193a}$$

Der Bewegungsbeiwert b_{turb} ist also

$$b_{\text{turb}} = \sqrt{\frac{2 g \gamma d}{\zeta \frac{dP}{dl}}}. \tag{194}$$

Für *glatte* Rohre gilt in weitem Bereich die BLASIUSsche Widerstandsgleichung:

$$\zeta = \frac{0{,}3164}{\sqrt[4]{Re}}. \tag{195}$$

Damit wird der Bewegungsbeiwert $b_{\text{turb}_{\text{glatt}}}$, wenn man nach Gl. (192) einsetzt

$$\zeta \frac{dP}{dl} = \frac{0{,}3164^2}{\sqrt{Re}} \frac{w^2 \gamma}{2 g d},$$

$$b_{\text{turb}_{\text{glatt}}} = \frac{d^2 \gamma}{\eta} \frac{2}{0{,}3164} \frac{1}{\sqrt[4]{Re^3}}$$

oder zum besseren Vergleich mit dem für Laminarströmung gültigen Wert b_{lam}:

$$b_{\text{turb}_{\text{glatt}}} = \frac{d^2 \gamma}{32 \eta} \frac{202}{\sqrt[4]{Re^3}} = b_{\text{lam}} \frac{202}{\sqrt[4]{Re^3}}. \tag{196}$$

Daraus entnimmt man, daß der Bewegungsbeiwert in glatten Röhren außer der durch $b_{\text{lam}} = \frac{d^2 \gamma}{32 \eta}$ gegebenen Abhängigkeit von d, γ und η zusätzlich noch von der REYNOLDSschen Zahl abhängt in der Weise, daß b umgekehrt mit der 3/4. Potenz von Re abnimmt.

Für *rauhe* Rohre strebt ζ entsprechend der Rauhigkeit einem Grenzwert zu, der unabhängig von Re ist[1]. Bezeichnet man diesen Wert mit ζ_∞, dessen Höhe also nur von der Rauhigkeit abhängt, so wird in Gl. (194) unter Benutzung von Gl. (192)

$$b_{\text{turb}_{\text{rauh}}} = \frac{d^2 \gamma}{32 \eta} \frac{64}{\zeta_\infty Re} = b_{\text{lam}} \frac{64}{\zeta_\infty Re} = b_{\text{turb}_{\text{glatt}}} \frac{0{,}3164}{\zeta_\infty \sqrt[4]{Re}}, \tag{197}$$

[1] Siehe HÜTTE I, 27. Aufl., S. 472, Abb. 29.

woraus zu ersehen ist, daß bei rauhen Rohren der Bewegungsbeiwert umgekehrt proportional der REYNOLDSschen Zahl ist. Gegenüber dem Bewegungsbeiwert $b_{\text{turb}_{\text{glatt}}}$ wird der Wert $b_{\text{turb}_{\text{rauh}}}$ kleiner, entsprechend

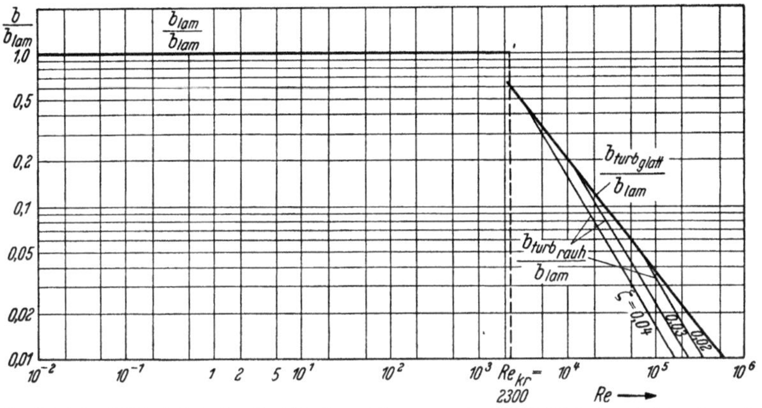

Abb. 121. Die Abhängigkeit des Verhältnisses b/b_{lam} von der REYNOLDSschen Zahl entsprechend Gl. (191), (196) und (197).

dem von der Rauhigkeit abhängigen Wert ζ_∞ und umgekehrt der 4. Wurzel der REYNOLDSschen Zahl.

In Abb. 121 ist das Verhältnis des jeweiligen Bewegungsbeiwertes b zu dem bei laminarer Bewegung b_{lam} in Abhängigkeit von der REYNOLDSschen Zahl dargestellt, wie es sich aus den Gl. (191), (196) und (197) ergibt.

d) Diffusion

Alle molekularen Bewegungsvorgänge, bei denen Moleküle auf Grund von Teildruck- bzw. Konzentrationsunterschieden wandern, nennt man Diffusion. Sie tritt in flüssigen Lösungen, in denen verschiedene Konzentration herrscht, als „Flüssigkeitsdiffusion", in Flüssigkeiten, die an der Oberfläche von Feststoffen adsorbiert sind, als „Oberflächendiffusion"[1], in Gasen und Dämpfen als „Gas- bzw. Dampfdiffusion" auf. Letzterer Fall interessiert hier vorwiegend.

1. Zweiseitige Diffusion von Gasen ineinander

Den Vorgang der Diffusion veranschaulicht am besten folgender Fall:

Zwei reine Gase verschiedener Art von gleichem Druck und gleicher Temperatur befinden sich in den Räumen A und B in Abb. 122. Eine Trennwand C enthalte eine Röhre D von der Länge l und dem Querschnitt f, durch die die Verbindung zwischen den Räumen hergestellt wird. Dann wandern durch die Röhre ebenso viele Moleküle von A nach B wie umgekehrt, da andernfalls der Druck sich in A oder B ändern müßte. (In Gasräumen gleichen Druckes und gleicher Temperatur sind nach dem

[1] Nach den Ergebnissen VOLLMERS [*181*] scheint die Oberflächendiffusion für die Vorgänge beim Trocknen im allgemeinen geringfügig zu sein.

AVOGADROschen Gesetz stets gleich viele Moleküle vorhanden.) Bewegt sich das Gas A in einem bestimmten Querschnitt der Röhre mit der Geschwindigkeit w_A nach rechts, B mit w_B nach links, so üben nach den Vorstellungen STEFANS [*170*] die sich gegeneinander bewegenden Moleküle Kräfte (Widerstände) aufeinander aus, die der Relativgeschwindigkeit $(w_A - w_B)$ und dem Produkt der den Molekülzahlen proportionalen Größen γ_A/M_A und γ_B/M_B (Dichten) sowie einer von den beiden Gasarten abhängigen Konstanten C_{AB} proportional gesetzt werden. Diese Widerstände müssen von den als treibende Kräfte anzusehenden Teildruckgefällen überwunden werden. Wegen der Konstanz des Gesamtdruckes

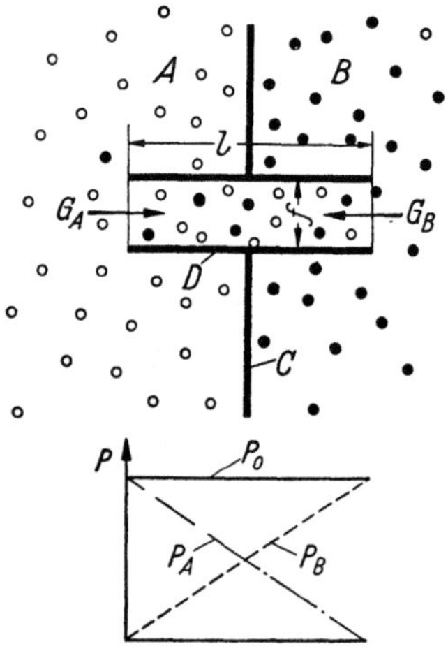

Abb. 122. Zweiseitige Diffusion von Gasen ineinander.

$$P_A + P_B = P \tag{198}$$

ist das Teildruckgefälle

$$-\frac{d\,P_A}{d\,l} = +\frac{d\,P_B}{d\,l}\,. \tag{199}$$

Es wird gesetzt:

$$-\frac{d\,P_A}{d\,l} = +\frac{d\,P_B}{d\,l} = C_{AB}\frac{\gamma_A\gamma_B}{M_A M_B}(w_A - w_B)\,. \tag{200}$$

Im Beharrungszustand der Diffusion tritt in jedes Volumenelement der Röhre die gleiche Menge der Gase A und B ein und aus. Folglich ist:

$$f w_A \gamma_A = \text{konst.} \quad \text{und} \quad f w_B \gamma_B = \text{konst.}$$

Da wegen der Konstanz des Gesamtdruckes das Gasgemisch im ganzen nicht strömen kann, muß die Zahl der gegeneinander diffundierenden Moleküle gleich sein, d.h.:

$$\frac{w_A\gamma_A}{M_A} = -\frac{w_B\gamma_B}{M_B}\,. \tag{201}$$

Gl. (200) kann dann geschrieben werden:

$$-\frac{d\,P_A}{d\,l} = C_{AB}\frac{w_A\gamma_A}{M_A}\left(\frac{\gamma_B}{M_B} + \frac{\gamma_A}{M_A}\right) = \frac{d\,P_B}{d\,l} = -C_{AB}\frac{w_B\gamma_B}{M_B}\left(\frac{\gamma_A}{M_A} + \frac{\gamma_B}{M_B}\right). \tag{202}$$

Der Klammerausdruck stellt, wenn man bedenkt, daß nach dem Gasgesetz

$$\gamma_A = \frac{P_A}{R_A\,T} \quad \text{und} \quad \gamma_B = \frac{P_B}{R_B\,T}$$

ist und daß $M_A R_A = M_B R_B = \mathfrak{R}$ die universelle Gaskonstante $\mathfrak{R} = 848$ kgm/°kmol ist, die Größe

$$\frac{P_A + P_B}{\mathfrak{R}\,T} = \frac{P}{\mathfrak{R}\,T}$$

dar, worin P der konstante Druck des Gemisches ist.

Folglich kann Gl. (202) geschrieben werden:

$$-\frac{d\,P_A}{d\,l} = \frac{C_{AB}\,P\,w_A\,\gamma_A}{\Re\,T\,M_A} = \frac{d\,P_B}{d\,l} = \frac{C_{AB}\,P\,w_B\,\gamma_B}{\Re\,T\,M_B}\,.$$

Es folgt für die durch die Röhre diffundierenden Gewichte

$$G_A = f\,w_A\,\gamma_A = -f\,M_A\,\frac{\Re\,T}{C_{AB}\,P}\,\frac{d\,P_A}{d\,l}\,,$$

$$G_B = f\,w_B\,\gamma_B = f\,M_B\,\frac{\Re\,T}{C_{AB}\,P}\,\frac{d\,P_B}{d\,l}$$

oder mit $M_A = \Re/R_A$ bzw. $M_B = \Re/R_B$

$$G_A = -f\,\frac{1}{R_A\,T}\,\frac{(\Re\,T)^2}{C_{AB}\,P}\,\frac{d\,P_A}{d\,l}\,, \tag{203}$$

$$G_B = f\,\frac{1}{R_B\,T}\,\frac{(\Re\,T)^2}{C_{AB}\,P}\,\frac{d\,P_B}{d\,l}\,. \tag{204}$$

Die für beide Diffusionsströmungen gemeinsame Größe $\frac{(\Re\,T)^2}{C_{AB}\,P}$ nennt man die Diffusionszahl δ (oft mit D oder auch $k_{AB} = k_{BA}$ bezeichnet).

$$\delta = \frac{(\Re\,T)^2}{C_{AB}\,P}\,. \tag{205}$$

Diese Diffusionszahl ist von Temperatur und Druck sowie von der Natur der beiden Gase A und B abhängig, die in der Konstanten C_{AB} zum Ausdruck kommt; sie ist nicht abhängig vom Mischungsverhältnis P_A/P_B[1].

Die Gl. (203) und (204) lassen sich dann noch schreiben:

$$G_A = -f\,\frac{\delta}{R_A\,T}\,\frac{d\,P_A}{d\,l} \quad \text{und} \quad G_B = f\,\frac{\delta}{R_B\,T}\,\frac{d\,P_B}{d\,l}\,.$$

Die oben definierten Bewegungsbeiwerte b_{diff} sind also:

$$b_{\text{diff}_A} = \frac{\delta}{R_A\,T} \quad \text{und} \quad b_{\text{diff}_B} = \frac{\delta}{R_B\,T}\,.$$

Tab. 30 gibt die Diffusionszahlen einiger Gemische wieder. Am genausten ist die Abhängigkeit der Diffusionszahl δ_{DL} von Wasserdampf-Luftgemischen experimentell untersucht, die nach Gl. (205) dem Quadrat der Temperatur direkt und dem Druck umgekehrt proportional sein müßte. Nach den SCHIRMERschen Untersuchungen [*156*] gilt im Bereich von 20 bis 90 °C

$$\delta_{DL} = 0{,}083\,\frac{10\,000}{P}\left(\frac{T}{273}\right)^{1{,}81}\ \text{m}^2/\text{h}\,. \tag{206}$$

[1] Gaskinetische Überlegungen anderer Art führen zu einer starker Abhängigkeit vom Mischungsverhältnis. Die bestfundierten Berechnungen der Gastechnik jedoch zeigen, daß eine Änderung von δ in Höhe von wenigen (5 bis 11) Prozent in Frage kommt, wenn sich das Mischungsverhältnis von 1 auf 1/9 ändert. (Siehe [*31*], 3. Bd., 2. Hälfte, S. 110, sowie [*24*].)

Tabelle 30. *Diffusionszahlen δ einiger Stoffgemische*, (Nach [*24*] und [*8*].)

Diffundierender Stoff	Aufnahmestoff	P	ϑ	δ
÷	÷	mm QS	°C	m²/h
Wasserstoff H_2	Luft	735,5	0	0,25
Ammoniak NH_3	Luft	735,5	0	0,071
Wasserdampf H_2O	Luft	735,5	0	0,083
Wasserdampf H_2O	Luft	735,5	50	0,112
Wasserdampf H_2O	Luft	735,5	100	0,146
Kohlendioxyd CO_2	Luft	735,5	0	0,05
Kohlendioxyd CO_2	Wasserstoff H_2	749	18	0,218
Jod J_2	Luft	760	20	0,029
Jod J_2	Stickstoff N_2	10	19,4	2,05
Benzol C_6H_6	Luft	760	0	0,027
Benzol C_6H_6	Luft	760	45	0,0364
Benzol C_6H_6	CO_2	760	0	0,019
Benzol C_6H_6	CO_2	760	45	0,0258
Benzol C_6H_6	H_2	760	0	0,106
Benzol C_6H_6	H_2	760	45	0,144
Methylalkohol CH_4O	Luft	760	0	0,0477
Methylalkohol CH_4O	Luft	760	49,6	0,0652
Methylalkohol CH_4O	CO_2	760	0	0,0317
Methylalkohol CH_4O	CO_2	760	49,6	0,0444
Methylalkohol CH_4O	H_2	760	0	0,180
Methylalkohol CH_4O	H_2	760	49,6	0,243

2. Einseitige Diffusion eines Dampfes in einem Gas (Verdunstung)

Der in der Trocknungstechnik interessierende Fall der Diffusion ist dadurch gekennzeichnet, daß von der Oberfläche verdunstender Flüssigkeit eine Diffusion des Dampfes ausgeht, während die Luft nicht durch die Flüssigkeitsoberfläche wandern kann. Folglich ist die Geschwindigkeit der Luft w_L überall Null[1].

Die Gl. (198), (199) und (200) gelten in gleicher Weise wie oben. Jedoch muß an Stelle von Gl. (201) gesetzt werden:

$$w_L = 0\,.$$

Damit wird aus Gl. (200), wenn statt der Indizes A und B jetzt L (Luft) und D (Dampf) gewählt werden:

$$-\frac{d\,P_D}{d\,l} = C_{DL}\,\frac{w_D\,\gamma_D}{M_D}\,\frac{\gamma_L}{M_L}\,.$$

Es folgt für das stündlich durch den Querschnitt f diffundierende Dampfgewicht:

$$G_D = f\,w_D\,\gamma_D = -f\,\frac{M_D\,M_L}{C_{DL}\,\gamma_L}\,\frac{d\,P_D}{d\,l}$$

[1] Mit dieser einfachen Formulierung STEFANS [*171*] wird der Tatbestand ausgedrückt, daß die Luft sich nicht bewegt. Da ein Teildruckgefälle in der Luft vorhanden ist, muß, da nach Gl. (203) und (204) stets eine Diffusion stattfindet, eine der Diffusion der Luft entgegengerichtete Gemischgeschwindigkeit angenommen werden, die gerade die Diffusion kompensiert.

oder mit

$$\gamma_L = \frac{P_L}{R_L T} \quad \text{und} \quad M_D = \frac{\Re}{R_D}$$

$$G_D = -f \frac{1}{R_D T} \frac{(\Re T)^2}{C_{DL} P_L} \frac{dP_D}{dl}.$$

Bedenkt man noch, daß der Teildruck der Luft $P_L = P - P_D$ ist, so gilt letztlich:

$$G_D = -f \frac{1}{R_D T} \frac{(\Re T)^2}{C_{DL} P} \frac{P}{P - P_D} \frac{dP_D}{dl}.$$

Man erkennt, daß der zweite Bruch der rechten Seite wiederum die Diffusionszahl δ eines Wasserdampf-Luft-Gemisches darstellt.

$$G_D = -f \frac{\delta}{R_D T} \frac{P}{P - P_D} \frac{dP_D}{dl} = -f b_{\text{verd}} \frac{dP_D}{dl} \text{ kg/h}. \tag{207}$$

Diese Gleichung besagt, daß die Verdunstungsgeschwindigkeit nicht durch die in δ gegebene Abhängigkeit vom Gesamtdruck P [s. Gl. (206)] bestimmt ist, sondern daß sie dem Teildruck der Luft $(P - P_D)$ verkehrt proportional ist. $\left(\text{Nach Gl. (206) ist } \delta \text{ proportional } 1/P, \text{ folglich ist das Produkt } \delta \frac{P}{P - P_D} \text{ proportional } \frac{1}{P - P_D}\right)$.

Bei Vorgängen, bei denen die Verdunstung nahe der Verdampfungstemperatur erfolgt, ist in der Nähe der verdunstenden Oberfläche der Teildruck des Wasserdampfes praktisch gleich dem Gesamtdruck. Es würde dann der Bewegungsbeiwert b_{verd} sehr groß. Im Fall der Gleichheit von P_D und P würde er unendlich. Dann nennt man den Vorgang Verdampfung, und die Dampfbewegung erfolgt nicht mehr auf Grund von Teildruckunterschieden, die zur Überwindung innerer (molekularer) Widerstände verbraucht werden, sondern auf Grund absoluter Druckunterschiede, die für äußere Widerstände (Wandreibung) verbraucht werden (Strömungsvorgänge).

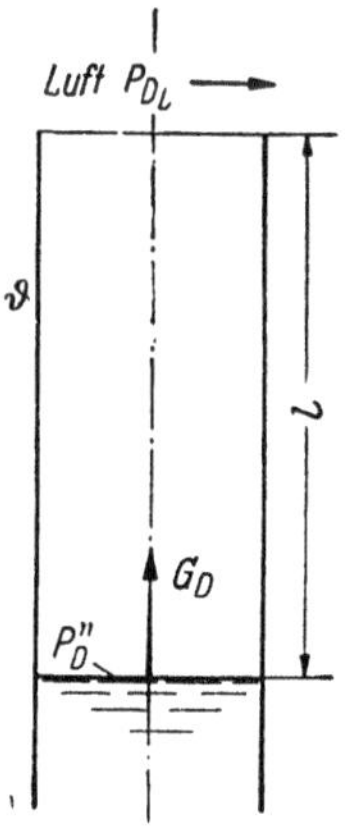

Abb. 123. Zur Verdunstung aus einer Röhre.

Betrachtet man die Verdunstung aus einem in einer Röhre in der Tiefe l befindlichen Wasserspiegel (Abb. 123), so stellt sich im Spiegel der Sattdampfdruck P_D'' des Wassers bei der Temperatur ϑ ein. Die frühere Annahme, daß in der Wasseroberfläche ein Dampfdruckabfall eintreten müsse, ist für die bisher technisch in Betracht kommenden Verdampfungsgeschwindigkeiten widerlegt [*147*].

Hat die Luft der Röhre den Wasserdampfteildruck P_{D_L}, so ist das im Beharrungszustand verdunstende, durch jeden Querschnitt wandernde Dampfgewicht nach Gl. (207)

$$G_D = f \frac{\delta}{R_D T} P \frac{d \ln (P - P_D)}{dl} = f \frac{\delta}{R_D T} P \frac{1}{l} \ln \frac{P - P_{D_L}}{P - P_D''}. \tag{208}$$

Die Gleichung kann auch folgendermaßen geschrieben werden:

$$G_D = \frac{f}{l}\frac{\delta}{R_D T}\frac{P}{P - P_{D_m}}(P''_D - P_{D_L}), \tag{208a}$$

wenn als mittlerer Teildruck der Luft $(P - P_{D_m})$ eingeführt wird:

$$P - P_{D_m} = \frac{P''_D - P_{D_L}}{\ln\frac{P - P_{D_L}}{P - P''_D}}. \tag{208b}$$

Sind die Teildrucke P_{D_L} und P''_D klein gegenüber P oder sind P_{D_L} und P''_D nur wenig verschieden, so kann man statt des natürlichen Logarithmus das erste Glied der Reihe setzen. Damit wird

$$P_{D_m} = \frac{P''_D + P_{D_L}}{2}.$$

Es gilt dann also an Stelle von Gl. (208a) näherungsweise

$$G_D = f\frac{\delta}{R_D T}\frac{P(P''_D - P_{D_L})}{P - \frac{P''_D + P_{D_L}}{2}}\frac{1}{l}, \tag{208c}$$

wobei bei kleinem Sattdampfdruck (niederer Temperatur) im Nenner $\frac{P''_D + P_{D_L}}{2}$ oft vernachlässigbar ist. Für große Teildrucke P''_D und große Teildruckunterschiede $P''_D - P_{D_L}$ ist Gl. (208) anzuwenden.

Man kann auch Gl. (208a) in der Form

$$G_D = f\, b_{\text{verd}}\frac{P''_D - P_{D_L}}{l} \tag{209}$$

schreiben, worin b_{verd} den Bewegungsbeiwert für die Verdunstung bedeutet

$$b_{\text{verd}} = \frac{\delta}{R_D T}\frac{P}{P - P_{D_m}}. \tag{210}$$

Darin ist die Größe $P - P_{D_m}$ nach Gl. (208b) einzusetzen.

Als wesentliches Kennzeichen dieses Bewegungsbeiwertes ersieht man, daß er – im Gegensatz zu den Bewegungsbeiwerten der laminaren und turbulenten Strömung [Gl. (191), (196) und (197)] sowie desjenigen der Molekulardiffusion [Gl. (189)] – nicht abhängig ist von der Größe der Räume, in denen die Verdunstung stattfindet; b_{verd} ist nur abhängig von der Temperatur und den Druckverhältnissen. Der Temperatur ist b_{verd} etwa direkt proportional (δ ist etwa dem Quadrat der Temperatur proportional). Bei Einsetzen von Gl. (206) wächst b_{verd} mit der 0,81ten Potenz der absoluten Temperatur.

Abb. 124a bis 124c geben die Größe $G_D l/f$ (d.h. dasjenige Dampfgewicht, das je m² Querschnitt bei 1 m Diffusionsweg verdunstet) in Abhängigkeit von P''_D/P und P_{D_L}/P''_D nach Gl. (208) für Drucke P von 1, 0,1 und 0,01 ata wieder.

Da für bestimmten Gesamtdruck das Verhältnis P_D''/P eindeutig von der Temperatur abhängt, ist in Abb. 124 a bis 124 c in einer zweiten Skala die zugehörige Temperatur aufgetragen. Man entnimmt der Abbildung, in welch außerordentlichem Ausmaß die Verdunstungsgeschwindigkeit bei gegebenen äußeren Verhältnissen (f, l, P und P_{D_L}) mit der Temperatur wächst. Man sieht auch, daß eine Senkung des Dampfdruckes in der umgebenden Luft (P_{D_L}) bei hohen Temperaturen von sehr viel geringerem Einfluß ist als bei niederen Temperaturen. Soll beispielsweise bei $P = 1$ ata ein Wert $G_D l/f = 10^{-3}$ kg/mh erreicht werden, so ist dies möglich bei 12 °C, wenn der Dampfdruck in der Umgebung gleich 0 gemacht wird (Anwendung von Silikagel, Chlorkalzium usw.) oder bei 38 °C (d. h. $P_D''/P = 0{,}065$), wenn die relative Feuchtigkeit der Umgebungsluft $P_{D_L}/P_D'' = 0{,}8$ gemacht wird.

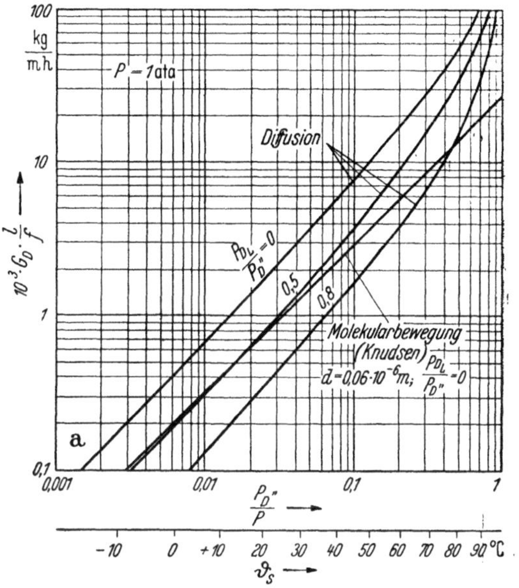

Abb. 124a. Siehe Abb. 124c.

Bei hohen Temperaturen gehen die Kurven in Abb. 124a bis 124c immer mehr zusammen, d. h. man kann eine Größe $G_D l/f$ von $100 \cdot 10^{-3}$ kg/mh z. B. erreichen bei 90 °C und $P_{D_L} = 0$ oder bei 97 °C, wenn $P_{D_L}/P_D'' = 0{,}8$ d. h. die relative Feuchtigkeit φ der Umgebung gleich 80% ist. Hier gestattet also schon eine relativ geringe Temperaturerhöhung die Anwendung hoher relativer Feuchtigkeiten bei gleicher Verdunstungs- (Trocknungs-) Geschwindigkeit.

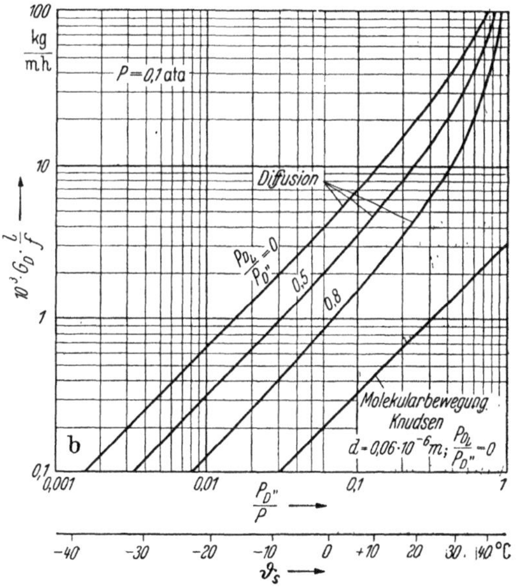

Abb. 124b. Siehe Abb. 124c.

Dieser qualitative Zusammenhang ist für die Trocknung sehr vieler poriger Güter dann der entscheidende, wenn das Gut schon so weit getrocknet ist, daß die Verdunstungsstelle (der Trocknungsspiegel) sich im Innern des Gutes befindet.

Der Einfluß des Druckes der Umgebung, der durch Evakuierung geändert werden kann (Vakuumtrocknung), geht aus der Folge der Darstellungen in Abb. 124a bis 124c hervor. Man erkennt, daß man durch Evakuieren bei jeder Temperatur durch Wahl des entsprechenden Vakuums jede beliebige Verdunstungsgeschwindigkeit erreichen kann. (Die für die praktische Anwendung entscheidende Frage, wie man im Trockenspiegel irgendeine vorgeschriebene Temperatur bewirken kann, wird später behandelt, s. Kap. VI).

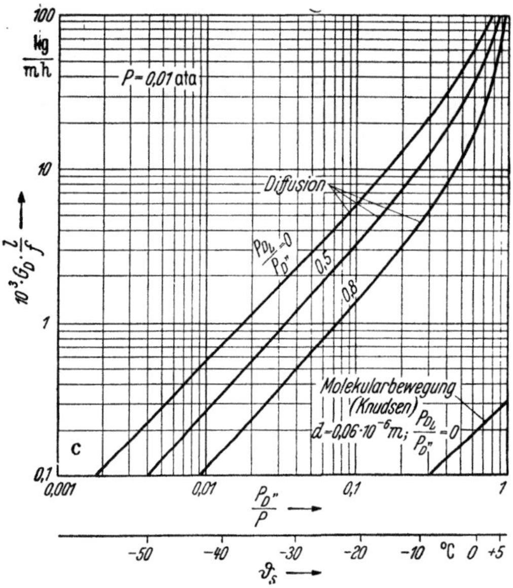

Abb. 124c. Das je m² Querschnitt bei 1 m Diffusionsweg verdunstende Wasserdampfgewicht in Abhängigkeit von P_D''/P bei Diffusion und Molekularbewegung.

Zum Vergleich sind noch in den Abb. 124a bis 124c die für die Verdunstungsgeschwindigkeit maßgeblichen Größen $G_D l/f$ für die Diffusion in sehr engen Poren dargestellt, in denen nur (Knudsensche) Molekularströmung auftreten kann. Bei Berechnung der Kurven nach Gl. (187) wurde ein Durchmesser $d = 0{,}06 \cdot 10^{-6}$ m angenommen, der kleiner als die freie Weglänge bei 1 ata ist (vgl. Tab. 29, S. 168). In Abb. 124a bis 124c ist jeweils nur eine Kurve eingetragen für den Fall, daß am Ende der Röhre (in der Umgebung) der Dampfdruck $P_{DL} = 0$ [entspricht in Gl (187) $P_B = 0$] herrscht, während an der Entstehungsstelle des Dampfes der jeweilige Sattdampfdruck P_D'' angenommen ist [in Gl. (187) $P_A = P_D''$].

Der Vergleich der für Molekularbewegung berechneten Werte mit denen für Dampfdiffusion gültigen lehrt folgendes:

1. Durch Temperaturerhöhung kann auch bei Molekulardiffusion die Verdunstungsgeschwindigkeit gesteigert werden – jedoch nicht so stark wie bei Dampfdiffusion (s. Abb. 124a).

2. Durch Senkung des Luftdruckes in der Umgebung ist die Molekularbewegung nicht zu erhöhen, während die Dampfdiffusion beliebig verstärkt werden kann. Zu welch außerordentlich verschiedenem Verhalten bei der Trocknung dies führen kann, zeigt Abb. 124c.

B. Die Stoffbewegung in Haufwerken, Schüttungen und porigen Gütern

Bei der Beurteilung der Möglichkeiten, wie die Dampfbewegung in porigen Gütern zu beeinflussen ist, muß man sich zunächst darüber klar werden, welcher Mechanismus die Bewegung von Flüssigkeit, Dampf und unter Umständen Luft bewirkt.

Wir wenden dabei die eben geschilderten Gesetzmäßigkeiten für die verschiedenen Bewegungsarten in Räumen von gleichbleibendem Querschnitt f auf das Gut vom Gesamtquerschnitt F an, indem wir die Eigenart des Porensystems durch gewisse Verhältnisse und äquivalente Größen charakterisieren:

1. durch das Verhältnis der gesamten Querschnittsfläche F zu der von den Poren eingenommenen f_p,

$$\mu_F = F/f_p; \tag{211}$$

2. durch das Verhältnis μ_l des wirklichen Widerstands in den Porenkanälen zu demjenigen gerader Röhren von äquivalentem Durchmesser und der Länge l (Gutsdicke). Die Größe μ_l kann als das Verhältnis der Länge l_p einer geraden Röhre äquivalenten Durchmessers, welche den gleichen Widerstand wie das Gut hat, zur Gutsdicke l gedeutet werden:

$$\mu_l = \frac{l_p}{l}. \tag{212}$$

In der Größe l_p sind dann sowohl die Umwege gegenüber dem geraden Weg berücksichtigt, die ein Teilchen in den Porenkanälen durchlaufen muß (Umwegfaktor $\mu_{l_{\text{Umw}}}$), als auch die Einflüsse der Porenerweiterungen und -verengungen (Erweiterungsfaktor $\mu_{l_{\text{Erw}}}$), die ebenfalls den Widerstand beeinflussen:

$$\mu_l = \mu_{l_{\text{Umw}}} \cdot \mu_{l_{\text{Erw}}};$$

3. durch einen äquivalenten Durchmesser d', der so zu bestimmen ist, daß sich in einer Röhre dieses Durchmessers die gleichen Gesetzmäßigkeiten ergeben wie im Gut.

Es liegt in der Natur der Sache, daß bei der Ungleichmäßigkeit der Einzelporen und bei den Verengungen und Erweiterungen des Weges, den die Dampf- oder Luftteilchen in den Poren zurücklegen, solche Vereinfachungen nur qualitative oder grob quantitative Abschätzungen erlauben und niemals etwa allgemeingültige Ersatzbilder für das wirkliche Gut sein können.

Die allgemeine Beziehung für die Stoffbewegung im Gut hat dann entsprechend Gl. (182) die Form:

$$G = \frac{F}{\mu_F} b \frac{\Delta P}{\mu_l l},$$

worin bedeuten:

F den Gutsquerschnitt,
l die Dicke der Gutsschicht, die der bewegte Stoff durchlaufen muß,
b den für die jeweils herrschende Gesetzmäßigkeit gültigen Bewegungsbeiwert,
ΔP die Druckdifferenz zwischen beiden Enden des Körpers.

Das Produkt

$$\mu_F \mu_l = \mu \tag{213}$$

stellt einen Widerstandsfaktor dar, der angibt, wievielmal kleiner bei gleicher Druckdifferenz der Mengenstrom durch das Gut ist als durch gerade Röhren vom Durchmesser d' und der Länge l, welche den gesamten Gutsquerschnitt einnehmen. Während der Flächenfaktor μ_F nur von der Porosität Ψ des Guts abhängt $\left(\mu_F \approx \frac{1}{\Psi}\right)$, zeigt sich, daß der Wegfaktor außer von den Eigenschaften des Guts (den Windungen der Porenkanäle, Stärke und Schärfe der Porenverengungen und -erweiterungen) auch von den Gesetzmäßigkeiten der jeweiligen Bewegung (Diffusion, Molekularbewegung, laminare oder turbulente Strömung) abhängt (s. S. 203).

Als allgemeiner Ansatz für alle Bewegungsvorgänge in Haufwerken und porigen Gütern werde hier gesetzt:

$$G = F \frac{b}{\mu} \frac{\Delta P}{l}, \tag{214}$$

worin der Bewegungsbeiwert b je nach Bewegungsvorgang durch Gl. (189), (191), (196), (197) oder (210) definiert ist.

a) Der Diffusionswiderstand poriger Güter (Diffusionswiderstandsfaktor und Wegfaktor)

Die Größe μ kann durch Experimente unmittelbar bestimmt werden, wenn im Bewegungsbeiwert b keine andere Formgröße des Gutes (z. B. ein äquivalenter Durchmesser) auftritt. Dies ist der Fall bei der Diffusion in Gütern, deren Poren so grob sind, daß die Diffusion dem durch Gl. (208) gegebenen STEFANschen Diffusionsgesetz folgt, d. h., wenn die experimentell bestimmte Abhängigkeit der Diffusionsgeschwindigkeit von Temperatur und Druck sich wie nach Gl. (208) ergibt. Man kann dann die Größe μ unmittelbar als Diffusionswiderstandsfaktor messen, der gemäß Gl. (213) angibt, um wievielmal kleiner die Diffusion durch eine bestimmte Gutsschicht ist als durch eine Luftschicht gleichen Querschnittes (F) und gleicher Dicke (l) bei gleichem Druck und gleicher Temperatur.

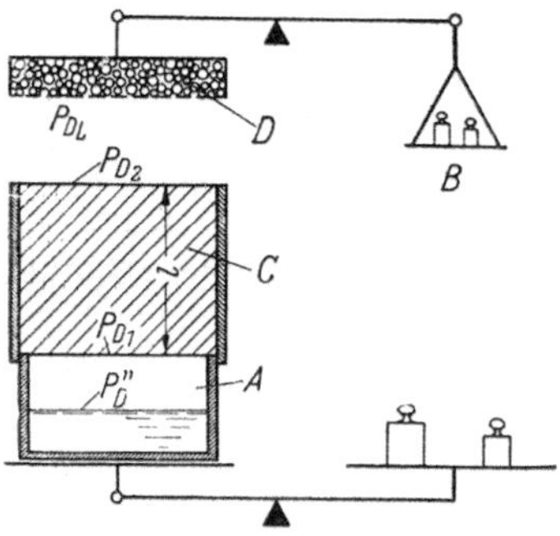

Abb. 125. Versuchsanordnung zur Bestimmung der Diffusion durch porige Güter.

Eine Versuchsanordnung für solche Messungen ist in Abb. 125 schematisch dargestellt. Eine Platte C des zu untersuchenden Stoffes (Dicke l) schließt ein Gefäß A, in dem sich etwas Wasser befindet, dicht ab. Der Dampfdruck in der Wasseroberfläche sei P_D''. Im Raum D außerhalb des Gefäßes A wird durch Silikagel oder ein anderes hygroskopisches Mittel der Dampfdruck P_{D_L} hergestellt. Die ganze Anordnung befindet sich in einem Thermostaten von der Temperatur T. Durch Feststellung der Gewichtsabnahme des Wassers oder der Gewichtszunahme des hygroskopischen Mittels wird die stündlich diffundierende Dampfmenge G_D bestimmt.

Für eine Stoffschicht von der Dicke l gilt entsprechend Gl. (208) und (214)

$$\mu = \frac{F}{G_D l} \frac{\delta P}{R_D T} \ln \frac{P - P_{D_2}}{P - P_{D_1}}, \tag{215}$$

wenn P_{D_1} den Dampfdruck an der dem Wasser zugekehrten Probenfläche, P_{D_2} an der der Luft zugekehrten Fläche bedeutet. Ist der Diffusionswiderstand in der Probe sehr groß im Vergleich zu dem zwischen Wasseroberfläche und Unterkante der Probe sowie zwischen Oberkante der Probe und der Luft, so ist näherungsweise $P_{D_1} = P''_D$ und $P_{D_2} = P_{D_L}$. Andernfalls sind diese Widerstände zur Bestimmung von P_{D_1} und P_{D_2} zu berücksichtigen (vgl. Abschn. C dieses Kapitels).

Tab. 31 gibt die Mehrzahl der bis jetzt bekannten als Diffusionswiderstandszahlen gemessenen Faktoren μ wieder. Sie sind nur für wenige Trocknungsgüter bekannt: zumeist für Kälteschutzstoffe, bei denen ein möglichst großer Diffusionswiderstand die Durchfeuchtungs- bzw. Vereisungsgefahr einengt. Trotzdem läßt sich aus diesen Werten und den wenigen Messungen, die den Einfluß der Korngröße von Kugelschüttungen auf den Diffusionswiderstand festhalten, ein gewisser Einblick in das Verhalten der grobporigen Trocknungsgüter erhalten.

Wären in einem Trocknungsgut alle Poren, die den Querschnitt F/μ_F einnehmen, senkrecht zum Querschnitt angeordnete Röhren, so wäre die Größe Fl/μ_F gleich dem im Volumen Fl enthaltenen Porenvolumen. Dann ist die Größe μ_F gleich dem Kehrwert der Porosität Ψ. Dieser Zusammenhang gilt, solange in jedem Querschnitt des Gutes der Porenquerschnitt gleich ist, also unabhängig von der Neigung der dieses Porenvolumen fassenden Röhren. Es gilt also bei hinreichend gleichförmigem Gut mit Näherung

$$\mu_F = 1/\Psi. \tag{216}$$

Damit ergibt sich dann für den Wegfaktor μ_l, da das Produkt $\mu_l \mu_F = \mu$ ist,

$$\mu_l = \mu \Psi. \tag{217}$$

Zur Charakterisierung des Verhaltens der verschiedenen Stoffe ist daher in Tab. 31 sowohl die Porosität Ψ – soweit gemessen – und ihr Kehrwert $1/\Psi$ als auch das Produkt $\mu\Psi$ als Wegfaktor μ_l angegeben. Man sieht aus der Tabelle folgendes:

1. Bei *lose geschütteten groben Gütern* (Glaskugeln 1,9 mm, Malzkaffee) ist der Diffusionswiderstandsfaktor etwa gleich dem Kehrwert der Porosität – der Wegfaktor liegt dann in der Nähe von 1 (etwa 1,15). Je *feinkörniger* (also auch je feinporiger) das Gut, um so mehr übersteigt der Diffusionswiderstandsfaktor den Kehrwert der Porosität. Der Wegfaktor wird erheblich größer als 1 (Seesand 1,7; Mehl 2,6).

Tabelle 31. *Diffusionswiderstandsfaktoren μ und relative Weglänge im Gut μ_l (Wegfaktor) trockener Stoffe.*

Stoff	Raumgewicht Γ_S kg/m³	Porosität Ψ	Kehrwert der Porosität $1/\Psi$	Diffusionswiderstandsfaktor μ	Wegfaktor $\mu_l = \mu\Psi$
Kugelschüttungen nach KRISCHER [*106*].					
Glaskugeln, 1,9 mm ∅		0,365	2,74	3,1	1,13
Glaskugeln, 0,5 mm ∅		0,37	2,7	3,8	1,4
Seesand, 0,2 mm mittlere Korngröße		0,36	2,78	4,7	1,7
Baustoffe nach KRISCHER [*106*] und WISSMANN [*185*].					
Bimsbeton aus Körnern von 4 mm hergestellt		0,7 davon grobe Porosität 0,34	1,43 2,94	2,5	1,8
Ziegel	1860 1637	0,286	3,5	9,3	2,7
Ziegel					
Mauerziegel	1360	0,49	2,04	6,7 – 6,9	3,3 – 3,4
Mauerziegel	1530	0,43	2,32	9,7 – 10,0	4,2 – 4,3
Dachziegel (Ludovici Nr. 4)	1880	0,31	3,23	37 – 43	11,5 – 13,3
Klinker	2050	0,19	5,26	384 – 469	73 – 89
Kalksandsteine					
Kalksandleichtstein	900	0,63	1,59	8,6 – 9,3	5,4 – 5,9
Kalksandleichtstein	1330	0,46	2,17	14,0 – 17,0	6,4 – 7,8
Kalksandleichtstein	1630	0,33	3,03	65 – 71	21,4 – 23,4
Kalksand-Flugasche-Stein	1740	0,31	3,22	21,2 – 22,9	6,6 – 7,1
Betonsteine					
Naturbimsbeton T	650	0,71	1,41	5,8 – 7,5	4,1 – 5,3
Naturbimsbeton K	840	0,62	1,61	6,9 – 8,9	4,3 – 5,5
Schlackenbeton	1140	0,50	2,00	8,5 – 10	4,3 – 5,0
Trümmersplittbeton	1540	0,40	2,50	11,6 – 12,9	4,6 – 5,2
Sinterbimsbeton	1470	0,40	2,50	23,6 – 30	9,4 – 12,0
Hüttenbimsbeton	1580	0,37	2,70	20,5 – 23,1	7,1 – 8,5
Gasbeton					
Siporex	520	0,78	1,28	5,1 – 6,5	4,0 – 5,1
Siporex	760	0,70	1,43	9,7 – 11,9	6,8 – 8,3
Ytong	540	0,79	1,27	5,9 – 9,1	4,7 – 7,2
Leichtbauplatten					
Holzwolleplatte	300	0,81	1,24	2,5 – 3,2	2,0 – 2,6
Holzwolleplatte	380	0,76	1,32	4,0 – 5,1	3,0 – 3,9
Mörtel					
Kalkmörtel 1:3 RT, Grubensand	1800	0,28	3,57	8,6 – 9,8	2,4 – 2,7
Zementmörtel 1:3 RT, Grubensand	2040	0,24	4,16	37,5 – 50	9,0 – 12,0

Tabelle 31. (Fortsetzung.)

Stoff	Raumgewicht Γ_S kg/m³	Porosität Ψ	Kehrwert der Porosität $1/\Psi$	Diffusionswiderstandsfaktor μ	Wegfaktor $\mu_l = \mu\Psi$
Baustoffe nach KRISCHER und WISSMANN.					
Mörtel					
Zementmörtel 1:3 RT, Rheinkies	2140	0,21	4,76	50 – 83,5	10,5–17,5
Kalk-Zement-Mörtel 1:2:9 RT, Grubensand	1960	0,26	3,85	43 – 48	11,2–12,5
Kältedämmstoffe nach CAMMERER und GÖRLING [52].					
Backkorkplatte	128–140			5 –15	
Pechkorkplatte	160–230			2,5–14	
Kunstharzschaumplatten					
Troporit (Phenolharz)	70–100			15	
Iporka (Harnstoff)	12			1,7	
Torffaserplatte, impr.	225			2,7	
Schlackenwollplatte, bituminiert	210–440			1,55–1,75	
Glaswatte, dicht gestopft	150			1,6	
Schaumglas	143			∞	
Holzwolleleichtbauplatten	299			3,9– 4,8	
(zementgebunden)	490			6,7–13,5	
Mineralkork mit Glasfasern, bitumiert	221–374			1,5– 2,7	
Schlackenwollplatte, imprägniert. allseitig dünner Bitumenanstrich (Monolanplatte)	290			3,9– 4,7	
Nahrungsmittel nach Messungen des Instituts für Lebensmitteltechnologie und Verpackung, München.					
Malzkaffee	400	0,725	1,38	1,6	1,16
Aletemilchpulver	570	0,61	1,63	2,5	1,5
Aletemilchpulver	790	0,454	2,2	3,0	1,4
Sprühmagermilch	750	0,482	2,15	3,3	1,6
Trockengemüse	135	0,907	1,1	1,7	1,6
Eipulver	295	0,80	1,25	2,6	2,1
Eipulver	305	0,79	1,27	2,4	1,9
Mehl	450	0,69	1,45	3,7	2,6
Schokolade-Puddingpulver	725	0,5	2,0	6,8	3,4
Erbswurstpreßling	980	0,322	3,1	15,2	4,9

2. Bei *gesinterten Gütern* wie Glasschaum wird der Diffusionswiderstandsfaktor nahezu unendlich – dies ist notwendig, da eine einzige zusammenhängende, undurchlässige Lamelle jeden Stoffaustausch verhindert. Bei den Kunstharzschäumen hingegen unterscheiden sich die Phenolharze (Troporit) wesentlich von den Harnstoffen (Iporka).

3. Bei *faserigen Stoffen* (z. B. Glaswatte) von großer Porosität ist der Diffusionswiderstandsfaktor ebenfalls nicht stark vom Kehrwert der Porosität verschieden. Der Wegfaktor $\mu_l \approx \mu\Psi'$ kann nicht wesentlich höher liegen als 1.

4. Bei Gemengen von Stoffen, deren Struktur an sich undurchlässig ist (z. B. aus Korkkörnern, bei denen dichte Plättchen die feinsten Poren abschließen), entscheidet die sogenannte grobe Porosität, d. h. dasjenige Luftvolumen, das in den Zwischenräumen der einzelnen Korkkörner sich befindet. Je besser die Körner untereinander verkittet sind (durch Backen oder durch Zugabe eines Bindemittels), um so größer wird der Wegfaktor μ_l. Das gleiche gilt für Bimskies, der durch Zement gebunden ist (Bimsschwemmstein).

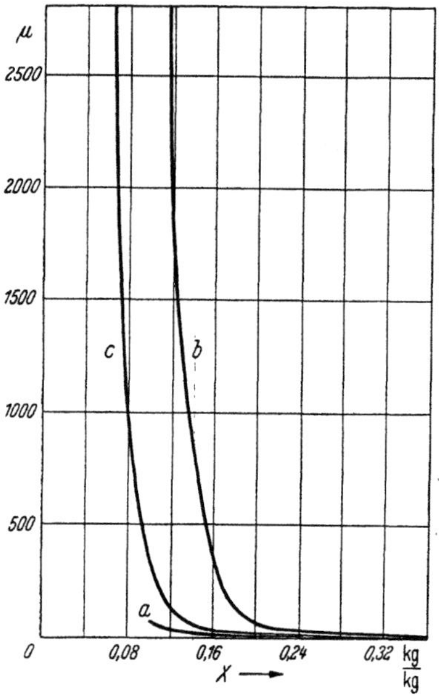

Abb. 126. Diffusionswiderstandsfaktor μ pflanzlicher Güter in Abhängigkeit vom Feuchtigkeitsgehalt X nach [155] und [72].

Kurve *a* Buchenholz radial;
Kurve *b* Kartoffelscheiben über 60 °C;
Kurve *c* Kartoffelscheiben unter 50 °C.

Außer den größtenteils in Tab. 31 mitgeteilten Messungen an trockenen (lufttrockenen) Stoffen ist nur noch der Verlauf des Diffusionswiderstandsfaktors von Buchenholz und Kartoffelscheiben bekannt (Abb. 126). Hierbei ist μ sehr stark abhängig von der Höhe der Feuchtigkeit, deren Zunahme bei den hygroskopischen Stoffen eine Quellung mit sich bringt. Abb. 126 zeigt, daß der Widerstand bei kleinen Feuchtigkeiten außerordentlich groß wird (für Kartoffeln, bei denen oberhalb 60° Verkleisterungserscheinungen beobachtet werden, liegen die Werte viel höher als für solche, bei denen diese Temperaturgrenze nicht erreicht wurde), während er bei höheren Feuchtigkeiten nur etwa 2 beträgt, also nur ebenso groß ist wie der von trockener Glaswatte oder dergleichen. Diese Erscheinung ist nur im Zusammenhang mit der weiter unten zu besprechenden Kapillarwasserbewegung zu verstehen.

b) Der Strömungswiderstand poriger Güter

Die Durchströmung von Gütern wird sehr häufig in der Trocknungstechnik – vor allem bei Schüttgütern, neuerdings aber auch bei porigen Festkörpern – angewandt.

Es liegt eine große Anzahl von Experimenten über die Wasser- und Luftdurchlässigkeit von porigen Gütern vor. Abb. 127 zeigt z. B. die je m² Gutsfläche bei verschiedener Druckdifferenz zwischen beiden Seiten des Gutes je h durch das Gut strömenden Luftmengen. Man sieht deutlich unterschieden zwei Äste der Kurven:

1. Bei kleinem Druckunterschied steigt die stündlich durchströmende Luftmenge linear mit dem Druckunterschied. Für Räume von gleichbleibendem Querschnitt ist dies nach den Gl. (187) und (190) sowohl bei KNUDSENscher Molekularbewegung als auch bei laminarer Bewegung der Fall.

2. Bei größerem Druckunterschied steigt die stündlich das Gut durchströmende Luftmenge etwa mit der Wurzel des Druckunterschiedes. Für Räume von gleichbleibendem Querschnitt gilt eine solche Beziehung für turbulente Strömung in rauhen Rohren. Aus dem Übergang des linearen Anstiegs, der sowohl die Gesetzmäßigkeit der laminaren als auch der molekularen Bewegung erfüllt, in einen Abschnitt, der mit der Wurzel des Druckgefälles steigt, kann geschlossen werden, daß bei kleinem Druckgefälle Laminarströmung herrscht; denn für das Aufhören der Gesetzmäßigkeit der Molekularbewegung müßte ein Grund vorhanden sein. Da die Druckdifferenzen bei solchen Versuchen sich in engen Grenzen halten, kann nicht die Erhöhung des Gesamtdruckes und die daraus resultierende Verringerung der freien Weglänge, die das Verhalten eines Stoffes bei Molekularströmung bestimmt, zur Erklärung der Änderung der Durchflußmenge mit der Druckdifferenz herangezogen werden. Vielmehr muß angenommen werden, daß es sich bei dem linear ansteigenden Ast um Laminarströmung handelt, während bei dem mit der Wurzel der Druckdifferenz ansteigenden Ast eine Gesetzmäßigkeit vorliegt, die nach Art der turbulenten Strömung in rauhen Rohren behandelt werden kann.

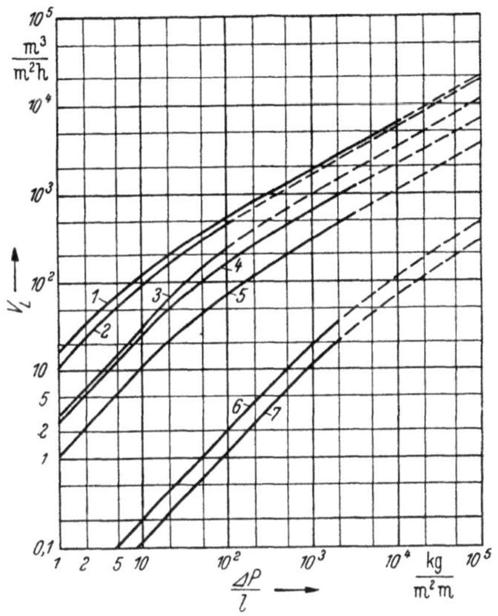

Abb. 127. Luftdurchlässigkeit verschiedener Stoffe in Abhängigkeit vom Druckgefälle.

1 Bimsbeton 710 kg/m³;
2 Gerste, ungereinigt 764 kg/m³;
3 Roggen, ungereinigt 828 kg/m³;
4 pechimprägnierte Korkplatte 156 kg/m³;
5 Backkorkplatte 140 kg/m³;
6 bitumierte Schlackenwolle 210 kg/m³;
7 Iporka 12 kg/m³.

1. Gleichwertiger Durchmesser und Wegfaktor bei laminar durchströmten Gütern

Bei der Durchströmung vieler Güter sind in einem gewissen Bereich des Druckgefälles die Gesetzmäßigkeiten der Laminarströmung festgestellt worden. Um einen Anhalt für Abschätzungen zu gewinnen, soll im folgenden aus einfachen Überlegungen ein Einblick in die qualitativen Abhängigkeiten bei der laminaren Durchströmung poriger Güter gegeben und an Hand von Meßergebnissen geprüft werden.

Als allgemeiner Ansatz für die das Gut durchströmende Menge sei Gl. (214) gewählt

$$G = \frac{F}{\mu} b_{\text{lam}} \frac{\Delta P}{l}.$$

Darin ist b_{lam} nach Gl. (191) für einen gleichwertigen Durchmesser d' zu bilden. Man kann einen dem ungleichförmigen Porensystem gleichwertigen Durchmesser d' in der Weise bestimmen, daß sich für das Gut und die Röhre das gleiche Verhältnis von Porenvolumen V_L zu umspülter Oberfläche O ergibt. Es wird:

$$d' = \frac{4V_L}{O}. \tag{218}$$

(Da für eine zylindrische Röhre vom Durchmesser d und der Länge l das Luftvolumen $V_L = \frac{d^2\pi}{4} l$ und die Oberfläche $O = d\pi l$ ist, wird für diese $d' = d.$)

α) Gleichkörnige Schüttungen

In 1 m³ einer gleichkörnigen Kugelschüttung (n Körner vom Durchmesser d_k) ist das Porenvolumen gleich der Porosität

$$V_L = \Psi = 1 - n\frac{d_k^3\pi}{6}.$$

Die innere Oberfläche ist

$$O = n\pi d_k^2 = \frac{n d_k^3 \pi}{6} \frac{6}{d_k}.$$

Folglich

$$d' = \frac{4V_L}{O} = \frac{4\Psi}{1-\Psi}\frac{d_k}{6} = \frac{2}{3}\frac{\Psi}{1-\Psi} d_k.$$

Dieser gleichwertige Durchmesser ist also abhängig von der Porosität und proportional dem Korndurchmesser der Kugelschüttung.

Bei Schüttgütern aus nicht kugelförmigen Stoffen ist ein gleichwertiger Korndurchmesser d_k' aus dem Kornvolumen V_k und der Kornoberfläche O_k derart zu bestimmen, daß er für Kugeln gleich d_k wird:

$$d_k' = \frac{6V_k}{O_k}. \tag{219}$$

Meist bestimmt man das Kornvolumen pyknometrisch (z.B. aus der Wasserverdrängung) und berechnet einen Kugeldurchmesser d_k, so daß die Kugel gleiches Volumen wie das Korn hat. Dann ist für den äquivalenten Korndurchmesser d_k' die Größe

$$d_k' = d_k \frac{d_k^2\pi}{O_k} = \frac{d_k}{K} \tag{219a}$$

einzuführen, worin K ein Formfaktor ist, der das Verhältnis der Kornoberfläche zu derjenigen einer volumengleichen Kugel angibt [Gl. (219a)].

Damit wird allgemein:

$$d' = \frac{2}{3}\frac{\Psi}{1-\Psi}\frac{d_k}{K}. \tag{220}$$

Mit diesem äquivalenten Röhrendurchmesser d' ist der Bewegungsbeiwert b_{lam} nach Gl. (191) zu berechnen, und es ergibt sich für die laminare Durchströmung des Haufwerks

$$b_{\text{lam}} = \frac{d'^2 \gamma}{32\,\eta} = \frac{4}{9} \frac{\Psi^2}{(1-\Psi)^2} \frac{d_k^2}{K^2} \frac{\gamma}{32\,\eta}\,. \tag{221}$$

Für die je m² durchströmende Menge $G/F = (b_{\text{lam}}/\mu)\,\Delta P/l$ ergibt sich, wenn man gemäß Gl. (217) an Stelle von μ die Größe μ_l/Ψ einsetzt und unter $\overline{w}$ die auf den Gesamtquerschnitt F bezogene mittlere Geschwindigkeit versteht,

$$\frac{G}{F} = \overline{w}\,\gamma = \left(\frac{1}{\mu_l} \frac{1}{72} \frac{\Psi^3}{(1-\Psi)^2} \frac{\gamma}{\eta} \frac{d_k^2}{K^2}\right) \frac{\Delta P}{l}\,. \tag{222}$$

Vergleicht man den in der Klammer stehenden Ausdruck mit den als Durchlässigkeitsziffern bei Filterversuchen beobachteten Werten oder den durch Gl. (222) berechenbaren Druckabfall mit den bei Messungen im laminaren Bereich festgestellten Werten, so kann man den Wegfaktor μ_l errechnen. Tab. 32 enthält eine Zusammenstellung von experimentell bestimmten Werten über die Wasserdurchlässigkeit von Glaskugel- bzw. -schrottschüttungen und über die Luftdurchlässigkeit in Kugel-, Erz- und Getreideschüttungen.

Die Werte des Wegfaktors μ_l, die man aus diesen Messungen bei laminar durchströmten Gütern nach Gl. (222) berechnet, liegen deutlich höher als die aus Diffusionsversuchen bei Kugel-, Sand- und sonstigen Schüttungen stammenden Werte der Tab. 31. Es wird sich bei einer Betrachtung der Beeinflussung des Wegfaktors μ_l durch die Art der Stoffbewegung und die Eigenschaften des Guts zeigen, daß bei gleicher Stoffstruktur der Wegfaktor μ_l bei Laminarströmung stets größer sein muß als bei Diffusionsvorgängen, die in strömungstechnischer Hinsicht der reibungsfreien Strömung (Potentialströmung) gleichzusetzen sind (s. Abschn. 4 dieses Kapitels). Hier sei nur soviel als Folgerung aus Tab. 32 vermerkt:

Die Wegfaktoren μ_l liegen bei laminar durchströmten Schüttungen im allgemeinen zwischen 1,5 und 5. Bei gleichen Schüttungen wären für Diffusionsvorgänge Werte von 1,15 bis 2 zu erwarten.

β) *Ungleichkörnige Schüttungen und porige Feststoffe*

Während man bei den gleichkörnigen Schüttungen einen gleichwertigen Röhrendurchmesser d' bei Kenntnis der Porosität, des volumengleichen Korndurchmessers und des Formfaktors K errechnen kann, ist dies bei ungleichkörnigen Schüttungen und ungleichporigen Feststoffen nicht mehr möglich.

Aus Diffusionsversuchen ist der Diffusionswiderstandsfaktor μ zu bestimmen. Bei Kenntnis der Porosität Ψ ergibt sich daraus ein Wegfaktor μ_l für Diffusion.

Aus Durchflußversuchen im laminaren Bereich kann man eine Größe $\frac{b_{\text{lam}}}{\mu_l}$ errechnen. Würde man den Wert μ_l für Laminarströmung aus dem

Tabelle 32. *Durchlässigkeit und Wegfaktor von Schüttungen.*

Stoff	Durchströmendes Medium	Temperatur °C	Porosität Ψ	Durchmesser der volumengleichen Kugel d_k [mm]	Formfaktor K	Beobachtete Durchlässigkeit $\frac{b_{\text{lam}}}{\mu}$ [m/h]	Berechnete Werte $\frac{1}{72}\frac{\Psi^3}{(1-\Psi)^2}\frac{\gamma}{\eta}\frac{d_k^2}{K^2}$	Wegfaktor μ_l	Quellenangabe und Bemerkungen
Glassand, glatter, fast kugelförmiger	Wasser	16	0,391	1,87	1[1]	103	249	2,42	Handbuch der Bodenlehre [*19*]
Glassand, glatter, fast kugelförmiger	Wasser	16	0,3796	0,93	1[1]	22,4	54,2	2,42	
Glassand, glatter, fast kugelförmiger	Wasser	16	0,369	0,791	1[1]	15,757	34,2	2,17	
Hohenbockaer Glassand	Wasser	10	0,3694	0,22	1,3[1]	0,75	1,85	2,46	
Hohenbockaer Glassand	Wasser	10	0,411	0,22	1,3[1]	0,915	2,16	2,36	
Hohenbockaer Glassand	Wasser	10	0,434	0,22	1,3[1]	1,175	2,75	2,34	
Hohenbockaer Glassand	Wasser	10	0,4376	0,22	1,3[1]	1,21	2,86	2,35	
Glaskugeln	Luft	22	0,403	0,098	1	0,0163	0,056	3,44	Eigene Versuche (unveröffentlicht
Glaskugeln	Luft	27	0,391	0,165	1	0,045	0,133	2,96	
Glaskugeln	Luft	19	0,377	0,55	1	0,505	1,36	2,69	
Glaskugeln	Luft	28	0,373	0,97	1	1,37	3,65	2,66	
Glaskugeln	Luft	22	0,372	1,88	1	5,15	14,47	2,81	
Rheinsand (gereinigt und ausgesiebt)	Luft	17	0,386	0,9	1,3	1,04	2,41	2,31	
Rheinsand (gereinigt und ausgesiebt)	Luft	16	0,403	1,1	1,3	1,65	4,31	2,61	
Glaskugeln	Luft	19	0,39—0,41	4,06	1		91	2,5[1]	Kling [*99*]
Stahlkugeln	Luft	19	0,39—0,41	3,18	1		56	2,5[1]	
Stahlkugeln	Luft	19	0,39—0,41	3,95	1		86	2,5[1]	

[1] Geschätzte Werte.

Tabelle 32. (Fortsetzung.)

Stoff	Durchströmendes Medium	Temperatur °C	Porosität Ψ	Durchmesser der volumengleichen Kugel d_k [mm]	Formfaktor K	Beobachtete Durchlässigkeit $\frac{b_{lam}}{\mu}$ [m/h]	Berechnete Werte $\frac{1}{72}\frac{\Psi^3}{(1-\Psi)^2}\frac{\gamma}{\eta}\frac{d_k^2}{K^2}$	Wegfaktor μ_l	Bemerkungen und Quellenangabe
Weizen, gereinigt (normal eingefüllt)	Luft	Raumtemp.	0,373	3,77[1]	1,2[1]	19,3	42,2	2,18	RAISCH [*148*]
Weizen, gereinigt (eingerüttelt)	Luft	Raumtemp.	0,311	3,77[1]	1,2[1]	13,2	20,3	1,54	
Gerste, gereinigt (normal eingefüllt)	Luft	Raumtemp.	0,418	3,8[1]	1,5[1]	18,8	44,9	2,39	
Gerste, gereinigt (eingerüttelt)	Luft	Raumtemp.	0,352	3,8[1]		12,2	21,7	1,78	
Roggen, gereinigt (normal eingefüllt)	Luft	Raumtemp.	0,426	3,7[1]	1,3[1]	19,1	61,5	3,22	
Roggen, gereinigt (eingerüttelt)	Luft	Raumtemp.	0,344	3,7[1]	1,3[1]	10,2	24,9	2,45	
Hafer, gereinigt (normal eingefüllt)	Luft	Raumtemp.	0,459	3,7[1]	1,8[1]	20,1	45,4	2,26	
Hafer, gereinigt (eingerüttelt)	Luft	Raumtemp.	0,371	3,7[1]	1,8[1]	9,3	17,7	1,90	
Erzstaub, eingefüllt	Luft	Raumtemp.	0,618	0,9	1,6[2]	3,82	17,2	4,5	BARTH und ESSER [*45*]
Erzstaub, eingerüttelt	Luft	Raumtemp.	0,540	0,9	1,6[2]	1,68	7,9	4,7	
Erzstaub, eingefüllt	Luft	Raumtemp.	0,610	0,45	1,6[2]	0,90	4,0	4,4	
Erzstaub, eingerüttelt	Luft	Raumtemp.	0,540	0,45	1,6[2]	0,55	1,98	3,6	
Erzstaub, eingefüllt	Luft	Raumtemp.	0,573	0,25	1,6[2]	0,168	0,852	5,1	
Erzstaub, eingerüttelt	Luft	Raumtemp.	0,510	0,25	1,6[2]	0,108	0,457	4,2	
Erzstaub, eingefüllt	Luft	Raumtemp.	0,569	0,144	1,6[2]	0,07	0,269	3,84	
Erzstaub, eingerüttelt	Luft	Raumtemp.	0,504	0,144	1,6[2]	0,47	0,137	2,91	
Erzstaub, eingefüllt	Luft	Raumtemp.	0,562	0,074	1,6[2]	0,0202	0,067	3,3	
Erzstaub, eingerüttelt	Luft	Raumtemp.	0,489	0,074	1,6[2]	0,0113	0,0322	2,85	
Kohle	Luft	Raumtemp.	$\approx$ 0,485	1,5—3,0	1,6[3]	$2{,}795 \cdot 10^{-3}$	$7{,}28 \cdot 10^{-3}$	2,6	FEHLING [*63*]
Kohle	Luft	Raumtemp.	$\approx$ 0,495	1,0—1,5	1,6[3]	$1{,}060 \cdot 10^{-3}$	$2{,}47 \cdot 10^{-3}$	2,33	
Kohle	Luft	Raumtemp.	$\approx$ 0,515	0,4—1,0	1,6[3]	$0{,}375 \cdot 10^{-3}$	$0{,}945 \cdot 10^{-3}$	2,5	

[1] Auf Grund eigener Messungen an Getreide auch für die Versuche von RAISCH zugrunde gelegt.
[2] Geschätzte Werte.
[3] Geschätzte Werte.

Tabelle 33. *Verhältnis des Bewegungsbeiwertes b zu demjenigen bei laminarer Strömung b_{lam} für Schüttungen in Abhängigkeit von Re.*

Versuchskörper	Porosität ψ	Gleichwertiger Durchmesser d' [mm]	Formfaktor K	Wegfaktor μ_l	$\frac{b}{b_{lam}}$ für $Re = \frac{wd'}{\nu}$					Quellenangabe und Bemerkungen
					1	5	10	20	50	
Weizen, gereinigt (normal eingefüllt)	0,373	1,25	1,2	2,18	1	0,94	0,83	0,70	0,38	RAISCH [*148*]
Weizen, gereinigt (eingerüttelt)	0,311	0,945	1,2	1,54	1	0,91	0,79	0,60	0,28	
Gerste, gereinigt (normal eingefüllt)	0,418	1,21	1,5	2,39	1	0,95	0,80	0,56	0,24	
Gerste, gereinigt (eingerüttelt)	0,352	0,918	1,5	1,78	1	0,89	0,75	0,55	0,30	
Roggen, gereinigt (normal eingefüllt)	0,426	1,41	1,3	3,22	1	0,95	0,82	0,62	0,27	
Roggen, gereinigt (eingerüttelt)	0,344	0,995	1,3	2,45	1	0,95	0,83	0,63	0,33	
Hafer, gereinigt (normal eingefüllt)	0,459	1,16	1,8	2,26	1	0,92	0,79	0,58	0,26	
Hafer, gereinigt (eingerüttelt)	0,371	0,808	1,8	1,90	1	0,91	0,76	0,52	—	
Erzstaub d_k = 0,9 mm (eingefüllt)	0,618	0,606	1,6	4,50			0,91	0,76	0,54	BARTH und ESSER [*45*]
Erzstaub d_k = 0,9 mm (eingerüttelt)	0,540	0,44	1,6	4,70			0,74	0,62	0,47	
Erzstaub d_k = 0,45 (eingefüllt)	0,610	0,29	1 6	4,40		0,84	0,74	0,61		
Erzstaub d_k = 0,45 (eingerüttelt)	0,540	0,22	1,6	3,60		0,82	0,69	0,54		
Erzstaub d_k = 0,15 (eingefüllt)	0,573	0,14	1,6	5,10		0,88	0,75			
Erzstaub d_k = 0,15 (eingerüttelt)	0,510	0,11	1,6	4,20		0,90	0,71			
Erzstaub d_k = 0,144 (eingefüllt)	0,569	0,08	1,6	3,84	0,99					
Erzstaub d_k = 0,144 (eingerüttelt)	0,504	0,06	1,6	2,91	0,92					
Erzstaub d_k = 0,074 (eingefüllt)	0,562	0,04	1,6	3,30	0,92					
Erzstaub d_k = 0,074 (eingerüttelt)	0,489	0,03	1,6	2,85	0,91					
				Re =	10	30	100	300	1000	
Kohle d_k = 1,5—3 mm	≈0,485		1,6[1]	2,6	0,96	0,85	0,40	0,176		FEHLING [*63*]
Kohle d_k = 1—1,5 mm	≈0,495		1,6[1]	2,33	1	0,677	0,35	0,146		
Kohle d_k = 0,4—1 mm	≈0,515		1,6[1]	2,5	1	0,71	0,40	0,158		

[1] Geschätzte Werte.

Tabelle 33. (Fortsetzung.)

Versuchskörper	Porosität ψ	Gleichwertiger Durchmesser d' [mm]	Formfaktor K	Wegfaktor μ_l	$\frac{b}{b_{\text{lam}}}$ für $Re = \frac{w d'}{\nu}$					Quellenangabe und Bemerkungen
				$Re =$	100	300	1000	3000	10000	
Koks $d_k \approx 1-160$	$\approx 0,47$		2[1]	3,5[1]		0,180	0,073	0,028		WAGNER, HOLSCHUH, BARTH [*182*]
Kalkige Minette $d_k \approx 1-130$	$\approx 0,42$		1,8[1]	3,8[1]		0,156	0,072	0,029		
Drehrohrofensinter $\approx 1-60$	$\approx 0,47$		1,6[1]	2,8[1]		0,118	0,05	0,017[2]		
Bandsinter $\approx 1-120$	$\approx 0,58$		2,2[1]	4[1]		0,079	0,031	0,011[2]		
				$Re =$	1	10	100	1000	10000	
Glaskugeln $d_k = 0,55$ mm	0,377	0,222	1	2,69	1	0,92	0,40			Eigene Versuche (unveröffentlicht)
Glaskugeln $d_k = 0,97$ mm	0,373	0,384	1	2,66	1	0,93	0,43			
Glaskugeln $d_k = 1,88$ mm	0,372	0,743	1	2,81	1	0,94	0,42			
Rheinsand $d_k = 0,8-1,0$ mm	0,450	0,490	1,3	2,31	1	0,90	0,41			
Rheinsand $d_k = 1,0-1,2$ mm	0,403	0,495	1,3	2,61	1	0,93	0,44			
Glaskugeln $d_k = 4,06$ mm	0,39–0,41	1,80	1	2,5[1]				0,071	0,0093	KLING [*99*]
Stahlkugeln $d_k = 3,18$ mm	0,39–0,41	1,41	1	2,5[1]				0,069	0,0095	
Stahlkugeln $d_k = 3,95$ mm	0,39–0,41	1,75	1	2,5[1]				0,075	0,0100	
BERL-Körper 15 × 15	0,758	6,72	3,42	2,6	1[2]	0,895[2]	0,339[2]	0,059	0,0091[2]	W. BARTH [*44*]
BERL-Körper 25 × 25	0,750	11,52	3,14	2,5	1	0,882	0,338	0,061	0,0096	
RASCHIG-Ringe 8×8×1	0,728	5,40	2,39	4,6	0,98[2]	0,633[2]	0,243[2]	0,041[2]	0,0055[2]	
RASCHIG-Ringe 15×15×2	0,690	8,88	2,31	4,3	0,97[2]	0,627[2]	0,251[2]	0,050	0,0073[2]	
RASCHIG-Ringe 25×25×3	0,705	14,52	2,51	4,1	0,97[2]	0,623[2]	0,249[2]	0,052	0,0079[2]	
Bleischrot 1,5–6,3 mm	$\approx 0,36$		1,05[1]	2,5[1]		1	0,45	0,083		BURKE und PLUMMER[3]
Bleischrot 1,3–3,0 mm	0,353		1,05[1]	2,5[1]				0,091		CHALMERS, CALIAFERRO und RACSLINS[3]
Bleischrot 3,0–4,0 mm	0,346		1,05[1]	2,5[1]				0,059		
Glaskugeln 0,6 mm	0,317		1	2[1]		1	0,395			MUSKAT und BOTSET[3]

[1] Geschätzte Werte.
[2] Durch Extrapolation über den Versuchsbereich hinaus gewonnen.
[3] Nach Angaben von FEHLING [*63*].

für Diffusionsvorgänge ermittelten μ_l abschätzen können, so könnte man aus b_{lam} wiederum einen äquivalenten Porendurchmesser d' bestimmen:

$$b_{\mathrm{lam}} = \frac{\gamma d'^2}{32\,\eta} = \frac{G}{F}\,\mu\,\frac{l}{\Delta P}$$

$$= \frac{G}{F\,\psi}\,\mu_l\,\frac{l}{\Delta P}$$

oder

$$d' = \sqrt{\frac{32\,\eta\,\mu_l\,l}{\Psi}}\,\sqrt{\frac{V_L}{\Delta P}}\,, \tag{223}$$

wobei unter V_L [m³/m²h] der der Druckdifferenz ΔP proportionale Volumendurchsatz verstanden ist (vgl. die unteren Äste der Kurven in Abb. 127).

Um einen gewissen Einblick in die Zahlenwerte d' zu bekommen, die man bei verschiedenen Stoffen als dem Porensystem gleichwertig ansehen kann, wurde Tab. 34 berechnet. Für einen Teil der Stoffe, deren Luftdurchlässigkeiten in Abb. 127 wiedergegeben sind, liegen aus Diffusionsversuchen Widerstandsfaktoren μ vor. Unter Vernachlässigung

Tabelle 34. *Gleichwertiger Durchmesser und Reibungsbeiwert fester Stoffe.*

Nr.	Stoff	Raumgewicht γ_S [kg/m³]	Porosität Ψ	Diff. Widerstand μ	Wegfaktor μ_l	Gleichwertiger Durchmesser d' [mm]	Reibungsbeiwert für turb. Strömung ζ_∞
1	Bimsbeton	710	0,73	2,5	1,8	0,81	13
2	Pechimp. Korkplatten	160	0,89	2,5	2,2	0,32	62
3	Backkorkplatten	135	0,91	10	9,1	0,13	164
4	Iporka	12	0,98	1,7	1,7	0,02	6460

des Unterschieds der Werte μ für Diffusion und Laminarströmung ist Tab. 34 berechnet. Die Dicke der Versuchsplatten betrug $l = 0{,}05$ m. Für die Zähigkeit der Luft kann der Wert bei 20 °C eingesetzt werden ($\eta = 0{,}51 \cdot 10^{-9}$ kg h/m²).

2. Der Widerstandsfaktor ζ_∞ bei scheinbar turbulent durchströmten Gütern

Charakteristikum der turbulenzartigen Strömung in porigen Gütern ist die Proportionalität der durchfließenden Menge mit der Wurzel des Druckgefälles. Die Proportionalität sieht man bei den Ergebnissen aller Versuche mit hinreichender Geschwindigkeit realisiert (vgl. die oberen Äste der Kurven in Abb. 127).

Nach den obigen Herleitungen [s. Gl. (197]) müssen sich für diesen Bereich Bewegungsbeiwerte b_{turb} ergeben, die mit den im laminaren Bereich gefundenen b_{lam} in folgendem Zusammenhang stehen:

$$b_{\mathrm{turb}} = b_{\mathrm{lam}}\,\frac{64}{\zeta_\infty\,Re} = \frac{d'^2\,\gamma}{32\,\eta}\,\frac{64}{\zeta_\infty\,Re}\,.$$

Mit

$$Re = \frac{\overline{w}}{\Psi} \frac{d'}{\nu}; \qquad \overline{w} = \frac{V_L}{F}$$

wird entsprechend Gl. (214)

$$\frac{V_L \gamma}{F} = \frac{1}{\mu} \frac{2 d' g \Psi}{\zeta_\infty V_L} \frac{\Delta P}{l} \cdot F$$

oder mit

$$\mu = \frac{\mu_l}{\Psi}$$

$$\zeta_\infty = \frac{\Psi^2}{\mu_l} \frac{2 g d'}{\gamma} \frac{F^2}{V_L^2} \frac{\Delta P}{l}. \tag{224}$$

Nach dieser Gleichung ergibt sich ζ_∞ als Konstante für den Teil der Versuchsergebnisse, in dem V_L mit der Wurzel aus ΔP ansteigt (z.B. den oberen Ästen der Kurven aus Abb. 127).

In Tab. 34 sind die aus Abb. 127 gewonnenen Werte ζ_∞ für diejenigen Stoffe, für die der Widerstandsfaktor μ aus Diffusionsversuchen als hinreichend bekannt angenommen werden konnte, eingetragen. Die angegebenen Werte liegen zwischen 13 und 6460. Bedenkt man, daß die Zahl ζ_∞ angibt, wie oft der dynamische Druck durch Reibung auf einer Wegstrecke $l = d'$ vernichtet wird [s. Gl. (192)], wenn man die Geschwindigkeit in einer Röhre vom gleichwertigen Durchmesser d' berechnet, so erkennt man, daß sehr große Werte von ζ_∞ nur möglich sind, wenn zahlreiche Einzelporen sehr viel kleiner sind als der aus den Verhältnissen bei laminarer Durchströmung berechnete äquivalente Durchmesser. (Typischer Fall: Schaumstoffe mit vielen groben Poren, die durch feinporige Schaumlamellen abgeschlossen bzw. verbunden sind.)

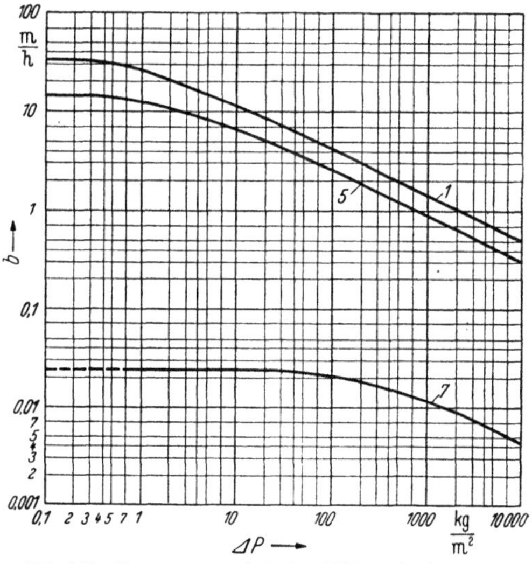

Abb. 128. Bewegungswert b in Abhängigkeit von der Druckdifferenz ΔP.
1 Bimsbeton nach Abb. 127; *5* Backkorkplatte nach Abb. 127; *7* Iporka nach Abb. 127.

Aus den in Abhängigkeit von ΔP gemessenen Werten V_L kann man Bewegungsbeiwerte b nach der Beziehung

$$b = \mu \frac{V_L \gamma}{F} \frac{l}{\Delta P}$$

errechnen. In Abb. 128 sind sie in Abhängigkeit von der Druckdifferenz aufgetragen.

Setzt man die so gefundenen Bewegungsbeiwerte b in Beziehung zu den im laminaren Bereich ($V_L/\Delta P$ = konst.) festgestellten Werten b_{lam}

und trägt sie statt über der Druckdifferenz ΔP über der Reynoldsschen Zahl

$$Re = \frac{w\,d'}{\nu} = \frac{V_L}{F\Psi}\,\frac{d'}{\nu}$$

auf, so ergeben sich die Kurven der Abb. 129.

Das verschiedenartige Verhalten der einzelnen porigen Stoffe bei der Durchströmung geht aus den Kurven sehr gut hervor. Als charakteristischer Unterschied im Verhalten durchströmter Stoffe gegenüber durchströmten Rohren fällt folgendes auf:

1. Die Werte ζ_∞ werden sehr viel größer als bei rauhen Rohren, für die $\zeta_\infty < 0{,}05$ ist. Bei grobporigen Stoffen mit zusammenhängenden Poren (z.B. Bimsbeton) sind sie viel kleiner als bei sehr feinporigen Stoffen mit lamellenartigen Porenwänden (z.B. Iporka).

2. Es gibt nicht eine bestimmte kritische Reynoldssche Zahl, bei der sprunghaft ein Umschlag von laminarer in turbulente Strömung erfolgt. Vielmehr vollzieht sich hier ein allmählicher Übergang von dem Gebiet,

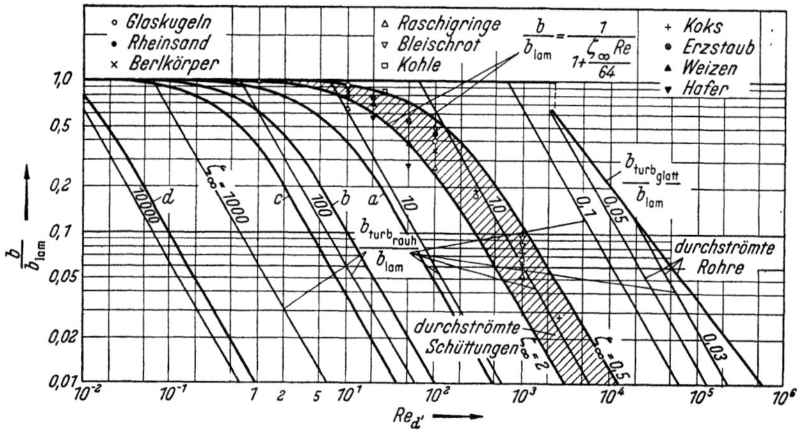

Abb. 129. Die Abhängigkeit des Verhältnisses b/b_{lam} von der Reynoldsschen Zahl für Rohre, Schüttungen und Feststoffe.

Kurve *a* Bimsbeton (s. Tab. 34); Kurve *b* Pechimprägnierte Korkplatte (s. Tab. 34); Kurve *c* Backkorkplatte (s. Tab. 34); Kurve *d* Iporka (s. Tab. 34); Werte für Schüttungen aus Tab. 33.

in dem die Gesetzmäßigkeiten der Laminarströmung gelten, in ein solches, in dem Gesetzmäßigkeiten, ähnlich denen rauher Rohre, bei turbulenter Strömung gelten. Dieser Übergang erfolgt bei um so kleinerer Reynoldsscher Zahl, je größer die Widerstandszahl ζ_∞ ist.

3. Alle Werte b/b_{lam} für *Schüttungen* gruppieren sich in einem Bereich $0{,}5 < \zeta_\infty < 2$, der in Abb. 129 schraffiert ist.

3. Der Übergang von der laminaren Strömung zur turbulenzartigen

Über den allmählichen Übergang von der Gesetzmäßigkeit der Laminarströmung in Röhren zu einer der turbulenten Strömung in Rohren entsprechenden Gesetzmäßigkeit gibt eine andere Betrachtung als die bisher angewandte Aufschluß. Sie geht davon aus, daß durchströmte Kugelschüttungen in Beziehung zu umströmten Einzelkugeln gesetzt werden könnten. Die Untersuchungen FEHLINGS [63] wurden in diesem Sinn ausgewertet.

Auf eine einzige Kugel im Strom eines Mediums wirkt ein Druckunterschied:

$$\varDelta P = \xi_k \frac{\overline{w}^2}{2g} \gamma, \tag{225}$$

worin ξ_k der Widerstandsfaktor der Einzelkugel genannt wird, während $\overline{w}$ die Geschwindigkeit im ungestörten Luftstrom bedeutet.

Die Abhängigkeit des Widerstandsfaktors ξ_k von der mit dem Kugeldurchmesser d_k gebildeten REYNOLDSschen Zahl $Re_k = \frac{\overline{w}\, d_k}{\nu}$ ist durch vielfältige Untersuchungen bekannt und in Abb. 130 wiedergegeben.

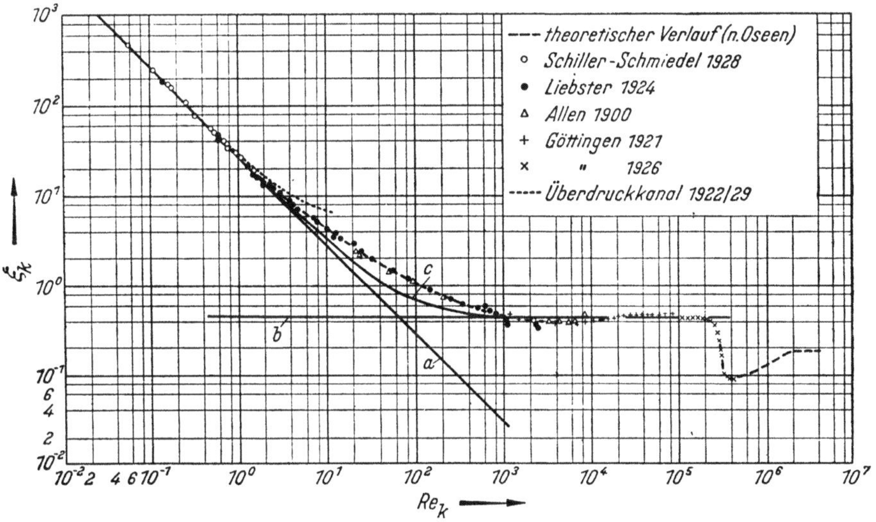

Abb. 130. Kugelwiderstandsbeiwert in Abhängigkeit von der REYNOLDSschen Zahl. Gesamter durch Messungen erreichter Bereich der REYNOLDSschen Zahlen (nach MUTTRAY, s. [10]).

Im Bereich der schleichenden Bewegung, d.h. $Re_k < 1$, bei der die Trägheitskräfte noch ohne Einfluß sind, wird das STOKESsche Gesetz

$$\xi_k = \frac{24}{Re_k} \tag{226}$$

bestätigt (die Gerade a in Abb. 130).

Für $10^3 < Re_k < \approx 3 \cdot 10^5$ ist ξ_k nahezu konstant.

$$\xi_k = 0{,}47, \tag{227}$$

ohne daß jedoch die Strömung turbulent ist (die Horizontale b in Abb. 130).

Erst bei Re_k zwischen $1{,}5 \cdot 10^5$ bis $4 \cdot 10^5$ (abhängig vom Turbulenzgrad des anströmenden Mediums) zeigt sich der sprunghafte Übergang der laminaren in die turbulente Grenzschicht. Dabei strebt ξ_k dem Grenzwert 0,176 zu.

Für Schüttungen, deren Querschnitt groß gegenüber d_k ist, macht Fehling den Ansatz:

$$\Delta P = m\, \xi_k \frac{\gamma}{2g} \overline{w}^2 \frac{l}{d_k} \frac{1}{\Psi^4}, \tag{228}$$

worin m eine experimentelle festzustellende Konstante ist. Er fand für Kugelschüttungen $m = 1$ für $Re_k > 20$. Zu beachten ist dabei, daß $\overline{w}$ hier die auf den Gesamtquerschnitt bezogene Geschwindigkeit ist ($\overline{w} = V/F$).

(Für kleinere Re_k-Zahlen ergibt sich jedoch, wie ich aus den mitgeteilten Daten entnehme, m etwas größer, z. B. bei $Re_k = 10$; $m = 1{,}2$.)

Für Kohleschüttungen ergab sich $m = 2{,}6$ bis $2{,}7$.

Im folgenden Abschnitt wird der Zusammenhang zwischen dem Fehlingschen Ansatz (Analogie zur umströmten Einzelkugel) und dem in diesem Buch benutzen Ansatz (Analogie zur Strömung in geraden Rohren) hergeleitet.

α) Die Durchströmung von Schüttungen in Analogie zur Umströmung von Kugeln sowie zur Durchströmung von Rohren

Für die durchströmende Menge gilt bei Fehling:

$$G = F \overline{w} \gamma,$$

worin $\overline{w}$ die auf die Gesamtfläche F bezogene Geschwindigkeit ist, die sich aus Gl. (228) ergibt:

$$\overline{w} = \Psi^2 \sqrt{\frac{2 g d_k}{m\, \xi_k \gamma} \frac{\Delta P}{l}} = \Psi^4 \frac{2 g d_k}{m\, \xi_k \gamma \overline{w}} \frac{\Delta P}{l}.$$

Damit wird:

$$G = F \Psi^4 \frac{1}{m\, \xi_k Re_k} \frac{2 d_k^2 \gamma}{\eta} \frac{\Delta P}{l}. \tag{229}$$

Für den laminaren Bereich wird unter Benutzung des Stokesschen Gesetzes [Gl. (226)]

$$G_{\text{lam}} = \frac{F}{m} \frac{\Psi^4}{12} \frac{d_k^2 \gamma}{\eta} \frac{\Delta P}{l}. \tag{230}$$

Für den Bereich $\xi_k = \text{konst.} = 0{,}47$

$$G = \frac{F}{m} \Psi^4 \frac{4{,}25}{Re_k} \frac{d_k^2 \gamma}{\eta} \frac{\Delta P}{l}. \tag{231}$$

Andererseits wird nach unseren Herleitungen gesetzt:

$$G = \frac{F}{\mu} b \frac{\Delta P}{l} = \frac{F}{\mu_l} \Psi b \frac{\Delta P}{l},$$

wobei im laminaren Bereich konstanten b-Wertes

$$b_{\text{lam}} = \frac{d'^2 \gamma}{32 \eta} = \frac{1}{72} \left(\frac{\Psi}{1 - \Psi} \right)^2 \frac{d_k^2}{K^2} \frac{\gamma}{\eta}$$

ist. Es wird

$$G_{\text{lam}} = \frac{F}{\mu_l} \frac{\Psi^3}{(1 - \Psi)^2} \frac{1}{72} \frac{d_k^2 \gamma}{K^2 \eta} \frac{\Delta P}{l}. \tag{232}$$

Gleichsetzen von Gl. (230) und Gl. (232) liefert für den laminaren Bereich:

$$K^2 \mu_l = \frac{m}{6} \frac{1}{\Psi(1-\Psi)^2} . \tag{233}$$

Für den Bereich fallender b-Werte gilt für konstantes ζ_∞

$$b = \sqrt{\frac{2 g \gamma d'}{\zeta_\infty \frac{\Delta P}{\mu_l l}}} .$$

Damit wird

$$G = F \Psi \sqrt{\frac{2 g \gamma d'}{\zeta_\infty \mu_l}} \sqrt{\frac{\Delta P}{l}}$$

oder nach Umformung mit $G/F = \overline{w} \gamma$ sowie Benutzung von Gl. (219) und (220):

$$G = F \Psi^2 \frac{2 g d'}{\zeta_\infty \mu_l \overline{w}} \frac{\Delta P}{l} = F \frac{4}{3} \frac{\Psi^3}{1-\Psi} \frac{1}{\zeta_\infty \mu_l} \frac{1}{Re_k} \frac{d_k^2 \gamma}{\eta K} \frac{\Delta P}{l} . \tag{234}$$

Gleichsetzen von Gl. (234) und (231) liefert:

$$\zeta_\infty = \frac{0{,}314}{\Psi(1-\Psi)} \frac{m}{\mu_l} \frac{1}{K} . \tag{235}$$

Aus dem für den laminaren Bereich gültigen Zusammenhang nach Gl. (233) folgt für Schüttungen:

$$\frac{K^2 \mu_l}{m} = \frac{1}{6 \Psi(1-\Psi)^2} . \tag{236}$$

Für Schüttungen aus näherungsweise gleichkörnigem Gut liegt die Porosität Ψ im allgemeinen zwischen 0,3 und 0,5. Die Größe Ψ $(1 - \Psi)^2$ ändert sich dann nur zwischen 0,147 und 0,125. Wählt man als mittleren Wert $\Psi = 0{,}4$, so wird:

$$K^2 \mu_l = \frac{m}{6 \cdot 0{,}144} = 1{,}16 m . \tag{237}$$

Für Blei- und Glaskugeln $\left(K = \frac{O_k}{d_k^2 \pi} = 1\right)$, für die aus den Fehlingschen Untersuchungen hervorgeht, daß m im laminaren Bereich größer als 1,2 ist, würde demnach:

$$\mu_l > 1{,}39 ,$$

während für Kohleschüttungen mit $m = 2{,}6$ bis 2,7, wenn man $K = 1{,}3$ annimmt,

$$K^2 \mu_l = 3 \text{ bis } 3{,}1 ; \qquad \mu_l = 1{,}83$$

würde.

Dies steht durchaus in Übereinstimmung mit den sonstigen Ergebnissen aus Diffusions- und Durchflußversuchen (vgl. Tab. 31 und 32).

Aus Gl. (235), die für den Bereich konstanter ξ_k- oder ζ_∞-Werte gilt, folgt:

$$\zeta_\infty = \frac{0{,}314}{\Psi(1-\Psi)} \frac{m}{\mu_l K} .$$

In Zusammenhang mit Gl. (236) ergibt sich für gleichkörnige Schüttungen:

$$\frac{\zeta_\infty}{K(1-\Psi)} = 1{,}9 . \tag{238}$$

Dieses Ergebnis besagt, daß für alle Schüttungen gleichmäßiger Kornform – wie groß immer μ_l bzw. m sein mag – der Wert ζ_∞ nur von dem Formfaktor K und der Porosität Ψ abhängig wäre. Dabei muß man noch bedenken, daß im allgemeinen die Porosität körniger Stoffe mit wachsendem Formfaktor K größer werden muß. (Ein sehr großes Verhältnis der wirklichen Kornoberfläche zur Oberfläche der volumengleichen Kugel setzt voraus, daß das Korn sehr viele Einbuchtungen oder Zacken oder sogar eine innere Oberfläche wie z.B. bei RASCHIG-Ringen hat.) Die Größe $K\ (1 - \Psi)$ ändert sich daher im allgemeinen bei technischen Schüttungen nicht allzustark. Daher müßte aus Gl. (238) geschlossen werden, daß bei Schüttungen aller Art sich keine sehr erheblichen Abweichungen für den Wert ζ_∞ ergeben würden. Diese Folgerung steht durchaus in Einklang mit den Meßergebnissen bei Schüttungen (s. Abb. 129), die auf Werte ζ_∞ zwischen 0,5 und 2 hindeuten.

β) Versuch einer zusammenfassenden Darstellung der Durchströmung von Schüttungen im laminaren und nichtlaminaren Gebiet

Zum Abschluß dieser Betrachtung soll die Möglichkeit angedeutet werden, den tatsächlichen Verlauf der Bewegungsbeiwerte b bzw. des Verhältnisses b/b_{lam} für Ermittlungen in dem Übergangsgebiet zwischen laminarer Strömung (b_{lam} = konst.) und turbulenzartiger Strömung (ζ_∞ = konst.) durch eine anschauliche Betrachtung abzuschätzen.

Die Grundvorstellung ist folgende: Man denkt sich zwei Widerstände ΔP_1 und ΔP_2 hintereinandergeschaltet, deren einer den Gesetzmäßigkeiten der laminaren Strömung folgt, während der andere denen der wirbelartigen Bewegung mit konstantem ξ_k bzw. ζ_∞ genügt.

Macht man diese Annahme bei der *Umströmung der Einzelkugel*, so muß man für den Widerstand der Laminarströmung den STOKESschen Widerstandsfaktor

$$\xi_{k_{\text{lam}}} = \frac{24}{Re_k}$$

ansetzen, während für den Abschnitt konstanten ξ_k-Wertes nach Abb. 130 zu setzen ist:

$$\xi_k = 0{,}47\,.$$

Es ergäbe sich dann für den Widerstand ξ_k im Übergangsgebiet

$$\xi_k = \frac{24}{Re_k} + 0{,}47\,. \tag{239}$$

Die Kurve, die sich nach Gl. (239) für den Widerstand umströmter Kugeln ergibt, ist in Abb. 130 als Kurve c eingetragen. Man erkennt, daß der charakteristische Verlauf der gemessenen Widerstandskurve einigermaßen dargestellt wird.

In Anwendung auf die *Durchströmung poriger Güter*, bei denen in diesem Buch der Ansatz

$$G = F\,\frac{b}{\mu}\,\frac{\Delta P}{l}$$

gemacht wird, ergibt sich dann für denjenigen Widerstand ΔP_1, der bei der laminaren Durchströmung auftritt,

$$\Delta P_1 = \frac{G\,\mu\,l}{F\,b_{\text{lam}}}\,.$$

Für den Widerstand aus der wirbeligen Bewegung ergibt sich

$$\Delta P_2 = \frac{G\mu l}{F b_{\text{turb}}}.$$

Somit wird der gesamte Druckunterschied

$$\Delta P = \frac{G\mu l}{F}\left(\frac{1}{b_{\text{lam}}} + \frac{1}{b_{\text{turb}}}\right).$$

Führt man für den gesamten Vorgang einen einheitlichen Bewegungsbeiwert b entsprechend der Beziehung

$$\Delta P = \frac{G\mu l}{F}\,\frac{1}{b}$$

ein, so ist also

$$\frac{1}{b} = \frac{1}{b_{\text{lam}}} + \frac{1}{b_{\text{turb}}}.$$

Setzt man für b_{lam} und b_{turb} die Werte nach Gl. (191) und (197) ein, so ergibt sich

$$\frac{b}{b_{\text{lam}}} = \frac{1}{1 + \dfrac{b_{\text{lam}}}{b_{\text{turb}}}} = \frac{1}{1 + \dfrac{\zeta_\infty Re}{64}}. \qquad (240)$$

In Abb. 129 sind die nach dieser Beziehung berechneten Kurven b/b_{lam} in Abhängigkeit von Re für die Werte $\zeta_\infty = 0{,}5$ und 2 eingetragen. – Eine Betrachtung der Gl. (238) lehrt, daß man für technische Schüttungen eine Variation der Werte ζ_∞ zwischen etwa 0,5 und 2 erwarten muß.

Ferner sind diejenigen Werte b/b_{lam} als Punkte eingetragen, die aus solchen Messungen stammen, die entweder den laminaren Bereich miterfassen oder – wie bei der Untersuchung von BARTH [*44*] – in einer Darstellung vorliegen, aus der das Verhalten der Schüttung bei laminarem Durchfluß extrapoliert werden kann. In Tab. 33 sind die bei der Umrechnung der Versuchsergebnisse der einzelnen Forscher benutzten Daten angegeben, die teils den Angaben der Forscher, teils ergänzenden Extrapolationen oder Schätzungen, die jeweils kenntlich gemacht sind, entstammen.

Man erkennt folgendes:

1. Fast alle aus Experimenten gewonnenen Werte b/b_{lam} liegen in dem schraffierten Bereich zwischen den nach Gl. (240) für $\zeta_\infty = 2$ bzw. 0,5 berechneten Kurven.

2. Angesichts der Streuungen aller Versuchsergebnisse scheint die durch Gl. (240) gegebene Form des Überganges von der laminaren zur turbulenten Durchströmung hinreichend genau zu sein.

Aus Tab. 33 kann man die Werte μ_l, den Formfaktor K und die Porosität Ψ entnehmen, die bei den einzelnen Versuchsobjekten beobachtet – manchmal geschätzt – wurden. Versucht man, einen Zusammenhang zwischen diesen Größen und dem aus den jeweiligen Versuchen zu folgernden Wert ζ_∞ herzustellen, so kommt man zu folgendem Schluß:

Für diejenigen Stoffe, für die der Formfaktor K relativ groß und die Porosität Ψ relativ klein ist (Getreide), liegen im Sinn der Gl. (238) die Werte ζ_∞ nahe 2. Bei den Stoffen mit großem Formfaktor und großer Porosität (BERL-Sättel und RASCHIG-Ringe) liegen die Werte ζ_∞ nahe 1 oder kleiner. Bei den mir bekannten Messungen mit Stoffen von kleinem Formfaktor und großer Porosität (Heu, Stroh, Holzwolle, Fasern aller Art usw.), für die sich nach Gl. (238) kleinste Werte von ζ_∞ ergeben müßten, fehlen die notwendigen Angaben zur Einordnung der Meßwerte in einen Zusammenhang nach Abb. 129. Man kann daher zur Zeit noch nicht sagen, ob Gl. (238) allgemein die richtige Tendenz trifft. Ihre angenäherte Berechtigung für *körnige* Schüttungen scheint jedoch bestätigt.

4. Physikalische Deutung der Vorgänge in porigen Gütern

(Der Wegfaktor und der Stoßverlust bei der Stoffbewegung in Kanälen ungleichen Querschnitts)

Zum Verständnis der Einflüsse, welche die Bewegungsvorgänge in porigen Gütern, Schüttungen usw. bestimmen, erscheint es zweckmäßig, die Verhältnisse an einfachen geometrischen Typen von Röhren oder Haufwerken zu veranschaulichen.

Es sollen zunächst die Vorgänge in kreisförmigen Kanälen von veränderlichem Querschnitt $f(z)$ verglichen werden mit den Vorgängen in Kanälen von gleichbleibendem mittlerem Querschnitt f_m

$$f_m = \frac{1}{l} \int_0^l f(z)\, dz .$$

Für gerade Röhren von konstantem Querschnitt kann nach Gl. (182) gesetzt werden

$$G_m = f_m b_m \frac{\Delta P}{l} .$$

Für Röhren veränderlichen Querschnitts gilt unter der vereinfachenden Annahme, daß trotz der Verengungen und Erweiterungen des Querschnitts die Bewegung nur in axialer Richtung erfolge, ebenfalls nach Gl. (182)

$$G = \frac{\Delta P}{\int_0^l \frac{dz}{f b}} .$$

Für bestimmte Kanäle – $f = f(z)$ – kann für jeden Bewegungsvorgang – Diffusion, molekulare oder laminare Bewegung – der nach Gl. (189), (191) und (210) vom Durchmesser d abhängige Bewegungsbeiwert berechnet werden, da mit f auch d bekannt ist. Somit ist das Integral im Nenner der Gleichung für G nur von der angenommenen Form des Kanals abhängig. Obwohl der mittlere Querschnitt f_m bei den Vergleichskanälen gleich sein soll, wird G nicht gleich G_m, sondern stets kleiner. Wenn man auf einen Kanal von veränderlichem Querschnitt den Ansatz für porige Stoffe nach Gl. (214) macht, so kann man auch setzen

$$G = f_m \frac{b_m}{\mu_l} \frac{\Delta P}{l} .$$

Damit läßt sich dann die Größe μ_l berechnen

$$\mu_l = \frac{G_m}{G} = \frac{f_m b_m}{l} \int_0^l \frac{dz}{f(z) b(z)} . \tag{241}$$

Nach dieser Beziehung kann also die durch wechselnde Verengungen und Erweiterungen bewirkte Erhöhung des Widerstandes bei der Stoffbewegung, die sich bei geraden Kanälen ($\mu_{l_{\text{Umweg}}} = 1$) durch den Wegfaktor ausdrücken läßt, bei Kanälen von geometrisch definierter Querschnittsveränderung berechnet werden.

Die Berechnung von μ_l erfolgt, wie gesagt, bei allen betrachteten Bewegungsvorgängen (Diffusion, molekulare und laminare Bewegung) unter der vereinfachenden Annahme einachsiger Stoffbewegung in Richtung des Weges z.

Bei höheren Geschwindigkeiten des bewegten Mediums muß sich in stark erweiterten Kanälen (s. Abb. 131) der Carnotsche Stoßverlust bemerkbar machen, der bei erzwungener Bewegung, wie z. B. Laminarströmung, einen zusätzlichen Druckverlust ΔP_C bewirkt.

$$\Delta P_C = \frac{\gamma}{2g} (w_1 - w_2)^2 . \tag{242}$$

Wenn man den Druckverlust bei der turbulenzartigen Strömung (s. S. 194) in der in der Technik üblichen Weise durch Einführung eines Widerstandsbeiwertes ζ_∞ beschreiben will, so muß man der geraden Röhre vom mittleren Querschnitt f_m eine solche Länge $\mu_l\, l$ geben, daß in ihr der Einfluß der Wandreibung berücksichtigt ist. Dann hat die gerade Röhre von der Länge $\mu_l\, l$ bei Laminarströmung, solange der Carnotsche Stoßverlust vernachässigbar klein ist, den gleichen Widerstand wie das porige Gut von der Gutsdicke l. Nach Gl. (192) setzt man also

$$\Delta P_C = \zeta_\infty \frac{\mu_{l_{\text{lam}}} l}{d_m} \frac{\gamma}{2g} w_m^2 . \tag{243}$$

Durch Gleichsetzen von Gl. (242) und (243) und unter Verwendung der Kontinuitätsgleichung $w_1 f_1 = w_m f_m$ ergibt sich der allgemeingültige Ausdruck:

$$\zeta_\infty = \frac{d_m}{\mu_{l_{\text{lam}}} l} \left(\frac{f_m}{f_1}\right)^2 \left(1 - \frac{f_1}{f_2}\right)^2 . \tag{244}$$

Im folgenden sollen die Verhältnisse an zwei einfachen Typen von Röhren ungleichen Querschnitts veranschaulicht werden, bei denen einfache Berechnungen möglich sind: einerseits Röhren, bei denen sich der Querschnitt sprunghaft, andererseits solche, bei denen er sich stetig – und zwar linear – ändert. Die Berechnungsmöglichkeiten sollen dann auf zwei einfache Kugelpackungen erweitert werden.

α) *Röhren mit unstetiger Querschnittsänderung*

Der Betrachtung werden zwei hintereinandergeschaltete Röhren mit den Querschnitten f_1 und f_2 zugrunde gelegt (s. Abb. 131).

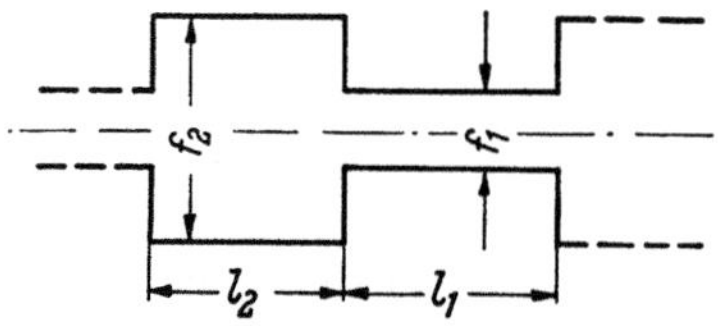

Abb. 131. Porenmodell (unstetig erweiterte Röhre).

Die Stoffbewegung nach den verschiedenen in Frage kommenden Gesetzmäßigkeiten in diesem System soll verglichen werden mit derjenigen in einer geraden Röhre von gleichbleibendem mittlerem Querschnitt:

$$f_m = \frac{f_1 l_1 + f_2 l_2}{l} \tag{245}$$

bei gleicher wirksamer Druckdifferenz. Die Größen l_1, l_2, $f_1 = f_{\text{kleinst}}$ und $f_2 = f_{\text{größt}}$ sind durch Abb. 131 definiert; ferner ist $l = l_1 + l_2$.

Nach den Herleitungen des vorigen Abschnitts [s. Gl. (241)] kann für Röhren von ungleichem Querschnitt allgemein gesetzt werden

$$\mu_l = \frac{G_m}{G} = \frac{f_m b_m}{l} \int_0^l \frac{dz}{f(z)\, b(z)}.$$

Für Röhren von absatzweise verschiedenem Querschnitt gilt

$$\int_0^l \frac{dz}{f(z)\, b(z)} = \frac{l_1}{f_1 b_1} + \frac{l_2}{f_2 b_2}.$$

Dies, in obiger Gleichung eingesetzt, liefert nach einigen Umformungen:

$$\mu_l = \frac{b_m}{b_1} \, \frac{1 + \frac{l_2}{l_1} \frac{f_1 b_1}{f_2 b_2}}{1 + \frac{l_2}{l_1}} \, \frac{1 + \frac{l_2 f_2}{l_1 f_1}}{1 + \frac{l_2}{l_1}}. \tag{246}$$

Dieser Widerstandsfaktor ist also sowohl von den geometrischen Verhältnissen der Längen und Flächen als auch von den Bewegungsbeiwerten b der jeweiligen Bewegungsvorgänge abhängig. Letztere sind bei Diffusionsproblemen entsprechend Gl. (210) unabhängig vom Durchmesser der Röhre, bei Knudsenscher Molekularbewegung entsprechend Gl. (189) dem Durchmesser (und damit der Wurzel aus der Fläche), bei laminarer Bewegung entsprechend Gl. (191) dem Quadrat des Durchmessers oder der Fläche direkt proportional. Damit ergibt sich für jede Bewegungsart ein anderer Widerstandsfaktor. Im folgenden werden die Faktoren für die einzelnen Bewegungsvorgänge vergleichend gegenübergestellt.

Diffusion. Gemäß Gl. (210) ist bei Diffusionsvorgängen der Bewegungsbeiwert b_{diff} unabhängig vom Durchmesser. Es gilt also:

$$b_1 = b_2 = b_m = b_{\text{diff}}.$$

Damit geht Gl. (246) über in

$$\mu_{l_{\text{diff}}} = \frac{\left(1 + \frac{l_2}{l_1}\frac{f_1}{f_2}\right)\left(1 + \frac{l_2}{l_1}\frac{f_2}{f_1}\right)}{\left(1 + \frac{l_2}{l_1}\right)^2}. \tag{247}$$

In Abb. 132 ist die Abhängigkeit des Widerstandsfaktors $\mu_{l_{\text{diff}}}$ von $\frac{f_2}{f_1} = \frac{f_{\text{größt}}}{f_{\text{kleinst}}}$ dargestellt für die drei Längenverhältnisse $\frac{l_2}{l_1} = 10; 1{,}0; 0{,}1$. Man erkennt, daß μ_l stark abhängt sowohl vom Verhältnis der Größe der hintereinandergeschalteten Flächen als auch vom Verhältnis der Länge der Rohrstrecken[1].

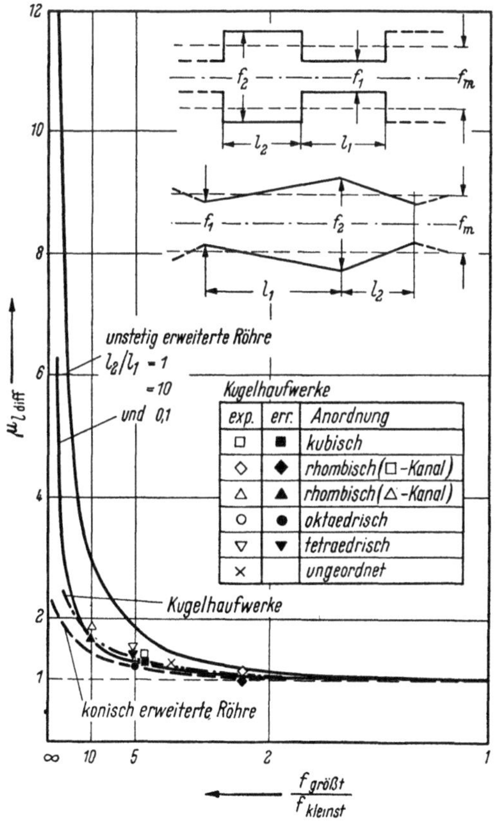

Abb. 132. Vergleich zwischen gemessenenen und berechneten Wegfaktoren $\mu_{l_{\text{diff}}}$ bei STEFANscher Diffusion.

[1] Eine analoge Überlegung – wenn auch nur für den Fall der STEFANschen Diffusion – wurde von MICHAELS [*133*] angestellt. Die Ergebnisse sind mit den vorliegenden identisch.

Knudsensche Molekularbewegung. Bei der Molekularbewegung ist nach Gl. (189) der Bewegungsbeiwert b_{mol} dem Durchmesser der Röhre

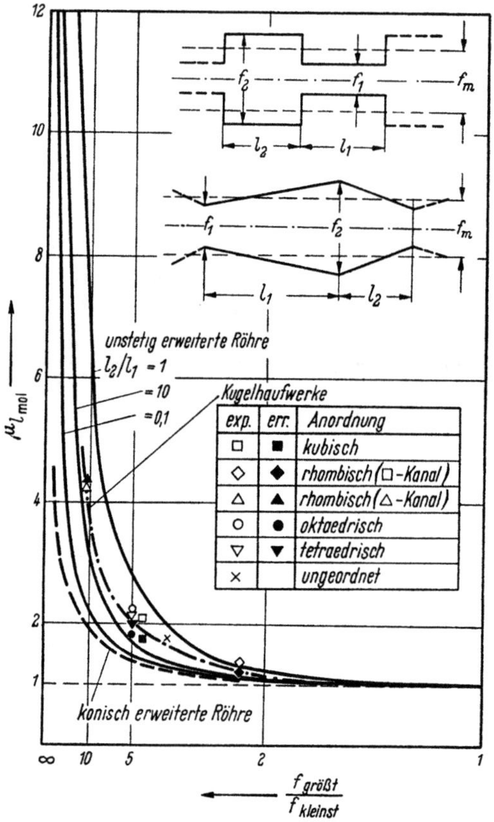

Abb. 133. Vergleich zwischen gemessenen und berechneten Wegfaktoren $\mu_{l_{\mathrm{mol}}}$ bei KNUDSENscher Molekularbewegung.

proportional. Bei Röhren gleicher Form, z.B. Kreisröhren, bedeutet dies, daß er der Wurzel aus der durchströmten Fläche proportional ist, also:

$$\frac{b_1}{b_2} = \sqrt{\frac{f_1}{f_2}}\,; \qquad \frac{b_m}{b_1} = \sqrt{\frac{1 + \frac{l_2}{l_1}\,\frac{f_2}{f_1}}{1 + \frac{l_2}{l_1}}}\,.$$

Damit geht Gl. (246) über in:

$$\mu_{l_{\mathrm{mol}}} = \frac{\left[1 + \frac{l_2}{l_1}\left(\frac{f_1}{f_2}\right)^{3/2}\right]\left(1 + \frac{l_2}{l_1}\,\frac{f_2}{f_1}\right)^{3/2}}{\left(1 + \frac{l_2}{l_1}\right)^{5/2}}\,. \tag{248}$$

In Abb. 133 ist das Ergebnis für die gleichen Längenverhältnisse l_2/l_1 als Parameter dargestellt wie in Abb. 132.

Der charakteristische Verlauf der Kurven $\mu_{l_{\mathrm{mol}}}$ gleicht demjenigen für $\mu_{l_{\mathrm{diff}}}$. Die Werte liegen jedoch bei gleichem Flächenverhältnis sehr er-

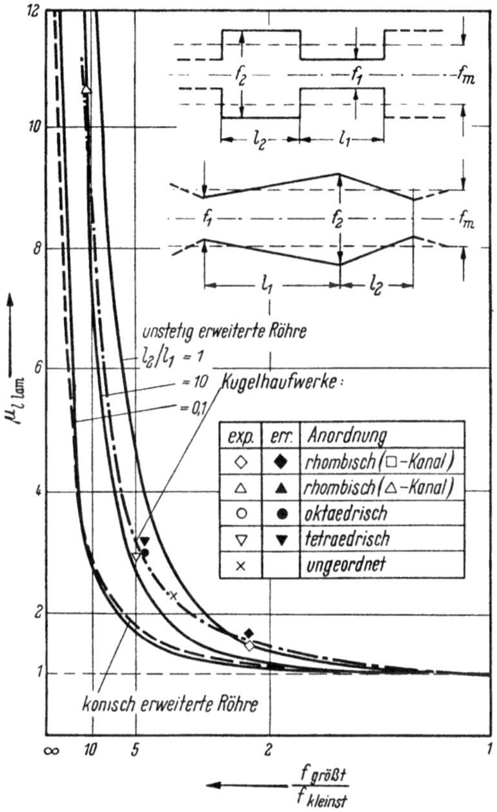

Abb. 134. Vergleich zwischen gemessenen und berechneten Wegfaktoren $\mu_{l_{\mathrm{lam}}}$ bei Laminarströmung.

heblich höher als bei $\mu_{l_{\mathrm{diff}}}$. In erster Näherung ist

$$\mu_{l_{\mathrm{mol}}} \approx (\mu_{l_{\mathrm{diff}}})^2 .$$

Laminare Strömung (Wandreibung). Gemäß dem HAGEN-POISEUILLEschen Gesetz ist der Bewegungsbeiwert b_{lam} dem Quadrat des Durchmessers bzw. der Fläche f der Röhre direkt proportional [s. Gl. (191)]. Für die Größe $\mu_{l_{\mathrm{lam}}}$ ergibt sich dann nach Gl. (246)

$$\mu_{l_{\mathrm{lam}}} = \frac{1 + \frac{l_2}{l_1}\left(\frac{f_1}{f_2}\right)^2}{1 + \frac{l_2}{l_1}} \left(\frac{1 + \frac{l_2}{l_1}\,\frac{f_2}{f_1}}{1 + \frac{l_2}{l_1}}\right)^2 . \tag{249}$$

Die aus dieser Beziehung folgenden Zahlenwerte sind in Abb. 134 für dieselben Werte des Parameters l_2/l_1 wie in den Abb. 132 und 133 dargestellt. Wieder zeigt sich die gleiche Tendenz; nur sind die Zahlenwerte noch wesentlich größer. In erster Näherung ist:

$$\mu_{l_{\mathrm{lam}}} \approx (\mu_{l_{\mathrm{diff}}})^3 .$$

Carnotscher Stoßverlust. Werden in die allgemeingültige Gl. (244) die Größen f_m nach Gl. (245) und $\mu_{l_{\mathrm{lam}}}$ nach Gl. (249) eingesetzt, so er-

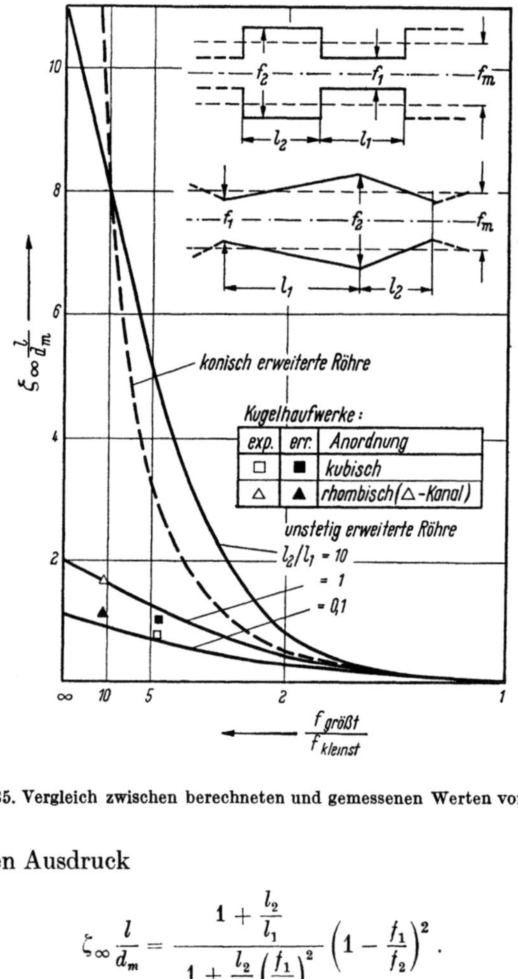

Abb. 135. Vergleich zwischen berechneten und gemessenen Werten von $\zeta_\infty \frac{l}{d_m}$.

hält man den Ausdruck

$$\zeta_\infty \frac{l}{d_m} = \frac{1 + \frac{l_2}{l_1}}{1 + \frac{l_2}{l_1}\left(\frac{f_1}{f_2}\right)^2}\left(1 - \frac{f_1}{f_2}\right)^2 . \tag{250}$$

Die Größe $\zeta_\infty \frac{l}{d_m}$ ist in Abhängigkeit von den Größen f_2/f_1 und l_2/l_1 in Abb. 135 dargestellt.

Der Wert ζ_∞ ist also außer von dem Flächen- und Längenverhältnis der Porenteile noch von dem Verhältnis der Gesamtlänge der Pore zu ihrem mittleren Durchmesser abhängig.

β) Röhren mit stetiger Querschnittsveränderung

Für diesen Modellfall werden – der vereinfachenden Rechnung wegen – linear mit dem Strömungsweg z veränderliche Querschnitte angenommen.

In Abb. 136 gilt

$$f(z_1) = f_1 + (f_2 - f_1)\frac{z_1}{l_1}$$

und

$$f(z_2) = f_2 - (f_2 - f_1)\frac{z_2}{l_2}$$

und

$$f_m = \frac{1}{2} f_1 \left(1 + \frac{f_2}{f_1}\right). \tag{251}$$

Nach Gl. (241) ist wiederum mit den Bezeichnungen von Abb. 136:

$$\mu_l = \frac{G_m}{G} = \frac{f_m b_m}{l} \int\limits_0^l \frac{dz}{f(z)\,b(z)} = \frac{1}{2} \frac{f_1\left(1 + \frac{f_2}{f_1}\right)}{l_1 + l_2} b_m \int\limits_0^l \frac{dz}{f(z)\,b(z)}. \tag{252}$$

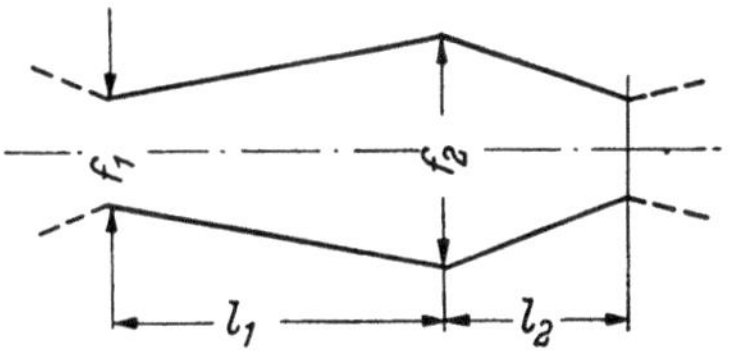

Abb. 136. Porenmodell (stetig erweiterte Röhre).

Im folgenden werden wieder die Faktoren für die einzelnen Bewegungsvorgänge vergleichend gegenübergestellt.

Diffusion. Bei Diffusionsvorgängen ist der Bewegungsbeiwert b unabhängig von der Form des Kanals [Gl. (210)]

$$b(z) = b_m = b_{\text{diff}}.$$

Für die in Abb. 136 angegebene Anordnung folgt aus Gl. (252):

$$\mu_{l_{\text{diff}}} = \frac{1}{2} \cdot \frac{f_1\left(1 + \frac{f_2}{f_1}\right)}{l_1 + l_2} \left(\int\limits_0^{l_1} \frac{dz_1}{f(z_1)} + \int\limits_0^{l_2} \frac{dz_2}{f(z_2)}\right) = \frac{1}{2}\, \frac{\frac{f_2}{f_1} + 1}{\frac{f_2}{f_1} - 1} \ln \frac{f_2}{f_1}. \tag{253}$$

In Abb. 132 sind die Werte für $\mu_{l_{\text{diff}}}$ vergleichend neben denen für unstetige Querschnitte aufgetragen.

Knudsensche Molekularbewegung. Für die Knudsensche Bewegung ist nicht nur der durchströmte Querschnitt, sondern auch der Bewegungsbeiwert b_{mol} [wegen der linearen Abhängigkeit von d gemäß Gl. (189)] eine Funktion des Weges z:

$$b_{\text{mol}}(z_1) \sim d(z_1) \sim \sqrt{f(z_1)},$$

$$b_{\text{mol}}(z_2) \sim d(z_2) \sim \sqrt{f(z_2)},$$

$$b_{\text{mol}_m} \sim d_m \sim \sqrt{\frac{1}{2} f_1 \left(1 + \frac{f_2}{f_1}\right)}.$$

Mit der in Abb. 136 angegebenen Anordnung folgt aus Gl. (252)

$$\mu_{l_{\text{mol}}} = \frac{\left[\frac{1}{2} f_1 \left(1 + \frac{f_2}{f_1}\right)\right]^{3/2}}{l_1 + l_2} \left(\int\limits_0^{l_1} \frac{d z_1}{f(z_1)\sqrt{f(z_1)}} + \int\limits_0^{l_2} \frac{d z_2}{f(z_2)\sqrt{f(z_2)}} \right)$$

$$= \frac{\left(1 + \frac{f_2}{f_1}\right)^{3/2}}{1 + \left(\frac{f_2}{f_1}\right)^{1/2}} \cdot \sqrt{\frac{1}{2} \frac{f_2}{f_1}} \,. \tag{254}$$

In Abb. 133 sind die Werte der Gl. (254) für verschiedene Flächenverhältnisse vergleichend neben denen für unstetige Querschnittsänderung aufgeführt.

Laminare Strömung (Wandreibung). Gemäß Gl. (191) ist b_{lam} proportional dem Quadrat des Durchmessers bzw. direkt proportional der Fläche der Röhre

$$b_{\text{lam}}(z_1) \sim d^2(z_1) \sim f(z_1)\,,$$

$$b_{\text{lam}}(z_2) \sim d^2(z_2) \sim f(z_2)\,,$$

$$b_{\text{lam}_m} \sim d_m^2 \sim \frac{1}{2} f_1 \left(1 + \frac{f_2}{f_1}\right).$$

Für die in Abb. 136 angegebene Anordnung folgt aus Gl. (252)

$$\mu_{l_{\text{lam}}} = \frac{1}{4} \frac{f_1^2 \left(1 + \frac{f_2}{f_1}\right)^2}{l_1 + l_2} \left(\int\limits_0^{l_1} \frac{d z_1}{f(z_1)\, b(z_1)} + \int\limits_0^{l_2} \frac{d z_2}{f(z_2)\, b(z_2)} \right)$$

oder

$$= \frac{1}{4} \frac{f_1}{f_2} \left(1 + \frac{f_2}{f_1}\right)^2. \tag{255}$$

Die Werte $\mu_{l_{\text{lam}}}$ sind in Abb. 134 eingetragen.

Carnotscher Stoßverlust. Bei höheren Geschwindigkeiten, bei denen sich der Carnotsche Stoßverlust auswirkt, wird wieder die allgemeine Gl. (244) verwendet; setzt man in sie die Ausdrücke für f_m und $\mu_{l_{\text{lam}}}$ ein, so erhält man:

$$\zeta_\infty \frac{l}{d_m} = \frac{f_2}{f_1} \left(1 - \frac{f_1}{f_2}\right)^2. \tag{256}$$

Für verschiedene Verhältnisse f_1/f_2 ist Gl. (256) in Abb. 135 aufgetragen.

γ) Die Bewegungsvorgänge in Kugelhaufwerken

Die vorstehend beschriebenen Überlegungen wurden in einer größeren Arbeit von Kessler [*96*] auch auf gleichkörnige geordnete und ungeordnete Kugelhaufwerke angewendet und als qualitativ richtig durch Rechnung und durch Experiment bestätigt.

Zum Ausgangspunkt der stark vereinfachenden Rechnung wählt man die gleiche Überlegung, wie sie bei der Betrachtung konischer Kanäle angestellt wurde. Sofern – wie bei der molekularen und laminaren Bewegung – der Bewegungsbeiwert b vom Durchmesser abhängt, wird für jeden Querschnitt ein hydraulischer Durchmesser

$$d'(z) = 4\,\frac{f(z)}{u(z)} \tag{257}$$

eingeführt, worin $u(z)$ den benetzten Umfang am jeweiligen Querschnitt $f(z)$ bedeutet (Abb. 137). Für gegebene geometrische Anordnungen lassen sich $f(z)$ und $d'(z)$ ausrechnen.

Zur Bestimmung des mittleren Kanaldurchmessers d'_m, dessen Kenntnis zur Ermittlung von b bei Molekular- und Laminarströmung erforderlich ist, bedient man sich zweckmäßigerweise der Gl. (218)

$$d'_m = 4\,\frac{V_L}{O},$$

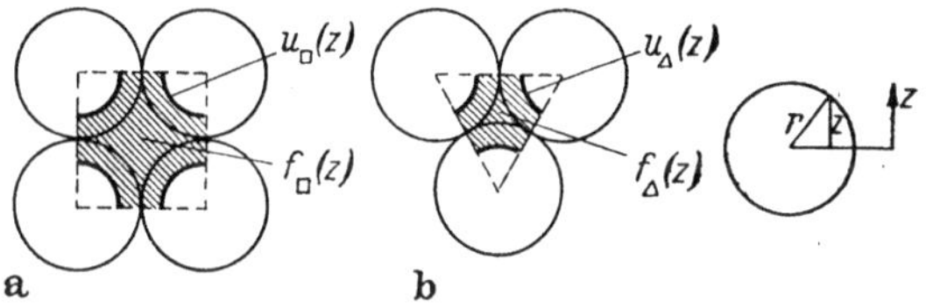

Abb. 137 a u. b. Benetzter Umfang u und Kanalquerschnitt f für a) Vierecks- und b) Dreieckskanal.

die für gleichkörnige Schüttungen aus Kugeln vom Durchmesser d_k übergeht in

$$d'_m = \frac{2}{3}\,\frac{\Psi}{1-\Psi}\,d_k\,.$$

Damit ist in einfachen Fällen sowohl die Ermittlung von G als auch von G_m zur Bestimmung des Widerstandsfaktors $\mu_{l_{\mathrm{Erw}}}$ nach Gl. (241) möglich.

Vergleich zwischen Theorie und Experimenten bei geordneten Kugelhaufwerken. Die Kugelanordnungen, für welche in dieser Weise die

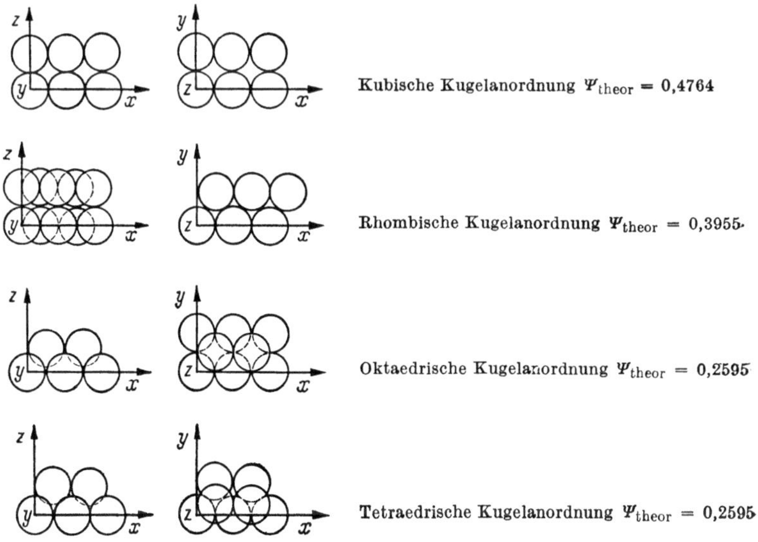

Abb. 138. Kugelanordnungsarten.

Wegfaktoren μ_l für die Stoffbewegung in den verschiedenen Richtungen z und y berechnet wurden, sind in Abb. 138 gezeichnet.

Sind bei einer Kugelanordnung durchgehende Kanäle mit gerader Achse vorhanden wie bei der kubischen Anordnung sowie bei der rhombischen mit Dreieckskanälen (Bewegung in Richtung z), so ist der Umwegfaktor $\mu_{l_{\text{Umw}}} = 1$. Der Wegfaktor μ_l ist dann gleich dem Erweiterungsfaktor $\mu_{l_{\text{Erw}}}$.

Für die übrigen Kugelanordnungen kann ein Umwegfaktor aus der Richtung des Weges berechnet werden, der durch die Kanäle des Haufwerkes führt (vgl. Abb. 139).

Längs dieser Wege wird dann $\mu_{l_{\text{Erw}}}$ nach Gl. (241) bestimmt, wobei die

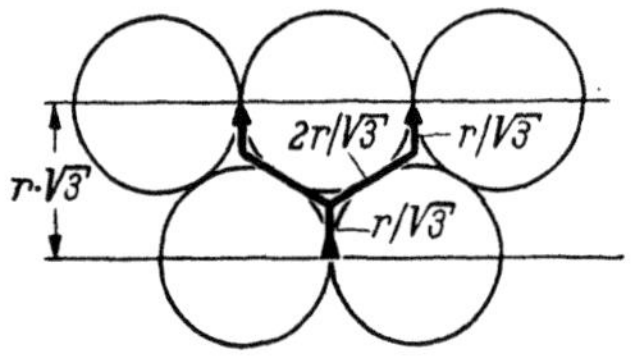

Abb. 139. Zur Stoffbewegung durch die geknickten Kanäle der rhombischen Packung.

Stromverzweigungen zu berücksichtigen sind. Die Ergebnisse der Berechnungen sind in Tab. 35 zusammengestellt.

Zur Ermittlung des Wegfaktors μ_l bei den verschiedenen Bewegungsarten wurden Experimente an mehreren Kugelpackungen durchgeführt, deren Ergebnisse in Tab. 35 zusammengestellt wurden. Die einzelnen Kugelanordnungen wurden dadurch verifiziert, daß aus Stahlkugeln von 2 mm ∅ durch Zusammenschweißen der Kugeln Schichten verschiedener geometrischer Anordnung geschaffen wurden, die dann entsprechend den in Abb. 138 angegebenen Anordnungen zu Haufwerken übereinandergeschichtet wurden.

Tabelle 35. Wegwiderstandsfaktoren für gewöhnliche Diffusion, Molekularbewegung und laminare Strömung durch Kugelhaufwerke.

Kugelanordnungsart	Gemessene Porosität ψ	$\frac{f_{\text{größt}}}{f_{\text{kleinst}}}$	$\mu_{l_{\text{Umw}}}$	Gew. Diffusion		Molekularbewegung		Laminare Strömung	
				$\mu_{l_{\text{Erw}}}$ errechn.	$\mu_{l_{\text{Erw}}}$ experim.	$\mu_{l_{\text{Erw}}}$ errechn.	$\mu_{l_{\text{Erw}}}$ experim.	$\mu_{l_{\text{Erw}}}$ errechn.	$\mu_{l_{\text{Erw}}}$ experim.
kubisch	0,48 ÷ 0,485	4,65	1	1,26	1,43	1,79	2,11	3,08	3,06
rhombisch (□-Kanal)	0,405 ÷ 0,428	2,2	1,33	1,04	1,19	1,28	1,31	1,67	1,61
rhombisch (△-Kanal)	0,404 ÷ 0,409	10,8	1	1,72	1,9	4,32	4,30	13,95	10,72
oktaedrisch	0,321 ÷ 0,33	5[1]	1,25[1]	1,23	1,33	1,90	2,19	3,39	2,34
tetraedrisch	0,294 ÷ 0,302	5[1]	1,25[1]	1,33	1,45	1,95	2,21	3,43	2,92
ungeordnet	0,37 ÷ 0,38	3,5[1]	1,2[1]		1,31		1,79		2,29

[1] Geschätzte Werte.

Bei den Versuchen über den Diffusionswiderstand und den Widerstand bei der molekularen Bewegung wurde eine Versuchsapparatur nach dem in Abb. 125 dargestellten Prinzip benutzt, wobei jedoch eine solche Einrichtung in eine luftdichte evakuierte Kammer eingebaut wurde und die Messungen größtenteils bei Temperaturen unter dem Gefrierpunkt ausgeführt wurden (bei den Versuchen über Molekularbewegung bei $-30°$ bis $-40°$). Während die Diffusionsversuche bei normalem Luftdruck angestellt wurden, wurden bei den Versuchen über die Molekularbewegung Drucke zwischen etwa $2 \cdot 10^{-2}$ und 10^{-1} mm QS gewählt, bei denen der größte Wandabstand der Kugeln mit Sicherheit kleiner war als die freie Weglänge des Wasserdampfes (vgl. Tab. 29).

Bei den Versuchen über den Widerstand bei laminarer und turbulenzartiger Bewegung wurden die Druckdifferenzen zu beiden Seiten der luftdurchströmten Haufwerke und die Luftmenge (mittels Gasuhr) gemessen.

In Tab. 35 sind die gewonnenen experimentellen Ergebnisse den theoretisch errechneten Werten gegenübergestellt. Die qualitative Übereinstimmung ist überzeugend; nicht entscheidende quantitative Unterschiede können sowohl durch unvollkommene Verifizierung der theoretischen Kugelanordnungen durch Zusammenschweißen der Schichten und der Packung der Schichten sowie durch unvermeidbare Randeinflüsse leicht erklärt werden. In jedem Fall zeigt sich, daß in Übereinstimmung mit der vorherigen Berechnung des Widerstands bei Röhren ungleichen Querschnitts der durch die Erweiterungen und Verengungen bedingte Wegfaktor $\mu_{l_{\text{Erw}}}$

1. bei jeder Bewegungsart mit stärkerem Erweiterungsverhältnis $f_{\text{größt}}/f_{\text{kleinst}}$ größer wird,
2. dieser Widerstandsfaktor bei den verschiedenen Bewegungsvorgängen verschieden groß ist, wachsend in der Reihenfolge: Diffusion, Molekularbewegung, Laminarströmung.

Zum sinnfälligen Vergleich der Ergebnisse mit den Abb. 132, 133, 134, die für Kanäle stetig oder unstetig veränderten Querschnitts gelten, sind in Abb. 140 die rechnerischen und experimentellen Ergebnisse dargestellt und durch mittelnde Kurven verbunden.

Trägt man die Werte in die Abb. 132, 133, 134 ein, so liegen sie stets zwischen den Kurven für Kanäle unstetiger Querschnittserweiterung für ein Längenverhältnis $l_2/l_1 = 1$ und $l_2/l_1 = 10$, und zwar näher bei den Kurven für $l_2/l_1 = 10$.

Die Versuchsergebnisse für durchströmte Kugelhaufwerke sind in Abb. 141 dargestellt.

Man erkennt für jedes Haufwerk das Gebiet laminarer Durchströmung und ein Gebiet, bei dem der Übergang zu einer Strömung mit der Charakteristik der Turbulenz erfolgt.

Deutlicher wird das Verhalten in Abb. 142 und 143, in der wie in Abb. 129 das Verhältnis b/b_{lam} bzw. die Widerstandszahl ζ über der *Re*-Zahl aufgetragen ist. Es ist klar ersichtlich, daß bei keinem der Haufwerke in den Versuchen eine Strömung erreicht wurde, welche eindeutig die Charakteristik der turbulenten Bewegung zeigt ($\zeta = \zeta_\infty =$ konst.).

Trotzdem läßt sich leicht abschätzen, in welche der einzelnen Geraden **für** bestimmte Werte ζ_∞ die Versuchskurven einmünden. Man sieht, daß

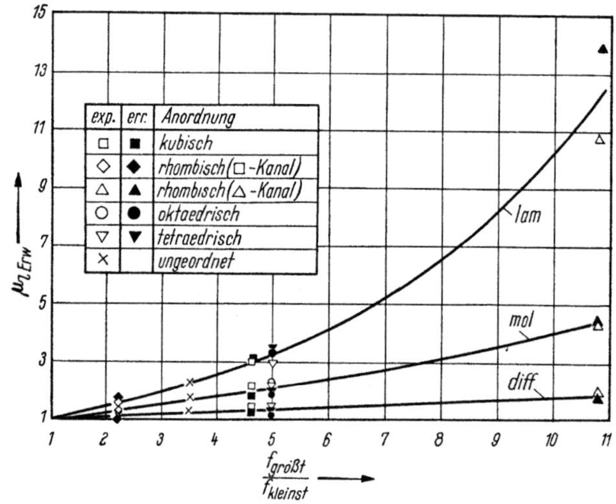

Abb. 140. Widerstandsfaktor $\mu_{l_{Erw}}$ für Porenerweiterung bzw. -verengung von Kugelhaufwerken in Abhängigkeit vom Flächenverhältnis $f_{größt}/f_{kleinst}$.

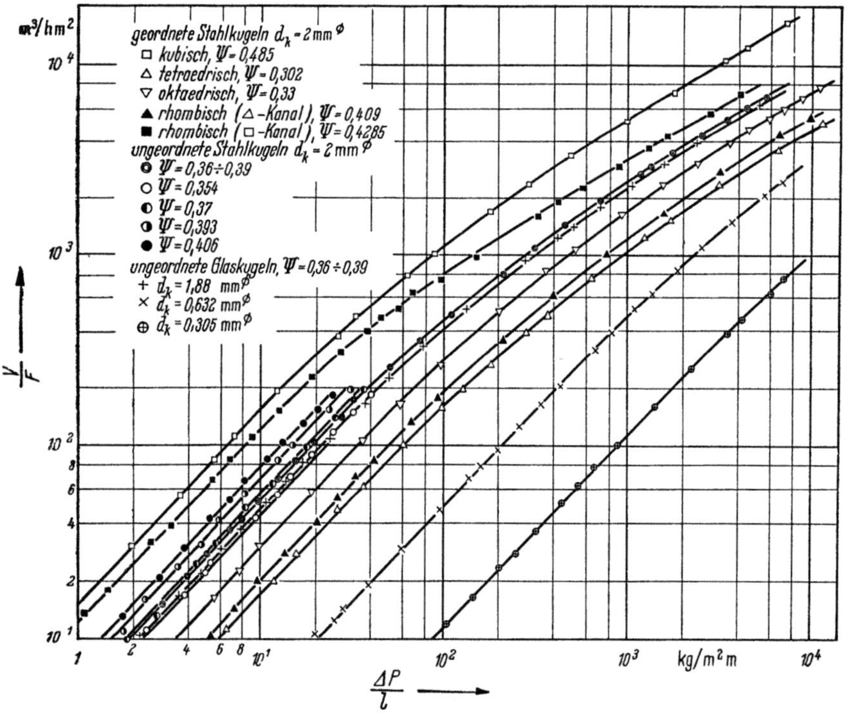

Abb. 141. Luftdurchlässigkeit in Abhängigkeit vom Druckgefälle (KESSLER [*96*]).

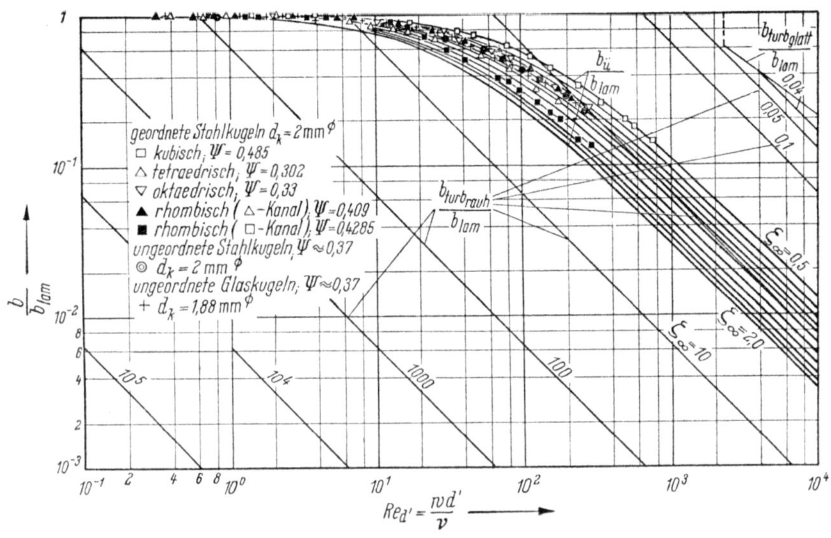

Abb. 142. Die Abhängigkeit des Verhältnisses b/b_{lam} von der REYNOLDSschen Zahl $Re_{d'}$.

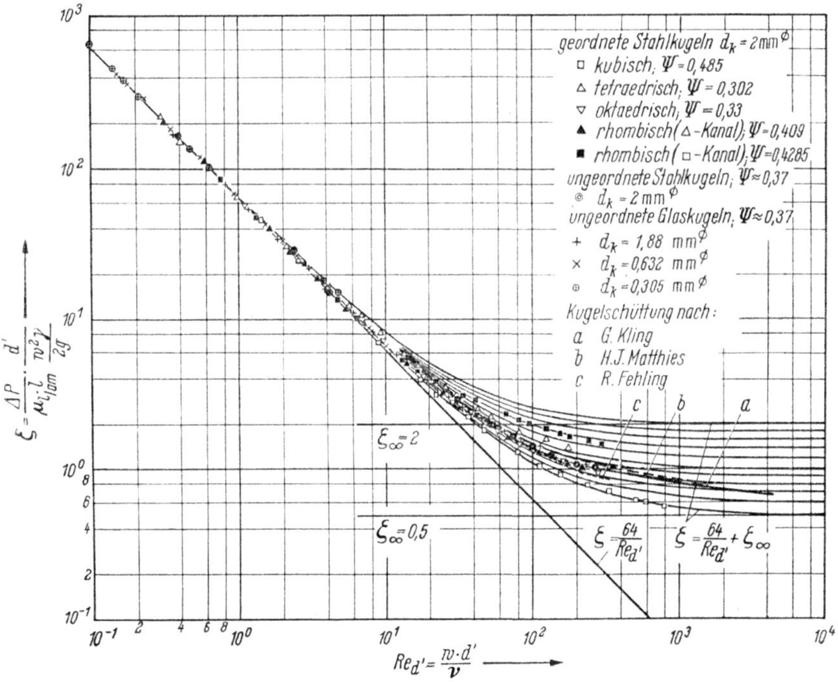

Abb. 143. Widerstandszahl ζ in Abhängigkeit von der REYNOLDSschen Zahl $Re_{d'}$.

bei diesen Versuchen für alle Haufwerke ζ_∞ zwischen 0,5 und 1,6 liegt – also in demselben Bereich, der in Abb. 129 als für durchströmte Schüttungen gültig gekennzeichnet ist. Bei Prüfung der Frage, ob wirklich das turbulenzartige Verhalten der Strömung durch den CARNOTschen Stoßverlust erklärt werden kann, können nur die Haufwerke mit durchgehenden geraden Kanälen herangezogen werden (kubische Anordnung und rhombische mit Dreieckskanälen), weil bei allen anderen Anordnungen Umlenkungen und Stromverzweigungen hinreichenden Einblick in die Geschehnisse verhindern.

Wie aus Abb. 142 und 143 zu entnehmen, ergeben sich aus Experimenten für kubische Anordnung $\zeta_\infty = 0{,}5$, für rhombische Anordnung (Dreieckskanäle) $\zeta_\infty = 0{,}75$. Bei der Berechnung von ζ_∞ aus dem CARNOTschen Stoßverlust nach Gl. (244) wurden die in Tab. 36 mitgeteilten Werte zugrunde gelegt.

Tabelle 36. *Vergleich der Werte von ζ_∞ aus Rechnung und Experiment für kubische und rhombische Kugelanordnungen.*

	Anordnung	
	kubisch	rhombisch (Dreieckskanal)
Porenlänge l	d_k	d_k
Porosität Ψ	0,4764	0,3955
Äquivalenter Porendurchmesser $d'_m = \frac{2}{3}\frac{\Psi}{1-\Psi} d_k$	$0{,}6066 \cdot d_k$	$0{,}436 \cdot d_k$
$f_2 = f_{\text{größt}}$	d_k^2	$0{,}433 \cdot d_k^2$
$f_1 = f_{\text{kleinst}}$	$0{,}2146 \cdot d_k^2$	$0{,}0403 \cdot d_k^2$
Mittlerer Querschnitt $f_m = f_2 \Psi$	$0{,}4764 \cdot d_k^2$	$0{,}1713 \cdot d_k^2$
$\mu_{l\,\text{lam}}$	3,08	13,95
ζ_∞ berechnet	0,6	0,47
ζ_∞ Versuch	0,5	0,75

Angesichts der Unvollkommenheit bei der Verifizierung der geometrischen Anordnungen durch geschweißte Stahlkugeln muß man die Abweichungen zwischen den gemessenen und berechneten Werten für ζ_∞ als nicht entscheidend betrachten. Die Rückführung des turbulenzartigen Verhaltens auf den CARNOTschen Stoßverlust in durchströmten Haufwerken dürfte durchaus gesichert sein. Noch deutlicher als durch den Vergleich der Zahlenwerte für ζ_∞ erscheint der Zusammenhang, wenn man den Verlauf der ζ-Kurven in Abb. 142 und 143 für das Übergangsgebiet betrachtet.

Nach den hier entwickelten Vorstellungen kommt der gesamte Druckverlust ΔP zustande durch einen Anteil ΔP_{lam}, der sich aus der laminaren Wandreibung ergibt

$$\Delta P_{\mathrm{lam}} = \mu_{l_{\mathrm{lam}}} l \frac{G}{f_m b_{\mathrm{lam}}}$$

und bei niederen Geschwindigkeiten allein entscheidend ist, und einem durch den Stoßverlust bewirkten Druckverlust ΔP_C nach Gl. (244), der bei höheren Geschwindigkeiten allein entscheidend ist.

Die Widerstände

$$\zeta_{\mathrm{lam}} = \frac{64}{Re_{d'}}$$

und ζ_∞ werden als zwei hintereinandergeschaltete Widerstände angesehen, so daß sich folgender Gesamtwiderstand ergibt:

$$\zeta = \frac{64}{Re_{d'}} + \zeta_\infty . \tag{258}$$

Die in Abb. 143 gezeichneten Kurven sind nach dieser Beziehung berechnet.

Der Bewegungsbeiwert b, der für das laminare und turbulenzartige Gebiet sowie im Übergangsgebiet gilt, ergibt sich dann entsprechend Gl. (240) zu

$$b = b_{\mathrm{lam}} \frac{1}{1 + \frac{\zeta_\infty Re_{d'}}{64}} . \tag{259}$$

Gemäß dieser Beziehung sind die Kurven in Abb. 142 berechnet. Die experimentell gefundene Abhängigkeit des Widerstandsbeiwertes ζ von der REYNOLDSschen Zahl ordnet sich für alle untersuchten Haufwerke so ausgezeichnet in den Verlauf der Kurven ein, daß die Deutung des Strömungsverhaltens – bedingt durch laminare Wandreibung und CARNOTschen Stoßverlust – gut fundiert ist.

5. Zusammenfassung und die Berechnung des Druckverlustes bei der Durchströmung von Schüttungen

Es wurde gezeigt, daß für alle Vorgänge der Stoffbewegung durch porige Güter zweckmäßigerweise mit folgendem Ansatz gerechnet wird:

$$G = F \Psi \frac{b}{\mu_l} \frac{\Delta P}{l} ,$$

worin ΔP den Unterschied des absoluten Druckes oder des Teildruckes bedeutet.

Dabei ist der Bewegungsbeiwert b für die verschiedenen Transportvorgänge (Diffusion, KNUDSENsche Molekularbewegung und Durchströmung) jeweils verschieden anzusetzen:

$$b_{\mathrm{diff}} = \frac{\delta}{R_D T} \frac{P}{P - P_{Dm}}; \qquad b_{\mathrm{mol}} = \frac{4}{3} d \sqrt{\frac{g}{2\pi \Re}} \sqrt{\frac{M}{T}},$$

$$b_{\mathrm{lam}} = \frac{d^2 \gamma}{32 \eta}; \qquad b = b_{\mathrm{lam}} \frac{1}{1 + \frac{\zeta_\infty Re}{64}}.$$

Soweit die Bewegungsbeiwerte von einem Durchmesser abhängen, ist hier der gleichwertige Durchmesser $d' = 4 V \Psi / O$ (Ψ = Porosität, O = innere Oberfläche) einzusetzen.

Für Schüttungen aus Teilchen, deren Kornoberfläche O berechenbar oder abschätzbar ist, kann ein Formfaktor K eingeführt werden, der als Verhältnis der wirklichen Kornoberfläche zur Oberfläche der volumengleichen Kugel definiert ist. Für solche Schüttungen wird der gleichwertige Rohrdurchmesser

$$d' = \frac{2}{3} \frac{\Psi}{1 - \Psi} \frac{d_k}{K}.$$

Die Reynoldssche Zahl Re ist mit diesem Durchmesser zu bilden

$$Re = \frac{w d'}{\nu} = \frac{\overline{w} d'}{\Psi \nu},$$

wenn $\overline{w}$ die mittlere Geschwindigkeit im leer gedachten Querschnitt, $w = \overline{w}/\Psi$ die mittlere Geschwindigkeit in den Röhren vom Durchmesser d' bedeutet.

Der in dem allgemeinen Ansatz für die Stoffbewegung enthaltene Wegfaktor μ_l, der das Produkt aus einem Umwegfaktor $\mu_{l_{\mathrm{Umw}}}$ und einem Porenerweiterungsfaktor $\mu_{l_{\mathrm{Erw}}}$ darstellt, ist, wie gezeigt wurde, in starkem Maße abhängig sowohl von dem Verhältnis der weitesten zu den engsten Querschnitten der Poren, durch welche die Stoffbewegung erfolgt, als auch von dem Gesetz der Bewegung (Diffusion, Molekularbewegung, Strömung) – um so größer werdend, je höher die Potenz ist, mit der der Bewegungsbeiwert b vom Durchmesser d' abhängt. – Einen gewissen, wenn auch sehr rohen Anhalt zur Abschätzung der μ_l-Werte für die verschiedenen Bewegungsarten liefert, falls man einen einzigen experimentellen μ_l-Wert bestimmt hat, die Beziehung

$$\mu_{l_{\mathrm{lam}}} \approx \mu_{l_{\mathrm{mol}}}^{3/2} \approx \mu_{l_{\mathrm{diff}}}^{3}.$$

Es wurde gezeigt, daß das turbulenzartige Verhalten der Strömung durch porige Güter – gekennzeichnet durch die Abhängigkeit des Druckverlustes vom Quadrat der Geschwindigkeit – durch den Carnotschen Stoßverlust in den Erweiterungen der Porenquerschnitte zu erklären ist. Bei sehr großen Geschwindigkeiten ist dies der allein maßgebliche Teil des gesamten Druckverlustes bei der Durchströmung. Der Widerstandsfaktor ζ_∞, der für diesen Bereich gilt, liegt bei Schüttungen im allgemeinen zwischen 0,5 und 2.

Bei Aufgaben der Trocknungstechnik ist oft der Druckabfall in einer Schüttung zu bestimmen, wenn die durchströmende Luftmenge durch Angabe der Geschwindigkeit $\overline{w}$ (im leer gedachten Querschnitt der Schüttung) gegeben ist ($G = F\overline{w}\gamma$).

Für diesen Fall formt man obige Gleichung zweckmäßig so um, daß in ihr diejenigen Größen vorkommen, die bei der Berechnung des Druckabfalles in Rohrleitungen üblicherweise verwendet werden. Man erhält

$$\Delta P = 64 \frac{\mu_l}{\Psi^2} \left(\frac{1}{Re} + \frac{\zeta_\infty}{64} \right) \frac{l}{d'} \frac{\overline{w}^2}{2g} \gamma .$$

Die Formel ginge für Rohrleitungen ($\Psi = 1$, $\mu_l = 1$) über in

$$\Delta P = 64 \left(\frac{1}{Re} + \frac{\zeta_\infty}{64} \right) \frac{l}{d'} \frac{\overline{w}^2 \gamma}{2g} ,$$

wobei ζ_∞ die von der Rauhigkeit der Leitung abhängige Widerstandszahl bei turbulenter Strömung bedeutet. Diese Zahlen liegen bei rauhen Rohren im allgemeinen zwischen 0,05 und 0,01. Dabei ist jedoch zu bedenken, daß bei der Rohrströmung der Übergang von der laminaren in die turbulente Strömungsform unstetig bei einer bestimmten Re-Zahl erfolgt. Infolgedessen gilt die oben angeführte Gleichung bei Rohren nur für sehr kleine und sehr große Re-Zahlen, während sie in dem Gebiet nahe der kritischen Zahl nicht anwendbar ist (vgl. Abb. 129).

c) Die Flüssigkeitsbewegung in porigen Gütern unter der Wirkung von Kapillarkräften (Kapillarwasserbewegung)

Die Bewegungsvorgänge, von denen in diesem Abschnitt gesprochen werden soll, unterscheiden sich von den bisher besprochenen dadurch, daß nicht äußere Kräfte wie erzwungene Druckunterschiede die Bewegung bewirken, sondern innere Kräfte – Zugkräfte, die sich infolge der Oberflächenspannung der in den Poren des Gutes haftenden Flüssigkeit einstellen. In je engeren Porenräumen die Flüssigkeit haftet, um so größer sind die kapillaren Zugkräfte in der Flüssigkeit. Diese Kräfte werden durch den Trocknungsvorgang selbst ausgelöst; denn wenn an irgendeiner Stelle des anfänglich gleichmäßig feuchten Gutes eine Trocknung erfolgt, so wird an dieser bei Verringerung des Flüssigkeitsgehaltes die verbleibende Flüssigkeit in engeren Poren haften und aus den benachbarten gröberen Poren Flüssigkeit nachsaugen.

Diese Art der Bewegung ist fast stets mit Unterschieden des Flüssigkeitsgehaltes an den verschiedenen Stellen des Gutes verknüpft, da im allgemeinen bei ungleich porigen Gütern um so gröbere Poren flüssigkeitserfüllt sind, je mehr Flüssigkeit vorhanden ist, so daß eine Zuordnung von kapillarem Zug und Flüssigkeitsgehalt möglich ist. Da zudem der kapillare Zug in der Flüssigkeit der unmittelbaren Messung nicht zugänglich ist, wohl aber der Flüssigkeitsgehalt, kann man die Ursache der Bewegung innerhalb eines Gutes auch im Unterschied des Flüssigkeitsgehaltes sehen.

Sehr anschaulich tritt die Wirkung der Kapillarkräfte und die durch sie bewirkte Feuchtigkeitsbewegung bei folgendem Versuch in Erscheinung: Beheizt man einen z.B. in verlöteten Metallrohren luftdicht abgeschlossenen feuchten, porigen Stoff – z.B. Sand – von der einen Seite und kühlt ihn von der anderen Seite, so stellt man stets eine gewisse Verlagerung der Feuchtigkeit nach der kalten Seite hin fest, die durch die Dampfdiffusion in den luftgefüllten Poren bewirkt wird. Das die Porenwände benetzende Wasser hat bei höherer Temperatur höheren Dampfdruck, so daß entsprechend Gl. (207) eine Dampfdiffusion mit dem Wärmestrom, also nach der kälteren Seite hin erfolgt. Wäre diese Bewegung allein vorhanden, so müßte sich im Endzustand alles Wasser an der kalten Seite bis zur völligen Sättigung aller Poren anreichern, während die warme Seite ganz austrocknete.

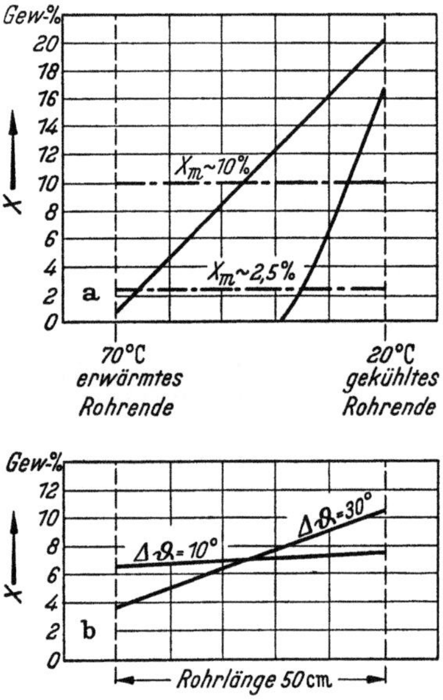

Abb. 144 a u. b. Feuchtigkeitsverteilung in feuchten Sanden unter Einwirkung eines Temperaturgefälles.
a) Korngröße 0,2 mm $\Delta\vartheta = 50\,°C$, Gesamtfeuchte $X_m = 10\%$ und $2{,}5\%$;
b) Korngröße 0,7 mm $\Delta\vartheta = 10°$ und $30°$, Gesamtfeuchte $X_m = 7\%$.

In Wirklichkeit jedoch stellt sich nach den Versuchen[1] ein Beharrungszustand ein, bei dem die Feuchtigkeit von der wärmeren nach der kälteren Seite hin stetig zunimmt. Abb. 144 zeigt die Ergebnisse einiger Messungen, bei denen an Sandproben, die in Rohre von 50 cm Länge eingelötet waren, Temperaturunterschiede zwischen 10 und 50 °C fünf Monate lang aufrechterhalten wurden. Die Tatsache, daß sich keine unstetige Feuchtigkeitsverteilung mit völliger Sättigung der einen und Austrocknung der anderen Seite einstellt, kann nur durch die Wirksamkeit von kapillaren Zugkräften erklärt werden. Die Wassermenge, die dampfförmig in den luftgefüllten Poren von der warmen zur kalten Seite wandert, wird durch Kapillarkräfte, die um so größer sind, je geringer der Flüssigkeitsgehalt ist, nach der trockneren Seite hin zurückgesaugt.

1. Die Feuchtigkeitsleitzahl

α) *Definition der Feuchtigkeitsleitzahl*

Man bildet die Feuchtigkeitsleitzahl $\varkappa$ entsprechend dem für alle Ausgleichsvorgänge üblichen Ansatz:

$$G_W = -F\varkappa \frac{d\Gamma_W}{dz} = -F\varkappa\gamma_W \frac{d\Psi_W}{dz} = -F\varkappa\Gamma_S \frac{dX}{dz}, \qquad (260)$$

[1] Siehe [*109*], dort S. 621.

worin bedeuten

G_W	[kg/h]	das im Beharrungszustand je h in Richtung z bewegte Wassergewicht,
F	[m²]	Fläche des Gutsquerschnittes,
$\varkappa$	[m²/h]	kapillare Füssigkeitsleitzahl,
Γ_W	[kg/m³]	Flüssigkeitsgewicht in 1 m³ Gesamtvolumen,
Ψ_W	[m³/m³]	Flüssigkeitsvolumen in 1 m³ Gesamtvolumen,
X	[kg/kg]	Flüssigkeitsgewicht je kg trockener Substanz,
γ_W	[kg/m³]	spezifisches Gewicht der Flüssigkeit,
Γ_S	[kg/m³]	Raumgewicht des trockenen Stoffs.

Da in der Literatur der Flüssigkeitsgehalt eines Stoffes entweder in Volumenteilen (Ψ_W) oder in Gewichtsteilen auf Trockensubstanz bezogen (X) oder in kg/m³ (Γ_W) angegeben wird, ist in Gl. (260) der Ansatz für die verschiedenen Angaben des Flüssigkeitsgehaltes angeführt. Die Umrechnung der verschiedenen Angaben erfolgt nach der Beziehung

$$\Gamma_W = X\,\Gamma_S = \Psi_W\,\gamma_W \quad [\mathrm{kg/m^3}]. \tag{261}$$

Man muß sich bei dem Ansatz nach Gl. (260) von vornherein darüber klar sein, daß die hier eingeführte Feuchtigkeitsleitzahl $\varkappa$ [m²/h] niemals eine nur vom Gut abhängige Konstante wie etwa die Wärmeleitzahl oder die Diffusionszahl sein kann – auch nicht näherungsweise –, sondern daß diese Größe stets in starkem Maße von der Höhe der Feuchtigkeit abhängig sein muß.

Ein Blick auf zwei Grenzfälle der Kapillarwasserbewegung zeigt dies deutlich:

1. Wenn alle Poren eines Stoffes, der mit einer freien Wasseroberfläche in Verbindung steht, mit Wasser gefüllt sind – d.h. unterhalb der kapillaren Steighöhe der weitesten „Porenschlote" –, findet eine durch Verdunstung an der Gutsoberfläche hervorgerufene Wasserbewegung ohne Feuchtigkeitsgefälle statt, d.h. in Gl. (260) würde $\varkappa = \infty$.

2. Ein Wasserfleck auf einem Löschpapier oder auf trockenem Seesand von gleichmäßiger Körnung verbreitet sich nur über einen klar abgegrenzten Bezirk, obwohl am Rand ein sehr großes Feuchtigkeitsgefälle vorhanden ist, d.h. es würde $\varkappa = 0$.

Bei Betrachtung der Vorgänge in nur einer Kapillare scheint, abgesehen von dem Meniskus selbst, die Unstetigkeit eine kennzeichnende Eigenschaft zu sein. Im folgenden soll zunächst gezeigt werden, unter welchen Bedingungen man bei Kapillarwasserströmungen Feuchtigkeitsunterschiede als Ursache einer Wasserbewegung ansehen kann.

β) Der Zusammenhang zwischen Feuchtigkeitsleitzahl und Bewegungsbeiwert

Definiert man die Kapillarwasserbewegung nach dem früheren Ansatz [Gl. (214) mit (213)], so ist hier zu setzen:

$$G_W = -\frac{F}{\mu_F\,\mu_l}\,b_{\mathrm{kap}}\,\frac{d P_M}{d z}, \tag{262}$$

worin b_{kap} [m/h] den Bewegungsbeiwert der Kapillarwasserbewegung, $-P_M$ den im betrachteten Querschnitt herrschenden kapillaren Zug bedeuten.

Die Fläche F/μ_F stellt den flüssigkeitsgefüllten Querschnitt dar; entsprechend früheren Überlegungen (s. S. 183) ist μ_F hier gleich dem Kehrwert der Feuchtigkeit Ψ_W, so daß man durch Gleichsetzen von Gl. (262) und (260) findet:

$$b_{\text{kap}} \frac{\Psi_W}{\mu_l} = \varkappa \frac{d\Gamma_W}{dP_M} = \varkappa \gamma_W \frac{d\Psi_W}{dP_M} = \varkappa \Gamma_S \frac{dX}{dP_M} . \qquad (263)$$

Mit Hilfe dieser Gleichung ist es möglich, die Größe $b_{\text{kap}} \Psi_W/\mu_l$ aus der Feuchtigkeitszahl $\varkappa$ zu bestimmen (und umgekehrt), wenn man den Zusammengang zwischen kapillarem Zug und Flüssigkeitsgehalt $P_M = f(\Psi_W)$ kennt. Die experimentelle Bestimmung dieses Zusammenhanges kann durch Schleudern, manchmal durch Pressen erfolgen oder im hygroskopischen Bereich aus den Sorptionsisothermen (s. Kap. I, S. 52) berechnet werden.

2. Das Grundgesetz der Flüssigkeitsbewegung in einer Kapillare

In einer mit einem freien Wasserspiegel verbundenen zylindrischen Kapillare vom Halbmesser r, in der keine Verdunstung stattfindet, steigt bei Vernachlässigung der Luftdruckunterschiede in verschiedenen Höhen die Wassersäule um die sogenannte „kapillare Steighöhe“:

$$H = \frac{2\sigma}{\gamma r} \quad [\text{m}], \qquad (264)$$

worin σ [kg/m] die Oberflächenspannung des Wassers und γ [kg/m³] das spezifische Gewicht des Wassers bedeuten. Die Zahlenwerte der Oberflächenspannung verschiedener Flüssigkeiten gegen Luft sind in Tab. 37 angegeben.

Der Anstieg setzt einen Unterdruck

$$P_M = H\gamma = 2\sigma/r \qquad (265)$$

im Meniskus voraus. Der Unterdruck P_M hängt für eine bestimmte Flüssigkeit nur von der Kapillarweite ab; dies geht auch aus der Beobachtung hervor, daß die Tragkraft des Meniskus unabhängig ist von der Form der Wassersäule darunter (Abb. 145). Man kann daher die oft sehr langwierige Messung der kapillaren Steighöhe ersetzen durch eine Messung des Unterdruckes, bei dem in einem kurzen Stück einer Kapillare – wie c in Abb. 145 – der Flüssigkeitsfaden abreißt.

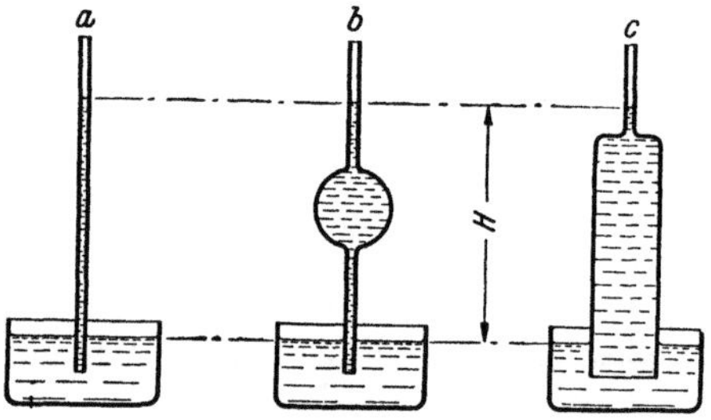

Abb. 145 a–c. Beweis für die Unabhängigkeit des Unterdruckes, der den Anstieg der Wassersäule um die Höhe H bewirkt, von der Form der Wassersäule (Formen a, b, c) unterhalb des Meniskus.

Findet am Meniskus eine Verdunstung statt, so wird ein Teil des durch die Oberflächenspannung bewirkten Unterdruckes $2\,\sigma/r$ zur Überwindung der Reibung bei der Bewegung des Flüssigkeitsfadens verbraucht. Man wird eine scheinbare kapillare Steighöhe H' messen. Bei

Tabelle 37. *Oberflächenspannung σ (gegen Luft) und Zähigkeit η einiger Flüssigkeiten (bei $g = 9{,}81$ m/s²).*
(Nach D'ANS-LAX [8], S. 1002ff. und 1094ff.)

Stoff	Temperatur	σ	η
÷	°C	kg/m	kgh/m²
Wasser	0	$77{,}116 \cdot 10^{-4}$	$5{,}07 \cdot 10^{-8}$
Wasser	20	$74{,}013 \cdot 10^{-4}$	$2{,}84 \cdot 10^{-8}$
Wasser	40	$70{,}783 \cdot 10^{-4}$	$1{,}85 \cdot 10^{-8}$
Wasser	60	$67{,}341 \cdot 10^{-4}$	$1{,}33 \cdot 10^{-8}$
Wasser	80	$63{,}731 \cdot 10^{-4}$	$1{,}01 \cdot 10^{-8}$
Wasser	100	$59{,}960 \cdot 10^{-4}$	$0{,}80 \cdot 10^{-8}$
Azeton	20	$24{,}17 \cdot 10^{-4}$	$0{,}91 \cdot 10^{-8}$
Benzol	20	$29{,}45 \cdot 10^{-4}$	$1{,}84 \cdot 10^{-8}$
Chloroform	20	$27{,}63 \cdot 10^{-4}$	$1{,}62 \cdot 10^{-8}$
Glyzerin (wasserfrei)	30	$65{,}97 \cdot 10^{-4}$	$17{,}7 \cdot 10^{-8}$
Methylalkohol	15	$23{,}44 \cdot 10^{-4}$	$1{,}77 \cdot 10^{-8}$
Naphthalin	80	$32{,}89 \cdot 10^{-4}$	$2{,}74 \cdot 10^{-8}$
Nikotin	20,5	$39{,}37 \cdot 10^{-4}$	—
Oktan	20	$31{,}72 \cdot 10^{-4}$	$1{,}53 \cdot 10^{-8}$
Olivenöl	18	$33{,}71 \cdot 10^{-4}$	—
Olivenöl	20	—	$229 \cdot 10^{-8}$
Petroleum	0	$29{,}47 \cdot 10^{-4}$	—
Petroleum	25	$26{,}92 \cdot 10^{-4}$	—
Petroleum	50	$24{,}68 \cdot 10^{-4}$	—
Terpentinöl	18	$27{,}32 \cdot 10^{-4}$	—
Terpentinöl	20	—	$4{,}13 \cdot 10^{-8}$
Toluol	20	$27{,}94 \cdot 10^{-4}$	$1{,}66 \cdot 10^{-8}$
m-Xylol	15	$30{,}71 \cdot 10^{-4}$	$1{,}84 \cdot 10^{-8}$
m-Xylol	25	$27{,}94 \cdot 10^{-4}$	$1{,}64 \cdot 10^{-8}$
m-Xylol	30	$29{,}00 \cdot 10^{-4}$	$1{,}56 \cdot 10^{-8}$

senkrechtem Aufstieg ist:

$$H'\left(\gamma + \frac{d\,P_R}{d\,H}\right) = \frac{2\,\sigma}{r},$$

worin $d\,P_R/d\,H$ das zur Überwindung der Reibung erforderliche Druckgefälle bedeutet. Nach dem POISEUILLEschen Gesetz ist:

$$\frac{d\,P_R}{d\,H} = \frac{8\,\eta\,w}{r^2},$$

wenn η [kgh/m²] die Zähigkeit und w [m/h] die mittlere lineare Geschwindigkeit bedeuten. Bezeichnet man das stündlich verdunstende Wasservolumen mit V [m³/h], so wird $w = V/r^2\pi$, also

$$\frac{d\,P_R}{d\,H} = \frac{8\,\eta\,V}{r^4\,\pi}. \tag{266}$$

Es folgt:

$$H' = \frac{2\,\sigma}{r\left(\gamma + \frac{8\,\eta\,V}{r^4\,\pi}\right)}. \tag{267}$$

Die Druckverteilung über der Höhe z in der Kapillare ist, wenn man den Nullpunkt im freien Wasserspiegel annimmt, gegeben durch:

$$P = P_M - (H' - z)\left(\gamma + \frac{8\,\eta\,V}{\pi\,r^4}\right). \tag{268}$$

3. Versuche über die Kapillarwasserbewegung in porigen Stoffen

Für porige Stoffe läßt sich im allgemeinen eine eindeutige kapillare Steighöhe nicht angeben, da die Porenschlote verschiedene Weiten und daher verschiedene Steighöhen haben. Die Messung des Unterdruckes, bei dem eine gewissermaßen an den Menisken des Versuchsstoffes aufgehängte Wassersäule abreißt – Grundgedanke des in Abb. 146 dargestellten BESKOWschen Kapillarimeters [3] –, gestattet die Festlegung kapillarer Steighöhen, die jedoch durch die Durchmesser der weitesten

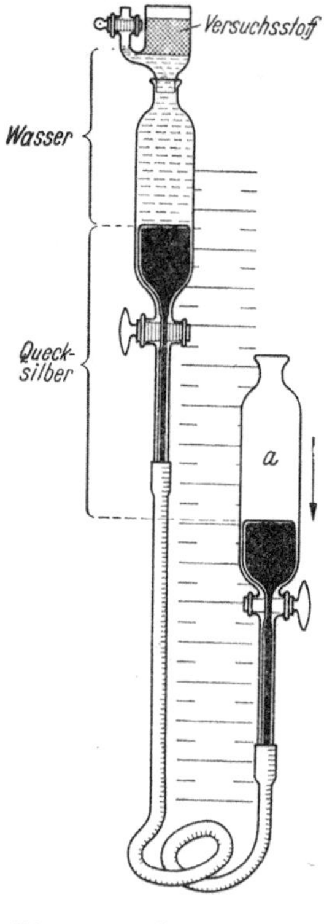

Abb. 146. Kapillarimeter nach BESKOW. Das Niveaugefäß *a* wird zuerst gehoben, bis das Wasser den Versuchsstoff benetzt, dann langsam so lange gesenkt, bis das Wasser vom Versuchsstoff abreißt. Aus der Höhe der Wasser- und Quecksilbersäule im Augenblick des Abreißens ergibt sich der kapillare Unterdruck.

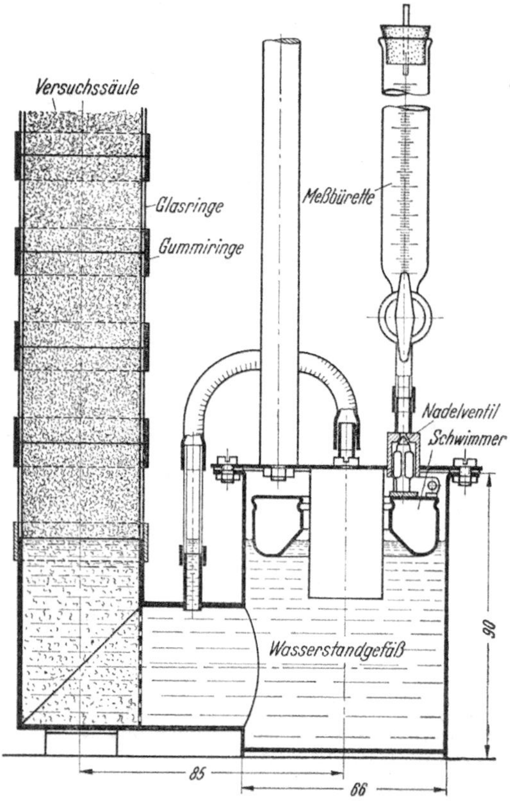

Abb. 147. Senkrechte Versuchssäule mit Schwimmerregelung des freien Wasserspiegels. Am oberen Ende der Versuchssäule findet die Verdunstung des Wassers statt. Die Menge des verdunsteten Wassers wird an der Meßbürette abgelesen. Die Schwimmerregelung hält den Wasserspiegel im Wasserstandsgefäß gleich.

durchgehenden Porenschlote bedingt sind. Unter den weitesten Porenschloten ist hierbei diejenige durchgehende Porenverbindung zu verstehen, deren engste Stelle die größte Weite im Vergleich zu den anderen Verbindungen hat.

Versuche. Beobachtet man das Aufsteigen der Feuchtigkeit aus einer Wasseroberfläche in porigen Stoffen [*107*], so kann man im Beharrungszustand je nach der Art der Kapillarverteilungskurve – bzw. der Häufigkeitskurve der Durchmesser der Porenschlote – und der Höhe der Wassersäulen sowie der Richtung des Entzuges durch Verdunstung sehr unterschiedliche Feuchtigkeitsverteilungen feststellen. Bei den durchgeführten Messungen wurde die Wasserbewegung durch zylindrische Säulen aus dem

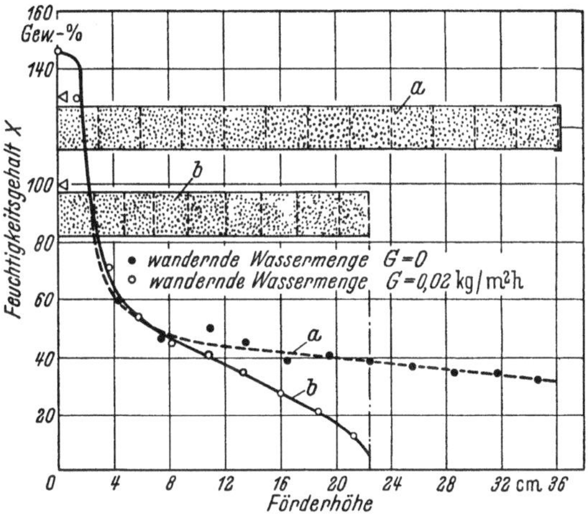

Abb. 148. Feuchtigkeitsverteilung in senkrechten Bimskiessäulen; mittlere Korngröße rd. 4 mm. *a* Säule von 360 mm Höhe, oben verschlossen, verdunstende Wassermenge $G = 0$; *b* Säule von rd. 220 mm Höhe, oben offen, verdunstende Wassermenge $G = 0{,}02$ kg/m²h.

porigen Versuchsstoff so bestimmt, daß die Höhe des freien Wasserspiegels, mit dem die Versuchssäule in Verbindung stand, durch dauernd beobachtete Wasserzugabe gleichgehalten wurde. Abb. 147 zeigt eine senkrechte Versuchssäule, bei der der Spiegel durch einen Schwimmer mit einem Nadelventil geregelt und die Wasserzugabe an der Spiegelabsenkung in der Meßbürette abgelesen wurde.

Abb. 148, 149, 150 zeigen kennzeichnende Verteilungen der Feuchtigkeit in körnigen Stoffen, in denen der Beharrungszustand hergestellt war. Über die Erreichung des Beharrungszustandes gibt Abb. 151 Aufklärung, in der die Ablesungen an den einzelnen Meßbüretten zu den in Abb. 149 und 150 wiedergegebenen Versuchen während der letzten drei Monate der Beobachtungszeit dargestellt sind. Die Kurven verlaufen während der letzten Zeit so geradlinig, daß an der Erreichung des Beharrungszustandes nicht zu zweifeln ist. Die in Abb. 148, 149 und 150 dargestellten Feuchtigkeitsverteilungen wurden nach Eintritt des Beharrungszustandes durch Wägung des feuchten und des getrockneten Stoffes abschnittsweise bestimmt. Ein Abschnitt hat meist entsprechend der Unterteilung der Glassäule eine Länge von etwa 3 cm.

Abb. 148 zeigt den durch die senkrechte Wanderung des Wassers in Bimskiessäulen von rund 4 mm Korngröße bedingten Unterschied der

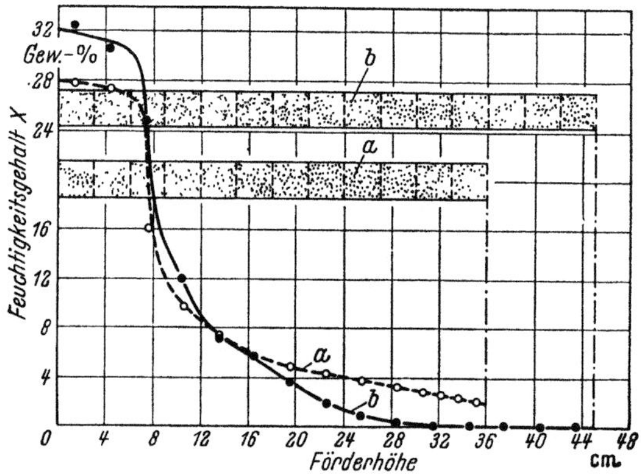

Abb. 149. Feuchtigkeitsverteilung in senkrechten, oben offenen Säulen aus Quarzitsand; mittlere Korngröße rd. 0,72 mm.
a nicht ausgewaschener Sand, verdunstende Wassermenge $G = 0{,}031$ kg/m²h; *b* gewaschener Sand, verdunstende Wassermenge $G = 0{,}00654$ kg/m²h.

Feuchtigkeitsverteilung oberhalb der kapillaren Steighöhe der groben Poren gegenüber einer oben luftdicht abgeschlossenen Säule. Bei der oben offenen Säule, bei der die an der Oberfläche verdunstende Wasser-

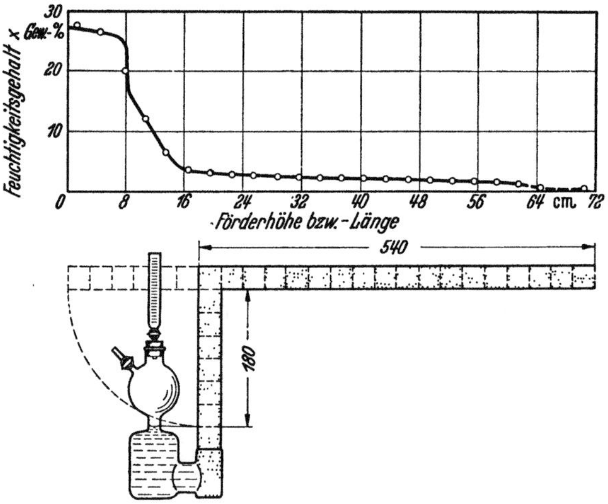

Abb. 150. Feuchtigkeitsverteilung in einer waagerechten offenen Säule aus nicht gewaschenem Quarzitsand. Mittlere Korngröße 0,72 mm, verdunstende Wassermenge $G = 0{,}01114$ kg/m²h.

menge von 0,02 kg/m²h durch die Säule gesaugt werden muß, ist infolge des Reibungswiderstandes das Feuchtigkeitsgefälle beträchtlich größer als bei der oben geschlossenen Säule, bei der keine Wasserbewegung stattfindet, vielmehr die kapillaren Unterdrücke sich lediglich in einer Änderung der potentiellen Energie des gehobenen Wassers auswirken.

In Abb. 149 sind die Feuchtigkeitsverteilungen in zwei Säulen aus Quarzitsand, der zwischen den Korngrößen 0,6 und 0,8 mm ausgesiebt

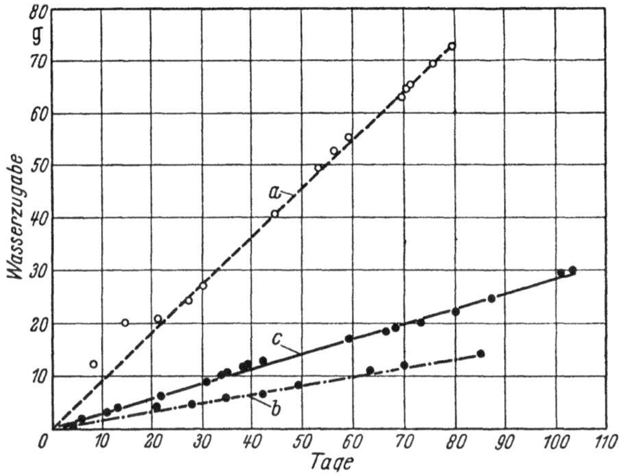

Abb. 151. Zeitlicher Verlauf der Verdunstung bei den einzelnen Versuchssäulen in den letzten drei Monaten der Beobachtungszeit.

a bei Versuchssäule *a* in Abb. 129; *b* bei Versuchssäule *b* in Abb. 129; *c* bei der waagerechten Versuchssäule in Abb. 150.

war, verglichen; Kurve *a* gilt für nicht ausgewaschenen Sand, an dem also die einzelnen Kornoberflächen mit Staub bedeckt waren, Kurve *b* für gewaschenen. Die kapillare Steighöhe der weitesten Porenschlote ist in beiden Fällen annähernd gleich (etwa 7 cm). Die durch den Staubbelag bedingten Unterschiede zeigen sich sehr deutlich bei kleinen Feuchtigkeiten. Während der gewaschene Sand bereits in etwa 25 cm Höhe nur noch etwa 1 Gew.-% Feuchtigkeit (X) aufweist, über 30 cm praktisch trocken ist, die darüberliegende Schicht also lediglich als Widerstand für die Verdunstung zu betrachten ist, hat der nicht ausgewaschene Sand noch in 36 cm Höhe eine Feuchtigkeit von 2% und zeigt im Bereich zwischen etwa 6 und 2% eine wesentlich geringere Abnahme der Feuchtigkeit als der gewaschene, obwohl die Verdunstung etwa fünfmal so groß ist (0,031 kg/m^{2}h gegenüber 0,00654 kg/m^{2}h). Die Ursache ist in der durch die zahlreichen feinen Kapillaren der Staubschicht bedingten größeren Saugkraft zu suchen.

Abb. 150 zeigt die Feuchtigkeitsverteilung in einer waagerechten Säule aus nicht gewaschenem Sand, die in etwa 18 cm Höhe – also oberhalb der Steighöhe der groben Kapillaren – von einer senkrechten Säule abzweigte. Im waagerechten Ast sind lediglich Reibungswiderstände zu überwinden. Dementsprechend ist das Feuchtigkeitsgefälle im waagerechten Teil zwischen 20 und 60 cm Förderweg erheblich geringer als bei senkrechter Förderung, vgl. Kurve *a* in Abb. 149. Auffällig ist der ziemlich steile Abfall der Kurve bei Feuchtigkeiten unter etwa 2%. Die letzten 4 cm der Säule waren praktisch trocken.

4. Theorie der Kapillarwasserbewegung

Es soll versucht werden, aus einem ins Eindimensionale idealisierten Modell der in porigen Stoffen von ungleicher Kapillarweite wirkenden Kräfte die Feuchtigkeitsverteilung und die aus ihr folgende Saugkraft wenigstens qualitativ zu erklären [*107*].

Wir denken uns ein Bündel von Kapillaren, deren Halbmesser von einem Kleinstwert $r_{\min}$ auf einen Größtwert $r_{\max}$ stetig zunimmt, Abb. 152; dabei soll zwischen allen aufeinanderfolgenden Kapillaren eine widerstandslose Verbindung in allen Höhenlagen bestehen, was durch die gestrichelten Trennlinien in Abb. 152 angedeutet ist. Dann stellt sich je nach der Lage der Kapillaren – gegeben durch den Winkel β –, der Kapillarverteilungskurve und der Verdunstung an der Oberfläche der Wasserspiegel in den verschiedenen Kapillaren – und damit der Feuchtigkeitsgehalt in jedem Gesamtquerschnitt – verschieden ein. Die Zahl dn der Kapillaren vom Halbmesser r läßt sich ermitteln aus einer als bekannt vorausgesetzten Verteilungskurve $n = f(r)$, die angibt, wie viele Kapillaren von einem Halbmesser $\leqq r$ im Bündel vorhanden sind, Abb. 153. Die Feuchtigkeit bei dieser Anordnung ist bestimmt durch das Verhältnis der wassergefüllten Querschnitte zum Gesamtquerschnitt.

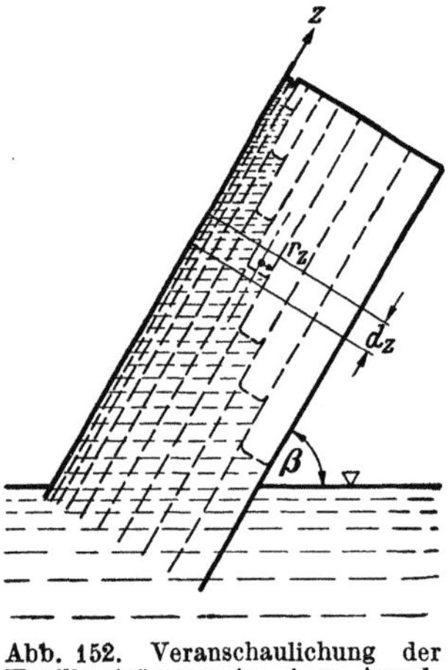

Abb. 152. Veranschaulichung der Kapillarströmung in einer Anordnung von Kapillaren von stetig zunehmender Weite.

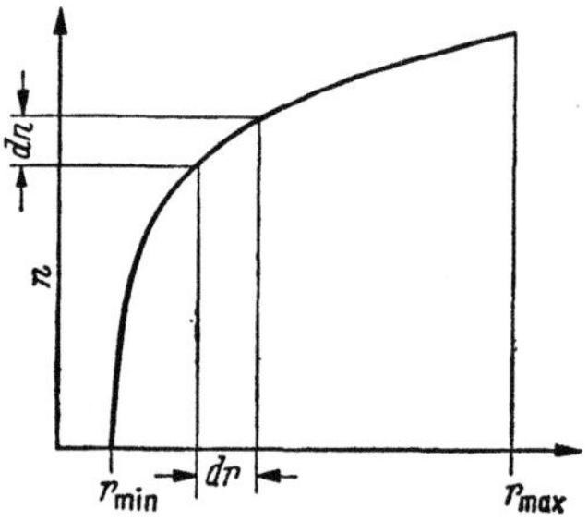

Abb. 153. Kapillarverteilungskurve. n = Zahl der Kapillaren, deren Halbmesser $\leqq r$ ist.

Bedeutet r_z den Halbmesser derjenigen Kapillaren, deren Meniskus in dem betrachteten Querschnitt an der Stelle z liegt – als der weiteste von denen, die zum Feuchtigkeitsgehalt des Querschnittes beitragen –, und wird die gesamte Querschnittsfläche des Stoffes gleich 1 m² angenommen, so beträgt der Feuchtigkeitsgehalt

$$\Psi_W = \int_{r_{\min}}^{r_z} r^2 \pi \, d n = \int_{r_{\min}}^{r_z} r^2 \pi \frac{d n}{d r} d r . \tag{269}$$

Der höchste Feuchtigkeitsgehalt, bei dem alle Kapillaren wassergefüllt sind, muß gleich der Porigkeit (Porosität) Ψ der Anordnung sein:

$$\Psi_{W_{\max}} = \int_{r_{\min}}^{r_{\max}} r^2 \pi \frac{d n}{d r} d r = \Psi . \tag{270}$$

Liegt in einem Querschnitt an der Stelle z der ausgebildete Meniskus irgendeiner Kapillare vom Radius r_z, so ist bei Annahme einer widerstandslosen Verbindung aller Kapillaren untereinander der Unterdruck im ganzen Querschnitt:

$$P = P_M = \frac{2\sigma}{r_z} . \tag{271}$$

Für jede Kapillare muß bei Vernachlässigung der Beschleunigung die Summe der Änderungen der potentiellen Energie $(-\gamma \sin\beta\, d z)$ und der Druckenergie $\left(\frac{d P}{d z} d z\right)$ gleich der Reibungsenergie $\left(\frac{d P_R}{d z} d z\right)$ sein. Unter Anwendung des POISEUILLEschen Gesetzes wird

$$-\gamma \sin\beta \, d z + \frac{d P}{d z} d z = \frac{8 \eta w}{r^2} d z ; \tag{272}$$

da nun

$$P = \frac{2\sigma}{r_z} ; \quad \frac{d P}{d z} = -\frac{2\sigma}{r_z^2} \frac{d r_z}{d z} ,$$

ergibt sich

$$-\gamma \sin\beta - \frac{2\sigma}{r_z^2} \frac{d r_z}{d z} = \frac{8 \eta w}{r^2} .$$

Daraus läßt sich die Wassergeschwindigkeit in jeder Kapillare berechnen:

$$w = \frac{r^2}{8\eta} \left(-\gamma \sin\beta - \frac{2\sigma}{r_z^2} \frac{d r_z}{d z} \right) .$$

Findet eine Wasserbewegung im System lediglich durch Kapillarwasserströmung statt – eine Verdampfung trete nur am Spiegel der am weitesten vorgeschrittenen Kapillaren ein – und bezeichnet V' [m³/m²h] das geförderte Wasservolumen, so ist:

$$V' = \int_0^{r_z} r^2 \pi w \frac{d n}{d r} d r = \frac{\pi}{8\eta} \left(-\gamma \sin\beta - \frac{2\sigma}{r_z^2} \frac{d r_z}{d z} \right) \int_{r_{\min}}^{r_z} r^4 \frac{d n}{d r} d r . \tag{273}$$

Setzt man andererseits gemäß Gl. (260) $V' = -\varkappa \frac{d \Psi_W}{d z}$, so ist unter Benutzung von Gl. (269)

$$V' = -\varkappa r^2 \pi \left(\frac{d n}{d r} \right)_{r_z} \frac{d r_z}{d z} .$$

Es folgt:

$$\varkappa = \frac{\left(\gamma \sin\beta + \frac{2\sigma}{r_z^2} \frac{d r_z}{d z} \right) \int_{r_{\min}}^{r_z} r^4 \frac{d n}{d r} d r}{8\eta \frac{d r_z}{d z} r_z^2 \left(\frac{d n}{d r} \right)_{r_z}} . \tag{274}$$

Man erkennt, daß die sogenannte Feuchtigkeitsleitzahl im allgemeinen keine Stoffeigenschaft ist, da sie auch noch von dr_z/dz, mithin vom Ort im Schwerefeld, an dem die Bewegung stattfindet, abhängt. Nur wenn die Förderung waagerecht erfolgt ($\sin\beta = 0$) oder die Hebearbeit gegenüber der Reibung gering wird, ergibt sich $\varkappa$ als Stoffeigenschaft. Dann nämlich gilt:

$$\varkappa = \frac{\sigma}{4\,\eta}\,\frac{\int\limits_{r_{\min}}^{r_z} r^4 \frac{d\,n}{d\,r}\,d\,r}{\left(r^4 \frac{d\,n}{d\,r}\right)_{r_z}}. \tag{275}$$

Durch Gl. (275) ist eine Beziehung hergestellt zwischen der Feuchtigkeitsleitzahl und der Kapillarverteilungskurve $n = f(r)$ sowie dem Feuchtigkeitsgehalt, der ja nach Gl. (269) durch r_z eindeutig bestimmt ist.

Es wäre wenig sinnvoll, die vorstehende Ableitung dazu zu benutzen, etwa für verschiedene angenommene Verteilungskurven $\varkappa = f(\Psi_W)$ auszurechnen, da die zugrunde gelegten Annahmen – nur gleichgerichtete zylindrische Kapillaren mit widerstandsloser Verbindung – so einschneidend sind, daß man wohl schwer Werte treffen würde, die sich mit Meßwerten bei wirklichen Stoffen in Verbindung bringen ließen.

Lediglich einige allgemeingültige Aussagen über die Art der Abhängigkeit der Feuchtigkeitsleitzahl sollen angeführt werden:

1. Bei sehr kleinen Feuchtigkeiten – wenn nur noch die feinsten Kapillaren vom Halbmesser $r_{\min}$ gefüllt sind – wird die Feuchtigkeitsleitzahl stets gleich Null, d.h. in Gl. (275) wird das Integral im Zähler gleich Null.

2. Gibt es in der Kapillarverteilungskurve Stellen, für die $dn/dr = 0$ wird, d.h. fehlen die Kapillaren eines bestimmten Halbmesserbereiches, so wird $\varkappa$ stets unendlich; in Gl. (275) wird also der Nenner gleich Null. Dies besagt, daß bei bestimmten Feuchtigkeiten eine Strömung ohne Feuchtigkeitsgefälle gewissermaßen in einem gegebenen Bündel gefüllter Kapillaren stattfindet, ebenso wie unterhalb der kapillaren Steighöhe der weitesten Porenschlote.

3. Die Feuchtigkeitsleitung muß infolge der starken Abhängigkeit der Zähigkeit η von der Temperatur – die Oberflächenspannung σ ändert sich nur wenig – mit zunehmender Temperatur erheblich ansteigen. Bei Wasser von 50 °C muß sie etwa doppelt so groß sein wie bei 20 °C.

Die vorstehende Herleitung gilt für eine Anordnung von parallel liegenden Kapillaren, bei denen die Strömung stets in der gleichen Richtung erfolgt, in der die Druckdifferenz ΔP wirkt. Bei Anwendung auf porige Güter wird man die Druckdifferenz für eine Schichtstärke Δz angeben oder messen, während der Weg, den die Flüssigkeitsteilchen zurücklegen müssen, wegen der Zickzackwege und der Verengungen und Erweiterungen des Kapillarsystems $\Delta l = \mu_{l_{\text{kap}}} \Delta z$ ist, worin $\mu_{l_{\text{kap}}}$ nach Gl. (212) als Wegfaktor eingeführt werde.

Dann muß in Gl. (269) auf der rechten Seite an Stelle von dz die Größe $\mu_{l_{\text{kap}}}\, dz$ eingesetzt werden. Gl. (275) lautet dann:

$$\varkappa = \frac{\sigma}{4\eta} \frac{1}{\mu_{l_{\text{kap}}}} \frac{\int\limits_{r_{\min}}^{r_z} r^4 \frac{dn}{dr}\, dr}{\left(r^4 \frac{dn}{dr}\right)_{r_z}} . \tag{275 a}$$

5. Die Feststellung von Kapillarverteilungskurven

Die Anwendung der aus Betrachtungen über die Kapillarwasserbewegung in Systemen von untereinander verbundenen, geraden Kapillaren von konstantem Durchmesser gewonnenen Beziehungen auf reale Trocknungsgüter mit ihrem vielfältig verästelten System von großen und kleinen Hohlräumen setzt voraus, daß eine Zuordnung von Kapillarradien zu Flüssigkeitsgehalten möglich ist, wie sie durch Gl. (269) eingeführt wurde.

α) *Aus der Dampfdruckabsenkung im hygroskopischen Bereich*

Wenn man die Dampfdrucksenkung im hygroskopischen Bereich, die auf S. 46ff. behandelt und an zahlreichen Sorptionsisothermen veranschaulicht wurde, auf die Wirkung der Kapillarkräfte zurückführen darf (s. S. 47f.), so kann man aus dem Sorptionsverhalten eines Stoffes auf die bei gewissen Feuchtigkeitsgehalten wirksamen Kapillardurchmesser schließen. Dann kann man an Stelle von Gl. (48) schreiben:

$$\frac{P_D}{P_D''} = e^{-\frac{2\sigma}{r_g \gamma_w R_D T}} ,$$

und man erhält für den Radius r_g derjenigen größten Kapillaren, die gerade noch mit Feuchtigkeit gefüllt sind und mit dem Dampf im Gleichgewicht stehen müssen – den „Grenzradius“ r_g –, die Beziehung:

$$r_g = - \frac{2\sigma}{\gamma_w R_D T \ln \frac{P_D}{P_D''}} .$$

Einen solchen „Grenzradius“ kann man also einem jeden Flüssigkeitsgehalt Ψ_W, für den die Dampfdrucksenkung $\frac{P_D}{P_D''}$ bekannt ist, zuordnen.

Nach der hier vermittelten Ersatzvorstellung von geraden Kapillaren ist der Flüssigkeitsgehalt entsprechend Gl. (269):

$$\Psi_W = \int\limits_0^{r_g} r^2 \pi \frac{dn}{dr}\, dr$$

oder

$$\left(\frac{dn}{dr}\right)_{r_g} = \frac{1}{r_g^2 \pi} \frac{d\Psi_W}{d r_g} .$$

So ist für unsere Ersatzvorstellungen eine „Kapillarverteilungskurve“ im hygroskopischen Bereich zu ermitteln.

β) Aus Schleuderversuchen im nichthygroskopischen Bereich

Im nichthygroskopischen Bereich kann man die äußeren Kräfte, die den inneren bei bestimmten Feuchtigkeitsgehalten das Gleichgewicht halten, unmittelbar bestimmen. Zum Beispiel kann man bei plastischen Gütern den Zusammenhang zwischen Preßdruck und Feuchtigkeitsgehalt feststellen, oder man kann aus Versuchen über die Feuchtigkeitsverteilung in kapillarporösen Gütern beim Schleudern, wenn man die Zentrifugalkräfte, die aus Drehzahl und Achsenabstand berechnet werden können, im Falle des Gleichgewichts den Kapillarkräften gleichsetzt, einen gleichwertigen Kapillarradius ermitteln. Der Zusammenhang zwischen Feuchtigkeitsgehalt und gleichwertigem Kapillarradius liefert Kapillarverteilungskurven, die zur Beurteilung des Trocknungsverhaltens von Gütern eine wichtige Grundlage darstellen können. Der Grundgedanke der Überlegungen ist folgender:

Zentrifugiert man einen Stoff, der anfänglich bis zur Porensättigung mit Flüssigkeit angereichert war, so wird, je größer die Zentrifugalkraft ist, um so mehr Wasser ausgeschleudert, und zwar derart, daß dabei die Feuchtigkeit von außen nach innen abnimmt. An einem im Innern des Körpers befindlichen Meniskus hängt dann eine Flüssigkeitssäule, deren Gewicht unter der Wirkung der nach außen zunehmenden Zentrifugalkraft zunimmt. (Verringerung der kapillaren Steighöhe durch Erhöhung des Gewichtes. Hängt z.B am Meniskus eine Kapillare von 1 cm Länge bei einer Zentrifugalbeschleunigung von 10000 × Erdbeschleunigung, so entspricht dies einer kapillaren Steighöhe von 100 m im Schwerefeld der Erde.) Die Zentrifugalkraft in jedem Querschnitt ist leicht zu berechnen. Durch Messung der Feuchtigkeitsverteilung in der Probe kann man jedem Feuchtigkeitsgehalt einen kapillaren Zug und damit einen bestimmten Kapillarradius r_z zuordnen. Man kann dann nach entsprechender Umformung der Gl. (275a) eine Feuchtigkeitsleitzahl $\varkappa$ errechnen, wenn man über die Größe des Wegfaktors $\mu_{l_{\text{kap}}}$ unterrichtet ist. Im einzelnen gestaltet sich die Überlegung folgendermaßen:

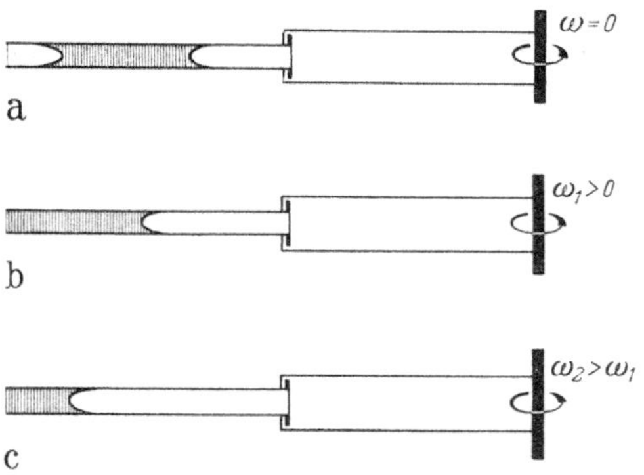

Abb. 154 a–c. Zu den Vorgängen in einer Kapillare beim Schleudern.

Ist in einer horizontalen zylindrischen Kapillare eine bestimmte Wassermenge enthalten, so steht im Ruhezustand die gesamte Flüssigkeit unter dem kapillaren Zug, der sich in beiden Menisken ausbildet (Abb. 154a). Läßt man die Kapillare rotieren, so wird unter der Wirkung der Zentrifugalkraft die Flüssigkeit an den äußeren Rand wandern. Der äußere Meniskus flacht sich ab (Abb. 154b) und wird schließlich konvexe Krümmung zeigen. Hier sei vereinfachend angenommen, Wasser würde ausgeschleudert, wenn der Meniskus eben wird (d.h. keine Kraft in der Oberfläche wirksam ist, Abb. 154c).

Der kapillare Zug im Meniskus einer Kapillaren vom Radius r_z ist gemäß Gl. (265)

$$P_M = 2\sigma/r_z .$$

Dieser Zug hält dem Gewicht der an ihm hängenden Flüssigkeitssäule das Gleichgewicht. Das Gewicht der Flüssigkeitssäule ist wegen der örtlich verschiedenen Beschleunigung b im Zentrifugalfeld gleich

$$\int_0^z \gamma \frac{b}{g} dz .$$

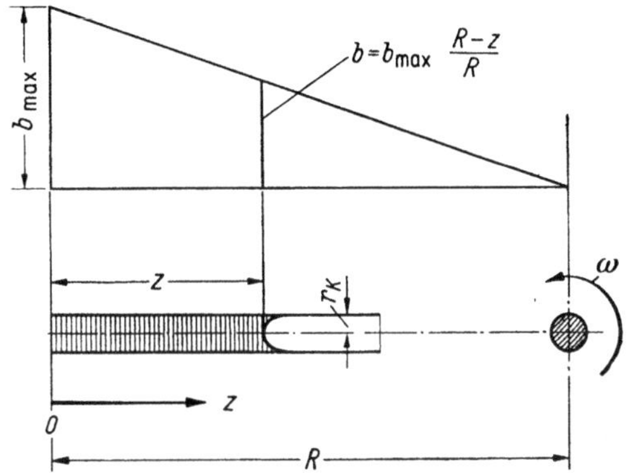

Abb. 155. Die Abhängigkeit der Normalbeschleunigung vom Radius beim Schleudern.

An der Stelle z (gemessen vom äußeren Rand der Kapillare) ist die Beschleunigung $b = (R - z)\omega^2$ (s. Abb. 155), wenn ω die Winkelgeschwindigkeit ist. Die Beschleunigung am äußeren Rand ($z = 0$) sei $b_{max} = R\omega^2$; folglich ist

$$b = b_{max}\left(1 - \frac{z}{R}\right).$$

Es ergibt sich:

$$P_M = \frac{2\sigma}{r_z} = \frac{b_{max}}{g}\gamma \int_0^z \left(1 - \frac{z}{R}\right) dz = \frac{b_{max}}{g}\gamma\left(z - \frac{z^2}{2R}\right).$$

Für den Kapillarradius an der Stelle z findet man also:

$$r_z = \frac{2\sigma g}{b_{max}\gamma\left(z - \frac{z^2}{2R}\right)} . \tag{276}$$

Der an der Stelle z festgestellte Flüssigkeitsgehalt ist nach Gl. (269) anzusetzen:

$$\Psi_W = \pi \int_{r_{min}}^{r_z} r^2 \frac{dn}{dr} dr .$$

Daraus kann man die Kapillarverteilungskurve dn/dr ermitteln und in Gl. (275a) zur Bestimmung von $\varkappa$ benutzen. Einfacher ist folgender Weg:

Differentiation der Gl. (269) liefert

$$\frac{dn}{dr} = \frac{1}{\pi r^2}\frac{d\Psi_W}{dr} . \tag{277}$$

Man bestimmt nach dem Zentrifugieren mit der Winkelgeschwindigkeit ω die Verteilung des Flüssigkeitsgehaltes über die Probenlänge s (s. Abb. 156 und 157). Der jeder Stelle z zuzuordnende Kapillarradius r_z läßt sich aus Gl. (276) berechnen.

Mit Hilfe der experimentell gewonnenen Flüssigkeitsverteilungen läßt sich dann leicht ein Zusammenhang der Art $\Psi_W = f(r_g)$ herstellen.

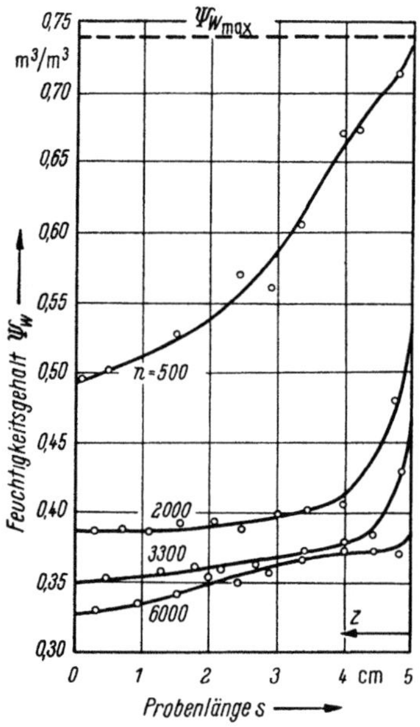

Abb. 156. Feuchtigkeitsverteilung in Ytong-Proben (Γ_s = 650 kg/m³).

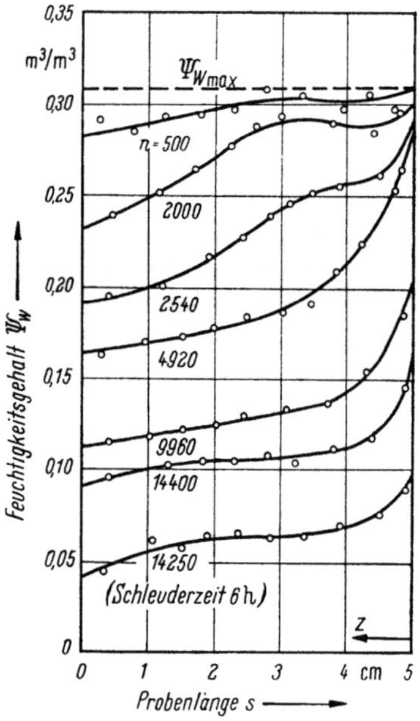

Abb. 157. Feuchtigkeitsverteilung in Dachziegelproben (Γ_s = 1880 kg/m³).

Zu den Abb. 156 und 157.
Aus Schleuderversuchen ermittelte Verteilungen des Feuchtigkeitsgehaltes über der Probenlänge bei verschiedenen Zentrifugendrehzahlen n.

Abb. 158 [*118*] zeigt die Abhängigkeit des Feuchtigkeitsgehaltes Ψ_W vom Kapillarhalbmesser r_g für zwei genauer untersuchte Stoffe: Dachziegel und einen Porenbeton (Ytong). Die linken ausgezogenen Kurvenäste sind aus den Sorptionsisothermen, die rechten Äste (ausgezogene Kurvenstücke) aus Zentrifugierversuchen gewonnen.

Zur Ermittlung von Kapillarverteilungskurven differenziert man die Kurve $\Psi_W = f(r_g)$ nach r_g, dividiert sie durch πr_g^2 und erhält die Kapillarverteilungskurve in der Darstellung $\frac{dn}{dr} = f(r)$. In Abb. 159 sind für die in Abb. 158 untersuchten Stoffe die Kapillarverteilungskurven dargestellt. Statt der Zunahme der Zahl der Kapillaren vom Radius r ist der Zuwachs an Feuchtigkeit, der durch die Füllung von dn Kapillaren bewirkt wird, also die Größe $\frac{d\Psi_W}{dn} = \pi r^2 \frac{dn}{dr}$ dargestellt. (Da für die Abszisse ein logarithmischer Maßstab gewählt ist, wurde als Ordinate statt $\frac{d\Psi_W}{dr}$ die Größe $\frac{d\Psi_W}{d(lg\,r)}$ gewählt, damit die gesamte Fläche unter einer Kurve die Porosität Ψ ergibt.) Man sieht aus den beiden Kurven in Abb. 159 deutlich den Unterschied in der Kapillarstruktur zwischen Porenbeton und Ziegel: Bei Porenbeton zwei ausgeprägte Maxima – im

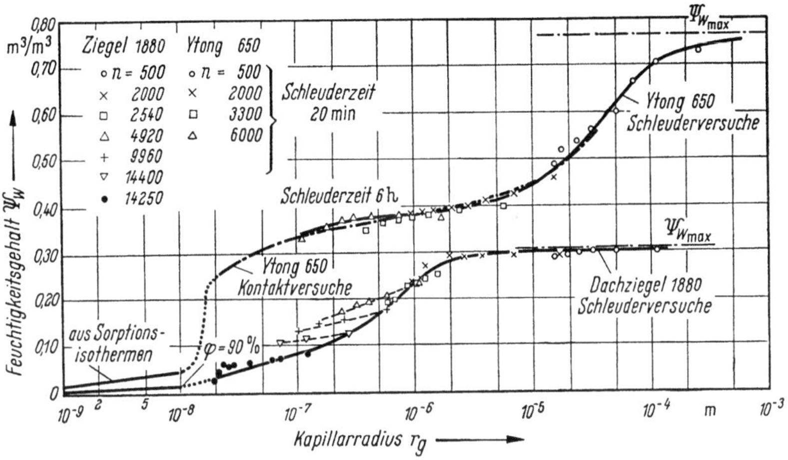

Abb. 158. Die Abhängigkeit des Feuchtigkeitsgehaltes Ψ_W vom Kapillarhalbmesser r_g für Ytong (Γ_s = 650 kg/m³) und Dachziegel (Γ_s = 1880 kg/m³).

Bereich der Feinstruktur und der groben Kapillaren –, bei Ziegel nur ein Maximum im Bereich mittlerer Porenweiten.

Ein Beweis dafür, daß die vorstehend entwickelten Zusammenhänge die beim Vergleich verschiedener kapillarporöser Stoffe wesentlichen

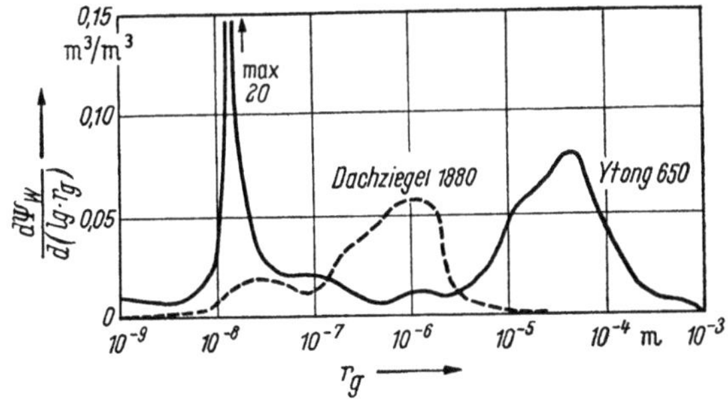

Abb. 159. Kapillarverteilungskurven für Dachziegel (Raumgewicht Γ_s = 1880 kg/m³) und Ytong (Γ_s = 650 kg/m³).

Zusammenhänge zwischen inneren Kräften und Feuchtigkeitsgehalt richtig treffen, ergibt sich aus folgendem: Nach der Theorie muß zwischen zwei im Berührungskontakt stehenden Stoffen, bei denen die in der Flüssigkeit wirksamen Kräfte gleich groß sind, Gleichgewicht bestehen. Aus Abb. 158 ergibt sich, daß, wenn man z.B. Porenbeton Ytong von einem Feuchtigkeitsgehalt $\Psi_W = 0{,}38$ mit einem Dachziegel von $\Psi_W = 0{,}24$ in Kontakt bringt, keine Flüssigkeitsbewegung möglich sein darf, weil für beide der die Zugspannung in der Flüssigkeit bestimmende „Grenzradius“ $r_g = 10^{-4}$ cm der gleiche ist. Die Versuche (MAHLER [*118*]) beweisen diese These. Im Gleichgewicht zwischen Ziegel und Ytong fand sich der in Abb. 160 dargestellte Zusammenhang. Außer dem

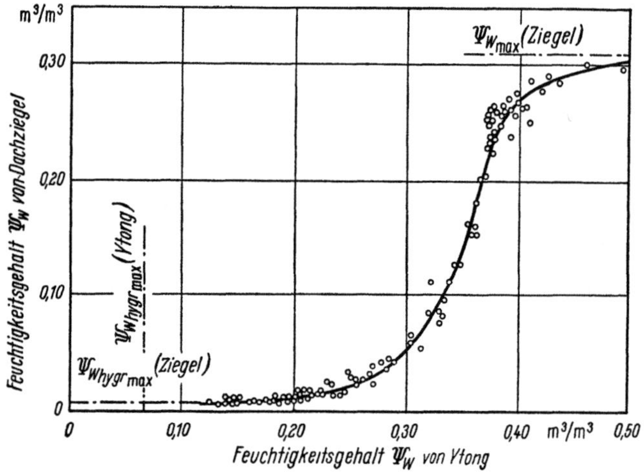

Abb. 160. Aus Kontaktversuchen gewonnene Zuordnung des Feuchtigkeitsgehaltes Ψ_W von Dachziegel (Γ_s = 1880 kg/m³) und Ytong (Γ_s = 650 kg/m³).

Beweis für die These, daß der aus Schleuderversuchen gewonnene Zusammenhang zwischen Feuchtigkeitsgehalt und Zugkräften in den Kapillaren – ausgedrückt durch den „Grenzradius“ r_g – die physikalischen Gegebenheiten gut trifft, gibt Abb. 160 deutlich Auskunft über die unterschiedlichen Kapillarsysteme von Ziegel und Gasbeton. Die wassergefüllten Poren des Gasbetons bei Ψ_W = 30 Vol.-% stehen im Gleichgewicht mit den wassergefüllten Poren des Ziegels bei etwa 5%. Sie haben also den gleichen „Grenzradius“. Folglich muß die Zahl der Poren unterhalb des „Grenzradius“ r_g bei Gasbeton sehr viel größer sein als bei Ziegel. Drastischer geht diese Aussage aus der Kapillarverteilungskurve von Abb. 159 hervor. Wenn man einen geeigneten Testkörper von bekannter Kapillarverteilungskurve hätte, so könnte man die Kapillarverteilungskurven anderer Körper in einfachster Weise durch Beobachtung der Gleichgewichtsfeuchtigkeiten bei Kontaktversuchen ermitteln.

6. Bestimmung der Feuchtigkeitsleitzahl

α) *Im Beharrungszustand der Kapillarwasserbewegung*

In Abb. 161 ist die aus den auf S. 225f. beschriebenen Versuchen für Quarzitsand von 0,72 mm mittlerer Korngröße gewonnene Flüssigkeitsleitzahl $\varkappa$ in Abhängigkeit vom Feuchtigkeitsgehalt Ψ_W dargestellt; die in Abb. 150 wiedergegebene Feuchtigkeitsverteilung wurde nach der

Gleichung $\varkappa = -V' \frac{dz}{d\Psi_W}$ ausgewertet. Die Versuchspunkte sind durch eine vermittelnde Kurve verbunden, aus deren Differentiation die $\varkappa$-Werte gewonnen sind. Da sich der Einfluß der Schwere noch etwas über das Knie der Versuchssäule hinaus erstrecken kann, wurde die Auswertung erst 4 cm hinter der Umlenkung begonnen. Der Verlauf der Kurve bei niedrigstem Feuchtigkeitsgehalt erscheint unsicher, da bei Feuchtigkeiten von der Größenordnung der Porigkeit des einzelnen Korns ($\approx$ 0,7 Vol.-%) eine Unstetigkeit zu erwarten ist.

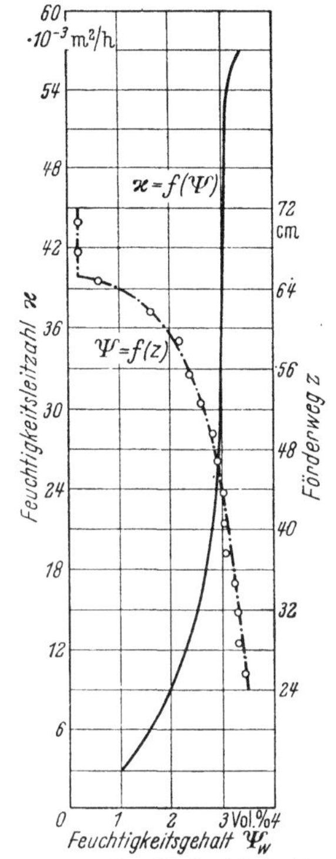

Abb. 161. Feuchtigkeitsleitzahl $\varkappa$ in Abhängigkeit von dem Feuchtigkeitsgehalt Ψ_W für die waagerechte Versuchssäule nach Abb. 150.

Abb. 161 zeigt deutlich, in welch außerordentlichem Maße die Feuchtigkeitsleitzahl von der Höhe der Feuchtigkeit abhängig ist und daß sie in der Nähe des Feuchtigkeitsgehaltes Null gegen Null geht. Diese Abhängigkeit, die alle Stoffe bei kapillarer Feuchtigkeitsbewegung zeigen müssen, ist für den Trocknungsvorgang von entscheidendem Einfluß.

Versuche im Beharrungszustand sind, wenn man die Feuchtigkeitsverteilung nur durch Gutszerstörung und abschnittsweise Feuchtigkeitsbestimmung durchführen kann, sehr zeitraubend. Wesentlich für die Möglichkeit von Reihenversuchen ist die abschnittsweise Messung des Feuchtigkeitsgehaltes ohne Zerstörung der Versuchskörper. In einer Untersuchung von MAHLER [*118*] an kurzen Stücken (etwa 5 cm lang) von festen Probekörpern wurde der Feuchtigkeitsgehalt abschnittsweise durch Messung der Dielektrizitätskonstante bestimmt.

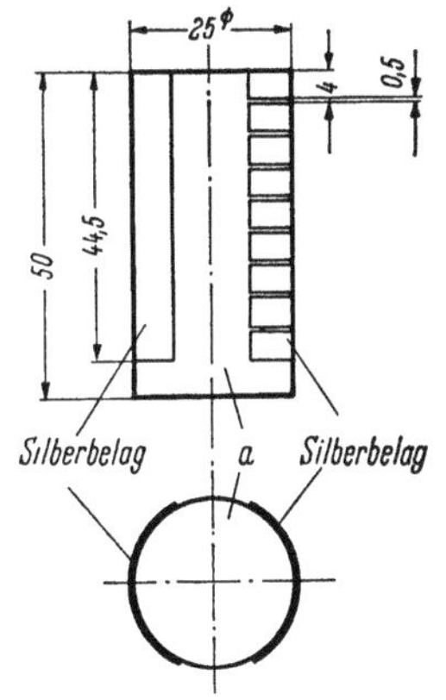

Abb. 162. Abmessungen der Proben für die Kapazitätsmessungen. Maßangaben in mm. *a* Probekörper.

Zylindrische Proben aus Dachziegel und Gasbeton (Ytong) wurden gemäß Abb. 162 auf ihren Mantelflächen mit einer Silberschicht versehen. Diese Schicht bildete die Belegung des Kondensators; der feuchte Stoff zwischen den Belägen war das Dielektrikum. Auf der einen Seite war die Kontaktfläche 44,5 mm hoch. Ihr gegenüber lagen 10 Kontaktstreifen von je 4 mm Höhe mit Zwischenräumen von 0,5 mm.

Durch eine geeignete Schaltung war es bei Anlegen einer hochfrequenten Wechselspannung an die beiden Seiten der Belegung möglich, die Dielektrizitätskonstante für die 10 Abschnitte zu messen. Aus ihr konnte vermittels einer Eichkurve der mittlere Feuchtigkeitsgehalt eines jeden der 10 Abschnitte bestimmt werden.

In einer Apparatur, bei der die Oberflächen der Versuchsproben von einem Luftstrom von konstanter Temperatur und Feuchtigkeit bestrichen wurden, konnte die durch eine Probe wandernde Feuchtigkeitsmenge unter gleichzeitiger Messung der Feuchtigkeitsverteilung in der Probe gemessen werden, so daß die Flüssigkeitsleitzahl $\varkappa$ wieder nach der Beziehung $\varkappa = -V' \dfrac{dz}{d\Psi_W}$ bestimmt werden konnte.

Das Ergebnis dieser Untersuchung ist in den Abb. 163 und 164 in den ausgezogenen Kurven wiedergegeben. Als wesentliche Merkmale der

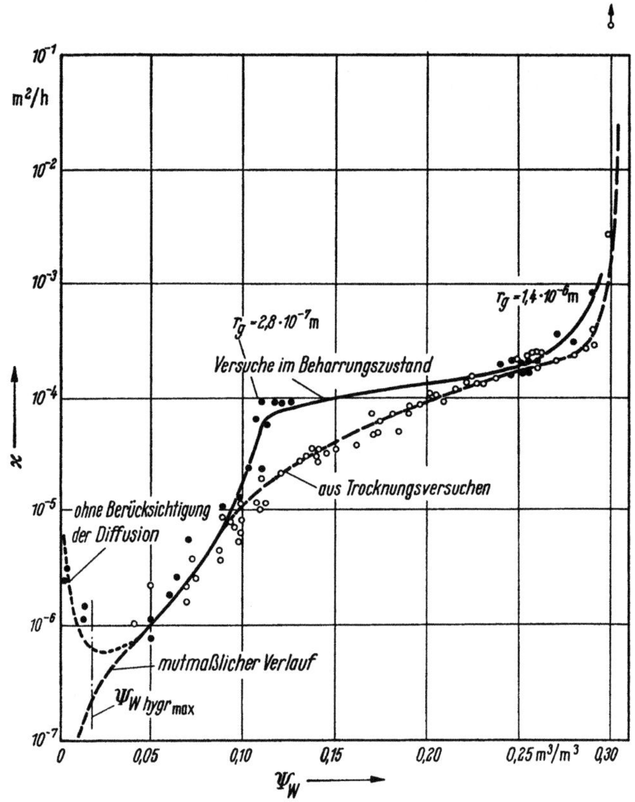

Abb. 163. Verlauf für Dachziegel (Γ_s = 1880 kg/m³).

Flüssigkeitsleitzahl erkennt man, daß sie – durchaus in Einklang mit der vorher mitgeteilten Theorie (s. S. 228ff.) – bei großen Feuchtigkeitsgehalten gegen Unendlich geht, bei kleinsten gegen Null. Dazwischen ist der Verlauf von der Kapillarverteilungskurve bestimmt.

β) *Aus Trocknungsversuchen im nichthygroskopischen Bereich*

Bei der Lufttrocknung unter konstanten äußeren Bedingungen diffundiert der Dampf von der Oberfläche in den Luftstrom, während die Wärme aus dem Luftstrom durch Wärmeübergang an das Gut übergeht

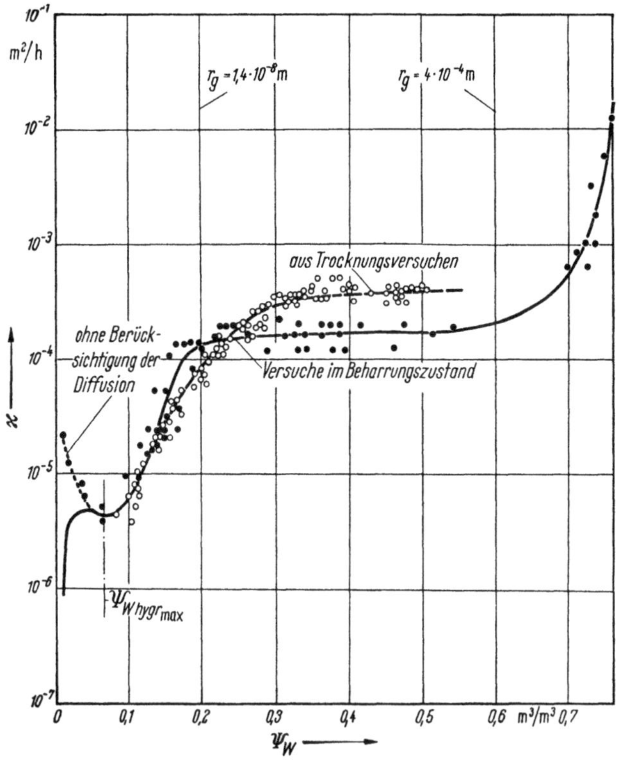

Abb. 164. Verlauf für Ytong (Γ_s = 650 kg/m³).

Zu den Abb. 163 und 164: Abhängigkeit der Feuchtigkeitsleitzahl ϰ vom Feuchtigkeitsgehalt Ψ_W (bei 25 °C). Kreise: Meßwerte aus Trocknungsversuchen; Punkte: Meßwerte aus Versuchen im Beharrungszustand.

(vgl. auch S. 246ff. und S. 354ff.). Zunächst – solange die kapillaren Kräfte ausreichen, die Flüssigkeit aus dem Gutsinnern an die Oberfläche heranzuführen – findet dieser Austausch nur an der Oberfläche statt. Im Gutsinnern stellt sich eine konstante Temperatur ein. Später, wenn die Oberfläche austrocknet, wandert der „Trockenspiegel“, an dem der Wärme- und Stoffaustausch erfolgt, ins Gutsinnere. Aber unterhalb des Trocknungsspiegels kann man stets näherungsweise konstante Temperatur im Gutsinnern annehmen.

Dann muß also im feuchten Teil des Gutes – soweit nicht durch hygroskopisches Verhalten Dampfdruckunterschiede bewirkt werden – überall gleicher Dampfdruck angenommen werden, so daß eine Stoffbewegung nur in der flüssigen Phase möglich ist. Für diesen Fall lassen sich aus den zeitlichen und örtlichen Änderungen des Feuchtigkeitsgehaltes an jeder Stelle Flüssigkeitsleitzahlen berechnen.

Bei der Untersuchung MAHLERS, in der die Messung der örtlichen Feuchtigkeitsverteilung ohne Zerstörung der Proben möglich war, wur-

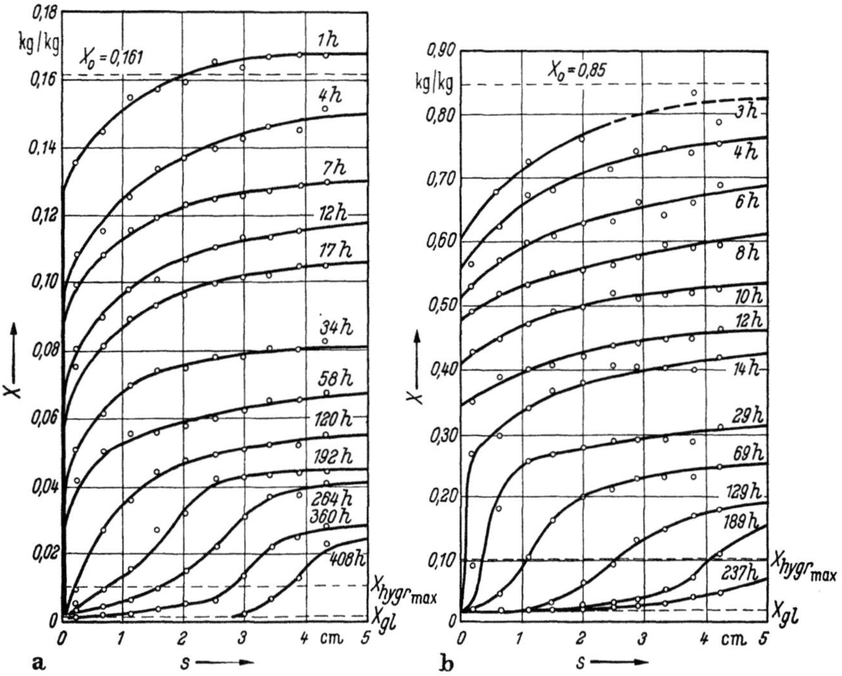

Abb. 165 a u. b. Feuchtigkeitsverteilung beim Trocknen von a) Dachziegel, b) Ytong zu verschiedenen Trocknungszeiten. X_0 Mittlerer Feuchtigkeitsgehalt zu Beginn der Trocknung.

den auch Versuche zur Bestimmung von $\varkappa$ aus den Feuchtigkeitsfeldern beim Trocknen durchgeführt.

Abb. 165 zeigt zwei Beispiele solcher Feuchtigkeitsfelder bei Trocknungsversuchen an Dachziegelproben (Abb. a) und Gasbetonproben (Abb. b).

Für jede Stelle z gilt entsprechend Gl. (260) für die dort zur Zeit t transportierte Flüssigkeitsmenge:

$$d G_W = -F \varkappa \frac{\partial \Gamma_W}{\partial z} d t .$$

Sie stammt aus der Abnahme des Feuchtigkeitsgehaltes der gesamten Gutsschicht von 0 bis z während des Zeitelementes dt. Also gilt auch:

$$d G_W = -F \int_0^z \frac{\partial \Gamma_W}{\partial t} d z .$$

Man erhält:

$$\varkappa = \frac{1}{\left(\frac{\partial \Gamma_W}{\partial z}\right)_z} \int_0^z \frac{\partial \Gamma_W}{\partial t} \, d z .$$

Die Ergebnisse der nach dieser Gleichung ausgewerteten Trocknungsversuche sind in den Abb. 163 und 164, durch Kreise gekennzeichnet, den aus Beharrungsversuchen gewonnenen $\varkappa$-Werten für Dachziegel und Porenbeton (Vollkreise) gegenübergestellt. Man erkennt, im ganzen gesehen, eine recht gute Übereinstimmung zwischen den Ergebnissen der verschiedenen Meßverfahren.

γ) Aus der Kapillarverteilungskurve

Nach Gl. 275a kann man bei Kenntnis der Kapillarverteilungskurve und des Wegfaktors $\mu_{l_{\text{kap}}}$ auf die kapillare Leitfähigkeit $\varkappa$ schließen. Für eine Vorausabschätzung bietet die mangelnde Kenntnis des Wegfaktors $\mu_{l_{\text{kap}}}$ die größte Schwierigkeit.

Daher wurden für diejenigen Stoffe, für welche die kapillare Flüssigkeitsleitzahl $\varkappa$ aus anderen Versuchen bekannt war, auch die Kapillarverteilungskurven aufgenommen und aus ihnen das Produkt $\mu_{l_{\text{kap}}} \varkappa$ nach Gl. (275a) bestimmt.

In Abb. 166 sind für die drei näher untersuchten Stoffe (Quarzitsand 0,72 mm Korndurchmesser, Dachziegel und Porenbeton Ytong) die Ergebnisse aufgezeichnet und mit den gemessenen $\varkappa$-Werten verglichen.

Der Vergleich zeigt, daß $\varkappa$ und $\mu_{l_{\text{kap}}} \varkappa$ im wesentlichen die gleiche Tendenz zeigen und in der logarithmischen Darstellung in grober Näherung äquidistant sind (abgesehen von Dachziegel im Bereich kleiner Feuchtigkeitsgehalte). Mit anderen Worten besagt dies, daß die Größe $\mu_{l_{\text{kap}}}$, soweit die Kurven etwa äquidistant sind, in grober Näherung als konstant angesehen werden kann.

Wenn man für die einzelnen Stoffe im Mittel folgende Werte

für Sand	$\mu_{l_{\text{kap}}} \approx 7{,}5$
für Gasbeton Ytong	$\mu_{l_{\text{kap}}} \approx 15$
für Dachziegel	$\mu_{l_{\text{kap}}} \approx 250$

ansetzt, so decken sich die aus Schleuderversuchen gewonnenen Kurven

$$\frac{\mu_{l_{\text{kap}}} \varkappa}{\mu_{l_{\text{kap}}}}$$

im wesentlichen mit den experimentell festgestellten Kurven der $\varkappa$-Werte.

Bei Dachziegel müßten im Bereich kleiner Feuchtigkeiten noch erheblich größere Werte $\mu_{l_{\text{kap}}}$ (bis zu etwa 2500) angenommen werden, um die Kurven zur Deckung zu bringen.

Nach den allgemeinen Erkenntnissen über die Wegfaktoren, die oben hergeleitet wurden (s. S. 202ff.), deutet dies darauf hin, daß bei der Kapillarwasserbewegung durch die Poren das Flächenerweiterungsverhältnis $f_{\text{größt}}/f_{\text{kleinst}}$ der Porenkanäle bei einem so dichten – durch das Brennen teilweise gesinterten – Stoff wie Dachziegel sehr viel größer ist als bei Sand, bei dem die Bewegung des Kapillarwassers im wesentlichen an der rauhen und zerklüfteten Oberfläche der Körner erfolgt.

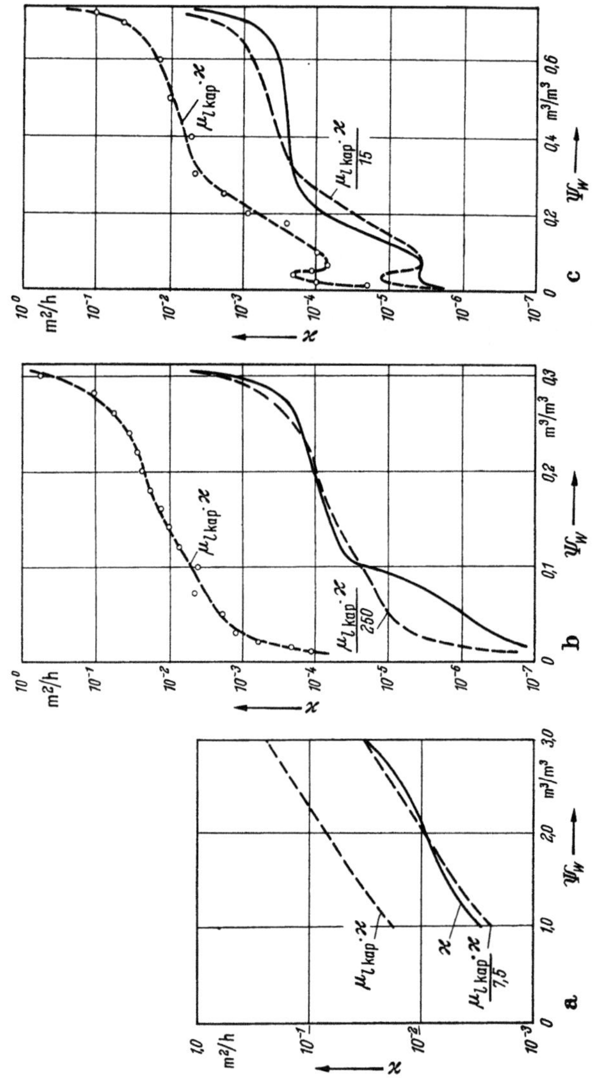

Abb. 166 a–c. Vergleich der aus Trocknungs- und aus Beharrungsversuchen ermittelten Flüssigkeitsleitzahl $\varkappa$ mit dem aus Schleuderversuchen erhaltenen Produkt $\mu_{l_{kap}}\varkappa$.

a) Quarzitsand bzw. ungereinigter Marmorsand ($d_K = 0{,}72$ mm); b) Dachziegel ($\Gamma_s = 1880$ kg/m³); c) Ytong ($\Gamma_s = 650$ kg/m³).

Es erscheint vor weiteren prinzipiellen Untersuchungen nicht möglich, präzisere Begründungen für den Sachverhalt anzugeben.

δ) *Aus sonstigen Versuchen*

Bei quellfähigen Gütern, die im Bereich höherer Feuchtigkeit nur Feststoff und Flüssigkeit enthalten (keine Luft), ist beim Entwässern die

Volumenabnahme gleich dem entzogenen Flüssigkeitsvolumen (z.B. bei Tonen, Kolloiden, manchen pflanzlichen Gütern usw.). Bei solchen Gütern kann der kapillare Zug P_M, der bei bestimmter Feuchtigkeit Ψ_W im Innern herrscht, beim Entwässern durch Pressen festgestellt werden. Der kapillare Zug ist im Gleichgewicht gleich dem negativen Preßdruck. So findet man $P_M = f(\Psi_W)$.

Läßt man durch eine Probe, die unter bestimmtem Preßdruck zwischen gelochten Stempeln steht, Flüssigkeit unter einem Überdruck ΔP durchfließen und mißt die stündliche Menge G_W, so bestimmt man aus dieser nach Gl. (262) mit s als Schichtstärke die Größe:

$$\frac{b_{\text{kap}}}{\mu_F \mu_{l_{\text{kap}}}} = \frac{G_W s}{F \Delta P}.$$

Mit Hilfe von Gl. (263) kann die Flüssigkeitsleitzahl $\varkappa$ berechnet werden

$$\varkappa = \frac{b_{\text{kap}}}{\mu_F \mu_{l_{\text{kap}}}} \frac{1}{\gamma_W} \frac{d P_M}{d \Psi_W},$$

wenn man $d P_M / d\Psi_W$ aus dem Zusammenhang $P_M = f(\Psi_W)$ entnimmt.

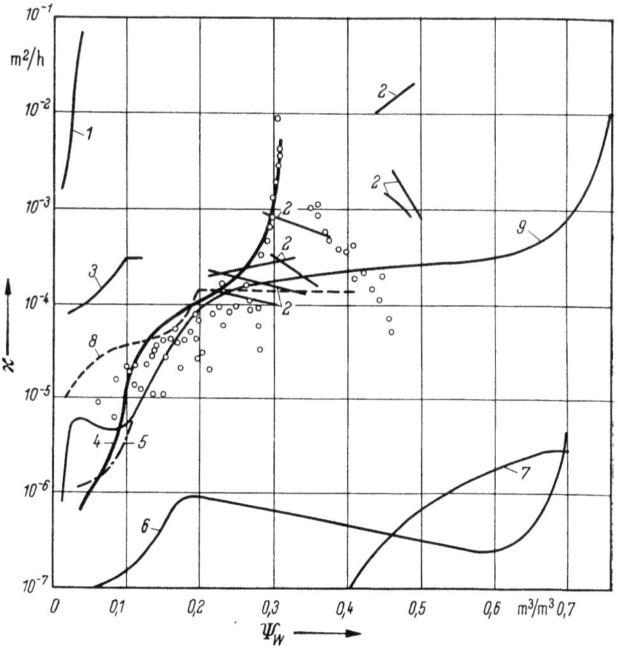

Abb. 167. Vergleich der Feuchtigkeitsleitzahlen $\varkappa$ aus verschiedenen Untersuchungen in Abhängigkeit vom Feuchtigkeitsgehalt Ψ_W der Volumeneinheit des Trockengutes.

1 Quarzitsand (mittlerer Korndurchmesser d_K = 0,7 mm) nach [*107*]; *2* Verschiedene Tone nach [*129*]; *3* Keramische Masse von Γ_s = 2000 kg/m³ (angenommen) nach [*27*], insbesondere S. 143 bis 144; *4* Dachziegel von Γ_s = 1880 kg/m³ bei 25 °C nach [*118*]; *5* Ziegel von Γ_s = 1800 kg/m³ nach [*90*]; *6* Buchenholz in radialer Richtung bei 0 °C nach [*155*]; *7* Kartoffelscheiben nach [*73*]; *8* Ton von Γ_s = 1800 kg/m³ nach [*27*]; *9* Ytong (Γ_s = 650 kg/m³) bei 25 °C nach [*118*]. Einzelpunkte für Ton von Γ_s = 1800 kg/m³ (angenommen) nach [*92*].

Aus Messungen dieser Art, die MACEY [*129*] an Tonen in einem Feuchtigkeitsbereich oberhalb des Beginnes der Verfestigung („Lederhärte“) durchgeführt hat, sind die in Abb. 167 in den mit 2 bezeichneten Kurven dargestellten Feuchtigkeitsleitzahlen für die verschiedenen Tonarten berechnet.

Nach dem gleichen Verfahren hat GÖRLING [*72*] Versuche mit Kartoffelscheiben angestellt, durch die Kurve 7 in Abb. 167 bestätigt wird. Kurve 6 für Buchenholz bei radialer Feuchtigkeitsbewegung und Kurve 7 für Kartoffelscheiben sind im nichthygroskopischen Gebiet (Buchenholz $\Psi_W > 0{,}19$, Kartoffel $\Psi_W > 0{,}52$) aus Trocknungsversuchen gewonnen, bei denen die Feuchtigkeitsverteilung in vielen Proben im Ablauf der Trocknung festgestellt wurde, so daß sowohl das Feuchtigkeitsgefälle $d\Psi_W/dz$ als auch die durch jeden Querschnitt fließende Feuchtigkeitsmenge G_W ermittelt werden konnte. Die Auswertung konnte dann nach Gl. (260) erfolgen (vgl. S. 220).

Im hygroskopischen Bereich, in dem sowohl bei Holz als auch bei Kartoffel eine Dampfdiffusion in luftgefüllten Poren auftritt, ist die Bestimmung der Flüssigkeitsleitzahl $\varkappa$ nur bei Kenntnis der Diffusion möglich. Der Weg, der zur Bestimmung von $\varkappa$ für Holz im hygroskopischen Bereich eingeschlagen wurde, ist auf S. 345ff. angegeben[1].

ε) *Die Größenordnung der Feuchtigkeitsleitzahlen*

Die in Abb. 167 zusammengestellten Feuchtigkeitsleitzahlen vermitteln einen Einblick in die Größenordnung dieser Stoffeigenschaft für verschiedene Güter, die innerhalb von sechs Zehnerpotenzen variiert.

Man entnimmt der Abbildung die deutliche Staffelung nach der Größe der Porenräume, in denen die Flüssigkeitsbewegung vor sich geht. Für Holz und Kartoffel liegt $\varkappa$ im wesentlichen zwischen 10^{-7} und 10^{-6}, für Sand von 0,7 mm Korngröße bei kleineren Feuchtigkeitsgehalten schon bei 10^{-3} bis 10^{-1}. Zwischen diesen Extremen ist die Folge der Stoffe: Holz, Ton, Ziegel, Sand.

d) Flüssigkeitstransport in nichtporigen Gütern infolge Flüssigkeitsdiffusion

Für den Stofftransport infolge Diffusion macht man gewöhnlich den Ansatz:

$$G_s = -F\varkappa\frac{\partial \Gamma_s}{\partial z},$$

worin G_s das stündliche Gewicht, Γ_s die Konzentration z.B. eines Salzes in der Lösung und $\varkappa$ die gewöhnlich mit D bezeichnete Diffusionszahl ist. Bei Aufgaben der Trocknungstechnik interessiert mehr die Bewegung des Lösungsmittels, das dem Salz entgegen diffundieren muß. Bedenkt man, daß dabei das Gesamtvolumen konstant bleiben muß, so kann der Ansatz gemacht werden:

$$G_W = -F\varkappa\frac{\partial \Gamma_W}{\partial z},$$

[1] Untersuchungen über Flüssigkeitsleitung in Baustoffen im hygroskopischen Bereich sind von W. WISSMANN [*185*] durchgeführt.

worin $\varkappa$ die für Salz und Lösungsmittel gleiche Diffusionszahl und Γ_W die Konzentration des Lösungsmittels bedeutet.

Über die Abhängigkeit der Diffusionszahl von Temperatur und Zähigkeit läßt sich, wie man am Beispiel der Diffusion sichtbarer Teilchen ableiten kann (vgl. hierzu EUCKEN-WICKE [*12*], S. 390), folgende Aussage machen:

$$\varkappa = \varkappa_0 \frac{\Re T}{\Re T_0} \frac{\eta_0}{\eta}.$$

Danach ist $\varkappa$ proportional $\Re T$, das die treibende Kraft infolge der thermischen Eigenbewegung darstellt, und umgekehrt proportional der Zähigkeit, welche die bremsende Kraft darstellt.

Vergleicht man die Diffusionszahl mit der kapillaren Flüssigkeitsleitzahl, so erkennt man die analoge Abhängigkeit von der Zähigkeit:

$$\varkappa = \varkappa_0 \frac{\sigma}{\sigma_0} \frac{\eta_0}{\eta}.$$

Für die treibende Kraft steht hier lediglich an Stelle von $\Re T$ die Oberflächenspannung σ.

Ebenso wie die kapillare Flüssigkeitsleitzahl ist die Diffusionszahl stark von der Konzentration abhängig. Einige Beispiele für Diffusionszahlen enthalten die Tab. 38 und 39.

Tabelle 38. *Diffusion in Flüssigkeiten bei Zimmertemperatur nach* [*90*].

Diffundierende Substanz	Konz.	Lösungsmittel	Temp. °C	$D \cdot 10^5$ cm^2sec^{-1}	Lit.
Methanol	0,25%	Wasser	18	1,37	[*69*]
Phenol	0,25%	Wasser	18	0,80	[*173*] [*174*]
CO_2		Wasser	18	1,46	[*172*]
N_2		Wasser	18	1,62	[*172*]
H_2		Wasser	18	3,59	[*172*]
KCl	0,00 m	Wasser	25	1,996	[*70*]
KCl	0,20 m	Wasser	25	1,857	[*70*]
KCl	2,00 m	Wasser	25	1,901	[*70*]
NaCl	0,00 m	Wasser	18,5	1,354	[*70*]
NaCl	0,20 m	Wasser	18,5	1,274	[*70*]
NaCl	2,00 m	Wasser	18,5	1,273	[*70*]
KNO_3	0,00 m	Wasser	18,5	1,645	[*70*]
KNO_3	1,00 m	Wasser	18,5	1,29	[*70*]
J_2	0,1 n	Benzol	20	1,67	[*134*]
J_2	0,1 n	Methanol	20	1,572	[*134*]
J_2	0,1 n	Heptan	20	2,386	[*134*]
Benzol	50%	n-Heptan	25	2,47	[*177*]

Tabelle 39. *Diffusion in Salzschmelzen*[1].

Diffundierende Substanz	Lösungsmittel	Temp. °C	$D \cdot 10^5$ cm^2sec^{-1}
$AgNO_3$	$NaNO_3$	330	4,57
AgBr	KBr	780	4,92
AgJ	KJ	720	4,63
KJ	KNO_3	360	2,96
$Ba(NO_3)_2$	KNO_3	370	2,06

[1] LORENZ, R., Raumerfüllung und Ionenbeweglichkeit, S. 207, Leipzig 1922.

C. Stoffübergang

Unter Stoffübergang versteht man in Analogie zum Wärmeübergang den Übergang eines diffundierenden Stoffes von einer Oberfläche in ein bewegtes Medium oder umgekehrt. Solche Vorgänge treten auf bei der Verdunstung von einer feuchten Oberfläche in ein strömendes Gas bzw. bei der Absorption eines Dampfes an einem hygroskopischen Mittel. An die Stelle des den Wärmeübergang im wesentlichen beeinflussenden Zusammenwirkens von Energietransport durch Wärmeleitung quer zur Richtung des strömenden Mediums und konvektiver Energiemitnahme in Strömungsrichtung tritt beim Stoffübergang das Zusammenspiel zwischen dem Stofftransport durch Diffusion quer zur Strömungsrichtung und der konvektiven Stoffmitnahme in Strömungsrichtung. Die Abhängigkeiten des Stoffüberganges von den Strömungsverhältnissen sind formal ähnlich gegeben wie diejenigen des Wärmeüberganges [*141*, *158*].

a) Die Stoffübergangszahl β

Man bildet eine Stoffübergangszahl β analog der Wärmeübergangszahl α durch den Ansatz:

$$G_D = F \frac{\beta}{R_D T} (P_{D_0} - P_{D_L}). \tag{278}$$

Darin bedeutet G_D [kg/h] das stündlich von der Oberfläche F [m²], an der der Dampfteildruck P_{D_0} [kg/m²] herrscht, in einen Gasstrom mit dem Dampfteildruck P_{D_L} übergehende Dampfgewicht. Zu dem Faktor $R_D T$ im Nenner ist zu bemerken, daß $P_D/R_D T = \gamma_D$, worin γ_D das spezifische Gewicht des Dampfes ist. Solange die Temperatur T in dem Gasstrom beim Verdunstungsvorgang konstant ist, kann man ebenso wie Dampfteildruckunterschiede auch Unterschiede in der Konzentration des Dampfes (entweder spezifisches Gewicht γ_D oder Dampfgehalt x) als treibende Potentialdifferenz ansehen[1].

b) Die Gesetzmäßigkeiten des Stoffübergangs

In welcher Weise Stoff- und Wärmeübergang miteinander verbunden sind, wenn beide in der gleichen Strömung miteinander gekuppelt sind,

[1] In neueren physikalischen Arbeiten werden Ansätze vorgeschlagen, die für die Bewegungsvorgänge beim Vorhandensein von Temperatur-, Teildruck- oder Konzentrationsgefällen ein universelles Potential einführen. Bei den Problemen der Trocknungstechnik sind allgemein Einflüsse des Temperaturgefälles auf Diffusionsvorgänge vernachlässigbar.

Bei Stoffübergangsproblemen wird häufig eine Stoffübergangszahl „σ" eingeführt (Kirschbaum [*97*], Grubenmann [*78*]), die durch den Ansatz

$$\sigma = \frac{G_D}{F(x_0 - x_L)} \tag{279}$$

definiert ist. Da im Grundgesetz der Diffusion [s. Gl. (207)] das Dampfteildruckgefälle als Potential angesetzt wird, ist Gl. (278) konsequenter als Gl. (279). Vgl. auch [*42*].

soll angesichts der Bedeutung dieses Zusammenhanges für die Trocknungstechnik an zwei völlig getrennten Betrachtungsarten dargetan werden. In der ersten Betrachtung wird an zwei hypothetischen Fällen das charakteristische Zusammenspiel beider Mechanismen gezeigt. Alsdann werden in der gleichen Weise wie beim Wärmeübergang die Gesetzmäßigkeiten des Stoffüberganges in strömenden Medien entwickelt und mit den ersteren verglichen. In beiden Fällen scheint es wichtig, von vornherein Bedingungen vorzugeben, die den in der Trocknungstechnik üblichen hinsichtlich der Höhe des Wasserdampfteildruckes gleichen.

1. Der Zusammenhang zwischen Wärme- und Stoffübergang für Grenzfälle

α) *Ruhende oder laminar bewegte Grenzschichten konstanter Dicke*

Es sei angenommen, zwischen dem vollkommen turbulenten Kern einer Strömung – in dem also vollkommener Temperatur- und Dampfdruckausgleich herrscht – und einer Wand befinde sich eine laminare Grenzschicht von der Dicke s, in der die Geschwindigkeit linear bis auf den Wert Null an der Wand abnimmt (s. Abb. 168). Die Wand habe die Temperatur ϑ_0, und in ihrer Oberfläche herrsche der Dampfdruck P_{D_0}. Die entsprechenden Werte im turbulenten Strom seien ϑ_L und P_{D_L}. Ist der Kern der Strömung von solcher Wärme- und Dampfkapazität, daß sich ϑ_L und P_{D_L} während des Vorbeiströmens an der Wand nicht ändern, so ist der Wärme- und Stoffaustausch an jeder Stelle längs der Strömung gleich.

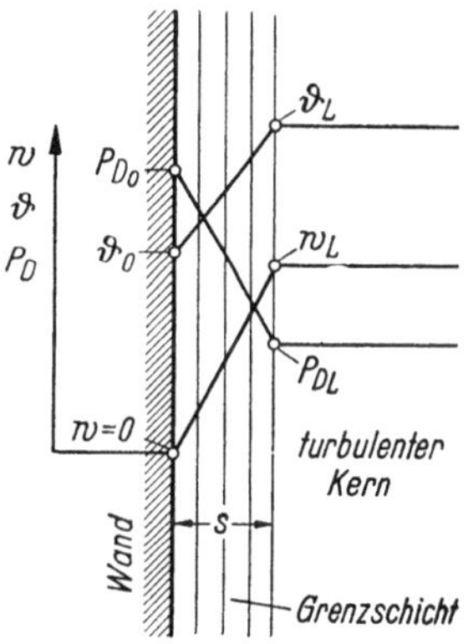

Abb. 168. Temperatur-, Dampfdruck- und Geschwindigkeitsfeld bei Annahme einer laminaren Grenzschicht konstanter Dicke.

Der Wärmestrom ist, wenn man ihn einerseits nach dem Wärmeübergangsansatz, andererseits nach dem Wärmeleitungsansatz schreibt:

$$Q = F\alpha(\vartheta_L - \vartheta_0) = F\lambda\frac{\vartheta_L - \vartheta_0}{s}. \quad (280)$$

Es folgt:

$$\alpha = \frac{\lambda}{s}. \quad (281)$$

Der Diffusionsstrom kann ebenfalls mit der Stoffübergangszahl oder nach dem Ansatz für die Diffusion in ruhenden Medien (s. S. 177) geschrieben werden. Es ist nach Gl. (208a):

$$G = F\frac{\beta}{R_D T}(P_{D_0} - P_{D_L}) = F\frac{1}{R_D T}\frac{\delta}{s}\frac{P}{P - P_{D_m}}(P_{D_0} - P_{D_L}).$$

Worin nach Gl. (208b) der mittlere Teildruck der Luft

$$P - P_{D_m} = \frac{P_{D_0} - P_{D_L}}{\ln\dfrac{P - P_{D_L}}{P - P_{D_0}}}$$

ist.

Es ergibt sich dann:

$$\beta = \frac{\delta}{s} \frac{P}{P - P_{D_m}} \tag{282}$$

oder, wenn man Gl. (281) durch Gl. (282) dividiert:

$$\frac{\alpha}{\beta} = \frac{\lambda}{\delta} \frac{P - P_{D_m}}{P}. \tag{283}$$

Diese Gleichung sagt, daß Wärme- und Stoffübergang in einem einfachen Zusammenhang stehen, der jedoch außer von dem Verhältnis von Wärmeleitfähigkeit λ zur Diffusionszahl δ noch vom Verhältnis des mittleren Teildruckes der Luft $(P - P_{D_m})$ zum Gesamtdruck P abhängig ist.

Für den in der Trocknungstechnik seltenen Fall, daß der Dampfteildruck vernachlässigbar klein gegenüber dem Gesamtdruck ist $(P_D \approx 0)$, ergibt sich der meist erwähnte Zusammenhang $\alpha/\beta = \lambda/\delta$.

Tabelle 40. *Das Verhältnis von Wärmeleitzahl λ zu Diffusionszahl δ bei 0 °C und 760 mm QS im Vergleich zu γc_p* und *γc_v nach [80]*[1].

Stoff	δ (in Luft)	λ Luft	λ/δ	γc_p Luft	γc_v Luft	a/δ
	m²/h	kcal/mh °C	kcal/m³ °C	kcal/m³ °C	kcal/m³ °C	·/.
Isobutylvalverat	0,0153	0,0204	1,333	0,3017	0,2154	4,42
Benzol	0,0270	0,0204	0,756	0,3017	0,2154	2,51
Schwefelkohlenstoff	0,0318	0,0204	0,642	0,3017	0,2154	2,13
Äthylalkohol	0,0366	0,0204	0,557	0,3017	0,2154	1,85
Methylalkohol	0,0476	0,0204	0,429	0,3017	0,2154	1,42
Wasser	0,083	0,0204	0,244	0,3017	0,2154	0,82

Tab. 40 gibt das Verhältnis λ/δ und a/δ für einige Dämpfe bei Diffusion in Luft an. Als Leitfähigkeit λ und Wärmekapazität γc_p bzw. γc_v sind die Werte für Luft angegeben, so daß die Zahlen nur bei kleinen Dampfkonzentrationen gültig sind. Für Wasserdampf-Luft-Gemische liegt λ/δ zwischen γc_p und γc_v.

β) *Rein turbulenter Austausch*

Es sei von einer Grenzschicht abgesehen und ein Fall des Austausches behandelt, bei dem ein Turbulenzballen vom Volumen V, der Temperatur ϑ_L und dem Dampfdruck P_{D_L} mit einer Wand zusammenstößt, an der ϑ_0 und P_{D_0} herrscht (s. Abb. 169). Der Ballen soll bei der Berührung die Temperatur und den Dampfdruck der Wand annehmen und wieder in den Gasstrom zurückfliegen. Dann bleibt beim Austausch das in ihm

[1] Als grobe Näherung für das Verhältnis zwischen Temperaturleitfähigkeit a und Diffusionszahl δ, das häufig mit *Le* (Lewissche Zahl) bezeichnet wird, gibt Hausen folgende Beziehung

$$\frac{a}{\delta} = \sqrt{\frac{M_1}{M_2}},$$

worin M_1 das Molekulargewicht des diffundierenden Stoffes, M_2 dasjenige des aufnehmenden Gases ist.

enthaltene Luftgewicht das gleiche, während wegen der Änderung des Dampfgehaltes und der Temperatur das Volumen sich auf V' ändert.

In dem auf die Wand auftreffenden Volumen V sei ein Luftgewicht G_L und ein Dampfgewicht G_D enthalten. Dann ist nach dem Gasgesetz:

$$G_L = \frac{P - P_{D_L}}{R_L T_L} V; \quad G_D = \frac{P_{D_L}}{R_D T_L} V.$$

Nach der Berührung mit der Wand ist das im Ballen enthaltene Luftgewicht G_L das gleiche wie vorher:

$$G_L = \frac{P - P_{D_0}}{R_L T_0} V' = \frac{P - P_{D_L}}{R_L T_L} V$$

oder

$$V' = \frac{P - P_{D_L}}{P - P_{D_0}} \frac{T_0}{T_L} V.$$

Darin befindet sich ein Dampfgewicht

$$G'_D = \frac{P_{D_0}}{R_D T_0} V' = \frac{P_{D_0}}{R_D T_L} \frac{P - P_{D_L}}{P - P_{D_0}} V.$$

Für das aufgenommene Dampfgewicht ΔG_D ergibt sich nach kleiner Zwischenrechnung:

$$\Delta G_D = G'_D - G_D = \frac{P}{R_D T_L} \frac{P_{D_0} - P_{D_L}}{P - P_{D_0}} V.$$

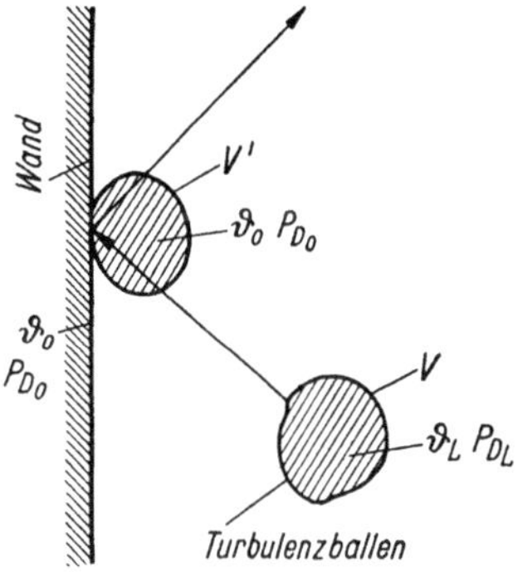

Abb. 169. Zum Wärme- und Stoffaustausch bei vollkommener Turbulenz.

Macht man für diesen Stoffaustausch den Ansatz nach Gl. (278), unter Einsetzen der Temperatur im turbulenten Strom, so ergibt sich:

$$\Delta G_D = F \frac{\beta}{R_D T_L} (P_{D_0} - P_{D_L}).$$

Es folgt:

$$\beta = \frac{V}{F} \frac{P}{P - P_{D_0}}. \tag{284}$$

Der Energiezustand des Ballens V ändert sich beim Auftreffen auf die Wand; der Betrag der ausgetauschten Wärmemenge ist gleich der Enthalpiedifferenz vor und nach dem Auftreffen:

$$Q = (G_L c_{p_L} + G_D c_{p_D}) (\vartheta_L - \vartheta_0) = F \alpha (\vartheta_L - \vartheta_0)$$

oder

$$\alpha = \frac{G_L c_{p_L} + G_D c_{p_D}}{F}.$$

Es folgt, wenn man G_L und G_D in obiger Weise durch V ausdrückt:

$$\alpha = \frac{V}{F} (\gamma_L c_{p_L} + \gamma_D c_{p_D}) = \frac{V}{F} \gamma c_p, \tag{285}$$

wenn

$$\gamma c_p = \gamma_L c_{p_L} + \gamma_D c_{p_D} \tag{286}$$

bei der Temperatur und den Teildruckverhältnissen im Gasstrom T_L und P_{D_L} gebildet wird.

Für das Verhältnis von Wärme- zu Stoffübergangszahl findet man durch Division von Gl. (285) durch Gl. (284):

$$\frac{\alpha}{\beta} = \gamma c_p \frac{P - P_{D_0}}{P}. \tag{287}$$

Für kleinere Teildrucke des Wasserdampfes und kleine Temperaturunterschiede geht Gl. (287) in die bekannte LEWISsche Beziehung

$$\frac{\alpha}{\beta} = \gamma\, c_p \tag{288}$$

über. Für die in der Trocknungstechnik sehr häufigen Fälle der Trocknung bei höheren Temperaturen und höheren Dampfdrucken wird Gl. (288) zu ungenau, und man muß Gl. (287) verwenden.

2. Die Abhängigkeiten des Stoffübergangs in strömenden Medien

Eine andere Betrachtungsweise als diejenige, die bei den bisherigen Grenzfällen angewandt wurde, gibt über die einzelnen Abhängigkeiten der Diffusion in bewegten Medien genaueren Aufschluß. Dabei muß man die Differentialgleichung der Stoffbewegung in strömenden Medien aufstellen, die sich für gegebene Randbedingungen wenigstens näherungsweise unter gewissen Einschränkungen lösen läßt. Diese Methode läßt sich jedoch ebenso wie die analytische Behandlung der Wärmebewegung in strömenden Medien nur für den Fall laminarer Bewegung durchführen, bei der der Energietransport quer zur Strömungsrichtung als reine molekulare Wärmeleitung, der Stofftransport als reine molekulare Diffusion angesehen werden können, also keine turbulente Mischbewegung vorliegt.

α) *Die Differentialgleichung für die Verdunstung in ein strömendes Medium*

Unter obiger Voraussetzung kann man die der Differentialgleichung der Dampfdiffusion in strömenden Medien zugrunde liegende Stoffbilanz folgendermaßen in Worte fassen: Die Dampfmenge, die in ein aus dem strömenden Medium beliebig herausgegriffenes Volumenelement durch Diffusion quer zur Strömungsrichtung mehr eintritt als austritt, muß durch konvektive Mitnahme in Richtung der Strömung herausgefördert werden. Sie lautet nach Einführung kleiner Vereinfachungen für einachsige Strömung und unter der Annahme, daß in Gl. (207) P_D klein gegen P sei:

$$\frac{\partial^2 P_D}{\partial z^2} = \frac{w}{\delta}\,\frac{\partial P_D}{\partial y}\,.\ ^{1} \tag{289}$$

Diese Gleichung ist mit der Differentialgleichung der Wärmeleitung in strömenden Medien [s. Gl. (124)] formal übereinstimmend. Daher sind

---

[1] Zu der für Verdunstungsvorgänge streng gültigen Differentialgleichung (289a) ohne die Vereinfachung $P_D \approx 0$ kommt man folgendermaßen: Betrachtet man den einfachsten Fall der einachsigen Strömung (Strömungsrichtung y, Diffusionsrichtung z), so ist das durch Diffusion in ein Volumenelement mit den Kantenlängen dy, dz und h mehr ein- als ausströmende Dampfgewicht unter Verwendung von Gl. (207)

$$dy\, h\,\frac{\partial\left(b_{\text{verd}}\,\frac{\partial P_D}{\partial z}\right)}{\partial z}\,dz\,.$$

Die Zunahme der konvektiven Dampfmitführung bei der Geschwindigkeit w ist

$$dz\, h\, w\, \gamma_L\,\frac{\partial x}{\partial y}\,dy\,.$$

auch die Lösungen der Gl. (289) formal die gleichen wie diejenigen der Gl. (124). Man muß nur an Stelle der Temperaturen die entsprechenden Dampfteildrucke setzen und an Stelle der Temperaturleitfähigkeit a die Diffusionszahl δ.

β) *Die Verdunstung an einer längs angeströmten ebenen Platte bei reibungsfreier Strömung*

Man erhält als Lösung der Gl. (289) für den Fall, daß an der Oberfläche einer ebenen Platte der Dampfdruck P_{D_0} herrscht, während in dem mit der konstanten Geschwindigkeit w vorbeiströmenden Medium in hinreichendem Abstand von der Oberfläche immer der Dampfteildruck P_{D_L} herrscht, die der Gl. (127) entsprechende Lösung für den örtlich verschiedenen Dampfteildruck P_D:

$$\frac{P_{D_0} - P_D}{P_{D_0} - P_{D_L}} = G\left(\frac{1}{2}\sqrt{\frac{wz}{\delta}\,\frac{z}{y}}\right), \qquad (291)$$

Fortsetzung der Anmerkung von S. 250.

Ersetzt man nach Gl. (6) den Dampfgehalt x durch Druck und Teildruck

$$x = \frac{R_L}{R_D}\,\frac{P_D}{P - P_D},$$

so wird

$$\frac{\partial x}{\partial y} = \frac{R_L}{R_D}\,\frac{P}{(P - P_D)^2}\,\frac{\partial P_D}{\partial y}.$$

Durch Gleichsetzen der durch Diffusion mehr zu- als abgeführten Dampfmenge mit der Zunahme der konvektiv mitgenommenen ergibt sich als Differentialgleichung der Diffusion in bewegten Medien bei Verdunstungsvorgängen (einseitige Diffusion):

$$\frac{\partial\left(b_{\text{verd}}\,\frac{\partial P_D}{\partial z}\right)}{\partial z} = w\,\frac{\gamma_L R_L P}{R_D (P - P_D)^2}\,\frac{\partial P_D}{\partial y}. \qquad (290)$$

Darin ist nach Gl. (207)

$$b_{\text{verd}} = \frac{\delta}{R_D T}\,\frac{P}{P - P_D}.$$

Zur Vereinfachung von Gl. (290) ist die Einschränkung zweckmäßig, daß der Dampfteildruck P_D und die Temperatur T bei dem betrachteten Vorgang nur so geringe Unterschiede aufweisen, daß b_{verd} als konstant angesehen werden kann, d.h. daß für die Größen P_D und T in b_{verd} hinreichend sichere Mittelwerte angegeben werden können.

Dann geht Gl. (290) über in

$$\frac{\partial^2 P_D}{\partial z^2} = \frac{w\,\gamma_L R_L T}{\delta (P - P_D)}\,\frac{\partial P_D}{\partial y}.$$

Bedenkt man, daß die Größe $P - P_D$ den Teildruck der Luft P_L darstellt, so sieht man, daß nach dem Gasgesetz

$$\frac{\gamma_L R_L T}{P - P_D} = 1$$

ist. Es folgt Gl. (289).

Führt man in Gl. (290) b_{verd} nicht als Konstante ein, sondern läßt in Gl. (210) die Größe $P - P_D$ veränderlich, so ergibt sich als Differentialgleichung für Verdunstungsprobleme

$$\frac{\partial^2 \ln (P - P_D)}{\partial z^2} = \frac{w}{\delta}\,\frac{\partial \ln (P - P_D)}{\partial y}. \qquad (289\,\text{a})$$

worin $G\left(\frac{1}{2}\sqrt{\frac{w z}{\delta}\frac{z}{y}}\right)$ wiederum das GAUSSsche Integral (s. S. 116) ist.

Will man aus dem Dampfdruckfeld die Stoffübergangszahl β bestimmen, so muß man zunächst die je m Breite am Element dy an der Stelle y stündlich verdunstende Wassermenge bestimmen. Es ist

$$d G_y = -b_{\text{verd}}\left(\frac{\partial P_D}{\partial z}\right)_{z=0} d y = +b_{\text{verd}} \frac{1}{\sqrt{\pi}} \sqrt{\frac{w}{\delta y}}\,(P_{D_0} - P_{D_L})\, d y ,$$

während die insgesamt von $y = 0$ bis $y = l$ übergehende Wassermenge ist:

$$G_0^l = b_{\text{verd}} \frac{1}{\sqrt{\pi}} \sqrt{\frac{w}{\delta}} \int_0^l y^{-1/2}\, d y\, (P_{D_0} - P_{D_L}) = b_{\text{verd}} \frac{2}{\sqrt{\pi}} \sqrt{\frac{w l}{\delta}}\,(P_{D_0} - P_{D_L}).$$

Will man hieraus eine Stoffübergangszahl bestimmen, so ist:

$$1\, l \frac{\beta}{R_D T}(P_{D_0} - P_{D_L}) = G_0^l$$

zu setzen.

Es folgt für die dimensionslose Stoffübergangszahl Nu' mit $b_{\text{verd}} = \frac{\delta}{R_D T}\,\frac{P}{P - P_{D_m}}$, worin P_{D_m} einen mittleren Dampfdruck bedeutet, der vorläufig nur bei kleinen Teildruckunterschieden mit hinreichender Sicherheit anzugeben ist:

$$Nu_l' = \frac{\beta l}{\delta} = \frac{2}{\sqrt{\pi}} \sqrt{\frac{w l}{\delta}}\, \frac{P}{P - P_{D_m}} ,$$

oder

$$Nu_l' \frac{P - P_{D_m}}{P} = 1{,}13 \sqrt{Re} \sqrt{\frac{\nu}{\delta}} = 1{,}13 \sqrt{Re} \sqrt{Pr'} . \tag{292}$$

Die den Stoffübergang kennzeichnende Größe $Nu' \frac{P - P_{D_m}}{P}$ zeigt also die gleiche Abhängigkeit von der Größe $w l/\delta = Re\, Pr'$ wie die Wärmeübergangskennzahl Nu von der Größe $w l/a = Re\, Pr$ [vgl. Gl. (132)]. In Analogie zu der bei Problemen der Wärmeleitung in strömenden Medien für ein Medium maßgeblichen PRANDTLschen Kennzahl $Pr = \nu/a$ ist hier die für Diffusionsprobleme in strömenden Medien kennzeichnende Größe mit $Pr' = \nu/\delta$ eingeführt.

γ) Die Verdunstung an einer längs angeströmten Platte bei Ausbildung einer laminaren Grenzschicht

Unter Voraussetzung der vollkommenen Analogie von Wärme- und Stoffaustausch kann man als Lösung der Differentialgleichung (289) für den Fall, daß sich am umströmten Körper eine laminare Grenzschicht ausbildet, ohne weiteres die von KROUJILINE für den Wärmeübergang gefundene Lösung [Gl. (141)] übernehmen:

$$Nu' \frac{P - P_{D_m}}{P} = 0{,}662 \sqrt{Re} \sqrt[3]{\frac{\nu}{\delta}} = 0{,}662 \sqrt{Re} \sqrt[3]{Pr'} . \tag{293}$$

δ) *Die Abhängigkeiten des Stoffüberganges bei großen Teildruckunterschieden*

Im Gegensatz zur Wärmeübergangszahl, die wegen der geringen Temperaturabhängigkeit der Wärmeleitfähigkeit auch bei größeren Temperaturunterschieden von der Höhe des Temperaturunterschiedes weitgehend unabhängig ist, ist die Stoffübergangszahl von der Größe der Teildruckunterschiede abhängig. Dies kommt in der Größe $P - P_{D_m}$ zum Ausdruck, wobei P_{D_m} den mittleren Dampfdruck im strömenden Medium bedeutet. Sind die Dampfdrucke P_{D_0} und P_{D_L} nicht sehr verschieden, so ist es leicht, einen hinreichend genauen Mittelwert zu bestimmen [das logarithmische Mittel nach Gl. (208b) stimmt dann mit dem arithmetischen überein]. Aber man weiß nicht von vornherein, ob die Einführung eines solchen Mittelwertes bei großen Teildruckunterschieden noch gerechtfertigt ist.

Ein Vergleich der Lösung der Differentialgleichung (289a) (s. Fußn. 1, S. 250), die für veränderlichen Bewegungsbeiwert b_{verd} gilt, mit Gl. (292) zeigt, daß die beiden Lösungen identisch werden, wenn man für $P - P_{D_m}$ den logarithmischen Mittelwert einführt:

$$P - P_{D_m} = \frac{P_{D_0} - P_{D_L}}{\ln \dfrac{P - P_{D_L}}{P - P_{D_0}}}. \tag{294}$$

Bei Einführung dieses Mittelwertes ist also die Verdunstung bei großen Teildruckunterschieden ebenso zu behandeln wie bei kleinen.

Über das Verhalten der Stoffübergangszahl bei großen Teildruckunterschieden liegt eine theoretische Untersuchung von Eckert und Lieblein [*57*] vor. In ähnlicher Weise wie bei der Berechnung des Wärmeübergangs an der ebenen Platte, an der sich eine laminare Grenzschicht ausbildet, wird die Berechnung der Diffusion für große Teildruckunterschiede unter mancherlei einschränkenden Bedingungen (z. B. $M_L \approx M_D$) durchgeführt. Qualitativ ist das Ergebnis wie beim Wärmeübergang: Die Stoffübergangszahl steigt bei gegebenen äußeren Bedingungen (P, P_{D_0}, P_{D_L}) mit der Wurzel der Reynoldsschen Zahl an. Für Wasserdampf-Luft-Gemische setzen Eckert und Lieblein:

$$Nu' \frac{P - P_{D_0}}{P} = f(B)\sqrt{Re}, \tag{295}$$

worin

$$B = \frac{P_{D_L} - P_{D_0}}{P - P_{D_0}}. \tag{296}$$

In Abb. 170 ist der Verlauf von $f(B)$ in Kurve *a* wiedergegeben[1]. Für Verdunstungsvorgänge ist B negativ, für Kondensationsvorgänge positiv. $B = 0$ heißt $P_{D_L} - P_{D_0} = 0$, trifft also den vorher behandelten Fall kleiner Druckdifferenzen.

[1] Die Zahlenwerte für $f(B)$ sind doppelt so groß wie die von Eckert und Lieblein für die „örtlichen" Stoffübergangszahlen angegebenen, weil hier stets die Mittelwerte über die ganze Fläche angegeben sind, die bei dem ermittelten Wurzelgesetz doppelt so hoch sind wie die örtlichen.

$$\beta_y = \frac{C}{\sqrt{y}}; \quad \beta_m = \frac{1}{y}\int_0^y \beta_y \, dy = \frac{2C}{\sqrt{y}}.$$

Bringt man Gl. (293) auf eine der Gl. (295) entsprechende Form, so erhält man mit $Pr' = 0{,}596$:

$$Nu' \frac{P - P_{D_0}}{P} \frac{1}{\sqrt{Re}} = 0{,}557 \frac{P - P_{D_0}}{P - P_{D_m}}. \tag{297}$$

Führt man darin $P - P_{D_m}$ nach Gl. (294) ein und benutzt Gl. (296), so wird

$$Nu' \frac{P - P_{D_0}}{P} \frac{1}{\sqrt{Re}} = -0{,}557 \frac{\ln(1 - B)}{B}. \tag{297 a}$$

Dieser Zusammenhang ist in Abb. 170 durch die Kurve b dargestellt. Die Abweichung von der Kurve a von Eckert und Lieblein ist nicht sehr groß. Wenn man bedenkt, daß bei Trocknungsaufgaben Werte von $B > 0{,}2$ bzw. $B < -0{,}2$ nur sehr selten vorkommen dürften, so ergibt sich, daß durch die Anwendung von

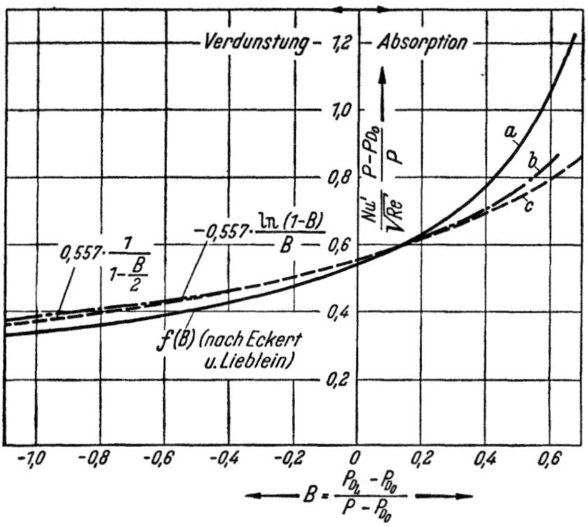

Abb. 170. Vergleich verschiedener Berechnungen zu Verdunstungs- und Absorptionsvorgängen.

Gl. (297) für Verdunstungs- und Absorptionsvorgänge maximale Unterschiede von etwa $\pm 4\%$ zwischen den verschiedenen Berechnungen auftreten. Solche Abweichungen liegen weit unterhalb der Genauigkeit, die bei so komplexen Problemen durch alle anderen Unsicherheiten gegeben ist. Damit dürfte der Beweis erbracht sein, daß man die Analogie zwischen Wärme- und Stoffübergang bei Wasserdampf-Luft-Gemischen auch bei großen Teildruckunterschieden mit hinreichender Genauigkeit anwenden kann[1].

Kurve c soll zeigen, daß in dem dargestellten Bereich auch die Anwendung des arithmetischen Mittels

$$P_{D_m} = \frac{P_{D_0} + P_{D_L}}{2}$$

[1] Ich betone dies besonders, weil in der Schrift von Eckert und Lieblein [57] die gegenteilige Ansicht vertreten wird. Für andere Stoffgemische als Wasserdampf-Luft liegt noch keine genaue Berechnung vor. Ergebnisse der qualitativen Untersuchungen Ackermanns [43] scheinen mir aus dem Grund nicht gesichert, weil ihre Anwendung auf den vorliegenden Fall der ebenen Platte erhebliche Abweichungen von denen der exakteren Rechnung zeigen.

nicht zu wesentlich anderem Ergebnis führt. Setzt man diesen Wert in Gl. (297) ein, so wird

$$Nu' \frac{P - P_{D_0}}{P} \frac{1}{\sqrt{Re}} = 0{,}557 \frac{1}{1 - \frac{B}{2}} . \tag{297 b}$$

c) Das Verhältnis α/β

1. Für erzwungene Strömung

Für das Problem des Wärmeüberganges bei einer längs angeströmten ebenen Platte bei *reibungsfreier Strömung* war nach Gl. (132)

$$Nu_l = \frac{\alpha l}{\lambda} = \frac{2}{\sqrt{\pi}} \sqrt{\frac{w l}{a}} .$$

Für das entsprechende Verdunstungsproblem lieferte Gl. (292)

$$Nu_l' \frac{P - P_{D_m}}{P} = \frac{\beta l}{\delta} \frac{P - P_{D_m}}{P} = \frac{2}{\sqrt{\pi}} \sqrt{\frac{w l}{\delta}} .$$

Geschieht der Wärme- und Stoffaustausch gleichzeitig am gleichen Körper, so daß für beide Vorgänge l und w den gleichen Wert haben, so liefert die Division der beiden Gleichungen:

$$\frac{\alpha}{\beta} = \sqrt{\frac{\lambda}{\delta} \gamma c_p} \left(1 - \frac{P_{D_m}}{P}\right) = \gamma c_p \sqrt{\frac{a}{\delta}} \left(1 - \frac{P_{D_m}}{P}\right) . \tag{298}$$

Vergleicht man dieses Ergebnis mit den für die Grenzfälle gewonnenen Gl. (283) und (287), so erkennt man, daß sich bei reibungsfreier Strömung nach Gl. (298) für α/β das geometrische Mittel der für die Grenzfälle gültigen Werte nach Gl. (283) und (287) ergibt, solange man sich auf kleine Teildruckunterschiede beschränkt.

Für das Problem des Wärmeüberganges bei Ausbildung einer *laminaren Grenzschicht* gilt nach Gl. (141)

$$Nu = 0{,}662 \sqrt{Re} \sqrt[3]{\frac{\nu}{a}} .$$

Division dieser Beziehung durch Gl. (293) liefert, wenn man bedenkt, daß $a = \lambda/c_p\gamma$ ist:

$$\frac{\alpha}{\beta} = \sqrt[3]{\left(\frac{\lambda}{\delta}\right)^2 \gamma c_p} \left(1 - \frac{P_{D_m}}{P}\right) = \gamma c_p \sqrt[3]{\left(\frac{a}{\delta}\right)^2} \left(1 - \frac{P_{D_m}}{P}\right) . \tag{299}$$

Man sieht, daß bei jeder Strömungsart für das Verhältnis α/β Werte gefunden werden, die zwischen den beiden Grenzwerten für laminare Grenzschichten konstanter Dicke [Gl. (283)] und für vollkommen turbulenten Austausch liegen [Gl. (287)].

Der Unterschied zwischen λ/δ und γc_p ist bei Wasserdampf-Luft-Gemischen, die in der Trocknungstechnik meist vorkommen, nicht allzu groß; nur sehr exakte Experimente könnten erweisen, welcher Zusammenhang am besten die Beobachtungen beschreibt.

Tab. 41 gibt die Werte λ/δ und γc_p für 1 ata bei 20 °C, 50 °C und 80 °C an, wobei

$$\gamma c_p = \frac{P - P_D}{R_L T} c_{p_L} + \frac{P_D}{R_D T} c_{p_D}$$

und λ nach der Mischungsregel aus λ_{Luft} und λ_{Dampf} berechnet wurde. Der Unterschied der Dampfdrucke P_{D_0} und P_{D_L} ist ebenso wie der Unterschied der Temperaturen ϑ_0 und ϑ_L als vernachlässigbar klein angenommen.

Tabelle 41.

$\vartheta_0 = \vartheta_L$	$P_{D_0} = P_{D_L} = P_{D_m}$	λ bei ϑ_0	δ bei ϑ_0	γc_p	λ/δ	a/δ
20	238	0,0220	0,093	0,288	0,237	0,82
50	1258	0,0229	0,112	0,267	0,205	0,767
80	4829	0,0223	0,132	0,257	0,169	0,658

Man sieht aus Tab. 41, daß die Werte a/δ für Wasserdampf-Luft-Gemische so weit in der Nähe von 1 liegen, daß es zur Bestimmung von α/β nicht sehr bedeutsam ist, ob die Größe a/δ in Gl. (298) oder die Größe $\sqrt[3]{(a/\delta)^2}$ in Gl. (299) angenommen wird.

Allgemein macht man für spezielle Probleme des Wärmeüberganges bei erzwungener Strömung Ansätze folgender Art:

$$Nu = C Re^m Pr^n \left(\frac{d}{l}\right)^p.$$

Dann gilt für das entsprechende Stoffübergangsproblem:

$$Nu' \left(1 - \frac{P_{D_m}}{P}\right) = C Re^m Pr'^n \left(\frac{d}{l}\right)^p,$$

worin $Pr = \nu/a$ und $Pr' = \nu/\delta$.

Für das Verhältnis von Wärme- zu Stoffübergang ergibt sich:

$$\frac{\alpha}{\beta} = \frac{\lambda}{\delta}\left(\frac{Pr}{Pr'}\right)^n \left(1 - \frac{P_{D_m}}{P}\right) = \frac{\lambda}{\delta}\left(\frac{\delta}{a}\right)^n \left(1 - \frac{P_{D_m}}{P}\right)$$
$$= c_p \gamma \left(\frac{a}{\delta}\right)^{1-n} \left(1 - \frac{P_{D_m}}{P}\right). \tag{300}$$

Aus der Betrachtung der vorher erläuterten Grenzfälle und der Berechnungen für reibungsfreie oder hydrodynamische Anlaufvorgänge ergeben sich folgende Werte für n:

- $n = 0$ für Vorgänge in ruhenden Medien [Gl. (146) und (147)] oder ähnlichen Fällen [z. B. laminare Grenzschicht konstanter Dicke Gl. (283)].
- $n = 1$ für den theoretischen Fall vollkommener Turbulenz [Gl. (287)] und Vorgänge mit vollkommenem Ausgleich zwischen Medium und Wand [Gl. (162)].
- $n = 1/2$ für Anlaufvorgänge in reibungsfrei strömenden Medien.
- $n = 1/3$ für Anlaufvorgänge in laminar bewegten Medien oder laminaren Grenzschichten bei hydrodynamischen Anlaufvorgängen.

Auch für Vorgänge bei turbulenter Strömung in Rohren [Gl. (167) und (168)] kann mit hinreichender Näherung $n = 1/3$ gesetzt werden.

2. Bei Auftriebsströmung

Bei *Auftriebsströmungen* ist folgendes zu beachten: Die Auftriebskraft eines Volumenelementes (Grundfläche df, Höhe l) vom Zustand γ_0 gegenüber einer Umgebung vom Zustand γ_∞ ist:

$$df\, l(\gamma_\infty - \gamma_0).$$

Die Auftriebsenergie ist:

$$\frac{l(\gamma_\infty - \gamma_0)}{\gamma_0}.$$

Wenn die Werte γ_0 und γ_∞ nur wegen der verschiedenen Temperatur des Mediums verschieden sind, so wird bei *gasförmigen Stoffen* die Auftriebsenergie:

$$l\frac{\gamma_\infty - \gamma_0}{\gamma_0} = l\frac{T_0 - T_\infty}{T_\infty},$$

wie sie bei Definition der GRASHOFschen Kennzahl beim Wärmeübergang gebraucht wurde [Gl. (149)]. Sind jedoch, wie bei den Problemen der Trocknung, auch die Mischungsverhältnisse des Dampf-Luft-Gemisches an verschiedenen Stellen verschieden und bedeuten M_0 und M_∞ die mittleren Molekulargewichte in Wandnähe und in hinreichendem Abstand, so wird nach dem Gasgesetz:

$$l\frac{\gamma_\infty - \gamma_0}{\gamma_0} = l\frac{M_\infty T_0 - M_0 T_\infty}{M_0 T_\infty}.$$

Diese Auftriebsenergie ist, sobald Stoffübergang vorliegt, in der GRASHOFschen Kennzahl einzuführen, die demnach lautet:

$$Gr' = \frac{l^3 g\left(\frac{M_\infty T_0}{M_0 T_\infty} - 1\right)}{\nu^2}. \tag{301}$$

Darin ist M_0 und M_∞ zu berechnen aus den anteiligen Drucken von Luft und Dampf.

$$\left.\begin{aligned} M_0 &= \frac{P - P_{D_0}}{P} M_L + \frac{P_{D_0}}{P} M_D, \\ M_\infty &= \frac{P - P_{D_\infty}}{P} M_L + \frac{P_{D_\infty}}{P} M_D. \end{aligned}\right\} \tag{302}$$

Dieser Wert Gr' ist bei Auftriebsproblemen *sowohl* bei der Bestimmung der Wärmeübergangszahl Nu als auch bei der Verdunstungszahl Nu' anzuwenden.

Man kann also in Abb. 104 an Stelle der Kenngröße Gr die allgemeinere Kenngröße Gr' nach Gl. (301) setzen. Für *Wärme*übergangsprobleme ist dann als Abszisse in Abb. 102 die Größe $Gr'\,Pr$ zu wählen, während für *Stoff*übergangsprobleme $Gr'\,Pr'$ zu setzen ist. Als Ordinate für die Bestimmung des Wärmeüberganges bleibt die Kenngröße Nu, während bei Bestimmung der Stoffübergangszahl die Größe $Nu'\,\frac{P - P_{D_m}}{P}$ zu setzen ist.

Bei Auftriebsströmungen kann man ähnliche Ansätze für den Wärmeübergang machen wie bei erzwungener Strömung, nur daß jetzt an Stelle der *Re*-Zahl die Kenngröße der Auftriebsströmung, die *Gr'*-Zahl, erscheint. Abschnittsweise setzt man:

$$Nu = C\,Gr'^m Pr^n .$$

Entsprechend lautet der Ansatz für den Stoffübergang:

$$Nu'\left(1 - \frac{P_{D_m}}{P}\right) = C\,Gr'^m Pr'^n .$$

Für das Verhältnis α/β ergibt sich dann:

$$\frac{\alpha}{\beta} = \frac{\lambda}{\delta}\left(\frac{Pr}{Pr'}\right)^n \left(1 - \frac{P_{D_m}}{P}\right) = \gamma\, c_p \left(\frac{a}{\delta}\right)^{1-n} \left(1 - \frac{P_{D_m}}{P}\right). \tag{303}$$

Manche Forscher (McAdams [*30*], ten Bosch [*37*]) vermuten, daß $m = n$. Dann wird in dem Bereich, in dem $m = 1/4$ ist, auch $n = 1/4$, oder

$$\frac{\alpha}{\beta} = \gamma\, c_p \left(\frac{a}{\delta}\right)^{3/4} \left(1 - \frac{P_{D_m}}{P}\right),$$

z.B. wird für Wasserdampf-Luft-Gemische bei 20 °C mit $a/\delta = 0{,}82$

$$\frac{\alpha}{\beta} = 0{,}86\,\gamma\, c_p \left(1 - \frac{P_{D_m}}{P}\right).$$

Für den Bereich, in dem $m = n = 0$ ist, ergibt sich

$$\frac{\alpha}{\beta} = \frac{\lambda}{\delta}\left(1 - \frac{P_{D_m}}{P}\right).$$

Andere Forscher (Ranz und Marshall [*151*]) vermuten $n = 4/3\, m$. Dann ergibt sich für den Bereich, in dem $m = 1/4$ (d.h.: $n = 1/3$):

$$\frac{\alpha}{\beta} = \gamma\, c_p \left(\frac{a}{\delta}\right)^{2/3} \left(1 - \frac{P_{D_m}}{P}\right).$$

Für Wasserdampf-Luft-Gemische bei 20 °C wird dann

$$\frac{\alpha}{\beta} = 0{,}88\,\gamma\, c_p \left(1 - \frac{P_{D_m}}{P}\right).$$

Für den Bereich, in dem $n = 0$ ist, ergibt sich auch bei diesem Ansatz

$$\frac{\alpha}{\beta} = \frac{\lambda}{\delta}\left(1 - \frac{P_{D_m}}{P}\right).$$

Man sieht, daß der zahlenmäßige Unterschied der beiden Ansätze sehr gering ist[1].

---

[1] Für Wasserdampf-Luft-Gemische bei niedrigen Temperaturen – $(1 - P_{D_m}/P)$ in der Nähe von 1 – fand Hilpert [*85*] experimentell $\alpha/\beta = 0{,}92\,\gamma c_p$. Seine Messungen über die Verdunstung schwerer Kohlenwasserstoffe (Benzol, Toluol, Chlorbenzol, Tetrachlorkohlenstoff usw.) lassen sich nicht für weitere Betrachtungen heranziehen, da der experimentelle Befund nicht eingehend genug mitgeteilt ist. Hilpert gibt an, daß bei diesen Stoffen $\alpha/\beta \approx 2\gamma c_p$. Dabei handelt es sich um Stoffe, für die $(a/\delta)^{2/3}$ erheblich größer als 1 ist (z.B. für Benzol 1,8). Es kommt hinzu, daß der Faktor $(1 - P_{D_m}/P)$ bei den leicht siedenden Kohlenwasserstoffen nicht mehr vernachlässigbar ist wie bei Wasser.

d) Die Abhängigkeit der Temperatur des nassen Gutes bei der Lufttrocknung von dem Verhältnis α/β

Unter Lufttrocknung sei hier der Fall der Trocknung verstanden, bei dem das Trockenmittel Luft zugleich alleiniger Wärmeträger ist. (Ein Wärmeaustausch mit anderen Körpern durch Strahlung oder Wärmeleitung finde nicht statt.)

Dann muß die zur Verdunstung der Dampfmenge G_D erforderliche Wärmemenge Q durch Wärmeübergang von der Luft an die Gutsoberfläche übertragen werden. Die Oberfläche sei so feucht, daß in ihr der Sattdampfdruck P''_{D_0} bei der Gutstemperatur ϑ_0 herrsche. Bedeutet r die Verdampfungswärme[1], so ist:

$$Q = F\alpha(\vartheta_L - \vartheta_0) = G_D r = \frac{F\beta}{R_D T_L} r (P''_{D_0} - P_{D_L}).$$

Es folgt:

$$\vartheta_L - \vartheta_0 = \frac{\beta}{\alpha} \frac{r}{R_D T_L} (P''_{D_0} - P_{D_L}). \tag{304}$$

Man erkennt aus Gl. (304), in der bei gegebener Lufttemperatur ϑ_L und gegebenem Dampfdruck in der Luft P_{D_L} die Gutstemperatur ϑ_0 die einzige Unbekannnte ist – P''_{D_0} ist eindeutig von ϑ_0 abhängig –, daß das Verhältnis α/β von Einfluß auf die Temperatur des nassen Gutes sein muß. Um die Grenzen dieses Einflusses abzuschätzen, soll im folgenden die Gutstemperatur für die beiden Extremfälle des vollkommen turbulenten Austausches und desjenigen durch eine laminare Grenzschicht konstanter Stärke bestimmt werden.

1. Vollkommen turbulenter Austausch

Nach Gl. (287) gilt für den vollkommen turbulenten Austausch:

$$\frac{\alpha}{\beta} = \gamma c_p \left(1 - \frac{P_{D_0}}{P}\right),$$

worin

$$\gamma c_p = \gamma_L c_{pL} + \gamma_D c_{pD}$$

bei der Temperatur T_L und dem Teildruck P_{D_L} im Gasstrom gebildet werden muß. Drückt man noch die spezifischen Gewichte je nach dem Gasgesetz durch die Teildrucke aus, so wird

$$\gamma c_p = \frac{P - P_{D_L}}{R_L T_L} c_{pL} + \frac{P_{D_L}}{R_D T_L} c_{pD} = \frac{P}{R_L T_L} c_{pL}\left[1 + \frac{P_{D_L}}{P}\left(\frac{R_L}{R_D}\frac{c_{pD}}{c_{pL}} - 1\right)\right].$$

Damit wird gemäß Gl. (304)

$$P_{D_L} = P''_{D_0} - \frac{R_D}{R_L}\frac{P c_{pL}}{r}\left[1 + \frac{P_{D_L}}{P}\left(\frac{R_L}{R_D}\frac{c_{pD}}{c_{pL}} - 1\right)\right]\left(1 - \frac{P_{D_0}}{P}\right)(\vartheta_L - \vartheta_0).$$

[1] Strenggenommen wäre auch die Überhitzungswärme $c_{p_D}(\vartheta_L - \vartheta_0)$ zu berücksichtigen. An dieser Stelle sei der einfacheren Darstellung wegen darauf verzichtet.

Setzt man für Wasserdampf-Luft-Gemische $R_D = 47{,}1$; $R_L = 29{,}3$; $r = 597 - 0{,}56\,\vartheta$; $c_{p_L} = 0{,}24$; $c_{p_D} = 0{,}44$ und wählt als Normaldruck 755 mm QS = 10270 kg/m², so wird:

$$\vartheta_L - \vartheta_0 = \frac{1}{6{,}65}\,\frac{1 - \frac{0{,}56}{597}\vartheta_0}{1 + \frac{1}{7}\frac{P_{D_L}}{P}}\,\frac{10270}{P}\,\frac{1}{1 - \frac{P_{D_0}}{P}}\,(P''_{D_0} - P_{D_L})\,. \tag{305}$$

Vergleicht man dieses Ergebnis mit demjenigen, das sich aus der Energiebilanz allein ergibt [Kühlgrenztemperatur nach Gl. (31)] (i–x-Diagramm), so erkennt man, daß lediglich an Stelle des Faktors $1 + \vartheta_0/1000$ in der Näherungsgleichung jetzt der Faktor $\dfrac{1 + \frac{1}{7}\frac{P_{D_L}}{P}}{1 - \frac{0{,}56}{597}\vartheta_0}$ tritt, der bei 80 °C um 7% von dem der Gl. (31) verschieden ist.

2. Austausch durch eine laminare Grenzschicht konstanter Stärke

Für den Fall des Wärme- und Stoffaustausches durch eine laminare Grenzschicht konstanter Stärke war das Verhältnis α/β durch Gl. (283) gegeben:

$$\frac{\alpha}{\beta} = \frac{\lambda}{\delta}\,\frac{P - P_{D_m}}{P}\,,$$

worin

$$P - P_{D_m} = \frac{P''_{D_0} - P_{D_L}}{\ln \frac{P - P_{D_L}}{P - P''_{D_0}}}$$

ist.

Nach Gl. (206) ist

$$\delta = \frac{830}{P}\left(\frac{T}{273}\right)^{1{,}81}.$$

Es mag bei dem beabsichtigten Vergleich der Temperaturen des nassen Trockengutes für verschiedene Verhältnisse α/β gestattet sein, als Näherung für die Wärmeleitfähigkeit der feuchten Luft die Beziehung

$$\lambda = \left(0{,}0208 - 0{,}005\,\frac{P_{D_m}}{P}\right)\left(\frac{T}{273}\right)^{0{,}81} \tag{306}$$

zu verwenden. Sie stimmt für wasserdampffreie Luft ($P_{D_m} = 0$) bis 300 °C recht gut mit den Werten der Wärmeleitfähigkeit der trockenen Luft überein (Abweichung bei 300 °C ≈ 2,5%) und liefert für reinen Wasserdampf ($P_{D_L} = P$) von 100 °C den Wert 0,0204, gegenüber dem von Koch [*24*] angegebenen Wert 0,0208. Damit wird

$$\frac{\alpha}{\beta} = \frac{0{,}0208 \cdot 273}{830}\left(1 - 0{,}24\,\frac{P_{D_m}}{P}\right)\frac{P}{T}\,\frac{P - P_{D_m}}{P}\,. \tag{307}$$

Auf einen Normaldruck von 755 mm QS = 10270 kg/m² bezogen, ergibt sich daraus für die Temperaturdifferenz zwischen Luft und Trocknungsgut:

$$\vartheta_L - \vartheta_0 = \frac{1}{5{,}54} \frac{1 - \frac{0{,}56}{597}\vartheta_0}{1 - 0{,}24\frac{P_{D_m}}{P}} \frac{1}{1 - \frac{P_{D_m}}{P}} \frac{10270}{P} (P''_{D_0} - P_{D_L}). \quad (308)$$

In Abb. 171 sind in den beiden Kurven die Ausdrücke der rechten Seiten der Gl. (305) und (308) in Abhängigkeit von ϑ_0 dargestellt für den extremen Fall $P_{D_L} = 0$. Die Gl. (305) und (308) sind dann erfüllt, wenn die Geraden $\vartheta_L - \vartheta_0$ der linken Seiten der Gleichungen gleich den Werten der rechten Seiten sind, d. h. also im Schnittpunkt der Geraden

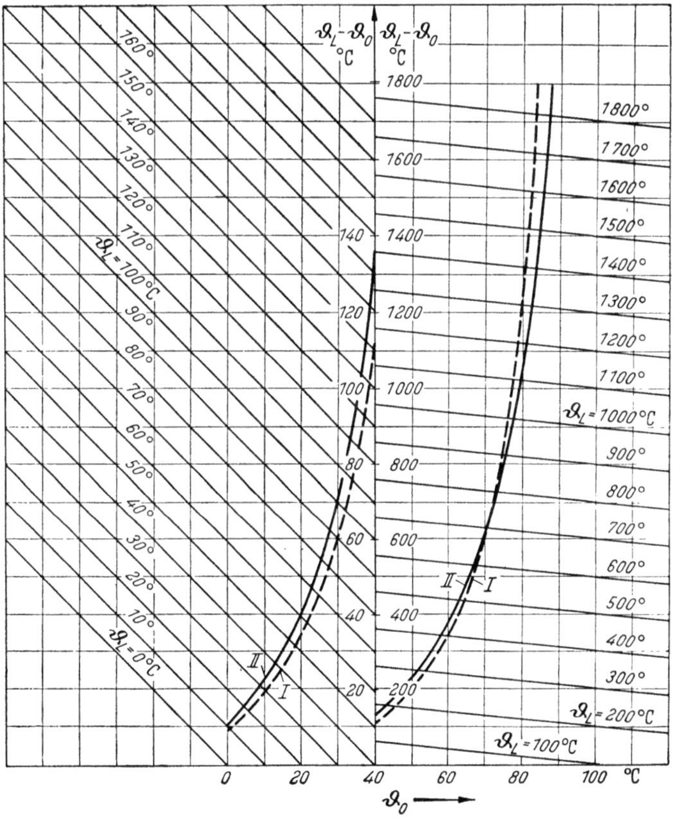

Abb. 171. Die Temperatur des nassen Gutes bei der Verdunstungstrocknung. Kurve *I* nach Gl. (305); Kurve *II* nach Gl. (308). Gezeichnet für P = 10270 kg/m² und P_{D_L} = 0 kg/m².

$\vartheta_L - \vartheta_0$ mit den Kurven. Man sieht aus der Darstellung, daß die Gutstemperatur ϑ_0 bei Lufttemperaturen unter 700 °C für den hypothetischen Grenzfall des Wärme- und Stoffaustausches durch eine laminare Grenzschicht konstanter Dicke niedriger ist als für den Grenzfall der vollkommenen Turbulenz. Aber die Unterschiede sind gering. Ist z. B. die Temperatur $\vartheta_L = 20$ °C, so ergibt sich nach Gl. (308) eine Gutstemperatur von $\approx 4{,}3$ °C, nach Gl. (305) eine solche von $\approx 5{,}7$ °C. Bei einer Lufttemperatur von 60 °C ist nach Gl. (308) $\vartheta_0 \approx 19{,}5$ °C, nach Gl. (305) $\vartheta_0 \approx 21{,}6$ °C.

Solche für den Extremfall $P_{D_L} = 0$ möglichen Unterschiede aber fallen bei Aufgaben der Trocknungstechnik niemals ins Gewicht. Es wird daher bei den späteren Berechnungen der Gutstemperatur ein mittleres Verhältnis für α/β allgemein zugrunde gelegt[1] (vgl. S. 354ff.).

e) Zusammenfassung

Es wurde gezeigt, daß man die Verdunstung von einer feuchten Oberfläche in ein strömendes Gas bzw. die Absorption eines Dampfes an einem hygroskopischen Mittel nach den gleichen Gesetzmäßigkeiten berechnen kann, die beim Wärmeübergang gelten. Man muß dabei beachten, daß an die Stelle der dimensionslosen Kenngrößen des Wärmeüberganges diejenigen des Stoffaustausches treten.

An Stelle der dimensionslosen Wärmeübergangszahl $Nu = \alpha l/\lambda$ muß die mit dem anteiligen Luftteildruck $\frac{P - P_{D_m}}{P}$ multiplizierte dimensionslose Stoffübergangszahl $Nu' = \beta l/\delta$ eingeführt werden. Darin ist $P - P_{D_m}$ als logarithmisches Mittel des Luftteildruckes zu bestimmen:

$$P - P_{D_m} = \frac{P_{D_0} - P_{D_L}}{\ln \dfrac{P - P_{D_L}}{P - P_{D_0}}}\,.$$

In den meisten technischen Fällen, bei denen die Gutstemperatur nicht zu hoch, folglich der Dampfdruck P_{D_0} stark vom Gesamtdruck P verschieden ist, genügt es, P_{D_m} als arithmetisches Mittel zu bestimmen, also zu setzen:

$$P - P_{D_m} = P - \frac{P_{D_0} + P_{D_L}}{2}\,.$$

An Stelle der dimensionslosen Einflußgrößen für den Wärmeübergang bei *erzwungener Strömung*

$$Re = \frac{w\,l}{\nu}\,; \quad Pe = \frac{w\,l}{a} = Re\,Pr; \quad Pr = \frac{\nu}{a}$$

---

[1] Es sei hier noch bemerkt, daß die Abweichungen der nach den Gl. (305) und (308) ermittelten Gutstemperaturen von der Kühlgrenztemperatur, die man aus dem i–x-Diagramm (vgl. S. 28) oder nach Gl. (31) ermitteln kann, ebenfalls vernachlässigbar klein sind [für $P_{D_L} = 0$ stimmen die Gl. (31) und (305) – abgesehen von einem kleinen, rein formalen Unterschied – vollkommen überein]. Versuche der Physikalisch-Technischen Reichsanstalt bestätigen, daß die Temperatur des feuchten Thermometers im Psychrometer etwa gleich der Kühlgrenztemperatur ist. Die Abweichungen der Gl. (305) und (308) von der Kühlgrenztemperatur sind so gering, daß es wesentlich subtilerer Versuche bedürfte, um daraus mit Sicherheit auf das Verhältnis α/β schließen zu können. Für Gemische, bei denen δ/a sehr viel mehr von 1 abweicht als bei Wasserdampf-Luft-Gemischen, wird natürlich der Einfluß der Strömungsart sowohl auf α/β als auch auf die Gutsoberflächentemperatur sehr viel größer.

treten diejenigen des Stoffaustausches:

$$Re = \frac{w\,l}{\nu}\,; \quad Pe' = \frac{w\,l}{\delta} = Re\,Pr'\,; \quad Pr' = \frac{\nu}{\delta}\,.$$ [1]

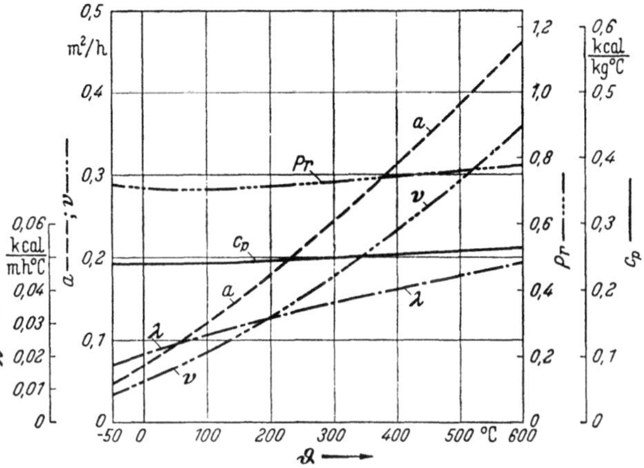

Abb. 172. Stoffwerte für Luft (trockene Luft bei p = 1 ata) (nach B. Koch [24]).
λ Wärmeleitzahl kcal/mh °C; c_p wahre spezifische Wärme kcal/kg °C; ν kinematische Zähigkeit m²/h; a Temperaturleitzahl m²/h, $a = \lambda/c\gamma$; $Pr = \nu/a$ = Prandtlsche Kenngröße.

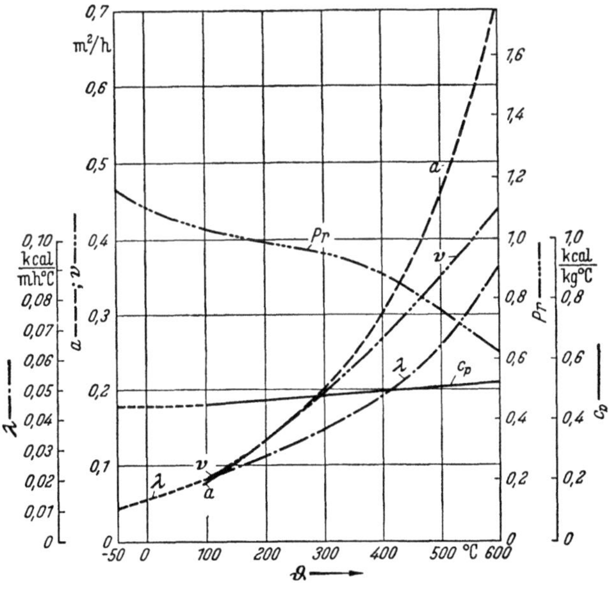

Abb. 173. Stoffwerte für Wasserdampf (bei p = 1 ata, nach B. Koch [24], unter 100 °C beim Sättigungsdruck).
λ Wärmeleitzahl kcal/mh °C; c_p = wahre spezifische Wärme kcal/kg °C; ν kinematische Zähigkeit m²/h; a Temperaturleitzahl m²/h, $a = \lambda/c\gamma$; $Pr = \nu/a$ = Prandtlsche Kenngröße.

[1] Die mit Pr' bezeichnete Größe wird neuerdings in der amerikanischen und deutschen Literatur häufig „Schmidtsche Zahl" („Sc" nach E. Schmidt) genannt.

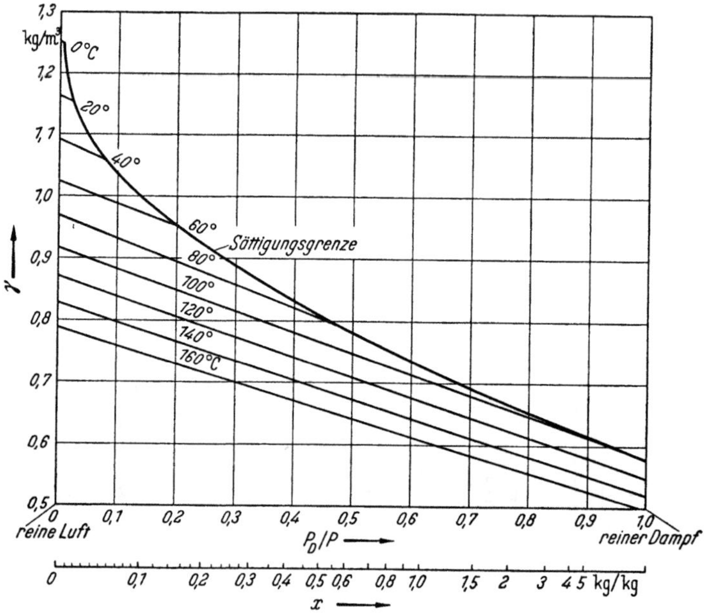

Abb. 174. Spezifisches Gewicht γ feuchter Luft bei $P = 10000$ kg/m².

$$\left(\text{berechnet nach:}\quad \gamma = \frac{P}{T}\left[\frac{\frac{P_D}{P}}{R_D} + \frac{\left(1-\frac{P_D}{P}\right)}{R_L}\right] \quad R_D = 47{,}1,\ R_L = 29{,}3\ \text{m/°K.}\right)$$

Bei anderem Gesamtdruck: $\gamma = \gamma_{1\text{at}} \cdot P/10000$.

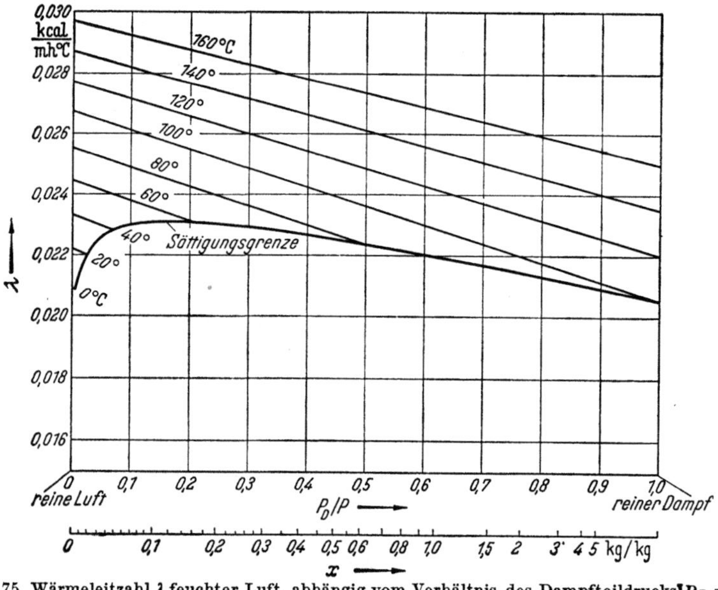

Abb. 175. Wärmeleitzahl λ feuchter Luft, abhängig vom Verhältnis des Dampfteildrucks P_D zum Gesamtdruck P und von der Temperatur, berechnet nach der Näherungsformel

$$\lambda = \lambda_D \frac{P_D}{P} + \lambda_L \left(1 - \frac{P_D}{P}\right).$$

λ ist praktisch unabhängig vom Gesamtdruck P.

Bei *Auftriebsströmung*, die bei den Problemen der Trocknungstechnik immer sowohl durch Temperatur- als auch durch Konzentrationsunterschiede bewirkt wird, ist stets an Stelle der bei rein thermischen Auftriebsproblemen in Gasen gültigen GRASHOFschen Kenngröße

$$Gr = \frac{l^3 g \left(\frac{T_0}{T_\infty} - 1\right)}{\nu^2}$$

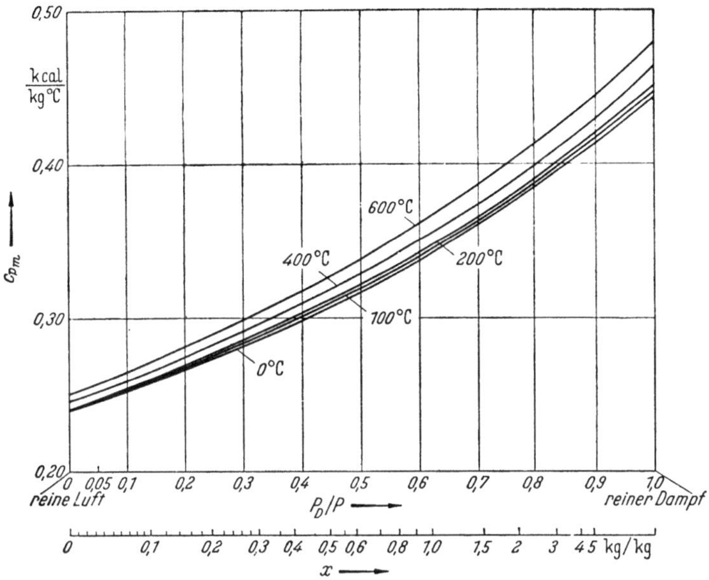

Abb. 176. Mittlere spezifische Wärme c_{P_m} feuchter Luft, abhängig vom Verhältnis des Dampfteildrucks P_D zum Gesamtdruck P und von der Temperatur. (Unter Anwendung der Mischungsregel aus den in Abb. 172 und 173 angegebenen wahren spezifischen Wärmen für Luft und Wasserdampf durch Mittelbildung von 0 bis ϑ gewonnen.) c_p ist praktisch unabhängig vom Gesamtdruck P.

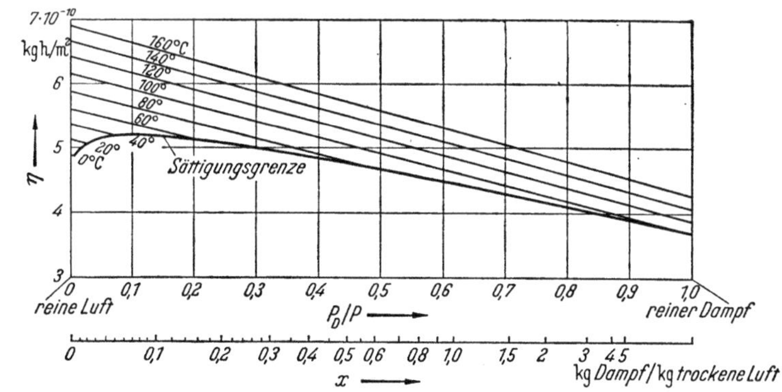

Abb. 177. Dynamische Zähigkeit η feuchter Luft, abhängig vom Verhältnis des Dampfteildrucks P_D zum Gesamtdruck P und von der Temperatur, berechnet für einen Druck $P = 10000$ kg/m² nach der Näherungsformel:

$$\eta = \frac{P_D \cdot \eta_D + P_L \cdot \eta_L}{P_D + P_L}.$$

η ist praktisch unabhängig vom Gesamtdruck P.

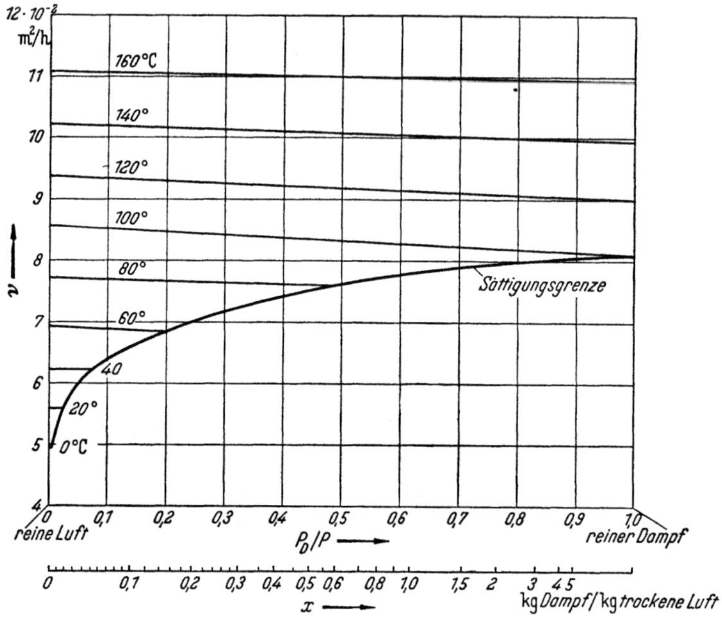

Abb. 178. Kinematische Zähigkeit $\nu = \eta g/\gamma$ feuchter Luft bei $P = 10000$ kg/m² (bei Gesamtdruck P: $\nu = \nu_{1\,at} \cdot 10000/P$).

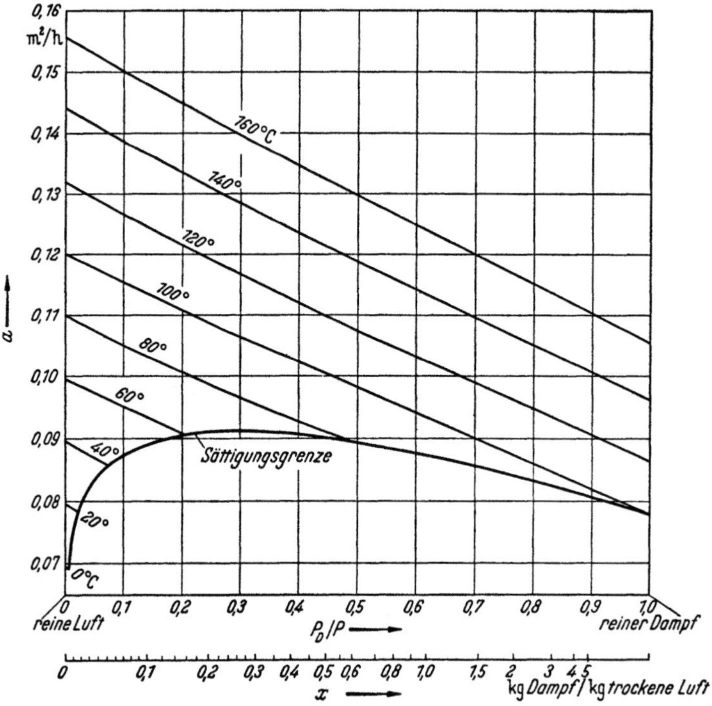

Abb. 179. Temperaturleitzahl $a = \lambda/c_p\gamma$ feuchter Luft für $P = 10000$ kg/m² (bei Gesamtdruck P: $a = a_{1\,at} \cdot 10000/P$).

sowohl für den Wärme- als auch für den Stoffaustausch die erweiterte Grashofsche Kenngröße

$$Gr' = \frac{l^3 g \left(\frac{M_\infty}{M_0} \frac{T_0}{T_\infty} - 1\right)}{\nu^2}$$

einzuführen.

In den Abb. 101 und 102, welche die wichtigsten Wärme- bzw. Stoffübergangsprobleme der Trocknungstechnik (Abb. 101 für außenumströmte Einzelkörper bei erzwungener Strömung, Abb. 102 für außenumströmte Einzelkörper bei Auftriebsströmung) darstellen, sind daher die Koordinaten entsprechend bezeichnet. Durch die Beschriftung der Abbildungen ist ihre Anwendung ersichtlich.

Den Abb. 101 und 102 liegt die Annahme zugrunde, daß die Zustandsänderung der vorbeistreichenden Luft vernachlässigbar klein ist, so daß ihre Temperatur bzw. der Dampfteildruck konstant ($\vartheta_L = \vartheta_{Le}$ bzw. $P_{D_L} = P_{D_{Le}}$) ist. Dann gelten als Definitionsgleichungen:

$$Q = F\alpha(\vartheta_{L_e} - \vartheta_0),$$

$$G = F \frac{\beta}{R_D T}\left(P_{D_0} - P_{D_{L_e}}\right).$$

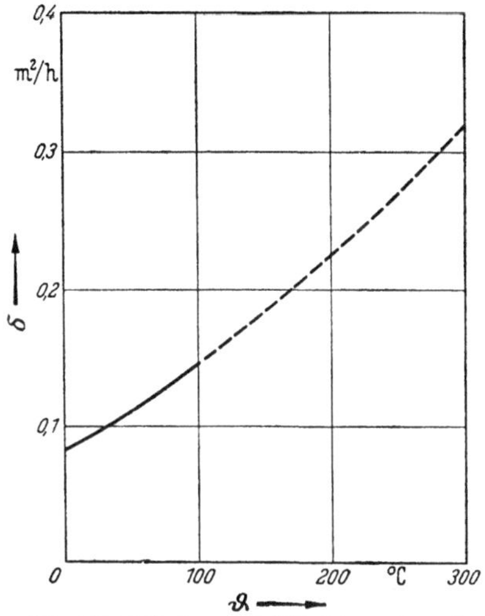

Abb. 180. Diffusionszahl δ für Wasserdampf–Luft bei $P = 10000\ \text{kg/m}^2$, berechnet nach Schirmer:

$$\delta = 0{,}083\ \frac{10000}{P}\left(\frac{T}{273}\right)^{1{,}81}.$$

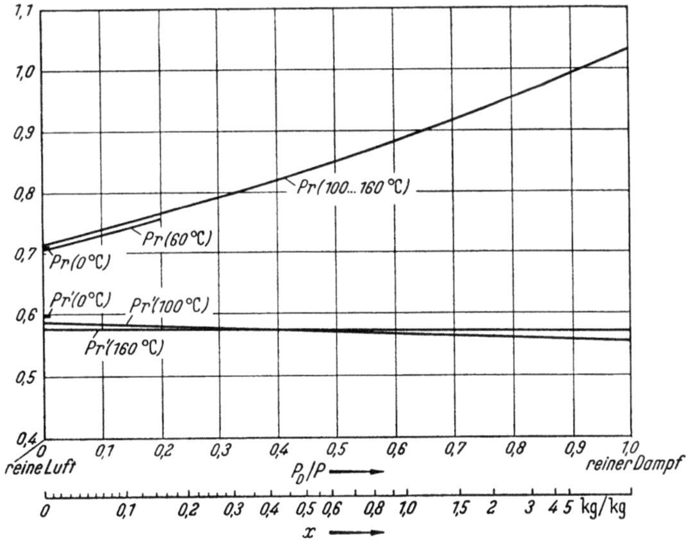

Abb. 181. Prandtl-Zahl $Pr = \nu/a$ (für Wärmeübergang) und $Pr' = \nu/\delta$ (für Stoffübergang) feuchter Luft (unabhängig vom Gesamtdruck P).

In der für *außenumströmte sowie innendurchströmte* Anordnungen gültigen Tafel IV, die für die ebenso definierten Größen α und β gilt (jedoch nur für Luft), kann an Stelle von $Nu = \frac{\alpha d^*}{\lambda}$ auch $Nu' \frac{P - P_{D_m}}{P}$ als Ordinate gelten, wenn man als Abszisse statt $Pe_{d^*} d^*/l'$ die Größe $Pe'_{d^*} d^*/l'$ (d.h. an Stelle der Temperaturleitfähigkeit a die Diffusionszahl δ) einführt.

In Abb. 172 bis 181 sind die Stoffwerte, die zur Bestimmung der Kennzahlen gebraucht werden, in Abhängigkeit von Temperatur und Dampfteildruck des wichtigsten Trockenmittels Luft wiedergegeben.

Kapitel IV

Die Wärmeleitfähigkeit der Trocknungsgüter in feuchtem Zustand

Im folgenden kurzen Kapitel wird die Kupplung zwischen Wärme- und Stofftransport behandelt, welche die gesamte Energieübertragung in feuchten porigen Stoffen unter der Einwirkung von Temperaturunterschieden bewirkt. Durch einen Feuchtigkeitsgehalt wird die Wärmeleitfähigkeit eines porigen Stoffes in zweierlei Hinsicht beeinflußt:

1. dadurch, daß sich in den kapillaren Räumen des Gutes zusammenhängende Flüssigkeitshäute bzw. -röhren bilden. Da die Flüssigkeit eine höhere Wärmeleitfähigkeit hat als trockene Luft in den Poren, wird durch eine zusammenhängende Flüssigkeitshaut die Wärmeleitung im Stoff erhöht. Diese Wirkung bezeichnet man als „Bildung von Wärmebrücken“;

2. dadurch, daß in den luftgefüllten Poren zwischen flüssigkeitsbenetzten Wänden sich mit dem Temperaturgefälle notwendig ein Dampfteildruckgefälle einstellen muß, auf Grund dessen eine Diffusion des Dampfes stattfindet. – Soweit ein Stoff nicht hygroskopisch ist, herrscht an der Flüssigkeitsoberfläche der zur jeweiligen Temperatur gehörige Sattdampfdruck.

In der Wärmeleitfähigkeit eines feuchten Stoffes wirken sich alle Einzelerscheinungen des Energietransportes aus. Es zeigt sich, daß die Wärmeleitfähigkeit feuchter Stoffe in dem Temperaturbereich, der in der Trocknungstechnik interessiert (bis etwa 100 °C), so außerordentlich variiert, daß die Einflüsse, welche die Leitfähigkeit der trockenen Stoffe bestimmen, meist völlig in den Hintergrund treten.

a) Die Wärmeleitfähigkeit ganz nasser Stoffe

Für ganz nasse Stoffe, bei denen alle Poren mit Wasser gefüllt sind, läßt sich durch die gleiche Betrachtung, die bei der Behandlung der Wärmeleitung in trockenen Stoffen angewandt wurde (s. S. 104), eine Einordnung der möglichen Werte zwischen leicht berechenbaren Grenzwerten erreichen. Die Leitfähigkeit der ganz nassen Stoffe unterscheidet sich nur dadurch von derjenigen der trockenen Stoffe, daß an Stelle der Wärmeleitung der Porenluft (λ_L) diejenige der Flüssigkeit (λ_W) tritt. Der Einfluß der Feststoffstruktur (Verbindung der einzelnen Feststoffteilchen) muß in analoger Weise wie beim trockenen Stoff zum Ausdruck kommen.

Für die beiden Grenzfälle

I. Feststoff als durchgehendes Netzwerk entsprechend Parallelschaltung einer Plattenanordnung (gesinterte Stoffe),

II. Flüssigkeit als durchgehendes Netzwerk entsprechend Hintereinanderschaltung einer Plattenanordnung (pulverige, körnige, faserige Stoffe)

lassen sich nach den Gl. (94) und (95) die Leitfähigkeiten λ_{I} und λ_{II} berechnen, wenn man an Stelle von λ_L in Gl. (94) und (95) jetzt λ_W einführt.

$$\lambda_{\text{I}_n} = (1 - \Psi)\,\lambda_S + \Psi\,\lambda_W, \qquad (309)$$

$$\lambda_{\text{II}_n} = \frac{1}{\dfrac{1-\Psi}{\lambda_S} + \dfrac{\Psi}{\lambda_W}}\,. \qquad (310)$$

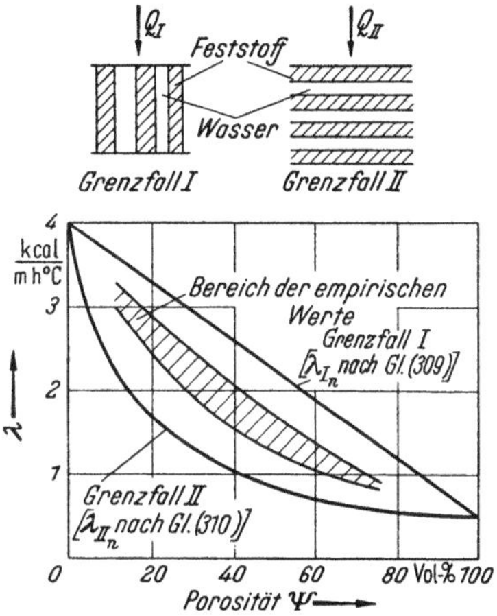

Abb. 182. Einordnung der Wärmeleitfähigkeit ganz nasser mineralischer Stoffe zwischen berechenbaren Grenzwerten.

Wählt man zum Vergleich mit Abb. 86 einen mineralischen Feststoff mit $\lambda_S = 4$ und Wasser als Flüssigkeit ($\lambda_W \approx 0{,}5$), so ergeben sich die Grenzkurven I und II in Abb. 182. Da λ_S und λ_W sehr viel weniger verschieden sind als λ_S und λ_L, weichen die Grenzkurven viel weniger voneinander ab als für trockene Stoffe. Dann wird auch der Bereich der empirischen Stoffe verschiedener Struktur sehr viel schmaler als bei trockenen Stoffen.

b) Die Charakterisierung der Feststoffstruktur

Kennt man für einen Stoff die Leitfähigkeit im trockenen Zustand λ_{trocken} sowie im ganz nassen $\lambda_{\text{naß}}$, so kann man sich aus diesen Werten eine gewisse Vorstellung der für die Struktur des Feststoffes maßgebenden Verbindung der Feststoffteilchen untereinander bilden.

Man denkt sich als Ersatzbild für das wirkliche Stoffgefüge eine Anordnung, bei der zwei Anordnungen nach den Grenzfällen I und II hintereinandergeschaltet sind (Abb. 183).

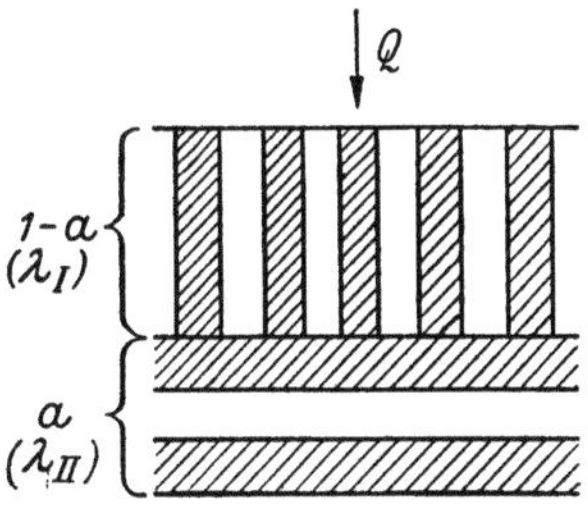

Abb. 183. Ersatzschema für die Wärmeleitung in porigen Stoffen.

Ist a der Anteil der Anordnung nach Grenzfall II (hintereinandergeschaltete Platten), $1 - a$ der Anteil der Anordnung nach Grenzfall I (parallelgeschaltete Platten) und bezeichnen

$\lambda_{I\,tr}$ bzw. $\lambda_{II\,tr}$ die nach den Gl. (94) und (95) berechneten Leitfähigkeiten der Anordnungen für die Grenzfälle I und II für trockenen Stoff, so gilt:

$$\lambda_{\text{trocken}} = \frac{1}{\dfrac{1-a}{\lambda_{I_{tr}}} + \dfrac{a}{\lambda_{II_{tr}}}}. \tag{311}$$

$$\lambda_{\text{naß}} = \frac{1}{\dfrac{1-a}{\lambda_{I_n}} + \dfrac{a}{\lambda_{II_n}}}. \tag{312}$$

Wenn für einen Stoff λ_{trocken} und $\lambda_{\text{naß}}$ aus Messungen bekannt sind, so kann man aus den Gl. (94), (95) und (309) bis (312) sowohl die Leitfähigkeit λ_S des Feststoffanteiles als auch den Anteil a der widerstands-

Tabelle 42. *Wärmeleitfähigkeit des Feststoffanteils λ_S und Anteil a der widerstandsreichen Anordnung nach dem Ersatzschema in Abb. 183 für einige mineralische Stoffe.*

Stoff	Raumgewicht	Porosität	Wärmeleitf. d. vollkommen trockenen Stoffes	Wärmeleitf. d. vollkommen nassen Stoffes	Wärmeleitfähigkeit d. Feststoffanteils	Anteil der widerstandsr. Anordnung	Bemerkungen
	Γ_S	Ψ	λ_{trocken}	$\lambda_{\text{naß}}$	λ_S	a	Die Messungen sind mitgeteilt in Schrift
	kg/m³	m³/m³	kcal/mh °C	kcal/mh °C	kcal/mh °C	—	
Reiner Quarzsand (Seesand)	1300	0,5	0,178	1,80	4,5	0,227	[*103*]
	1830	0,3	0,370	2,64	4,5	0,174	[*103*]
Quarzit							
Korngröße K_m = 11,0 mm	1400	0,464	0,235	1,86	3,92	0,179	[*103*]
K_m = 2,5 mm	1280	0,510	0,178	1,64	3,92	0,229	[*103*]
K_m = 1,42 mm	1270	0,515	0,181	1,66	3,92	0,214	[*103*]
K_m = 0,72 mm	1340	0,467	0,191	1,77	3,92	0,224	[*103*]
K_m = 0,2 mm	1520	0,421	0,265	2,00	3,92	0,174	[*103*]
Ackererde (verunreinigte	1580	0,358	0,287	1,55	2,39	0,175	[*103*]
Sandböden, 6% Humus)	1300	0,50	0,195	1,25	2,39	0,191	[*103*]
Leichtbauplatte der Firma Keramchemie, Berggarten							
Stein	749	0,67	0,185	0,83	1,39	0,099	[*104*]
zerkleinert zu Sand							
K_m = 0,7 mm	1200	0,55	0,130	0,85	1,39	0,253	[*104*]
Körner K_m = 11,0 mm	456	0,80	0,077	0,65	1,39	0,283	[*104*]
Ziegelstein gleichen Ausgangsmaterials	1450	0,46	0,29	1,33	2,22	0,127	[*104*]
	1650	0,38	0,36	1,47	2,22	0,120	[*104*]
	1850	0,27	0,57	1,67	2,22	0,094	[*104*]
Ziegelstein verschiedener Zusammensetzung	1320	0,50	0,355	1,44	2,58	0,092	[*113*]
	1600	0,45	0,493	1,14	1,68	0,048	[*113*]
Ytong	450	0,815	0,075	0,61	1,28	0,280	[*113*]
	540	0,790	0,092	0,66	1,28	0,223	[*113*]
	640	0,755	0,125	0,69	1,28	0,160	[*113*]
Siporex	520	0,78	0,14	0,80	1,99	0,144	[*113*]
Bimsbeton	790	0,65	0,17	0,61	0,81	0,100	[*113*]
	860	0,62	0,18	0,63	0,81	0,095	[*113*]

reichen hintereinandergeschalteten Anordnung nach Grenzfall II in dem Ersatzschema nach Abb. 183 berechnen. Aus einigen Messungen wurden die in Tab. 42 angegebenen Werte für λ_S und a ermittelt.

Man erkennt aus Tab. 42 vor allem, daß der Anteil der widerstandsreichen Anordnung II in dem Ersatzschema um so größer wird, je schwächer die Verbindung der einzelnen Teilchen untereinander ist (bei Sanden usw.). Die Leitfähigkeit des Feststoffanteiles ist bei den einzelnen mineralischen Stoffen recht verschieden.

c) Die äquivalente Leitfähigkeit der Porenluft unter dem Einfluß der Dampfdiffusion

Sind die Porenwände flüssigkeitsbenetzt, so tritt in den luftgefüllten Porenräumen bei Vorhandensein von Temperaturunterschieden eine Dampfdiffusion im Sinne des durch die Temperaturunterschiede bewirkten Dampfdruckgefälles ein. An den wärmeren Stellen der Porenwand tritt eine Verdampfung auf, an den kälteren Stellen Kondensation. Zur Wärmeübertragung durch molekulare Wärmeleitung (λ_l) tritt dann noch der mit dem Dampftransport beim Verdampfen und Kondensieren verknüpfte Energieaustausch.

Nach den Herleitungen des vorigen Kapitels kann die unter der Wirkung des Temperaturgefälles $-d\vartheta/dz$ diffundierende Dampfmenge nach Gl. (207) berechnet werden, wenn man vereinfachend eine ebene Begrenzung der Porenwand voraussetzt. Bezeichnet P_D'' den von der Temperatur abhängigen Sattdampfdruck, so kann bei nichthygroskopischen Stoffen für das in Gl. (207) auftretende Dampfdruckgefälle

$$-\frac{dP_D}{dz} = -\frac{dP_D''}{d\vartheta}\,\frac{d\vartheta}{dz} \tag{313}$$

gesetzt werden, worin $\frac{dP_D''}{d\vartheta}$ aus der Dampftafel errechnet werden kann.

Die Dampfdiffusion durch den Porenquerschnitt f ist dann entsprechend Gl. (207)

$$G_D = -f\,b_{\text{verd}}\frac{dP_D''}{d\vartheta}\,\frac{d\vartheta}{dz}.$$

Der Bewegungsbeiwert ist nach Gl. (210)

$$b_{\text{verd}} = \frac{\delta}{R_D\,T}\,\frac{P}{P-P_D''}.$$

Der früher in Gl. (206) mitgeteilte Wert

$$\delta = 0{,}083\left(\frac{T}{273}\right)^{1,81}\frac{10\,000}{P}$$

gilt für die Diffusion überhitzten Dampfes bei konstanter Temperatur. Eine Untersuchung der Diffusion gesättigten Dampfes unter der Wirkung eines Temperaturgefälles ergibt – vielleicht wegen einer bereits im Feld erfolgenden teilweisen Kondensation – etwas höhere Werte. Es wurde festgestellt [*109*]

$$\delta = 0{,}086\left(\frac{T}{273}\right)^{2,3}\frac{10\,000}{P}. \tag{314}$$

Mit dem Diffusionsstrom wird eine Wärmemenge $G_D r$ (r = Verdampfungswärme) von der warmen zur kalten Seite transportiert. Setzt man diese Wärmemenge nach dem Ansatz für die Wärmeleitung einer äquivalenten Leitfähigkeit λ_{diff} durch Diffiuson proportional, so ergibt sich:

$$Q_D = -f \frac{\delta}{R_D T} \frac{P}{P - P_D''} \frac{dP_D''}{d\vartheta} \frac{d\vartheta}{dz} r = -f \lambda_{\text{diff}} \frac{d\vartheta}{dz}. \tag{315}$$

Für λ_{diff} folgt:

$$\lambda_{\text{diff}} = \frac{\delta}{R_D T} \frac{P}{P - P_D''} \frac{dP_D''}{d\vartheta} r. \tag{316}$$

Es wurde bei Besprechung der Wärmeleitung in trockenen Stoffen gezeigt, daß bei feinporigen Gütern die Wärmeübertragung durch natürliche Konvektion (Auftriebsströmung) meist nicht beeinflußt wird und daß die Strahlung meist vernachlässigbar ist, so daß bei trockenen Stoffen die Wärmeleitfähigkeit der Porenluft praktisch gleich der molekularen Leitfähigkeit der Luft λ_L ist.

Bei feuchten Stoffen tritt aber die durch Gl. (316) definierte äquivalente Leitfähigkeit durch Diffusion hinzu, so daß für die gesamte Wärmemenge

$$Q = -f(\lambda_L + \lambda_{\text{diff}}) \frac{d\vartheta}{dz} = -f \lambda_{\text{ges}} \frac{d\vartheta}{dz} \tag{317}$$

gesetzt werden muß. Diese äquivalente Leitfähigkeit (durch Leitung und Diffusion $\lambda_L + \lambda_{\text{diff}}$) ist in Abb. 184 in Abhängigkeit von Temperatur und Luftdruck dargestellt. Man sieht an der Abbildung, wie außerordentlich

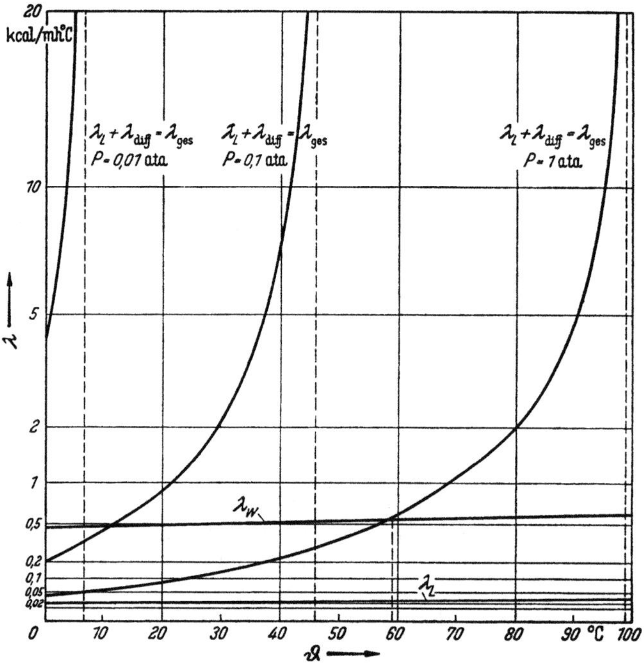

Abb. 184. Äquivalente Wärmeleitfähigkeit der Porenluft λ_{ges} durch Leitung λ_L und Dampfdiffusion λ_{diff} (λ_W = Wärmeleitfähigkeit von Wasser).

der Einfluß der Diffusion sich mit wachsender Temperatur und sinkendem Luftdruck auswirkt. Während die molekulare Leitfähigkeit λ_L zwischen 0 und 100 °C – unabhängig vom Luftdruck – nur in den Grenzen 0,021 und 0,027 kcal/mh °C liegt, ist die gesamte Wärmeleitfähigkeit bei 1 ta und 60 °C schon 0,597 (etwa gleich der des flüssigen Wassers), bei 80°C 1,97, also schon im Bereich der Leitfähigkeit mineralischer Stoffe. Bei 99,1 °C würde $\lambda_{ges} = \infty$ wegen $P - P''_D = 0$.

Bei niedrigem Druck P wird λ_{ges} jeweils bei der Temperatur, bei der $P''_D = P$ ist, unendlich.

Während für trockene Stoffe mit grober Porosität die Wärmeleitung vom Luftdruck P nicht allzu stark abhängig ist (s. S. 108), zeigt sich in der Porenluft feuchter Stoffe der Einfluß des Luftdruckes in besonderem Maße, weil die Diffusion dem Teildruck der Luft $(P - P_D)$ verkehrt proportional ist. Die Wärmeübertragung in den feuchten Poren wird bei Verringerung des Luftdruckes stark *vergrößert*.

d) Die Wärmeleitfähigkeit feuchter Stoffe in nicht gefrorenem Zustand

Ist ein Stoff feucht, so daß er außer Feststoff und Flüssigkeit noch Luft in den Poren enthält, so kommen grundsätzlich vier Möglichkeiten der Wärmeübertragung in Betracht:

1. im Feststoff (λ_S); – 2. in der Flüssigkeit (λ_W); – 3. im Dampf-Luft-gemisch, das von benetzten Porenwänden umschlossen ist, so daß Verdampfung und Kondensation auftritt $(\lambda_L + \lambda_{diff})$; – 4. im Dampf-Luft-gemisch, das von trockenen Porenwänden begrenzt ist, so daß keine Verdampfung und Kondensation auftritt (λ_L).

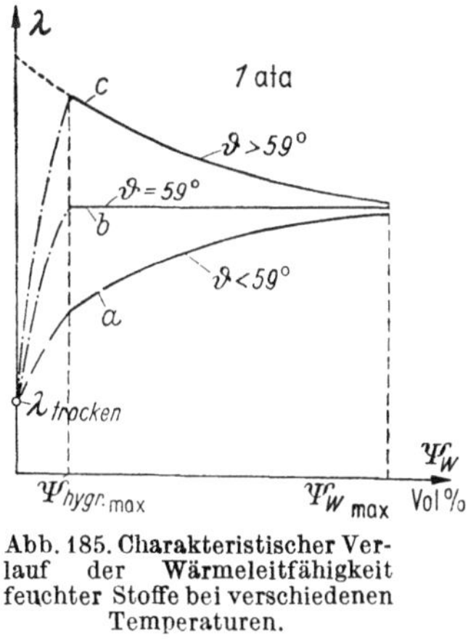

Abb. 185. Charakteristischer Verlauf der Wärmeleitfähigkeit feuchter Stoffe bei verschiedenen Temperaturen.

Wären die unter 4. genannten, von trockenen Porenwänden begrenzten Lufträume nicht vorhanden, so ließe sich für den qualitativen Einfluß der Feuchtigkeit bei verschiedenen Temperaturen folgendes aussagen:

Bei Temperaturen unter 59 °C ist bei normalem Druck die Leitfähigkeit $\lambda_L + \lambda_{diff}$ kleiner als diejenige des flüssigen Wassers; folglich muß die Leitfähigkeit des feuchten Stoffes mit dem Flüssigkeitsgehalt ansteigen (Kurve *a* in Abb. 185).

Bei 59 °C ist $\lambda_L + \lambda_{diff} = \lambda_W$, dann muß die Leitfähigkeit des feuchten Stoffes unabhängig vom Flüssigkeitsgehalt sein (Kurve *b* in Abb. 185).

Bei Temperaturen über 59 °C muß, da $\lambda_L + \lambda_{diff} > \lambda_W$ ist, die Leitfähigkeit des Gutes mit kleiner werdendem Flüssigkeitsgehalt ansteigen (Kurve *c* in Abb. 185).

Erst im hygroskopischen Bereich, in dem der Dampfdruck kleiner ist als der Sattdampfdruck, muß sich der Übergang auf die Leitfähigkeit im trockenen Zustand vollziehen.

Messungen bestätigen den in Abb. 185 skizzierten Zusammenhang nur bei größeren Flüssigkeitsgehalten, während im Bereich geringer Flüssigkeitsgehalte – aber oberhalb des hygroskopischen Bereiches – ein stetiger Übergang von den bei höheren Temperaturen sehr großen Leitfähigkeiten auf $\lambda_{\mathrm{trocken}}$ erfolgt (vgl. Abb. 188, 189 und 190).

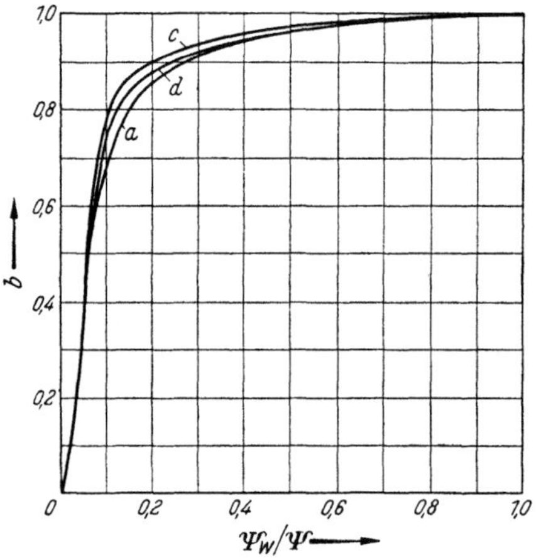

Abb. 186. Anteil b des Luftvolumens in den von feuchten Porenwänden begrenzten Poren zum gesamten Luftvolumen. Kurve a Ziegelstein; Kurve d Ytong; Kurve c Siporex.

Die Erklärung für dieses Verhalten ist gegeben, wenn man annimmt, daß im feuchten Gut luftgefüllte Poren zweierlei Art vorhanden sind, solche, die von trockenen Porenwänden und solche, die von feuchten Porenwänden begrenzt sind. In den ersteren ist die molekulare Leitfähigkeit λ_L des Dampf-Luftgemisches allein maßgeblich, in den letzteren diese sowie die mit der Diffusion verknüpfte Wärmeübertragung durch Verdampfen und Kondensieren $\lambda_L + \lambda_{\mathrm{diff}}$. Eine solche Annahme scheint auch durchaus mit der Vorstellung der kapillaren Bindung des Wassers in Einklang zu stehen, wonach die Flüssigkeit sich in um so feineren Poren befinden muß, je niedriger der Flüssigkeitsgehalt ist.

Der Anteil des Luftvolumens in den von feuchten Wänden begrenzten Poren am gesamten im Gut enthaltenen Luftvolumen sei mit b bezeichnet.

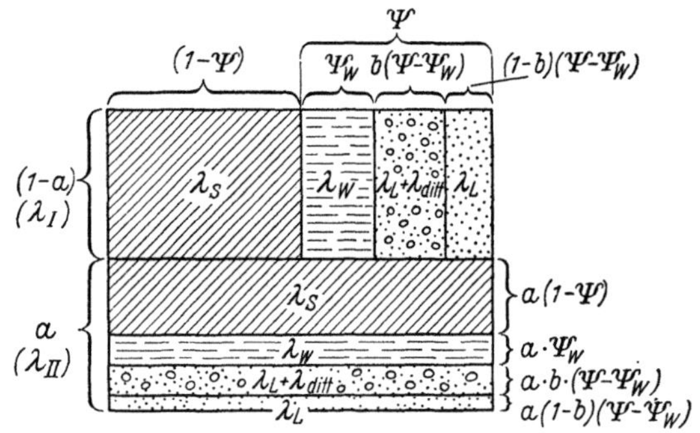

Abb. 187. Ersatzschema für die Wärmeleitung in feuchten Stoffen.

Dieser Anteil muß, wie Abb. 186 zeigt, mit wachsendem Anteil des Flüssigkeitsgehaltes Ψ_W an der Porosität Ψ auf den Wert 1 ansteigen, während er für den trockenen Stoff gleich Null ist.

Das Ersatzschema, das unter diesen Annahmen einzuführen ist, ist in Abb. 187 dargestellt.

Versteht man unter λ_{I} wiederum die gleichwertige Leitfähigkeit der parallelgeschalteten Plattenanordnung vom Anteil $1 - a$; unter λ_{II} diejenige der hintereinandergeschalteten vom Anteil a, so gilt jetzt in Erweiterung der Gl. (94) und (95) bzw. (309) und (310):

$$\lambda_{\mathrm{I}} = (1 - \Psi)\lambda_S + \Psi_W \lambda_W + b(\Psi - \Psi_W)(\lambda_L + \lambda_{\mathrm{diff}}) + (1 - b)(\Psi - \Psi_W)\lambda_L \quad (318)$$

$$\lambda_{\mathrm{II}} = \frac{1}{\dfrac{1-\Psi}{\lambda_S} + \dfrac{\Psi_W}{\lambda_W} + \dfrac{b(\Psi - \Psi_W)}{\lambda_L + \lambda_{\mathrm{diff}}} + \dfrac{(1-b)(\Psi - \Psi_W)}{\lambda_L}}. \quad (319)$$

Für die Leitfähigkeit λ der Gesamtanordnung gilt entsprechend den Gl. (311) und (312):

$$\lambda = \frac{1}{\dfrac{1-a}{\lambda_{\mathrm{I}}} + \dfrac{a}{\lambda_{\mathrm{II}}}}. \quad (320)$$

Nach Gl. (320) wurde die Abhängigkeit der Leitfähigkeit feuchter Stoffe von Temperatur und Feuchtigkeit berechnet unter Zugrundelegung der aus Tab. 42 ersichtlichen Werte a und λ_S, der in Abb. 186 dargestellten Werte b sowie der für 1 ata nach Abb. 184 gültigen Werte $\lambda_L + \lambda_{\mathrm{diff}}$. Die Zahlenwerte für λ_L und λ_W sind aus Tab. 15 und 16 zu entnehmen bzw. durch Interpolation festzustellen.

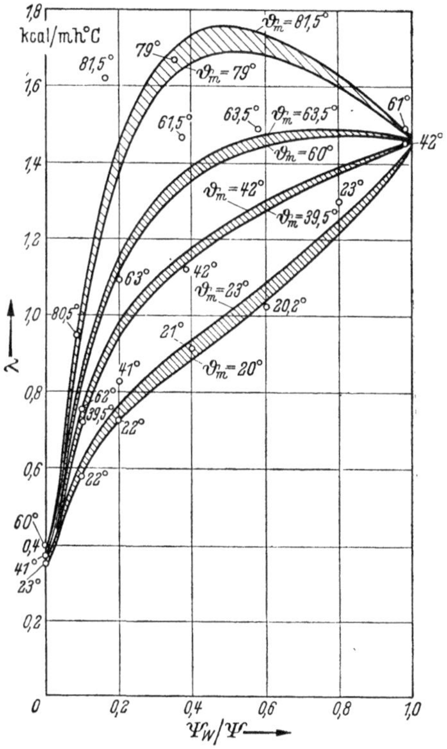

Abb. 188. Wärmeleitfähigkeit von Ziegelsteinen (Γ_s = 1320 kg/m³) in Abhängigkeit von Feuchtigkeit und Temperatur. Ψ = Porosität, Ψ_W = Feuchtigkeitsgehalt). ○ = Meßpunkte.

Die Abb. 188 bis 190 zeigen das Ergebnis der Berechnung im Vergleich zu Meßwerten. Erst in neuester Zeit konnte die Wärmeleitfähigkeit feuchter Stoffe bei höheren Temperaturen durch unmittelbare Messung festgestellt werden. Wegen der mit der Wärmebewegung verknüpften Dampfdiffusion treten bei Messungen im Beharrungszustand solche Verlagerungen der Feuchtigkeit nach der kalten Seite hin auf (vgl. auch S. 219), daß die bei unterschiedlicher Feuchtigkeitsverteilung gewonnenen Meßergebnisse keinen Aufschluß mehr über die Wärmeleitfähigkeit bei bestimmter gleichmäßig verteilter Feuchtigkeit geben. Die in Abb. 188, 189 und 190 eingetragenen Meßergebnisse wurden in einem Kurzzeitverfahren [*112*] gewonnen, bei dem der Temperaturanstieg bei Aufheizung mittels elektrisch beheizter Metallfolien an zwei Stellen einer symmetrischen Probenanordnung gemessen wurde. Solche Messungen können in wenigen Minuten durchgeführt werden, während deren nur kleine Temperaturunterschiede in den Proben (etwa 3 bis 5 °C) auftreten. Eine

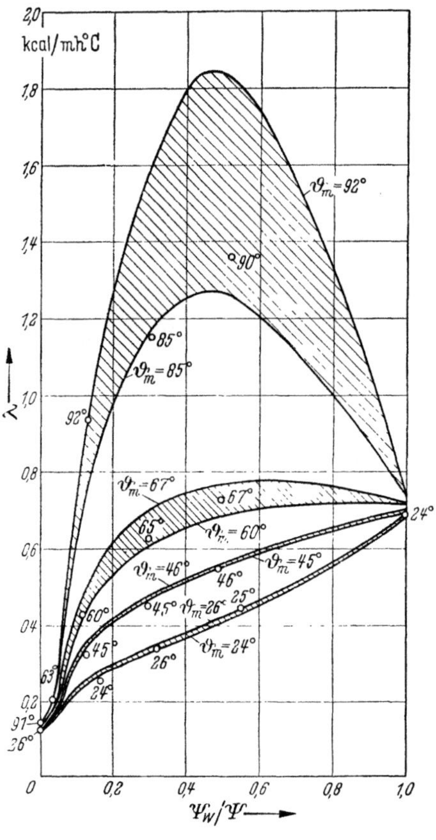

Abb. 189. Wärmeleitfähigkeit λ von Ytong (Γ_s = 640 kg/m³) in Abhängigkeit von Feuchtigkeit und Temperatur (Ψ = Porosität, Ψ_W = Feuchtigkeitsgehalt); ○ = Meßpunkte.

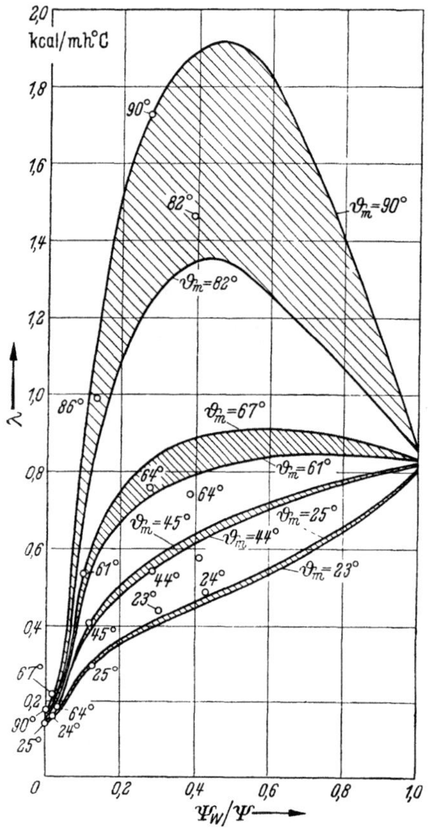

Abb. 190. Wärmeleitfähigkeit λ von Siporex (Γ_s = 520 kg/m³) in Abhängigkeit von Feuchtigkeit und Temperatur (Ψ = Porosität; Ψ_W = Feuchtigkeitsgehalt). ○ = Meßpunkte.

Bestätigung liefern auch die Messungen Herminges [*84*], die nach einem mit periodischen Temperaturfeldern arbeitenden Verfahren von Angström durchgeführt werden; die Ergebnisse sind völlig gleichartig den in Abb. 188 bis 190 mitgeteilten.

In Abb. 188 bis 190 gelten zwei benachbarte nach Gl. (320) berechnete Kurven jeweils für solche Temperaturen, innerhalb deren die bei den einzelnen Versuchsreihen herrschenden Mitteltemperaturen lagen. Innerhalb der jeweils schraffierten Bereiche müßten also sämtliche Meßergebnisse liegen. Von unbedeutenden Abweichungen abgesehen wird der durch Gl. (320) gegebene Zusammenhang durch die Versuche gut bestätigt. Die bisher untersuchten Stoffe sind alle mineralischer Art.

(Ziegel, Siporex – ein Leichtzementbeton aus Zement und Quarzsand unter Verwendung eines blasenbildenden Treibmittels – und Ytong – ein Leichtkalkbeton aus Kalk und Ölschieferasche ebenfalls unter Verwendung eines Treibmittels hergestellt.)

Über die Leitfähigkeit organischer Stoffe liegen in einem größeren Feuchtigkeitsbereich noch keine gesicherten Meßergebnisse vor. Die wichtigste Unterscheidung gegenüber den mineralischen Stoffen dürfte durch zwei Tatsachen bedingt sein:

1. Die Leitfähigkeit der organischen Feststoffteilchen ist viel kleiner als diejenige der Mineralien.

2. Der hygroskopische Bereich erstreckt sich bis zu größeren Feuchtigkeiten. Im hygroskopischen Bereich muß λ_{diff} abhängig vom Feuchtigkeitsgehalt gesetzt werden. (An Stelle von P''_D in Gl. (316) ist $\varphi P''_D$ zu setzen, wobei φ die aus den Sorptionsisothermen bei der jeweiligen Gutsfeuchtigkeit zu entnehmende relative Feuchtigkeit ist.)

Unter Berücksichtigung dieser beiden Tatsachen läßt sich auch für organische Stoffe nach Gl. (320) die Abhängigkeit der Wärmeleitfähigkeit von Feuchtigkeit und Temperatur in geeigneter Weise abschätzen.

Zusammenfassend:

Der Einfluß der Feuchtigkeit auf die Wärmeleitfähigkeit von Trocknungsgütern ist in außerordentlichem Maße von der Temperatur des Gutes abhängig. Vor allem bei hohen Temperaturen und mittleren Feuchtigkeiten wird die Leitfähigkeit feuchter Stoffe sehr groß, während sie bei höchsten und niedrigsten Feuchtigkeiten geringer wird. Daher ist die Leitfähigkeit in jedem Zeitpunkt des Trocknungsvorganges verschieden, so daß es schwer – wenn nicht unmöglich – ist, sichere Aussagen über die Wärmebewegung im feuchten Teil des Gutes zu machen.

Andererseits aber sind bei Überlegungen zu Trocknungsvorgängen im allgemeinen wohl niemals genaue Werte der Leitfähigkeit des feuchten Stoffes erforderlich, weil entweder die Leitfähigkeit der bereits getrockneten Teile oder der Wärmeübergang an die Umgebung von wesentlich stärkerem Einfluß auf den Gesamtvorgang sind.

e) Die Wärmeleitfähigkeit feuchter Stoffe in gefrorenem Zustand

Angesichts der Verhältnisse, die bei der Sublimations(Gefrier)-Trocknung vorliegen, sei noch kurz auf das Verhalten feuchter Güter im gefrorenen Zustand eingegangen. Die Leitfähigkeit kristallinen Eises ist etwa viermal so groß wie die des Wassers (vgl. Tab. 16). Sind alle Poren des Gutes mit Eis ausgefüllt (Eis-Feststoff-Gemisch), so muß die Leitfähigkeit des gefrorenen Gutes zwischen der des Eises ($\lambda_{\mathrm{Eis}} \approx 2$) und der der festen Substanz λ_S liegen. Ein solches Gut wird also beim Übergang des Wassers ($\lambda_W \approx 0{,}5$) vom flüssigen in den gefrorenen Zustand eine sprunghafte Erhöhung der Wärmeleitfähigkeit zeigen müssen. Grundsätzlich wäre dann eine Berechnung von λ mit Hilfe des auf S. 269 entwickelten Modells möglich. Entsprechend den dort gefundenen Ergebnissen, kann die Leitfähigkeit durch das Gefrieren um so weniger ansteigen, je geringer der Feuchtigkeitsgehalt des Gutes ist. Experimente

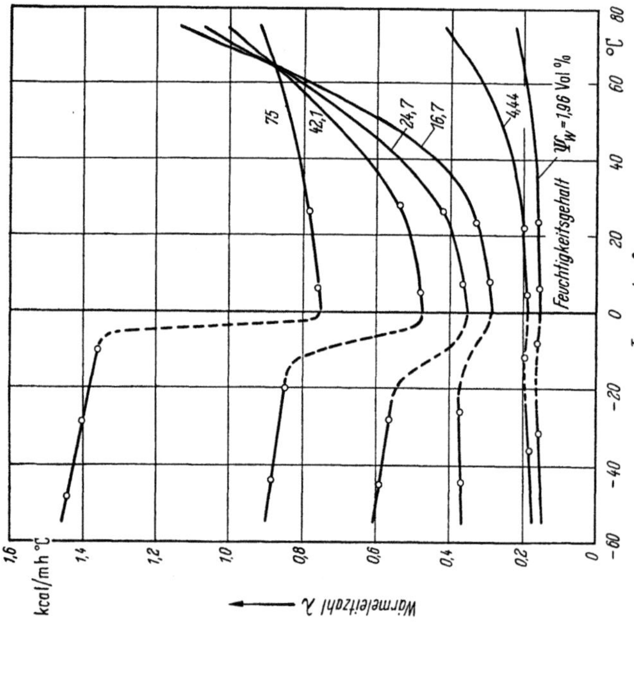

Abb. 191. Wärmeleitfähigkeit von feuchtem Gasbeton (Γ_s = 630 kg/m³).

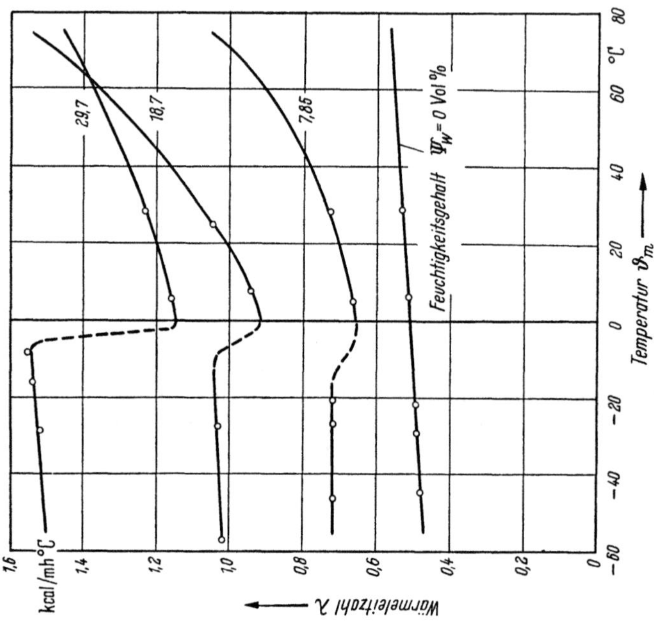

Abb. 192. Wärmeleitfähigkeit von feuchtem Dachziegel (Γ_s = 1880 kg/m³).

(s. Abb. 191 und 192) haben die zu erwartende Abhängigkeit der Leitfähigkeit von der Temperatur und der Gutsfeuchte bestätigt [*114*]. Daß der Übergang zwischen beiden λ-Werten nicht sprunghaft, sondern allmählich eintritt, hat folgende Ursache: Die in den untersuchten Stoffen (Gasbeton und Dachziegel) enthaltenen Salze bilden mit dem Porenwasser eine Lösung, deren Konzentration um so größer ist, je geringer der Feuchtigkeitsgehalt ist. Dadurch ist eine Gefrierpunktserniedrigung bedingt. Da eine Lösung nur im eutektischen Zustand erstarren kann, muß bei niedrigen Konzentrationen und fallender Temperatur fortlaufend so lange Eis ausfrieren, bis sich das Eutektikum gebildet hat. Mit wachsendem Feuchtigkeitsgehalt muß also vor Erreichen des eutektischen Punktes immer mehr Wasser ausgefroren sein. Aus diesem Grund ist bei hohen Feuchten ein schnellerer Übergang zur höheren Leitfähigkeit zu beobachten als bei niedrigem Feuchtigkeitsgehalt. Oberhalb des Gefrierpunktes zeigen die Abb. 191 und 192 den nach den oben dargestellten Gesetzmäßigkeiten erwarteten Verlauf.

Kapitel V

Die Vorgänge bei der Trocknung fester Stoffe

Nachdem in den vorhergehenden Kapiteln dieses Buches die Einzelvorgänge, die den Trocknungsverlauf beeinflussen, dargelegt wurden, soll in den folgenden Kapiteln das Zusammenspiel der Einzelvorgänge unter den verschiedenartigen Bedingungen, die bei technischen Trocknern vorkommen, betrachtet werden. Aus dieser Betrachtung soll hervorgehen, auf welche Weise man im einzelnen Fall für ein bestimmtes Gut den Trocknungsvorgang wunschgemäß lenken und bis zu einem gewissen Grade im voraus berechnen kann. Den Anstoß für die Forschung auf diesem Gebiet gaben Sherwood [*166*] und Newman [*137*] in der Zeit um 1930[1].

Die Zusammenhänge sind am einfachsten durchschaubar, wenn die Trocknung unter konstanten äußeren Bedingungen (Temperatur, Geschwindigkeit, Feuchtigkeit der Luft, Temperatur strahlender Flächen der Umgebung bzw. einer Kontaktheizfläche) erfolgt. Daher werden zunächst (Kap. V bis IX) nur Trocknungsvorgänge unter diesen Bedingungen betrachtet. Der Einfluß der Zustandsänderung des Trockenmittels, das sich in technischen Trocknern bei der Feuchtigkeitsaufnahme abkühlt, wird in Kap. X untersucht. Das vorliegende Kap. V handelt von den experimentellen Feststellungen zur Trocknung und ihrer physikalischen Deutung, welche die Grundlage der in den Kap. VI bis VIII mitgeteilten Berechnungsmöglichkeiten darstellen.

---

[1] Aus der weiteren Entwicklung unserer Erkenntnis sind noch Arbeiten von Ceaglske und Hougen [*54*], Fisher [*66*], McCready und McCabe [*128*] sowie Bateman, Hohf und Stamm [*46*] zu nennen.

Nichthygroskopische kapillarporöse Güter. Die Besonderheiten der Trocknung treten bei nichthygroskopischen kapillarporösen Gütern sehr augenfällig in Erscheinung. Beginnt die Trocknung bei hohem Flüssigkeitsgehalt des Gutes, so stellt sich in thermischer Hinsicht meistens rasch ein gewisser scheinbarer Beharrungszustand im Gut ein, d.h. die Temperaturen bleiben an allen Stellen zeitlich konstant. Solange die Kapillarkräfte (kapillare Leitfähigkeit) groß genug sind, um die an der Oberfläche verdunstende Wassermenge aus dem Gutsinneren nachzufördern, muß die Verdunstung an der Oberfläche näherungsweise konstant bleiben, da an der Oberfläche eines grobkapillaren Gutes von konstanter Temperatur immer Sattdampfdruck herrscht.

Dies ist der erste Abschnitt der Trocknung, der Abschnitt konstanter Trocknungsgeschwindigkeit g_{D_I} [kg/m²h]. Während dieses Abschnittes ist die Verdunstung in den Luftstrom nur abhängig von den äußeren Bedingungen, aus denen man die Oberflächentemperatur unter Anwendung der Gesetze der Strahlung, der Wärmeleitung und des Wärme- und Stoffüberganges einfach berechnen kann. Damit ist auch die Verdunstungsgeschwindigkeit g_{D_I} zu berechnen.

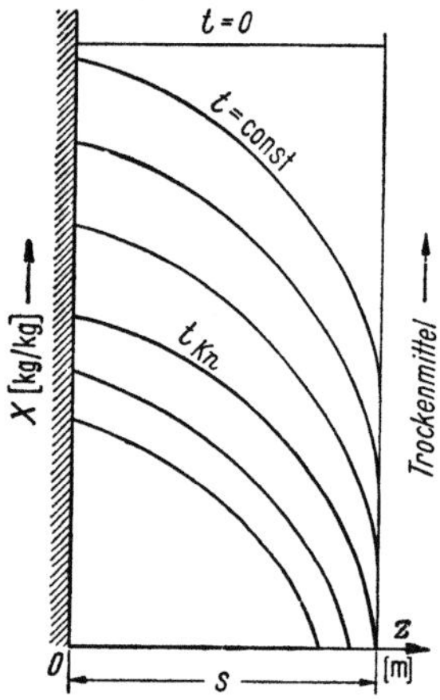

Abb. 193. Charakteristische Feuchtigkeitsverteilungen in einem einseitig trocknenden nichthygroskopischen Gut während der Trocknung.

Während dieses Abschnittes ändert sich nur die Verteilung des Flüssigkeitsgehaltes im Innern des Gutes. Der kapillare Flüssigkeitstransport aus dem Innern an die Oberfläche setzt die Ausbildung eines Flüssigkeitsgefälles nach der Oberfläche hin voraus [entsprechend Gl. (260)]. Die Verteilung des Flüssigkeitsgehaltes im Gut muß die in Abb. 193 dargestellte Charakteristik zeigen. Je nach der Größe der anfänglichen Verdunstung g_{D_I} [kg/m²h] und der Höhe der kapillaren Leitfähigkeit muß in irgendeinem bestimmten Zeitpunkt t_{Kn}, dem „Knickpunkt" im Trocknungsverlauf, eine solche Verteilung erreicht sein, daß in der Oberfläche der Flüssigkeitsgehalt Null wird. Von dann an ist es unmöglich, daß die anfängliche Trocknungsgeschwindigkeit g_{D_I} weiterhin aufrecht erhalten wird, da bei weiterer Austrocknung notwendig das Flüssigkeitsgefälle und damit die an die Oberfläche kapillar fließende Flüssigkeitsmenge kleiner werden muß. Da andererseits die Diffusionsbedingungen zwischen Luft und Oberfläche die gleichen bleiben, ist eine Verminderung der Trocknungsgeschwindigkeit nur möglich, wenn die Verdunstung nun nicht mehr an der Gutsoberfläche, sondern im Gutsinnern erfolgt. Die Lage des „Trockenspiegels" ist durch die Bedingung gegeben, daß die in flüssiger Form aus dem Gutsinnern an die Oberfläche der Flüssigkeit herangebrachte Flüssigkeitsmenge durch Dampfdiffusion zunächst durch eine trockene Gutsschicht [Widerstandsfaktor nach Gl. (217) $\mu = \mu_l/\Psi$] an die Oberfläche, dann von dieser durch Stoffübergang an die umgebende

Luft übergehen muß. Eine Berechnung der Wanderung des Trockenspiegels im Gutsinneren würde voraussetzen, daß man die Flüssigkeitsleitzahl in ihrer Abhängigkeit vom Flüssigkeitsgehalt genau kennt. Es wäre recht umständlich, diese Abhängigkeit festzustellen, und es erscheint auch – jedenfalls für die in der Praxis wichtigen Fragen – nicht von entscheidender Bedeutung, diese Abhängigkeit genau zu kennen, wenn man nur den Endzustand der Trocknung in einfacher Weise berechnen kann. Dieser Endzustand aber ist bei den zunächst betrachteten nichthygroskopischen Gütern dadurch gegeben, daß die letzte kleine Wassermenge an einer Stelle verdampft, die man im voraus kennt– z.B. bei zweiseitiger Lufttrocknung eines plattenförmigen Gutes aus der Mitte, bei einseitiger Trocknung eines überströmten Gutes aus der Unterseite des Gutes. Bei Kenntnis der Lage des „Trockenspiegels" aber ist die Trocknungsgeschwindigkeit aus den Diffusions- und Wärmeleitungsbedingungen berechenbar. So kann man also bei nichthygroskopischen kapillarporösen Gütern die Endtrocknungsgeschwindigkeit in einfacher Weise ausrechnen.

Der gesamte Ablauf des Trocknungsvorganges unter konstanten äußeren Bedingungen muß also derart erfolgen, daß die Trocknungsgeschwindigkeit in einem *ersten Abschnitt* der Trocknung konstant bleibt (g_{D_I} nur abhängig von den äußeren Bedingungen) und nach Erreichen eines Knickpunktes, der nur von den kapillaren Eigenschaften des Gutes abhängt, in einem *zweiten Abschnitt* niedriger wird. Am Ende der Trocknung ergibt sich die nur durch die Diffusions- und Wärmeleitungseigenschaften des Gutes und die äußeren Bedingungen bestimmte Endtrocknungsgeschwindigkeit g_{D_E}. Abb. 194 zeigt den charakteristischen Verlauf der Trocknungsgeschwindigkeit für ein grobkapillares Gut in Abhängigkeit von der Zeit.

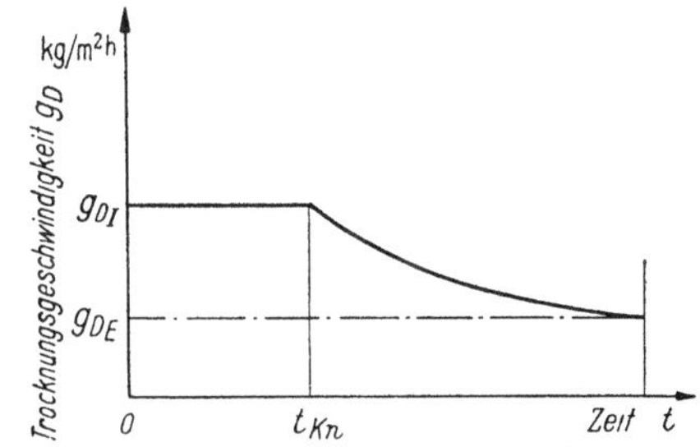

Abb. 194. Charakteristischer zeitlicher Verlauf der Trocknungsgeschwindigkeit grob kapillarer nichthygroskopischer Güter.

Kennt man noch den Zeitpunkt t_{Kn}, in dem der Knickpunkt auftritt, so ist das Verhalten des Gutes bei der Trocknung einigermaßen überschaubar, da man Anfangs- und Endtrocknungsgeschwindigkeit einfach berechnen kann.

Aus den Gesetzen der Kapillarwasserbewegung folgt, daß der Flüssigkeitsgehalt im Knickpunkt für ein bestimmtes Gut eindeutig von dem Produkt aus Anfangstrocknungsgeschwindigkeit g_{D_I} und Gutsdicke (bei zweiseitiger Trocknung halber Gutsdicke) abhängig ist. Diese Abhängigkeit stellt die sogenannte „*Knickpunktkurve*" dar. Sie ist aus einigen Versuchen für ein bestimmtes Gut relativ einfach experimentell zu ermitteln und läßt sich in manchen Fällen aus Analogien mit den Knickpunktkurven ähnlicher Stoffe in etwa abschätzen. Ihre Temperaturabhängigkeit ist vorwiegend durch die Zähigkeit der Gutsflüssigkeit bestimmt.

Hygroskopische kapillarporöse Güter. Die Trocknungscharakteristik solcher Stoffe, die bei niedrigen Flüssigkeitsgehalten hygroskopisches Verhalten zeigen, aber von hohen Anfangsfeuchtigkeitsgehalten aus getrocknet werden (Papier, Zellstoff, Gewebe usw.), unterscheidet sich grundsätzlich dadurch von derjenigen der nichthygroskopischen Stoffe, daß sie nicht auf den Feuchtigkeitsgehalt Null getrocknet werden können, sondern nur auf die Gleichgewichtsfeuchtigkeit X_{gl}, die entsprechend den Sorptionsisothermen des Gutes (S. 52ff.) der relativen Feuchtigkeit der Luft zugeordnet ist. Im übrigen aber zeigt der Trocknungsablauf viel Gemeinsames mit dem der nicht hygroskopischen Stoffe.

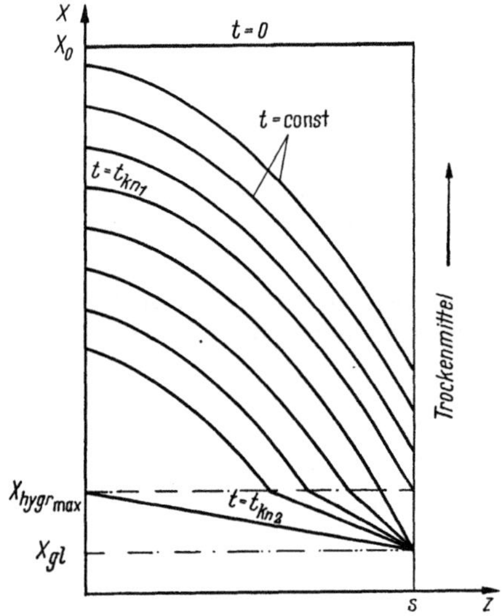

Abb. 195. Charakteristischer Verlauf der Feuchtigkeitsverteilung in einem kapillarporösen Gut mit hygroskopischem Bereich.

Lediglich tritt der Knickpunkt nicht auf, wenn in der Oberfläche der Feuchtigkeitsgehalt $X = 0$ erreicht ist, sondern wenn der maximale hygroskopische Feuchtigkeitsgehalt unterschritten wird. Man sieht aus dem Unterschied von Abb. 195 gegenüber Abb. 193, welche charakteristischen Änderungen dadurch bewirkt werden, daß vom Knickpunkt an die Feuchtigkeit bis zu einer gewissen Tiefe im hygroskopischen Bereich liegen muß, während im anderen Teil überhygroskopische Feuchtigkeit herrscht. Wenn in Gutsmitte die maximale hygroskopische Feuchtigkeit erreicht ist, d.h. das ganze Gut hygroskopisches Verhalten zeigt, muß ein dritter Abschnitt der Trocknung beginnen (2. Knickpunkt z. Z. t_{Kn_2}), in dem die Trocknungsgeschwindigkeit mit der Zeit asymptotisch auf den Wert Null fällt, wenn die Gleichgewichtsfeuchtigkeit X_{gl} erreicht ist. Der charakeristische Unterschied im zeitlichen Verlauf der Trocknung eines kapillarporösen Gutes mit hygroskopischem Bereich gegenüber der Trocknung eines nichthygroskopischen Gutes geht aus dem Vergleich von Abb. 196 mit Abb. 194 hervor.

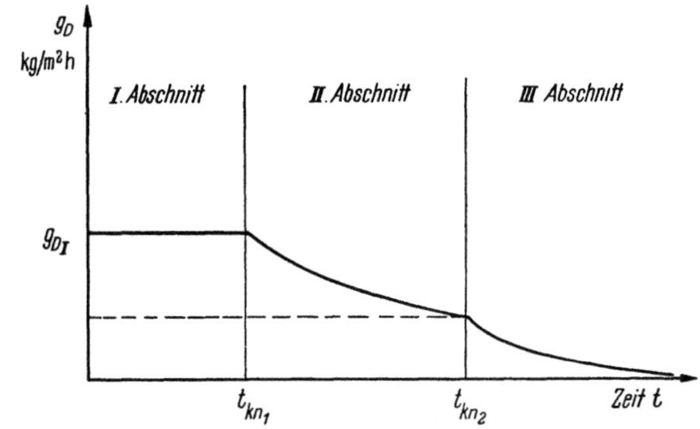

Abb. 196. Charakteristischer zeitlicher Verlauf der Trocknungsgeschwindigkeit eines kapillarporösen Gutes mit hygroskopischem Bereich.

Auch bei den kapillarporösen Gütern mit hygroskopischem Feuchtigkeitsbereich, die von hoher Anfangsfeuchtigkeit aus getrocknet werden, zeichnen sich also bestimmte charakteristische Zustände oder Zonen klar ab, bei denen die eine oder andere Gesetzmäßigkeit der Stoffbewegung allein entscheidend ist, so daß, wie sich zeigen wird, einfache Berechnungen für gewisse Punkte im Trocknungsablauf möglich sind. Diese Möglichkeit ist nicht mehr gegeben, wenn die Gutsfeuchtigkeit von vornherein im hygroskopischen Bereich ist. Dann muß man das Zusammenspiel von Wärme-, Flüssigkeits- und Dampfbewegung durch subtilere Analyse verfolgen (vgl. Kap. IX).

Nichtporige Güter (Gele usw.). Auch bei der Trocknung nichtporiger Güter läßt sich a priori nicht viel über den Ablauf der Trocknung sagen. Lediglich sei auf einen entscheidenden Unterschied gegenüber den kapillarporösen Gütern hingewiesen: Da im Gutsinnern die Stoffbewegung nur durch Flüssigkeitsdiffusion – nicht auch durch Dampfdiffusion – möglich ist, gibt es keine Zonen im Gut oder Zeitabschnitte, in denen verschiedene Gesetzmäßigkeiten maßgeblich sind. Die Verdunstung findet nur an der Oberfläche statt. Die Feuchtigkeitsverteilungen im Gut müssen die in Abb. 197 angedeutete einheitliche Charakteristik zeigen:

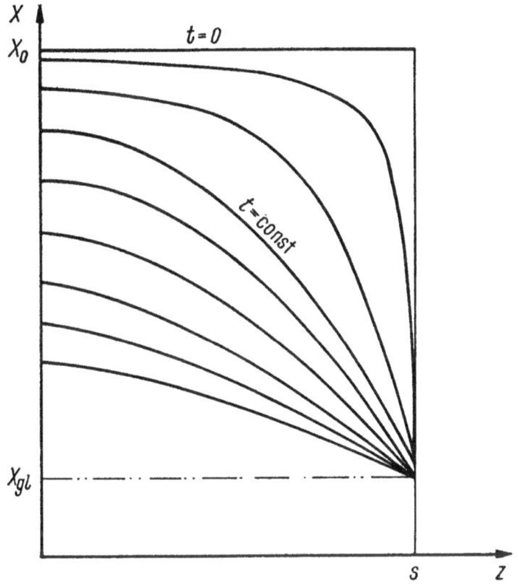

Abb. 197. Charakteristische Feuchtigkeitsverteilungen in nichtporigen Gütern.

Der zeitliche Verlauf der Trocknungsgeschwindigkeit muß von einem höchsten Anfangswert g_{D_0} aus stetig bis auf Null abfallen, wie Abb. 198 zeigt.

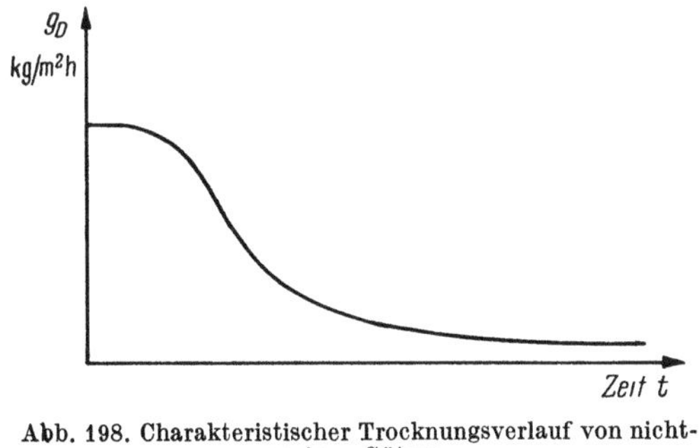

Abb. 198. Charakteristischer Trocknungsverlauf von nichtporigen Gütern.

g_{D_0} ist bei Kenntnis der Stoff- und Wärmeübergangszahlen und des anfänglichen Dampfdrucks über dem Gut berechenbar. Die Form der Kurve ist nur durch die Abhängigkeit der Flüssigkeitsdiffusionszahl $\varkappa$ vom Feuchtigkeitsgehalt bedingt. Der Einfluß der Temperatur ist aus ihrem Einfluß auf $\varkappa$ zu vermuten.

In den folgenden Abschnitten dieses Kapitels sollen zunächst die Gesetzmäßigkeiten des Zusammenspiels von kapillarer Bewegung und Dampfdiffusion an einem einfachen Modell hergeleitet werden, alsdann die wichtigsten experimentellen Feststellungen über den Ablauf der Trocknung bei verschiedenen charakteristischen Stoffen mitgeteilt und ausgedeutet werden. Im nächsten Kapitel werden dann die auf einfache Weise möglichen Berechnungen behandelt und die qualitativen Einflüsse der für einen speziellen Trocknungsvorgang wählbaren äußeren Bedingungen (Geschwindigkeit, Temperatur, Druck und relative Feuchtigkeit des Trockenmittels, Strahlungsquellen und Kontaktflächen) besprochen. Den Abschluß in der Behandlung der Trocknung unter gleichbleibenden äußeren Bedingungen bildet die Andeutung der Möglichkeit, auf mathematischem Wege den Trocknungsvorgang vollkommen zu beschreiben, was analytisch nur unter Annahme konstanter Stoffwerte möglich ist. Da diese Voraussetzung in praxi niemals auch nur angenähert erfüllt ist, mag eine stark zusammengefaßte Darstellung genügen (s. Kap. IX).

a) Grundsätzliches über die Trocknung kapillarporöser Güter im Temperaturgleichgewicht

Voraussetzung für diese einführende Betrachtung ist Temperaturgleichheit im Gut (d.h. Vernachlässigung der Kupplung der Stoffbewegung mit der Wärmebewegung) und so niedrige Temperatur, daß der Sattdampfdruck P''_D gegenüber dem Gesamtdruck vernachlässigbar klein ist.

Ist ein Gut so feucht, daß seine ganze Oberfläche von einer zusammenhängenden Wasserhaut überzogen ist, so ist die Trocknungsgeschwindigkeit g_{D_I} nur von der Temperatur der Oberfläche und der Stoffübergangszahl β sowie dem Teildruckunterschied zwischen Oberfläche (P''_D) und Luftstrom (P_{D_L}) abhängig:

$$g_{D_I} = \frac{\beta}{R_D T} (P''_D - P_{D_L}) . \tag{321}$$

Liegt der Trockenspiegel in der Tiefe s', so ist der Diffusionswiderstand der trockenen Gutsschicht zu überwinden. Es gilt entsprechend Gl. (208)

$$g_D = \frac{1}{R_D T} \frac{\delta}{\mu s'} (P''_D - P_{D_0}) = \frac{\beta}{R_D T} (P_{D_0} - P_{D_L}) .$$

Elimination des Dampfdruckes in der Oberfläche P_{D_0} liefert die der Wärmedurchgangsgleichung analoge Beziehung:

$$g_D = \frac{1}{R_D T} \frac{1}{\frac{1}{\beta} + \frac{\mu s'}{\delta}} (P''_D - P_{D_L}) , \tag{322}$$

worin μ den Diffusionswiderstandsfaktor der trockenen Gutsschicht bedeutet.

1. Der Trocknungsablauf bei einem System von zwei Kapillaren

Das Zusammenspiel von Dampfdiffusion und Kapillarströmung werde der Kürze der Darstellung wegen an dem einfachsten Modell – einer Anordnung von zwei überall widerstandslos miteinander verbundenen Kapillaren verschiedener Weite – behandelt (Abb. 199). Der Übergang auf ein System von Kapillaren stetig verschiedener Weite bedeutet grundsätzlich keinerlei Änderung. Es werde angenommen, eine Verdunstung finde nur an dem Meniskus der engeren Kapillare 1 statt. – Diese einschneidend erscheinende Voraussetzung ist deshalb erlaubt, weil bei jedem wirklichen Trocknungsgut die Zahl der feinen Kapillaren wesentlich größer ist als die der groben und die Verdunstung an der Oberfläche wegen der großen Verdampfungsgeschwindigkeit des Wassers nicht in entscheidendem Maße von der Zahl der größeren Kapillaren abhängt.

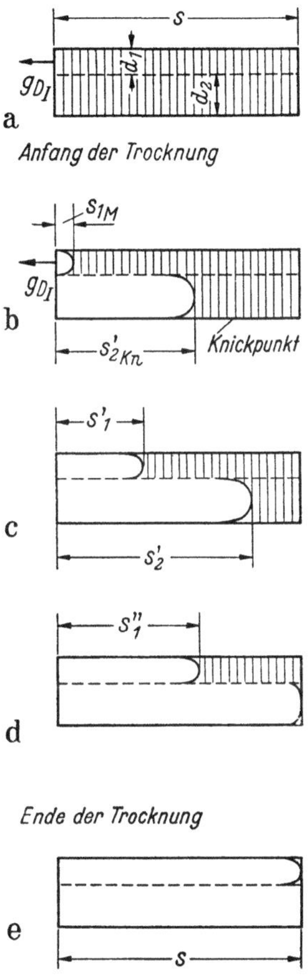

Abb. 199 a–e. Flüssigkeitsverteilung beim Trocknen in zwei untereinander verbundenen Kapillaren verschiedener Weite.

α) *Der erste Abschnitt der Trocknung bis zum Knickpunkt*

Die Trocknung läuft bei der Anordnung folgendermaßen ab: Im Anfang besteht an der Kapillare 1 eine ebene Wasseroberfläche (Abb. 199a). Die Verdunstung wird durch Gl. (321) beschrieben. Das verdunstete Wasser wird aus Kapillare 2 nachgesaugt. Je mehr der Meniskus von 2 zurücktreten muß, desto stärker wird Meniskus 1 durchgebogen. Die Verdunstung muß jetzt bereits durch Gl. (322) beschrieben werden, worin als Diffusionsweg s' der jeweilige Abstand s_M des Scheitels des Meniskus von der Oberfläche einzuführen ist. Hier sei angenommen, die Größe s_M sei, wie bei sehr feinporigem Gut, in Hinsicht auf die Diffusionsbedingungen vernachlässigbar klein, so daß Gl. (321) gültig sei bis zur vollen Auslastung des Meniskus 1 [1]. Die Auslastung ist im Knickpunkt erreicht, wenn nämlich der Meniskus 2 eine Tiefe $s'_{2\,Kn}$ erreicht hat, die so groß ist, daß der verfügbare kapillare Zug zur Überwindung der Reibung in der Kapillaren 1 verbraucht wird. Der kapillare Druckunterschied ist

$$\Delta P_M = 2\sigma\left(\frac{1}{r_1} - \frac{1}{r_2}\right), \qquad (323)$$

[1] Ein Meniskus ist ausgelastet, wenn er den Höchstwert seiner Zugkraft erreicht hat; dann ist auch seine Form eindeutig bestimmt.

worin r_1 und r_2 die Halbmesser der entsprechenden Kapillaren bedeuten.

Die Reibung in der Kapillare 1 läßt sich nach dem POISEUILLEschen Gesetz berechnen (entsprechend S. 223):

$$\Delta P_R = s_2' \frac{8\,\eta\, g_{D_I}}{r_1^4 \pi \gamma_W}\,. \tag{324}$$

Der Meniskus von Kapillare 1 muß von der Oberfläche zurücktreten – d.h. die Kapillarkraft vermag den Anforderungen der Diffusion nicht mehr zu genügen –, wenn $\Delta P_R = \Delta P_M$; folglich, wenn

$$g_{D_I} s_{2Kn}' = \frac{\sigma}{4\eta}\left(\frac{1}{r_1} - \frac{1}{r_2}\right) r_1^4 \pi \gamma_W = \frac{\sigma \gamma_W}{\eta} C_K\,, \tag{325}$$

worin C_K eine nur vom Kapillarsystem abhängige Konstante ist.

β) *Die Knickpunktkurve*

Versteht man unter der Anfangsfeuchtigkeit (Konzentration) Γ_{W_0} des zweikapillaren Systems die Größe

$$\Gamma_{W_0} = \gamma_W s \pi (r_1^2 + r_2^2)\,,$$

so ist die mittlere Feuchtigkeit Γ_{W_m} im Knickpunkt nach Abb. 199b

$$[\Gamma_{W_m}]_{Kn} = \gamma_W [(s - s_{2\,Kn}') r_2^2 \pi + s\, r_1^2 \pi]\,.$$

Es folgt

$$\left(\frac{\Gamma_{W_m}}{\Gamma_{W_0}}\right)_{Kn} = 1 - \frac{s_{2\,Kn}'}{s} \frac{r_2^2}{r_1^2 + r_2^2}\,,$$

oder unter Benutzung von Gl. (325):

$$\left(\frac{\Gamma_{W_m}}{\Gamma_{W_0}}\right)_{Kn} = 1 - \frac{\sigma \gamma_W}{\eta} \frac{C_K}{g_{D_I} s} \frac{r_2^2}{r_1^2 + r_2^2}\,,$$

wobei für jedes gegebene System die Größe $\frac{r_2^2}{r_1^2 + r_2^2}$ eine Konstante ist, so daß, wenn D_K eine nur von den gegebenen Kapillarverhältnissen abhängige Größe ist, gilt

$$[g_{D_I} s]_{Kn} = \frac{\sigma \gamma_W}{\eta} \frac{D_K}{1 - \frac{\Gamma_{W_m}}{\Gamma_{W_0}}} = g\left(\frac{\Gamma_{W_m}}{\Gamma_{W_0}}\right). \tag{326}$$

Aus dieser Gleichung geht hervor, bei welcher Gutsfeuchtigkeit (ausgedrückt durch den Feuchtegrad $\Gamma_{W_m}/\Gamma_{W_0}$) die anfängliche Trocknungsgeschwindigkeit g_{D_I} nicht mehr aufrecht erhalten werden kann. Von dann ab wandert der Meniskus der Kapillare r_1, an dem die Verdunstung stattfindet, ins Gutsinnere. Das Wesentliche an Gl. (326) ist, daß sie aussagt, daß das Produkt aus Anfangstrocknungsgeschwindigkeit und Gutsdicke, aufgetragen über dem Feuchtegrad $\Gamma_{W_m}/\Gamma_{W_0}$ des Gutes, auf einer

Kurve, der Knickpunktkurve, liegen muß, die für bestimmte Temperatur, von der die Oberflächenspannung σ, die Zähigkeit η und das spezifische Gewicht γ_W abhängen, nur durch die Kapillaranordnung im Gut bedingt ist.

Diese Gesetzmäßigkeit läßt sich für jede beliebige Kapillaranordnung, also auch für ein System mit stetig verteilten Kapillaren, dessen kapillare Leitfähigkeit $\varkappa$ gegeben ist, nachweisen [*105*]. Bedenkt man jedoch, daß die Zahl $\varkappa$ für Trocknungsgüter stets sehr stark von der Höhe des Flüssigkeitsgehaltes abhängt (s. Abb. 167), so ist es unmöglich, daß die allgemeine Abhängigkeit vom Feuchtegrad $\Gamma_{W_m}/\Gamma_{W_0}$ für jeden Anfangsgehalt Γ_{W_0} gilt. Vielmehr muß eine solche Kurvenschar von Γ_{W_m} und Γ_{W_0} gesondert abhängig sein. Aus der Tatsache, daß $\varkappa$ bei kleinstem Flüssigkeitsgehalt stets Null wird, folgt, daß die Knickpunktkurve aller Güter bei $\Gamma_{W_m} = 0$ mit waagerechter Tangente in $g_D = 0$ einmünden muß. Die Temperaturabhängigleit aber ist in jedem Fall durch den Ausdruck $\sigma\,\gamma_W/\eta$ gegeben, der um so größer wird, je höher die Temperatur ist. Er bewirkt, daß der Knickpunkt unter sonst gleichen Bedingungen bei um so kleinerem Flüssigkeitsgehalt auftritt, je höher die Temperatur ist (vgl. Abb. 218).

γ) *Der zweite Abschnitt der Trocknung*

Nach Erreichen des Knickpunktes kann bei konstanten äußeren Bedingungen der Meniskus der Kapillare 2 nicht weiter zurückgesaugt werden, ohne daß Meniskus 1 ebenfalls zurückgeht. Für die Verdunstung muß jetzt Gl. (322) angesetzt werden, worin für s' die Tiefe s_1' des Meniskus 1 unter der Oberfiäche einzusetzen ist (vgl. Abb. 199c). Es gilt also

$$g_D = \frac{1}{R_D\,T}\,\frac{1}{\frac{1}{\beta} + \frac{\mu\,s_1'}{\delta}}\,(P_D'' - P_{D_L})\,. \tag{327}$$

Es folgt mit

$$\frac{\beta}{R_D\,T}\,(P_D'' - P_{D_L}) = g_{D_I}:$$

$$s_1' = \frac{\delta\,(P_D'' - P_{D_L})}{\mu\,R_D\,T}\left(\frac{1}{g_D} - \frac{1}{g_{D_I}}\right) = D_D\left(\frac{1}{g_D} - \frac{1}{g_{D_I}}\right),$$

worin D_D eine nur von den Diffusionsverhältnissen abhängige Konstante ist.

Für die Kapillarströmung gilt analog Gl. (325):

$$g_D\,(s_2' - s_1') = C_K\,\frac{\sigma\,\gamma_W}{\eta}\,. \tag{328}$$

Für das Verhältnis der mittleren Feuchtigkeit in irgendeinem Zustand des zweiten Trocknungsabschnittes zur anfänglichen Feuchtigkeit Γ_{W_0} ergibt sich:

$$\frac{\Gamma_{W_m}}{\Gamma_{W_0}} = 1 - \frac{s_1'}{s}\,\frac{r_1^2}{r_1^2 + r_2^2} - \frac{s_2'}{s}\,\frac{r_2^2}{r_1^2 + r_2^2}\,. \tag{329}$$

Nach Substitution von s_1' und s_2' aus Gl. (327) und (328) folgt bei Einführung der durch Gl. (326) definierten Kapillargröße D_K:

$$(g_D s)_2 = \frac{D_D + \frac{\sigma \gamma_W}{\eta} D_K}{1 - \frac{\Gamma_{W_m}}{\Gamma_{W_0}} + D_D \frac{1}{g_{D_I} s}} . \tag{330}$$

Gl. (330) beschreibt in sehr anschaulicher Weise die Übereinanderlagerung der Kapillaritätsbedingungen und der Diffusionsbedingungen:

Man erkennt, daß für den Fall $D_D = 0$ (Trocknung mit beliebig kleinem Teildruckunterschied oder bei einem Gut mit beliebig hohem Diffusionswiderstandsfaktor μ) Gl. (330) identisch mit Gl. (326) wird. Würde man also bei der Trocknung des zweikapillaren Systems die äußeren Bedingungen so regeln, daß jederzeit nur die Menge verdunsten könnte, die durch Kapillarkräfte an die Oberfläche gesaugt wird, so würde der Trocknungsverlauf der Knickpunktkurve folgen. Dieser Fall ist für alle Güter von besonderer Wichtigkeit, bei denen praktisch keine Dampfdiffusion im Innern möglich ist (Seife, Gelatine, Leim usw.). Für diese Stoffe muß die Trocknungsgeschwindigkeit sich stets eindeutig einem Diagramm $g_D s = f(\Gamma_{W_m})$ entnehmen lassen. Die Trocknungsgeschwindigkeit g_D muß dann der Dicke des Gutes umgekehrt proportional sein.

δ) *Ende des Trocknungsvorgangs*

Beim zweikapillaren System muß noch ein zweiter Knickpunkt auftreten, wenn nämlich Meniskus 2 in Abb. 199d bis in die Tiefe s zurückgesaugt ist. Dann verschwindet die kapillare Druckdifferenz. Die Verdunstung in Kapillare 1 ist lediglich durch die Diffusionsbedingungen bestimmt. Da beim realen Trockengut mit stetig verschiedenen Kapillarweiten dieser Abschnitt mit dem Ende des Trocknungsvorganges zusammenfällt, soll hier nur die Endtrocknungsgeschwindigkeit g_{D_E}, mit der das letzte Wasserteilchen aus der Tiefe s verdunstet (s. Abb. 199e), angegeben werden. Nach Gl. (322) gilt:

$$g_{D_E} s = \frac{1}{R_D T} \frac{1}{\frac{1}{\beta s} + \frac{\mu}{\delta}} (P_D'' - P_{D_L}) , \tag{331}$$

oder in anderer Form:

$$g_{D_E} s = \frac{1}{\frac{1}{g_{D_I} s} + \frac{1}{D_D}} , \tag{331 a}$$

also nur von der Anfangsentzugsgröße g_{D_I} und den in

$$D_D = \frac{\delta}{\mu} \frac{(P_D'' - P_{D_L})}{R_D T}$$

gegebenen Diffusionsbedingungen abhängig.

2. Die Knickpunktskurve für ein ideelles Trocknungsgut mit konstanter Flüssigkeitsleitzahl

Während wir im vorherigen die charakteristischen Phänomene bei der Trocknung kapillarporöser Körper allein aus den physikalischen Gegebenheiten eines Systems von nur zwei Kapillaren, die untereinander in Verbindung stehen, erklärt haben, soll jetzt noch eine kurze Betrachtung für ein Trocknungsgut mit einer stetigen Kapillarverteilungskurve durchgeführt werden. Der Einfachheit der Berechnung wegen soll hier angenommen werden, die Flüssigkeitsleitzahl $\varkappa$ (vgl. S. 220ff.) sei konstant, also unabhängig von der Feuchtigkeit. Da diese Annahme für reale Trocknungsgüter nicht berechtigt ist, werde ein solches Gut „ideelles Trocknungsgut" genannt. Entsprechend der Definition von Gl. (260) folgt die Flüssigkeitsbewegung im Gutsinnern dann der der Wärmeleitungsgleichung (97) analogen Differentialgleichung

$$\frac{\partial^2 X}{\partial z^2} = \frac{1}{\varkappa}\,\frac{\partial X}{\partial t}\,. \tag{332}$$

Während des ersten Trocknungsabschnittes konstanter Trocknungsgeschwindigkeit wird die gleichbleibende an der Oberfläche $z = s$ verdunstende Menge g_{D_I} aus dem Gutsinnern an die Oberfläche bewegt. Als Randbedingung gilt also

$$-\left(\frac{\partial X}{\partial z}\right)_{z=s} = \text{konst.} = \frac{g_{D_I}}{\varkappa\,\Gamma_s}\,. \tag{333}$$

Bei einem zweiseitig trocknenden Gut gilt in der Mitte $z = 0$:

$$-\left(\frac{\partial X}{\partial z}\right)_{z=0} = 0\,. \tag{334}$$

Hatte das Gut zu Beginn der Trocknung überall gleiche Anfangsfeuchtigkeit X_0, so lautet die Lösung für das Feuchtigkeitsfeld:

$$X = X_0 + \frac{g_{D_I} s}{\Gamma_s \varkappa}\left(\frac{1}{6} - \frac{1}{2}\,\frac{z^2}{s^2} - \frac{\varkappa t}{s^2} + \frac{2}{\pi^2}\sum_{n=1}^{\infty}\frac{\cos n\pi}{n^2}\cos\left(\frac{n\pi z}{s}\right)e^{-n^2\pi^2\frac{\varkappa t}{s^2}}\right). \tag{335}$$

Die durch den letzten Ausdruck gegebene Cosinusreihe, die die Überleitung der anfänglich konstanten Verteilung X_0 auf die sich im Laufe der Zeit einstellende parabolische Verteilung beschreibt, klingt mehr oder minder rasch ab. Nach dem Abklingen geht Gl. (335) über in ein Feld äquidistanter Parabeln.

$$X = X_0 + \frac{g_{D_I} s}{\Gamma_s \varkappa}\left(\frac{1}{6} - \frac{1}{2}\,\frac{z^2}{s^2} - \frac{\varkappa t}{s^2}\right). \tag{336}$$

In Abb. 200 ist dieser Zusammenhang dargestellt.

Ist in der Oberfläche die Feuchtigkeit Null erreicht, so kann der konstante Entzug g_{D_I} nicht mehr aufrecht erhalten werden. Zu diesem

Zeitpunkt $t = t_{Kn}$ tritt der erste Knickpunkt im Trocknungsverlauf ein. Macht man von der vereinfachten Gl. (336) Gebrauch, so kann t_{Kn} ausgerechnet werden aus der Bedingung: $X_{z=s} = 0$ für $t = t_{Kn}$. Man erhält

$$\frac{\varkappa\, t_{Kn}}{s^2} = \frac{\varkappa\, \Gamma_s X_0}{g_{D_I} s} - \frac{1}{3}. \tag{337}$$

Zur Darstellung der Trocknungsverlaufskurve muß noch der mittlere Feuchtigkeitsgehalt X_m im Knickpunkt durch Integration von Gl. (336) unter Benutzung von Gl. (337) bestimmt werden. Es ergibt sich:

$$\left(\frac{X_m}{X_0}\right)_{Kn} = 1 - \frac{g_{D_I} s}{\varkappa\, \Gamma_s X_0} \frac{\varkappa\, t_{Kn}}{s^2}$$

oder nach Einsetzen von Gl. (337):

$$\left(\frac{X_m}{X_0}\right)_{Kn} = \frac{1}{3} \frac{g_{D_I} s}{\varkappa\, \Gamma_s X_0}.$$

Dieser Zusammenhang ist in Abb. 201 in der ausgezogenen Geraden dargestellt. Tritt der Knickpunkt schon bei höheren Feuchtigkeitsgraden

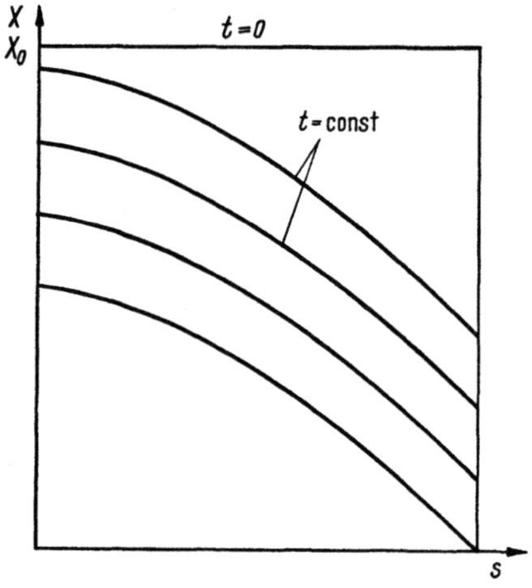

Abb. 200. Feuchtigkeit X an verschiedenen Stellen z des Trockengutes bei anfänglich konstantem Entzug.

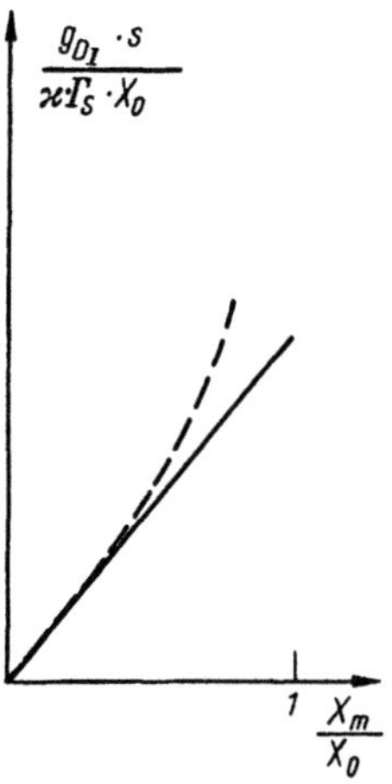

Abb. 201. Die Knickpunktskurve für ein ideelles Trocknungsgut.

X_m/X_0 auf, so muß Gl. (335) herangezogen werden. Es ergibt sich der gestrichelte Kurvenast.

Wir entnehmen der kurzen Herleitung als wichtigstes Ergebnis:

Auch für Güter mit stetigem Kapillarsystem gibt es Knickpunktskurven in einem Diagramm

$$g_{D_I} s = f\left[\left(\frac{X_m}{X_0}\right)_{Kn}\right].$$

Für ideelle Trocknungsgüter ($\varkappa$ = konst.) sind diese Kurven in ihrem unteren Ast Geraden durch den Nullpunkt, deren Steigung der Größe

$\varkappa \Gamma_s X_0$ proportional ist. Für wirkliche Trocknungsgüter, bei denen $\varkappa$ mit abnehmender Feuchtigkeit abnimmt – und für $X \to 0$ auch gegen Null geht (vgl. S. 230) –, muß demnach die Knickpunktskurve eine nach oben konkave Krümmung zeigen. Die Ordinaten von Knickpunktskurven für verschiedene Temperaturen müssen sich entsprechend der Temperaturabhängigkeit von $\varkappa$ verhalten wie σ/η (vgl. S. 286).

3. Allgemeine Folgerungen

Aus den bisherigen theoretischen Betrachtungen über das Zusammenwirken von Flüssigkeitstransport durch kapillare Leitung und Dampfdiffusion im Temperturgleichgewicht kann das im folgenden entwickelte Bild des Trocknungsverlaufs und der Möglichkeit der Beeinflussung des Verlaufs durch die Wahl der äußeren Bedingungen entworfen werden. Zur Darstellung des Trocknungsverlaufs benutzt man zweckmässigerweise Diagramme, in denen das Produkt aus Trocknungsgeschwindigkeit g_D und Gutsdicke s (bei plattenförmigen Gütern) in Abhängigkeit von der mittleren Feuchtigkeit X_m aufgetragen ist.

Es muß eine für jedes porige Gut kennzeichnende Schar von Knickpunktkurven

$$(g_{D_I} s)_{Kn} = f\left(\frac{\Gamma_{W_m}}{\Gamma_{W_0}}, \Gamma_{W_0}\right) = f\left(\frac{X_m}{X_0}, X_0\right)^1$$

geben, deren Lage lediglich durch die Kapillaritätseigenschaften des Gutes bedingt ist. Allen ist eigentümlich, daß sie mit waagerechter Tangente in $\Gamma_{W_m}/\Gamma_{W_0} = X_m/X_0 = 0$ einmünden. Durch sie ist das Ende des ersten Trocknungsabschnittes festgelegt, denn sie geben die Grenzflüssigkeitsgehalte an, bis zu denen eine näherungsweise konstante Anfangstrocknungsgeschwindigkeit g_{D_I} bei gleichbleibenden äußeren Bedingungen aufrecht erhalten werden kann.

Daß eine wirkliche Konstanz beim Trocknungsvorgang niemals möglich ist, geht aus der Überlegung hervor, daß mit fortschreitender Ausbildung der an der Oberfläche des Gutes angreifenden Menisken eine Änderung der Diffusionsbedingungen verbunden ist, vgl. Abb. 199b. In der Nähe des Knickpunktes, der dann eintritt, wenn die feinsten Kapillaren der Oberfläche ausgelastet sind, ist im allgemeinen ferner zu erwarten, daß die durch Gl. (48) gegebene Dampfdruckabsenkung über sehr engen Kapillaren eine weitere Änderung der Diffusion bedingt.

In dem Abschnitt stark fallender Trocknungsgeschwindigkeit wirken sich die Diffusionseigenschaften des Gutes – gegeben in der Diffusionswiderstandszahl μ – und die äußeren Diffusionsbedingungen – gegeben durch die Stoffübergangszahl β und den Teildruckunterschied $(P''_D - P_{D_L})$ – aus. Zwischen Knickpunkt und Ende der Trocknung überlagern sich Kapillaritäts- und Diffusionsgegebenheiten insofern, als die Lage des Trockenspiegels durch beide bedingt ist. Am Ende der Trocknung, wenn also der Trockenspiegel bis in die Tiefe s zurückverlagert ist, ist die

[1] Da nach Gl. (261) die Größe $X = \Gamma_W/\Gamma_S$ ist, kann statt $\Gamma_{W_m}/\Gamma_{W_0}$ stets X_m/X_0 gesetzt werden.

Trocknungsgeschwindigkeit für den Fall konstanter Temperatur nur noch von den Diffusionsbedingungen abhängig und bei Kenntnis des Diffusionswiderstandsfaktors μ im voraus zu bestimmen. Die theoretisch geringste Trocknungsgeschwindigkeit für einen bestimmten Nässegrad ergibt sich für den Fall, daß die Trocknung bei so kleinem Teildruckunterschied stattfindet, daß der Trockenspiegel stets an der Oberfläche bleiben muß. Dann geht die Trocknungsgeschwindigkeit am Ende der Trocknung auf Null zurück.

Je größer der Teildruckunterschied, desto höher liegen die Trocknungsverlaufkurven im zweiten Trocknungsabschnitt über der Knickpunktkurve. Abb. 202 stellt den Einfluß des Teildruckunterschiedes auf den Trocknungsverlauf im zweiten Trocknungsabschnitt dar. Angenommen ist, daß für ein bestimmtes Gut von der Dicke s in drei Fällen im ersten Abschnitt die gleiche anfängliche Entzugsgröße $g_{D_I} s = \beta s / R_D T$ $(P''_D - P_{D_L})$ durch entsprechende Wahl von β und $P''_D - P_{D_L}$ gleich sein

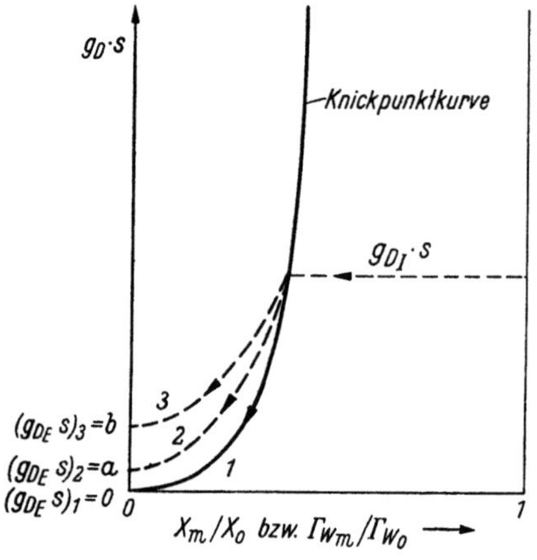

Abb. 202. Beeinflussung des Trocknungsverlaufs durch verschiedene Diffusionsbedingungen bei gleichem Anfangsentzug. Kurve *1* kleinster Teildruckunterschied, große Luftgeschwindigkeit; Kurve *2* mittlere Verhältnisse; Kurve *3* großer Teildruckunterschied, kleine Luftgeschwindigkeit.

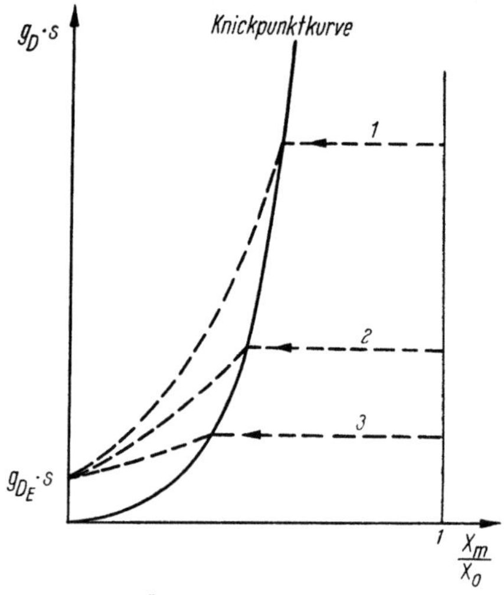

Abb. 203. Änderung des Trocknungsverlaufs mit der Dicke s bei gleichbleibenden Diffusionsbedingungen. Kurve *1* s groß; Kurve *2* s mittel; Kurve *3* s klein.

soll. Bis zum Erreichen der Knickpunktkurve verläuft die Trocknung in allen Fällen gleich. Im zweiten Trocknungsabschnitt wirkt sich erst die Verschiedenartigkeit der Diffusionsbedingungen aus. Nach Gl. (331) läßt sich die Endtrocknungsgeschwindigkeit für $X_m = 0$ berechnen. Kurve *1* (hier wie beim zweikapillaren System auf der Knickpunktkurve angenommen) würde für $P''_D - P_{D_L} = 0$ und $\beta = \infty$ gelten. Kurve *2* für mittlere Verhältnisse, Kurve *3* für große Teildruckunterschiede bei kleiner Stoffübergangszahl β (d. h. bei kleiner Luftgeschwindigkeit).

Das gleiche Bild kann den Einfluß verschiedener Diffusionswiderstandszahlen μ erläutern, wenn man für verschiedene Güter gleiche

Knickpunktskurven voraussetzt und den gleichen Anfangsentzug g_{D_I} durch gleiche Luftgeschwindigkeit (gleiches β) erreicht. Je höher der Diffusionswiderstandsfaktor μ ist, desto niedriger liegen die Endtrocknungsgeschwindigkeiten: Die Kurve *1* würde also für ein Gut mit $\mu \to \infty$ gelten – dann wäre ein Stofftransport nur in der flüssigen Phase möglich –, Kurve *2* für ein Gut mit mittlerem und Kurve *3* für eines mit kleinem Diffusionswiderstand. Die Unterschiede im Verhalten der verschiedenen Stoffe stellen sich also erst im zweiten Abschnitt heraus und werden gegen Ende der Trocknung am größten.

Aus Abb. 203 geht hervor, wie die Trocknung bei einem Gut verschiedener Dicke bei gleichen äußeren Diffusionsbedingungen $[\beta(P''_D - P_{D_L})$ $=$ konst.] verlaufen muß. Der Beginn des Abschnittes fallenden Entzuges liegt jeweils auf der Knickpunktkurve, die Endtrocknungsgeschwindigkeit wird nach Gl. (331) abhängig von der Dicke. Ist $g_{D_I} s$ groß gegenüber D_D, so verschwindet dieser Einfluß mehr und mehr, so daß alle Kurven für verschiedene Dicken den gleichen Endwert $g_{D_E} s$ haben. Dies ist der Fall, wenn β groß ist gegenüber $\delta/\mu\, s$.

Der grundsätzliche Einfluß der Luftgeschwindigkeit auf den Trocknungsverlauf kann ebenfalls an Hand der Abb. 203 erläutert werden: Ein Gut von bestimmter Dicke s möge bei gleichbleibender Temperatur und gleichem Dampfteildruck der Luft mit verschiedener Luftgeschwindigkeit überströmt werden. Durch die Änderung der Luftgeschwindigkeit ändert sich nur die Stoffübergangszahl β. Auf diese Weise möge die verschiedene Höhe der Anfangstrocknungsgeschwindigkeit g_{D_I} in den Linienzügen *1*, *2* und 3 zustande kommen. Im zweiten Trocknungsabschnitt aber, in dem sich der Trocknungsspiegel ins Gutsinnere verlagert, wird in Gl. (322) die Größe $\mu s'/\delta$ immer größer gegenüber $1/\beta$, so daß der Einfluß der Änderung von β durch die Luftgeschwindigkeit um so weniger bedeutend wird, je dicker das Gut und je größer sein Diffusionswiderstand ist. Für den letzten Teil der Trocknung, der bei vielen praktischen Trocknungsprozessen den größten Teil der Trocknungszeit beansprucht, wird sich also eine Erhöhung der Luftgeschwindigkeit nur in geringem Maße auswirken.

4. Ermittlung der Trocknungszeit aus Trocknungsverlaufskurven

Im allgemeinen wird man bei allen Betrachtungen zur Trocknung von den beschriebenen Trocknungsverlaufskurven $g_D s = f_1(X_m)$ ausgehen müssen.

Für die Ermittlung der Trocknungszeiten t aus dieser Darstellung des Trocknungsverlaufes gilt:

$$g_D\, dt = s\,\Gamma_s\, d(X_m); \quad t = s^2 \Gamma_s \int\limits_{X_0}^{X_m} \frac{d X_m}{g_D\, s}. \tag{338}$$

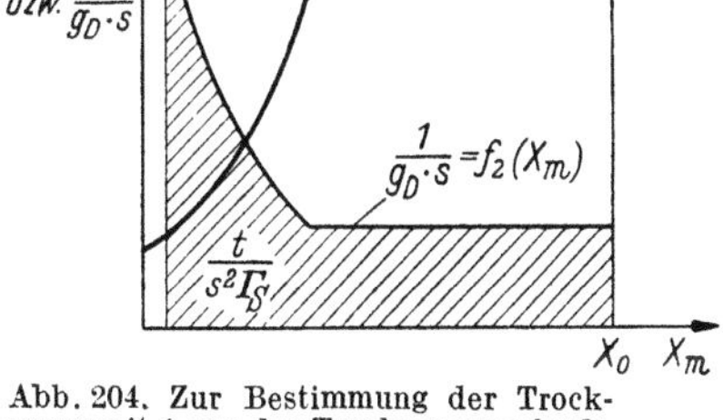

Abb. 204. Zur Bestimmung der Trocknungszeit t aus der Trocknungsverlaufskurve.

Hat man also den Trocknungsverlauf durch einen Linienzug $g_D s = f_1(X_m)$ ermittelt, so kann man aus einem Schaubild der Reziprokwerte $1/g_D s = f_2(X_m)$ die Trocknungszeit aus der Fläche unter dieser Kurve bestimmen (s. Abb. 204).

b) Experimentelle Feststellungen über den Trocknungsverlauf an charakteristischen Trocknungsgütern

Die Bestätigung der entwickelten Gesetzmäßigkeiten ist nur auf experimentellem Wege möglich. Dabei handelt es sich um die folgenden entscheidenden Punkte:

1. Konstanz der Anfangstrocknungsgeschwindigkeit g_{D_I}.

2. Existenz einer nur von den kapillaren Eigenschaften[1] des Gutes abhängigen „Knickpunktskurve" von der Form

$$[g_D s]_{Kn} = f\left(\frac{X_m}{X_0}, X_0\right),$$

deren Höhe sich mit $\sigma \gamma_W / \eta$ ändert.

3. Vorhandensein einer Endtrocknungsgeschwindigkeit g_{D_E}, die nur von den Diffusionsbedingungen abhängt.

Versuche, die diese Gesetzmäßigkeiten einwandfrei belegen sollen, müssen unter Temperaturkonstanz im Trocknungsgut durchgeführt werden. Bei einseitiger Trocknung kann dies – wenigstens für den ersten Trocknungsabschnitt, im zweiten nur angenähert – auf zweierlei Weise bewirkt werden: Entweder, indem die zur Trocknung erforderliche Verdunstungswärme durch Anstrahlung der Oberfläche zugeführt wird, oder indem die ganze Probe auf Kühlgrenztemperatur gekühlt wird. Im folgenden wird über eigene Versuche berichtet, bei denen beide Möglichkeiten durchgeführt werden konnten.

Abb. 205 stellt eine Versuchsapparatur dar, die zur Beobachtung des Trocknungsverlaufs benutzt wird.

In dem Trockenkanal a können durch Mischung von Raum- und Außenluft sowie durch Regelung des Luftwäschers b, der Kühlung c, des Lüfters d und der Heizung e verschiedene gleichbleibende Luftzustände eingestellt werden. Trockenproben, die sich in oben offenen runden Büchsen f aus Glas oder Metall befinden, werden an den Meßstellen g_1 bis g_4 auf federbelasteten Platten so in Öffnungen des Trockenkanals eingeführt, daß die trocknenden Oberflächen der Proben mit der Innenseite der Kanalwand abschließen. Temperaturgleichgewicht in der Probe wird erzielt an Meßstelle g_1 durch Kühlung der in einem wasserdurchflossenen Kühlgefäß h befindlichen Probe auf Kühlgrenztemperatur und an Meßstelle g_4 durch Anstrahlung der Oberfläche der Probe mit einer elektrisch beheizten Glühspirale i.

Um gleichzeitig etwaige Temperatureinflüsse von geringem Ausmaß beobachten zu können, konnte die Probe an Meßstelle g_3 durch eine auf der Andrückplatte angebrachte Heizplatte k beheizt werden.

An Meßstelle g_2 war keine Vorrichtung für eine willkürliche Temperatureinwirkung vorgesehen. In der Probe stellt sich also stets ein durch Verdunstungskühlung, Strahlung und durch Wärmeleitung von außen bedingtes Temperaturfeld ein.

---

[1] In diesem Buch wird die Bezeichnung „kapillare Flüssigkeitsleitung" häufig stellvertretend für „Flüssigkeitsleitung" oder „Flüssigkeitsdiffusion" allgemein gebraucht, weil die durch Diffusion bewirkte Stoffbewegung in der flüssigen Phase grundsätzlich die gleichen Erscheinungen hervorruft wie der kapillare Transport (vgl. S. 224).

Aus der Anzeige des trockenen Thermometers ϑ_{tr} und der des feuchten ϑ_f ergibt sich Lufttemperatur und -feuchtigkeit.

Die Temperaturen der Ober- und Unterseiten der Proben wurden mit Thermoelementen gemessen, die in die Probenoberflächen eingelassen waren. Die Gewichtsabnahme der Proben wurde mit einer Dämpfungswaage von 0,1 mg Genauigkeit festgesetllt.

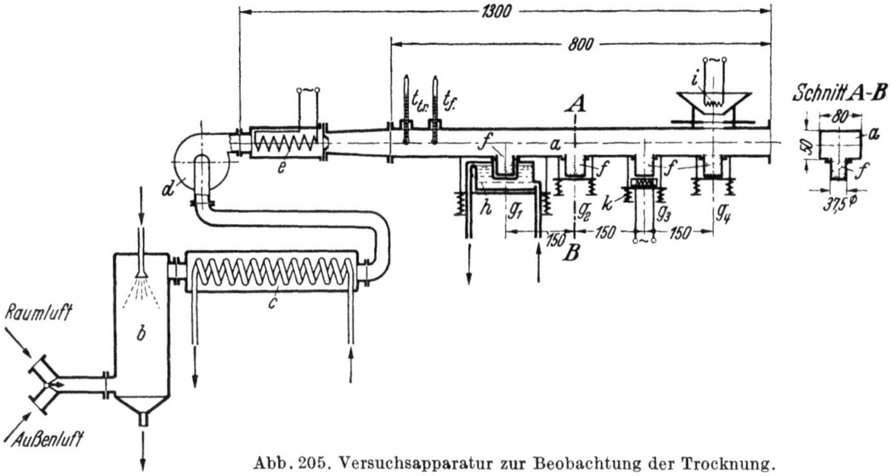

Abb. 205. Versuchsapparatur zur Beobachtung der Trocknung.

1. Versuchsergebnisse bei Lufttrocknung mit niederen Temperaturen

α) *Ziegelsteine*

In Abb. 206 sind Versuchsergebnisse von Ziegelsteinproben von sehr nahe beieinanderliegendem Raumgewicht (1857 bis 1866 kg/m³) zusammengestellt. Die Probendicke lag zwischen 1 und 3 cm, die anfängliche Trocknungsgeschwindigkeit g_{D_I} konnte etwa im Verhältnis 1 : 3 geändert werden. Temperatur und Feuchtigkeit der Trockenluft waren bei allen Versuchen ungefähr konstant, und zwar lag die Temperatur zwischen 23 und 25 °C, die relative Feuchtigkeit im Mittel bei 33%. Zur Erzielung einer gleichmäßigen Anfangsfeuchtigkeit waren die Proben längere Zeit in Wasser gelegt worden. Die Anfangsfeuchtigkeiten lagen zwischen 20 und 23 Vol.-% (d.h. Γ_{W_0} zwischen 200 und 230 kg/m³ bzw. $X_0 = \Gamma_{W_0}/\Gamma_s$ zwischen 0,107 und 0,124).

Man erkennt ohne weiteres, daß alle Trocknungsverlaufskurven in der Darstellung

$$g_D s = f\left(\frac{X_m}{X_0}\right) \quad \text{für } X_0 = \text{konst.}$$

die kennzeichnenden Eigentümlichkeiten des allgemein entwickelten Bildes zeigen.

Erster Trocknungsabschnitt. Bei gleichbleibenden äußeren Bedingungen gibt es einen Abschnitt annähernd gleichen Entzuges g_{D_I} bis zum Erreichen einer bestimmten Knickpunktfeuchtigkeit.

Bei Kurve *f* war von Anfang an Temperaturgleichgewicht durch Anstrahlung der Gutsoberfläche erreicht. Der Abfall der Trocknungsgeschwindigkeit ist sehr gering und dürfte auf die fortschreitende Meniskenbildung an der Oberfläche zurückzuführen sein, die im Zusammenhang mit späteren Versuchen eingehender behandelt werden soll (siehe S. 303). Bei Kurve *b* war die Verdunstungswärme durch Beheizung der

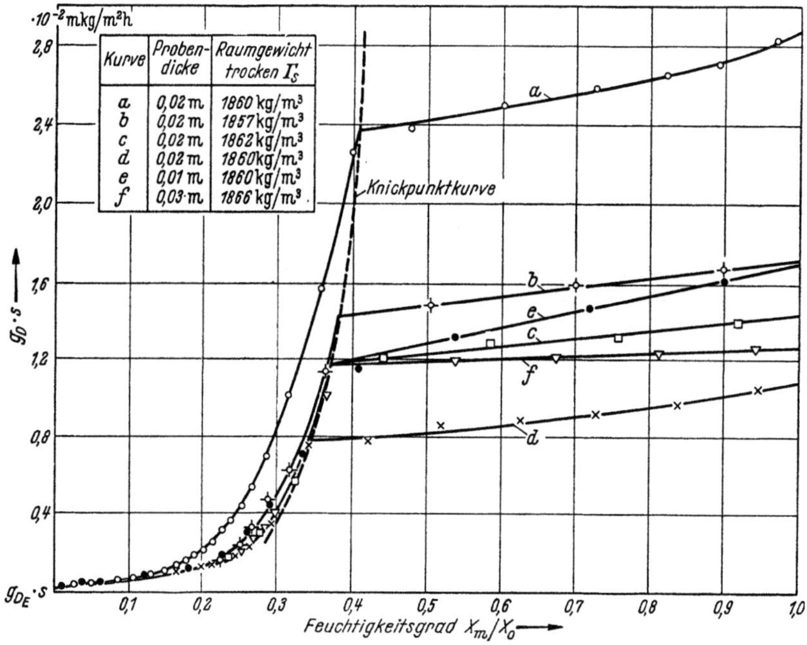

Abb. 206. Trocknungsverlaufskurven verschiedener Ziegelsteinproben.

Probe von unten zugeführt worden. Bei diesem Versuch war die Temperatur der Oberfläche ebenfalls konstant. Auch hier zeigt sich nur ein geringes, auf die Meniskenbildung zurückzuführendes Absinken der Trocknungsgeschwindigkeit im ersten Abschnitt.

Bei allen anderen in der Abkühlung mitgeteilten Versuchen bildet sich infolge der Verdunstungskühlung ein schwaches Temperaturfeld in der Probe aus, durch das die teilweise verschieden starke Abnahme der Trocknungsgeschwindigkeit im ersten Abschnitt erklärt werden muß.

Die Knickpunktkurve. Das Ende des ersten Trocknungsabschnittes liegt bei verschiedenem Anfangsentzug bei jeweils anderen Feuchtigkeiten (Knickpunktfeuchtigkeiten). Die Knickpunkte lassen sich sehr gut in die in der Abbildung gestrichelt gezeichnete Kurve, die Knickpunktkurve, einfügen.

Zweiter Trocknungsabschnitt. Nach Erreichen der Knickpunktfeuchtigkeit tritt ein außerordentlich starker Abfall der Trocknungsgeschwindigkeit ein. Der Trockenspiegel verlagert sich immer mehr ins Gutsinnere. Diffusionsgegebenheiten und Kapillaritätseigenschaften des Gutes bestimmen den Vorgang. Gegen Ende der Trocknung laufen alle

Kurven ineinander und scheinen einer endlichen Endtrocknungsgeschwindigkeit zuzustreben.

Bei sehr kleinen Feuchtigkeiten ($X_m/X_0 = 0{,}02$), d. h. bei $X_m = 0{,}24$ Gew.-%, sind die Trocknungsgeschwindigkeiten in allen Fällen der Dicke s des Gutes etwa umgekehrt proportional, so daß das Produkt $g_D s$ praktisch konstant ist. Nach der Theorie, die am Ende der Trocknung den Trockenspiegel mit dem der Temperatur entsprechenden Sättigungsdruck des Wassers in der Tiefe s annimmt, muß dies der Fall sein, wenn der Diffusionswiderstand in der Schicht groß ist gegenüber dem Diffusionswiderstand in der Grenzschicht zwischen Oberfläche und Luftstrom.

Wird $g_{D_I} s$ groß gegenüber D_D, so wird $g_{D_E} s = D_D$. Bei den vorliegenden Versuchen war im Mittel (vgl. Abb. 207)

$$g_{D_E} s = 0{,}018 \cdot 10^{-2}\,\mathrm{kgm/m^2\,h}\,.$$

Aus Gl. (331) läßt sich für die vorliegenden Verhältnisse die Widerstandszahl μ wenigstens annähernd berechnen. Für die untersuchten Ziegelsteinproben ergibt sich

$$\mu = \frac{\delta\,(P_D - P_{D_L})}{g_{D_E}\, s\, R_D\, T} = \frac{0{,}109 \cdot (1 - 0{,}33) \cdot 323}{0{,}018 \cdot 10^{-2} \cdot 47{,}1 \cdot 298} = 9{,}3\,.$$

(Vgl. hierzu Tab. 31.)

Dritter Trocknungsabschnitt. Beobachtet man den Trocknungsvorgang bis zur wirklichen Gewichtskonstanz der Probe, so zeigt sich bei den hier untersuchten Ziegelsteinen bei allerkleinsten Feuchtigkeiten $X_m/X_0 < 0{,}02$ (d. h. bei Feuchtigkeiten unter etwa 0,24 Gew.-%) ein erneut verstärktes Absinken der Trocknungsgeschwindigkeit, das auf die Dampfdruckabsenkung in sehr engen Kapillaren zurückzuführen ist. Dies ist der dritte Abschnitt der Trocknung, bei dem im ganzen Gut hygroskopische Feuchtigkeit herrscht. Nach den Sorptionsisothermen für Ziegel (s. Abb. 40) ist der hygroskopische Bereich unter 1 Gew.-% zu erwarten (bezogen auf lufttrockenen Zustand).

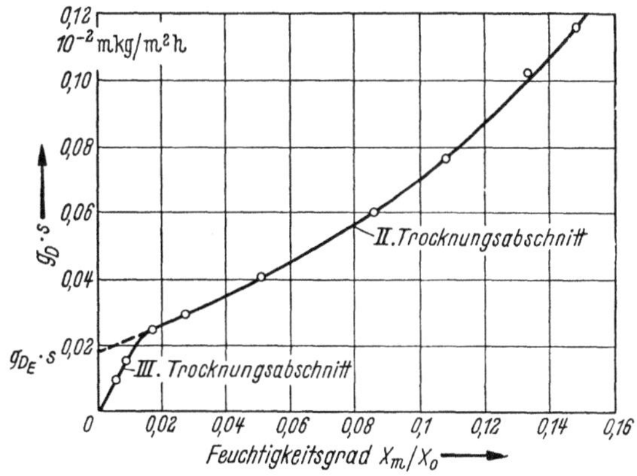

Abb. 207. Trocknungsverlauf für Kurve *a* aus Abb. 206 im letzten Teil der Trocknung.

In Abb. 207 ist der Trocknungsverlauf für Kurve *a* aus Abb. 206 im letzten Teil der Trocknung vergrößert herausgezeichnet. Die Tatsache, daß die Trocknungsverlaufskurve gegen Null geht, deutet auf einen Ausgleichvorgang, bei dem die Abnahme des Feuchtigkeitsgehaltes eine Abnahme des die Trocknung bewirkenden Teildruckunterschiedes zur Folge hat (vgl. S. 369ff.).

β) Kugelhaufwerke einheitlicher Körnung

Bei allen natürlichen Stoffen von nicht definierbarem Kapillarsystem bleiben für die Ausdeutung von Versuchen gewisse Unsicherheiten, so daß es zweckmäßig ist, den Mechanismus der Feuchtigkeitsbewegung an einem Kapillarsystem einfacher Art zu beobachten. Es wurden daher Versuche mit Glaskugeln von einheitlicher Größe durchgeführt. Als Korngrößen wurden 1,9 und 0,5 mm gewählt, bei denen auch der Einfluß der Druckabsenkung über engsten Kapillaren praktisch verschwinden muß. Ähnliche Verhältnisse sind bei gewaschenem und auf bestimmte Korngröße ausgesiebtem rundkörnigem Seesand zu erwarten, der in den Grenzen von 0,08 und 0,3 mm ausgesiebt wurde, so daß die mittlere Korngröße rund 0,2 mm betrug.

Einfluß der Bespannung einer Probe. Bei Versuchen zur Feststellung des Einflusses der Schwerkraft auf den Trocknungsvorgang solcher Stoffe mußte sich die Feuchtigkeit in der Probe sowohl waagerecht als auch im Sinne oder entgegen der Erdschwere bewegen können. Um hierbei ein Herausfallen der Glaskugeln aus den Büchsen zu vermeiden, war es notwendig, die Probenoberfläche mit einer Gazebespannung zu versehen. Es war zunächst zu prüfen, inwieweit die Bespannung den Trocknungsvorgang beinflußt.

Wenn die theoretischen Überlegungen richtig sind, so müssen in dem Zeitpunkt, in dem die Gaze trocken wird, die Menisken, an denen die Verdunstung stattfindet, unter die Gutsoberfläche zurückgehen, und die Bespannung kann sich von dann ab nur noch durch eine gewisse Erhöhung des Diffusionswiderstandes bemerkbar machen. Da nach Erreichen des Knickpunktes in einer unbespannten Probe der Trockenspiegel immer weiter ins Gutsinnere zurückverlagert werden muß, folgt, daß bei hinreichend dünner Bespannung der zweite Teil der Trocknung praktisch genau so verlaufen muß wie bei einer unbespannten Probe.

Der für die eigentliche Probe maßgebliche Knickpunkt, in dem die in der obersten Kugelschicht aufgehängten Menisken ins Gutsinnere zurückzuschreiten beginnen, muß praktisch mit und ohne Bespannung derselbe sein. Diese Überlegung wird von den in Abb. 208 wiedergegebenen Versuchen bestätigt.

Der Knickpunkt der Kurve a_1 liegt bei $X_m/X_0 = 0{,}13$, der der Kurve b_1 bei 0,12.

Im zweiten Trocknungsabschnitt decken sich die Trocknungsverlaufskurven der Proben ohne (ausgezogen) und mit Bespannung (gestrichelt) vollständig. Die Lage der Knickpunkte des eigentlichen Trockengutes entspricht denen der unbespannten Proben. Die Trocknungsgeschwindigkeiten im Knickpunkt sind infolge des zusätzlichen Diffusionswiderstandes durch die Bespannung ein wenig kleiner. Dagegen zeigen im ersten Trocknungsabschnitt die bespannten Proben erhebliche Abweichungen gegenüber den nicht bespannten. Zunächst liegen die anfänglichen Trocknungsgeschwindigkeiten in jedem Falle wesentlich höher als bei der unbespannten Probe. Die Ursache liegt vorwiegend in der Vergrößerung der Trocknungsoberfläche durch die über den Probenrand herausgezogene Bespannung.

Ferner zeigen die Kurven der bespannten Proben im ersten Trocknungsabschnitt einen sprunghaften Verlauf in dem Zeitpunkt, in dem die Wasserverbindung zwischen Probe und Bespannung abreißt. Der

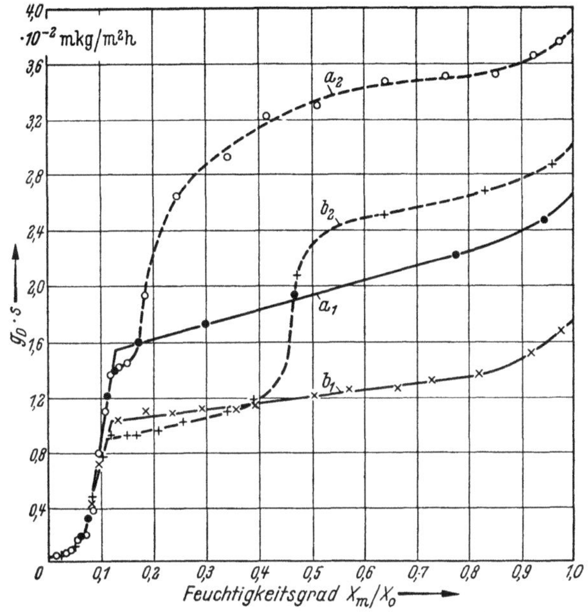

Abb. 208. Einfluß der Bespannung auf den Trocknungsverlauf bei Glaskugeln von 0,5 mm ∅. Kurve a_1 Trocknungsverlauf für eine 3 cm dicke Probe im unbespannten Zustand; Kurve b_1 Trocknungsverlauf für eine 2 cm dicke Probe im unbespannten Zustand; Kurve a_2 Trocknungsverlauf für eine 3 cm dicke Probe, die mit Gaze bespannt war; Kurve b_2 Trocknungsverlauf für eine 2 cm dicke Probe, die mit Gaze bespannt war. Feuchtigkeitsbewegung von unten nach oben.

Zeitpunkt des Abreißens ist bei verschieden gespannter Gaze verschieden und kann unter Umständen durch kleine mechanische Erschütterungen verfrüht eintreten. In jedem Falle sinkt bei gleichen Luftzuständen und Geschwindigkeiten nach der Trocknung der Bespannung die Trocknungsgeschwindigkeit etwa auf die der unbespannten Proben – wegen des zusätzlichen Diffusionswiderstandes der Gaze etwas darunter. Dies geht aus Abb. 208 deutlich hervor.

Demnach kann die Bespannung lediglich im ersten Trocknungsabschnitt, in dem die äußeren Bedingungen vorwiegend maßgeblich sind, auf den Trocknungsvorgang von Einfluß sein. Der zweite Abschnitt, in dem die inneren Eigenschaften der Probe zum Ausdruck kommen, wird dadurch nicht geändert.

Der Trocknungsverlauf. Um ein klares Bild von der Feuchtigkeitsbewegung im Kugelhaufwerk zu gewinnen, sollen zunächst die Trocknungsverlaufskurven von Glaskugeln mit 0,5 mm Durchmesser bei waagerechter Feuchtigkeitsbewegung betrachtet werden. Bei den Versuchen war die mittlere Lufttemperatur rund 25 °C und die Luftfeuchtigkeit rund 24%. Die Trocknungsverlaufskurven der 1 bis 4 cm hohen Glaskugelproben, deren Anfangsflüssigkeitsgehalt zwischen 35,4 und 37,9, im Mittel bei 37 Vol.-% lag, sind in Abb. 209 dargestellt.

Auch bei diesem aus Kugeln einheitlicher Größe bestehenden Versuchsstoff zeigt sich der kennzeichnende Verlauf der Trocknung. Aus den

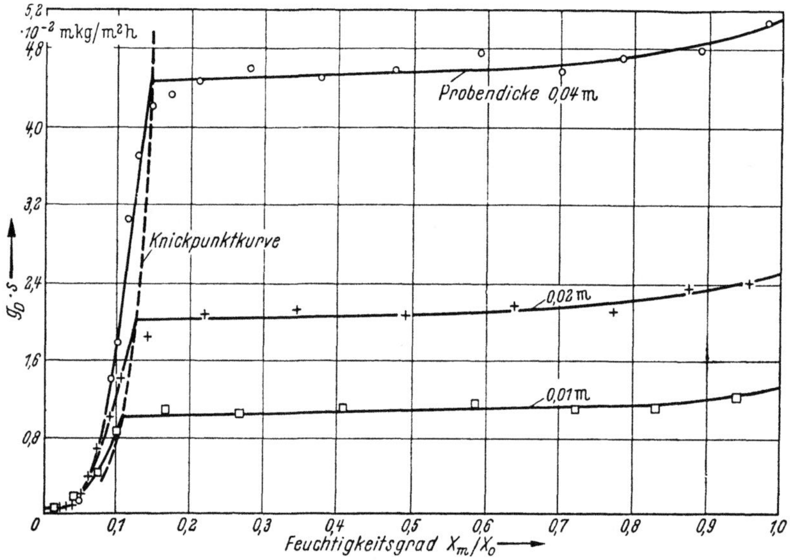

Abb. 209. Trocknungsverlaufskurven für Glaskugeln von 0,5 mm ∅ bei waagerechter Feuchtigkeitsbewegung.

Knickpunkten ergibt sich eindeutig die gestrichelt eingezeichnete Knickpunktkurve. Gegen Ende der Trocknung laufen die Kurven der verschieden hohen Proben zusammen und streben einem Endwert ($g_{D_E} s = 0{,}05 \times \times 10^{-2}$ kgm/m²h) zu, der nach der Theorie durch die Diffusionsbedingungen und den Diffusionswiderstand des Trocknungsgutes bestimmt ist.

Berechnet man wiederum, wie oben nach Gl. (331), den Diffusionswiderstandsfaktor, so ergibt sich

$$\mu = \frac{0{,}109 \cdot (1 - 0{,}24) \cdot 323}{0{,}05 \cdot 10^{-2} \cdot 47{,}1 \cdot 298} = 3{,}8 .$$

Der Widerstandsfaktor ist also erheblich kleiner als der der untersuchten Ziegelsteinproben, bei denen er 9,3 betrug. Andererseits liegt die Widerstandszahl näher bei dem Reziprokwert der rund 37% betragenden Porosität 100/37 = 2,7 als bei Ziegelstein. Dies bedeutet, daß der Wegfaktor μ_l beim Kugelhaufwerk erheblich kleiner ist als beim Ziegel (vgl. Tab. 31).

Der Einfluß der Feuchtigkeitsleitung im zweiten Trocknungsabschnitt. Einen guten Einblick in die Wirkung der kapillaren Flüssigkeitsleitung im zweiten Trocknungsabschnitt gewinnt man, wenn man mit dem wirklichen Trocknungsverlauf einen theoretischen Fall vergleicht, bei dem keine Kapillarwasserbewegung im zweiten Trocknungsabschnitt angenommen wird. Nimmt man an, die im Knickpunkt festgestellte Feuchtigkeit $[X_m]_{Kn}$ sei gleichmäßig über die ganze Probe verteilt, und, soweit im weiteren Verlauf das Gut feucht ist (d.h. unterhalb des Trockenspiegels), herrsche stets diese Feuchtigkeit $[X_m]_{Kn}$, so bildet die trockene Schicht oberhalb des immer tiefer ins Gutsinnere zurückschreitenden Trockenspiegels den Widerstand für die Diffusion.

Für die in der Zeiteinheit verdampfende Wassermenge ergibt sich:

$$g_D = \frac{1}{\frac{1}{\beta} + \frac{\mu s}{\delta}\left(1 - \frac{X_m}{[X_m]_{Kn}}\right)} \frac{P''_D - P_{D_L}}{R_D T},$$

oder nach entsprechender Umformung:

$$g_D s = \frac{1}{\frac{1}{g_{D_I} s} + \left(\frac{1}{g_{D_E} s} - \frac{1}{g_{D_I} s}\right)\left(1 - \frac{X_m}{[X_m]_{Kn}}\right)}.$$

Dieser Verlauf ist in Abb. 210 für die mittlere Kurve aus Abb. 209 errechnet und mit der durch Versuch ermittelten verglichen. Man erkennt deutlich die Steigerung der Trocknungsgeschwindigkeit durch die kapillare Feuchtigkeitsbewegung im zweiten Trocknungsabschnitt. Das Rückschreiten des Trockenspiegels ins Gutsinnere wird durch die kapillare Wasserbewegung nach Erreichen des Knickpunktes zunächst stark verzögert und erst gegen Ende der Trocknung bei kleinsten Feuchtigkeiten, bei denen nach der Theorie die Feuchtigkeitsleitung verschwindend klein wird, nähert sich der wirkliche Kurvenverlauf dem theoretisch für ein nicht saugfähiges Gut errechneten.

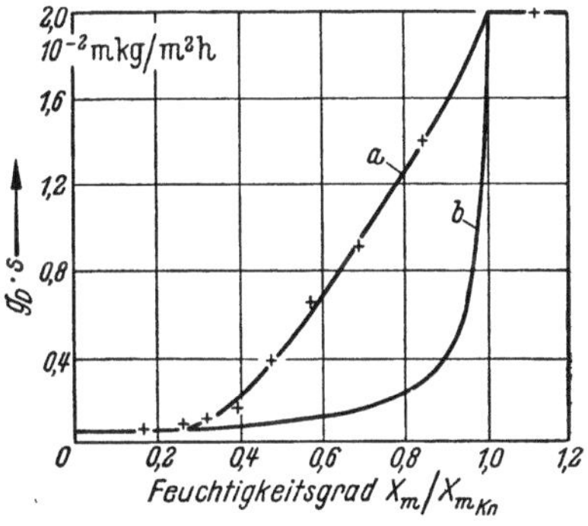

Abb. 210. Einfluß der kapillaren Feuchtigkeitsleitung im zweiten Trocknungsabschnitt. Kurve *a* entspricht der mittleren Versuchskurve in Abb. 209. Kurve *b* ist unter Vernachlässigung der Kapillarwasserbewegung errechnet. Der Feuchtigkeitsgrad ist hier auf die Knickpunktfeuchtigkeit $X_{m_{Kn}}$ bezogen.

Der Mechanismus der Feuchtigkeitsleitung im Kugelhaufwerk. Die bisher mitgeteilte Theorie der Kapillarwasserbewegung war begründet auf der Vorstellung, daß die Feuchtigkeitsleitung in einem porigen Stoff analog der Kapillarwasserbewegung in widerstandslos verbundenen Kapillaren von verschiedener Weite sei, von denen die engeren aus den weiteren Wasser ansaugen (vgl. S. 228). Für ein Kugelhaufwerk von einheitlicher Korngröße und gleichmäßiger Lagerung gibt es nur Porenräume von gleicher Form. Das Wasser wird in diesem Stoff durch die kapillaren Unterdrucke bewegt, die sich in den Porenwinkeln zwischen berührenden Kugeln ausbilden. Das Porenwinkelwasser steht zunächst überall in Zusammenhang. Bei Feuchtigkeitsleitung ist im Sinne der

Bewegung eine Zunahme des kapillaren Unterdruckes notwendig. Das bedeutet die Ausbildung immer schärfer gekrümmter Menisken, mit der eine Abnahme des Wassergehaltes in Bewegungsrichtung verbunden ist.

Abb. 211. Glaskugelprobe während der Trocknung in der Nähe des Knickpunktes. An den Berührungsstellen der Kugeln mit der Glaswand zeigt sich Porenwinkelwasser, dessen Menge aus den mehr oder minder großen dunklen Stellen an den reflektierenden Zonen des Glasgefäßes zu erkennen ist.

Aus Abb. 211 ist das Aussehen einer in einem Glasgefäß getrockneten Probe in einem Zustand nahe beim Knickpunkt zu erkennen. Ebenso wie sich das Porenwinkelwasser zwischen berührenden Kugeln ausbildet, zeigt es sich auch an den Berührungsstellen der Kugeln mit der Glaswand. Diese sind, je nach der an der Berührungsstelle haftenden Wassermenge, als mehr oder minder große dunkle Stellen an den reflektierenden Zonen des Glasgefäßes von Abb. 211 zu erkennen. Man sieht deutlich, daß die dunklen Flecken in Richtung der Wasserbewegung von unten nach oben kleiner werden; daraus ist auf die Abnahme des Wassergehaltes im Sinne der Bewegung und die Zunahme des kapillaren Unterdruckes zu schließen.

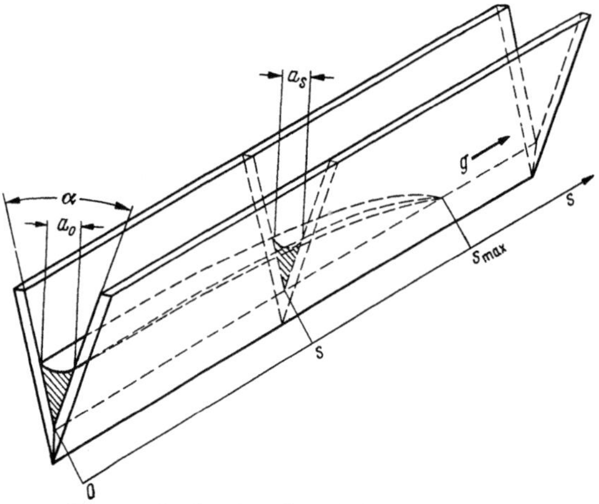

Abb. 212. Die kapillare Feuchtigkeitsleitung in einem Plattenwinkel.

Die räumliche Gestalt des im Kugelhaufwerk zusammenhängenden Porenwinkelwassers ist geometrisch schwer zu erfassen, und eine rechnerische Behandlung des räumlichen Vorganges würde auf außerordentliche Schwierigkeiten stoßen. Der für die Anschauung einfachste Analogiefall ist in der Kapillarwasserbewegung zwischen zwei im Winkel zueinander angeordneten ebenen Platten zu suchen. Abb. 212. Eine Flüssigkeitsbewegung wird dadurch bewirkt, daß die Menisken mit wachsender Entfernung s vom Anfangspunkt sich immer tiefer in den Plattenwinkel ziehen und daher einen größeren kapillaren Zug P_M ausüben, der für Reibung verbraucht wird.

Der Einfluß der Schwerkraft. In Abb. 213 sind für 0,5-mm-Glaskugeln verschiedene Trocknungsverlaufskurven bei Trocknung im Sinne und

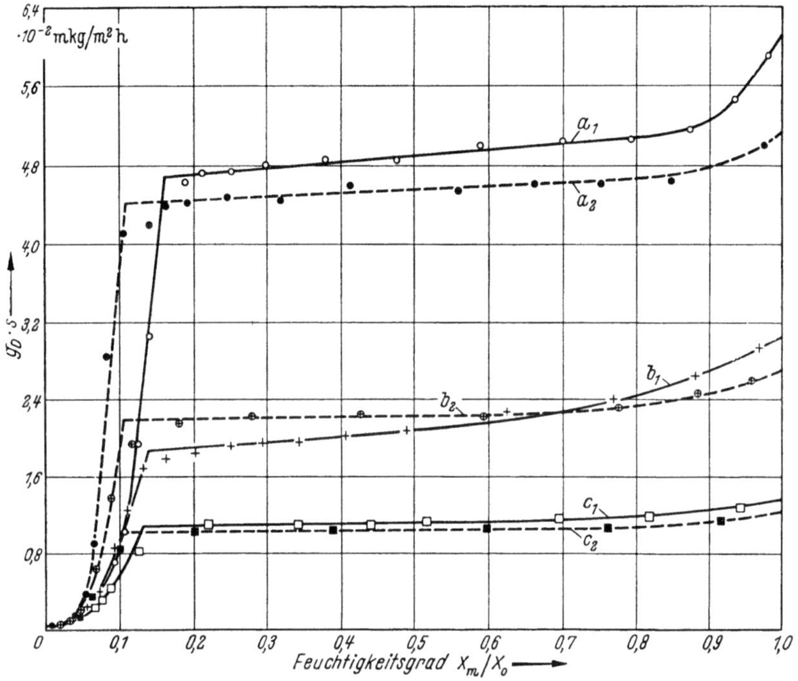

Abb. 213. Trocknungsverlaufskurven für Glaskugeln von 0,5 mm ⌀. Kurven a_1, b_1, c_1 Wasserbewegung von unten nach oben, Trocknung entgegen der Erdschwere. Kurven, a_2, b_2, c_2 Wasserbewegung von oben nach unten, Trocknung im Sinne der Erdschwere.
Kurve a_1, a_2 Probendicke 0,04 m; Kurve b_1, b_2 Probendicke 0,02 m; Kurve c_1, c_2 Probendicke 0,01 m.

entgegen der Erdschwere aufgetragen. Man erkennt, daß bei Trocknung von oben nach unten die Knickpunkte bei niedrigeren Feuchtigkeiten erreicht werden als bei entgegengesetzter Richtung. Die bei waagerechter Bewegung gewonnenen Knickpunkte aus Abb. 209 liegen dazwischen. Bei Seesand von 0,2 mm mittlerer Korngröße ist kein Einfluß der Schwere auf die Lage der Knickpunkte zu erkennen, wie aus Abb. 214 ersichtlich ist, in dem die Trocknungsverlaufkurven für beide Richtungen zusammengestellt sind. Daraus läßt sich der Schluß ziehen, daß bei Stoffen mit kleineren Kapillarräumen bei ähnlichen Trocknungsgeschwindigkeiten der Einfluß der Schwere gegenüber der Reibung vernachlässigbar ist.

Der Einfluß der Meniskenausbildung im ersten Trocknungsabschnitt. In Abb. 215 sind verschiedene bei gleichen Luftbedingungen gewonnene Trocknungsverlaufskurven für Glaskugelproben verschiedener Höhe und 1,9 mm Kugeldurchmesser bei Trocknung von unten nach oben aufgetragen. Es ist die Abhängigkeit der Trocknungsgeschwindigkeit g_D von der Feuchtigkeit Ψ_{W_m} dargestellt. Bei diesen großen Kugeln ist die Hubarbeit von erheblicher Bedeutung gegenüber der verhältnismäßig geringen Reibung. – Da dann g_D und s nicht mehr vertauschbar sind, führt

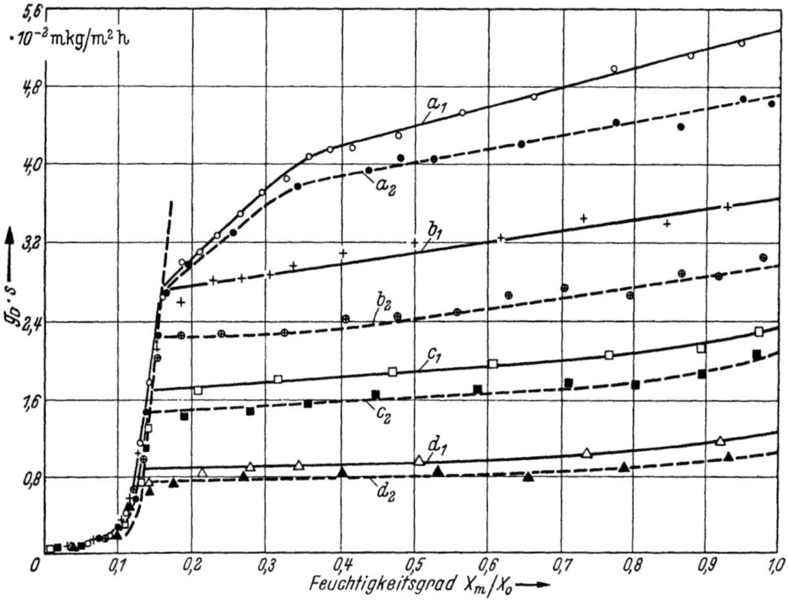

Abb. 214. Trocknungsverlaufskurven von Seesand von 0,2 mm mittlerer Korngröße bei verschiedener Trocknungsrichtung.

Kurve a_1 Probendicke 0,04 m, Wasserbewegung von unten nach oben; Kurve b_1 Probendicke 0,03 m, Wasserbewegung von unten nach oben; Kurve c_1 Probendicke 0,02 m, Wasserbewegung von unten nach oben; Kurve d_1 Probendicke 0,01 m, Wasserbewegung von unten nach oben; Kurve a_2 Probendicke 0,04 m, Wasserbewegung waagerecht; Kurve b_2 Probendicke 0,03 m, Wasserbewegung waagerecht; Kurve c_2 Probendicke 0,02 m, Wasserbewegung waagerecht; Kurve d_2 Probendicke 0,01 m, Wasserbewegung waagerecht.

die Darstellung $g_D s = f(\Psi_{W_m})$ zu keiner allgemeinen Gesetzmäßigkeit. – Die Versuche sollen hier lediglich zur Veranschaulichung der im ersten Trocknungsabschnitt auftretenden Absenkung der Trocknungsgeschwindigkeit infolge der fortschreitenden Ausbildung von Menisken in der obersten Gutsschicht dienen. Die Kurven *a*, *b* und *c* in Abb. 215, die unter etwa gleichen Luftbedingungen gewonnen wurden, zeigen etwa gleiche Anfangstrocknungsgeschwindigkeit $g_{D_I} = 1{,}0$ kg/m²h. Von diesem Wert an sinkt die Trocknungsgeschwindigkeit stetig bis zum Knickpunkt, der bei den verschieden hohen Proben bei sehr verschiedenen Feuchtigkeitsgehalten auftritt. Im Knickpunkt haben alle Proben wieder etwa die gleiche Trocknungsgeschwindigkeit $g'_D = 0{,}25$ kg/m²h. Die Endtrocknungsgeschwindigkeit g_{D_E} (am Ende des zweiten Trocknungsabschnittes) steht im umgekehrten Verhältnis zur Probendicke. Für die Versuche gilt $g_{D_E} s = 0{,}056 \cdot 10^{-2}$ kg m/m²h. Zum Beweise dafür, daß das Absinken der Trocknunggeschwindigkeit im ersten Trocknungsabschnitt auf die fortschreitende Ausbildung von Menisken zurückgeführt werden muß, sollte ein unter Temperaturgleichgewicht (erreicht durch Anstrahlung der Oberfläche) durchgeführter Versuch (Kurve d in Abb. 215) dienen.

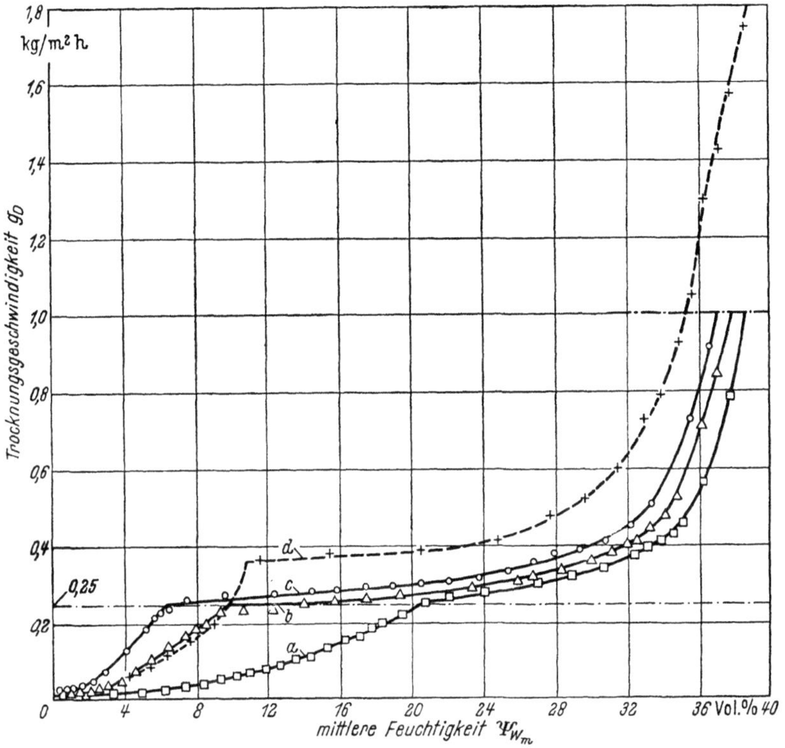

Abb. 215. Trocknungsverlaufskurven für Glaskugeln von 1,9 mm ∅. Wasserbewegung von unten nach oben.

Kurve a Probendicke 0,04 m; Kurve b Probendicke 0,03 m; Kurve c Probendicke 0,02 m; Kurve d Probendicke 0,03 m. Kurve d ist bei 25 °C Probentemperatur im Temperaturgleichgewicht gewonnen.

Die Probe war vor Beginn des Versuches bis über die oberste Kugelschicht mit Wasser bedeckt. Dann gilt für die Trocknungsgeschwindigkeit im Anfang des Vorganges

$$g_{D_I} = \frac{\beta}{R_D\, T}\,(P_D'' - P_{D_L})\,.$$

Aus den Versuchswerten ($g_{D_I} = 1{,}85$, Lufttemperatur 25 °C, relative Feuchtigkeit 42%) kann die Stoffübergangszahl β berechnet werden zu

$$\beta = \frac{1{,}85 \cdot 47{,}1 \cdot 298}{(1 - 0{,}42) \cdot 323} = 138\,\mathrm{m/h}\,.$$

Bei fortschreitender Trocknung bilden sich Menisken aus, die innerhalb der obersten Gutsschicht angreifen und im Knickpunkt ausgelastet sind. Aus der Anfangstrocknungsgeschwindigkeit g_{D_I} und der am Ende des ersten Trocknungsabschnittes g_D' läßt sich bei Kenntnis der Widerstandszahl μ, die sich nach Gl. (331) aus g_{D_E} zu $\mu = 3{,}1$ ergibt, die Tiefe s' berechnen, um die sich der Trockenspiegel infolge der Meniskenausbildung verlagert. Es gilt

$$g_D = \frac{1}{\frac{1}{\beta} + \frac{\mu s'}{\delta}} \frac{1}{R_D T} (P''_D - P_{D_L}) .$$

Es folgt für s' aus den Versuchsbedingungen:

$$s' = \frac{\delta}{\mu \beta} \frac{g_{D_I} - g'_D}{g'_D} = \frac{0{,}109}{3{,}1 \cdot 138} \frac{1{,}85 - 0{,}36}{0{,}36} = 0{,}00102\,\text{m}$$
$$= 1{,}02\,\text{mm} .$$

Daraus geht hervor, daß der Trockenspiegel am Ende des ersten Trocknungsabschnittes um etwa 1 mm ins Gutsinnere zurückverlagert ist, d.h. daß die in der obersten Kugelschicht angreifenden Menisken sich im Mittel etwas unter der Mitte der obersten Kugelschicht befinden.

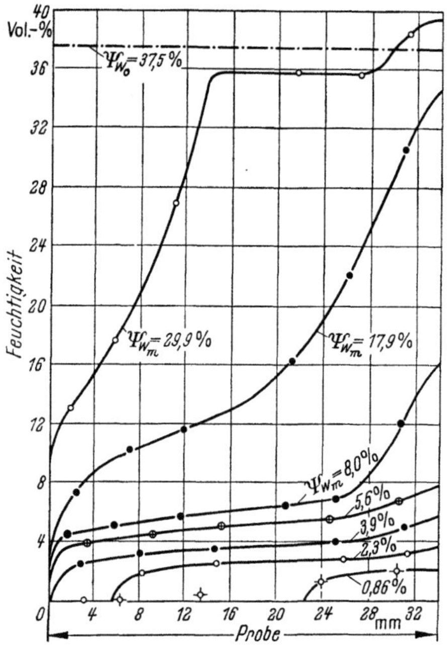

Abb. 216. Verteilung der Feuchtigkeit in Richtung der Trocknung nach verschiedenen Trockenzeiten bei Versuchen mit Verdunstungstrocknung an Glaskugeln von 0,5 mm ∅ und 3,4 cm Probenhöhe. Anfangsfeuchtigkeit Ψ_{W_0} des Gutes 37,5%. Zur Kennzeichnung des Feuchtegrades ist bei den einzelnen Kurven die jeweilige mittlere Feuchtigkeit Ψ_{W_m} angegeben.

Je nach der Kornfeinheit eines Stoffes und der Höhe der beim Versuch eingestellten Stoffübergangszahl muß sich dieser Einfluß bei jedem Trockengut mehr oder minder stark ausprägen. Eine absolute Konstanz der Trocknungsgeschwindigkeit im ersten Trocknungsabschnitt kann es nicht geben.

Die Flüssigkeitsverteilung im Gut. Abb. 216 stellt die Verteilung des Flüssigkeitsgehaltes im Gut dar. Als wesentlichstes an der Abbildung erkennt man, daß die Gutsoberfläche bis zu Flüssigkeitsgehalten von 5,6% noch feucht ist. Nach Erreichen des Knickpunktes verlagert sich der Trockenspiegel immer tiefer ins Gutsinnere; die Abbildung bestätigt also durchaus die hergeleiteten Gesetzmäßigkeiten.

γ) *Ton*

Über das Verhalten von Tonen mit verschiedenen Zuschlagstoffen liegen sehr eingehende Versuche von Saburo Kamei [*92*] vor. In Abb. 217 sind diejenigen Ergebnisse nach der Originalarbeit wiedergegeben, die bei gleicher Probentemperatur bei zweiseitiger Trocknung ebener Platten in einem Luftstrom, dessen Temperatur, relative Feuchtigkeit und Ge-

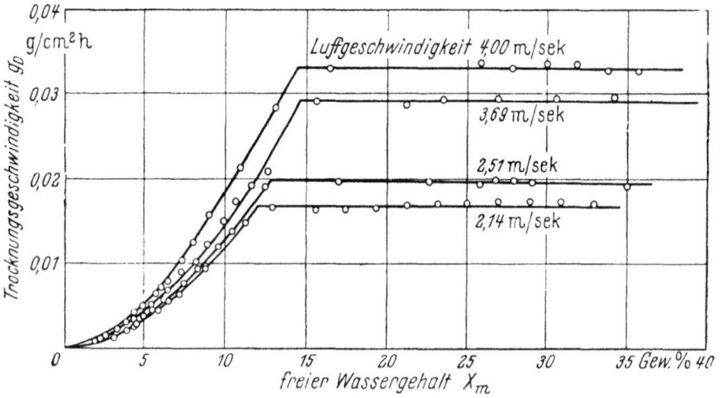

Abb. 217. Trocknungsverlaufskurven für Kibushitonerde. Zweiseitige Trocknung einer 3 cm dicken Probe bei 53,7% Luftfeuchtigkeit und 25 °C Lufttemperatur. Nach KAMEI [92] (dort Abb. 22).

schwindigkeit geändert werden konnte, gemessen wurden. Der „freie Wassergehalt" ist in Gew.-%, auf trockene Substanz bezogen (X), angegeben. Dabei ist die „trockene Substanz" im Gleichgewichtszustand mit dem jeweiligen Luftstrom bestimmt, enthält also den aus den Sorptionsisothermen zu entnehmenden Flüssigkeitsgehalt.

Die Versuche, die an ebenen Platten der Versuchsstoffe ($\approx 8 \times 8$ cm) verschiedener Dicke in einem Trockenkanal angestellt wurden, bestätigen durchaus das bisher gewonnene Bild. Die Lage der Knickpunkte verlangt geradezu nach einer verbindenden Kurve. Die gleichförmige Extrapolation der Kurven gegen Ende der Trocknung auf die Trocknungsgeschwindigkeit Null ist nicht berechtigt. Es muß sich auch hier ein dritter Trocknungsabschnitt ausprägen.

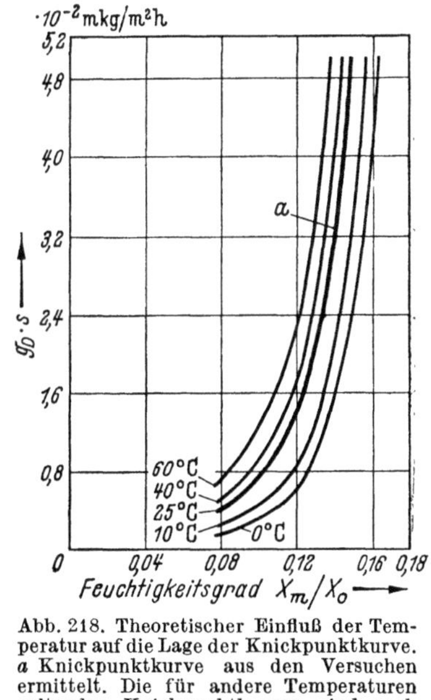

Abb. 218. Theoretischer Einfluß der Temperatur auf die Lage der Knickpunktkurve. *a* Knickpunktkurve aus den Versuchen ermittelt. Die für andere Temperaturen geltenden Knickpunktkurven sind nach der Kurve *a* berechnet.

Einfluß der Temperatur auf die Lage der Knickpunktkurve. Nach den obigen Herleitungen muß bei der Knickpunktkurve die Größe $[g_D s]_{Kn}$ dem Ausdruck $\sigma \gamma_W/\eta$ proportional sein, worin nur η stark temperaturabhängig ist. Liegt beispielsweise die Knickpunktkurve bei 25 °C Gutstemperatur vor, so müßte sich bei anderen Temperaturen entsprechend der Abhängigkeit von $\sigma \gamma_W/\eta$ eine Kurvenschar wie in Abb. 218

ergeben. Bei den vergleichenden Zusammenstellungen KAMEIS sind Versuche mit unterschiedlicher Probentemperatur zusammen aufgetragen. Da sich bei seinen Versuchen wegen der zweiseitigen Trocknung im ersten Trocknungsabschnitt in der Probe näherungsweise die Kühlgrenztempe-

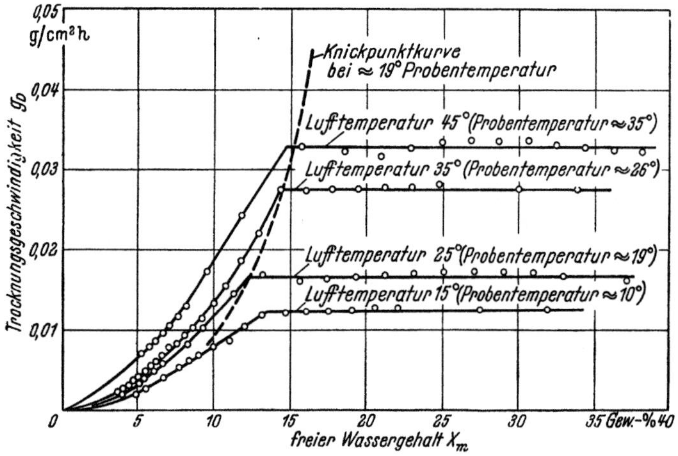

Abb. 219. Trocknungsverlaufskurven für Kibushitonerde. Zweiseitige Trocknung von 3 cm dicken Proben. Probentemperatur etwa gleich Kühlgrenztemperatur. Nach KAMEI [92] (dort Abb. 19). Bei diesen Versuchen wurde eine erhöhte Trocknungsgeschwindigkeit bei erhöhter Probentemperatur erreicht. Relative Feuchtigkeit 53,7%, Luftgeschwindigkeit 2,14 m/sek.

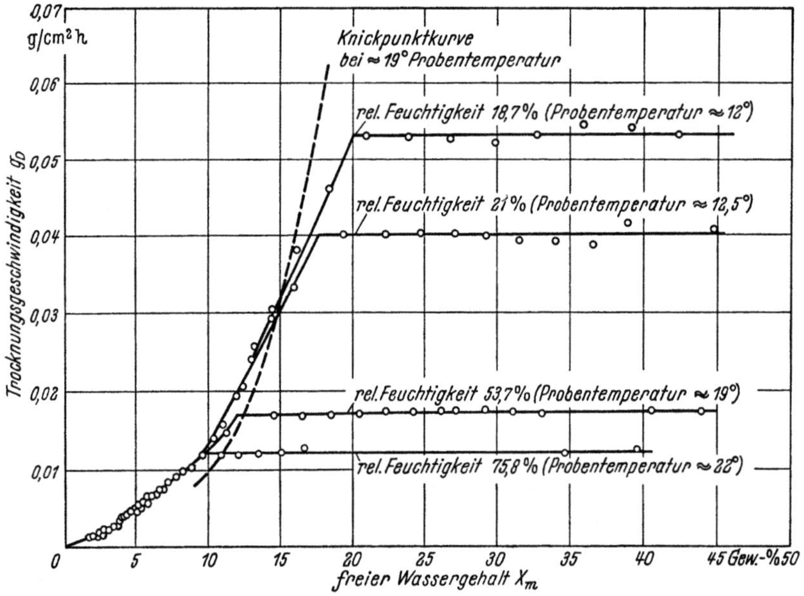

Abb. 220. Trocknungsverlaufskurven für Kibushitonerde. Zweiseitige Trocknung von 3 cm dicken Proben. Probentemperatur etwa gleich Kühlgrenztemperatur. Nach KAMEI [92] (dort Abb. 16). Bei diesen Versuchen wurde eine erhöhte Trocknungsgeschwindigkeit bei verringerter Probentemperatur erreicht. Lufttemperatur 25 °C, Luftgeschwindigkeit 2,14 m/sek.

ratur einstellte, so ergeben Versuche bei gleicher Lufttemperatur, aber verschiedener relativer Feuchtigkeit verschiedene Gutstemperaturen.

In Abb. 219 und 220 ist die aus Abb. 217 zu folgernde Knickpunktkurve für 19 °C Gutstemperatur (Kühlgrenze für 25 °C und 53,7% relativer Luftfeuchtigkeit) eingetragen. Man erkennt aus den Abbildungen deutlich, daß der Knickpunkt für höhere Gutstemperaturen bei kleineren Wassergehalten, für niedrigere Temperaturen bei höheren Wassergehalten liegt. Auch aus anderen, hier nicht angeführten Versuchen KAMEIS kann geschlossen werden, daß der Theorie entsprechend die Ordinaten der Knickpunktkurven für verschiedene Temperaturen sich mit dem Ausdruck $\sigma \gamma_W / \eta$ ändern, also praktisch umgekehrt proportional der Zähigkeit der Flüssigkeit. sind.

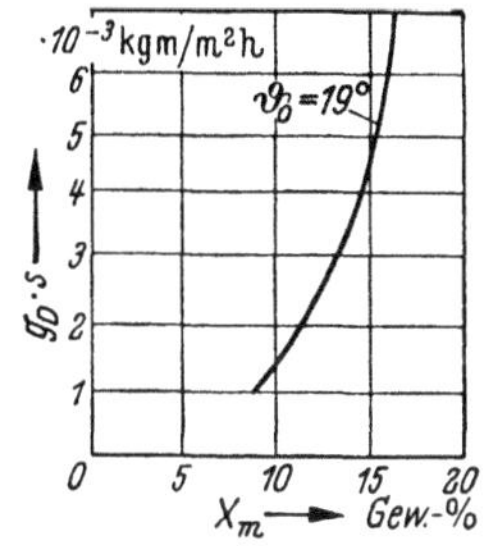

Abb. 221. Knickpunktkurve für Kibushitonerde.

Die Darstellung der Knickpunktkurve in der Form

$$[g_D s]_{Kn} = f\left(\frac{X_m}{X_0}\right)$$

liefert Abb. 221.

Der Einfluß der Zuschlagstoffe. KAMEIS Untersuchungen über Tone mit verschiedenen Zuschlagstoffen liefern ebenso wie die Untersuchungen an Kugelhaufwerken den Beweis dafür, daß die kapillare Leitfähigkeit um so größer ist, je gröber die Körnung. Für die Lage der Knickpunkte hat dies zur Folge, daß sie bei um so kleineren Wassergehalten auftreten, je gröber die Körnung ist (vgl. Abb. 222).

Über den Diffusionswiderstandsfaktor μ lassen sich aus KAMEIS Untersuchungen keine sicheren Schlüsse ziehen, da seine Beobachtungen bei kleinsten Flüssigkeitsgehalten am Ende der Trocknung hierfür nicht

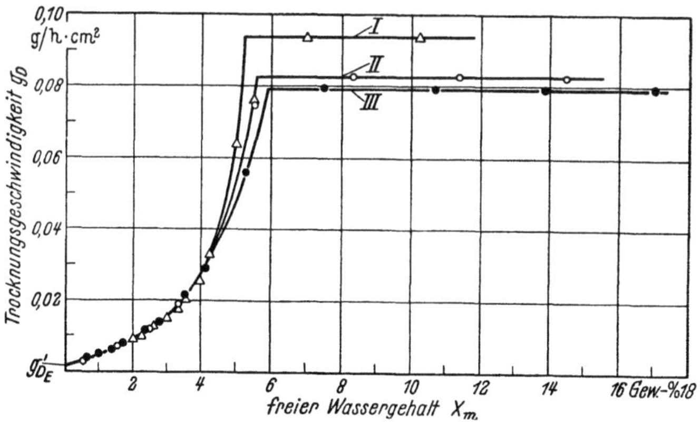

Abb. 222. Trocknungsverlaufskurven für Minokaolin mit Quarzsand verschiedener Korngröße nach KAMEI.

Kurvennummer	Korngröße des Quarzes	
I	190–62	Maschenweite
II	560–190	Maschenweite
	1550–560	Maschen je cm²
III	6200–3500	Maschen je cm²

Probe: Minokaolin : Kawachiquarz = 2 : 8. (Trocknungsbedingungen: 40 °C, 30%, 2,14 m/sek).

präzise genug sind. Nach Abb. 223 und zahlreichen anderen Messungen könnte man unabhängig von den Beimischungen etwa $\mu = 16$ als Mittelwert der Messungen vermuten.

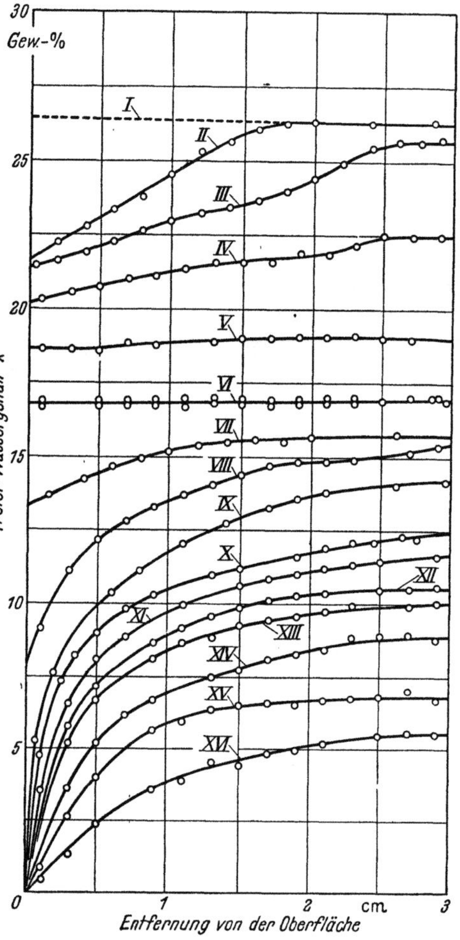

Abb. 223. Die Wasserverteilung im Gut nach Messungen KAMEIS.

Zeitliche Wasserverteilungskurve.

Kurve	Trocknungsdauer	Kurve	Trocknungsdauer
I	0 h	IX	8 h
II	1 h	X	10 h
III	2 h	XI	13 h
IV	3 h	XII	15 h
V	4 h	XIII	17 h
VI	5 h	XIV	20 h
VII	6 h	XV	30 h
VIII	7 h	XVI	40 h

Probe: Minokaolin : Kawachifeldspat = 5 : 5. Trocknungsbedingungen: 40 °C, 30%, 4,0 m/sek.

Flüssigkeitsverteilung im Gut beim Trocknen. Abb. 223 zeigt Messungen KAMEIS, die die Flüssigkeitsverteilung in einer Probe (Minokaolin: Kawachifeldspat 5:5) im Verlauf der Trocknung wiedergeben.

Man erkennt, daß bis Kurve VI (5 h Trocknungsdauer) nur geringe Feuchtigkeitsunterschiede in der Probe auftreten. Hierbei ist zu bedenken, daß nasser Ton zunächst eine der Wasserabgabe gleiche Schwindung zeigt. Solange schwimmen gewissermaßen die Tonteilchen in einem Netzwerk von Wasser, dessen Lamellen entsprechend der Wasserabgabe dünner werden (plastischer Bereich). Erst nach Erreichen der sogenannten „Lederhärte" (bei bestimmtem Wassergehalt) hört die dem Wasserentzug gleiche Schwindung auf. Erst von dann ab verhält sich Ton wie ein starrer Körper mit festgegebenem Kapillarsystem, für den eine kapillare Leitfähigkeit eingeführt wurde. Es scheint nach den Messungen KAMEIS, als seien oberhalb der Lederhärte nur geringe Unterschiede der Flüssigkeitsgehalte im Gut erforderlich, um die Bewegung an die Oberfläche zu ermöglichen.

Im übrigen zeigt sich für den ersten Abschnitt der Trocknung bis Kurve IX (nach 8 h) das erwartete, mit den Feststellungen an Glaskugeln (Abb. 216) übereinstimmende Bild, daß, solange der Flüssigkeitsgehalt der Oberfläche endlich ist, die Trocknungsgeschwindigkeit konstant bleibt. Dies kann man aus der Abbildung daran erkennen, daß die Flächen zwischen benachbarten Kurven (die jeweils 1 h später festgestellt wurden) annähernd gleich sind.

Im zweiten Abschnitt verlangsamter Trocknung (ab Kurve X) tritt in den von KAMEI gezeichneten Kurven die aus Abb. 216 ersichtliche Tatsache nicht in Erscheinung, daß ein klar abgegrenzter Trockenspiegel sich immer weiter ins Gutsinnere verlagert. Während bei den grobkapillaren Stoffen wie Glaskugeln (0,5 mm) der Sattdampfdruck im Gut von der Stelle an herrscht, an der die Feuchtigkeit größer als Null wird, ist dies bei hygroskopischen Stoffen erst dann der Fall, wenn die Feuchtigkeit größer ist als die maximale hygroskopische. Daher kann sich bei hygroskopischen Stoffen kein scharfer Knick in der Feuchtigkeitsverteilung zeigen, vielmehr muß der Übergang von der maximalen hygroskopischen auf die Gleichgewichtsfeuchtigkeit mit der Umgebung in einem gewissen Bereich sich stetig vollziehen. Dieser Bereich wäre bei dem vorliegenden Versuch bei freien Wassergehalten unter etwa 0,5% zu suchen (vgl. Abb. 38). Genauere Versuche KAMEIS in diesem Bereich liegen nicht vor.

δ) *Papierstoffe*

Sulfitpapierstoff, wie er zur Kunstseidefabrikation gebraucht wird (mit einer rohen Feile zerkleinert, gekocht und gewaschen und auf dem Sieb vorentwässert), wurde ebenfalls von KAMEI eingehend untersucht.

Erster Trocknungsabschnitt. Abb. 224 gibt die bei zweiseitiger Trocknung einer 3 cm starken Probe für untereinander gleiche Temperaturverhältnisse gewonnenen Ergebnisse wieder (trockenes Raumgewicht $\Gamma_s \approx 145\,\mathrm{kg/m^3}$, Porosität $\approx 90\%$, Anfangswassergehalt $X_0 \approx 600$ Gew.-%).

Die gestrichelte Kurve ist von mir als mutmaßliche Knickpunktkurve eingetragen. Aus den Daten der Anfangstrocknungsgeschwindigkeit läßt sich ohne weiteres die Stoffübergangszahl β errechnen:

$$g_{D_I} = \frac{\beta}{R_D\,T}\,(P''_{D_0} - P_{D_L})$$

$$\beta = \frac{g_{D_I}\,313 \cdot 47{,}1}{458 - 300} = 93\,g_{D_I}\,.$$

Zweiter Trocknungsabschnitt. Abb. 224 zeigt im zweiten Trocknungsabschnitt ein Absinken der Trocknungsgeschwindigkeit, das zunächst demjenigen für Ziegelstein, Kugelhaufwerke und Ton ähnlich ist (vgl. Abb. 206, 209, 217). Sämtliche Kurven scheinen in eine Endtrocknungsgeschwindigkeit $g'_{D_E} \approx 0{,}005\,\mathrm{g/cm^2h}$ einmünden zu wollen.

Dritter Trocknungsabschnitt. Unterhalb etwa 20% Wassergehalt biegen alle Kurven nach Null ab. Es zeigt sich dieselbe Tendenz, die bereits bei den Versuchen mit Ziegeln (dort allerdings bei sehr viel kleinerem Wassergehalt) beobachtet wurde (s. Abb. 207).

Hier wirken sich die hygroskopischen Eigentümlichkeiten des Papierstoffes aus.

Die scheinbare Endtrocknungsgeschwindigkeit. Sieht man einmal von den hygroskopischen Eigenschaften ab und betrachtet die Trocknung des Papierstoffes wie die eines grobkapillaren Stoffes, so könnte man eine Endtrocknungsgeschwindigkeit g'_{D_E} bei Kenntnis der Stoffübergangszahl

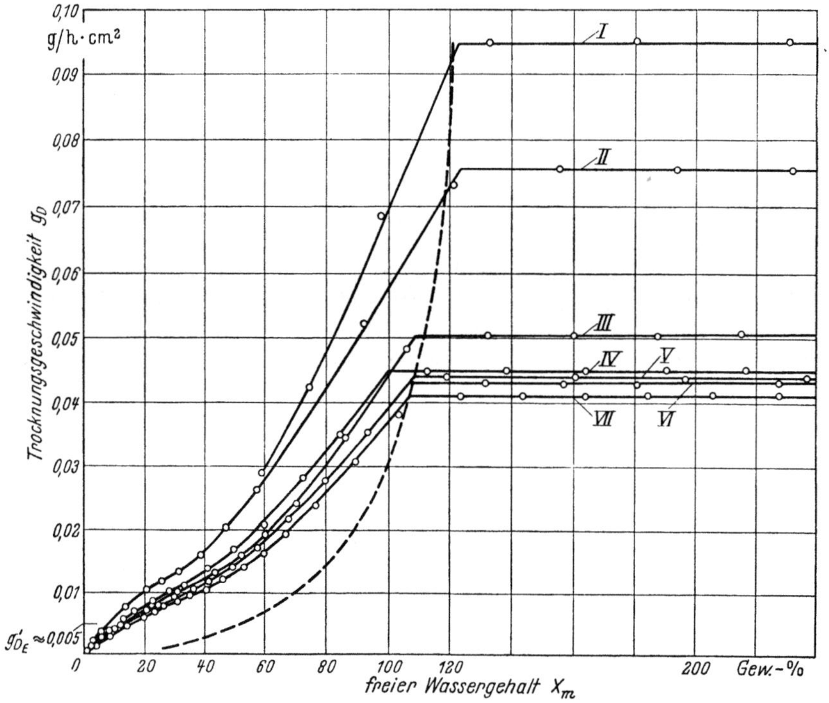

Abb. 224. Trocknungsverlaufskurven bei verschiedener Luftgeschwindigkeit für Papierstoff nach KAMEI.

Kurvennummer	Luftgeschwindigkeit [m/sec]	
I	2,45	Lufttemperatur 40 °C, Relative Feuchtigkeit 40% $s = 3$ cm $= 0{,}03$ m
II	2,02	
III	1,77	
IV	1,489	
V	1,185	
VI	1,007	
VII	0,22	

β und der Diffusionswiderstandszahl μ nach Gl. (331) berechnen. Dabei ist zu bedenken, daß die Temperatur der Probe gemäß den Messungen KAMEIs in völliger Übereinstimmung mit den Folgerungen aus der Kupplung von Wärme- und Dampfbewegung (s. S. 416ff.) gegen Ende der Trocknung gleich Lufttemperatur (40 °C) wird. Setzt man zur Ermittlung einer Endtrocknungsgeschwindigkeit wie bei einem grobkapillaren Stoff den Sattdampfdruck bei 40 °C an, so ergeben sich für die in Abb. 224 mitgeteilten Daten die Werte von Tab. 43. Dabei ist die Diffusionswiderstandszahl $\mu = 4$ angenommen (wie etwa nach Tab. 31 zu vermuten ist), während $s = 0{,}015$ m, $\delta = 0{,}11$ m²/h ist.

Tabelle 43. *Scheinbare Endtrocknungsgeschwindigkeit g'_{D_E} in Abhängigkeit von der Luftgeschwindigkeit w.*

w m/sek	g_{D_I} kg/m²h	β m/h	$\frac{1}{\frac{1}{\beta}+\frac{\mu s}{\delta}}$	g'_{D_E} kg/m²h
2,45	0,94	87,5	1,8	0,055
2,02	0,76	71	1,75	0,054
1,77	0,5	46,5	1,75	0,054
1,49	0,45	42	1,75	0,054
1,19	0,43	40	1,75	0,054
1,0	0,42	39	1,75	0,054
0,22	0,41	38	1,74	0,054

Die Werte der Tabelle zeigen, daß die scheinbare Endtrocknungsgeschwindigkeit g'_{D_E} (für $X = 0$) – mit $\mu = 4$ berechnet – praktisch für

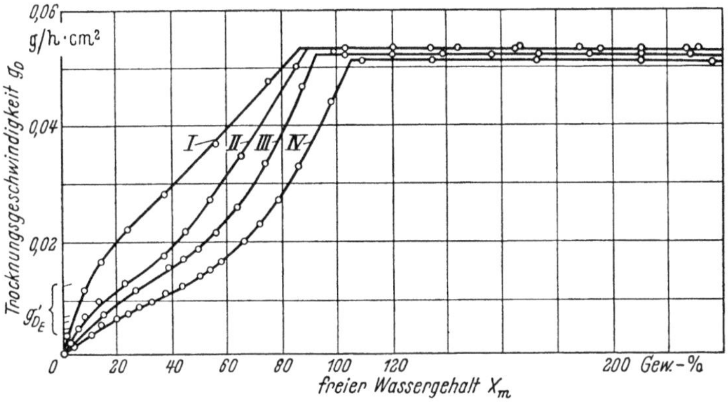

Abb. 225. Trocknungsverlaufskurven von Papierstoff verschiedener Dicke nach KAMEI.

Kurvennummer	Probendicke	
I	1,0 cm	Lufttemperatur 40 °C
II	1,5 cm	Luftgeschwindigkeit 1,01 m/sek
III	2,0 cm	Relative Feuchtigkeit 40%
IV	3,0 cm	

alle Versuche gleich, d.h. unabhängig von der Luftgeschwindigkeit ist, wie die Theorie dies für grobkapillare Stoffe fordert.

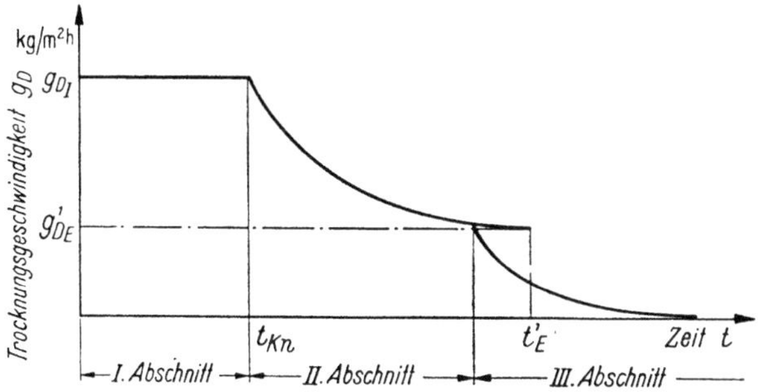

Abb. 226. Charakteristischer Verlauf der Trocknung hygroskopischer Stoffe.

Zu dem gleichen Ergebnis kommt man, wenn man die in Abb. 225 von KAMEI wiedergegebenen Versuche über den Einfluß der Gutsdicke bei konstanten äußeren Bedingungen auswertet. Extrapoliert man die Kurven für den zweiten Trocknungsabschnitt bis zu $X_m = 0$, so erhält man Werte, die innerhalb der durch die geschweifte Klammer abgegrenzten Werte g'_{DE} liegen. Diese extrapolierten Werte würden sich etwa für ein grobkapillares (nichthygroskopisches) Gut ergeben. g'_{DE} ist, wie man sieht, umgekehrt proportional der Gutsdicke, so daß $g'_{DE} \cdot s$ entsprechend Gl. (331a) konstant ist.

Der dritte Trocknungsabschnitt. Der letzte Ast der Trocknungskurve,

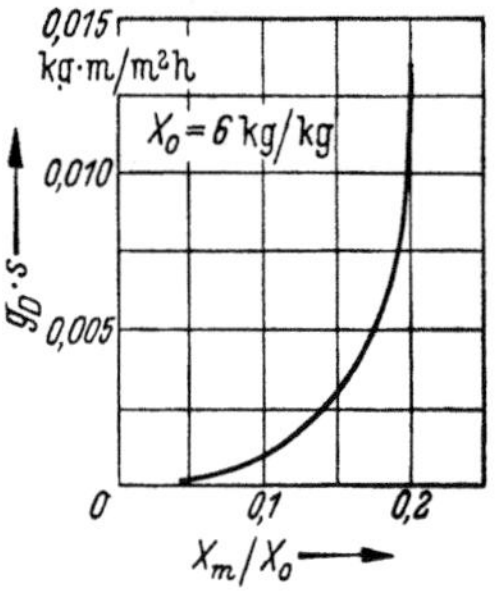

Abb. 227. Knickpunktkurve für Papierstoff bei $\vartheta_L = 40\,°C$.

der eine bei $X_m = 0$ gegen Null gehende Trocknungsgeschwindigkeit zeigt, ist durch das hygroskopische Verhalten des Papierstoffes bedingt. In einer Darstellung der Trocknungsgeschwindigkeit in Abhängigkeit von der Zeit stellt sich dieser Ast qualitativ wie der letzte Teil der Kurve in Abb. 226 dar. Während bei einem grobkapillaren Stoff sonst gleicher

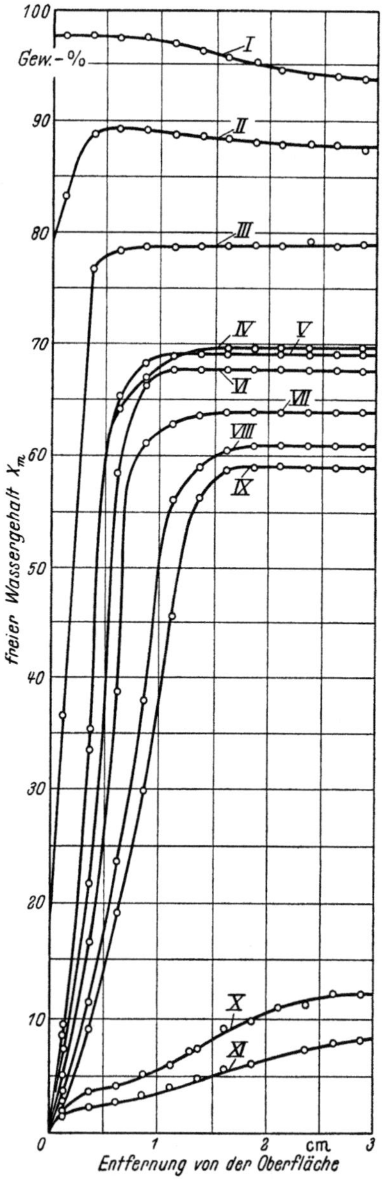

Abb. 228. Die Wasserverteilung im Papierstoff nach KAMEI.

Zeitliche Wasserverteilungskurve

Kurvennummer	Trocknungsdauer
I	7 h
II	8 h
III	9 h
IV	11 h
V	12 h
VI	13 h
VII	15 h
VIII	17 h
IX	19 h
X	65 h
XI	95 h

Probe: Papierstoff.
Trocknungsbedingungen: 40 °C, 40%, 1,01 m/sek.

Eigenschaften sich die endliche Trocknungszeit t'_E ergeben würde, gibt es beim hygroskopischen Gut, das auf die Gleichgewichtsfeuchtigkeit mit der trocknenden Luft gebracht werden soll, keine endliche Trocknungszeit. Sie ist immer unendlich. Der Übergang der konkav nach oben verlaufenden Kurvenäste in Abb. 225 in den konvex nach oben verlaufenden letzten Ast findet bei mittleren Wassergehalten statt, die zwischen der maximalen hygroskopischen und der Gleichgewichtsfeuchtigkeit des Gutes liegen. Der Verlauf der Kurve im allerletzten Teil ist fast geradlinig. Dies deutet darauf hin, daß der Diffusionswiderstandsfaktor des Gutes konstant ist, d.h. nicht vom Feuchtigkeitsgehalt abhängig (vgl. S. 369ff.).

Die Knickpunktkurve. Abb. 227 zeigt die Knickpunktkurve $(g_D s)_{Kn}$ des von Kamei untersuchten Papierstoffes bei 40 °C Gutstemperatur, die mit allen Einzelmessungen gut übereinstimmt.

Die Flüssigkeitsverteilung im Gut. Abb. 228 stellt die Verteilung des Flüssigkeitsgehaltes während der Trocknung des Papierstoffes dar. Die Oberfläche wird erst nach etwa 11 h annähernd trocken. Das hygroskopische Verhalten des Stoffes bewirkt, daß sich mit fortschreitender Trocknung kein Trockenspiegel klar abzeichnet, sondern an der Oberfläche stets ein Feuchtigkeitsgefälle vorhanden ist.

ε) *Seife*

Seife unterscheidet sich von den bisher behandelten Stoffen (Ziegel, Kugelhaufwerke, Ton, Papierstoff) dadurch, daß keine luftgefüllten Porenräume vorhanden sind, in denen Dampfdiffusion möglich ist. Dies kann dadurch zum Ausdruck gebracht werden, daß der für die Dampfdiffusion maßgebliche Widerstandsfaktor μ als unendlich angenommen wird. Es wurde früher gezeigt (s. S. 288), daß in diesem Fall der Trocknungsverlauf für grobkapillare Güter der Knickpunktkurve folgen muß. Wenn nun auch Seife zweifellos nicht als grobkapillares Gut anzusehen ist, so ist doch folgendes zu bedenken:

Der Transport in der flüssigen Phase – sei er durch kapillare Kräfte oder osmotische oder dergleichen bewirkt – muß stets durch einen Ansatz nach der Art

$$g_W = -\varkappa \frac{d\Gamma_W}{dz}$$

beschrieben werden (vgl. S. 244). Dabei ist es gleichgültig, ob die Größe $\varkappa$ sich aus den Gesetzmäßigkeiten der Strömung in Kapillaren oder aus den Gesetzmäßigkeiten der Flüssigkeitsdiffusion von einer an Feststoffteile irgendwie gebundenen Flüssigkeit bei Vorhandensein eines Konzentrationsgefälles $(d\Gamma_W/dz)$ herleiten läßt. Wesentlich ist lediglich, daß die die Bewegung auslösende Potentialdifferenz im Feuchtigkeitsgefälle $d\Gamma_W/dz$ und nicht im Dampfdruckgefälle dP_D/dz zu suchen ist.

Alle solche Stoffe, bei denen eine Dampfdiffusion im Innern nicht möglich ist, müssen den obigen Herleitungen (s. S. 288) zufolge einen charakteristischen Trocknungsverlauf zeigen, bei dem nach Erreichen des Knickpunktes die Trocknungsgeschwindigkeit der Knickpunktkurve folgt.

Die Feststellungen Kameis. KAMEI [*128*] hat eingehende Untersuchungen über das Verhalten von Seife beim Trocknen angestellt. Die strichpunktierte Kurve in Abb. 229 stellt die Mittelkurve für sämtliche Ergebnisse KAMEIS dar. In dem Ordinatenmaßstab $g_D\,s$ bedeutet s die

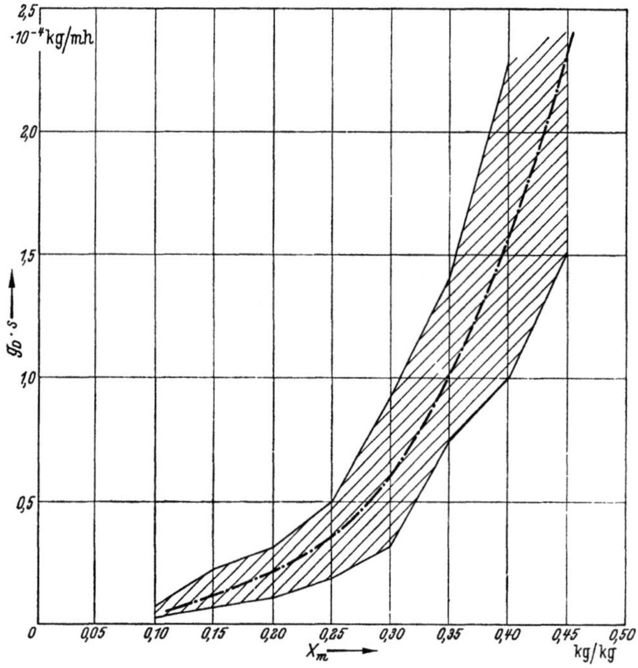

Abb. 229. Der Trocknungsverlauf für Velvetseife bei verschiedener Dicke (0,5 ÷ 3 cm), Lufttemperatur (40 ÷ 50 °C), Luftfeuchtigkeit (20 ÷ 40%) und Luftgeschwindigkeit (0,5 ÷ 4 m/sek) nach Versuchen KAMEIS.

anfängliche Schichtstärke (die Schrumpfung während der Trocknung wurde nicht berücksichtigt). Der Streubereich ist durch Schraffur angedeutet. Durchweg – aber keineswegs immer – liegen die Versuchspunkte bei höherer Temperatur und höherer Geschwindigkeit etwas höher als diejenigen, die bei niederen Temperaturen und Geschwindigkeiten gewonnen wurden.

Ein Knickpunkt wurde von KAMEI nie festgestellt. Die Probentemperatur war praktisch immer gleich der Lufttemperatur. Diese Beobachtungen können nur so gedeutet werden, daß bei beliebig eingestellten äußeren Bedingungen sich an der Oberfläche der Seife sofort näherungsweise die Gleichgewichtsfeuchtigkeit gemäß Sorptionsisotherme einstellt (freier Wassergehalt Null) und im ganzen Verlauf der Trocknung nur noch die in flüssiger Form (durch Flüssigkeitsdiffusion) an die Oberfläche herantransportierte Wassermenge vom Luftstrom aufgenommem wird.

Die Vorstellung wird erhärtet durch die von KAMEI beobachtete Feuchtigkeitsverteilung während der Trocknung, Abb. 230.

Das Zusammenfallen von Trocknungsverlaufs- und Knickpunktkurve. Als Ergebnis ist festzustellen, daß solche Güter, bei denen wie bei Seife keine Dampfdiffusion im Innern möglich ist, nur *eine* (in geringem Maße von der Temperatur abhängige) Trocknungsverlaufskurve haben, die mit der Knickpunktkurve identisch ist. Die beim jeweiligen Feuchtegrad X_m/X_0 erzielbare Trocknungsgeschwindigkeit ist der Gutsdicke s umgekehrt proportional. Damit wächst gemäß Gl. (338) die Trocknungszeit mit dem Quadrat der Dicke. Eine Erhöhung der Trocknungsgeschwindigkeit durch Erhöhung der Luftgeschwindigkeit ist bei solchen Gütern nicht – oder nur in sehr beschränktem Ausmaß – möglich. Es ist anzunehmen, daß Leim, Gelatine usw. im Charakteristischen das gleiche Verhalten zeigen.

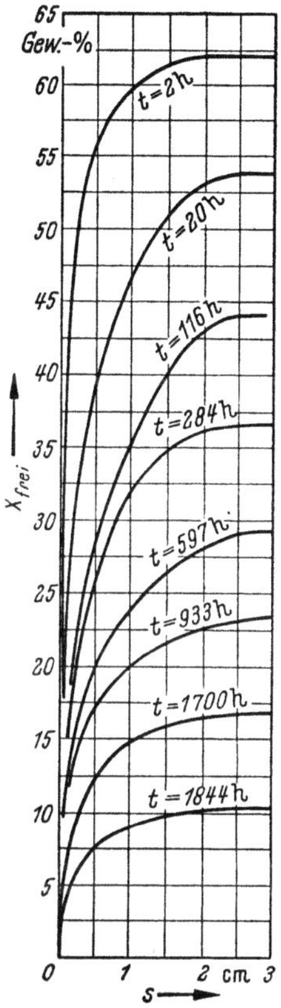

Abb. 230. Die Feuchtigkeitsverteilung in Velvetseife nach Versuchen von KAMEI.
$\vartheta_L = 50\,°C$; $\varphi = 20\%$; $w = 2{,}14$ m/sek. $X_0 = 62$ Gew.-%.

ζ) *Holz*

Über die für die Trocknung von Holz maßgeblichen physikalischen Gesetzmäßigkeiten liegen einige experimentelle Untersuchungen vor, die einen Einblick in die Vorgänge bei der Trocknung gestatten. Aus den Untersuchungen KAMEIS [*129*], die in Abb. 231 zusammenfassend dargestellt sind, ergibt sich, daß es manchmal (z. B. bei Kiefernholz) unter gleichbleibenden äußeren Bedingungen einen kleinen ersten Abschnitt konstanter Trocknungsgeschwindigkeit gibt; manchmal (z. B. bei Zypressenholz) wird dieser Abschnitt nicht beobachtet. Im Gegensatz aber zu den Verhältnissen bei der Seifentrocknung, bei der keine Variation der äußeren Bedingungen von entscheidendem Einfluß auf die Trocknungsgeschwindigkeit ist. zeigt sich bei Holz eine sehr bedeutende Abhängigkeit von der Temperatur und der relativen Feuchtigkeit des Trockenmittels. Dies deutet darauf hin, daß die Dampfdiffusion im Gutsinneren entscheidenden Anteil an der gesamten Bewegung hat.

Analyse der Einzelvorgänge. Eine eingehende Analyse der Vorgänge wurde in einer Untersuchung von H. SCHAUSS vorgenommen. Der Grundgedanke dieser Untersuchung [*179*] war folgender:

Durch den Querschnitt eines Gutes, in dem sowohl kapillare Bewegung als auch Dampfdiffusion möglich ist, gilt für die gesamte je Zeiteinheit bewegte Feuchtigkeitsmenge:

$$g = g_D + g_W = -\left(\frac{\delta}{\mu}\,\frac{1}{R_D T}\,\frac{P}{P - P_D}\,\frac{d P_D}{d z} + \varkappa \Gamma_S \frac{d X}{d z}\right). \qquad (339)$$

Darin sind Diffusionswiderstandsfaktor μ und kapillare Leitfähigkeit $\varkappa$ diejenigen Stoffeigenschaften, die durch Experimente bestimmt werden sollten. Im hygroskopischen Bereich sind Dampfdruck P_D und Flüssigkeitsgehalt des Holzes eindeutig durch die Sorptionsisotherme miteinander verknüpft (s. Abb. 29). Durch Beobachtung der Trocknung allein,

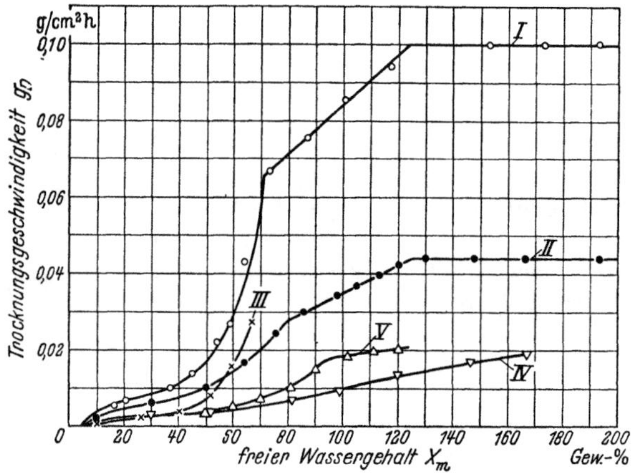

Abb. 231. Trocknungsgeschwindigkeit in Abhängigkeit vom Wassergehalt für Kiefern- und Zypressenholz (nach KAMEI).

	Kurve	rel. Luftfeuchtigkeit	Luftgeschwindigkeit	Lufttemperatur
Kiefernholz	I	40 [%]	6,14 [m/sek]	40 [°C]
Kiefernholz	II	40 [%]	0,63 [m/sek]	40 [°C]
Zypressenholz	III	20 [%]	1,42 [m/sek]	30 [°C]
Zypressenholz	IV	60 [%]	1,42 [m/sek]	30 [°C]
Zypressenholz	V	60 [%]	1,42 [m/sek]	40 [°C]

bei der die Bewegung in der flüssigen und der dampfförmigen Phase immer in gleicher Weise gekuppelt sind, wäre es außerordentlich schwierig und zeitraubend, beide Einflußgrößen getrennt zu ermitteln.

Bei Betrachtung der Gl. (339) zeigt sich jedoch ein anderer Weg: Zwingt man einer luftdicht abgeschlossenen Probe ein Temperaturgefälle auf, so muß auf Grund der in den Poren stattfindenden Diffusion eine Anreicherung der Feuchtigkeit an der kalten Seite stattfinden unter gleichzeitiger Feuchtigkeitsabgabe der warmen Seite. Ist eine reine kapillare Feuchtigkeitsleitung nach Gl. (260) im Gut möglich, so muß auf Grund des Feuchtigkeitsgefälles ein kapillarer Rücktransport nach der warmen Seite hin stattfinden. Im Beharrungszustand wird die ingesamt bewegte Feuchtigkeitsmenge $g = g_W + g_D = 0$. Es folgt aus Gl. (339):

$$-\varkappa \Gamma_S \frac{dX}{dz} = + \frac{\delta}{\mu} \frac{1}{R_D T} \frac{P}{P - P_D} \frac{dP_D}{dz} \quad [\mathrm{kg/m^2h}]$$

oder:

$$\mu \varkappa = - \frac{\delta}{R_D T} \frac{P}{P - P_D} \frac{1}{\Gamma_S} \frac{\frac{dP_D}{dz}}{\frac{dX}{dz}} \quad [\mathrm{m^2/h}]. \tag{340}$$

Durch Festellung der Feuchtigkeitsverteilung und des Temperaturverlaufes in der Probe ist es also möglich, das Produkt $\mu\varkappa$ zu ermitteln[1]. Erforderlich ist lediglich noch die Kenntnis der Abhängigkeit des Dampfdruckes P_D von der Temperatur ϑ und der Feuchtigkeit X des Holzes (Sorptionsisotherme).

Ist $\mu\varkappa$ ermittelt, so kann die für jedes Zeitelement dt des unter konstanter Temperatur ϑ verlaufenden Trocknungsvorganges anzusetzende Gl. (339) geschrieben werden:

$$g = -\varkappa\left[1 + \frac{\delta}{\mu\varkappa}\,\frac{1}{R_D T}\,\frac{P}{P - P_D}\left(\frac{\partial P_D}{\partial X}\right)_{\vartheta\,=\,\text{konst.}}\right]\frac{\partial X}{\partial z}\,. \qquad (341)$$

Kennt man nun aus dem Trocknungsverlauf für jede Stelle z zu jedem Zeitpunkt t die durch den Querschnitt fließende Feuchtigkeitsmenge g, den Flüssigkeitsgehalt X und die Temperatur ϑ, so kann $\varkappa$ für den ganzen Trocknungsverlauf eindeutig bestimmt werden und in Zusammenhang mit Gl. (339) auch μ.

Ausgehend von diesen Überlegungen wurden zwei Gruppen von Versuchen mit gleichem Holz (Buche radial) durchgeführt:

Versuche zur Bestimmung des Produktes $\mu\,\varkappa$. In dampfdicht durch Gummi und Stanniol gegen die Umgebung verschlossenen zylindrischen Proben wurde an den Stirnseiten durch wasserdurchflossene Heiz- und Kühlplatten ein Temperaturgefälle hergestellt. Der Temperaturverlauf ϑ wurde durch Thermoelemente gemessen, der Verlauf des Flüssigkeitsgehaltes X durch Darren der in kleine Stücke nach Erreichen des Beharrungszustandes gespaltenen Proben. Aus ϑ und X wurde mit Hilfe der Sorptionsisothermen (Abb. 29) der Dampfdruckverlauf P_D über der Probenlänge bestimmt. Abb. 232 zeigt das Ergebnis (X, ϑ, P_D) eines solchen Versuches zugleich mit dem Resultat der Auswertung $\mu\varkappa$ nach Gl. (340).

Versuche zur Bestimmung von μ und $\varkappa$. Die Trocknung zahlreicher gleichartiger Versuchsproben unter gleichbleibenden äußeren Bedingungen ergab den für die Holzart charakteristischen Verlauf des Flüssigkeitsgehaltes während der Trocknung durch Darren der in kleine Scheiben zerteilten Proben. Abb. 233 zeigt das Ergebnis der Messungen. Dabei ist der Verlauf des Flüssigkeitsgehaltes aufgetragen für Feuchtegrade X_m/X_0, die jeweils um eine Zehntel auseinander liegen, so daß zwischen je zwei aufeinanderfolgenden Kurven insgesamt die gleiche Wassermenge ab-

[1] In dem Ansatz der Gl. (340) wird von zwei Erscheinungen abgesehen, die beim Herstellen des Temperaturunterschiedes in einem feuchten Gut auftreten:

1. Dem Ludwig-Soret-Effekt, wonach bei Temperaturungleichheit bei einem Gasgemisch (hier in den Poren) im Beharrungszustand Teildruckunterschiede auftreten können, die keine Dampfdiffusion bedingen. Auf die qualitativen Ergebnisse kann dieser Effekt keinen Einfluß haben.

2. Die Abhängigkeit der Oberflächenspannung des kapillaren Wassers von der Temperatur bewirkt Zugunterschiede in Kapillaren gleicher Weite. Damit ist die oben eingeführte Zuordnung des kapillaren Zuges zu einem bestimmten Feuchtigkeitsgehalt nicht mehr eindeutig, so daß dX/dz nicht mehr allein als Ursache der kapillaren Wasserbewegung angesehen werden kann. Bei den später mitgeteilten Versuchen waren jedoch die hergestellten Temperaturunterschiede so klein, daß die Änderung der Oberflächenspannung nur rund 7% betrug.

gegeben war. Die Feststellung der Gewichtsabnahme beim Trocknen ergab die Trocknungsgeschwindigkeit g_{Oberfl} und die gesamte Trocknungszeit t_{ges}. Abb. 234 zeigt das Ergebnis einer Versuchsreihe bei 30 °C

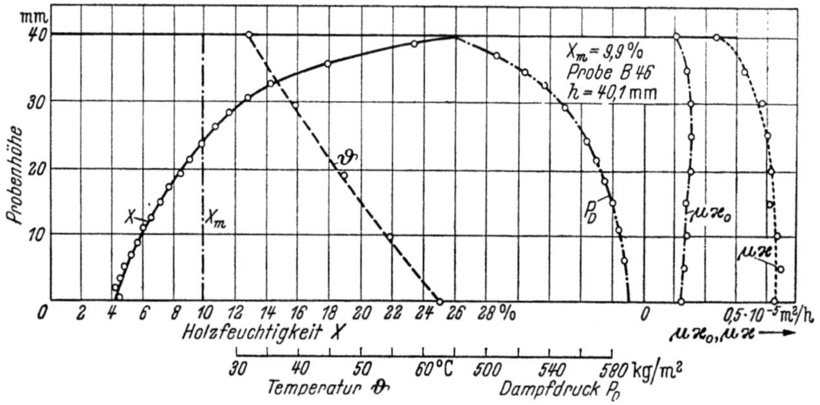

Abb. 232. Zur Bestimmung des Produkts $\mu \cdot \varkappa$ nach Gl. (340) für Buchenholz (radial).

Lufttemperatur und 28,5% relativer Feuchtigkeit (zugehörig zu den Feuchteverlaufskurven in Abb. 233). Aus den Kurven in Abb. 233 in Zusammenhang mit Abb. 234 läßt sich entnehmen, welche Flüssigkeits-

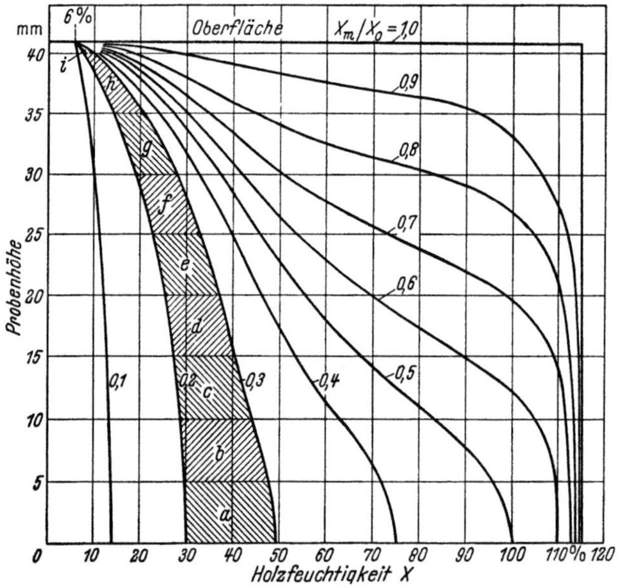

Abb. 233. Abhängigkeit der Feuchtigkeit X vom Ort z für verschiedene Trockengrade X_m/X_0 (Trocknung bei 30 °C).

menge g [kg/m²h] zu bestimmter Zeit t bzw. bei bestimmtem Feuchtegrad X_m/X_0 durch eine Ebene an der Stelle z der Probe in Form von

Dampf oder von Flüssigkeit fließt. Zum Beispiel fließt in der Zeit $\Delta t_{0,2}^{0,3}$, in der die Trocknung von $X_m/X_0 = 0{,}3$ auf $X_m/X_0 = 0{,}2$ erfolgt (siehe Abb. 234), durch eine Ebene in 10 mm Höhe eine Flüssigkeitsmenge, welche der Summe der Flächen a und b in Abb. 233 proportional ist. Auf diese Weise kann der örtliche Feuchtigkeitsfluß g an jeder Stelle im Verlauf der Zeit ermittelt werden (s. Abb. 235). Bei Kenntnis des Produktes $\mu\varkappa$ kann unter Benutzung der Werte g nach Abb. 235 die kapillare Leitfähigkeit $\varkappa$ nach Gl. (341) unter Benutzung von Abb. 233 berechnet werden. In Abb. 236 ist die auf 0 °C reduzierte kapillare Leitfähigkeit $\varkappa_{0°}$ aufgetragen, die sich aus derjenigen bei der Temperatur ϑ entsprechend Gl. 275 ergibt:

$$\varkappa_{0°} = \varkappa \frac{\sigma_0}{\sigma} \frac{\eta}{\eta_0}.$$

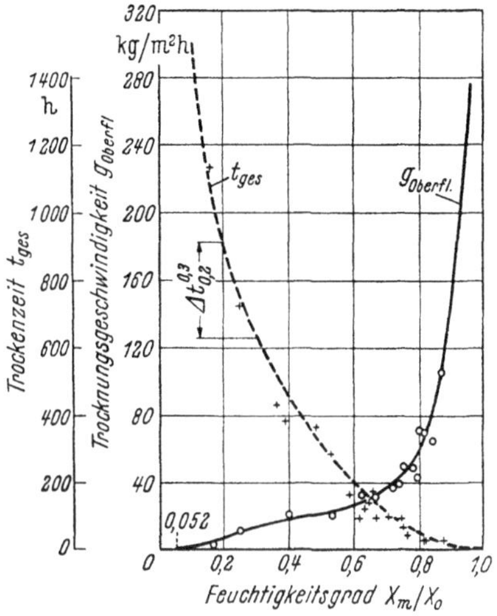

Abb. 234. Abhängigkeit der Trocknungsgeschwindigkeit g_{Oberfl} und der Trockenzeit t vom Feuchtegrad X_m/X_0.

Es zeigte sich bei zwei Versuchsreihen mit 30 und 50 °C sehr gute Übereinstimmung der Werte $\varkappa_{0°}$. Die Größe μ läßt sich bei Kenntnis von $\varkappa$ und $\mu\varkappa$ berechnen aus $\mu = \mu\varkappa/\varkappa$. Die Ergebnisse der beiden Versuchsreihen sind ebenfalls in Abb. 236 eingetragen.

Man sieht aus Abb. 236 folgendes:

1. Die kapillare Leitfähigkeit $\varkappa_{0°}$ ist sehr stark von der Höhe der Feuchtigkeit abhängig. Sie zeigt beim Fasersättigungspunkt – d.h. demjenigen Flüssigkeitsgehalt, bei dem das feinporige (hygroskopische) Porensystem der Zellfasern ganz wassergefüllt ist – ein Maximum. Unterhalb der Fasersättigung nimmt sie sehr schnell ab, oberhalb wird sie zunächst etwas kleiner und steigt bei hohen Flüssigkeiten wieder auf sehr hohe Werte an.

2. Der Diffusionswiderstandsfaktor μ, der sich als eindeutige Funktion des Flüssigkeitsgehaltes erweist, ist bei höherem Feuchtigkeitsgehalt als etwa 28% (entsprechend Fasersättigung) etwa 2, unterhalb Fasersättigung nimmt er sehr schnell zu und erreicht bei $X = 10\%$ einen Wert von über 70. Das Schwinden der Holzfasern im hygroskopischen Bereich bedingt also ein starkes Anwachsen des Diffusionswiderstandes.

Anteil von Dampfdiffusion und Kapillarwasserbewegung. Bei Kenntnis dieser wesentlichen Stoffeigenschaften μ und $\varkappa$ ist es möglich, die gesamte durch einen Querschnitt fließende Menge aufzuteilen in einen (g_D) durch Dampfdiffusion und einen (g_W) in flüssiger Form bewegten Anteil. Abb. 237 zeigt das Ergebnis für das untersuchte Buchenholz (radial) in Abhängigkeit von Feuchtigkeit und Temperatur unter Annahme kon-

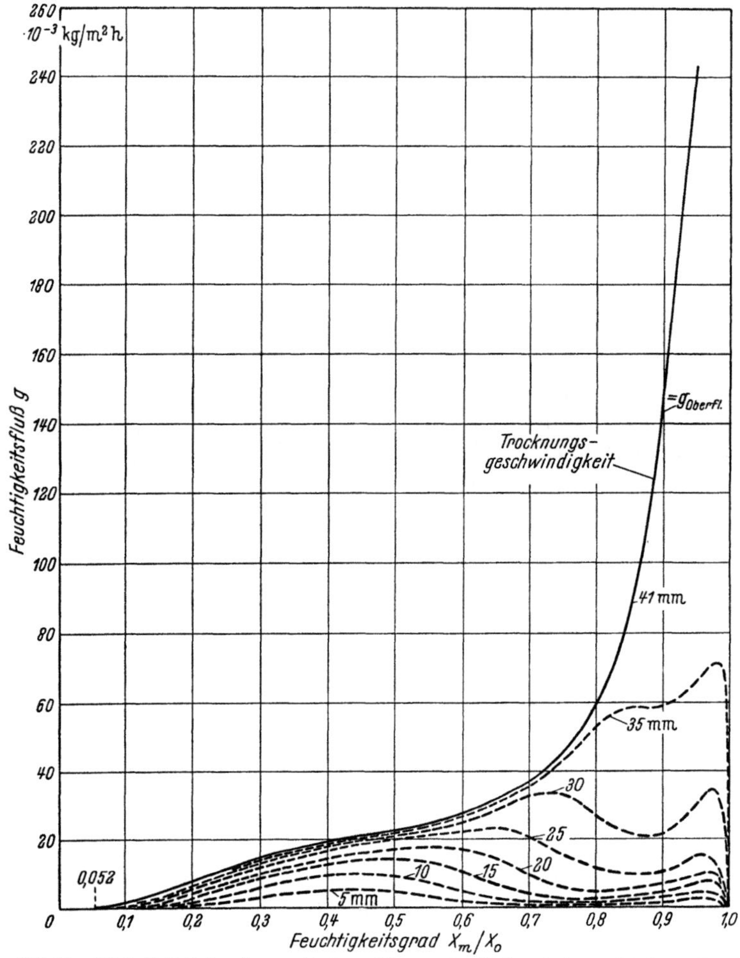

Abb. 235. Feuchtigkeitsfluß durch verschiedene Ebenen der Proben bei verschiedenen Feuchtegraden (Trocknung bei 30 °C, φ = 28,5%, w = 0,1 m/sek).

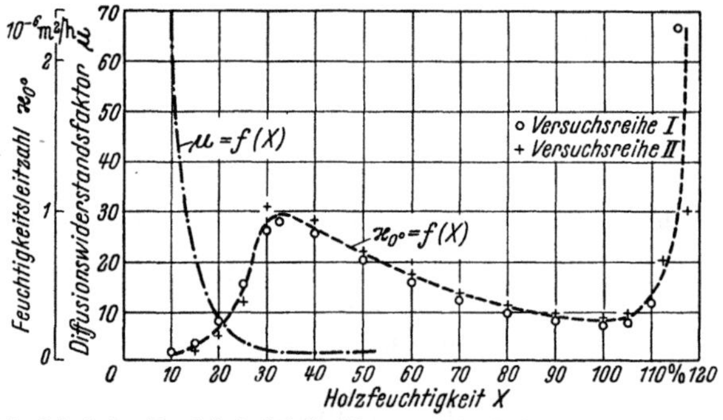

Abb. 236. Abhängigkeit der Feuchtigkeitsleitzahl $\varkappa_{0^\circ}$ und des Diffusionswiderstandsfaktors μ von der Feuchtigkeit X.

stanter Temperatur. Man erkennt aus Abb. 237, in der die Anteile für 20, 40, 60 und 80 °C angegeben sind, daß im hygroskopischen Bereich (bei Unterschreiten der Fasersättigung – $X_{\text{hygr max}}$ zwischen 25 und 30 Gew.-%) der Anteil der Dampfdiffusion um so mehr überwiegt, je höher die Temperatur ist. Bei 80 °C und 16% Holzfeuchtigkeit beträgt der Anteil der kapillaren Bewegung nur etwa 4% der Gesamtmenge, so daß für solche Temperaturen der Trocknungsvorgang unterhalb Fasersättigung praktisch nur durch Anwendung des STEFANschen Diffusionsgesetzes [Gl. (207)] beschrieben werden kann. Bei niederen Temperaturen ist dies nicht gleicherweise erlaubt, da z.B. bei 20 °C und 16% Holzfeuchtigkeit der Anteil der kapillaren Bewegung immerhin etwa 30% beträgt. Oberhalb Fasersättigung ist selbstverständlich bei Temperaturgleichheit wegen der Konstanz des Dampfdruckes (P''_D) nur kapillare Bewegung möglich.

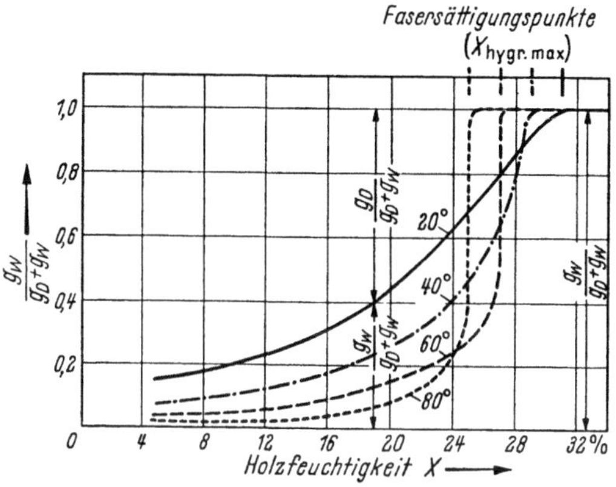

Abb. 237. Anteil der durch Diffusion und Kapillarkräfte bewegten Feuchtigkeitsmenge bei konstanter Temperatur.

η) *Kartoffelscheiben*

Über das Trocknungsverhalten von Kartoffelscheiben liegt eine eingehende Untersuchung von P. GÖRLING [72] vor, bei der (ähnlich den Messungen von SCHAUSS an Holz) einerseits der Trocknungsverlauf mittels Wägung bestimmt wurde, andererseits die Feuchtigkeitsverteilung im Gut durch Aufteilung der Stücke in dünne Scheiben.

Im Bereich hoher Feuchtigkeiten ist in Kartoffelstücken nur feste Substanz und Saft vorhanden. Denn die Beobachtung des Volumens in Abhängigkeit vom Flüssigkeitsgehalt lehrt, daß beim Trocknen die Abnahme des Gesamtvolumens gleich dem Volumen der verdunsteten Flüssigkeit ist. In diesem Feuchtigkeitsbereich ist also nur kapillare Flüssigkeitsbewegung möglich (keine Dampfdiffusion). Bei Flüssigkeitsgehalten X unter etwa 0,15 kg/kg Trockenstoff hört die dem Feuchtigkeitsentzug gleiche Schwindung auf; der Stoff wird näherungsweise starr. Es entstehen zunehmend luftgefüllte Poren, in denen Dampfdiffusion möglich ist.

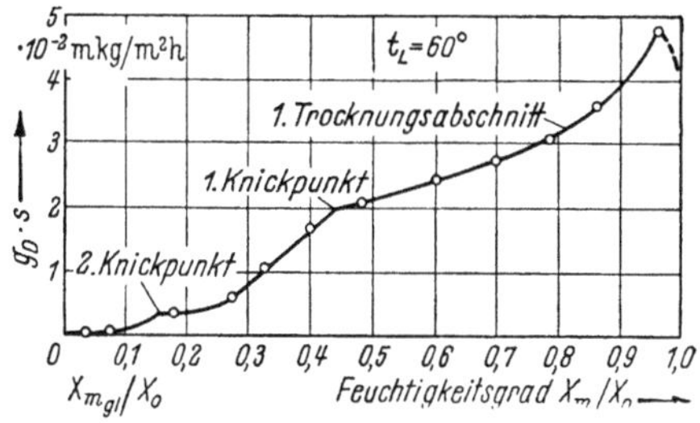

Abb. 238. Trocknungsverlauf bei einer Kartoffelprobe bei 60 °C.

Die Beobachtungen Görlings an sehr vielen Proben zeigen als charakteristischen Trocknungsverlauf den in Abb. 238 dargestellten. Zwischen drei zur Abszisse konvexen Kurvenästen treten zwei Knickpunkte auf, die drei Abschnitte der Trocknung scharf abgrenzen. Im ersten Abschnitt, in dem g_D nahezu konstant ist[1], ändert sich das Produkt $g_D \cdot s$ im wesentlichen mit der durch Schrumpfung kleiner werdenden Gutsdicke s; im zweiten Abschnitt sinkt die Trocknungsgeschwindigkeit auf etwa ein Fünftel bis ein Zehntel der für diesen Abschnitt anfänglichen. Im dritten Abschnitt sinkt sie auf Null.

Görling weist folgendes nach:

1. Der erste Knickpunkt ist allein durch die kapillaren Eigenschaften des Gutes bedingt. Denn alle Knickpunkte bei Gutstemperaturen zwischen 29 und 84 °C liegen auf Knickpunktkurven, die durch Multiplikation einer Grundkurve für bestimmte Temperatur (Index 0) mit dem für Kapillarwasserbewegung maßgeblichen Faktor $\sigma\,\eta_0/\sigma_0\,\eta$ entstanden

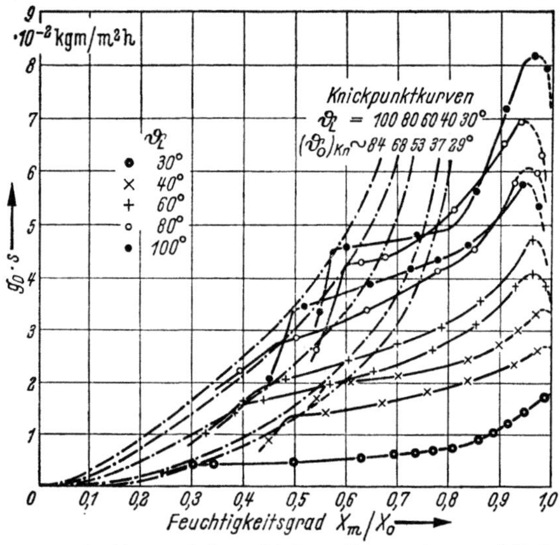

Abb. 239. Trocknungsverlaufskurven bei verschiedenen Temperaturen und Proben verschiedener Dicke, Knickpunktskurven für verschiedene Temperaturen.

sind. (Die Abhängigkeit der Zähigkeit η und der Oberflächenspannung σ für Kartoffelsaft von der Temperatur und der Konzentration wurde experimentell bestimmt.) Abb. 239 zeigt den Verlauf der Trocknungskurven in der Nähe des ersten Knickpunktes. Die für verschiedene Temperaturen gültigen (aus einer Grundkurve berechneten) Knickpunktkurven sind in Abb. 239 strichpunktiert angedeutet. Man erkennt, daß alle bei den verschiedenen Temperaturen gemessenen Knickpunkte auf die zur jeweiligen Temperatur und Konzentration gehörige Kurve fallen.

[1] Die Trocknungsgeschwindigkeit ist immer unter Berücksichtigung der Schwindung angegeben.

2. Der zweite Abschnitt der Trocknung, während dessen in tieferen Schichten des Gutes noch eine so große Feuchtigkeit vorhanden ist, daß dort der zur Temperatur gehörige Sattdampfdruck herrscht, zeigt einen Verlauf, der einer scheinbaren endlichen Endtrocknungsgeschwindigkeit g'_{DE} (bei der Feuchtigkeit Null) zustrebt, wie es aus der gestrichelten Fortsetzung der Meßkurven in Abb. 240 hervorgeht. GÖRLING berechnet aus den so gewonnenen Werten g'_{DE} Diffusionswiderstandsfaktoren μ entsprechend Gl. (331), die eine starke Abhängigkeit vom Feuchtigkeitsgehalt zeigen (Abb. 241).

3. Der zweite Knickpunkt tritt dann auf, wenn keine Stelle des Gutes mehr eine oberhalb des hygroskopischen Bereiches liegende Feuchtigkeit hat. GÖRLINGS Untersuchungen bestätigen die in Kapitel VI (s. S. 372) begründete Annahme, daß diese Knickpunkte etwa bei mittleren Feuchtigkeitsgehalten

$$X_m = \frac{X_{\text{hygr max}} + X_{gl}}{2}$$

auftreten, wobei $X_{\text{hygr max}}$ und X_{gl} aus den Sorptionsisothermen (Abb. 30) zu entnehmen sind ($X_{\text{hygr max}}$ bei $P_D/P''_D = 1$ für die jeweilige Temperatur, X_{gl} bei der relativen Feuchtigkeit der Trocknungsluft). Im dritten Abschnitt fällt die Trocknungsgeschwindigkeit stärker als linear mit dem Feuchtigkeitsgehalt. Dies liegt an dem starken Anstieg des Diffusionswiderstandsfaktors bei kleiner werdender Feuchtigkeit.

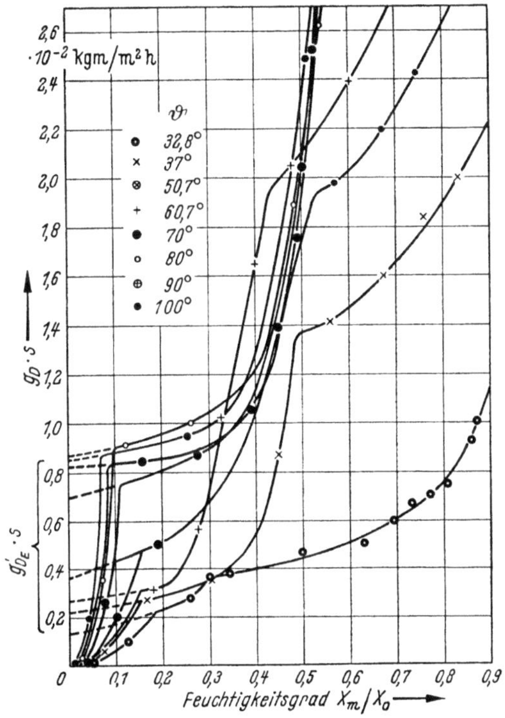

Abb. 240. Letzter Teil der Trocknungsverlaufskurven.

4. Die während der Trocknung festgestellten Feuchtigkeitsverteilungen zeigen denselben charakteristischen Verlauf wie bei Holz (Abb. 233); ebenso ist die Abhängigkeit sowohl der kapillaren Leitfähigkeit als auch des Diffusionswiderstandsfaktors von der Gutsfeuchtigkeit ähnlich wie bei Holz. Abb. 241 zeigt die zahlenmäßigen Ergebnisse. Für den Diffusionswiderstandsfaktor wurden zwei verschiedene Kurven gefunden, eine untere für Proben, die niemals höheren Temperaturen ausgesetzt waren als 50 °C, und eine obere für diejenigen Proben, die auf höhere Temperaturen als 60 °C gebracht waren. Man muß daraus auf Verkleisterungserscheinungen schließen, die zwischen 50 und 60 °C eintreten.

Außer den Trocknungsversuchen wurden von GÖRLING Versuche über die Diffusion im Temperaturgleichgewicht sowie über die Kapillarwasserbewegung in gepreßten Proben nach Art der Versuche von MACEY [*129*] durchgeführt, welche die aus den Trocknungsversuchen gewonnenen Werte durchaus bestätigen.

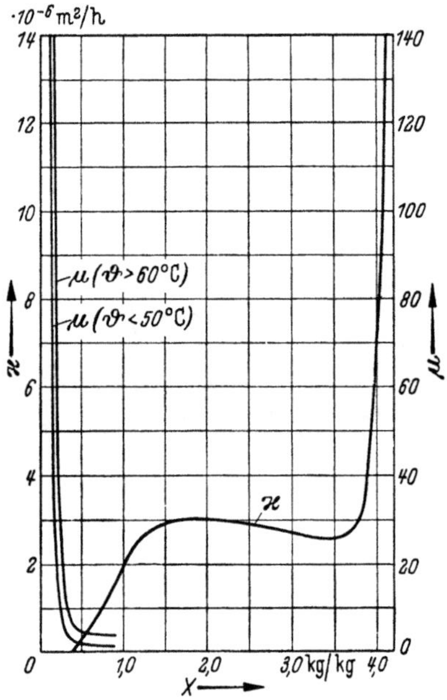

Abb. 241. Feuchtigkeitsleitzahl ϰ und Diffusionswiderstandsfaktor μ in Abhängigkeit von der Feuchtigkeit X für Kartoffelscheiben.

ϑ) Getreide

Im Gegensatz zu den bisher besprochenen Gütern von einheitlicher Struktur besteht Getreide im wesentlichen aus zwei Stoffen in ungleicher Mengenverteilung: einer dünnen, holzigen Schale und einem Innenkern aus Stärkekörnern.

Es liegen einige Versuche zur Aufklärung des Transportmechanismus in den Körnern vor, die teils an Weizenschüttungen [*136*], [*121*], teils an Weizen- und Roggeneinzelkornschichten [*55*], [*89*] durchgeführt worden sind.

Aus dem umfangreichen Untersuchungsmaterial sollen hier nur die charakteristischen Befunde wiedergegeben werden, die zur Klärung des Trocknungsverhaltens von Getreide dienen.

Abb. 242 zeigt die Ergebnisse nach JAESCHKE [*89*] an durchströmten Einzelschichten von Weizenkörnern unter verschiedenen äußeren Versuchsbedingungen, wobei die Körner nach der Trockengewichtsbestimmung bei etwa 65 °C [1] 85 Stunden bis zur Gewichtskonstanz im Wasserbad befeuchtet wurden.

In Abb. 242 ist die Wasserverdunstung g_D in kg/kgh über der mittleren Gutsfeuchtigkeit X_m aufgetragen. Durch Bezugnahme auf eine sich nicht ändernde Größe – das Trockengewicht – ist die Ungenauigkeit in der Bestimmung der Oberfläche bei der sonst üblichen Auftragung der Trocknungsgeschwindigkeit in kg/m²h ausgeschieden. Das Bild zeigt den gewohnten Trocknungsverlauf mit den drei Trocknungsabschnitten, bei dem jedoch entscheidende Eigentümlichkeiten augenfällig sind: sehr kurzer erster Abschnitt, steiler Abfall bei Beginn des zweiten Abschnitts und ein langer, flacher zweiter Abschnitt bis zum zweiten Knickpunkt. Ebenfalls bemerkt man einen nichtlinearen Abfall der Trocknungsgeschwindigkeit im dritten Trocknungsabschnitt. Es ist weiter zu erkennen, daß der Einfluß der Luftgeschwindigkeit sich nur zu Anfang der Trock-

[1] Von der sonst üblichen Trockengewichtsbestimmung bei über 100 °C wurde hier abgesehen, da bei solch hohen Temperaturen das Gut empfindlich geschädigt wird.

nung auswirkt. Schon bei hohen X_m-Werten wird bei allen Geschwindigkeiten bei gleicher Lufttemperatur ein und dieselbe Trocknungsverlaufskurve, die zur Abkürzung hier „Grundkurve“ genannt sei, erreicht.

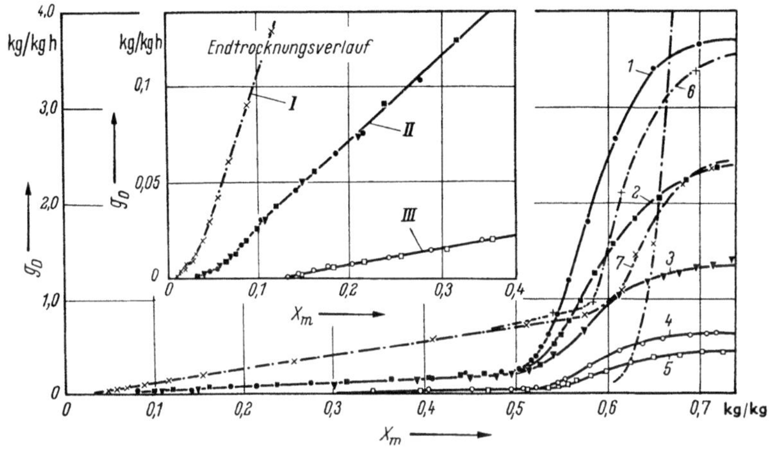

Abb. 242. Trocknungsverlauf von Weizen bei verschiedenen Trocknungsbedingungen (nach [89]).
Versuchsbedingungen:
Kurven 6 (w_0 = 0,54 m/sek) und 7 (w_0 = 0,3 m/sek): ϑ_L = 62,4°C; φ_L = 0,076.
Kurven 1 (w_0 = 1,38 m/sek), 2 (w_0 = 0,5 m/sek) u. 3. (w_0 = 0,26 m/sek): ϑ_L = 40°C; φ_L = 0,245.
Kurven 4 [121] (w_0 = 1,38 m/sek) und 5 (w_0 = 0,5 m/sek): ϑ_L = 20,4°C; φ_L = 0,745.

Dieser eigentümliche Verlauf der Trocknung erklärt sich durch den Aufbau des Korns. Zu Beginn der Trocknung ist die Oberfläche feucht, so daß eine Verdunstung an ihr stattfinden kann. Der Abschnitt der Oberflächenverdunstung – erster Trocknungsabschnitt – ist kurz, weil

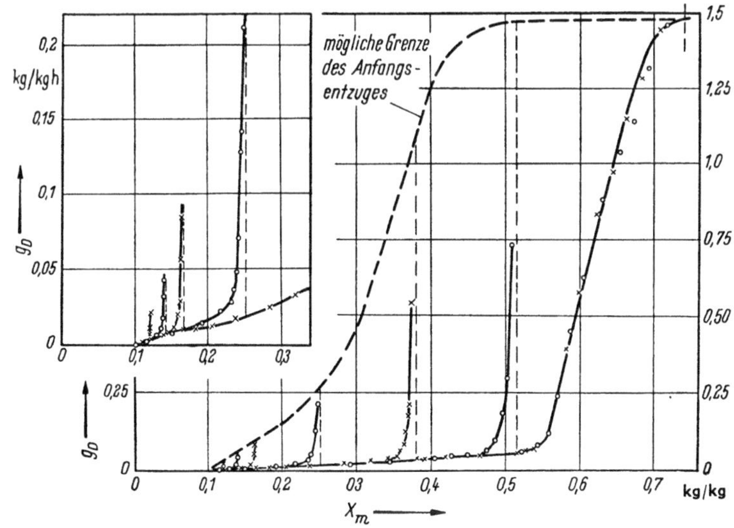

Abb. 243. Einfluß der Anfangsfeuchtigkeit X_0 auf den Trocknungsverlauf von Weizen. ϑ_L = 20,4 °C; φ_L = 0,562; w_0 = 0,5 m/sek (nach [89]).

die zwar kurzen, aber sehr feinen Porenschlote der dünnen Schale nicht genügend Wasser an die Oberfläche saugen können. Die Randschicht, d.h. die Schale, trocknet bei noch sehr hoher mittlerer Feuchtigkeit X_m des gesamten Gutes aus und setzt dann der Feuchtigkeitsbewegung einen großen Widerstand entgegen. Man erkennt dies an dem steilen Abfall zu Beginn des zweiten Abschnittes.

Bestätigt wird diese Annahme durch einen Versuch mit häufig unterbrochener Trocknung (s. Abb. 243). Nach Beginn der Trocknung bei $X_{0\,max}$ wurde die Trocknung bei X_{m1} unterbrochen und das Gut in ein abgeschlossenes Volumen eingebracht, wo sich die noch enthaltene Feuchtigkeit während 25 bis 40 Stunden im Gut ausgleichen konnte. Dann wurde die Trocknung bei X_{m1} wieder aufgenommen und bei X_{m2} erneut unterbrochen usw.

Abb. 243 zeigt das Ergebnis des Versuchs: Die Trocknung beginnt wieder mit dem kurzen ersten Abschnitt und dem steilen Abfall im beginnenden zweiten Abschnitt. Nach der Unterbrechung bei X_{m1} – also einer hohen mittleren Feuchtigkeit – beginnt die Trocknung erneut mit einem höheren Anfangsentzug und fällt dann sehr steil wieder ab auf die „Grundkurve" der ungestörten Trocknung. Bei den folgenden Unterbrechungen bei immer kleiner werdenden Gutsfeuchtigkeiten X_m steigt zwar der Entzug bei Wiederbeginn an, jedoch um so weniger, bei je niedrigerer Feuchtigkeit X_m die Trocknung unterbrochen wurde.

Die Erklärung für das Verhalten liegt nahe: Bei der Unterbrechung im Bereich hoher mittlerer Gutsfeuchtigkeiten X_m kann sich im Laufe des Ausgleichs die Schale wieder vollsaugen und der Wiederbeginn der

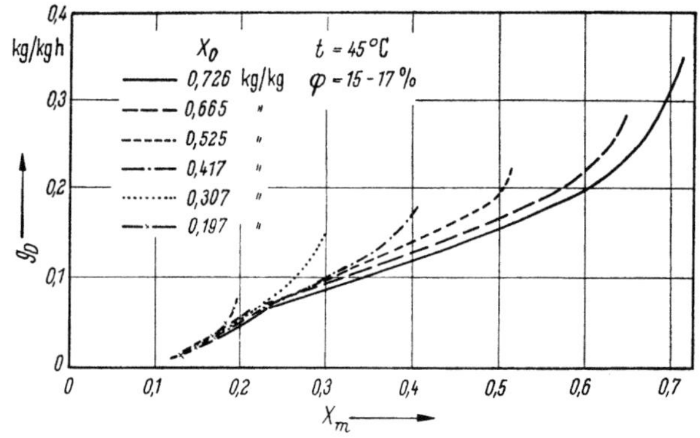

Abb. 244. Einfluß der Anfangsfeuchte X_0 auf den Trocknungsverlauf (nach DIETRICH [55]).

Trocknung liefert einen höheren Entzug. Je kleiner X_m bei der Unterbrechung ist, um so weniger kann sich die Schale bei Ausgleich befeuchten und um so geringer ist dann der Entzug bei Wiederbeginn.

Der bei unterbrochener Trocknung ermittelte Verlauf kann auch betrachtet werden als Verlauf bei jeweils verschiedener Anfangsfeuchtigkeit X_0. Dies wird bestätigt durch die Untersuchungen von DIETRICH [55], aus dessen Arbeit Abb. 244 entnommen ist, die mit künstlich befeuchtetem Weizen gewonnen wurde. Auch Abb. 245, die einer Untersuchung MÜLLERS [136] entstammt, zeigt die gleiche Charakteristik für naturfeuchten Weizen.

Aus Abb. 246 ist zu erkennen, daß weder durch stark ausgetriebene Keimlinge noch durch Abdichtung des Keims mit dampfdichtem Lack die Charakteristik der Trocknung wesentlich geändert wird. Beide Extremfälle sind mit dem Fall des normalen, ungekeimten Weizens bei gleichen Versuchsbedingungen verglichen. Die bei gekeimtem Weizen höhere Anfangsfeuchtigkeit ist durch die Erhöhung der Wasseraufnahme des Keimgewebes zu erklären. Nach Aufhören der Oberflächenverdunstung bei X_m = etwa 0,5 kg/kg ist die „Grundkurve" erreicht und der Austausch wieder nur durch die Diffusionsgegebenheiten der Randschichten bedingt.

Die Tatsache, daß der entscheidende Widerstand bei der Getreide-

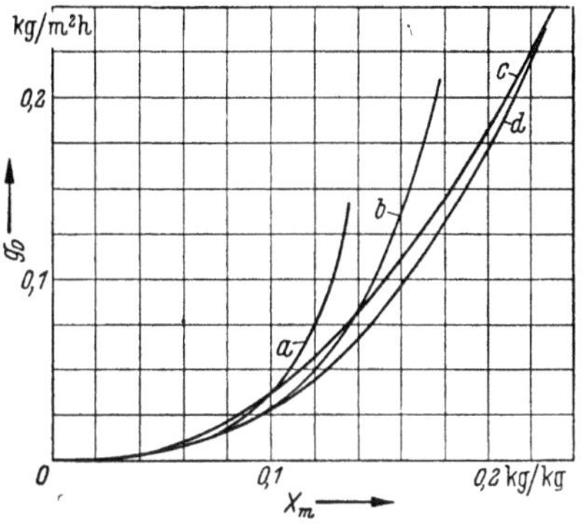

Abb. 245. Trocknungsgeschwindigkeit g_D für eine Weizenschüttung von 1,5 cm Dicke in Abhängigkeit von der Feuchtigkeit X_m für verschiedene Anfangsfeuchtigkeiten X_0 bei ϑ_L = 70 °C, w_L = 1,0 m/sek.
Kurve *a*: X_0 = 0,136. Kurve *b*: X_0 = 0,178.
Kurve *c*: X_0 = 0,231. Kurve *d*: X_0 = 0,227.

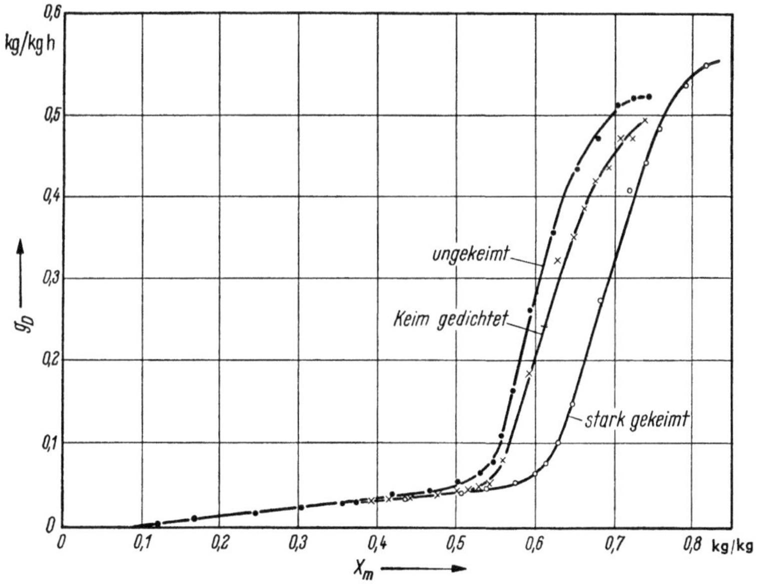

Abb. 246. Einfluß des Keims auf den Trocknungsverlauf von Weizen (bei den abgedichteten Körnern betrug der Anteil der mit Lack bestrichenen Fläche an der gesamten Kornoberfläche etwa 10%). Nach [88].
Luftzustand vor Schicht: ϑ_L = 20,4 °C; φ_L = 0,554 %. Luftgeschwindigkeit w_0 = 0,264 m/sek.

trocknung in dem Dampfdiffusionswiderstand der Schale und der äußersten Randschichten des Korns zu suchen ist, geht auch aus der Temperaturabhängigkeit der Trocknungsgeschwindigkeit hervor. Abb. 247 zeigt Meßergebnisse DIETRICHS [55] bei verschiedenen Lufttemperaturen. Trägt man die bei bestimmtem X_m und verschiedener Temperatur festgestellten Werte g_D aus Abb. 247 über der Temperatur auf, so ergeben

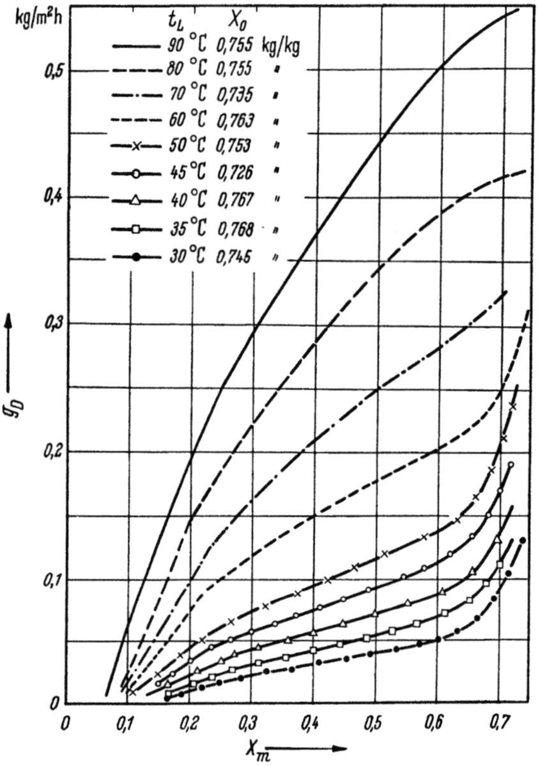

Abb. 247. Der Einfluß der Lufttemperatur auf die Trocknungsgeschwindigkeit von angefeuchtetem Weizen bei hohem Anfangsfeuchtigkeitsgehalt. Luftgeschwindigkeit $w_L = 0{,}02 \div 0{,}05$ [m/sek].

sich die Kurven *1* bis *7* in Abb. 248. Zur Verdeutlichung der Tatsache, daß die Trocknungsgeschwindigkeit in erster Linie durch den Dampfdiffusionswiderstand der Schale bestimmt ist, ist in Kurve 0 der Dampfdruckunterschied $P''_D - P_{D_L}$ aufgetragen, wobei unter P''_D der Sattdampfdruck bei Lufttemperatur verstanden ist. – Die von DIETRICH durchgeführten Messungen der Temperatur im Innern der Körner ergaben, daß Körner, die von $X_0 = 0{,}7$ kg/kg aus getrocknet wurden, unterhalb $X_m \approx 0{,}4$ kg/kg etwa Lufttemperatur angenommen hatten, so daß man im Innern solcher Körner oberhalb des hygroskopischen Bereichs den Dampfdruck P''_D annehmen muß. – Man erkennt, daß die Kurven $g_D = f(\vartheta)$ unterhalb 60 °C derjenigen der Dampfdruckdifferenz proportional sind. Damit ist bewiesen, daß Dampfdruckunterschiede zwischen dem Korninnern und der Luft Ursache der Stoffbewegung sind und der Widerstand nur in der Schale und den benachbarten Schichten zu suchen ist.

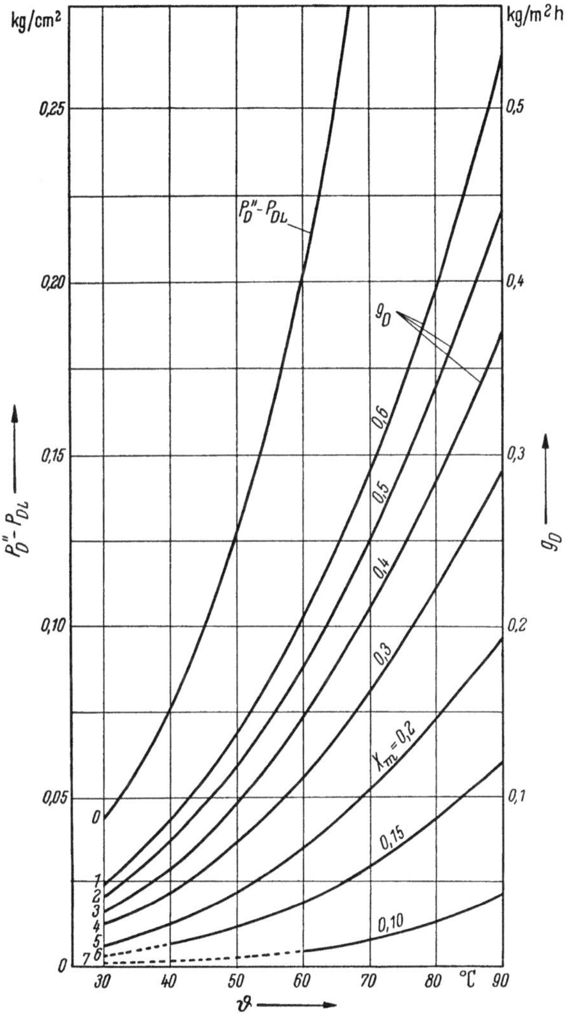

Abb. 248. Teildruckdifferenz des Wasserdampfs und Trocknungsgeschwindigkeit von Weizen bei verschiedenen Temperaturen (aus Abb. 247 für $P_{D_L} = 0$).

ι) *Zusammenfassung der Versuchsergebnisse für Lufttrocknung unter konstanten äußeren Bedingungen*

1. Bei porigen Gütern, in denen eine Bewegung der Gutsfeuchtigkeit in flüssiger *und* dampfförmiger Phase möglich ist, zeigen sich, wenn sie von hohen (überhygroskopischen) Anfangsfeuchtigkeitsgehalten aus getrocknet werden, drei klar unterschiedene Abschnitte der Trocknung:

I. Abschnitt der Verdunstung an der Oberfläche mit näherungsweise konstanter Trocknungsgeschwindigkeit, die nur von den äußeren Bedingungen des Wärme- und Stoffaustausches mit der Umgebung abhängig ist. (Der im ersten Abschnitt häufig beobachtete schwache Abfall der Trocknungsgeschwindigkeit läßt sich bei grobkörnigen Stoffen auf das Rückschreiten der Menisken, bei stark schwindenden Gütern auf Verformungen der Oberfläche zurückführen.)

Der I. Abschnitt ist beendet, wenn die für die jeweilige Temperatur gültige *Knickpunktkurve* (in einer Abbildung, die $g_{D_I}s$ in Abhängigkeit von X darstellt) erreicht ist. Die Lage der Knickpunktkurve ist von der Temperatur abhängig und durch Multiplikation einer Grundkurve mit dem Faktor $\sigma\eta_0/\sigma_0\eta$ zu errechnen.

II. Abschnitt der Verdunstung aus dem Gutsinneren, wobei die Verdunstung im wesentlichen an Stellen erfolgt, an denen der Sattdampfdruck bei der jeweiligen Temperatur herrscht. Je weiter die Trocknung fortschreitet, d.h. je tiefer der Trockenspiegel im Gutsinnern liegt, um so mehr tritt der Einfluß der Luftgeschwindigkeit zurück. Bei grobkapillaren Gütern ohne hygroskopischen Bereich reicht dieser Abschnitt bis zum Ende der Trocknung und es ergibt sich eine endliche Endtrocknungsgeschwindigkeit g_{D_E}. Bei Gütern mit hygroskopischen Eigenschaften ist das Ende des zweiten Abschnittes dann erreicht, wenn an keiner Stelle des Gutes mehr der Sattdampfdruck herrscht, d.h. wenn die höchste im Gut vorkommende Feuchtigkeit kleiner ist als die maximale hygroskopische.

III. Abschnitt der Verdunstung aus dem ganzen Gut, nachdem dieses überall in den hygroskopischen Bereich gekommen ist. In diesem Abschnitt sinkt der Dampfdruck an allen Stellen des Gutes entsprechend der kleiner werdenden Gutsfeuchtigkeit ab. Die Dampfdruckdifferenz zwischen Gut und Umgebung wird Null, wenn die Gleichgewichtsfeuchtigkeit mit der Umgebung erreicht ist. Bei Stoffen, bei denen der Diffusionswiderstandsfaktor μ im hygroskopischen Bereich nicht von der Höhe der Gutsfeuchtigkeit abhängt – z.B. Ziegel (S. 295), Papierstoff (S. 311) –, fällt die Trocknungsgeschwindigkeit geradlinig mit der Gutsfeuchtigkeit ab. Bei Stoffen, bei denen der Diffusionswiderstandsfaktor mit fallender Gutsfeuchtigkeit stark anwächst (Holz S. 317, Kartoffel S. 323), fällt die Trocknungsgeschwindigkeit stärker als linear mit der Gutsfeuchtigkeit ab. Bei Gütern, bei denen die Anfangsfeuchtigkeit des Gutes bereits im hygroskopischen Bereich liegt, zeigen sich Gesetzmäßigkeiten, die denen des dritten Abschnittes ähnlich sind (Getreide S. 326).

2. Bei Gütern, in denen *keine* Dampfdiffusion möglich ist (z.B. Seife), kann eine Verdunstung nur an der Oberfläche erfolgen. Die Flüssigkeitsbewegung, die auf Grund von osmotischen usw. Druck- bzw. Konzentrationsunterschieden erfolgt, ist ähnlich der auf Grund kapillarer Druckunterschiede in der Gutsflüssigkeit stattfindenden Bewegung. Die Bewegung wird schwächer mit kleiner werdender Gutsfeuchtigkeit. Das Trocknungsverhalten solcher Stoffe zeigt grundsätzliche Übereinstimmung mit dem Verhalten kapillarer Güter, in denen keine Dampfdiffusion möglich ist ($\mu = \infty$), bei denen die Trocknungsverlaufskurve mit der Knickpunktkurve identisch wird.

Es gibt für solche Stoffe bei gegebener Temperatur *nur eine* Trocknungsverlaufskurve für beliebige äußere Bedingungen (d.h. Luftgeschwindigkeiten). Entsprechend der Abhängigkeit der Flüssigkeitsdiffusionszahl $\varkappa$ von der Zähigkeit (vgl. S. 230) ändert sich die Trocknungsgeschwindigkeit mutmaßlich mit dem Kehrwert der Zähigkeit. Die Trocknungsgeschwindigkeit fällt stärker als linear mit der Gutsfeuchtigkeit auf den Wert Null für die Gleichgewichtsfeuchtigkeit mit der Umgebung ab.

2. Versuchsergebnisse bei anderen Trocknungsarten

α) *Trocknungsvorgang im Vakuum*

Während in den vorigen Abschnitten nur Lufttrocknungsvorgänge bei normalem Luftdruck (Verdunstungstrocknung) behandelt wurden, sollen jetzt die charakteristischen Eigenarten der Trocknung im Vakuum dargelegt werden. Dabei ist der Fall der Verdampfungstrocknung derjenige Grenzfall, bei dem die Verhältnisse am einfachsten erläutert werden können.

Verdampfungs- (Vakuum-) Strahlungstrocknung. Es seien zunächst Experimente beschrieben, die den Unterschied im Trocknungsverlauf zwischen Verdunstungs- und Verdampfungstrocknung bei gleicher Richtung der Wärmezufuhr klarmachen sollen [*108*].

Abb. 249 stellt schematisch die Versuchsanordnungen dar. Abb. 249b zeigt diejenige für die Beobachtung der Verdunstungstrocknung – einen Kanal, an dessen Unterseite die Probe eingebracht werden kann, durchströmt von Luft von 25 °C. Abb. 249a zeigt die Anordnung für die Beobachtung der Vakuumverdampfungstrocknung – ein evakuiertes Glasgefäß, in dem sich die Probe unter einer elektrisch beheizten Platte befindet, welche die Oberfläche der Probe bestrahlt.

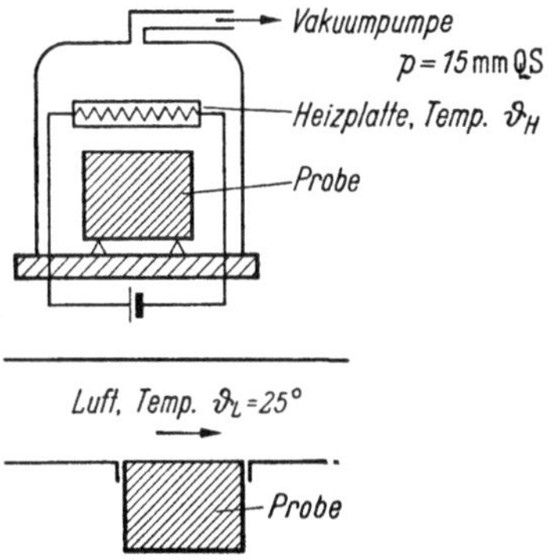

Abb. 249 a u. b. Versuchsaufbau bei den Versuchen mit Vakuumtrocknung *a* und Verdunstungstrocknung *b*.

Bei den Versuchen zur Verdunstungstrocknung wurde die Gutsdicke variiert, bei denjenigen zur Verdampfungstrocknung im Vakuum die Heizplattentemperatur. Die Untersuchung wurde mit Glaskugeln von 0,5 mm Durchmesser durchgeführt, deren Verhalten bei der Verdunstungstrocknung unter den verschiedensten Bedingungen auf S. 298 bis 306 beschrieben ist.

Da bei den Versuchen weder die Anfangsfeuchtigkeiten Ψ_{W_0} noch die Temperaturen des feuchten Gutes ($\approx$ 16 bis 19 °C) sehr verschieden waren, müssen für alle Versuche die Knickpunkte in einer Abbildung, welche das Produkt aus Trocknungsgeschwindigkeit und Gutsdicke ($g_D s$) in Abhängigkeit vom Nässegrad Ψ_{W_m}/Ψ_{W_0} darstellt, auf der Knickpunktkurve für die betreffende Gutstemperatur liegen. Dies zeigt Abb. 250 deutlich. Die Lage der Knickpunktkurve ist unabhängig vom Luftdruck, da sie nur durch die lediglich temperaturabhängigen kapillaren Eigenschaften des Gutes bestimmt ist. Die Anfangstrocknungsgeschwindigkeit im ersten Abschnitt ist nicht ganz konstant, sondern zeigt stets einen schwachen Abfall [bedingt durch das Zurücktreten der Menisken unter die Gutsoberfläche (vgl. S. 285)]. Dieser Einfluß prägt sich bei der Verdunstungstrocknung mit Luft als Wärmeträger (Kurven b_1, b_2, b_3) stärker aus als bei der Verdampfungstrocknung im Vakuum bei der die Wärmezufuhr durch Strahlung erfolgt (Kurven a_1, a_2, a_3). (Die Wärme- und Stoffübergangszahl bei der Lufttrocknung nimmt ab, wenn sich die Menisken von der Gutsoberfläche etwas unter die Oberfläche zurückziehen.)

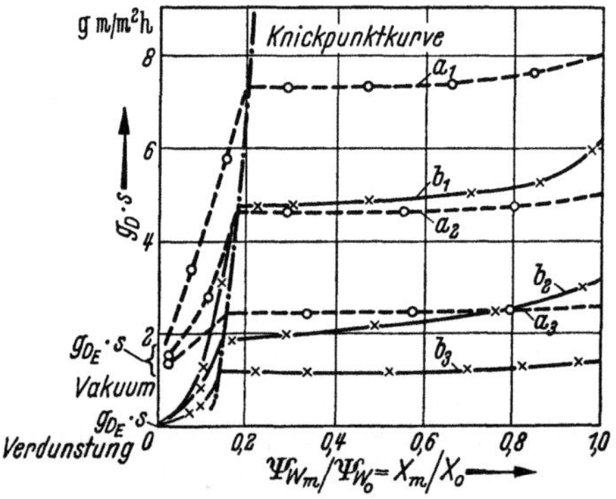

Abb. 250. Trocknungsverlaufskurven für Glaskugeln von 0,5 mm ∅. Anfangsfeuchtigkeit $\Psi_{W_0} \approx 37$ Vol.-%. ---- Vakuumtrocknung. Probendicke s = 0,06 m. a_1 Temperatur der Heizplntte ϑ_H = 70 °C; a_2 Temperatur der Heizplatte ϑ_H = 50 °C; a_3 Temperatur der Heizplatte ϑ_H = rd. 22 °C (Raumtemperatur); —— Verdunstungstrocknung; b_1 Probendicke s = 0,04 m; b_2 Probendicke s = 0,02 m; b_2 Probendicke s = 0,01 m.

Der auffälligste Unterschied in den Trocknungsverlaufskurven für Vakuumstrahlungstrocknung gegenüber der Lufttrocknung tritt im zweiten Abschnitt zutage. Die Endtrocknungsgeschwindigkeiten g_{D_E} im Vakuum liegen sehr viel höher als bei Atmosphärendruck. Bei der Verdunstungstrocknung sind diese vorwiegend durch den Diffusionswiderstand vom Trockenspiegel bis zur Gutsoberfläche bedingt, entsprechend der Beziehung

$$g_{D_E} = \frac{1}{R_D T} \frac{1}{\frac{1}{\beta} + \frac{\mu s}{\delta}\left(1 - \frac{P_{D_m}}{P}\right)} (P''_{D_E} - P_{D_L}), \tag{342}$$

worin P''_{D_E} den Sattdampfdruck bei der Temperatur im Trockenspiegel bedeutet. Letztere liegt bei Verdunstungsvorgängen mit kleiner Trocknungsgeschwindigkeit stets nahe bei der Umgebungstemperatur, so daß die Trocknung dann fast wie im Temperaturgleichgewicht erfolgt.

Anders liegen die Verhältnisse bei der reinen Verdampfungstrocknung, bei der $P_{D_m} = P$ ist. Damit bekommt der Nenner vom Gl. (342) den Wert Null[1] und g_{D_E} würde unendlich, wenn $P''_{D_E} - P_{D_L}$ endlich wäre. Da aber bei reiner Verdampfungstrocknung $P_{D_L} = P''_{D_E} = P$ sein muß, so bleibt die Trocknungsgeschwindigkeit g_{D_E} von den Diffusionsbedingungen her unbestimmt. Sie ist nur noch bestimmt durch die

[1] Wenn $P_{D_m} = P$ wird, so wird auch $\beta = \infty$ [vgl. Gl. (307)].

Wärmeübertragung vom Wärmeträger an den Trockenspiegel. Im thermischen Beharrungszustand (der hier der Einfachheit halber angenommen sei) dient die an den Trockenspiegel durch eine trockene Gutsschicht von der Dicke s herangeleitete Wärme nur zur Verdampfung der Flüssigkeitsmenge g_{D_E}. Es gilt also:

$$g_{D_E} r = \frac{1}{\frac{1}{\alpha} + \frac{s}{\lambda}} (\vartheta_L - \vartheta_E), \tag{343}$$

wenn ϑ_L die Umgebungstemperatur, ϑ_E diejenige des Trockenspiegels, α die äquivalente Wärmeübergangszahl für die Wärmeübertragung vom Wärmeträger an die Gutsoberfläche, λ die Wärmeleitfähigkeit der trockenen Gutsschicht bedeutet. Bei echter Verdampfungstrocknung (z. B. Heißdampftrocknung oder Hochvakuumtrocknung) ist die Temperatur ϑ_E von vornherein bekannt; denn dann muß sie gleich der Sattdampftemperatur bei dem jeweiligen Druck P sein.

Bei Vorgängen mit vermindertem Druck oder bei Temperaturen im Trockenspiegel, die nahe bei der Verdampfungstemperatur liegen, bestimmen beide Vorgänge – Diffusion und Wärmeleitung – zusammen den Vorgang. Die Temperatur ϑ_E bzw. der zu dieser gehörige Sattdampfdruck P''_{D_E} ist aus der Gleichsetzung der aus den beiden obigen Gleichungen zu ermittelnden Trocknungsgeschwindigkeit g_{D_E} zu errechnen. Es gilt allgemein:

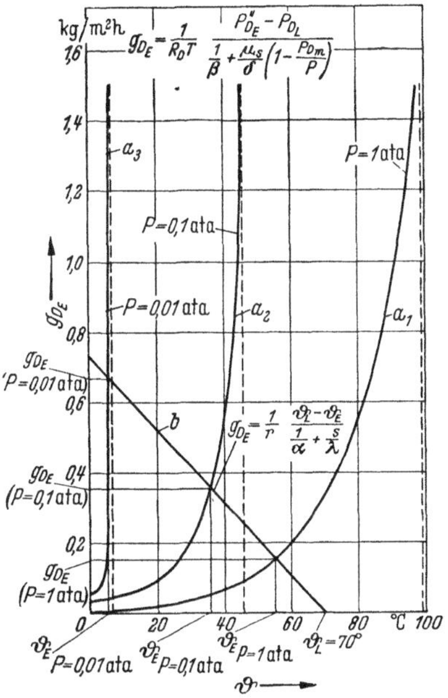

Abb. 251. Graphische Lösung der Gl. (344).

$$\frac{1}{r} \frac{1}{\frac{1}{\alpha} + \frac{s}{\lambda}} (\vartheta_L - \vartheta_E) = \frac{1}{R_D T} \frac{1}{\frac{1}{\beta} + \frac{\mu s}{\delta}\left(1 - \frac{P_{D_m}}{P}\right)} (P''_{D_E} - P_{D_L}). \tag{344}$$

In dieser Beziehung ist, da P_{D_E} eindeutig von ϑ_E abhängig ist, die Temperatur des Trockenspiegels die einzige Unbekannte.

In Abb. 251 ist dargestellt, wie die Lösung obiger Gleichung graphisch erfolgt. ϑ_E und g_{D_E} ergeben sich als Schnittpunkt der in der Abbildung mit b bezeichneten Geraden der linken Seite von Gl. (344) und der mit a_1, a_2, a_3 bezeichneten Kurven der rechten Seite. Die drei Kurven gelten für verschiedene Luftdrucke P (1; 0,1; 0,01 ata) bei angenommenen Werten α, λ, β, μ und s. Man sieht deutlich aus Abb. 251, wie sich durch das Zusammenspiel von Wärme- und Stoffaustausch die Endtrocknungsgeschwindigkeit bei stärkerer Evakuierung erhöhen muß. In den meisten

Fällen ist die Neigung der Geraden vorwiegend durch die Größe s/λ bestimmt. Die Neigung der Geraden wird um so größer, je größer die Wärmeleitfähigkeit λ ist. Daraus ersieht man, daß die Wärmeleitfähigkeit des trockenen Teiles des Gutes um so mehr von Einfluß auf die Endtrocknungsgeschwindigkeit ist, je näher die Temperatur des Trockenspiegels der jeweiligen Verdampfungstemperatur liegt.

Diese Überlegungen werden durchaus bestätigt durch die experimentell festgestellten Trocknungsverlaufskurven von Abb. 250. Eine quantitative Nachrechnung der Versuchsergebnisse stößt deshalb auf Schwierigkeiten, weil die Wärmeübertragung bei der Versuchseinrichtung nicht nur von der Oberfläche des Gutes aus erfolgte, sondern auch durch Anstrahlung der übrigen Seiten der Probe von dem umhüllenden Glasgefäß aus, das durch die über der Probe befindliche Heizplatte auch erwärmt wurde.

Verdampfungs- (Vakuum-) Kontakttrocknung. Der durch die Richtung der Wärmezufuhr (Wärmezufuhr durch Strahlung an die Ober-

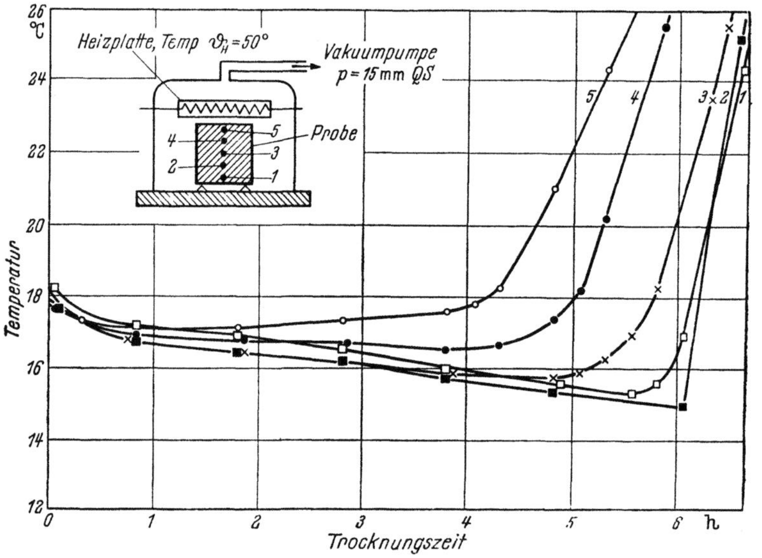

Abb. 252. Temperaturverlauf an den Stellen 1 bis 5 der Probe bei Vakuum-Strahlungstrocknung. Probenkörper Glaskugeln von 0,5 mm Ø; Probendicke s = 0,06 m.

fläche oder durch Wärmeleitung durch das Gut) bedingte Unterschied im Trocknungsverhalten bei der Verdampfungstrocknung geht aus einem Vergleich der Abb. 252 und 253 hervor.

In dem einen Falle, Abb. 252, wurde das Gut von oben durch Strahlung beheizt, so daß die Dampfabgabe entgegen der Richtung der Wärmezufuhr erfolgte. Im zweiten Falle, Abb. 253, wurde das Gut von unten durch eine Heizplatte (Kontakttrocknung) beheizt, so daß im ganzen Gut im Sinne der Wärmezufuhr eine Dampfdiffusion erfolgen mußte, bis der Dampf an der oberen freien Gutsoberfläche austreten konnte. Bei beiden

Versuchen war die durch die Wasserstrahlpumpe eingestellte Luftleere etwas verschieden (15 bzw. 13 mm QS). Dementsprechend ist die Verdampfungstemperatur in beiden Fällen etwas verschieden. Man sieht aus den Versuchsergebnissen, wie zunächst das auf Raumtemperatur (etwa 18 °C) befindliche Gut nach kurzer Zeit an seiner wärmsten Stelle auf

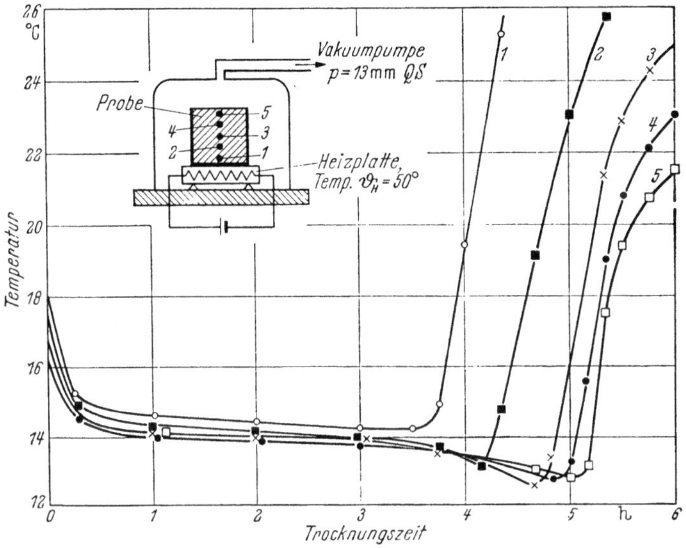

Abb. 253. Temperaturverlauf an den Stellen 1 bis 5 der Probe bei Vakuum-Kontakttrocknung. Probenkörper Glaskugeln von 0,5 mm ∅: Probendicke $s = 0{,}06$ m.

eine Temperatur nahe der Verdampfungstemperatur kommt. Diese wird erst dann überschritten, wenn das Gut an der betreffenden Stelle ausgetrocknet ist. Der Knickpunkt im Trocknungsverlauf ist erreicht, wenn die Temperatur *an der beheizten Fläche* steil ansteigt. Wesentlich bei beiden Bildern sind folgende Punkte:

1. Im ersten Trocknungsabschnitt nimmt das ganze Gut zunächst eine praktisch einheitliche Temperatur an. Die Temperaturunterschiede im Gut sind bis zum Auftreten des Knickpunktes geringfügig.

2. Im feuchten Teil des Gutes treten auch im zweiten Trocknungsabschnitt nur geringfügige Temperaturänderungen auf. Dies ist begründet in der außerordentlich hohen Wärmeleitung in feuchten Gütern (Wärmeübertragung durch Dampfdiffusion, die bei Siedetemperatur theoretisch unendlich groß wird – vgl. Kap. IV).

3. Der Durchgang des Trockenspiegels durch die Meßebene ist gekennzeichnet durch einen mehr oder minder plötzlich auftretenden Temperaturanstieg; sobald die Temperatur stark ansteigt, ist das Gut in der Meßebene trocken. Zuletzt steigt stets die Temperatur an der der wärmeaufnehmenden Oberfläche entgegengesetzten Seite der Probe.

Der Einfluß der Temperatur des Wärmeträgers auf die Endtrocknungsgeschwindigkeit bei äußerer Wärmezufuhr. Aus der Betrachtung von

Abb. 251 gewinnt man über den Einfluß der Temperatur auf die Endtrocknungsgeschwindigkeit folgende allgemeine Aussage:

1. *Liegt die Temperatur des Wärmeträgers erheblich unter der Verdampfungstemperatur des Wassers bei dem jeweiligen Druck, so sind für die Endtrocknungsgeschwindigkeit vorwiegend die Diffusionseigenschaften bestimmend.* Dies geht daraus hervor, daß in diesem Falle die Gerade b die Kurve a (z.B. in Abb. 251 die Kurve a_1) in ihrem flachen Teil schneidet, so daß verschiedene Neigung der Geraden, bedingt durch verschiedene Wärmeleitung, keine erhebliche Änderung von g_{D_E} bewirkt. Mit anderen Worten heißt dies, daß dann die Wärmeleitungseigenschaften des Gutes keine entscheidende Rolle spielen. Dieser Fall wird durchweg Verdunstungstrocknung genannt.

2. *Liegt die Temperatur des Wärmeträgers erheblich über der Verdampfungstemperatur des Wassers beim jeweiligen Druck, so werden die Wärmeleitungseigenschaften des Gutes von entscheidender Bedeutung für die Endtrocknungsgeschwindigkeit.* Dies geht daraus hervor, daß dann der Schnittpunkt der Geraden b mit der Kurve a im steilen Ast der Kurve liegt (z.B. Kurve a_3 für 0,01 at in Abb. 251). Im Grenzfall reiner Verdampfungstrocknung, bei dem die Temperatur im Trockenspiegel höchstens gleich der Verdampfungstemperatur sein kann, sind allein die Gesetze der Wärmeübertragung vom Wärmeträger an den Trockenspiegel entscheidend, z.B. bei der Heißdampf- und Hochvakuumtrocknung (Gefriertrocknung) sowie näherungsweise bei der Mahltrocknung der Kohle im Rauchgasstrom.

β) *Sublimationstrocknung*

Unter Sublimationstrocknung, auch häufig „Gefriertrocknung" genannt, versteht man das Trocknen eines Gutes im gefrorenen Zustand, d.h. die Verdunstung bzw. die Verdampfung der im Gut enthaltenen gefrorenen Substanz unter Umgehung des flüssigen Aggregatzustandes. Die Voraussetzungen für eine Sublimation (fest – gasförmig) sind daher nur unterhalb des sogenannten Tripelpunktes gegeben (z.B. für Eis $\vartheta = 0{,}0098$ °C und $P = 4{,}58$ mm QS).

Ist die Flüssigkeit in einem Trockengut eine Lösung, z.B. Salzlösung, so ist eine wirkliche Sublimation nur unterhalb der sogenannten eutektischen Temperatur (max. Gefrierpunktserniedrigung) möglich. Andernfalls tritt unter Umständen eine Entmischung auf, die in jedem Fall zur flüssigen Phase führen muß.

Der grundsätzliche Unterschied im Ablauf der Trocknung bei der Sublimationstrocknung gegenüber der Trocknung im nicht gefrorenen Zustand besteht darin, daß bei der Sublimationstrocknung keine Bewegung in der flüssigen Phase existiert. Der Trocknungsspiegel muß von Anfang der Trocknung an unter die Gutsoberfläche treten und im weiteren Verlauf der Trocknung stetig absinken. Es gibt also keinen ersten Trocknungsabschnitt. Abb. 254 zeigt den zu erwartenden Trocknungsverlauf. Für nicht hygroskopische Güter muß am Ende der Trocknung die Geschwindigkeitskurve für $X = 0$ bei g_{D_E} einlaufen. Für hygroskopische Güter ist ein zweiter Knickpunkt mit anschließendem Steilabfall der Trocknungsverlaufskurve durch die Dampfdruckabsenkung im Sorptionsbereich auch bei der Sublimationstrocknung zu erwarten (vgl. S. 341).

Versuche über den Sublimationstrocknungsablauf an verschiedenen Gütern wurden von KESSLER [*96*] in einer Anlage durchgeführt, wie sie Abb. 255 schematisch zeigt. In einer evakuierbaren Kammer (*3*), deren Wandungen allseitig auf konstante Temperatur gehalten werden konnten, waren für jede der Untersuchungen zwei völlig gleichgestaltete Proben (*7*) untergebracht, wobei die eine zur Bestimmung der Gewichtsabnahme, die andere zur Messung der Temperaturen benutzt wurde. Da die äußeren Bedingungen für beide Proben während eines Versuches die gleichen waren, konnten die Messungen einander zugeordnet werden. Die Gewichtsabnahme der Proben wurde mittels einer analytischen Waage (*1*) (s. Abb. 339) laufend unter Vakuum verfolgt. Außerdem war die

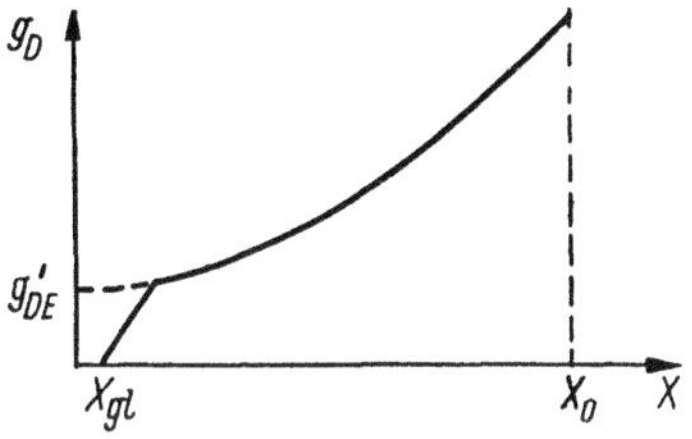

Abb. 254. Trocknungsverlauf bei der Sublimationstrocknung.

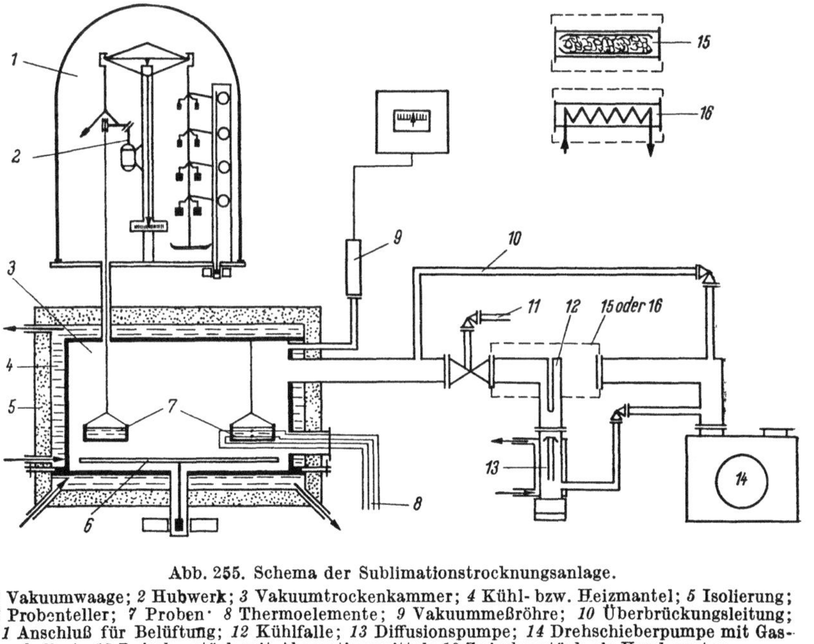

Abb. 255. Schema der Sublimationstrocknungsanlage.
1 Vakuumwaage; *2* Hubwerk; *3* Vakuumtrockenkammer; *4* Kühl- bzw. Heizmantel; *5* Isolierung; *6* Probenteller; *7* Proben; *8* Thermoelemente; *9* Vakuummeßröhre; *10* Überbrückungsleitung; *11* Anschluß für Belüftung; *12* Kühlfalle; *13* Diffusionspumpe; *14* Drehschieberpumpe mit Gasballast; *15* Zwischenstück mit Absorptionsmittel; *16* Zwischenstück als Kondensator.

Möglichkeit vorgesehen, mehrere Proben ohne Unterbrechung des Vakuums hintereinander zu wiegen. Die Proben wurden dazu kreisförmig auf einen drehbar (Magnetübertragung) gelagerten Probenteller (6) derart angeordnet, daß durch Drehung des Tellers jede einzelne Probe senkrecht unter die Aufhängung gebracht werden konnte. Durch einen an der Waage angebrachten Hubmotor (2) ließ sich über eine Kupplung und ein Schneckengetriebe die Aufhängung auf und nieder fahren, so daß

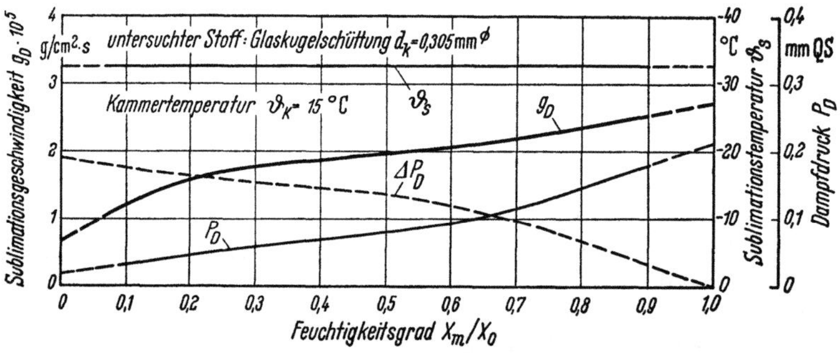

Abb. 256. Trocknungsverlauf einer Glaskugelschüttung bei Sublimationstrocknung.

die Proben hintereinander zum Wägen aufgehängt werden konnten. Die Temperaturen in der Probe und der Kammerwandung wurden mittels Thermoelementen fortlaufend aufgeschrieben. Die Thermoelementdrähte waren parallel der Gutsoberfläche verlegt. Hierdurch konnten Fehlmessungen durch auftretende Temperaturgradienten im Thermodraht und vorzeitiges Absublimieren des Eises um die Lötperle herum weitgehend vermieden werden. Der Tempertaurverlauf in den untersuchten Gütern (Glaskugelschüttung $d_k = 0{,}305$ mm ∅ und Milch) ist in den Abb. 257 und 259 dargestellt. Als Probengefäß für die Glaskugelschüttung und die Milch dient ein Plexiglasgefäß mit einem Innendurchmesser von 40 mm ∅ und einer Innenhöhe von 6 mm. Außerdem wurde eine Untersuchung an einer Apfelscheibe mit einem Durchmesser von 42 mm und einer Höhe von 8 mm durchgeführt.

Alle Proben waren vor Beginn der Sublimationstrocknung voreingefroren.

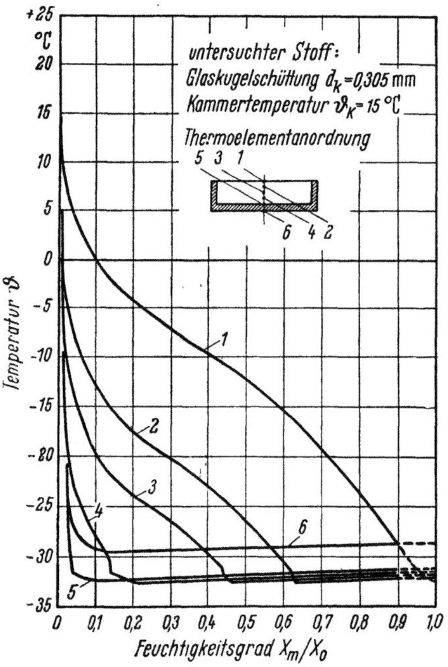

Abb. 257. Temperaturverlauf in der Probe in Abhängigkeit vom Feuchtigkeitsgrad.

In den Abb. 256 bis 260 sind die während der Versuche aufgenommenen Versuchsdaten über dem jeweiligen Feuchtigkeitsgrad X_m/X_0 aufgetragen. Die gemessene Sublimationsgeschwindigkeit g_D ist auf die gesamte Querschnittsfläche, durch welche die Verdunstung erfolgte, bezogen. Der Dampfdruck P_D ist der durch das Vakuummeßinstrument (Alphatron D der Firma E. Leybold) bestimmte Druck in der Vakuumkammer, der näherungsweise als Absolutdruck aufgefaßt werden kann.

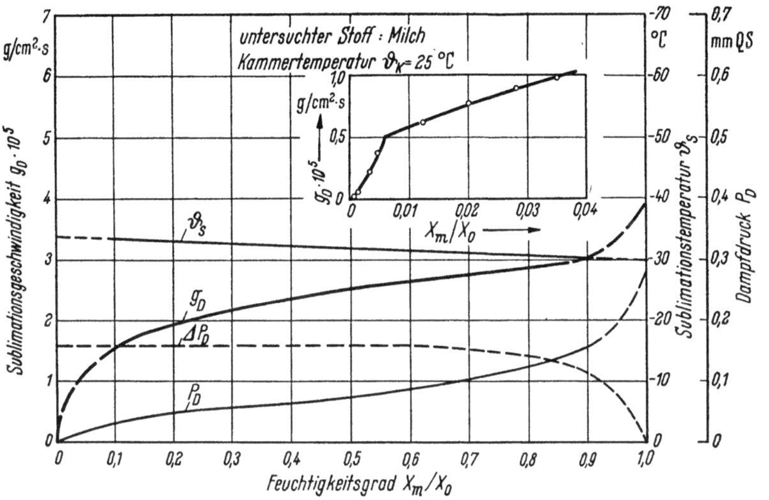

Abb. 258. Trocknungsverlauf von Milch bei Sublimationstrocknung.

Die in die Abb. 256, 258, 260 eingetragene Sublimationstemperatur ϑ_s stellt die Einhüllende der tiefsten Temperaturen in den entsprechenden Temperaturverteilungsdiagrammen dar. Das die Stoffbewegung im Gut bewirkende Druckgefälle $\Delta P_D = P_D'' - P_D$ ist ebenfalls dargestellt, wobei der Sattdampfdruck P_D'' gemäß der Sublimationstemperatur ϑ_s aus der Dampfdrucktafel entnommen wurde.

Wie aus den Abb. 256 bis 260 zu entnehmen, ändert sich die Sublimationstemperatur ϑ_s während des Versuchsablaufs nur wenig und liegt für alle Versuche in etwa gleicher Größenordnung. Die Trocknungsgeschwindigkeit g_D fällt nur in geringem Maße ab, während die Dampfdruckdifferenz $(P_D'' - P_D)$ stetig zunimmt. Zu Beginn der Trocknung ist ΔP_D gleich Null, d.h. der Eisspiegel befindet sich noch in der Gutsoberfläche und der Dampfdruck in der Vakuumkammer ist gleich dem der Sublimationstemperatur entsprechenden Sattdampfdruck. Je tiefer der Sublimationsspiegel in das Gutsinnere eindringt, um so größer ist der für die Dampfbewegung zur Überwindung der Porenwiderstände erforderliche Druckabfall ΔP_D, wie es in den Diagrammen deutlich zum Ausdruck kommt.

Die über dem Feuchtigkeitsgrad aufgetragenen Temperaturverlaufskurven lassen in dem mehr oder minder stark ausgeprägten Knick mit anschließendem Temperaturanstieg das Wandern des Sublimationsspiegels erkennen. Die jeweils tiefste Temperatur herrscht im Sublimationsspiegel.

Bestimmt man das Verhältnis des Bewegungsbeiwertes b zu dem Widerstandsfaktor μ nach Gl. (214)

$$\frac{b}{\mu} = g_D \frac{s}{(P_D'' - P_D)}$$

aus den aufgenommenen Versuchsdaten, wobei s die Sublimationsspiegeltiefe ist, so ergibt sich für die Glaskugelschüttung ein Wert von

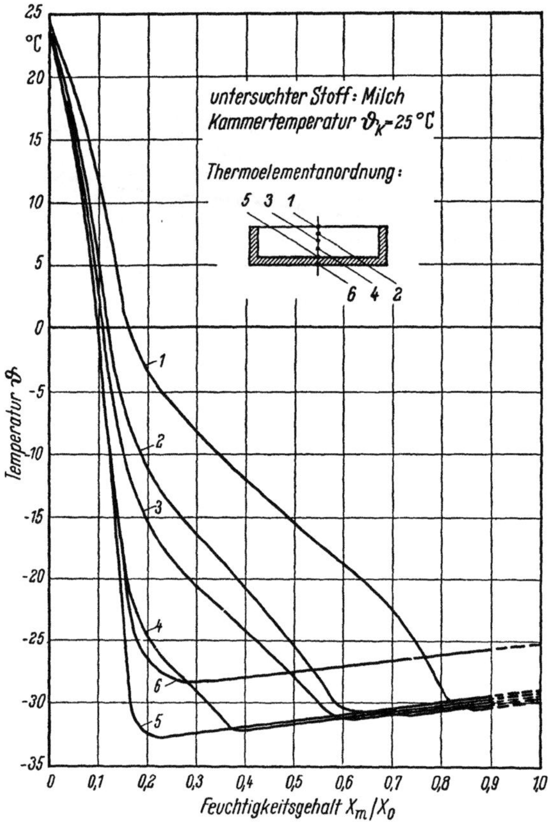

Abb. 259. Temperaturverlauf in der Probe in Abhängigkeit vom Feuchtigkeitsgrad.

$b/\mu \approx 3{,}25 \cdot 10^{-5}$ cm/sek, der während der gesamten Trocknung nahezu konstant blieb. Ebenfalls eine gute Konstanz zeigte sich bei der Apfelscheibe ($b/\mu \approx 2{,}5 \cdot 10^{-5}$ cm/sek), während der b/μ-Wert für die Milch vom Versuchsbeginn ($\approx 1 \cdot 10^{-5}$ cm/sek) bis zu Versuchsende ($\approx 5 \cdot \cdot 10^{-5}$ cm/sek) stetig größer wurde, d.h.: der Dampfbewegungswiderstand des trockenen Porengefüges wird kleiner; dies deutet auf eine Änderung der Struktur hin. Diese Vermutung wurde dadurch bestätigt, daß am Ende des Versuchs deutlich eine Vielzahl äußerst kleiner Risse in der Trockensubstanz zu erkennen war.

Vergleicht man die Trocknungsgeschwindigkeit gegen Ende der Trocknung, die für Milch und Apfel vergrößert herausgezeichnet wurden, so ist zu erkennen, daß auch bei der Sublimationstrocknung hygroskopischer Güter im Trocknungsverlauf gegen Ende der Trocknung ein

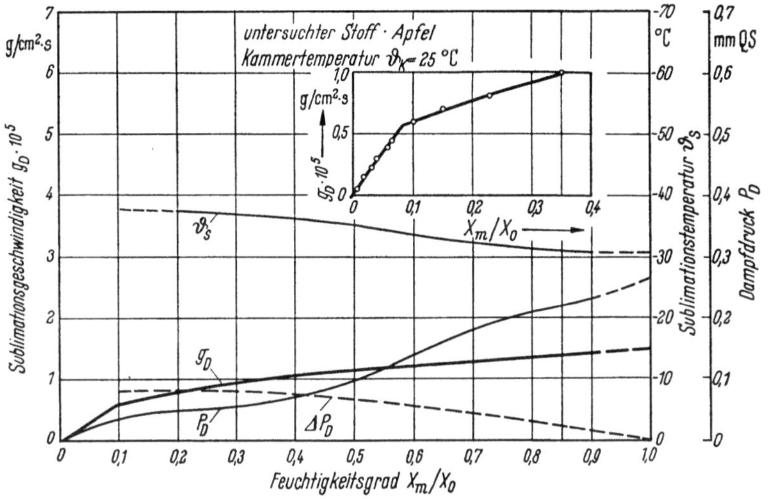

Abb. 260. Trocknungsverlauf von Apfel bei Sublimationstrocknung.

Knickpunkt mit anschließendem Steilabfall der Trocknungsgeschwindigkeit auf Null auftritt, während die Trocknung der nichthygroskopischen Glaskugelschüttung mit einer endlichen Trocknungsgeschwindigkeit beendet wurde.

An Hand der Versuche ist es sehr leicht möglich, die Größe der Wärmeleitfähigkeit des schon trockenen Gutsteiles abzuschätzen. Wird die zur Sublimation benötigte Wärme allseitig an die Gutsoberfläche übertragen und findet die Stoffbewegung durch diese Oberfläche hindurch statt, so kann man näherungsweise setzen:

$$F\, r_s \frac{b}{\mu} \frac{P_D'' - P_D}{s} = F\, \lambda_{tr} \frac{\vartheta_0 - \vartheta_s}{s},$$

wobei $\vartheta_0 - \vartheta_s$ die Temperaturdifferenz zwischen Gutsoberfläche und Sublimationsspiegel ist.

Die Wärmeleitfähigkeit des trockenen Gutes könnte dann aus der Beziehung

$$\lambda_{tr} = r_s \frac{b}{\mu} \frac{P_D'' - P_D}{\vartheta_0 - \vartheta_s}$$

bestimmt werden. Für die Wärmeleitfähigkeit λ_{tr} der allseitig trocknenden Apfelscheibe wurden Werte zwischen 0,1 und 0,03 kcal/mh°C gefunden.

Bei den Versuchen an der Glaskugelschüttung und an Milch muß zur Bestimmung von λ_{tr} der Wärmeanteil, der von dem Probengefäßboden durch den noch gefrorenen Teil des Gutes mit der Wärmeleitfähigkeit λ_f an den Sublimationsspiegel übertragen wird, mit berücksichtigt werden. Mit der Probendicke l und der Sublimationsspiegeltiefe s lautet die Verknüpfungsgleichung für den Wärme- und Stoffaustausch:

$$F_0 r_s \frac{b}{\mu} \frac{P''_D - P_D}{s} = F_0 \lambda_{tr} \frac{\vartheta_0 - \vartheta_s}{s} + F_u \lambda_f \frac{\vartheta_u - \vartheta_s}{l - s}.$$

Für $F_0 \approx F_u$ wird

$$\lambda_{tr} = r_s \frac{b}{\mu} \frac{P''_D - P_D}{\vartheta_0 - \vartheta_s} - \frac{\lambda_f}{\frac{l}{s} - 1} \frac{\vartheta_u - \vartheta_s}{\vartheta_0 - \vartheta_s}.$$

Nimmt man für die Wärmeleitfähigkeit des gefrorenen Gutsteiles näherungsweise $\lambda_f = 1{,}5$ kcal/mh °C an, so ergeben sich aus den Versuchsdaten λ_{tr}-Werte, die während des Versuches im Druckbereich von etwa 0,3 bis 0,01 mm QS zwischen $\lambda_{tr} = 0{,}03$ und 0,01 kcal/mh °C für Glaskugeln, und zwischen $\lambda_{tr} = 0{,}07$ und 0,02 kcal/mh °C für Milch lagen. Obwohl die Wärmeleitfähigkeitsbestimmung nur als sehr grobe Abschätzung angesehen werden darf, erkennt man dennoch den starken Einfluß des Vakuums bei der Sublimationstrocknung auf die Verminderung der Wärmeleitfähigkeit trocken poröser Substanzen (s. S. 108ff.).

γ) *Trocknungsvorgänge bei innerer Wärmezufuhr* (*Hochfrequenztrocknung*)

Innere Wärmezufuhr ist auf verschiedene Weise zu erreichen, z. B. durch JOULEsche Wärme bei stromdurchflossenen Gütern, durch die Wärmeumsetzung bei Verschiebungsströmen im Hochfrequenzfeld, durch chemische Vorgänge während der Trocknung oder auch durch Ausnutzung der Speicherwärme des Gutes, falls nach erfolgter Aufheizung der Druck der Umgebung unter den Siededruck im Gut abgesenkt wird. Solche Verfahren werden bei empfindlichen Gütern zuweilen angewandt, um eine möglichst spannungsfreie Trocknung zu bewirken. Trocknung mittels JOULEscher Wärme scheitert im allgemeinen daran, daß die elektrische Leitfähigkeit der feuchten Güter bei kleiner werdender Feuchtigkeit so stark abnimmt, daß selbst bei hohen Spannungen kein hinreichender Wärmeumsatz möglich ist. Daher sollen hier nur einige Versuchsergebnisse, die bei der Hochfrequenztrocknung gewonnen wurden, mitgeteilt werden [*180*]. Sie sollen zeigen, welcher Art das Temperatur- und Feuchtigkeitsfeld bei Trocknung mit innerer Wärmezufuhr sein kann.

Zwischen den beiden Kondensatorplatten einer Hochfrequenzanlage (Wellenlänge rund 4,5 m) wurden Proben verschiedener Hölzer an einer Waage aufgehängt. Beobachtet wurde die Gewichtsabnahme und der zeitliche Temperaturverlauf an verschiedenen Stellen des Holzes zunächst ohne Regelung der Energieaufnahme. Die Versuche wurden ohne zusätzliche Erwärmung der dampfaufnehmenden Luft bei Zimmertemperatur durchgeführt. Das Kennzeichnende des Verlaufes der Temperaturen und der Trocknungsgeschwindigkeit geht aus Abb. 261 hervor. Die Temperatur der Probe steigt zunächst so an, daß sie in der Mitte der Probe auf etwas über 100 °C kommt. Sie bleibt so lange praktisch konstant, bis alle Feuchtigkeit an dieser Stelle verdampft ist, und steigt dann wieder steil an. In den äußeren Zonen der Probe bleibt die Temperatur wegen der Wärmeabgabe an den Raum stets hinter der der Mitte zurück.

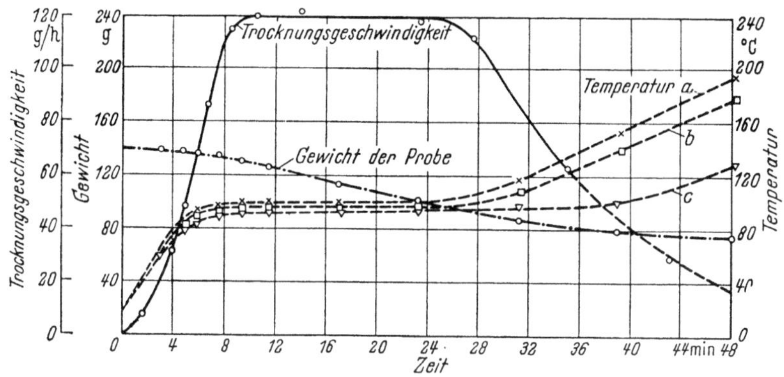

Abb. 261. Trocknung von Holzproben bei innerer Wärmezufuhr durch Hochfrequenzströme. Änderung der Trocknungsgeschwindigkeit, des Probengewichtes und der Temperatur im Laufe der Trocknung. *a* Temperatur in Probenmitte; *b* Temperatur in 1 cm Abstand vom Rand; *c* Temperatur am Rand der Probe.

Mit zeitlicher Nacheilung erreichen die äußeren Schichten Temperaturen von etwas über 100 °C. An dem folgenden steilen Anstieg erkennt man die praktisch vollendete Austrocknung an der Meßstelle. Die Kurve der Trocknungsgeschwindigkeit zeigt nach vollendeter Aufheizung wiederum einen ersten Abschnitt praktisch konstanter Trocknungsgeschwindigkeit, dann einen stark fallenden Ast, nachdem die Trocknung in der Probenmitte beendet ist. Der fallende Ast ist hier nicht eindeutig als Trocknungsgeschwindigkeit zu bezeichnen, da ein Austreiben flüchtiger Bestandteile aus der Holzprobe beginnt, sobald die Temperatur an einer Stelle wesentlich über 100 °C ansteigt. Die hier beobachtete Probe war am Ende des Versuches im Inneren teilweise verkohlt.

In Abb. 263 sind Feuchtigkeitsverteilungen in drei gleich behandelten Proben zu verschiedenen Zeiten aufgetragen. Bei diesen Versuchen wurde die Energieaufnahme so geregelt, daß die Temperatur in Probenmitte niemals über 100 °C kam. Die als oberste Fläche in Abb. 263 aufgetragene Feuchtigkeitsverteilung wurde unmittelbar nach beendeter Aufheizung gemessen. Charakteristisch ist, daß die Feuchtigkeit noch nach außen hin abnimmt. Die Verdunstung findet noch vorwiegend an der Oberfläche statt. Die zweite Fläche zeigt das Feuchtigkeitsfeld in einem Zeitpunkt des Hauptabschnittes der Trocknung, solange noch das ganze Gut an der Feuchtigkeitsabgabe beteiligt ist. Man erkennt, daß im Sinne des Temperaturgefälles eine Wanderung des Wassers nach außen hin stattfindet (Kapillarkondensation), so daß das Gut außen feuchter ist als innen. Auch bei der untersten Fläche in Abb. 263, die einen Zustand gegen Ende der Trocknung zeigt, sind die Randfeuchtigkeiten durchweg höher als die im Inneren. Für die in Holz während der Trocknung infolge ungleicher Schwindung auftretenden Spannungen bedeutet diese Verteilung, daß bei dieser Art der Trocknung an der Oberfläche des Gutes

Druckspannungen auftreten, während bei der üblichen Trocknung mit äußerer Wärmezufuhr an der zuerst trocknenden Oberfläche Zugspannungen herrschen, die leicht zur Rißbildung führen.

Die hier mitgeteilten Versuchsergebnisse dürfen als Beweis dafür angesehen werden, daß der Trocknungsverlauf bei der Hochfrequenztrocknung selbst bei so feinporigen Gütern wie Buchenholz durchaus den

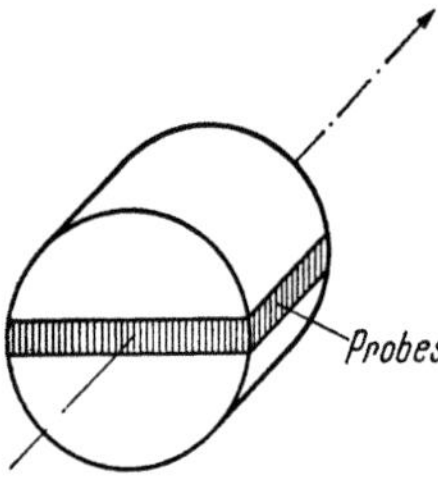

Abb. 262. Anordnung der Holzproben.

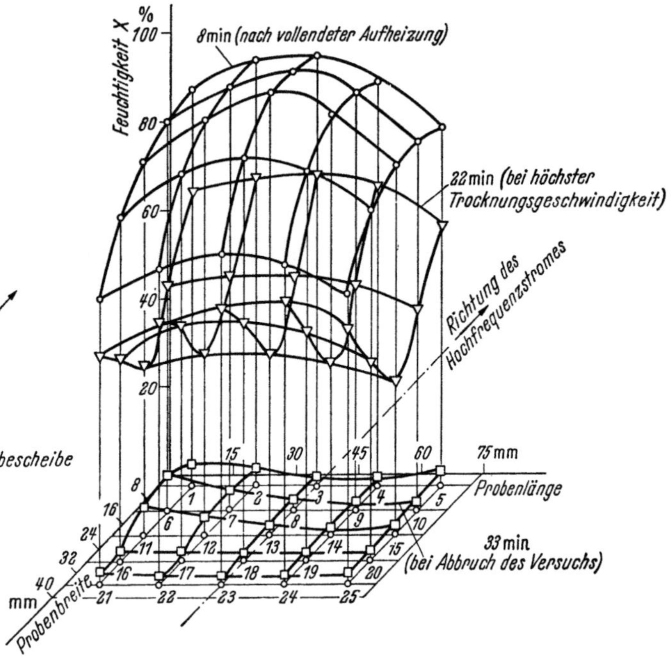

Abb. 263. Feuchtigkeitsverteilung in drei gleichbehandelten Holzproben zu verschiedenen Zeiten.

Gesetzmäßigkeiten folgt, die sich bei Anwendung des STEFANschen Diffusionsgesetzes ergeben.

δ) *Diskontinuierliche Vakuumtrocknung*

Auch bei der diskontinuierlichen Vakuumtrocknung, bei der die Speicherwärme des Gutes zur Aufbringung der Verdampfungswärme verbraucht wird, kann man eine große Gleichmäßigkeit der Feuchtigkeitsverteilung im Gut erreichen.

Das Arbeitsprinzip dieser Trocknungsart ist folgendes: Das Gut wird so oft wie nötig auf konstante Temperatur aufgeheizt und dann zum Zwecke der Trocknung so weit evakuiert, daß eine Verdampfung erfolgt, die zur Abkühlung des Gutes führt. Das Aufheizen des Gutes geschieht ohne Trocknung unter Gegenwart von Luft von normalem oder sogar erhöhtem Druck, damit die mit der Temperaturbewegung beim Aufheizen verknüpfte Dampfdiffusion möglichst schwach ist [in Gl. (208a) $P - P_D$ groß].

Die Evakuierung erfolgt plötzlich auf einen Absolutdruck P, der tiefer liegt als der Wasserdampfteildruck des aufgeheizten Gutes im Gleichgewichtszustand. Dabei kühlt sich das Gut ab, und zwar in nassem Zustand (nichthygroskopisches Gebiet) auf die Siedetemperatur bei dem entsprechenden Vakuum, im hygroskopischen Gebiet auf eine Temperatur, die aus den Sorptionsisothermen bekannt ist.

In Abb. 264 ist der Temperatur- und Feuchtigkeitsverlauf in der Mitte einer Buchenholzprobe, bei der eine axiale Dampfbewegung möglich war, bei einer diskontinuierlichen Vakuumtrocknung mit einer

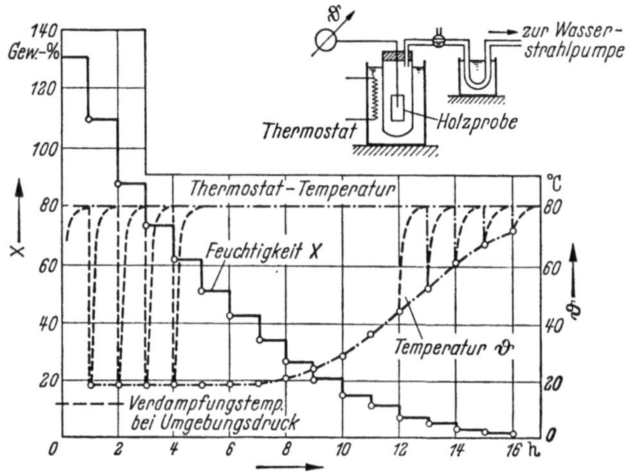

Abb. 264. Zeitlicher Verlauf der Feuchtigkeit X und der Temperatur in der Mitte einer Buchenholzprobe bei diskontinuierlicher Vakuumtrocknung.

kleinen Versuchsapparatur [*180*] dargestellt. Die Aufheizung ist beendet, wenn die Temperatur der Gutsmitte (gestrichelte Kurve) gleich der Thermostattemperatur ist. Bei dem plötzlichen Evakuieren mittels Wasserstrahlpumpe tritt ein schlagartiger Temperaturabfall im ganzen Gut ein, was daraus zu erkennen ist, daß selbst die Temperatur der Mitte sofort abfällt. Man erkennt daraus die außerordentlich rasche Diffusion im Vakuum.

Ferner zeigt Abb. 264 folgendes: In einem ersten Abschnitt der Trocknung sinkt die Temperatur stets bis auf den gleichen Wert (= Verdampfungstemperatur bei Umgebungsdruck, d.h. annähernd gleich dem Sattdampfdruck bei Wasserstrahltemperatur). Dies ist der Fall im nichthygroskopischen Bereich. Aus dem Verlauf der Feuchtigkeit (ausgezogene Kurve) sieht man, daß die gleiche Temperaturabsenkung bis etwa 30% Gutsfeuchtigkeit, das ist bis Fasersättigung, auftritt (s. Sorptionsisotherme Abb. 29).

In einem zweiten Abschnitt (im hygroskopischen Bereich) wird die Temperaturerniedrigung beim Evakuieren immer kleiner. Wäre die Gleichgewichtsfeuchtigkeit erreicht, so würde überhaupt kein Temperaturabfall mehr eintreten.

Die unmittelbare Messung der Feuchtigkeitsverteilung sowie die Tatsache, daß sich der hygroskopische und der nichthygroskopische Bereich gerade im Fasersättigungspunkt trennen, lehren, daß die Feuchtigkeitsverteilung im Gut sehr gleichmäßig sein muß und eine spannungsfreie Trocknung auch auf diesem Wege möglich ist.

In Abb. 265 sind die Ergebnisse eines Versuches dargestellt, bei dem die diskontinuierliche Vakuumtrocknung einer zylindrischen Buchenholzprobe von 40 mm Durchmesser und 120 mm Höhe erfolgte, bei der

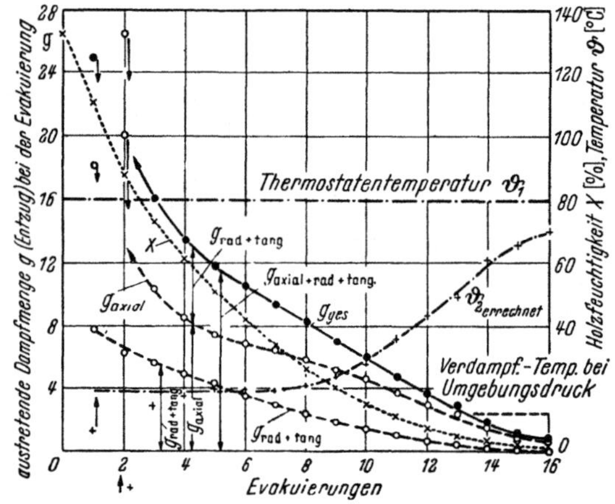

Abb. 265. Temperatur $\vartheta_{2\,\text{errechn}}$ nach Evakuierung. Entzug in axialer und radial-tangentialer Richtung und Holzfeuchtigkeit X bei der diskontinuierlichen Vakuumtrocknung (Rotbuche).

die Dampfmengen, die in den verschiedenen Richtungen – tangential und radial an der Mantelfläche (160 cm²), axial an den beiden Stirnflächen (25 cm²) – verdampften, getrennt gemessen werden konnten [*180*]. In Abb. 265 sind folgende Größen in Abhängigkeit von der Zahl der Evakuierungen (auf das mittels einer mit Wasser von 13 °C betriebenen Wasserstrahlpumpe erzielte Vakuum bezogen) dargestellt:

1. die konstante Umgebungstemperatur ϑ_1 des Thermostaten, in dem die Versuchseinrichtung untergebracht war (80 °C);
2. der Feuchtigkeitsgehalt X, der nach der jeweiligen Evakuierung festgestellt wurde;
3. die Gewichtsminderung der Probe g_{ges} in Abhängigkeit von der Zahl der Evakuierungen (gesamter Wasserentzug g_{ges});
4. die Anteile $g_{\text{rad}+\text{tang}}$ und g_{axial}, die für die verschiedenen Richtungen gemessen wurden und in ihrer Summe der Gewichtsminderung der Probe entsprechen;
5. die Temperaturen ϑ_2, auf die das Gut am Ende der Evakuierung kam.

Die Aufheizzeit betrug im Mittel zu Beginn des Versuches ≈ 180 min, am Ende ∼100 min; die Evakuierungszeit betrug stets ≈ 3 min. Nach 16 Evakuierungen (≈ 42 Stunden) hatte die Probe, die zu Beginn des Versuches die maximale Feuchtigkeit $X_0 = 132\%$ hatte, nur noch eine Feuchtigkeit von 1,7%.

Aus der bei jeder Evakuierung austretenden Dampfmenge (Entzug) kann die Temperaturerniedrigung errechnet werden und damit die Temperatur ϑ_2, die sich am Ende der Evakuierung im Holz einstellt, wenn man bedenkt, daß der Unterschied der Speicherwärme des feuchten Holzes *vor* und *nach* der Evakuierung zur Verdampfung der aus dem Holz austretenden Feuchtigkeitsmenge dient. Zu berücksichtigen ist dabei noch die Wärmemenge Q_R, die durch Strahlungsaustausch zwischen Gefäßwandung und Holzoberfläche während der Evakuierung dem Holz zugeführt wird und die zu weiterer Verdampfung von Feuchtigkeit dient.

Die Wärmemenge, die zur Verdampfung des aus dem Holz während der Trocknung austretenden Dampfes ΔG_W benötigt wird, muß gleich dem Unterschied der Speicherwärme des feuchten Holzes *vor* und *nach* der Evakuierung sein, vermehrt um die Wärmemenge Q_R, die durch Strahlungsaustausch zwischen Glaswand (ϑ_1) und Holzoberfläche (ϑ_2) während der Evakuierung an das Holz herangeführt wird, also:

$$\Delta G_W r = (G_S c_S + G_{W_1} c_W)\,\vartheta_1 - (G_S c_S + G_{W_2} c_W)\,\vartheta_2 + Q_R. \qquad (345)$$

Aus dieser Gleichung läßt sich ϑ_2 errechnen.

In Abb. 264 ist ϑ_2 durch die strichpunktierte Kurve wiedergegeben. Man erkennt dabei, daß die Temperatur ϑ_2, solange in der Oberfläche des Holzes die Fasersättigung nicht unterschritten wird, ungefähr konstant ist, um erst nach Erreichen des Fasersättigungspunktes ($X \approx 30\%$) anzusteigen[1].

Aus den vorstehend beschriebenen Versuchen geht hervor, daß bei den untersuchten Buchenholzproben die Annahme STEFANscher Diffusion, die beliebig groß wird, wenn sich der Dampfdruck P_D dem Gesamtdruck P nähert, gerechtfertigt ist. Damit ist jedoch nichts darüber gesagt, daß die diskontinuierliche Vakuumtrocknung bei allen Holzarten zu einer spannungsfreien Trocknung führt. Voraussetzung für diese Trocknungsart ist:

1. daß das Gut den gemachten Voraussetzungen genügt, daß nämlich beim Evakuieren die in den Poren enthaltene Luft so schnell aus dem Gut heraus kann, daß die Dampfdiffusion überall außerordentlich groß ist und daß die wirksamen Porenweiten in jeder Richtung so groß sind, daß STEFANsche und nicht KNUDSENsche Diffusion vorliegt;

2. daß die Apparatur den gemachten Voraussetzungen genügt: daß nämlich in Wahrheit diskontinuierlich getrocknet wird, d.h. Aufheizung ohne Trocknung, Trocknung ohne äußere Wärmezufuhr lediglich durch Evakuieren. Es müssen also zwei Dinge unter allen Umständen vermieden werden: die Trocknung während der Aufheizung durch Kondensation an kalten Flächen des Aufwärmers und eine Wärmeeinstrahlung

[1] In Abb. 265 fallen die errechneten Temperaturen ϑ_2 nach der ersten und zweiten Evakuierung auf, die unmögliche Werte ergeben. Dies hat seine Ursache darin, daß bei den beiden ersten Evakuierungen durch die äußerst lebhafte Verdampfung in axialer Richtung flüssiges Wasser von dem austretenden Dampf mitgerissen wurde. Man erkennt dies auch an dem anomal hohen Entzug in axialer Richtung bei den ersten beiden Evakuierungen. Das Übertreten flüssigen Wassers konnte bei den Versuchen unmittelbar beobachtet werden.

während des Evakuierens. Durch beide Einflüsse wird eine erhöhte Austrocknung der Oberfläche bewirkt, die wiederum ungleiche Feuchtigkeitsverteilung und damit die Rißgefahr zur Folge hat.

In einer ausgedehnten Untersuchung [*111*] über diese Trocknungsart bei Hölzern technischer Abmessungen (Bretter von 1″ Stärke, 20 cm Breite und 1 m Länge) ergab sich, daß die erste Bedingung bei Kiefernholz in radialer Richtung gar nicht, in tangentialer und axialer Richtung nur sehr unvollkommen erfüllt ist. Auch bei Eichenholz scheint die Voraussetzung nicht durchaus gegeben zu sein, da der Temperaturabfall beim plötzlichen Evakuieren nicht schlagartig, sondern nur langsam und nie bis auf Verdampfungstemperatur bei Umgebungsdruck abfiel. Bei Buche und Birke war die Voraussetzung im Versuchbereich einigermaßen erfüllt (Aufwärmtemperatur ≈ 80 °C, Evakuierung auf Wasserstrahlpumpenvakuum $P \approx 13$ mm QS). Dies läßt darauf schließen, daß die bei verschiedenen Holzarten vorliegenden Porensysteme recht verschieden sind. Bei einigen ist für die Diffusion das grobe Porensystem,

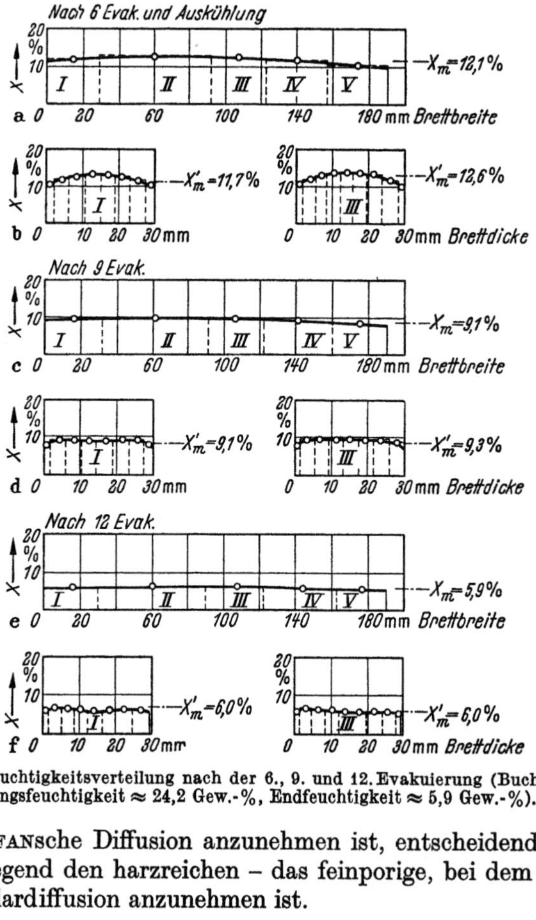

Abb. 266 a–f. Feuchtigkeitsverteilung nach der 6., 9. und 12. Evakuierung (Buche S Bu 17. Anfangsfeuchtigkeit ≈ 24,2 Gew.-%, Endfeuchtigkeit ≈ 5,9 Gew.-%).

für das STEFANsche Diffusion anzunehmen ist, entscheidend, bei anderen – vorwiegend den harzreichen – das feinporige, bei dem KNUDSENsche Molekulardiffusion anzunehmen ist.

Die zweite, auf die Apparatur bezügliche Bedingung kann bei empfindlichen Gütern nur durch genaue Konditionierung der Luft erfüllt werden. Während des Aufheizens muß die Umwälzluft so konditioniert werden, daß keine Austrocknung der Oberfläche durch den mit dem Temperaturgefälle ins Gutsinnere verknüpften Diffusionsstrom erfolgt.

Die Versuche lehrten, daß die Befeuchtung der Umwälzluft zweckmäßig so erfolgt, daß der Dampfdruck in der Umwälzluft in jedem Augenblick gleich demjenigen gemacht wird, der aus der Oberflächentemperatur und der Gutsfeuchtigkeit als Gleichgewichtsdampfdruck resultiert (Sorptionsisotherme).

Abb. 266 zeigt, welche Gleichmäßigkeit der Feuchtigkeitsverteilung in Buchenholz bei einwandfrei durchgeführter Konditionierung erreicht werden kann.

ε) *Zusammenfassung der Versuchsergebnisse bei anderen Trocknungsarten als bei Lufttrocknung*

1. Für porige Stoffe, in denen Flüssigkeits- und Dampfbewegung möglich ist, zeigt der Trocknungsverlauf bei allen Trocknungsarten mit *Wärmezufuhr von außen* (z. B. Strahlungs- oder Kontakttrocknung) grundsätzlich das gleiche Bild wie bei der Lufttrocknung.

Die drei Abschnitte der Trocknung treten bei Verdampfungstrocknung im Vakuum sowie bei der Verdunstungstrocknung in gleicher Weise in Erscheinung wie bei der Lufttrocknung. Die Knickpunktkurve bedeutet ebenfalls das Ende des ersten Trocknungsabschnittes. Hinsichtlich der Richtung der Wärmezufuhr (im Sinne oder entgegen der Richtung der Dampfabfuhr) ist lediglich zu beachten, daß die Austrocknung des Gutes immer an der Stelle der Wärmezufuhr erfolgt (d. h. bei Strahlungs- und Konvektionstrocknung an der dem Trockenmittel zugekehrten Gutsoberfläche, bei Kontakttrocknung an der dem Trockenmittel abgewandten Seite). Die Gesetze der Wärmeübertragung und der Dampfdiffusion (STEFANsches Gesetz) bestimmen den Vorgang in durchaus gleicher Weise wie bei der Lufttrocknung.

2. Bei der Trocknung poriger Güter mit *innerer Wärmezufuhr* (Hochfrequenztrocknung oder diskontinuierliche Vakuumtrocknung) kann unter Umständen eine gleichmäßige Verdampfung im ganzen Gut (und damit Trocknung ohne Unterschiede in der Gutsfeuchtigkeit) erreicht werden. Dann tritt kein Knickpunkt auf; die Trocknungsgeschwindigkeit ist allein von der Höhe der Wärmezufuhr abhängig. Es zeigt sich, daß selbst bei so feinporigen Gütern wie manchen Holzarten (Buche, Birke) bei Vakuum bis 13 mm QS die Dampfdiffusion dem STEFANschen Gesetz folgt, während bei anderen Holzarten (vor allem Kiefer, bis zum gewissen Grade Eiche) eine andere Art der Diffusion (KNUDSENsche) die Dampfbewegung bestimmt.

3. Bei der Sublimationstrocknung entfällt der erste Trocknungsabschnitt. Wegen des Fehlens der kapillaren Flüssigkeitsleitung ist dieser Fall bei Kenntnis der Stoffeigenschaften (Wärmeleitfähigkeit und Widerstandsfaktor für die meist vorliegende Molekularbewegung) a priori berechenbar.

Kapitel VI

Der Einfluß der äußeren Bedingungen auf die Trocknungsgeschwindigkeit

(Einfache Berechnungen für die verschiedenen Trocknungsverfahren bei plattenförmigen Trocknungsgütern)

Im ersten Teil des vorhergehenden Kapitels wurde das Zusammenspiel zwischen Dampfdiffusion und Flüssigkeitsbewegung im Gutsinneren behandelt, wie man es aus experimentellen Untersuchungen bei niederen, konstant gehaltenen Temperaturen (unter etwa 50 °C) bestätigt findet (s. S. 194 bis 333). Dabei waren Dampfdiffusion und die kapillare Flüssigkeitsbewegung die allein entscheidenden Vorgänge. Anschließend wurden Fälle betrachtet, bei denen die Wärmeübertragung als entscheidender Vorgang in Erscheinung trat (insbesondere bei hohen Gutstemperaturen oder im Vakuum). Bei der reinen Verdampfungstrocknung bestimmen die Verhältnisse der Wärmeübertragung allein den Ablauf der Trocknung.

Im folgenden sollen die experimentell bestätigten Gesetzmäßigkeiten zu einfachen Berechnungen für die charakteristischen Abschnitte bzw. Punkte des Trocknungsvorganges benutzt werden. Diese Abschnitte bzw. Punkte sind:

1. die Anfangstrocknungsgeschwindigkeit g_{D_I} im ersten Trocknungsabschnitt, der bis zur experimentell festzustellenden Knickpunktkurve geht;

2. die Endtrocknungsgeschwindigkeit g_{D_E} des zweiten Trocknungsabschnittes. Kennt man diese und den Knickpunkt, so läßt sich meist mit einiger Sicherheit der Trocknungsverlauf im zweiten Abschnitt in das Diagramm des Trocknungsverlaufes einzeichnen;

3. der Verlauf der Trocknungsgeschwindigkeit im dritten Abschnitt der Trocknung bei kapillarporösen Systemen, bei denen der zweite Trocknungsabschnitt nur bis zu einem Flüssigkeitsgehalt gehen kann, bei dem das ganze Gut im hygroskopischen Bereich ist. Dann fällt die Trocknungsgeschwindigkeit bis zur Gleichgewichtsfeuchtigkeit auf den Wert Null.

Die hier mitgeteilten Berechnungen, die eine grobe Vorausberechnung der Trocknungszeiten für alle Trocknungsarten gestatten, sind deshalb einfach, weil für die genannten Punkte bzw. Vorgänge nicht alle in Betracht kommenden Bewegungsmöglichkeiten (Wärme-, Flüssigkeits- und Dampfbewegung), sondern nur Wärme- und Dampfbewegung maßgeblich sind. Ein weiterer Grund für die Einfachheit der Berechnung ist darin zu sehen, daß die Kupplung des Wärme- und Stoffaustausches im ersten Abschnitt (g_{D_I}) sowie am Ende des zweiten Trocknungsabschnittes (g_{D_E}) so berechnet werden kann, als fänden beide Vorgänge im Beharrungszustand statt. Im dritten Abschnitt aber ergibt die Berechnung des zeitlich veränderlichen Vorganges unter gewissen vereinfachenden Annahmen einen geradlinigen Trocknungsverlauf, so daß sich für den projektierenden Ingenieur jede Rechenarbeit erübrigt.

Dabei soll der erste Abschnitt näherungsweise konstanter Trocknungsgeschwindigkeit, bei dem die äußeren Bedingungen allein den Vorgang bestimmen, zuerst behandelt werden. Die äußeren Bedingungen des Wärme- und Stoffaustausches sind bei den verschiedenen Trocknungsverfahren verschieden. Je nach Art der Wärmeübertragung an das Gut sind folgende Trocknungsarten zu unterscheiden:

1. Konvektionstrocknung, bei der das Trockenmittel zugleich Wärmeträger ist – Lufttrocknung, Zerstäubungstrocknung, Vakuumtrocknung mit nicht zu hohem Vakuum (z.B. mit Brüdenumwälzung), Heißdampftrocknung, Rauchgastrocknung;
2. Strahlungstrocknung, bei der zusätzlich oder vorwiegend Einstrahlung von außen als Wärmeträger fungiert.
3. Kontakttrocknung, bei der vorwiegend durch Wärmeleitung von beheizten Wänden die zur Verdampfung erforderliche Wärme zugeführt wird (Walzen- oder Zylindertrocknung, Vakuumkontakttrocknung usw.).

Für alle diese Verfahren läßt sich die Trocknungsgeschwindigkeit im ersten Trocknungsabschnitt einigermaßen im voraus berechnen.

Das nur von den kapillaren Eigenschaften des Gutes abhängige Ende des ersten Abschnittes – der „Knickpunkt" – kann derzeit nur aus experimentellen Feststellungen – nach Art der im vorigen Kapitel beschriebenen – gewonnen oder auf Grund von Analogieschlüssen, die sich auf experimentelle Untersuchungen an ähnlichen Stoffen stützen, abgeschätzt werden (Knickpunktkurven). Die Lage dieser Kurven ist in übersehbarer Weise von der Form des Gutes abhängig (ebene Platte, Zylinder, Kugel).

Einfach berechenbar ist wiederum das nur von Gutsdicke und den Diffusions- und Wärmeübertragungsbedingungen abhängige Ende der Trocknung bei grobkapillaren Gütern (Porenweite über 10^{-8} m). Bei gemischtkapillaren Gütern (mit einem feinen, hygroskopischen und einem groben Porensystem wie bei Faserstoffplatten, Papierstoffmasse, Holzspanplatten und dergleichen) ist nur eine scheinbare Endtrocknungsgeschwindigkeit zu berechnen, der die Trocknungsgeschwindigkeit im zweiten Abschnitt zuzustreben scheint. Auch dadurch erhält man einen Anhalt für den Verlauf der Trocknungsgeschwindigkeit im zweiten Abschnitt.

Der Verlauf der Trocknung im letzten (dritten) Abschnitt der Trocknung gemischt-kapillarer Systeme ist einerseits durch die Diffusionseigenschaften des Gutes und die äußeren Diffusionsbedingungen, andererseits durch den Gehalt des Gutes an hygroskopisch gebundener Flüssigkeit bestimmt. Soweit die Bewegung auf Grund von im wesentlichen gleichbleibenden Diffusionseigenschaften des Gutes erfolgt, ist auch hier eine näherungsweise mathematische Beschreibung in einfacher Form möglich.

Nicht in den Bereich der folgenden Betrachtungen gehören Trocknungsvorgänge bei feinporigen Gütern, deren Trocknung einerseits vorwiegend im hygroskopischen Bereich erfolgt (Holz, Getreide usw.), andererseits nur innerhalb kleiner Unterschiede im Feuchtigkeitsgehalt (z.B. von $X = 25$ auf $X = 10\%$). Bei diesen Gütern sind die beiden maßgeblichen Stoffeigenschaften (kapillare Leitfähigkeit und Diffusionswiderstandsfaktor) so wesentlich vom Flüssigkeitsgehalt des Gutes abhängig, daß hierfür vorerst nur qualitative Betrachtungen über den Einfluß der äußeren Bedingungen möglich sind. Die Kupplung des Wärme- und Stoffaustausches bei zeitlich veränderlichen Vorgängen wird erst in Kap. IX behandelt.

a) Die Trocknungsgeschwindigkeit im ersten Trocknungsabschnitt

Im ersten Abschnitt der Trocknung unter konstanten äußeren Bedingungen stellt sich, wie die oben beschriebenen Experimente lehren, sehr bald ein dem Beharrungszustand insofern ähnlicher Zustand ein, als sich meist relativ rasch die Temperatur des Gutes und die Trocknungsgeschwindigkeit nicht mehr ändern.

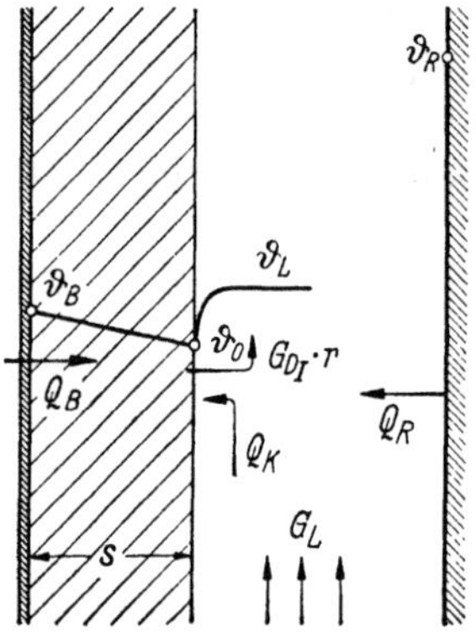

Abb. 267. Schema zur Wärmebewegung beim Trocknen.

Ist dieser Zustand erreicht, so erfolgt lediglich an der Oberfläche des Gutes ein Wärme- und Stoffaustausch mit der Umgebung, der die Trocknungsgeschwindigkeit bestimmt. Für die verdunstende Oberfläche gilt als allgemeine Beziehung, daß die Summe der durch Konvektion (Q_K), Strahlung (Q_R) und Wärmeleitung (Q_B) an der Oberfläche zugeführten Wärmemengen $Q_K + Q_R + Q_B$ mit dem abströmenden Dampf (als Enthalpiezunahme) $G_D r$ abgeführt wird, also

$$Q_K + Q_R + Q_B = G_{D_I} r\,, \tag{346}$$

(s. Abb. 267).

1. Die Trocknungsgeschwindigkeit, wenn das Trockenmittel alleiniger Wärmeträger ist

Der Fall ist dadurch gekennzeichnet, daß in Gl. (346) Q_R und Q_B Null werden, so daß bei Temperaturen über 0 °C gilt:

$$Q_K = F\alpha(\vartheta_L - \vartheta_0) = G_{D_I} r = F\frac{\beta r}{R_D T}(P_{D_0} - P_{D_L})\,. \tag{346a}$$

Diese für reine Lufttrocknung, Heißdampftrocknung, Vakuumtrocknung mit Brüdenumwälzung charakteristische Beziehung wurde bereits in früheren Abschnitten dieses Buches behandelt. Sowohl aus einfachen Überlegungen über die Energiebilanz (s. S. 26) als auch aus dem Zusammenhang zwischen Wärme- und Stoffaustausch (s. S. 247ff.) wurden Beziehungen entwickelt, die eine Bestimmung der Kühlgrenztemperatur [Gl. (23)] bzw. der Gutstemperatur im Beharrungszustand unter Annahme eines vollkommen turbulenten Wärme- und Stoffaustausches oder desjenigen durch eine laminare Grenzschicht konstanter Dicke gestatten (s. Abb. 171).

Die Ergebnisse der extrem verschiedenen Überlegungen unterscheiden sich, wie auf S. 262 dargelegt wurde, nur sehr wenig. Daher sollen im folgenden nur die Beziehungen zwischen Wärme- und Stoffübergang für mittlere Verhältnisse benutzt werden: Angesichts der Überlegung, daß man bei technischen Fragen keine bis in letzte Einzelheiten gehende Genauigkeit erwarten darf, mag als Mittelwert für das Verhältnis α/β die Beziehung

$$\frac{\alpha}{\beta} = \sqrt{\gamma c_p \frac{\lambda}{\delta}} \left(1 - \frac{P_{D_m}}{P}\right) \tag{347}$$

verwandt werden, die den Bedingungen bei angeströmten Gütern bei reibungsfreier Strömung entspricht (vgl. S. 256).

Als mittlerer Dampfteildruck P_{D_m} kann das arithmetische Mittel $\frac{P_{D_0} + P_{D_L}}{2}$ benutzt werden, solange P_{D_0} nicht nahe an P herankommt. Dann ist der logarithmische Mittelwert

$$\frac{P - P_{D_m}}{P} = \frac{P_{D_0} - P_{D_L}}{P \ln \frac{P - P_{D_L}}{P - P_{D_0}}}$$

anzuwenden [vgl. Gl. (208b), S. 178].

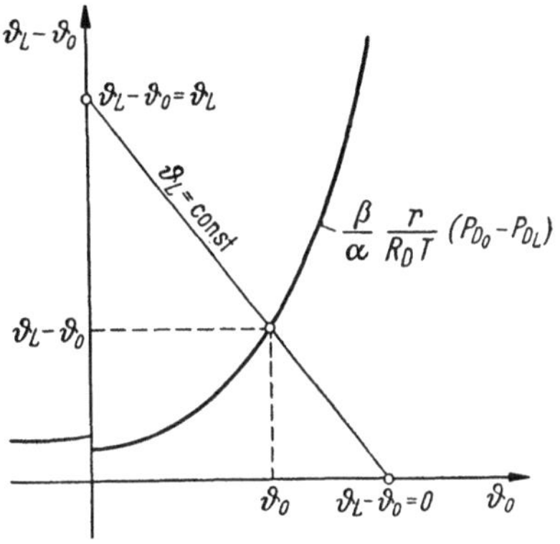

Abb. 268. Zur Bestimmung der Gutsoberflächentemperatur.

In der Größe $\sqrt{\gamma c_p \lambda/\delta}$ kann γc_p nach S. 256 unter Benutzung der Molwärmen $M_D c_{pD} = 8$ und $M_L c_{pL} = 7$ kcal/kmol° ausgedrückt werden durch

$$\gamma c_p = \frac{7P}{\Re T_m}\left(1 + \frac{1}{7}\frac{P_{D_m}}{P}\right).$$

Es ist ferner nach Gl. (206)

$$\delta = \frac{830}{P}\left(\frac{T_m}{273}\right)^{1,81}.$$

Setzt man noch als Näherung gemäß Gl. (306)

$$\lambda = 0{,}0208\left(\frac{T_m}{273}\right)^{0,81}\left(1 - 0{,}24\frac{P_{D_m}}{P}\right),$$

was für Temperaturen bis 300 °C erlaubt ist, so kann Gl. (346a) für Temperaturen ϑ_0 über 0 °C auf die Form gebracht werden:

$$\vartheta_L - \vartheta_0 = \frac{\beta}{\alpha}\frac{r}{R_D T}(P_{D_0} - P_{D_L}) =$$

$$= \frac{1}{6}\frac{1 - \frac{\vartheta_0}{1000}}{\sqrt{\left(1 - 0{,}24\frac{P_{D_m}}{P}\right)\left(1 + \frac{1}{7}\frac{P_{D_m}}{P}\right)}}\frac{10000}{P}\frac{1}{1 - \frac{P_{D_m}}{P}}(P_{D_0} - P_{D_L}). \tag{348}$$

Für Temperaturen $\vartheta_0 < 0\,°C$ ist statt der Verdampfungswärme r die Sublimationswärme $r + r_{sch}$ (s. Tab. 1) einzuführen. Dann ergibt sich:

$$\vartheta_L - \vartheta_0 = \frac{1}{5{,}3}\,\frac{1-\dfrac{\vartheta_0}{11000}}{\sqrt{\left(1+\dfrac{1}{7}\,\dfrac{P_{D_m}}{P}\right)\left(1-0{,}24\,\dfrac{P_{D_m}}{P}\right)}}\,\frac{10000}{P}\,\frac{1}{1-\dfrac{P_{D_m}}{P}}\,(P_{D_0}-P_{D_L}). \qquad (348\,\mathrm{a})$$

Die Auflösung von Gl. (348) bzw. (348a) kann in der Weise erfolgen, daß man wie in Abb. 268 einerseits die für bestimmte Lufttemperatur ϑ_L

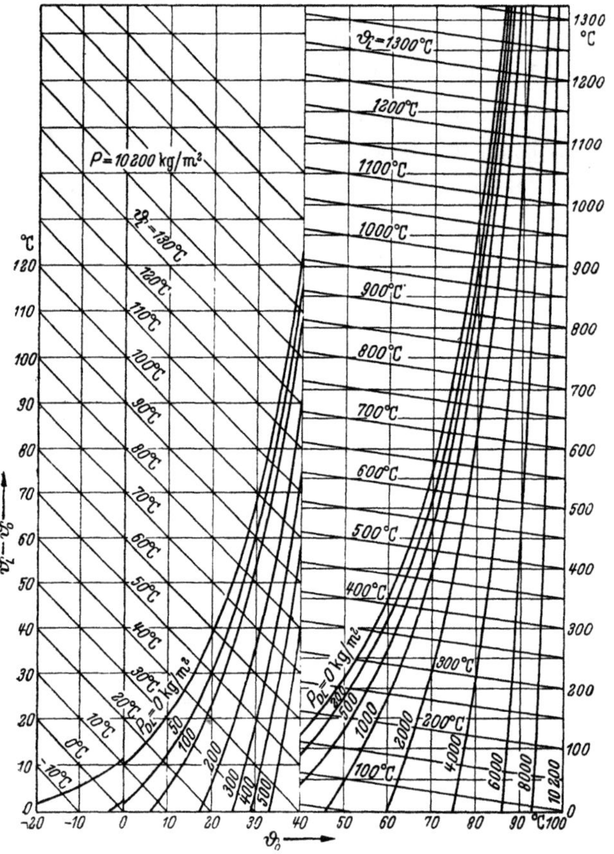

Abb. 269. Die Gutsoberflächentemperatur ϑ_0 bei verschiedenen Lufttemperaturen ϑ_L und verschiedenen Dampfteildrucken P_{D_L} in der Luft. $P = 10200$ kg/m². [An Stelle der Lufttemperatur ϑ_L kann auch die äquivalente Lufttemperatur ϑ_L^* nach Gl. (351) eingesetzt werden].

gültige Gerade $\vartheta_L - \vartheta_0$ aufträgt, andererseits die Werte $\frac{\beta}{\alpha}\,\frac{r}{R_D T}\,(P_{D_0} - P_{D_L})$ nach Gl. (348) bzw. (348a), die für gegebenen Teildruck der Luft P_{D_L} nur von ϑ_0 abhängig sind. Der Schnittpunkt liefert die Gutstemperatur ϑ_0 auf der Abszisse und die Temperaturdifferenz $(\vartheta_L - \vartheta_0)$ auf der Ordinate.

Aus den Abb. 269 bis 272 sind die nach den Gl. (348) und (348a) errechneten Gutstemperaturen für gegebene Lufttemperaturen ϑ_L und Dampfteildrucke P_{D_L} in der Luft zu entnehmen. Unterschiedlich ist in den Abbildungen der Gesamtdruck P gewählt, so daß man die Gutstemperatur bis zu einem Vakuum von 1/1000 ata = 10 mm WS unmittelbar entnehmen kann, solange das Dampf-Luftgemisch alleiniger Wärmeträger ist[1].

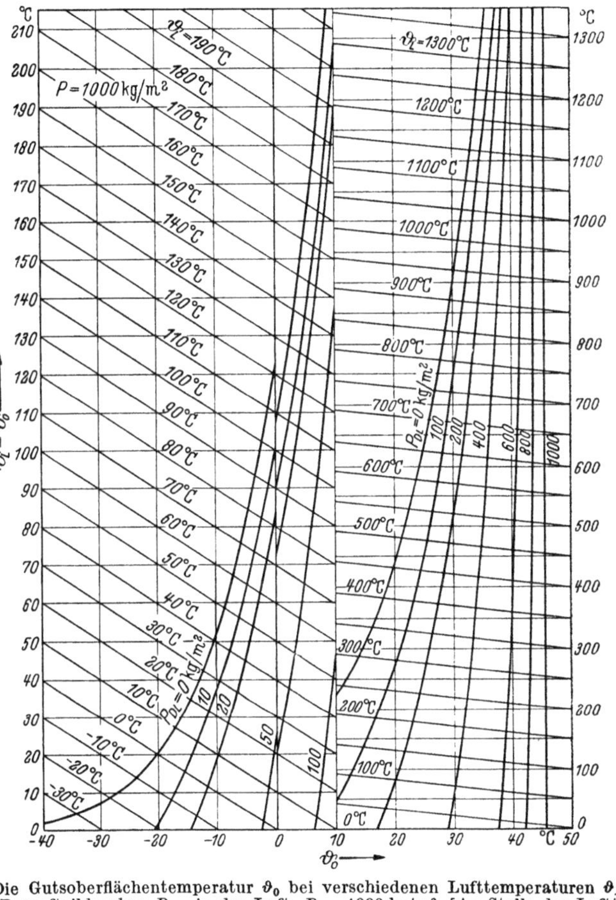

Abb. 270. Die Gutsoberflächentemperatur ϑ_0 bei verschiedenen Lufttemperaturen ϑ_L und verschiedenen Dampfteildrucken P_{D_L} in der Luft. $P = 1000$ kg/m². [An Stelle der Lufttemperatur ϑ_L kann auch die äquivalente Lufttemperatur ϑ_L^* nach Gl. (351) eingesetzt werden].

[1] In Abb. 269 bis 272 könnte man unterhalb der Abszisse diejenigen Kurven, für die $P_{D_L} > P''_{D_0}$ ist, fortsetzen. Man erhält dann die Gutstemperaturen für den Fall der Kondensation eines übersättigten kalten Dampf-Luftgemisches an einer Wand von höherer Temperatur, an der der Sattdampfdruck herrscht. Es ist der Umkehrfall zur Verdunstungskühlung beim Trocknen (Wärmeerzeugung durch Kondensieren, Wärmeabfuhr durch das kalte Gemisch). Der Fall ist hypothetisch, da sich wesentlich übersättigte Dampf-Luftgemische nicht herstellen lassen. Aber die Abbildungen sind, wie im folgenden gezeigt wird, auch für den Fall der Wärmezu- oder -abfuhr durch Strahlung oder Leitung brauchbar, so daß sie auf den Fall der Entfeuchtung eines Luftstroms durch Kühlung Anwendung finden können.

Aus Abb. 269 findet man für normalen Luftdruck ($P = 10200$ kg/m²) Gutstemperaturen ϑ_0 im ersten Trocknungsabschnitt, die nur bei niederen Temperaturen etwas von den aus dem i–x-Diagramm entnommenen oder nach Gl. (23) errechneten Kühlgrenztemperaturen abweichen; bei höheren Temperaturen ergibt sich Übereinstimmung. Für $\vartheta_L = 20$ °C und

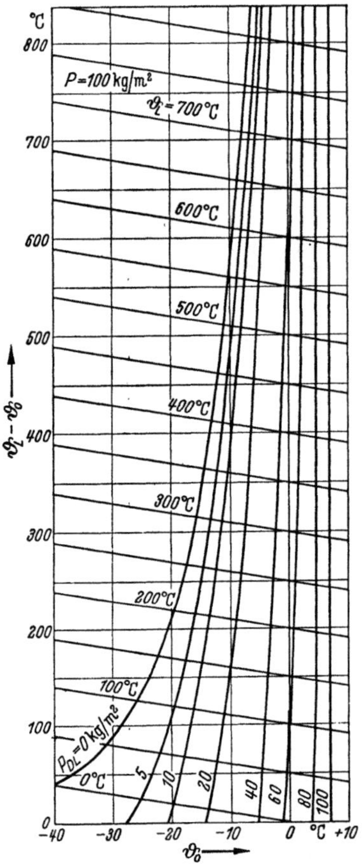

Abb. 271. Die Gutsoberflächentemperatur ϑ_0 bei verschiedenen Lufttemperaturen ϑ_L und verschiedenen Dampfteildrucken P_{D_L} in der Luft. $P = 100$ kg/m². [An Stelle der Lufttemperatur ϑ_L kann auch die äquivalente Lufttemperatur ϑ_L nach Gl. (351) eingesetzt werden].

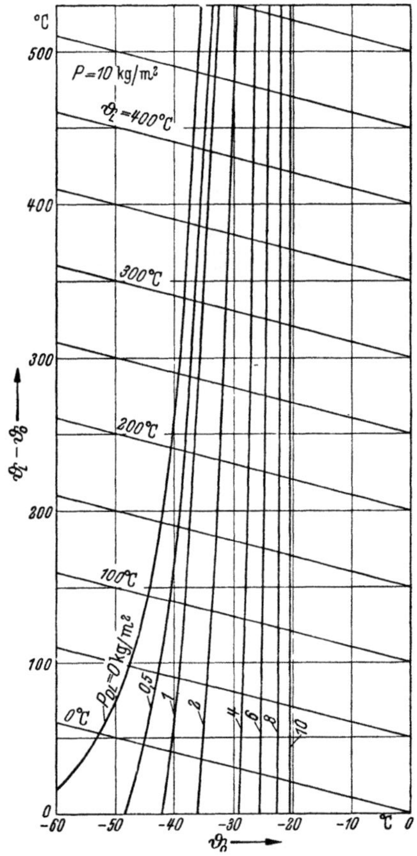

Abb. 272. Die Gutsoberflächentemperatur ϑ_0 bei verschiedenen Lufttemperaturen ϑ_L und verschiedenen Dampfteildrucken P_{D_L} in der Luft. $P = 10$ kg/m². [An Stelle der Lufttemperatur ϑ_L kann auch die äquivalente Lufttemperatur ϑ_L' nach Gl. (351) eingesetzt werden].

$P_{D_L} = 0$ liefert Gl. (348) bzw. Abb. 269 eine Gutstemperatur ϑ_0 von 5 °C, während die Kühlgrenztemperatur nach dem i–x-Diagramm 6 °C beträgt. Dies dürfte etwa die größte Abweichung darstellen. Nur sehr genaue – unter Beobachtung aller äußeren Einflüsse – durchgeführten Versuche könnten Aufschluß darüber ergeben, welche Werte für übliche Strömungsverhältnisse geeigneter sind. Für die Ermittlung der Trocknungsgeschwindigkeit sind die Unterschiede belanglos.

Will man aus den Abb. 269 bis 272 die Trocknungsgeschwindigkeit im ersten Trocknungsabschnitt bestimmen, so ist dies nach Gl. (346a) in der Weise möglich, daß der den Abbildungen entnommene Temperaturunterschied $\vartheta_L - \vartheta_0$ mit der Wärmeübergangszahl α multipliziert und durch die Verdampfungs- bzw. Sublimationswärme dividiert wird.

$$g_{D_I} = \frac{\alpha}{r}(\vartheta_L - \vartheta_0) \quad \mathrm{kg/m^2h}. \tag{349}$$

2. Die Trocknungsgeschwindigkeit bei Mitwirkung von Strahlung und Leitung

Nach Gl. (346) kann die allgemeine Wärmebilanz für die Verdunstung bei gleichbleibender Temperatur auch geschrieben werden:

$$\vartheta_L + \frac{q_R}{\alpha} + \frac{q_B}{\alpha} - \vartheta_0 = g_{D_I}\frac{r}{\alpha} = \frac{\beta}{\alpha}\frac{r}{R_D T}(P_{D_0} - P_{D_L}). \tag{350}$$

Der Ausdruck auf der rechten Seite, der nur von P_{D_L} und ϑ_0 abhängig ist, ist der gleiche wie in Gl. (346a). Auf der linken Seite steht außer der Temperaturdifferenz $\vartheta_L - \vartheta_0$ noch die durch die Wärmeübergangszahl zwischen Gut und Luftstrom dividierte Strahlungs- bzw. Leitungswärme. Kennt man die letzteren, so ist es einfach, die Temperatur ϑ_0 der Oberfläche aus den Abb. 269 bis 272 zu ermitteln. Führt man eine äquivalente Lufttemperatur ϑ'_L ein nach der Gleichung

$$\vartheta'_L = \vartheta_L + \frac{q_R}{\alpha} + \frac{q_B}{\alpha}, \tag{351}$$

so ist für diese, wie Gl. (350) aussagt, ϑ_0 genau wie vorher aus den Abb. 269 bis 272 zu entnehmen.

Die Trocknungsgeschwindigkeit g_{D_I} ist in diesem Falle

$$g_{D_I} = \frac{\alpha(\vartheta'_L - \vartheta_0)}{r}. \tag{352}$$

Je größer $q_R/\alpha + q_B/\alpha$ wird, um so größer wird ϑ'_L; damit nähert sich die Gutstemperatur ϑ_0 immer mehr der Verdampfungstemperatur. Um so leichter wird es, von vornherein die Trocknungsgeschwindigkeit abzuschätzen, da kleine Unterschiede in der Temperaturdifferenz $\vartheta'_L - \vartheta_0$ nicht mehr entscheidend sind.

Da man im allgemeinen die Strahlungs- und Leitungswärme mangels Kenntnis der Gutstemperatur nicht genau kennt, wird man – wenn nötig – zunächst eine grobe Abschätzung vornehmen, alsdann das Ergebnis auf Grund der gefundenen Gutstemperatur korrigieren.

Bei der Abschätzung der Strahlungswärme wird man bei bekannter Strahlertemperatur zweckmäßig die in Tab. 27 enthaltenen äquivalenten Wärmeübergangszahlen durch Strahlung benutzen, die für ein Winkelverhältnis 1 gelten. Sie sind bei nicht allseitigem Strahlungsaustausch mit den Winkelverhältnissen zu multiplizieren, die man für die meisten technischen Fälle ohne Schwierigkeit aus den Abb. 54 bis 56 entnehmen kann.

Bei der Ermittlung der Leitungswärme bei der Kontakttrocknung wird die erste Abschätzung oft recht unsicher sein, vor allem weil unter Umständen die Wärmeleitfähigkeit des feuchten Gutes, durch das die Wärmeleitung erfolgt, selbst in starkem Maße von der Gutstemperatur abhängig ist, wie die Anwendung der Abb. 188 bis 190 lehrt.

Einfach wird die Berechnung bei Gütern, die durch Hochfrequenz beheizt werden, wenn man die im Hochfrequenzfeld erzeugten Wärmemengen kennt. Denn alle im Gut erzeugte Wärme muß dann durch Wärmeleitung an die Oberfläche gelangen. Dann ist

$$q_B = Q_E/F\,.$$

3. Zweite Fassung der Gleichung zur Ermittlung der Anfangstrocknungsgeschwindigkeit

Die bisherige Darstellung der Beziehungen zur Ermittlung der Anfangstrocknungsgeschwindigkeit ging davon aus, daß man die Strahlungswärme q_R und die durch Kontaktleitung zugeführte q_B überschläglich leicht ermitteln könne. Dann sind mit Einführung der äquivalenten Temperatur ϑ'_L die Abb. 269 bis 272 unmittelbar anzuwenden.

Will man jedoch die die Wärmeleitung und Strahlung bestimmenden Temperaturen unmittelbar in die Gleichung zur Ermittlung der Gutstemperatur ϑ_0 einbeziehen, so kann man folgendes Verfahren anwenden.

Die Bilanz lautet mit den Bezeichnungen in Abb. 267:

$$\alpha(\vartheta_L - \vartheta_0) + \alpha_R(\vartheta_R - \vartheta_0) + \lambda/s\,(\vartheta_B - \vartheta_0) = g_D\,r\,,$$

worin λ die Wärmeleitfähigkeit des feuchten Gutes bedeutet. Sie kann umgeformt werden in:

$$\alpha\left(1 + \frac{\alpha_R}{\alpha} + \frac{\lambda}{\alpha s}\right)\left(\frac{\vartheta_L + \frac{\alpha_R}{\alpha}\vartheta_R + \frac{\lambda}{\alpha s}\vartheta_B}{1 + \frac{\alpha_R}{\alpha} + \frac{\lambda}{\alpha s}} - \vartheta_0\right) = g_D\,r\,.$$

Führt man eine äquivalente Lufttemperatur ϑ_L^* ein – die jedoch anders definiert ist als die durch Gl. (351) gegebene ϑ'_L –

$$\vartheta_L^* = \frac{\vartheta_L + \frac{\alpha_R}{\alpha}\vartheta_R + \frac{\lambda}{\alpha s}\vartheta_B}{1 + \frac{\alpha_R}{\alpha} + \frac{\lambda}{\alpha s}}\,, \tag{353}$$

so gilt endgültig:

$$\vartheta_L^* - \vartheta_0 = \frac{\beta r}{\alpha R_D T}\,(P_{D_0} - P_{DL})\,\frac{1}{1 + \frac{\alpha_R}{\alpha} + \frac{\lambda}{\alpha s}}\,. \tag{354}$$

Diese Gleichung löst man mit Hilfe der Diagramme 269 bis 272 in der Weise, daß man die für den gegebenen Dampfteildruck in der Luft P_{D_L} gültige Kurve aus den Abb. 269 bis 272 durch $(1 + \alpha_R/\alpha + \lambda/\alpha s)$ dividiert und mit der Geraden ϑ_L^* zum Schnitt bringt (s. Abb. 277). Die Ergebnisse beider Methoden sind identisch.

b) Die Endtrocknungsgeschwindigkeit des zweiten Trocknungsabschnitts bei nichthygroskopischen plattenförmigen Gütern

Da die Dampfdiffusion im Gutsinnern je nach Porenweite und Höhe des Gesamtdruckes verschiedenen Gesetzmäßigkeiten folgen kann – KNUDSENsche Molekulardiffusion oder STEFANsche Diffusion (vgl. S. 168ff.), müssen diese beiden Fälle unterschieden werden.

1. Die Endtrocknungsgeschwindigkeit bei Stefanscher Diffusion im Gutsinnern

Die Bestimmung der Endtrocknungsgeschwindigkeit g_{D_E} ist dann einfach, wenn man den Ort der Verdunstung der letzten Flüssigkeitsmenge, d.h. die Lage des Trockenspiegels, in dem bei nicht hygroskopischen Gütern immer der Sattdampfdruck herrscht, kennt. Dies ist z.B. der Fall bei zweiseitiger Trocknung, bei der man von vornherein weiß, daß die letzte Wassermenge nur aus der Gutsmitte heraus verdampfen

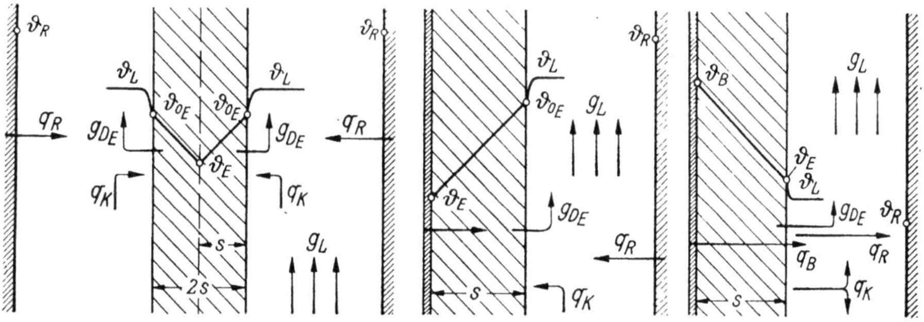

Abb. 273a–c. Veranschaulichung zur Bestimmung der Endtrocknungsgeschwindigkeit a) bei zweiseitiger Trocknung mit äußerer Wärmezufuhr; b) bei einseitiger Strahlungs- oder Konvektionstrocknung; c) bei Kontakttrocknung.

kann (Abb. 273a). Ebenso weiß man bei der einseitigen Konvektions- oder Strahlungstrocknung – jedoch nur, wenn die wesentliche Absorption der Strahlung an der Gutsoberfläche (nicht im Gutsinnern) erfolgt –, daß der letzte Rest der Feuchtigkeit aus der von Trockenmittel und Wärmeträger am weitesten entfernten Stelle s verdampfen muß (Abb. 273b). Geschieht die Wärmezufuhr durch Wärmeleitung (Kontakttrocknung) von der dem Trockenmittel abgewandten Seite, so verdampft die letzte Flüssigkeitsmenge an der Oberfläche (Abb. 273c).

Liegen Mischfälle vor, bei denen Kontaktleitung, Strahlung und Wärmezufuhr vom Trockenmittel beteiligt sind, so kann man die Lage des Trockenspiegels nicht von vornherein angeben, aber es sind auf Grund der im folgenden mitgeteilten Überlegungen einfache Abschätzungen möglich, die einen Anhalt geben.

α) *Wärmezufuhr von der Seite des Trockenmittels (Luft- und Strahlungstrocknung)*

Wird die gesuchte Endtemperatur in der Tiefe s mit ϑ_E bezeichnet, die Temperatur der Oberfläche mit ϑ_{0E} (s. Abb. 274), so gelten für die Wärmeübertragung von der Umgebung an den Trockenspiegel die Beziehungen:

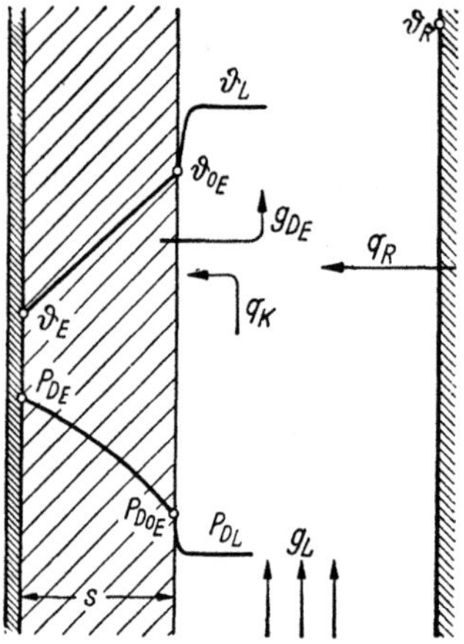

Abb. 274. Zur Bestimmung der Endtrocknungsgeschwindigkeit bei Luft- und Strahlungstrocknung.

$$q_R + \alpha(\vartheta_L - \vartheta_{0E}) = \lambda/s\,(\vartheta_{0E} - \vartheta_E)\,. \tag{355}$$

Ist die Temperatur des Strahlers ϑ_R bekannt, so setzt man

$$q_R = \alpha_R(\vartheta_R - \vartheta_{0E}).$$

Damit wird aus Gl. (355):

$$\vartheta_{0E} = \frac{\vartheta_L + \frac{\alpha_R}{\alpha}\vartheta_R + \frac{\lambda}{\alpha s}\vartheta_E}{1 + \frac{\alpha_R}{\alpha} + \frac{\lambda}{\alpha s}}\,. \tag{356}$$

Die gesamte Wärmezufuhr zum Trockenspiegel wird zur Verdampfung der Menge g_{DE} verbraucht. Es gilt:

$$g_{DE}\, r = \lambda/s\,(\vartheta_{0E} - \vartheta_E)\,. \tag{357}$$

Einsetzen von Gl. (356) liefert für die Endtrocknungsgeschwindigkeit:

$$g_{DE} = \frac{1}{r}\,\frac{\lambda}{s}\,\frac{1 + \frac{\alpha_R}{\alpha}}{1 + \frac{\alpha_R}{\alpha} + \frac{\lambda}{\alpha s}}\left(\frac{\vartheta_L + \frac{\alpha_R}{\alpha}\vartheta_R}{1 + \frac{\alpha_R}{\alpha}} - \vartheta_E\right). \tag{358}$$

Führt man als äquivalente Lufttemperatur ein:

$$\frac{\vartheta_L + \frac{\alpha_R}{\alpha}\vartheta_R}{1 + \frac{\alpha_R}{\alpha}} = \vartheta_L^*\,, \tag{359}$$

so ergibt sich für die Endtrocknungsgeschwindigkeit aus den Gesetzen der Wärmeleitung:

$$g_{DE} = \frac{1}{r}\,\frac{\lambda}{s}\,\frac{1 + \frac{\alpha_R}{\alpha}}{1 + \frac{\alpha_R}{\alpha} + \frac{\lambda}{\alpha s}}\,(\vartheta_L^* - \vartheta_E)\,, \tag{360}$$

worin λ die Leitfähigkeit des trockenen Gutes ist.

Andererseits ergibt sich aus den Gesetzen der Diffusion [Gl. (208a) und Gl. (278)] durch das Gut und von der Oberfläche an die Luft:

$$g_{D_E} = \frac{1}{R_D T} \frac{1}{\dfrac{1}{\beta} + \dfrac{\mu s}{\delta}\left(1 - \dfrac{P_{D_m}}{P}\right)} (P_{D_E} - P_{D_L}). \tag{361}$$

Gleichsetzen von Gl. (360) und (361) liefert nach einer kleinen Zwischenrechnung:

$$\vartheta_L^* - \vartheta_E = \frac{r}{R_D T} \frac{\beta}{\alpha} (P_{D_E} - P_{D_L}) \frac{1 + \dfrac{(\alpha + \alpha_R) s}{\lambda}}{\left[1 + \dfrac{\mu s \beta}{\delta}\left(1 - \dfrac{P_{D_m}}{P}\right)\right]\left(1 + \dfrac{\alpha_R}{\alpha}\right)}. \tag{362}$$

Die Gleichung ist bis auf den letzten Bruch formal übereinstimmend mit der für die Anfangstrocknungsgeschwindigkeit g_{D_I} hergeleiteten Gl. (348) [mit Gl. (350), falls $q_B = 0$]. Daraus folgt, daß man die Endtemperatur am Trockenspiegel unter Benutzung der Abb. 269 bis 272 bestimmen kann, wenn man die Kurven in den Abbildungen mit dem Faktor

$$\frac{1 + \dfrac{(\alpha + \alpha_R) s}{\lambda}}{\left[1 + \dfrac{\mu s \beta}{\delta}\left(1 - \dfrac{P_{D_m}}{P}\right)\right]\left(1 + \dfrac{\alpha_R}{\alpha}\right)}$$

multipliziert und mit den Geraden $\vartheta_L^* - \vartheta_E$ zum Schnitt bringt.

Um die Bedeutung des Faktors zu veranschaulichen, sei von der für den Stoffübergang bei dem Grenzfall nach Gl. (283) gültigen Beziehung

$$\frac{\alpha}{\beta} = \frac{\lambda_L}{\delta}\left(1 - \frac{P_{D_m}}{P}\right)$$

Gebrauch gemacht.

Dann wird

$$\frac{\mu s \beta}{\delta}\left(1 - \frac{P_{D_m}}{P}\right) = \frac{\mu s \alpha}{\lambda_L}, \tag{363}$$

worin λ_L die Wärmeleitfähigkeit der Luft bedeutet. Dann lautet Gl. (362):

$$\vartheta_L^* - \vartheta_E = \frac{r}{R_D T} \frac{\beta}{\alpha} (P_{D_E} - P_{D_L}) \frac{1 + \dfrac{\alpha + \alpha_R}{\lambda} s}{\left(1 + \dfrac{\mu \alpha s}{\lambda_L}\right)\left(1 + \dfrac{\alpha_R}{\alpha}\right)}. \tag{364}$$

worin nach Gl. (359) gilt:

$$\vartheta_L^* = \frac{\vartheta_L + \dfrac{\alpha_R}{\alpha} \vartheta_R}{1 + \dfrac{\alpha_R}{\alpha}}.$$

Gl. (364) besagt, daß der Faktor, mit dem die Kurven der Abb. 269 bis 272 zu multiplizieren sind, abgesehen von α_R und α, nur von dem Diffusionswiderstandsfaktor μ und der Wärmeleitfähigkeit λ der trockenen Gutsschicht sowie derjenigen der Luft abhängig ist. Beide Größen sind relativ leicht abzuschätzen (vgl. Tab. 15, 20 und 31)[1].

Es ist unter Umständen möglich, daß in dem letzten Bruch in Gl.(364) die mit den Stoffgrößen gebildeten Summanden sehr viel größer werden, als 1, so daß man näherungsweise setzen kann:

$$\frac{1+\frac{\alpha+\alpha_R}{\lambda}s}{\left(1+\frac{\mu\alpha s}{\lambda_L}\right)\left(1+\frac{\alpha_R}{\alpha}\right)} \approx \frac{\lambda_L}{\lambda\mu}. \tag{365}$$

Dann wird also dieser Faktor unabhängig von der Gutsdicke s, d.h. also auch von der jeweiligen Lage des Trockenspiegels. Es müßte sich also in einem solchen Gut im Verlauf der Trocknung asymptotisch eine konstante Temperatur des Trockenspiegels einstellen, die mit $\vartheta_{E,s\to\infty}$ bezeichnet werden soll. Gl. (364) läßt sich dann bei Kenntnis der Stoffwerte (λ = Wärmeleitfähigkeit des trockenen Stoffs, μ = Diffusionswiderstandsfaktor) leicht auswerten.

Prof. Toei von der Universität Kyoto hat in einer zur Zeit noch nicht veröffentlichten Arbeit[2] die Temperaturverteilung bei der Lufttrocknung verschiedener überströmter Schüttungen beobachtet. Abb. 275 gibt als Beispiel seine Versuchsergebnisse für pulverförmiges $CaCO_3$ (mittlere Korngröße $\approx$ 0,5 μ, Porosität etwa 45%) wieder. Man sieht deutlich, wie bei den in verschiedener Gutstiefe gemessenen Temperaturen zwei charakteristische Werte besonders bedeutsam sind:

1. die Temperatur im ersten Abschnitt, in dem sich im ganzen Gut etwa die Kühlgrenztemperatur einstellt (hier etwa 34 °C),

2. die näherungsweise gleichbleibende Temperatur des Trockenspiegels im zweiten Abschnitt (hier etwa 63,6 °C).

Toei hat unter Benutzung von Gl. (364) den Diffusionswiderstandsfaktor μ errechnet, wobei er für die Leitfähigkeit des trockenen Gutsteils $\lambda = 0{,}17$ einsetzte. So erhielt er $\mu = 2{,}3$, ein Wert, der durchaus im Rahmen des Erwarteten liegt.

Im letzten Bild dieses Bandes (Abb. 349) ist der automatisch aufgezeichnete Trocknungsverlauf und der Temperaturverlauf während der Lufttrocknung ($\vartheta_L = 60$ °C) einer Gasbetonprobe (Ytong) wiedergegeben. Aus dem Verlauf der Temperatur in Probemitte (Kurve *10*) erkennt man, daß sie im zweiten Trocknungsabschnitt während eines großen

---

[1] Es sei noch bemerkt, daß für den Stoffübergang bei Anlaufströmung mit laminarer Grenzschicht nach Gl. (299) an Stelle von $\frac{\mu\alpha s}{\lambda_L}$ die Größe $\frac{\mu\alpha s}{1{,}09\,\lambda_L}$ zu setzen ist. Der Unterschied beider Größen von maximal 9% ist angesichts der Unsicherheit der Kenntnis aller entscheidenden Gutseigenschaften (λ und μ) sowie der Wärmeübergangszahl α vernachlässigbar.

[2] Sie wird erscheinen unter dem Titel: Ryozo Toei, "The temperatureprofil of material by drying in the falling period and the asymptotic temperature of the moist part". The memories of the Faculty of Engineering, Kyoto University, Japan.

Intervalls konstant ist (etwa 55,5 °C). Wertet man diesen Versuch nach Gl. (364) aus, so erhält man unter der Annahme $\lambda = 0{,}13$ (vgl. Abb. 86)

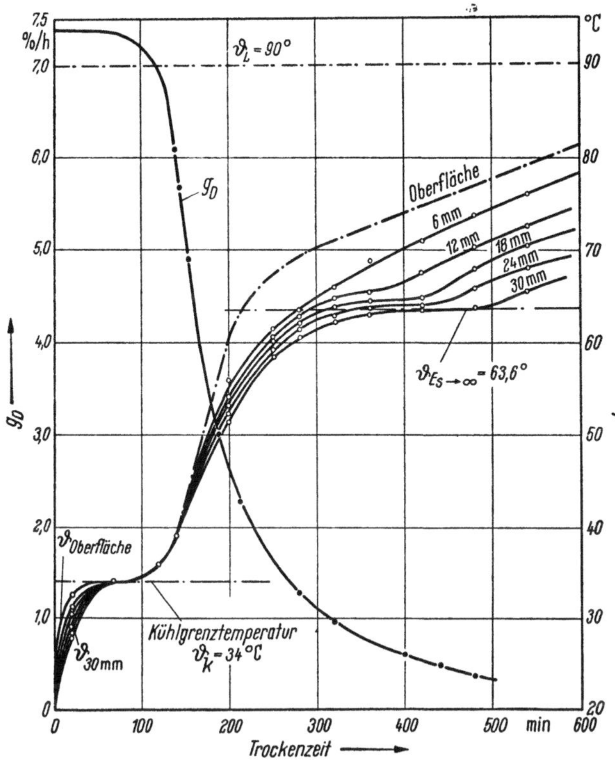

Abb. 275. Trocknungsverlauf und Temperaturen in verschiedener Tiefe beim Trocknen von pulverförmigem $CaCO_3$ (nach TOEI).

$\mu = 4{,}55$ in guter Übereinstimmung mit dem für Ytong aus anderen Versuchen gewonnenen Wert $\mu = 4{,}0$.

β) Wärmezufuhr von der dem Trockenmittel abgewandten Seite (Kontakttrocknung)

Bei Kontakttrocknung, bei der im allgemeinen die Umgebung – sowohl die Luft als auch die umgebenden Wände – eine niedrigere Temperatur hat als die Gutsoberfläche, findet die Verdampfung der letzten Flüssigkeitsmenge an der Oberfläche statt. Es gilt dann entsprechend Abb. 276:

$$g_{D_E} r = \lambda/s\,(\vartheta_B - \vartheta_E) - \alpha\,(\vartheta_E - \vartheta_L) - \alpha_R\,(\vartheta_E - \vartheta_R)\,. \qquad (366)$$

Die Endtrocknungsgeschwindigkeit g_{D_E} ist andererseits:

$$g_{D_E} = \frac{\beta}{R_D\,T}\,(P_{D_E} - P_{D_L})\,. \qquad (367)$$

Nach entsprechender Umformung von Gl. (366) gilt:

$$\frac{\vartheta_L + \frac{\lambda}{\alpha s}\vartheta_B + \frac{\alpha_R}{\alpha}\vartheta_R}{1 + \frac{\lambda}{\alpha s} + \frac{\alpha_R}{\alpha}} - \vartheta_E = \frac{r}{R_D T}\frac{\beta}{\alpha}(P_{D_E} - P_{D_L})\frac{1}{1 + \frac{\lambda}{\alpha s} + \frac{\alpha_R}{\alpha}}.$$

Führt man wieder entsprechend Gl. (359) eine äquivalente Lufttemperatur

$$\vartheta_L^* = \frac{\vartheta_L + \frac{\lambda}{\alpha s}\vartheta_B + \frac{\alpha_R}{\alpha}\vartheta_R}{1 + \frac{\lambda}{\alpha s} + \frac{\alpha_R}{\alpha}} \tag{368}$$

ein, so gilt:

$$\vartheta_L^* - \vartheta_E = \frac{r}{R_D T}\frac{\beta}{\alpha}(P_{D_E} - P_{D_L})\frac{1}{1 + \frac{\lambda}{\alpha s} + \frac{\alpha_R}{\alpha}}, \tag{369}$$

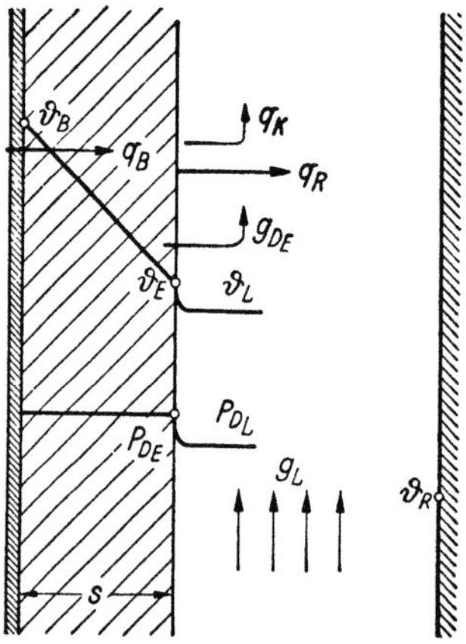

Abb. 276. Zur Bestimmung der Endtrocknungsgeschwindigkeit bei Kontakttrocknung.

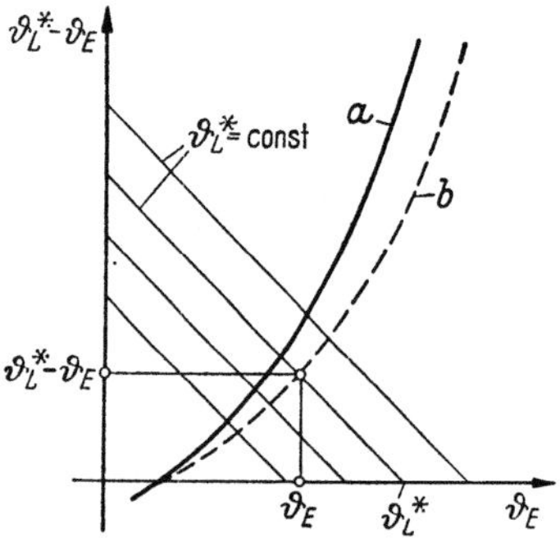

Abb. 277. Zur Ermittlung der Endtemperatur im Trockenspiegel.

worin λ die Leitfähigkeit des trockenen Gutes bedeutet [im Gegensatz zu Gl. (354), worin λ diejenige des feuchten Gutes bedeutet]. Die Auflösungen der Gl. (365) und (369) erfolgen in gleicher Weise wie die der Gl. (354) einfach unter Benutzung der Abb. 269 bis 272. In Abb. 277 ist das Verfahren veranschaulicht. Kurve *a* sei die aus den Abb. 269 bis 272 für den gegebenen Teildruck der Luft P_{D_L} zu entnehmende Kurve

$$\frac{r}{R_D T}\frac{\beta}{\alpha}(P_{D_E} - P_{D_L}).$$

Kurve *b* stelle die mit dem Faktor

$$\frac{1 + \frac{\alpha + \alpha_R}{\lambda}s}{\left(1 + \frac{\mu\alpha s}{\lambda_L}\right)\left(1 + \frac{\alpha_R}{\alpha}\right)} \quad \text{bzw.} \quad \frac{1}{1 + \frac{\lambda}{\alpha s} + \frac{\alpha_R}{\alpha}}$$

multiplizierten Werte der Kurve *a* dar. Der Schnittpunkt der Geraden ϑ_L^* [nach Gl. (359) bzw. (368)] ergibt die Temperatur des Trockenspiegels ϑ_E am Ende der Trocknung auf der Abzsisse bzw. die Temperaturdifferenz $\vartheta_L^* - \vartheta_E$ auf der Ordinate.

Bei Kenntnis von ϑ_E ist die Trocknungsgeschwindigkeit am Ende des zweiten Abschnittes der Trocknung ohne weiteres aus Gl. (366) oder (367) zu errechnen.

γ) *Allgemeine Beziehung für die Endtrocknungsgeschwindigkeit*

Wir nehmen an, die Lage des Trockenspiegels in der Tiefe s' unter der Oberfläche sei bekannt – eine für eine Schätzung brauchbare Näherung wird im folgenden in Gl. (373) angegeben. Dann ist der Temperaturverlauf im Gut entsprechend Abb. 278. Es folgt:

$$g_{D_E} r = \frac{\lambda}{s'}(\vartheta_{0_E} - \vartheta_E) + \frac{\lambda}{s - s'}(\vartheta_B - \vartheta_E).$$

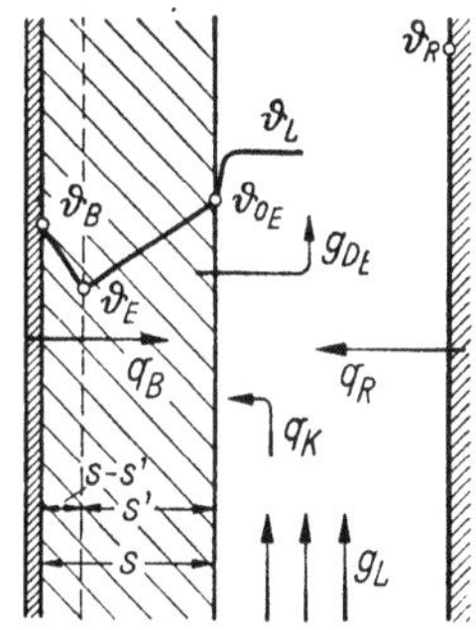

Abb. 278. Zur Bestimmung der Endtrocknungsgeschwindigkeit für den allgemeinsten Fall.

Aus der Oberflächenbedingung, daß

$$\lambda/s'(\vartheta_{0_E} - \vartheta_E) = \alpha(\vartheta_L - \vartheta_{0_E}) + \alpha_R(\vartheta_R - \vartheta_{0_E})$$

ist, folgt:

$$\vartheta_{0_E} = \frac{\vartheta_L + \frac{\alpha_R}{\alpha}\vartheta_R + \frac{\lambda}{\alpha s'}\vartheta_E}{1 + \frac{\alpha_R}{\alpha} + \frac{\lambda}{\alpha s'}}.$$

Setzt man dies in die obige Gleichung ein und formt sie entsprechend um, so gilt:

$$g_{D_E} r = \frac{1 + \frac{\alpha_R}{\alpha} + \frac{\lambda}{\alpha s}}{\left(1 - \frac{s'}{s}\right)\left(1 + \frac{\alpha_R}{\alpha} + \frac{\lambda}{\alpha s'}\right)}(\vartheta_L^* - \vartheta_E), \tag{370}$$

worin:

$$\vartheta_L^* = \frac{\left(1 - \frac{s'}{s}\right)\left(\vartheta_L + \frac{\alpha_R}{\alpha}\vartheta_R\right) + \frac{s'}{s}\left(1 + \frac{\alpha_R}{\alpha} + \frac{\lambda}{\alpha s'}\right)\vartheta_B}{1 + \frac{\alpha_R}{\alpha} + \frac{\lambda}{\alpha s}}. \tag{371}$$

Andererseits ist g_{D_E} durch die Diffusionsgegebenheiten bestimmt. Es folgt nach Einführung der Beziehung (363):

$$\vartheta_L^* - \vartheta_E = \frac{\beta r}{\alpha R_D T}(P_{D_E} - P_{D_L})\frac{\left(1 - \frac{s'}{s}\right)\left(1 + \frac{\alpha + \alpha_R}{\lambda}s'\right)}{\left(1 + \frac{\alpha_R}{\alpha} + \frac{\lambda}{\alpha s}\right)\left(1 + \frac{\mu\alpha s'}{\lambda_L}\right)}. \tag{372}$$

Gl. (372) geht für die Grenzfälle $s' = 0$ (Wärmezufuhr von der dem

Trockenmittel entgegengesetzten Seite) und $s' = s$ (Wärmezufuhr von der Seite des Trockenmittels) in die Gl. (369) bzw. (364) über[1].

Zur Abschätzung von s' kann mit einer gewissen Näherung die Beziehung gelten:

$$\frac{s}{s'} = 1 + \sqrt{\frac{\vartheta_B - \vartheta_E}{\vartheta_{0_E} - \vartheta_E}}, \tag{373}$$

wobei man ϑ_E und ϑ_{0E} entsprechend den Gegebenheiten der Trocknung zunächst auf Grund roher Überschlagsrechnungen annehmen kann[2].

2. Die Endtrocknungsgeschwindigkeit bei Knudsenscher Molekulardiffusion im Gutsinnern

Ist die freie Weglänge der Wasserdampfmoleküle größer als die Porenweite, so folgt die Diffusion im Gutsinnern nicht dem STEFANschen Gesetz, sondern dem der KNUDSENschen Molekularbewegung. Der aus den für eine Röhre durchgeführten molekularkinetischen Herleitungen (s. S. 168ff.) zu folgernde Ansatz für ein poriges Gut lautet:

$$g_{D_E} = \frac{b_{\mathrm{mol}}}{\mu s'} (P_{D_E} - P_{D_0}). \tag{374}$$

Darin bedeutet

s' die Tiefe des Trockenspiegels unter der Oberfläche,
P_{D_E} den Sattdampfdruck in der Tiefe s',
P_{D_0} den Dampfdruck in der Oberfläche.

Nach Gl. (189) ist:

$$b_{\mathrm{mol}} = \frac{4}{3} \sqrt{\frac{g}{2\pi\mathfrak{R}}} \sqrt{\frac{M}{T}}\, d',$$

oder für Wasserdampf ($M = 18$):

$$b_{\mathrm{mol}} = 900 \frac{d'}{\sqrt{T}}, \tag{375}$$

worin d' die mittlere Porenweite bedeutet. Die Größe μ stellt wieder einen Diffusionswiderstandsfaktor dar, der sich als Produkt aus Querschnittsfaktor μ_F und Wegfaktor μ_l ergibt [vgl. Gl. (213), S. 182).

Damit gilt für den im vorigen Abschnitt hergeleiteten allgemeinen Fall der Wärmezufuhr durch Konvektion, Strahlung und Kontaktleitung nach Abb. 278

---

[1] Bei der formalen Überführung von Gl. (372) in Gl. (364) für $s' = s$ ist zu bedenken, daß $s' = s$ nur möglich ist, wenn $\vartheta_B = \vartheta_E$ wird. Damit würde nach Gl. (371) $\vartheta_L^* = \vartheta_E$. Daher wird die linke Seite in Gl. (372) Null und wegen $1 - s'/s = 0$ auch die rechte. Die Auswertung des unbestimmten Ausdrucks führt jedoch wieder auf Gl. (364).

[2] Gl. (373) wäre dann genau, wenn sich bei Änderung von s' keine Änderung von ϑ_E und ϑ_{0_E} ergäbe. Dann würde die Gleichung aus der Bedingung resultieren, daß die Summe der von rechts und links her in den Trockenspiegel einströmenden Wärmemengen ein Minimum sein muß, also aus der Beziehung:

$$\frac{d\left(\frac{\lambda}{s'}(\vartheta_{0_E} - \vartheta_E) + \frac{\lambda}{s - s'}(\vartheta_B - \vartheta_E)\right)}{d s'} = 0.$$

auf Grund der Wärmebilanz Gl. (370):

$$g_{D_E} r = \frac{\lambda}{s'} \cdot \frac{1 + \frac{\alpha_R}{\alpha} + \frac{\lambda}{s\,\alpha}}{\left(1 - \frac{s'}{s}\right)\left(1 + \frac{\alpha_R}{\alpha} + \frac{\lambda}{s'\,\alpha}\right)} \left(\vartheta_L^* - \vartheta_E\right).$$

Gleichsetzen der aus Gl. (370) und Gl. (374) gewonnenen Werte für g_{D_E} liefert:

$$\frac{\frac{\lambda}{s' r}\left(1 + \frac{\alpha_R}{\alpha} + \frac{\lambda}{\alpha\, s}\right)}{\left(1 - \frac{s'}{s}\right)\left(1 + \frac{\alpha_R}{\alpha} + \frac{\lambda}{\alpha\, s'}\right)} \left(\vartheta_L^* - \vartheta_E\right) = \frac{b_{\mathrm{mol}}}{\mu\, s'} \left(P_{D_E} - P_{D_L}\right). \tag{376}$$

Bei Gl. (376), die in gleicher Weise wie Gl. (364), (369) und (372) zu lösen ist, ist zu beachten, daß die Leitfähigkeit der trockenen Gutsschicht für den Fall einzusetzen ist, daß die freie Weglänge größer ist als die Porenweite. Dieser Fall wird bei der Vakuumtrocknung häufig vorkommen – bei der Hochvakuum- (Gefrier-) Trocknung wohl stets. Dabei sind dann Leitfähigkeiten zu erwarten, die unter Umständen wesentlich niedriger liegen als diejenige der Luft λ_L. Vgl. hierzu S. 108ff.

Aus den Darlegungen auf S. 338 ff. geht hervor, daß die Größe $b_{\mathrm{mol}}/\mu_{\mathrm{mol}}$ auch für technische Trocknungsgüter von der Gutsfeuchte praktisch nicht abhängt. – Genau ist dies immer dann der Fall, wenn sich das Gut wie ein starrer Körper verhält, d.h. wenn während der Trocknung keine Formänderungen, Risse usw. auftreten.

c) Die Trocknungsgeschwindigkeit im dritten Abschnitt der Trocknung (Endtrocknung im hygroskopischen Bereich)

Bei kapillarporösen Stoffen, die bei niederen Flüssigkeitsgehalten hygroskopische Eigenschaften haben, zeigt sich am Ende der Trocknung ein dritter Abschnitt, dessen Charakteristik sich deutlich von der des zweiten Abschnittes unterscheidet. Dieser Abschnitt beginnt erst, wenn der Flüssigkeitsgehalt des Gutes kleiner ist als die maximale hygroskopische Feuchtigkeit $X_{\mathrm{hygr\,max}}$, die man bei einer relativen Luftfeuchtigkeit $\varphi = 1$ gemäß den Sorptionsisothermen feststellt. Die Trocknungsgeschwindigkeit im dritten Abschnitt zeigt als Charakteristikum einen Abfall auf den Wert Null, der bei der Gleichgewichtsfeuchtigkeit X_{gl} des Gutes mit dem Luftstrom erreicht ist (vgl. den letzten gegen Null gehenden Ast der Trocknungsverlaufskurven in Abb. 207, 224, 225, 235 und 240). Dabei ist zu beachten, daß in den Abbildungen Kameis der sogenannte „freie Wassergehalt", d.h. die Differenz zwischen Flüssigkeitsgehalt und Gleichgewichtsfeuchtigkeit X_{gl} aufgetragen ist.

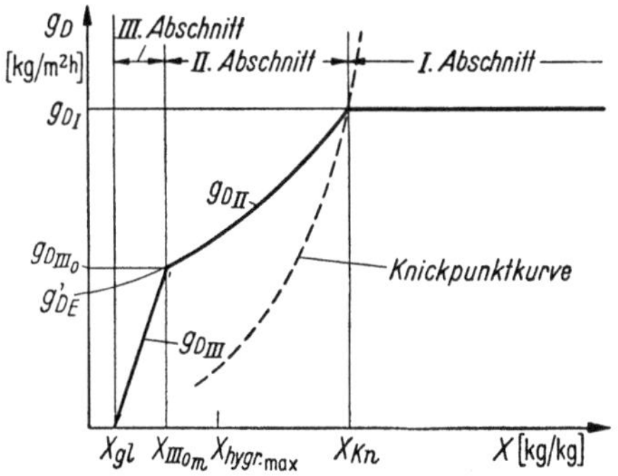

Abb. 279. Veranschaulichung zum III. Trocknungsabschnitt.

In einer Abbildung, die den Flüssigkeitsgehalt vom absolut trockenen Zustand aus zählt, muß dann das Ende der Trocknung einen Verlauf, wie er in Abb. 279 schematisch angedeutet ist, aufweisen. Im zweiten

Abschnitt verläuft die Trocknungsgeschwindigkeit auf einer Kurve $g_{D_I} \to g'_{D_E}$ [g_{D_I} = Trocknungsgeschwindigkeit im ersten Abschnitt bis zum Knickpunkt Kn – berechenbar nach Gl. (352); g'_{D_E} = scheinbare Endtrocknungsgeschwindigkeit bei $X = 0$, falls das Gut keine hygroskopischen Eigenschaften hätte – berechenbar nach Gl. (370)]. Ist eine bestimmte mittlere Feuchtigkeit erreicht, die kleiner ist als $X_{\text{hygr max}}$, so biegt die Trocknungsverlaufskurve nach unten ab und erreicht bei X_{gl} den Wert Null.

Bei manchen Gütern beobachtet man einen linearen Abfall der Trocknungsgeschwindigkeit im dritten Abschnitt. Es sollen hier die Bedingungen für das Zustandekommen eines solchen Verlaufes gezeigt werden.

Es wurde früher dargelegt, daß die kapillare Flüssigkeitsleitzahl bei grobporigen Gütern bei kleinsten Flüssigkeitsgehalten immer sehr klein wird und sich dem Wert Null nähert, so daß am Ende der Trocknung eine Stoffbewegung nur durch Diffusion stattfindet (s. S. 331 ff.). Für feinporige Güter wie Holz wurde aus Experimenten gefunden, daß im hygroskopischen Bereich der Anteil der Dampfdiffusion gegenüber dem der Kapillarwasserbewegung immer entscheidender wird, je geringer der Flüssigkeitsgehalt (s. Abb. 237) ist. In erster Näherung kann man für den dritten Abschnitt der Trocknung annehmen, daß eine Stoffbewegung nur durch Dampfdiffusion erfolgt. Es handelt sich hier darum, zu zeigen, daß der lineare Abfall der Trocknungsgeschwindigkeit im letzten Ast der Trocknungsverlaufskurve sich auf mathematischem Wege dann ergibt, wenn der *Diffusionswiderstandsfaktor* μ im hygroskopischen Bereich *konstant* ist.

In Abb. 228, die die Feuchtigkeitsverteilung in einem Papierstoff nach den Messungen KAMEIS wiedergibt, zeigen die in den dritten Trocknungsabschnitt gehörigen Kurven X und XI als Charakteristikum dieses Abschnittes einen ähnlichen Verlauf. Ähnlich heißt hier, daß die Kurve X proportional der Kurve XI ist. Denkt man sich einen Feuchtigkeitsverlauf $X_{\text{III}_0} = f_0(z)$ zu Beginn des dritten Abschnittes gegeben, bei dem der maximale Flüssigkeitsgehalt gleich $X_{\text{hygr max}}$ ist, so kann die Tatsache der Proportionalität dadurch ausgedrückt werden, daß man setzt

$$X_{\text{III}}(z) - X_{gl} = \{X_{\text{III}_0}(z) - X_{gl}\}\, g(t)\,, \tag{377}$$

worin $g(t)$ eine Zeitfunktion ist.

Abb. 280 veranschaulicht den Zusammenhang, wobei für den Beginn des dritten Abschnittes $t = 0$ gesetzt ist.

Für die Austrocknung eines Gutes, in dem nur Dampfdiffusion möglich ist, ergibt sich auf mathematischem Weg eine mit Gl. (377) übereinstimmende Beziehung bei folgenden Überlegungen: Für die Feuchtigkeitsbewegung gelte der Diffusionsansatz für kleine Teildrucke

$$g_{D_z}\, dt = \frac{\delta}{\mu R_D T} \frac{\partial P_D}{\partial z}\, dt\,, \tag{378}$$

worin $g_{D_z} dt$ die durch einen Gutsquerschnitt von 1 m² an der Stelle z in der Zeit dt diffundierende Menge ist.

Als Stoffbilanz für ein Gutselement von der Stärke dz ist anzusetzen, daß die mehr ausdiffundierende als hineindiffundierende Menge zu einer Abnahme des

Flüssigkeitsgehaltes $\Gamma_S \frac{dX}{dt}\, dz\, dt$ führen muß. Es folgt:

$$\frac{\partial^2 P_D}{\partial z^2} = \frac{\mu R_D T \Gamma_S}{\delta} \frac{\partial X}{\partial t}. \tag{379}$$

Zur Auflösung dieser Gleichung muß der durch die Sorptionsisothermen gegebene Zusammenhang $X = G\,(P_D/P''_D)$ in eine einfache mathematische Form gebracht

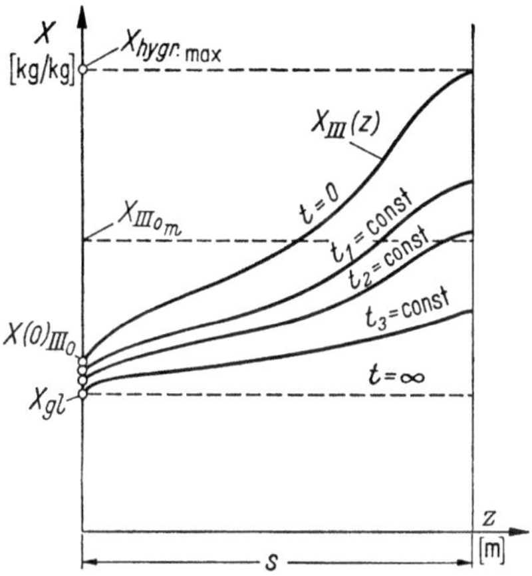

Abb. 280. Feuchtigkeitsverteilungen im Gut im III. Trocknungsabschnitt bei konstantem Diffusionswiderstandsfaktor.

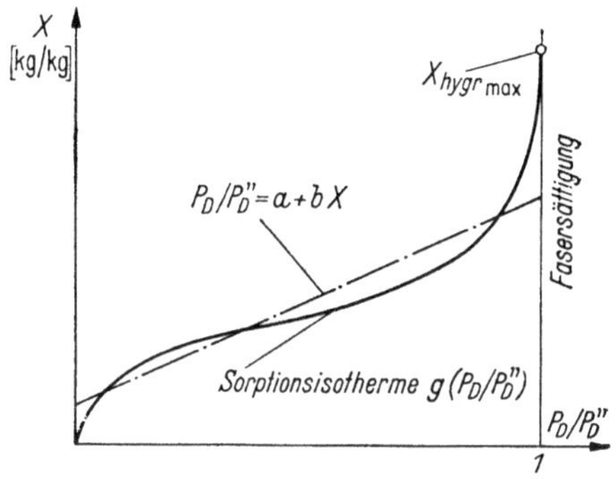

Abb. 281. Zur Linearisierung der Sorptionsisothermen.

werden. In erster Näherung kann man – Temperaturgleichheit vorausgesetzt – den hygroskopischen Flüssigkeitsgehalt als linear von der relativen Luftfeuchtigkeit abhängig annehmen, wie in Abb. 281 dargestellt ist. Es gelte also:

$$P_D = P''_D (a + b X), \tag{380}$$

worin a und b Konstanten sind. Gl. (379) läßt sich dann umformen in:

$$\frac{\partial^2 X}{\partial^2 x} = \frac{\mu R_D T \Gamma_S}{\delta b P''_D} \frac{\partial X}{\partial t}. \tag{381}$$

Das ist die bekannte Differentialgleichung der Ausgleichsvorgänge mit konstanten Stoffeigenschaften. Ihre Lösung für die vorliegenden Anfangs- und Endbedingungen

$$[t = 0 \quad X = X_{\mathrm{III}_0}(z),$$
$$t = \infty \quad X = X_{gl}]$$

lautet:

$$\frac{X_{\mathrm{III}}(z) - X_{gl}}{X_{\mathrm{III}_0}(z) - X_{gl}} = e^{-\frac{\delta b P''_D \varrho^2}{\mu R_D T \Gamma_S} t}, \tag{382}$$

worin ϱ^2 eine Konstante ist, die sich aus den Randbedingungen ergibt. Wenn das Verhältnis des Flüssigkeitsgehaltes $[X_{\mathrm{III}}(z) - X_{gl}]$ an jeder Stelle zur Zeit t zu demjenigen zur Zeit Null $[X_{\mathrm{III}_0}(z) - X_{gl}]$ gleich dem auf der rechten Seite von Gl. (382) stehenden Zeitfaktor ist, so folgt ohne weiteres dieselbe Beziehung für den mittleren Flüssigkeitsgehalt X_{III_m} des Gutes, also:

$$\frac{X_{\mathrm{III}_m} - X_{gl}}{X_{\mathrm{III}_{m_0}} - X_{gl}} = e^{-\frac{\delta b P''_D \varrho^2}{\mu R_D T \Gamma_S} t}, \tag{383}$$

und ebenso folgt für das Verhältnis der Gefälle der Flüssigkeitsgehalte

$$\frac{\partial X_{\mathrm{III}}(z)}{\partial z} : \frac{\partial X_{\mathrm{III}_0}(z)}{\partial z}$$

wegen des Zusammenhangs von Gl. (380) und (378) der gleiche Zeitfaktor. Letzterem ist die Stoffbewegung g_{D_z} proportional. Es gilt also auch für die Stoffbewegung an der Gutsoberfläche, für die g_{D_z} gleich der Trocknungsgeschwindigkeit $g_{D_{III}}$ ist:

$$\frac{g_{D_{III}}}{g_{D_{III_0}}} = e^{-\frac{\delta b P''_D \varrho^2}{\mu R_D T \Gamma s} t} . \tag{384}$$

Da nach den Gl. (383) und (384) die Zeitfunktion für Trocknungsgeschwindigkeit $g_{D_{III}}$ und freien Wassergehalt $(X_{\mathrm{III}_m} - X_{gl})$ die gleiche ist, so folgt:

$$\frac{g_{D_{III}}}{g_{D_{III_0}}} = \frac{X_{\mathrm{III}_m} - X_{gl}}{X_{\mathrm{III}_{m_0}} - X_{gl}} . \tag{385}$$

Dies ist die Gleichung der Geraden $g_{D_{III}}$, welche in Abb. 279 die Trocknungsgeschwindigkeit im dritten Abschnitt darstellt.

Diese Beziehung wird bestätigt durch den experimentellen Befund für den letzten Abschnitt der Trocknung derjenigen Gruppe von Gütern, für die man im hygroskopischen Bereich einen konstanten Diffusionswiderstandsfaktor annehmen darf (z.B. Papierstoffe und Ziegel, Abb. 207, 224 und 225). Für Stoffe, bei denen der Diffusionswiderstandsfaktor mit kleiner werdendem Feuchtigkeitsgehalt stark anwächst, muß die Trocknungsgeschwindigkeit mit kleiner werdendem Feuchtigkeitsgehalt stärker als linear abfallen, wie es sich bei den Experimenten mit Holz (Abb. 235) und Kartoffel (Abb. 240) zeigt.

Zur Abschätzung des Trocknungsverlaufes im dritten Abschnitt braucht man noch die Gleichgewichtsfeuchtigkeit X_{gl}, die man aus den Sorptionsisothermen unmittelbar entnehmen kann, sowie die Feuchtigkeit $X_{\mathrm{III}_{m_0}}$, bei der der dritte Abschnitt beginnt. Da der Beginn erst möglich ist, wenn die maximale hygroskopische Feuchtigkeit $X_{\mathrm{hygr\,max}}$ an allen Stellen des Gutes unterschritten (bzw. erreicht) ist, wird man in erster Näherung bei allen Stoffen für $X_{\mathrm{III}_{m_0}}$ das arithmetische Mittel aus $X_{\mathrm{hygr\,max}}$ und X_{gl} annehmen dürfen (vgl. Abb. 280).

$$X_{\mathrm{III}_{m_0}} = \frac{X_{\mathrm{hygr\,max}} + X_{gl}}{2} .$$

Die Ergebnisse GÖRLINGS an Kartoffelscheiben (s. S. 325) bestätigen diese Annahme, die im allgemeinen für Vorausberechnungen hinreichend genau sein dürfte.

d) Zusammenfassung der Anhaltspunkte für die Vorausberechnung des Trocknungsverlaufs plattenförmiger Trocknungsgüter bei gegebenen äußeren Bedingungen

Es wurde gezeigt, daß man folgende Größen aus dem Ablauf der Trocknung vorausberechnen kann:

1. die Anfangstrocknungsgeschwindigkeit g_{D_I} nach Gl. (349) bei Kenntnis der äußeren Bedingungen (Temperatur, Feuchtigkeit und Geschwindigkeit der Luft, Strahlungsaustausch mit umgebenden Wänden, Kontaktleitung von beheizten Flächen her);

2. die wirkliche oder scheinbare Endtrocknungsgeschwindigkeit g_{D_E} bzw. g'_{D_E} nach Gl. (357), bei deren Auflösung außer den äußeren Bedingungen noch die Stoffeigenschaften μ (Diffusionswiderstandsfaktor) und λ (Wärmeleitfähigkeit) bekannt sein müssen.

Nur auf experimentellem Wege sind folgende entscheidenden Gutseigenschaften zu bestimmen:

1. die Knickpunktkurve

$$[g_{D_I} s]_{Kn} = f\left(\frac{X_m}{X_0}\right),$$

aus der sich das Ende des ersten Trocknungsabschnittes, in dem die Trocknungsgeschwindigkeit g_{D_I} herrscht, ergibt;

2. die Sorptionsisothermen

$$X = g\left(\frac{P_D}{P''_D}\right)_{\vartheta = \text{konst.}},$$

aus denen sich sowohl die Gleichgewichtsfeuchtigkeit X_{gl} als auch näherungsweise der Beginn des dritten Trocknungsabschnittes

$$X_{\text{III}_{m_0}} = \frac{X_{\text{hygr max}} + X_{gl}}{2}$$

übersehen läßt.

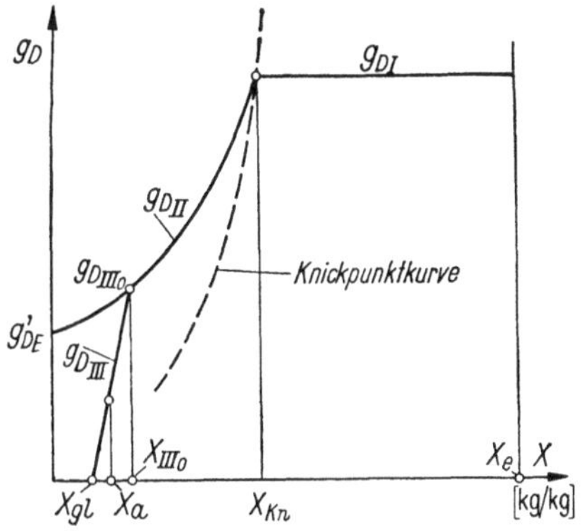

Abb. 282. Die Anhaltspunkte für den Trocknungsverlauf.

Für die Aufgaben der Trocknungstechnik ist im allgemeinen der Flüssigkeitsgehalt bei Beginn der Trocknung (Eintritt in den Trockner) X_e bekannt, und der Endgehalt beim Austritt aus dem Trockner X_a ist gefordert (s. Abb. 282).

Um überhaupt eine Trocknung auf X_a durchführen zu können, muß der äquivalente Zustand der Trocknungsluft ϑ^*_L [entsprechend Gl. (368)] so gewählt werden, daß zu (P_{D_L}/P''_D) bei ϑ^*_L in den Sorptionsisothermen ein Flüssigkeitsgehalt X_{gl} gehört, der kleiner ist als die geforderte Austrittsfeuchtigkeit X_a. Dazu ist die Kenntnis der Sorptionsisothermen erforderlich.

e) Die Bestimmung der Trocknungszeit aus der Trocknungsverlaufskurve

Ist der Trocknungsverlauf eines Gutes als Kurvenzug $g_D s$ in Abhängigkeit vom mittleren Feuchtigkeitsgehalt X_m bekannt, so kann die Trocknungszeit entsprechend Gl. (338) und Abb. 204 in einfacher Weise durch graphische Integration bestimmt werden.

Kapitel VII

Der Einfluß der Form des Trocknungsgutes auf Trocknungsverlauf und Trocknungszeit

Mit der Form des Trocknungsgutes ändern sich die äußeren und die inneren Austauschvorgänge. Die äußeren Einflüsse betreffen den Wärme- und Stoffübergang. Die Wärme- und Stoffübergangszahl ist für verschiedene Gutsformen und -größen bei gleichen Luftzuständen (Geschwindigkeit, Temperatur und Dampfgehalt) verschieden. Diese Verschiedenheit kann durch die Einführung gleichwertiger charakteristischer Anströmlängen bzw. Durchmesser bei der Bestimmung von α und β aus den Abb. 101 und 102 sowie Tafel IV berücksichtigt werden (vgl. S. 132).

Die Vorgänge im Inneren des Gutes wurden, soweit sie bisher rechnungsmäßig behandelt wurden, nur für den Fall eines plattenförmigen Versuchsgutes von der Dicke $2s$ bei zweiseitiger Trocknung (bzw. s bei einseitiger) behandelt. Solche Verhältnisse liegen in der Praxis näherungsweise vor bei der Trocknung von Häuten, Papier- oder Kartonbahnen, von platten- oder tellerförmigen Körpern, bei denen zwei Begrenzungsflächen sehr groß gegenüber den anderen sind, sowie bei ruhenden, von Luft überströmten Schüttungen mit annähernd ebener Oberfläche. Werden die einzelnen Gutsteilchen vom Luftstrom umspült (z.B. durchströmte Schüttungen, Rieseltrocknung, Stromtrocknung, Zerstäubungstrocknung usw.), so findet der Wärme- und Stoffaustausch mit dem Trockenmittel an der Oberfläche eines jeden umspülten Teilchens statt. Dann ändern sich mit der Form der Teilchen die Bewegungsvorgänge im Inneren und damit die Trocknungsgeschwindigkeiten bzw. -zeiten.

Über diese Abhängigkeit soll im folgenden gesprochen werden. Dabei ist es zweckmäßig, die Betrachtung auf die geometrisch einfachen Standardformen der Technik – ebene Platte, unendlich langer Zylinder und Kugel – zu beschränken und die Abschätzung der Verhältnisse beim technischen Einzelfall dem projektierenden Ingenieur zu überlassen.

Diese Einflüsse der Form auf die Bewegungsvorgänge im Inneren sind in jedem Abschnitt der Trocknung verschieden, je nach den Gesetzmäßigkeiten, die in den einzelnen Phasen des Gesamtvorganges den Ablauf bestimmen.

Die Höhe der Trocknungsgeschwindigkeit g_{D_I} im ersten Abschnitt kann bei Kenntnis der Wärme- und Stoffübergangszahlen in jedem Fall berechnet bzw. mit Hilfe Abb. 269 bis 272 des vorigen Kapitels ermittelt werden. Die Flüssigkeitsbewegung im Inneren während dieses Abschnittes ist von der Form des Gutes abhängig. Durch sie ist der Knickpunkt bestimmt. Die Knickpunktkurve muß sich daher auch mit der Form des Körpers ändern.

Die Endtrocknungsgeschwindigkeit im zweiten Trocknungsabschnitt ist die zweite charakteristische Größe, die beim Trocknungsprozeß berechnet werden kann. Für diesen Zustand der Trocknung sind die Gesetze der Diffusion vom Trockenspiegel, der in der Tiefe s bei ebenen Gütern bzw. in der Mitte eines Zylinders oder einer Kugel liegt, durch das Gut an die Luft entscheidend.

Im dritten Trocknungsabschnitt endlich spielt ein Diffusionsvorgang die entscheidende Rolle; jedoch sind dabei – im Gegensatz zu dem vorigen Fall, bei dem die Verdunstung von einem an bestimmter Stelle gelegenen Trockenspiegel ausgeht – alle Teile des Gutes an der Verdunstung beteiligt.

Diese drei unter verschiedenen Bedingungen ablaufenden Bewegungen haben verschiedenen Formeinfluß zur Folge.

a) Der Einfluß der Form des Gutes auf die Lage der Knickpunktkurve

Eine mathematische Beschreibung der Feuchtigkeitsverteilung im ersten Trocknungsabschnitt stößt auf die Schwierigkeit, daß die kapillare Leitfähigkeit des Gutes außerordentlich stark von der Höhe der Feuchtigkeit abhängig ist. Diese Schwierigkeit hat zur Folge, daß man die Knickpunktkurve nicht aus der kapillaren Leitfähigkeit errechnen kann, sondern daß sie auf empirischem Wege bestimmt werden muß.

Wenn wir hier jedoch nicht die Lage der Knickpunktkurve, sondern nur ihre Veränderung mit der Form des Körpers bestimmen wollen, so mag es erlaubt sein, die Zustände im Knickpunkt von Gütern verschiedener Form für den Fall konstanter kapillarer Leitfähigkeit miteinander zu vergleichen.

Für ebene Platten, unendliche Zylinder und Kugeln gelten dann die im folgenden angegebenen Differentialgleichungen für den ersten Trocknungsabschnitt:

$$\frac{\partial^2 X}{\partial z^2} = \frac{1}{\varkappa} \frac{\partial X}{\partial t} \quad \text{(ebene Platte)}, \tag{386a}$$

$$\frac{\partial^2 X}{\partial r^2} + \frac{1}{r} \frac{\partial X}{\partial r} = \frac{1}{\varkappa} \frac{\partial X}{\partial t} \quad \text{(Zylinder)}, \tag{386b}$$

$$\frac{\partial^2 X}{\partial r^2} + \frac{2}{r} \frac{\partial X}{\partial r} = \frac{1}{\varkappa} \frac{\partial X}{\partial t} \quad \text{(Kugel)}. \tag{386c}$$

Als Randbedingung ist einzuführen, daß der Feuchtigkeitsentzug an der Oberfläche konstant ist, also

$$-\varkappa \Gamma_S \left(\frac{\partial X}{\partial z}\right)_{z=s} = g_{D_I} \quad \text{(ebene Platte)}, \tag{387a}$$

$$-\varkappa \Gamma_S \left(\frac{\partial X}{\partial r}\right)_{r=r_a} = g_{D_I} \quad \text{(Zylinder und Kugel)}. \tag{387b und c}$$

Dauert die Trocknung von Anfang bis zum Erreichen des Knickpunktes hinreichend lang[1], so sind die Lösungen der Gl. (386a) bis (386c):

$$X = b - \frac{g_{D_I}}{2\varkappa\Gamma_S s} z^2 - \frac{g_{D_I}}{\Gamma_S s} t, \tag{388 a}$$

$$X = b - \frac{g_{D_I}}{2\varkappa\Gamma_S r_a} r^2 - \frac{2 g_{D_I}}{\Gamma_S r_a} t, \tag{388 b}$$

$$X = b - \frac{g_{D_I}}{2\varkappa\Gamma_S r_a} r^2 - \frac{3 g_{D_I}}{\Gamma_S r_a} t, \tag{388 c}$$

worin b den willkürlich anzunehmenden Flüssigkeitsgehalt zur Zeit $t = 0$ an der Stelle $z = 0$ bzw. $r = 0$ bedeutet.

Der Knickpunkt tritt in dem Augenblick t_{Kn} ein, in dem die Feuchtigkeit in der Oberfläche ($z = s$ bzw. $r = r_a$) gleich Null ist. Dies ist dann der Fall, wenn

$$b - \frac{g_{D_I}}{\Gamma_S s} t_{Kn} = \frac{g_{D_I} s}{2\varkappa\Gamma_S}, \tag{389 a}$$

$$b - 2\frac{g_{D_I}}{\Gamma_S r_a} t_{Kn} = \frac{g_{D_I} r_a}{2\varkappa\Gamma_S}, \tag{389 b}$$

$$b - 3\frac{g_{D_I}}{\Gamma_S r_a} t_{Kn} = \frac{g_{D_I} r_a}{2\varkappa\Gamma_S}. \tag{389 c}$$

Für die Feuchtigkeitsverteilung im Knickpunkt X_{Kn} gilt dann für die drei Systeme:

$$X_{Kn} = \frac{g_{D_I} s}{2\varkappa\Gamma_S}\left\{1 - \left(\frac{z}{s}\right)^2\right\}, \tag{390 a}$$

$$X_{Kn} = \frac{g_{D_I} r_a}{2\varkappa\Gamma_S}\left\{1 - \left(\frac{r}{r_a}\right)^2\right\}. \tag{390 b und c}$$

Die mittlere Feuchtigkeit im Knickpunkt $X_{m_{Kn}}$ ist dann für die drei Systeme:

$$X_{m_{Kn}} = \frac{1}{s}\int_0^s X_{Kn}\, dz = \frac{1}{3}\,\frac{g_{D_I} s}{\varkappa\Gamma_S}, \tag{391 a}$$

$$X_{m_{Kn}} = \frac{2}{r_a^2}\int_0^{r_a} X_{Kn}\, r\, dr = \frac{1}{4}\,\frac{g_{D_I} r_a}{\varkappa\Gamma_S}, \tag{391 b}$$

$$X_{m_{Kn}} = \frac{3}{r_a^3}\int_0^{r_a} X_{Kn}\, r^2\, dr = \frac{1}{5}\,\frac{g_{D_I} r_a}{\varkappa\Gamma_S}. \tag{391 c}$$

[1] Hinreichend lang heißt hier, daß die Einflüsse der anfänglichen Flüssigkeitsverteilung im Gut abgeklungen sind. Die allgemeine Lösung der Differentialgleichung (386a) für den Fall anfänglich gleich verteilter Feuchtigkeit ist in einem Aufsatz des Verfassers angegeben [*105*].

Dies bedeutet, daß die mittlere Feuchtigkeit $X_{m_{Kn}}$ im Knickpunkt bei der ebenen Platte sich zu derjenigen beim Zylinder verhält wie 4/3 und zu derjenigen bei der Kugel wie 5/3.

Ist also die Knickpunktkurve eines Stoffes für ebene Platten bekannt, so sind die Knickpunktkurven für den unendlichen Zylinder und die Kugel ohne weiteres dadurch zu gewinnen, daß man die Abszissen der Knickpunktkurve für die ebene Platte im Verhältnis 3/4 bzw. 3/5 ändert (s. Abb. 283). Dies gilt genau genommen nur für konstante Feuchtigkeitsleitzahl; da diese jedoch bei wirklichen Gütern stark von der Feuchtigkeit abhängt, bleibt es dem Experiment überlassen, sicherere Aufschlüsse zu gewinnen.

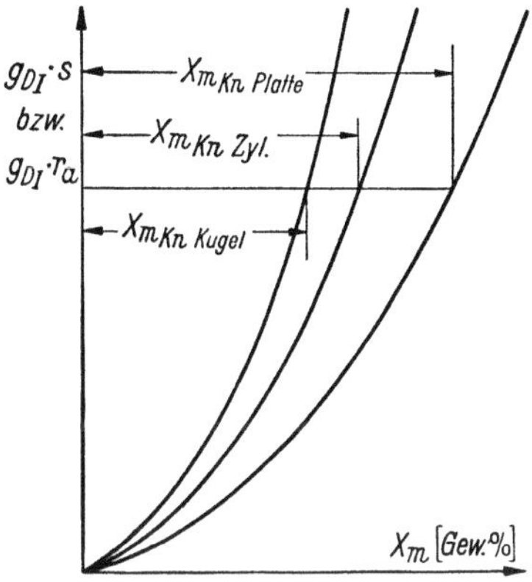

Abb. 283. Die Lage der Knickpunktkurve bei Körpern verschiedener Form.

b) Der Einfluß der Form des Gutes im zweiten Trocknungsabschnitt

Im zweiten Abschnitt bestimmen sowohl Kapillarwasserbewegung als auch Dampfdiffusion durch eine bereits getrocknete Gutsschicht den Ablauf der Trocknung. Wegen des starken Abfalles der kapillaren Leitfähigkeit mit abnehmendem Flüssigkeitsgehalt des Gutes wird die Bewegung in der flüssigen Phase gegen Ende der Trocknung immer schwächer. Die Endtrocknungsgeschwindigkeit bei Gütern ohne hygroskopische Eigenschaften ist nur durch die Diffusion von dem in größtmöglicher Tiefe des Gutes liegenden Trockenspiegel durch das trockene Gut an die dampfaufnehmende Luft bestimmt. Über die außerordentlich stark von der Höhe der Feuchtigkeit abhängige kapillare Bewegung sind nur schwer quantitative Angaben zu machen. Da sie aber gegen Ende der Trocknung in jedem Falle vernachlässigbar klein wird, möge hier zur Betrachtung der Formeinflüsse auf den Trocknungsverlauf im zweiten Abschnitt ein der Rechnung zugänglicher Fall behandelt werden, bei dem nur Diffusion im thermischen Beharrungszustand die Stoffbewegung bewirkt. Es sei also angenommen, in einem Gut, das im Knickpunkt den Flüssigkeitsgehalt $X_{m_{Kn}}$ hat, sei nach Erreichen des Knickpunktes die Feuchtigkeit im feuchten Teil des Gutes (unterhalb des Trockenspiegels) stets gleich $X_{m_{Kn}}$, im übrigen sei es vollkommen trocken (oberhalb des Trockenspiegels). Wenn nur Dampfdiffusion möglich ist, verlagert sich der Trockenspiegel nach dem Knickpunkt in immer weiter unter der Oberfläche liegende Schichten. Der Vorgang sei unter Annahme konstanter Temperatur betrachtet (ϑ bzw. $P_D'' =$ konst.), die Temperatur sei so niedrig, daß P_D klein gegenüber P ist. Liege bei *plattenförmigen Gütern* der Trocknungsspiegel in der Tiefe s' unter der Oberfläche, so ist entsprechend früheren Herleitungen die Trocknungsgeschwindigkeit

$$g_D = \frac{1}{R_D T} \frac{P_D'' - P_{D_L}}{\frac{1}{\beta} + \frac{\mu s'}{\delta}}. \tag{392}$$

Am Ende der Trocknung liegt der Trockenspiegel in der Tiefe s (halber Gutsdicke bei zweiseitiger Trocknung, ganzer Gutsdicke bei einseitiger Trocknung). Dann ist die Endtrocknungsgeschwindigkeit g_{D_E} erreicht. Unter der Voraussetzung, daß der Flüssigkeitsgehalt in dem nicht getrockneten Teil des Gutes stets gleich bleibt, ist dann das Verhältnis s'/s gleich $1 - X_m/X_{m_{Kn}}$. Dann kann entsprechend S. 301 Gl. (392) auch geschrieben werden:

$$g_D = \frac{g_{D_I}}{1 + \left(\frac{g_{D_I}}{g_{D_E}} - 1\right)\left(1 - \frac{X_m}{X_{m_{Kn}}}\right)}. \tag{392 a}$$

Liegt bei einem *unendlich langen Zylinder* vom äußeren Radius r_a der Trockenspiegel in der Tiefe s' unter der Oberfläche, so gilt für die Trocknungsgeschwindigkeit (bezogen auf 1 m² der äußeren Fläche) entsprechend dem Wärmedurchgang durch zylindrische Wände:

$$g_D = \frac{1}{R_D T} \frac{P_D'' - P_{D_L}}{\frac{1}{\beta} + \frac{\mu r_a}{\delta} \ln \frac{r_a - s'}{r_a}}. \tag{393}$$

Da für einen Zylinder, der bis zur Tiefe $r_a - s'$ unter der Oberfläche trocken ist, während im inneren Teil die Feuchtigkeit $X_{m_{Kn}}$ herrscht, sich der mittlere Flüssigkeitsgehalt X_m aus der Beziehung

$$\frac{(r_a - s')^2}{r_a^2} = \frac{X_m}{X_{m_{Kn}}}, \quad \frac{r_a - s'}{r_a} = \sqrt{\frac{X_m}{X_{m_{Kn}}}}$$

errechnet, kann Gl. (393) auf die im folgenden mitgeteilte Form (393 a) gebracht werden, wenn man unter g_{D_E} die Endtrocknungsgeschwindigkeit bei einer ebenen Platte von der Dicke $s = r_a$, also die Größe

$$g_{D_E} = \frac{1}{R_D T} \frac{P_D'' - P_{D_L}}{\frac{1}{\beta} + \frac{\mu r_a}{\delta}}$$

versteht:

$$g_D = \frac{g_{D_I}}{1 + \left(\frac{g_{D_I}}{g_{D_E}} - 1\right) \ln \sqrt{\frac{X_m}{X_{m_{Kn}}}}}. \tag{393 a}$$

Führt man dieselbe Überlegung für ein *kugelförmiges Trocknungsgut* durch, so ergibt sich:

$$g_D = \frac{g_{D_I}}{1 + \left(\frac{g_{D_I}}{g_{D_E}} - 1\right) \ln \left(\sqrt[3]{\frac{X_{m_{Kn}}}{X_m}} - 1\right)}. \tag{394}$$

Die drei Systeme unterscheiden sich also nur im Nenner der Gl. (392a), (393a) und (394).

Abb. 284 zeigt die durch die Form bedingten Unterschiede des Trocknungsverhaltens. Dabei sind zwei verschiedene Werte des Verhältnisses der Anfangstrocknungsgeschwindigkeit g_{D_I} zu der für ein ebenes Gut errechneten Endtrocknungsgeschwindigkeit g_{D_E} angenommen (3 bzw. 20). Die Abbildung zeigt folgendes:

1. Es gibt nur für ebene Platten eine endliche Endtrocknungsgeschwindigkeit g_{D_E}. Für zylindrische und kugelförmige Körper wird die Endtrocknungsgeschwindigkeit stets gleich Null.

2. Trotzdem gibt die nach den Gesetzmäßigkeiten der ebenen Platte für $s = r_a$ berechnete Endtrocknungsgeschwindigkeit g_{D_E} einen gewissen Anhalt für den Verlauf der Trocknungsgeschwindigkeit im zweiten Abschnitt. Die Kurven für Zylinder und Kugel scheinen bis zu sehr kleinen Flüssigkeitsgehalten auf den Wert g_{D_E} hinzustreben und weichen erst unter etwa 10% der Knickpunktsfeuchtigkeit erheblich von der für die ebene Platte gültigen ab. Dabei muß man bedenken, daß die durchgeführte Betrachtung insofern hypothetisch ist, als von der Wirksamkeit der Kapillarkräfte abgesehen wurde. Diese erhöhen sowieso die Trocknungsgeschwindigkeit am Anfang des zweiten Abschnittes in einem nicht von vornherein zu übersehenden Ausmaß gegenüber den Werten, die man bei alleiniger Wirkung der Diffusion berechnet (vgl. Abb. 210). Gegen Ende der Trocknung treten jedoch die Kapillarkräfte zurück, und die Trocknungsgeschwindigkeit zeigt praktisch den auf Grund der Diffusionsbedingungen errechneten Verlauf (vgl. Abb. 210). Da es bei dem augenblicklichen Stande unserer Kenntnisse höchstens möglich ist, einigermaßen sichere Anhaltspunkte für den Ablauf der Trocknung im vorhinein zu gewinnen, so dürfte die für ebene Platten gültige Endtrocknungsgeschwindigkeit g_{D_E} (berechnet mit $s = r_a$) stets einen Anhaltspunkt für den wesentlichen Teil des zweiten Abschnittes geben. Gegen Ende – wenn $X_m < 0{,}2 \cdot X_{m_{Kn}}$ – biegen die Kurven für Zylinder und Kugel gegen Null ab.

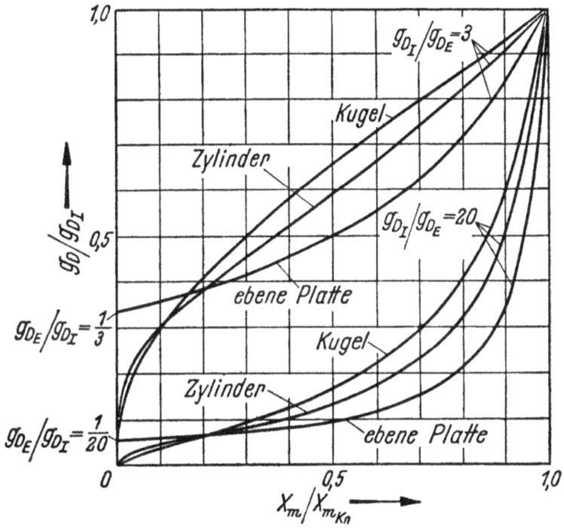

Abb. 284. Einfluß der Form des Trocknungsgutes auf den Verlauf der Trocknung im II. Trocknungsabschnitt.

c) Der Einfluß der Form im dritten Trocknungsabschnitt

Wie aus den Darlegungen zum dritten Abschnitt (s. S. 369ff.) hervorgeht, ist hier der Zusammenhang zwischen Flüssigkeitsgehalt und

Trocknungsgeschwindigkeit bei konstantem Diffusionswiderstandsfaktor μ stets linear. Der durch die verschiedenen Formen des Gutes bedingte Unterschied liegt lediglich in demjenigen mittleren Flüssigkeitsgehalt, in dem der dritte Abschnitt beginnt.

Wenn man sich vorstellt, daß die Feuchteverteilung bei Beginn des dritten Abschnittes bei jeder Form des Trocknungsgutes die Charakteristik von Abb. 280 zeigen muß – wobei als Charakteristikum lediglich gilt, daß die höchste im Gut vorkommende Feuchtigkeit gleich derjenigen ist, bei der die hygroskopische Dampfdrucksenkung beginnt –, so sieht man leicht ein, daß der mittlere Feuchtigkeitsgehalt in einem solchen Zustand bei einem kugelförmigen Gut niedriger sein muß als bei einem zylindrischen und bei diesem kleiner als bei einem plattenförmigen, denn die Schichten höherer Feuchtigkeit haben z.B. bei der Kugel ein kleineres Volumen als bei Zylinder und Platte.

Im Zusammenhang mit den Betrachtungen über den Verlauf des zweiten Trocknungsabschnittes folgt, daß die Trocknungsgeschwindigkeit bei ebenen Gütern nur im hygroskopischen Bereich auf Null abfällt. Bei zylindrischen und kugelförmigen Gütern – d.h. überhaupt bei allen Gütern, bei denen das Verhältnis von Rauminhalt zu Oberfläche kleiner ist als die Dicke s bzw. r_a – fällt sie auch für nichthygroskopische Güter auf Null ab. Man kann in diesem Zusammenhang nur sagen, daß das Abfallen der Trocknungsgeschwindigkeit spätestens in dem Zeitpunkt auftritt, bei dem der höchste im Gut vorkommende Flüssigkeitsgehalt gleich dem maximalen des hygroskopischen Bereiches ist.

d) Die Bestimmung der Trocknungszeit aus den Trocknungsverlaufskurven bei verschiedener Form des Gutes

Will man aus den Trocknungsverlaufskurven die Trocknungszeit t gewinnen, so ist bei den verschiedenen geometrischen Systemen folgendes zu beachten:

Ebene Platte. Der gesamte Entzug während eines Zeitelementes dt, in dem die Trocknungsgeschwindigkeit g_D [kg/m²h] herrscht, ist

$$dG_D = F\, g_D\, dt\,[\mathrm{kg}]\,.$$

Diese Flüssigkeitsmenge wird dem Gutsvolumen Fs entnommen, dessen mittlerer Flüssigkeitsgehalt sich dabei um dX_m ändert. Es gilt also auch:

$$dG_D = F\, s\, \Gamma_S\, d X_m\,[\mathrm{kg}]\,.$$

Es folgt:

$$dt = s\,\Gamma_S \frac{d X_m}{g_D}\,,$$

oder als Trocknungszeit für die Trocknung von X_0 auf X_{m_t}.

$$t_{X_0}^{X_{m_t}} = \Gamma_S\, s^2 \int\limits_{X_0}^{X_{m_t}} \frac{d X_m}{g_D\, s}\,. \tag{395 a}$$

Demnach hat die Ermittlung der Trocknungszeit in der Weise zu geschehen, daß in einer Abbildung, die die Abhängigkeit der Größe $g_D s$ vom mittleren Flüssigkeitsgehalt zeigt, zunächst der Kehrwert $1/g_D s$ der Kurve aufzuzeichnen ist (s. Abb. 285). Die graphische Integration liefert dann nach Multiplikation mit $\Gamma_S s^2$ die Trocknungszeit.

Zylindrische Güter. Als Trocknungsverlaufskurve sei die Größe $g_D r_a$ in Abhängigkeit von X_m gegeben. Der Flüssigkeitsentzug ist:

$$dG_D = 2\pi r_a l g_D \, dt .$$

Er bewirkt eine Abnahme des Flüssigkeitsgehaltes:

$$dG_D = r_a^2 \pi l \Gamma_S \, d X_m .$$

Es folgt:

$$t_{X_0}^{X_{m_t}} = \Gamma_S \frac{r_a^2}{2} \int_{X_0}^{X_{m_t}} \frac{d X_m}{g_D r_a} . \qquad (395\,\mathrm{b})$$

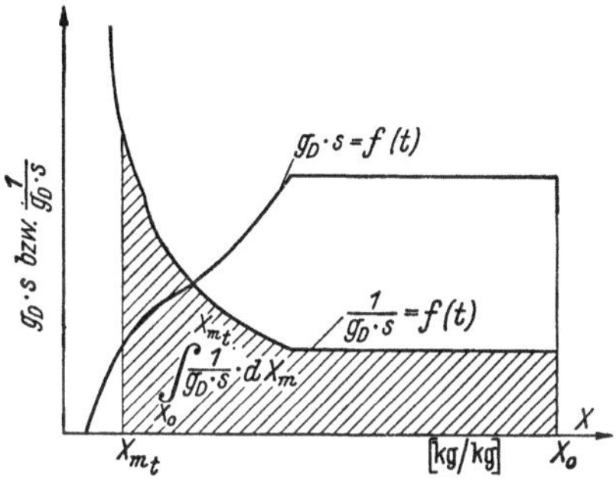

Abb. 285. Zur Ermittlung der Trocknungszeit aus dem Trocknungsverlauf.

Es ist also die aus der graphischen Integration zu gewinnende Größe mit $\Gamma_S r_a^2/2$ zu multiplizieren.

Kugelförmige Güter. Es gilt entsprechend den obigen Überlegungen

$$4 r_a^2 \pi g_D \, dt = \frac{4}{3} r_a^3 \pi \Gamma_S \, d X_m ,$$

oder für die Trocknungszeit:

$$t_{X_0}^{X_{m_t}} = \Gamma_S \frac{r_a^2}{3} \int_{X_0}^{X_{m_t}} \frac{d X_m}{g_D r_a} . \qquad (395\,\mathrm{c})$$

Die aus der graphischen Integration nach Abb. 285 zu gewinnende Größe ist also mit $\Gamma_S r_a^2/3$ zu multiplizieren.

e) Zusammenfassung

Aus der bisherigen Betrachtung geht der außerordentliche Einfluß der Form auf die Trocknungsgeschwindigkeit hervor. Je größer das Verhältnis von Oberfläche zu Inhalt, um so schneller trocknet ein Gut. Einerseits ist der Verlauf der Trocknungsgeschwindigkeit bei Kugeln günstiger als bei Zylinder und ebener Platte, andererseits ergeben sich bei Berechnung der Trocknungszeit aus der Trocknungsgeschwindigkeit sehr viel kleinere Trocknungszeiten (selbst bei gleichem Verlauf der Trocknungsgeschwindigkeit).

Der Verlauf der Trocknungsgeschwindigkeit in Abhängigkeit vom mittleren Flüssigkeitsgehalt X_m ist bei gleichem Anfangswert g_{DI} für größere Verhältnisse von Oberfläche zu Inhalt deshalb günstiger als für kleinere, weil

1. der Knickpunkt bei kleinerem Flüssigkeitsgehalt erreicht wird, d.h. die Anfangstrocknungsgeschwindigkeit g_{D_I} in einem größeren Bereich aufrecht erhalten wird;

2. im größten Bereich des zweiten Abschnittes die Trocknungsgeschwindigkeit größer ist;

3. der Beginn des dritten Abschnittes bei um so kleinerem Flüssigkeitsgehalt auftritt, je größer das Verhältnis von Oberfläche zu Inhalt ist.

Bei der Errechnung der Trocknungszeiten aus den Trocknungsverlaufskurven ergibt sich, daß selbst bei gleicher Verlaufskurve (d.h. gleichem g_{D_I}, gleichem Knickpunkt und gleichem Verlauf im zweiten und dritten Trocknungsabschnitt) ein kugelförmiger Körper vom Durchmesser $2r_a$ dreimal schneller, ein zylindrischer vom Durchmesser $2r_a$ doppelt so schnell trocknet wie ein zweiseitig trocknendes, ebenes Gut von der Dicke $2s = 2r_a$.

Kapitel VIII

Aufgaben zur rechnerischen Behandlung von Trocknungsvorgängen

1. Aufgabe

Trocknung plattenförmiger Güter, z.B. chromgegerbter Lederhäute, bei Konvektionstrocknung

Die Häute sollen etwa die Abmessungen 1 × 1 m bei einer Dicke von 2,5 mm und einen Anfangsfeuchtigkeitsgehalt von 300 Gew.-% haben. Die Trocknung finde in einem Kanaltrockner statt, der so dicht mit

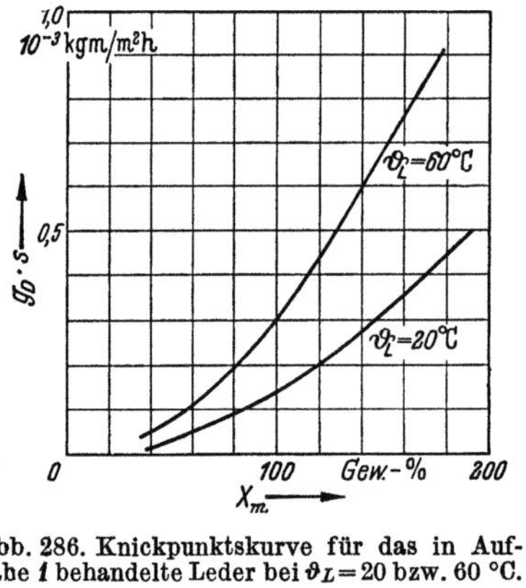

Abb. 286. Knickpunktskurve für das in Aufgabe 1 behandelte Leder bei $\vartheta_L = 20$ bzw. 60 °C.

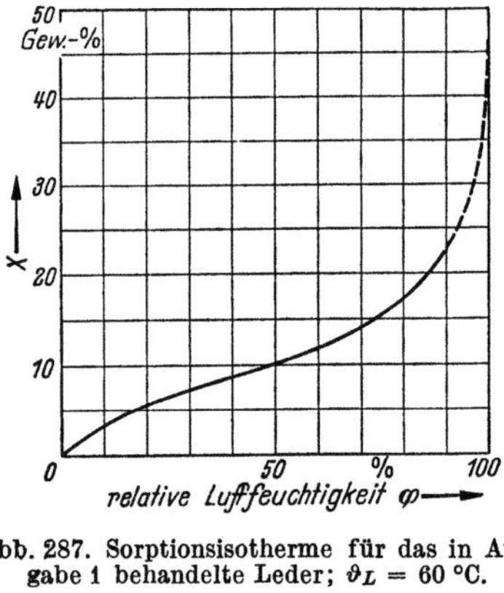

Abb. 287. Sorptionsisotherme für das in Aufgabe 1 behandelte Leder; $\vartheta_L = 60$ °C.

Häuten behängt ist, daß der Strahlungsaustausch mit den Wänden vernachlässigt werden kann (Konvektionstrocknung). Der Luftstrom habe eine Geschwindigkeit von $w = 5$ m/sek (bzw. 18000 m/h) und eine Temperatur von $\vartheta_L = 60$ °C bei einer relativen Luftfeuchtigkeit von 60% ($P_{D_L} = 0{,}6 \cdot 2031 = 1219$ kg/m²). Barometerstand sei 750 mm QS.

Es sollen folgende Variationen berechnet werden:

A. Zweiseitige Trocknung der frei hängenden Häute;

B. Häute auf Glasscheiben geklebt;

a) Glasscheibe doppelseitig beklebt;

b) Glasscheibe einseitig beklebt.

Es wird dabei der Einfluß der ein- bzw. zweiseitigen Trocknung sowie der Zuleitung von Wärme durch die Glasschicht behandelt.

Das Leder habe folgende Eigenschaften:

1. Die Knickpunktkurve nach Abb. 286.
2. Wärmeleitfähigkeit in trockenem Zustand $\lambda_{tr} = 0{,}15$.
3. Wärmeleitfähigkeit in nassem Zustand $\lambda_n = 0{,}5$.
4. Diffusionswiderstandszahl in trockenem Zustand $\mu = 20$.
5. Die Sorptionsisotherme entspreche derjenigen in Abb. 287.
6. Das Trockenraumgewicht betrage $\Gamma_S = 800$ kg/m³.

Die Anfangstrocknungsgeschwindigkeit g_{D_I}

Allgemein gilt für die Anfangstrocknungsgeschwindigkeit [Gl. (346)]

$$g_{D_I} r = q_K + q_R + q_B .$$

Im vorliegenden Fall ist die Strahlungswärme q_R gleich Null.

Im Fall A und B_a wird ferner die Kontaktwärme q_B durch Leitung an die Oberfläche gleich Null, während in dem Fall B_b die Glasscheibe wegen ihres Wärmeaustausches mit der Luft wärmer sein muß als die Oberfläche des Leders, so daß q_B endlich wird.

α) Berechnung der Oberflächentemperatur für Fall A und B_a

Für Fall A und B_a ist also

$$g_{D_I} = \frac{\alpha}{r}(\vartheta_L - \vartheta_0),$$

worin die Temperatur der nassen Gutsoberfläche ϑ_0 aus Abb. 269, die Wärmeübergangszahl α aus Abb. 101 oder Tafel IV zu entnehmen ist. Aus Abb. 269 findet man für

$P_{D_L} =$	500 kg/m²	$\vartheta_L - \vartheta_0 =$	23,5°,
	1000 kg/m²		13,5°,
	2000 kg/m²		1°.

Interpoliert man auf $P_{D_L} = 1219$, so findet man $\vartheta_L - \vartheta_0 = 10$ °C. Folglich beträgt die Oberflächentemperatur des Gutes $\vartheta_0 = 60 - 10 = 50$ °C. Die Verdampfungswärme ist dabei $r = 568$ kcal/kg.

β) Die Bestimmung der Wärmeübergangszahl α

Aus Abb. 101 entnimmt man den Zusammenhang $Nu_{l'} = f(Re_{l'})$. Es ist

$$Re_{l'} = \frac{w\,l'}{\nu} = \frac{5 \cdot 3600 \cdot 1}{6{,}73 \cdot 10^{-2}} = 2{,}68 \cdot 10^5 ,$$

wobei die kinematische Zähigkeit ν für das arithmetische Mittel aus Luft- und Oberflächentemperatur 55 °C (nach Abb. 178) eingesetzt ist.

Man findet aus Abb. 101 $Nu_{l'} = 650$. Damit wird unter Einsetzen von λ_L nach Tab. 15 für 55 °C

$$\alpha = Nu_{l'} \frac{\lambda_L}{l'} = 650 \frac{0{,}024}{1} = 15{,}7 \text{ kcal/m}^2\text{h}^\circ\text{C}.$$

γ) *Die Anfangstrocknungsgeschwindigkeit* g_{D_I} *für die Fälle* A *und* B_a

Man berechnet g_{D_I} zu:

$$g_{D_I} = \frac{\alpha}{r} (\vartheta_L - \vartheta_0) = \frac{15{,}7}{568} \cdot 10 = 0{,}276 \text{ kg/m}^2\text{h}.$$

Die Wasserdampfabgabe einer Haut von 1 m² ist also bei der zweiseitigen Trocknung von Fall A

$$G_{D_I} = 2 \cdot 0{,}276 = 0{,}552 \text{ kg/h}$$

und bei der einseitigen Trocknung im Fall B_a

$$G_{D_I} = 0{,}276 \text{ kg/h}.$$

δ) *Der Fall* B_b

Im Fall B_b findet zusätzlich Wärmeleitung durch die Glasscheibe und das nasse Leder an die verdunstende Oberfläche statt. Die für die Benutzung von Abb. 269 erforderliche äquivalente Lufttemperatur ϑ'_L errechnet man nach Gl. (351)

$$\vartheta'_L = \vartheta_L + \frac{q_B}{\alpha}.$$

Darin ist q_B, wenn man die Wärmeübergangszahl zwischen Glasscheibe und Luft ebenso wie die zwischen Leder und Luft zu $\alpha = 15{,}7$, die Dicke der Glasscheibe s_{Gl} zu 6 mm und ihre Leitfähigkeit zu 0,6 annimmt

$$q_B = \frac{\vartheta_L - \vartheta_0}{\frac{1}{\alpha} + \frac{s_{Gl}}{\lambda_{Gl}} + \frac{s_l}{\lambda_l}} = \frac{60 - \vartheta_0}{\frac{1}{15{,}7} + \frac{0{,}006}{0{,}6} + \frac{0{,}0025}{0{,}5}} = \frac{60 - \vartheta_0}{0{,}0796}.$$

Schätzt man ϑ_0 zunächst etwas höher als für Fall A und B_a, nämlich zu 53,0 °C, so ergibt sich

$$q_B = 88{,}0 \text{ kcal/m}^2\text{h} \quad \text{und} \quad \vartheta'_L = 65{,}6^\circ\text{C}.$$

Damit findet man in Abb. 269 bei $P_{D_L} = 1219$ kg/m²

$$\vartheta'_L - \vartheta_0 = 13{,}0^\circ\text{C}, \quad \vartheta_0 = 52{,}6^\circ\text{C},$$

so daß obige Schätzung von 53 °C gerechtfertigt ist.

Damit wird die Anfangstrocknungsgeschwindigkeit

$$g_{D_I} = \frac{q_B + \alpha(\vartheta_L - \vartheta_0)}{r} = \frac{88{,}0 + 15{,}7 \cdot 7{,}4}{368{,}4} = 0{,}36 \text{ kg/m}^2\text{h}.$$

Die gesamte Wasserabgabe G_{D_I} der 1 m² großen Haut ist ebenso groß.

Die Lage des Knickpunktes

Für die verschiedenen eben skizzierten Fälle ist das Produkt aus Trocknungsgeschwindigkeit und halber (bei zweiseitiger Trocknung) bzw. ganzer Gutsdicke (bei einseitiger Trocknung) zu berechnen und aus der Knickpunktkurve (Abb. 286) die mittlere Feuchtigkeit $X_{m_{Kn}}$ im Knickpunkt zu bestimmen. Es ergibt sich:

Fall	$g_{D_I} s$	$X_{m_{Kn}}$
A	$0{,}345 \cdot 10^{-3}$	106
B_a	$0{,}690 \cdot 10^{-3}$	152
B_b	$0{,}900 \cdot 10^{-3}$	176

Die scheinbare Endtrocknungsgeschwindigkeit g'_{D_E}

α) *Die Fälle A und B_a*

Für die Fälle A und B_a ist die Lage des Trockenspiegels am Ende des zweiten Trocknungsabschnittes bekannt: Im Fall A (zweiseitige Trocknung) in der Mitte des Gutes $s = 0{,}00125$, im Fall B_a an der mit der Glasscheibe in Berührung stehenden Fläche ($s = 0{,}0025$).

Für diese beiden Fälle kann Gl. (364) zur Berechnung der Temperatur im Trockenspiegel benutzt werden. Dabei wird die äquivalente Wärmeübergangszahl durch Strahlung α_R gemäß der Voraussetzung dieser Aufgabe gleich Null und ϑ_L^* ist nach Gl. (359) mit ϑ_L identisch.

Gl. (264) lautet dann:

$$\vartheta_L - \vartheta_E = \frac{r}{R_D T} \frac{\beta}{\alpha} (P''_{D_E} - P_{D_L}) \frac{1 + \frac{\alpha s}{\lambda}}{1 + \frac{\mu \alpha s}{\lambda_L}}.$$

Der Bruch am Ende der rechten Seite errechnet sich unter Benutzung der Wärmeleitfähigkeit $\lambda = 0{,}15$ (trockener Stoff) für Fall A ($s = 0{,}00125$) zu

$$\frac{1 + \frac{\alpha s}{\lambda}}{1 + \frac{\mu \alpha s}{\lambda_L}} = \frac{1{,}131}{17{,}4} = 0{,}065.$$

Für Fall B_a ($s = 0{,}0025$) wird er gleich 0,037.

Mit diesen Faktoren müssen die Ordinaten der in Abb. 269 dargestellten Kurven für $P_{D_L} =$ konst. multipliziert und mit den Geraden $\vartheta_L =$ konst. zum Schnitt gebracht werden. Man findet für den Fall A und B_a

	Fall A	Fall B_a
für $P_{D_L} =$ 500 kg/m²	$\vartheta_L - \vartheta_0 = 9{,}5°$ C	$\vartheta_L - \vartheta_0 = 16{,}1°$ C
1000	6,0	4,3
2000	0,0	0,2

Man interpoliert für $P_{D_L} = 1219\ \mathrm{kg/m^2}$ und findet

für Fall A	$\vartheta_L - \vartheta_E = 4{,}8$	$\vartheta_E = 55{,}2$
für Fall B_a	$\vartheta_L - \vartheta_E = 3{,}4$	$\vartheta_E = 56{,}6$

Dann wird die scheinbare Endtrocknungsgeschwindigkeit nach Gl. (360) berechnet

$$g'_{D_E} = \frac{1}{r}\,\frac{1}{\dfrac{1}{\alpha} + \dfrac{s}{\lambda}}\,(\vartheta_L - \vartheta_E)\,.$$

Für Fall A wird

$$g'_{D_E} = \frac{1}{566{,}0}\,\frac{4{,}8}{\dfrac{1}{15{,}7} + \dfrac{0\,00125}{0{,}15}} = 0{,}118\ \mathrm{kg/m^2h}\,.$$

Für Fall B_a wird

$$g'_{D_E} = 0{,}075\ \mathrm{kg/m^2h}\,.$$

Die gesamte Wasserverdunstung je Haut wird im Fall A (zweiseitige Trocknung *einer* Haut) $G'_{D_E} = 0{,}236$, im Fall B_a (einseitige Trocknung einer Haut) $= 0{,}075\ \mathrm{kg/h}$.

β) Der Fall B_b

Für den Fall der einseitig beklebten Glasscheibe (s. Abb. 278) ist die Lage des Trocknungsspiegels im letzten Augenblick der Trocknung nicht bekannt. Den Abstand s' des Endtrocknungsspiegels von der Gutsoberfläche kann man auf Grund der Fälle A und B_a abschätzen zu $s/s' = 1{,}9$, d. h. $s' = 0{,}00132$ m und $s - s' = 0{,}00118$ m. Die Schätzung muß später kontrolliert werden.

An den Trocknungsspiegel wird die Wärmemenge

$$q = g'_{D_E} r = \left(\frac{1}{\dfrac{1}{\alpha} + \left(\dfrac{s}{\lambda}\right)_{Gl} + \dfrac{s - s'}{\lambda}} + \frac{1}{\dfrac{1}{\alpha} + \dfrac{s'}{\lambda}}\right)(\vartheta_L - \vartheta_E)$$

geleitet.

Ferner ist gemäß Gl. (361) und dem Grenzfall von Gl. (283)

$$g'_{D_E} r = \frac{r}{R_D\,T}\,\frac{\beta}{\alpha}\,\frac{\alpha}{1 + \dfrac{\mu s' \alpha}{\lambda_L}}\,(P''_{D_E} - P_{D_L})\,.$$

Daraus erhält man:

$$(\vartheta_L - \vartheta_E) = \frac{r}{R_D\,T}\,\frac{\beta}{\alpha}\,(P''_{D_E} - P_{D_L}) \times$$

$$\times \frac{1}{\left(1 + \dfrac{\mu s' \alpha}{\lambda_L}\right)\left(\dfrac{1}{1 + \left(\dfrac{s}{\lambda}\right)_{Gl}\alpha + \dfrac{(s - s')\,\alpha}{\lambda}} + \dfrac{1}{1 + \dfrac{s'\alpha}{\lambda}}\right)}\,.$$

Der Bruch am Ende der rechten Seite erhält mit der obigen Schätzung für s' den Wert 0,03875.

Mit diesem Faktor müssen die Ordinaten der in Abb. 269 dargestellten Kurven für P_{D_L} = konst. multipliziert und mit der Geraden $\vartheta_L = 60\,°C$ = konst. zum Schnitt gebracht werden. Man findet für

$P_{D_L} = 500\,\text{kg/m}^2$	$(\vartheta_L - \vartheta_E) = 6{,}6\,°C$
$1000\,\text{kg/m}^2$	$4{,}7\,°C$
$2000\,\text{kg/m}^2$	$0{,}4\,°C$.

Für $P_{D_L} = 1219\,\text{kg/m}^2$ ergibt sich durch Interpolation $(\vartheta_L - \vartheta_E) = 3{,}9\,°C$ d.h. $\vartheta_E = 56{,}1\,°C$.

Für die scheinbare Endtrocknungsgeschwindigkeit g'_{D_E} erhält man aus obiger Gleichung

$$g'_{D_E} = \frac{3{,}9}{565{,}2}\left(\frac{1}{0{,}0636 + 0{,}01 + 0{,}0079} + \frac{1}{0{,}0636 + 0{,}0088}\right)$$

$$= \frac{3{,}9 \cdot 26{,}07}{565{,}2} = 0{,}180\,\text{kg/m}^2\text{h}\,.$$

Unter der Annahme, daß die Schätzung $s/s' = 1{,}9$ Geltung habe, erhält man als scheinbare Endtrocknungsgeschwindigkeit für den Fall der einseitig beklebten Platte

$$g'_{D_E} = 0{,}180\,\text{kg/m}^2\text{h}\,.$$

Nach Gl. (373) muß noch kontrolliert werden, ob die Annahme $s/s' = 1{,}9$ brauchbar war. Nach Gl. (373) ist

$$\frac{s}{s'} = 1 + \sqrt{\frac{\vartheta_B - \vartheta_E}{\vartheta_{0_E} - \vartheta_E}}\,.$$

Nach der Abb. 278 ist

$$\vartheta_B - \vartheta_E = (\vartheta_L - \vartheta_E)\,\frac{1}{\frac{1}{\alpha} + \left(\frac{s}{\lambda}\right)_{Gl} + \frac{s - s'}{\lambda}}\,\frac{s - s'}{\lambda}\,,$$

$$\vartheta_{0_E} - \vartheta_E = (\vartheta_L - \vartheta_E)\,\frac{1}{\frac{1}{\alpha} + \frac{s'}{\lambda}}\,\frac{s'}{\lambda}\,.$$

Somit wird

$$\frac{s}{s'} = 1 + \sqrt{\left(\frac{s}{s'} - 1\right)\frac{\frac{1}{\alpha} + \frac{s'}{\lambda}}{\frac{1}{\alpha} + \left(\frac{s}{\lambda}\right)_{Gl} + \frac{s - s'}{\lambda}}}\,,$$

wobei unter dem Wurzelzeichen der geschätzte Wert s' einzusetzen ist.

Man erhält

$$\frac{s}{s'} = 1 + \sqrt{\frac{0{,}0636 + 0{,}0088}{0{,}0636 + 0{,}01 + 0{,}0079}}\,,$$

$$\frac{s}{s'} = 1 + \sqrt{0{,}71} = 1{,}84\,.$$

Damit ist bestätigt, daß die Lage des Trocknungsspiegels am Ende der Trocknung genügend genau geschätzt wurde und die scheinbare Endtrocknungsgeschwindigkeit $g'_{DE} = 0{,}18$ zutreffend ist. Mit g_{DI}, X_{mKn} und g'_{DE} ist der Verlauf der Trocknungsgeschwindigkeit im zweiten Abschnitt hinreichend bekannt. Man wird den Knickpunkt sinnvollerweise nicht wesentlich anders mit dem Punkt g'_{DE} bei $X_m = 0$ verbinden können, wie dies in Abb. 288 geschehen ist.

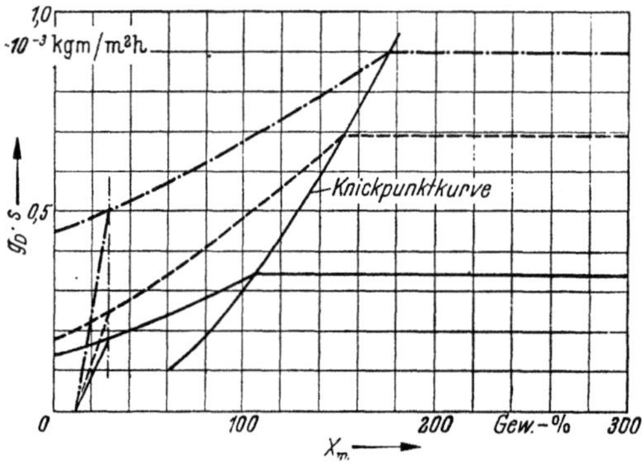

Abb. 288. Trocknungsverlauf für die verschiedenen Fälle von Aufgabe 1.
—— Fall A, ---- Fall B_a, -·-·- Fall B_b.

Der Trocknungsverlauf im dritten Abschnitt

Die Festlegung der Trocknungsverlaufskurve im dritten Trocknungsabschnitt setzt nur noch die Kenntnis der Gleichgewichtsfeuchtigkeit X_{gl} und des Beginns des dritten Abschnittes bei einem Flüssigkeitsgehalt der kleiner ist als $X_{\text{hygr max}}$ voraus. Beide Werte sind der Sorptionsisotherme (Abb. 287) zu entnehmen. Man findet X_{gl} für 60 °C und 60% zu

$$X_{gl} = 12\,\%\,.$$

$X_{\text{hygr max}}$ ist nicht mit Genauigkeit anzugeben, da die Sorptionsisotherme bei relativen Feuchtigkeiten nahe 100% nicht genau zu messen ist. In Abb. 287 ist sie nur bis 90% angegeben, wobei der Wert bei $X = 22{,}5\%$ liegt. Eine extrapolierende Schätzung liefert $X_{\text{hygr max}} = 46\,\%$.

Nimmt man den Beginn des dritten Abschnittes bei

$$\frac{X_{\text{hygr max}} + X_{gl}}{2} = 29\,\%$$

an, so ergeben sich die in Abb. 288 dargestellten Geraden als Trocknungsverlaufskurven im dritten Abschnitt für die Fälle A, B_a und B_b unter Voraussetzung eines konstanten Diffusionswiderstandsfaktors.

Die Trocknungszeiten

Damit sind auch die Trocknungszeiten einfach zu bestimmen. Man trägt dazu den Ausdruck $1/g_D s$ über X_m auf und findet durch Integration (Planimetrieren der Fläche unter den Kurven) die Trocknungszeiten gemäß

$$t = s^2 \Gamma_S \int\limits_{X=3}^{X=0{,}18} \frac{1}{g_D s}\, d(X_m)\,,$$

wenn die Trocknung bei einem mittleren Wassergehalt von $X_m = 0{,}18$ als beendet angesehen werden soll. Es ergeben sich dafür die folgenden Trocknungszeiten bei einem Trockenraumgewicht $\Gamma_S = 800\ \text{kg/m}^3$ (s. Abb. 289):

Fall A $t = 12{,}9$ h frei hängend,
Fall B_a $t = 31{,}1$ h zweiseitig beklebt,
Fall B_b $t = 20{,}5$ h einseitig beklebt.

Man kann aus den Ergebnissen der Rechnungen folgendes entnehmen: Für den Fall A der frei hängenden Lederhäute ist die Trocknungszeit am kürzesten. Am größten ist sie für den Fall B_a der beiderseitig mit Leder beklebten Glasscheibe, wobei man aber zu berücksichtigen hat, daß bei etwa 2,5facher Trocknungszeit zwei Häute getrocknet werden. Für den Fall B_b der einseitig beklebten Platte ist die Trocknungszeit immer noch etwa 1,5mal größer als bei frei aufgehängten Häuten.

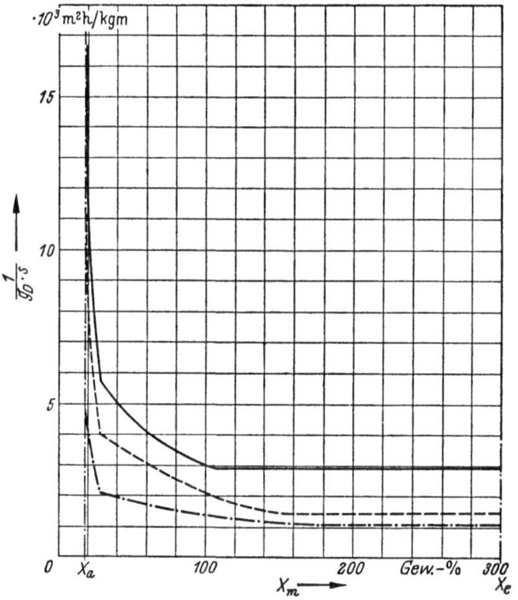

Abb. 289. Zur Bestimmung der Trocknungszeit für Aufgabe 1.
——— Fall A, ---- Fall B_a, —·—·— Fall B_b.

Die Trocknung bei frei aufgehängten Häuten verläuft deshalb am schnellsten, weil der Wärmetransport und die Diffusion aus dem Inneren die kleinsten Widerstände erfahren.

Für zweiseitig beklebtes Glas werden die Wärmeleit- und Diffusionswiderstände am größten, da jede Lederhaut nur einseitig getrocknet wird.

Bei einseitig beklebtem Glas wird dem Leder wieder von zwei Seiten Wärme zugeführt, wobei allerdings die Wärmeleitwiderstände des Glases zu überwinden sind. Die Diffusionswege für das Ende der Trocknung verkleinern sich und kommen dem Fall A näher als bei zweiseitiger Beklebung.

2. Aufgabe

Trocknung kugelförmiger Güter, Einfluß des Luftdruckes und des Gutdurchmessers

Kugelförmige Pillen sollen auf einem Siebband liegend von $X_e = 25$ Gew.-% auf $X_a = 3$ Gew.-% getrocknet werden. Es sei angenommen, daß die Kugeln so weit voneinander entfernt liegen, daß sie als einzeln umströmte Körper angesehen werden können. Der Luftstrom, der das Gut von unten her umspüle, habe eine Geschwindigkeit von $w = 2{,}2$ m/sek, eine Temperatur von $\vartheta_L = 40$ °C und eine relative Luftfeuchtigkeit von 53,0 % ($P_{D_L} = 400$ kg/m²).

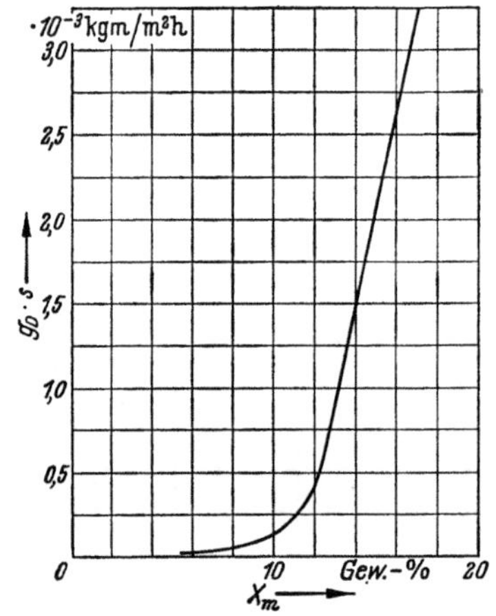

Abb. 290. Knickpunktkurve für plattenförmiges Gut in Aufgabe 2; $\vartheta_L = 40$ °C.

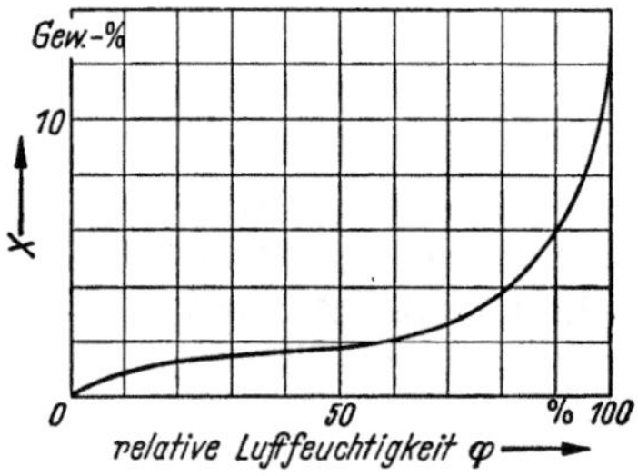

Abb. 291. Sorptionsisotherme für das Gut in Aufgabe 2; $\vartheta_L = 40$ °C.

Es sollen folgende Variationen berechnet werden:

A	Barometerstand	750 mm QS	B	Barometerstand	0,1 ata
A_1	Kugeldurchmesser	8 mm	B_1	Kugeldurchmesser	8 mm
A_2	Kugeldurchmesser	5 mm	B_2	Kugeldurchmesser	5 mm
A_3	Kugeldurchmesser	2 mm	B_3	Kugeldurchmesser	2 mm

Das Trockengut habe die folgenden Eigenschaften:

1. Die Knickpunktkurve für 40 °C sei nur für plattenförmiges Gut entsprechend Abb. 290 bekannt.
2. Die Sorptionsisotherme entspreche der nach Abb. 291.
3. Wärmeleitfähigkeit im trockenen Zustand $\lambda_{tr} = 0{,}1$ kcal/mh °C.
4. Diffusionswiderstandszahl für trockenen Zustand $\mu = 10$.
5. Das Trockenraumgewicht betrage $\Gamma_S = 500$ kg/m³.

Die Anfangstrocknungsgeschwindigkeit g_{D_I}

Da die Wärmeübertragung an das Gut im vorliegenden Falle lediglich durch Konvektion erfolgen soll, gilt

$$g_{D_I} = \frac{\alpha}{r}\,(\vartheta_L - \vartheta_0)\,.$$

α) Berechnung der Oberflächentemperatur für die Fälle A und B

Die Oberflächentemperatur ϑ_0 des nassen Gutes entnimmt man (wie in Aufgabe 1) Abb. 269 bzw. 270 für $P_{D_L} = 400$ kg/m² und $\vartheta_L = 40$ °C zu

$$\vartheta_0 = 31\ ^\circ\text{C für Fall } A \quad (P = 10200\ \text{kg/m}^2)$$
$$\vartheta_0 = 29\ ^\circ\text{C für Fall } B \quad (P = 1000\ \text{kg/m}^2).$$

β) Die Bestimmung der Wärmeübergangszahl α

Aus Abb. 101 entnimmt man den Zusammenhang $Nu_{l'} = f(Re_{l'})$, wobei $l' = d\pi/2$ anzusetzen ist.

Im vorliegenden Falle ist die Druckabhängigkeit der Zähigkeit ν zu beachten, die für das arithmetische Mittel aus Luft- und Oberflächentemperatur einzusetzen ist. Für $P = 10200$ kg/m² bei $\vartheta_m = 35{,}5$ °C entnimmt man aus Abb. 178 den Wert ν genügend genau zu $\nu = 6{,}12 \cdot 10^{-2}$ m²/h. Für $P = 1000$ kg/m² wird

$$\nu_{0,1\,\text{at}} = \frac{10200}{1000}\, 6{,}12 \cdot 10^{-2} = 6{,}24 \cdot 10^{-1}\,\text{m}^2/\text{h}\,.$$

Damit errechnet sich die Reynoldssche Zahl zu

$$Re_{l'} = \frac{2{,}2 \cdot 3600\, d\, \dfrac{\pi}{2}}{6{,}12 \cdot 10^{-2}} \text{ für } P = 10200\,\text{kg/m}^2$$

bzw.

$$Re_{l'} = \frac{2{,}2 \cdot 3600\, d\, \dfrac{\pi}{2}}{6{,}24 \cdot 10^{-1}} \text{ für } P = 1000\,\text{kg/m}^2\,.$$

Die Reynoldsschen Zahlen, mit denen $Nu_{l'}$ aus Abb. 101 ermittelt wird sind in der folgenden Tabelle zusammengestellt.

	$Re_{l'}$	
d mm \ P	10200 kg/m²	1000 kg/m²
8	1600	157
5	1000	98
2	400	39

Dazu entnimmt man aus Abb. 101 die im folgenden zusammengestellten Werte

$$Nu_{l'} = \frac{\alpha\, \dfrac{\pi}{2}\, d}{\lambda_L}\,.$$

	$Nu_{l'}$	
d mm \ P	10200 kg/m²	1000 kg/m²
8	30	9
5	25	7
2	15	4,5

Damit erhalten die Wärmeübergangszahlen α die folgenden Werte, wobei die Wärmeleitzahl der Luft zu $\lambda_L = 0{,}022$ kcal/mh °C angesetzt wurde:

	α kcal/m²h °C	
P / d mm	10200 kg/m²	1000 kg/m²
8	53	15,7
5	70	19,6
2	105	31,5

γ) Die Anfangstrocknungsgeschwindigkeit g_{D_I}

g_{D_I} wird berechnet nach

$$g_{D_I} = \frac{\alpha}{r}(\vartheta_L - \vartheta_0) \text{ kg/m}^2\text{h}.$$

Man erhält die folgenden Werte g_{D_I} kg/m²h:

P / d mm	10200 kg/m²	1000 kg/m²
8	0,82	0,30
5	1,09	0,37
2	1,63	0,60

Die Knickpunktfeuchtigkeit $X_{m_{Kn}}$

Die für plattenförmiges Gut geltende Knickpunktkurve $g_D s = f(X_m)$ muß für kugelförmiges Gut umgerechnet werden. Nach dem im Kap. VII (Einfluß der Form) Gesagten verhält sich die Knickpunktfeuchtigkeit der Kugel zu der für ebene Platten äußerstenfalls wie 3/5. Die Abszissen sind dann also im Verhältnis 3/5 zu ändern. Diese so abgeänderte Knickpunktkurve ist in Abb. 292 eingetragen.

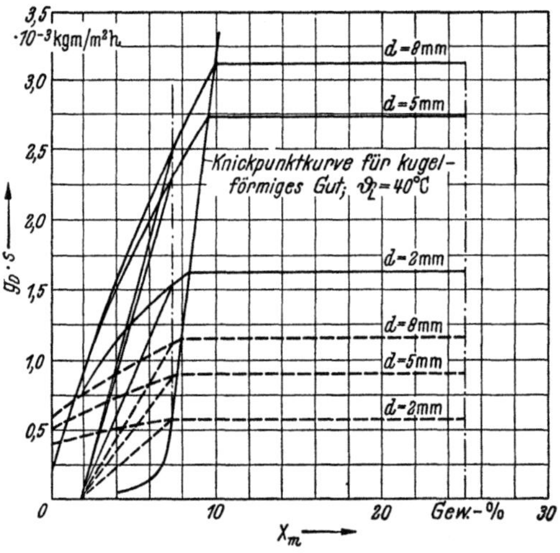

Abb. 292. Trocknungsverlauf bei verschiedenen Drücken für Aufgabe 2.
——— P = 10200 kg/m²,
- - - - P = 1000 kg/m².

Die Bestimmung der scheinbaren Endtrocknungsgeschwindigkeit g'_{D_E}

Zwar geht die wirkliche Endtrocknungsgeschwindigkeit bei kugelförmigem Gut auch bei nichthygroskopischen Stoffen stets gegen Null, aber die scheinbare Endtrocknungsgeschwindigkeit gestattet doch eine Abschätzung des Trocknungsverlaufs im Bereich des zweiten Trocknungsabschnittes.

Der Faktor, mit dem die Ordinaten der Kurven in Abb. 269 bzw. 270 multipliziert werden müssen, errechnet sich nach

$$\frac{1+\frac{\alpha s}{\lambda}}{1+\frac{\mu \alpha s}{\lambda_L}},$$

worin für s der Radius der Kugeln einzusetzen ist.

Für $d = 8$ mm sind für $P = 10200$ kg/m² folgende Zahlenwerte einzusetzen:

$$\frac{1+\frac{\alpha s}{\lambda}}{1+\frac{\mu \alpha s}{\lambda_L}} = \frac{1+\frac{53 \cdot 0{,}004}{0{,}1}}{1+\frac{10 \cdot 53 \cdot 0{,}004}{0{,}022}} = \frac{1+2{,}12}{1+96{,}4} = 0{,}032\,.$$

Entsprechend findet man die Faktoren für die anderen Fälle (verschiedene Durchmesser und Drücke), wie sie untenstehend eingetragen sind.

Der Zahlenfaktor $\frac{1+\frac{\alpha s}{\lambda}}{1+\frac{\mu \alpha s}{\lambda_L}}$		
d mm \ P	10200 kg/m²	1000 kg/m²
8	0,032	0,055
5	0,034	0,064
2	0,042	0,086

Die sich daraus ergebenden Temperaturen ϑ_E des Trocknungsspiegels sind in der folgenden Tabelle für die Drücke $P = 10200$ und $P = 1000$ kg/m² gegenübergestellt:

ϑ_E °C		
d mm \ P	10200 kg/m²	1000 kg/m²
8	38,5	31,2
5	38,3	30,9
2	38,0	30,2

Für die scheinbare Endtrocknungsgeschwindigkeit errechnen sich nach

$$g'_{D_E} = \frac{1}{r} \frac{1}{\frac{1}{\alpha} + \frac{s}{\lambda}} (\vartheta_L - \vartheta_E)$$

die folgenden Werte:

d mm \ P	g'_{D_E} kg/m²h		$g'_{D_E}\, s$ kg/mh	
	10200 kg/m²	1000 kg/m²	10200 kg/m²	1000 kg/m²
8	0,044	0,146	$0{,}176 \cdot 10^{-3}$	$0{,}584 \cdot 10^{-3}$
5	0,075	0,206	0,188	0,515
2	0,176	0,404	0,176	0,404

Der dritte Trocknungsabschnitt

Aus der Sorptionsisotherme entnimmt man die Gleichgewichtsfeuchtigkeit des Gutes bei Luftzustand für die Fälle A und B $X_{gl} = 1{,}9\%$ und den maximalen hygroskopischen Wassergehalt zu $X_{\text{hygr max}} = 13\%$.

Der Beginn des dritten Abschnittes kann also bei $X_m = 7{,}4\%$ angesetzt werden.

Der Trocknungsverlauf und die Trocknungszeiten

Der Trocknungsverlauf kann mit den errechneten Werten g_{D_I} und g'_{D_E} bei Kenntnis der Knickpunktkurve und den Werten X_{gl} sowie dem Feuchtigkeitsgehalt bei Beginn des dritten Abschnittes näherungsweise bestimmt werden (s. Abb. 292).

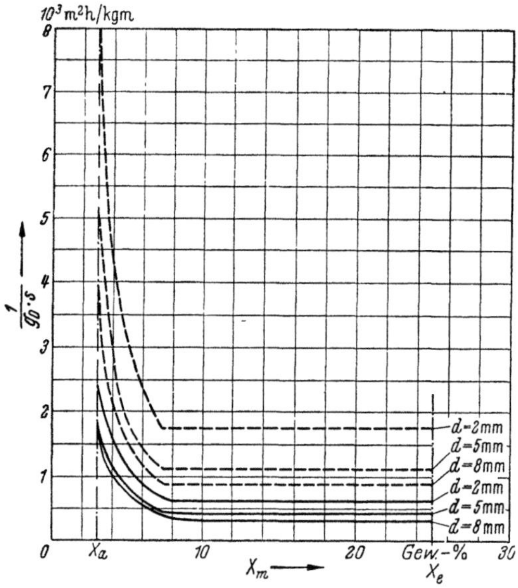

Abb. 293. Zur Bestimmung der Trocknungszeit in Aufgabe 2.
—— $P = 10200$ kg/m², ---- $P = 1000$ kg/m².

Die Trocknungszeiten ergeben sich nach Auftragen von

$$\frac{1}{g_D\, s} = f(X_m)$$

(s. Abb. 293) durch Integration gemäß

$$t = \frac{s^2}{3} \Gamma_S \int_{X_e}^{X_a} \frac{1}{g_D\, s}\, d(X_m)$$

für den Fall A ($P = 10200$ kg/m²) zu

$t = 884$ sek bei $d = 8$ mm,

$t = 425$ sek bei $d = 5$ mm,

$t = 96$ sek bei $d = 2$ mm,

für den Fall B ($P = 1000$ kg/m²) zu

$$t = 2180 \text{ sek} \quad \text{bei} \quad d = 8 \text{ mm},$$
$$t = 1102 \text{ sek} \quad \text{bei} \quad d = 5 \text{ mm},$$
$$t = 274 \text{ sek} \quad \text{bei} \quad d = 2 \text{ mm}.$$

Man erkennt, daß in dem angegebenen Fall durch Evakuierung keine Verkürzung der Trocknungszeit erreicht wird. Dies liegt daran, daß im Vakuum bei der vorausgesetzten Konvektionstrocknung bei gleicher Geschwindigkeit des Trockenmittels die Wärmeübergangszahl im Vakuum nur etwa 1/3 derjenigen bei normalem Druck ist. Wenn auch die Diffusion erleichtert wird, so wirkt sich das doch nur in recht geringem Maße auf die Temperaturdifferenz zwischen Luft und Trockenspiegel aus (vgl. S. 391).

3. Aufgabe

Einfluß zusätzlicher Strahlung bei der Trocknung von Stoffbahnen

Eine 1 m breite Textilbahn (Wolle) von der Dicke $2\,s = 0{,}5$ mm soll in einem Luftstrom von $\vartheta_L = 70$ °C und $\varphi = 15{,}75\%$ relativer Feuchtigkeit von einem Eintrittswassergehalt $X_e = 100$ Gew.-% auf einen Wassergehalt von $X_a = 13$ Gew.-% getrocknet werden.

Mit welcher Trocknungszeit ist zu rechnen

1. bei reiner Konvektionstrocknung,
2. wenn die Stoffbahn beiderseitig durch Hochtemperaturstrahler mit einem Anschlußwert von 60 kW bestrahlt werde, von denen 40 kW auf die Stoffbahn treffen mögen.

Die Geschwindigkeit der Stoffbahn betrage:

a) 0,1 m/sek; – b) 1,0 m/sek.

Die Relativgeschwindigkeit der Luft sei jeweils so groß, daß man mit einer Wärmeübergangszahl für beide Fälle von $\alpha = 10$ kcal/m²h °C rechnen kann.

Die Knickpunktkurve des Gewebes (Wolle) entspreche der in Abb. 294 wiedergegebenen. Die Sorptionsisotherme entspreche dem in Abb. 33 dargestellten Kurvenzug. Die Wärmeleitzahl des trockenen Gewebes betrage $\lambda = 0{,}05$ kcal/mh °C, die Diffusionswiderstandszahl sei $\mu = 3$.

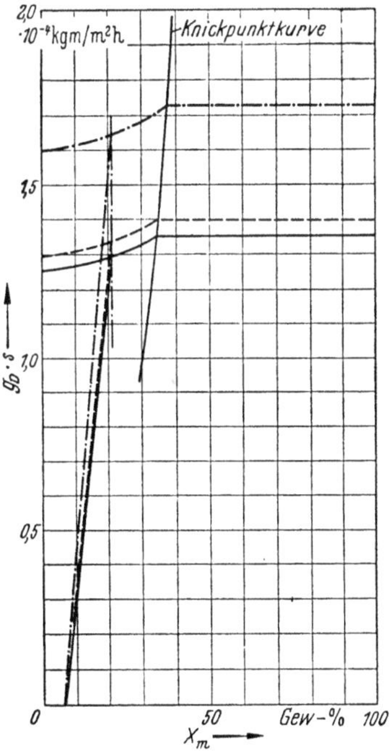

Abb. 294. Trocknungsverlauf für Wolle (Aufgabe 3).

—— reine Konvektionstrocknung;
- - - - mit zusätzlicher Wärmestrahlung; 1 m/sek Bahngeschwindigkeit;
- · - · mit zusätzlicher Wärmestrahlung; 0,1 m/sek Bahngeschwindigkeit.

1. Konvektionstrocknung

α) *Die Anfangstrocknungsgeschwindigkeit* g_{D_I}

Die Anfangstrocknungsgeschwindigkeit g_{D_I} berechnet sich nach:

$$g_{D_I} = \frac{1}{r}\,\alpha\,(\vartheta_L - \vartheta_0)\ \text{kg/m}^2\text{h}.$$

Aus Abb. 269 entnimmt man für $P_{D_L} = 0{,}1575 \cdot 3177 = 500\ \text{kg/m}^2$ $\vartheta_0 = 38{,}6\ °\text{C}$ entsprechend $\vartheta_L - \vartheta_0 = 31{,}4\ °\text{C}$.

Die Anfangstrocknungsgeschwindigkeit wird damit

$$g_{D_I} = \frac{1}{575{,}6} \cdot 10 \cdot 31{,}4 = 0{,}546\ \text{kg/m}^2\text{h}.$$

Der gesamte Wasserentzug im ersten Abschnitt der Trocknung beträgt damit je m Bahnlänge:

$$G_{D_I} = 1{,}092\ \text{kg/h}.$$

β) *Die scheinbare Endtrocknungsgeschwindigkeit* g'_{D_E}

Die scheinbare Endtrocknungsgeschwindigkeit g'_{D_E} errechnet sich nach

$$g'_{D_E} = \frac{1}{r}\,\frac{1}{\frac{1}{\alpha} + \frac{s}{\lambda}}\,(\vartheta_L - \vartheta_E)\ \text{kg/m}^2\text{h}.$$

Zur Ermittlung der Temperatur ϑ_E im Trocknungsspiegel bei der scheinbaren Endtrocknungsgeschwindigkeit g'_{D_E} müssen die Ordinaten der Kurve für $P_{D_L} = 500\ \text{kg/m}^2$ in Abb. 269 mit dem Faktor

$$\frac{1 + \frac{\alpha s}{\lambda}}{1 + \frac{\mu \alpha s}{\lambda_L}} = \frac{1 + \frac{10 \cdot 2{,}5 \cdot 10^{-4}}{0{,}05}}{1 + \frac{3 \cdot 10 \cdot 2{,}5 \cdot 10^{-4}}{0{,}025}} = \frac{1{,}05}{1{,}30} = 0{,}808$$

multipliziert werden.

Man erhält damit aus Abb. 269 $\vartheta_L - \vartheta_E = 30{,}4\ °\text{C}$ bzw. $\vartheta_E = 39{,}6\ °\text{C}$.

Damit wird die scheinbare Endtrocknungsgeschwindigkeit

$$g'_{D_E} = \frac{1}{575{,}0} \cdot \frac{1}{\frac{1}{10} + \frac{2{,}5 \cdot 10^{-4}}{0{,}05}} \cdot 30{,}4,$$

$$g'_{D_E} = \frac{1}{575{,}0} \cdot \frac{30{,}4}{0{,}105} = 0{,}504\ \text{kg/m}^2\text{h}.$$

Der scheinbare Gesamtentzug am Ende des zweiten Trocknungsabschnittes ist dann je m Bahnlänge

$$G'_{D_E} = 1{,}008\ \text{kg/h}.$$

γ) *Der Trocknungsverlauf*

Trägt man die Werte $g_{D_I} s$ und $g'_{D_E} s$ in das Knickpunktschaubild ein, so kann man den mutmaßlichen Trocknungsverlauf leicht abschätzen (s. Abb. 294).

Danach liegt der Knickpunkt bei $X_m = 34$ Gew.-%.

Der Beginn des dritten Abschnittes ist dann bei $\frac{X_{\text{hygr max}} + X_{gl}}{2}$ zu erwarten. Mit $X_{\text{hygr max}} = 35$ Gew.-% (aus Abb. 33 geschätzt) und $X_{gl} = 6{,}5$ Gew.-% liegt X_{III_0} bei 21 Gew.-%. Von da ab verläuft die Trocknung linear auf $X_{gl} = 6{,}5$ Gew.-% bei $g_D s = 0$. Dieser Verlauf ist in Abb. 294 eingetragen.

δ) Die Trocknungszeit

Aus der Wasserbilanz:

$$g_D\,dt = s\,d\,X_m\,\Gamma_S$$

ergibt sich die Trocknungszeit

$$t = s^2\,\Gamma_S \int_{X_e}^{X_a} \frac{1}{g_D\,s}\,d\,X_m\,,$$

wobei Γ_S zu 200 kg/m³ (Wolle) anzunehmen ist. Nach Durchführung der Integration auf graphischem Wege findet man $t = 300$ sek (Abb. 295).

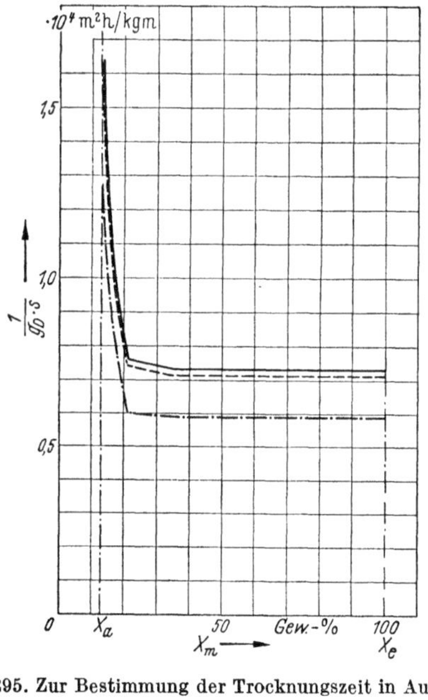

Abb. 295. Zur Bestimmung der Trocknungszeit in Aufgabe 3.
—— reine Konvektionstrocknung;
- - - - mit zusätzlicher Wärmestrahlung; 1 m/sek } Bahngeschwindigkeit.
- · - · mit zusätzlicher Wärmestrahlung; 0,1 m/sek }

2. Der Einfluß der Strahlung

α) Die Anfangstrocknungsgeschwindigkeit g_{DI}

a) Bahngeschwindigkeit 0,1 m/sek. Während bisher die Bahngeschwindigkeit ohne Einfluß war (unter der Voraussetzung einer bestimmten Wärmeübergangszahl), muß diese jetzt berücksichtigt werden, da je nach Geschwindigkeit die Strahlungsenergie auf eine mehr oder minder große Fläche auftrifft.

Man berechnet die Anfangstrocknungsgeschwindigkeit nach

$$g_{D_I} = \frac{1}{r} [\alpha (\vartheta_L - \vartheta_0) + q_R] .$$

Zweckmäßig formt man diese Gleichung um in

$$g_{D_I} = \frac{1}{r} \alpha (\vartheta'_L - \vartheta_0) ,$$

worin die äquivalente Lufttemperatur ϑ'_L den Wert

$$\vartheta'_L = \vartheta_L + \frac{q_R}{\alpha}$$

hat.

Bei 0,1 m/sek wird:

$$q_R = \frac{40 \cdot 860}{0{,}1 \cdot 3600} = 95{,}5 \text{ kcal/m}^2\text{h} .$$

Damit wird die äquivalente Lufttemperatur

$$\vartheta'_L = 70 + \frac{95{,}5}{10} = 79{,}6\,^\circ\text{C} .$$

Man findet damit bei $P_{D_L} = 500$ kg/m²:

$$\vartheta'_L - \vartheta_0 = 39{,}8\,^\circ\text{C} \quad \text{bzw.} \quad \vartheta_0 = 39{,}8\,^\circ\text{C} .$$

Damit wird die Anfangstrocknungsgeschwindigkeit

$$g_{D_I} = \frac{1}{574{,}8} \cdot 10 \cdot 39{,}8 = 0{,}692 \text{ kg/m}^2\text{h} .$$

Der gesamte Anfangsentzug im ersten Trocknungsabschnitt wird damit je m Bahnlänge

$$g_{D_I} = 1{,}384 \text{ kg/h} .$$

Er ist also etwa 25% größer als bei reiner Konvektionstrocknung unter den obigen Voraussetzungen.

b) Bahngeschwindigkeit 1 m/sek. In diesem Falle wird

$$q_R = \frac{40 \cdot 860}{1 \cdot 3600} = 9{,}55 \text{ kcal/m}^2\text{h}$$

und

$$\vartheta'_L = 71{,}0\,^\circ\text{C} .$$

Die Temperaturdifferenz $(\vartheta'_L - \vartheta_0)$ ermittelt man dafür bei $P_{D_L} = 500$ kg/m² zu

$$\vartheta'_L - \vartheta_0 = 32{,}2\,^\circ\text{C} \quad \text{bei} \quad \vartheta_0 = 38{,}8\,^\circ\text{C} .$$

Die Anfangstrocknungsgeschwindigkeit wird damit:

$$g_{D_I} = \frac{1}{575{,}4} \cdot 10 \cdot 32{,}2 = 0{,}560 \text{ kg/m}^2\text{h}.$$

Sie ist also nur 2,5% größer als die bei reiner Konvektionstrocknung.

Der Gesamtentzug wird je m Bahnlänge:

$$G_{D_I} = 1{,}120 \text{ kg/h}.$$

β) Die scheinbare Endtrocknungsgeschwindigkeit g'_{D_E}

Der Faktor mit dem die Ordinaten des Kurvenzuges $P_{D_L} = 500$ kg/m² multipliziert werden müssen, ergibt sich nach dem unter 1. β) Gesagten zu 0,808.

Damit findet man bei

a) Bahngeschwindigkeit 0,1 m/sek,

$$\vartheta'_L - \vartheta_E = 38{,}6\,°\text{C} \quad \text{bei} \quad \vartheta_E = 41{,}0\,°\text{C}$$

und

$$g'_{D_E} = \frac{1}{574{,}2} \cdot \frac{1}{0{,}105} \cdot 38{,}6 = 0{,}640 \text{ kg/m}^2\text{h}.$$

Für den Gesamtentzug der beiden Seiten ergibt sich je m Bahnlänge

$$G'_{D_E} = 1{,}280 \text{ kg/h}.$$

b) Bahngeschwindigkeit 1 m/sek

$$\vartheta'_L - \vartheta_E = 31{,}3 \quad \text{bei} \quad \vartheta_E = 39{,}7\,°\text{C}$$

und

$$g'_{D_E} = \frac{1}{574{,}9} \cdot \frac{1}{0{,}105} \cdot 31{,}3 = 0{,}519 \text{ kg/m}^2\text{h}.$$

Für beide Seiten ergibt sich also je m Bahnlänge eine scheinbare Endtrocknungsgeschwindigkeit

$$G'_{D_E} = 1{,}038 \text{ kg/h}.$$

γ) Der Trocknungsverlauf

Der Knickpunkt wird gemäß Abb. 294 erreicht bei

$X_{Kn} = 37{,}2$ Gew.-% für Bahngeschwindigkeit 0,1 m/sek,

$X_{Kn} = 34{,}5$ Gew.-% für Bahngeschwindigkeit 1 m/sek.

Der dritte Abschnitt beginnt nach dem unter 1. γ) Gesagten bei $X_{III_0} = 21$ Gew.-%.

δ) Die Trocknungszeiten

Man bildet

$$\frac{1}{g_{D\,s}} = f(X_m)$$

und findet durch graphische Integration die Trocknungszeiten bei reiner Konvektionstrocknung

zu $t = 300$ sek

bei zusätzlicher Strahlung

$t = 240$ sek bei Bahngeschwindigkeit 0,1 m/sek,

$t = 290$ sek bei Bahngeschwindigkeit 1 m/sek.

Zusammenfassend kann man sagen, daß die Verbesserung des in der vorliegenden Aufgabe behandelten Trockenvorganges durch die angenommenen zusätzlichen Strahlungsheizquellen keine entscheidende Beschleunigung gegenüber reiner Konvektionsheizung bewirkt. Nur bei kleinen Bahngeschwindigkeiten ist der Einfluß merklich spürbar.

Kapitel IX

Die mathematische Behandlung des Wärme- und Stoffaustauschs beim Trocknen hygroskopischer Güter

Es ist der Sinn dieses Kapitels, das Ineinandergreifen von Temperatur- und Feuchtigkeitsbewegung beim Trocknen in einer mathematischen Behandlung darzustellen. Jede Dampfabfuhr an einer Stelle hat eine Wärmezufuhr zu dieser Stelle hin zur Voraussetzung. Während in den vorigen Kapiteln die Kupplung beider Bewegungen nur für gewisse ausgezeichnete Punkte des gesamten Ablaufes der Trocknung (erster Abschnitt, sowie den scheinbaren Endzustand der Trocknung) näherungsweise unter Verwendung der einfachen Gleichungen für Beharrungszustände der Wärme- und Stoffbewegung berechnet wurden, soll jetzt der zeitlich veränderliche Ablauf der Bewegungen, deren jede durch die andere ausgelöst werden kann, behandelt werden [*110*].

Wenn man sich ein feuchtes Gut von gegebener Temperatur vorstellt, das plötzlich in einen Luftstrom gleicher Temperatur, aber geringeren Dampfgehaltes, als dem Gleichgewicht entspricht, gebracht wird, so findet primär wegen der Teildruckunterschiede eine Verdunstung statt, die sekundär eine Wärmebewegung zur Folge hat. Die Verdampfungswärme wird zunächst durch Abkühlung des Gutes, alsdann durch zusätzliche Wärmezuleitung zur Verdampfungsstelle hin aufgebracht. Erst wenn das ganze Gut die Feuchtigkeit angenommen hat, die dem Gleichgewicht mit dem Luftstrom entspricht, wird die Temperatur wieder ausgeglichen sein und den ursprünglichen Wert haben.

Der entgegengesetzte Fall ist der, daß man einen feuchten Stoff in einen Luftstrom von höherer Temperatur aber von einem dem Gleichgewicht entsprechenden Feuchtigkeitsgehalt bringt. Zugleich mit der Aufwärmung des Gutes erfolgt eine Kondensation an der Oberfläche und eine Dampfbewegung ins Gutsinnere im Sinne des entstehenden Temperaturgefälles. Irgendwann muß sich die Dampfbewegung umkehren, bis nach Erreichen des Gleichgewichtes die neue Gutstemperatur beim anfänglichen Feuchtigkeitsgehalt erreicht ist.

Da Vorgänge solcher Art gerade das Entscheidende beim Trocknen sind, das Ineinanderwirken von Wärme- und Stoffbewegung, soll diese Kupplung in ihrem zeitlichen Ablauf für Bedingungen beschrieben werden, die einer für Ingenieure faßbaren mathematischen Behandlung zugänglich sind. Aus dem Ergebnis der Berechnungen wird dann einerseits die Berechtigung der früher für den dritten Abschnitt der Trocknung gemachten Vereinfachungen hervorgehen, andererseits wird ein genauerer Einblick in die Wirksamkeit der verschiedenen Trocknungsverfahren vermittelt, wobei auch das Vorhandensein einer Wärmequelle im Inneren des Gutes (Hochfrequenztrocknung) berücksichtigt werden kann.

a) Aufstellung der Differentialgleichungen

1. Vereinfachungen

Gewissermaßen selbstverständliche Voraussetzung bei dem Versuch einer rechnerischen Behandlung so komplexer Vorgänge ist, daß trotz der starken Abhängigkeit der Größen $\varkappa$, δ und μ von Temperatur und Feuchtigkeit diese Größen als konstant angesehen werden können. Damit wird die Anwendbarkeit der Ergebnisse nur auf qualitative Betrachtungen oder auf Vorgänge mit kleinen Änderungen von Temperatur und Feuchtigkeit beschränkt. Unter dieser Voraussetzung kann auch die Größe $\delta \frac{P}{P - P_D}$, die im STEFANschen Gesetz auftritt, als konstant angesehen werden. Es sei

$$\delta \frac{P}{P - P_D} = \delta' .$$

Ferner sei es erlaubt, in Anbetracht der kleinen Änderungen der absoluten Temperatur T einzuführen

$$\frac{1}{R_D T} \frac{\partial P_D}{\partial z} = \frac{\partial \gamma_D}{\partial z} ,$$

worin $\gamma_D = P_D / R_D T$ die Dampfwichte bedeutet. Vernachlässigt sei des weiteren die Luftbewegung in den Poren, die durch die Dampfbewegung ausgelöst wird. Unter diesen Vereinfachungen ergeben sich die folgenden Differentialgleichungen bei einachsiger Bewegung in der z-Richtung.

2. Die Differentialgleichung der Feuchtigkeitsbewegung

Die in ein Volumenelement von der Dicke dz mehr hinein- als hinaustransportierte Feuchtigkeitsmenge

$$\frac{\partial (G_W + G_D)}{\partial z} d z$$

muß zu einer Zunahme der im Element dampfförmig oder flüssig enthaltenen Feuchtigkeitsmenge führen. Wird G_W nach Gl. (260) und G_D nach Gl. (209) in Zusammenhang mit Gl. (210) eingesetzt und bezeichnet Ψ_L

den Raumanteil der Porenluft im Gesamtvolumen, so ergibt sich als Differentialgleichung der Feuchtigkeitsbewegung

$$\varkappa \frac{\partial^2 \Gamma_W}{\partial z^2} - \frac{\partial \Gamma_W}{\partial t} + \frac{\delta'}{\mu} \frac{\partial^2 \gamma_D}{\partial z^2} - \Psi_L \frac{\partial \gamma_D}{\partial t} = 0. \qquad (396)$$

3. Die Differentialgleichung der Wärmebewegung

Für die Wärmebewegung im Gut seien folgende Möglichkeiten angenommen:

1. Wärmeerzeugung im Inneren des Gutes (durch Umsetzung elektrischer, chemischer oder Strahlungsenergie):

$$q_E \quad \text{kcal/m}^3\text{h}.$$

2. Molekulare Wärmeleitung:

$$q_B = -\lambda \frac{\partial \vartheta}{\partial z} \text{kcal/m}^2\text{h},$$

worin λ die für den molekularen Energieaustausch im Feststoff, Flüssigkeit und Luftporen (unter *Ausschluß* der durch Dampfdiffusion bewirkten Energieübertragung) bedeutet[1].

3. Wärmemitführung bei der Dampfdiffusion:

$$q_D = r\, g_D \quad \text{kcal/m}^2\text{h},$$

worin r die Verdampfungswärme der Flüssigkeit bedeutet.

Die Differentialgleichung der Wärmebewegung folgt dann aus der Bedingung, daß die in ein Element durch Erzeugung, Leitung und Mitführung mehr hinein- als hinaustransportierte Wärmemenge zu einer Zunahme der Speicherwärme führen muß. Bezeichnet Γ das Raumgewicht des feuchten Stoffes, c seine spezifische Wärme, so ergibt sich

$$\lambda \frac{\partial^2 \vartheta}{\partial z^2} - c\,\Gamma \frac{\partial \vartheta}{\partial t} + r\left(\frac{\delta'}{\mu} \frac{\partial^2 \gamma_D}{\partial z^2} - \Psi_L \frac{\partial \gamma_D}{\partial t}\right) = -q_E. \qquad (397)$$

4. Die Beziehungen zwischen Γ_W, ϑ und γ_D

Die Größen Γ_W, ϑ und $\gamma_D = P_D/R_D T$ sind durch die Sorptionsisothermen (vgl. Kap. I) miteinander verknüpft. Um das System der Gl. (396) und (397) zu einem analytisch lösbaren zu machen, wird die für einen kleinen Bereich von Temperatur- und Feuchtigkeitsänderungen erlaubte lineare Näherung angesetzt:

$$\gamma_D = \text{konst.} + \varepsilon\,\Gamma_W + \omega\,\vartheta, \qquad (398)$$

worin die Konstanten ε und ω aus den Sorptionsisothermen zu ermitteln sind.

[1] Bei den in Kap. IV angegebenen Leitfähigkeiten feuchter Stoffe handelt es sich um Zahlenwerte, bei denen der Transport durch Leitung und durch Dampfdiffusion zusammengefaßt ist.

b) Die Lösung der Differentialgleichungen

1. Allgemeine Lösung der Differentialgleichungen

Mit Hilfe von Gl. (398) lassen sich die Gl. (396) und (397) auf folgende Form bringen:

$$\frac{\partial^2 \Gamma_W}{\partial z^2} - \frac{1}{a'}\frac{\partial}{\partial t}\left(\Gamma_W - \frac{a'}{b'}\vartheta\right) = w', \tag{399}$$

$$\frac{\partial^2 \vartheta}{\partial z^2} - \frac{1}{a}\frac{\partial}{\partial t}\left(\vartheta - \frac{a}{b}\Gamma_W\right) = -w. \tag{400}$$

Darin sind in den Größen a', b', w' und a, b, w alle primären Gutseigenschaften ($\varkappa$, μ, δ', λ, c, Γ, Ψ_L, ω, ε) sowie die Stärke der Wärmeentwicklung q_E zusammengefaßt. Es ist:

$$\frac{1}{a'} = \frac{1}{\varkappa}\,\frac{1 + \Psi_L\varepsilon + \frac{r}{\lambda}\frac{\delta'}{\mu}\omega}{1 + \frac{\delta'}{\mu\varkappa}\varepsilon + \frac{r}{\lambda}\frac{\delta'}{\mu}\omega}\ \mathrm{h/m^2}, \tag{401}$$

$$\frac{1}{b'} = \frac{\omega}{\varkappa}\,\frac{\frac{\delta'}{\mu}\frac{c\Gamma}{\lambda} - \Psi_L}{1 + \frac{\delta'}{\mu\varkappa}\varepsilon + \frac{r}{\lambda}\frac{\delta'}{\mu}\omega}\ \mathrm{kgh/m^5}, \tag{402}$$

$$w' = \frac{q_E}{\lambda}\,\frac{\frac{\delta'}{\mu\varkappa}\omega}{1 + \frac{\delta'}{\mu\varkappa}\varepsilon + \frac{r}{\lambda}\frac{\delta'}{\mu}\omega}\ \mathrm{kg/m^5}, \tag{403}$$

$$\frac{1}{a} = \frac{c\Gamma}{\lambda}\,\frac{1 + \frac{\delta'}{\mu\varkappa}\varepsilon + \frac{r}{c\Gamma}\Psi_L\omega}{1 + \frac{\delta'}{\mu\varkappa}\varepsilon + \frac{r}{\lambda}\frac{\delta'}{\mu}\omega}\ \mathrm{h/m^2}, \tag{404}$$

$$\frac{1}{b} = \frac{r}{\lambda}\varepsilon\,\frac{\frac{\delta'}{\mu\varkappa} - \Psi_L}{1 + \frac{\delta'}{\mu\varkappa}\varepsilon + \frac{r}{\lambda}\frac{\delta'}{\mu}\omega}\ \mathrm{mh^\circ/kg}, \tag{405}$$

$$w = \frac{q_E}{\lambda}\,\frac{1 + \frac{\delta'}{\mu\varkappa}\varepsilon}{1 + \frac{\delta'}{\mu\varkappa}\varepsilon + \frac{r}{\lambda}\frac{\delta'}{\mu}\omega}\ {}^\circ/\mathrm{m^2}. \tag{406}$$

Die nach Gl. (401) definierte *Größe a'* kann als *äquivalente Feuchtigkeitsleitzahl* bezeichnet werden, die in die kapillare Flüssigkeitsleitzahl $\varkappa$ übergeht, wenn keine Dampfdiffusion vorhanden ist ($\mu \to \infty$; $\Psi_L \to 0$). Die nach Gl. (404) definierte *Größe a* ist dementsprechend eine *äquivalente Temperaturleitzahl*, die bei fehlender Diffusion in die Temperaturleitzahl $\lambda/c\Gamma$ übergeht.

Die beiden Differentialgleichungen (399) und (400) sind in gewisser Weise den Gleichungen zweier gekuppelter Schwingungen ähnlich und können in Anlehnung an den von HENRY [*83*] für einen einfachen Sonderfall eingeschlagenen Weg in gleicher Weise gelöst werden [*110*], indem man als „Normalkoordinaten“ lineare Kombinationen von Γ_W und ϑ bestimmt:

$$\Gamma_W + b\left(\frac{1}{a'} - \frac{1}{p_1}\right)\vartheta = U_1(z,t)\,, \tag{407}$$

$$\vartheta + b'\left(\frac{1}{a} - \frac{1}{p_2}\right)\Gamma_W = U_2(z,t)\,. \tag{408}$$

Darin sind die Größen p_1 und p_2 gegeben durch die Gleichungen

$$\frac{1}{p_1} = \frac{1}{2}\left[\left(\frac{1}{a} + \frac{1}{a'}\right) + \sqrt{\left(\frac{1}{a'} - \frac{1}{a}\right)^2 + \frac{4}{b\,b'}}\right], \tag{409}$$

$$\frac{1}{p_2} = \frac{1}{2}\left[\left(\frac{1}{a} + \frac{1}{a'}\right) - \sqrt{\left(\frac{1}{a'} - \frac{1}{a}\right)^2 + \frac{4}{b\,b'}}\right]. \tag{410}$$

Die Differentialgleichungen für die Normalkoordinaten lauten dann:

$$\frac{\partial^2 U_1}{\partial z^2} - \frac{1}{p_1}\frac{\partial U_1}{\partial t} = h_1\,, \tag{411}$$

$$\frac{\partial^2 U_2}{\partial z^2} - \frac{1}{p_2}\frac{\partial U_2}{\partial t} = -\,h_2\,, \tag{412}$$

wenn

$$h_1 = w' + b\left(\frac{1}{a} - \frac{1}{p_2}\right)w \tag{413}$$

und

$$h_2 = w + b'\left(\frac{1}{a'} - \frac{1}{p_1}\right)w' \tag{414}$$

ist.

Gl. (411) und (412) haben die gleiche Form wie die bekannte Differentialgleichung der Wärmeleitung mit Quellen, deren Lösungen für einige Gruppen einfacher Randbedingungen bekannt sind.

Die allgemeine Lösung des Temperatur- und Feuchtigkeitsfeldes kann dann auf die Form gebracht werden:

$$\Gamma_W - \Gamma_{W_a} = A\,U_1(z,t) + B'\,U_2(z,t)\,, \tag{415}$$

$$\vartheta - \vartheta_a = A\,U_2(z,t) - B\,U_1(z,t)\,, \tag{416}$$

worin ϑ_a die Temperatur, Γ_{W_a} die aus Gl. (398) für γ_{D_a} und ϑ_a resultierende gleichwertige Feuchtigkeit der Umgebung und

$$A = \frac{\dfrac{1}{a} - \dfrac{1}{p_1}}{\dfrac{1}{p_2} - \dfrac{1}{p_1}} = \frac{\dfrac{1}{p_2} - \dfrac{1}{a'}}{\dfrac{1}{p_2} - \dfrac{1}{p_1}}\,, \tag{417}$$

$$B' = \frac{1}{b'\left(\dfrac{1}{p_1} - \dfrac{1}{p_2}\right)}\,, \tag{418}$$

$$B = \frac{1}{b\left(\dfrac{1}{p_1} - \dfrac{1}{p_2}\right)} \tag{419}$$

bedeuten. Die Funktionen U_1 und U_2 sind so zu bestimmen, daß sie den Differentialgleichungen (411) und (412) und den Randbedingungen genügen.

2. Spezielle Lösungen für Randbedingungen erster Art

Als Randbedingung muß allgemein angesetzt werden, daß die durch kapillare Bewegung und durch Dampfdiffusion an die Oberfläche herangeleitete Feuchtigkeitsmenge auf Grund des Stoffüberganges entsprechend Gl. (278) und die herangeleitete Wärme auf Grund von Wärmeübergang entsprechend Gl. (120) an die Umgebung abgegeben wird. Für solche Bedingungen aber habe ich bisher keine analytische Lösung der Differentialgleichungen gefunden. Solche Randbedingungen lassen sich nur bei graphischer Integration der in Differenzengleichungen überführten Differentialgleichungen berücksichtigen [*110*]. Analytische Lösungen der Differentialgleichungen sind zur Zeit nur für Randbedingungen erster Art (d.h. für Wärmeübergangszahl $\alpha = \infty$ und Stoffübergangszahl $\beta = \infty$) bekannt.

Für zweiseitig gleicherweise trocknende ebene Güter von der Dicke $2s$ bedeutet die Annahme dieser Grenzbedingungen, daß sowohl Temperatur als auch Feuchtigkeitsgehalt in der Oberfläche ($z = \pm s$) im Gleichgewicht mit der Umgebung sind, d.h.:

$$\Gamma_{W(z=\pm s)} - \Gamma_{W_a} = 0\,,$$

$$\vartheta_{(z=\pm s)} - \vartheta_a = 0\,.$$

Das Einsetzen der Gl. (315) und (316) liefert sofort:

$$U_{1\,(z=\pm s)} = 0; \quad U_{2\,(z=\pm s)} = 0\,. \tag{420}$$

Die Endbedingungen (für $t \to \infty$) besagen, daß sich irgendein Beharrungs- (bzw. Gleichgewichts-) Zustand einstellen muß, für den die Differentialgleichungen (411) und (412) wegen $\partial U/\partial t = 0$ übergehen in

$$\frac{\partial^2 U_{1\,(t\to\infty)}}{\partial z^2} = h_1; \quad \frac{\partial^2 U_{2\,(t\to\infty)}}{\partial z^2} = -\,h_2\,. \tag{421}$$

Als Anfangsbedingung werde ein hinsichtlich Temperatur und Feuchtigkeitsverteilung ausgeglichener Zustand angenommen (Anfangsfeuchtigkeit Γ_{W_0}, Anfangstemperatur ϑ_0). Gl. (415) und (416) lauten dann:

$$\Gamma_{W_0} - \Gamma_{W_a} = A\,U_{1\,(t=0)} + B'\,U_{2\,(t=0)}\,,$$

$$\vartheta_0 - \vartheta_a = A\,U_{2\,(t=0)} - B\,U_{1\,(t=0)}\,.$$

Daraus ergibt sich, daß die Funktionen U_1 und U_2 so zu bestimmen sind, daß

$$U_{1\,(t=0)} = \frac{A\,(\Gamma_{W_0} - \Gamma_{W_a}) - B'\,(\vartheta_0 - \vartheta_a)}{A^2 + B\,B'}\,,$$

$$U_{2\,(t=0)} = \frac{A\,(\vartheta_0 - \vartheta_a) + B\,(\Gamma_{W_0} - \Gamma_{W_a})}{A^2 + B\,B'}\,,$$

oder, da nach Gl. (417), (418) und (419) $A^2 + BB' = A$ ist:

$$\left.\begin{aligned} U_{1\,(t=0)} &= \Gamma_{W_0} - \Gamma_{W_a} - \frac{B'}{A}(\vartheta_0 - \vartheta_a)\,, \\ U_{2\,(t=0)} &= \vartheta_0 - \vartheta_a + \frac{B}{A}(\Gamma_{W_0} - \Gamma_{W_a})\,. \end{aligned}\right\} \tag{422}$$

Die Bedingungen (420), (421) und (422) werden durch folgende Funktionen U_1 und U_2 erfüllt:

$$\left.\begin{aligned} U_1 = {} & \left(\Gamma_{W_0} - \Gamma_{W_a} - \frac{B'}{A}(\vartheta_0 - \vartheta_a)\right)\frac{4}{\pi}\sum_{n=1}^{\infty}\frac{(-1)^{n-1}}{2n-1}\cos(2n-1)\frac{\pi}{2}\frac{z}{s}\,e^{-(2n-1)^2\pi^2\frac{p_1 t}{4s^2}} \\ & + \frac{h_1 s^2}{2}\left(\frac{z^2}{s^2} - 1 + \frac{32}{\pi^3}\sum_{n=1}^{\infty}\frac{(-1)^{n-1}}{(2n-1)^3}\cos(2n-1)\frac{\pi}{2}\frac{z}{s}\,e^{-(2n-1)^2\pi^2\frac{p_1 t}{4s^2}}\right), \end{aligned}\right\} \tag{423}$$

$$\left.\begin{aligned} U_2 = {} & \left(\vartheta_0 - \vartheta_a + \frac{B}{A}(\Gamma_{W_0} - \Gamma_{W_a})\right)\frac{4}{\pi}\sum_{n=1}^{\infty}\frac{(-1)^{n-1}}{2n-1}\cos(2n-1)\frac{\pi}{2}\frac{z}{s}\,e^{-(2n-1)^2\pi^2\frac{p_2 t}{4s^2}} \\ & - \frac{h_2 s^2}{2}\left(\frac{z^2}{s^2} - 1 + \frac{32}{\pi^3}\sum_{n=1}^{\infty}\frac{(-1)^{n-1}}{(2n-1)^3}\cos(2n-1)\frac{\pi}{2}\frac{z}{s}\,e^{-(2n-1)^2\pi^2\frac{p_2 t}{4s^2}}\right). \end{aligned}\right\} \tag{424}$$

3. Vereinfachung der zahlenmäßigen Berechnung

Für die zahlenmäßige Berechnung im speziellen Fall ist die Reihenentwicklung meist zeitraubend. Angenehmer ist es beim Rechnen, wenn die Reihen bereits tabelliert vorliegen. Dann kann man an Stelle der Reihen mit ausgewerteten Funktionen arbeiten. Hier ist es zweckmäßig, zwei Funktionen S und T einzuführen, deren jede nur von den zwei unabhängigen Veränderlichen z und t abhängen. Bei der Tabellierung ist es zweckmäßig, an Stelle von z und t die dimensionslosen Größen

$$\left.\begin{aligned} z/s &= \xi\,, \\ p_1 t/4s^2 = \tau_1; &\quad p_2 t/4s^2 = \tau_2 \end{aligned}\right\} \tag{425}$$

als Veränderliche anzusehen. Die Funktion S soll sein:

$$S = \frac{4}{\pi}\sum_{n=1}^{\infty}\frac{(-1)^{n-1}}{2n-1}\cos(2n-1)\frac{\pi}{2}\,\xi\,e^{-(2n-1)^2\pi^2\tau}, \tag{426}$$

während T gegeben sei durch:

$$T = 1 - \xi^2 - \frac{32}{\pi^3}\sum_{n=1}^{\infty}\frac{(-1)^{n-1}}{(2n-1)^3}\cos(2n-1)\frac{\pi}{2}\,\xi\,e^{-(2n-1)^2\pi^2\tau}. \tag{427}$$

Die Funktionen S und T sind in Abhängigkeit von ξ und τ in den Abb. 296 und 297 dargestellt. Abb. 296 ist aus einer von HENRY [*83*] mitgeteilten Tabelle entwickelt. Abb. 297 wurde auf Grund eigener Berechnung der Funktion T gezeichnet. Dann können die Gl. (423) und (424) geschrieben werden:

$$U_1 = \left(\Gamma_{W_0} - \Gamma_{W_a} - \frac{B'}{A}(\vartheta_0 - \vartheta_a)\right) S_1 - \frac{h_1 s^2}{2} T_1\,, \tag{428}$$

$$U_2 = \left(\vartheta_0 - \vartheta_a + \frac{B}{A}(\Gamma_{W_0} - \Gamma_{W_a})\right) S_2 + \frac{h_2 s^2}{2} T_2\,, \tag{429}$$

wobei S_1 und T_1 aus Abb. 296 und 297 für $\tau_1 = p_1 t/4s^2$, ferner S_2 und T_2 aus denselben Abbildungen für $\tau_2 = p_2 t/4s^2$ aufzusuchen sind.

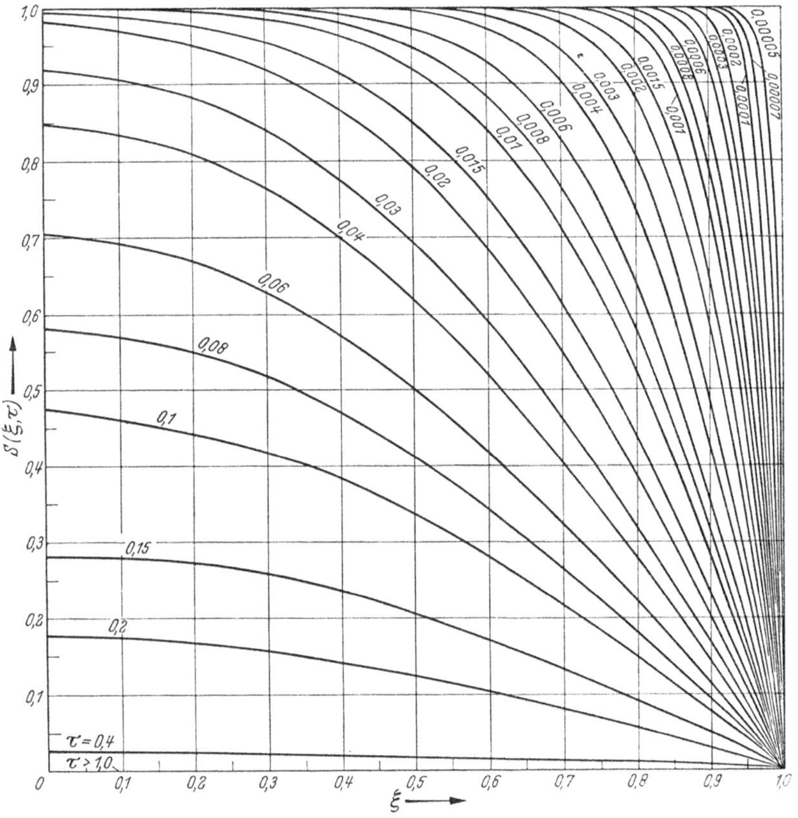

Abb. 296. Darstellung der Funktion $S(\xi, \tau)$ nach Gl. (426).

Die Gesamtlösungen für die Feuchtigkeits- und Temperaturverteilung nehmen somit gemäß Gl. (415) und (416) die Form an:

$$\left.\begin{aligned} \Gamma_W - \Gamma_{W_a} = A\left[\left(\Gamma_{W_0} - \Gamma_{W_a} - \frac{B'}{A}(\vartheta_0 - \vartheta_a)\right) S_1 - \frac{h_1 s^2}{2} T_1\right] + \\ + B'\left[\left(\vartheta_0 - \vartheta_a + \frac{B}{A}(\Gamma_{W_0} - \Gamma_{W_a})\right) S_2 + \frac{h^2 s^2}{2} T_2\right], \end{aligned}\right\} \tag{430}$$

$$\left.\begin{aligned}\vartheta - \vartheta_a = A\left[\left(\vartheta_0 - \vartheta_a + \frac{B}{A}(\Gamma_{W_0} - \Gamma_{W_a})\right) S_2 + \frac{h_2 s^2}{2} T_2\right] - \\ - B\left[\left(\Gamma_{W_0} - \Gamma_{W_a} - \frac{B'}{A}(\vartheta_0 - \vartheta_a)\right) S_1 - \frac{h_1 s^2}{2} T_1\right].\end{aligned}\right\} \quad (431)$$

In dieser Form ist mit Hilfe der Abb. 296 und 297 die Berechnung spezieller Fälle so weit erleichtert, daß sie mit geringstem Zeitaufwand erfolgen kann. Für alle Fälle, bei denen keine Wärmeentwicklung im

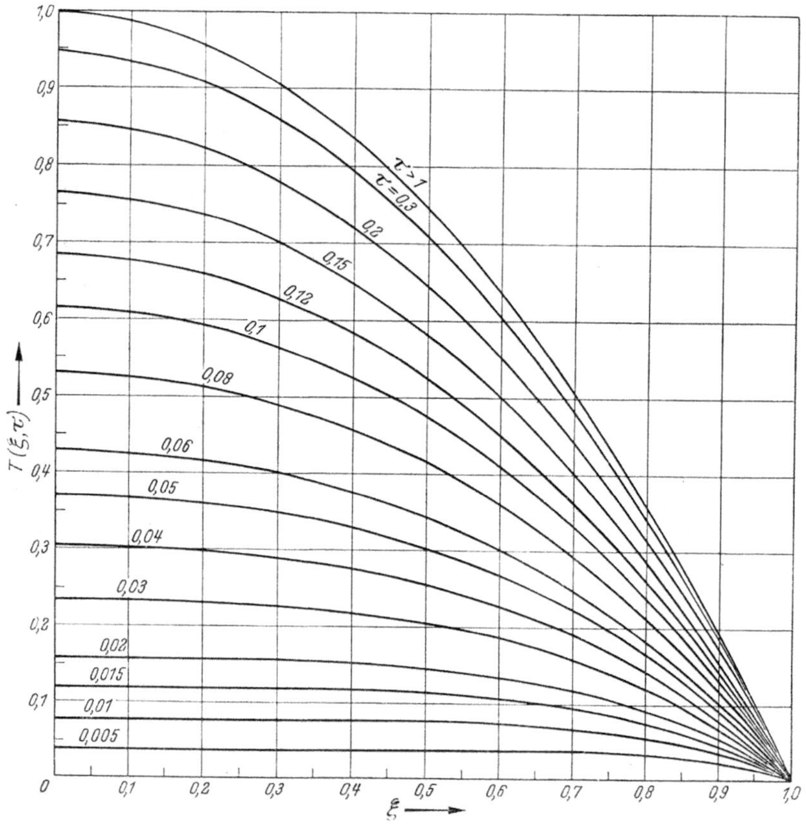

Abb. 297. Darstellung der Funktion $T(\xi, \tau)$ nach Gl. (427).

Innern erfolgt, also stets dann, wenn die Wärme nur von außen zugeführt wird, werden h_1 und h_2 gleich Null. Dann brauchen nur die Funktionen S_1 und S_2 aus Abb. 296 entnommen zu werden.

Oft interessiert der Grad der Austrocknung, der nach einer gewissen Zeit erreicht ist. Er ist bestimmt, wenn man die mittlere Feuchtigkeit Γ_{W_m} des Trockengutes zu einem bestimmten Zeitpunkt kennt. Es ist

$$\Gamma_{W_m} - \Gamma_{W_a} = \frac{1}{s}\int_0^s (\Gamma_W - \Gamma_{W_a})\, dz = \int_0^1 (\Gamma_W - \Gamma_{W_a})\, d\xi \quad (432)$$

oder

$$\left.\begin{aligned} \Gamma_{W_m} - \Gamma_{W_a} = A \left[\left(\Gamma_{W_0} - \Gamma_{W_a} - \frac{B'}{A}(\vartheta_0 - \vartheta_a)\right)\int_0^1 S_1\, d\xi - \frac{h_1 s^2}{2}\int_0^1 T_1\, d\xi\right] + \\ + B'\left[\left(\vartheta_0 - \vartheta_a + \frac{B}{A}(\Gamma_{W_0} - \Gamma_{W_a})\right)\int_0^1 S_2\, d\xi + \frac{h_2 s^2}{2}\int_0^1 T_2\, d\xi\right]. \end{aligned}\right\} \quad (433)$$

Um auch diese Größe mit geringstem Zeitaufwand ermitteln zu können, sind in Abb. 298 die Integrale $\int_0^1 S\, d\xi$ und $\int_0^1 T\, d\xi$ über der zeitbestimmenden Größe τ aufgetragen.

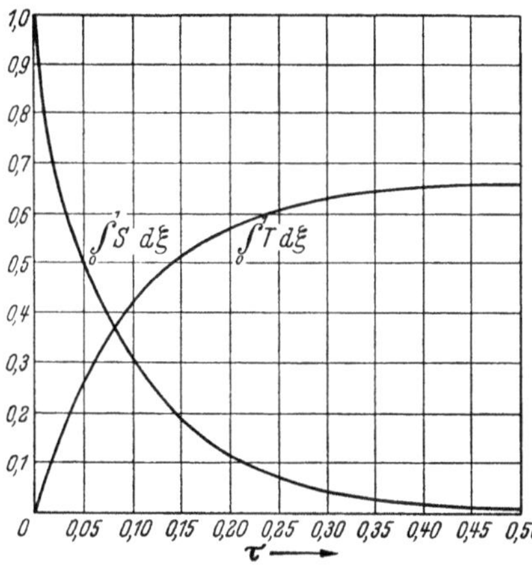

Abb. 298. $\int_0^1 S\, d\xi$ und $\int_0^1 T\, d\xi$ in Abhängigkeit von τ.

c) Beispiele

Zur Verdeutlichung der wesentlichsten Erkenntnisse, die man aus der analytischen Lösung der Differentialgleichung der Trocknungsvorgänge im Gut ziehen kann, sind im folgenden einige Beispiele durchgerechnet. Sie sollen die charakteristischen Feuchtigkeits- und Temperaturverteilungen zeigen, die bei verschiedenen äußeren Einwirkungen auftreten.

1. Annahmen für die Beispiele und die zahlenmäßige Berechnung

Nur für sehr wenige hygroskopische Stoffe sind die für die Feuchtigkeitsbewegung entscheidenden Größen μ und $\varkappa$ bekannt (s. Abb. 236 und 241). Ohne genauere experimentelle Daten kann man die Verhältnisse bei lockeren Spinnstoffen von geringem Raumgewicht von vornherein mit einer gewissen Sicherheit abschätzen. Die kapillare Flüssigkeitsleitung ist vernachlässigt, die Diffusionswiderstandszahl μ, unter sinnvoller Anwendung der Tab. 31, zu $\mu = 1{,}25$ angenommen[1]. Die beiden Stoffe, Holz und Spinnstoff, unterscheiden sich wesentlich in folgender Hinsicht: Holz hat hohen Diffusionswiderstand und relativ hohe Wärmeleitfähigkeit, Spinnstoff zeigt bei kleinem Diffusionswiderstand kleine Wärmeleitfähigkeit.

Für beide Stoffe – Holz und Spinnstoff – wurden die gleichen Sorptionsisothermen nach Abb. 29 benutzt, aus denen die Faktoren ε und ω der Gl. (398) bestimmt wurden. Für alle behandelten Beispiele (I bis VI) sind die angenommenen äußeren Bedingungen in Tab. 44 mitgeteilt. Die erforderlichen physikalischen Grundwerte sind in Tab. 45 zusammengestellt. Aus diesen physikalischen Grundwerten lassen sich die in den Differentialgleichungen und den allgemeinen Lösungen vorkommenden kombinierten Werte ausrechnen (s. Tab. 46). In Tab. 47 endlich sind diejenigen Werte mitgeteilt, die man noch für die zahlenmäßige Ausrechnung der endgültigen speziellen Lösungen nach Gl. (430) und (431) braucht. Mit Hilfe der in den Abb. 296 und 297 dargestellten Funktionen S und T lassen sich nun die Lösungen der Gl. (430) und (431) ohne weiteres für beliebige Werte von z und t ausrechnen.

Für Beispiel I ist z.B.

$$\Gamma_W - \Gamma_{W_a} = 19{,}48\, S_1 + 0{,}52\, S_2\,,$$

$$\vartheta - \vartheta_a = 4{,}94\, S_2 - 4{,}94\, S_1\,.$$

Will man die Feuchtigkeits- und Temperaturverteilung zu bestimmter Zeit kennen, z.B. für $t = 0{,}82$ h, so muß zunächst τ_1 und τ_2 bestimmt werden. Es ist:

$$\tau_1 = 12{,}2 \cdot 10^{-4} \cdot 0{,}82 = 0{,}001\,,$$

$$\tau_2 = 11{,}1 \cdot 10^{-2} \cdot 0{,}82 = 0{,}091\,.$$

Die Funktion S_1 ist also diejenige, die in Abb. 296 für $\tau = 0{,}001$ gilt, während S_2 diejenige für $\tau = 0{,}091$ ist.

2. Die Ergebnisse

Die berechneten Feuchtigkeits- und Temperaturverteilungen sind in den Abb. 299 bis 304 dargestellt. In den Abbildungen ist ein doppelter Maßstab für den Feuchtigkeitsgehalt gewählt: Einmal X kg Wasser/kg Trockenstoff, zum anderen die bei den Berechnungen benutzte Größe Γ_W kg Wasser/m³.

In den Abbildungen *a* ist jeweils dasjenige Feld dargestellt, das primär durch die äußere Einwirkung (plötzliche Feuchtigkeits- bzw. Temperaturänderung am Rande) hervorgerufen wird, während in den Abbildungen *b* das sekundär ausgelöste (Temperatur- oder Feuchtigkeitsfeld) dargestellt ist.

---

[1] Dieser Zahlenwert liegt auch dem Berechnungsbeispiel von Henry [*83*] zugrunde.

Tabelle 44. *Angenommene Trocknungsbedingungen für die Beispiele I bis VI.*

Beispiel Nr.		I	II	III	IV	V	VI
Trocknungsgut		Spinnstoff		Buchenholz			
Halbe Dicke des Trocknungsgutes	s m	0,05	0,05	0,05	0,05	0,05	0,05
Raumgewicht im trocknen Zustand[1]	Γ_S kg/m³	200	200	600	600	600	600
Anfangsfeuchtigkeit	X_0 kg/kg	0,20	0,15	0,20	0,15	0,175	0,20
	$\Gamma_{W_0} = X_0 \Gamma_S$ kg/m³	40	30	120	90	105	120
Randfeuchtigkeit	X_a kg/kg	0,10	0,15	0,10	0,15	0,175	0,10
	Γ_{W_a} kg/m³	20	30	60	90	105	60
Endfeuchtigkeit	$X_{t=\infty}$ kg/kg	0,10	0,15	0,10	0,15	0,125—0,175	0,10
	$\Gamma_{W_{t=\infty}}$ kg/m³	20	30	60	90	75—105	60
Mittlere Feuchtigkeit während der Trocknung[2]	X_m kg/kg	0,15	0,15	0,15	0,15	0,15	0,15
	Γ_{W_m} kg/m³	30	30	90	90	90	90
Anfängliche Feuchtigkeitsdifferenz	$\Gamma_{W_0} - \Gamma_{W_a}$ kg/m³	20	—	60	—	—	60
Anfangstemperatur	ϑ_0 °C	30	40	50	60	48	90
Randtemperatur	ϑ_a °C	30	20	50	40	48	90
Endtemperatur	$\vartheta_{t=\infty}$ °C	30	20	50	40	48—52	90
Mittlere Temperatur[2]	ϑ_m °C	30	30	50	50	50	90
Anfängliche Temperaturdifferenz	$\vartheta_0 - \vartheta_a$ °C	—	20	—	20	—	—
Wärmeentwicklung je m³ Trocknungsgut	q_E kcal/m³h	—	—	—	—	419[3]	—
Luftdruck	P kg/m²	10000	10000	10000	10000	10000	10000

[1] Ohne Berücksichtigung der Schwindung.
[2] Nur zur Annahme der Stoffwerte.
[3] So angenommen, daß im Endzustand die Feuchtigkeit in der Mitte des Gutes um $X = 5\%$ bzw. $\Gamma_W = 30$ kg/m³ niedriger ist als außen.

Tabelle 45. *Physikalische Grundwerte für die Beispiele.*

Beispiel Nr.		I, II	III, IV, V	VI
Raumgewicht bei mittlerer Feuchtigkeit $\Gamma = \Gamma_S + \Gamma_{W_m}$	kg/m³	230	690	690
Wichte der festen Bestandteile γ_S	kg/m³	1490	1560	1560
Wichte des Wassers γ_W	kg/m³	1000	1000	1000
Luftvolumen je m³ Trocknungsgut $\Psi_L = 1 - \frac{\Gamma_S}{\gamma_S} - \frac{\Gamma_{W_m}}{\gamma_W}$	—	0,836	0,525	0,525
Spezifische Wärme der festen Bestandteile $c_S = 0{,}266 + 0{,}00116\,\vartheta_m$	kcal/kg°	0,3	0,32	0,37
Spezifische Wärme des Wassers c_W	kcal/kg°	1	1	1
Spezifische Wärme des Trocknungsgutes $c = \frac{\Gamma_S c_S + \Gamma_{W_m} c_W}{\Gamma}$	kcal/kg°	0,39	0,41	0,45
Wärmeleitfähigkeit λ	kcal/mh°	0,03	0,13	0,15
Temperaturleitzahl $\lambda/c\,\Gamma$	m²/h	$3{,}35 \cdot 10^{-4}$	$4{,}6 \cdot 10^{-4}$	$4{,}8 \cdot 10^{-4}$
Feuchtigkeitsleitzahl des Trockengutes bei 0 °C $\varkappa_0$	m²/h	—	$0{,}1 \cdot 10^{-6}$	$0{,}1 \cdot 10^{-6}$
Zähigkeit des Wassers bei 0 °C η_0	kgsek/m²	—	$182 \cdot 10^{-6}$	$182 \cdot 10^{-6}$
Zähigkeit des Wassers bei ϑ_m η	kgsek/m²	—	$56{,}9 \cdot 10^{-6}$	$32{,}3 \cdot 10^{-6}$
Oberflächenspannung des Wassers bei 0 °C σ_0	kg/m	—	$7{,}69 \cdot 10^{-3}$	$7{,}69 \cdot 10^{-3}$
Oberflächenspannung des Wassers bei ϑ_m σ	kg/m	—	$6{,}82 \cdot 10^{-3}$	$6{,}13 \cdot 10^{-3}$
Feuchtigkeitsleitzahl des Trockengutes bei ϑ_m $\varkappa = \varkappa_0 \frac{\eta_0}{\eta} \frac{\sigma}{\sigma_0}$	m²/h	—	$0{,}28 \cdot 10^{-6}$	$0{,}45 \cdot 10^{-6}$
Feuchtigkeitskoeffizient der Gleichgewichtsdampfwichte ε	—	$5{,}1 \cdot 10^{-4}$	$4{,}2 \cdot 10^{-4}$	$8{,}5 \cdot 10^{-4}$
Temperaturkoeffizient der Gleichgewichtsdampfwichte ω	kg/°m³	$14{,}3 \cdot 10^{-4}$	$34{,}6 \cdot 10^{-4}$	$155 \cdot 10^{-4}$
Mittlerer Dampfdruck P_{D_m} im Trocknungsgut bei ϑ_m und Γ_{W_m}	kg/m²	363	1080	6800
Diffusionszahl von Wasserdampf in Luft δ	m²/h	0,1	0,112	0,14
Wirksame Diffusionszahl von Wasserdampf in Luft $\delta' = \delta \frac{P}{P - P_{D_m}}$	m²/h	0,104	0,125	0,44
Diffusionswiderstandszahl des Trockengutes μ	—	1,25	20	20
Verdampfungswärme des Wassers einschließlich der Sorptionswärme r	kcal/kg	600	600	600

Tabelle 46. *Kombinierte physikalische Werte für die Beispiele.*

Beispiel Nr.		I, II	III, IV	V	VI
$\frac{1}{a'} = \frac{1}{\varkappa} \frac{1 + \Psi_L \varepsilon + \frac{r}{\lambda} \frac{\delta'}{\mu} \omega}{1 + \frac{\delta}{\mu \varkappa} \varepsilon + \frac{r}{\lambda} \frac{\delta'}{\mu} \omega}$	h/m²	$7{,}97 \cdot 10^4$	$37{,}5 \cdot 10^4$	$37{,}5 \cdot 10^4$	$12 \cdot 10^4$
Äquivalente Feuchtigkeitsleitzahl a'	m²/h	$0{,}1255 \cdot 10^{-4}$	$0{,}0267 \cdot 10^{-4}$	$0{,}0267 \cdot 10^{-4}$	$0{,}0833 \cdot 10^{-4}$
$\frac{1}{b'} = \frac{\omega}{\varkappa} \frac{\frac{\delta'}{\mu} \frac{c \Gamma}{\lambda} - \Psi_L}{1 + \frac{\delta'}{\mu \varkappa} \varepsilon + \frac{r}{\lambda} \frac{\delta'}{\mu} \omega}$	kgh/°m⁵	$0{,}855 \cdot 10^4$	$1{,}539 \cdot 10^4$	$1{,}539 \cdot 10^4$	$3{,}55 \cdot 10^4$
$w' = \frac{q_E}{\lambda} \frac{\frac{\delta'}{\mu \varkappa} \omega}{1 + \frac{\delta'}{\mu \varkappa} \varepsilon + \frac{r}{\lambda} \frac{\delta'}{\mu} \omega}$	kg/m⁵	—	—	$2{,}4 \cdot 10^4$	—
$\frac{1}{a} = \frac{c \Gamma}{\lambda} \frac{1 + \frac{\delta'}{\mu \varkappa} + \frac{r}{c \Gamma} \Psi_L}{1 + \frac{\delta'}{\mu \varkappa} \varepsilon + \frac{r}{\lambda} \frac{\delta'}{\mu} \omega}$	h/m²	$0{,}298 \cdot 10^4$	$0{,}215 \cdot 10^4$	$0{,}215 \cdot 10^4$	$0{,}201 \cdot 10^4$
Äquivalente Temperaturleitzahl a	m²/h	$3{,}35 \cdot 10^{-4}$	$4{,}65 \cdot 10^{-4}$	$4{,}65 \cdot 10^{-4}$	$4{,}98 \cdot 10^{-4}$
$\frac{1}{b} = \frac{r}{\lambda} \varepsilon \frac{\frac{\delta'}{\mu \varkappa} - \Psi_L}{1 + \frac{\delta'}{\mu \varkappa} \varepsilon + \frac{r}{\lambda} \frac{\delta'}{\mu} \omega}$	mh°/kg	$2{,}0 \cdot 10^4$	$0{,}413 \cdot 10^4$	$0{,}413 \cdot 10^4$	$0{,}445 \cdot 10^4$

Tabelle 46. (Fortsetzung.)

Beispiel Nr.		I, II	III, IV	V	VI
$w = q_E/\lambda$	°/m²	—	—	$0{,}322 \cdot 10^4$	—
$\frac{1}{p_1} = \frac{1}{2}\left[\left(\frac{1}{a'} + \frac{1}{a}\right) + \sqrt{\left(\frac{1}{a'} - \frac{1}{a}\right)^2 + \frac{4}{b\,b'}}\right]$	h/m²	$8{,}18 \cdot 10^4$	$37{,}52 \cdot 10^4$	$37{,}52 \cdot 10^4$	$12{,}13 \cdot 10^4$
Gekuppelte äquivalente Feuchtigkeitsleitzahl p_1	m²/h	$0{,}122 \cdot 10^{-4}$	$0{,}0267 \cdot 10^{-4}$	$0{,}0267 \cdot 10^{-4}$	$0{,}0825 \cdot 10^{-4}$
$\frac{1}{p_2} = \frac{1}{2}\left[\left(\frac{1}{a'} + \frac{1}{a}\right) - \sqrt{\left(\frac{1}{a'} - \frac{1}{a}\right)^2 + \frac{4}{b\,b'}}\right]$	h/m²	$0{,}09 \cdot 10^4$	$0{,}198 \cdot 10^4$	$0{,}198 \cdot 10^4$	$0{,}067 \cdot 10^4$
Gekuppelte äquivalente Temperaturleitzahl p_2	m²/h	$11{,}1 \cdot 10^{-4}$	$5{,}05 \cdot 10^{-4}$	$5{,}05 \cdot 10^{-4}$	$14{,}9 \cdot 10^{-4}$
$h_1 = w' + b\left(\frac{1}{a} - \frac{1}{p_2}\right) w$	kg/m⁵	—	—	$2{,}4133 \cdot 10^4$	—
$h_2 = w + b'\left(\frac{1}{a'} - \frac{1}{p_1}\right) w'$	°/m²	—	—	$0{,}296 \cdot 10^4$	—
$A = \left(\frac{1}{p_2} - \frac{1}{a'}\right) \Big/ \left(\frac{1}{p_2} - \frac{1}{p_1}\right)$	—	0,974	0,9995	0,9995	0,989
$B' = \frac{1}{b'\left(\frac{1}{p_1} - \frac{1}{p_2}\right)}$	kg/°m	0,103	0,0412	0,0412	0,294
$B = \frac{1}{b\left(\frac{1}{p_1} - \frac{1}{p_2}\right)}$	°m³/kg	0,247	0,0111	0,0111	0,0378

Tabelle 47. *Endgültige Werte für die speziellen Lösungen [Gl. (430) und (431)] der Beispiele.*

Beispiel Nr.		I	II	III	IV	V	VI
$A\left(\Gamma_{W_0} - \Gamma_{W_a} - \frac{B'}{A}(\vartheta_0 - \vartheta_a)\right)$	kg/m³	19,48	— 2,06	59,973	— 0,824	—	59,33
$B'\left((\vartheta_0 - \vartheta_a) + \frac{B}{A}(\Gamma_{W_0} - \Gamma_{W_a})\right)$	°C	0,52	2,06	0,027	0,824	—	0,67
$A\left((\vartheta_0 - \vartheta_a) + \frac{B}{A}(\Gamma_{W_0} - \Gamma_{W_a})\right)$	kg/m³	4,94	19,48	0,666	19,99	—	2,28
$B\left(\Gamma_{W_0} - \Gamma_{W_a} - \frac{B'}{A}(\vartheta_0 - \vartheta_a)\right)$	°C	4,94	0,52	0,666	0,01	—	2,28
$A h_1 \frac{s^2}{2}$	kg/m³	—	—	—	—	30,13	—
$B' h_2 \frac{s^2}{2}$	kg/m³	—	—	—	—	0,13	—
$A h_2 \frac{s^2}{2}$	°C	—	—	—	—	3,697	—
$B h_1 \frac{s^2}{2}$	°C	—	—	—	—	0,335	—
$\tau_1 = \frac{p_1 t}{4 s^2}$	—	$12{,}2 \cdot 10^{-4}\, t$		$2{,}67 \cdot 10^{-4}\, t$			$14{,}9 \cdot 10^{-4}\, t$
$\tau_2 = \frac{p_2 t}{4 s^2}$	—	$11{,}1 \cdot 10^{-2}\, t$		$5{,}05 \cdot 10^{-2}\, t$			$14{,}9 \cdot 10^{-2}\, t$

α) *Beispiel I und II (Spinnstoff)*

Abb. 299 zeigt den Fall der Trocknung, bei dem Anfangs-, Rand- und Endtemperatur gleich 30 °C ist, während die Trocknung lediglich durch Änderung der Randfeuchtigkeit von 20 auf 10% zustande kommt (Diffusion auf Grund von Teildruckunterschieden, die im hygroskopischen Bereich durch Feuchtigkeitsunterschiede bewirkt werden).

Man sieht aus Abb. 299a, wie langsam die Feuchtigkeitsbewegung ins Innere der Spinnstoffe vorschreitet. Nach z.B. 8,2 h ist die Feuchtigkeit

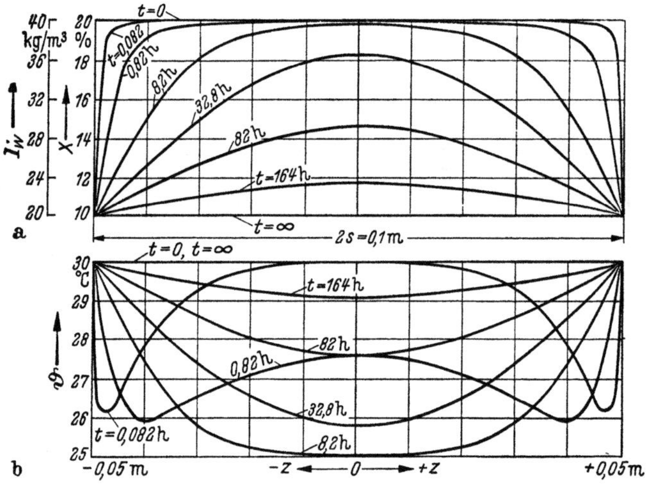

Abb. 299 a u. b. *a* Feuchtigkeitsfeld und *b* Temperaturfeld nach plötzlicher Änderung der Randfeuchtigkeit von 20 auf 10%. Beispiel I: Spinnstoff.

in der Mitte noch 19,75%, also kaum nennenswert von der Anfangsfeuchtigkeit verschieden. Erst nach etwa 33 h ist im ganzen Gut die mittlere Feuchtigkeit von 20 auf 15% gesunken (Halbwertzeit).

Der ganz andersartige Verlauf der Temperaturbewegung geht aus Abb. 299b hervor. Man erkennt, wie schnell die nur durch die Feuchtigkeitsbewegung ausgelöste Temperaturbewegung (Verdunstungskühlung) das ganze Gut ergreift. Nach 8,2 h ist bereits die größte Temperatursenkung von rund 5 °C in Gutsmitte erreicht. Nachdem diese größte Temperatursenkung sich eingestellt hat, bildet sich wegen der konstanten Randtemperatur das Temperaturfeld sehr langsam zurück – entsprechend der im Laufe der Trocknung immer kleiner werdenden Feuchtigkeitsbewegung.

Da die Zeitgrößen τ_1 und τ_2 sehr verschieden sind (τ_2 ist etwa zwei Größenordnungen größer als τ_1), klingt die Funktion S_2 sehr viel rascher ab als S_1. Nach 8,2 h bereits ist S_2 praktisch gleich Null, während S_1 in Gutsmitte ($\xi = 0$) gleich Eins ist. Nach dieser Zeit also ist S_2 praktisch bei der Berechnung vernachlässigbar.

Von da ab gilt

$$\Gamma_W - \Gamma_{Wa} = 19{,}48\, S_1\,,$$

$$\vartheta - \vartheta_a = -4{,}94\, S_1\,,$$

d.h., die Temperaturbewegung ist – mit negativem Vorzeichen – der Feuchtigkeitsbewegung proportional.

Abb. 300 gilt für den Fall, daß der am Rande konstant auf 15% Feuchtigkeit gehaltene Spinnstoff durch plötzliche Senkung der Randtemperatur von 40 °C auf 20 °C abgekühlt wird. Die Abkühlung verläuft sehr

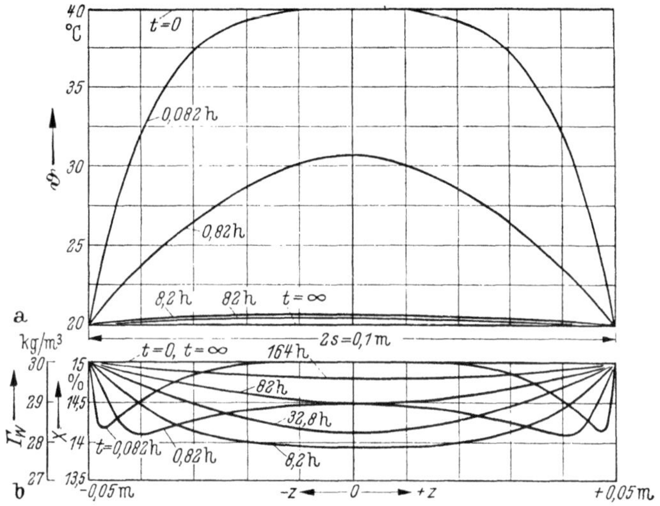

Abb. 300 a u. b. Temperaturfeld *a* und Feuchtigkeitsfeld *b* nach plötzlicher Änderung der Randtemperatur von 40 auf 20 °C. Beispiel II: Spinnstoff.

rasch, nach 8,2 h ist das Temperaturfeld praktisch abgeklungen. Die primäre Temperaturbewegung muß jedoch eine Feuchtigkeitsbewegung (Abb. 300b) auslösen – Diffusion als Folge von Dampfdruckunterschieden, die durch Temperaturunterschiede bewirkt werden –. Bei dem vorliegenden Beispiel führt die Abkühlung zu einer größten Feuchtigkeitsabnahme in Gutsmitte von 1,03%. Wegen der angenommenen Konstanz der Randfeuchtigkeit muß jedoch die durch die Abkühlung bewirkte Austrocknung wieder rückgängig gemacht werden. Bis zur Wiederherstellung der Randfeuchtigkeit von 15% im ganzen Gut findet eine Diffusion von außen nach innen statt, die jetzt, da das Temperaturfeld praktisch abgeklungen ist, nur noch durch die einmal hervorgerufenen Feuchtigkeitsunterschiede bewirkt wird. In diesem Abschnitt des Vorganges, bei dem also lediglich das einmal durch die rasch verlaufende Temperatursenkung zustande gekommene Feuchtigkeitsfeld abklingt, ist wegen der größenordnungsmäßigen Verschiedenheit von τ_1 und τ_2 wieder, wie im ersten Beispiel, das Temperaturfeld dem Feuchtigkeitsfeld proportional.

Es gilt praktisch:

$$\Gamma_W - \Gamma_{Wa} = -2{,}06\, S_1\,,$$

$$\vartheta - \vartheta_a = 0{,}52\, S_1\,.$$

β) *Beispiel III und IV (Holz)*

Die Abb. 301 und 302 zeigen die Ergebnisse für die Beispiele III und IV, bei denen Holz als Trocknungsgut angenommen ist. Das Hinzutreten

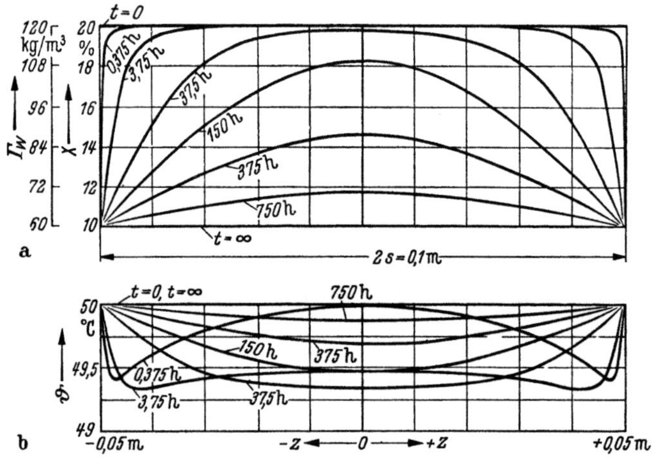

Abb. 301 a u. b. a) Feuchtigkeitsfeld und b) Temperaturfeld nach plötzlicher Änderung der Randfeuchtigkeit von 20 auf 10%. Beispiel III: Holz; mittlere Temperatur $\vartheta_m \approx 50$ °C.

einer kapillaren Feuchtigkeitsleitung ($\varkappa = 0{,}28 \cdot 10^{-6}$) – zum kapillaren Feuchtigkeitstransport ist ja keine Wärme nötig –, der wesentlich

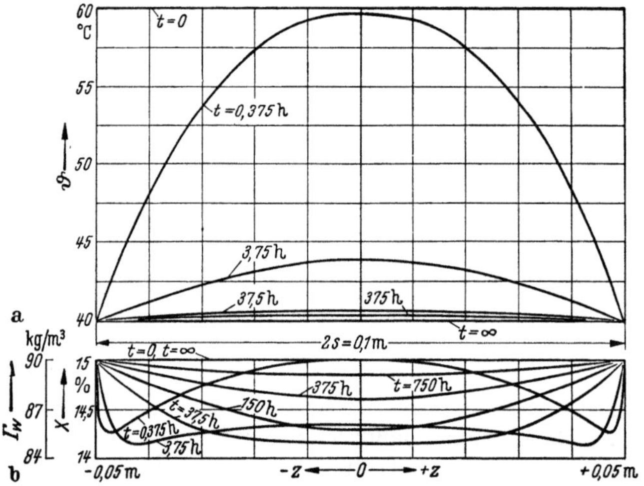

Abb. 302 a u. b. a) Temperaturfeld und b) Feuchtigkeitsfeld nach plötzlicher Änderung der Randtemperatur von 60 auf 40 °C. Beispiel IV: Holz.

größere Diffusionswiderstand ($\mu = 20$ gegenüber $\mu = 1{,}25$ beim Spinnstoff) sowie die rund viermal so große Wärmeleitzahl ($\lambda = 0{,}13$ gegenüber

$\lambda = 0{,}03$ beim Spinnstoff) bedingen Veränderungen im Ablauf der Trocknung, die aus einem Vergleich der Abb. 301 und 302 mit 299 und 300 hervorgehen. Zu beachten ist noch, daß die Temperaturhöhe bei den Beispielen III und IV anders ist als beim Spinnstoff (50 °C gegenüber 30 °C).

Abb. 301, die das Feuchtigkeits- und Temperaturfeld bei Senkung der Randfeuchtigkeit um 10% darstellt, zeigt eine wesentlich geringere Verdunstungskühlung als beim Spinnstoff (Abb. 299). Die größte Temperatursenkung beträgt in der Mitte nur 0,67 °C gegenüber rund 5 °C beim Spinnstoff. Entsprechend ist auch die Feuchtigkeitsbewegung bei der Abkühlung um 20 °C erheblich geringer, wie aus einem Vergleich der Abb. 302 und 300 hervorgeht. Die Mitte trocknet nach 37,5 h um 0,41% aus. Jedoch ist gerade für Holz, das leicht durch Zugspannungen an der Oberfläche reißt, zu beachten, daß bei der Abkühlung eine Trocknung zustande kommt, bei der die Feuchtigkeit von innen nach außen zunimmt, so daß in der Oberfläche die wesentlich harmloseren Druckspannungen auftreten.

Die größenordnungsmäßige Verschiedenheit von τ_1 und τ_2 ($2{,}67 \cdot 10^{-4}\,t$ zu $5{,}05 \cdot 10^{-2}\,t$; s. Tab. 47) ist ähnlich wie beim Spinnstoff, so daß auch hier die Feuchtigkeits- und Temperaturverteilungen nach verhältnismäßig kurzer Zeit nur noch durch die Funktion S_1 bestimmt sind. Dann gilt:

für Beispiel III: $\Gamma_W - \Gamma_{Wa} = 59{,}973\,S_1, \quad \vartheta - \vartheta_a = -0{,}666\,S_1,$

für Beispiel IV: $\Gamma_W - \Gamma_{Wa} = -0{,}824\,S_1, \quad \vartheta - \vartheta_a = 0{,}01\,S_1.$

γ) *Beispiel V (Hochfrequenztrocknung)*

Um den Einfluß innerer Wärmezufuhr zu zeigen, die mit der Hochfrequenztrocknung unter Umständen erfolgreich angewandt wird, ist in Beispiel V ein Fall der Trocknung durch innere Wärmezufuhr berechnet, bei dem sowohl Randtemperatur als auch Randfeuchtigkeit konstant gehalten sind. Die Trocknung kommt lediglich durch Dampfdruckunterschiede zustande, die infolge des bei der Erwärmung des Gutes gebildeten Temperaturfeldes entstehen. Für Beispiel V werden die Faktoren der Funktionen S_1 und S_2 Null, so daß hier die Funktion T für die Zeitgrößen τ_1 und τ_2 abgegriffen werden muß. Es ist dabei

$$\Gamma_W - \Gamma_{Wa} = -30{,}13\,T_1 + 0{,}13\,T_2,$$
$$\vartheta - \vartheta_a = +3{,}697\,T_2 + 0{,}335\,T_1.$$

In Abb. 303 sind die Ergebnisse der Berechnung dargestellt. Man erkennt, daß im Endzustand ($t = \infty$) die Temperatur in der Mitte um rund 4 °C höher ist als außen. Dementsprechend ist die Feuchtigkeit am Ende in der Mitte um 5% niedriger als außen. Auch hier ist, wie bei den Beispielen II und IV, die Feuchtigkeit am Rande höher als in der Mitte des Gutes, so daß auch hier wegen der Schwindung des Holzes mit abnehmender Feuchtigkeit Druckspannungen am Rande auftreten müssen.

Aus den bisher angeführten Beispielen erkennt man leicht, daß man durch verschiedene Kombination der Trocknungsbedingungen – Randfeuchtigkeit, Randtemperatur, Stärke der Wärmeentwicklung – die Möglichkeit hat, die verschiedenartigsten Feuchtigkeitsfelder hervorzurufen.

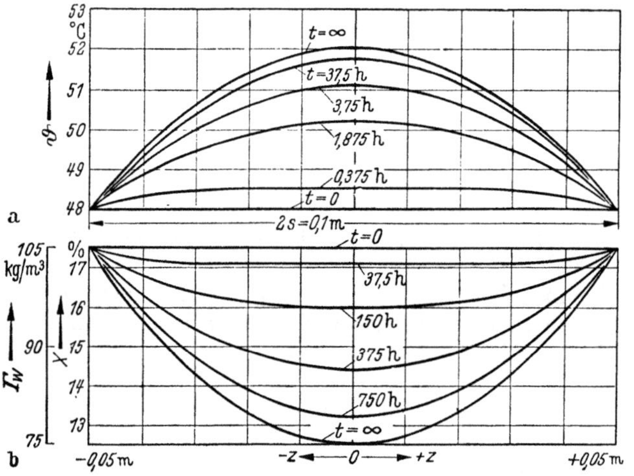

Abb. 303 a u. b. a) Temperaturfeld und b) Feuchtigkeitsfeld bei innerer Wärmezufuhr, konstanter Randtemperatur und Randfeuchtigkeit. Beispiel V: Holz, mittlere Temperatur $\vartheta_m \approx 50$ °C.

δ) *Beispiel VI (hohe Temperatur)*

Beispiel VI (Abb. 304) soll im Vergleich zu Beispiel III zeigen, welchen Einfluß die Erhöhung der Gutstemperatur auf die Trocknungsgeschwindigkeit hat. Es wurde daher bei diesem Beispiel eine Temperatur von

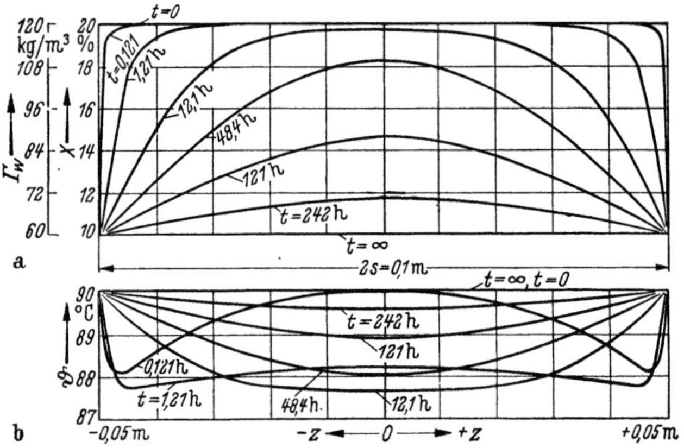

Abb. 304 a u. b. a) Feuchtigkeitsfeld und b) Temperaturfeld nach plötzlicher Änderung der Randfeuchtigkeit von 20 auf 10%. Beispiel VI: Holz; mittlere Temperatur $\vartheta_m \approx 90$ °C.

90 °C gegenüber 50 °C bei Beispiel III angenommen. Die Trocknung kommt ebenso wie bei Beispiel III durch Absenkung der Randfeuchtigkeit um 10% zustande, während Anfangs-, Rand- und Endtemperatur konstant gleich 90 °C angenommen sind. Die größte Temperaturabsen-

kung ist entsprechend der größeren Trocknungsgeschwindigkeit schon erheblich größer als bei 50 °C (2,28 °C gegenüber 0,67 °C), aber trotzdem noch so gering,daß die Rückwirkung des Temperaturfeldes auf das Feuchtigkeitsfeld praktisch vernachlässigbar klein ist.

3. Die Halbwertzeit der Trocknung

Aus dem Vergleich der Zeiten, in denen bestimmte Feuchtigkeitsverteilungen eintreten, kann man auf die Trocknungsgeschwindigkeit

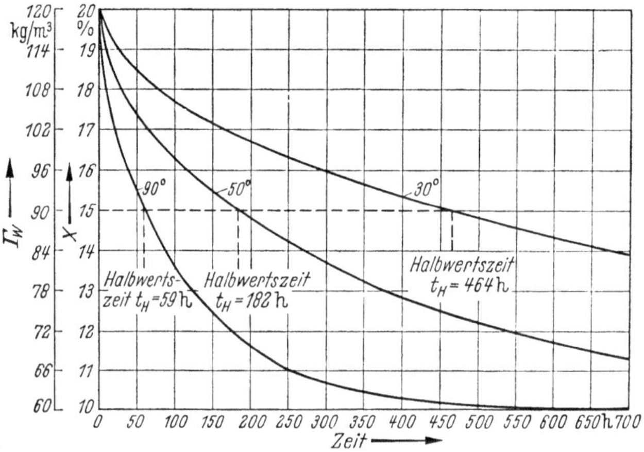

Abb. 305. Zeitlicher Verlauf der mittleren Feuchtigkeit bei der Trocknung von Holz bei 90° (entsprechend Abb. 304), 50° (entsprechend Abb. 301) und 30 °C.

schließen. Um den Einfluß der Temperatur auf die Trocknungsgeschwindigkeit von Holz zu veranschaulichen, ist in Abb. 305 der zeitliche Verlauf der mittleren Gutsfeuchtigkeit aufgetragen, den man leicht unter Benutzung von Gl. (433) und Abb. 298 ermitteln kann. In der Abbildung ist noch eine Kurve bei 30 °C aufgetragen, deren nähere Daten in den Tabellen nicht mit angeführt sind. Da die Trocknung im hygroskopischen Bereich ein asymptotischer Vorgang ist, empfiehlt es sich, zum Vergleich der Trocknungszeiten die Halbwertszeiten t_H, d.h. diejenigen Zeiten, bis zu denen die Hälfte der bei der Trocknung entfernbaren Feuchtigkeit,

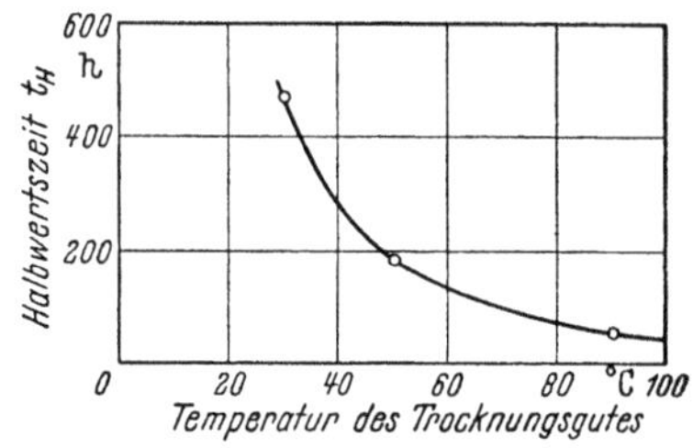

Abb. 306. Halbwertszeit der Trocknung von Holz bei verschiedenen Gutstemperaturen.

also $(\Gamma_{W_0} - \Gamma_{W_a})/2$, vom Gut abgegeben wird, zu vergleichen. Bei Holz verhalten sich die Halbwertszeiten für die Trocknung bei 90, 50 und 30 °C wie 59:182:464 h. Man sieht also, daß die Trocknung unter der Voraussetzung gleicher Feuchtigkeitsabsenkung am Rande bei 90 °C rund dreimal so schnell erfolgt wie bei 50 °C und rund achtmal so schnell wie bei 30 °C. In Abb. 306 ist der Verlauf der Halbwertszeit über der Temperatur aufgetragen. Dieser Verlauf war nach den früheren Deutungen der Vorgänge beim Trocknen nicht verständlich. KOLLMANN [25] teilt Überlegungen OBERMEYERS mit, wonach bei Erhöhung der Trocknungstemperatur von 50 auf 100 °C nur eine 20%ige Erhöhung der Trocknungsgeschwindigkeit zu erwarten wäre, und weist auf den Widerspruch dieser Überlegung mit den Versuchsergebnissen EGNERS [58] hin, wonach sich bei Steigerung der Temperatur von 50 auf 100 °C eine Erhöhung der Trocknungsgeschwindigkeit auf das Fünffache ergab. Auch eigene Experimente über Holztrocknung bei verschiedener Temperatur zeigen eine Abhängigkeit der Trocknungsgeschwindigkeit von der Temperatur, die durchaus mit den Ergebnissen der hier angestellten Berechnung übereinstimmt.

4. Folgerungen für die Trocknung anfänglich sehr nasser Güter im III. Trocknungsabschnitt

Bei Gütern, die von hohen Anfangsfeuchtigkeitsgehalten aus bis in den hygroskopischen Bereich hinein getrocknet werden, wurden in Kap. V bis VII dieses Buches drei Abschnitte der Trocknung unterschieden: Der *erste Abschnitt* (Oberflächenverdunstung) mit näherungsweise konstanter Trocknungsgeschwindigkeit, der *zweite Abschnitt* (Verdunstung aus dem Gutsinneren, wobei an der Verdunstungsstelle noch Sattdampfdruck herrscht), der *dritte Abschnitt*, bei dem das ganze Gut im hygroskopischen Bereich ist und einheitlich trocknet. Vereinfachend war dabei angenommen worden, die Trocknungsgeschwindigkeit in diesem Abschnitt nehme linear mit dem Feuchtigkeitsgehalt ab (vgl. S. 371).

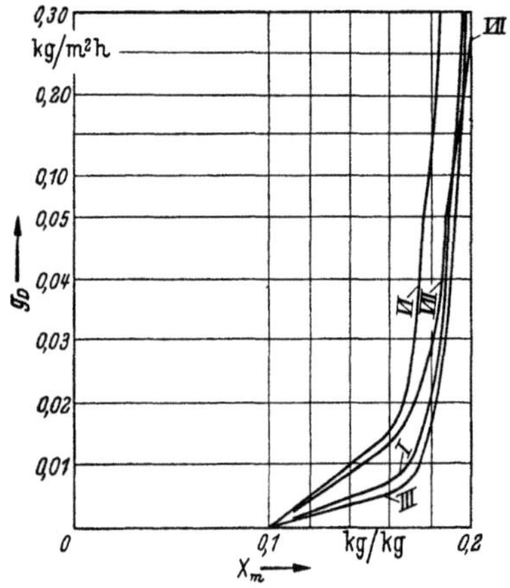

Abb. 307. Trocknungsverlaufskurven für die Beispiele I, III, VI und VII.

Bei der im vorliegenden Kapitel behandelten Trocknung hygroskopischer Güter, bei denen die Anfangsfeuchtigkeit bereits im hykroskopischen Bereich liegt, ergibt sich dieser lineare Zusammenhang für alle berechneten Beispiele ebenfalls im letzten Teil der Trocknung. Sobald die durch die plötzliche Änderung der Randfeuchtigkeit ausgelöste sekundäre Temperaturbewegung das ganze Gut ergriffen hat und Feuchtigkeits- und Temperaturverteilungen einander ähnlich sind, nimmt sowohl die Trocknungsgeschwindigkeit als auch die Temperaturdifferenz praktisch linear mit dem Feuchtigkeitsgehalt ab. (Exakt ist dies der Fall, wenn in den Funktionen $S(\xi; \tau)$ nach Gl. (426) alle höheren Glieder außer den ersten vernachlässigbar klein sind.) Für die Beispiele I, III und VI ist der aus der Berechnung gewonnene Zusammenhang zwischen Trocknungsgeschwindigkeit und mittlerem Feuchtigkeitsgehalt in Abb. 307 dargestellt. Man erkennt die Berechtigung der für den dritten Abschnitt der Trocknung auf S. 369 bis 372 gemachten Annahmen.

Bei allen analytisch berechneten Beispielen bewirkt die Annahme einer plötzlichen (unstetigen) Änderung der Randfeuchtigkeit, daß die Trocknungsgeschwindigkeit im ersten Augenblick der Trocknung (für $X_m = X_0$) unendlich groß wird. Bei endlichen Wärme- und Stoffübergangszahlen α und β ist dies natürlich nicht möglich. Bei Berücksichtigung endlicher Wärmeübergangszahlen ergeben sich jedoch keine analytischen Lösungen für das Temperatur- und Feuchtigkeitsfeld im Gut. Numerische oder graphische Lösungen sind bei Umwandlung der Differentialgleichungen in Differenzgleichungen zu erhalten [*110*]. Abb. 308 zeigt das Ergebnis

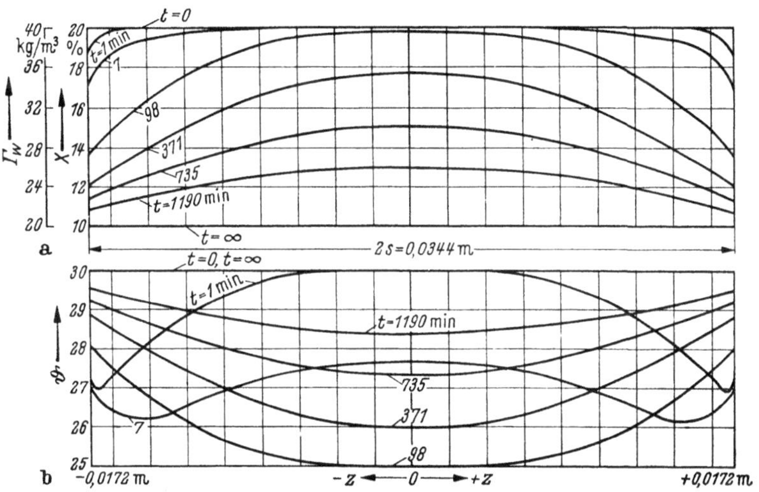

Abb. 308 a u. b. a) Feuchtigkeitsfeld und b) Temperaturfeld nach plötzlicher Änderung der Außenluftfeuchtigkeit (vgl. auch Abb. 299). Beispiel VII: Spinnstoff.

einer graphischen Lösung, die für die Daten des Beispiels I (Spinnstoff), jedoch mit $2\,s = 0{,}035$ gegenüber $2s = 0{,}1$ in Beispiel I und mit $\alpha = 7$ kcal/m²h °C bzw. $\beta = 25{,}7$ m/h, durchgeführt wurde. Es ist dabei also nicht die Randfeuchtigkeit konstant gehalten, sondern diejenige der umgebenden Luft, die so gewählt wurde, daß sie mit dem Gut bei $X = 10\%$ im Gleichgewicht steht. Eine vergleichende Betrachtung dieses Falles mit dem konstanter Randfeuchtigkeit (Abb. 299) liefert unmittelbar Aufschluß über die Auswirkungen endlicher Wärmeübergangszahlen auf die Gestalt von Feuchtigkeits- und Temperaturfeld. Die Trocknungsverlaufskurve für dieses Beispiel, die als Kurve VII in Abb. 307 eingetragen ist, zeigt eine endliche Anfangstrocknungsgeschwindigkeit. Der Verlauf geht nach kurzer Trocknungszeit in den für den dritten Trocknungsabschnitt bei konstanten Stoffwerten charakteristischen linearen Verlauf über.

d) Zusammenfassung

Die mathematische Behandlung der Trocknung als Problem der Kupplung von Wärme- und Stoffaustausch bei hygroskopischen Gütern unter Annahme konstanter Stoffwerte ist in analytischer Form nur für Randbedingungen erster Art (konstante Oberflächentemperatur und Feuchtigkeit) durchzuführen. Sie kann das Ineinandergreifen von Temperatur- und Feuchtigkeitsbewegung anschaulich machen. Zahlenbeispiele lehren, daß u.a. die Temperaturbewegungen sehr viel rascher erfolgen als die Feuchtigkeitsbewegungen. Nach einem kurzen Einschwingvorgang sind Temperatur- und Feuchtigkeitsverteilungen einander ähnlich und klingen dann in gleicher Weise ab. Während dieses Abklingvorganges ändert sich die Trocknungsgeschwindigkeit und die Temperatur des Gutes linear mit dem Feuchtigkeitsgehalt des Gutes. Damit sind auch durch diese Betrachtung die früheren Überlegungen zum dritten Trocknungsabschnitt (im hygroskopischen Bereich) gestützt.

Kapitel X

Trocknen unter technischen Bedingungen

Nachdem in den vorigen Kapiteln gezeigt wurde, in welcher Weise man den Trocknungsverlauf unter gleichbleibenden äußeren Bedingungen im voraus übersehen und durch einfache Berechnungen Anhaltspunkte finden kann, soll im folgenden dargetan werden, wie sich diese Gesetzmäßigkeiten im technischen Trockner auswirken bzw. welche Abwandlungen die Trocknungsverlaufskurven für den Inhalt ganzer Trockner erfahren.

Beim technischen Trockner belädt sich das Trockenmittel mit Feuchtigkeit und kühlt sich, wenn es gleichzeitig Wärmeträger ist (bei Konvektionstrocknern), entsprechend ab. Aus wärmewirtschaftlichen Gründen ist eine möglichst große Feuchtigkeitsaufnahme erwünscht. Entsprechend der Feuchtigkeitsaufnahme und der Abkühlung nimmt die Trocknungsgeschwindigkeit längs des Weges des Trockenmittels ab. (Bei der Wärmezufuhr durch Strahlung oder Leitung [Kontakttrocknung] spielen diese Fragen eine geringe Rolle und sind bei der Strahlungs- oder Kontakttrocknung im Vakuum völlig ohne Bedeutung, da dabei der Dampfdruck der Umgebung konstant bleibt). – Bei ruhenden, durchströmten oder überströmten Gütern ist daher die Trocknungszeit für das am Ende des Weges gelegene Gutselement unter Umständen sehr viel größer als für das am Eintritt gelegene Element. Daher werden im folgenden die Änderungen der Trocknungsbedingungen längs des Weges des Trockenmittels untersucht und ihr Einfluß auf den Trocknungsverlauf des Gutes dargelegt.

Entsprechend den verschiedenen relativen Bewegungen zwischen Trockenmittel und Gut sollen hier folgende Fälle behandelt werden:

Trocknung überströmter oder durchströmter ruhender Güter, – Trocknung dauernd durchmischter durchströmter Güter, – Gleichstromtrocknung, – Gegenstromtrocknung.

a) Örtlicher und zeitlicher Verlauf der Trocknung überströmter oder durchströmter ruhender Güter

1. Allgemeine theoretische Zusammenhänge

α) *Der erste Trocknungsabschnitt*

Eine exakte rechnerische Behandlung der Trocknung unter veränderlichen äußeren Bedingungen ist nur für den ersten Abschnitt konstanter Trocknungsgeschwindigkeit möglich, während dessen an der ganzen mit dem Trockenmittel in Berührung stehenden Gutsoberfläche praktisch gleiche Temperatur (etwa Kühlgrenztemperatur, Abb. 269 bis 272) herrscht.

In Abb. 309 ist der charakteristische Verlauf der Temperatur ϑ_L und des Dampfdruckes P_D bzw. des Dampfgehaltes X des Trockenmittels bei konstanter Gutsoberflächentemperatur ϑ_0 dargestellt. Es soll die Trocknungsgeschwindigkeit längs des Weges berechnet werden.

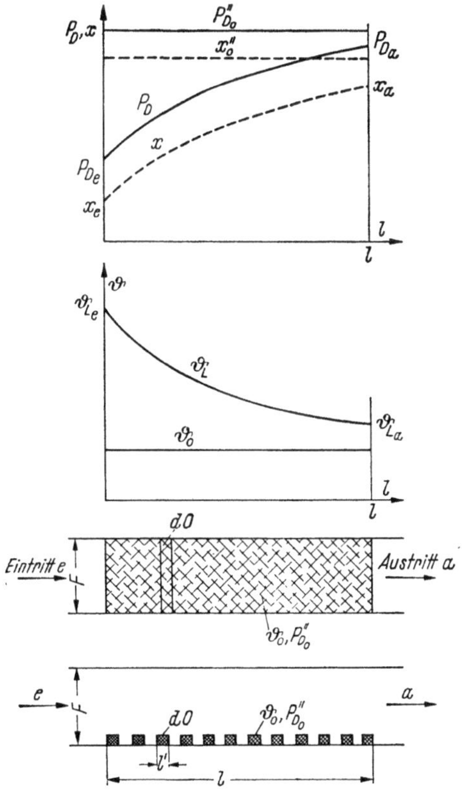

Abb. 309. Temperatur, Dampfdruck und Dampfgehalt bei der Trocknung durchströmter oder überströmter Güter.

Es ist am zweckmäßigsten, von der Energiebilanz für ein Gutselement auszugehen. (Selbstverständlich kann man auch die Stoffbilanz ansetzen, kommt dann aber zu etwas weniger handlichen Beziehungen.) Für das Oberflächenelement dO [m²], das mit einem den freien Querschnitt F mit der Geschwindigkeit w durchfließenden Luftstrom in Wärme- und Stoffaustausch steht, gilt, wenn α die Wärmeübergangszahl zwischen Element und Luftstrom ist,

$$dQ = dO\,\alpha\,(\vartheta_L - \vartheta_0)\,.$$

Diese Wärmemenge, die der Verdampfung der Flüssigkeitsmenge dOg_{DI} dient, wird aus der Abkühlung der Luft $Fwc\gamma d\vartheta_L$ genommen. Es gilt also:

$$dO\,\alpha\,(\vartheta_L - \vartheta_0) = F\,w\,c_p\,\gamma\,d\vartheta_L = dO\,g_{DI}\,r\,, \qquad (434)$$

worin γ das spezifische Gewicht des Dampfluftgemisches bedeutet. Aus der Gleichheit der beiden ersten Ausdrücke folgt

$$\frac{d\vartheta_L}{\vartheta_L - \vartheta_0} = d\ln(\vartheta_L - \vartheta_0) = \frac{\alpha}{F w c_p \gamma} dO. \quad (435)$$

Kann die Größe $\alpha/Fwc_p\gamma$ als Konstante angesehen werden, so läßt sich Gl. (435) integrieren. Der Nenner $Fwc_p\gamma$ kann bei Trocknungsproblemen wohl stets näherungsweise als konstant längs des Weges angesehen werden. Bei der Wärmeübergangszahl α aber ist folgendes zu bedenken: Eine örtliche Wärmeübergangszahl ist nur bei turbulenter Durchströmung eines Kanals von gleichbleibendem Querschnitt als näherungsweise konstant anzusehen (s. S. 149). Im allgemeinen ist sie beim Überströmen eines Gutes an jeder Stelle wesentlich verschieden (s. S. 128ff.). In der Trocknungstechnik werden jedoch sehr häufig zahlreiche kleine Einzelkörper gleicher Form und Größe nacheinander überströmt, so daß man für jeden Einzelkörper eine gleiche mittlere Wärmeübergangszahl (etwa nach Tafel IV bzw. Abb. 101) bestimmen kann. Dann kann, wenn man unter dO in Gl. (435) die als sehr klein vorausgesetzte Oberfläche eines Einzelkörpers versteht, die für diesen gültige Wärmeübergangszahl α als Konstante in Gl. (435) betrachtet werden. Dasselbe gilt für durchströmte Schüttungen, wenn man die Wärmeübergangszahl des Einzelkörpers einsetzt (vgl. S. 155ff.).

Unter Voraussetzung der Konstanz der Größe $\alpha/Fwc_p\gamma$ findet man durch Integration aus Gl. (435) unter Beachtung der Bedingung, daß im Eintrittsquerschnitt des Trockners $\vartheta_L = \vartheta_{L_e}$ ist

$$\vartheta_L - \vartheta_0 = (\vartheta_{L_e} - \vartheta_0)\, e^{-\frac{\alpha}{w c_p \gamma} \frac{O}{F}}, \quad (436)$$

worin O die gesamte Oberfläche aller Einzelkörper vom Eintritt bis zur betrachteten Stelle im Trockner ist.

Bestimmt man α für die Einzelkörper z.B. unter Benutzung von Abb. 101, so ist es zweckmäßiger, den Exponenten der e-Funktion mit den dimensionslosen Größen $Nu_{l'}$ und $Pe_{l'}$ zu schreiben. Man findet leicht:

$$\vartheta_L - \vartheta_0 = (\vartheta_{L_e} - \vartheta_0)\, e^{-\frac{Nu_{l'}}{Pe_{l'}} \frac{O}{F}},$$

worin nach dem oben Gesagten l' die Anströmlänge der Einzelkörper bedeutet[1].

Für die örtliche Trocknungsgeschwindigkeit g_{DI} findet man aus Gl. (436):

$$g_{DI} = \frac{\alpha}{r} (\vartheta_{L_e} - \vartheta_0)\, e^{-\frac{\alpha}{w c_p \gamma} \frac{O}{F}},$$

oder:

$$g_{DI} = g_{DI_e}\, e^{-\frac{\alpha}{w c_p \gamma} \frac{O}{F}}, \quad (437)$$

[1] Bei Anwendung von Tafel IV zur Bestimmung der Wärmeübergangszahl ist zu beachten, daß dort unter O die Fläche der Einzelkörper verstanden ist, die in einem Trocknerabschnitt von der Länge l' vorhanden sind (s. auch S. 160). Diese ist mit der hier als $\Delta O_{l'}$ bezeichneten Größe identisch.

wenn g_{DI_e} die Trocknungsgeschwindigkeit im Eintrittsquerschnitt bedeutet.

Für ein Haufwerk oder eine Schüttung größerer Einzelkörper mit endlicher Schichtzahl n gilt entsprechend S. 163, falls mit den Wärme- bzw. Stoffübergangszahlen α_e bzw. β_e (d.h. mit den für jede einzelne Schicht des Haufwerks auf den jeweiligen Eintrittszustand bezogenen Wärme- bzw. Stoffübergangszahlen) gerechnet wird:

$$g_{DI_n} = g_{DI_e}\left[1 - \frac{\alpha_e}{w\, c_p\, \gamma\, F}\,\Delta O_{l'}\right]^{n-1} \qquad (438)$$

bzw.

$$g_{DI_n} = g_{DI_e}\left[1 - \frac{Nu_{l'}}{Pe_{l'}}\,\frac{\Delta O_{l'}}{F}\right]^{n-1} \qquad (439)$$

wobei hier g_{DI_n} die Trocknungsgeschwindigkeit an der n-ten Schicht und $\Delta O_{l'}$ die Oberfläche einer Schicht im Abschnitt l' ist[1].

Für Fälle, bei denen die Änderung des Luftzustandes beim Überstreichen eines ausgedehnten Einzelgutes von Interesse ist, ist wegen der Veränderlichkeit von α mit der Anströmlänge folgender Weg der angenäherten Ermittlung der örtlichen Trocknungsgeschwindigkeit mit Hilfe der Tafel IV und der Abb. 101 empfohlen[2]. Bedeutet l' die überströmte Länge des einzelnen Gutskörpers oder die durchströmte Länge eines Kanals gleichen Querschnitts, so ist die für diese Länge aus den Tafeln ermittelte Zahl α die mittlere Wärmeübergangszahl für die Gesamtlänge ($\alpha_0^{l'}$). Man erhält dann die mittlere Trocknungsgeschwindigkeit für die ganze Gutslänge aus:

$$\left[g_{DI_m}\right]_0^{l'} = \frac{\alpha_0^{l'}}{r}\,(\vartheta_{L_e} - \vartheta_0),$$

wenn $\alpha_0^{l'}$ aus Tafel IV oder Abb. 101 bestimmt wird.

Wählt man alsdann eine kleinere Länge, z.B. $l'/2$ und bestimmt dafür $\alpha_0^{l'/2}$ aus den Tafeln, so erhält man in gleicher Weise die mittlere Trocknungsgeschwindigkeit für die erste Hälfte der Gutslänge. Durch fortschreitende Zerteilung der Gesamtlänge läßt sich so die mittlere Trocknungsgeschwindigkeit von Eintritt der Luft bis zu jeder beliebigen Weglänge bestimmen. Man erhält eine Treppenkurve nach Abb. 310. Durch Differenzieren der Kurve $\left[g_{DI_m}\right]_0^{l'}$ oder durch abschnittsweise Differenzbildung erhält man die örtliche Trocknungsgeschwindigkeit g_{DI} in

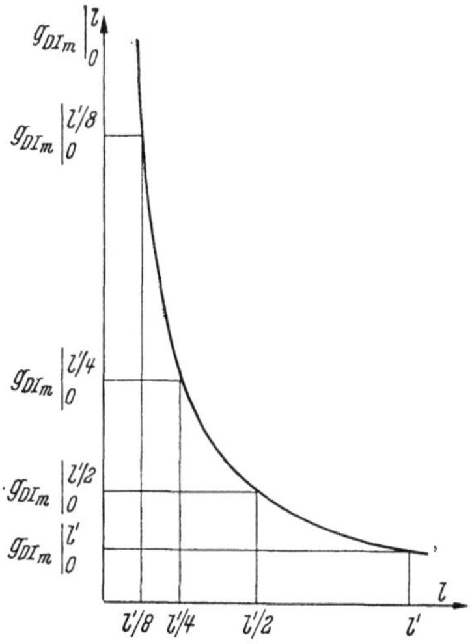

Abb. 310. Mittlere Trocknungsgeschwindigkeit vom Eintritt der Luft bis zur Weglänge l'.

[1] Für sehr große Werte von n ($l' \to 0$) geht das letzte Glied der rechten Seite von Gl. (439) über in den Faktor $e^{-\frac{Nu_{l'}}{Pe_{l'}}\frac{\Delta O n}{F}}$, der sich für konstante örtliche α-Zahl gemäß Gl. (437) ergibt.

[2] Einfacher wäre es für diesen Zweck, wenn man von der örtlichen Wärmeübergangszahl längs des Weges des Trockenmittels ausginge. Wesentliche Anhaltspunkte für diese Abschätzung finden sich in der einschlägigen Literatur [*18*], [*11*].

Abhängigkeit von der überströmten Länge. (Die Größe $l' \left[g_{D_{I_m}}\right]_0^{l'}$ ist proportional der gesamten vom Gut abgegebenen Wassermenge, $l'/2 \left[g_{D_{I_m}}\right]_0^{l'/2}$ derjenigen, die in der ersten Hälfte abgegeben wird; die Differenz aus beiden ist also in der zweiten Hälfte verdunstet usw.). Wegen des Abfalls der örtlichen Wärmeübergangszahl mit der Weglänge nimmt die örtliche Trocknungsgeschwindigkeit in diesem Fall stets stärker mit der Weglänge ab, als wenn man an jeder Stelle oder an jedem Einzelkörper des Gutes gleiche Wärmeübergangszahl voraussetzen kann.

β) *Der zweite und dritte Trocknungsabschnitt*

In Abb. 311 sind in den ausgezogenen Geraden *e*, 1, 2, 3, *a* die für den ersten Abschnitt aus Gl. (437) zu errechnenden Trocknungsgeschwindigkeiten eingetragen. In den gestrichelten Fortsetzungen sind Trocknungsverlaufskurven dargestellt, wie sie sich ergeben müßten, wenn jede Stelle von Anfang bis Ende der Trocknung unter den gleichen für die betreffende Stelle errechneten äußeren Bedingungen trocknen würde. Dies kann aber nur solange der Fall sein, wie alle Stellen des Gutes mit zeitlich gleichbleibender Geschwindigkeit trocknen; solange ist auch die mittlere Trocknungsgeschwindigkeit des ganzen Gutes zeitlich konstant. Eine Änderung muß von dem Augenblick an eintreten, in dem der Knickpunkt an der Stelle des Lufteintrittes erreicht ist. An dieser Stelle allein herrschen konstante äußere Bedingungen während des ganzen Vorganges; nur an der Eintrittsstelle der Luft verhält sich das Gut so, wie es bei der bisherigen Betrachtung dargetan wurde (Kurvenzug *e* in Abb. 311).

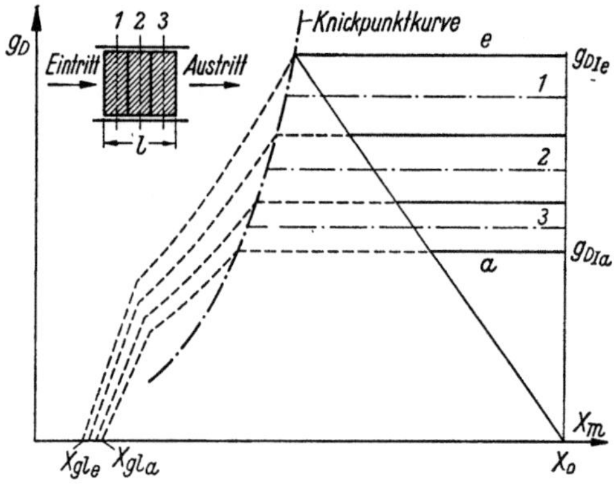

Abb. 311. Die Trocknungsgeschwindigkeit im ersten Abschnitt an verschiedenen Stellen des Gutes (ausgezogene Linien) und der Trocknungsverlauf unter Annahme konstant bleibender Luftzustände an den betreffenden Stellen (gestrichelte Linienzüge).

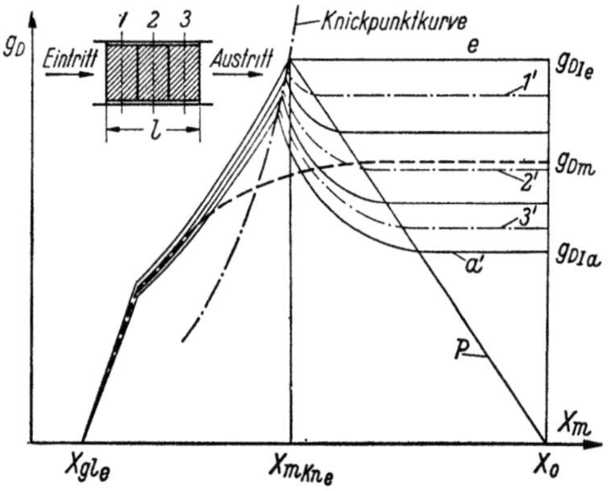

Abb. 312. Trocknungsverlaufskurven durch- oder überströmter Güter.

In Abb. 312 ist dargestellt, welche charakteristischen Änderungen in den Trocknungsverlaufskurven für verschiedene Stellen des Gutes auftreten müssen. Wenn an der Eintrittsstelle der Knickpunkt erreicht ist, so herrscht an dieser die Gutsfeuchtigkeit X_{mKn_e}. Zu diesem Zeitpunkt

(t_{Kn_e}) liegen die Feuchtigkeiten in den nachfolgenden Querschnitten auf der in Abb. 312 gezeichneten Geraden P, welche den Knickpunkt an der Eintrittsstelle mit dem Punkt X_0 auf der Abszisse verbindet. Denn es gilt für jede Schicht, deren Oberfläche ΔO und deren Volumen ΔV sei,

$$\Delta O \, g_{D_I} t_{Kn_e} = \Delta V \Gamma_S (X_0 - X_m),$$

woraus die lineare Beziehung zwischen g_{D_I} und $X_0 - X_m$ zu ersehen ist.

Nach dem Zeitpunkt t_{Kn_e} fällt die Trocknungsgeschwindigkeit im Eintrittsquerschnitt. Daher muß sie in den nachfolgenden Schichten ansteigen, weil die Luft in der ersten Schicht eine geringere Feuchtigkeitsmenge aufnimmt als vorher. Die Kurvenäste 1′, 2′, 3′, a' bis zur Knickpunktkurve deuten den mutmaßlichen Verlauf an. – Beim Verlauf der weiteren Trocknung in den verschiedenen Querschnitten wird vorausgesetzt, daß die Trocknung ebenso verläuft, wie wenn das Gut unter den jeweiligen Verhältnissen von Anfang an trocknete[1].

Dann wird nach Erreichen des Knickpunktes der Kurvenverlauf im zweiten Abschnitt sich mehr und mehr demjenigen an der Eintrittsstelle nähern, je kleiner die Trocknungsgeschwindigkeit im ganzen Gut und damit die Feuchtigkeitsaufnahme der Luft wird. Für jede Stelle des Gutes wird gegen Ende des dritten Abschnittes ein Trocknungsverlauf gelten, der nur unerheblich von dem an der Eintrittsstelle abweicht. Man ist so in der Lage, aus der Bestimmung des Trocknungsverlaufes für die konstanten Bedingungen an der Eintrittsstelle sowie der Trocknungsgeschwindigkeit g_{D_I} im ersten Abschnitt an verschiedenen Stellen des Gutes nach Gl. (437) sich einen grob quantitativen Anhalt für den Verlauf an allen Stellen zu verschaffen.

γ) *Die mittlere Trocknungsverlaufskurve für das ganze Gut*

Es soll der zeitliche Verlauf der mittleren Trocknungsgeschwindigkeit für das ganze Gut bestimmt werden, also die zeitliche Änderung des gesamten Gutsgewichtes (bezogen auf 1 m² Gutsoberfläche), die man aus der zeitlichen Gewichtsaufzeichnung des gesamten Gutes leicht gewinnen kann. Aus Abb. 312 kann der zeitliche Verlauf der Trocknung gewonnen werden, indem man für jede Teilfläche (Schicht) von der Oberfläche ΔO_n die Gewichtsabnahme mit der Zeit bestimmt.

$$\Delta O_n g_D \, dt = \Delta V_n \Gamma_S \, dX_m .$$

Es folgt für die Trocknungszeit des Elementes bis zum Erreichen der Feuchtigkeit X_m

$$t = \frac{\Delta V_n}{\Delta O_n} \Gamma_S \int_{X_0}^{X_m} \frac{dX_m}{g_D} .$$

[1] Diese einschneidend erscheinende Voraussetzung wird z. B. gestützt durch die in Abb. 208 wiedergegebenen Versuche an Proben mit und ohne Bespannung, bei denen sich trotz verschiedenen Verhaltens im ersten Trocknungsabschnitt gleiche Knickpunkte unter gleichen Verhältnissen finden. KAMEI [*95*] fand sie durch Versuchsergebnisse an Gegenstromtrocknern bestätigt.

Das Integral der rechten Seite bestimmt man graphisch nach Auftragung des Wertes $1/g_D$ über X_m (vgl. Abb. 204). Daraus erhält man die Zuordnung von Feuchtigkeitsgehalt X_m der einzelnen Schichten bzw. ihrer jeweiligen Trocknungsgeschwindigkeit g_D zur Zeit t. Mittelbildung der gleichzeitigen Trocknungsgeschwindigkeiten der einzelnen Abschnitte (oder Schichten) ergibt die mittlere Trocknungsgeschwindigkeit g_{D_m} für das ganze Gut.

In Abb. 312 ist g_{D_m} in der gestrichelten Kurve, die nach diesem Verfahren unter Benutzung der Kurvenzüge 1′ bis 3′ in der gleichen Abbildung gewonnen wurde, dargestellt. Als wesentlichstes Charakteristikum ersieht man, daß für das Gut im ganzen kein scharf ausgeprägter Knickpunkt auftritt. Dadurch, daß der Knickpunkt an jeder Stelle zu anderer Zeit auftritt, verschleift sich die Trocknungsverlaufskurve für das ganze Gut. Nur bis zur Geraden p ist die mittlere Trocknungsgeschwindigkeit konstant (bis zum Zeitpunkt des Knickpunktes an der Eintrittsstelle), dann geht sie stetig und ohne Knick in einen Verlauf über, der sich im zweiten und dritten Abschnitt immer mehr demjenigen an der Eintrittsstelle nähert.

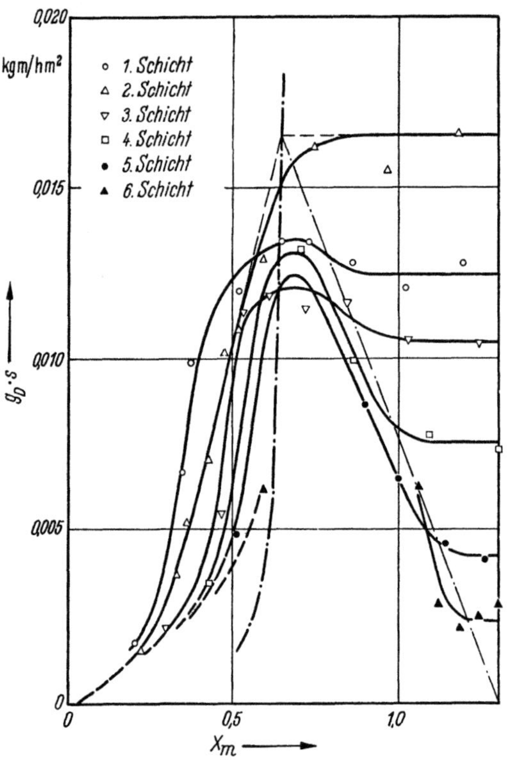

Abb. 313. Trocknungsverlauf eines sechsschichtigen Haufwerks quadratischer Gasbeton-Prismen in versetzter Anordnung (*ohne* Hilfsschicht).

2. Experimentelle Feststellungen

Die allgemeinen theoretischen Zusammenhänge werden durch Experimente von JAESCHKE an durchströmten Haufwerken hervorragend bestätigt, wenn die Bedingungen, die bei der theoretischen Betrachtung zugrunde gelegt wurden, tatsächlich herrschen [*88*], [*121*]. Vor allem ist hierbei daran zu denken, daß die Wärme- und Stoffübergangszahlen zwischen den Einzelkörpern und der Luft in jeder Lage des Haufwerks die gleichen sind. Während dies – vgl. S. 160 – für alle inneren Schichten angenommen werden kann, sind in der Eintritts- und Austrittsschicht die Austauschzahlen kleiner als im Innern.

Für ein Haufwerk aus 6 versetzt angeordneten Schichten quadratischer Gasbeton-Prismen ergab sich der in Abb. 313 dargestellte Zusammenhang. Drastisch ist die Erhöhung der Wärme- und Stoffübergangszahl zwischen der ersten und den folgenden Schichten daran zu erkennen, daß die Trocknungsgeschwindigkeit der ersten Schicht trotz größerer Dampfteildruckdifferenz wesentlich niedriger ist als die der zweiten Schicht.

Um diese durch die unterschiedliche Strömungsverhältnisse bedingten Unterschiede im Verhalten der ersten und letzten Schicht gegenüber

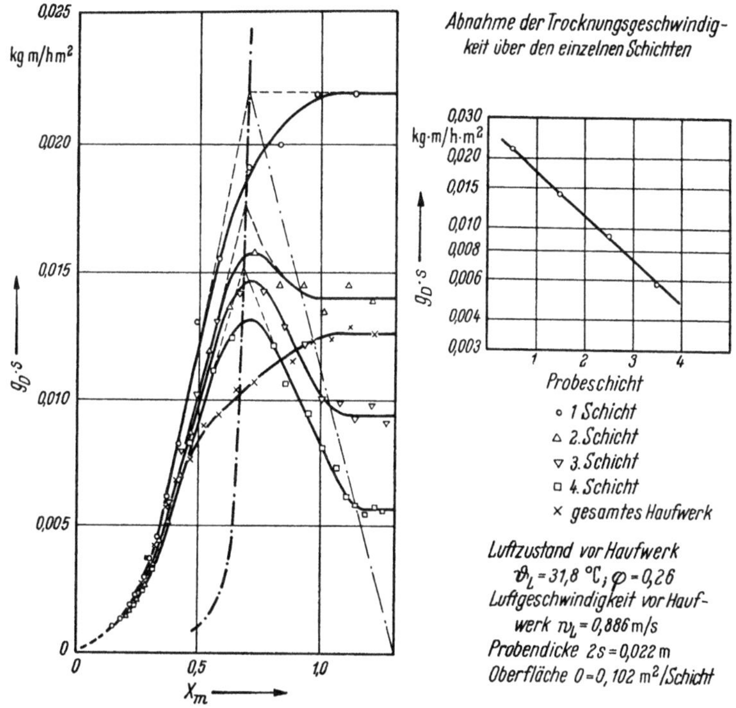

Abb. 314. Trocknungsverlauf eines vierschichtigen Haufwerks quadratischer Gasbeton-Prismen in versetzter Anordnung (mit Hilfsschicht).

den inneren Schichten auszuschalten, wurde je eine „Hilfsschicht" – geometrisch einer Haufwerksschicht gleich, jedoch nicht am Wärme- und Stoffaustausch beteiligt (wachsgetränkt) – vor und hinter dem Haufwerk angebracht (vgl. S. 160).

Erst bei Verwendung von Hilfsschichten konnte die für konstante Wärme- und Stoffübergangszahlen notwendige Forderung einer exponentiellen Abnahme der Trocknungsgeschwindigkeiten der einzelnen Schichten im ersten Trocknungsabschnitt eindeutig festgestellt werden.

Von dem sechsschichtigen Haufwerk aus Gasbetonprismen (mit je 8 Prismen je Schicht), deren Trocknungsverlauf in Abb. 313 dargestellt ist, wurden die erste und die letzte Schicht dampfdicht gemacht. Anschließend wurde das Trocknungsverhalten der restlichen 4 Schichten unter den gleichen äußeren Bedingungen nochmals beobachtet (Abb. 314).

Da jede Schicht jetzt gleichen Strömungsbedingungen ausgesetzt ist (konstante α- bzw. β-Zahl), bestätigt sich auch die theoretisch zu erwartende exponentielle Abnahme der Trocknungsgeschwindigkeit über den einzelnen Schichten. Die Anstiegspunkte können ebenfalls durch eine

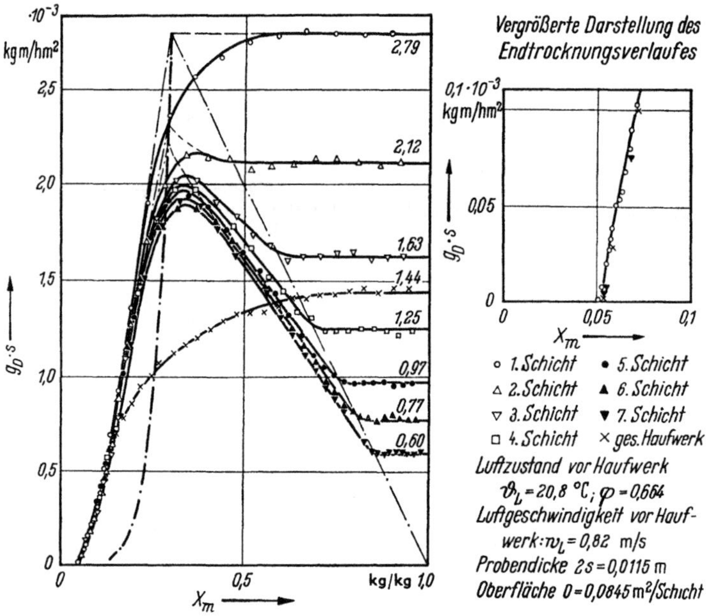

Abb. 315. Trocknungsverlauf eines siebenschichtigen Haufwerks quadratischer Gasbeton-Prismen in geordneter Verteilung.

Gerade verbunden werden. Gegen Ende der Trocknung gehen die Verlaufskurven aller Schichten ineinander über. Die mittlere Trocknungsgeschwindigkeit g_{D_m} ist entsprechend der zu verschiedenen Zeiten auftretenden Knickpunkte der einzelnen Schichten verschleift.

In den Abb. 315 bis 318 sind noch 4 Beispiele der zahlreichen Untersuchungen an verschiedenen Gütern unter verschiedenen Versuchsbedingungen angeführt.

Abb. 315 und 316 zeigen den Verlauf der Trocknung von Haufwerken aus Gasbeton- bzw. Ziegelprismen, die von Schicht zu Schicht versetzt angeordnet und ausschließlich quer umströmt waren. Vergrößert dargestellt sind der Endtrocknungsverlauf der ersten und der letzten Schicht sowie der mittlere Verlauf des gesamten Haufwerks, die alle ineinander übergegangen sind. Ganz eindeutig ersieht man die lineare Verbindung der Anstiegspunkte zwischen Knickpunkt $X_{m_{Kn_1}}$ der ersten Schicht und dem Punkt der Anfangsfeuchtigkeit X_0 (für die Gasbeton-Proben war $X_0 = 1$ kg/kg).

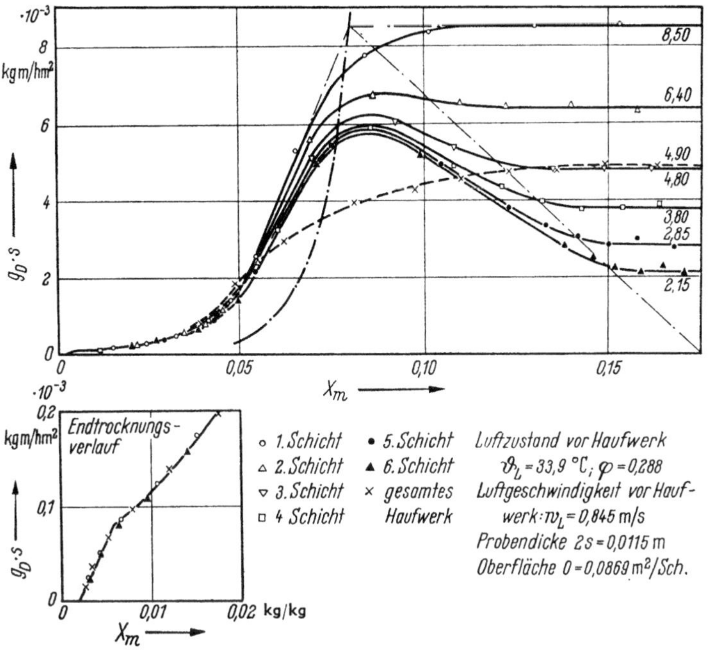

Abb. 316. Trocknungsverlauf eines sechsschichtigen Haufwerks quadratischer Ziegelprismen in geordneter Verteilung.

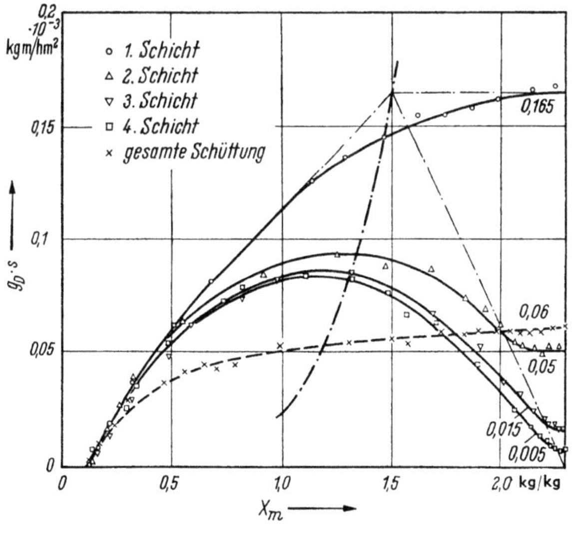

Abb. 317. Trocknungsverlauf einer vierschichtigen Zündholz-Schüttung.

Luftzustand vor der Schüttung:	$\vartheta_L = 23{,}3$ [°C]
	$\varphi = 0{,}57$
Luftgeschwindigkeit vor der Schüttung:	$w_L = 0{,}252$ [m/sec]
Probendicke	$2\,s = 0{,}0022$ [m]
Oberfläche	$O = 0{,}3452$ [m²/Schicht]

Auch läßt sich leicht entnehmen, daß der Anfangsentzug in den einzelnen Schichten etwa exponentiell mit der Schichtzahl abnimmt.

Abb. 317 gibt den Verlauf einer ungeordneten Schüttung aus Zündhölzern – als Körper extremer geometrischer Form – wieder. In jeder der 4 Schichten waren 850 Hölzer eingebracht. Das Ergebnis entspricht den

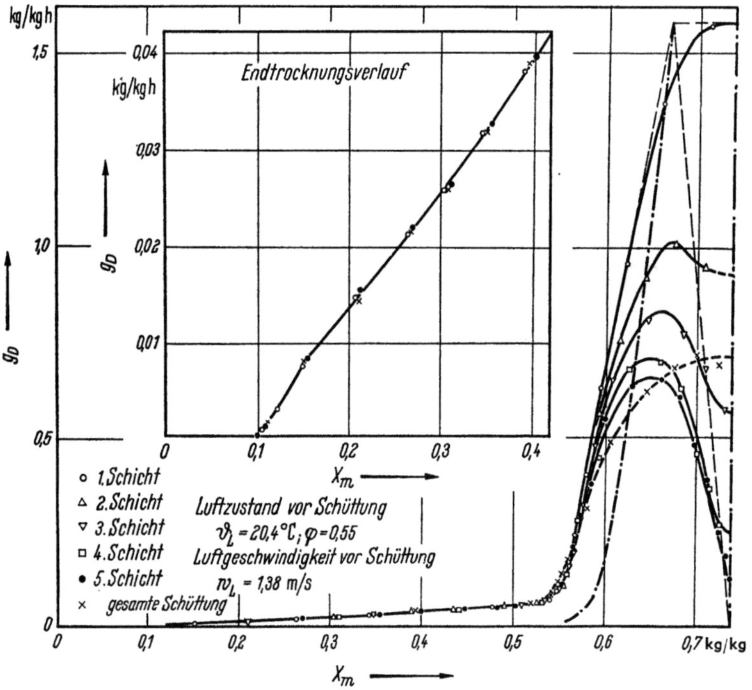

Abb. 318. Trocknungsverlauf einer Weizenschüttung aus fünf Einzelkornschichten.

theoretischen Erwartungen und zeigt in eindeutiger Weise den gleichen Verlauf wie die orientierenden Messungen von Kröll [122].

Abb. 318 zeigt das Trocknungsverhalten einer Weizenschüttung aus fünf übereinander angeordneten Einzelkornschichten. Die entscheidenden Vorgänge bei der Trocknung sieht man aus diesem für die verschiedenen Schichten gültigen Bild ebenso wie aus dem an Einzelkornschichten beobachteten Verlauf (s. S. 326ff.).

3. Analytische Vorausbestimmung der örtlichen und zeitlichen Feuchtigkeitsverteilung bei diskontinuierlichen Trocknungsvorgängen

α) *Theoretische Zusammenhänge*

In jüngster Zeit wurde von van Meel [131] ein mathematisches Verfahren entwickelt, das unter Zuhilfenahme bestimmter Idealisierungen die Berechnung der örtlichen und zeitlichen Feuchtigkeitsverteilung in diskontinuierlich arbeitenden technischen Trocknern unter Verwendung der im Laborversuch gewonnenen Trocknungsverlaufskurven gestattet. Angesichts der Bedeutung, die dieser Arbeit zukommt, sollen hier die Grundzüge der Untersuchung so dargestellt werden, daß außer den von VAN MEEL behandelten überströmten ebenen Platten auch durchströmte Schüttungen und eine Vielzahl von Einzelkörpern gleicherweise betrachtet werden können.

Die entscheidenden Idealisierungen sind dabei die Annahme einer konstanten, von den äußeren Trocknungsbedingungen unabhängigen Knickpunktsfeuchte, einer in gleicher Weise konstanten Sorptionsfeuchte sowie die Annahme geometrischer Ähnlichkeit aller unter jeweils verschiedenen äußeren Bedingungen aufgenommenen Trocknungsverlaufskurven. Unter diesen Bedingungen – die höchstens näherungsweise als gegeben angesehen werden können – lassen sich sämtliche unter konstanten Bedingungen aufgenommenen Trocknungsverlaufskurven auf eine einzige dimensionslose Grundkurve zurückführen.

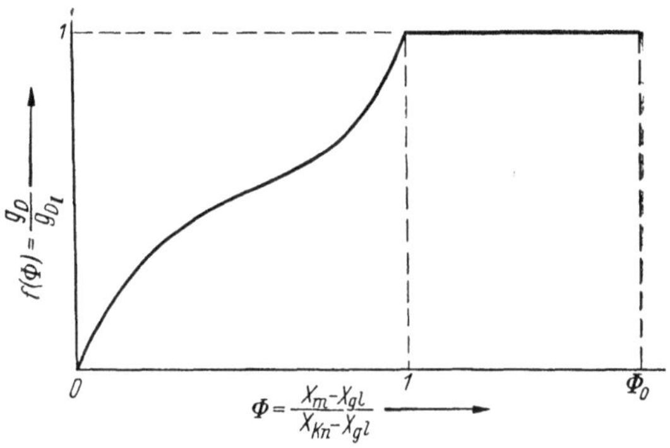

Abb. 319. Dimensionslose Trocknungsverlaufskurve, gewonnen aus Laborversuchen unter konstanten Trocknungsbedingungen.

In Abb. 319 ist eine solche Grundkurve gezeichnet. Als Ordinate ist das Verhältnis der unter gleichbleibenden äußeren Bedingungen – den mittleren Verhältnissen im vorgesehenen technischen Trockner – gewonnenen Trocknungsgeschwindigkeiten g_D zu der im gleichen Versuch ermittelten Anfangstrocknungsgeschwindigkeit g_{D_I}, also

$$f(\Phi) = \frac{g_D}{g_{D_I}} \tag{440}$$

aufgetragen über dem „charakteristischen" Feuchtigkeitsgehalt

$$\Phi = \frac{X_m - X_{gl}}{X_{Kn} - X_{gl}} \tag{441}$$

worin X_{Kn} die im Versuch festgestellte Knickpunktsfeuchte und X_{gl} die aus den Sorptionsisothermen zu entnehmende Gleichgewichtsfeuchte des Gutes bedeuten.

Danach ergibt sich für die „Grundkurve" folgender Zusammenhang:

$$\text{Für } \Phi > 1 \quad \text{ist } f(\Phi) = 1\,,$$
$$\text{für } 0 < \Phi < 1 \quad \text{ist } 0 < f(\Phi) < 1\,.$$

Die Anwendung der bekannten Beziehung für den Stoffübergang (vgl. S. 246, Anmerkung) liefert für die Anfangstrocknungsgeschwindigkeit

$$g_{D_I} = \beta_x (x_0'' - x_L) \tag{442}$$

worin β_x die auf den Dampfgehalt x der Luft bezogene Stoffübergangszahl, x_0'' den Dampfgehalt an der Oberfläche im Sattdampfzustand und x_L den Dampfgehalt der Luft bedeuten.

Gemäß dem Ansatz von VAN MEEL soll die effektive Trocknungsgeschwindigkeit g_D aus dem unter den gegebenen Verhältnissen der Trocknungsluft (d.h.: aus dem an einer bestimmten Stelle z zu bestimmter Zeit t herrschenden Dampfgehalt x_L) möglichen Wert g_{D_I} durch Multiplikation mit einem nur vom mittleren Feuchtigkeitsgehalt des Gutes abhängigen Faktor $f(\Phi)$ gewonnen werden. Es gilt also:

$$g_D = g_{DI} f(\Phi) = \beta\, x (x_0'' - x_L) f(\Phi) .$$

Betrachtet man nun ein Volumenelement vom Querschnitt F und dem Wegabschnitt dz, in dem eine trockene Stoffmenge $F\,dz\,\Gamma_S$ und eine Verdunstungsoberfläche $F\,dz\,O_{\text{spez}}$ vorhanden ist (O_{spez} = Austauschoberfläche je m³) und durch den eine Luftmenge $G_L = F\,g_L$ fließt (g_L = stündliche Luftmenge je m² des leer gedachten Querschnitts), so liefert die Stoffbilanz folgende Beziehung:

$$O_{\text{spez}} F\,dz\,g_D\,dt = g_L F \frac{\partial x_L}{\partial z} dz\,dt = F\,dz\,\Gamma_S \frac{\partial X_m}{\partial t} dt . \tag{443}$$

Es ist bei Gl. 443 vorausgesetzt, daß die zeitliche Änderung der Luftfeuchtigkeit x_L an einer bestimmten Stelle (lokaler Differentialquotient) vernachlässigbar sei gegenüber der Änderung mit dem Strömungsweg (konvektiver Differentialquotient), und ebenso, daß keine Flüssigkeitsbewegung im Gut im Sinne der örtlich sich ändernden Gutsfeuchtigkeit X_m stattfindet.

Zur Erzielung einer einfacheren Schreibweise werden folgende Größen eingeführt:

Das Trocknungspotential $\pi = (x_0'' - x_L)$ (444)

die dimensionslose Zeit $\tau = \dfrac{O_{\text{spez}} \beta_x}{\Gamma_S (X_{Kn} - X_{gl})} t$ (445)

der dimensionslose Weg $\xi = \dfrac{O_{\text{spez}} \beta_x}{g_L} z$ (446)

Aus der Doppelgleichung (443) folgen dann die beiden Gleichungen:

$$-\frac{\partial \Phi}{\partial \tau} = \pi f(\Phi) \tag{447}$$

$$\frac{\partial \Phi}{\partial \tau} = \frac{\partial \pi}{\partial \xi} \tag{448}$$

Elimination von π liefert die Differentialgleichung der örtlichen und zeitlichen Verteilung der Gutsfeuchte im Trockner

$$\frac{\partial^2 \Phi}{\partial \tau\,\partial \xi} - \frac{f'(\Phi)}{f(\Phi)} \frac{\partial \Phi}{\partial \tau} \frac{\partial \Phi}{\partial \xi} + f(\Phi) \frac{\partial \Phi}{\partial \tau} = 0 . \tag{449}$$

Eine Lösung dieser Differentialgleichung ist von der Form

$$\frac{1}{f(\Phi)}\,\frac{\partial \Phi}{\partial \xi} + \Phi = P(\xi) \tag{450}$$

wie man durch Differentiation nach τ erkennt. Dabei ist $P(\xi)$ eine willkürliche Funktion von ξ. Gl. (450) ist unmittelbar integrierbar.

Für den Fall gleichmäßiger Anfangsverteilung $\Phi(\xi, 0) = \Phi_0$ ist $\left(\frac{\partial \Phi}{\partial \xi}\right)_{\tau=0} = 0$.

Es folgt: $P(\xi) = \Phi_0$.

$$\frac{1}{f(\Phi)}\,\frac{\partial \Phi}{\partial \xi} + \Phi = \Phi_0\,. \tag{451}$$

Die Integration von (451) liefert:

$$\int\limits_{\Phi_1}^{\Phi} \frac{\partial s}{f(s)(\Phi_0 - s)} = \int\limits_{\xi_1}^{\xi} \partial w\,. \tag{452}$$

Für die Auswertung der Integrale teilt man zweckmäßig den gesamten Trocknungsablauf im Trockner in drei Abschnitte:

Abschnitt a:

Das gesamte Gut befindet sich im Bereich reiner Oberflächenverdunstung, d.h. $1 < \Phi < \Phi_0$ und $f(\Phi) = 1$. Die Trocknungsgeschwindigkeiten sind örtlich verschieden, aber zeitlich im ganzen Trockner konstant.

Abschnitt b:

Das Gut befindet sich zunächst teilweise im Bereich fallender Trocknungsgeschwindigkeit. Der Knickpunkt wandert durch den Trockner. Seine jeweilige zeitabhängige Ortskoordinate habe den Betrag ξ_{Kn}. Im Bereich $0 < \xi < \xi_{Kn}$ ist $\Phi < 1$ und $f(\Phi) < 1$, im Bereich $\xi_{Kn} < \xi < \xi_s$ ist $\Phi > 1$ und $f(\Phi) = 1$. (ξ_s bezeichnet das Trocknerende.)

Abschnitt c:

Hat der Knickpunkt das Trocknerende erreicht ($\xi_{Kn} = \xi_s$), so trocknet das ganze Gut im Abschnitt fallender Trocknungsgeschwindigkeit.

Berechnung der Integrale.

Abschnitt a:

$\Phi > 1$ und $f(\Phi) = 1$. Diese Bedingung ist gültig für den gesamten Trockner, also für den Bereich $0 < \xi < \xi_s$.

Damit folgt für die unteren Grenzen der Integrale: $\xi_1 = 0$ und $\Phi_1 = \Phi(0, \tau)$

$$\int\limits_{\Phi(0,\tau)}^{\Phi(\xi,\tau)} \frac{\partial s}{\Phi_0 - s} = \int\limits_{0}^{\xi} \partial w\,, \quad \text{und integriert}$$

$$-\ln \frac{\Phi_0 - \Phi(\xi,\tau)}{\Phi_0 - \Phi(0,\tau)} = \xi\,. \tag{453}$$

Ferner folgt mit Gl. (447)

$$\frac{\partial \Phi(0,\tau)}{\partial \tau} = -\pi_0,$$

$$\int_{\Phi_0}^{\Phi(0,\tau)} \partial s = -\pi_0 \int_0^{\tau} \partial v, \quad \text{und integriert,} \tag{454}$$

$$\Phi_0 - \Phi(0,\tau) = \pi_0 \tau. \tag{455}$$

Mit (453) und (455) ergibt sich dann

$$\Phi(\xi,\tau) = \Phi_0 - \pi_0 e^{-\xi} \tau. \tag{456}$$

Das Ergebnis ist erwartungsgemäß eine exponentiell verteilte und mit der Zeit linear veränderliche Gutsfeuchte.

Abschnitt b:

Dies ist der Bereich, in dem noch Oberflächenverdunstung herrscht, also $f(\Phi) = 1$: gültig im Bereich $\xi_{Kn} < \xi < \xi_s$ und $1 < \Phi < \Phi_0$. Damit ergeben sich die unteren Grenzen der Integrale: $\xi_1 = \xi_{Kn}$ und $\Phi_1 = 1$.

$$\int_1^{\Phi(\xi,\tau)} \frac{\partial s}{\Phi_0 - s} = \int_{\xi_{Kn}}^{\xi} \partial w, \quad \text{und integriert,}$$

$$-\ln \frac{\Phi_0 - \Phi(\xi,\tau)}{\Phi_0 - 1} = \xi - \xi_{Kn},$$

$$\Phi(\xi,\tau) = \Phi_0 - (\Phi_0 - 1)\, e^{\xi_{Kn} - \xi}. \tag{457}$$

Abschnitt c:

Dies ist der Bereich, der sich bereits im Abschnitt fallender Trocknungsgeschwindigkeit befindet: also $f(\Phi) < 1$, gültig im Bereich $0 < \xi < \xi_{Kn}$ und $\Phi(0,\tau) < \Phi < 1$.

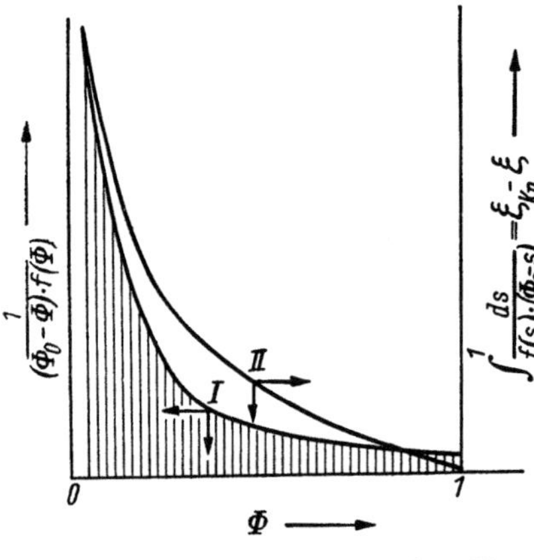

Abb. 320. Zur Integration der Gl. (458).

Die oberen Integralgrenzen sind dann: $\xi_1 = \xi_{Kn}$ und $\Phi_1 = 1$.

$$\int_{\Phi(\xi,\tau)}^{1} \frac{\partial s}{f(s)\cdot(\Phi_0 - s)} = \xi_{Kn} - \xi. \tag{458}$$

Die Lösung erfolgt auf graphischem Wege, falls $f(\Phi)$ nicht analytisch gegeben ist (vgl. hierzu Abb. 320).

Den Gl. (457) und (458) entnimmt man, daß die örtliche Feuchtigkeitsverteilung insgesamt durch eine einzige (aus zwei Teilen bestehende) Funktion von ξ dargestellt wird, die mit der Zeit τ nur um einen additiven Betrag $\xi_{Kn}(\tau)$ in ξ Richtung verschoben wird, ohne dabei ihre Gestalt zu ändern. Die zeitliche Abhängigkeit der Gutsfeuchte Φ an irgend einer Stelle ξ ist daher bestimmt, wenn die zeitliche Abhängigkeit von ξ_{Kn} bekannt ist. Zu diesem Zweck bestimmt man zunächst die Wanderungsgeschwindigkeit des Knickpunktes $d\,\xi_{Kn}/d\tau$.

Differentiation von Gl. (458) nach τ ergibt:

$$\frac{d\,\xi_{Kn}}{d\tau} = \frac{1}{f(\Phi)}\,\frac{1}{\Phi_0 - \Phi}\,\frac{\partial \Phi}{\partial \tau} \tag{459}$$

und mit Gl. (447)

$$\frac{d\,\xi_{Kn}}{d\tau} = \frac{\pi(\xi,\tau)}{\Phi_0 - \Phi(\xi,\tau)}\,. \tag{460}$$

Gl. (460) gilt an jeder Stelle, auch also für $\xi = 0$

$$\frac{d\,\xi_{Kn}}{d\tau} = \frac{\pi_0}{\Phi_0 - \Phi(0,\tau)} \tag{461}$$

$\Phi(0,\tau)$ erhält man aus Gl. (458)

$$\int\limits_{\Phi(0,\tau)}^{1} \frac{\partial s}{f(s)\cdot(\Phi_0 - s)} = \xi_{Kn} \text{ zu } \Phi(0,\tau) = \varphi(\xi_{Kn})\,.$$

Damit kann Gl. (461) integriert werden:

$$\pi_0\,\tau = \int\limits_0^{\xi_{Kn}} (\Phi_0 - \varphi[w_{Kn}])\,d\,w_{Kn}\,,$$

womit man den Zusammenhang zwischen ξ_{Kn} und τ erhält, vgl. Abb. 321.

Man erhält letzlich also die Feuchtigkeitsverteilung $\Phi(\xi,\tau)$ auf dem Umweg über den Parameter ξ_{Kn}.

Zur Erläuterung des Rechnungsganges sei ein qualitatives Beispiel betrachtet.

Für den Abschnitt a gilt Gl. (456). Er ist beendet zur Zeit τ_1, für die die Bedingung lautet: $\Phi(0,\tau) = 1$ (Knickpunkt am Trockneranfang)

$$\tau_1 = \frac{\Phi_0 - 1}{\pi_0}$$

Die Berechnung des 2. Abschnittes beginnt mit der Auftragung des durch die Trocknungsverlaufskurve gegebenen Integranden der Gl. (452) über Φ, Abb. 321 (Kurve *I*). Die Integration liefert $\Phi(\xi_{Kn} - \xi)$, (Kurve *II*). Für die Stelle $\xi = 0$ erhält man $\Phi(\xi_{Kn})$. Damit kann man $d\,\xi_{Kn}/d\tau$ bzw. $d\tau/d\,\xi_{Kn}$ über ξ_{Kn} auftragen und integrieren (Abb. 321).

Zur Zeit τ_2 ist der Knickpunkt am Trocknerende ($\xi_{Kn} = \xi_s$) angelangt. Für $\tau > \tau_2$ befindet sich das gesamte Gut im Abschnitt fallender Trocknungsgeschwindigkeit. $\xi_{Kn} > \xi_s$ hat nur noch formale Bedeutung. Mit Hilfe von Abb. 320 und 321 kann nun $\Phi = \Phi(\xi,\tau)$ aufgetragen werden (Abb. 322). Bis τ_1 liegt die exponentielle Verteilung nach Gl. (456) vor. Für $\tau > \tau_1$ entnimmt man ξ_{Kn} der Abb. 321, subtrahiert ξ, entnimmt Φ der Abb. 320 und überträgt Φ und ξ in Abb. 322.

Zweckmäßig führt man dieses Verfahren zunächst für τ_2, d.h. also $\xi_{Kn} = \xi_s$ aus. Die Feuchtigkeitsverteilungen für $\tau_1 \leqslant \tau \leqslant \tau_2$, d.h. also für $0 \leqslant \xi_{Kn} \leqslant \xi_s$ lassen sich dann einfach durch Parallelverschiebung von

$\Phi(\xi, \tau_2)$ und $\Phi(\xi, \tau_1)$, die im Punkte ξ_{Kn} mit gleicher Tangente aneinander anschließen, zusammensetzen [vgl. Bemerkung zu Gl. (457) und (458)].

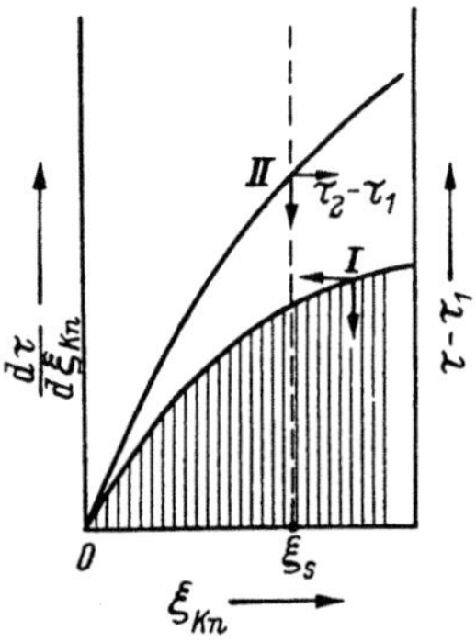

Abb. 321. Zur Ermittlung der Wanderungsgeschwindigkeit des Knickpunktes.

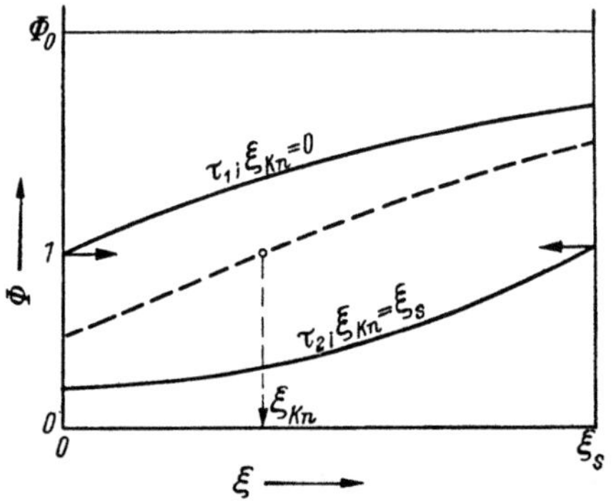

Abb. 322. Die Feuchtigkeitsverteilung im Trockner zu verschiedenen Zeiten τ.

Um die Trocknungsverlaufskurve $\partial\Phi/\partial\tau$ als Funktion von Φ zu berechnen, schreibt man zweckmäßig

$$\frac{\partial \Phi}{\partial \tau} = \frac{\partial \Phi}{\partial \xi_{Kn}} \frac{\partial \xi_{Kn}}{\partial \tau}$$

$\partial\Phi/\partial\xi_{Kn}$ erhält man durch graphische Differentiation der Kurve *II* in Abb. 320 nach $(\xi_{Kn} - \xi)$. Anschließende Multiplikation mit der reziproken Kurve *I* aus Abb. 321 liefert dann $\partial\Phi/\partial\tau$.

Geschlossene Lösungen der Differentialgleichung (449) erhält man, wenn man z.B. den Abschnitt fallender Trocknungsgeschwindigkeit durch eine Gerade wiedergeben kann. Für diesen Fall gilt:

Abschnitt a: $\Phi > 1$ und $\xi_{Kn} < 0$

$$\frac{\partial \Phi}{\partial \tau} = -\pi_0 e^{-\xi}$$

$$\Phi = \Phi_0 - \pi_0 e^{-\xi} \cdot \tau$$

Abschnitt b: $\Phi > 1$ und $\xi > \xi_{Kn}$

$$\Phi = \Phi_0 - (\Phi_0 - 1) e^{(\xi_{Kn} - \xi)}$$

$$\frac{\partial \Phi}{\partial \tau} = -\frac{\pi_0}{\Phi_0} e^{(\xi_{Kn} - \xi)} \{\Phi_0 - 1 + e^{-\Phi_0 \xi_{Kn}}\}$$

$\Phi < 1$ und $\xi < \xi_{Kn}$

$$\Phi = \frac{\Phi_0}{(\Phi - 1) e^{\Phi_0 (\xi_{Kn} - \xi)} + 1}$$

$$\frac{\partial \Phi}{\partial \tau} = -\pi_0 \Phi_0 \frac{(\Phi_0 - 1) e^{\Phi_0 (\xi_{Kn} - \xi)} + e^{-\Phi_0 \xi}}{\{(\Phi_0 - 1) e^{\Phi_0 (\xi_{Kn} - \xi)} + 1\}^2}.$$

Diese Beziehungen können häufig, wenn $f(\Phi)$ nicht allzu sehr von einer Geraden abweicht, für eine Näherungsrechnung verwendet werden[1].

β) Vergleich der rechnerischen und experimentellen Befunde

Ein Vergleich zwischen den Berechnungsergebnissen und experimentell gewonnenen Ergebnissen, der von VAN MEEL in der Originalarbeit noch nicht angestellt werden konnte, wurde von JAESCHKE am Beispiel durchströmter Haufwerke und Schüttungen durchgeführt [*88*], [*121*]. Dabei wurden die Trocknungsverlaufskurven $\left(-\frac{\partial\Phi}{\partial\tau}\text{ über }\Phi\right)$ an verschiedenen Stellen des Haufwerks bzw. der Schüttung gemessen (vgl. Abb. 323 bis 326).

Von den in Abb. 324 bis 326 mitgeteilten Trocknungsverlaufskurven wurden jeweils die letzten Schichten berechnet, für den Verlauf in Abb. 323 auch die dritte Schicht[2].

Allgemein kann im vorhinein gesagt werden, daß der rechnerisch ermittelte Trocknungsverlauf der einzelnen Schichten in einem Schaubild $g_D s = f(X_m)$ tiefer liegen muß als der gemessene, besonders im Bereich des Anstiegspunktes bis zum Umkehrpunkt (Ende der Oberflächenverdunstung). Das ist damit zu erklären, daß die Knickpunkte der einzelnen Schichten nicht (wie in der theoretischen Betrachtung vorausgesetzt) bei konstanter Gutsfeuchtigkeit X_{Kn} liegen, sondern in Abhängigkeit von äußeren Bedingungen ihre Lage ändern. Bedenkt man nämlich, daß bei der Trocknung eines Haufwerkes eine beliebige Schicht n länger im Abschnitt der Oberflächenverdunstung bleibt als die vorhergehende Schicht $n - 1$ (d. h., daß der Knickpunk bei kleinerer Gutsfeuchtigkeit auftritt), so wird die Trocknungszeit bis zum Erreichen einer vorgegebenen Gutsfeuchtigkeit X_a stets kleiner sein als die für den Fall der für alle Schichten konstant angenommenen Knickpunktsfeuchtigkeit der ersten Schicht. Folglich wird auch ein unter dieser Voraussetzung berechneter Trocknungsverlauf zwangsläufig niedriger liegen als ein beobachteter Verlauf eines realen Gutes.

In Abb. 323 bis 326 sind der beobachtete und der berechnete Verlauf für verschiedene Stoffe in der dimensionslosen Dartsellung $-\frac{\partial\Phi}{\partial\tau}$ über Φ gegenübergestellt. Man findet die oben angeführten Voraussagen bestätigt.

---

[1] In der Originalarbeit von VAN MEEL werden darüber hinaus noch die Fälle mit konstanter und variabler Rückluftbeimischung, variablem Trocknungspotential und variabler Luftgeschwindigkeit behandelt.

[2] Die für die rechnerische Methode notwendige Stoffübergangszahl β_x (eingeführt in die dimensionslosen Größen ξ und τ) kann aus Abb. 111 bzw. aus Tafel IV entnommen werden. Um aber hier eine unnötige Ungenauigkeit bei der zahlenmäßigen Rechnung zu vermeiden – es läßt sich so das rechnerische Verfahren besser prüfen –, ist die Kenntnis des Anfangsentzugs der nachzurechnenden n-ten Schicht (dimensionslose Trocknerlänge ξ_s) vorausgesetzt worden. In Verbindung mit Gl. (437) erhält man

$$\frac{(g_D s)_{n\text{-te Schicht}}}{(g_D s)_{\text{erste Schicht}}} = e^{-\xi_s}.$$

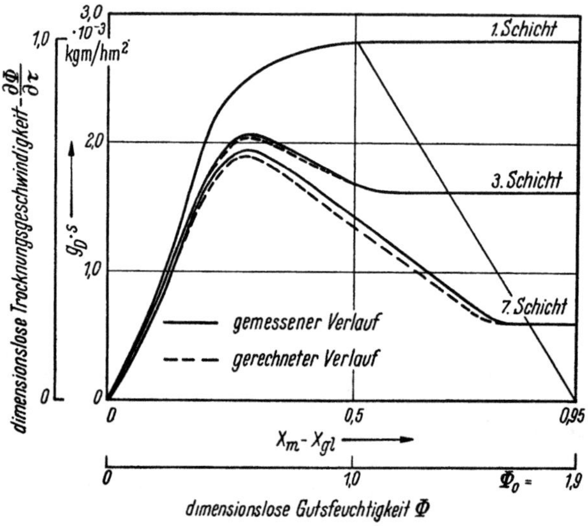

Abb. 323. Dimensionslose Darstellung der gemessenen und gerechneten Trocknungsverlaufskurven der 3. u. 7. Schicht eines siebenschichtigen Haufwerks quadratischer Gasbeton-Prismen (nach Abb. 315).

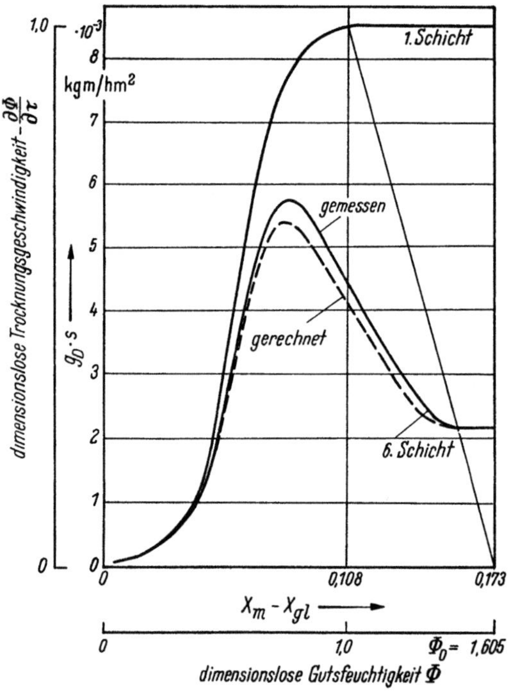

Abb. 324. Dimensionslose Darstellung der gemessenen und gerechneten Trocknungsverlaufskurve der sechsten Schicht eines sechsschichtigen Haufwerks quadratischer Ziegelprismen (nach Abb. 316).

Abb. 323 zeigt deutlich die ausgezeichnete grundsätzliche Übereinstimmung zwischen den Ergebnissen der Rechnung und der Experi-

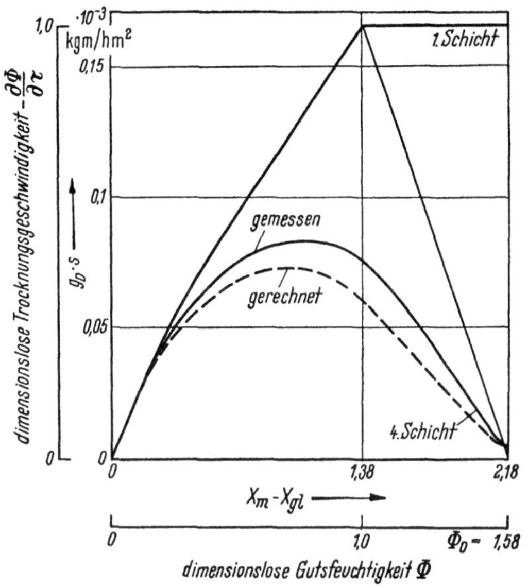

Abb. 325. Dimensionslose Darstellung der gemessenen und gerechneten Trocknungsverlaufskurve der vierten Schicht einer vierschichtigen Zündholzschüttung (nach Abb. 317).

mente. Nur für einen gewissen Bereich mittlerer Feuchtigkeiten liegen die errechneten Trocknungsgeschwindigkeiten der betrachteten Schicht

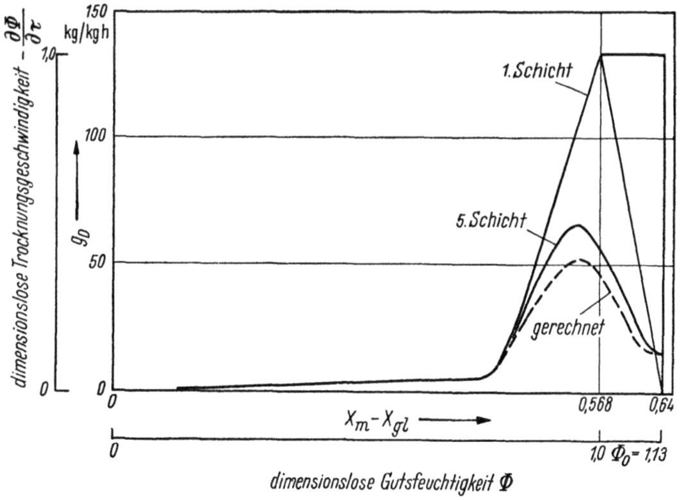

Abb. 326. Dimensionslose Darstellung der gemessenen und gerechneten Trocknungsverlaufskurve der fünften Schicht einer fünfschichtigen Weizenschüttung (nach Abb. 318).

etwas unter den gemessenen (maximal an einigen Stellen um 20%). Aber je weiter die Trocknung fortschreitet, um so kleiner werden die Unterschiede.

Die Trocknungszeiten können nach den Ausführungen auf S. 380f. direkt aus den Trocknungsverlaufskurven ermittelt werden. Hierbei wird man sinnvollerweise quadratische Prismen als Zylinder und z. B. Weizenkörner als Kugeln betrachten.

Berechnet man in dieser Weise die Trocknungszeiten aus dem experimentell gefundenen und dem berechneten Trocknungsverlauf der Abb. 323 bis 326, so erkennt man, daß die maximalen Unterschiede nur für bestimmte mittlere Trocknungsgrade höchstens 10% betragen, während sie bei weitergehender Austrocknung völlig bedeutungslos sind.

b) Trocknung dauernd durchmischter durchströmter Güter

Eine gleichmäßige mittlere Trocknungszeit für jeden Teil des Gutes kann man durch dauernde Durchmischung erreichen. Im ersten Abschnitt bis zum Auftreten des Knickpunktes trocknet jeder Gutsteil mit der für den mittleren Zustand des Trockenmittels zu bestimmenden Anfangstrocknungsgeschwindigkeit $g_{D_{I_m}}$ (s. Abb. 327). Nach Erreichen des Knickpunktes wird wegen der verminderten Trocknungsgeschwindigkeit die Wasserdampfbeladung und Abkühlung des Trockenmittels kleiner, so daß der mittlere Zustand des Trokkenmittels sich weniger von demjenigen an der Eintrittsstelle unterscheidet als im ersten Abschnitt. Gegen Ende der Trocknung wird sich ein Trocknungsverlauf ergeben, der nahe bei demjenigen für den Eintrittszustand des Trockenmittels liegt. Aus Abb. 327, die mit den Daten von Abb. 311 gezeichnet wurde, geht das Wesentliche des voraussehbaren Verlaufes der mittleren Trocknungsgeschwindigkeit g_{D_m} hervor.

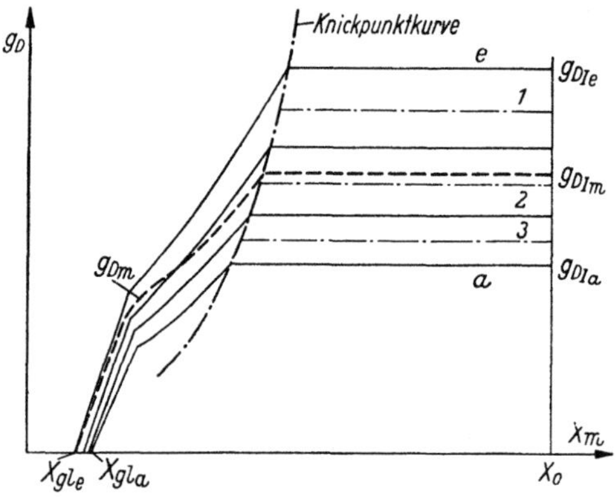

Abb. 327. Trocknungsverlaufskurve dauernd durchmischter durchströmter Güter.

c) Gleich- und Gegenstromtrocknung

Führt man mit dem Gut keine Mischbewegung durch, sondern eine dem Trockenmittel gleich- oder entgegengerichtete Bewegung, so ergeben sich entscheidende Unterschiede im Ablauf der Trocknung, wenn der zweite und dritte Trocknungsabschnitt erreicht ist.

1. Der erste Trocknungsabschnitt

Solange für jede Stelle des Gutes die Gesetzmäßigkeiten des ersten Abschnittes gelten, wirkt sich die verschiedene Richtung des Luftstromes höchstens in einer Änderung der Relativgeschwindigkeit aus, welche die Wärme- und Stoffübergangszahl beeinflußt. Die Temperatur der Gutsoberfläche ist konstant gleich der für den Eintrittszustand aus Abb. 269 bis 272 zu entnehmenden Temperatur ϑ_0, die für Wasserdampf-Luft-Gemische praktisch mit der Kühlgrenztemperatur übereinstimmt. Dann kann die Berechnung der Trocknungsgeschwindigkeit in der gleichen Weise erfolgen wie für ruhende durch- oder überströmte Güter nach Gl. (437), wenn unter w jetzt die Relativgeschwindigkeit zwischen Gut und Trockenmittel verstanden wird.

Es gilt stets

$$g_{DI} = g_{DI_e} e^{-\frac{\alpha}{w c_p \gamma} \frac{O}{F}},$$

wobei für Gleichstrom w positiv, für Gegenstrom negativ einzuführen ist. g_{DI_e} bedeutet in jedem Falle die Trocknungsgeschwindigkeit beim *Eintritt des Gutes* in den Trockner; g_{DI_e} ist also bei Gleichstromtrocknung die größte vorkommende Trocknungsgeschwindigkeit (zu bestimmen für ϑ_{L_e}, P_{D_e}), bei Gegenstromtrocknung die kleinste (zu bestimmen für ϑ_{L_a}, P_{D_a}).

Zur Bestimmung des an jeder Stelle (gegeben durch die Größe der über- oder durchströmten Austauschoberfläche O) herrschenden Flüssigkeitsgehaltes X_m dient die Stoffbilanz für ein Element von der Oberfläche dO, wenn G_S [kg/h] den Durchsatz trockenen Gutes bedeutet:

$$dO\, g_{DI} = G_S\, d X_m$$

oder

$$X_e - X_m = \frac{1}{G_S} \int_0^O g_{DI}\, dO$$

$$= \frac{1}{G_S} \frac{F w c_p \gamma}{\alpha} g_{DI_e} \left(1 - e^{-\frac{\alpha}{w c_p \gamma} \frac{O}{F}}\right)$$

$$= \frac{1}{G_S} \frac{F w c_p \gamma}{\alpha} \left(g_{DI_e} - g_{DI}\right).$$

Es ist also, bei Beachtung des verschiedenen Vorzeichens von w für Gleich- und Gegenstrom:

$$X_e - X_m = \pm C \left(g_{DI_e} - g_{DI}\right). \tag{462}$$

Darin bedeutet die Konstante C, wenn man bedenkt, daß $F w \gamma$ den Durchsatz von Luft + mitgebrachtem Wasserdampf $G_L\,(1 + x_e)$ darstellt:

$$C = \frac{G_L (1 + x_e)}{G_S} \frac{c_p}{\alpha}. \tag{463}$$

In Abb. 328 ist unter Annahme gleicher Wärmeausnutzung $(\vartheta_{L_e} - \vartheta_{L_a})$ der geradlinige Zusammenhang zwischen X_m und g_D nach Gl. (462) für Gleich- und Gegenstrom dargestellt, wie er für den ersten Trocknungsabschnitt (d.h. vor Erreichen der Knickpunktkurve) gilt.

Die Neigung der Geraden im ersten Trocknungsabschnitt ist unmittelbar ein Maß für die Wärmeausnutzung im Trockner. Denkt man sich z. B für Gleichstromtrocknung die Gerade, welche den Punkt $g_{D_{I_e}}$ bei $X = X_e$ mit dem Punkt X_a auf der Abszisse ($g_{DI} = 0$) verbindet, so

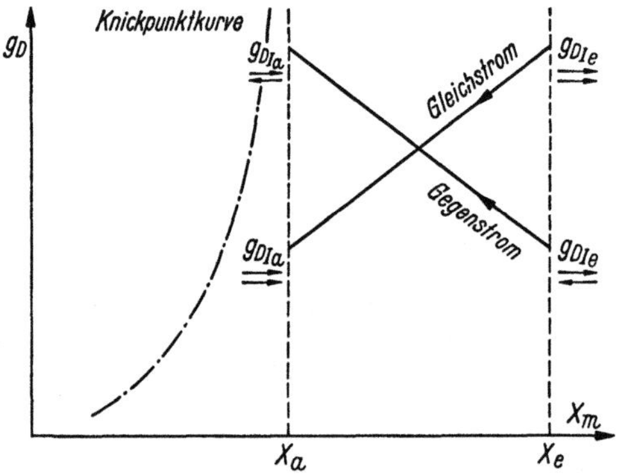

Abb. 328. I. Trocknungsabschnitt bei Gleich- und Gegenstromtrocknung.

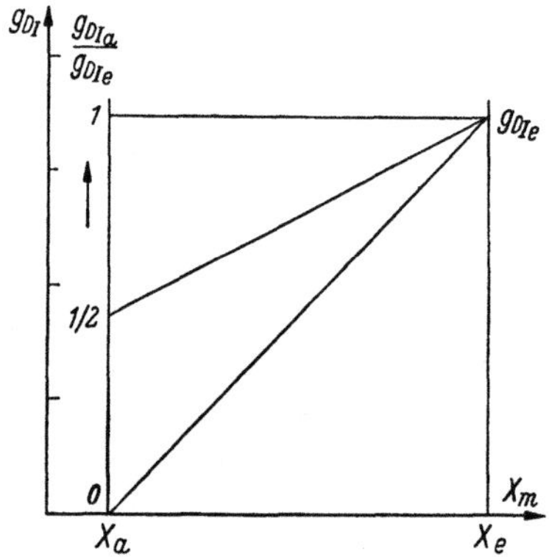

Abb. 329. I. Trocknungsabschnitt bei Gleichstrom für verschiedene Wärmeausnutzung.

stellt diese Gerade (s. Abb. 329) den theoretischen Trocknungsverlauf maximaler Wärmeausnutzung dar. Wird die Steigung der Geraden größer, schneidet sie also die Abszisse bei irgendeinem Wert $X_m > X_a$, so ist das Verhältnis von Guts- und Luftdurchsatz so gewählt, daß sich überhaupt keine Trocknung bis auf den Wert X_a erreichen läßt. Wäre nämlich g_{DI} bei X_{gl} gleich Null, so befände sich, wenn das Gut keine hygroskopischen Eigenschaften hätte, im Endzustand Gut und Trockenmittel im Gleichgewicht. (Wegen der hygroskopischen Eigenschaften aber stellt dieser hypothetische Fall ein nicht erreichbares Optimum dar.) Ist die Neigung der Geraden kleiner als die derjenigen mit maximaler Wärmeausnutzung, so ist die Abkühlung des Luftstromes kleiner als theoretisch möglich.

Eine nähere Betrachtung der Gl. (462) ist zur Ausdeutung dieses Zusammenhanges geeignet: Erweitert man die rechte Seite von Gl. (462) unter Benutzung von Gl. (463) mit $\frac{\vartheta_{L_e} - \vartheta_0}{r}$, so lautet sie

$$X_e - X_m = \frac{G_L(1 + x_e)\, c_p\, (\vartheta_{L_e} - \vartheta_0)}{G_S\, r\, \frac{\alpha}{r}\, (\vartheta_{L_e} - \vartheta_0)} \left(g_{D_{I_e}} - g_{DI}\right).$$

Bedenkt man, daß der Ausdruck im Zähler der rechten Seite die maximale von der Luft bei Abkühlung von Eintrittstemperatur auf Gutsoberflächentemperatur abzugebende Wärmemenge bedeutet, und der Ausdruck $\alpha(\vartheta_{L_e} - \vartheta_0)/r$ gleich der Trocknungsgeschwindigkeit $g_{D_{I_e}}$ im Eintrittsquerschnitt ist, so kann Gl. (462) auch geschrieben werden

$$X_e - X_m = \frac{Q_{L_{max}}}{G_S\, r} \left(1 - \frac{g_{DI}}{g_{D_{I_e}}}\right), \tag{464}$$

wobei g_{DI} die beim Flüssigkeitsgehalt X_m des Gutes herrschende Trocknungsgeschwindigkeit bedeutet. Soll das Gut auf Austrittsfeuchtigkeit $X_m = X_a$ getrocknet werden, und soll dabei gerade die Luft bei der Temperatur $\vartheta_{L_a} = \vartheta_0$ gesättigt sein, so ist $g_{DI_a} = 0$. Zur Verdampfung der Wassermenge $G_S(X_e - X_a)$ wird dann gerade die maximal im Trokkenmittel verfügbare Wärmemenge $Q_{L_{\max}}$ verbraucht.

Das Verhältnis g_{DI}/g_{DI_e} ist, wie Gl. (464) lehrt, unmittelbar ein Maß für die Ausnutzung der im Trockenmittel zur Verfügung stehenden Wärmemenge $Q_{L_{\max}}$. Ist beispielsweise $g_{DI}/g_{DI_e} = 1/2$, wenn die Austrittsfeuchtigkeit X_a erreicht ist, so wird nur die Hälfte der aus dem Trockenmittel verfügbaren Wärme ausgenutzt. Bleibt der Zustand des Trockenmittels konstant, so ist $g_{DI} = g_{DI_e}$, d.h. die Wärmeausnutzung ist gleich Null. Trägt man also auf einer durch X_a gehenden Ordinate das Verhältnis g_{DI_a}/g_{DI_e} als Maßstab auf, so ist dies gleichzeitig ein Maßstab für die Wärmeausnutzung (s. Abb. 329).

2. Der zweite und dritte Trocknungsabschnitt

Nach Erreichen der Knickpunktkurve, wenn die inneren Trocknungseigenschaften des Gutes zur Auswirkung kommen, zeigen sich die charakteristischen Unterschiede beider Verfahren. Bei Gleichstrom tritt der Knickpunkt bei kleineren Flüssigkeitsgehalten des Gutes auf als bei Gegenstrom, wie man leicht aus einer Extrapolation der beiden Geraden in Abb. 328 erkennt.

Zum Verständnis des weiteren Verlaufes der Trocknungskurven setze man folgende Extremfälle der Trocknung unter gleichbleibenden äußeren Bedingungen als bekannt voraus:

a) Trocknung unter gleichbleibender Lufteintrittstemperatur ϑ_{L_e} und Dampfteildruck P_{DL_e}.

b) Trocknung unter gleichbleibender Luftaustrittstemperatur ϑ_{L_a} und Dampfteildruck P_{DL_a}.

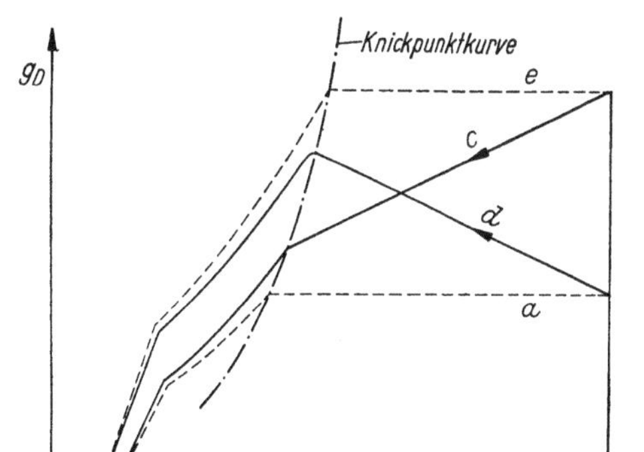

Abb. 330. Trocknungsverlauf bei Gleich- und Gegenstromtrocknung (Kurve e Trocknungsverlauf für konstant gehaltenen Lufteintrittszustand, Kurve a Trocknungsverlauf für konstant gehaltenen Luftaustrittszustand).

Diese beiden Fälle sind in Abb. 330 in den gestrichelten Kurvenzügen a und e dargestellt. Für den allerletzten Teil des Trocknungsvorganges stellen sie diejenigen Grenzwerte dar, denen sich der wirkliche Verlauf nähert. Bei Gegenstrom nähert sich die Trocknungsverlaufskurve derjenigen von Fall e, bei Gleichstrom derjenigen von Fall a. Wegen der unterschiedlichen Temperatur und relativen Luftfeuchtigkeit ist die Gleichgewichtsfeuchtigkeit X_{gl} in beiden Fällen verschieden, um so mehr, je höher die Wärmeausnutzung, d.h. je größer die Abkühlung und Wasserdampfbeladung des Trockenmittels gewählt wird.

Zum Abschluß sei noch über einen Vorschlag Kameis [95] berichtet, wonach man schrittweise nach Art der Differenzrechnung den Zusammenhang zwischen g_D und X_m allgemein ermitteln kann, wenn man die Trocknungsverlaufskurven für alle während der Trocknung durchlaufenen Zustände des Gutes und des Trockenmittels unter Annahme konstanter Trocknungsbedingungen als bekannt voraussetzt. – (Bei obiger Betrachtung wurde nur die Kenntnis des Trocknungsverlaufs bei konstant gehaltenen Eintritts- und Austrittsbedingungen vorausgesetzt.) – Der Kernpunkt des vorgeschlagenen Verfahrens. ist folgender:

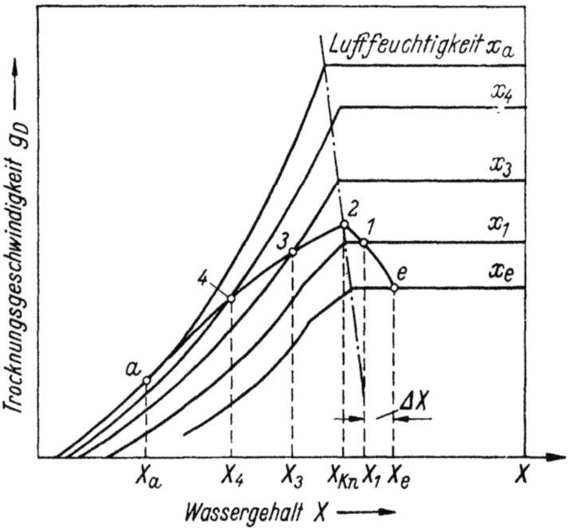

Abb. 331. Schrittweise Ermittlung des Trocknungsverlaufs für Gegenstromtrocknung (nach Kamei [73]) bei konstanter Lufttemperatur (erreicht durch Aufheizung).

Kennt man den Guts- und Luftdurchsatz, so kann man alle korrespondierenden Zustandsänderungen von Gut und Trockenmittel aus den Bilanzgleichungen ermitteln und jeweils auf die für die neuen Zustände gültigen Trocknungsverlaufskurven übergehen. Im einzelnen sind dazu die folgenden Berechnungen erforderlich, wenn das Symbol Δ die endliche Änderung der jeweiligen Größe bedeutet:

$$G_S \Delta X_m = G_L \Delta x . \tag{465}$$

$$G_S \Delta X_m r = G_L r \Delta x = G_L (1 + x_e) c_p \Delta \vartheta_L . \tag{466}$$

Für eine angenommene Änderung der Gutsfeuchtigkeit ΔX_m läßt sich aus Gl. (465) und (466) die resultierende Änderung der Temperatur und des Dampfgehaltes des Trockenmittels berechnen. Geht man vom Eintrittszustand X_e, $g_{D_{I_e}}$ aus, legt den ersten Schritt auf $X_e - \Delta X_m$ fest, so ist für den nächsten Zustand die Temperatur $\vartheta_{L_e} - \Delta\vartheta_L$ und der Dampfgehalt $x_e - \Delta x$ aus den Gl. (465) und (466) berechenbar. Geht man dann auf die für diese Luftzustände – bei konstant gehaltenen äußeren Bedingungen – gültigen Trocknungsverlaufskurven über, so ergibt sich ein Kurvenzug, der nur durch die Präzision der einzelnen ermittelten Werte von demjenigen abweicht, den man wie in Abb. 330 abschätzen kann. Abb. 331 zeigt eine so von Kamei ermittelte Trocknungsverlaufskurve für Gegenstromtrocknung, bei der eine näherungsweise konstante Lufttemperatur (durch Aufheizen an verschiedenen Stellen des Trockners erreicht) angenommen ist. Aus den vorgegebenen Änderungen ΔX sind die zugehörigen Änderungen Δx des Luftstromes nach Gl. (465) berechnet. Die Trocknungsverlaufskurven in Abb. 331 für verschiedenen Dampfgehalt x der Luft sind als bekannt vorausgesetzt (durch Laboratoriumsmessungen vorher zu bestimmen). Dabei ist zu beachten, daß bei Gegenstromtrocknung der Eintrittszustand des Gutes (X_e) und der Austrittszustand der Luft (x_a) zusammengehören. (Die Lage der Knickpunkte für die verschiedenen Trocknungsgeschwindigkeiten in Abb. 331 ist nicht ganz verständlich).

3. Trocknerlänge und Verweilzeit bei Gleich- und Gegenstromtrocknern

Zur Vorausbestimmung der Größe (Länge bzw. Füllung) des Trockners und der Verweilzeit des Gutes im kontinuierlich arbeitenden Trockner geht man zweckmäßig von der Trocknungsverlaufskurve entsprechend Abb. 330 oder 331 aus. Ist diese $[g_D = f(X_m)]$ festgelegt, so findet man die zur Erreichung des geforderten Austrittszustandes (X_a) erforderliche Größe der mit dem Trockenmittel in Austausch stehenden Gutsoberfläche und damit die Verweilzeit in ähnlicher Weise wie die Trocknungszeit beim diskontinuierlichen Trockner. Für jedes Element der gesamten Austauschfläche O gilt die Beziehung

$$d O g_D = G_S d X_m ,$$

worin G_S [kg/h] den stündlichen Durchsatz an Trockensubstanz bedeutet. Es folgt

$$O = G_S \int_{X_e}^{X_a} \frac{d X_m}{g_D} . \qquad (467)$$

Das Integral der rechten Seite wird in gleicher Weise wie früher auf graphischem Wege (planimetrisch) aus einer Abbildung, die den Kehrwert der Trocknungsgeschwindigkeit $1/g_D$ über X_m darstellt, bestimmt (vgl. Abb. 285). O ist diejenige gesamte Oberfläche des Trocknungsgutes, das im Trockner vorhanden sein muß. Bedeutet t_V die Verweilzeit des Gutes im Trockner, o [m²/kg] die Oberfläche von 1 kg des Gutes, so gilt

$$O = G_S o t_V . \qquad (468)$$

Damit kann aus Gl. (467) die Verweilzeit bestimmt werden:

$$t_V = \frac{1}{o} \int_{X_e}^{X_a} \frac{d X_m}{g_D} . \qquad (469)$$

Aus Gl. (468) ergibt sich dann das im Trockner erforderliche Füllgewicht G_F [kg]

$$G_F = \frac{O}{o} = G_S t_V . \qquad (470)$$

Damit sind die Grundlagen für die Dimensionierung von Trocknern angedeutet. Für manche wirtschaftlichen Überlegungen ist es nützlich, zu klaren qualitativen Aussagen über die unterschiedlichen Baulängen oder Verweilzeiten oder den Ausnutzungsgrad bei Gleich- oder Gegenstrombetrieb zu kommen. Im Einzelfall kann dies auf dem oben beschriebenen Weg geschehen. Aber es erscheint doch zweckmäßig, die charakteristischen Zusammenhänge an Hand vereinfachter analytischer Berechnung zu erläutern. Dazu bietet sich eine Möglichkeit durch die Anwendung der vereinfachenden Annahme van Meels, wonach die Trocknungsverlaufskurven an jeder Stelle eines stationär betriebenen Trockners als ähnlich angesehen werden – d.h. die Knickpunktfeuchtigkeit X_{Kn} wird als konstant vorausgesetzt, die Gleichgewichtsfeuchtigkeit X_{gl} für Gleich- und Gegenstrom als die gleiche angesetzt und die Trocknungsgeschwindigkeit g_D als Produkt aus der an der betreffenden Stelle bei nasser Oberfläche möglichen Trocknungsgeschwindigkeit g_{D_I} und einer nur von dem mittleren Feuchtigkeitsgehalt X_m abhängigen Funktion $f(\Phi)$ (Grundkurve) angesetzt (vgl. S. 435).

Es gelte also in Gl. (467):

$$g_D = g_{D_I} f(\Phi) \tag{471}$$

worin

$$\Phi = \frac{X_m - X_{gl}}{X_{Kn} - X_{gl}} \tag{472}$$

eingeführt ist.

Setzt man noch für die austauschende Oberfläche dO eines Elements von der Länge dz den Wert

$$dO = u\,dz; \quad O = u\,l$$

ein, worin u den mit dem Trockenmittel in Austausch stehenden Umfang und l die Länge des Trockners bedeutet – bei zweiseitig bespülten Bahnen von der Breite B wäre $u = 2B$, bei durchströmten Rieselschüttungen der mittlere Umfang aller umspülten Gutsteile usw. –, so kann Gl. (467) umgeformt werden in

$$l = \frac{G_s}{u}\,(X_{Kn} - X_{gl}) \int\limits_{\Phi_a}^{\Phi_e} \frac{d\Phi}{g_{D_I} f(\Phi)} \tag{473}$$

Darin bedeutet also g_{D_I} diejenige Trocknungsgeschwindigkeit, die an einer Stelle z bzw. bei einer Gutsfeuchtigkeit Φ herrschen würde, wenn das Gut überall so trocknete wie im ersten Abschnitt. Diese hängt nach Gl. (462) linear vom Feuchtigkeitsgehalt X_m an der Stelle z ab. Setzt man diesen Zusammen-

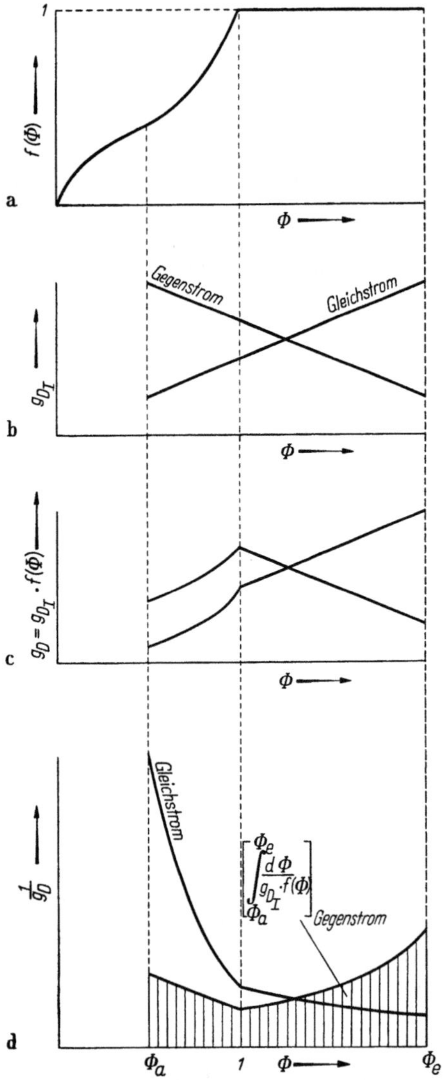

Abb. 332. Zur zeichnerischen Ermittlung der Trockenlänge.

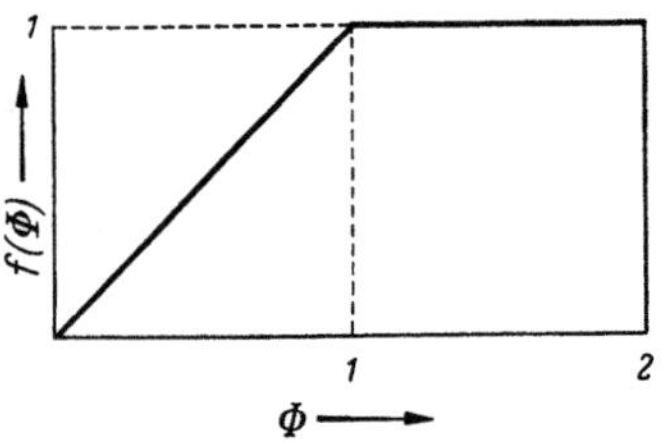

Abb. 333. Vereinfachte Trocknungsverlaufskurve (Grundkurve).

hang in obige Gleichung ein, so ergibt sich:

$$l = \frac{G_s}{u}(X_{Kn} - X_{gl}) \int_{\Phi_a}^{\Phi_e} \frac{d\Phi}{f(\Phi)\left[g_{D_{I_e}} - C'(\Phi_e - \Phi)\right]} \tag{474}$$

worin $g_{D_{I_e}}$ die Trocknungsgeschwindigkeit an der Stelle des Gutseintritts ($z = 0$; $\Phi = \Phi_e$) und, wenn C die in Gl. (462) eingeführte Konstante ist,

$$C' = \frac{X_{Kn} - X_{gl}}{C}$$

bedeutet. Diese Konstante C' wird für Gleichstrom positiv, für Gegenstrom negativ.

Nach Gl. (474) ist die für die Trocknung des Gutes von Φ_e auf Φ_a erforderliche Länge l des Trockners ohne weiteres durch graphische Auswertung des Integrals zu bestimmen, wenn die Grundkurve des Trocknungsverlaufs $f(\Phi)$ bekannt ist.

In den Bildern a, b, c, d der Abb. 332 ist dargestellt, wie die Integration für Gleich- und Gegenstrom zu erfolgen hat; dabei ist angenommen, daß in beiden Fällen die Trocknung von der gleichen Anfangsfeuchtigkeit Φ_e auf die gleiche Endfeuchtigkeit Φ_a erfolgen soll und der Ausnutzungsgrad $\left(\frac{g_{D_{I_e}} - g_{D_{I_a}}}{g_{D_{I_e}}}\right.$ bei Gleichstrom und $\left.\frac{g_{D_{I_a}} - g_{D_{I_e}}}{g_{D_{I_a}}}\right.$ bei Gegenstrom) der gleiche ist. Man sieht, daß das Integral bei Gegenstrom kleiner wird als bei Gleichstrom. Folglich ist auch die erforderliche Trocknerlänge bei Gegenstrom kleiner als bei Gleichstrom.

Eine analytische Berechnung der Länge eines Trockners ist nur möglich, wenn die Funktion $f(\Phi)$ in analytischer Form gegeben ist. Obwohl diese Voraussetzung im allgemeinen nicht gegeben ist, soll hier zum Zwecke der Aufzeigung grundsätzlicher Unterschiede als einfachste Form von $f(\Phi)$ für den zweiten und dritten Trocknungsabschnitt ein linearer Verlauf von $f(\Phi)$ angenommen werden (s. Abb. 333).

Formuliert lautet diese Bedingung:

$$\Phi_e > \Phi > 1 \quad : f(\Phi) = 1\,,$$
$$1 > \Phi > \Phi_a : f(\Phi) = \Phi\,.$$

Damit wird:

$$l = \frac{G_s(X_{Kn} - X_{gl})}{u}\left(\int_1^{\Phi_e} \frac{d\Phi}{g_{D_{I_e}} - C'(\Phi_e - \Phi)} + \int_{\Phi_a}^{1} \frac{d\Phi}{\Phi\left[g_{D_{I_e}} - C'(\Phi_e - \Phi)\right]}\right)$$

$$= \frac{G_s(X_{Kn} - X_{gl})}{u} \times$$

$$\times \left[\ln \frac{g_{D_{I_e}}}{g_{D_{I_e}} - C'(\Phi_e - 1)} + \frac{C'}{g_{D_{I_e}} - C'\Phi_e} \ln\left(\frac{1}{\Phi_a}\,\frac{g_{D_{I_e}} - C'(\Phi_e - \Phi_a)}{g_{D_{I_e}} - C'(\Phi_e - 1)}\right)\right] \tag{475}$$

$= l_{\text{Gleichstr}}$ für $C' > 0$.

Ersetzt man C' durch $-C'$, so erhält man

$$l_{\text{Gegenstr}} = \frac{G_s(X_{Kn} - X_{gl})}{u} \times$$

$$\times \left[\ln \frac{g_{D_{I_e}} + C'(\Phi_e - 1)}{g_{D_{I_e}}} + \frac{C'}{g_{D_{I_e}} + C'\Phi_e} \ln \left(\frac{1}{\Phi_a} \frac{g_{D_{I_e}} + C'(\Phi_e - \Phi_a)}{g_{D_{I_e}} + C'(\Phi_e - 1)} \right)\right] \tag{476}$$

Aus praktischen Gesichtspunkten scheint es zweckmäßig, an Stelle der Trocknungsgeschwindigkeit am Eintritt des Gutes den Ausnutzungsgrad p als Parameter einzuführen:

$$p \equiv \frac{x_a - x_e}{x_0'' - x_e} = \frac{g_{D_{I_e}} - g_{D_{I_a}}}{g_{D_{I_e}}},$$

$$= C' \frac{\Phi_e - \Phi_a}{g_{D_{I_e}}},$$

$$g_{D_{I_e}\,\text{Gleichstr}} = C' \frac{\Phi_e - \Phi_a}{p}. \tag{477}$$

Für einen Gegenstromtrockner gleicher Leistung (d.h.: jeweils gleiche Gutsfeuchte an Ein- und Austritt, ferner

$$g_{D_{I_e}\,\text{Gegenstr}} = g_{D_{I_a}\,\text{Gleichstr}}, \quad g_{D_{I_a}\,\text{Gegenstr}} = g_{D_{I_e}\,\text{Gleichstr}})$$

ergibt sich $g_{D_{I_e}}$ unter Benutzung des oben definierten Ausnutzungsgrades p nach kurzer Umrechnung zu:

$$g_{D_{I_e}\,\text{Gegenstr}} = \frac{1-p}{p} C'(\Phi_e - \Phi_a). \tag{478}$$

Setzt man Gl. (477) in (475) und (478) in 476) ein, so läßt sich das Längenverhältnis zweier mit gleichem Ausnutzungsgrad im Gegen- bzw. im Gleichstrom arbeitender Trockner berechnen:

$$\frac{l_{\text{Gegenstr}}}{l_{\text{Gleichstr}}} = \frac{\ln\left[\left(\dfrac{1 + \dfrac{p}{1-p}}{\Phi_a}\right)^{H_1} \left(1 + \dfrac{p}{1-p} \dfrac{\Phi_e - 1}{\Phi_e - \Phi_a}\right)^{-(H_1 - 1)}\right]}{\ln\left[\left(\dfrac{1-p}{\Phi_a}\right)^{H_2} \left(1 - p \dfrac{\Phi_e - 1}{\Phi_e - \Phi_a}\right)^{-(H_2 + 1)}\right]} \tag{479}$$

$$H_1 = \frac{p}{\Phi_e - (1-p)\Phi_a}; \qquad H_2 = \frac{p}{(1-p)\Phi_e - \Phi_a}.$$

Gl. (479) ist für vorgegebenes $\Phi_e = 2$ und für verschiedene Parameter p über Φ_a in Abb. 334 aufgetragen. Man erkennt als wesentlichstes Ergebnis der Berechnung folgendes:

Während sich für ein Gut, das nur im ersten Abschnitt trocknet ($\Phi_a > 1$), keine Unterschiede zwischen Gleich- und Gegenstrom ergeben, zeigensich diese um so deutlicher, je tiefer man in den zweiten Abschnitt ($\Phi_a < 1$) kommt und je besser der Ausnutzungsgrad des Trockners sein soll. Bei Gütern, die bis sehr nahe an die Gleichgewichtsfeuchtigkeit getrocknet werden müssen ($\Phi_a \to 0$), wird der Unterschied außerordentlich groß –

z.B. wird die Baulänge eines Gegenstromtrockners für das berechnete Beispiel bei einem Ausnutzungsgrad von 75% und einer Endfeuchtigkeit $\Phi_a = 5\%$ (d.h. das Gut müßte auf 2,5% seiner Anfangsfeuchtigkeit

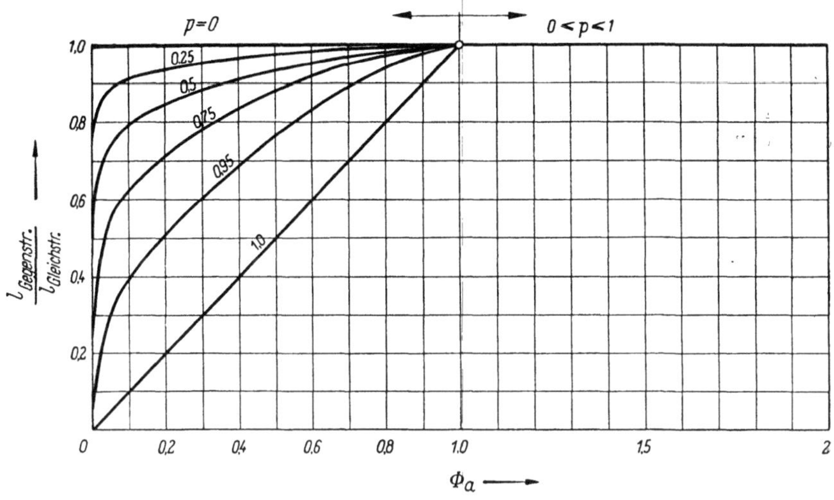

Abb. 334. Verhältnis der Baulängen von Gleich- und Gegenstromtrocknern in Abhängigkeit vom Ausnutzungsgrad $p = \frac{x_a - x_e}{x_o'' - x_e}$ und der Endfeuchtigkeit $\Phi_a = \frac{X_a - X_{gl}}{X_{Kn} - X_{gl}}$ für die Anfangsfeuchtigkeit $\Phi_e = 2$.

$\Phi_e = 2$ getrocknet werden) nur etwas mehr als halb so groß wie ein Gleichstromtrockner; dagegen könnte er, wenn das Gut nur auf 25% seiner Anfangsfeuchtigkeit ($\Phi_a = 0{,}5$) getrocknet werden müßte, nur um rund 10% kleiner werden.

Diese qualitative Betrachtung, bei der von allen Rückwirkungen der Gutseigenschaften auf die Möglichkeit der einen oder anderen Trocknungsführung abgesehen wurde, dient nur der allgemeinen Orientierung bei Wirtschaftlichkeitsfragen. Die für den Einzelfall wesentlichen speziellen Überlegungen werden im zweiten Band dieses Buches von K. Kröll behandelt.

Kapitel XI

Zur meßtechnischen Bestimmung des Feuchtigkeitsgehaltes von Gut und Trockenmittel und der Trocknungsverlaufskurven

a) Die Feuchtigkeitsbestimmung im Gut

Die Entwicklung der Trocknungstechnik bringt es mit sich, daß einerseits immer höhere Anforderungen an die Genauigkeit der Bestimmungsmethoden gestellt werden, andererseits aber Meßmethoden verlangt werden, die die jeweilige Feuchtigkeit in kürzester Zeit zu messen gestatten, um einen Trocknungsprozeß zu führen oder ihn beobachten zu können. Beide Forderungen lassen sich gleichzeitig nur bedingt erfüllen. Man benutzt daher meist Meßgeräte, die wohl die augenblickliche Feuchtigkeit des Stoffes sofort anzeigen, die aber vorher mit sogenannten Eich- bzw. Standardverfahren verglichen bzw. geeicht werden müssen.

Alle Standardverfahren haben zur Voraussetzung, daß sie eindeutige und reproduzierbare Werte liefern müssen. Hier liegt bei der Bestimmung der Gutsfeuchtigkeit eine grundsätzliche Schwierigkeit.

Laut Definition ist der Feuchtigkeitsgehalt

$$X = G_W/G_S,$$

wobei G_W die gesamte Menge der verdampfbaren Flüssigkeit, die in der Stoffmenge G_S enthalten ist, bedeutet. Man muß also beide Größen messen.

Denkt man sich ein Gut, das keinen hygroskopischen Feuchtigkeitsbereich hat, so muß dieses bei jedem Dampfgehalt der umgebenden Luft, der kleiner ist als derjenige im Sättigungszustand ($\varphi < 1$), vollständig austrocknen. Bei einem solchen Gut bestände keinerlei Schwierigkeit bei der Bestimmung des Flüssigkeitsgehaltes. Da es solche Güter nicht gibt, vielmehr sich stets eine solche Gutsfeuchtigkeit einstellt, bei der Gut und Umgebung im Gleichgewicht stehen, ist der Endzustand der Trocknung immer von den Bedingungen der Umgebung abhängig.

Wollte man den Begriff einer vollkommen eindeutig zu messenden Gutsfeuchtigkeit einführen, so müßte man die Verhältnisse der Umgebung im Meßgerät ebenso eindeutig festlegen. Vom thermodynamischen Gesichtspunkt aus müßte man bei den thermischen Trocknungsverfahren (Verdunstung der Gutsfeuchtigkeit) das Gut z. B. dann als trocken bezeichnen, wenn dieses mit seiner Umgebung vom Dampfteildruck Null ($P_D = 0$) im Gleichgewicht stände, so daß bei Bestimmung des Stoffgewichtes G_S keine verdampfbare Flüssigkeit mehr im Gut enthalten wäre. Abgesehen davon, daß ein solcher Zustand nicht realisierbar ist, sondern nur mit mehr oder minder grober Näherung erreicht werden kann, würde man dann unter Umständen unerwünschte Änderungen des Gutes bei der Messung bewirken, z. B. Dehydratisierung eines als Hydrat gewünschten Trockengutes.

Bei einer chemischen Methode, bei der irgendeine Reaktion zwischen der Gutsfeuchtigkeit und einem Reagens als Ausgangspunkt gewählt wird, ist als Gutsfeuchtigkeit derjenige Teil definiert, der mit dem Reagens reagiert. Bei jeder Extraktionsmethode ist diejenige Flüssigkeitsmenge als Gutsfeuchtigkeit verstanden, die durch das Extraktionsmittel verdrängt werden kann, wobei es nur bei Betrachtung der speziellen chemischen Verhältnisse möglich ist, Aussagen darüber zu machen, welcher Teil der Gutsfeuchtigkeit extrahierbar ist.

Es existiert zur Zeit keine universelle Standardmethode, bei der die (vor allem bei der Messung kleinster Feuchtigkeiten entscheidende) Bezugsbedingungen der Umgebung eindeutig festgelegt sind. Diese Gesichtspunkte sind bei der Betrachtung der in den Abb. 28 bis 45 mitgeteilten, nach verschiedenen Methoden bestimmten Sorptionsisothermen dann zu beachten, wenn man sehr hohe Genauigkeit fordert.

Da es unmöglich ist, einen Luftzustand mit dem Dampfdruck Null herzustellen, kann auch das Stoffgewicht G_S im absolut trockenen Zustand nicht bestimmt werden. Es ist daher im allgemeinen in der Trocknungstechnik üblich, die aus dem Gut verdampfte Feuchtigkeit G_W auf das Endgewicht G_{tr} des Stoffes zu beziehen:

$$X = G_W/G_{tr}. \tag{480}$$

Die Bestimmung von G_W erfolgt dabei durch unmittelbare Messung der Wassermenge (durch Lösen, Absorption, Einfrieren, Druckmessung, chemische Reaktion oder ähnliches), die dem Gut bei der Überführung vom feuchten Zustand in den Endzustand G_{tr} entzogen wurde (direkte Methode).

Da es oft mit einfachen Mitteln nicht möglich ist, die aus dem Gut ausgetriebene Feuchtigkeitsmenge unmittelbar zu erfassen (wie z.B. beim durchlüfteten Trockenofen), bestimmt man das Gewicht des zu untersuchenden Stoffes vor (G_f) und nach (G_{tr}) der Trocknung und setzt den Gewichtsverlust des Stoffes $G_f - G_{tr}$ gleich der entzogenen Wassermenge (indirekte Methode)

$$X = \frac{G_f - G_{tr}}{G_{tr}}. \tag{481}$$

Ist der Gewichtsverlust tatsächlich nur durch den Entzug des Wassers erfolgt, kann man $G_f - G_{tr} = G_W$ setzen. Werden aber bei der Trocknung durch äußere Einwirkungen (Druck und Temperatur) noch andere Bestandteile ausgetrieben (z.B. an der Oberfläche adsorbierte bzw. im Stoff okkludierte Gase oder aber treten durch Einwirkung von Sauerstoff aus der Luft Oxydationserscheinungen auf, wie sie besonders bei der Feuchtebestimmung gewisser Kohlensorten beobachtet werden [*149*]), so täuscht der bei der indirekten Methode gemessene Gewichtsverlust als eine Summe von Einzelverlusten eine zu hohe Feuchtigkeit vor.

Dagegen wird bei der direkten Methode die Feuchtigkeit richtig erfaßt, da es bei diesem Verfahren gleichgültig ist, ob während der Trocknung außer dem Entzug von Wasser das Austreten von Gasen oder ähnlichem eine weitere Gewichtsverminderung des Gutes bewirkt hat. Ohne Kenntnis des Trockengewichtes errechnet sich dann die Gutsfeuchtigkeit zu

$$X = \frac{G_W}{G_f - G_W}. \tag{482}$$

Bestimmt man außer G_W und G_f noch das Trockengewicht G_{tr}, so gibt

$$\frac{(G_f - G_{tr}) - G_W}{G_{tr}} = \Delta X \tag{483}$$

den Fehler an, den man bei der Feuchtigkeitsbestimmung macht, wenn die Feuchtigkeit G_W nicht unmittelbar erfaßt wird [gemäß Gl. (481)].

Bei beiden Methoden ist jedoch darauf zu achten, daß bei dem Trocknungsprozeß kein neues Wasser entsteht (Zersetzung oder ähnliches), da dann bei der Messung in beiden Fällen eine größere Feuchtigkeitsmenge erfaßt wird, als sie im Gut tatsächlich als Gutsfeuchtigkeit vorhanden gewesen war.

Es sollen nun im folgenden die wichtigsten Methoden der Feuchtigkeitsbestimmung besprochen und ihre Vor- und Nachteile aufgezeigt werden. Dabei werden im wesentlichen die Methoden behandelt, die aus den Meßwerten eine unmittelbare Feuchtigkeitsbestimmung ermöglichen. Auf alle anderen Methoden, die eine Eichung der Apparaturen erforderlich machen (z. B. alle elektrischen Verfahren) soll hier nicht eingegangen werden.

1. Indirekte Methode

Die bekannteste Methode der indirekten Feuchtigkeitsbestimmung ist die Trocknung des Gutes im durchlüfteten Trockenofen oder im Vakuumofen.

α) *Der durchlüftete Trockenofen*

Bei den gebräuchlichsten Trockenöfen handelt es sich im wesentlichen um runde oder rechteckige, mit Rosten versehene Kammern, die thermostatisch auf jede gewünschte Temperatur geregelt werden können. Am Boden tritt Luft aus dem Raum in den Ofen ein, erwärmt sich an den Rosten und Ofenwandungen, nimmt die aus dem Gut austretende Feuchtigkeit auf und verläßt den Ofen oben durch eine Öffnung.

Im allgemeinen betrachtet man den Stoff als trocken, wenn bei weiterem Verweilen der Proben im Ofen keine nennenswerte Gewichtsverminderung mehr festgestellt wird. Aus der Gewichtsbestimmung vor und nach der Trocknung läßt sich dann die Feuchtigkeit X aus Gl. (481) berechnen.

Nach beendeter Trocknung steht also die angesaugte Raumluft mit ihrem Wasserdampfteildruck P_D im Gleichgewicht mit dem Trocknungsgut, d.h. es wird sich eine Gutsfeuchtigkeit einstellen, die sowohl von der Trocknungstemperatur als auch von dem Dampfdruck der Raumluft abhängt. Es ist daher verständlich, daß man mit einem solchen Ofen keine eindeutigen Endzustände des Gutes erzielen kann. Hat die Raumluft z. B. bei 30 °C eine relative Feuchtigkeit von 70% ($P_D = 303$ [kg/m²]), so entspricht dies bei einer Ofentemperatur von 100 °C einer Luftfeuchtigkeit von $\varphi = 303/10332 \cdot 100 = 3\%$, mit der das Trocknungsgut im Gleichgewicht steht. Hat die Luft im Laboratorium jedoch z. B. bei 20 °C nur eine relative Feuchtigkeit von 40%, was einem Dampfdruck von $P_D = 95$ [kg/m²] entspricht, so beträgt die Feuchtigkeit der Trocknungsluft im Ofen bei 100 °C noch $\varphi = 95/10332 \cdot 100 \approx 0{,}9\%$. Je nach der Steilheit der Sorptionsisothermen (Abb. 28 bis 45) ist die Gutsfeuchtigkeit im Endzustand mehr oder minder stark verschieden. Bei Anwendung auf organische Stoffe, z. B. Holz (Sorptionsisotherme s. Abb. 29), würden sich Restfeuchten von 0,3 bzw. 0,1% in den beiden angeführten Fällen ergeben.

Durch Erhöhen der Ofentemperatur kann die relative Luftfeuchtigkeit und damit auch die Restfeuchtigkeit im Gut weiter gesenkt werden. Aber einer solchen Temperatursteigerung ist eine Grenze gesetzt, die durch das Gut selbst bestimmt ist. Die Temperatur im Ofen darf nur so hoch sein, daß mit Sicherheit keine Zersetzung oder andere chemische Reaktionen eintreten können. Dies zeigt z.B. Abb. 335, in welcher der Gewichtsverlust von Kartoffelstärke in einem Trockenofen bei verschiedenen Ofentemperaturen aufgezeichnet ist. Eine Erhöhung der Ofentemperatur wenig über 100 °C bringt einen weiteren geringen Feuchtigkeitsentzug, ein Zeichen dafür, daß Wasser in gebundener Form vorliegt. Bei ≈ 145 °C steigt die Kurve stark an, bedingt durch eine beginnende Zersetzung der Stärke.

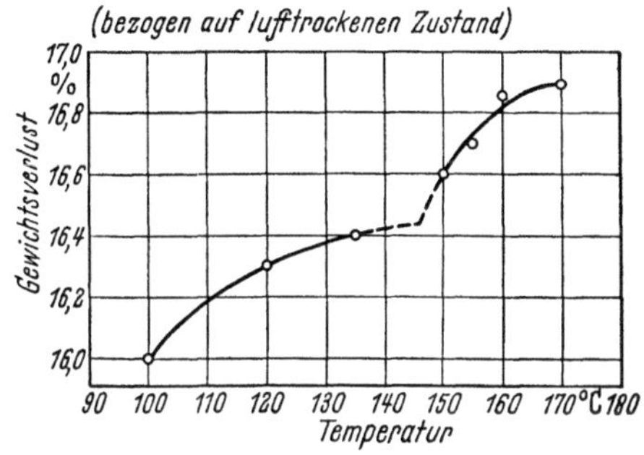

Abb. 335. Gewichtsverlust von Kartoffelstärke bei verschiedenen Temperaturen nach C. O. WILLITS [*184*].

Man versuchte naturgemäß, die Trocknung von Gütern in belüfteten Trocknungsöfen weitgehend zu automatisieren unter Festlegung von Trocknungstemperatur und Trocknungszeit. Einen solchen Trocknungsofen zeigt Abb. 336, bei dem gleichzeitig 10 Proben untersucht werden können. Die Wägung des Gutes mit einer am Ofen eingebauten Waage erlaubt die unmittelbare Ablesung der Feuchtigkeit an einer Skala der Waage. Man muß jedoch dabei bedenken, daß bei konstanter Einwaage hier die Feuchtigkeitsangabe nur auf das Gutsgewicht im feuchten Zustand bezogen sein kann. Es wird die Größe $\frac{G_f - G_{tr}}{G_f}$ angezeigt.

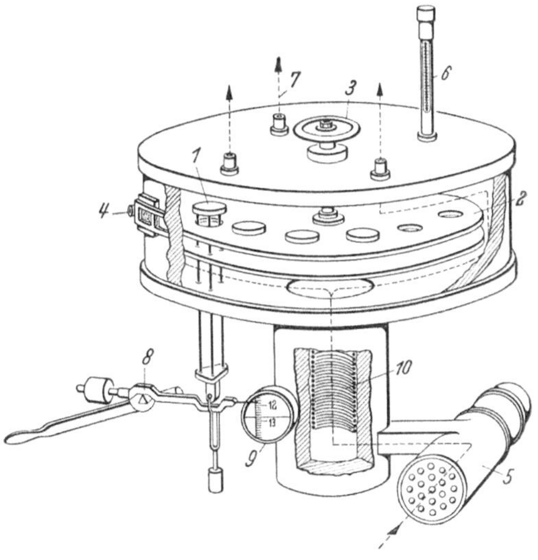

Abb. 336. Schnellwasserbestimmung (Halbautomat) Fa. Brabender.
1 Trockenschälchen, *2* Drehteller, *3* Handrad, *4* Tür, *5* Ventilator, *6* Kontaktthermometer, *7* Entlüftungen, *8* Waage, *9* Skala, *10* Heizung.

β) *Der Vakuumofen*

Sehr verbreitet ist auch der Vakuumofen – ähnlich dem durchlüfteten Trockenofen – meist als Trommel ausgebildet, die hier mit einer dicht schließenden Tür verschlossen werden kann. Die

Öfen werden meist an Wasserstrahlpumpen angeschlossen, bei genaueren Feuchtigkeitsbestimmungen auch an rotierende Vakuumpumpen bzw. Diffusionspumpen. Abb. 337 zeigt einen solchen Vakuumofen der Firma Heraeus, Hanau.

Abb. 337. Vakuumofen, Fa. Heraeus.

Der aus dem Gut austretende Wasserdampf kondensiert bei Wasserstrahlpumpen in der Pumpe selbst, bei Vakuumpumpen in Kühlfallen, die zwischen Ofen und Pumpe zwischengeschaltet werden müssen, falls keine Gasballastpumpen verwendet werden.

Der in einem völlig dichten Ofen herrschende Gesamtdruck nach beendeter Trocknung wird bestimmt durch das Endvakuum der angeschlossenen Pumpe. Dieser Enddruck ist aber vorwiegend als Wasserdampfdruck anzusehen, da im Laufe der Trocknung immer neuer Dampf durch die Verdampfung der Gutsfeuchtigkeit entsteht und bei einer Strömung zur Pumpe hin die restliche Luft im Ofenraum mitnimmt.

Beträgt z.B. bei einer Wasserstrahlpumpe der erreichbare Enddruck $P_D = 163$ [kg/m²] (bei 14 °C Wassertemperatur), so steht nach beendeter Trocknung das Gut bei einer Ofentemperatur von 40 °C mit diesem Dampfdruck P_D, d. h. einer Luftfeuchtigkeit von $\varphi = 163/752 \cdot 100 = 21{,}5\%$, im Gleichgewicht. Je nach dem Sorptionsverhalten des Trocknungsgutes kann dies noch eine erhebliche Restwassermenge im Gut bedingen. Durch Verwendung von Vakuumpumpen kann dieser Restwassergehalt je nach Endvakuum weiter verringert werden.

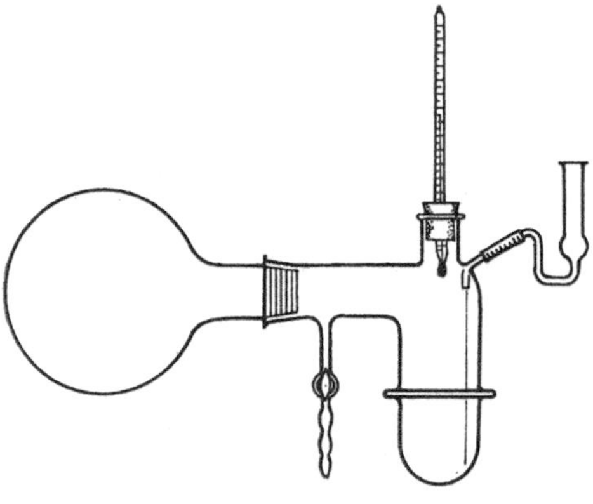

Abb. 338. Vakuumtrockenapparat nach ROHRLICH, Fa. Kauhausen.

Eine Möglichkeit, den Dampfdruck P_D am Ende der Trocknung niedrig zu halten, liegt in der Einführung von geringen Mengen vorgetrockneter Spülluft in den Vakuumofen [*155*]. Dabei wird bewirkt, daß durch die Strömung der in den Ofen eintretenden Luft nach der Pumpe hin die Rückdiffusion von Wasserdampf von der Vakuumpumpe in den Ofen vermieden wird. Der Dampfteildruck über dem Gut ist dann bestimmt durch den Dampfdruck der angesaugten Luft und die Größe des Vakuums. Auf diese Weise ist es z.B. möglich, selbst bei Anwendung von Wasserstrahlpumpen den Dampfdruck P_D im Ofen außerordentlich niedrig und damit die Restfeuchte sehr klein zu halten. Trocknet man z.B. die Spülluft von Atmosphärendruck über P_2O_5 ($P_D = 2{,}7 \cdot 10^{-4}$ [kg/m²], dann herrscht bei einem Vakuum von 163 [kg/m²] (Wasserstrahlpumpe) im Ofen ein Dampfdruck $P_D = 2{,}7 \cdot 10^{-4} \cdot 163/10332 \approx = 4 \cdot 10^{-6}$ [kg/m²], mit dem das Gut im Gleichgewicht steht. Die Anwendung von Vakuum- bzw. Diffusionspumpen führt dabei naturgemäß zu noch bedeutend niedrigeren Dampfdrucken.

Von der Möglichkeit, den Dampfdruck im Trockenraum durch Einführung von vorgetrockneter Spülluft sehr niedrig zu halten, macht das von ROHRLICH entwickelte Gerät (Abb. 338) Gebrauch, bei dem in den das Trocknungsgut aufnehmenden Kolben eine feine Metallkapillare hineinragt, durch die kleine Mengen über $CaCl_2$ vorgetrocknete Luft einströmen kann.

Während im allgemeinen bei der Anwendung von Vakuumöfen die Gutsfeuchtigkeit aus dem Gewichtsverlust der Probe bestimmt wird [vgl.

Abb. 339. Analytische Waage VACUA, Fa. Sartorius.

Gl. (481)], kann man hier durch Zwischenschalten von Kühlfallen oder Absorptionsrohren zwischen Ofen und Pumpe die Feuchtigkeit auch unmittelbar erfassen und kommt damit von der indirekten zur direkten Methode. Ein Vergleich beider Meßmethoden läßt auch hier auf das Austreten von eingeschlossenen Gasen, Oxydationsvorgängen während der Trocknung oder ähnlichem schließen.

Bei der Zwischenschaltung von Absorptionsrohren muß darauf geachtet werden, daß das Absorptionsmittel nur spezifisch für Wasser ist, da die Absorptionsfähigkeit anderer Gase (z.B. bei Kieselgel) auch hier eine zu große Feuchtigkeit vortäuschen kann.

Nach beendeter Trocknung muß wieder Luft in den Vakuumofen eingelassen werden. Dabei nimmt das Gut, das nun selbst als Hygroskopikum wirkt, die Feuchtigkeit der einströmenden Luft auf, so daß es unmöglich ist, das wahre Endgewicht der Probe nach der Trocknung zu ermitteln. Man muß dabei besorgt sein, die Luft gut vorzutrocknen und sie möglichst schnell einströmen zu lassen. Eine Wasserdampfaufnahme aus der Luft kann jedoch vollständig nur vermieden werden, wenn die Wägung des Gutes im Vakuum, wie es z.B. mit der analytischen Waage VACUA der Firma Sartorius (Abb. 339) erfolgt. Mit Hilfe dieser Waage kann der gesamte Trocknungsprozeß unter Vakuum laufend verfolgt werden, ohne die Probe aus dem Ofen nehmen zu müssen.

2. Direkte Methode

α) *Destillationsmethode*

Die bekanntetste Bestimmungsmethode, die eine unmittelbare Messung der Gutsfeuchtigkeit erlaubt, ist die Methode der Destillation. Man bringt das Trocknungsgut in eine mit Wasser nicht mischbare Flüssigkeit und erhitzt. Dabei verdampft sowohl das Wasser als auch die Destillationsflüssigkeit. Im nachgeschalteten Kühler findet in der flüssigen Phase wieder eine Trennung beider statt, so daß das Wasser an einem kalibrierten Meßrohr unmittelbar volumetrisch bestimmt werden kann.

Die Konstruktionen der Destillationsapparaturen unterscheiden sich im wesentlichen darin, ob die Destillationsflüssigkeit schwerer oder leichter als Wasser ist. Danach richtet sich der Anschlußpunkt einer Rückführung [*64*], die das nach beendeter Wasseraustreibung weiter anfallende Kondensat der Destillationsflüssigkeit wieder in den Verdampfungskolben zurückführt.

Als Destillationsflüssigkeit werden benutzt z. B. Xylol, das einen Siedepunkt von 135 °C hat, Benzol, Tetrachloräthan oder aber auch Cyclohexan (80 °C) und Iso-Oktan (99 °C) [*142*]. Mit der Wahl der Destillationsflüssigkeit hat man es also in der Hand, die maximale Arbeitstemperatur zu bestimmen.

Für größere Feuchtigkeitsmengen hat die Methode sich sehr gut bewährt, so vor allem bei sauerstoffempfindlichen Gütern und als Normmethode für die Bestimmung des Wassergehaltes fester Brennstoffe Eingang gefunden (DIN 51718). Bei der Bestimmung kleiner Wassermengen versagt die Destillationsmethode, da das unvermeidliche Hängenbleiben der feinen Wassertröpfchen an den Kondensatorwänden bei einer insgesamt kleinen Wassermenge die Genauigkeit vermindert.

β) *Dampfdruckmessung*

Zur Feuchtigkeitsmessung wurde in letzter Zeit ein Gerät entwickelt (Abb. 340), das geringste Mengen der Gutsfeuchtigkeit durch Messung eines Dampfdruckes zu bestimmen erlaubt. Der Versuchsstoff wird mittels Vakuumpumpe evakuiert, die dabei austretende Feuchtigkeit in einer Kühlfalle eingefroren. Ist die gesamte Gutsfeuchtigkeit ausgetrieben, wird die Kühlfalle von der Probe abgesperrt und die eingefrorene Gutsfeuchtigkeit in ein bekanntes Volumen hinein verdampft. Dadurch steigt der Druck in diesem System, der an einem Ölmanometer abgelesen wird. Dieser Druck ist dann ein Maß für die absolute Feuchtigkeitsmenge. Mit dieser Meßmethode können noch Feuchtigkeitsmengen von 10^{-6} g gemessen werden. Durch das Apparatevolumen und das Manometer ist der Meßbereich begrenzt. Eine Erweiterung des Meßbereiches kann durch ein zuschaltbares Volumen erfolgen oder aber durch stufenweises Ausfrieren der Gutsfeuchtigkeit.

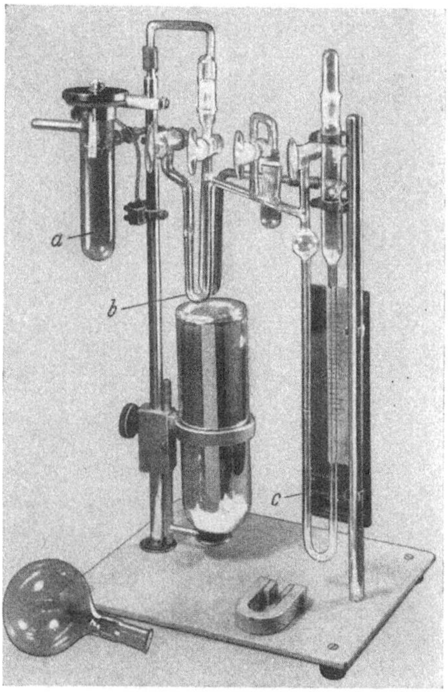

Abb. 340. Mikrofeuchtigkeitsbestimmungsgerät ME 10/5, Fa. Edwards, London. *a* Kolben für Versuchsstoff, *b* Kühlfalle; *c* Manometer.

γ) *Karl-Fischer-Methode*

Auf die vielen Verfahren, die die Ermittlung der Gutsfeuchtigkeit auf Grund chemischer Reaktionen ermöglichen, kann im Rahmen der vorliegenden kurzen Darstellung der wichtigsten Meßverfahren nicht näher eingegangen werden. Es handelt sich dabei vorwiegend um Reaktionen, die in Gegenwart von Wasser verlaufen, wobei bei Kenntnis des Reaktionsverlaufes die dem Wasser äquivalente Menge entweder gravimetrisch, volumetrisch oder titrimetrisch bestimmt wird. Die meisten Verfahren dieser Art werden jedoch nur ganz speziell für Feuchtebestimmungen bestimmter Produkte angewandt, da sie versagen, wenn außer Wasser andere Stoffbestandteile mit den Reagenzien reagieren können.

Es soll jedoch hier auf ein Verfahren hingewiesen werden, das sich in den letzten 15 Jahren sehr stark entwickelt hat und wegen seiner universellen Anwendbarkeit die Aussicht hat, zu den Eichverfahren gezählt zu werden. Es ist dies die von KARL FISCHER [67] im Jahre 1935 entwickelte Methode, bei der nach der Gleichung:

$$SO_2 + J_2 + 2\,H_2O \rightleftharpoons H_2SO_4 + 2\,HJ$$

Schwefeldioxyd in Anwesenheit von Wasser mit Jod reagiert, wobei sich Schwefelsäure und Jodwasserstoff bilden. Die Reaktion kommt aber sofort zum Stillstand, wenn alles Wasser verbraucht ist. Aus der verbrauchten Jodmenge, die titrimetrisch bestimmt wird, kann auf die vorhandene Wassermenge geschlossen werden. Zur einseitigen Verschiebung des Reaktionsgleichgewichtes ist die Bindung der Säure notwendig, was durch Zusatz von Pyridin geschieht.

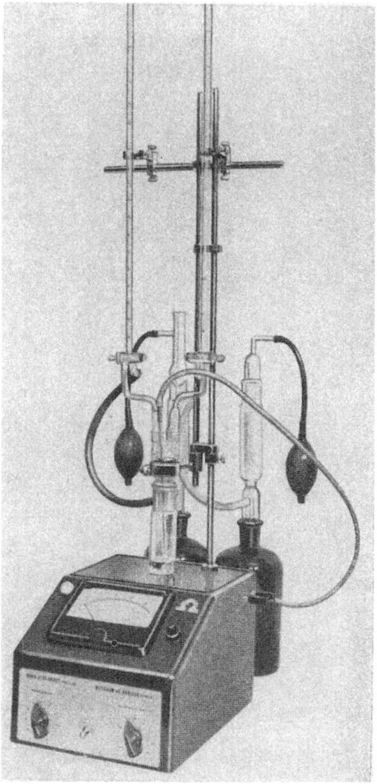

Abb. 341. Metrohm-Karl-Fischer-Wasserbestimmungsgerät E 180, Fa. Metrohm, Schweiz.

Am zweckmäßigsten wird bei der Feuchtigkeitsbestimmung fester Stoffe das Wasser durch reinen Alkohol oder ähnliches extrahiert und das Wasser in diesem Lösungsmittel nach der KARL-FISCHER-Methode bestimmt. Da der bei der Titration zu beobachtende Farbumschlag einer subjektiven Beobachtung unterworfen ist oder oft wegen der Eigenfarbe des Versuchsstoffes nicht leicht beobachtet werden kann, wurden Geräte entwickelt, die den Endpunkt der Titration elektrometrisch anzeigen. Ein solches Gerät, das sogenannte Dead-Stop-Gerät der Metrohm AG., Schweiz, zeigt Abb. 341, bei dem die eigentliche Titriereinrichtung mit dem Anzeigegerät zu einer Einheit zusammengebaut ist.

Das Verfahren ist für fast alle organischen und anorganischen Stoffe anwendbar [56]; es wird dabei eine außerordentlich hohe Genauigkeit erreicht, besonders bei geringsten Wassermengen. Zur Beschleunigung der Messung ist es vorteilhaft, die Proben vorher zu zerkleinern, wobei jedoch auf eine Vermeidung des Feuchteaustausches mit der Umgebung beim Zerkleinern geachtet werden muß.

Es existiert noch eine große Anzahl von Meßverfahren, die sich den Einfluß der Gutsfeuchtigkeit auf andere physikalische Stoffeigenschaften zunutze machen. Im wesentlichen sind dies elektrische Verfahren, die auf Grund von Messungen der Leitfähigkeit, der Dielektritätskonstanten oder ähnlichem die Gutsfeuchtigkeit bestimmen. Diese Verfahren sind bis heute so weit entwickelt und automatisiert, daß eine Kontrolle des jeweiligen Trocknungsvorganges und damit unter Umständen eine Steuerung des Trocknungsablaufes möglich ist. Man muß aber bei all diesen Verfahren bedenken, daß die Zuordnung von Feuchtigkeit zu der angezeigten elektrischen Meßgröße nur speziell für einen ganz bestimmten Stoff gilt und mit Hilfe der vorher erwähnten Trocknungsverfahren vor Gebrauch geeicht und so auf den Stoff abgestimmt werden muß.

b) Die Feuchtigkeitsbestimmung im Trockenmittel

Bei der Untersuchung von Trocknern ist die Bestimmung der Feuchtigkeit des Trockenmittels (meist Luft) von besonderer Bedeutung. Diese Messung kann grundsätzlich durch unmittelbare Feststellung des im Trockenmittel enthaltenen Wasserdampfes (durch Gewichts- oder Teildruckbestimmung) erfolgen oder durch Meßgeräte, bei denen die bekannten Eigenschaften von Wasserdampf-Luftgemischen zu Hilfe genommen werden (Feuchtthermometertemperatur und Taupunkt).

1. Gravimetrische Bestimmung der absoluten Luftfeuchtigkeit

Das genaueste Meßverfahren zur Bestimmung der Luftfeuchtigkeit ist die unmittelbare Messung der im Trockenmittel enthaltenen Dampfmenge durch Ausfrieren, chemische Reaktion oder Absorption in einem sorbierenden Mittel (P_2O_5, $CaCl_2$, Kieselgel od. ähnl.). Durch Wägung des beim Ausfrieren oder Absorbieren ausgeschiedenen Dampfgehaltes und Messung der Luftmenge (geeichte Gasuhr oder Kubizierapparat) ist die Bestimmung des Dampfteildruckes P_D bzw. des Dampfgehaltes x ohne weiteres möglich. Gerade im Gebiet von tiefen Lufttemperaturen (. 0 °C), bei denen alle anderen Verfahren problematisch werden, wird diese direkte Messung angewandt werden müssen. Wegen ihrer umständlichen Handhabung und der Unmöglichkeit der Erfassung von Momentanwerten wird diese Methode auf das Laboratorium für Zwecke der Eichung oder ähnliches beschränkt bleiben.

2. Die Bestimmung der Luftfeuchtigkeit aus dem Dampfteildruck

Von der unmittelbaren Messung des Dampfteildruckes (etwa aus einer Druckänderung in einem abgeschlossenen Volumen bei der Absorption des Wasserdampfes) wird im allgeinen kein Gebrauch gemacht. Der von Greinacher [*74*] in seinem Diffusionshygrometer beschrittene Weg führt in diese Richtung. Verschließt man z. B. ein an ein Ölmanometer angeschlossenes kleines, teilweise wassergefülltes Glasgefäß mit einer sehr feinporigen Tonplatte, so daß die im Inneren des Glasgefäßes befindliche wasserdampfgesättigte Luftmenge durch die Tonplatte im Austausch mit der Außenluft, deren Feuchtigkeitsgehalt zu messen ist, steht, so muß sich im Glasgefäß ein höherer Gesamtdruck einstellen als in der Umgebung. Aus der am Ölmanometer angezeigten Druckdifferenz zwischen innen und außen wird auf den Dampfteildruck der Luft P_D geschlossen.

Füllt man ein zweites Glasgefäß statt mit Wasser mit einem Absorbens, z.B. P_2O_5, dann stellt sich im Gefäß ein niedrigerer Dampfdruck ein als in der Umgebung. Wiederum kann die am Ölmanometer abgelesene Druckdifferenz dem Dampfteildruck der Außenluft zugeordnet werden. Beide Messungen würden dann unmittelbar entweder das Sättigungsdefizit $P''_D - P_D$ oder den Dampfteildruck P_D anzeigen, wenn keine Strömung eines Luft-Wasserdampf-Gemisches durch die poröse Tonplatte auf Grund der absoluten Druckunterschiede zwischen innen und außen stattfände. Die ein- oder austretende Luftmenge muß jedoch im Beharrungszustand durch Rückdiffusion der Luft auf Grund der Teildruckunterschiede der Luft zwischen innen und außen wieder zurückgeführt werden. Daher ist der Teildruck der Luft innen und außen nicht der gleiche. Beim GREINACHERschen Diffusions-Hygrometer wird dies durch eine Apparatekonstante berücksichtigt.

3. Die Bestimmung der Luftfeuchtigkeit aus der Messung der Taupunkttemperatur

Bei Kenntnis des Zusammenhanges zwischen Sattdampftemperatur und Sattdampfdruck kann man aus der Taupunkttemperatur unmittelbar den Dampfdruck P_D bestimmen.

Kühlt man ein in der zu untersuchenden Luft befindliches Thermometer sehr langsam ab, so wird bei derjenigen Temperatur, bei der der Sattdampfdruck gleich dem Dampfteildruck in der Luft ist, Kondensation am Thermometer eintreten; diese Temperatur ist die Taupunkttemperatur. Beim Taupunkthygrometer wird ein hochglanzpolierter Spiegel, an dem man die zu untersuchende Luft vorbeiführt, langsam heruntergekühlt, bis sich der Spiegel beschlägt. Die der Spiegeltemperatur näherungsweise gleiche Temperatur der Kühlflüssigkeit gilt bei den handelsüblichen Geräten als Taupunkttemperatur. Aus der Dampfdruckkurve ergibt sich damit der Dampfteildruck.

Man hat dieses Meßverfahren heute weitgehend automatisiert, wie es z.B. die Schaltung in Abb. 342 zeigt. Der Taupunktspiegel wird durch einen Kühlmittelstrom langsam abgekühlt, bis die am Spiegel vorbeiströmende Luft einen Niederschlag bewirkt und einen Lichtstrahl, der über diesen Spiegel eine Fotozelle beleuchtet, abschwächt. In diesem Augenblick schaltet ein Relais den Temperaturschreiber ein, der die am Spiegel herrschende Taupunkttemperatur aufzeichnet. Gleichzeitig wird nun der Kühlmittelstrom von einer Heizpatrone aufgeheizt, bis der Niederschlag am Spiegel verschwindet. Der Lichtstrahl trifft voll auf die Fotozelle und die Heizung wird abgeschaltet, damit die neue Messung beginnen kann.

Ein Gerät, das für die Taupunktsbestimmung besonders von Rauchgasen Anwendung findet, wurde vom TÜV Essen [*154*] entwickelt

(Abb. 343). Der Taupunktfühler *e* ist als Glasvorsatz ausgebildet, der außen von Rauchgas umspült und innen von einem Kühlluftstrom gekühlt wird. Die Temperatur der außen von den Rauchgasen umspülten

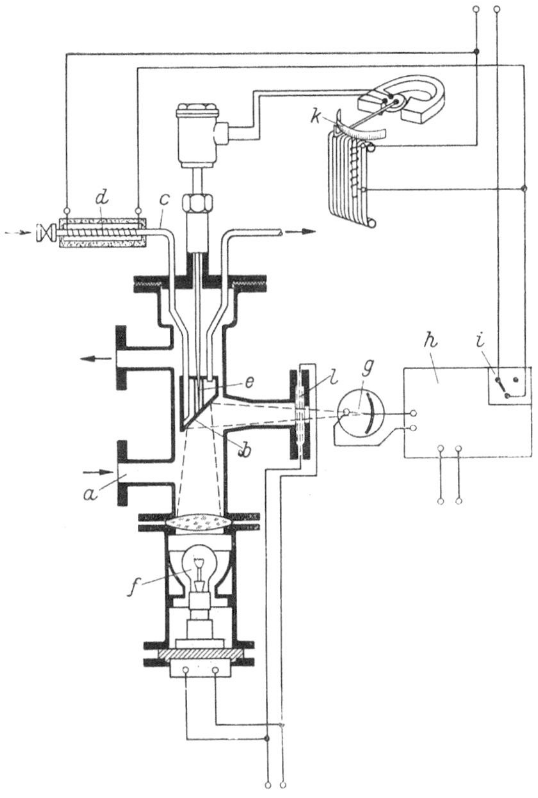

Abb. 342. Apparatur zur Taupunktsbestimmung nach L. v. RIPKA [153].

a Gaseintritt, *b* Taupunktspiegel, *c* Zuleitung der Kühlflüssigkeit, *d* elektrische Heizung, *e* Thermoelement, *f* Lichtquelle, *g* Photozelle, *h* Verstärker, *i* Relais, *k* Temperaturschreiber, *l* Glimmerscheibe.

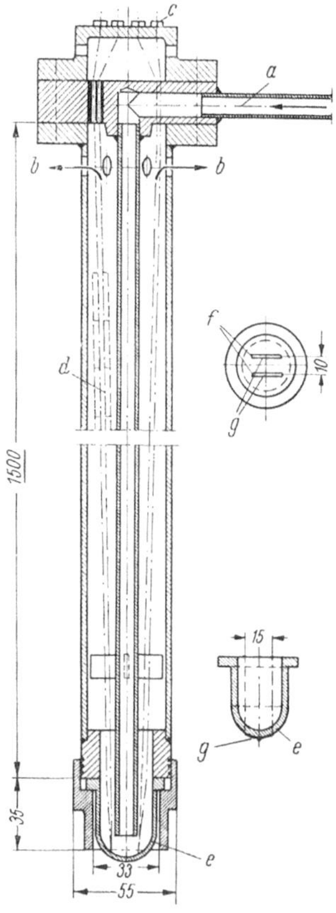

Abb. 343. Taupunktmeßgerät mit Luftkühlung.

a Kühllufteintritt; *b* Kühlluftaustritt; *c* Anschlußklemmen; *d* Porzellanröhrchen; *e* Glasvorsatz; *f* Elektroden; *g* Lötstellen der Thermoelemente. Maße in mm.

Oberfläche wird durch zwei auf der Fläche aufgeschmolzene Thermoelemente *g* gemessen, die gleichzeitig als Elektroden dienen, durch die ein Stromfluß bei Beschlagen des Glasvorsatzes bewirkt wird. Aus der Geschwindigkeit des gemessenen Stromanstiegs bei verschiedenen Kühllufttemperaturen kann die Taupunkttemperatur des untersuchten Rauchgases mit Hilfe eines Extrapolationsverfahrens ermittelt werden.

Die Bestimmung von Luftfeuchtigkeiten bei niederen Temperaturen würde je nach Luftfeuchtigkeit tiefe Taupunkttemperaturen und damit tiefe Kühlmitteltemperaturen bedingen.

Die Kühlung auf tiefe Temperaturen kann durch zweierlei Maßnahmen vermieden werden:

α) *Erhöhung des Taupunkts durch Druckerhöhung*

Die Tatsache, daß der Taupunkt druckabhängig ist (vgl. S. 18), macht sich ein Verfahren zunutze, bei dem der Spiegel thermostatisch auf konstanter Temperatur gehalten und die zu untersuchende Luft mittels eines kleinen Kompressors langsam komprimiert wird, bis man eine Kondensation am Spiegel beobachtet. Durch die Spiegeltemperatur ist der Dampfdruck in der komprimierten Luft bestimmt. Aus dem Kompressionsverhältnis errechnet sich dann der Dampfteildruck in der nicht komprimierten Luft.

β) *Erhöhung des Taupunkts durch Verwendung hygroskopischer Salze (Lithium-Chlorid-Messer)*

An hygroskopischen Salzen kondensiert Wasserdampf bei höherer Temperatur als an nicht sorbierenden Flächen (vgl. S. 50, vor allem Abb. 25 und 26). Der Wasserdampfdruck eines bestimmten Hydrates bzw. der gesättigten Lösung ist nur von der Temperatur abhängig. Durch die Temperatur, welche die gesättigte Lösung im Gleichgewicht mit dem zu messenden Luftstrom zeigt („Salz-Taupunkt"), ist der Dampfdruck eindeutig bestimmt. Bei der Feststellung, daß es sich um eine gesättigte Lösung handelt, wird von der aus Abb. 25 ersichtlichen Konstanz des Dampfdrucks zwischen dem Zustand gesättigter Lösung und dem des festen Hydrates Gebrauch gemacht. Die Tatsache des Gleichgewichts zwischen Luft und Feuchtemesser kann in ganz ähnlicher Weise wie bei allen normalen Taupunktmessern durch kleine Temperaturschwankungen um den „Salz-Taupunkt", durch die entweder ein Kondensieren oder ein Verdampfen bewirkt wird, festgestellt werden. Beim LiCl-Feuchtemesser wird als Indikator und zugleich Regelorgan die elektrische Leitfähigkeit benutzt, die bei der gesättigten Lösung sehr groß, beim festen Hydrat sehr klein ist.

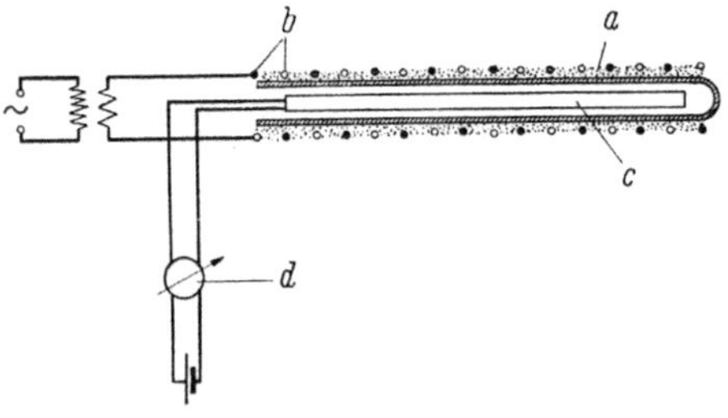

Abb. 344. Prinzip des LiCl-Feuchtemessers. *a* Glasgarn mit LiCl; *b* Elektrodenwendel; *c* Widerstandsthermometer; *d* Anzeigegerät.

Abb. 344 [*125*] zeigt das Prinzip des Meßgerätes: Auf ein dünnwandiges Rohr ist Glasgarn (*a*), getränkt mit wäßriger Lösung von LiCl, aufgewickelt. Auf das Glasgarn sind zwei Elektroden (*b*) spiralförmig aufgebracht, so daß beim Anlegen einer elektrischen Spannung durch die Glasgarnschicht so lange ein elektrischer Strom fließt, der das Gerät aufheizt und Wasser aus der Lösung verdampft, bis nur noch festes Hydrat vorhanden ist. Dann fällt die Heizung aus und das Gerät kühlt so lange ab, bis aus dem zu messenden Luftstrom Wasserdampf am LiCl kondensiert, so daß gesättigte Lösung entsteht, deren hohe elektrische Leitfähigkeit erneut einen Stromfluß und damit Verdampfung des vorher kondensierten Wasserdampfs bewirkt. Dieser Vorgang wiederholt sich mehrmals, bis sich die Temperatur des Fühlers (*c*), die mittels Thermometer, Widerstandsthermometer oder Thermoelement gemessen werden kann, auf einen konstanten Wert einstellt. Aus der Dampfdruckkurve für gesättigte LiCl-Lösung (s. Kurven *2*, *5* und *9* in Abb. 26)[1] kann der Dampfteildruck bestimmt werden.

4. Die Bestimmung der Luftfeuchtigkeit aus der Absorptionswärme eines Absorbens

Ein von der Firma Hartmann & Braun entwickeltes Gerät „Thermoflux“ erlaubt die Messung kleinster Feuchtigkeiten in Luft bzw. Gasen. Bei diesem Gerät wird der im Gas enthaltene Wasserdampf in Schwefelsäure absorbiert; die durch die Absorptionswärme bedingte Temperaturerhöhung des Absorbens, die durch eine Thermobatterie gemessen wird, ist ein Maß für die im Gas enthaltene Feuchtigkeit.

5. Die Bestimmung der Luftfeuchtigkeit aus der Temperaturmessung am trockenen und feuchten Thermometer

Das gebräuchlichste Gerät für die Dampfdruckmessung in Gasen ist das Psychrometer. Ein solches Psychrometer besteht aus zwei thermometrischen Meßelementen (Quecksilberthermometer, Widerstandsthermometer, Thermoelemente bzw. -säulen), von denen das eine mit einem saugfähigen nassen Strumpf versehen ist, der bei Dauermessungen laufend befeuchtet werden muß. Das feuchte Thermometer kühlt sich dabei auf Feuchtthermometertemperatur ab, und aus der Temperaturdifferenz zwischen dem trockenen und feuchten Thermometer, der sogenannten psychrometrischen Differenz, und der Temperatur des feuchten Thermometers kann der Dampfteildruck P_D näherungsweise nach der in diesem Buch hergeleiteten Gl. (348a) für Oberflächentemperaturen nasser Güter bzw. aus Abb. 269 bis 272 bestimmt werden. Wie auf S. 358 dargelegt, weicht diese Temperatur nur wenig von der dem i–x-Diagramm zu entnehmenden Kühlgrenztemperatur ab. Auch die Übereinstimmung mit der Sprungschen Formel ist bei Temperaturen bis 40 °C so gut, daß letztere benutzt werden kann.

Bei der Messung der psychrometrischen Differenz bei hohen Lufttemperaturen (> 100 °C) ist wegen der hohen Trocknungsgeschwindigkeit für eine besonders gute Wasserzufuhr an den Befeuchtungsstrumpf zu sorgen. Bei tiefen Temperaturen, wesentlich unter 0 °C, wird wegen des flachen Verlaufes der Dampfdruckkurve $P_D'' = f(\vartheta)$ die Dampfdruckbestimmung ungenau.

---

[1] Welches Hydrat in der gesättigten Lösung vorhanden ist, hängt von der Temperatur ab, z. B. bei LiCl unterhalb −16,5 °C das Trihydrat $LiCl \cdot 3\,H_2O$, zwischen −16,5 und 19,1 °C das Dihydrat $LiCl \cdot 2\,H_2O$, zwischen 19,1 und 93,6 °C das Monohydrat $LiCl \cdot H_2O$ und darüber wasserfreies LiCl.

Wichtig ist bei den Psychrometern, daß die zu untersuchende Luft mit genügender Geschwindigkeit an den Thermometern vorbeigeführt wird, damit eventuelle Strahlungseinflüsse aus der Umgebung vernachlässigbar klein werden. Bei Anwendung sehr kleiner Meßelemente (etwa Lötperlen von Thermoelementen) ist der Strahlungseinfluß auch bei schwach bewegter Luft meist vernachlässigbar. Bei Meßelementen von der Größe von Quecksilberthermometern wird er durch folgende Maßnahmen weitgegend ausgeschaltet:

1. Anbringung eines Strahlungsschutzes aus blankem Metall.

2. Künstliche Belüftung, falls die Luftgeschwindigkeit im Meßraum kleiner ist als etwa 1 bis 2 m/sek.

Ein Gerät, das sogenannte Aspirationspsychrometer nach ASSMANN, bei dem beide Thermometer einen Strahlungsschutz besitzen und die Belüftung beider Thermometer mittels eines kleinen Ventilators erfolgt, zeigt Abb. 345.

Abb. 345. Aspirationspsychrometer nach ASSMANN, Fa. Lambrecht.

6. Bemerkungen zum Haarhygrometer

Da das Haarhygrometer in der Praxis als Gerät zur Bestimmung der relativen Luftfeuchtigkeit eine weitgehende Verbreitung gefunden hat, seien dazu folgende Bemerkungen angefügt. Das Haarhygrometer benutzt die Änderung der Haarlänge bei verschiedenen Feuchtigkeitsgehalten des Haares. Die Längenänderung wird durch ein Hebelsystem auf eine Schreibfeder übertragen und auf einer Papierrolle aufgezeichnet. Da der Feuchtigkeitsgehalt des Haares, das im Gleichgewicht mit der umgebenden Luft gemäß den Sorptionsisothermen steht, im wesentlichen von der relativen Luftfeuchtigkeit (weniger stark von der Höhe der Temperatur) abhängt, wird die aufgeschriebene Längenänderung der relativen Luftfeuchtigkeit, die auf dem Meßstreifen als Skala eingetragen ist, unmittelbar zugeordnet.

Das auf Grund rein empirischer Zusammenhänge funktionierende Gerät bedarf einer ständigen und sorgfältigen Wartung und muß laufend geprüft bzw. neu eingestellt werden, da der Haarstrang im Laufe der Zeit keine genauen Messungen mehr liefert. Es ist zweckmäßig, diese Geräte von Zeit zu Zeit in eine feuchtigkeitsgesättigte Atmosphäre zu bringen, um dadurch den Strang zu regenerieren und damit wieder gebrauchsfähig zu machen.

c) Vollautomatische Aufzeichnung von Trocknungsverlaufskurven $g_D = f(X_m)$

Die übliche Methode der Gewinnung von Trocknungsverlaufskurven ist recht zeit- und arbeitsaufwendig. Man verfolgt laufend das Gewicht einer trocknenden Probe. Die Gewichtsabnahme je Zeiteinheit und Einheit der Oberfläche ist die Trocknungsgeschwindigkeit g_D. Der zu jeder Messung gehörige Wert des mittleren Feuchtigkeitsgehalts X_m ergibt sich aus dem Gewicht nach Bestimmung des Trockengewichts G_{tr} der Probe.

Es wurde eine Apparatur entwickelt, in der Trocknungsverlaufskurven vollautomatisch aufgezeichnet und gleichzeitig andere interessierende Größen (Temperaturen von Luft und Gut, Luftgeschwindigkeit usw.) mit registriert werden können [*117*].

Aufbau des Versuchsstandes und Meßprinzip

Der Versuchsstand besteht hauptsächlich aus einem Trocknungskanal, durch den beliebig konditionierte Luft mit verschiedener Geschwindigkeit an der zu untersuchenden Probe vorbeigeblasen werden kann, aus den Zusatzgeräten, mit denen die Probe gewogen und die Trocknungsgeschwindigkeit ermittelt wird, und dem Registriergerät,

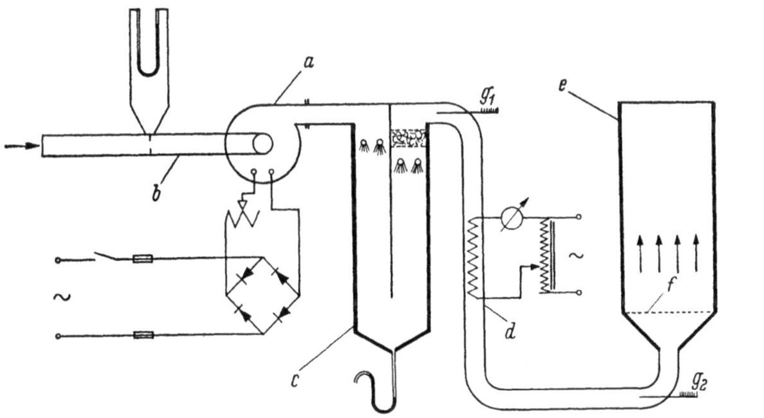

Abb. 346. Schema des Trockenkanals.
a Motorventilator, *b* Meßstrecke (Durchfluß), *c* Luftbefeuchtung, *d* Heizung, *e* Trockenkanal, *f* Sieb, g_1 Thermometer zur Messung der Taupunkttemperatur, g_2 Thermometer zur Messung der Trocknungstemperatur.

einem etwas abgeänderten 12-Farben-Kompensationsschreiber der Firma Hartmann & Braun AG. (Meßbereich 0–2,5 bzw. 0–5 mV), mit dem alle interessierenden Meßgrößen aufgeschrieben werden.

Das Schema des Trockenkanals zeigt Abb. 346. Vor dem Eintreten der Trockenluft in den eigentlichen Trockenkanal *e* mit rechteckigem Querschnitt wird die Luftströmung durch Zwischenschalten eines engmaschigen Siebes *f* vergleichmäßigt.

Im Trockenkanal werden die Lufttemperatur vor der zu untersuchenden Probe und gegebenfalls die Wandtemperatur mit Thermoelementen (NiCr/Ni, Drahtdurchmesser 0,3 mm) gegen eine Nullstelle in schmelzendem Eis gemessen und registriert. Mit gleichartigen Thermoelementen werden die Taupunkttemperatur (g_1) sowie verschiedene Probentemperaturen gemessen und registriert.

Bei dem vorliegenden Meßverfahren wird nicht das Gewicht, sondern nur dessen Änderung registriert. Es wird eine Balkenwaage mit drei Schneiden benutzt, bei der die Gewichtsabnahme der Probe durch Messen der Höhe eines Wasserspiegels ermittelt wird. Das Verfahren ist in Abb. 347 skizziert. An der einen Seite des Waagebalkens hängt frei im Trocknungskanal die Probe *a*, während auf der anderen Seite des Waagebalkens ein Verdrängerstab *b* mit einem über die gesamte Länge gleichmäßigen Querschnitt aufgehängt ist, der in ein wassergefülltes Gefäß *c* eintaucht. Die Waage ist im Gleichgewicht, wenn das Gewicht der Probe auf der einen Seite gleich dem Gewicht des Verdrängerstabes auf der anderen Seite ist, vermindert um den Auftrieb des in das Wasser eintauchenden Teiles des Verdrängerstabes[1]. Wird die Probe im Verlauf der Trocknung leichter, so berührt ein am Waagebalken befestigter, ölgedämpfter Zeiger *d* einen Platinkontakt *e*, der über ein Röhrenrelais *f* ein Magnetventil *g* öffnet. Es strömt nun so viel Wasser in das Gefäß ein, bis der durch das steigende Wasser bewirkte zusätzliche Auftrieb des Verdrängerstabes den Gewichtsverlust der Probe kompensiert hat. Die Waage kommt ins Gleichgewicht, der Zeiger löst sich vom Kontakt, und das Magnetventil schließt sich. Durch geeignete Einstellung eines Feinregulierventils *h* kann erreicht werden, daß der Zeiger – und damit der Waagebalken – nur ganz geringe Bewegungen ausführt.

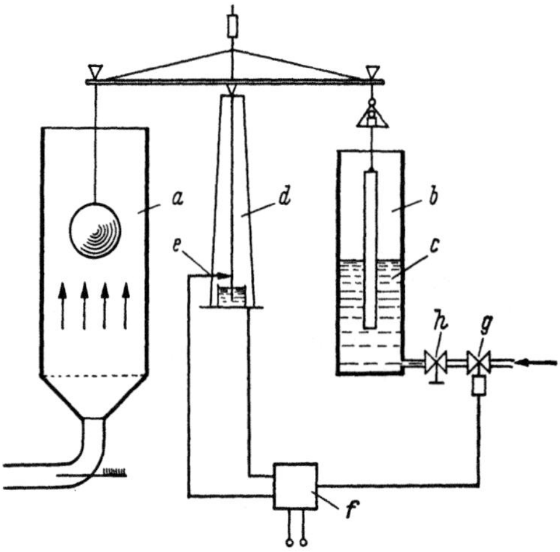

Abb. 347. Das Meßverfahren.
a Trockenprobe; *b* Verdrängerkörper; *c* Wassergefäß; *d* Zeiger; *e* Platin-Kontakt; *f* Röhrenrelais; *g* Magnetventil; *h* Feinregulierventil.

Dem Gewichtsverlust der Probe ist die Höhenänderung des Wasserspiegels direkt proportional. Überträgt man die sich mit der Zeit ändernde Höhe des Wasserspiegels elektrisch auf einen Schreiber, so erhält man ein Maß für den Gewichtsverlust der Probe und damit ein Maß für die Probenfeuchtigkeit im Verlauf der Zeit.

Durch Wahl von Verdrängerstäben verschiedener Querschnitte bzw. Durchmesser kann die Gewichtsbestimmung dem jeweiligen Gewichtsverlust der Probe angepaßt werden. Den Durchmesser des Verdrängerstabes bemißt man dabei zweckmäßig so, daß nach Austrocknen der gesamten Probenfeuchtigkeit das Gefäß *c* nahezu mit Wasser gefüllt ist, wenn bei Versuchsbeginn der Verdrängerstab gerade mit dem Ende in

[1] Zu Versuchsbeginn wird die Waage durch Auflegen von Gewichten auf die Waagschale bei laufendem Ventilator austariert, wobei der Verdrängungskörper bereits in das Wasser eintauchen muß.

das Wasser eintaucht. Der Reibungswiderstand der Probe ist bei den üblichen Luftgeschwindigkeiten meist von untergeordneter Bedeutung. Er beeinflußt die Wägung bei konstanter Luftgeschwindigkeit nicht, wenn die Waage zu Versuchsbeginn bei laufendem Ventilator und eingetauchtem Verdrängerstab austariert worden ist[1].

Der Gewichtsverlust ΔG_W der Probe beim Trocknen ist direkt proportional dem Anstieg des Wasserspiegels Δh im Gefäß:

$$\Delta G_W = \gamma_{fl} F_V \Delta h. \tag{484}$$

Hierbei bedeuten:

γ_{fl} das spezifische Gewicht der verdrängten Flüssigkeit und F_V die Querschnittsfläche des Verdrängungskörpers.

Aufschreibung von Trocknungsverlaufskurven

Die Bestimmung des Gewichtsverlustes der Probe mittels der Höhe des Wasserspiegels wird sowohl zum Ausgangspunkt für die Registrierung der Probenfeuchtigkeit und der Trocknungsgeschwindigkeit als auch für die Aufzeichnung beider Größen über dem Feuchtigkeitsgehalt der Probe gewählt.

Zur Aufzeichnung der jeweiligen Höhe des Wasserspiegels auf dem Schreibstreifen des Kompensationsschreibers würde sich z.B. ein Schwimmer eignen, der über eine Seilrolle den Schleifer eines linearen Potentiometers antreibt. Legt man an das Potentiometer eine Gleichspannung u_{Pe}, die der maximalen Anzeige des Kompensationsschreibers entspricht, so ist der Ausschlag auf dem Schreiber linear proportional der Höhenänderung des Wasserspiegels und damit auch dem Gewichtsverlust der Probe.

Da, wie später gezeigt wird, der Schwimmer auch noch den Antrieb der Differenziervorrichtung und der Papiervorschubrolle übernehmen müßte, ist es zweckmäßig, zur Vermeidung von Rückwirkungen der Verstellarbeit auf den Schwimmerstand die Welle der Seilrolle und des Schleifers des Potentiometers mit einem Hilfsmotor über ein Getriebe, das für einen maximalen Gewichtsverlust auszulegen ist, anzutreiben (Abb. 348). An Stelle des Schwimmers tritt ein elektrischer Kontakt. Der Hilfsmotor *c* wird wiederum über ein Röhrenrelais *f* in ähnlicher Weise wie bei der Waage gesteuert. Berührt der über die fest mit der Getriebewelle verbundene Seilrolle *a* geführte Platinkontakt *b* die Wasseroberfläche, so wird der Hilfsmotor *c* eingeschaltet, der Schleifer *d* des Potentiometers *c* gedreht und der Kontakt *b* durch Drehen der Seilrolle *a* so lange angehoben, bis der Kontakt wieder unterbrochen wird. Auf diese Weise wird die Höhe des Wasserspiegels mit dem Kontakt abgetastet und über das Potentiometer *e* vom Schreiber angezeigt. Die angezeigte Höhendifferenz zwischen Ein- und Ausschalten des Hilfsmotors ist nicht beliebig klein. Sie ist in erster Linie durch die Oberflächenspannung des

[1] Bei höheren Luftgeschwindigkeiten im Trockenkanal macht sich besonders bei Proben mit kleinem Gewicht gegen Ende der Trocknung ein Pendeln der Probe störend bemerkbar. Dies kann man aber durch zusätzliche Belastung der Waage weitgehend ausschalten.

Wassers vorgegeben. Dies macht sich besonders bei kleinsten Trocknungsgeschwindigkeiten bemerkbar. Es ist daher zweckmäßig, dem Wasser *Netzmittel* zuzusetzen, die die Oberflächenspannung vermindern, oder überhaupt eine andere Flüssigkeit mit sehr niedriger Oberflächenspannung zum Kompensieren des Gewichtsverlustes der Probe zu wählen (z. B. Terpentinöl, Toluol oder Xylol). Ein Verdampfen von Flüssigkeit aus dem Gefäß, in das der Verdrängungskörper eintaucht, ist ohne Einfluß auf die Messung, da lediglich die Höhe des Flüssigkeitsspiegels, nicht aber die zugegebene Flüssigkeitsmenge gemessen wird.

Um die Trocknungsgeschwindigkeit g_D [kg/m²h] zu finden, muß die Kurve

$$G_W = f(t)$$

differenziert werden, da

$$g_D = \frac{1}{F} \frac{dG_W}{dt},$$

wobei F die Austauschfläche der Probe bedeutet. Der Betrag von $1/F$ geht als Proportionalitätsfaktor ein und ist lediglich später bei der Maßstabsbestimmung von Bedeutung.

Das stetige Differenzieren der Kurve $G_W = f(t)$ wäre, selbst wenn die Anzeige streng kontinuierlich verliefe, bei Verwendung von einfachen Differenziervorrichtungen (Kondensator- bzw. Drosselspulenschaltungen [*32*]) wegen der niedrigen „Frequenz" des Trocknens (einige Tage) nur mit erheblichem Aufwand möglich.

An Stelle einer stetig differenzierenden Vorrichtung wurde deshalb eine Anordnung gewählt, die praktisch auf ein Differenzenverfahren hinausläuft. Ähnlich wie beim Registrieren des Gewichtsverlustes bzw. des Feuchtigkeitsgehaltes wird eine Kurve $G_W = f(t)$ – allerdings stark übersetzt – geschrieben, die nach bestimmten Zeitabschnitten Δt abgebrochen und vom Nullpunkt aus neu begonnen wird. Der Schreiber registriert Kurvenäste $G_W = f(t)$ für die Dauer des gewählten Zeitabschnittes Δt. Der Ausschlag bis zum letzten Punkt eines solchen Kurvenastes entspricht demnach $\Delta G_W/\Delta t$. Verbindet man die Endpunkte aller Kurvenäste, so ergibt die verbindende Kurve unter Berücksichtigung von Maßstabsfaktoren die Trocknungsgeschwindigkeit g_D.

Auf der gleichen Welle, vgl. Abb. 348, auf der der Schleifer d des Potentiometers e befestigt ist, sitzt eine Scheibe g, die sich also genau wie der Schleifer d und die Seilrolle a dreht. Diese Scheibe g treibt ein kleines Reibrad h an, das auf der Welle eines zweiten Potentiometers i befestigt ist. An diesem Potentiometer i liegt eine Gleichspannung u_{Pi}, ähnlich wie am Potentiometer e.

Die Welle dieses zweiten Potentiometers i ist an der einen Seite schwenkbar gelagert, an der anderen Seite mit einem Elektromagneten l verbunden, so daß beim Einschalten des Magneten die Verbindung zwischen Scheibe g und Reibrad h gelöst wird. Ein kleines Gewicht k, das über einen Faden mit der Welle des Potentiometers i verbunden ist, dreht den Schleifer des Potentiometers in seine Null-Lage zurück. Der Elektromagnet l wird in wählbaren Zeitabständen Δt (ganzzahlige Vielfache von 5 min) von einer Schaltuhr n für wenige Sekunden eingeschaltet, so daß auf dem Papier des Schreibers jeweils Kurvenäste $G_W = f(t)$ für die Dauer des gewählten Zeitabschnittes Δt, immer vom Nullpunkt beginnend, geschrieben werden.

Verwendet man drei Meßstellen (z.B. Nr. 1, 5 und 9) von den zwölf Meßstellen des Schreibers für die Anzeige der Trocknungsgeschwindigkeit und wählt als Zeitintervall Δt z.B. 10 min[1], so werden bei einer

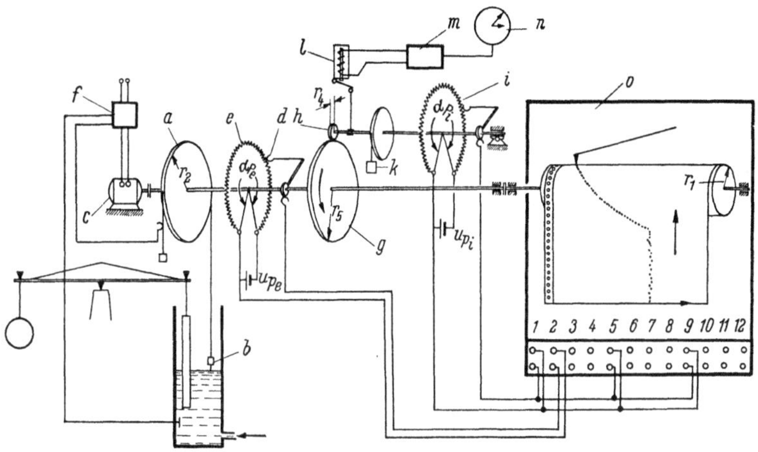

Abb. 348. Schema der Meßanlage.
a Scheibe; *b* Platinkontakt; *c* Hilfsmotor; *d* Schleifer; *e* Potentiometer; *f* Röhrenrelais; *g* Scheibe; *h* Rolle; *i* Potentiometer; *k* Gewicht; *l* Magnet; *m* Gleichrichter; *n* Kontaktuhr; *o* Kompensationsschreiber.

Punktfolge von 4 sek jeweils 37 oder 38 Punkte für einen Kurvenast geschrieben (die Rechnung ergibt 37,5). Die maximale Streuung der Endpunkte beträgt damit $\pm$ 1,3% des Gesamtausschlages. Dies ist eine für derartige Messungen ausreichende Genauigkeit. Würde man alle zwölf Meßstellen auf das Potentiometer *i* schalten, so ließe sich theoretisch eine Genauigkeit von $\pm$ 0,3% bei $\Delta t = 10$ min erreichen.

Gegen Ende der Trocknung wird die Trocknungsgeschwindigkeit kleiner, und damit werden die Kurvenäste bei konstant gehaltenem Δt immer kürzer. Es ist deshalb vorteilhaft, auf eine größere Zeitspanne $n\,\Delta t$ überzugehen, wodurch der Ausschlag für g_D auf das n-fache vergrößert wird.

Eine andere Möglichkeit, das Ende der Trocknung vergrößert herauszuzeichnen, ist durch den Einbau eines Verdrängerstabes mit kleinerem Querschnitt gegeben. Im ersten Fall wird die Zahl der Kurvenäste gegenüber dem zweiten Fall auf $1/n$ reduziert, wobei die Streuung der Endpunkte bei gleicher Länge des Kurvenastes geringer ist.

Nach der bisher beschriebenen Versuchsanordnung können Feuchtigkeitsgehalt und Trocknungsgeschwindigkeit von einem handelsüblichen Kompensationsschreiber über die Zeit aufgeschrieben werden. Um die Trocknungsgeschwindigkeit und mit ihr alle anderen interessierenden

[1] Genauer 10 min abzüglich Einschaltzeit des Elektromagneten *l*.

Meßgrößen über dem Feuchtigkeitsgehalt schreiben zu können, kann der Antrieb für den Papiervorschub des Schreibers ausgebaut und die Vorschubrolle unmittelbar mit der von dem Hilfsmotor c angetriebenen Welle der Seilrolle a und des Potentiometerschleifers d mechanisch gekuppelt werden (Abb. 348)[1]. Die Funktion des Schreibers in bezug auf zeitliche Punktfolge, Meßstellenumschaltung u.ä. bleibt von der Änderung unberührt.

Auf diese Weise ist der Papiervorschub nicht mehr der Zeit, sondern der Änderung der Flüssigkeitshöhe h proportional und damit proportional dem Feuchtigkeitsgehalt X_m der Probe. Die Anzeige des Potentiometers e (in Abb. 348) ergibt auf dem Schreibstreifen eine Gerade – beide Koordinaten liefern den Feuchtigkeitsgehalt X_m –, die sich zur Kontrolle der einwandfreien Arbeitsweise der Anlage mitzuschreiben empfiehlt.

Da die zeitliche Punktfolge des Schreibers unbeeinflußt bleibt, wird der Abstand der geschriebenen Meßpunkte einer Meßstelle in Vorschubrichtung gegen Ende der Trocknung immer enger. Der Versuch ist beendet, wenn der Punktabstand Null wird.

Der verwendete Schreiber druckt in bestimmten Zeitabständen (im vorliegenden Fall 4080 sek) die Nummer der Meßstelle neben die Meßwerte. Damit sind gleichzeitig Zeitmarken vorhanden, aus denen man leicht die Trocknungsdauer bestimmen kann, die ohne diese Hilfsmittel aus einer Kurve $g_D = f(X_m)$ nur durch Umzeichnen und Integrieren zu ermitteln wäre (vgl. S. 293).

Bestimmung der Maßstäbe

Während man die Anzeige des Schreibers für Temperaturen, Differenzdruck od. ä. mit Hilfe vorher ermittelter Eichkurven umrechnen kann, sind die Maßstäbe für die mittlere Probenfeuchtigkeit X_m in beiden Koordinatenrichtungen und für die Trocknungsgeschwindigkeit g_D für jeden Versuch zu ermitteln.

Zur Bestimmung der Maßstäbe für $X_m = G_W/G_{tr}$ muß man zunächst das Trockengewicht G_{tr} der Probe kennen, das zweckmäßig nach Versuchsende bestimmt wird. Aus den Probengewichten G_a und G_e am Anfang und am Ende des Versuchs – durch Wiegen zu bestimmen – erhält man

$$G_{W_a} = G_a - G_{tr}; \quad G_{W_e} = G_e - G_{tr}$$

und

$$X_a = \frac{G_a}{G_{tr}} - 1; \quad X_e = \frac{G_e}{G_{tr}} - 1\,.$$

Die Strecke $X_a - X_e$ wird linear unterteilt, und durch Fortsetzen der Teilung der Punkt $X = 0$ gefunden. Trocknet man bis zur Gleichge-

[1] Da es aus räumlichen Gründen nicht immer möglich ist, die Waage mit dem Wassergefäß so nahe an den Kompensationsschreiber zu setzen, daß die Papiervorschubrolle des Kompensationsschreibers mit der Welle der Seilrolle mechanisch gekuppelt werden kann, verwendet man ein zweites Gefäß, das mit dem an der Waage stehenden Gefäß kommunizierend verbunden ist und bringt dieses unmittelbar am Kompensationsschreiber an. Die Höhe des Wasserspiegels dieses Gefäßes wird genau, wie vorher beschrieben, von einem an einer Seilrolle hängenden Kontakt abgetastet, der über einen zweiten Hilfsmotor die Papiervorschubrolle antreibt.

wichtsfeuchtigkeit $X_e = X_{gl}$, so ist eine restlose Trocknung der Probe nach Ende des Versuchs nicht notwendig, wenn die Sorptionsisotherme des Stoffes bekannt ist. Aus X_{gl} und G_e läßt sich G_{tr} berechnen.

Den Maßstab für die Trocknungsgeschwindigkeit g_D erhält man, wenn man die Änderung ΔX_m zwischen zwei Zeitmarken der Geraden $X_m = X_m$ abliest und nach Multiplikation mit G_{tr} durch die Zeitspanne zwischen den Marken dividiert. Dabei muß g_D in diesem Bereich hinreichend konstant sein.

Ein anderer Weg zur Maßstabsbestimmung für X_m über die Apparatekonstanten (mechanische Übersetzung, angelegte Spannungen, Drehwinkel usw.) ist in [*118*] beschrieben.

Aufzeichnung weiterer Meßgrößen

Zur Analysierung eines Versuchs werden zweckmäßigerweise alle wesentlichen äußeren Gegebenheiten – Geschwindigkeit, Temperatur und Feuchtigkeit der Trocknungsluft – aufgezeichnet. Als Meßgrößen für den Ablauf im Gutsinnern kommen Temperaturen an verschiedenen charakteristischen Gutstellen in Frage – an der Oberfläche, in Gutsmitte usw.

Die an der Meßblende auftretenden Druckdifferenzen können z.B. mit Hilfe zweier mittels Chlorbenzol kommunizierend miteinander verbundener Zylinderkondensatoren in Spannungsdifferenzen verwandelt und im Kompensationsschreiber aufgezeichnet werden.

Beispiel eines Versuches

Abb. 349 zeigt die Pause eines Schreibstreifens, auf dem die wichtigsten Daten zur Beurteilung des registrierten Trocknungsvorganges aufgeschrieben sind.

Bei dem vorliegenden Versuch wurde ein zylindrischer Probekörper ($d = 71$ mm; $l = 71$ mm) aus Gasbeton (trockenes Raumgewicht $\Gamma_s = 520$ kg/m³; Porosität $\Psi = 76\%$) von einem Anfangswassergehalt

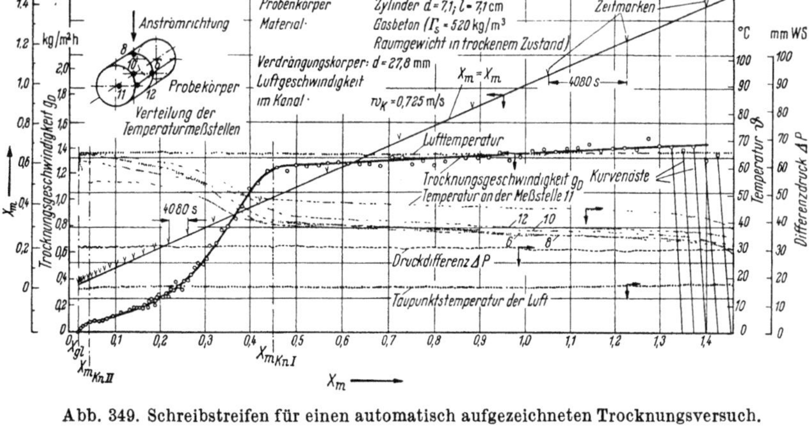

Abb. 349. Schreibstreifen für einen automatisch aufgezeichneten Trocknungsversuch.

$X_a = 1{,}46$ kg/kg auf Gleichgewichtsfeuchtigkeit, die unter den gegebenen Bedingungen bei $X_e = X_{gl} = 0{,}018$ kg/kg liegt, getrocknet.

Die Stirnflächen der Probe waren dampfdicht isoliert.

Dabei waren die 12 Meßstellen des Schreibers folgendermaßen besetzt:

Meßstellen 1, 5 und 9
 für die Trocknungsgeschwindigkeit,

Meßstelle 2
 für die Kontrollgerade $X_m = X_m$,

Meßstelle 3
 für den Differenzdruck an der Meßblende.

Meßstelle 4
 für die Taupunkttemperatur der Luft,

Meßstelle 7
 für die Lufttemperatur vor der Probe,

Meßstellen 6, 8, 10, 11 und 12
 für die Temperaturen auf der Probenoberfläche und in der Probe, wobei die genaue Lage der Meßstellen in der Skizze auf dem Schreibstreifen angegeben ist.

Die Zeitdifferenz Δt bei der Ermittlung der Trocknungsgeschwindigkeit betrug 10 min, die Endpunkte der durch die Meßstellen 1, 5 und 9 geschriebenen Kurvenäste sind als Kreise eingetragen. Unterhalb $X_m \approx 15\%$ wird die Auswertung mit dem Intervall $\Delta t = 10$ min wegen des Einflusses der Oberflächenspannung des Wassers, das als Verdrängerflüssigkeit benutzt wurde, zu ungenau. In dem Bereich $X_m < 15\%$ wurde die Trocknungsgeschwindigkeit deshalb an Hand der an der Geraden $X_m = X_m$ vermerkten Zeitmarken, deren Abstand einer Zeitdifferenz von 4080 sek entspricht, bestimmt. Die so gefundenen Werte sind als Punkte eingetragen. Die Kreise und die Punkte sind nachträglich durch eine vermittelnde Kurve verbunden.

Die Maßstäbe für X_m und g_D sind, wie vorher erwähnt, aus dem Anfangs- und Endwassergehalt X_a und X_e ermittelt. Außerdem wurde die Endfeuchtigkeit der Probe $X_e = X_{gl}$ durch Vergleich mit vorher aufgenommenen Sorptionsisothermen bestätigt.

Die Maßstäbe für die Temperaturmessungen und die Differenzdruckanzeige sind aus den entsprechenden Eichkurven übertragen.

Aus den mitgeschriebenen Zeitmarken erkennt man, daß der gesamte Trocknungsvorgang unter den gegebenen Verhältnissen etwa 27 bis 28 h dauert, wobei die Probe 7 h mit nahezu konstanter Geschwindigkeit $g_{D_I} \approx 1{,}4 \left[\frac{\text{kg}}{\text{m}^2\text{h}}\right]$ trocknet. Bei einer Feuchtigkeit von etwa $X_m = 45\%$ tritt der erste durch die kapillaren Eigenschaften des Gutes bedingte Knickpunkt $X_{m_{Kn_1}}$ auf, der hier etwas verschleift ist, weil die Probenoberfläche nicht an allen Stellen gleichzeitig trocken wird. Der folgende zweite Trocknungsabschnitt, in dem die Trocknungsgeschwindigkeit steil abfällt (hervorgerufen durch die Verlagerung der Verdunstungsfläche ins Innere der Probe), endet bei dem zweiten durch die hygroskopischen Eigenschaften des Gutes bedingten Knickpunkt ($X_{m_{Kn_2}} \approx 4{,}5\%$). Im dritten Trocknungsabschnitt (Dampfdiffusion aus dem vollständig im hygroskopischen Bereich befindlichen Gut) fällt die Trocknungsgeschwindigkeit näherungsweise linear auf Null ab. Im Gleichgewichtszustand ist $X_m = 1{,}8\%$.

Besonders aufschlußreich für die Deutung der Vorgänge ist die Wärmebewegung im Gut, die aus den Aufzeichnungen der Probentemperaturen (Meßstellen 6, 8, 10, 11 und 12) deutlich erkennbar wird. Die Probentemperaturen sind im ersten Trocknungsabschnitt näherungsweise konstant und zeigen nur geringe Unterschiede[1] innerhalb der Probe.

Nach dem ersten Knickpunkt nähern sich die Oberflächentemperaturen 6, 8 und 12 der Lufttemperatur, während die Innentemperatur 10 bis zum zweiten Knickpunkt einer anderen, durch das Zusammenspiel von Wärmeleitung und Dampfdiffusion bedingten Temperatur zuzustreben scheint[2] und erst nach dem zweiten Knickpunkt sich fast geradlinig der Lufttemperatur nähert, ebenso wie die Trocknungsgeschwindigkeit in diesem Abschnitt etwa linear dem Wert Null zustrebt. Dies ist für die Trocknung im hygroskopischen Bereich charakteristisch.

Durch eine Weiterentwicklung des hier beschriebenen Meßverfahrens gelang es MAHLER [*130*] auch die Absorptions- und Desorptionsisothermen (Hysteresisschleife) automatisch aufzuzeichnen.

---

[1] Bedingt durch Wärmeleitung von den isolierten Stirnflächen her; besonders kenntlich daran, daß die Temperaturmeßstelle 11 unmittelbar unter der Isolation im ersten Abschnitt wesentlich höher liegt als die Probentemperaturen an der Verdunstungsfläche und in der Mitte.

[2] Diese Gleichgewichtstemperatur entspricht der von TOEI beim Trocknen von Kalkstaub beobachteten Temperatur $\vartheta_{Es \to \infty}$ (s. Abb. 275).

Literaturverzeichnis

Lehrbücher, Monographien und Tabellenwerke

[*1*] BADGER, W. L., u. W. L. MCCABE: Elements of Chem. Engineering, 2. Aufl. New York u. London: McGraw-Hill Book Comp. 1936.

[*2*] BAEHR, H. D.: Mollier-i,x-Diagramm für feuchte Luft in den Einheiten des internationalen Einheitensystems. Berl. Gött. Heidelb.: Springer 1961.

[*3*] BESKOW, G.: Om Jordarternas Kapillaritet. Stockholm 1930.

[*4*] BRÜGEL, W.: Physik und Technik der Ultrarotstrahlung. Hannover: Vincentz 1951.

[*5*] BRUNAUER, S.: The Adsorption of Gases and Vapours, Bd. I. London: Oxford University Press 1945.

[*6*] CAMMERER, J. S.: Der Wärme und Kälteschutz in der Industrie, 3.Aufl. Berlin/Göttingen/Heidelberg: Springer 1951.

[*7*] CARSLAW, H. S., u. J. G. JAEGER: Conduction of Heat in Solids. Oxford At the Clarendon Press 1959.

[*8*] D'ANS, J., u. E. LAX: Taschenbuch für Chemiker und Physiker, 2. Aufl. Berlin/Göttingen/Heidelberg: Springer 1949.

[*9*] DIELS, K., u. R. JAECKEL: Leybold Vakuum-Taschenbuch. Berlin/Göttingen/Heidelberg: Springer 1958.

[*10*] ECK, B.: Technische Strömungslehre. 4. Aufl. Berlin/Göttingen/Heidelberg: Springer 1954.

[*11*] ECKERT, E.: Einführung in den Wärme- und Stoffaustausch. Berlin/Göttingen/Heidelberg: Springer 1959.

[*12*] EUCKEN-WICKE: Grundriß der physikalischen Chemie, 10. Aufl. Leipzig: Akademische Verlagsgesellschaft 1959.

[*13*] EUCKEN, A.: Lehrbuch der chemischen Physik, 3. Aufl. Leipzig: Akademische Verlagsgesellschaft 1949.

[*14*] EUCKEN, A., u. M. JAKOB: Der Chemie-Ingenieur. Leipzig: Akademische Verlagsanstalt 1933.

[*15*] GRASSMANN, P.: Physikalische Grundlagen der Chemie-Ingenieur-Technik. Aarau und Frankfurt/M.: H. R. Sauerländer u. Co. 1961.

[*16*] GRÖBER, H.: Grundgesetze der Wärmeübertragung, 1. Aufl. Berlin: Springer 1921.

[*17*] GRÖBER, H., u. S. ERK: Die Grundgesetze der Wärmeübertragung, 2. Aufl. Berlin: Springer 1933.

[*18*] GRÖBER, H., S. ERK u. U. GRIGULL: Grundgesetze der Wärmeübertragung, 3. Aufl. Berlin/Göttingen/Heidelberg: Springer 1955.

[*19*] Handbuch der Bodenlehre, Bd. VI, herausgegeben von E. BLANCK: Die physikalische Beschaffenheit des Bodens. Berlin: Springer 1930.

[*20*] HEID, H., u. A. KOLLMAR: Die Strahlungsheizung, 3. Aufl. Halle: Carl Marhold 1945.

[*21*] HOFFMANN, J. FR.: Das Getreidekorn, Bd. I (neu bearb. von K. MOHS). 1931.

[*22*] HÜTTE, I.: Des Ingenieurs Taschenbuch, 27. Aufl. Berlin: Wilhelm Ernst u. Sohn 1949.

[*23*] JOST, W.: Diffusion, Methoden der Messung und Auswertung. Darmstadt: Steinkopff 1957.

[*24*] KOCH, B.: Grundlagen des Wärmeaustausches (Stoffwerte). Dissen T. W.: H. Beucke u. Söhne 1950.

[25] KOLLMANN, F.: Technologie des Holzes und der Holzwerkstoffe, 2. Aufl., Bd. 1 1951; Bd. II 1955. Berlin/Göttingen/Heidelberg: Springer.
[26] LANDOLT-BÖRNSTEIN: Physikalisch-chemische Tabellen, 6. Aufl. Berlin/Göttingen/Heidelberg: Springer 1950.
[27] LYKOW, A. W.: Experimentelle und theoretische Grundlagen der Trocknung. Berlin: VEB Verlag Technik 1955.
[28] LYKOW, A. W.: Transporterscheinungen in kapillarporösen Körpern. Berlin: Akademie Verlag 1958.
[29] MANEGOLD, E.: Kapillarsysteme, Bd. I. Straßenbau. Heidelberg: Chemie und Technik 1955.
[30] MCADAMS, W. H.: Heat Transmission, 2. Aufl. New York und London: McGraw-Hill Book Company 1942.
[31] MÜLLER-POUILLETS: Lehrbuch der Physik, 11. Aufl., Bd. III, 2. Hälfte. Braunschweig 1925.
[32] PFLIER, P. M.: Elektrische Messung mechanischer Größen. Berlin/Göttingen/Heidelberg: Springer 1956.
[33] RABER, B. F., u. F. W. HUTCHINSON: Panel Heating and Cooling Analysis, 2. Aufl. New York: John Wiley and Sons 1947.
[34] RIESENFELD, E. H.: Lehrbuch der anorganischen Chemie, 5. Aufl. Zürich 1950.
[35] SCHMIDT, E.: Einführung in die technische Thermodynamik, 5. Aufl. Berlin/Göttingen/Heidelberg: Springer 1955.
[36] SCHRIEDER, E., u. FR. LÜCKEL: Wärmewirtschaft. Braunschweig/Darmstadt: Westermann 1950.
[37] TEN BOSCH, M.: Die Wärmeübertragung, 3. Aufl., berichtigter Neudruck. Berlin/Göttingen/Heidelberg: Springer 1953.
[38] UHLICH, H., u. W. JOST: Kurzes Lehrbuch der physikalischen Chemie, 8. Aufl. Darmstadt: Steinkopff 1955.
[39] VAGELER, S.: Der Kationen- und Wasserhaushalt des Mineralbodens. Berlin 1932.
[40] VDI-Wärmeatlas. Düsseldorf: VDI-Verlag 1957.
[41] VDI-Wasserdampftafeln, 4. Aufl. Berlin/Göttingen/Heidelberg: Springer 1956.
[42] ZINZEN, A.: Dampfkessel und Feuerungen. Berlin/Göttingen/Heidelberg: Springer 1950.

Aufsätze und spezielle Arbeiten

[43] ACKERMANN, G.: Wärmeübergang und molekulare Stoffübertragung im gleichen Feld bei großen Temperatur- und Partialdruckdifferenzen. VDI-Forschungsh. 382, Bd. 8 (1937) S. 1–16.
[44] BARTH, W.: Der Druckverlust bei der Durchströmung von Füllkörpersäulen und Schüttgut mit und ohne Berieselung. Chem.-Ing.-Techn. Bd. 23 (1951) S. 289–293.
[45] BARTH, W., u. W. ESSER: Der Druckverlust in geschichteten Stoffen. Forsch. Ing.-Wes. Bd. 4 (1933) S. 82–86.
[46] BATEMAN, E., J. P. HOHF u. A. J. STAMM: Unidirectional Drying of Wood. Industr. Engng. Chem. Bd. 31 (1939) S. 1150–1154.
[47] BENKE, R.: Der Wärmeübergang von Rohrelementen an Luft im Kreuzstrom bei größeren Abstandsverhältnissen. Arch. Wärmew. Bd. 19 (1938) S. 287–291.
[48] BROWN, W. G.: Die Überlagerung von erzwungener und natürlicher Konvektion bei niedrigen Durchsätzen in einem lotrechten Rohr. VDI-Forsch.-Heft 480 (1960).
[49] BROWN, W. G., u. P. GRASSMANN: Der Einfluß des Auftriebs auf Wärmeübergang und Druckgefälle bei erzwungener Strömung in lotrechten Rohren. Forsch. Ing.-Wesen Bd. 25 (1959) S. 69–78.
[50] BRUNAUER, S., PH. EMMETT u. E. TELLER: Adsorption of Gases in Multimolecular Layers. J. Amer. chem. Soc. Bd. 60 (1938) S. 309–319.

[51] BUNGARTZ, H.: Die künstliche Getreidetrocknung. Z. VDI Bd. 97 (1955) S. 363–367.

[52] CAMMERER, J. S., u. P. GÖRLING: Die Messung der Durchlässigkeit von Kälteschutzstoffen für Wasserdampfdiffusion. Kältetechnik Bd. 3 (1951) S. 2–7.

[53] CAMMERER, J. S., u. P. GÖRLING: Die Durchlässigkeit von Bau- und Dämmstoffen für Wasserdampfdiffusion und die dadurch bedingte Möglichkeit einer Wanddurchfeuchtung. Fortschr. Forsch. Bauwes., Reihe D, H. 3 (1952) S. 55 bis 79.

[54] CEAGLSKE, N. H., u. O. A. HOUGEN: The Drying of Granular Solids. Trans. Amer. Inst. chem. Engrs. Bd. 33 (1937) S. 283–312.

[55] DIETRICH, N.: Die Warmlufttrocknung von naturfeuchtem und künstlich befeuchtetem Weizen-Einzelkorn. Diss. T. H. München 1956.

[56] EBERIUS, E.: Wasserbestimmung mit Karl-Fischer-Lösung. Monographie 65 zu Chem.-Ing.-Techn. Weinheim: Verlag Chemie GmbH 1954.

[57] ECKERT, E., u. V. LIEBLEIN: Berechnung des Stoffüberganges an einer ebenen längs angeströmten Oberfläche bei großem Teildruckgefälle. Forsch. Ing.-Wes. Bd. 15 (1949) S. 33–42.

[58] EGNER, K.: Beiträge zur Kenntnis der Feuchtigkeitsbewegung in Hölzern, vor allem in Fichtenholz, während der Trocknung unterhalb des Fasersättigungspunktes. Diss. T. H. Stuttgart 1933; siehe Forschungsber. Holz, H. 2. Berlin: VDI Verlag 1934.

[59] EGNER, K.: Feuchtigkeitsdurchgang und Wasserdampfkondensation in Bauten. Fortschr. Forsch. Bauw., Reihe C, H. 1 (1950).

[60] ELENBAAS, W.: Physica Bd. 9 (1942) S. 285.

[61] ENSKOG, D.: Kinetische Theorie der Vorgänge in mäßig verdünnten Gasen. Diss. Upsala 1917.

[62] ESSER, W., u. O. KRISCHER: Die Berechnung der Anheizung und Auskühlung ebener und zylindrischer Wände. Berlin: Springer 1930.

[63] FEHLING, R.: Der Strömungswiderstand ruhender Schüttungen. Feuerungstechn. Bd. 27 (1939) S. 33–44.

[64] FETZER, W. R.: Determination of Moisture by Distillation. Analytic. Chem. Bd. 23 (1951) S. 1062–1069.

[65] FINCK, J. L.: Bur. Stand. J. Res., Wash. Bd. 5 (1930) S. 243; s. a. JAKOB: Die für die Wärmeübertragung wichtigsten Stoffeigenschaften. Chemie-Ingenieur Bd. 1, I. Teil. Leipzig: Akademische Verlagsanstalt 1933.

[66] FISHER, E. A.: Some fundamental Principles of Drying. J. Soc. chem. Ind. Bd. 54 (1935) S. 343–348.

[67] FISCHER, K.: Neues Verfahren zur maßanalytischen Bestimmung des Wassergehaltes von Flüssigkeiten und festen Körpern. Angew. Chem. Bd. 48 (1935) S. 394–396.

[68] GANE, R.: The water content of wheats as a function of temperature and humidity. J. Soc. chem. Ind., Februar 1941.

[69] GERLACH, B.: Ann. Phys. 10, 473 (1931).

[70] GORDON, A. R.: J. chem. Phys. 5, 522 (1937).

[71] GÖRLING, P.: Trocknung fester Stoffe. ULLMANNS Encyklopädie der technischen Chemie, 3. Aufl., 1. Bd. München/Berlin 1951.

[72] GÖRLING, P.: Untersuchungen zur Aufklärung des Trocknungsverhaltens pflanzlicher Stoffe, insbesondere von Kartoffelstücken. Diss. T.H. Darmstadt 1955, D 17.

[73] GÖRLING, P.: Untersuchungen zur Aufklärung des Trocknungsverhaltens pflanzlicher Stoffe. VDI-Forsch.-Heft 458 (1956).

[74] GREINACHER, H.: Ein neuer Feuchtigkeitsmesser: Das Diffusionshygrometer. Helvetia Phys. Acta Bd. 17 (1944) S. 437–454.

[75] GRIFFITHS, E.: Heat Insulators. Food Investigation Board, Dept. Sci. and Ind., Res. Spec. Report Nr. 35. London: His Majesty's Stationery Office 1929.

[76] GRIFFITHS, E., u. A. H. DAVIS: Food Investigation Board, Spec. Repr. 9, Dept. Sci. and Ind. Res. London: His Majesty's Stationery Office 1922.

[77] GRIMISON, E. D.: Correlation and Utilization of New Data on Flow Resistance and Heat Transfer for Cross Flow of Gases over Tube Banks. Trans. Amer. Soc. Mech. Eng. Bd. 59 (1937) S. 583–594.

[78] GRUBENMANN, M.: i-x-Diagramme feuchter Luft, 3. Aufl. Berlin/Göttingen/Heidelberg: Springer 1952.

[79] HAUSEN, H.: Darstellung des Wärmeüberganges in Rohren durch verallgemeinerte Potenzbeziehungen. Z. VDI Beiheft Verfahrenstechnik (1943), Nr. 4, S. 91–98.

[80] HAUSEN, H.: Einfluß des Lewisschen Koeffizienten auf das Ausfrieren von Dämpfen aus Gas-Dampf-Gemischen. Z. angew. Chem., Ausg. B, Bd. 20 (1948) S. 177–182.

[81] HAUSEN, H.: Neue Gleichungen für die Wärmeübertragung bei freier oder erzwungener Strömung. Allg. Wärmetechn. Bd. 9 (1959) S. 75–79.

[82] HENGST, G.: Die Wärmeleitfähigkeit pulverförmiger Wärmeisolierstoffe bei hohem Gasdruck. Diss. T.H. München 1934.

[83] HENRY, P. S. A.: Diffusion in absorbing media. Proc. roy. Soc., Lond. (A) Bd. 171 (1939) S. 215–241.

[84] HERMINGE, L.: Heat Transfer in Porous Bodies at Various Temperatures and Moisture Contents. Tappi Vol. 44 (1961) No. 8.

[85] HILPERT, R.: Verdunstung und Wärmeübergang an senkrechten Platten in ruhender Luft. VDI Forsch.-Heft 355 (1932).

[86] HILPERT, R.: Wärmeabgabe von geheizten Drähten und Rohren im Luftstrom. Forsch. Ing.-Wes. Bd. 4 (1933) S. 215–224.

[87] JACOB, M., u. S. ERK: Die Wärmeleitfähigkeit von Eis zwischen 0 und $-125°$. Z. techn. Phys. Bd. 10 (1929) S. 623–624.

[88] JAESCHKE, L.: Über den Wärme- und Stoffaustausch und das Trocknungsverhalten ruhender, luftdurchströmter Haufwerke aus Körpern verschiedener geometrischer Form in geordneter und ungeordneter Verteilung. Diss. T.H. Darmstadt 1960, D 17.

[89] JAESCHKE, L.: Über den Mechanismus der Feuchtigkeitsbewegung bei der Getreidetrocknung (Einzelkornschichten-Schüttungen). Referat, gehalten auf der Arbeitssitzung des Fachausschusses Trocknungstechnik am 12./13. 5. 1961 in Göttingen.

[90] JOHANSSON, C. H.: Fuktgenomgang och fuktfördelning i byggnadsmaterial. Värme, vatten, sanität (VVS) 19 (1948).

[91] JOHANSSON, C. H., u. G. PERSSON: Fuktabsoptionskurvor för byggnadsmaterial. Byggmästar nr 17 (1946).

[92] KAMEI, S.: Untersuchung über die Trocknung fester Stoffe, Bd. I. Memoirs of the College of Engineering, Kyoto Imperial University, Bd. VIII (1934) S. 42 bis 64.

[93] KAMEI, S.: Untersuchung über die Trocknung fester Stoffe, Bd. II. Memoirs of the College of Engineering, Kyoto Imperial University, Bd. IX (1935) S. 83–116.

[94] KAMEI, S.: Untersuchung über die Trocknung fester Stoffe, Bd. III. Memoirs of the College of Engineering, Kyoto Imperial University, Bd. X (1937) S. 65 bis 115.

[95] KAMEI, S.: Neue Versuche an Trockenapparaten. Chem.-Ing.-Techn. Bd. 26 (1954) S. 1–9.

[96] KESSLER, H. G.: Über die Einzelvorgänge des Wärme- und Stoffaustausches bei der Sublimationstrocknung und deren Verknüpfungen. Diss. T.H. Darmstadt 1961, D 17.

[97] KIRSCHBAUM, E.: Neue Erkenntnisse über den Verdunstungsvorgang. Chem.-Ing.-Techn. Bd. 21 (1949) S. 89–94.

[98] KIRSCHBAUM, E.: Zustand des Gases und nassen Gutes beim Trockenvorgang. Chem.-Ing.-Techn. Bd. 23 (1951) S. 129–134.

[99] KLING, G.: Das Wärmeleitvermögen eines von Gas durchströmten Kugelhaufwerks. Forsch.-Ing.-Wes. Bd. 9 (1938) S. 82–90.

[100] KLING, G.: Der Einfluß des Gasdruckes auf das Wärmeleitvermögen von Isolierstoffen. Allg. Wärmetechn. Bd. 3 (1952) S. 167–174.

[101] KRAUSSOLD, H.: Die Wärmeübertragung bei zähen Flüssigkeiten in Rohren. VDI-Forsch.-Heft 351 (1931).

[102] KRAUSSOLD, H.: Die Wärmeübertragung an Flüssigkeiten in Rohren bei turbulenter Strömung. Forsch. Ing.-Wes. Bd. 4 (1933) S. 39–44.

[103] Krischer, O.: Der Einfluß von Feuchtigkeit, Temperatur und Körnung auf die Wärmeleitfähigkeit körniger Stoffe. (Die Leitfähigkeit des Erdbodens.) Beiheft zum Gesundh.-Ing., Reihe I (1934), H. 33 (siehe auch Z. VDI 1935).
[104] Krischer, O., u. H. Rohnalter: Die Wärmeübertragung durch Diffusion des Wasserdampfes in den Poren von Baustoffen unter Einwirkung eines Temperaturgefälles. Gesundh.-Ing. Bd. 60 (1937) S. 621–627.
[105] Krischer, O.: Trocknung fester Stoffe als Problem der kapillaren Feuchtigkeitsbewegung und der Dampfdiffusion. Z. VDI Beih. Verfahrenstechn. (1938) Nr. 4, S. 104–110.
[106] Krischer, O., u. P. Görling: Versuche über die Trocknung poriger Stoffe und ihre Deutung. Z. VDI Beiheft Verfahrenstechn. (1938) Nr. 5, S. 140–148.
[107] Krischer, O.: Grundgesetze der Feuchtigkeitsbewegung in Trocknungsgüter. Kapillarwasserbewegung und Wasserdampfdiffusion. Z. VDI Bd. 82 (1938) S. 373–378.
[108] Krischer, O.: Wärme-, Flüssigkeits- und Dampfbewegung bei der Trocknung poriger Stoffe. Z. VDI, Beiheft Verfahrentechn. (1940) Nr. 1, S. 17–25.
[109] Krischer, O., u. H. Rohnalter: Wärmeleitung und Dampfdiffusion in feuchten Gütern. VDI Forsch.-Heft 402 (1940) S. 1–18.
[110] Krischer, O.: Der Wärme- und Stoffaustausch im Trocknungsgut. VDI Forsch.-Heft 415 (1942) S. 1–22.
[111] Krischer, O., u. H. Schauss: Versuche über Schnelltrocknung von Holz. Wissenschaftl. Veröffentl. der T.H. Darmstadt, Bd. 1, H. 2 (1946).
[112] Krischer, O., u. H. Esdorn: Einfaches Kurzzeitverfahren zur gleichzeitigen Bestimmung der Wärmeleitzahl, der Wärmekapazität und der Wärmeeindringzahl fester Stoffe. VDI Forsch.-Heft 450 (1955) S. 28–39.
[113] Krischer, O., u. H. Esdorn: Die Wärmeübertragung in feuchten porigen Stoffen verschiedener Struktur. Forsch. Ing.-Wes. Bd. 22 (1956) S. 1–8.
[114] Krischer, O.: Neufassung der DIN 4701 – wesentliche Änderungen und ihre Begründung. Ges.-Ing. Bd. 79 (1958) S. 376.
[115] Krischer, O., u. G. Loos: Beitrag zur Frage des Wärme- und Stoffaustausches bei erzwungener Strömung an Körpern verschiedener Form. Chem.-Ing.-Techn. Bd. 30 (1958) S. 31–69.
[116] Krischer, O., u. W. Kast: Wärmeübertragung und Wärmespannungen bei Rippenrohren. VDI-Forsch.-Heft 474 (1959).
[117] Krischer, O., u. K. Mahler: Vollautomatische Aufzeichnung der Austauschgeschwindigkeit über der Konzentration beim Trocknen. Chem.-Ing.-Techn. Bd. 31 (1959) S. 88–93.
[118] Krischer, O., u. K. Mahler: Über die Bestimmung des Diffusionswiderstands und der kapillaren Flüssigkeitsleitzahl aus stationären und instationären Vorgängen. VDI-Forsch.-Heft 473 (1959).
[119] Krischer, O., W. Wissmann u. W. Kast: Feuchtigkeitseinwirkungen auf Baustoffe aus der umgebenden Luft. Ges.-Ing. Bd. 79 (1959) S. 129–147.
[120] Krischer, O.: Wärmeaustausch in Ringspalten bei laminarer und turbulenter Strömung. Chem.-Ing.-Techn. Bd. 33 (1961) S. 13–19.
[121] Krischer, O., u. L. Jaeschke: Troknungsverlauf in durchströmten Haufwerken bei geordneter und ungeordneter Verteilung. Chem.-Ing.-Techn. Bd. 33 (1961) S. 592–598.
[122] Kröll, K.: Trocknung luftdurchströmter Streichholzschüttungen. Chem.-Ing.-Techn. Bd. 27 (1955) S. 527–534.
[123] Kroujiline, G.: Investigation de la couche-limite thermique. Techn. Phys. USSR Bd. 3 (1936) S. 183, 311.
[124] Langmuir, T.: Convection and Conduction of Heat in Gases. Physical Review Bd. 34 (1912) S. 401.
[125] Lieneweg, F.: Absolute und relative Feuchtigkeitsbestimmungen mit dem Lithiumchlorid-Feuchtemesser. Siemens-Z. Bd. 29 (1955) S. 5–6.
[126] Lindsay, D. C.: International Critical Tables, 1927 Vol. II, S. 321 ff.
[127] Loughborough: Vgl. bei L. F. Hawley: Wood-Liquid Relations. U.S. Dept. Agric. Techn. Bull. 1931, Nr. 248, S. 8. Washington D.C.
[128] McCready, D. W., u. W. L. McCabe: The adiabatic Air Drying of Hygroscopic Solids. Trans. Amer. Inst. chem. Engrs. Bd. 29 (1933) S. 131–159.

[129] MACEY, H. H.: Clay-water relationships. Trans. Brit. ceram. Soc. Bd. 41 (1942) S. 73–121.

[130] MAHLER, K.: Apparatur zum kontinuierlichen Aufzeichnen von Sorptionsisothermen. Chem.-Ing.-Techn. Bd. 33 (1961) S. 627–631.

[131] MEEL, D. A. VAN: Adiabatic Convection Batch Drying with Recirculation of Air. Chem. Engng. Sci. Bd. 9 (1958) S. 36–44.

[132] MEIXNER, H.: Zur Thermodynamik der Thermodiffusion. Ann. Phys. 5. Folge, Bd. 39 (1941) S. 333–356.

[133] MICHAELS, A. S.: Diffusion in a Pore of irregular Cross-Section. A. J. Ch. E. Bd. 5 (1959) S. 270–271.

[134] MILLER, C. C.: Proc. Roy. Soc. (London) A 106, 726 (1924).

[135] MOLLIER, R.: Ein neues Diagramm für Dampf-Luft-Gemische. Z. VDI Bd. 67 (1923) S. 869–872.

[136] MÜLLER, W.: Verdunstung und Wärmeübergang beim Getreidetrocknen. Diss. T.H. Zürich 1943.

[137] NEWMANN, A. B.: The Drying of Porous Solids. Trans. Amer. Inst. chem. Engrs. Bd. 27 (1931) S. 203–216 und 310–333.

[138] NUSSELT, W.: Die Abhängigkeit der Wärmeübergangszahl von der Rohrlänge. Z. VDI Bd. 54 (1910) S. 1154–1158.

[139] NUSSELT, W.: Das Grundgesetz des Wärmeübergangs. Ges.-Ing. Bd. 38 (1915) S. 477–482 und 490–496.

[140] NUSSELT, W.: Der Wärmeaustausch am Berieselungskühler. Z. VDI Bd. 67 (1923) S. 206.

[141] NUSSELT, W.: Wärmeübergang, Diffusion und Verdunstung. Z. angew. Math. Mech. Bd. 10 (1930) S. 105.

[142] OVERBECK, J. TH. G., u. D. A. MOSSEL: Entrainment distillation as a reference method for the determination of the watercontent of foods. Recueil Trav. chim. Pays-Bas Bd. 70 (1951) S. 63–78.

[143] PIDGEON, L. M., u. O. MAASS: The Adsorption of Water by Wood. J. Amer. chem. Soc. Bd. 52 (1930) S. 1053–1069.

[144] PIERSON, O. L.: Experimental Investigation of the Influence of Tube Arrangement on Convection Heat Transfer and Flow Resistance in Cross Flow of Gases over Tube Banks. Trans. Amer. Soc. Mech. Eng. Bd. 59 (1937) S. 563–572.

[145] PRINS, L.: Untersuchung eines neuartigen Taupunktgerätes (nach H. GLASER). Bericht von der Arbeitstagung der Forschungsgruppe für Wärme- und Kältetechnik 1952. Chem.-Ing.-Techn. Bd. 25 (1953) S. 203.

[146] PRINZ, J. A., J. SCHENK u. A. G. J. L. SCHRAM: Heat Conduction by Powders in Various Gaseous Atmospheres at Low Pressures. Physica Bd. 16 (1950) S. 379–380.

[147] PRÜGER, W.: Die Verdampfungsgeschwindigkeit der Flüssigkeiten. Z. Phys. Bd. 115 (1940) S. 202–244.

[148] RAISCH, E.: Luftdurchlässigkeit und Porenvolumen von geschüttetem Getreide und Messungen an Lüftungsanlagen nach RANK. Techn. in d. Landwirtsch. Bd. 22 (1941) S. 170–176.

[149] RAMMLER, E.: Die Verfahren der Feuchtigkeitsbestimmung und ihre Eignung für Trockneruntersuchungen. Arch. Wärmew. Bd. 13 (1932) S. 203–209.

[150] RANZ, W. E.: Friction and Transfer Coefficients for Single Particles and packed Beds. Chem. Engng. Progr. Bd. 48 (1952) S. 247–253.

[151] RANZ, W. E., u. W. R. MARSHALL JR.: Evaporation from drops. Chem. Engng. Progr. Bd. 48 (1952) S. 141–146.

[152] REICHARDT, H.: Die Wärmeübertragung in turbulenten Reibungsschichten. Z. angew. Math. Mech. Bd. 20 (1940) S. 297–328.

[153] RIPKA, L. v.: Registriergerät zur Bestimmung der Gasfeuchtigkeit. Chem.-Ing.-Techn. Bd. 26 (1954) S. 440.

[154] RÖGENER, H.: Ergebnisse von Taupunktsmessungen an Rauchgasen. BWK Bd. 9 (1957) S. 126–128.

[155] SCHAUSS, H.: Physikalische Vorgänge der Feuchtigkeitsbewegung und ihre Auswirkungen bei den verschiedenen Verfahren der Holztrocknung. Diss. T.H. Darmstadt 1940, D 87.

[156] SCHIRMER, R.: Die Diffusionszahl von Wasserdampf-Luftgemischen und die Verdampfungsgeschwindigkeit. Z. VDI, Beiheft Verfahrenstechn. (1938) Nr. 6, S. 170.

[157] SCHMIDT, E.: Wärmestrahlung technischer Oberflächen bei gewöhnlicher Temperatur. Beihefte zum Gesundh.-Ing. Reihe 1, H. 20 (1927).

[158] SCHMIDT, E.: Verdunstung und Wärmeübergang. Gesundh.-Ing. Bd. 52 (1929) S. 525.

[159] SCHMIDT, E., u. W. SELLSCHOPP: Wärmeleitfähigkeit des Wassers bei Temperaturen bis zu 270 °C. Forsch. Ing.-Wes. Bd. 3 (1932) S. 277–286.

[160] SCHMIDT, E., u. E. ECKERT: Über die Richtungsverteilung der Wärmestrahlung von Oberflächen. Forsch. Ing.-Wes. Bd. 6 (1935) S. 175–183.

[161] SCHMIDT, E.: Stoff-, Wärme- und Impulsaustausch als Analogie. Fortschritte in der Verfahrenstechnik 1952/53, S. 75–86. Weinheim: Verlag Chemie 1954.

[162] SCHLICHTING, H.: Der Wärmeübergang an längs angeströmten ebenen Platten bei veränderlicher Wandtemperatur. Forsch. Ing.-Wes. Bd. 17 (1951) S. 1–8.

[163] SCHRADER, H.: Trocknung feuchter Oberflächen mittels Warmluftstrahlen. Strömungsvorgänge und Stoffübertragung. Diss. T.H. Hannover 1960.

[164] SCHROPP, K.: Untersuchungen über die Tau- und Reifbildung an Kühlrohren in ruhender Luft und ihr Einfluß auf die Kälteübertragung. Z. ges. Kälteind. H. 5 (1935).

[165] SENFTLEBEN, H.: Eine einfache Methode zur gleichzeitigen Bestimmung der spez. Wärme, der inneren Reibung und des Wärmeleitvermögens von Gasen. Z. angew. Phys. Bd. 5 (1953) S. 33–39.

[166] SHERWOOD, T. K.: (Verschiedene Aufsätze über Grundlagen der Trocknung.) Industr. Engng. Chem. Bd. 21 (1929) S. 12–16 und 976–980; Bd. 22 (1930) S. 132–136; Bd. 24 (1932) S. 307–312; Bd. 25 (1933) S. 311 und 1134; Bd. 26 (1934) S. 1096; Trans. Amer. Inst. chem. Engrs. Bd. 27 (1931) S. 190–200; Bd. 32 (1936) S. 150–168.

[167] SIEBER, W.: Zusammensetzung der von Werk- und Baustoffen zurückgeworfenen Wärmestrahlung. Diss. T.H. Hannover 1939 (Auszug: Z. techn. Phys.).

[168] SIEDECK, P.: Bodenmechanik und neuzeitlicher Straßenbau. Schriftenreihe der Zeitschr. Straße H. 3 (1936) S. 14.

[169] SMOLUCHOWSKI, M.: Über die Wärmeleitfähigkeit pulverförmiger Körper. Anz. Akad. Wiss. Krakau. Reihe A (1910) S. 129–153.

[170] STEFAN, J.: Über das Gleichgewicht und die Bewegung, insbesondere die Diffusion von Gasgemengen. Sitzungsber. d. math. nat. Klasse d. Kaiserl. Akademie d. Wiss. Wien Bd. 63 (1871) 2. Abt.

[171] STEFAN, J.: Versuche über die Verdampfung. Sitzungsber. d. math. nat. Klasse d. Kaiserl. Akademie d. Wiss. Wien Bd. 68 (1874) 2. Abt.

[172] TAMMAN, G., u. V. JEESEN: Z. anorg. allgem. Chemie 179, 125 (1929).

[173] THOVERT, J.: Ann. chim. phys. (7) 26, 366 (1902).

[174] THOVERT, J.: Ann. chim. phys. (9) 2, 369 (1914).

[175] TOEI, R.: Drying Process Analysis of the Decreasing Drying Rate Period of Granular and Powder Material. Chem. Eng. (Japan) Bd. 23 (1959) S. 641.

[176] TOEI, R.: Fundamental Study of Vacuum Drying. Chem. Eng. (Japan) Bd. 24 (1960) S. 289.

[177] TREVOY, D. H., u. H. G. DICKAMER: J. chem. Phys. 17, 1117 (1949).

[178] VERSCHOOR, J. D., u. P. GREEBLER: Heat Transfer by Gas Conduction and Radiation in Fibrous Insulations. Trans. Amer. Soc. Mech. Eng. Bd. 74 (1952) S. 961–968.

[179] VOIGT, H., O. KRISCHER u. H. SCHAUSS: Die Feuchtigkeitsbewegung bei der Verdunstungstrocknung von Holz. Holz Roh- u. Werkstoff Bd. 3 (1940) S. 305–321.

[180] VOIGT, H., O. KRISCHER u. H. SCHAUSS: Sonderverfahren der Holztrocknung. Holz Roh- u. Werkstoff Bd. 3 (1940) S. 364–375.

[181] VOLLMER, W.: Der Transport von Gasen und Dämpfen in Papier. Chem.-Ing.-Techn. Bd. 26 (1954) S. 90–94.

[182] WAGNER, A., A. HOLSCHUH u. W. BARTH: Gasdurchlässigkeit von Schüttstoffen, besonders von Hochofenmöllerstoffen. Arch. d. Eisenhüttenw. Bd. 6 (1932) S. 129–136.

[183] WATZINGER, A., u. D. G. JOHNSON: Wärmeübertragung von Wasser an Rohrwand bei senkrechter Strömung im Übergangsgebiet zwischen laminarer und turbulenter Strömung. Forsch. Ing.-Wesen Bd. 10 (1939) S. 182–196.

[184] WILLITS, C. O.: Methods for determination of moisture. Analytic. Chem. Bd. 23 (1951) S. 1058–1080.

[185] WISSMANN, W.: Über das Verhalten von Baustoffen gegen Feuchtigkeitseinwirkungen aus der umgebenden Luft. Diss. T. H. Darmstadt 1954, D 17.

Sachverzeichnis

Die *kursiv* gesetzten Zahlen bedeuten Seitenzahlen von Tabellen.

Additional information of this book

(Die wissenschaftlichen Grundlagen der Trocknungstechnik; 978-3-662-23899-8) is provided:

EXTRA
MATERIALS
extras.springer.com

http://Extras.Springer.com

GPSR Compliance

The European Union's (EU) General Product Safety Regulation (GPSR) is a set of rules that requires consumer products to be safe and our obligations to ensure this.

If you have any concerns about our products, you can contact us on ProductSafety@springernature.com

In case Publisher is established outside the EU, the EU authorized representative is:

Springer Nature Customer Service Center GmbH
Europaplatz 3
69115 Heidelberg, Germany

Batch number: 10704711

Printed by Printforce, the Netherlands